U0141825

JOY OF COOKING

廚藝之樂

75 週年紀念版

從食材到工序，烹調的關鍵技法與實用食譜

飲料・開胃小點・早、午、晚餐・湯品・麵食・蛋・蔬果料理

Irma S. Rombauer & Marion Rombauer Becker & Ethan Becker
厄爾瑪・隆鮑爾、瑪麗安・隆鮑爾・貝克、伊森・貝克——著

廖婉如——譯

獻給成就《廚藝之樂》的四位女士

外婆厄爾瑪

家母瑪麗安

內人蘇珊

和我的摯友梅姬

……歡樂的滋味若要充分體會，就必須有人分享才行。

——馬克・吐溫

目錄

來自茱莉雅・柴爾德的短箋

《廚藝之樂》一直是非常重要的一本書。它首度出版時，在美國烹飪上掀起廣大迴響。凡是料理書完備的書架上一定會有這本書，而且這情況會持續下去，因為厄爾瑪的聲音在廚房伴著你，不時提點你，鼓勵你，親切地給你訣竅和叮嚀。原理和做法均加以詳細解說，《廚藝之樂》成了每個美國廚子的必備寶典！

茱莉雅・柴爾德
聖塔芭芭拉，加州
二〇〇四年六月

來自伊森・貝克的一封信

五年前，我們打算進行修訂時，蘇珊和我總幻想著跟過世的家母和外婆一同坐下來，請她們對《廚藝之樂》七十五週年版這重大計畫給點意見。我們自問，當今有誰和她倆一樣有著美國料理女王的地位，我們腦際閃現的唯一人選，那還用說，就是茱莉雅・柴爾德女士。於是，二〇〇一年春天，我們致電柴爾德女士，詢問她可否對《廚藝之樂》週年紀念版計畫給予指教。她以熱情洋溢又優雅無比的口吻說：「我很樂意，親愛的——無論如何，這很值得去做。」

幾個月後，我們坐在她加州聖塔芭芭拉家裡的餐桌旁。我們告訴她，我們的目標是重現「了解你的食材☆」的內容與價值，並對解說的部分進行添補、擴充和修訂，讓《廚藝之樂》再現光芒。我們解釋說，我們的理想是要以最暢銷的版本——一九七五年版——集家母和外婆打從一九三一年來所匯集分享的烹飪知識之大成，當作基礎。在一九七五年版蒙塵的書衣上，引述了茱莉雅的幾句話：「……它是我心目中的第一名……假使我書架上只能有一本英文食譜書，我會留的就是這一本。」

幾天後，我們收到她的一封短箋，上面寫著「謝謝你們把《廚藝之樂》的樂趣找回來」。我們開心極了。在接下來的幾週裡，茱莉雅審閱其中某些章節的修訂稿，用她的認可為我們的努力賜福。然而我們和她的友誼卻很短暫，因為她的健康走下坡，終而長辭人世，但是能夠認識她並與她合作，我們感到無比榮幸。感謝她喜歡《廚藝之樂》，喜歡到為它付出她些許的寶貴時間。

這項計畫的完成，還有賴其他很多人——家人和朋友、烹飪老師和美食寫手、編輯和出版人——鼎力相助，雖然在此只提及當中的少數人，但我們對所有人都滿懷感激。沒有大家的幫忙，《廚藝之樂》不可能完成。

我們已故的表親愛莎・杭斯坦（Elsa Hunstein），外婆疼愛的甥女，和她的先生傑克，敞開家門歡迎我們，在我們兩度造訪期間，我們一同花了數小時下廚、吃喝，暢談和歡笑。她分享了她對於外婆以及家母的私密記憶，當時外婆和家母正為三〇和四〇年代出版的《廚藝之樂》忙碌，她六歲大，幾乎每星期在厄爾瑪姨婆家品嚐菜色。她最愛的菜餚之一是羅宋湯，而且她很喜歡盛羅宋湯的銀盅。多年後外婆辭世時家母把那口銀盅送給愛莎，而愛莎在她二〇〇四年過世前又把那口銀盅送給我們。愛莎，謝謝妳的一切。

位於紐約的實驗廚房在測試「隆鮑爾特製」蛋糕，外婆最愛的蛋糕之一，遇上困難時，我們靠杭斯坦家的孩子們來解決問題，因為愛莎年復一年烤這款蛋糕為傑克過生日。茱麗亞、瑪莉、吉姆和艾莉絲應付自如，並回想起他們母親的明智建議：「別在悶熱的天氣烤這款蛋糕。」吉姆說的當然是經驗之談，因為他親手烤出來的蛋糕令人難忘，我們有照片為證。

這一次的改版帶來的最大快樂，大概是我們結識了梅姬・葛林（和她的家人）。梅姬是《廚藝之樂》的編輯主力之一，她以無比的輕鬆與自信接下重任，不僅以堅強毅力完成這個計畫最艱難的部分，而且多半時候是由她領頭的。她對《廚藝之樂》的付出、熱忱和貢獻，讓這份棘手的工作對每個參與者來說變得容易許多。她也是世上最條理分明最有效率的人，她絕不會出錯的記憶，使她成了這個修訂版的守護天使。她投注知識、經驗以及對細節的講究來修潤這本書，這是我們所有人的福氣。「了解你的食材☆」和「烹飪方式與技巧☆」，《廚藝之樂》最重要的兩章參考資料，就是她一手催生的，可見有她在我們多麼幸運。少了她我們該如何是好？

這重大計畫的大無畏領導者是貝斯・魏爾翰（Beth Wareham），Scribner旗下生活風格出版社的社長。感謝妳對這計畫的付出，妳的幽默感和妳最終的膽量（裝在我書桌上的一口罈子裡）。我們怎麼忘得了那大型圖表；關於怪異小地方的無止境交談；一長列沒完沒了的形容詞；對鷹嘴豆泥、蔓越莓、洗指碗、蛙腿和燒烤披薩的執迷；以及在這個國家裡什麼人吃什麼東西的無數討論。始終趣味無窮。

我們的好友亞契・蔻利赫和雪莉・蔻利赫對《廚藝之樂》的「了解你的食材☆」的衷心貢獻。這不可或缺的篇章被重新納進來而且以最新資訊擴充修改，多虧《烹飪巧手》（*Cookwise*）這兩位作者和夫妻檔的付出。此外，雖然我們沒有親自討教，但還是要感謝哈洛德・馬基（Harold McGee），我們翻閱他的大作《食物與廚藝》（*On Food and Cooking*）不下數百回，為食物問題尋找難得的答案。

烹飪歷史學家和作家安妮・曼德森（Anne Mendelson）在多年前變成《廚藝之樂》大家庭的一分子，當時她書寫了《親上爐火線》（*Stand Facing the Stove*），闡述《廚藝之樂》的歷史以及書寫它的女性。她「七十五年的樂趣，細說從頭」那一章，是《廚藝之樂》這次週年紀念修訂版很寶貴的一篇序文。

松本一樹（Ikki Matsumoto）和松本波莉（Polly Matsumoto），www.ikkimatsumoto.com，好心地研究出插畫風格。一樹在一九七五年版本裡的插畫反映出他不可思議的才華以及和家母共事的寶貴時光，他們為這本書的插畫打下基礎。很感謝約翰・諾頓（John Norton），www.johnnotonart.com，補上了一樹遺漏的地方，以清新洗練的藝術和迅雷的速度把插畫統合一氣。

我們也要感謝為這本書的完成投注了時間與熱情的其他專家。作者兼獵人瑞貝卡・葛雷（Rebecca Grey）在「野味、家禽和野禽★」那一章所花的心力，教導我們如何烹理以及《吃得像野人》。我們感謝她在蒐羅、打獵、製作楓糖和捕魚的專長。《天上的派》（*Pie in the sky*）作者蘇珊・戈德・普蒂（Susan Gold Purdy），www.highattitudebaking.com，特地跑到高海拔地區確認我們的高緯度蛋糕不僅美味，而且在各個海拔都做得出來。她對細節的注意，而且樂意把每章節讀一遍，對我們來說寶貴無比。芽苗大師吉爾・菲芮須曼（Gil Frishman），www.sproutpeople.com，在穀物和豆芽的章節貢獻良多，而我們最愛的園藝之一就是種植穀物和豆芽。

對於喜歡用燒烤方式或在營火上烹煮的人，我們在「烹飪方式與技巧☆」那一章加了一小節的爐灶料理，這要感謝專家兼作者威廉・魯貝爾（William Rubel），www.williamrubel.com，分享了他關於《火的魔力》（*The Magic of the Fire*）的熱情與知識。我們要感謝伊莉莎白・安卓瑞斯（Elizabeth Andress），全國家庭食物保存中心（National Center for Home Food Preservation）主任，www.homefoodpreservation.com，為我們「罐藏、冷凍及其他保存方式☆」那一章的資訊下苦功做了更新。她幫助我們把這無比重要的參考資料帶回《廚藝之樂》。

我們也要對華特・威列特博士（Dr. Walter Willett），《飲食與健康之道》（*Eat, Drink and Be Healthy*）一書的協同作者，同時也是哈佛大學公共衛生學院營養系主任，www.hsph.harvard.edu/nutritionsource，致上謝意。《廚藝之樂》更新的營養章節，就是得自他務實有理的資訊與建言。我們也要感謝布萊恩・聖皮耶（Brian St. Pierre），他好心地補充有關葡萄酒（和啤酒）的最新資訊，以開放熱情的態度教導我們葡萄酒知識，沒把我們嚇跑。我們是在讀了他的書《美酒一杯》（*A Perfect Glass of Wine*）之後找上這位傑出的老師和作者，他也讀完這一大冊的每一章，確保我們家族的聲音清晰響亮。

蘇珊和我也要感謝我的胞弟馬克，弟媳珍妮佛和姪兒喬伊，他們始終相信我們為《廚藝之樂》做了正確的事。小犬約翰，他想必認清了要忍耐他母親不時要求他對若干章節及編輯概念給意見。向我們家族的釀酒師，寇爾納・隆鮑爾、他已故的妻子瓊安、女兒席娜、兒子KR、品酒室的職員以及透娜皇后，脫帽致意，他們一年到頭在加州聖赫蓮娜（St. Helena）的隆鮑爾葡萄園推銷《廚藝之樂》。有機會在他們的夏多內風雲盛會辦簽書會是每年的一大樂事。

感謝對若干主題提供食譜和點子的那些人：Hector Gomez、Bonnie Scripps、Gina Geradhi、我們的摯友Alice和Matt MacLeid，以及永遠忠實可靠又志趣相投的老友，Brenda Ward。感謝Cindi Menard-Marshall，她以正拉拔三個兒子長大的老媽身分給了很多烹飪上的觀點，我們也很感謝她關照我們生活中很多商務細節。華倫・葛林（Warren Green）慷慨地為「了解你的食材☆」給出時間和專業，他也是體貼的老公，每每在忙了一整天回到家時，發現梅姬和蘇珊埋首於堆滿了書籍、文稿以及筆電的廚房。謝謝你，華倫。我們的朋友蘇珊・柯林斯（Susan Collins），一位淑女也是能幹的女當家，建議我們把如何與外燴師搭配的資訊納進來。這額外的資訊不僅是大多數人都需要的，這概念也讓這版本的《廚藝之樂》更完備、更加跟上時代。我們也要感謝在辛辛那提、俄亥俄的好撒瑪利亞人醫院（Good Samaritan Hospital）與梅姬共事的營養實習生。我們也要向「密希絕品果醬和果凍」（Missy's Finest Jam & Jellies）的蜜希・林恩（Missy Lynn）致意，她分享了她的廚房和知識，為我們進行果凍和果醬的測試。

我有兩位得力的左右手，當我在一九八〇年代努力保持《廚藝之樂》的蓬勃和成長。她們投注了大量的精力、知識和技能，完成了始終沒能付梓的版本，我很感激她們所做的一切，沒有她們這世界將會不同，謝謝妳們，讓人俯首稱臣的莎夏・維列夏金（Sasha Vereschagin）和活力無窮的珮媞・艾澤（Patty Eiser）。

沒有Scribner的領導群這本書不可能完成，她們看著我們往正確的方向前進，幫助我們抵達我們想去的地方。多麼棒的團隊！蘇珊・莫爾道（Susan Moldow）和羅絲・里佩（Roz Lippel），謝謝妳們在各個場合代表《廚藝之樂》出面。卡洛琳・瑞迪（Carolyn Reidy），謝謝妳一直對這本書有信心。沙菈・碧玲斯利（Sarah Billingsley）和吉兒，沃格爾（Jill Vogel）的毅力和她們下的苦功，值得好好獎勵。謝謝《照食譜做菜》（*Cooking by the Book*）的蘇西・歐洛克（ Suzi O'Rourke）和她的工作人員，他們把這些食譜做過一遍，了不起的任務。我也要對我的代理人山姆・品克斯（Sam Pinkus）表達謝意，他是我可以商量的人、支持我的人，也是好友。

最後但也同樣重要的，我要感謝內人蘇珊，她致電給柴爾德女士，聘用梅姬，把最初的計畫整合起來，做出這個根據一九七五年版本來加以修訂的《廚藝之樂》。雖然有時很惱人，但總是堅持不懈，她賣力工作讓《廚藝之樂》更完備，同時也是這個版本的寫手和編輯。蘇珊卯盡全力讓這次的改版成真，為此我會愛她長長久久，就像我基於其他無數理由愛她一樣。

週年快樂！外婆、老媽和老爸。希望你們感到開心。我們花了好長的時間下了一番苦工，再次把「《廚藝之樂》的樂趣找回來」。

伊森・貝克
半月山
西提科，田納西
二〇〇六年四月

附註：歡迎上梅姬、蘇珊和我的網站：www.thejoykitchen.com

謝辭

首先要對茱莉雅・柴爾德女士致上深深感謝，感謝她為這項計畫花時間，對這修訂版的架構和概念給意見，而且審閱了頭幾章的部分章節。

感謝在各個方面對這本書予以支持的所有人：John Baker、Susan Collins、Bruno和Helen Doetsch、Gina Gerardhi、Hector Gomez、杭斯坦一家人、Elsa、Jack、Julia、Mary、Jim和Alice。Alice和Matt MacLeid、松本一樹和松本波莉、哈洛德・馬基、Cindi Menard-Marshall、約翰・諾頓、Bonnie Scripps和Brenda Ward。

特別感謝每章的編輯，他們的審慎和仔細使得這個版本的《廚藝之樂》很特別。他們是：

伊莉莎白・安卓瑞斯、Melissa Clark、Arch和Shirley Corriher、Abby Dodge、瑞貝卡・葛雷、Maggie Green、蘇珊・戈德・普蒂、安妮・曼德森、布萊恩・聖皮耶、Stephen Schmidt、Michele Scicolone、Marah Stets和華特・威列特博士。

我們也要感謝在幕後付出心力的各群人馬——食譜研發者、抄本編輯（尤其是Judith Sutton）、美編設計、文編排版人員，以及一些偉大的廚子——感謝他們對《廚藝之樂》的莫大貢獻。他們是：

Marilyn Abraham、Sue Anderson、Susan Cope Baker、Tamara Bigelow、Sarah Billingsley、Donna Capobianco Boland、Jeanine Botsko、Lauren Braun、Larry Catanzaro、David Cerpa、Howard Chapman、Anne Cherry、Helen Chin、Suet Chong、Joshua Cohen、Todd Coleman、David（The Kid）Cope、Sarah Copeland、Mia Crowley-Hald、Jane Davis、Jennifer Davis、Linda Dingler、dix! Digital Prepress Inc., Tierney Dodge、David Domedion、Georgia Downard、Suzanne Fass、Hope Marie Flamm、Bobby Flay、Gil Frishman、Joyce Galletta、Melissa Gaman、Tom Gelinne、Temple Grandin、Reid Green、Gabrielle Guise、Kathy Hamilton、Jessica Harris、Jan Hazerd、Suki Hertz、Lauren Huber、Adrian James、Anne Jones、Jamaica Jones、Irene Kheradi、Liana Krissoff、Carl和Peggy Kroboth、Olga Leonardo、Abby Lupoff、Sandy MacGregor、Christine Malloy、Ann Mileti、Michael Mitchell、Gay Moldow、Hiromi Nobata、John Norton、Alexandra Noya、Maggie Odell、Ashley O'Neal、Joyce O'Neil、Brian O'Rourke、Amy Palma、Stacy Pearl、Elizabeth Perreault、Kim Pistone、Larry Placek、Lisa Porter、Andrea Potischman、

Kathleen Rizzo、Rick Rodgers、Liliana Scali、Dianne Schwalb、Tracy Seaman、Tim Shaw、Martha Rose Shulman、Patrick J. Skerrett、Rian Smolik、Katy Sprinkel、Moraima Suarez、Diana Thompson、James Togba、Judy Troy、Tracy Van Buskirk、Claire Van de Berghe、Lisa West、Russell White、Lisa Wolff、Miriam Wysoker。

如何使用這本書

留意這些符號

➡ 成功法門

▲ 高海拔地區

（ ） 依個人喜好添加

首先，我們要給你開啟這本書的鑰匙。每當要強調一個重要原理或訣竅，箭頭➡代表著成功的法門。三角形▲警示高海拔地區的烹飪方法、祕訣和食譜。括弧代表依個人喜好添加的食材——也許可以增添風味，但不加也沒關係。也請留意我們對以下這些詞的用法：任何的肉類、魚類或穀類，除非另加說明，否則都是生的，沒有煮過的。雞蛋是指大顆的，或者兩盎司大小。牛奶指的是全脂的新鮮牛奶；奶油是無鹽的；麵粉是未經漂白的中筋麵粉；香料是指研磨成粉的；辛香草是指新鮮的；罐裝濃縮湯在用的時候是不稀釋的。

為了回應很多讀者會問的問題：「你們愛吃的菜是哪些？」我們用自家的用語來標示這些菜。當你看到菜名加上「樂土」（Cockaigne）一詞，那道菜就是家母和家父愛吃的。Cockaigne一字在中世紀裡意指「烏托邦，安逸富足的仙境」，它也是家父家母對辛辛那提摯愛家園的暱稱。「貝克版」是我最近幾年研發出來的菜色，反映的是我個人的料理手法——我超愛省時小撇步。加上「半月」二字的食譜是我們目前愛吃的，紀念我們家鄉田納西的半月山，我們怎麼可能忘了它？名稱加上「隆鮑爾」的是經典菜色，也是外婆最愛的自創料理。

食譜若有著經典名稱，那麼它必定包含了最初得此名稱的必要食材和做法。想要便捷的餐食，翻閱**早午餐、午餐和晚餐菜餚**那一章以及**菜單**列的名目，從那兒你可以找到很多可以快速做好的食譜。**菜單**也提供你適合各種場合的無數菜色，從野餐到婚宴，從節慶到背包旅行，應有盡有。

編按：《廚藝之樂》一書分三冊出版，相關資料皆可相互參考，為方便查詢，在內文或菜單上會分別標示★與☆的記號，說明如下：

標示★，請參考《廚藝之樂[海鮮・肉類・餡、醬料・麵包・派・糕點]》

標示☆，請參考《廚藝之樂[蛋糕・餅乾・點心・糖霜、甜醬汁・果凍、果醬・醃菜、漬物・罐藏、燻製]》

索引是你打開本書後門鑰匙，它會帶你接觸到諸如煨熬（simmer）、燉滷（braise）和煎炒（sauté），以及雷莫拉醬（rémoulade）、蔬菜絲（chiffonade）、焦糖（brûlée）、調味蔬菜丁（mirepoix）；以及國人熱愛的料理，諸如加味伏特加、冰摩卡、烤鮭魚排和單人份的熔岩巧克力蛋糕。

我們邀請你去探索本書的其他特色，包括談論**烹飪方式與技巧**☆那一章，該章提供你很多線索，讓你做的菜餚色香味俱全又兼顧營養。你會發現這一章就像一位可靠的烹飪老師，不管你用爐火或灶火烹煮。**了解你的食材**☆是《廚藝之樂》內附的一部食物百科全書，裡頭說明了你常用食材的重要特色，它們如何起作用以及為何那樣起作用，怎麼測量它們的量，可行的話，怎麼彼此替代。在以「關於」開頭的段落裡，你會找到和這些食物類別有關的資訊，其中包括購買、儲存和食用。

更重要的是，我們希望，在回答「我們應當吃什麼才對？」這疑問時，你會在「**營養**」那一章找到有助於你明智選擇食物的訊息。運用這些資訊的同時，你會同意山謬・張伯倫（Samuel Chamberlain）的觀點，他說：「溫文的美食藝術是一種親善的藝術，它跨越語言隔閡，在文明人之間結交朋友，而且溫暖人心。」從我們這本書裡擷取適合你個人、符合你的品味、帶給你愉悅的菜餚，然後和我們同享烹調的樂趣。

七十五年的樂趣

細說從頭

一九三一年，經濟大蕭條把一個動盪的國家箝制得更緊了，但箝制不了一個堅毅的聖路易斯女士的決心，而她正面對著另一種傷痛。在丈夫於一九三〇年輕生後，她打造出自己的人生新目標。她花了一年多的時間，集結大量喜愛的食譜，將之付梓出版，而且是自掏腰包這麼做，書名透露著不被哀傷打倒的意志：廚藝之樂。

當厄爾瑪・馮・史塔可洛夫・隆鮑爾（Irma Von Starkloff Rombauer，一八七七～一九六二）在兒子小艾德格（Edgar Jr.）和女兒瑪麗安（Marion）的鼓勵下，開啟她晚年才起步的事業，美國主要的食譜書多數是曼肯（H. L. Menchen）*所謂的「烹飪學校的老古板女教師」或「一幫暴民也似的獨斷營養學家」的作品。厄爾瑪，來自一個有文化素養而且在政治上很活躍的德國移民家庭，則獨樹一格。她沒有正式證照又完全外行，但卻知道生手廚子若有個朋友在一旁指點會學得比誰都快。這嬌小、時髦、慧頡而且極有說服力的女人，自告奮勇地當起廚房裡那位朋友。

有好幾年的時間，她在自家販賣她的食譜書，同時反覆思索書寫食譜這整個事業。最後她想到了一種新穎的形式，把條列的食材鋪陳在烹煮過程的說明裡，也就是今天所謂的「動感方式」（action method）。在丈夫的前祕書瑪麗・懷特（後來的瑪麗・懷特・哈里奇）協助下，她以新形式改寫所有的食譜，進行由印第安納波利斯（Indianapolis）的 Bobbs-Merrill公司在一九三六年出版的增訂版。銷售成績還不錯。

頭兩版的《廚藝之樂》把我們帶回到雞肉很昂貴但小牛肉很便宜，廚刀必須用檸檬汁擦乾淨以免沾污漬，「結霜」（冷凍）蔬菜還有很漫長的路要走才進得了廚房，家用冰箱不如由冰塊來冷卻、名副其實的「冰箱」普遍，而且牛奶也沒均質化處理過的美國。電動打蛋器（electric mixer）在當時是新玩意兒；大多數人用旋轉式打蛋器（rotary eggbeater）或球形打蛋器（wire whisk）來打發蛋白或發泡鮮奶油。製成泥狀物的方式不透過攪拌機（blenders）或食物調理機（food processors），而是用木湯匙用力搗壓食材，強使它被篩網篩

---

*譯註：一八八〇～一九五六，美國記者、評論家，二十世紀前半葉最具影響力的美國作家之一。

過。很多人從沒看過櫛瓜、青花菜、橡實型南瓜（acorn squash）、醬油或生薑。山羊起司、茴香、義大利緞帶麵、貝果、優格、夏威夷果、芒果、中式海鮮醬、初榨橄欖油和芫荽是只有少數圈內人才知道怎麼使用的東西。櫻桃番茄、康瓦爾雞（Cornish hens）和四分之一磅條狀包裝的奶油還在有段距離的未來之外等著，就如鋁箔紙、家用塑膠袋、紙巾和保鮮膜一樣。

大多數美國人接觸到的異國料理僅限於德國、義大利、中華以及某些州接觸到的墨西哥料理。最受喜愛的料理蔬菜方式（除了單純的水煮後拌奶油之外）是加鮮奶油煮或做成菜泥餡餅或舒芙蕾。在後院的戶外料理——很少人說「BBQ碳烤」——你得先用磚頭或石頭搭出升火處。主流廚師或和女主人對於把大蒜加到沙拉裡會有一絲絲顧慮，但毫不忌諱地端上牛排、奶醬、諸如小牛胸腺和牛舌等各種肉類、加奶油和豬油的派餅、起司歐姆蛋、膠凍沙拉（gelatin salads）或濃湯。厄爾瑪・隆鮑爾的料理全心擁抱這飲食風景的所有重要特色，以及她自家的傳統聖路易斯德國料理。

當時跟今天一樣，美式食物拒絕被輕易地一概而論，但是在一九三六年，在單單一本書裡涵蓋多樣的美食偏好，不如今天以為的那麼離譜。對厄爾瑪來說，這一點也不離譜。她喜歡一概要從頭做起的老式菜餚，也愛用加工食材——像是罐頭湯和煉乳——當時最新式的便利品，這些便利品，有些廚師認為是現代奇蹟，有些廚師則鄙為劣質替代品。烹煮食物所反映的人與人的情感聯繫，對她來說比優雅或真誠這不變的準繩更重要。打從一開始，《廚藝之樂》的讀者就被當成朋友看待，而不是學生。他們感覺到彷彿有個真人在場，而她總會悠哉地把題外話帶進正在進行的事情當中，不管是提起她最愛的漫畫人物，或者文學名句，譬如馬克吐溫說的，「任何東西過量都不好，但好的威士忌再多都不夠。」

《廚藝之樂》的下一個修訂版出現在一九四三年，時值二次世界大戰，舉國動盪。厄爾瑪在一九三六年版本編進了很多簡便料理，好讓這增訂版吸引更廣大的讀者，而且她在一九三九年把這類的省時食譜集結成一本小冊子出版。這一次的修訂注意到了烹飪的發展趨勢，譬如壓力鍋以及辛香草和調味料的風行，介紹了更多參考資料和營養訊息，納入一整節使用未限額配給的替代品來取代戰時現額配給食材的食譜（因此醬油食譜頭一次出現在《廚藝之樂》裡），而且提供了剛開始流行的菜色，譬如俄式酸奶牛肉、維琪冷湯和酪梨醬。同等重要的，厄爾瑪本身的開朗個性在這版本裡更加奔放不羈，書中瀰漫著更濃厚的朋友之間交談的感覺，當她愛國地拿著「我們強力的武器，一把料理勺」。她的努力使得《廚藝之樂》成了全國暢銷書——在太平洋戰場服役的軍人甚至寄感謝函給她，使得在火爐前線的家庭廚子很頭大。

在一九四六年，那個版本被重新做了一些調整，刪除了戰時限額配給品的料理，而且厄爾瑪在同一年出版了一本為兒童寫的書，《給小男生和小女生的食譜書》。她已經在構思著一本更徹底翻新的《廚藝之樂》，而且她將需要女兒瑪麗安·隆鮑爾·貝克（一九〇三～一九七六）的才華。

最初自費出版的《廚藝之樂》就是由瑪麗安負責美術設計和食譜的測試，而且提供了精神上的支持。當厄爾瑪邀瑪麗安參與修訂更新時，瑪麗安和丈夫約翰·威廉·貝克以及兩個兒子馬克和伊森住在辛辛那提。和厄爾瑪一樣，她以業餘的廚子自詡。不過，她的能力及興趣和母親的相互補，而不是翻版。她對於從廚房延伸出去的廣泛議題有著堅定的信念，這些議題涵蓋了全穀物在營養上的重要性，有機栽種的好處以及環保意識等等。她擔任辛辛那提現代藝術協會首位專業會長期間，體會到視覺呈現可以做為學習的輔助工具，而且結識了年輕藝術家吉妮·霍夫曼（Ginnie Hoffman），吉妮後來為新版本提供了大量極其寫實的素描。

同時，厄爾瑪也在紐約飲食界廣結善緣——尤其是她的好友，美聯社的賽西莉·布朗史東（Cecily Brownstone）——這使得她掌握了最新的飲食潮流和廚房用具。在母女聯手改造下，這本書迎向戰後的重要演變，譬如家用冰箱和其他特殊家電的興起。具有時代意義的新菜式包括獵人燉雞（chicken cacciatore）、培根包棗乾、原味糙米飯、酸奶鯡魚、自製優格和披薩（又叫做蔬菜酥餅）。這個版本的《廚藝之樂》也提供了些許「荒島」的訊息——譬如說，如何在自家裡將牛奶殺菌——對於置身於陌生或孤絕情境中的人，不管是在城市中或荒野裡，可說是一大福音。

由於一九五五年開始的一連串中風，厄爾瑪的參與減少了。隨著母親的病況惡化，瑪麗安只得獨挑大樑，在約翰的協助下進行下一版的修訂，而約翰不僅修潤文稿，也注入了機智幽默，而且在烹飪上提供意見。他們完成的不只是食譜，而是百科全書式的，但卻優雅有趣的資源，它加強了荒島的元素，同時把新的重點擺在背景訊息上。在這個版本裡，和母親一樣喜歡和讀者朋友分享樂趣的瑪麗安，以「樂土」標註她家愛吃的菜餚——「樂土」指的是貝克家摯愛的辛辛那提家園，她在那兒闢了一座八畝大的「野菜圃」做為重建生態的樣板。

這個版本的《廚藝之樂》堪稱是五〇至六〇年代美食革命的代表作之一，和《詹姆斯畢爾德料理書》、《精通法式料理藝術》、《紐約時報料理書》以及邁可·菲爾德（Michael Field）的《料理課》並駕齊驅。然而《廚藝之樂》所帶來的影響比這一些書更廣泛。不管業餘廚子也好，專業主廚也罷，當他們要磨花生醬、對付豬腸或一整隻章魚、營炊升火、處理荔枝等在當時屬於異國的水果、淨化飲用水，或拿蜂蜜來取代糖但又不會破壞食譜時，《廚藝之樂》是他們會去找來看的書。它精準地判斷了美國廚子已經準備好接受諸如法式魚丸（fish quenelles）、砂鍋、葡萄葉捲、波隆納肉醬、烤蕎麥（baked kasha）和法式肉凍等菜色。

因為和出版社之間嚴重的意見分歧，新版本直到一九六三年才以瑪麗安能接受的形式面世（被竄改曲解的版本曾在一九六二年出現，厄爾瑪過世那一年）。接下來的十二年——瑪麗安和約翰功成名就的期間——《廚藝之樂》成了全國的廚房聖經，說不定是二十世紀最出色的美國料理書。

下一次的修訂，則是在健康每況愈下的陰霾裡進行的。打從一九七二年起，瑪麗安罹患癌症，接受令人耗弱的治療，這癌症終究無法對治，而約翰也在一九七四年因腦瘤辭世。在忠誠的助手支持下，包括伊森和他的妻子瓊安，以及插畫家松本一樹，她繼續堅持下去，突破任何困難。一九七五年她期待完成可以體現她的很多關注（譬如說，現代農業經營這往往令人憂心的發展）和信念，同時提供更廣泛的食譜及參考資料的版本。這版本也涵蓋了諸如燕麥棒、跳跳約翰（hopping John）、香蒜鯷魚熱蘸醬（bagna cauda）、碎麥做的土耳其肉飯（bulgur pilaf）、口袋餅式的薄餅（pita-type flatbreads）和中國火鍋等新菜色。也是頭一本引介奇異果和豆薯的書，提供如何製作豆腐的實用解說，討論千層酥皮的使用，並定義放血過的肉（kosher meat）。

心心念念要把《廚藝之樂》當家族傳承的文史繼續延續下去，瑪麗安煞費苦心地保留很多從一九三一年就收錄的菜色，從番茄布丁、炒馬鈴薯塊、洋蔥舒芙蕾和肉桂星型餅乾，到選擇厄爾瑪式風格，譬如「一丁點番茄皮一度像餐桌上的一把獵刀一樣格格不入」。她的絕唱與廣大讀者一拍即合，從鄉下的家庭主婦到公社裡的嬉皮到全國最紅的飲食作家，而且它證明是《廚藝之樂》的所有版本裡至今最長銷的一本。

瑪麗安在一九七六年末過世，將《廚藝之樂》留給伊森和馬克。經過幾年的合力修訂，伊森獨自接下重任。隨後數十年間，出版業起了很大的變化——包括Bobbs-Merrill的休業——有很長一段時間，這阻礙了進一步的發展，直到《廚藝之樂》總算找到新歸屬， Simon & Schuster旗下的Scribner imprint出版社。一九九七年，Scribner 出的版本和之前的大為不同，收錄了軍中食譜和其他數十位專業飲食寫手的文章。新版本和往昔真正的分野，在於它淡化了第一人稱的意見和突發奇想的題外話，而這兩項是厄爾瑪和瑪麗安的一大特色。不過他們也前所未見的大呼該書所執行的寶貴服務：從新近研究的觀點來修正從前在事實面的錯誤；承認家電的重要，譬如食物調理機、微波爐（瑪麗安對於使用微波爐有所保留）以及在當代美國烹飪裡的麵包機；此外——最重要的改變是——納入了其他文化裡的有趣食物，古巴和泰國，印度和日本。同時，新版本也注意到在今天來說不可或缺的材料或配料（巴薩米克醋、亞洲麵條、形形色色各種辣椒、印度香米〔basmati rice〕、印度綜合香料〔garam masala〕），而且帶給《廚藝之樂》信徒大受歡迎的新增食譜，譬如烤蔬菜、漬鮭魚片（gravlax）、墨西哥沙拉和越南河粉。

一九九七年，新版本出版那年，伊森娶了作家兼藝術家蘇珊・寇普。承襲著更新版本一旦完成便看向下一版的《廚藝之樂》這個家族傳統，伊森和蘇珊立刻開始著手進行二〇〇六的新版本。

有一點是逃不過厄爾瑪・隆鮑爾和瑪麗安・隆鮑爾的法眼的，那就是如同過去一些版本一樣，七十五週年版也發現美國正面臨著「試煉人類靈魂的年代」。他們會對所有良善的人，自豪地送上另一部永垂不朽的作品，依然冠著那不被悲傷打倒的書名。

安妮・曼德森

《親上爐火線》作者

營養

Nutrition

食物是我們生活中很重要的一部分。它提供原料和能量，讓身體發育、維持運作並進行修復。它凝聚家人和朋友，錨定節慶和人生大事，有時候還可以舒緩心靈。它具有療癒的力量，也能造成傷害。它也是龐大商業的核心。

在絕大部分的人類歷史，人的壽命都算短——在羅馬帝國時期，人的平均壽命是二十二歲——這意味著，在那漫長期間裡，人吃進什麼並不怎麼重要，只要攝取的卡洛里至少和燃燒的卡洛里一樣多就好。但是在今天，吃進什麼很重要。在很多國家裡，社會、公共健康和醫藥方面的驚人變革使得人活得更好，更長壽。當今美國人的平均壽命已經達到七十七歲高齡。這樣的歲數已經長得足以讓人罹患一長串與年邁有關的疾病。不過這些疾病大多不是老化所致、不可避免的結果，相反的，很多都是起因於營養不均衡、缺乏運動和其他的不良習慣。

不過還是有好的一面存在：➡加上規律的運動和不抽菸，真正營養的飲食是維持健康或者恢復健康的最佳對策。哈佛大學公共衛生學院的長期研究指出，這樣的組合驚人地可以預防八成的心臟病、九成的第二型糖尿病和七成的大腸癌。健康的飲食還可以幫助你避免中風、高血壓、高膽固醇、骨質疏鬆、便祕和其他消化性毛病、貧血、蛀牙、白內障和其他視力問題，以及記憶力下降。好處不只是預防性的——健康的飲食提供你更多能量、幫助你控制體重，讓你立時神清氣爽。

吃的方式——進食的心情或秉持什麼精神、餐桌的布置、和誰一起用餐——也很重要。做為滿足和充電的來源，很少有日常儀式跟下廚及分享餐食一樣具有非凡的潛力。不管是要餵飽家人、朋友或甚至是陌生人，下廚是情感與交流的一種表達，兩者都有益身心。席上的交談和人與人的互動往往是一頓餐飯裡最美妙的部分。

| 營養101 |

如果「健康的飲食」讓你想到乾柴的雞胸肉佐沙拉當晚餐，你不妨再想想。你可以從形形色色的健康風味裡選擇取悅你的味蕾、滿足你的口欲和符合你身體需求的食物——本書即涵蓋了很多。

在一九五一年，我們對健康飲食的建議是：每日兩份水果和三份蔬菜；一些好的蛋白質，來自肉類、奶製品、蛋、魚類和乾豌豆及豆類；由全穀物製成、加黑糖或糖蜜調味的烘焙食品。很好的建議，不過後來我們又學到了更多有關飲食如何影響健康的訊息。遺憾的是，有關健康飲食的構成概念變化很大，受到食物潮流、食物恐慌、思慮不周的公共政策和每年砸數十億元來左右我們挑選食物的食物工業的拉扯。這些因素聯手淹沒了營養學的中肯聲音。無論如何，哈佛大學公共衛生學院的威列特博士及其同事提出的「健康飲食餐盤」（www.hsph.harvard.edu/nutritionsource）是一個簡單的指南，可以幫助你在決定吃什麼時做出更好的選擇。它鼓勵你➡從健康的蛋白質、全穀物、健康的油、水果、蔬菜、豆類、堅果和籽實當中去選取大部分的食物。你不需秤食物的量，也不需計算吃了多少克油脂。沒有複雜的食物替換表要去遵循，你也不必吃怪異的小黃瓜或虔誠地避開特定食物（但是含有反式脂肪的除外）。

你不需照著這本書來吃，或照上述的餐盤或圖表來吃。盲目遵循任何健康飲食指南會讓飲食的樂趣喪失殆盡。其實更重要的是利用這類輔助資訊來發展出合理的飲食習慣。如果培根起司堡或一片巧克力起司蛋糕對你招手，盡情享用吧——偶爾吃吃無妨。➡重點在於，運用基於某些簡單原則的常識：（一）根據以紮實的科學為基礎的準則來選擇新鮮、營養的食物；（二）適當地處理和烹煮食物；（三）吃合理的量。本書裡提供的分量大多都很合理——夠多但不會過量。請參閱第十章的「**每一份的量是多少？**」。

我們多半從食物的角度來思考，而不是從營養的角度。為了選擇健康的食物，多了解一點健康食物的成分為何、哪些對你比對別人更有益等等很有幫助。

我們吃下肚的東西很少被浪費掉。消化酶會分解食物裡的蛋白質、脂肪和碳水化合物，把它們拆成胺基酸、糖和脂肪酸。身體具有一個驚人內建系統，可媲美任何的電腦系統。它以幾乎是立即而萬無一失的決策，來平衡並分配我們所攝取的東西，將每一種物質送往它該去的地方，善加利用我們帶進身體裡的東西。我們的任務是幫助這個系統順暢運作，既不加重它的負擔也不虧待它。

脂肪

不管國人的脂肪恐懼症怎麼建議，人體需要脂肪和膽固醇。**脂肪**是能量的主要來源。某些種類的脂肪可以保護心臟。**膽固醇**協助製造包圍細胞的「膜」和消化食物所需要的膽酸，它也是製造維生素D和諸如雌激素及睪酮素等荷爾蒙的原料。身體脂肪提供很重要的能量儲存補給站，形成保護內臟和組織的軟墊，並調節體溫。

脂肪主要有四種：飽和脂肪、單元不飽和脂肪、多元不飽和脂肪和反式脂肪。了解好和不好的脂肪其實很簡單：➡單元不飽和脂肪和多元不飽和脂肪在室溫下呈液態，飽和脂肪及反式脂肪則呈固態。

首先我們來認識一下**不飽和脂肪**，這類脂肪對心臟有益。不飽和脂肪可以改善體內膽固醇的內容、預防可能會致命的心律不整、避免動脈內的血液形成血塊。

單元不飽和脂肪在室溫下是液狀的，可見於橄欖油、花生油和芥菜籽油。酪梨和大多數的堅果也是單元不飽和脂肪良好的來源。

我們從玉米油、大豆油、籽實、堅果、全穀物和富含油脂的魚類，譬如鮭魚和鮪魚，獲取身體必須的**多元不飽和脂肪**。Omega-3脂肪是特別重要的一種多元不飽和脂肪，它的好處多多，從有助於大腦和神經的正常發展，到免疫系統和心血管的健全運作都是。這些脂肪在室溫下也是液態的。

飽和脂肪及反式脂肪，相反的，在你的飲食裡應該只占很少的量，或者乾脆一概避免。飽和脂肪富含於紅肉類、奶製品和少數的蔬菜油，譬如棕櫚油和椰子油。在室溫下，飽和脂肪是固態的，譬如培根或漢堡的油脂。奶油、全脂奶製品和紅肉裡的飽和脂肪會增加血液中低密度脂蛋白膽固醇（壞的膽固醇）的含量，低密度脂蛋白膽固醇含量越多，罹患心臟病或中風或心血管疾病的機率越高。試著把你每天攝取的飽和脂肪限定在總熱量的百分之八，或者每天大約十七克的飽和脂肪，那相當於七小塊的奶油、三杯一般的牛奶、一杯優質冰淇淋，或八盎司牛排。

反式脂肪對心臟加倍有害。反式脂肪產自在氫和鎳金屬微粒子的環境裡加熱含多元不飽和脂肪的液態植物油，這過程把植物油轉化成固態脂肪——人造奶油和植物酥油。這些加工過的脂肪不只提高了低密度脂蛋白膽固醇，而且會降低高密度脂蛋白膽固醇（好的膽固醇），並造成動脈裡可能導致心血管疾病的其他變化。反式脂肪可見於硬質條狀的人造奶油，以及幾乎所有的速食及商業產製的烘焙食品裡。我們建議你盡可能避開這些食物。

醣類

低醣/無醣熱一度使得國人聞醣變色，讓麵包、義大利麵甚至某些水果和蔬菜從健康的主食淪為飲食惡魔。所幸這一波狂熱已經過去，儘管它確實點出了美國飲食裡錯誤的醣類所占比例太高這個真正的問題。

糖和澱粉是食物裡可以被消化的主要碳水化合物。身體會把這兩者轉變成同一個東西——葡萄糖（血糖），讓體內每一個細胞用來產生能量。有些食物所含的醣類會讓血糖值迅速飆升。富含這類**壞醣類**的食物有白麵包和由精製白麵粉做成的其他烘焙食物、白米、含糖的碳酸飲料和果汁，以及馬鈴薯，尤其是炸薯條。大量攝取會使血糖值快速飆升的食物將增加罹患糖尿病、心血管疾病和體重過重的風險。

含有**好醣類**，能使糖分逐漸釋出，因而使得血糖值緩慢上升且上升幅度不大的食物有水果、蔬菜、全麥麵包、全穀麵食，以及諸如糙米、藜麥、燕麥和小麥的全穀物。這些食物提供必要的維他命和礦物質、纖維和許多重要的植物營養素，它們對血糖值的影響較平緩。

水果、蔬菜和全穀物均含**纖維**，也就是身體消化不了的草本物質。有些纖維可以捕撈富含膽固醇的膽酸，將之排出體外，有助於降低血液裡的膽固醇含量。其他的纖維可以延遲糖和澱粉的消化和吸收，減緩食用醣類之後血糖含量和胰島素的上升。➠每天攝取二十五克纖維是很好的目標。良好的纖維來源包括麥麩和全穀穀片、豆科植物、青豆和其他蔬菜水果。

蛋白質

不把水算在內，你體重的四分之三是蛋白質。蛋白質存在於皮膚、肌肉、紅血球細胞，以及讓你保有活力、數以千計的酵素裡。不過你無法儲存蛋白質或它的基材胺基酸，所以你需要天天攝取它。最新的準則宣稱，每公斤體重需要〇・八克蛋白質，那麼換算下來，體重一百四十磅的人（約六十四公斤）每天需要五十克蛋白質，體重一百九十磅的人（約八十七公斤）需要七十克蛋白質。由於含有蛋白質的食物很多，大多數美國人都能輕易達到這個目標。

有些**膳食蛋白質**很完整，也就是說它包含了製造新的蛋白質所需的所有胺基酸。也有些並不完整，也就是說它缺少一種或多種胺基酸，身體無法從澱粉製造出來，也無法從其他的胺基酸轉變而來。肉類、禽類、魚類、蛋和奶製品是完整蛋白質的來源，從蔬菜來的蛋白質通常是不完整的。這也就是為什麼要在一天當中吃下彼此互補的食物組合的原因，譬如米飯摻豆類、麵包抹花生醬或豆腐佐糙米飯。

從牛排來的蛋白質和從鮭魚或黑豆來的蛋白質差不多是相同的，不同的地方在於連同蛋白質而來的內容。牛肉會夾帶大量的飽和脂肪，鮭魚和豆類所含的飽和脂肪很少，鮭魚提供對心臟有益的Omega-3脂肪，而豆類給你纖維外加許多維生素、礦物質和植物營養素。

維他命和礦物質

你的身體需要十三種維他命和至少十六種礦物質以維持日常的運作。身體無法自行製造維生素和礦物質，所以必須從食物和補充品裡攝取。包含了大量水果蔬菜和全穀物的健康飲食提供大多數你所需的**維生素和礦物質**。但是食物提供不了人所需要的維生素D，而且老年人和有消化問題的人也無法從食物裡吸收足夠的維生素B12。孕婦或計畫懷孕的人需要額外的葉酸，經常喝酒的人也一樣，因為酒精會阻礙葉酸的吸收和起作用。

每天攝取綜合維他命可以確保營養不缺失，就連最懂營養學的人也可能會營養缺失。標明維生素和某些礦物質的每日攝取量基準值（DV）的合格品牌綜合維他命大抵沒問題。認明符合美國藥典（USP）規定的商品，美國藥典是一個獨立組織，明訂出藥物、膳食補品和其他保健產品的產製標準。

鈉，我們飲食裡的一個必要礦物質，則位於營養平衡桿的另一端。美國人每日平均吃下三千五百～四千五百毫克的鈉，但維持身體系統良好運作只需一千毫克左右。這些過量的鈉大多來自加工食品。➡過鹹飲食會使得血壓有害地上升，所以小心避免不需要的鹽分。

卡路里

卡路里不是營養，而是熱量的單位。實際上，食物卡路里大約是指一個一百五十磅重的人在睡眠時每分鐘燃燒的熱量。關於飲食的書或文章經常談到「脂肪卡路里」或「醣類卡路里」，但其實沒有差別——從紅肉、冰淇淋或麵食來的兩百大卡對身體起同樣的效果。➡終究說來，吃下太多熱量而消耗太少熱量就會導致體重增加。

想知道你每天需要多少卡路里來維持體重平穩，把你的體重乘以15。（如果你一百六十磅，你需要160×15，也就是每天二千四百大卡。）➡如果你想減重，每天減少五百卡的熱量，一週下來你可以減掉一磅。每天減少二百五十大卡的熱量，並且每天快走三十分鐘，也可以達到同樣的效果。你要如何獲得這些熱量——醣類、脂肪和蛋白質的比例——就看你個人的口味。請參閱「總之」，27頁。

液體

你每天從呼吸、出汗和排尿流失多少水分，你就需要補充多少水。因此我們常被告知說，每天要喝八杯八盎司的水，其實這觀念並不正確。身體需要多少水分因人而異。美國醫學研究院（the Institute of Medicine）建議，以口渴與否為指標來飲水，而且該院也指出，你可以從各種來源獲得每天所需的水分。

說到消渴，水是不敗的選擇，它百分百符合你的需要又沒有熱量，而且一杯自來水花不到你一分錢。不過，假使水不是你所需要的飲料，還有很多方式可以獲取你需要的液體。水果和蔬菜也富含水，而且有大量的礦物質、維生素和纖維，熱量相對上也少很多。低熱量的飲料，譬如咖啡、無糖的茶和低熱量的碳酸飲料，也是止渴的好方法。全脂牛奶、一般的碳酸飲料、果汁和其他的含糖飲料也可以止渴，但它們的熱量加總起來相當可觀。

酒精

酒精是補品也是毒品，差別大多在於用量。餐前酒可以促進消化，偶爾和朋友小酌幾杯也可以聯絡感情。適度飲酒可以提高高密度脂蛋白膽固醇，好膽固醇的含量，也可以減少心血管、頸動脈和腦血管裡血栓的形成。有清楚的證據顯示，適度攝取酒精可以預防心血管疾病和一般形式的中風。然而縱酒在大多數國家都是可避免的死亡主因，而且會導致各種健康、情緒和社會問題。

總之，如果你喜歡喝酒，盡量適度地喝——男性一天一或兩杯，女性一天不超過一杯。假使你不愛喝酒，也毋需強迫自己，多多運動也可以達到同樣的好處。別忘了酒精不是沒有熱量。➡十二盎司的啤酒（約三百四十克）大約是一百五十大卡，五盎司紅酒和一又二分之一盎司的烈酒分別都是一百大卡。

| 總之 |

這些準則總結了當今關於健康飲食內容的最佳見解。其重點包括：

- 多吃單元不飽和脂肪及多元不飽和脂肪，少吃飽和脂肪，並且避免反式脂肪。
- 多吃各色蔬菜和水果（馬鈴薯除外，它其實只是澱粉）
- 多吃全穀醣類，少吃精製穀物醣類
- 選擇較健康的蛋白質來源，以雞肉、火雞肉、魚類、豆類或堅果類替代紅肉。
- 適度飲酒，或滴酒不沾也行
- 每天補充綜合維他命以確保營養均衡
- 維持穩定健康的體重
- 規律的運動

你如何把這些重點整合起來，端看你吃食的偏好。健康的飲食包含高達百分之三十五至四十五的卡路里來自脂肪（只要大部分是不飽和脂肪）或者少至百分之十。醣類可以佔百分之十至百分之六十五之間，只要熱量絕大多數來自水果、蔬菜和全穀類，而來自精製澱粉和添加的糖少之又少。來自蛋白質的卡路里可以介於百分之十至三十五——只要留意蛋白質所夾帶的其他內容。

| 體重管理 |

體重位居健康與疾病這錯綜複雜的網絡中心。➡僅次於你抽菸與否。體重是你未來的健康狀況最重要的指標。把體重保持在健康的範圍內（參閱

www.nhlbisupport.com/bmi/bmicalc.htm），總是說得容易，做起來很難。在我們「加碼升級」的文化裡，我們常受到慫恿人多買多吃的廣告轟炸，與此同時，活動筋骨的機會卻似乎逐年縮減。

大多數的節食，說來遺憾，都不真的有效。幾乎不論是哪一種節食，一開始都會甩掉一些體重，不管甩得多誇張，但終究只有很難得的少數可以保持下去。原因之一在於，限制某些（通常是好吃的）食物，而且只吃有限的幾種食物很無趣，況且這麼一來會把口腹之欲愈養愈大，導致「暴飲暴食」。另一個原因是，很多節食者在減重和保持下去的過程中，忽略了運動的重要。第三個原因是每個人對不同的節食法反應不同。有人用節食法A成功甩肉，用節食法B就沒用，而有人用A法不瘦反胖，用B法才會變瘦。

與其套用專為別人設計的節食法，不如替自己量身打造一個。這方法應該提供許多選擇，限制相對要少，而且有益於你的心臟、骨骼和其餘各方面，一如它對你的腰圍有益。這裡所描述的健康飲食要素，運用了本書裡的很多食譜，可以做為你擬定減重計畫的基礎。

| 如何看懂營養標示 |

大部分的包裝食品都有營養標示，提供大量有用的訊息。為了善加利用這些標示，了解它們的一些細微差別很有幫助。

每一份的量與該包裝共含幾份

這些訊息顯示該產品的量——可能不是你通常會吃的量——以及在那包裝裡含有幾份的量。假使某包裝含兩份，而你全數食用，你吃下的卡路里、脂肪等等當然就多一倍。

卡路里和來自脂肪的卡路里

每份的卡路里數字很重要，來自脂肪的卡路里不如脂肪類別的組成重要。

每日值百分比

這數值代表著以每日二千大卡為基準的飲食裡，食物提供的每項成分所占的量。

總脂肪

營養標示必須包括反式脂肪的含量，不需再去搜尋「部分氫化的油」和「植物酥油」等字眼才知道是否含有反式脂肪。反式脂肪含量應該是0%；至於飽和脂肪和膽固醇，每日值百分比越低越好。你若想知道產品裡對心臟有益的不飽和脂肪的含量，可以用總脂肪的量減去飽和脂肪和反式脂肪加起來的量。

鈉

一般說來，鈉越少越好。理想的目標是每日二千毫克或更少。

總醣類

假使某產品含有二十四克醣類，其中二十二克是糖，它含有的有益健康物質很可能不多。在醣類的項目裡，膳食纖維越多越好。

蛋白質

該數值幫助你追蹤你每日攝取的蛋白質。

維生素和礦物質

凡是提供百分之二十以上的維他命或礦物質的食物都是好東西。

營養標示

每份1杯（228克）	本包裝含2份
每份的量	
卡路里260	來自脂肪的卡路里120
	%每日值百分比*
總脂肪 13克	20%
飽和脂肪5克	25%
反式脂肪 2克	
膽固醇 30毫克	10%
鈉 660毫克	28%
總醣類 31克	10%
膳食纖維 0 克	0%
糖 5克	
蛋白質 5克	
維他命A 4%	維他命C 2%
鈣 15%	鐵 4%

＊每日值百分比乃基於每日2000大卡飲食。每日值可能更高或更低，端看你每日所需而定：

	卡路里：	2000	2500
總脂肪	少於	65克	80克
飽和脂肪	少於	20克	25克
膽固醇	少於	300毫克	300毫克
鈉	少於	2400毫克	2400毫克
總醣類		300克	375克
膳食纖維		25克	30克

每克的卡路里
脂肪 9　碳水化合物 4　蛋白質 4

成分

通常按照量的多寡依序條列。項目越少越好，選擇含有你認得的成分的產品。

｜素食｜

全球如果沒有幾十億人也有幾百萬人茹素，或者幾近茹素，原因不外乎肉類短缺、宗教信仰，以及健康上的考量。在美國，有些素食者會欣然吃雞肉、魚肉、蛋類和奶製品，唯獨不吃紅肉；也有些素食者一概不吃動物產品。吃素也可以吃得很營養，如果吃的是大量蔬菜、水果、全穀物、堅果和籽實。這般的多樣性只要搭配合宜，往往可以提供所有必要的營養素和充分的蛋白質。吃全素的人（不吃動物產品）和其他素食者需要找到維生素B12的其他來源，譬如豆腐或維他命補充錠。素食也適合兒童，但需要多花點心思規畫並審慎執行。假使吃素的兒童體重增加，發育正常，而且精力無窮，他／她很可能獲得了充足的卡路里。素食的孩子也和大人一樣需要額外補充維生素B12。沒有食用任何奶製品的兒童需要額外補充鈣質，譬如多吃青花菜、番薯、某些豆類，以及/或者強化鈣質的柳橙汁或豆漿。

| 食物安全 |

我們理所當然地以為，從生鮮市場買來的，或在餐廳裡吃的食物，都沒被細菌或有害物質污染。這牽涉到我們對美國農業部、美國食品藥物局，以及州和地方的各級單位非常有信心，相信他們善盡職責，確保食物安全地被種植、栽培、運輸、加工和包裝。這也需要我們的警覺和努力。細菌、病毒和其他微生物出現在生食裡是很自然的，其中有些還極其有益——酵母菌對於製作麵包和紅酒不可或缺；細菌把牛奶變成起司。其他的會讓食物腐壞或致病。聯邦疾病管制預防中心估計，食源性疾病每年在美國造成大約七千六百萬起食安事件，三十二萬五千人次住院以及五千人死亡。

這些問題大多源於食物的儲存不當和處理不當。溫度的控制是一大問題。大多數微生物會在冰箱的環境裡休眠或者生長變慢，但在室溫下則變得活躍，滋長繁殖。➡簡單的安全法則就能幫助你避免食物中毒：妥善冷藏肉類、魚類、禽類、奶製品等，要烹煮時才從冰箱取出。徹底清洗乾淨。生食和熟食要分開。熱食要保溫，冷食要冷藏。經常徹底地清洗雙手、器皿、手巾、抹布、海綿、砧板和廚台。剩菜要盡快冷藏。

有關適當處理和儲存蛋、禽肉、紅肉、魚肉和其他需要特別考量食安問題的食物，請參閱本書特定章節裡的建議。

| 添加物 |

一盒冷穀片和一包熱狗有什麼相同之處？營養標示的成分欄裡時而列著一串令人眼花撩亂的添加物。添加物有幾個作用。有些是基於營養的理由，譬如葉酸或鈣。其他的，像是人工色素和乳化劑，是為了讓產品賣相更好，或滋味和口感更好。防腐劑諸如苯甲酸鈉或丁基羥苯甲醚（BHA）和二丁基羥甲苯

（BHT）等可以防止食物腐壞。人工甜味劑，譬如山梨糖醇、糖精和阿斯巴甜，讓食物有甜味而沒有熱量。

食品藥物局把這些物質歸為「一般認為是安全的」。它們加到食物裡的劑量都很微少，不會造成健康上的疑慮。➡不過一般而言，添加物越多的產品，營養價值越低。

非有機食物和有機食物

美國大多數農人使用化學製品來防止農作物被昆蟲、蛀蟲、真菌和其他害蟲侵害。被灑過這些化學製品的食物往往會殘留少量的藥品。國家科學院下過結論說，沒有證據顯示食物裡的農藥或其他毒性物質會明顯提高罹患癌症的風

健康替代品

改造飲食需要練習。以下的訣竅可以幫助你多獲取你所需要的，減少你不需要的。

全穀物

- 以全穀麵包取代白麵包
- 選擇熱食或冷食的全穀物早餐穀片
- 製作煎餅、瑪芬蛋糕或其他烘焙類食品時把一半的白麵粉換成全穀麥粉
- 在你喜愛的湯品裡加入半杯或更多的煮熟小麥或裸麥穀粒、菰米、糙米、大麥
- 做燉飯或肉飯（pilaf）之類的飯食時，用大麥、糙米、小麥片、小米、藜麥來取代白米
- 買全穀物麵食或摻有全穀物的新式麵食

不飽和脂肪

- 改用橄欖油、菜籽油、花生油或其他較健康的蔬菜油，而不用奶油來煎煮
- 用健康的油品或不含反式脂肪的酥油來做蛋糕、餅乾及速發麵包
- 用超低脂絞肉（或者，更好是用雞絞肉或火雞絞肉）來取代一般的牛絞肉，用豬小里肌來取代豬大里肌或其他脂肪較多的豬肉部位
- 在需要用到全脂牛奶時用低脂牛奶或含脂量1%的牛奶來替代，在需要用到酸奶時用無脂原味優格來替代

鹽

- 多用新鮮或冷凍的禽肉、魚肉、瘦肉，不用罐裝或加工肉品
- 購買新鮮蔬菜、冷凍蔬菜或無鹽的罐頭蔬菜
- 可能的話，購買低鈉、減鈉或無鹽的便利食品
- 選擇含鈉量低的早餐穀片
- 少吃冷凍餐食、披薩、包裝的混合物、罐頭湯品和高湯，這些往往含有大量的鈉
- 用辛香草、香料、柑橘皮和無鹽的調味混料，而不用鹽

險。不過這不代表說農藥的殘餘一點也不會導致癌症或其他疾病——它只是說影響不大。

仔細洗滌農產品可以去除附著在表面的化學藥物，但除不掉進入農產內部的藥物。確保食物毫無農藥的最好辦法，就是購買有機產品。有機水果、蔬菜和其他食物，顧名思義，就是在栽種過程中沒有使用化學農藥。長期而言有機飲食是否比較健康，這一點還沒有定論，食用大量非有機的蔬果，肯定比因為擔心農藥而一概不吃蔬果來得好。不過，有機食品，尤其是在地養殖的，很可能比遠地來的大量生產的蔬果更有滋味，對環境的衝擊也比較小。

| 食物的未來 |

第一版的《廚藝之樂》在一九三一年問世時，我們才剛開始看見美國人在吃什麼和怎麼吃這方面的一些全面改變。鄉村電氣化專案使得數百萬戶的農家可以使用冰箱。早期的公路以及交通的改善，開啟了新鮮食物在國內流通的可能性。但是我們想像不到在今天被視為理所當然的事——整年可以輕易買到來自全世界的新鮮蔬果、透過網路買菜、大口吃下大批速食餐廳供應的生產線食

何謂一份？

「一份」的概念有點令人困惑。表面上看來，它就是你為自己準備或別人為你準備的量——一碗穀片、一包洋芋片、一客牛排。不過美國農業部和營養學研究者在使用這詞的時候精確得多，當你依循大多數的健康飲食準則時，沒搞懂他們的定義可能會造成麻煩。以下是一些標準分量：

水果：一根中型香蕉、蘋果或柳橙；半杯切開的鮮新、冷凍或罐裝的水果或莓果（半杯大約是半個棒球；四分之一杯水果乾；四分之三杯果汁）

蔬菜：半杯切好的生菜或熟蔬菜；一杯生的多葉蔬菜；四分之三杯蔬菜汁

穀類（相當於一盎司的量）：一片麵包、一杯乾穀片；半杯米飯、麵食或穀片

肉類、禽類和魚類：三盎司（大約一副紙牌的大小或你手掌的大小）

豆類和堅果：四分之三杯煮熟的豆類；三大匙花生油；一又二分之一盎司的堅果或籽實

奶製品：一杯牛奶或優格；一又二分之一盎司的低脂或無脂天然起司；二盎司的低脂或無脂加工起司

餐廳或包裝食品的分量多年來一直悄悄地穩定上揚。若想知道上揚多少，上全國心肺血液研究所網站http://nhlbihin.net/portion玩玩「分量比一比」（Portion Distortion）遊戲。猜猜看，今天一份食物的熱量和二十年前相比差別有多大。

品、微波食品，以及糖尿病和肥胖在大人和小孩之間時有所見。

其中一個最不樂見的改變，是強調食物的量而不是質，而且我們吃下的精製澱粉、糖和反式脂肪急遽增加。這多少是圖方便的結果，因為我們對時間——寶貴的閒暇時間要用來散步、陪小孩玩，或從事休閒——的渴望，強過對好食物的渴望。不論如何，一個鼓舞人的趨勢是，大家逐漸意識到吃得健康是健康長壽的重要關鍵。我們衷心希望，另一個趨勢會是回歸廚房和回家吃晚飯。

未來的一件重要大事是找到方法生產足夠的糧食，餵飽全球人口（目前是六十五億人，接下來的七十五年內會再增加三十至四十億人，大多數會在發展中國家窮苦的鄉村地區），同時把生產糧食對環境的衝擊降至最小。這和「環保主義」沒有關係，而是非如此不可——污染、砍伐森林和地力衰竭在在降低地球產出健康糧食的能力。我們仰賴鳥類、昆蟲、線蟲類，和非食物類植物，但我們不確切知道我們如何依賴它們，排擠它們或把它們剷除殆盡會招致嚴重的反彈。農業經營和土地利用的改變也許可以生產足夠的糧食餵飽所有人，但是食物的品質會是個大問題，食物的產製對環境的衝擊也是。

一個帶來切身影響的潮流是，食物工業沉迷於所謂的機能性食品。這些食物含有據稱可以促進健康的「額外某樣東西」——更多的維他命C、抗氧化劑、黃酮醇，或其他熱門的明星營養素。這與其說是一種健康訴求，不如說是一種行銷手法。其實從食用已經存在在那裡的食物，你已經能夠獲取維持健康所需的所有營養素。

人類基因解碼提供我們驚人的可能性去認識疾病和打擊疾病。在不遠的未來，人類基因工程也許有辦法讓你的醫生根據你的基因組成打造客製化營養計畫。量身打造的膳食計畫對於罹患高血壓、高膽固醇、糖尿病、大腸癌等的人或高風險群很有用。一般人總希望可以預防各種疾病，但他/她只能進行一種膳食計畫，想想看，如果人人要依照不同的飲食計畫進食，那麼家庭餐食會是什麼模樣（更別提為一家子下廚的人有多傷腦筋）。

食物及其未來也許看起來根本不是你所能掌控的，其實並非如此。你可以用你的腳和錢包把票投給你喜愛的生鮮商店或餐館，要求店長賣健康的食物或在地生長的食物。讓你的選區立委知道你重視食品安全、永續的農業生產還有你所居住的土地、空氣和水的品質。如果說人如其食這句話成立，那麼我們就必須盡力來保護寶貴的食物資源。

宴客

Entertaining

當你要招待客人，身為主人不需要特別安排些什麼。客人不會這麼期待，自然就好。對賓客來說，沒什麼比現身時造成別人家的騷動更窘的了。為求客人舒適自在的大幅安排和張羅茶點飲料，務必在客人抵達之前準備就緒。確認你預想過每一種可能的突發狀況，然後放鬆心情和朋友同樂。

假使客人就要上門了，才臨時出狀況打亂你周詳的計畫，那就隨機應變。出槌的狀況說不定會讓你把派對辦得出色。羅馬時代的詩人赫拉斯曾說過：「主人好比將帥：出亂子才顯得出他的才幹。」

我們常被問到，晚宴的理想人數是多少。雖說這問題沒有標準答案，不過還是有個行得通的底限：假使客人都是親朋好友，八人以下都不成問題。不過，初次見面的人得要形成有共通興趣的小圈圈，我們會建議，至少八個人的群體才可能營造得起來。挑選你認為彼此真的能處得來的朋友，不管他們是否認識。書面的邀請函至少二至三周前就要寄發，打電話或寫電郵邀請在今天很常見，若是舉行隨興的晚餐聚會很可以接受。至於重大節慶前夕或節慶當天的派對，至少要在一個月前寄發邀請。

| 菜單 |

如果你親自下廚，記住兩個要點：挑選可以事先準備妥當的菜色，這樣你才可以多花一點時間在餐桌旁同樂，而不是一直待在廚房裡忙活，而且絕對不要做你從沒做過或不擅長的料理。

此外，依照常識來進行：規畫足夠的菜色，以顯現你花了心思張羅，但不要準備過多，讓賓客感覺到吃不消。菜色要多樣，上菜的順序節奏要均衡，考慮每道菜的色香味以及彼此如何搭配。菜單要呼應季節，天氣熱時端出輕淡一點的菜餚，天冷時端出豐盛一點的菜餚。請參閱**菜單**那一章，47頁。跟著季節走，買市場裡最當季、最新鮮優質的東西。除非你很了解賓客對食物的偏好，否則避免端出古怪的動物部位或過於辛辣的食物；如果不會失禮的話，不妨個別詢問客人有無食物過敏或偏好蔬食與否。

儘管端出你愛吃的食物，別猶豫。供應你喜歡而且擅長做的料理是分享的一環，即使你端出的是肉糕或肉丸義大利麵。至少供應幾樣外面買來的食物也可以接受。我們經常從當地的熟食店或市場買開胃菜：肉凍、麵包、起司和各種橄欖拼盤。沒有哪個客人不愛從烘焙坊買來的蛋糕或市售的冰淇淋和餅乾。也許這些食物不是你親手做的，但你的心意不減。

| 餐桌布置 |

賞心悅目的餐桌和你端上桌的食物同等重要，在此提供幾個簡單的原則。餐桌要怎麼布置隨你喜歡，可以樸實自然，也可以任憑你揮灑創意，但是不管怎樣，確保這些布置不會影響菜餚的挪動，也不會擋住賓客的視線。

餐桌中央的花飾或裝飾不該有明顯的香氣——你也一樣：濃厚的香水味可能會干擾或壓過食物的滋味和香味。選擇長梗的花，免得阻礙餐桌兩側的交談。我們通常會把食物擺在餐桌中間，把個別的小盆花擺在每套餐具旁。如果賓客帶花來，將花插到花瓶裡，置於邊几上或客廳內。點蠟燭總會為晚餐桌帶來討喜的情調，但只用不會淌蠟淚的無香味蠟燭。就跟擺放花一樣，蠟燭一定要低於或高於視平線。記得最重要的一點➡不管如何布置，色調和規模都要和你端出的食物相搭配。

雖然漂亮的桌巾可以為派對加分，若是隨興的晚餐，把布料或燈心草的餐墊鋪在木質餐桌看起來也不賴。在正式的晚宴上，棉或麻的餐巾不可或缺。餐巾簡單地折起即可，即便是最正式的晚宴也一樣。餐巾可折成四等分，然後再對折成長方形，開口朝左下，好讓坐定的用餐者拎起餐巾的一角，就可以輕易地讓餐巾整個攤開來，鋪在他/她的膝上。餐巾折四等分後再對折成三角形也是個簡單又優雅的折法。餐巾可以置於餐盤上，開口朝向賓客，或者置於餐盤左方，壓在叉子下方或者擺在叉子旁，三角的頂端指向外。餐巾圈環也可以在平常使用。鹽和胡椒罐組置於桌上——每四到六人至少要有一組，成套的小巧瓶罐既不貴又雅緻。也可以用淺淺的小碟子裝鹽，好讓客人用手指捏一小撮，或用小匙子來舀。

| 餐具擺設 |

餐具的擺放有幾種歷史悠久的特定擺法，這是從食物被食用的方式發展出來的。記住這些基本擺法：➡叉子置於左側，但是小巧的魚用叉例外，它要放在右側。➡湯匙和刀子置於右側，包括長柄匙在內，刀刃部朝向盤子。餐刀置於用餐者的右方當然有實際的考量，右撇子通常會用右手持刀，而大多數人都是右撇子，而且開始用餐沒多久就會用到刀具。一般而言，切完食物後，用餐者會放下刀子，換右手拿叉子。➡把最先會用到的扁餐具放在最外側，因此餐盤兩側的扁餐具不要超過三件是比較好的。額外要用到的餐具，可以在用餐當中放在小托盤送上來。侍者在遞送餐具時也要謹慎地只碰觸把手的部分，他們在使用切肉刀叉和舀菜勺時也一樣，而這些公用叉勺要置於餐盤的右側。

海鮮叉置於刀子的右側

| 玻璃器皿 |

區分白酒杯和紅酒杯可以為餐桌增色，但其實沒那麼必要。八盎司或九盎司的大容量酒杯和鬱金香形的酒杯都可以用來盛白酒或紅酒。清澈的高腳杯最好，有沒有蝕刻的都可以。有腳的水杯（stemmed water glass）很優雅，應該用在正式的晚宴，對於隨興的聚餐，平底無腳杯（tumbler）也完全可以接受。通常酒杯和水杯在用餐者入座前便已經擺在餐桌上，不過就每一套餐具而言，同時擺在桌上的酒杯不該超過三只，不論席上要供應多少種酒。吃主菜時會用到的酒杯應該置於主菜刀刀尖上方半吋之處，其他的酒杯以此為基點按照使用的順序排成對角線，如附圖所示。從右邊倒酒。高腳水杯（water glass goblet）置於酒杯斜上方。如果你要擺放裝冰茶、檸檬汁或取代酒的任何飲料的高筒平底杯（tall tumbler），擺在通常放主菜酒杯的地方。

飲料匙放在所有扁餐具的最右邊，
但咖啡匙要放在咖啡碟上

酒杯和水杯呈對角線排列，而主菜酒杯約
放在主菜刀刀尖上方半吋之處

| 席位的安排 |

經驗老道的主人會斬釘截鐵地說，晚餐辦得好不好關鍵在席位的安排。想想哪些朋友有相同的嗜好或職業。夫妻應該分開坐，但家庭聚餐除外。雖說

「男女交錯」是席位安排守則第一條，要嚴格地把男士女士錯開來，往往不可能——而且也不切實際，如果你想把有相同興趣的人湊在一起的話。➡傳統而言，主賓如果是女性，坐在男主人的右側，如果是男性，坐在女主人左側。如果晚宴的主人是女性而主賓也是女性，這兩位女性分別坐在餐桌的兩端，換成兩名男性也一樣。

席位卡很有幫助，當晚宴超過八或十人。席位卡可直接放在餐巾上，倘若餐巾就置於餐盤上。假使餐巾不在餐盤上，也可以放在餐盤上方，立於整套餐具中央。主人不需要席位卡。若是較小型的派對，只要向每位賓客指出他們的席位即可。在上第一道菜時撤掉席位卡，這樣賓客才不會不曉得該怎麼處理它，除非你辦的是大型宴會，賓客之間彼此並不認識——在這種情況下，席位卡不妨留在餐桌上，好讓賓客彼此辨識身分。

| 正式餐宴 |

大多數人看到舊時正式晚宴的菜單，如果不感到驚愕也會感到驚訝。光是瀏覽那洋洋灑灑一長串開胃菜、主菜和甜點，很可能就會讓當代人的動脈硬化。

首先，擬出賓客名單並發出邀請。寄出書面邀請函總是比較好的，而且提前一～三星期寄——如果晚宴日期靠近節日，至少要在一個月前寄發。接著要擬菜單。

選擇菜單時，傳統的上菜順序是供你參考用的，不是一套死規定：前菜、湯或其他第一道菜、海鮮、肉類或主菜、沙拉、甜點前或取代甜點的起司盤、甜點和咖啡，咖啡可能附上巧克力、小蜜餞和烈酒。

賓客來到餐廳時，餐桌已整個準備就緒。➡席位上的餐具預告著菜單上的頭三道菜。如果需要用上更多的銀餐具，稍後再分別送上來。每個桌位上都有一只大淺盤（charger）或底盤（service plate）——比晚餐盤更大的一個裝飾性盤子。➡為了確保每位賓客都有自由伸肘的餘裕，每個底盤的中心點之間至少相隔三十吋。底盤上放著前菜盤（appetizer plate），然後是湯碗，奶油碟以及隨附的抹刀置於左方。水杯應該至少三分之二杯滿，空酒杯也已經就位，見36頁。水和酒都從右邊倒。杯子可以整頓餐下來都留在原位，但酒杯最好是用過後就撤走。第三只酒杯可以在對角線上跟其他的間隔開來。如果會供應三種以上的酒，用過的酒杯被撤走後隨即擺上乾淨的。

如果派對沒那麼正式，男主人也許會偏愛親自拿著醒酒瓶或酒瓶為客人倒酒。如果酒是冰鎮過的，他可以用餐巾包覆瓶身，同時左手拿著另一張餐巾，抹去從酒瓶滴淌下來的酒液。在這類情況下，女主人可以把開胃醃菜

（relishes）遞給她右側的賓客，賓客會繼續把小菜傳下去。醃菜也可以擺在桌上幾個考量過的位置，不過一定要跟著湯撤走。

包含湯和甜點的餐食的整套餐具擺設，奶油刀置於奶油碟上，刀的擺法和主菜刀一致。

一旦賓客坐定，侍者就可以從容而不唐突地開始提供服務。➡整頓餐下來，每個賓客前方都應該有一只盤子，不管盤裡有沒有食物。侍者通常從右側撤走餐盤，同時立刻從左側補上另一只餐盤，這麼一來菜就會一道跟著一道接得很順暢。在這類的宴席上，很少會提供第二客食物。吃第一道菜或前兩道菜時，底盤或大淺盤一直留在原位——譬如說，始終放在前菜盤或湯盤底下——在另一道菜，譬如海鮮或主菜，被放下之前才撤走。

至於整套餐具以及扁餐具或銀餐具的使用，對賓主雙方來說，一個簡單的規則是，從最外側用起。用完每道菜時，用過的餐具應該連同用過的盤子或碗一併撤走。如此一來，賓客可以很篤定地使用此刻位於最外側的刀叉。見**餐具擺設**，35頁。

如果主菜和配菜會直接端給每一位用餐者，底盤或大淺盤同樣要在上主菜之前撤走，加熱過的晚餐盤不是放在主人前方就是賓客前方。

如果肉類主菜要在餐廳切分，餐盤就置於主人前方，主人為一位賓客切下足夠的分量之後，再進一步切下一份。侍者，這會兒已經把主人的底盤換成熱過的晚餐盤，站在主人左側，捧著放在餐巾上的第二只晚餐盤。當主人把擺在前方的晚餐盤盛滿後，侍者將之端走並換上他/她手中的空盤子。接下來，從右側撤走主賓前方的底盤後，侍者從左側遞上盛有主菜的餐盤，然後回到主人身旁，再捧著另一個乾淨的熱餐盤，等著把主人為另一位賓客盛滿的餐盤端給下一個賓客。

不需擺放甜點刀，譬如享用派餅和咖啡時，叉子和咖啡匙一樣置於左側。

每位賓客從侍者的上菜托盤（serving platter）上自行端走主菜，而侍者以左手掌托著托盤，也許會用右手來穩住托盤。侍者永遠必須確認，餐具的把手要朝向賓客。

所有的賓客都拿到主菜後，侍者要遞送肉汁或醬汁，繼而蔬菜。隨後是熱麵包。賓客享用主菜期間，侍者也要為賓客補充水和酒。侍者要懂得拿捏時間點。所以不難看出➡一名侍者要負責關照的賓客人數不應超過六位或八位——至多——如果你希望用餐過程順暢的話。

一盤排得賞心悅目的糖煮水果（fruit compote）在席間傳遞，可以是沙拉之外的另一個選項。若是以糖煮水果取代沙拉，一根湯匙會放在餐具的右側，取代左側的一根沙拉叉。另一份沙拉可以在肉類主菜被撤走後送上來。當沙拉也被用畢撤走後，任何沒用過的扁餐具、奶油碟以及鹽和胡椒罐也要一併全數撤走。侍者用折起的餐巾輕輕把食物碎屑掃進盤子裡或盛碎屑的托盤內。

若有會用到手指的菜餚，譬如帶殼的龍蝦、禽類或小片肉，洗指碗會是很貼心的準備。盛了些許水的洗指碗，也許飄著一葉有香味的天竺葵、芬芳的草本或花瓣，或一片檸檬薄片。洗指碗往往會放在甜點盤上送上桌，甜點叉和甜點匙則放在碗一側的盤子上。賓客把甜點叉匙放到盤子的一側，把洗指碗放到水杯的對面，即左上角。洗指碗也可以放在盛水果、起司或甜點等等結束晚餐的任何東西的盤子的左側，不管它有沒有附帶淺碟。

如果餐後供應咖啡，小咖啡杯（義式濃縮咖啡杯）或咖啡杯碟此刻會放在每位用餐者右邊。咖啡匙置於碟子上與杯柄平行，見36頁。咖啡從右側倒，鮮奶油和糖置於小托盤上從左側遞上來。烈酒也可以和咖啡一同上桌，要是主人和賓客選擇轉移到客廳喝咖啡聊天，則擺在托盤內遞送。

| 非正式的餐會 |

非正式餐會最傳統的形式，而且最令我們心靈滿足的，是大伙兒圍坐一桌的**晚餐聚會**。辦得好的晚餐聚會，交談活絡，友誼滋長，美饌佳釀獲得欣賞和討論。沒有其他的宴客形式可以讓主人如此毫不含糊地表達對賓客的尊重，對他們宴飲之福的關切。

規畫一份大部分需要事先預備，最後一刻只消小小忙碌一下即可的菜單。➠不妨考慮只端出三道菜：比方說豐盛的燉鍋或砂鍋、沙拉和簡單的甜點。本書裡可以找到很多可以預先備妥的菜餚。賓客登門前五分鐘，必須一切就緒：開胃菜、葡萄酒和雞尾酒——都可以很簡單——擺在方便取用的邊几上；盤子在烤箱、溫盤箱或在烘乾階段的洗碗機裡溫著；餐桌已經擺設妥當，只需在最後關頭加上儀式性的潤飾，也就是點上蠟燭。

上菜的方式數世紀以來一直在演變，在現今西方世界的餐廳裡，上菜方式分成兩大類：（一）所有食物盛在盤子裡置於餐桌中央，用餐過程裡隨時傳遞；（二）菜餚在廚房裡已經分到個別的餐盤上，每個人的食物相同，分量也相當。

對於最現代的非正式晚宴，非正式中帶點正式的上菜風格也許最恰當。比方說，開胃菜可以在廚房盛盤，而裝著燒烤肉或其他主菜的餐盤由侍者或賓客自行在餐桌旁分發。此外，某些菜餚可以擺在邊桌上以自助方式取用，當你供應的是開胃菜拼盤或形形色色各種甜點時尤其適合。如果你擅長切肉，不妨提供桌邊服務，展露一下身手，依照每個人的喜好切下他/她愛吃的部位。反過來說，如果不想讓客人看到你和火雞或羊腿搏鬥的窘樣，在他們看不到的地方穩當地切好後，快速連同預熱過的餐盤送上桌。除非食物是在廚房裡先行盛盤，否則都可以供應第二客。不管是用哪種上菜方式，客人可以要求加鹽、胡椒或任何醬料或佐料，這些將會留在桌上；最靠近這些東西的人，盡量以最短的路徑把它傳給需要的人。

非正式的餐會布置

用餐完畢，撤走餐盤時一次不超過兩只，走出客人的視線後再刮除盤上的剩菜和堆疊盤子。客人在場時務必要克制大規模清理的衝動；你身為主人的職責和樂趣，是盡量花時間和他們相處。同樣的，也要婉拒那種蜂擁而來想幫忙清理的好意，否則往往會導致大伙競相搶著收拾碗盤的餘波。反過來說，男女主人也可以讓客人參與初步的清理，接受熟悉你廚房的一個好友不唐突的可靠協助也沒什麼不好。不過大體說來，用餐完畢之後越多人留在餐桌邊越好——這包括你在內。

端上甜點之前，撤走桌上所有的餐盤、盛菜盤和佐料，包括鹽和胡椒。需要的話，用緊緊折起的乾淨餐巾刷掉桌上的碎屑。把甜點碟擺到桌上，如果要用到的話。美國人的習慣是喝咖啡或茶來配甜點，但歐洲的做法是用完甜點才喝咖啡或茶，而且會搭配松露巧克力、小餅乾或一口大小的蛋糕。咖啡和茶，就跟所有的飲料一樣，從右側來倒，鮮奶油和糖從左側遞上；如果奶精或糖罐已經置於桌上，則以逆時鐘方向傳遞。喜歡的話，可以邀請客人到客廳喝餐後飲料；只不過享用甜點和用完甜點之際往往是大伙兒聊得最起勁最暢快的時候，客人可能比較想待在餐桌旁。在入夜的這一刻，主人該做的事慢慢變少，頂多就是再把客人的咖啡杯、茶杯或烈酒杯斟滿。對主人來說，這最後的時刻是夜晚的高潮。

| 早午餐 |

我們稱為早午餐的餐點很容易準備，也是新手練習宴客技巧的好方法。司康餅、瑪芬蛋糕、貝果和速發麵包（quick bread）都非常適合。早午餐可以以自助的方式進行，也可以辦得更像一場隨興的輕食午餐。仔細挑選你的菜單，讓菜色簡單，避免不容易為一大群人準備的繁複蛋料理，譬如個別的歐姆蛋和班乃迪克蛋。➠在早午餐端出洛林鹹派和其他可以預先做好、以蛋為底料的特製品，譬如義式烘蛋（frittatas）和蛋奶烤（stratas，早餐焗烤），會大受歡迎很可以理解。習慣上早午餐會搭配含有酒精的飲料，但是也要以簡單為上：香檳或白酒，含羞草調酒，或一壺血腥瑪莉或螺絲起子通常就夠了。

｜自助式餐會｜

在餐桌坐位有限的情況下，舉辦大型的隨興聚會是很好的選擇。選擇各式各樣色彩豐富的食物，放在擺設氣派的桌上。確認每道菜都有充裕的備份可以隨時補充。食物的量要多準備一些，因為客人傾向於吃得多。➠自助餐會的食物必須很容易用叉子或用手來食用——需要的話，簡單切個幾刀即可。用小卡片標示不容易一眼看出來的菜餚，並置於菜餚旁邊。擺放飲料的地方要遠離自助餐桌，免得擾亂取餐動線。如果賓客人數超過一打，空間許可的話，不妨在左右兩側各擺一列自助餐桌，這樣賓客取餐會更便捷，更有機會嚐嚐每樣食物——確認兩列餐桌都備有餐具和盤子。

如果你沒有很多砂鍋或熱盤子，把熱食的數目限制在可以直接從鍋裡或保溫爐裡迅速取用的範圍內，或者找派對用品出租公司租用更多盛菜器皿。至於冷盤食物，要用冰袋而不是冰塊來冰鎮，因為冰塊融化後會形成髒亂，或者使用保冷專用的鍋子。把冰袋置於有邊框的托盤或鍋子裡，然後將盛菜的淺盤置於其上。

不管你打算辦一場野餐、節慶饗宴或輕鬆聚會，辦一場**百樂餐**（potluck），也就是每個客人各帶一道菜餚來的自助形式聚餐，是善用資源規畫餐食的好方法。平均地分派該準備的菜色，按情況需要。我們建議按類別來分派，譬如沙拉類、熱的配菜（你也許明確地想要某道蔬菜或澱粉類配菜）、主菜和甜點。假使你知道某個客人做的香椰夾心蛋糕一級棒，不妨大方開口要求。別忘了分派冰品、飲料和麵包。有些主人喜歡自己準備主菜，那麼就請客人帶配菜來就好。若是更輕鬆的聚會，客人可以用免洗餐盒帶菜來，而且直接從免洗餐盒取用也很好。如果派對要用上比較漂亮、講究的盛菜器皿，提醒客人在器皿底下標示姓名，方便清理後歸還。將烤爐預熱，方便客人把需要加熱的菜再熱過。百樂餐也是交換食譜的好地方：請賓客帶來夠多的食譜影本可以當場分發。

｜兒童派對｜

宴飲娛樂不只為了大人而已，派對也很受小娃兒到十二歲大的孩子歡迎。最成功的兒童派對，是把應付得來的一群孩子聚在一起吃喝玩樂。若是有小娃兒在場，最好也邀請父母之一一同參加。至於年紀稍大的孩子，每六、七個孩子需要一個大人從旁關照。安排大約二至三小時的下午時段，便足夠孩子們玩遊戲和吃吃喝喝。菜單的點子，參見55頁。兒童派對盡量保持簡單，也許可以讓小客人幫忙準備食物，把廚房變成派對的主場。用糖霜、碎粒食物（sprinkles）、心形肉桂糖和有顏色的糖來裝飾杯子蛋糕，或把餡料鋪在自製披薩上，都是把食物和玩樂結合在一起的方法。如果孩子要在廚房裡活動，千萬要在邀請函上說明清楚，好讓孩子穿著適當的衣服來。絲絨洋裝沾上了麵粉從來不是驚喜。

｜雞尾酒派對和開幕酒會｜

雞尾酒派對是難能可貴，卻又快要絕跡的社交習俗。它沒落的原因很多，包括談話及調情的藝術很遺憾地衰落，以及「晚餐本身便足以撐起整個夜晚」的想法越來越被認可。不論如何，我們堅信雞尾酒派對是美國人的創意發明，也是簡單又極其愉快的宴客方式。而且我們不得不指出，這也是相對上很簡單的一種宴客方式，當你要宴請商業客戶，或者禮貌上必須招待某些人的時候。

成功的雞尾酒派從優質的烈酒、葡萄酒和啤酒（見葡萄酒與啤酒，89頁，以及雞尾酒和派對飲料，107頁）拉開序幕。除非你打算請一位專業酒保，或者賓客人數很少，你或某位自告奮勇的賓客可以負責調酒的工作又同時可以盡興，否則最好還是準備一種雞尾酒，分批調出來的——一壺壺馬丁尼或瑪格麗特，比方說。或者，乾脆把四種烈酒「基酒」一字排開——蘇格蘭威士忌、波本威士忌、琴酒和伏特加——外加各式各樣適合與之搭配的摻混物和加味糖漿，一桶冰塊、大小不同的玻璃杯，以及各種吧檯器具，讓賓客自行調酒。葡萄酒，不管是紅酒白酒，以及啤酒，也應該擺出來，而且也要提供無酒精的飲料（見飲料篇）；氣泡礦泉水和鮮榨柳橙汁也絕對少不了。

雞尾酒派對一定要有食物，這沒話說，否則雞尾酒很快會壓垮整個派對。一般而言，若是在晚餐前，兩三樣派對輕食來搭配調酒通常就夠了。至於不供應晚餐的雞尾酒派對，則要準備五至七樣分量大一些的前菜和手抓食物（finger food）。食物不需太繁複，甚至不需要自己做。市售的肉凍和肉糕或精心挑選的乳酪拼盤，見132-133頁，搭配餅乾或優質麵包切片，就非正式聚會來說就很足夠。更講究的雞尾酒派對需要更優雅的前菜，說不定要煙燻鮭魚這類迷人的東西。大體上來說，雞尾酒會不應該超過兩小時，這兩小時應該安排在下午五點至八點之間——不應該更晚，除非供應的食物多得足以當輕食晚餐。如果雞尾酒會是另一個活動——戶外晚宴、音樂會或戲劇——的序曲，時間上短一點比較洽當。無論如何，飲品和食物都越簡單越好。光是香檳佐燻鮭魚就很完美。

雞尾酒派對的一種變化，是家庭招待會（open house），通常都在歲末節日舉行。基本原則相同，不過這類聚會可能長達三、四個小時或更久，在這預定的期間內賓客視個人方便順道來訪，而且很少會待一小時以上。這種宴客方式特別適合安排在客人可能要趕赴好幾場邀約的忙碌週末節慶；它也允許主人邀請比會場所能容納的人數更多的賓客。由於賓客來來去去不免有人少的時候，侍者端著手抓食物穿梭於會場的形式並不適合這種家庭招待會，不管聚會規模大小、時間長短，而且食物應該比簡單的雞尾酒會所供應的要更有飽足感才好。調整過的自助式餐會，41頁，會更恰當，最好不要提供需要保溫或保冷的食物。烤火腿、火雞或整條水煮鮭魚會是這類場合很吸引人又令人滿足的主菜色。

｜家庭聚餐｜

千萬別忘了，你的家人才是你最重要的款待對象。事實顯示，會坐下來一同用餐的家庭，比不這麼做的要健康快樂得多。家庭聚餐要辦得好，首先有賴於大伙兒共同分享、承擔擬菜單和採買的樂趣與責任。存貨充足的櫥櫃☆，318頁，是下廚的基礎，只有在需要買容易腐壞的東西時，譬如肉類、禽肉、海鮮、農產品和奶製品，才特地上市場或雜貨舖去。

規畫一週的家庭餐食其實很簡單。我們會在週末煮一兩道需要花時間料理的菜餚，譬如說烤火雞或烤牛肉，然後在第一次端上桌後，在當週之內把剩下的肉拿來做湯品、三明治、砂鍋料理和義大利麵醬。我們會穿插一些從頭到尾三十分鐘以內就能搞定的菜色，參見**菜單**，47頁，以及慢燉鍋料理，176頁，還有戶外炭烤和室內燒烤。擬定家人愛吃的菜餚時，盡量以簡單料理為主，不過➡也不妨每幾個星期就換換新菜色。邀請孩子進廚房幫忙他們做得來的差事，讓他們體會做菜的樂趣——譬如剝萵苣、切軟質水果或剝蛋殼。

｜午餐｜

在今天，美國另一個快絕跡的活動是午餐。商場上的人吹噓說，「午餐外帶」意味著很投入工作，要不他們就利用午餐休息時間上健身房或辦雜事；待在家的主婦和奶爸則在午餐時忙著遠距上班和照料孩子。學生和年輕上班族似乎也偏好速食甚於較悠閒的餐食。說來實在可惜，因為**坐下來好好吃一頓**的正式午餐，縱使吃得簡單清淡，是讓人從一整天的緊湊繁忙中稍事喘息，十足文明的活動。入席的隆重晚餐在餐桌擺設、席位安排和上菜服務方面的基本規則，39頁，也適用於正式午餐，只是➡現代的午餐很少超過二或三道菜——適度的開胃菜，簡單烹理的主菜，也許再加少量的甜點——兩道通常就很足夠。總匯沙拉、稠度中等的湯（熱或冷的）以及魚肉或禽肉都很適合當午餐

——也別忘了精緻的三明治。含酒精的飲料基於很多理由通常比較不適合在午餐飲用，不過大多情況還是會看菜色意思意思供應一點白酒或淡紅酒。必要時，尤其是過節期間，某個無所事事的午后，即可享用有更多道菜和更大量酒的更精緻午餐。或者也可以考慮有侍者或外燴提供服務的**正式午宴**，這將是難得一見又令賓客難忘的宴席。見正式餐宴，37頁。

| 戶外餐會 |

後院烤肉可說是在氣候溫暖的時節款待親友最輕鬆、最自在的方式。不過，就跟任何形式的餐會一樣，主人要考慮到客人舒適與否，而且要預想可能會發生的狀況。天氣好不好？如果會下雨，有沒有替代的室內活動？如果天氣會很炎熱，有沒有大量的涼篷或樹蔭，以及大量的飲用水？如果可以游泳，是不是所有賓客都知道，因而可以帶著泳衣泳具來？若會被蚊蟲叮咬，有什麼防護措施（陽台裝紗窗、香茅蠟燭、防蚊液）？假使活動會持續到入夜，有沒有戶外照明、颱風天用的蠟燭或其他夠明亮的光源？雖說戶外料理應該要簡單，但也要考慮到有沒有適合兒童吃的食物（如果有兒童在場）？有沒有適合不吃肉的人吃的東西？塑膠杯盤和紙盤紙餐巾完全可以接受，不過假使是在陽台或前廊款待大人，使用真正的玻璃器皿、銀器、瓷器、桌布和餐巾可增添迷人氣氛——縱使食物只不過是玉米串、熱狗和肋排。

若是一小群人的聚會，拎著冷藏箱、食物籃和飲料到公園、海邊或山間郊遊野餐，是最隨興的娛樂。非常容易腐壞的食物不妨就留在家裡，否則就要放入冷度夠的冷藏箱裡（惡魔蛋以及其他摻有美乃滋的食物——包含馬鈴薯沙拉——務必要冷藏）。同樣的，可能的話，真的酒杯、銀器和布料餐巾可以為野餐增添優雅情調。因為不是在家裡，攜帶超實用的「野餐組」會是個好主意，➡這「野餐組」包含了拔塞鑽、小尖刀、勺子、開罐器、開瓶器、火柴、小罐的鹽及胡椒組和其他的乾燥調味料、一包小餐巾、一卷廚用紙巾、桌布夾、螺絲起子、OK繃、防蟲液、防曬乳和安全別針。

不管是辦車尾野餐*（tailgating）或後院烤肉，你都需要可攜式的烤爐，不管是使用木炭或瓦斯，同時也需要一些烤肉必備用具：翻肉的長柄夾，塗烤肉醬的乾淨刷子，以及加強型防熱手套。你很可能會在某個體育賽事之前在停車場或空地辦車尾野餐，那麼這種時機和場合就不適合提供精巧的食物。烤牛肉、雞肉和香腸最受歡迎，不妨配上啤酒和紅酒。

＊譯註：通常是利用五門車，車上備有各種食物飲料，到達目的地後，車尾門一掀就是現成餐桌。

輕晚餐和料理俱樂部

輕晚餐和料理俱樂部是從正式的晚餐派對延伸出來的一種熱門的餐會。參加的人通常是喜歡美食、下廚、創新菜色的同好，會定期舉行晚餐聚會。

有兩種方式來籌畫成功的輕晚餐和料理俱樂部。常見的是擬定一個主題——地方料理、同一本料理書裡的食譜，或當季最頂級食材——每人做一道菜。每次的晚餐由俱樂部成員輪流當主人或女主人。這類俱樂部有時會演變成正式晚餐聚會，在不同的地點舉行，通常是在成員家中。就像所有的晚餐派對，理想的賓客人數是八個人左右。

下午茶

下午茶會，就跟入席的午宴一樣，對當代社會來說似乎有點不合時宜——太花時間、矯揉造作的氣息太濃。然而事實是，為客人沏一壺好茶，幾乎和倒一杯咖啡一樣簡單。下午茶的理想時間是四到六點之間。茶桌的擺設比照自助式餐桌，41頁，把茶杯放在茶碟上，茶匙放在一側，再附上一張小餐巾。不需要其他的銀器，除非有配茶的司康，需要供應果醬、奶油或濃縮鮮奶油或其他烘焙食品。這也是端出各種迷人的造型奶油的好機會。如果你提供各色甜食和鹹食，那麼也要擺出奶油碟。你也會想提供形形色色食物，諸如配茶的小蛋糕、派餅、瑪芬蛋糕和傳統的司康★，435頁，以及配茶的三明治，311-313頁，呈捲餅形或切成各種形狀。把小蛋糕和三明治擺放在三層架上頗為優雅，如果你有這器具的話。在不正式的下午茶會裡，由主人來倒茶。在較正式的下午茶會裡，主賓才有倒茶的「榮幸」。

爲大型派對下廚

有時候我們需要為一大群人製作餐食，在這種時候我們必須提高警覺，因為意外很可能會突然發生，就在我們希望一切不會出錯的時候。首先➡菜要分批煮，每批的大小要適中，而不是一次煮完，這是因為煮大量的菜時，食材和調味料的用量不見得是按倍數加乘，雖然這聽起來很玄，但即便是廚房老手來做也一樣（本書裡的食譜大多是四至六人份，做八至十二人份時，用量可以加一倍）。請參閱「關於分量加大的建議」☆，見「了解你的食材」。

一定要考慮到準備食物所需的時間會拉長——不只是削皮、清洗蔬菜或把沙拉菜葉晾乾的時間，還有烹煮大量菜餚的時間。更重要的，你可能會碰上冰箱突然不夠放的情況——赫然發現到，要用來冰冷湯或奶油派的架子也要冰其他大量的食物。➡備妥冷藏箱和冰塊。這個叮嚀格外重要，假使你要供應鑲餡禽類、奶醬類食物、絞肉、以美乃滋為底的菜餚、奶油泡芙、蛋奶布丁（custards）或卡士達派（custard pies）：這些食物很容易腐壞，但外觀上看不太出來。

如果是熱食，用烤箱來做和用火爐來做的菜色都要同時規畫進來，也可用電烤盤（electric skillet）和中式炒菜鍋、室內燒烤爐或慢燉鍋、輕便電爐/加熱承載盤（hot plates）和老式保溫鍋（chafing dish）來增加有限的加熱介面，把食物保持在良好的可食狀態——高於六十度。

事先演練過一次——從烹煮的設備一路到上菜盤的擺放。技術性層面都滿意了，再實際進行食物的烹煮，以便預先做好充分的準備，免得在最後關頭手忙腳亂。

假使主人面對的是意義重大的聚會，唯有提供正式的餐飲才恰當，千萬別一切自己來。一定要找宴席幫手。所謂宴席幫手，指的是受過訓練、有經驗的廚務人員，聘來的或義務幫忙的都好。在這種情況下，有些人會去找專門辦宴席的外燴師。

| 和外燴師合作 |

當你要舉行婚宴，或需要額外協助的大型餐會，你可以找外燴師及其團隊來幫忙。要配合外燴師來辦一場成功的宴席，你要先了解自己的需求和外燴師的能耐。記住宴席的性質和賓客人數。需要酒保嗎？需要租桌椅、玻璃器皿、銀器皿和/或盤子嗎？只需供應一小群人用餐，還是需要侍者來服務一大群人？安排時間試吃預定的菜色，並做一些調整。試吃有時候需要額外付費，但是很值得。如果你聘一位外燴師來辦正式宴席，確認他/她對於該性質的宴席所要求的特殊服務很老練。請外燴師親自到活動場地走一趟，尤其是廚房，以確定工作的空間夠充裕。簽定一份明列所有花費細節的書面合約，內容包括食物、服務和租金的費用。約好在某個日期確定賓客人數。外燴師通常會指派一位「總召」——宴席的負責人——在宴席結束時，你要把支付所有員工，從酒保和侍者到廚房幫手的小費（通常是兩成）交給這個人。

| 結語 |

記得，即使讀過了這些詳盡的說明，還是別讓規則干擾你、你的賓客和食物。畢竟酒席落幕後，你的客人只會記得你盛情招待的美好一天或夜晚，而不是擺錯的碟子、少了一根沙拉叉或空水杯。

菜單

Menu

何時進餐，關乎不停在變化的風俗習慣，餐食的內容也每天不同，因場合和節慶而異。透過一頓餐食把食物結合在一起，就是規畫菜單。這過程裡不免讓人想起法國美食家布里亞—薩瓦蘭（Brillat-Savarin）的一句話：*Menu malfait, dîner perdu*——菜單擬得糟，晚餐就掃興了。

美好的餐飯，不管吃得簡單或精緻，也不管是和家人或朋友吃，都是建立在食物的均衡協調上。規畫一頓餐飯，要考慮到季節、氣候、用餐時間，當然還有你招待的對象喜歡吃什麼。如果你不清楚你要招待的那群人有什麼偏好，不妨考慮人人都喜愛的熟悉食物。

記得，家人是最好的同伴，而且幾乎什麼菜單都可以用來招待客人，端看誰來晚餐，以及你特別拿手的菜為何。有「同伴」的一頓餐飯最重要的特質是，讓他們感覺到自己很特殊而快樂興奮。

以下是建議的菜單以及針對節慶、特殊場合、早午餐、午餐、下午茶和晚餐的一系列食譜。這些不過是建議罷了。你可以依照你的口味、食量、情況、市場和心情加以改變。➡關於進一步的上菜建議，請參閱宴客篇，34頁，而且➡假使你要宴請的人比平常要多，見44頁有關如何張羅食物才保險的建議，並確認廚具和餐具的租用事宜。

| 節日晚餐 |

感恩節

包餡蔬果，147頁
牡蠣海鮮湯，241頁；或南瓜湯，223頁
烤火雞*，120頁，麵包屑拌內臟*，266頁，以及禽肉鍋底醬或肉汁*，285頁，或烤皇冠豬肋排*，209頁
白花椰菜泥，444頁，根莖類菜泥，410頁，或蜜番薯，501頁
奶油珍珠洋蔥，476頁
四季豆拌杏仁片，417頁
烤冬南瓜II，512頁，或玉米煮豆，451頁
馬鈴薯糜，491頁，焗烤馬鈴薯，493頁
蔓越莓果凍沙拉，294頁，或整顆果粒的蔓越莓醬，368頁
酸嗆綠沙拉拌蘋果和胡桃，加酪奶蜂蜜淋醬，268頁，或者，胡蘿蔔、蘋果和辣根沙拉，281頁
帕克屋餐包*，385頁
南瓜戚風蛋糕☆，25頁，番薯派，513頁，南瓜酪奶布丁☆，212頁，或仿碎肉派☆，503頁
香料酒，130頁，或香料蘋果酒，130頁

聖誕節

德國聖誕麵包*，404頁，或蘋果酥派*，492頁
牡蠣濃湯，240頁，龍蝦湯，240頁，或牛尾湯，236頁
鯡魚沙拉，278頁，綜合生菜葉佐起司脆片，269頁
烤鑲餡鵝*，433頁，加栗子餡料*，271頁，佐配野禽的鍋底醬*，286頁，烤帶骨牛肋*，169頁，佐約克夏布丁*，430頁，或烤鮮火腿或豬後腿*，211頁，或美式龍蝦*，27頁
球芽甘藍佐栗子，435頁
烤紅蔥頭，505頁
烤胡蘿蔔，443頁
羽衣甘藍和馬鈴薯煲，461頁，香緹風味薯泥，492頁
烤蒜餡餅，345頁
醉醬草幸運餐包*，386頁
聖誕樹幹蛋糕☆，69頁，李子布丁☆，216頁，佐烈酒甜奶油醬☆，263頁，熱薑餅☆，48頁，佐奶油蘋果醬
焦糖冰淇淋☆，229頁，或冰淇淋三明治☆，225頁，巧克力冰盒餅乾☆，134頁，和薄荷棒冰淇淋☆，229頁
波本糖球☆，311頁，或肉桂星型餅乾☆，131頁
蛋酒，128頁，奶酒，129頁，格拉格，129頁

除夕夜

魚子醬，157頁，鮭魚肉醬，156頁
阿佛列多緞帶麵，543頁
乾煎鴨胸肉佐無花果紅酒醬*，130頁
烤甜菜根，431頁
奶油韭蔥，446頁
炙烤鑲餡蕈菇，471頁
苦苣核桃沙拉，270頁
火焰雪山☆，249頁
單人份熔岩巧克力蛋糕☆，56頁，佐榛果雪糕☆，232頁
天使蛋糕☆，17頁，佐芒果醬☆，267頁

新年元旦

新年湯，249頁，烤甜椒濃湯，228頁，或葡萄牙青菜湯（翡翠湯），238頁
溫生菜沙拉，271頁，小酒館沙拉，271頁
新生馬鈴薯填鑲酸奶和魚子醬，147頁
雞肝慕斯，150頁，或鮭魚慕斯，156頁
燴燒扁豆佐香腸，429頁
跳跳約翰，586頁，或紅豆飯，426頁
紅燒豬小里肌*，216頁，德國酸菜，439頁
路易斯安納風味佛手瓜，447頁
蒜炒青菜，461頁
扭結餅*，400頁
水浴烤焙奶油起司蛋糕☆，82頁，鮮奶油蛋糕捲☆，68頁，或火焰雪山☆，249頁

情人節

帶殼生牡蠣*，9頁，佐木犀草醬*，319頁
燒烤或炙烤無花果佐義式火腿，378頁，蘆筍佐柳橙和榛果，417頁
酪梨盅，290頁，佐龍蝦沙拉，278頁
香辣核桃油醋醬*，328頁，或菠菜沙拉拌葡萄柚、柳橙和酪梨，270頁
法式蘑菇泥，472頁
烤牛菲力或腰內肉*，170頁，佐蕈菇紅酒醬（酒商醬）*，299頁
燒雞佐40顆蒜粒*，95頁，五香楓糖烤鵪鶉*，148頁
心形鮮奶油☆，218頁，柑曼怡香橙舒芙蕾☆，188頁
巧克力冰磚☆，201頁，白巧克力慕斯裹杏仁碎粒☆，201頁，佐覆盆子醬，267頁，盛在巧克力杯中☆，225頁

聖派翠克節

青蒜馬鈴薯湯，224頁，或鮭魚巧達湯，243頁
愛爾蘭菜糊，492頁，或水煮新生馬鈴薯，491頁
粗鹽醃牛肉*，187頁，牧羊人派，182頁，炸魚和薯條*，68頁，愛爾蘭燉羊肉*，205頁，或烤全魚*，48頁
愛爾蘭蘇打麵包*，416頁
愛爾蘭咖啡，70頁
開心果冰淇淋☆，230頁，佐熱巧克力醬☆，257頁，或者巧克力麵包布丁☆，211頁，佐南方威士忌醬☆，265頁

逾越節

水煮蛋，325頁
猶太麵丸湯，218頁
猶太魚丸*，55頁
蜜汁防風草根，481頁，或荷蘭芹風味胡蘿蔔，443頁
雞肉佐鷹嘴豆塔吉鍋*，109頁，糖醋牛腩*，183頁，或烤全魚*，48頁
菠菜沙拉加葡萄柚、香橙和酪梨，270頁，或苦苣核桃沙拉，270頁
蛋白霜吻☆，126頁，或草莓羅曼諾，366頁

復活節

摻雪豆的包餡蔬果，147頁
水田芥或馬齒莧奶油濃湯，248頁
烤山羊起司綜合生菜沙拉，271頁
水煮新生馬鈴薯，491頁
水煮小黃瓜，453頁
天然染劑染的復活節彩蛋，345頁
烤蘆筍，416頁
烤火腿★，222頁，或鑲餡羊腿★，198頁
復活節兔子比司吉★，434頁
椰子蛋糕☆，33頁

五月節（cinco de mayo）

酪梨醬，137頁
豆薯沙拉，282頁
烤仙人掌沙拉，440頁
綠玉米粥，578頁
墨西哥鹹豆泥，423頁
烤辣椒鑲起司，487頁
青醬捲餅，185頁，雞肉起司墨西哥粽，579頁，青辣椒燉雞★，110頁，或火雞佐辣巧克力醬★，124頁
蝦子酪梨托斯塔達，317頁
油炸蜜糕★，383頁，或煉乳焦糖雞蛋布丁☆，178頁
桑格莉亞，126頁，瑪格莉特，120頁，或木瓜芒果奶昔，83頁

母親節

地中海豆子湯，230頁
原野沙拉加新鮮辛香草，268頁
鍋煎馬鈴薯，494頁
燴燒幼嫩朝鮮薊和青豆，414頁
山羊起司核桃舒芙蕾，342頁
菰米抓飯佐炒蕈菇，597頁
包餡去骨雞★，126頁，或紙包魚★，51頁
檸檬海綿卡士達☆，181頁，或草莓冰盒蛋糕☆，59頁

父親節

凱薩沙拉，269頁
烙燒胡椒脆皮輪切魚片★，66頁
炙烤或燒烤羔羊排★，201頁，或燒烤全雞★，98頁
雙烤馬鈴薯，494頁，或烤玉米糕，576頁
燒烤蕈菇，470頁，或炙烤番茄，519頁
太妃糖黏布丁☆，213頁，紐澳良麵包布丁☆，211頁，或火焰焦糖香蕉☆，219頁

| 特殊節慶的菜單 |

超級盃派對

七層蘸醬，139頁
蘇格蘭蛋，326頁，炸莫扎瑞拉起司條，144頁，或炸秋葵，474頁
水牛城辣雞翅，149頁
酥脆馬鈴薯殼，148頁
墨西哥塔可餅，144頁
麵包碗盛啤酒起司蘸醬，138頁
啤酒起司蔥麵包★，415頁
雞肉餡餅，181頁
牛排捲，314頁，或潛水艇三明治或巨無霸三明治，309頁
甘藍菜捲，438頁
墨西哥辣肉醬★，232頁
紐澳良雞肉飯，587頁
黑底杯子蛋糕☆，72頁，或巧克力大蛋糕☆，46頁

婚宴自助吧

香檳潘趣酒，126頁
維琪冷湯，225頁，甜菜根膠凍湯，220頁，或小黃瓜冷湯，250頁
生菜，145頁
椰子萊姆沙拉，377頁，或蘆筍芝麻沙拉，279頁
青醬起司蛋糕，143頁，或新鮮百里香油漬山羊起司，143頁
小黃瓜圓片盛煙燻鱒魚，157頁，或煙燻鮭魚卡納佩，159頁
蘑菇三角包，161頁
焦糖洋蔥藍紋起司半圓餡餅，164頁
起司鹹泡芙，165頁
酥皮布里起司，166頁
絕不失手的白灼蝦★，30頁，佐海鮮醬★，318頁，或墨西哥綠番茄辣根醬★，318頁
威靈頓牛肉★，164頁
西芹根雷莫拉醬，281頁
佛羅倫斯餅乾「樂土」☆，124頁
巧克力奶油焦糖糖果☆，288頁，松露巧克力☆，276-278頁
檸檬塔★，516頁
大型或婚禮蛋糕☆，13頁
花色小糕點☆，72頁
薄荷薄片☆，292頁

戶外娛樂的點子

炸大蕉，488頁
牙買加香辣雞★，99頁
豬小肋排★，220頁
貝克版漢堡★，228頁
刷烤肉醬的燒烤竹筴魚★，60頁，佐香辣塔塔醬★，338頁
烤蝦塔可餅或烤魚塔可餅，317頁
烤玉米，450頁
燒烤蕈菇，471頁
燒烤或炙烤水果串，356頁
椰子萊姆沙拉，377頁
香濃涼拌捲心菜絲，272頁
為一大群人做的香濃通心粉沙拉，290頁
南方玉米麵包★，421頁
香蕉布丁☆，185頁，飄浮冰淇淋，82頁，巧克力大蛋糕☆，46頁，或密西西比泥蛋糕☆，46頁
大量的農家潘趣酒，127頁，酒漬西瓜，

125頁，古早味檸檬汁或萊姆汁，84頁，或南方甜冰茶，74頁

野餐

老爹的惡魔蛋，326頁
炸雞★，101頁
烤豆子，425頁
美式馬鈴薯沙拉，283頁
香辣西瓜沙拉，285頁
迪的玉米番茄沙拉，452頁
布朗尼「樂土」☆，112頁，巧克力脆片餅乾☆，119頁，或奶油糖冰盒餅乾☆，134頁

下午茶

茶點三明治，311頁，蛋沙拉，277頁，雞肉沙拉，276頁，或抹醬，297-313頁，或三明治捲，313頁
甜味櫛瓜麵包★，415頁，或香蕉麵包「樂土」★，414頁
佐堅果醬，301頁
經典司康★，435頁，鮮奶油司康★，436頁，配檸檬凝乳★，102頁
檸檬凝乳點心棒☆，117頁，胡桃或天使點心片☆，116頁，或瑪德蓮蛋糕☆，73頁
花色小糕點☆，72頁
薩赫蛋糕☆，55頁
巧克力奶酥☆，133頁，或果醬巧酥☆，138頁
茶，71頁，或花草茶，74頁

素食

迷迭香香蒜白豆蘸醬，137頁
托斯卡尼番茄麵包湯，228頁
西班牙番茄冷湯，249頁
蘑菇大麥仁湯，227頁
餛飩湯，219頁
烤起司葛子，577頁
小米糕加帕瑪森起司和日曬番茄乾，581頁
糙裸麥沙拉拌烤紅椒醬，594頁
以色列風味北非小米抓飯，597頁
蔬食辣豆，424頁
孜然籽扁豆抓飯，585頁
摩洛哥風味燉蔬菜，412頁
番茄山羊起司鹹派，192頁
咖哩鷹嘴豆佐青蔬，427頁
貝克版龍葵菇披薩，470頁
蕈菇燉飯，593頁
義式刀切麵拌青蔬，545頁
烤蔬菜千層麵，563頁
香濃義大利麵佐蒜菜和番茄，545頁
四川「擔擔」天貝，527頁
木須天貝，527頁

| 烹飪俱樂部或輕食晚餐俱樂部的菜單 |

義大利

香蒜鯷魚熱蘸醬，146頁
南瓜花包起司香草餡，514頁
羅馬風味蠶豆，421頁
油炸朝鮮薊，414頁
托斯卡尼豆子，425頁
米蘭燉飯，592頁
牛奶燉豬肉★，213頁
披薩，319-323頁
提拉米蘇☆，205頁，義式濃縮咖啡冰沙☆，241頁，配義式脆餅☆，131頁，或杏仁馬卡龍☆，126頁

亞洲

夏捲，167頁，佐泰式辣椒萊姆沾醬★，322頁，或花生沾醬★，322頁
青木瓜沙拉，384頁
越南牛肉河粉，235頁
泰式魚丸★，69頁，佐泰式辣醬★，321頁
香辣花生麻醬麵，550頁
印尼菜全席，588頁
燒烤鴨胸肉佐薑味海鮮醬★，131頁
薑味香瓜湯，251頁
抹茶冰淇淋☆，228頁

印度

馬鈴薯青豆薩摩薩三角包，162頁，佐羅望子蘸醬，396頁，或蘋果甜酸醬或綠番茄甜酸醬
印度優格醬★，318頁
印度風味菠菜起司，508頁
椰奶咖哩雞★，104頁
坦都里烤雞★，100頁
印度扁豆泥，429頁
椰奶飯，558頁
印度饢餅★，608頁
椰子冰淇淋☆，230頁，佐新鮮芒果醬☆，267頁

東歐

酸奶甜菜根，431頁
櫻桃湯，251頁
牛肉羅宋湯，236頁
紅椒雞★，105頁
基輔炸雞捲★，114頁
匈牙利燉牛肉★，182頁
波蘭餃子，564頁
烏克蘭餃子，564頁
領結麵加蕎麥片，573頁
薩赫蛋糕☆，55頁
奧地利可麗餅★，453頁

希臘

葡萄葉捲（地中海式粽子），152頁
希臘紅魚子泥沙拉醬，141頁
貝克版希臘捲餅，315頁
菠菜菲塔羊奶起司三角包，162頁
四季豆佐洋蔥、番茄和蒔蘿，419頁
骰子羔羊串烤★，202頁

中東

紐澳良

雞尾酒派對

兒童派對

包餡蔬果，147頁，或鑲餡西洋芹，147頁
香瓜籃或水果杯，383頁
酥皮起司棒，165頁
雞柳，150頁，佐蜂蜜芥末沾醬★，315頁
雞尾酒塔，164頁，填上妞妞蝦，198頁，或胡椒臘腸和莫扎瑞拉起司
茶點三明治，311頁，填上蜂蜜奶油，301頁，或花生醬和果醬，並且用餅乾模裁出造型
小豬蓋被，165頁，或裹麵皮炸熱狗，311頁
起司薄餅，144頁，或起司捲，185頁
黃色杯子蛋糕☆，70頁，或黑底杯子蛋糕☆，72頁
巧克力慕斯☆，200頁，或香蕉布丁☆，185頁
冰淇淋夾心餅乾，用白巧克力夏威夷豆怪獸餅☆，120頁，或燕麥巧克力脆片餅乾☆，121頁，或花生奶油餅乾☆，120頁，夾法式香草冰淇淋☆，227頁，或巧克力冰淇淋☆，229頁，或焦糖冰淇淋☆，229頁

派對拼盤

參見「關於派對拼盤」，132頁
麵包棒★，400頁
惡魔蛋或鑲餡蛋，326頁
紅洋蔥醬，137頁
麵包碗盛菠菜蘸醬，138頁
熱的西班牙臘腸起司蘸醬，139頁
生菜，145頁，或包餡蔬果，147頁
炙烤鑲餡蘑菇「樂土」，146頁
帕瑪森起司烤蒜抹醬，143頁，配扁麵包
甜酸起司抹醬，143頁，或蜂蜜優格蘸醬，145頁，配水蜜桃片、蘋果片和梨子片
海鮮沙拉，278頁
迷你鹹派，164頁，或菠菜菲塔羊奶起司三角包，162頁
水牛城辣雞翅，149頁
魚肉串燒★，61頁，烤水果串，356頁，烤雞肉串燒★，99頁，配佐餐醬★，313-323頁
牛肉沙嗲，151頁，或沙嗲串燒，配花生沾醬★，322頁
壽司捲，591頁
春捲，167頁，或夏捲，167頁，佐泰式辣醬★，321頁，或洋李沾醬★，321頁
切片的烤牛肉★，167頁，配免揉餐包★，385頁，和辣根奶醬★，315頁，或冷芥末醬★，315頁
起司蛋糕☆，80-84頁，佐新鮮藍莓醬，或水果泥
起司蛋糕布朗尼☆，113頁，或密西西比泥蛋糕☆，46頁
覆盆子酥粒點心棒☆，115頁，或胡桃或天使點心片☆，116頁

早餐或早午餐的點子

檸檬罌粟籽瑪芬蛋糕★，426頁，或香草瑪芬蛋糕★，427頁
洛林鹹派，191頁
木斯里，582頁，佐優格
香瓜杯盛水果沙拉，286頁
荷蘭寶貝鬆餅★，454頁，或烤法國吐司★，448頁
培根粗玉米粉鬆餅★，446頁或比利時格子鬆餅★，446頁
銀元煎餅★，441頁，或蕎麥煎餅★，442頁
甜起司可麗餅★，452頁
鍋煎馬鈴薯或里昂風味馬鈴薯，494頁
薯餅，495頁
香煎薯絲鬆餅，496頁
鹽醃牛肉或烤牛肉薯餅，189頁
蟹肉蛋奶烤，176頁
煙燻鮭魚貝果，309頁
牡蠣歐姆蛋，337頁，或班乃迪克蛋，329頁
糖酥蛋糕★，418頁，風車造型覆盆子丹麥捲★，410頁
柑曼怡橙酒膨酥歐姆蛋，339頁
無酵餅裹蛋，331頁
瑪芬烤模烤蛋，332頁
果汁，78-81頁

午餐菜單

蟹餅★，23頁
嗆味涼拌捲心菜絲，272頁
冷檸檬舒芙蕾☆，202頁，或萊姆雪泥☆，236頁
紅酒煮蛋，329頁
原野沙拉加新鮮辛香草，268頁
焦糖布丁☆，215頁
總匯三明治，303頁，或熱的烤牛肉三明治，307頁
美式馬鈴薯沙拉，283頁
切達起司脆皮蘋果派★，521頁，佐香草冰淇淋☆，227頁
火腿菠菜可麗餅★，450頁，或雞肉、蘋果藍紋起司可麗餅★，451頁
綠沙拉，268頁
法式香草卡士達杯☆，180頁
香煎無骨雞胸肉★，111頁，或煎炸魚排或魚輪切片★，64頁
椰奶布丁☆，185頁，佐芒果醬☆，267頁
酪梨冷湯，249頁
油醋龍蝦沙拉，274頁
柳橙乳冰☆，232頁，盛在巧克力杯裡☆，225頁
菠菜沙拉，270頁
貽貝奶油濃湯，240頁
巧克力奶酥☆，133頁
烤馬鈴薯湯，225頁
全裸麥麵包★，377頁
亞洲生菜加整片辛香草葉，268頁
覆盆子酥粒點心棒☆，115頁
普羅旺斯蔬菜濃湯，222頁
啤酒麵包★，415頁
新鮮漿果派★，497頁，佐法式酸奶
豆子沙拉，286頁，用利馬豆來做，盛在番茄杯裡，290頁
希臘檸檬蛋花湯，216頁
薑薄餅☆，124頁
攪拌機做的羅宋湯，253頁
粗黑麥麵包配利普萄起司抹醬，142頁
快速雪泥☆，237頁，或奶油糖冰盒餅乾☆，134頁

正式晚餐的菜單

橙汁烤鴨★，129頁
安娜薯派，495頁
酸嗆綠沙拉，268頁
咖啡巴伐利亞鮮奶油☆，203頁
燒烤帶骨鹿肉排佐藍紋起司葛縷子奶油★，258頁
菰米佐炒蕈菇，597頁
蒜炒青菜，461頁
藍莓派★，498頁，佐奶油胡桃冰淇淋☆，230頁
維也納炸肉排★，192頁，佐冷芥末醬★，293頁
德式麵疙瘩，555頁
燉紅甘藍菜，438頁
蘋果奶酥★，523頁，佐香草醬，261頁，或蘭姆葡萄冰淇淋，228頁
香料波特酒醃過的童子雞★，118頁
大麥仁、蕈菇和蘆筍溫沙拉，572頁
焗烤比利時苦苣，457頁
檸檬舒芙蕾☆，189頁，和杏仁瓦片餅☆，142頁
綜合生菜沙拉拌烤山羊起司，271頁
燜鮮菇，471頁，覆蓋軟玉米糕，576頁
鄉村麵包★，375頁，佐酸豆橄欖醬，141頁
新鮮水果塔★，504頁，佐鮮藍莓醬☆
香濃小黃瓜沙拉，282頁
鹽焗魚★，51頁，佐檸檬奶油★，303頁
炒雪豆，483頁
茉莉香米，583頁
義式奶凍☆，195頁，佐糖漬金桔，375頁
毛豆胡蘿蔔沙拉佐米酒醋醬，281頁
燒烤鴨胸肉佐薑味海鮮醬★，131頁
香辣蕎麥麵，552頁
粉紅柚雪泥☆，237頁，佐香煎荔枝，381頁，或一片楊桃

爲家人親友準備的晚餐

燴燒鑲餡豬排「樂土」★，218頁
蘑菇核桃庫格，557頁
四季豆，418頁
巧克力美乃滋蛋糕☆，39頁
裹玉米粉的脆皮炸雞★，102頁
南方風味菜葉，461頁
德式馬鈴薯沙拉，284頁
果餡餅★，525頁，佐香草冰淇淋☆，227頁
番茄湯，227頁
甘藍菜捲包蕎麥片和小麥片，573頁
蒔蘿糊糕麵包★，366頁
檸檬或萊姆戚風派★，518頁
強尼馬塞提議義大利麵派，172頁
凱薩沙拉，269頁
法式香草冰淇淋☆，227頁，佐奶油糖果醬☆，260頁
地中海牛小排佐橄欖，178頁
芹菜根泥，446頁
蒜炒球花甘藍，434頁
巧克力半凍蛋糕☆，246頁，用富蘭葛利臻果香甜酒（Frangelico）做的
綠沙拉，268頁
妞妞蝦，198頁
馬鈴薯泥，491頁
鳳梨倒轉蛋糕★，523頁，佐鳳梨乳冰☆，232頁
麵包棒（脆棒grissini）★，400頁

麵捲，562頁，雞肉起司餡，560頁，和白醬I★，291頁
鍋燒菠菜或西西里菠菜，508頁
榛果雪糕☆，232頁，配蘇格蘭奶酥☆，133頁

花一天煮，吃一星期的菜

以下建議的這些菜色，可以花一天的時間來煮，冷凍貯存，可以吃上一星期。參見「冷凍☆」章節

金牧場砂鍋雞，172頁
砂鍋雞肉飯，172頁
火雞煲，173頁
鮪魚蔬菜煲，174頁
鮭魚、馬鈴薯和菠菜焗烤，174頁
營養肉醬，180頁
雞肉鍋派或火雞肉鍋派，182頁
牛肉鍋派，183頁
雞肉捲，184頁
牛肉捲或豬肉捲，85頁
起司鹹派，191頁
蔬菜濃湯，221頁
義式什錦蔬菜湯，222頁
雞湯麵，218頁
法式洋蔥湯，224頁
青蒜馬鈴薯湯，224頁
番茄湯，227頁
美國議員豆子湯，229頁
地中海豆子湯，231頁
青菜扁豆湯，231頁
貝克版雞湯，232頁
牛肉大麥仁湯，234頁
義大利麵豆豆湯，545頁
希臘式千層麵，556頁
烤袖管麵或大貝殼麵，562頁
各式千層麵，562-564頁
青辣椒燉雞★，110頁
布倫斯威克燉肉★，106頁
肯德基雜燴★，484頁
獵人燉雞★，107頁
咖哩雞★，108頁
各式燉牛肉（不加馬鈴薯）★，179-182頁
燜燉羔羊肉★，203頁
愛爾蘭燉羊肉（不加馬鈴薯）★，205頁
咖哩羊肉佐番茄★，207頁
義大利肉丸子★，232頁
瑞典肉丸子★，232頁
墨西哥辣肉醬★，232頁
各式辣肉醬★，232-234頁
番茄醬★，310頁
大蒜番茄醬★，310頁
番茄肉醬★，312頁
波隆納肉醬★，313頁

30分鐘食譜

如果時間不多，這些食譜可以在短時間內擺出一桌晚餐。額外的點子，參見「運用熟紅肉、禽肉、魚肉或豆類的菜餚」，183頁，以及「關於速成湯『樂土』」，252頁。

炒飯，587頁
豆餡捲餅，183頁
貝克版豬肉雜湊，190頁
雞肉或火雞肉辣椒洋芋番薯餅，189頁
燻牛肉薄片和肉汁，197頁
威爾斯起司麵包，196頁
妞妞蝦，198頁
速成皇家奶油雞，198頁
雞湯麵，218頁
奶油瓜湯，223頁
酪梨番茄雞肉湯，233頁
番茄湯，227頁
番茄奶油濃湯，246頁
牡蠣海鮮湯，241頁
鮭魚巧達湯，243頁
胡蘿蔔奶油濃湯，246頁
蘆筍奶油濃湯，245頁
烤馬鈴薯湯，225頁
酪梨冷湯，249頁
各式番茄冷湯（如果不喝涼的），249-250頁
清蒸貽貝*，11頁
清蒸蛤*，14頁
烤軟殼蛤*，14頁
泰式蛤蜊鍋*，16頁
燒烤或炙烤蝦子或扇貝佐中式海鮮醬或烤肉醬*，32頁
貝克版BBQ蝦*，30頁
蒜頭檸檬炒大蝦*，31頁
燒烤或炙烤蝦或扇貝*，31頁
日式湯麵，551頁
緞帶麵佐奶油和起司，540頁
緞帶麵佐新鮮辛香草，542頁
阿佛列多緞帶麵，543頁
緞帶麵佐醃燻鮭魚和蘆筍，543頁
圓直麵拌香蒜橄欖油，543頁
細扁麵佐蛤蜊白醬，544頁
筆尖麵佐伏特加醬，544頁
義式刀切麵拌青蔬，544頁
香濃義大利麵佐菾菜和番茄，545頁
起司培根蛋圓直麵，546頁
義大利麵拌風月醬*，563頁
貓耳朵麵佐香腸和球花甘藍，546頁
烤白酒魚排*，49頁
高溫烤魚排*，50頁
燒烤或炙烤全魚*，57頁
炙烤檸檬魚排*，58頁
炙烤魚排佐番茄拌辛香草*，62頁
炙烤鮭魚排佐煙燻辣椒美乃滋*，62頁
煎炸魚排或輪切片*，64頁
煎炸香料脆皮魚排*，65頁
烙燒胡椒脆皮輪切魚片*，66頁
地中海式烤鋁箔包雞排*，115頁
酸豆檸香雞排*，112頁
香煎裹粉的無骨雞排*，112頁
香煎雞排佐蘑菇醬*，112頁
雞柳*，103頁
煎牛排，佐紅酒辛香草醬*，174頁
月神牛排*，174頁
倫敦烤肉*，173頁
胡椒牛排佐奶醬*，173頁
貝克版蒙古牛肉*，177頁
香煎仔牛肉片*，190頁
嫩煎米蘭仔牛肉*，191頁
馬薩拉仔牛肉*，191頁
義式經典仔牛肉捲*，191頁
香煎羔羊排骨肉*，201頁

燒烤豬小里肌★，216頁
香煎豬排★，217頁
印度甜酸醬火雞肉堡★，124頁
起司牛堡三明治★，228頁
懶散的喬★，229頁
貝克版羔羊肉餅★，229頁
俄亥俄農家辣腸醬★，234頁
西班牙肉醬★，235頁
公雞先生，304頁
基度山三明治，305頁
炸軟殼蟹三明治，308頁
火雞肉酪梨捲，314頁
牛肉末塔可餅，316頁
小酒館沙拉，271頁
菠菜佐香煎蝦和培根，275頁
南卡羅萊納鍋燒蝦★，30頁
奧勒岡蝦肉沙拉，275頁
泰式牛肉沙拉，275頁
塔可沙拉，276頁
中式雞肉沙拉，277頁
義大利麵拌燒烤雞肉沙拉，289頁
義大利麵拌蝦肉沙拉，289頁
墨西哥牧場煎蛋，328頁
焗烤奶蛋，325頁
咖哩蛋，326頁
奶蛋拌蘆筍尖「樂土」，326頁
西班牙歐姆蛋，336頁
義式烘蛋，336頁
牡蠣歐姆蛋，337頁
西式或丹佛歐姆蛋，338頁
辛香草起司餡的鹹味膨酥歐姆蛋，339頁

有賓客下場幫忙的菜單

很多客人喜歡下場幫忙，主人或女主人往往被逼得閒著沒事做，頂多就是在最後一刻為賓客倒杯冰水。以下的幾個點子可以幫助你有效運用喜歡幫忙上菜，或做一些桌邊料理的熱心客人，在這過程中，他們很可能會顯露某些特殊才能，增添歡聚一堂的宴飲之樂。

（一）準備一大鍋豐盛的扁豆湯，229頁，或美國議員豆子湯，或者你挑選的湯品，以及各式各樣的沙拉食材和淋醬，或一大盤沙拉總匯，譬如柯布沙拉，274頁，讓客人自行取用。並在附近備妥各式各樣的麵包、捲餅、起司和餅乾或派。

（二）準備下列食譜之一的所有食材，讓客人自行組搭：牛肉火鍋，194頁、起司火鍋，193頁、泰式蛤蜊鍋★，16頁、泰式炒河粉，550頁、印尼菜全席，588頁。

（三）招待十幾二十歲的年輕人，可以擺出漢堡大餐，提供各式漢堡★，227-228頁，外加各種圓麵包和配料，以及一大盤生菜和酸奶蘸醬，136頁。甜點的部分，擺出各種捲筒冰淇淋、聖代或自製奶昔和麥芽糖，82頁。

（四）擺出義大利麵自助餐。選擇你要的義大利麵，包括一款管狀的或有造型的，以及一款長條狀的。用橄欖油稍微把麵拌一拌，然後把它放涼到可以食用。準備三種醬料，青醬★，320頁、大蒜番茄醬★，310頁、不摻麵粉的白醬★，291頁，同時也準備各種配料：帕瑪森起司粉、黑橄欖片、燒烤雞肉絲、炒蕈菇，470頁，或熟的義大利香腸切塊。架設兩個煎炒台依照客人的點餐來煮麵，找有手藝或有意願的客人負責，讓客人自行選擇他們要的麵款、醬汁和配料。

（五）披薩餅皮，322頁，可以事先烤好，放涼後疊在鋪有餐巾的籃子裡。籃子周圍擺各種醬底：青醬、橄欖油、番茄醬，或酸豆橄欖醬，141頁。同時提供預先煮好的一碗碗披薩配料，319頁，讓客人創造自己要的口味。醬底和配料鋪好後，披薩送入烤箱，將餅皮和配料加熱即成。

（六）擺設兩只保溫爐或兩座煎炒台來製作歐姆蛋或可麗餅。參閱「關於歐姆蛋」的建議，333頁，備妥各種餡料，譬如海鮮丁、煮熟的雞肉、起司絲、炒蕈菇、充滿大量蔬菜的嫩葉沙拉，262頁，以及起司蛋糕「樂土」☆切片，80頁，佐以新鮮莓果和發泡鮮奶油或巧克力醬「樂土」☆，256頁，或熱巧克力醬☆，257頁。

| 背包旅行的菜單建議 |

不管你是打算遠離文明去旅行，或者只是前往幾哩外的荒山野地，重量輕而且體積小的食物和設備很重要。選擇不太需要烹煮或完全不需烹煮的食物以節省燃料，不管它是你得馱在背上的，還是從大自然就地取材的。永遠要備妥火源——放在防水袋裡的打火機或火柴。升火的方式，請參見《廚藝之樂 [蛋糕・餅乾・點心・糖霜、甜醬汁・果凍、果醬・醃菜、漬物・罐藏、燻製]》的「烹飪方式與技巧」章節。要讓火可操縱，你得熟悉各種爐具和可得燃料。用固體燃料的爐子最可靠，這種燃料也可以用來當火種，它們的缺點是，在密閉空間裡燃燒則具有毒性。➠任何爐具都不該在帳篷內或其他沒有通風設備的空間內使用，因為火焰會產生一氧化碳和/或毒性。丁烷或丙烷爐很容易使用，但是燃料很占空間，在氣溫極低的情況下也效能不佳。液態瓦斯爐顯然最有效能，而且可以快速把水煮開，不過它們需要維修保養而且可能容易故障。如果你要節省燃料，可以使用多種液態燃料爐，幾乎任何液態碳氫燃料都可以燃燒。

先在家測試炊煮看看，在家嚐起來不錯的，在深山野地裡將是人間美味。菜單的規畫和事先分裝，是野炊快速又簡單的關鍵。每個人的每一餐和佐料，都應該用可以夾鏈塑膠袋分裝好，而且要把多餘的空氣擠壓出袋外。一日的餐食，連同當日的零食和額外的飲料粉、維他命錠和雜糧乾貨，放入標示清楚的大袋子內。每餐試著提供至少一道不必煮就可以吃的菜——或者大分量的主菜——以防萬一遇上天候惡劣、燃料不足或其他慘況。永遠要把額外的零食裝在另外的袋子裡。

如果你在非常乾燥的鄉野，水很可能短缺，記得蛋白質需要大量的水才能在體內起作用，所以要增加碳水化合物的攝取。在寒冷天氣裡，高脂肪含量的食物對你有益，而且在天寒地凍的情況下，你會想多喝湯，少喝咖啡或茶。水果乾、堅果和裹糖衣的巧克力，登山者所謂的「高熱量食物」，是很好的甜點和零嘴，一如餅乾☆，108-144頁。關於有營養的零嘴，請參見綜合水果堅果乾糧，352頁，水果軟糖捲☆，365頁，或能量點心棒☆，117頁。如果你規畫的菜單是一開始吃三明治，之後食用罐頭魚類、冷凍脫水的肉類、肉乾☆——見358頁——泡飯、海苔片、香菇乾、即食馬鈴薯粉、脫水蔬菜片和日式快煮麵，你會有更多時間享受戶外風情。你也可以帶做煎餅用的乾粉★，439-468頁，或穀物棒，581頁，或蘇打餅，169頁、比司吉★，430-435頁，或貝果。有些穀物，譬如非洲小米和小麥片，以及某些形狀的義大利麵，譬如通心粉，攜帶輕便而且又好煮，參見穀物表，598-601頁，義大利麵表，533頁，找點子。在高緯度的地方，確認所有的食物都要比平常的好消化且更溫和，因為當探險隊的飲食過於辛香或不好消化時，高山病似乎更常見。如果你無法盡數避掉，當心加了過多味精的罐頭食品。查看營養標示。

永遠要攜帶基本的戶外炊具：一把銳利的獵刀、不鏽鋼的湯勺。鋁製或錫製的炊具在今天很容易找到。選取也可以用來儲存水和食物的戶外炊具。

用完餐後，務必要仔細把炊具和餐具刮除清洗乾淨。先浸泡在煮開的肥皂水裡，然後再泡在煮開的清水裡。假使水或燃料有限，用明火把炊具和餐具的內部與食物接觸的表面灼燒一遍。記得，在深山野地裡即便是最輕微的腹瀉也可能讓人病殘。荒野裡的水源也要當心。水煮開後至少要滾五分鐘，或者依照隨附的說明用碳濾器過濾或用碘片處理。

飲料

Beverages

縱使軟性飲料的廣告商大力行銷，咖啡和茶仍是全世界最熱門的飲料。不管熱的冷的，濃的淡的，有甜味或原味的，咖啡和茶之所以長久以來——超過一千年的時間——非常珍貴，在於它們含有咖啡因，是大自然的興奮劑。原始人發現了至今所知僅有的咖啡因來源：茶葉、咖啡豆、可樂樹、巧克力和巴拉圭冬青（yerba maté）以及相關品種。自此人類一直用鍋壺將它們或煮或泡。後續的世世代代發展出社會儀式並造出特殊器具，提升了飲用咖啡因的樂趣。

其他沒那麼刺激的沖泡飲品，傳統上用的是葉子、根部、樹皮、花瓣和種籽。蔬果店的農產區可以找到新鮮的花草，或者可能的話自行栽種所需的花草☆，見「了解你的食材」，用它們——新鮮或乾燥的都可以——來泡花草茶，74頁，或者用糖漿來浸泡花草，87頁，做成各種飲品的基底，或者用以增添風味。此外，新鮮的水果和新鮮或瓶裝的果汁也是最提神的飲料。

這一章裡的飲譜，除了咖啡類和茶類裡的少數變異，以及一兩款複合派對飲品之外，都是不含酒精的。關於各種含酒精的飲料及其做法和用法，參見「雞尾酒和派對飲料」，107頁。記住一點，無論你沖泡任何飲品，水質對成品的影響很大。

| 關於咖啡 |

咖啡說來際遇多舛但又遇逆則生。在阿拉伯世界裡，咖啡樹最先是在十五世紀時為了商業目的而栽種，當時的平民百姓普遍飲用咖啡，但伊斯蘭統治者們因為它會令人上癮而加以鄙斥。咖啡被一再地禁飲，當它從君士坦丁堡流傳到威尼斯，繼而又傳到維也納和歐洲其他首都。咖啡豆最初是在藥房販售，最後才衍生出咖啡廳——咖啡廳又成了醞釀革命和啟蒙思想，惡名昭彰的溫床。在今天，喝咖啡的爭議依舊隨著新研究出爐而持續著，這些研究不是指責咖啡危害健康，就是力挺喝咖啡總歸是好的。有疑慮的人，最好的做法是，就像你時常聽到的，適度飲用。

咖啡豆是果實，採收時是綠色的，烘焙過後才會帶有常見的棕褐色和香氣。所有商用的咖啡豆均屬兩種主要品種之一：阿拉比卡品種（arabica）和羅巴斯塔品種（robusta）。阿拉比卡豆是兩者中比較優質的，生長在靠近赤道的亞熱帶高海拔地區國家的咖啡豆，風味最細緻，而不是生長在赤道上的國家。羅巴斯塔豆若生長在溫暖潮濕的地區，譬如西非的低地和太平洋上的島嶼則較不需要照料。一般來說，羅巴斯塔豆多用來製作深烘焙的咖啡豆。

對於喜愛咖啡卻對咖啡因高度敏感的人，或者喝了咖啡會失眠的人，我們建議低咖啡因的咖啡而不是咖啡替代品。記得，咖啡因含量會因咖啡豆品種不同而異：羅巴斯塔豆所含的咖啡因幾乎平均是阿拉比卡豆的兩倍。我們喜愛的另一個咖啡因來源，茶，咖啡因含量大約是阿拉比卡豆的三分之一，端看你沖泡的濃度而定。

| 沖泡咖啡 |

沖泡咖啡的方式有很多，大多數以下都有說明。浸泡式咖啡的飲譜，67頁，是建議給露營者或除了煎鍋之外沒有更特殊的設備可用的人。次頁的插圖顯示了沖泡咖啡的最佳工具：手動滴泡式咖啡（manual drip coffee），是使用**錐形濾器**來沖泡的一種方法，也就是把熱開水倒入裝在錐形濾器內的濾紙裡計量過的咖啡粉上，讓開水滴入玻璃壺或保溫壺裡。**電動滴泡式咖啡機**（Electric drip coffeemaker）的操作原理和手動式的一樣，只不過水是從預先計量過的儲水槽流入的。用電動咖啡機時，查看以瓦特數顯示的電力；瓦特數越高，加熱器越強，因此沖泡出來的咖啡越好。有些人認為，平底籃形的濾器比錐形的更能讓水平均地滲過咖啡粉。不管手動的或電動的，或者濾器的形狀如何，使用濾紙很方便，但是用**金屬濾網**會更好，因為它不僅可以放進洗碗機裡清洗，而且很耐用，就算時常使用也可以用上好幾年。**爐煮式金屬滴泡壺**（Stovetop metal drip pots）有三個隔間，由上往下分別是裝熱水的、裝咖啡粉的，以及濾過的咖啡。這也許是很棒的一種濾泡法，但要當心鋁製的壺，因為鋁會和咖啡裡的酸起作用，長久下來會破壞咖啡的風味。**壓濾壺**（Plunger pot），又叫做**法式壓濾壺**（french press pot），沖泡出來的咖啡質地濃厚，尤其適合帶出深度烘焙咖啡豆的風味。**虹吸咖啡壺**（Vacuum brewer）長久以來需要使用爐火或獨立的熱

錐形濾器和玻璃壺，爐煮式金屬滴泡壺，壓濾壺或法式濾壓壺，虹吸咖啡壺

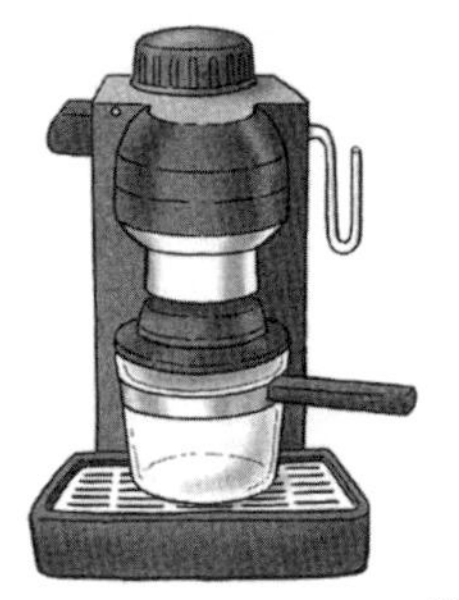
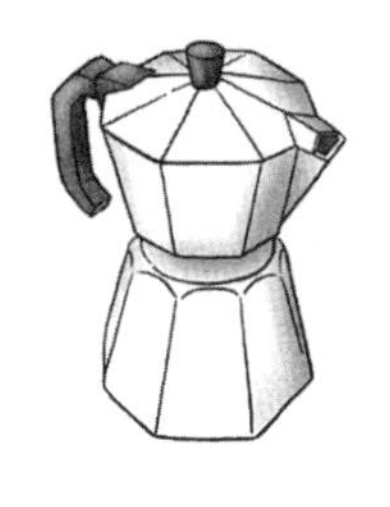
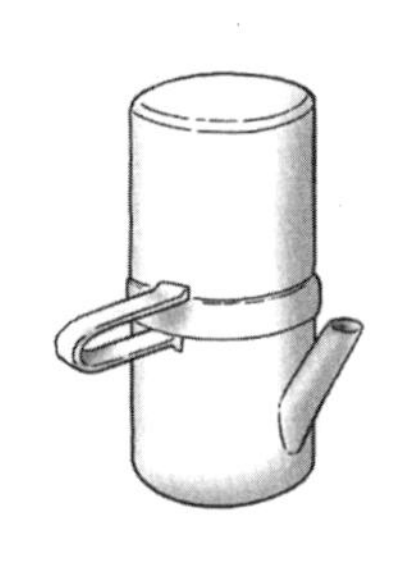

幫浦義式咖啡機，摩卡壺，拿坡里壺

源，脆弱的底部也很容易變髒，有時會破裂很危險。今天的獨立式電動型虹吸咖啡壺操作起來遠比以前的簡單，而且愛用者常讚美說，用這種方法泡出來的咖啡相當醇厚。插圖上顯示的還有**幫浦義式咖啡機**（pump espresso machine）、**摩卡壺**（moka pot）和**拿坡里壺**（Neapolitan coffeepot）。

不管你選擇哪種器具，➡仔細閱讀製造商的說明，尤其是對咖啡粉的建議——粗磨、一般或細磨。不論如何，咖啡要泡得香醇，➡每四分之三杯（六盎司）清水用一至二平匙的咖啡；務必要用軟水，不是軟化的水或硬水☆，見「了解你的食材」。煮滿滿一壺或幾乎滿滿一壺的咖啡通常最好喝。不管使用什麼方法，都要一貫地計時。咖啡機要仔細清理乾淨——咖啡渣會讓下一壺的咖啡帶有苦味。

電動咖啡機每幾個月也要清理。用一份醋兌四份水的混液來清理機器，或者使用咖啡機專用的清潔粉。清除垢漬後用清水多沖洗幾遍。

千萬別把咖啡煮沸——土耳其式咖啡除外。理想的水溫介於九十三度至九十六度，這樣可以萃取出咖啡風味而不會引出酸味。記得，在海平面，水的沸點是一百度C，所以用手動濾泡法或浸泡法沖泡咖啡時，水煮開後靜置幾秒再倒到咖啡粉上。記得，咖啡一遇水就會起變化；因此不要重複使用咖啡粉。如果你煮了一整壺咖啡後十至十五分鐘內不會飲用，➡把咖啡倒到保溫壺裡保溫。如果要加鮮奶或鮮奶油，用微波爐或爐火把它加熱到燙☆，見「了解你的食材」，或者先讓它回溫到室溫，盡可能別讓咖啡的溫度下降。

| 研磨和儲存咖啡豆 |

一般說來，沖泡的時間越短，咖啡粉就要越細。義式咖啡需要細磨的咖啡粉，和特細糖一樣細。法式壓濾壺需要粗磨的咖啡粉，和粗磨玉米粉差不多粗。濾泡式咖非需要的，介於兩者之間，一般的粗細度即可，和砂糖差不多。你可以用超市附的研磨機磨咖啡豆，也可以在家自己磨。**槳葉式螺旋研磨機**（Propeller-blade grinders）最受歡迎，它既便宜又好用。一次磨的量別超過四

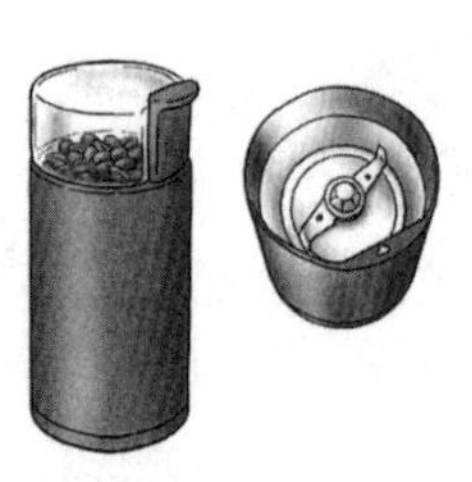

槳葉式螺旋研磨機以及槳葉特寫，鋸齒式磨豆機

勻，要分段研磨。**鋸齒式磨豆機**（Burr mill grinders）有兩個鋸齒狀磨臼，兩者的相對位置可以被設定，以改變咖啡顆粒的粗細度。這一類的器具比槳葉式的要嘈雜也較花時間，不過一次磨的量較多，磨出來的顆粒也比較均勻。老式的手搖式磨豆機都是鋸齒式的。

永遠要用乾淨的磨豆機磨豆子，而且要少量少量地磨。➡清理磨豆機時，可放二至三大匙生米下去磨，並重複一次。用乾紙巾擦拭磨豆機和蓋子。生米還有個額外好處，就是可以把刀葉磨利。➡儲存咖啡豆或咖啡粉的最好方式，是裝在不透光的密封罐裡置於室溫下。

滴泡式咖啡（Drip Coffee）

這方法適用手沖式滴泡咖啡。如果你的是電動滴泡式咖啡機，根據製造商的指示操作，水和咖啡的比例，參考此處說明。

在濾器裡放入：

2大匙中等偏細磨的咖啡粉，兌3/4杯水

把水煮開，從爐火上移開，等上15秒左右。緩慢地把剛剛好的水量澆淋在咖啡粉上，讓咖啡粉徹底濕潤。再等個30秒左右，然後把其餘的開水倒進去，需要的話，分幾次來倒。

滴泡過程一旦結束，立即享用咖啡，或者倒入保溫壺保溫。重複滴泡一次不會讓咖啡變濃。

法式壓濾式咖啡（French Press Pot Coffee）

為了讓咖啡盡可能地燙，沖泡咖啡前先用熱水把咖啡壺燙熱，浸泡咖啡時用廚巾把壺身包裹起來。在咖啡壺裡放入：

2大匙粗磨咖啡粉，兌3/4至1杯水

把水煮開，從爐火上移開，靜置幾秒鐘。把水澆淋到咖啡粉上，攪拌均勻。蓋上蓋子，確認柱塞（plunger）拉到最上端。浸泡6分鐘，然後慢慢把柱塞一路壓到底，將咖啡粉逼到壺底。

虹吸式咖啡（Vacuum-Method Coffee）

在虹吸式咖啡機下方的壺裡煮開的水會被迫流入上方的空間裡，在那裡和咖啡粉混合後再被濾回下方的壺裡。如果用的是電動虹吸式咖啡壺，依照製造商的指示操作，水和咖啡粉的比例，參考此處說明。讓：

1至2大匙介於粗磨和細磨之間的咖啡粉
兌3/4至1杯水
把量好的水量放入下壺，置於火源上，將咖啡粉倒入上壺。如果你的機器有排氣閥，你可以把上下壺組裝好然後置於熱源上方；假使在滾水水面上方的管子一側沒有這個小孔，等到水實際煮開了再讓上壺就位。上壺插入下壺時要輕輕地扭轉一下，好讓兩者密合。當所有的滾水差不多都升到上壺後（一些些水會一直留在下壺），將熱水和咖啡粉充分攪拌均勻。在1至3分鐘內（粉末越細，時間越短）把咖啡壺從火源上移開，讓咖啡流回下壺內。

滲濾式咖啡（Percolated Coffee）

這方法適用以爐火燒煮的滲濾壺；如果你的是電動滲濾壺，根據製造商的指示操作。水和咖啡粉的比例，參考此處說明。每一杯咖啡的量，在浸泡壺裡放：
2大匙中度研磨的咖啡粉兌3/4至1杯水
當水煮開，把滲濾壺從爐火上移開，把裝有咖啡粉的盒放到壺裡，蓋上蓋子，浸泡壺再移回爐火上，讓開水慢慢滲入咖啡粉，約6至8分鐘。取出咖啡盒。過度滲濾不會讓咖啡更濃，反而會破壞風味。

浸泡式咖啡（Steeped Coffee）

每一杯咖啡的量，在一口壺裡放入：
3/4至1杯的水
2大匙中等偏細磨的咖啡粉
把水煮滾，從火源移開，等個15秒。然後把開水倒入咖啡粉裡，攪拌至少30秒。蓋上蓋子，靜置5至10分鐘，視粉末的粗細度和個人口味濃淡而定。用濾網濾出咖啡並盛入另一個壺內，為了保持咖啡的熱度，可把裝咖啡的壺置於一鍋熱水中。

沖泡大量的咖啡（Coffee in Quantity）（30至35人份）

若使用大型滲濾壺，參見滲濾式咖啡。
若用大型咖啡壺，在大得足以膨脹一倍的紗布袋裡放入：
12盎司中度研磨的咖啡粉
煮開：
4至5夸特的水
把開水倒入咖啡壺裡，放入裝了咖啡粉的紗布袋，蓋上蓋子，在溫暖處靜置7至10分鐘。其間攪動紗布袋數次。撈除紗布袋，蓋上蓋子，立即享用。

即溶咖啡（Instant Coffee）

我們實在不認為這瞬間即成的產品比得上要花個幾分鐘沖泡的。
每一人份，用：
1小匙即溶咖啡粉、2/3杯滾水
要避免產生泡沫，把滾水直接倒入即溶咖啡粉。在小鍋子內用小火煮個2分鐘味道會更好。

|關於義式濃縮咖啡、卡布奇諾和拿鐵|

義式濃縮咖啡一詞指的是一種煮咖啡的方式，不是指某種咖啡豆或烘焙程度，而且這顯然是最能顯現咖啡風味的方法。義大利人尤其擅長的這種煮咖啡的方式，在它的發源地當然就叫義式濃縮咖啡，任何用濾泡方式沖泡的都比不上，不管濾泡得多麼濃厚。一杯煮得好的義式咖啡約是一又二分之一至二盎司。咖啡粉和水的比例大略和煮一般咖啡相同，兩大匙細磨的咖啡粉兌四分之三杯水。在家有兩種方法可以煮義式咖啡。用爐火來煮的器具叫做**摩卡壺**，煮出來的咖啡質地和風味約略介於濾泡式咖啡和真正的義式咖啡之間。若用摩卡壺煮，把冷水裝入下層氣室內，水位和安全閥等高。裝入金屬濾器，把中等偏細的深烘焙咖啡粉舀進濾器內並填滿。安上上層氣室並旋緊，然後把摩卡壺放到中小火上加熱。大約三分鐘後，咖啡會開始咕嚕咕嚕響，並從上層氣室內管子兩側的孔洞滴淌下來，蒸氣會從壺嘴噴出。熄火並讓摩卡壺靜置一會兒，直到煮開的水全數被抽取到上層氣室內。**幫浦義式咖啡機**（Pump espresso machine），以足夠的高壓讓熱水沖過細磨的咖啡粉，如此讓咖啡達到糖漿的稠度，顯現正宗的義式咖啡苦中帶甜的美妙滋味。依照製造商為特定機型所寫的指示操作，不過大致上來說，先行用熱水把金屬濾器和裝濾器的把手以及咖啡杯沖燙一下是個好主意。這也有助於幫浦起動。一定要用磨得夠細的咖啡粉——標示著「義式咖啡」專用的細磨咖啡粉往往是最佳選擇。在晚餐後來一杯義式咖啡，盛在陶瓷小咖啡杯（demitasse cups）或義式咖啡小玻璃杯裡，並附上糖——粗糖有著最深沉的滋味☆，見「了解你的食材」。不妨摻一點義大利茴香酒（sambuca）或瑪莉亞咖啡酒（Tía maria），給咖啡添上可口的酒勁。

卡布奇諾是以嘉布遣修會（Capuchin）僧侶穿的淺棕色袍子來命名，因為袍子和咖啡的色澤相近。卡布奇諾是義大利咖啡吧之光。在義大利，卡布奇諾上不會灑肉桂粉或可可粉，就只有義式咖啡和用蒸氣加熱或煮燙的牛奶，最上面再加一層滑順的奶泡——咖啡、牛奶和奶泡均等量。

拿鐵是一份咖啡兌四份用蒸氣加熱或煮燙的牛奶，沒有奶泡。**瑪奇朵咖啡**是義式濃縮咖啡「意思意思」加一或兩大匙奶泡。法國的咖啡歐蕾是深烘焙咖啡加牛奶，在紐奧良也很受歡迎，那裡的咖啡往往會加菊苣。把等量的濃厚咖啡和熱牛奶混合在一起即成，加糖調味。

準備卡布奇諾所需的牛奶和奶泡時，根據你的義式濃縮咖啡機製造商的說明用蒸氣把牛奶加熱，或者把牛奶倒入小平底鍋裡煮燙☆，見「了解你的食材」，別把牛奶煮沸，並使勁攪打以製造奶泡，牛奶和奶泡加起來的體積，要比一開始的牛奶量的兩倍稍少一些。把牛奶倒入義式濃縮咖啡時，用湯匙阻隔奶泡，牛奶倒完後再用湯匙舀取奶泡，輕輕鋪在液面。拿鐵和咖啡歐蕾所需的牛奶是熱的，但奶泡不需多；可以用微波爐把牛奶加熱後輕輕攪打一下製造少量奶泡即可。

| 土耳其咖啡或中東咖啡 |

大概地中海東岸的每個國家，都是用源起於十五世紀開羅咖啡屋的簡單方式煮咖啡：摻了甜味、磨得極細的咖啡粉，用黃銅製或紅銅製長柄壺具稍微煮沸幾次，這種壺具在土耳其叫做cezve，在希臘叫做*ibrik*或*briki*。壺具的一般容量可裝十盎司液體，不過絕不能裝超過三分之二滿。咖啡沒有濾過，所以咖啡渣會留在壺底；倒咖啡時咖啡泥不免也會進到咖啡杯，沉積在杯底。咖啡喝完後，將杯子倒扣拍擊一下，落在碟裡的咖啡泥可以用來算命。

要煮土耳其咖啡，首先要有磨得很細的咖啡粉——細得簡直像粉塵，還要有專用壺具，可在希臘市場或中東市場買到，也可在超市買到或網購。你可以用中度烘焙的咖啡豆在家自行研磨，只不過麻煩的是，即便磨豆機有「土耳其式咖啡」的設定，磨出來的往往還是不夠細。

煮每一人份，在壺具裡放入：

半杯水、兩小匙極細咖啡粉、糖，調味用（一小撮小豆蔻粉）

用中火煮到微滾冒泡。一當咖啡膨脹就要溢出鍋外，將壺具暫時離火，把些許咖啡泡沫倒入熱過的杯子。壺具移回爐火上加熱，再煮滾兩、三回，每回快煮沸溢出時便迅速離火。將煮好的咖啡分裝到杯子裡，咖啡泡沫也要平均分配。

| 關於加味咖啡 |

加味咖啡非常受歡迎，但市面上很容易買到的多半靠化學香精調味。在你自家廚房裡就有很多自然調味劑可以為你的咖啡加味。沖泡咖啡前，把以下的任一樣加到一磅咖啡粉裡：四盎司菊苣粉、四粒八角、四顆丁香、四顆壓碎的小豆蔻莢、四枚對半縱切然後切丁的香草莢，或幾大片的柑橘皮。如果你想預先備妥加味咖啡，可先把一種或多種調味料混入咖啡粉，放入密封罐，置於冰箱或冷凍庫貯存，最多冰上一個月，這些調味料當中有些放在室溫下一段期間可能會腐壞。

| 關於咖啡飲料 |

黑咖啡或只加糖和牛奶的咖啡，堪稱是美國最接近國飲的飲料了。咖啡混合酒或其他調味料也可以搭配出形形色色滋味絕佳的冷熱飲。至於咖啡和巧克力的組合，參見「**有關巧克力和可可飲**」，75頁，巴西巧克力，77頁，英國海軍可可飲，77頁，摩卡飛猴，82頁，以及可可摩卡，86頁。

牙買加咖啡（Jamaican Coffee）（1 人份）

在一只熱過的馬克杯裡攪勻：
1盎司的牙買加黑蘭姆酒
1盎司瑪莉亞咖啡酒
3/4杯熱的濃烈咖啡
在上面加：
發泡鮮奶油

愛爾蘭咖啡（Irish Coffee）（1人份）

加熱：
1又1/2盎司愛爾蘭威士忌
1至2茶匙糖
但千萬別煮沸，然後倒入一只熱過的馬克杯裡，接著再倒入：
熱咖啡
液面上升的高度要少於1/2吋，隨後攪拌攪拌，把糖攪到融化，最後在上面加：
發泡鮮奶油

魔鬼咖啡（Café Diablo）（8人份）

這節慶氣息濃厚的咖啡需要漆黑的房間才可以達到最大的戲劇效果。
洗淨並晾乾：1顆小柳丁
嵌入：20顆小丁香
在一只深口銀盆裡混合：
1 顆柳丁的皮，切細絲
1顆檸檬的皮，切細絲
2根肉桂棒、10顆方糖
接著加熱：
3/4杯白蘭地或1/4杯君度橙酒
但千萬別煮沸，然後把熱酒倒進銀盆裡。銀盆放到托盤上，連同柳丁和一把耐火的勺子帶到餐桌上。小心點燃白蘭地，用勺子反覆舀起酒液澆淋果皮絲和肉桂棒，直到糖溶化。然後再倒進：
4杯濃烈熱咖啡
接著在勺子倒進：
1/4杯君度橙酒或1/4杯溫白蘭地
把嵌有丁香的柳丁放入勺子裡的白蘭地中，小心地點燃白蘭地，慢慢把燃燒的勺子沉進銀盆內，讓柳丁浮在液面。用勺子把咖啡舀到小咖啡杯裡。
若想做單人份的魔鬼咖啡，較簡易的版本是，把一顆方糖放在一根咖啡匙內，讓方糖吸飽白蘭地然後點火。待糖溶化，把那咖啡匙沉入盛了半滿的熱咖啡的小咖啡杯裡。加進一條卷成螺旋狀的檸檬皮絲以及一或兩粒丁香，然後用肉桂棒攪拌均勻。或者，單純把一小匙溫的淡蘭姆酒或威士忌攪入一小杯熱咖啡裡，再加一條檸檬皮卷絲和甜味料調味。

冰咖啡（Iced Coffee）

用任何方式煮出你要的咖啡，每一人份用：
2又1/2至3大匙咖啡粉和3/4杯水
把咖啡放涼，或者把熱咖啡淋在裝有冰塊的高杯。
若想要有甜味，可以摻：（糖或糖漿，87頁，適量）
拌入：（牛奶或鮮奶油，適量）
或在上面加：（發泡鮮奶油或香草冰淇淋）

維也納冰咖啡（Iced Coffee Viennese）

準備任一種冰咖啡，盛在高杯裡。加1盎司淡蘭姆酒或白蘭地，在上面加發泡鮮奶油。

凍咖啡（Frozen Coffee）

每一杯，在攪拌機裡放入：
1/2杯冰咖啡、1/4杯牛奶
再加入：1大匙糖、1 小撮丁香粉（1盎司蘭姆酒）
以及不少於：1杯碎冰
充分攪拌均勻，盛在冰鎮過的高杯裡。

| 關於茶 |

這世上茶的種類繁多——白茶、綠茶、烏龍、白毫、紅茶、珠茶、茉莉花茶、伯爵茶等等不勝枚舉——而令人吃驚的是，它們全都來自同一型植物，源產於中國南方和印度北方的長青灌木，如果它的枝葉沒有經常被無情地修剪和採摘的話，很可能會長成參天大樹。茶樹如今栽種於印度和亞洲十餘個國家以及非洲，由於已經適應各種新環境，它們的特性已經徹底改變，就像一個大家庭裡每個個體的個性南轅北轍。

好似自然的變異還不夠複雜一樣，加工、產製、分等和混調，以及花瓣、果皮絲和香料等添加物，又更進一步使得成品的差異相當可觀。話說回來，這些變異多數都芬芳誘人，而且提神醒腦。

處理茶葉的方法主要有三種，成品有白茶、綠茶、紅茶和烏龍茶。一開始的處理過程或多或少都一樣。新鮮的茶葉很硬脆，因此必須讓它「萎凋走水」，才會柔軟好處理。接著茶葉會經過揉捻這道手續，通常是用機器，而且會稍微碎裂。在這個階段，帶給茶葉滋味的油脂精華會跑到葉片表面。採摘尚嫩的茶芽製成的稱為白茶，製程止於「殺青」（firing）的叫做綠茶，儘管它的顏色可能從橄欖綠到暖米色。所有的日本茶和大多數中國茶都是綠茶。

在一八三〇年代之前，美國人只喝綠茶，之後飲用量不斷下滑，直到幾乎停飲。不過，今天綠茶又開始流行，不只是因為它的風味細緻，它顯然有保健功效。綠茶富含抗氧化劑，有些研究者相信它可以預防癌症和心血管疾病。

當增添滋味的油脂長時間暴露在空氣中——通常是非常濕悶的空氣——並開始氧化，茶葉會產生紅變。氧化作用會讓茶葉色澤變深，形成新的風味聚合物，其中最澀的成分叫多酚，也就是一般所知的單寧。紅茶是美國最常喝的茶飲。

第三種製茶的方法，只讓茶葉半氧化/發酵，因而結合了綠茶的清新和紅茶的濃韻。這類的茶叫做烏龍茶，生產於中國和台灣。台灣舊時的名稱是福爾摩沙，在今天福爾摩沙仍被用來指台灣產的烏龍茶，某些品茗行家認為福爾摩沙茶是烏龍茶極品。

幾乎所有市售的茶都調混了不同的茶葉，往往多達二十種以上——大多數是紅茶，有時來自好幾個國家，而且往往有個味道最濃郁的茶占最多量，譬如印度的阿薩姆紅茶。很多茶是加味茶，其中最有名的就是伯爵茶，添加了佛手柑油——一種柑橘類的油——的混調紅茶。茶葉裡也可以添加花瓣，就像用綠茶或烏龍茶製成的茉莉花茶，或是燻製茶，譬如正山小種（Lapsang souchong）。

大多數茶包都充滿「葉末」或「葉粉」——這兩個分類的等級區分的是茶葉的大小，不是品質。雖然大多數廠商用來製作茶包的茶葉會比做成散裝茶的品質差一些，不過有時候葉末或葉粉也可能品質相當好。問題是茶包很少用密封盒包裝，由於茶葉已經是碎末或粉狀，它們比散裝的要更容易走味。

千萬別小看茶在烹調裡的用處，譬如加味伏特加，114頁，醃汁★，343頁，沙拉醬☆，見「了解你的食材」，甚至冰淇淋☆，228頁。

| 沏茶 |

要沏一壺好茶，你只需要負擔得起最好茶葉，以及開水或滾水——水質幾乎和茶葉同等重要。用剛從水龍頭汲取的新鮮的水，軟水——不是軟化的水也不是硬水。如果自來水品質可疑，用裝在水龍頭的濾水器或獨立式濾水壺過濾一下；這些器具很容易買到而且不貴。

先用滾水或非常燙的自來水將茶壺預熱。沏大部分的茶所需要的水，應該是剛剛煮沸的水，水一滾便可沖泡茶葉，好讓茶葉完全舒展，充分浸泡並釋出滋味；但綠茶除外，沏綠茶的水應該要燙沒錯，但不是滾水（七十七度至八十八度）。

把茶葉放在預熱過的茶壺裡。每一杯水兌一至二小匙的茶葉或一包茶包。

茶葉或茶包應該至少泡三分鐘，別超過五分鐘。烏龍茶、大吉嶺茶和精緻紅茶通常需要三至四分鐘；其他類的紅茶需要四至五分鐘；綠茶和白茶應該浸泡一至二分鐘。很多綠茶可以沖泡不只一回，但紅茶茶葉沖泡一次就好。攪拌一下，即刻享用。紅茶經常會加入牛奶。在天冷的午後，我們有時候會把裝有蘭姆酒或白蘭地的小醒酒杯置於茶托盤上，給有雅興小酌暖身的人。

若是要沏茶給一大群人喝，先在大茶壺裡沏好茶，茶葉的用量比平常多一倍，然後在每個茶杯或小茶壺裡倒上半滿的濃茶，再兌上一半熱水。

茶一旦泡好，從茶壺裡取出茶包很簡單。沏散裝茶的一個方法是，用一口鍋子甚或是乾淨的深口平底鍋以文火把茶葉泡開，然後把茶葉連同茶水一併倒入下方有空茶壺承接的篩網內，以濾掉茶葉。若想省去使用篩網的麻煩，可使用濾茶球。最好的濾茶球是有金屬網眼的球體，如圖所示，通常附有鉸鏈鎖。任何茶壺的口緣都應該是寬口，方便茶葉進出茶壺，而且附有可以保持低溫的壺柄。避免用鋁製的壺或沒有塗層的金屬壺來沏茶，金屬會和茶水起作用，產生異味。我們推薦附有寬而深的嵌入式網籃的茶壺，這樣的網籃一來有寬敞空間讓茶葉舒展，二來茶泡好後可輕鬆取出濾出茶葉。單人份的金屬濾網也很好用。找圓筒狀可以伸至杯底的那種濾網，這樣茶葉和水才有最大的接觸空間。

濾茶球

沖泡中和沖泡後要讓茶水保溫，你可以把茶壺套上茶壺專用保溫套，或者用厚毛巾包裹茶壺。取出茶葉後，可把茶水倒入保溫壺保溫——雖然用保溫壺裝不如用茶壺優雅，不過卻是可以讓茶保鮮又保溫很務實的做法。➡別用裝過咖啡的保溫杯來裝茶，除非你希望茶水帶點咖啡香。

無論如何，➡喝茶之前一定要先攪拌杯裡的茶水，這有助於讓茶具有獨特滋味的油脂精華在茶液裡流通循環。

香料茶（Spiced Tea）（8人份）

在一口醬汁鍋內放入：

1/2杯糖、3/4杯水

煮開，鍋子離火，繼而加入：

1/4杯濾除果渣的柳橙汁

1/2杯濾除果渣的檸檬汁

6粒丁香、1根肉桂棒

與此同時，用：

10小匙的紅茶葉、5杯水

泡茶。將熱的香料混汁倒入一只大缸內，再把泡好的茶倒入混汁裡，然後舀到潘趣杯或茶杯裡立即享用。可以在杯內加：1片柳橙、1根肉桂棒

印度茶（Chai）（4至5人份）

在一口中型醬汁鍋內將：

3杯水、1又1/2杯牛奶、3/4杯糖

或依個人口味酌量增減、2根肉桂棒

16根小豆蔻莢，碾碎、1小匙整粒丁香、

1/2吋厚的1片生薑，切薄片、

1/2小匙白胡椒粒或黑胡椒粒

煮滾，鍋子離火，蓋上蓋子，靜置20分鐘。鍋子移回爐火上，煮到微滾。然後鍋子離火並拌入：

2大匙紅茶葉

蓋上鍋蓋，靜置2分鐘。濾出汁液，立即享用。或放涼，加冰塊飲用。

冰茶（Iced Tea）

想到這款飲料源起於我們家鄉聖路易斯，就忍不住洋洋得意起來。創始人其實是個英國女子，她在心灰意冷之際想到這個點子。硬水☆，見「了解你的食材」，做出來的冰茶會混濁。

先泡茶，茶葉用量比指示的多一倍。攪

拌一下，濾出茶汁，然後倒到冰塊上。
佐上：
檸檬片、（薄荷枝）、（糖或糖漿，87頁，依個人口味酌量增減）
如果時間緊迫，也可以在市面上買到冰茶。這類冰茶有時候含糖並含有香精。

南方甜冰茶（Sweet Southern Iced Tea）（6至8人份）

南方的冰茶甜而濃，顏色深到無法透視報紙。
用：4杯水、6至7茶包
泡茶，趁熱拌入：
1杯糖，或依個人口味酌量增減
倒入大水壺內，然後加入：2至4杯水
冷藏。加冰塊享用，並佐上：
（檸檬片）

加味冰茶（Flavored Iced Tea）

I. 將濾出的熱茶淋在：
1束薄荷枝、1顆檸檬的皮，切絲
在室溫下放涼，然後冷藏。瀝出冰茶，倒入高杯內，加冰塊以及：
糖或糖漿，87頁，或依個人口味酌量增減（薄荷枝）

II. 在上述的每一份冰茶內加入：
2至3大匙水果糖漿，87頁，或香草糖漿，88頁
點綴上：
柳橙片、檸檬片或萊姆片（薄荷枝）

III. 每一人份，在冰塊上倒入：
1/2杯檸檬汁或萊姆汁或果汁，諸如鳳梨汁、柳橙汁、蔓越莓汁或芒果蜜
1/2杯冰茶

｜關於花草茶｜

打從遠古以來，全世界各地都用不如茶或咖啡刺激的各種草本來舒緩精神或提神。這些不是真正的茶，而是花草茶（法國人說的*tisanes*），用花草而不是茶葉製的。古代有位草藥學家說，花草茶有助於「胃的蠕動」，所以晚飯後格外受歡迎。

花草茶的種類很多，從常見的甘菊和薄荷到南非的路伊保斯（rooibos），或所謂的紅灌木——其綠葉在烘乾的過程中會變紅，所以泡出來的茶呈紅色。你可以在養生食材店、賣異國食材的超市、某些專賣店買到，或網購特殊的茶或食材。

一些可以在自家栽種，單獨使用或混調之後可能做出迷人飲料的植物或香料有：當歸、佛手柑、紫草、牛膝草、檸檬馬鞭草、薄荷、鼠尾草、百里香、甘菊花、丁香、椴木、柳橙、檸檬、鹿蹄草和接骨木的葉子，不管是新鮮或風乾的；還有大茴香及茴香的籽。以下是製作這些花草茶時每一杯水的理想用量。熱愛花草茶的人會說：「千萬別加鮮奶油。」

味道強烈的花草，每一人份用：

1/2至1大匙新鮮花草或1/4至1/2小匙乾燥花草

味道溫和的花草，用量是：**上述的兩倍**

或者，至於以下的香料或花草，每一杯用：

1顆八角、6朵甘菊花、1/8小匙乾燥薄荷、1/4小匙茴香籽、

1/2小匙乾燥椴木花、3大匙乾燥的檸檬馬鞭草、1株新鮮香茅，

切細3片生薑

千萬別用金屬壺來泡。在煮開的水裡浸泡三至十分鐘，濾出。喝的時候喜歡的話可以加蜂蜜或檸檬。

冰扶桑花茶（Iced Hibiscus Tea）（1又1/2夸特）

在一口大的醬汁鍋內煮開：3杯水

水開後放入：

7包茶包、1/2杯乾燥扶桑花、1/2杯糖

攪拌到糖溶化，靜置10分鐘，然後濾到一只水壺內，再拌入：3杯冰水

倒入放有冰塊的高杯，點綴上：

柳橙片或覆盆子

| 關於巧克力和可可飲 |

巧克力，一種阿茲特克飲品，經由西班牙來到我們這裡，而且添加了糖和香料。在法國，你喝的是以牛奶為底而且加了鮮奶油的巧克力。在維也納，他們豪邁地加了發泡鮮奶油。在巴西和俄國，摻的是咖啡，在墨西哥，我們會在巧克力裡發現肉桂，甚至還有柳橙皮。在美國，我們喜歡熱巧克力和熱可可加牛奶，尤其會在睡前喝上一杯。

可可粉不會立即溶解在液體裡，它會結塊，必須使勁地攪拌才會化開，而大半的熱可可都是可可粉泡的。如果把可可粉和糖放入平底鍋先混勻，或者放入攪拌機裡加少量的所需液體打勻，結塊情況會改善很多。別把無糖的可可粉和**即溶可可**搞混，即溶可可是熟食，通常含糖，也添加了乳化劑，所以不管用熱的液體或冷液體沖泡都可輕易溶解。如果你用沒加糖的可可粉，依個人口味來放糖，再和新鮮的牛奶攪勻，這樣你的熱可可會更好喝。➔若想快速泡好冷或熱的巧克力飲，你手邊不妨隨時備妥可可糖漿，或熱巧克力用的甘納許（ganache）。參閱「關於巧克力和可可」☆，見「了解你的食材」。

喝巧克力前先用金屬絲攪拌棒或沉浸式攪拌器（immersion blender）攪打一下，這樣可以防止通常會在液面凝結的奶「膜」形成。用狹長型馬克杯或杯子盛熱飲，比較能保持熱度，喜歡的話，把發泡鮮奶油舀在上面。你也可以加棉花糖進去，或者將香料泡進去。咖啡巧克力的組合可見於巴西巧克力飲，77頁，英國海軍可可飲，77頁，摩卡飛猴，82頁，以及可可摩卡，86頁。

熱可可（Hot Cocoa）（4人份）

這裡建議的比例泡出來的可可滋味更濃郁，但遠不如你從市面上買的甜。全脂牛奶可以用無脂或低脂牛奶代替，也可以改用半對半鮮奶油（half-and-half）*。

在一口中型厚底醬汁鍋裡拌勻：

1/4杯無糖可可粉、4至6小匙糖

接著使勁地拌入：**3杯牛奶**

先一大匙一大匙加入，然後再形成一道細水柱徐徐注入。

以中火加熱，不時攪動，刮挖鍋底，直到鍋子內緣開始冒泡泡。鍋子離火，接著拌入：**（1/2小匙香草或2小匙卡魯哇咖啡酒〔kahlúa〕或柑曼怡香橙干邑甜酒〔Grand Marier〕）**

在每一人份撒下：**肉豆蔻粉或肉桂粉、發泡鮮奶油或棉花糖**

可可糖漿（Cocoa Syrup）（1杯）

這糖漿準備起來快速又簡單，它的滋味勝過你買得到的任何糖漿。製作熱的或冷的可可飲都適用。

在一口中型醬汁鍋內拌勻：

1杯無糖可可粉、3/4杯糖

再拌入：**1/2杯水、（1/2杯麥芽奶粉）**

以中火煮滾，不時攪動。一當滾了就轉小火，微滾3至5分鐘。鍋子離火，放涼。蓋上鍋蓋，在室溫下放個幾天，或者放冰箱冷藏2至3星期。要讓冷藏的糖漿液化，可放爐火上或用微波爐加熱。

速成熱可可（Quick Hot Cocoa）

每8盎司一杯的可可，用2大匙上述的可可糖漿。緩緩拌入3/4杯牛奶和（2大匙濃的鮮奶油）。充分加熱，但不要煮滾。

熱巧克力用的甘納許（Ganache for Hot Chocolate）（6人份綽綽有餘）

甘納許是一種濃郁的巧克力鮮奶油糖衣或餡料。這裡我們用它來做一款很棒的飲料，它比熱可可要甜些。最後可以加發泡鮮奶油或棉花糖在上面。

在一口中型厚底醬汁鍋內把：

1杯稀的或濃的鮮奶油

煮到大滾，鮮奶油一滾，鍋子馬上離火，接著拌入：

8盎司切碎的苦甜參半或半甜的巧克力

拌到混液呈滑順質感。用細篩網過篩混液，以橡皮刮刀推壓混液過篩。放涼。裝入有蓋子的罐子裡冷藏，最多可放10天。

速成熱巧克力（Quick Hot Chocolate）（1人份）

I. 在一口小的醬汁鍋或微波碗裡拌勻：
   1/4杯上述的甘納許、1/4杯牛奶
   水或咖啡
   以小火加熱，或者放入微波爐以強火力微波30至45秒，直到混液變燙，但不要煮滾。拌入：
   （1/8小匙香草，或1/2小匙卡魯哇咖啡酒或柑曼怡香橙干邑甜酒）

＊譯註：鮮奶油與牛奶對半混合。

最後在上面撒：
肉豆蔻粉或肉桂粉
II. 在一口小的醬汁鍋或用微波爐碗把：
1/2杯半對半鮮奶油
煮到滾。鍋子離火，拌入：
1盎司切碎的半甜或苦甜參半的巧克力

香料熱可可（Spiced Hot Cocoa）（4人份）

在一口中型深口醬汁鍋內拌勻：
6大匙無糖可可粉、6大匙糖
先一大匙一大匙加入，接著再像一道細流似的徐徐注入：3杯牛奶
使勁攪打。接著以中火加熱，不時攪動並刮挖鍋底，直到鍋子內緣開始起泡。
鍋子離火，然後拌入：
2根碾碎的肉桂棒、6粒碾碎的丁香
1又1/2吋厚的生薑，去皮並切片
蓋上鍋蓋靜置30分鐘。濾出可可飲，在每一人份上面加：
（發泡鮮奶油）

香料熱巧克力（Spiced Hot Chocolate）（1人份）

用上述的速成熱巧克力做法I或II準備熱巧克力，省略香草、甜酒和肉豆蔻粉。拌入上述香料熱可可所用的香料。蓋上鍋蓋靜置30分鐘。把巧克力飲過濾到一口醬汁鍋內，然後煮滾。在每一人份上面加（發泡鮮奶油）。

巴西巧克力（Brazilian Chocolate）（4人份）

在一口中型醬汁鍋內以非常小的火融化：
1盎司切碎的半甜或苦甜摻半的巧克力
1/4杯糖、1/8小匙鹽
再拌入：1杯滾水
以非常小的火加熱3至5分鐘，千萬別煮滾。然後加：
1/2杯牛奶
1/2杯熱鮮奶油1又1/2杯濃的熱咖啡
用攪拌棒攪勻，再加入：
1小匙香草、1小撮肉桂粉

英國海軍可可飲（Kai）（1人份）

這款濃郁美味的飲料長久以來是英國皇家海軍的必備品，主要是用來讓值夜班的人補充營養並保持警醒。對我們這些不太會耗大量精力的人，我們的版本在寒冷的冬日裡是上乘的滋補品。用加倍濃縮的咖啡（double-strength coffee）或義式濃縮咖啡，來做，成果最棒。
在一只大型馬克杯裝：
1/4杯半對半鮮奶油或濃的鮮奶油
以微波爐強火力微波30秒。與此同時，在一口小碗裡混勻：
1大匙糖、2大匙麥芽奶粉
1小匙無糖可可粉
從微波爐取出鮮奶油，放入可可混物，攪拌個30秒，直到可可粉和糖溶解。再倒進：
3/4杯濃的熱咖啡，拌勻。

冰巧克力（Iced Chocolate）

用速成熱巧克力來做，1至4人份
用巴西巧克力來做，4人份

準備：速成熱巧克力方法I或II，76頁，或巴西巧克力，77頁
然後冰涼。倒入碎冰裡，在上面加：發泡鮮奶油或咖啡冰淇淋
點綴上：甜巧克力碎屑

蛋奶（Egg Cream）（1人份）

冷飲櫃裡的經典。
在攪拌機內拌勻：
1杯非常冰的牛奶、2大匙可可糖漿，76頁
或者用手使勁攪拌到起泡，再把混液倒入高杯內，然後拌入：
1/3杯氣泡礦泉水

|關於果汁和水果飲料|

以下的飲譜主要是設計來開胃用的，對於任何型態的派對，它們都是很棒的無酒精飲料，在餐前飲用為佳。這類飲品分三種：單純的綜合果汁，多半是用市售的果汁來做，雖然用現榨或現壓的果汁來做最好；其次是水果和蔬菜的組合，可以用攪拌機或果汁機來做，加不加冰塊都可以；最後是煮過的蔬果汁。

要把果汁從柑橘類水果取出來，可以用電動或手動的榨汁機，或搖桿型的壓榨器。我們建議大得足以處理葡萄柚和柳橙的那種。別忘了冷凍的濃縮果汁，尤其是製作味道強烈的、需要快速冰涼的飲料。

新鮮辛香草、蔬菜和水果等杯飾，109頁，不僅僅只是妝點飲料門面而已，它們會提升滋味和口感。對於飲料的滋味同樣重要的還有冰塊，109頁。

用有裝飾感或加味冰塊來提升冰飲的魅力。製冰盒加滿水，在每一格裡放以下其中一樣：黑櫻桃、草莓切片，一小塊檸檬皮或鳳梨，或一小枝薄荷或百里香。一般的果汁也可以增添風味。保守地加少許柳橙汁、鳳梨汁、檸檬汁或萊姆汁的冰塊，可以讓很多飲料和潘趣酒更多滋多味。

要為潘趣酒做有裝飾感的造型冰塊，見126頁。

番茄汁（Tomato Juice）（4人份）

I. 如果用新鮮番茄來做，在大的醬汁鍋裡放：
12顆中型熟成番茄，切碎
2枝帶葉的芹菜，切碎
1片洋蔥
3株荷蘭芹
1/2片月桂葉
1/2杯水
煨煮30分鐘。將混液濾入一只水壺內，加：
1小匙鹽
1/4小匙匈牙利紅椒粉
1/4小匙糖
調味。充分冰涼後享用。

II. 如果用罐頭或瓶裝的番茄汁來做，做成熱飲或冰飲都可以。可以把咖哩粉、幾粒丁香、一根肉桂棒或幾枝龍蒿、荷蘭芹或一些辛香草浸在雞尾酒

內，飲用前再將它們濾出即可。
在一只水壺裡混合：
2又1/2杯番茄汁
1又1/2大匙檸檬汁
1小匙西芹碎屑
1/2小匙洋蔥碎屑
1/2小匙辣根碎屑
3/4小匙鹽
1/4小匙糖
1/8小匙匈牙利紅椒粉
幾滴烏斯特黑醋醬（Worcestershire）
或辣椒醬

柳橙番茄汁（Orange-Tomato Juice）（4人份）

這果汁加檸檬汁或萊姆汁也很棒。
在一只小水壺裡混合：
1又1/3杯番茄汁
1杯柳橙汁、1小匙糖
1大匙檸檬汁或萊姆汁
1/2小匙鹽
1/2杯碎冰
冰涼後或加冰塊飲用。

柳橙萊姆汁（Orange-Lime Juice）（4人份）

在一口小水壺裡混合：
2杯柳橙汁
1大匙萊姆汁或2大匙檸檬汁
1/8小匙鹽
冰涼後或加冰塊飲用。

清湯加冰塊（Broth on the Rocks）

呈現漂亮橘色的一種甜鹹交雜的提神飲品。避免使用膠質太豐富的高湯，否則可能會結凍。每一人份，混合等量的：
雞高湯或牛肉清湯
番茄汁、柳橙汁
放入冰塊，然後擠進一點：檸檬汁

綜合果汁（Fruit Juice Combinations）

好喝的訣竅是混合等量的：
柳橙汁和鳳梨汁、白葡萄汁和柳橙汁
蔓越莓汁和萊姆汁
喜歡的話可以加糖、鳳梨汁，或葡萄柚汁

柑類水果汁集錦（Citrus Juice Medley）（2至3人份）

在一只水壺裡混合：
3/4杯葡萄柚汁、1/4杯檸檬汁
1/2杯柳橙汁、1/4杯糖或糖漿，87頁
冰涼後或加入冰塊飲用，點綴上：
幾株薄荷

鳳梨葡萄柚汁（Pineapple-Grapefruit Juice）（4人份）

準備糖漿，87頁，使用：
1/3杯糖、1/3杯水
拌入：1又1/4杯葡萄柚汁
2/3杯鳳梨汁
1/4杯檸檬汁
冰涼後或加冰塊飲用。

覆盆子或黑莓果汁甜酒（Raspberry of Blackberry Shrub）

2又2/3杯糖漿；足夠8至12杯果汁甜酒

果汁甜酒通常用覆盆子或黑莓來做，微微帶點醋的味道。

用覆盆子或黑莓來準備：

莓果糖漿，87頁

趁糖漿尚熱時拌入：

1/3杯蒸餾白醋，或紅覆盆子醋「樂土」☆，見「了解你的食材」，依個人口味酌量增減

把糖漿送入冷藏。每一人份，在一只裝滿碎冰或雪花冰的10至12盎司玻璃杯倒入：

1/4至1/3杯冰糖漿，如上述

1/4杯至1/3杯水，或水和伏特加對半，或蘭姆酒

攪拌均勻。點綴上：（幾株薄荷）

蔓越莓果汁（Cranberry Juice）（4至6人份）

在一口中型醬汁鍋裡混合：

1袋12盎司的蔓越莓、3杯水

以中火加熱，直到果皮鼓膨，約5分鐘。用粗紗布把汁液過篩到一口中型醬汁鍋裡，盡量擠壓，以榨取莓果的所有汁液。把汁液煮滾，然後加入：

1/3杯至1/2杯糖

（6粒丁香）

煮約2分鐘。放涼，如果有加丁香的話，取出丁香。再加入：

1/4杯柳橙汁或1大匙新鮮檸檬汁

徹底冰涼。點綴上：**萊姆片**

熱蔓越莓汁（Hot Cranberry Juice）（4人份）

在一口中型醬汁鍋內加熱：

1夸特蔓越莓汁、1顆檸檬，切薄片

少許丁香、（少許八角）

（蜂蜜，依個人口味酌量增減）

但不要煮滾。濾出汁液，用馬克杯來盛，點綴上：**肉桂棒**

加香料的熱蘋果酒（Mulled Cider）（4人份）

在嚴寒的晚上喝很棒。

加熱：

1夸特蘋果酒

10至12粒丁香或4至5粒壓碎的小豆蔻莢

1根肉桂棒

但不要煮滾。濾出汁液後用馬克杯盛來喝。

| 關於攪打而成的果汁 |

鳳梨、甜瓜、莓果、芒果、木瓜和胡蘿蔔、甜菜根、茴香和荷蘭芹可以用攪汁機或電動榨汁機攪打成營養又美味的飲品。製作這類果汁的唯一問題是，熱衷者往往會迷上機器的強馬力，打出越來越多怪異又複雜的組合，有一些著實難以入口。千萬要抵擋得住誘惑，別變成巫師學徒。

電動榨汁機，又叫做果汁機，也可以把幾乎所有的水果或蔬菜榨成汁，瓶身大的最便利。果汁機榨出來的汁液會比攪汁機多，榨出來的果汁口感也更好。如果你沒有果汁機，攪汁機也很好用，但不管用哪種電器，一定要依照指示操作。

要做出豐富的蔬果汁，把蔬果放入攪汁機或果菜機裡攪打。如果汁液顯得太稠，加少許冰水稀釋。有時候汁液會顯得灰灰的，倘若如此，一次拌一點檸檬汁進去。拌入檸檬汁後要立即飲用，因為清澄色澤可能無法持久。一般來說，新鮮果汁都保存不久，所以大約一天之內就要喝完。我們建議你冰涼了喝或加冰塊。

甜菜根－胡蘿蔔－葡萄汁（Beet-Carrot-Grape Juice）（2至4人份）

用果菜汁攪打：
5顆小甜菜根（大約1磅），修切並洗淨
2杯無籽黑葡萄或紅葡萄
1顆大型胡蘿蔔，削皮

番茄－芹菜－胡蘿蔔冰飲（Tomato-Celery-Carrot Cooler）（2至4人份）

用果菜機攪打：
2株大型芹菜梗
2顆中型番茄，去籽室切4瓣
2根大型胡蘿蔔，去皮

芹菜－蘋果－西瓜水果酒（Celery-Apple-Watermelon Splash）（2至4人份）

用果菜機攪打：
2株大型芹菜梗
2顆大型蘋果
2杯切方塊的去籽西瓜

鳳梨汁（Pineapple Juice）（2至4人份）

將：1 顆鳳梨
去皮去核。切成方塊，放入攪汁機或果菜機攪打。濾出汁液後點綴上：
幾株薄荷

柳橙－甜瓜汁（Orange-Melon Juice）（2至4人份）

在攪汁機裡或果菜機裡把：
1又1/2杯去籽柳橙果肉
1 杯切方塊的甜瓜，譬如哈密瓜或蜜瓜
2大匙檸檬汁
1/8小匙鹽
攪打到汁液滑順。

鳳梨－小黃瓜雞尾酒（Pineapple-Cucumber Cocktail）（2至4人份）

在攪汁機裡把：
1杯無糖鳳梨汁
1 杯去皮去籽切丁（1/2吋）的小黃瓜
1/2杯水田芥梗
2株荷蘭芹
攪打到汁液滑順。

熱帶果汁（Tropical Juice）（2至4人份）

在攪汁機裡把：
1又1/2杯無糖鳳梨汁
1根熟香蕉
2小匙蜂蜜
1/2顆萊姆的汁液
攪打到汁液滑順。點綴上：（薄荷枝）

水果蘇打（Fruit Sodas）

果「露」（nectars）往往比果汁更濃縮，也會更美味。每一人份，將：
1/2杯蘇打水或氣泡礦泉水
1/2杯檸檬汁、萊姆汁、柳橙汁、鳳梨汁、蔓越莓汁、芭樂汁、杏桃汁，或其他果汁或果露
2至3大匙任何口味的糖漿，87頁
倒在冰塊上。

關於冰淇淋飲品和思慕昔（smoothies）

冰淇淋飲品是我們家的最愛，這也是我們會把優格、鮮奶油、牛奶、豆奶，以及冰淇淋納入我們的思慕昔飲譜的原因。無論如何，真正的思慕昔是用水果做的一種非奶製品的雪克飲，而且會用冰塊、香蕉或冷凍水果增稠。

冰淇淋蘇打（Ice Cream Soda）（1人份）

各種水果糖漿和冰淇淋口味可以有很多的組合，萊姆或檸檬糖漿加上香草冰淇淋是最經典的。
在玻璃高杯裡混勻：
2大匙水果糖漿，87頁，或可可糖漿，76頁
少許蘇打水
再加入：1勺香草冰淇淋
最後倒滿：蘇打水

飄浮冰淇淋（Ice Cream Float）（1人份）

在玻璃杯內加：
1勺或更多香草冰淇淋
然後倒滿：
麥根沙士、可樂或其他軟性飲料

奶昔（Milk Shake）（2人份）

用攪打機攪打:
2杯任何口味的冰淇淋、2杯牛奶
（1/4杯可可糖漿，76頁）
直到汁液滑順或起泡。

水果奶昔（Fruit Milk Shake）（2人份）

用攪打機攪打：
1杯香草冰淇淋、1杯牛奶
2杯切片熟香蕉、去皮的桃子，或草莓
直到汁液滑順。

摩卡飛猴（Flying Mocha Monkey）（2人份）

用攪打機攪打：
1杯冰塊
3/4杯牛奶或半對半鮮奶油
1/2杯冷的加倍濃縮咖啡
1根中型熟香蕉
1大匙可可糖漿，76頁
1大匙糖
直到汁液滑順。

草莓思慕昔（Strawberry Smoothie）（2人份）

用攪打機攪打：
2杯香草冰凍優格或冰淇淋
2杯切片草莓、（1大匙蜂蜜）
直到汁液滑順。

熱帶思慕昔（Tropical Smoothie）（2至4人份）

用攪打機攪打：
1杯香草冰淇淋或冷凍優格
1杯罐裝無糖椰奶（測量前先攪拌一下）
1杯切丁的鳳梨或罐裝熱帶水果沙拉
1杯冰塊、1根中型熟香蕉
直到汁液滑順。

巧克力櫻桃思慕昔（Chocolate Cherry Smoothie）（2人份）

用攪打機攪打：
1又1/4杯牛奶或半對半鮮奶油
1杯去核甜黑櫻桃
1杯冰塊
3大匙可可糖漿，76頁
直到汁液滑順。

木瓜椰奶思慕昔（Papaya Coconut Smoothie）（2人份）

用攪打機攪打：
1杯半對半鮮奶油、1杯罐裝無糖椰奶
（1枚大型雞蛋的蛋白）
1條木瓜，去皮去籽，切塊
1大匙糖漿，87頁
直到汁液滑順。

木瓜芒果奶昔（Papaya-Mango Batido）（4至5人份）

用攪打機攪打：
1杯木瓜露、1杯芒果丁、1又1/2杯牛奶
1杯碎冰、3大匙萊姆汁、1/4杯糖
直到汁液滑順。

芒果拉昔（Mango Lassi）（2人份）

印度的熱門優格飲品。
在攪打機裡攪打：
2杯原味優格
1粒熟芒果，去皮去核，切塊
10塊冰塊
直到冰塊部分被攪碎，連同冰塊一併倒入冰鎮過的馬克杯或玻璃杯。點綴上：
芒果皮做的細卷絲

水果克菲爾（Fruit Kefir）（4至6人份）

克菲爾和優格是近親，多以液態販售。
在攪打機裡攪打：
1杯克菲爾☆，見「了解你的食材」
1杯牛奶
2至2又1/2杯切塊的熟成草莓或去皮的桃子、杏桃或芒果
直到汁液滑順。
冷藏約24小時。飲用前攪拌一下。

早餐思慕昔（Breakfast Smoothie）（2人份）

在攪打機裡攪打：
1杯冰塊、1/2杯覆盆子和1/2杯藍莓，或

1杯切塊的任何熟成水果
1/2杯牛奶、1/4杯香草優格
1/4杯穀物棒，581頁、1大匙糖
直到汁液滑順。

| 關於派對飲料 |

下列飲譜當中的大多數，除非另有說明，否則製作出來的量➡大約可供應二十人份。要達到最佳口感，材料在混合之前先冰涼。若要製作潘趣酒的裝飾造型冰塊，參見126頁。

古早味檸檬汁或萊姆汁（Old-Fashioned Lemonade or Limeade）（8人份）

柳橙、鳳梨、覆盆子、白葡萄汁或其他果汁可以跟檸檬汁或萊姆汁混合。這些果汁組合裡摻入冰茶——大約1/3杯茶兌1杯果汁——可以讓這類檸檬汁更有提神效果。也可以使用冷凍的濃縮檸檬汁或濃萊姆汁，稀釋時比廠商所指示的濃一些為佳。

將：8杯水、1又1/2至2杯糖
煮滾2分鐘。放涼冷藏，冰涼後拌入：
1杯檸檬汁或萊姆汁
倒入裝有冰塊的玻璃高杯或水壺。

花草檸檬汁或萊姆汁（Herbed Lemonade or Limeade）（8人份）

I. 準備古早味檸檬汁或萊姆汁，連同水和糖以及下列當中的一樣放入鍋內：
2至3枝迷迭香，或一小束薄荷或百里香，或6吋厚的生薑片，切薄片。冷藏至冰涼，然後濾出汁液，再和柑類果汁混合。

II. 若想要稍微甜一點，每一人份混合：1杯古早味檸檬汁或萊姆汁，以及2大匙花草糖漿，88頁。或者，要讓一整批馬上有花草味，加入1杯又2大匙的花草糖漿。

粉紅檸檬汁（Pink Lemonade）

每一人份，混合1杯古早味檸檬汁或萊姆汁，和1小匙石榴糖漿。或者，想讓一整批馬上呈粉紅色，加3大匙石榴糖漿。

速成檸檬汁或萊姆汁（Quick Lemonade or Limeade）（1人份）

加味的糖漿只要幾分鐘就可以做好，可以存放很久，需要的時候馬上可以派上用場，快速調出提神飲品。如果一次不只做一人份，在水壺裡混合液體，再倒到冰塊上。

I. 1/2杯水或蘇打水
2大匙檸檬糖漿或萊姆糖漿，87頁

II. 1/2杯水或蘇打水
（2大匙柳橙汁、鳳梨汁、白葡萄汁、或蔓越莓汁）
1大匙檸檬糖漿或萊姆糖漿

III. 1/2杯水或蘇打水
1大匙檸檬糖漿或萊姆糖漿、1大匙香草糖漿，88頁，或莓果糖漿，87頁

石榴輝映潘趣酒（Pomegrante Sunburst Punch）（15人份）

製作糖漿，87頁，使用：
1杯糖、1杯水
放涼，然後倒入潘趣酒缸裡，再拌入：
1公升蘇打水、1杯冰水、24盎司石榴汁
1又1/4杯萊姆汁、3/4杯柳橙汁
舀入裝有冰塊的潘趣酒杯裡。

西瓜潘趣酒（Watermelon Punch）（1加侖）

製作糖漿，87頁，使用：
1杯糖、1杯水
放涼。將：4磅西瓜
去籽，切塊。應該有5至6杯的量。
分批將西瓜塊連同糖漿放入攪打機裡打成泥，然後用中型篩網把果泥過篩到潘趣酒缸裡。拌入：
1公升蘇打水、1又1/4杯萊姆汁
上桌前拌入：
1夸特草莓，去蒂切片
1公生薑汁汽水
舀入裝有冰塊的玻璃高杯。

蔓越莓－芒果潘趣酒（Cranberry-Mango Punch）（20人份）

用一口大型潘趣酒缸混勻：
64盎司覆盆子－蔓越莓汁
1夸特芒果露、1公升蘇打水
1瓶750毫升的氣泡蘋果酒
讓液面浮著：萊姆片、（嵌有覆盆子丁和芒果丁的裝飾造型冰塊，126頁）

檸檬汁（Lemonade）（100人份）

製作糖漿，87頁，使用：
1杯糖、1杯水
將糖漿放入冷藏。冰涼後加入：
7又1/2杯萊姆汁
再拌入：16夸特鳳梨汁，或6至8罐6盎司的冷凍濃縮鳳梨汁外加4加侖水
再加：8片去籽的柳橙片
送入冷藏。加冰塊飲用。

鳳梨潘趣酒（Pineapple Punch）（20人份）

在一口大盆子裡混勻：
2杯冰濃茶、2杯柳橙汁、3/4杯檸檬汁
2大匙萊姆汁、1杯糖、12枝薄荷的葉子
冷藏約2小時。上桌前不久，將汁液濾出後，加入：
10片新鮮鳳梨片，或1罐20盎司的切片鳳梨，連同汁液一併倒入
2又1/2公升薑汁汽水
2公升蘇打水
倒入裝有大冰磚的潘趣酒缸內。

水果潘趣酒（Fruit Punch）（20人份）

製作糖漿，87頁，使用：
1又1/4杯糖、1又1/4杯水
加入：2又1/2杯熱的濃茶
放涼，然後加入：
2又1/2杯非柑類的果汁，譬如櫻桃汁、白葡萄汁或草莓汁、1杯壓碎的鳳梨
1杯檸檬汁、2杯柳橙汁
加進足夠的水，好讓汁液達4夸特。冷藏1小時。上桌前加入：1公升蘇打水
倒入裝有冰塊的潘趣酒缸裡。

水果潘趣酒（50人份）

製作糖漿，87頁，使用：
2又1/2杯糖、1又1/4杯水
保留1/2杯糖漿。在剩餘的糖漿裡加入：
2杯柳橙汁、2杯水果糖漿
2杯白葡萄汁、葡萄柚汁
鳳梨汁或壓碎的鳳梨、1杯濃茶
1杯檸檬汁
（1杯馬拉斯加櫻桃〔maraschino cherries〕，連汁一起）
並拌勻。蓋上蓋子，靜置30分鐘或更久，把它放涼。然後加入足夠的冰水，讓它達到1又1/2加侖的量。上桌前最後一分鐘，加入：
1公升蘇打水
假使你發現潘趣酒不夠甜，加入部分或全部先前保留的糖漿。

草莓水果潘趣酒（Strawberry Fruit Punch）（15人份）

製作糖漿，87頁，使用：
3杯糖、3杯水
放涼。然後混勻：
2夸特草莓，切片、1公升蘇打水
1杯切片的新鮮鳳梨或罐裝鳳梨
1杯綜合果汁——鳳梨、杏桃、覆盆子等等
5顆大型柳橙的汁液
5顆大型檸檬的汁液
加入2杯糖漿，或依照個人口味酌量增減。送入冷藏直到冰涼。
倒入潘趣酒盆裡。讓液面浮著：
（切片奇異果）

喜慶的番茄潘趣酒（Gala Tomato Punch）（20人份）

適合搭配夏天在露台上有涼蔭的角落享用的早午餐。
混勻：
4夸特番茄汁，78頁
4杯罐裝牛肉清湯
加：
1/2杯檸檬汁或萊姆汁，依照個人口味酌量增減
（撕碎的辛香草葉，或切細絲的辛香草☆，見「了解你的食材」）
調味。冰涼後倒入用：
（一瓣大蒜）
塗抹過內緣的潘趣酒盆。點綴上：
嵌有綜合辛香草的裝飾造型冰塊，126頁

熱可可摩卡（Cocomoka Hot）（18人份）

就像帶有可可味的愛爾蘭咖啡，這個可以暖身的飲品特別適合冬日派對，因為它可以用一口大鍋子來做，一直放在爐頭上或慢燉鍋裡保溫。
用一口鍋子混合：
9杯咖啡，每1杯水用3大匙咖啡
9杯熱可可，76頁
煮到將滾未滾的狀態，鍋子離火，然後加入：
1杯可可香甜酒，溫的
3/4杯蘭姆酒，溫的
（1/4杯蜂蜜）
1/4杯肉桂粉或2大匙小豆蔻粉
2大匙杏仁精
拌勻。依照個人口味調甜度。舀入熱馬克杯內，在上面加：
發泡鮮奶油
肉豆蔻粉或甜巧克力粉

冰可可摩卡（Cocomoka Cold）（15人份）

準備：7杯咖啡
然後充分冰涼。把：2杯濃的鮮奶油
打發到堅挺。想加的話，再額外打發：
1/2杯濃的鮮奶油
放入冷藏，留待收尾時放在最上層用來點綴。備妥：
2夸特巧克力冰淇淋，放軟
把冰鎮的咖啡倒進冰鎮後的大盆子裡，加進發泡鮮奶油和一半的冰淇淋。攪打到冰淇淋部分融化。加入：
1/4杯蘭姆酒或1小匙杏仁精
1/4小匙鹽
倒入剩下的冰淇淋並拌合。用玻璃高杯來盛，在最上層點綴上先前保留的鮮奶油，如果有的話。最後撒上：
肉豆蔻粉或甜巧克力粉

| 關於糖漿 |

簡單的糖漿是很好用的材料，當你要為冷飲，諸如冰茶，73頁，以及古早味檸檬汁或萊姆汁添加甜味。摻有水果、花草或香料的糖漿增添的不只是甜味還有其他的風味。加味的糖漿可以加到蘇打水裡，並用新鮮水果或辛香草點綴。用加味糖漿取代原味糖漿可以為飲料增添更濃郁的滋味和層次感。形形色色各種加味糖漿都可以在家裡自製，而所有糖漿都應當裝在玻璃或塑膠容器內儲存。原味糖漿冷藏至多可以保存六個月。

糖漿（Sugar Syrup）（2杯）

在醬汁鍋內混合：
2杯糖、1杯水
用小火煮，不時攪拌，直到糖溶化。微滾後，蓋上蓋子，燜煮5分鐘。放涼，然後冷藏備用。

莓果糖漿（Berry Syrup）（約2又1/2杯）

按照上述的糖漿來處理。一等糖溶化後，拌入1品脫覆盆子、黑莓或藍莓，需要的話，清洗或去柄，或者3杯的草莓切片。煮到微滾，蓋上蓋子燜煮10分鐘，偶爾攪拌一下。放涼，用細網篩過篩，使力擠壓以淬取糖漿。丟棄果渣，冷藏備用。

水果糖漿（Fruit Syrup）（約2又1/2杯）

按照上述的糖漿來處理。一等糖溶化後，拌入2杯切片或切塊的桃子、洋李或鳳梨。煮到微滾，蓋上蓋子燜煮10分鐘。放涼，濾出糖漿，冷藏備用。

檸檬或萊姆糖漿（Lemon or Lime Syrup）（約3杯）

按照上述的糖漿來處理，在加了糖和水的鍋子裡加2顆檸檬或萊姆的皮，切細絲。待涼後，加入1杯檸檬或萊姆汁。 放涼，濾出糖漿，冷藏備用。

花草糖漿（Herb Syrup）（約2杯）

I. 按照上述的糖漿來處理。一等糖融化後，拌入1小把薰衣草、迷迭香或檸檬馬鞭草。煮到微滾，蓋上蓋子燜煮10分鐘。放涼，濾出糖漿，冷藏備用。

II. 準備上述的糖漿。一等糖融化便離火，加進1束薄荷或3/4杯薄荷葉。蓋上蓋子，靜置約10至20分鐘。濾出糖漿並放涼，冷藏備用。

香料糖漿（Spiced Syrup）（約2杯）

準備上述的糖漿。一等糖融化便離火，拌入下列之一：1/2小匙丁香粒、4根肉桂棒、6顆八角、或3吋厚的生薑，切薄片。蓋上蓋子，靜置約20至30分鐘。濾出糖漿並放涼，冷藏備用。

|關於軟性飲料|

我們想在此對於「軟性飲料」叮嚀幾句，當作附筆。我們關心的鐵錚錚事實仍是，合成的水果飲料和可樂飲料令人憂心地占據了大多數成年人和兒童的飲食。一般的瓶裝或罐裝軟性飲料往往是咖啡因、糖、高果糖玉米糖漿、香精、防腐劑和水的混合物。它們的熱量都很高，除非用的是代糖——但不管何者都沒什麼營養價值。

至於罐裝、瓶裝，或盒裝的「水果飲料」，政府已決定將果汁飲品加以分類，從絕大多數是真正果汁的，到全部或幾乎全部是人工製品的都包括在內。我們懇切的建議是仔細閱讀內容物標示；見29頁。我們的良心話是，試著讓孩子少量地喝沒加糖的果汁——水至多可減少一半——只偶爾喝軟性飲料和加糖的果汁。

葡萄酒與啤酒

Wine and Beer

｜關於葡萄酒｜

美國現在是全球最老練的葡萄酒市場，因為在這市場流通的葡萄酒酒款比任何國家都多。過去數十年來，葡萄酒的選擇性一直在擴展，這多虧有著雄心壯志的美國釀酒師，在科技的加持及溫和氣候的配合下，生產出新一代更優質的葡萄酒。最棒的是，美國人逐漸把葡萄酒視為稀鬆平常之際，也把它大眾化了，去除了它的勢利氣息、晦澀難懂的規則和迷思。

葡萄酒純然是發酵的葡萄汁。不管釀酒的過程被視為藝術化的科學或科學化的藝術，或者只不過是食物加工的崇高形式，它基本上就是：葡萄被壓榨出汁液，汁液發酵，糖分轉化為酒精，成果就是葡萄酒。就很大的程度來說，它是天然的飲料。葡萄酒的色澤來自葡萄皮。白酒或玫瑰紅酒（南法的白氣泡酒〔blanc de noir〕、玫瑰香檳〔rosé Champagne〕、塔維勒〔Tavel〕或邦朵爾玫瑰紅酒〔Bandol rosé〕；西班牙北部的玫瑰紅〔rosados〕以及加州的「白」金芬黛粉紅酒）可以用紅葡萄來釀，只要葡萄被壓榨出汁液後隨即和葡萄皮分開。現代科技純粹就是以舊方法為基礎加以改善。一百年前，釀酒師會在秋夜裡敞開酒窖的門，讓冷空氣將木桶冷卻，在今天，葡萄酒往往在不鏽鋼的缸槽內釀造，由電氣化的設備冷卻，以造出極致風味。

今日的科技、良好的衛生以及科學的進步大體上確保了葡萄酒的品質比從前的好。會影響品質的因素有土壤、葡萄和氣候，以及這些因素如何被操作——這就是會有變數出現的地方。人往往就是逆轉勝的王牌。一個野心勃勃的釀酒人現在可以在維吉尼亞州釀造上好的夏多內白酒，可是兩百年前傑佛遜總統的葡萄園卻是他少數的失敗之一；有位勇敢的黎巴嫩釀酒人數十年來在戰場的邊陲釀造出好酒來。四處造訪的釀酒人用他們的飛航里程數與人面對面分享經驗，其規模前所未見。其他人把葡萄酒視為商品，生產數百萬加侖、嚐起來都一個樣兒的葡萄酒，而且以低廉的價格販售。世上其他的產品很少能涵蓋如此巨大的版圖。重要的是，今天大多數的葡萄酒既乾淨、品質好又可口，而且它的繁複多樣代表了，任誰想喝葡萄酒，這世上的某地方就有一款合他胃口的酒。

今天全世界大部分的葡萄酒產地是以美國規格來標示葡萄酒。所謂「品種標示」（varietal labeling）的酒標，是以用來釀造的主要葡萄品種做為酒名，而不是承襲產地或地區的地名。不過法國某些地區、義大利、西班牙和葡萄牙產的葡萄酒則例外，在這些國家裡，諸如波爾多、勃根地、奇揚地（Chianti）、利奧哈（Rioja）和杜奧（Dão）等地區，認同的是數百年來的栽培方式、歷史和傳統。

反之，美國、智利、阿根廷、澳洲、紐西蘭、南非和其他地區的釀酒師採取歐洲某些觀念和命名法。「在酒莊裝瓶」（Estate bottled）代表在葡萄園所屬的釀酒廠釀造並裝瓶的葡萄酒。「優質精選」（Reserve）通常是指特殊的小批產量的酒，而且比一般的酒要陳放得更久。以地理區表徵（Geographic designations），從諸如「北加州」或「中海岸」的廣大區域，到譬如納帕河谷的小地區，甚而小至特定葡萄園，也是辨別酒的線索。酒標上的用語因國家而異，可能很通俗且相對上很有彈性，也可能有法定的要求且相當明確，無論如何有一點是很確定的：它也許提到了品質，但可不保證品質。釀酒廠的名稱，它的釀造方式和標準，最能反應品質。

包裝上的外部面向有些很重要，有些則不。年分單純只是告訴你葡萄是哪一年採收、酒是哪一年釀造的，不見得反映了酒的品質好壞。基本的經驗法則是，價格越貴，越有可能那年分的天候極為理想。花俏誘人的酒標無關緊要。金屬螺旋瓶蓋或合成的軟木塞越來越常見，它們也許看起來很粗俗，但實際上可以有效地保存酒的味道。全世界有太多的酒被變質軟木塞給毀壞了，遭變質軟木塞污染的酒會帶有霉腐味，因此，釀酒師改用更精密的鋁合金旋蓋來保持酒的鮮純。扭開瓶蓋也許少了點拔開軟木塞的那種情調，但得到一瓶佳釀的機會增加了。

享用葡萄酒關乎品嚐，而你應當去品嚐。不管你對葡萄酒有什麼疑問，答案總在你舌尖。很多學院和大學提供夜間品酒課，大多數城市通常也有葡萄酒協會開班授課，辦品酒活動和以葡萄酒為主題的晚餐。非正式的評比機會很多：前往酒莊巡禮的品酒會越來越受歡迎，往往做為募款活動。另一個機會是辦大型派對——選同一類型的兩三款不同的酒，讓你和你的賓客隨意地比較。舉例來說，假使你選定夏多內是你要的白酒，盡量找機會去品嚐從不同地區來的各種夏多內——在你的預算內一定找得到幾款你中意的。假使你想再進一步，不妨請教專業人士：美國現在幾乎每一州都至少有幾座歡迎遊客參觀的釀酒廠，他們會提供教育性導覽和品酒活動。其他的協助也許近在咫尺，街角的當地葡萄酒專賣店——你可以和店家討論你的偏好和預算，把這個選酒過程走一遍，你也許已經在無意間展開一趟美味的探險。

在你出發前，花片刻時間聽聽有關葡萄酒的解說很值得，這類說明和一般談話不太一樣，甚至聽起來很好笑。葡萄酒專家會用專業術語來描述他們的印象。他們很常提到水果，往往讓酒聽起來更像沙拉而不是飲料。擬人化的形容也會在不知不覺中出現（某款酒可能很「陽剛」或另一款很「嬌嬈」等等）。這樣的比喻主要是去捕捉一些微妙的感覺。喝酒是為了享受，關於愉悅，沒有人是公正的裁判。無論如何，葡萄酒專家往往會加以反駁，聽起來就像路易斯・卡羅（Lewis Carroll）筆下的蛋頭先生（Humpty Dumpty）會說的話：「當我用某個字眼，它就是我要表達的意思……」不知道或不同意某個葡萄酒用語沒什麼好難為情的，就像不知道莫札特四重奏是D大調，或不知道喬・狄馬喬（Joe DiMaggio）的五十六場連續安打紀錄有沒有被打破沒什麼好難為情的。沒有人無所不知。幾個簡單的觀念或關鍵字就足以幫助你記憶和享受。

酸度：各種酸性（檸檬酸、酒石酸、蘋果酸）會出現在葡萄和葡萄酒裡。平衡的酸度可以讓酒清新、爽脆，酸度太過，酒喝起來酸而粗糙，太少，就是所謂的**鬆散**（flabby）——無力而平板。

尾韻：低酸度或沒有個性的葡萄酒可能會粗糙、澀口或幾乎沒感覺。不過較理想的，餘味應該清新而且齒頰留香。

酒精：滋味鮮明的酒，譬如金芬黛，可以和高量的酒精（十三至十四度）達到平衡。如果葡萄酒，像是白酒或清淡型紅酒（light reds），太濃烈或尾韻粗糙，就是酒精含量出問題。

酒體：酒液在你口中的濃密度、厚實度和飽滿度，來自酒精和葡萄果肉分解後的成分，會使得酒喝起來感覺醇厚或輕盈。

甘味：葡萄含有果糖和葡萄糖。這些糖會在發酵過程中轉化成酒精，而發酵過程可以在酒液仍含有甜味時（從很明顯到略帶甜味）停止，或者繼續進行到完全沒有甜味。

果香：釀製的葡萄的氣味和滋味，視葡萄品種而定，可能帶有其他水果的味道，譬如蘋果、桃子、杏桃、莓果，甚至熱帶水果——雖只有一些些，卻讓每瓶酒變得有特色，而且增添了味道的複雜度。很多在橡木桶裡熟成的夏多內也會額外帶有來自橡木的奶油糖香氣和滋味。這樣是為酒加分還是扣分，則見仁見智。

氧化：若是暴露在空氣裡或低溫，酒的好滋味會消失。白酒的色澤會變深，喝起來或聞起來像撞傷的水果或酸蘋果；紅酒會有陳腐味、變得平淡而且褪味。

單寧：單寧是從葡萄籽和葡萄皮自然釋出的成分，有防腐作用，而且會造成收斂和乾澀的口感，多半出現在淺齡的紅酒。單寧會隨著陳化而變得圓潤順口。

酒質：酒質來自單寧，會決定酒入喉時感覺起來滑順或粗礪。

年分：這單純只是指葡萄採收的那一年。年分酒未必是高品質的酒。比方說，大多數香檳都混合了不同年分的葡萄，而且混釀的為佳。

葡萄酒和食物

在今天，葡萄酒是越來越多的美國人在大多數場合裡會選擇的酒精飲料，但最普遍的用法仍是搭配餐食——葡萄酒多半被認知為佐餐酒不是偶然。以下是針對最受歡迎的酒款一一進行概述，主要是以色澤——白酒、紅酒，然後是幾種特殊的類型——和葡萄品種或地理區來分類，每個類別裡則按熱門程度由高至低依序介紹。同時也納入了一些關於酒的滋味、同一種葡萄在不同國家的釀造法不同的說明，另外也建議了一些和酒最搭配的食物。不過，一如往常，你個人的口味才是最終的仲裁。

要決定哪種酒搭配哪種食物沒那麼複雜，雖然有時需要費點心思理解。如何搭配當然很重要，就像哪種調味料配哪種食物最對味一樣。一個簡單又令人愉快的事實是，通常有幾款酒幾乎配任何食物都對味。重要的是彼此的滋味要相得益彰，酒可以襯托食物，就像鹽或胡椒或奧瑞岡香草或些許檸檬汁可以帶出食物風味一樣。切記一個重點，互補原則：➠譬如說，碳烤的厚厚一塊五分熟牛排，搭配酒體豐厚、滋味鮮明的紅酒最對味，➠快煎的一片白肉魚和酒體中等的不甜白酒最搭，理由和我們拿一瓣檸檬角在魚肉上擠出汁液是一樣的：酸度可以突顯魚肉的細緻滋味。➠香辣的食物通常和清新的、果味濃的簡單紅酒或玫瑰紅酒最合得來，因為這類酒可以沖淡辣度。口感的平衡是關鍵，裁量的空間頗大。

關於拿葡萄酒入菜的料理☆，參見「了解你的食材」。

白酒

在酒吧或派對裡，或要讓宴席氣氛熱絡時，最常被遞上的「一杯白酒」是**夏多內**（Chardonnay），美國最受歡迎的葡萄酒，也是世上其餘大半地區最流行的白酒。這葡萄品種原產於法國勃根地地區，後來被移植到很多國家，無疑可以說是史上最成功的農業移植之一。

幾代之後它的特性適應了環境。在勃根地知名葡萄園以及加州、華盛頓州和澳洲的高租金地區，夏多內是高級品種，甚而被認為是高貴的。稍微等而下之的，在美國、澳洲、智利的零星地區、義大利以及南非的明確定義的寒帶，有著很多穩定可靠、不甜而且滋味豐美的中量級夏多內可選。再等而下之的，是從全球較不受青睞、通常較溫暖的地區來的，從酒體中等、相當不賴的，到差強人意、直白的酒都有。這些雖不精緻但是更適合宴飲，應當都不貴。

關於上好的夏多內的描述，通常會用蘋果及桃子的爽脆滋味來比擬，往往也會略帶微微的蜂蜜香，以及淡淡的香草或奶油糖滋味，這是在橡木桶內陳化會有的味道。當這些元素達到平衡，它們讓夏多內具有一系列細緻而明確的味道，因而從入口一路到尾韻呈現繁複的美妙滋味。這種檔次的酒，適合特殊的場合，而且適合➡搭配濃郁的食物：龍蝦或者以奶油烹煮或蘸奶油食用的其他帶殼水產；燒烤干貝；爐烤魚類，譬如鱸魚、大比目魚或多佛比目魚；幾乎以任何方式料理的鮭魚；佐以豐富辛香草的爐烤豬肉或仔牛肉；以及馬賽濃湯和其他香濃的燉魚料理。

在檔次、價位和場合上沒那麼高端的，則要看怎麼和食物搭配最恰當。中價位的夏多內，從廣大產區譬如加州索諾瑪郡、華盛頓州的哥倫比亞谷或勃根地南部的馬貢村來的，也很適合➡佐搭帶殼水產和滋味濃郁的魚類，譬如比目魚、鮭魚和鮪魚；碳烤雞肉和炙烤豬排。而且它們的酒體醇厚，酸度也夠，所以也耐得住凱薩沙拉和酸漬海鮮（ceviche）。便宜的夏多內則適合平常宴飲，搭配簡單烹煮的禽類和魚類，也是菜色雜混的場合譬如自助式餐會的絕配，它大體上可以適度地讓各式各樣的味道變得融合協調。

更具特色的是**白蘇維濃**（Sauvignon Blanc）。它有著鮮明的辛香，這沁人心脾的酒香來自麝香和酸味。當白蘇維濃滋味平衡時，它非常爽脆、清新而且充滿活力，帶有剛刈過的青草味和清晰的酸勁。在紐西蘭、法國羅瓦爾河谷（Loire Valley）和義大利東北部，白蘇維濃是極具特色、生氣盎然的酒，但加州和華盛頓州（在這裡白蘇維濃又叫做白富美〔Fumé Blanc〕）的額外陽光讓它多少變得醇和。平衡度佳的白蘇維濃是➡以辛香草料理的食物的好搭檔，譬如以蒔蘿或奧瑞岡料理的魚，或以鼠尾草或百里香料理的雞肉。它和辣椒、香茅、薑、大蒜和芫荽也很對味，所以往往是泰國菜、印度菜和墨西哥菜的最佳搭檔。

麗絲玲（Riesling）常被誤解，主要是德國人的緣故，他們把該品種釀成很棒的酒，卻從未跟世上其他地區好好說明。問題多少出在語言的全然陌生，使得酒標讓人看得一頭霧水。不過最大的障礙在於它本身。這帶有些許甜度的清淡佐餐酒，在甘型酒當道的年代是落伍的，再者，該品種的葡萄往往被釀成極甜的甜點酒，這又進一步造成消費者的疑惑。在最好的情況，相對上不甜的德國麗絲玲➡佐搭龍蝦沙拉、冷蟹肉、雞肉沙拉或冷肉很棒，或者單獨做為低酒精度的提神涼飲。更明快俐落、更時尚的，是澳洲和紐西蘭鮮明爽口又勁烈的麗絲玲，那裡的麗絲玲釀成極甘型，帶有檸檬-萊姆的酸嗆和酒精的勁道。➡這些酒搭配鹹香的中國菜、泰國菜、墨西哥魚料理或者快炒類、燒烤帶殼海產和碳烤豬肉非常對味。

灰皮諾（Pinot Grigio）一般被認為和大多數的菜餚都不搭，但是一瓶好的灰皮諾是非常宜人的飲品——酸度相對低，酒體中等，而且甜度很低，帶有新鮮杏桃的迷人香氣和韻味。它成了美國最快速成長的白酒，當加州聖華昆谷

（San Joaquin Valley）和義大利中部大量生產的無趣白酒大舉湧入以滿足市場需求，它在這一波輝煌戰績中拔得頭籌。例外當中的頂級，是義大利東北角弗留利（Friuli）和阿迪傑（Alto Adige）的少數酒款。在法國阿爾薩斯的同一品種釀的，以及在奧勒岡州釀的，又稱為Pinot Gris，提供更穩定的愉悅，不管是單飲，或者➠搭配微辣或冷盤的魚料理：鮭魚慕斯、煎魚餅或醃漬鮭魚，和青醬義大利麵或以起司為底醬的義大利麵。

蘇瓦韋（Soave），以生長在義大利維若納（Verona）附近的起伏山坡地的在地葡萄品種混釀出來的酒，爽脆而且略帶檸檬香，一度是義大利最受歡迎的白酒，具有和魚肉是絕配的好口碑。不過，就像灰皮諾一樣，高人氣導致擴大生產、標準下降的情況時有所聞，但標示「經典」（Classico）的蘇瓦偉具有迷人的柑橘香和清新的酸味，➠是和魚料理很對味的百搭酒。

阿爾巴利諾（Albariño）被認為是西班牙最棒的白酒，酒體醇厚而且韻味獨特，帶有濃烈的桃子香氣，以及酸度造成的爽脆口感，相當清新，而且➠和肯瓊式（Cajun-style）海鮮、墨西哥辣味魚料理很對味，譬如鯛魚佐青椒和洋蔥，或蝦子佐嗆辣的義式青醬（salsa verde）。搭配摻有辣味香腸的料理，諸如西班牙臘腸（chorizo）或葡萄牙香腸（linguiça），或搭配由海鮮和香辣肉類組合的料理，譬如西班牙海鮮飯，甚或是義式辣香腸（pepperoni）披薩，也都很棒。

世上其餘的人氣白酒，大多也都很宜人可口，但是酒體清盈而單調，僅只是解渴或輕鬆的飲品。它們通常很便宜，值得多方品嚐和比較；葡萄園和釀酒廠經常進行實驗和改良，這代表你經常會碰上在一般水準之上的酒。少數的其他白酒開價較高，也非常值得嘗試。法國阿爾薩斯的**格烏茲塔明娜**（Gewürztraminer）香氣獨特，入口立時可辨認，其酒香結合了多種香料和玫瑰花，同時帶有可精確比擬為荔枝的滋味；的確，➠由於這獨特的馨香，往往被推薦來搭配中國菜或泰國菜。由**維歐涅**（Viognier）葡萄品種釀的白酒，原產於法國隆河河谷，而今廣泛種植於法國南部，同時也在加州和澳洲露臉，因其獨特的香氣和韻味（杏桃、桃子和多種野花香是它常有的特色）而有好口碑。從華盛頓州或澳洲來的**榭密雍**（Semillon）帶有可比擬為無花果和香瓜的細緻風味，酒體豐腴，➠使得它是百搭酒，搭配各類菜餚都對味。

紅酒

紅酒則口感渾厚、勁烈得多，它們的韻味由更高的酒精濃度所提托，發酵期間浸泡在壓碎的葡萄果肉、果皮及籽實的時間更長，這也決定了它們色澤和特性。不管在哪個國家，紅酒通常是高級酒品，往往需要陳放好幾年才會醇熟成一瓶佳釀。葡萄皮是酒液呈紅色的原因，也提供了單寧——這成分讓紅酒喝起來有乾澀和收斂的口感（往往會和喝濃茶或嚼蘋果皮或梅子皮的澀口感覺相比）；單寧過高會使得酒粗糙和極甘。不過，單寧會隨著陳放的過程而軟化，最後讓熟成的酒具有令人愉悅的緊實感。遇到同一種紅酒的價格有高有低的情況，譬如梅洛和卡本內蘇維濃，便宜的酒丹寧通常會柔和得多，這是因為葡萄園和釀酒過程使用了較不嚴格的技法——以便快速釀造、快速銷售。進行一些比較和品嚐是值得的。

對大多數人來說，一山之王非**卡本內－蘇維濃**莫屬。就像某些神話怪獸一般，甚至不需說出名稱也會令人心生敬畏：只要提到一級酒莊拉菲堡或瑪歌堡和其他名莊，全都是卡本內之流的酒，你登時躍入全球頂尖紅酒之林。

就入門來說，卡本內蘇維濃是高單寧的酒，大多數用來形容它的語彙幾乎都是貶的——專家說它是「硬實」、「有稜有角」、「酸澀」諸如此類一點也不誘人的詞。在它的原生地波爾多，以及大多數其他地區，它會和少量其他品種的葡萄混釀（特別是梅洛），以增添香氣、辛味或果味。即便如此，淺齡的酒喝起來仍是粗礪，帶有少許濃稠的黑莓果味、酸澀的單寧，以及朦朧的辛香草香氣。剛釀好的卡本內會教人難以恭維，但陳放五年左右，它開始軟化，水果味開始突顯出來。再陳放個五年，或者往往更久，它會更芳醇而且顯現出差別更細微的韻味，尾韻也會更圓潤、持久。品嚐過陳年的卡本內，你會馬上明白，這般挑剔講究所為何來。

頂級的波爾多仍領先群倫，但不少加州酒莊緊追在後，其後又有越來越多華盛頓州和澳洲的酒莊窮追不捨，外加從義大利來的少數對手。這些酒的高單價顯然宣告了它們的地位。在頂級之下，卡本內從價格不斐的到日常飲用的都有，而且產地很多：波爾多、加州、華盛頓、澳洲和智利產的大體而言品質最好、最穩定。不管檔次高低，好品質的酒很多，因此你可以在最自在的價位裡盡情挖寶。

一般來說，卡本內蘇維濃只有在食物烘托下才會呈現它的風韻，屆時其緊實宜人的質感將使得美饌佳釀相得益彰。➠和它最適配的食物從味道和質地來說都很明確：爐烤羔羊或燒烤羔羊排、炭烤牛排、菲力牛排、犢牛肝佐培根和洋蔥、鹿肉、乳鴿和佐上濃郁醬汁的任何紅肉。

梅洛（Merlot）是波爾多產的另一款紅酒，也是優質的酒，不過它的韻味打從一開始就芳醇得多，而且也是混釀酒，通常會調混少量的卡本內蘇維濃，以創造些許複雜度。它相對上的圓潤口感意味著，淺齡的梅洛即比較容易入口，這使得廉價的梅洛在全球走紅，其滋味通常並不繁複。法國波美侯（Pomerol）和聖愛美濃（St. Emilion）地區、華盛頓州部分地區，和加州納帕河谷及索諾瑪河谷釀產的梅洛，是圓潤又充滿活力的好酒，➠搭配爐烤羔羊或鴨、燒烤牛排、羔羊或燉牛肉以及以熬汁燉滷的肉品的絕佳搭檔。智利產的梅洛檔次不如上述的好，但也不乏像樣的優質酒。在更下端的酒食鏈裡，梅洛相對低的酸度使得它是很棒的百搭酒，幾乎搭什麼樣的菜色都對味。

金芬黛（Zinfandel，最原初的、深色紅的酒，別跟所謂的「白色金芬黛」淡色紅酒相混淆）長久以來被稱為「加州的神祕葡萄」，因為沒有人知道它原產何處。如今謎底已經由DNA分析揭曉——源自南義大利名為**普麗蜜提弗**（Primitivo）的品種。這確實是非常成功的移植，在新的家園裡它的特色已經演變得別具一格，勘稱是加州獨有的品種。金芬黛就各方面來說口感都非常渾厚雄壯。它散發出熟成的黑莓果味、勃發的酸性和高酒精度，同時帶有酸澀單寧的宜人勁道。釀得好的金芬黛陳放五年滋味最上乘，陳放個至少十年也是常有的事；便宜像樣的金芬黛在今天提供了無比的樂趣。其勁烈和果味使得金芬黛成了豐盛食物的絕配，➡譬如爐烤豬肉佐肉汁或濃醬、燉小牛膝、慢煨的羔羊腿，以及加了辛辣香腸的義大利麵、以番茄為底的紅燒雞（chicken fricassees），甚至是頂級的起司漢堡。順道一提，普麗蜜提弗本身是很有意思的酒，拜現代釀酒技術之賜它又再度走紅；它是比較鄉土的地酒，不如金芬黛時髦，搭配豐盛的義大利家鄉菜很對味。

對很多釀酒人和鑑賞家來說，**黑皮諾**（Pinot Noir）是最極致的酒。假使聖杯被找到，黑皮諾就是他們會用聖杯來盛的酒。原產於法國勃根地，馳名幾乎千年之久。它的魅力大半來自十足的感官愉悅。上好的黑皮諾圓潤順口而且相對上輕盈（在它掀起的癡迷評比裡，「細滑如絲」通常高踞形容詞排行榜），但滋味綿延迴繞，細緻和強勁的獨特結合，往往被比擬為戴著絲絨手套的鐵腕。它聞起來或嚐起來有著紫羅蘭、黑莓和麝香的味道，略帶土味且略微辛烈，在所有紅酒之中，它卓然不凡，出色迷人。

拜科技、研究和雄心之所賜，世上很多地方釀造出上好的黑皮諾，不過數量不多。勃根地產的仍獨占鰲頭；加州和奧勒岡州來勢洶洶的強勁次級酒稍微更柔媚；紐西蘭產的風格爽利且稍微纖細。在這些酒當中沒有便宜貨，但有很多超值的酒。

黑皮諾的圓潤口感和持久而細緻的滋味，說明了它長久以來的➡經典食物搭檔：三分熟的爐烤牛肉。禽類的腿肉是另一個最佳搭檔，尤其是鴨腿和鵪鶉腿，其輕盈口感也使得它是火雞肉的絕配。酒香裡的些微野味和略帶土味的滋味，使得它和以菇類為特色的料理很對味，譬如燉飯或牛肉佐羊肚蕈醬。最棒的是搭配燉牛肉，像是勃根地紅酒燉牛肉，而這道燉肉傳統上就是用黑皮諾來做，也拿黑皮諾當佐餐酒。

希哈（Syrah）來自綿長的隆河流域上方的陡峭台地，發源自瑞士阿爾卑斯山的隆河貫穿法國，在馬賽附近流入地中海。希哈葡萄釀的酒打從中世紀以來便很出名。十九世紀初，希哈被移植到澳洲，之後變成澳洲大陸最受重視又受歡迎的紅酒，另取名為**希拉茲**（Shiraz）。希哈以厚重深沉著稱，在二十世紀最後數十年，加州、華盛頓州、南非甚而義大利開始產出較清爽、活潑的希哈。如今連法國的老前輩也稍微開朗些。希哈最顯著的特色是尾韻略帶胡椒味，這使得它和➡燒烤肉類、黑胡椒牛排、鹿肉和爐烤羔羊腿是絕佳的搭檔。

在隆河河谷南部較溫暖地區，希哈也會和其他紅葡萄混釀。它在法國有個正式的名稱叫「增色品種」（improving variety），要想讓較為柔和、妖嬈的酒堅實些就會混入希哈，如此釀出的酒圓潤順口、濃郁又清新。**希哈混調酒**（Syrah blends）遍布全世界，有些很昂貴，有些則不，但大多數都是實惠的酒——貴的都具陳放潛力，而且滋味會更細緻。法國最有名的是教皇新堡和吉恭達酒莊（Gigondas），而隆河丘鄉村酒（Côte-du-Rhône Village）則是普通日用酒。在澳洲，調配用的葡萄品種會明列在酒標上；在加州和華盛頓州，這些酒往往會冠上花俏些的名稱，背面標示會交代酒的風格或葡萄名稱（席哈、格那希〔Grenache〕和慕維德爾〔Mourvèdre〕）。➡希哈搭配形形色色各種食物都很對味：燒烤鮪魚、爐烤鴨、BBQ炭烤豬肉或雞肉、義式燉海鮮（cioppino）和其他蒜味燉鍋、砂鍋料理、咖哩鴨、培根起司堡和千層麵。

巴羅洛（Barolo）和**巴巴瑞斯可**（Barbaresco）是義大利最棒的紅酒，享有老掉牙的美名「酒中之王，王者之酒」超過一世紀。這吹捧之詞並不離譜。唯有使用種在義大利西北部會引發暈眩的陡峭山坡上的頂級葡萄園裡的內比歐露（Nebbiolo）葡萄品種釀的，才配得上這些揚名世界的名號。這些酒不但酒體醇厚，而且韻味繁複，帶有類似紫羅蘭、焦油和玫瑰的香氣，往往會讓人聯想到洋李、櫻桃和土壤的味道。這些是適合特殊場合的酒，➡最好是搭配味道濃郁的牛肉，譬如紅燒牛肉或紅酒燉牛肉和燉牛尾，以及燉小牛膝和爐烤羔羊。就價格和複雜度來說檔次低一些的，但仍然值回票價的酒來自阿爾巴的內比歐露（Nebbiolo d'Alba）和蘭吉的內比歐露（ Nebbiolo delle Langhe）。

從另一方面來說，在過去的一世紀裡，義大利最知名的酒有著坎坷遭遇。奇揚地是托斯卡尼產的古老紅酒，以山久唯雷（Sangiovese）和一些次級葡萄混調的迷人酒款。由於高人氣導致了過度的商業化和草率的釀製，到了二十世紀中，奇揚地已變得沒那麼吸引人。在葡萄園和釀酒廠進行了縝密的現代化過程之後，終於在一九九〇年代東山再起，所謂的奇揚地「經典」，來自心臟地區的酒，再度被認為是義大利頂尖好酒之一。這些酒酒體中等，緊實沒有甜味，略帶櫻桃的果味，尾韻辛烈。就像托斯卡尼的食物，它們以某種的質樸雅緻出名。➡適合佐搭沒有醬汁的清淡肉類，譬如爐烤小牛里肌肉或兔肉；燒烤豬排、砂鍋雞、雌珠雞、鵪鶉和雞肝。

利奧哈（Rioja），西班牙首屈一指的紅酒，風味獨特，別樹一格。它是混調酒：田帕尼歐（Tempranillo）賦予它圓潤口感、果香和紫羅蘭的迷人香氣，格那希（Grenache）帶來緊實酒質，而其他幾種古品種的混合則提供了滋味的複雜度。因為是在美國橡木製的酒桶裡熟成，遂而多了一分宜人的香草味。最重要的是，它們通常在釀酒廠本身的地窖裡陳放到熟成（很多其他的紅酒只陳放個兩、三年，便在現金流的考量下被出售，消費者理當在家中繼續陳放）；精選的利奧哈（Rioja reserva）起碼窖藏四年才會出售，而特選珍藏（gran reserva）只有在極佳年分才釀製，而且窖藏六年才出售。利奧哈的口感傾向於圓潤芳醇，➡適合搭配羔羊；禽類的腿肉，譬如雉雞、乳鴿和鴨；牛肉佐焦糖化洋蔥；南方式的BBQ牛肉和豬肉。

薄酒萊（Beaujolais）不是人人會納入酒單的顯要酒款，但它應該被納入——世上需要更多美味不繁複又清新的酒。從法國勃根地南部來，用嘉美（Gamay）葡萄釀成的薄酒萊，它的韻味和酒質會讓你聯想到稠稠的果醬。從可靠的韻味來說，最值得一嚐的有兩類：標示著薄酒萊村莊級（Beaujolais-Villages）的酒，偏向於輕盈、輕鬆、有明顯的葡萄味，酸度不太高，陳放個一兩年即可飲用，適合在野餐、早午餐飲用，或者單喝。比較嚴肅的酒款在酒標上會註明特定村莊的名稱：Fleurie、Moulin-à-Vent、Morgon、Chiroubles、St.-Amour、Juliénas、Chénas、Côte de Brouilly和Brouilly。「嚴肅」在這裡是相對性的詞——這些是氣味清新、果味綿長的迷人酒款，滋味剛好濃得足以搭配➡鄉村料理，譬如烘烤火腿、牧羊人派和肉糕。搭配香辣菜餚也很順口，譬如四川牛肉或泰式咖哩。不管是哪一類，稍微冰涼後風味最佳，冷藏大約三十至四十五分鐘。

世上其餘的人氣紅酒提供形形色色的滋味和香氣。事實上，其中一些出色到不管在哪個年代都很時尚。**巴貝拉**（Barbera）肯定是其一，它原本是義大利很普通而耐用的葡萄，被重新打造成明日之星。它的口感仍然相當渾厚雄壯而且辛烈，➡適合搭配番茄加肉類的料理、香腸或以辛香草和洋蔥烹煮的雞肝、或有豐盛菇類的披薩。義大利提供了更多世上其他產酒地區似乎刻意遺忘的酒款，它們都是輕盈、清新，儘管簡單但又相當美味的酒：**多切托**（Dolcetto）、**瓦波利切拉**（Valpolicella）、**內洛馬婁**（Negroamaro）和**黑亞沃拉**（Nero d'Avola）。這些甘型酒搭配地中海料理很對味。另一個值得一提的異數是**馬爾貝克**（Malbec），在它的原產地法國，馬爾貝克並不出色，但是阿根廷產的馬爾貝克帶有活潑的黑莓味，是阿根廷最主要的紅酒。馬爾貝克很適合佐搭牛肉。

| 玫瑰紅 |

粉紅酒往往又稱為玫瑰紅，有產紅葡萄的地方就有玫瑰紅，但通常不是很受重視，不過還是值得考量。玫瑰紅是酒汁在發酵期間尚未從紅葡萄皮獲取色澤前便被汲取出來的酒，人們在釀酒季之後的夏天喝的，當他們等待著紅酒醇熟。一般而言，玫瑰紅的名稱很多樣，譬如金芬黛玫瑰紅和卡本內蘇維濃玫瑰紅，傾向於較不甜，而且無論如何總會呼應母品種的滋味。它們和法國隆河地區南部的經典混釀酒，譬如塔維勒和邦朵爾產的玫瑰紅，都屬甘型，而且口感通常有點厚實，➡搭配BBQ肋排和烘烤火腿，以及墨西哥和印度菜很對味。

美國最有名的玫瑰紅，非**白金芬黛**莫屬，這款加州自產的酒，便宜又宜人，有點甜，可以牛飲，雖然被很多行家看貶，但每年仍銷售數百萬加侖。它的火旺人氣帶動了以同樣方式用紅葡萄釀製的其他許多「白」酒。

｜氣泡酒｜

氣泡酒的功能很多，歡樂慶祝、營造氣氛、烘托餐食。上好的**香檳**大半是從最細緻的葡萄品種釀的，譬如夏多內和黑皮諾，那些令人愉快的氣泡帶出了可觀的特色和細微變化。最常見的是氣泡酒（Brut），通常是上述兩種葡萄加上皮諾家族來的其他成員調配的甘型酒；**黑葡萄釀的白酒**（Blanc de Noir），即紅色皮諾品種釀的白酒，帶點銅色調；**白葡萄釀的白酒**（Blanc de Blancs），用夏多內單一品種釀的；以及**玫瑰紅**，呈漂亮的粉紅色，不是從紅葡萄釀的，就是從摻了些許紅酒的白葡萄釀的。

真正的香檳來自法國，而且必須符合嚴格的法規；加州香檳既沒有也不需要符合那些法規，不過從門多西諾（Mendocino）的安德森谷（Anderson Valley）、納帕谷和索諾瑪谷的卡內羅斯（Carneros）、索諾瑪谷的俄羅斯河，以及納帕谷和索諾瑪谷之間的山坡來的，品質往往相當好。留意酒標上「在此瓶內發酵」的字樣，這代表它是以個別裝瓶（individual bottling）的古典香檳釀造法釀的。也要留意背面的標示，看看有沒有註明夏多內和黑皮諾的品種。請優良的酒商推薦，但要有荷包會大失血的心理準備。「廉價」的香檳絕對划不來——每個偷工減料的地方都會在杯裡顯現出來，令人掃興。

香檳爽脆、酸勁足又令人愉快。它的酸度很能夠穿透重鹹或煙燻的滋味，這就是➡它搭配魚子醬和煙燻鮭魚很對味的原因。它和早午餐和自助式餐飲的大多數成分也都很搭，譬如歐姆蛋、舒芙蕾、鹽醃牛肉薯餅（corned beef hash）、雞肉末薯餅（ckicken hash）、煙燻鱘魚和其他白肉魚，以及炸蝦或炸烏賊。配廣東或四川的雞肉和魚肉料理也很棒。配壽司吃更是令人驚喜，連續的小分量是一連串的絕配，開胃又迷人。

其他有名的氣泡酒有義大利輕盈迷人又幾乎不甜的**波歇可**（Presecco），味道清新，適合啜飲，也是很好的開胃酒，以及香甜而略帶麝香味的**阿斯蒂**（Asti Spumante），熱門的餐後酒或甜點酒。

| 開胃酒 |

在從前的縱酒年代，美國人可以從特別為開啟和結束餐食而設計的林林總總酒飲裡挑選，也確實如此，這些酒一般稱為開胃酒和甜點酒。這些酒依然存在，只不過在我們這個相當在意熱量和酒精度的文化裡，它們的數量驟減了。知名度最高的開胃酒是甘型**雪莉酒**，也就是西班牙的**菲諾型**（*fino*）[1]或**曼薩尼亞型**（*manzanilla*）[2]。雪莉酒是被刻意暴露在空氣裡而提早熟成，並添加了些許額外酒精的加烈白酒，最後的成品極甘又明快，略帶堅果香氣，➡搭配西班牙式的餐食最對味，像是薩拉米臘腸、西班牙臘腸或葡萄牙香腸、鑲餡蘑菇或醃漬蘑菇、炒蝦或碳烤蝦，或是橄欖、杏仁和腰果等諸如此類的小點。**清酒**，日式米酒，（今天在加州也有生產）慢慢演變成可以冰涼著喝的的清淡酒款（雖然傳統上是喝熱的），它和不甜的雪莉酒有很多屬性相同的香氣。

| 甜點酒 |

世上每個釀葡萄酒的國家都釀造甜味的葡萄酒，人有時候憑著聰明巧思會大有斬獲：葡萄被留在藤上直到皺縮成發霉的葡萄乾，送入穀倉內晾乾或晾至半乾，甚或烘乾，然後做成極甜的葡萄酒。其他酒款只讓葡萄稍微發酵，便加少量的白蘭地來定型。有些酒精度很低，低到五度或六度；有些則高達十八至二十度。有些要搭配甜點飲用，有些則可取代甜點——在今天來說，更是依個人喜好而定。

酒和甜點搭配的一些基本限制取決於溫度——冷凍的甜點會讓味蕾遲鈍，因而排擠其他的味道——和口感——綿密的布丁和軟滑的蛋奶凍會裹覆你的舌頭阻擋其他滋味。酸度，譬如水果沙拉裡的酸度，會沖抵甜味酒裡的滋味。➡一個好用的經驗法則是，選擇比酒稍微不甜的甜點。➡另一個法則是，別讓兩位絕代女伶同台較勁——好酒應該搭配簡單的甜點，反之亦然；讓一個獨唱，另一個和音。

酒和沙拉的搭配又是另一門學問。通常不建議拿葡萄酒搭配沙拉，但是如果避免不了，譬如說自助式餐會，或以當季的冷盤海鮮為主的午餐——蟹肉沙拉或龍蝦，一般的建議是➡沙拉醬裡別加醋，改用檸檬汁來代替，這樣就不會和酒牴觸。

---

1 譯註：風格清淡。

2 譯註：釀造法和菲諾型相同，因為熟成地不同，帶有海香鹹味，也比菲諾型更清淡細緻。

在林林總總較甜膩的酒當中，**波特酒**（Port）仍是最熱門的，波特酒是來自葡萄牙大宗族濃烈不一、渾厚雄壯又香甜的酒，因為添加白蘭地，所以具有長期陳放的潛力，可分成寶石紅波特和陳年波特兩種酒款。➡寶石紅波特搭配苦中帶甜的巧克力，不管是原味或加在蛋糕或餡塔裡的巧克力，以及胡桃藍紋起司很對味，和肉餡餅（mince pie）更是讓人驚豔。➡陳年波特的口感更輕盈芳醇，和味道濃烈的起司非常搭，和南瓜派則是天生一對。

最稀有而昂貴的甜點酒是**梭甸**（Sauternes），來自法國波爾多南部金黃色濃郁芬芳的甜酒，喝起來有蜂蜜和杏桃的味道。它是「遲摘」葡萄酒裡最知名的一款，用的是深秋時節當別種葡萄早已被採收之後依然留在葡萄藤上，在有益的黴菌起作用下，很反諷地被稱為「貴腐黴」，皺縮成有如甜葡萄乾的葡萄釀的。某些甜而品質好的德國**麗絲玲**和匈牙利的**托考伊**（Tokay）也以這種方式釀造。➡簡單的水果蛋糕和水果塔是最佳搭檔。最遲摘的葡萄酒來自加拿大、密西根州和紐約州：**冰酒**（或稱Eiswein），用的是留在葡萄藤上直至初冬的結凍葡萄釀的，而且是混種調配的。葡萄退冰後，葡萄汁是濃縮的甘露，釀成酒後喝起來有如奇異的果醬（marmalade）或液態水果蛋糕——獨特、美味➡本身就可當甜點。

｜水果酒和其他葡萄酒｜

還有另一類的葡萄酒，雖不是主流但不容小覷：從非傳統的葡萄或其他水果釀的美國酒。美國五十州每一州現在都有釀酒廠，供應的酒五花八門，相當驚人。其中有從美國本土的葡萄品種釀的，譬如康科爾（Concord）和慕斯卡黛（Muscadine）或斯卡珀農（Scuppernong）品種，也有從雜交的品種釀的，譬如黑巴科（Baco Noir）、白榭瓦（Seyval Blanc）等等。還有蔓越莓酒、藍莓酒、蘋果酒和桃子酒，有多少種水果就有多少種水果酒。有些是甜的，有些是不甜的，全都值得考慮，讓你的酒單更豐富。

｜葡萄酒和溫度｜

溫度對於飲酒的影響很大。室溫（一般而言是二十一度上下）太過溫暖，帶不出任何葡萄酒的極致風味。一個好用的經驗法則是，飲用前稍微冰一下。在紅酒當中，某些隆河來的和勃根地來的，以及從法國以外的國家來的黑皮諾，還有清爽的金芬黛，在微涼的狀態下可以提升酒的活力。輕盈的紅酒，譬如薄酒萊和瓦波利切拉（Valpolicella），充分冰涼後喝起來更清新。玫瑰紅，原本就是提神的飲品，需要冰冷才能發揮作用，就像大部分不起泡的葡萄酒和氣泡白酒以及甜的甜點酒；白酒中唯一的例外是相對上芳醇甘美的夏多內，飲用前一定要充分冰涼。

以下是把酒送入冰箱冷藏的簡易指南：➡一瓶七百五十毫升的酒置於標準的五度冰箱內冷藏一小時降五至十度（顯然，酒本來的溫度越低，降的越快）。如果酒本來是二十一度，它會在三十分鐘內降到十八度（微涼），在一小時內降到十五度（充分冰涼），在九十分鐘內降到十二度（冰冷）。

不建議把酒冰在冷凍庫。這樣做其實沒有快多少，而且你很可能會把酒忘在裡面，結果酒結冰酒瓶爆裂，冷凍庫內酒泥四溢搞得一團糟。➡比較安全有效的做法是，把酒瓶放入裝有一半冰塊一半水的桶子內。半冰半水的組合比光是冰塊的冷卻效果好，在三十至四十分鐘內就可以從室溫降到冰冷。宴客時，➡把上桌的第一瓶白酒冰在冰桶裡，第二瓶冰在冰箱裡是個好主意，讓第二瓶先一步在冰箱裡降溫，待第一瓶上桌後，再把它放到冰桶內，如此在冰桶內只需放一下子即可。

| 葡萄酒和起司 |

葡萄酒和起司長久以來是天生一對——兩者都來自類似的發酵過程，往往有相同型態的酸度。更重要的是，讓彼此相互襯托的搭配組合變化無窮，造就出皆大歡喜的相親遊戲。

由於可能的組合太多了，要思索哪一款酒配哪一種起司最棒也是合理，不過這其實比較是搭配的妙不妙，而不是搭配得對不對。一般的看法是，餐前小點或點心多是➡年輕、味道淡的起司配大眾化的白酒，從滋味和場合的角度來看，這很有道理。不妨考慮德國、華盛頓州或加州的口感輕盈而極甘的麗絲玲；從任何地方來的優質灰皮諾；或從阿爾薩斯或義大利弗留利來的白皮諾。

晚餐後，很多人會拿出濃烈的紅酒來搭配優質起司，為餐會畫下完美句點。通常會想到的組合是➡波特酒搭配斯提爾頓乾酪（Stilton）和阿馬龍（Amarone）搭配戈拱佐拉起司（Gorgonzola），陳年的黎歐哈配蒙契格起司（Manchego），以及波爾多紅酒配陳年的切達起司或高達起司。無論如何，紅酒和起司的搭配並不是很有彈性，因為配上味道馨嗆或鹹味起司，紅酒裡的單寧有時嚐起來會更苦澀。很多甜味葡萄酒提供了更寬廣又雅緻的可能性，從梭甸配洛克福起司這項經典，到遲摘的麗絲玲配香濃的莫恩斯特起司（Muenster）、塔雷吉歐起司（Taleggio）或熟陳的布里起司（Brie）。➡加烈葡萄酒譬如瑪莎拉酒（Marsala）、波恩-維尼斯的蜜絲嘉（Muscat de Beaunes de Venise）和陳年波特酒，配陳年的帕馬森起司（Parmesan）和佩科里諾（pecorino）非常對味。這些組合當中的任一項都能讓一頓餐結束在最優美的音符上。

| 關於啤酒和麥酒（ale） |

啤酒也許是世上最古老的酒精飲料，釀製歷史超過六千年。由於它的歷史久遠，在當代又被廣告、行銷和都會傳奇層層過濾，這平凡的飲料累積了不少傳說、迷思和深信不疑的看法。罐裝的比瓶裝的好？（擲銅板決定？）生啤酒比瓶裝或罐裝的都好？（也許——在經營良好的乾淨酒吧裡，肯定會更鮮純，而鮮純最重要）杯子要先冰過？（不，冰涼的杯子會減少風味）啤酒或麥酒要清澈，不能混濁。（不見得：它可能是未濾過的酒，或者冰過頭，所以帶有「冰霧」〔chill haze〕，一會兒之後就會消失）看似簡單的痛飲，事實上在很多方面都相當複雜。

啤酒是從穀物發酵而來，傳統上用的是大麥，但偶爾也用小麥；在大量生產的啤酒釀造過程裡，相當中性的米或玉米往往也會加進大麥裡，製造出更清淡溫和的飲料。處理穀物的方式——一系列的浸泡、烘乾、再浸泡、瀝出、釀造、調味、發酵——在不同的釀酒廠之間涉及數百種細微的變異，而且跟原料同等重要的是水質。

凡是種過豆芽的人都知道何謂發芽，而發芽是製造啤酒的第一步。麥粒靠著泡水直至發芽的過程變成麥芽，繼而以高溫的乾空氣烘乾，通常烘成淡色，但有時候會烘成烤麵包一般的棕褐色，好讓酒的色澤更深，滋味更濃郁，而黑啤酒（dark beer），或者說烈性啤酒（stout）和波特啤酒（porter）的風味就是這麼來的。然後麥芽要被輾碎，連同啤酒花（具有樹脂腺的花苞，可增添特色、香氣、滋味和穩定度）加進熱水裡煮沸——這過程和製茶很像。如此煮出來的甜而濃的汁液需被過濾和冷卻，然後投入酵母開始發酵，至此啤酒總算開始成形。

雖然釀造啤酒的主要方式幾乎有兩打之多，其中一種大幅占優勢。全球大多數的啤酒都是**淡啤酒**（lager-style beer），這種釀造方式很常見，而且世界各地都很類似。「lager」這字眼指的是古希臘式在寒冷的山間洞窟裡發酵、儲存啤酒的做法，這技術隨著冷藏機器的問世傳入歐洲其他國家，並在十九世紀中傳到美國——在這裡，淡啤酒往往被推銷為捷克皮爾森啤酒（Pilsener）、慕尼黑啤酒、或多特蒙德啤酒（Dortmunder），企圖要沾人家的光，因而造成一些混淆。其手法及標準化作業運作得相當好：到了上世紀末，美國已經是世上最大的啤酒生產國，而且整個產量幾乎由少數幾家大型啤酒公司包攬，每一家的產量都超過歐洲幾個國家合起來的整個輸出量。他們釀造的啤酒大都差不多，均是以長時間低溫發酵的方法大量製造，這過程很容易控制，生產出來的啤酒澄澈、一致、柔和，滋味相對上較清淡。淡啤酒的一款小變異是美式黑啤酒，滋味稍微濃郁些但也更柔和，另外是**麥芽酒**（malt liquor），酒精度較高但口感沒什麼特殊之處。

在淡啤酒之外，有些啤酒滋味之鮮明獨特、與眾不同，以致自成一格——最有名的是**麥酒**、**烈性啤酒**和**波特啤酒**。這些啤酒使用的原料都差不多，只是釀造烈性啤酒和波特啤酒時會把麥芽的顏色烘焙得深一些（釀麥酒有時也會如此），而且工法大概都很類似。它們相異的地方在於發酵的活化過程。不同於淡啤酒充分規格化的、多少有點嚴謹的低溫發酵，這些酒液在高溫下短暫迅速地發酵，這使得酵母和二氧化碳氣泡浮至液面（這就是它們比淡啤酒更滑順而且泡沫更少的原因——氣體已經散逸）。這過程就是一般所知的頂層發酵，產出的啤酒通常口感厚重、層次豐富、風味鮮明，甚而帶有果香，這也是天氣較暖和時，它們比淡啤酒更常被端上桌的原因。有些行家甚至把這兩類啤酒的差別比擬為紅酒和白酒的差別。

頂層發酵法帶來了風格和口味變化多端的啤酒，雖然很多太過有特色甚或太過特異，以致於達不到淡啤酒的高人氣，而且這類啤酒幾乎一度銷聲匿跡，直到小規模經營、自主又有熱忱的美國手工釀酒人出現才又復甦，他們的精釀啤酒廠和精釀啤酒吧興起於一九八〇年代，乃是對風味標準化啤酒的一種反撲。這類的搶救行動中，最佳例子是波特啤酒，這幾近黑色而且在英國工業革命期間風靡於勞工階級的啤酒，如今已經從絕種邊緣起死回生。英國麥酒，不管是被稱為褐色麥酒（brown ale）色深濃郁的、或被稱為苦啤酒（bitter）口味清淡些、美國人在英國酒吧看到時一定會調侃一下的（這啤酒不但是溫的，而且還沒氣！），也是當今很多美國精釀啤酒大師的模板。比利時和德國生產的小麥啤酒（wheat beer）帶有果香，有時還帶有青草香；法國北部推出非常濃烈的麥酒，這些酒一定得陳放，就像優質的紅酒一樣。淡色麥酒（Pale ale），有時又叫印度淡色麥酒，是英國的古怪特產，在十九世紀時是美國人的最愛，而且至今仍維持著些許人氣。由於加了大量啤酒花，它以鮮明的雜草香、青草香聞名。麥酒之所以缺乏高人氣，也許部分原因在於它個性詭怪，不過這無疑也是它能夠吸引大膽味覺的大半原因。這個複雜家族裡的每一種變異都有它的佼佼者，由於差異性非常多元，把它們加以評比基本上是無益的。就像葡萄酒一樣，最好的法子是品嚐再品嚐。

而且就像葡萄酒一樣，啤酒和麥酒在餐桌上有著明確的地位。它們恰恰好填補了某一截間隙，很適合搭配出了名的與葡萄酒不搭的食物。➡煙燻或鹽醃漬的肉類，譬如醃牛肉、燻牛肉（pastrami）和火腿，以及各色香腸，不管是香辣或溫和的，配淡啤酒和淡色及深色麥酒都很對味。深褐色烈性啤酒（dark brown stout）和牡蠣是經典的組合，一盤佐上大量大蒜和荷蘭芹用葡萄酒蒸煮的貽貝，和烈性啤酒更是絕妙的兩相好。➡英國的「莊稼漢午餐」，由好幾種味道濃烈的起司、麵包、醃菜或醬菜和沙拉所構成的餐食，和黑啤酒或麥酒是天生一對。➡香辣的墨西哥食物，尤其是德州—墨西哥式特產，譬如弗勞塔（flautas）、塔可（tacos）和奇米蕎加（chimichangas），以及辣肉醬（chili con carne）和諸如紫玉米羹（posole）之類的湯，說不定是一流的淡啤酒的最佳拍檔。

在美國，大部分的啤酒和麥酒上桌時溫度都太冰，帶不出它極致的風味。一般的冰箱溫度都設定在四・四度至五度，這溫度對食物安全與保存來說剛剛好，但是➡淡啤酒的飲用溫度一般會建議高一些，大約七度，只要充分冰涼即可。優級啤酒（premium beers），往往標示為「外銷級」，和黑啤酒在微涼的溫度下滋味更好，大約九度。烈性啤酒、波特啤酒和英國苦啤酒（bitter ale）在所謂的「窖溫」下風味最棒，約十二度至十三度。與其花錢買花俏的溫度計，不如採取較務實簡單的做法➡在飲用前的十至二十分鐘，把啤酒或麥酒從冰箱裡取出回溫。

陶質啤酒壺（beer stein）、皮爾森杯、麥酒杯、啤酒馬克杯

| 葡萄酒和啤酒雞尾酒 |

用攪拌器混合葡萄酒和啤酒的飲料，既提神又洋溢著歡慶氣息，是很理想的派對飲料。請注意，酒譜裡所要求的氣泡酒也可以用香檳取代。國內外生產了很多絕佳的香檳風格氣泡酒，它們可能比價格相同的香檳更超值。就像用其他烈酒調製的雞尾酒一樣，你不需用到頂級的酒，但是➡務必要選單飲也很優的葡萄酒或啤酒來做。

紅酒杯、白蘭地狹口杯、白酒杯、萬用杯、香檳杯

基爾（Kir）（1人份）

肯儂·菲利克斯·基爾（Canon Felix Kir）曾經是法國勃根地地區第戎市的市長，也是二戰時抵抗運動的英雄。他最愛喝的飲料在當時叫做黑醋栗白酒（*vin blanc cassic*），以該地區的阿利哥蝶（Aligoté）日常白酒和另一款在地農產，黑醋栗香甜酒為基底。當地人為了紀念他，用他的姓氏將這款調酒重新命名。今天的基爾通常以夏多內來調製。皇家基爾（Kir Royale）是把白酒換成香檳。

在大型紅酒杯裡混勻：
6盎司的冰涼夏多內
少量的黑醋栗香甜酒（crème de cassis）

含羞草（Mimosa）（1人份）

我們的「半月」石榴調飲（Pomosa）用石榴汁取代柳橙汁。

在冰鎮過的香檳杯或紅酒杯裡倒入：
2盎司的柳橙汁
然後在杯裡填滿：
冰涼的氣泡酒

黑絲絨（Black Velvet）（1人份）

在一只冰鎮過的香檳杯或紅酒杯裡倒入：
3盎司冰涼的烈性啤酒
接著在杯裡填滿：
冰涼的氣泡酒

香檳雞尾酒（Champagne Cocktail）（1人份）

I. 在一只大型香檳杯裡倒入：
1/2小匙糖漿，見87頁
3/4 盎司冰涼的白蘭地
接著在杯裡倒入：冰涼的氣泡酒
直到近乎倒滿。再加：
2注夏翠思蕁麻酒（Chartreuse）
2注柑橘苦精 （orange bitters）

II. 在一紙香檳杯裡放入：1顆小方糖
在方糖上倒：
1或2滴安格式苦精（Angostura bitters）
在杯裡倒滿：冰涼的甘型氣泡酒

白酒蘇打（White Wine Spritzer）（1人份）

在放了1或2顆冰塊的紅酒杯或高球杯裡混勻：
6盎司冰涼的麗絲玲或其他半甘型白酒
4盎司蘇打水

貝里尼（Bellini）（1人份）

在攪拌機裡把：1/2熟成的桃子，去皮去核打到細滑。用細篩網過篩果泥，萃取出果汁。把果汁倒入香檳杯裡，然後倒滿：
冰涼的波歇克氣泡酒或其他的氣泡酒

仙地（Shandy）（1人份）

在一只大型啤酒杯裡混勻：
12盎司淡啤酒
4盎司檸檬-萊姆汽水、薑汁汽水或薑汁啤酒
點綴上：1瓣萊姆

雞尾酒和派對飲料

Cocktails and Party Drinks

前一章介紹的調酒都屬非酒精性飲料*。這一章要談的是烈酒，從晚餐前至深夜喝的雞尾酒，同時包括了精選的派對飲品。什麼時候上什麼樣的酒，和研擬菜單要考慮到各個面向一樣重要，再者，對很多人來說，調酒的繁複若不是見仁見智，也是深奧難懂，因此，這一章的說明將會力求清晰詳盡。

| 關於雞尾酒和其他晚餐前飲料 |

雞尾酒簡直可說是美國人的發明，不可否認地帶有美國的即興精神。不論你調出什麼樣的混合物——而且調酒的部分魅力就在它有多少創意——總不脫幾個一般原則。➡其中最重要的是，基酒——琴酒、威士忌、萊姆酒等——的量不要超過整個飲品的百分之六十，但也不能低於一半。

調雞尾酒的方法通常根據一些複雜公式，這些公式之所以被設計出來，是為了讓所有成分平衡而討喜。摻太多伏特加的血腥瑪莉和加太多鹽的燉菜料理一樣失當。➡記得，照理說，雞尾酒是晚餐前的飲料。因此，它不應當太甜，也不應當加過多的鮮奶油，免得破壞胃口，失去它開胃的功能。

這裡的圖示顯示了吧台必備的幾樣基本工具：**磨皮器**（zester）和**刨絲刀**（channel knife），兩者都是設計來只刮下柑橘類外皮的有色部分，以裝飾飲料；各種螺絲起子當中的兩種是**槓桿式螺絲起子**和**侍者螺絲起子**（waiter corkscrew）；**壓榨器**（muddler），用以壓碎辛香草或軟質水果，通常會連同糖一起攪碎；**雙端計量杯**（two-sided jigger），一般會有個一又二分之一盎司的標準量杯在一端，和一盎司的小量杯在另一端；和一只篩網。沒在圖示裡出現的是**攪拌器**，在調製凍飲時不可或缺。你的吧檯還要有一把**柑橘類榨汁器**（citrus reamer），**雞尾酒雪克杯、冰桶和夾子**，附有長柄匙的**酒保玻璃杯**（bartender's glass），用來攪拌飲料，以及一把銳利的削刀。

除了各種烈酒外，我們建議家庭酒保手邊也要有糖漿，87頁，以及備有苦精、蘇打水、通寧水、苦檸檬、薑汁汽水、可樂、果汁和番茄汁，加上檸檬、柳橙、萊姆、橄欖、櫻桃、糖、和粗鹽。杯飾材料，見109頁。參見「開胃菜

＊譯註：酒精含量在百分之零點五以下。

或迎賓小點」，131頁，來挑選搭配調酒——以及提供給頭腦清醒的人的適當小菜。

磨皮器，刨絲器，侍者螺絲起子，槓桿式螺絲起子，壓榨器，雙端量杯，濾網

對家庭酒保來說，備有各種容量及款式的基本玻璃杯很有用，用最恰當的玻璃杯啜飲飲料會更有情趣。下圖由左至右分別是：**雞尾酒杯**或**馬丁尼杯**，容量約五至七盎司，有根長柄以喇叭形往上展開呈碗狀、勺斗狀或淺碟狀**古典杯**，容量約六盎司；**高球杯**（highball glass），一般可容納八至十二盎司；以及**可林杯**（collins glass），可容納十四至十六盎司。

纖長的**香檳杯**，不管杯壁是呈**圓弧形（鬱金香形）**或**喇叭形（長笛形）**，可把以氣泡酒調的調酒裡的氣泡留在杯裡，徐徐釋出。**銀杯**或**白鑞杯**容量在十至十二盎司之間，有些人很喜歡用它來盛冰鎮薄荷酒之類的調酒。有些人不喜歡用金屬杯盛酒，假使用吸管來喝，其實嚐不出金屬味。一些**潘趣杯**，容量約三至四盎司，通常是瓷杯，好處是可以用來盛香料調酒或焰燒調酒。其他好用的專用玻璃杯有**瑪格莉特杯**，它的杯口很寬，意在讓大量的鹽附著在杯口，還有容量十五盎司的**颶風杯**（hurricane glasses），用來盛鳳梨可樂達和其他加冰塊或沒加冰塊的節慶調酒很理想。

在調製飲料時，了解幾個關鍵詞很有幫助。**酒度**（proof）指的是酒精含量：酒度一百的酒含百分之五十的酒精，酒度二百的調酒含百分百的酒精，依此類推。**純的**（Neat）意指直接從瓶子裡倒出來，不摻其他東西的；**加冰混酒**（straight up 或up）指的是，加冰塊搖盪或攪拌之後濾掉冰塊的酒；**加冰塊**（on the rock）意指含有冰塊的調酒。

可能的話，蘇打水、薑汁汽水和通寧水這類混合物使用前先行冷藏。➡同樣的，玻璃杯使用前放入冰箱或冷凍庫冰鎮一下也可以維持冰飲的冷度。

以下介紹的雞尾酒是一些基本款，根據基酒來列。➡所有需要搖盪或攪

玻璃杯：雞尾酒杯或馬汀尼杯，古典杯，高球杯，可林杯，香檳杯，銀杯或白鑞杯，潘趣杯，瑪格莉特杯，颶風杯

拌的雞尾酒，都應當在飲用前才搖盪或攪拌，然後濾到杯子裡。➡一次只調一輪的酒。

｜關於調酒的裝飾｜

杯飾是為了增添調酒的色香味：薄荷株或迷迭香、羅勒葉、香茅草束、橄欖、肉桂棒、胡蘿蔔、芹菜條或小黃瓜條、草莓、櫻桃，或鳳梨片。檸檬、萊姆和柳橙可增添酸度和芬芳油脂。所謂**角瓣**，是把檸檬或萊姆縱切成八等分。**扭擠柑橘皮絲**（citrus twists）是，用削刀或蔬果削皮器刨下約略一又二分之一吋長的柑橘果皮。將皮絲置於調酒上扭擠出油，然後丟入調酒裡。製作**柑橘皮卷絲**（citrus swirls）的方法是，用刨絲器或蔬果削皮器沿著水果表面刨下三至四吋長的皮絲。製作混入或浮在調酒表面的**果皮屑**（grated zest）的方法是，用細齒研磨器或磨皮器刨下果皮有顏色的部分。

在雞尾酒或其他調酒杯的杯口**加糖圈或加鹽圈**（rimming）——有時又叫**雪糖杯**或**雪鹽杯**（Frosting）——是增添滋味和口感的另一種方法，而且讓調酒看起來更誘人。➡製作的方法是，用一瓣檸檬角或萊姆角塗抹杯口的外緣，任汁液流淌無妨。握著杯子傾斜某個角度，將杯口在砂糖或粗鹽裡上滾一圈。避免糖或鹽沾到杯子內緣。提起杯子，上下顛倒地輕輕拍打，抖掉多餘的糖或鹽。

有些飲料，譬如冰鎮薄荷酒，需要**壓榨**（muddling）辛香草、軟質水果、或柑橘片，通常連同糖一起，以帶出更多的滋味和汁液。用壓榨器，或用大湯匙輕輕地壓碾這些材料。

｜關於冰塊｜

冰塊之於需要搖盪或攪拌的飲料是很重要的材料。要製作最清澈最美味的冰塊，可能的話，用濾過的水，或者讓水靜置一小時再冰凍，至於造型冰塊，見126頁。

每當飲料要加冰塊搖盪或攪拌，或者純粹只是加冰塊，一定要用大**冰塊**，免得把飲料稀釋了。不過，有些飲料，譬如冰鎮薄荷酒，最好是加**碎冰**或粗一點的**裂冰**。假使碎冰太細，它會太快融化，結果稀釋了飲料。碎冰可以用攪拌機或桌上型的碎冰機來做。若要用手把冰塊敲裂，把完整的冰塊放入一只堅實的塑膠夾袋內，用廚房紙巾把塑膠夾袋包覆起來，然後用擀麵棍、槌子或肉槌用力敲它幾下。如果你需要的裂冰量很大，可以事先做好，放冷凍庫備用。製作裝飾用造型冰塊。

飲料的計量

1注＝6滴
1/4盎司＝1又1/2小匙
1/2盎司＝1大匙或3小匙
1盎司＝2大匙
1又1/2盎司 ＝3大匙
2盎司＝1/4杯
8盎司＝1杯
16盎司＝2杯或1品脫
750毫升＝25.4盎司
1夸特＝32盎司
1公升＝33.8盎司
1顆檸檬＝1至3大匙的汁
1顆萊姆＝1又1/2至2大匙的汁
1顆中型柳橙＝4至6大匙的汁
1顆中型的葡萄柚＝10至12大匙的汁

| 關於琴酒和摻琴酒的雞尾酒 |

琴酒是一種烈酒——也就是蒸餾酒。它獨特的滋味多半來自杜松子。維多利亞時期的小說家認為，唯有低下階層的人——腳夫、洗碗女傭之流——會喝這種酒。咆哮的二〇年代的「私釀」琴酒並沒有讓琴酒名聲變好。不過，近幾代的人已經發覺到，儘管有不光彩的過去和純飲的可能性，琴酒很可能是世上最好用的基酒。

琴酒，或至少它的前身，是一六五〇年在荷蘭被發明出來。荷蘭琴酒，或叫*jenever*，至今仍保留著更鮮明的杜松子和其他辛香草和香料的味道。它通常冰涼後純飲，而且陳年的荷蘭琴酒和上好的威士忌一樣令人敬畏。英國的琴酒改過配方，滋味輕盈些，今天最夯的是倫敦的「甘型」琴酒。也許更常見的情況是，就像其他大多數烈酒都會遇上的，市面上的琴酒品質不一：從價格可以大略判斷出品質。

馬丁尼（Martini）（1人份）

香艾酒品牌（vermouth）不是馬丁尼品牌的死對頭，香艾酒是馬丁尼的重要成分。好的琴酒是烈酒，帶有獨特的真滋味，但它要變成雞尾酒，需要的不只是香艾酒的呢喃。經典的馬丁尼，是加冰塊搖盪後濾到冰鎮過的雞尾酒杯裡來喝，雖然倒到冰塊上啜飲的方式已經發展出來——也許是為了減弱它的酒勁。去核綠橄欖是它傳統的杯飾，不過也有人偏好加扭擠過的檸檬皮絲。連同橄欖加少許橄欖醃汁即是骯髒馬丁尼（Dirty Martini）。在杯裡放一粒醃漬小洋蔥即成吉布森（Gibson）。琴酒換成伏特加即是伏特加馬丁尼。

I. 連同冰塊一起搖晃或攪拌：
　2又1/2盎司琴酒、1/2盎司苦香艾酒
　濾入冰鎮過的馬丁尼杯或裝有冰塊的古典杯。
　加上：
　1小粒去核綠橄欖或扭擠過的檸檬皮絲

II. 不巧是我們喜愛的配方，說不定跟最初的馬丁尼最接近。

連同冰塊一起搖蕩或攪拌：
2又1/4盎司琴酒
1/2盎司苦香艾酒、1/2盎司甜香艾酒
濾入裝有冰塊的古典玻璃杯或馬丁尼杯，並加入：
1注柑橘苦精、1小顆去核綠橄欖

琴調酒（Gin Cocktail）（1人份）

1931年，正值禁酒期間，第一版的《廚藝之樂》出版之際，摻烈酒的大多數雞尾酒都是以琴酒為基底，而且聰明地想出下列的比例：大量的前者（琴酒），後者（混合物）則要適度發揮創意。

連冰塊充分搖盪或攪拌：
2盎司琴酒、2盎司柳橙汁
3/4盎司檸檬汁、(1小匙水果糖漿，87頁
1注苦精
濾入裝有冰塊的古典杯。

琴湯尼（Gin and Tonic）（1人份）

琴酒換成伏特加即是伏特加湯尼。
在裝有冰塊的高球杯裡倒入：
1又1/2盎司琴酒或伏特加
在杯裡倒滿：通寧水
點綴以：1瓣檸檬角

布朗克斯（Bronx）（1人份）

連同冰塊一起搖盪：
1又1/2盎司琴酒、1注苦香艾酒
1注甜香艾酒、1/2盎司柳橙汁
濾入冰鎮過的雞尾酒杯，點綴上：
1片柳橙

琴蕾（Gimlet）（1人份）

琴酒換成伏特加即伏特加琴蕾。
若要調製橙花（orange blossom），加1/2至1盎司的柳橙汁和（1小匙糖漿，87頁），點綴上柳橙片。

加冰塊搖盪：
1又1/2盎司琴酒、1/4盎司萊姆汁
濾入冰鎮過的雞尾酒杯，點綴上：
1瓣萊姆角

琴費士（Gin Fizz）（1人份）

將一枚大雞蛋的蛋白連同其他材料放入雪克杯即可做成銀費士（Silver Fizz）。
加冰塊搖盪：1又1/2盎司琴酒
1盎司萊姆汁、1/2盎司糖漿，87頁
濾入冰鎮過的高球杯。補滿：蘇打水
攪拌即成。

湯姆可林（Tom Collins）（1人份）

琴酒換成伏特加即伏特加可林。
連同冰塊搖盪：
1又1/2盎司琴酒
3/4盎司檸檬汁
1/2盎司糖漿，87頁
濾入裝有碎冰的可林杯或高球杯，補滿：
蘇打水
點綴以：1片檸檬

新加坡司令（Singapore Sling）（1人份）

這是1900年代初在新加坡萊佛士酒店（Raffles Hotel）的傳奇酒吧長吧（Long Bar）發明的。有無數的版本，唯獨不變的是琴酒、櫻桃白蘭地和石榴糖漿。有些版本最後會加汽水。

連同冰塊搖盪：

1盎司琴酒、1/2盎司櫻桃白蘭地

4盎司鳳梨汁、1/4盎司萊姆汁

1注白橙皮酒（Triple Sec）

1注本篤利口酒（Bénédictine）

1注石榴糖漿、1注安格式苦精

濾入裝有冰塊的可林杯。點綴以：

1片鳳梨或1顆酒漬櫻桃（maraschino cherry）

內格羅尼（Negroni）（1人份）

1920年代義大利佛羅倫斯的卡頌尼吧（Casoni Bar）首創，為了紀念卡米羅·內格羅尼（Camillo Negroni）公爵，堪稱是最優雅細緻的一款雞尾酒。低酒精度的版本省略琴酒並加了幾盎司的蘇打水，即所謂的美國佬（Americano）。金巴利調酒（Campari Cocktail）則是以義大利白蘭地取代琴酒的內格羅尼。

在裝有冰塊的高球杯倒入：

1又1/2盎司琴酒

1又1/2盎司金巴利

1又1/2甜香艾酒

連同冰塊搖盪或攪拌均勻，濾入冰鎮過的雞尾酒杯，點綴上：1片柳橙

粉紅佳人（Pink Lady）（1人份）

連同冰塊搖盪：

1又1/2盎司琴酒、1小匙石榴糖漿

1小匙稀的鮮奶油、(1枚雞蛋的蛋白)

濾入冰鎮過的雞尾酒杯即成。

皮姆調酒（Pimm's Cup）（1人份）

以琴酒為基底，果味和辛香草味突出的皮姆1號（Pimm's number1）格外適合夏日的戶外派對。

在裝有冰塊的高球杯倒入：

1又1/2盎司皮姆1號

補滿：薑汁汽水

點綴上：

1根小黃瓜條或1瓣檸檬角或1片柳橙

| 關於伏特加和伏特加雞尾酒 |

伏特加看起來唬人地很像水，但事實上它是由穀物蒸餾而成的無味烈酒，通常是用大麥或小麥，有時也用裸麥或玉米，偶爾用馬鈴薯、葡萄甚或甜菜根。很多人認為伏特加是完美的調酒基酒，因為它本身沒什麼味道。

市面上也買得到越來越多的加味伏特加，其中有添加檸檬、萊姆、柳橙、香草、紅醋栗或辣椒，這些通常直接純飲，而且喝冰的。加味伏特加在家裡也很容易製作。

血腥瑪麗（Bloody Mary）（1人份）

血腥瑪麗裡的伏特加換成龍舌蘭酒即是血腥瑪莉亞（Bloody Maria）；用琴酒來做，則是紅色瑪莉（Ruddy Mary）。用牛肉清湯或牛肉湯取代番茄汁，而且省略香芹鹽、鹽、和胡椒就是公牛子彈（Bullshot）。血腥瑪麗如果不含酒精，當然就是純真瑪莉（Virgin Mary）。

連同冰塊搖盪：

1又1/2盎司伏特加、6盎司番茄汁

2至3滴檸檬汁、

2至3滴烏斯特黑醋醬、1滴辣椒醬

1小撮香芹鹽、1小撮鹽、1小撮黑胡椒

濾入裝有冰塊的高球杯。點綴以：

1小株芹菜

貝克版血腥瑪麗公牛子彈（Becker Bloody Mary Bull Shot）（8人份）

在水壺裡混勻：

32盎司番茄汁或番茄蔬菜汁，冰涼的

1罐10至11盎司牛肉清湯，冰涼的

在裝有冰塊的每只高球杯裡倒入：

1又1/2盎司伏特加（總共12盎司）

3/4小匙新鮮萊姆汁（總共2大匙）

1注辣醬

然後補滿番茄牛肉湯混液。再拌入：

黑胡椒，適量

螺絲起子（Screwdriver）（1人份）

連同冰塊搖盪均勻：

1又1/2盎司伏特加、4盎司柳橙汁

濾入裝有冰塊的高球杯。點綴以：

1片柳橙

鹽狗（Salty Dog）（1人份）

若沒有在杯緣加鹽圈，就叫做灰狗（greyhound）。

連同冰塊搖盪均勻：

1又1/2盎司伏特加、6盎司葡萄柚汁

用：

葡萄柚汁、粗鹽

在高球杯緣加鹽圈，將冰塊置於杯中，濾入調酒即成。

海風（Seabreeze）（1人份）

在高球杯裡連同冰塊攪拌均勻：

1又1/2盎司伏特加、4盎司蔓越莓汁

1盎司葡萄柚汁

點綴上：1瓣萊姆角

柯夢波丹（Cosmopolitan）（1人份）

省略蔓越莓汁，同時萊姆汁的量加一倍就是神風特攻隊（Kamikaze）。

連同冰塊搖盪均勻：

1盎司伏特加、1/2盎司白橙皮酒

1盎司蔓越莓汁、1/4盎司萊姆汁

濾入冰鎮過的雞尾酒杯即成。

哈維撞牆（Harvey Wallbanger）（1人份）

在裝有冰塊的高球杯倒入:

1盎司伏特加、6盎司柳橙汁

攪拌均勻，然後在上面加：

1/2盎司加利安諾利口酒（Galliano liqueur）

馬德拉斯（Madras）（1人份）

在裝有冰塊的高球杯裡倒入：
2盎司伏特加或蘭姆酒
2盎司蔓越莓汁
2盎司柳橙汁
點綴以：
1瓣萊姆角或1片檸檬片

白俄羅斯（White Russian）（1人份）

若要調製黑俄羅斯，省略濃的鮮奶油。
連同冰塊充分搖盪：
1又1/2盎司伏特加
1又1/2盎司濃的鮮奶油
1盎司卡魯哇咖啡香甜酒或其他咖啡香甜酒
濾入裝有冰塊的古典杯即成。

莫斯科騾（Moscow Mule）（1人份）

在裝有冰塊且冰鎮過的馬克杯或高球杯倒入：
1又1/2盎司伏特加、1/2盎司萊姆汁
杯裡補滿：薑汁啤酒（5至7盎司）
攪拌均勻。

悅茶（Joy Tea）（1人份）

連同冰塊充分搖盪：
1又1/2盎司茶香伏特加，如下
1盎司水
1/2盎司糖漿，87頁
倒入裝有冰塊的高球杯。點綴以：
1片檸檬

| 關於加味伏特加 |

什麼都比不上自製的加味伏特加。使用酒譜裡要求的瓶子大小來做，因此加味料浸泡在酒液裡便可以原瓶儲存。柑橘類的水果在浸泡之前要清洗乾淨。➡避免浸泡過久，否則會帶有苦味。濾出後，無限期冷藏。可以加點裝飾後單飲，也可以在調製雞尾酒時用來取代一般的伏特加。

柑香伏特加（Citrus Vodka）（750毫升1瓶）

將一顆中型柳橙或檸檬的皮切長條，放入750毫升瓶裝伏特加裡。攪拌一下，置於冰箱裡，浸泡至少1星期。酒液濾出後裝回瓶內，放冰箱冷藏。

茶香伏特加（Tea Vodka）（750毫升1瓶）

將1/4杯紅茶葉放入1瓶750毫升伏特加內。攪拌一下。在室溫下浸泡至少2小時，或者長至3天。伏特加的顏色至少要深如稻草色，浸泡越久，顏色就越深。酒液濾出後裝回瓶內，放冰箱冷藏。

黑胡椒伏特加（Black Pepper Vodka）（750毫升1瓶）

搭配含有酸奶、魚子醬、煙燻鮭魚，或煙燻鱘魚的開胃小點很棒，取代血腥瑪麗，113頁，裡的伏特加也非常出色。
將1/2杯整顆黑胡椒粒放入750毫升瓶裝伏特加內。浸泡在室溫下至少4小時，或長至3天。伏特加最後應該呈稻草色；浸泡越久，顏色越深。酒液濾出後裝回瓶內，放冰箱冷藏。

| 關於威士忌和威士忌調酒 |

威士忌通常是用穀物蒸餾製成的烈酒，主要原料是大麥、玉米或小麥，穀物被研磨、泡水變成麥芽漿（mash），然後在橡木桶裡發酵、蒸餾和陳釀。**蘇格蘭**威士忌具有來自泥煤燻烤發芽大麥的獨特香氣。大多數蘇格蘭威士忌是調和式威士忌，也就是說，某個百分比的大麥芽烈酒摻混了其他穀物製成的別種烈酒，這別種烈酒往往沒什麼味道，因而可以調製出口感更溫和的酒。不過，人氣攀升的**單一純麥芽蘇格蘭威士忌**來自單一釀酒廠，而且只用老式梨形銅製蒸餾器，大麥芽必須分小批來處理，如此釀造出來的威士忌味道辛烈獨特，充滿煙燻和麥芽香。每座麥芽釀酒廠（今天的蘇格蘭大約只剩一百座）的產品各有特色；其他的烈酒很少有如此變化多端的滋味，不管是煙燻味和泥壤味，有時候還略帶焦油味，一度甚至帶有石南花的馨香。單一純麥威士忌都很昂貴，它沁人的香氣凌駕調酒裡的其他原料。蘇格蘭威士忌愛好者把單一純麥威士忌當干邑白蘭地一般用白蘭地杯啜飲，不管是純飲或摻少許的水。雖然單一純麥威士忌人氣夯，但很多調和式蘇格蘭威士忌也非常出色。

波本威士忌的核心是玉米。有些波本威士忌的原料大部分用玉米；有些僅勉強達到法定要求的百分之五十一最低含量。其他的可能用裸麥或大麥，或任何原料都可能。玉米含量高於百分之八十的威士忌稱為**玉米威士忌**。大部分的波本是在肯塔基州釀造的，不過就法律上來說，未必非得產自肯塔基州不可。由於在燻燒過的橡木桶裡陳釀，波本威士忌比其他的威士忌更香甜滑順。鄰州釀造的一款類似的威士忌叫做**田納西威士忌**；這類威士忌會用糖楓木炭過濾，因此多了一層獨特的味道。單一桶波本威士忌，田納西威士忌，以及蘇格蘭威士忌，都是在單一酒桶裡陳放，通常會在酒標上標示酒桶編號和裝瓶日期。顧名思義這些都是限量的酒，而且越來越搶手，其售價呼籲著它們應當受到和單一純麥芽蘇格蘭威士忌一樣的對待。

人氣有限但很穩定的一款美國威士忌是**裸麥威士忌**，其主要原料就是裸麥，而不是玉米或大麥。美國還販售一款沒有特別標示類型的威士忌；也就是一般所說的**調和威士忌**。**加拿大威士忌**的口感比其他的烈酒都要來得清爽，而且相對溫和。**愛爾蘭威士忌**和蘇格蘭的很類似，但是在釀造方式上有幾個重大差別：大麥用木炭烘烤而不是用泥煤，麥芽漿裡使用了某個百分比的未發芽穀物，而且蒸餾不只一次，因而口感略微溫和，煙燻味也較淡。愛爾蘭人宣稱威士忌是他們發明的，事實大抵是如此，就連蘇格蘭的釀酒業者也這麼承認。

曼哈頓（Manhattan）（1人份）

這個版本又叫做辛辣曼哈頓（Dry Manhattan）。完美曼哈頓（Perfect Mahattan）摻了少許苦香艾酒和甜香艾酒。香甜曼哈頓則只用甜香艾酒，而且用一顆酒漬黑櫻桃點綴。蘇格蘭人會把酒譜裡的波本威士忌或裸麥威士忌換掉，如此調出來的酒就叫**羅柏羅伊**（Rob Roy）。

在裝有冰塊的古典杯裡倒入：
1又1/2盎司的波本威士忌
裸麥威士忌或調和式威士忌
2注苦香艾酒、1注安格式苦精
攪拌均勻。這款調酒也可以連同冰塊搖盪，然後濾入冰鎮過的雞尾酒杯裡。點綴上：**1條扭擠過的檸檬皮絲**

老經典（Old-Fashioned）（1人份）

有些人喜歡他們的老經典花俏些，會擠些許檸檬汁進去；少量柑香酒（curaçao）、櫻桃酒（kirsch）或黑櫻桃利口酒（maraschino liqueur）；或一片新鮮鳳梨——或用新鮮熟草莓取代歷史悠久的櫻桃。也可試試**蘇格蘭老經典**。
在古典杯裡倒入：
1/2小匙糖漿，87頁
2 注安格式苦酒、1小匙水
拌勻，加入：**冰塊**
1又1/2盎斯波本威士忌或裸麥威士忌
攪拌一下，點綴上：
1條扭擠過的檸檬皮絲
1片柳橙薄片、1顆酒漬黑櫻桃

威士忌酸酒（Whiskey Sour）（1人份）

試試**琴酸酒**、**蘭姆酸酒**或**白蘭地酸酒**。
連同冰塊搖勻：
1又1/2盎司調和式威士忌
3/4盎司檸檬汁
1/2小匙糖漿，87頁
濾入冰鎮過的古典杯。點綴上：
1片檸檬或1顆黑櫻桃酒漬櫻桃

高球或瑞奇（Highball or Rickey）（1人份）

以下是發揮個人創意的經典成果：**香艾黑醋栗甜酒**（Vermouth Cassis），以1盎司黑醋栗香甜酒兌1又1/2盎司苦香艾酒當底，再加上**馬頸**（Horse's Neck）或**透心涼**（Cooler），杯緣垂掛著長長的螺旋形檸檬皮絲，並以薑汁汽水取代蘇打水。把2顆大冰塊放入6盎司容量的玻璃杯內，加上：
1又1/2盎司威士忌，波本威士忌、蘇格蘭威士忌、裸麥威士忌或琴酒
補滿：**蘇打水**
稍微攪拌即可端上。
至於調製瑞奇，在加蘇打水之前加：
1/2至3/4盎司新鮮萊姆汁
若用的是不甜的烈酒，可以添加：
1/2小匙糖漿，87頁

薩斯拉克（Sazerac）（1人份）

連同冰塊攪拌：
1又1/2盎司波本威士忌或裸麥威士忌
1/2小匙糖漿，87頁
1注裴喬氏苦精（Peychaud）或安格式苦精
1注荷波聖（Herbsaint）茴香酒、保樂茴香酒（Pernod）或其他茴香口味的烈酒
倒入裝有冰塊的古典杯裡，點綴上：
1條扭擠過的檸檬皮絲

鏽釘子（Rusty Nail）（1人份）

在裝有冰塊的古典杯裡倒入並攪勻：
1又1/2盎司蘇格蘭威士忌
1/2盎司金盃蜂蜜威士忌（Drambuie）

林奇堡檸檬汁（Lynchburg Lemonade）（1人份）

連同冰塊充分搖盪：
1盎司傑克丹尼（Jack Daniel's）田納西威士忌
1盎司白橙皮酒
1小匙糖漿，87頁
3/4盎司檸檬汁
濾入裝有冰塊的高球杯。在杯裡補滿：
檸檬－萊姆汽水或檸檬汁

冰鎮薄荷酒（Mint Julep）（1人份）

這款調酒棒透了。目前記住一點很有用，就如伏爾泰說的，「夠好是完美的死對頭」。只用最頂級的波本，只取薄荷末端的嫩葉來搗碎，以及使用非常細碎的碎冰。在冰箱裡冰鎮一只高球杯或銀製薄荷酒杯。在冰鎮過的杯子裡壓榨：
5至6片新鮮薄荷葉
1小匙糖漿、少許冷開水
補滿：碎冰
倒入：1又1/2盎司波本威士忌
攪拌一下，點綴以：1株薄荷

火熱托迪（Hot Toddy）（1人份）

在容量8盎司的馬克杯裡倒入：
1又1/2盎司威士忌、蘭姆酒或白蘭地
1小匙蜂蜜、1小匙檸檬汁、1根肉桂棒
在馬克杯裡補滿：很燙的熱開水
在馬克杯的杯緣嵌上：
1/2檸檬片，上面鑲有3粒丁香

| 關於蘭姆酒和蘭姆調酒 |

蘭姆酒是用甘蔗糖蜜蒸餾而來的酒。其主要產區在加勒比海和南美，所以熱帶調酒裡的酒精成分傳統上都來自蘭姆酒也就沒什麼好奇怪的了。會令人驚奇的也許是，更醇厚辛烈的蘭姆酒（譬如牙買加的蘭姆酒），以及從瓜德羅普和馬丁尼克法屬島嶼來的口味更清淡的蘭姆酒，在充分陳放後所達到的細緻和繁複，可以像上好的白蘭地盛在白蘭地杯裡啜飲。別把這些上好的蘭姆酒浪

費在調酒裡。一般來說，淡蘭姆酒（又叫白蘭姆或銀蘭姆）應當用在調製雞尾酒，酒體中等醇厚的（又叫琥珀蘭姆或金色蘭姆）用在潘趣酒和長飲型調酒。有些人喜歡在杯緣加鹽圈的口感和外觀，不妨考慮在調製蘭姆雞尾酒時，最後加上這畫龍點睛的一筆。

自由古巴（Cuba Libre）（1人份）

加勒比海的經典。雖然要使用哪一種可樂都可以，但最原初用的，令人難忘地是可口可樂。
在裝有冰塊的高球杯裡倒入：

1又1/2盎司蘭姆酒、6盎司可樂
1/2盎司萊姆汁
攪拌均勻，點綴上：1片萊姆

黛綺莉（Daiquiri）（1人份）

糖漿換成石榴糖漿，這款雞尾酒就變成粉紅黛綺莉或石榴糖漿黛綺莉。
連同冰塊充分搖盪：

1又1/2盎司淡蘭姆酒
1/2盎司萊姆汁、2小匙糖漿
濾入冰鎮過的雞尾酒杯即成。

黛綺莉冰沙（Frozen Daiquiri）（1人份）

I. 這份酒譜可以有趣地做一些變化。為一大群人調製時，將冰塊和蘭姆酒的比例拉高，並且用大量的濃縮萊姆汁取代萊姆汁和糖漿。若要調製黛綺莉水果冰沙，加一杯切片的新鮮草莓或冷凍草莓，切片桃子或香蕉，或者切丁的香瓜。
在攪拌機裡把：
1又1/2淡蘭姆酒、1盎司白橙皮酒
1盎司葡萄柚汁或柳橙汁
1盎司萊姆汁、1盎司糖漿
6至8個冰塊
攪打到滑順，倒入冰鎮過的紅酒杯裡即成。

II. 2人份
加多一點冰塊即是黛綺莉冰沙（slushier）。調製純真黛綺莉（Virgin Daiquiri），純粹省略烈酒即可。
在攪拌機裡把：
1杯切片新鮮或冷凍的莓果
桃子、香蕉或切丁的香瓜
1又1/2盎司淡蘭姆酒
1盎司白橙皮酒
1盎司檸檬汁或萊姆汁
1盎司糖漿
6至8個冰塊
攪打到起泡而且滑順。

鳳梨可樂達（Piña Colada）（1人份）

調製無酒精的尼娜可樂達（Niña Colada），把蘭姆酒換成少量石榴糖漿即可。
在攪拌機裡把：

1又1/2盎司深蘭姆酒（dark rum）
3盎司鳳梨汁、2盎司椰奶、3或4塊冰塊
攪打到起泡而且滑順。倒入高腳杯或高球杯，點綴上：1/2片鳳梨

長島冰茶（Long Island Iced Tea）（1人份）

在裝有冰塊的可林杯或高球杯裡倒入：
1/2盎司淡蘭姆酒
1/2盎司琴酒
1/2盎司伏特加
1/2盎司龍舌蘭
1注白橙皮酒
3/4盎司檸檬汁
攪勻，然後補滿：可樂
點綴上：1片檸檬

蘭姆冰茶（Rum Iced Tea）（1人份）

在裝有冰塊的高球杯裡倒入：
8盎司加味冰茶Ⅰ，74頁
1/2盎司蘭姆酒、2小匙糖漿
攪拌一下，點綴上：1片檸檬

農家樂（Planter's Punch）（1人份）

連同冰塊充分搖盪：
1又1/2盎司深蘭姆酒
6盎司柳橙汁
1注石榴糖漿
3/4盎司萊姆汁
1小匙糖漿
濾入裝有冰塊的高球杯。點綴上：
1片柳橙

邁泰（Mai Tai）（1人份）

連同冰塊充分搖盪：
1盎司深蘭姆酒
1盎司淡蘭姆酒
1/2盎司柑香酒（curacao）
1/2盎司杏仁糖漿（orgeat）
1注石榴糖漿
1/2盎司萊姆汁
濾入古典杯，加不加冰塊都可以。點綴上：
1瓣萊姆角和1株薄荷，或1串新鮮水果

戈羅哥（Grog）（1人份）

用楓糖或糖蜜取代糖漿試試看。
在8盎司的馬克杯攪勻：
1小匙糖漿
1/2盎司濾過的新鮮萊姆汁
1又1/2深蘭姆酒
補滿：非常燙的茶或開水
點綴上：1條扭擠過的檸檬皮絲
在液面撒上：1小撮肉豆蔻粉或肉桂粉

熱奶油蘭姆酒（Hot Buttered Rum）（1人份）

新英格蘭的老式單人份飲品。說也奇怪，清教徒竟然會調製出這款調酒，可不是？據說這飲品讓人酒醉心頭定。
在熱杯過的8盎司馬克杯裡放入：
1小匙糖霜
加上：
2盎司滾水
2盎司深蘭姆酒
1大匙奶油
在馬克杯裡補滿滾開水。攪勻，在液面撒上：
現磨的肉豆蔻或肉豆蔻粉

| 關於龍舌蘭酒和龍舌蘭調酒 |

龍舌蘭酒是美國最暢銷的烈酒之一，大致上拜紅不讓的一款雞尾酒所賜：瑪格麗特。龍舌蘭酒是從一種藍色龍舌蘭草的汁液發酵後蒸餾而成，通常會混合各種由穀物釀的無味烈酒。市售龍舌蘭的品質不一，這情況恐怕比其他的無色烈酒更常見。從售價大略可判知品質，一些品質很好的龍舌蘭酒在美國也有販售。嚴格來說，龍舌蘭酒是產自墨西哥特定地區的特定一種梅斯卡爾酒（mezcal），就像干邑白蘭地是白蘭地中的極品，而一般的梅斯卡爾酒長久以來是龍舌蘭酒的壞親戚。話說回來，目前有一些優質的梅斯卡爾酒進口到美國來，品質都相當優異。

純飲龍舌蘭（Tequila Shots）

在一口烈酒杯裡倒入：
1/2盎司龍舌蘭酒
擺出像是要與人握手的手勢，虎口朝上，然後在虎口舔一下，迅速在舔過的地方撒上：**鹽**
吞一口龍舌蘭，隨即將虎口上的鹽舔掉，然後吸吮：**1瓣檸檬角**的汁液。
隨著酒興重複這步驟。

瑪格麗特（Margarita）（1人份）

連同冰塊充分搖盪：
1又1/2盎司龍舌蘭酒
1/2盎司白橙皮酒或君度橙酒
1/2盎司新鮮萊姆汁
使用：**1瓣萊姆角、粗鹽**
在雞尾酒杯或瑪格莉特杯杯緣加鹽圈，將用過的萊姆角丟入杯中，加入冰塊，將調酒濾入內。

瑪格麗特雪泥（Frozen Margarita）

將上述材料放入攪拌機裡，萊姆汁的量加到1盎司。加入1/2盎司糖漿，以及4至6顆冰塊。攪打至冰塊變成雪泥的稠度，然後濾入冰鎮過且加鹽圈的雞尾酒杯或瑪格麗特杯。

葡萄柚花草瑪格麗特（Grapefruit Herb Margarita）（1人份）

連同冰塊充分搖盪：
3盎司葡萄柚汁、1又1/2盎司龍舌蘭酒
1盎司新鮮萊姆汁、1/2盎司花草糖漿
將瑪格麗特杯的杯緣加鹽圈，點綴上：
1條扭擠過的葡萄柚皮絲

龍舌蘭日出（Tequila Sunrise）（1人份）

在裝有冰塊的高球杯裡倒入：
1又1/2盎司龍舌蘭、6盎司柳橙汁攪勻。
再倒進：**1注石榴糖漿**
不要攪拌。點綴上：**1片柳橙**

| 關於白蘭地和白蘭地調酒 |

這種烈酒是由水果蒸餾而來，通常是葡萄。所有產酒的國家也都釀造白蘭地（英文的白蘭地brandy一字來自荷蘭文*brandewijn*，意思是燒製的葡萄酒），但有明確的等級之分，最頂極的是**干邑白蘭地**（Cognac）——世上最負盛名的白蘭地，僅在法國干邑地區釀造，以其輕盈細緻的口感聞名。**雅馬邑白蘭地**（Armagnac）與干邑白蘭地是表親，在法國雅馬邑地區釀造，而且受到同樣的法規規範。一般而言，雅馬邑白蘭地的酒體傾向於比干邑白蘭地醇厚得多。在干邑白蘭地和其他白蘭地酒瓶上出現的V.S.、V.S.O.P.和X.O.字樣，並不具有法律上的意義，而是可信賴的釀造者用來標示白蘭地在裝瓶之前陳放了多久的記號——理論上來說，陳放越久，酒越順口。一旦裝瓶，酒便不再成熟。大致上來說，V.S.（或有時候叫做「三星」）是最淺齡的，也是用來調酒的最佳烈酒。儘管我們深信，「基酒越優質，調酒越好喝」，但我們還是衷心建議，V.S.O.P.和X.O.等級的白蘭地以純飲為佳。

在歐洲其他國家裡，西班牙、葡萄牙和德國皆釀出高品質的白蘭地。加州也生產數量可觀的白蘭地和一些高品質的干邑式烈酒。

相對於白蘭地是由葡萄酒蒸餾而成，**渣釀白蘭地**（marc，法國人如此稱呼）以及**格拉帕**（grappa，義大利白蘭地）是用壓汁後的葡萄皮渣連梗再行蒸餾而成。和白蘭地不一樣，渣釀通常是無色的。渣釀是灼辣的烈酒，往往帶有粗獷尾韻，幾世紀來一直被認為是白蘭地的粗劣替身。在今天，尤其是格拉帕，已經變成時髦而昂貴的東西，多半是拜義大利酒商的包裝與行銷手法所賜。頂級的格拉帕酒相當芳香可口。

卡瓦多斯（Calvados），來自法國諾曼第，堪稱是世上最棒的白蘭地之一，不過是蘋果白蘭地（法國的法規也允許蘋果酒摻和某個比例的梨子酒）。頂級的蘋果白蘭地可媲美干邑白蘭地和雅馬邑白蘭地；品質糟糕的，也可能和品質低劣的格拉帕一樣澀口。**美式蘋果白蘭地**（Applejack）是美國產的蘋果白蘭地。

另一級別的非葡萄白蘭地，一般所知的是它的法國名稱，eaux-de-vie，或「生命之水」。無色的生命之水雖然口感從來不複雜，但在滋味和香氣上很討喜，通常盛在狹口杯裡啜飲，杯子有時候會先行冰鎮過。人氣最夯的是梨子白蘭地（poire）或威廉梨酒（poire Williams）、覆盆子白蘭地（framboise）、藍李子白蘭地（mirabelle或slivovitz）以及櫻桃白蘭地（kirsch），但實際上任何水果都可以用來釀造。

白蘭地調酒可以盛在杯緣加糖圈的玻璃杯，109頁，以石榴糖漿取代先行塗抹在杯緣的柑橘類汁液。

白蘭地亞歷山大（Brandy Alexander）（1人份）

出了名的香甜濃郁，餐後飲用比餐前好。
連同冰塊充分搖盪：
1盎司白蘭地
1盎司深色可可香甜酒
1注鮮奶油
濾掉冰塊後倒入冰鎮過的雞尾酒杯即成。

邊車（Sidecar）（1人份）

用雅馬邑白蘭地而不是干邑白蘭地的邊車向來被叫做裝甲車（Armored Car）。把一半的干邑換成淡蘭姆酒，而且檸檬汁換成萊姆汁，便是一杯床笫之間（Between the Sheets）。
將雞尾酒杯杯緣：
（加糖圈）
連同冰塊搖盪：
1盎司V.S.干邑白蘭地
1/2盎司白橙皮酒
3/4盎司新鮮檸檬汁
濾入玻璃杯內即成。

史汀格（Stinger）（1人份）

連同冰塊搖盪：
1又1/2盎司白蘭地
1盎司白色薄荷酒
濾入冰鎮過的雞尾酒杯或古典杯即成。

尼可拉斯加（The Nikolashka）

尼古拉大公在位時風行的飲品，但被我親愛的朋友莎夏・維列夏金和我家人重新改編。祝大家健康！
將：1顆檸檬
切片，越薄越好。
把每片檸檬片的一面沾上：現磨咖啡粉
將沾上咖啡粉的一面朝上，置於盤上，
然後撒上：1/4小匙糖
在檸檬片上方磨碎：
牛奶巧克力、半甜巧克力或黑巧克力
直到巧克力碎屑遍佈均勻。
將檸檬片放入口裡，略微嚼幾下，然後迅速啜一口：干邑白蘭地

｜關於甘露酒（cordials）、利口酒（liqueurs）及甘露酒、利口酒調酒｜

甘露酒和利口酒的製作，是在諸如伏特加、白蘭地或威士忌裡添加其他滋味，幾乎所有的甘露酒和利口酒的共同特色就是香甜。甘露酒通常具有一種鮮明滋味：**葛縷子酒**（kümmel）有葛縷子味，**薄荷酒**（crème de menthe）有薄荷味，**茴香酒**（anisette）有茴香味，**黑櫻桃酒**（maraschino liqueur）有櫻桃味，**黑醋栗酒**（crème de cassis）有黑醋栗味。利口酒的滋味更繁複，因為添加的材料有好幾種——**夏翠思**蕁麻酒（Chartreuse）、**本篤利口酒**（Bénédictine）、**金**

盃蜂蜜威士忌（Drambuie）等等都屬利口酒。雖不是不變的鐵律，但最熱門的利口酒當中的兩款如此標明：**可可酒**，具可可滋味，偶爾帶有香草豆的味道；**柑香酒**（curaçao），柑橘口味的烈酒。甘露酒是以小劑量方式用在調酒裡，而利口酒則很多是用來純飲，是白蘭地之外的一種更滑順香甜的選擇。無論如何，別忽略其他烈酒的調混潛力：實驗性地摻幾滴，激發出很多大膽的新款調酒。若要純飲，利口酒在室溫或比室溫稍低些的溫度來喝，以少量啜飲為佳。

郝思嘉（Scarlett O'hara）（1人份）

連同冰塊充分搖盪：
1又1/2盎司南方安逸（Southern Comfort）
1盎司蔓越莓汁
1/2盎司萊姆汁
濾入冰鎮過的雞尾酒杯，點綴上：
1條扭擠過的萊姆皮絲

禁果（Fuzzy Navel）（1人份）

在裝有冰塊的高球杯裡倒入：
1又1/2盎司水蜜桃利口酒（peach schnapps）
4盎司柳橙汁
攪拌一下，然後點綴上：
1片柳橙

綠色蚱蜢（Grasshopper）（1人份）

連同冰塊搖盪：
1盎司綠薄荷利口酒
1盎司白可可利口酒
1盎司半對半鮮奶油
濾入冰鎮過的雞尾酒杯即成。

冰原泥漿（Mudslide）（1人份）

在攪拌機裡攪打：
3/4杯巧克力冰淇淋、2盎司濃的鮮奶油
1又1/2盎斯卡魯哇咖啡酒
1盎司愛爾蘭奶油、1盎司伏特加
打到滑順。
倒入高杯中。點綴上：1顆酒漬黑櫻桃

| 關於無酒精雞尾酒 |

「純真」（virgin）調酒或無酒精調酒老少咸宜。除了以下介紹的這些，這一章裡的很多酒譜也納入了一些無酒精的變化款：參見血腥瑪麗，113頁；黛綺莉，118頁；鳳梨可樂達，118頁，香料蘋果酒，130頁；以及熱蛋酒，128頁。也請參閱飲料篇，特別是果汁部分，78-82頁，以及思慕昔部分，82-84頁，其中很多是摻酒飲品之外的優雅選擇。

秀蘭鄧波兒（Shirley Temple）（1人份）

幾世代以來，這款飲料一直是美國兒童喝的頭一款雞尾酒——以1930年的電影童星命名。這飲品裡的紅石榴糖漿對大人和小孩都是賣點。把薑汁汽水換成可樂即是羅伊羅傑斯（Roy Rogers），名稱取自1940和50年代電視電影牛仔明星。

在古典杯裡連同冰塊一起攪勻：
1注紅石榴糖漿、薑汁汽水
點綴上：1顆酒釀黑櫻桃

蔓越莓可林（Cranberry Collins）（1人份）

在高球杯裡連同冰塊一起攪勻：
4盎司有甜味的蔓越莓汁
3/4盎司新鮮檸檬汁
補滿：蘇打水
點綴上：1片檸檬

岩石仙地（Rock Shandy）（1人份）

安格式苦精確實含有酒精，不過，想搞清楚那麼一丁點的量裡酒精成分有多少，不免讓人想到那同樣令人困惑的問題：「一根針尖上能站幾個跳舞天使。」

在高球杯裡連同冰塊一起攪勻：
4盎司檸檬汁、2盎司蘇打水
1注安格式苦精
點綴上：1片檸檬

關於酒漬水果（plugged fruit）

我們年輕時，常把一顆西瓜切開楔形的一塊，然後小心地把蘭姆酒灌進去，這過程靠的可不是運氣。後來我們發現，以前太急躁了，時間會起作用——約需八小時。對於可以輕易弄到大量水果的人，我們提供以下酒譜來調製清新宜人的別致飲品。

椰子狂想曲（Coconut Extravaganza）（1人份）

製作這款令人陶醉的特調飲品，以及接下來那一款，你需要相當大量的特色容器。要把椰奶從椰子內取出☆，參見「了解你的食材」。

切掉或鋸掉：
1顆椰子，椰汁已取出☆，見「了解你的食材」
頂端做成直徑約2又1/2吋的開口。
把：
第二顆椰子的汁
倒入椰殼裡，再加進：
2盎司淡蘭姆酒
1/2杏桃酒或君度橙酒
1/2盎司椰奶
續加：
3/4杯碎冰
攪拌一下，插入吸管，即可飲用。

熱帶鳳梨（Pineapple Tropic）（1人份）

把：1顆鳳梨
頂端切開，保留頂端做為蓋子用。
挖出大約一只高球杯大小的凹穴，倒進：1又1/2盎司淡蘭姆酒
1盎司用鳳梨做成的水果糖漿
填入碎冰並攪勻。點綴上：新鮮水果
端上桌時把蓋子蓋上，或者在蓋子上挖個洞，插入一根長吸管。

酒漬西瓜（Plugged Watermelon）

從：1整顆西瓜
切下一塊3吋寬楔形大塊，並保留待用。
一次一點點地倒入：
伏特加或蘭姆酒，看西瓜能吸收多少就倒多少
把楔形塞子放回缺口，用一截膠帶黏貼封住。靜置於陰涼的地方數小時或更久：需要至少8小時，烈酒才會均勻地滲透到果肉裡，放上一整夜尤佳。
將西瓜切片然後端上桌，或者製作成西瓜球並舀到高杯裡，在每一份淋上：
少許新鮮萊姆汁

｜關於派對飲料｜

這一節裡的酒譜大部分是潘趣酒缸的各種變化。潘趣酒缸能夠凝聚人群，炒熱氣氛，效果比含酒精的飲料更好。潘趣酒和其他的派對飲料還可以用漂亮的壺具來盛。大部分的派對熱飲都可用設定在最低溫的慢燉鍋在派對全程保溫，➡不過，加蛋的熱飲不建議這麼做。

除非有另外說明，否則這裡的每份酒譜，➡液體的量差不多都是五夸特，可供大約二十人份，每人可得四盎司的飲料兩杯。

調製派對飲品使用的果汁應該是新鮮的，不過沒加甜味的冷凍濃縮果汁也可以接受，只要你稀釋時只用包裝上指示的量的一半即可。

調製大缸的潘趣酒時，明智的做法，是在加入汽水或水或冰塊之前，先試一下混液的味道和甜度。理想上來說，潘趣酒調飲需要一小時左右的時間讓各種成分的滋味融合；如果是喝冰的，在加入蘇打水、水或冰塊之前，應該置於冰箱冷藏。製作冰的潘趣酒，一定要注意會有稀釋的問題。一開始先在三分之二的飲料裡加冰塊，待賓客回頭來舀第二杯之前，再加入其餘的酒液。

至於冰塊本身，避免使用小冰塊；即便是正常大小的冰塊也很快就會融化。製作大一點的冰磚，可以用攪拌盆或其他容器裝水冷凍；水結成冰後，將盆子底部浸在冷水裡一會兒，再把盆子倒扣在一只盤子上即可取出冰磚，讓冰磚滑入潘趣酒缸裡。不過，最棒的是造型冰塊，更有特色而且不會很快融化，以下會介紹。➡將果汁冰凍成方塊或大塊很好用，因為它們融化時不會讓潘趣酒變得水水的，不過使用時要審慎，因為果汁會讓潘趣酒稍微變得更甜，要

不就是會使得平衡的滋味改變。大多數的潘趣酒傳統上都摻和白開水而不是碳酸水，若添加碳酸水，就是所謂的卡布酒（cup）。

在結束派對冷飲這一節之前，我們要提醒你，以酒精為底摻和果汁所調製出來的任何飲品，78-82頁，也可以做為美妙潘趣酒和卡布酒的基底。

造型冰磚（Decorative Ice Mold）（1個圓圈形冰磚）

若要冰磚不混濁，用過濾過的冷水來做。或者將未濾過的自來水置於室溫下一小時再使用；其間充分地攪動四、五次，把剛汲出來的自來水中的氣泡打破或逼出。避免使用模子過深的冰盒，這樣做出來的成品頂部厚重，冰磚很可能會倒頭栽。

在4至6杯容量的圓圈型冰模裡倒入：

1/2吋水

冰凍至冰泥狀態，然後把：

新鮮草莓、櫻桃、或覆盆子或檸檬薄片、萊姆薄片及柳橙薄片、新鮮薄荷、檸檬百里香、或甜香車葉草

放入冰模，輕輕按入冰泥中。

加足夠的水，讓水的高度達到莓果或柑橘類薄片側面的一半，但不足以使它們漂浮。冰凍至果料固定不動，加水蓋過水果和辛香草。結成冰後，把模具底部浸在冷水中一會兒，然後倒扣在盤子上。讓冰塊滑入潘趣酒缸中，漂浮在飲料裡。若要為個別的飲料製作裝飾冰塊，見78頁。

香檳潘趣酒（Champagne Punch）（32人份，每人6盎司）

削皮、搗壓：

3顆鳳梨，去核並切片

見390頁。

放入一口大缸裡，撒上：**1磅（4杯）糖霜**

蓋上蓋子，靜置1小時。然後加入：

2杯檸檬汁、2杯白蘭地

2杯淡蘭姆酒、1/2杯柑香酒

1/2杯黑櫻桃酒

攪拌攪拌，冷藏4小時。端上桌前，把冰塊加進酒缸裡，攪拌一下再加：

4瓶750毫升冰鎮過的氣泡酒

威士忌或白蘭地卡布酒（Whiskey or Brandy Cup）

在一口大缸子裡放入：

2杯搗碎的新鮮鳳梨

以及：**1夸特草莓，去蒂並切片**

在水果上撒下：**12盎司（3杯）糖霜**

淋上：**2杯深色蘭姆酒**

蓋上蓋子靜置4小時。加入：

2杯新鮮萊姆汁、1/2杯新鮮柳橙汁

1杯紅石榴糖漿

2瓶750毫升波本或白蘭地

端上桌前，將冰塊加進潘趣酒缸裡。攪拌均勻，冷鎮一下。倒入：

2公升冰鎮過的蘇打水或不甜的薑汁汽水

桑格莉亞（Sangría）（6至12人份）

根據西班牙最受熱門的夏日消渴飲品做變化，盛在壺裡冰冰的喝。

在一口大水壺裡混合：

4杯甘型紅酒

3/4杯白蘭地、6大匙檸檬汁
1/2糖，或自行斟量增減
攪拌至糖完全溶解。加入：
2顆柳橙，切薄片、1顆檸檬，切薄片
1杯去核的新鮮甜櫻桃或冷凍甜櫻桃
1杯切片的桃子
以保鮮膜封口並冷藏2小時。

漁屋潘趣酒（Fish House Punch）（約20人份，每人4盎司）

這款濃烈的殖民時期潘趣酒最初是由費城的斯古吉爾漁業公司（Schuylkill Fishing Company）調製出來的。據說在南北戰爭爆發前，喬治華盛頓曾經路過那兒並喝了一杯。有些酒譜加的是濃茶而不是水。
材料先冷藏，然後在一口大缸子裡混合：
1又1/2杯糖漿，87頁，或依個人口味酌量增減
1又1/2杯檸檬汁、1又1/2杯白蘭地
1又1/2杯深色蘭姆酒
1又1/2杯桃子香甜酒或桃子白蘭地
3杯蘇打水
如果是摻桃子白蘭地而不是桃子香甜酒，糖漿的用量要增加，並依個人口味斟酌用量。

農家潘趣酒（Planter's Punch）（約20人份，每人4盎司）

在一口大型壺具或大缸子裡混合：
6杯鳳梨汁、6杯柳橙汁
1又1/2杯淡色蘭姆酒
1又1/2杯深色蘭姆酒
1杯橙香酒或白橙皮酒
1杯萊姆汁或檸檬汁
1杯糖漿、1/2杯紅石榴糖漿
在高杯裡裝3/4杯滿的：碎冰
將潘趣酒倒入每個杯子裡，液面離杯口約3/4吋。點綴上：
鳳梨角、柳橙片或酒漬黑櫻桃
插上吸管即可享用。

德式潘趣酒（Bowle）（約25人份，每人6盎司）

德國的人氣調酒，可以用各種水果來做。
在一口大缸子裡放入切片的：
6顆未削皮的桃子、8顆未削皮的杏桃、1顆鳳梨或1夸特的草莓
在水果上撒下：1又1/4杯糖霜
倒入：
2杯馬德拉酒（madeira）或香甜雪莉酒（cream sherry）
靜置至少4小時或更久。攪拌一下，倒入裝有冰塊的潘趣酒缸。加入：
4瓶750毫升不甜的白酒

五月酒（May Wine）（約25人份，每人5盎司）

另一款德國調酒，春天的飲料，特色是具有鮮甜的香車葉草，262頁，而香車葉草，順帶一提，很可能就長在你家後院的陰涼角落。在香車葉草芬芳的白花開花前便摘下葉子，放到酒裡浸泡，但不超過30分鐘。浸泡在麗絲玲裡味道最棒。
依序在酒缸裡放入：
12枝嫩甜香車葉草、1又1/4杯糖霜
1瓶750毫升麗絲玲（1杯白蘭地）
蓋上蓋子，靜置30分鐘，但不要超過30分鐘。取出香車葉草。充分攪拌後倒入裝有冰塊的潘趣酒缸裡。加入：

3瓶冰鎮過的750毫升麗絲玲。
1公升冰鎮過的蘇打水，或1瓶750毫升香檳
可以用柳橙薄片、鳳梨條以及最對味的香車葉草枝來裝飾這「春酒」（Maitrank）。在每個杯底放入一顆去蒂的草莓，待飲料喝光時食用。

萊茵卡布酒（Rhine Wine Cup）（26人份，每人6盎司）

在一口潘趣酒缸裡混合：
1杯糖漿、2杯新鮮萊姆汁
1杯白蘭地、2杯辛烈的雪莉酒
1杯冷的濃茶
3瓶750毫升萊茵河產白酒
2杯去皮去籽切薄片的小黃瓜
靜置20分鐘。用漏勺濾除小黃瓜。放入冰塊並倒入：1公升的蘇打水

蛋酒（Eggnog）（約18人份）

有些人喜歡在以下的酒譜裡加稍多一些烈酒，還記得馬克・吐溫說過，「凡事過度了都不好，唯有威士忌多多益善。」參見「關於蛋類的食用安全須知」☆，見「了解你的食材」。
在一口大酒缸打：12枚雞蛋的蛋黃
直到顏色變淡。
逐次打入：1磅糖霜
再徐徐打入：2杯深色蘭姆酒、白蘭地、波本或裸麥威士忌
（這些酒各別都可以做為蛋酒的基酒，也可以依個人喜好摻和在一起當基酒）蓋上蓋子送入冰箱冷藏1小時以去除蛋腥味。
接著再打入：
2至4杯自選的烈酒
2夸特（64盎司）濃的鮮奶油
（1杯桃子白蘭地）
蓋上蓋子並冷藏3小時。把：
8至12枚雞蛋的蛋白
打到堅挺但不會乾乾的，然後輕輕地拌合到蛋酒中。端上桌前撒上：
現磨的肉豆蔻粉

熟蛋酒（Cooked Eggnog）（16人份）

請參閱「烹煮蛋類」☆，見「了解你的食材」，以及「關於蛋類的食用安全須知」。將蛋酒稍微煮一下，可以殺死雞蛋裡的害菌。調製不含酒精的變化款，用2大匙香草或1又1/2杯濃咖啡取代烈酒。千萬不要根據這酒譜加倍調製。
混合：
1杯牛奶、1杯濃的鮮奶油
在一口中型碗裡攪打：
12顆蛋黃、1又1/3杯糖
1小匙現磨肉豆蔻或肉豆蔻粉
直到混勻。
用一口大醬汁鍋以中小火加熱：
2杯牛奶、2杯濃的鮮奶油
慢慢把部分的熱牛奶和鮮奶油攪入蛋黃液，接著再把這蛋奶混液倒回煎鍋內，不時攪拌，直到混液變得稍微再稠些，而且溫度達到79度。小心別過度加熱，否則混液會凝結。鍋子離火，並馬上拌入1杯牛奶和1杯濃鮮奶油的混液。用細篩網濾入貯藏用的容器裡冷藏。不加蓋地充分冰冷後，拌入：
1/2杯白蘭地、干邑、深色蘭姆酒或波本威士忌
加蓋冷藏至少3小時，或者長達3天。
飲用前撒上：肉荳蔻粉

奶酒（Syllabub）（8至10人份）

奶酒最原初的做法是直接把現擠牛奶擠到一缸葡萄酒或蘋果酒裡。現今的奶酒是以牛奶為底，加雪莉酒或白酒調味，並且用檸檬汁增加酸度的一款香濃調酒。在美國南方部分地區，奶酒仍是聖誕節的人氣飲品。

在2夸特容量的玻璃瓶或玻璃缸或金屬缸裡混合：

3/4杯糖、3/4杯香甜雪莉酒

2顆檸檬的皮絲

1/4杯濾過的新鮮檸檬汁

2大匙白蘭地或干邑白蘭地

1又1/2小匙肉豆蔻粉

充分搖盪或攪拌均勻。密封後冷藏至少4小時，或長達24小時。再度搖盪或攪拌，讓未溶解的糖溶解。然後用細篩網過濾汁液，檸檬皮絲丟棄前用力扭擠出汁液。

在一口大缸裡混合：

1又1/2杯冰鎮過的濃鮮奶油

1/2杯冰牛奶

以高速攪打，直到呈軟性發泡狀態。將打速轉低，徐徐加入濾過的雪莉酒混液，接著再加入：**1/2杯冰牛奶**

奶酒會呈羹湯的稠感。立即飲用，或者密封冷藏，可冷藏至多24小時。靜置不動的話奶酒會出現奶和酒分離的狀態，輕輕地攪打一下即可重新混合。

盛在個別玻璃杯裡或潘趣酒缸裡。在液面撒下：**肉荳蔻粉**

湯姆貓與傑利鼠（Tom and Jerry）（20人份）

參見「關於蛋類的食用安全須知」☆，見「了解你的食材」。

在一口大碗裡把：**12顆蛋白**

打到堅挺但不會乾乾的。

封口後靜置一旁。在一口中型碗裡打：

12顆蛋黃

打到顏色變淡。再逐次打入：

3/4杯糖霜、2小匙綜合香料粉

2小匙肉桂粉、2小匙丁香粉

把蛋黃拌合到打發的蛋白裡。在20個8盎司容量的馬克杯裡舀入2大匙蛋液，然後再加進：

1又1/2大匙白蘭地、3大匙深色蘭姆酒

補滿：**非常燙的開水、牛奶或咖啡**

使勁攪拌直到起泡。在表面撒下：

現磨肉豆蔻或肉豆蔻粉

格拉格（Glögg）（20人份）

格拉格是傳統的瑞士聖誕節香料熱飲，最初是一種香料酒，不過多年來演變成酒精含量高，濃烈強勁的飲品。瑞士人往往用高酒精度的無味烈酒來做——讓人在冷冽的斯堪地那維亞冬夜裡驅寒暖身——但用白蘭地或斯堪地那維亞開胃烈酒（aquavit）或伏特加味道也不賴。

在一口不起化學反應的大壺裡混合：

2瓶750毫升琥珀色波特酒

1瓶750毫升白蘭地

2杯斯堪地那維亞開胃烈酒或伏特加

1顆柳橙的皮，切細絲

1杯葡萄乾

用一小塊紗布包起：

4根肉桂棒、10顆丁香、10顆荳蔻莢

綁緊，放入壺中，蓋上蓋子，煮到近乎滾。火轉小，慢熬約一小時。撈出香料包和柳橙皮丟棄。一手拿著壺蓋當盾牌擋在壺口邊緣，一手拿著點燃的長火柴棒接近壺邊緣，直到壺裡的酒精點燃。讓火燒個

4至5秒，然後蓋上蓋子熄火。舀到溫熱的杯子裡，飲用時用小湯匙來舀葡萄乾。

香料酒（Mulled Wine）（16人份）

在一口醬汁鍋內混合：
4瓶750毫升梅洛或其他不甜的紅酒
6根肉桂棒
4顆柳橙的皮，每顆切成4片
3/4至1杯糖（八角）
煮到微滾，把火轉小，蓋上鍋蓋煨煮20至30分鐘。舀到溫熱的馬克杯裡，在每個馬克杯裡放入一根肉桂棒以及一片柳橙皮或一片柳橙。
若要調製燒酒（Vin Brûlé），法國版的熱香料酒，以大火將同樣的材料加蓋煮滾。然後鍋子離火，掀開鍋蓋，小心的以一根長火柴點燃鍋裡的酒精。待火熄滅，將酒舀到溫熱的馬克杯裡，按上述方式加以裝飾。

痛飲（Wassail）（22人份，每份6盎司）

「舉杯歡慶」的最好時機當然是聖誕週。痛飲也可以用啤酒摻紅酒的混液來做，最好是用雪莉酒，倘若如此，啤酒兌雪莉酒的比例大約應當是4比1。參見「關於蛋類的食用安全須知」☆，見「了解你的食材」。
將：12顆百搭蘋果去核並烘烤，360頁。
在一口醬汁鍋內混合：
4杯糖、1杯水、1大匙肉豆蔻粉
2小匙薑末
1/2小匙豆蔻乾皮粉（ground mace）
6顆丁香
6顆牙買加胡椒子（allspice berries）
1根肉桂棒
並滾沸5分鐘。
與此同時，在一口大碗內把：
12顆蛋的蛋白
打到堅挺但不會乾乾的。
在另一口大碗內把：12顆蛋的蛋黃
打到顏色變淡。
將蛋白拌合到蛋黃裡。將糖和香料的混液濾入蛋液裡，輕柔地使之充分混合。
在一只大壺裡把
4瓶750毫升香甜雪莉酒或馬德拉酒
2杯白蘭地
煮到近乎滾沸。
逐次地把熱酒加進香料蛋液裡。一開始要慢慢來，每加一些進去後便輕快攪打。這道手續快完成時加入白蘭地。端上桌前，趁混液仍在起泡，加入烤過的蘋果。舀到溫熱的馬克杯，每只馬克杯裡放一塊烤蘋果。

香料蘋果酒（Mulled Cider）（20人份，每份6盎司）

當天氣涼了，這款在香料葡萄酒之外的另一個令人滿足的選擇格外美妙。不含酒精的做法省略掉蘭姆酒即可。
在一口醬汁鍋內混合：
5瓶750毫升蘋果酒
1又1/2杯淡蘭姆酒或深色蘭姆酒
20根肉桂棒
5顆柳橙的皮，每顆切成4片，或5顆小柳橙，切薄片、5大匙糖
煮到微滾，把火轉小，加蓋熬煮20至30分鐘。舀到溫熱的馬克杯裡，每個馬克杯裡放一根肉桂棒和一片柳橙皮或一片柳橙。

開胃菜和迎賓小點

Appetizers and Hors D'oeuvres

開胃菜（appetizer）和迎賓小點（hors d'oeuvres）這兩個詞在大多數的情況下是相通的，主要的差別在於，迎賓小點是在正餐之外的，而且通常是可以用手指拿著吃的小點心，而開胃菜也許是正餐的第一道菜。你喜歡怎麼稱呼它們都可以，不管是開胃菜或迎賓小點都是在主食之前配著飲料吃的。若是在雞尾酒派對上，它們本身也可以當作餐食。

對於雞尾酒派對和其他大多數場合，本章第一部分較簡單的小點心通常已經足夠：調味堅果和爆米花、沾醬、起司拼盤、生菜和漬物以及橄欖。不過，若是舉辦特殊餐宴，你也許會想要鑽研更繁複而且更有飽足感的小點。

很多迎賓小點富含脂肪，或者會混以油脂或奶油，這多少是為了緩和餐前酒裡酒精的辛辣。晚餐前吃喝的過程裡，假使小點心吃得太多，用餐的真正樂趣會被破壞。➡在享用豐盛的晚餐前，二至三樣小點通常就很足夠——一碗堅果或橄欖、生菜和沾醬，或卡納佩（canapé）。➡不供晚餐的雞尾酒派對，可提供五到六樣各色小點，包括至少兩樣含有肉類或海鮮的小點，以及至少兩樣熱食。➡假使派對供應晚餐，每人可有六到八樣的開胃菜和手抓小點。如果只提供開胃菜當食物，那麼供應的量約是每人份的兩倍。無論如何，菜色的選擇要考量到在口感、滋味和濃郁之間取得平衡。

我們很贊成有創意的組合，不過記住一點很重要，迎賓小點不像歌劇的序曲，不該預告接下來會上哪些菜。比方說，如果你將端上有著濃濃起司的焗烤馬鈴薯，那麼小點就要避免起司球或墨西哥烤玉米片（nachos）佐起司醬，同樣的，如果你的主菜是敷上麵包粉炸的小牛排肉片，那麼小點就要避免裹麵衣的炸蝦。

在雞尾酒派對上遞送小點，➡不妨選擇自成一體、一口大小的卡納佩或迎賓小點，除非你會供應賓客盤子。一桌子這類的小點心若是在質感和色澤上與托盤或餐桌相互襯托的話，看起來往往會更壯觀。別用講究的細節折騰自助吧食物，或使之失焦。用切得精美的大量蔬菜來鋪陳開胃菜或迎賓小點，用新鮮辛香草或嫩葉裝飾盤子。

熱食的手抓小點➡直接從爐火上端出，或者用保溫鍋或保溫托盤來盛。➡冷盤食物上菜前再從冰箱取出，如果冷盤要長時間擺在外面，不妨置於底下鋪了冰塊的冰鎮大淺盤上，又或是時常更換大淺盤。有些托盤是冰鎮專用的，可以長時間保冷。起司應該放室溫。➡同時也要留意當賓客開始取用，大盤子裡開始有空位出現時，食物看起來如何。比較細心的做法是以幾個方便更換或補滿的小盤子來盛，而不是一直盛在難以恢復最初光彩的大盤子裡。

｜關於派對拼盤｜

只要把握住在托盤上鋪陳食物的聰明原則，當一群歡鬧的親友突然來訪，你也可以馬上創造一盤派對拼盤。派對拼盤上的人氣食材包括肉類、起司、新鮮水果、蔬菜和佐料。佐配食物的沙拉醬、調味品、沾醬或醬料，以及各色餅乾或麵包可以附在一旁。更多組搭派對拼盤的點子，參見菜單，55頁。

當你要端一盤食物參加派對時，拋棄式大淺盤很方便。在特殊節慶上擺出骨董餐盤或更正式的餐具可錦上添花。

拼盤的鋪陳很有趣，又可發揮創意。用蘿蔓、紅葉或綠葉萵苣、羽衣甘藍或荷蘭芹來打底。接下來看看你有多少空間，以及需要擺放的食材有多少，然後把大淺盤分成幾個區塊。根據食材的顏色和形狀來交錯疊放。用黑橄欖和綠橄欖、甜椒或紅蘿蔔或芹菜株、小番茄（grape tomatoes）、小蘿蔔、水煮蛋切片、葡萄或朝鮮薊心等潑灑色澤，「彩繪」托盤。配雞尾酒的肉丸子，151頁，可以事先做成小點心大小再重複加熱。雞肝培根卷（rumaki），153頁，也要在派對開始前便醃好和串好，包覆起來冷藏，上桌前再烤。

有關派對拼盤的數量，請參閱下頁的表。更多有關肉類和起司小點的建議，參見「關於前菜」，148頁，有關蔬菜的建議，見「生菜」，145頁，以及「關於水果拼盤」，145頁。以下是有關派對拼盤的一些點子。

肉類

切薄片捲成纖管狀：火雞胸肉、煙燻火雞肉或胡椒火雞肉、蜜汁火腿或烤火腿、威斯特伐利亞火腿（Westphalian）或黑森林火腿、義式煙燻火腿（prosciutto）、鹽醃牛肉以及／或燻牛肉。切成厚瓣：義式辣腸、黎巴嫩臘腸（Lebanon bologna）、薩拉米臘腸、酸味香腸（summer sausage）、摩塔德拉香腸（mortadella）、醃燻西班牙臘腸（cured smoked chorizo）、義式蒜味香腸（sopressata）、以及／或肉糕（pâtés）。

起司

切片、切丁或切成三角形：美式起司、切達起司、蒙特雷傑克乾酪（Monterey Jack）、墨西哥辣椒傑克乾酪（pepper Jack）、莫恩斯特乾酪、帕伏隆起司（provolone）、瑞士起司、寇比乳酪（Colby）、摩扎瑞拉起司、高達起司、哈瓦第起司（Havarti）、布里起司、帕米吉安諾－雷吉安諾乳酪（Parmigiano-Reggiano）或羅馬諾起司（Romano）。

水果

整顆帶梗、切丁、挖球或切片：莓果類、葡萄、櫻桃、香瓜、金桔、柳橙、奇異果、鳳梨、棗子、無花果。

佐料和盤飾

平鋪在托盤上或用碗裝：杏桃乾、日曬番茄乾、希臘金椒（pepperoncini）、橄欖、杏仁、調味美乃滋★，334頁，辣椒、朝鮮薊心、腰果、核桃、胡桃、開心果、蜜棗、印度甜酸醬（chutney）、辣芥末醬、山葵醬、酸黃瓜（cornichon）、青醬、普羅旺斯酸豆橄欖醬、蜂蜜優格蘸醬，145頁，以及辛香草枝，譬如迷迭香、香薄荷、荷蘭芹、百里香、鼠尾草。

｜關於起司拼盤｜

除了這一章稍後介紹的那些以起司為底的簡單料理之外，也可以把起司拼盤當作前菜。購買並供應可以互搭的起司來宴客很輕鬆。如果要佐配餐前飲料，記得一點，起司會帶來飽足感，所以在種類和數量上要有所限制。假使菜單裡包含了水果、麵包和起司的話，準備每人份三至四盎司的起司。若餐前有供應其他小點，每人份二盎司便足夠。挑選至少三種不同的起司，但不要超過五種。不同形狀、口感和風味的起司可以增添起司拼盤的多樣性。好的組合是一種軟質—熟成的起司、一種雙重脂肪（double-cream）[1]或三重脂肪（triple-cream）[2]起司、一種半軟起司、一種陳年起司，以及一種藍紋起司或青紋起司。起司要在室溫下享用——冰冷的起司嚐起來很少有味道好的，也很少會呈現最佳風味。把滋味細緻和味道濃嗆的起司分開來放，每種起司附一把起司刀，避免不同起司的滋味混在一起。若是供應一整輪起司，主人要先切下第一刀將之剖開，免得賓客有所遲疑，不好意思自己動手。諸如木盤、大淺盤、大理石板、柳編扁墊，或柳編籃等配件，都有助於賓客享用。別把起司塞擠在一起，留些空間讓賓客容易靠近並輕鬆地切取。在起司拼盤旁邊擺若干小塊的甜奶油（sweet butter），

派對小點的量

品項	15人	25人
肉類	3磅	5磅
起司	1磅	1又1/2磅
麵包	30片 或 15卷	50片 或 25卷
美乃滋	1/2杯	3/4杯
芥末醬	1/3杯	1/2杯
山根醬	1/3杯	1/2杯
萵苣葉	1磅	1又1/2磅
番茄片	2磅	3又1/2磅
洋蔥絲	2/3磅	1磅
蔬菜	1又1/2磅	2又1/2磅
醃菜	1磅	1又1/2磅
沾醬	2杯	3杯
水果	3磅	5磅

1 譯註：乳脂肪含量至少六成。

2 譯註：乳脂肪含量至少七成五

以及原味吐司、餅乾或有脆殼的法國麵包；麵包和餅乾最好用各別的籃子或盤子來裝。鹹的、焙的或烤的堅果，杏仁、芹菜或茴香、以及蘋果、梨子、葡萄、草莓、李子、香瓜、或新鮮無花果都是很棒的配料，蜂蜜及印度甜酸醬也是。西班牙蒙契格起司（Manchego cheese）配榲桲糕（quince paste）或西班牙人說的membrillo，394頁，尤其對味，而梨子傳統上配斯提爾頓起司，參見「點心」☆那一章，219頁，「**起司拼盤**」的部分。

烤堅果（Roasted Nuts）（4杯）

烤箱轉180度預熱。將：
1磅無鹽的綜合堅果（腰果、胡桃、杏仁、榛果、花生或核桃）
鹽和黑胡椒，適量
2大匙融化的奶油
均勻散布在鋪了烘焙紙的烤盤上。烘烤到堅果呈淡金黃色，約7分鐘。放涼即可食用。

咖哩堅果（Curried Nuts）

按上述方法製作烤堅果，連同奶油再加入1大匙咖哩粉和1/8小匙卡宴辣椒粉。

迷迭香黑糖堅果（Rosemary and Brown Sugar Nuts）

按上述方法製作烤堅果，連同奶油再加入3大匙迷迭香碎末、2大匙黑糖，及（2大匙淡色玉米糖漿）。從烤箱取出堅果後，偶爾翻動一下，好讓糖衣變乾，約5分鐘。徹底放涼即可享用。

香脆胡桃（Crisp Spicy Pecans）（2杯）

也可以用綜合的整粒杏仁、核桃及胡桃來做。
烤箱轉160度預熱。
在一口小碗裡混合：
3大匙融化的奶油
1大匙匈牙利甜味紅椒粉（sweet paprika）
1又1/2小匙烏斯特黑醋醬
1/2小匙紅椒粉（ground red pepper）
置一旁放涼。用電動攪拌器攪打放在一口中型碗裡的：
1顆蛋的蛋白、1小匙鹽
直到泡沫綿密，然後逐次加進：6大匙糖
並打到呈軟性發泡（soft peak）的狀態。
連同奶油混液一起，拌入：
2杯（8盎司）切半胡桃
直到混液均勻裹覆著胡桃，將胡桃單層地平鋪在烘焙紙上。烘烤至酥脆並呈金黃色，約30分鐘，其間翻動兩次。從烤箱取出後，倒到一張大錫箔紙上冷卻，分成小簇或單顆食用。

烤栗子（Roasted Chestnuts）

烤箱轉220度預熱。為了避免栗子爆開，用刀尖或冰鑽把栗子戳穿。平鋪在烘焙紙上，烤15至20分鐘。去皮的方式參見448頁。

烤南瓜籽（Toasted Pumpkin or Squash Seeds）

烤南瓜子本身就很美味，也可以用來點綴秋天湯品。一顆中型奶油南瓜（butternut squash）可產大約1/4杯籽實，中型的南瓜更多。

將：南瓜籽或冬南瓜籽

從瓜肉纖維裡剔出，放入醬汁鍋裡，加鹽水蓋過表面並煮滾，滾了之後火轉小，熬個2小時。將籽實濾出，放在紙巾上風乾。烤箱轉120度預熱。將南瓜籽鋪在烘焙紙上。每1/4杯南瓜籽加：

1/4小匙蔬菜油、1/8小匙鹽

攪動一下讓籽實裹覆著油和鹽。

烤至金黃色，約1小時，其間偶爾翻動一下。徹底放涼即可食用。

烤葵花籽（Toasted Sunflower Seeds）（1杯）

烤箱轉120度預熱。將：

5又1/2盎司去殼葵花籽（1杯）

1大匙蔬菜油、1/2小匙鹽

翻拋均勻後鋪在一張烘焙紙上，烤至呈金黃色，約1小時，其間不時翻攪一下。徹底放涼即可食用。

爆米花（Popcorn）（5杯）

將未爆的玉米仁密封好。半杯的玉米仁爆開後約等於1夸特。使用鐵絲網籃爆米花器在炭火上或爐火上爆玉米，則不需要奶油或油脂。這些器具一次約可處理1/4杯的玉米仁。至於加甜味的爆米花☆，參見289頁。

在一口加蓋的3夸特容量、厚底鍋子裡以大火加熱：

2大匙蔬菜油、3顆爆米花仁

當玉米仁開始爆開，加入：1/2杯玉米仁

並晃蕩鍋子讓油裹覆玉米仁，蓋上蓋子，並不斷晃蕩鍋子，直到爆開聲停止，約2分鐘。將爆米花倒入一口大缸，撒上：鹽，適量、（融化的奶油）

鹹味爆米花（Savory Additions to Popcorn）

爆米花一定要先裹上奶油，這樣調味料才會附著。將爆米花和調味料裝入一個大紙袋內並充分搖晃，即可輕鬆混合調味。使用以下一種或多種調味料：

1大匙融化的奶油

1/4小匙辣椒粉

2大匙帕瑪森起司粉

1/4小匙迷迭香細末

1/2小匙大蒜粉

1/2小匙匈牙利紅椒粉

| 關於橄欖 |

儘管生產者嚴肅看待橄欖的等級和種類，廚子應當知道橄欖的大小不見得和品質有關係。橄欖的品種很多，滋味、大小和色澤都不同——綠橄欖在滋味或口感上，都比不過黃色小巧的曼薩尼拉（Manzanilla）精品橄欖，或幾近黑色的卡拉瑪塔橄欖（kalamata）。規畫迎賓小點時不妨多多嘗試各種橄欖。

很多餡料可以塞入橄欖：藍紋起司、一小片杏仁、大蒜或柿子椒（pimiento）；一小片鯷魚、煙燻鮭魚或義式煙燻火腿。更講究的話，可以放一點肥鵝肝，加一顆開心果仁收尾。關於更深入的橄欖資訊☆，參見「了解你的食材」。

西班牙式醃漬橄欖（Spanish-Style Marinated Olives）（4杯）

用溫水沖洗、瀝出，並用紙巾擦乾：
2杯鹽水醃漬綠橄欖
1杯油漬黑橄欖、1杯鹽水醃漬黑橄欖
放入加蓋的容器內，然後加入：
1杯特級初榨橄欖油、3瓣大蒜，切細末
2片月桂葉、1大匙迷迭香細末
（1小匙檸檬皮細末）
1小撮乾辣椒碎片
攪拌混勻。加蓋冷藏至少2天，或長至1個月。撈除月桂葉，在室溫下享用。

| 關於蘸醬 |

蘸醬提供了機會讓無數種味道融合在一起。奶香蘸醬，譬如酸奶蘸醬；麵包碗裡的西班牙蘸醬；以及蟹肉熱蘸醬，都是以許多底料做出來的，包括酸奶、優格、軟質起司、美乃滋和奶油起司。迷迭香香蒜白豆醬，或323-325頁的任何莎莎醬★，以及334-340頁的調味美乃滋★，也都是很棒的蘸醬。

冷蘸醬可以預先在一小時前做好，甚或提前一天做好，讓滋味融合。製作好後要封口冷藏。➡如果蘸醬要用到原味優格，將優格置於鋪了紗布或咖啡濾紙的篩網內瀝乾，約需三十分鐘。製作熱蘸醬的材料可以事先準備好，封口冷藏。冷蘸醬可以用小碗、中心刨空的圓形大麵包，或用菜葉做的盛具來盛，譬如甘藍菜葉，或剖半去籽的甜椒。在暖和的天氣裡，盛了蘸醬的容器要放在裝有碎冰的大盆子保冷。搭配蘸醬附上各種切好的生菜、餅乾、麵包、吐司、脆餅、海鮮以及/或起司丁或肉塊。

酸奶蘸醬（Sour Cream Dip）（2杯）

在一口大碗裡混勻：
1又1/2杯酸奶、1/2杯美乃滋
2大匙切碎新鮮蝦夷蔥，或2小匙風乾的蝦夷蔥、1大匙洋蔥粉、1/2小匙風乾蒔蘿
1/2小匙鹽、1/2小匙白胡椒
冰冷後食用。

貝克版酸奶蘸醬（Becker Sour Cream Dip）（2杯）

在一口大碗裡混勻：
2杯酸奶、2大匙醬油、2小匙黑胡椒
2瓣大蒜，切末、1/2小匙鹽、1顆檸檬皮細末
冰冷後食用。你也可以再加：
（3至4株青蔥，切蔥花）
（1大匙山根醬）
（1/2杯焦糖化洋蔥，見477頁）

蛤醬（Clam Dip）

準備貝克版酸奶蘸醬，如上述，攪入1杯瀝乾切碎的罐頭蛤以及1小匙烏斯特黑醋醬。

蝦醬（Shrimp Dip）（1又3/4杯）

在一口小碗裡混合：
1罐4盎司罐頭熟蝦仁，瀝乾
2/3杯酸奶、1/3杯美乃滋、3大匙辣醬
2小匙檸檬汁、1小匙洋蔥末
冷藏至少1小時，或至多24小時。冰冷後食用。

紅洋蔥醬（Red Onion Dip）（2杯）

在一口大型不沾平底鍋裡以中大火融化：
1大匙奶油
放入：3顆小的紅洋蔥，切碎（約2杯）
煮5分鐘，不時攪拌，直到軟化，然後拌入：2小匙糖、1/2小匙鹽
不時攪拌，煮到洋蔥呈金黃色而且非常軟。加進：
2杯牛高湯、3瓣大蒜，切末
（1又1/2大匙去皮的新鮮薑末）
1小匙新鮮百里香葉，或大約1/2小匙乾燥百里香
煮滾，不時攪拌，直到高湯近乎收乾，約15分鐘；要特別留意，免得醬料燒焦。倒入碗裡，然後拌入：
1小匙巴薩米克醋
徹底放涼後拌入：
1杯酸奶、鹽和黑胡椒，適量
冷藏至少1小時。

酪梨醬（Guacamole）（約2杯）

酪梨醬可以當作墨西哥玉米脆片（tortilla chips）或切碎生菜的沾醬，也可以當塔可餅的餡料，或燒烤禽類或魚類的配料。可以用一顆非常大或兩顆中型的細皮佛羅里達酪梨來取代加州漢斯品種的酪梨（Hass avocados），只不過這麼一來沾醬沒那麼有滋味。將
4顆中型漢斯酪梨
去皮去核，放入一只缽裡用叉子或馬鈴薯搗泥器搗壓成粗泥狀，拌入：
1顆萊姆的汁液
1/4杯細切的洋蔥或青蔥
1/4杯細切的芫荽或荷蘭芹
（2大匙特級初榨橄欖油）
（1顆墨西哥青辣椒〔jalapeño pepper〕，去籽切末）
（1小匙新鮮薑末）
1至2注辣醬、3/4小匙鹽
嚐一嚐味道，調整一下調味料；很可能需要多加些萊姆汁和/或鹽。輕輕地拌入：
（1/2杯至1杯番茄碎粒）
在室溫下食用。

迷迭香香蒜白豆蘸醬（White Bean Dip with Rosemary and Garlic）（3杯）

在一口中型醬汁鍋以中火加熱：
1/4杯橄欖油
油熱後把火轉小，加入：
2瓣蒜仁，切末
2小匙迷迭香細末
1/2小匙白胡椒
拌炒約5分鐘。接著拌入：
3杯煮熟白豆，或14至16盎司罐裝海軍豆

（navy beans）、大北豆（Great Northern）
或白腰豆（cannellini），沖洗後瀝乾
搗成泥，或放入食物處理機裡打到滑順。溫溫的吃，或在室溫下吃，吃的時候淋上：
（特級初榨橄欖油）

德州魚子醬（Texas Caviar）（8杯）

莎莎醬或豆類沙拉的一個很棒的替代品，可以馬上吃，也可以冷藏一夜。靜置越久，滋味越美妙。
在一口大碗裡混合：
3罐16盎司罐頭黑眼豆（black-eyed peas），沖洗並瀝乾
1瓶6盎司柿子椒，切碎，連同汁液
（3根新鮮或罐裝墨西哥青辣椒，切碎）
1杯番茄碎粒
（1根青甜椒，去籽切碎）
3瓣蒜仁，切末
1/2杯蔥花
1/4杯切碎的荷蘭芹
1大匙切碎的奧瑞岡香草
1大匙切碎的芫荽
1大匙辣醬
1大匙烏斯特黑醋醬
1小匙黑胡椒
1杯基本油醋★，325頁

麵包碗盛菠菜蘸醬（Spinach Dip in a Bread Bowl）（2杯）

解凍並盡量擠乾：
1包10盎司冷凍菠菜
在食物處理機裡絞碎：
3根青蔥，粗切、1至2瓣大蒜，粗切
加進菠菜，連同：
2杯原味優格☆，瀝乾，見「了解你的食材」，或酸奶
2大匙帕瑪森起司粉
（2大匙酸奶，如果有用優格的話）
1/8小匙現磨肉豆蔻或現成肉豆蔻粉
鹽，適量
攪打到滑順。冷藏1小時或長達24小時。
製作麵包碗的部分，取：
1個圓形大麵包（約1磅）
麵包頂端切掉1吋厚，用一把鋸齒刀把麵包內柔軟的部分挖出，兩側和底部留大約1吋的厚度。挖出的麵包撕成大塊，好沾醬來吃。上桌前把蘸醬倒入中空的麵包內。

麵包碗盛啤酒起司蘸醬（Beer Cheese dip in a Bread Bowl）（約2杯）

按上述方法準備一口麵包碗，取：
1個圓形裸麥黑麵包
在一口中型醬汁鍋以中火煮：
1杯啤酒
趁啤酒在加熱時，攪勻：
1大匙玉米粉
1大匙水
將玉米粉混液加入啤酒中一同加熱，攪拌攪拌，直到稍稍變稠，約2分鐘。把火轉小，攪入：
2杯切達起司（8盎司），現刨的
1盎司奶油起司，切小塊
1盎司藍紋起司，捏碎
1/2小匙第戎芥末醬
1/2小匙烏斯特黑醋醬
每次攪入1/2杯的量，上一批的量盡數溶解後再下下一批。
把蘸醬倒入麵包碗裡，趁熱用挖出來的麵包塊沾醬來吃。

熱的西班牙臘腸起司蘸醬（Hot Chorizo and Cheese Dip）（約1又2/3杯）

在一口中型醬汁鍋內以中火融化：
1大匙奶油
加入：1/2杯洋蔥末
拌炒到變透明，約2至3分鐘，加入：
4盎司煙燻西班牙臘腸，去除腸衣並切丁
煮到油脂釋出，4至6分鐘。
倒掉鍋中大部分的油，僅留1大匙左右。
加入：1大匙中筋麵粉
攪拌一下，使之與鍋中物混勻，約2分鐘。
鍋子離火，逐次攪進：1杯牛奶
鍋子放回爐頭上，轉中火烹煮，不時攪拌直到鍋液變稠，約5分鐘。把火轉小，拌入：
3/4切達起司（3盎司），刨成碎屑
每次拌1/4杯，直到全數融化。
再拌入：
（1/2杯切丁的烤安納海姆辣椒〔Anaheim peppers〕，485頁，或其他溫和辣椒，諸如波布拉諾辣椒〔poblanos〕）
1/4小匙鹽
溫熱的吃，佐上：
墨西哥玉米脆片或玉米烙餅

熱的蟹肉蘸醬（Hot Crab Dip）（2杯）

烤箱轉160度預熱。將2杯容量的耐熱碗內緣抹上奶油。用食物處理機或在一口碗裡將：
8盎司放軟的奶油起司
3/4杯美乃滋、2大匙洋蔥末
1小匙瀝乾的辣根醬
1小匙烏斯特黑醋醬
1/4小匙鹽
打勻至滑順。
再拌入：1罐6盎司罐裝蟹肉，瀝乾
撒上：（杏仁碎片）
烘烤到整個熱透，約25分鐘。

烤朝鮮薊蘸醬（Baked Artichoke Dip）（約2又1/2杯）

烤箱轉200度預熱。在一口中型碗裡混合：
1杯美乃滋
1杯帕瑪森起司粉（4盎司）
1/2杯細切洋蔥
在食物處理機裡絞碎：
1罐13又3/4盎司朝鮮薊心，瀝乾
拌入美乃滋—起司混合物，連同：
1大匙檸檬汁或不甜的白酒
1/4至1/2小匙黑胡椒
刮入一口小型烘烤盤或耐熱的陶罐中。
在蘸醬上撒：
（3大匙乾麵包粉）
（1小匙橄欖油）
烤到呈金黃色，約20分鐘。佐以：
蘇打餅或口袋餅脆片

七層蘸醬（Seven-Layer Dip）（20人份）

在13×9吋的玻璃皿均勻分布：
1罐6盎司鹹豆泥（refried beans）
將：
3顆熟成的大型漢斯酪梨，去皮去核
3大匙萊姆汁
搗成泥，並平均鋪在鹹豆泥上，再將：
2杯酸奶
1袋（1又1/4盎司）塔可餅調味粉（taco seasoning）
混勻，平鋪在酪梨泥上，再依序層層鋪上：
3大匙切碎、瀝乾的罐頭青辣椒

1罐或2罐5又3/4盎司的切片黑橄欖，瀝乾
8顆李子番茄，切碎（約4杯）
2杯濃味切達起司絲（sharp cheddar）（約8盎司）
（切碎芫荽或青蔥）
佐以：玉米脆片或口袋脆餅

鷹嘴豆泥蘸醬（鷹嘴豆和白芝麻蘸醬）（Hummus〔Chickpea and Tahini Dip〕）（約2杯）

你可以用1罐16盎司鷹嘴豆來做，要先行沖洗並瀝乾。需要的話加水稀釋豆泥。
挑揀、清洗並浸泡，見422頁：
3/4杯乾的鷹嘴豆
瀝出並放入一口平底鍋裡，加兩吋高的水淹過豆子表面。煮滾後火轉小，熬煮到豆子變得很軟，約1又1/2小時。將豆子瀝出，保留煮豆水備用。將鷹嘴豆放入食物處理機或攪拌機裡，並加入：
1/3杯新鮮萊姆汁
3大匙中東白芝麻醬
2瓣大蒜，切細末
（1/2小匙小茴香粉/孜然粉）
鹽
攪打成滑順的泥狀，需要的話加2至3大匙煮豆水，好讓豆泥呈現柔滑綿密的稠度。倒入淺底的上菜碗裡，點綴上：
1大匙橄欖油
1大匙荷蘭芹碎粒
匈牙利辣味紅椒粉或甜味紅椒粉

「半月」鷹嘴豆泥（Half Moon Hummus）（約3又1/2杯）

這是貝克氏原創的鷹嘴豆泥，紀念位在田納西半月山的家。
在攪拌機裡混合：
2杯濾過的熟鷹嘴豆，422頁
2/3杯中東白芝麻醬
3/4杯檸檬汁
2瓣壓碎的蒜仁
1/4杯去核黑橄欖、1小匙鹽
從攪拌機裡取出混物，再加入：
3大匙荷蘭芹末

中東茄子蘸醬（烤茄子沾醬）（Baba Ghanoush〔Roasted Eggplant Dip〕）（約3杯）

想要有綿密香濃的口感，在最後的茄子泥裡拌入1/2杯優格。若想有煙燻味，茄子可以先炙烤過或以明火燒烤。
烤箱轉200度預熱。用一把小削刀，在：
3條中型茄子（約4磅）
各戳幾個洞，把茄子放到烘焙紙上烤，455頁，烤到茄皮呈深赤褐色，茄肉感覺起來軟嫩，45至60分鐘。靜置一會兒放涼，直到可以加以處理。剖開茄子，將茄肉舀進瀝水籃裡，壓出過多的水分。然後放入食物調理機中，再加入：
2大匙中東白芝麻醬
1至2瓣大蒜，切碎
1大匙檸檬汁
2小匙鹽
攪打到質地滑順。嚐嚐味道，調整檸檬汁和鹽的量。倒進淺底的上菜碗裡，點綴上：
1大匙橄欖油
1大匙切細碎的荷蘭芹
（去核黑橄欖）
配上：
溫熱的口袋餅

法式茄子蘸醬（Eggplant Caviar）（8至10人份）

烤箱轉190度預熱。用一把小削刀在：
2顆中型茄子（約2磅）
各戳幾刀。將茄子放到烘焙紙上烤到軟，45至60分鐘。取出靜置一會兒，放涼到可以加以處理。將茄子去皮然後切細碎，置一旁備用。在一口大型長柄平底煎鍋以中火加熱：
1/3杯橄欖油
油熱後下：
2顆中型洋蔥，切細碎
（1顆青色甜椒，去籽切細碎）
2大匙蒜末
煮到軟，其間不時翻炒。然後加入切碎的茄子，連同：
1罐28盎司李子番茄，瀝乾切碎
1又1/2小匙鹽、黑胡椒，適量
煮滾，然後轉小火，蓋上鍋蓋熬個1小時。之後掀開鍋蓋繼續煨煮，其間不時攪拌，直到多餘液體蒸發；混液要很濃稠但不會乾乾的。拌入：2大匙檸檬汁
嚐嚐味道，需要的話加點鹽。放涼，然後加蓋冷藏數小時。

酸豆橄欖醬（Tapenade〔Olive Caper Paste〕）（約2又3/4杯）

這款熱門的橄欖抹醬的重要材料是酸豆。不加酸豆或只有少量酸豆的抹醬有時候叫做橄欖醬（Olivade）。兩者傳統上都是配著脆殼麵包或生菜吃。
在食物調理機裡混合：
2杯黑橄欖，去核
（3條鯷魚柳，沖洗並拍乾）
3大匙瀝乾的酸豆、3大匙橄欖油
2大匙檸檬汁或白蘭地
2瓣蒜仁，粗切
2小匙新鮮百里香葉，或1小匙乾燥的百里香
鹽和黑胡椒
絞成粗礪的泥狀即可。

希臘紅魚子泥沙拉醬（Taramasalata）（約2杯）

這款濃郁滑順的混合物可當作蘸醬或抹醬，通常會配口袋餅或薄餅乾吃。真正的Taram，鹽醃並風乾的烏魚子，不容易取得。煙燻鱈魚卵或鯉魚卵是很好的替代品；使用前以冷水沖洗來洗掉過多的鹽。
準備：
1杯馬鈴薯糜（riced potatoes），491頁
趁熱拌入：2大匙橄欖油
放涼。在一口中型碗裡用攪拌器攪打：
1/2杯煙燻鮭魚卵或鯉魚卵
1大匙切碎的洋蔥
再打入馬鈴薯，連同：3大匙檸檬汁
接著一滴一滴打入：1/2杯橄欖油
直到混液呈現濃鮮奶油醬的稠度。再加：
（1大匙細切荷蘭芹）
（1大匙番茄泥）
鹽和黑胡椒
冷藏，食用前再取出。

奶油起司球（Cream Cheese Ball）（1個5吋的球）

在一口大型碗裡混勻：
2包8盎司的奶油起司，放軟
1/3杯帕瑪森起司絲
1/4杯美乃滋
（2大匙洋蔥碎粒）
（2大匙細切胡蘿蔔）

（2大匙細切芹菜）
1小匙瀝乾的辣根醬
1/2小匙鹽
將混合物放在一大張保鮮膜上。拉起保鮮膜的邊緣將混合物包裹成球狀。放在一口深槽的小碗裡協助塑形，並冷藏至少1小時。當起司球堅實後，將起司球放入：
1杯切碎的核桃或胡桃
壓滾，讓堅果碎粒黏附在表面即成。起司球可以冷藏貯存長達3天。

切達起司球（Cheddar Cheese Ball）（1顆5吋的球）

在食物調理機裡攪打：
2又1/2杯濃味切達起司絲（10磅）
3盎司奶油起司
6條煎得酥脆的培根，壓碎
2大匙牛奶
1大匙瀝乾的辣根醬
1/8小匙鹽
攪到質地滑順。
一如上述的起司球做法，將起司球放在：
1杯切碎的核桃或胡桃
滾壓。

洛克福藍紋起司球（Roquefort Cheese Balls）（約16顆小球）

這份食譜也可以做成一顆大型起司球；做法參見奶油起司球。同樣的，任何大型起司球也可做成小顆的起司球。
在一只大型碗裡用攪拌器攪拌：
2/3杯洛克福起司碎粒
3盎司奶油起司
2大匙奶油
1小匙烏斯特黑醋醬或1大匙白蘭地
1小匙匈牙利紅椒粉
1小撮辣椒粉
塑成1吋的球狀，將起司球放在：
1/2杯胡桃碎粒
（切碎的辛香草或水田芥）
滾壓，讓堅果碎粒黏附其上。

利普萄起司抹醬（Liptauer Cheese Spread）（1杯）

這是馨嗆的匈牙利起司抹醬，搭配切薄片的黑麵包或裸麥麵包及小蘿蔔相當美味。
用手或用食物調理機拌勻：
8盎司奶油起司，放軟
2小匙甜味匈牙利紅椒粉
拌入：
2大匙洋蔥細末
2小匙瀝乾酸豆，切碎
（3/4小匙葛縷子籽）
刮入一口小碗內即成。

核桃藍紋起司抹醬（Blue Cheese Spread With Walnuts）（1又1/4杯）

這款抹醬佐上法國麵包片、蘋果或梨子切片以及切4瓣的新鮮無花果很美味。若要佐上蘋果片或梨子片，淋一些檸檬汁上去，免得果片變褐。
在食物調理機裡把：
8盎司放軟的奶油起司
1/4杯藍紋起司碎粒（2盎司）
（2大匙波特酒）
打成泥。刮入一口小碗中，撒上：
1大匙核桃碎粒，烤過的☆，見「了解你的食材」

甜酸起司抹醬（Chutney Cheese Spread）（1又1/2杯）

混合：
8盎司放軟的奶油起司
6大匙芒果口味印度甜酸醬
刮入一口小碗中，撒上：
1大匙核桃碎粒，烤過的

蒜香起司抹醬（Garlic Cheese Spread）（約2杯）

在一口中型碗裡刨入：
8盎司哈瓦蒂起司或莫恩斯特起司
加入：
3至4大匙美乃滋
2小匙大蒜細末
1大匙切小段的蝦夷蔥、（1小撮鹽）
拌勻，嚐嚐味道，調整鹽的用量。封口後冷藏至少4小時。在室溫下食用。

帕瑪森起司烤蒜抹醬（Roasted Garlic and Parmesan Spread）（1又1/4杯）

烤：4整球大蒜
見459頁，放涼。將蒜仁從蒜皮擠出，放進食物調理機的槽內，加入：
1/2杯細刨的帕瑪森起司屑（2盎司）
3大匙橄欖油
2大匙切碎的百里香和/或羅勒
鹽和黑胡椒
短暫地打碎混合。接著用手拌入：
（1/4杯去核的卡拉瑪塔黑橄欖，切細碎）
塗抹在：烤過的切片脆殼麵包上
在麵包上面鋪：切片的小番茄
辛香草末，諸如羅勒或百里香

青醬起司蛋糕（Pesto Cheesecake）（20人份）

我們在1997年的結婚紀念日就是端上這款蛋糕。
準備：青醬*，320頁
烤箱轉190度預熱。在8吋的彈簧扣活動蛋糕模的內層抹上薄薄的奶油。在內側和底部撒上：調味過的乾麵包屑
在一口大碗裡，將1/2杯青醬混以：
1磅瑞科塔起司（ricotta cheese）
1/2酸奶、4枚雞蛋、1小匙鹽
1/2小匙檸檬皮細絲
1/2小匙肉豆蔻細絲或肉豆蔻粉
1/2小匙黑胡椒
倒入準備好的蛋糕模裡，以水浴法（water-bath method）加熱的方式烤熟☆，79頁，約30至35分鐘。完成後從水浴盆裡取出，置於架子上徹底放涼，接著密封後冷藏直到冰冷，6至12小時。用一把薄刀把蛋糕體外緣滑過一圈，然後拆掉蛋糕模的活動外環。將剩餘的青醬抹在蛋糕側面，在蛋糕表面均勻抹上：1/2杯酸奶
如果想的話，在表面鋪排：
（12個剖半的油漬日曬番茄乾，瀝掉油後切碎）
在室溫下冰冰的吃。

新鮮百里香油漬山羊起司（Marinated Goat Cheese with Fresh Thyme）（8至10人份）

以橄欖油和辛香草醃漬山羊起司是地中海餐桌上的主要食物，也是我們的最愛。
在一口淺碗裡放入：
1/4杯橄欖油、2小匙切碎的百里香

然後將：
1塊7盎司山羊起司
放入碗中翻滾，使之敷上油。
包覆起來放入冰箱醃漬，至少1小時，或長至5天，其間翻動一兩次。食用前自冰箱取出，放室溫下回溫，約30分鐘。

油漬莫扎瑞拉起司（Marinated Mozzarella）（6至8人份）

在一口中型長柄平底鍋裡以中火加熱：
1杯橄欖油
直到飄出香味。加入：
2瓣大蒜，切薄片、12粒黑胡椒
3大株迷迭香、1/4小匙鹽
1小撮辣椒碎片
鍋子離火，放涼至室溫。撈出迷迭香枝並丟棄。在一口碗裡放入：
12盎司莫扎瑞拉起司，切1吋大小丁塊
倒入香料橄欖油，淹過起司丁，靜置於室溫下數小時，或者包覆起來冷藏至多4天。食用前，放室溫下回溫。

炸莫扎瑞拉起司條（Fried Mozzarella Sticks）（8條）

請參閱「關於油炸」☆，見「烹飪方式與技巧」。將：
1塊8盎司莫扎瑞拉起司
切成8條長寬高為3又1/2×1/2×1/2吋長條。
在一只淺盤裡撒上：1/2杯中筋麵粉
在一口淺碗裡打：1顆蛋
在另一只盤子上撒下：
1/2杯調味乾麵包屑
將莫扎瑞拉起司條輕輕裹上麵粉，抖掉多餘麵粉。再一根一根地充分沾裹蛋液，接著在麵包屑裡滾動一下敷上麵包粉屑。同時，在一口油炸鍋或深鍋裡把：3吋高的蔬菜油
加熱到185度。
分兩批把莫扎瑞拉起司條炸到呈金黃色，約1分鐘。炸完後置於紙巾上瀝油。
趁熱吃，佐上：
大蒜番茄醬★，310頁

烤乾酪辣味玉米片（Nachos）（10至12人份）

將炙烤爐預熱。在一個11吋或12吋的耐熱圓盤上鋪（稍微重疊無妨）
4盎司玉米脆片（約4杯）
撒上：
1又1/2杯切達起司絲（6盎司）
1又1/2杯蒙特雷傑克起司絲（6盎司）
（1罐4又1/2盎司青辣椒碎粒，瀝乾）
烤到起司融化，2至3分鐘。在上面加上你喜歡的配料：
酸奶
花豆（Pinto beans）或黑豆，若是罐裝的，沖洗後瀝乾
蔥花、罐裝切片的墨西哥青辣椒、芫荽末
立即享用。

起司薄餅（Cheese Quesadillas）（20至30人份）

在廚檯上平鋪 ：
10張6吋的麵粉薄烙餅
在半數的烙餅上均分：
2杯蒙特雷傑克起司絲或切達起司絲（8盎司）
（1罐4又1/2盎司切碎的青辣椒，瀝乾的，或1/2杯瀝乾切碎的瓶裝辣椒）
（3/4杯蔥花）

（2大匙芫荽末或1/2小匙乾燥奧瑞岡）
鹽和黑胡椒，適量
然後把剩下的5張烙餅覆蓋上去。烤箱轉95度預熱，將一張烘焙紙放進裡面。取一把平底鍋，最好是不沾鍋，以中大火加熱3分鐘。輕輕刷上：**蔬菜油**
將一份起司夾心薄餅放入平底鍋中，將第一面烙煎至金黃酥脆，約2分鐘，翻面續煎，同樣煎至酥脆，約再2分鐘，然後移到烤箱內的烘焙紙上，而剩下的起司夾心薄餅同樣如法炮製。將每份起司薄餅切4或6等分，立即享用，佐上：
（酸奶、酪梨醬，137頁，或鮮莎莎醬★，323頁）

| 關於水果拼盤 |

相對於鹹味小點，水果提供了清爽的口感。水果要切大片，而且按大小、顏色和形狀來鋪排，別把水果片像沙拉那樣混雜在一起。水果拼盤上的各色水果可包含切片的香瓜、鳳梨以及帶柄的整顆水果，像是草莓、小簇的無籽葡萄或帶柄的櫻桃。如果有的話，可以用有機果葉或洗淨的果葉來裝飾。

若想端出馨香繽紛的組合，可準備一盤哈密瓜、西瓜、羅馬甜瓜（cantaloupe）、芒果和青蘋果。吃之前淋上一點檸檬汁和鹽摻辣粉的混料。也可以考慮端出水果串佐蜂蜜優格蘸醬。燒烤的水果，譬如鳳梨、李子、桃子和香蕉，不管單吃或串在竹籤或牙籤上，是另一種選擇，356頁。或者也可以端出一大籃草莓並附上一碗酸奶和另一碗黑糖，或是炙烤無花果佐義式火腿，378頁。

蜂蜜優格蘸醬（Honey Yogurt Dip）（2又1/2杯）

這道沾醬配上述的水果拼盤最對味。
混合：
2杯原味優格☆，瀝乾，見「了解你的食材」
1/2杯蜂蜜、1大匙薄荷末
1小匙檸檬皮絲屑

| 關於派對蔬食 |

煮熟蔬菜或生菜是最繽紛多彩也是最受喜愛的派對食物之一。擺一缸櫻桃番茄並附上可搭配的蘸醬，或一缸小蘿蔔並附上一碟粗海鹽。或用高腳玻璃杯裝胡蘿蔔條、芹菜條或豆薯條。又或做一盤生菜籃或生菜盤，如下述。

生菜（Crudités）（6至8人份）

*Crudités*這個法國字指的是生菜綜合拼盤。為求視覺效果，將色澤鮮亮的蔬菜（小蘿蔔、甜椒、紅蘿蔔）和色澤柔和的蔬菜（芹菜、白花椰菜、蘑菇）交錯

著放。生菜若是形形色色自助式餐食的重點，則要提供數種蘸醬。
在一個淺籃或淺盤裡鋪排：
約6杯的各色蔬菜——依需要洗淨、去籽和裁切：一朵朵白花椰菜、小蘿蔔、紅蘿蔔條、芹菜條、小黃瓜條、櫛瓜條、蘑菇、蕪菁、雪豆、甜椒條、茴香頭切長條、氽燙過的四季豆、蘿蔓萵苣心、青蔥、櫻桃番茄、煮過的甜菜根條
喜歡的話可以裝飾上：
綠橄欖和／或黑橄欖
大株的荷蘭芹或迷迭香
附上以下一種或多種蘸醬：
中東芝麻醬*，330頁
烤紅椒淋醬*，329頁
烤蒜淋醬*，330頁
俄羅斯沙拉醬*，330頁
香濃藍紋起司淋醬*，331頁
咖哩美乃滋*，336頁
綠色辛香草美乃滋*，337頁
墨西哥煙燻辣椒美乃滋*，337頁
麵包碗盛的菠菜蘸醬，138頁
大蒜蛋黃醬*，339頁

香蒜鯷魚熱蘸醬（Bagna Cauda）（約1杯）

在義大利，*Bagna cauda*意思是「熱水浴」。適合生吃的所有蔬菜沾上這種蒜味奶油和橄欖油混合的醬料都會更好吃。
準備：生菜，如上述
在一口大型火鍋或其他深鍋裡放入：
1/2杯（1條）奶油、1/2杯橄欖油
8條鯷魚柳，壓碎、2瓣大蒜，切末
以小火微滾5分鐘，期間不時攪拌。加入：1/2小匙黑胡椒
用火鍋叉或長籤叉蔬菜沾這款熱醬吃。

醃漬四季豆（Marinated Green Beans）（2杯）

準備：2杯四季豆，氽燙過☆，見「烹飪方式與技巧」
瀝乾，拌上：新鮮辛香草油醋醬*，326頁
放冰箱冷藏醃漬，至多4小時。瀝乾，冰冰的吃。

醃漬蘑菇（Marinated Mushrooms）（約2又1/2杯）

混合：
10盎司小型整顆白蘑菇，或1/4杯切薄片的中型白蘑菇
1/杯基本油醋醬*，325頁，或薑味香茅淋醬*，329頁
拋翻一下使之混勻。冷藏醃漬1小時或更久。瀝乾，然後撒上：
切碎的荷蘭芹、蝦夷蔥、芫荽
可串著：（萵苣或水田芥）
來吃。

炙烤鑲餡蘑菇「樂土」（Broiled Stuffed Mushrooms Cockaigne）（24個）

未烘烤的鑲餡蘑菇放冷凍可以保存長達兩星期，但是現做現烤的滋味最棒。假如用的是冷凍品，先退冰1小時，然後按指示烘烤。趁熱吃。
烤箱轉190度預熱。清理：
1又1/4磅中型白蘑菇（約32個）
摘除柄部，保留備用。數出24個大小差不多的蘑菇頭，拌上：
2至3大匙融化的奶油，或橄欖油
將多餘的蘑菇頭切片。柄部切碎。在一

口中型的長柄平底鍋以中火加熱：
2大匙奶油或橄欖油
油熱後放入切片的蘑菇頭和柄，連同：
1顆大型紅蔥頭，切末
（1瓣大蒜，切末）
1/2小匙乾燥的百里香
煎炒5分鐘，不時翻動。再拌入：
1/2杯乾的麵包屑
1/4杯胡桃碎粒或其他堅果碎粒
3大匙切小段的蝦夷蔥或切碎的羅勒
2大匙鮮奶油、肉湯或苦香艾酒或雪莉酒
把混料移入食物處理機內粗略地絞碎，用：鹽和黑胡椒
調味。舀滿滿一大匙的餡料填入每一顆蘑菇頭內，填好後放在烘焙紙上。撒上：2至3大匙帕瑪森起司粉
烤到頂端冒泡，約15分鐘。

包餡蔬果（Stuffed Raw Vegetables）

中間挖空的蔬果是填上各色餡料的絕妙容器。要將圓形蔬果填餡時，諸如櫻桃番茄或蘑菇頭，可先切掉頂端的一小片，這樣一來放在盤子上時才不會滾動。可以用小湯匙或擠花袋來鑲填蔬果容器。

I. 混合：
1大匙軟化的奶油、1大匙洛克福起司
3盎司軟化的奶油起司、鹽，適量
（1小匙葛縷子籽、蒔蘿籽或香芹籽）
將這混合物放入：
芹菜梗或茴香梗；甜豆莢，汆燙過☆，見「烹飪方式與技巧」；比利時苦苣葉；櫻桃番茄、或挖空的黃南瓜或櫛瓜

II. 在蔬果內填充（若要看起來雅致，將起司混物裝入擠花嘴來擠花）：
鮭魚慕斯，156頁
奶油起司抹醬，301頁，或任何三明治抹醬
撒上：匈牙利紅椒粉

III. 或在蔬果內填充：
酪梨醬，137頁

IV. 又或填充：
頂端加上魚子醬的酸奶，並淋一些檸檬汁

鑲餡西洋芹（Stuffed Celery）（24個）

準備：
24截3吋長西芹梗
用一把抹刀、擠花袋或切一角的密封保鮮袋，將下列醬料填入西芹梗中：
核桃藍紋起司抹醬，142頁
利普萄起司抹醬，142頁
蒜香起司抹醬，143頁
酪梨醬，137頁
點綴上：
核桃碎粒或荷蘭芹末

新生馬鈴薯填鑲酸奶和魚子醬（New Potatoes Stuffed with Sour Cream and Caviar）（24個 ）

用剛長出來的小巧馬鈴薯來做最棒，不過也可以用大的馬鈴薯來做。
在一口醬汁鍋或鍋子裡放入：
12個1又1/2至2吋新生馬鈴薯（1又1/2磅）
在鍋內加入足夠的水，水面淹過馬鈴薯1吋，然後加入：
1大匙鹽
以中大火煮到微滾後，不加蓋地繼續煨煮到馬鈴薯變軟，約20分鐘。瀝出馬鈴薯，放涼至室溫。喜歡的話，剝除馬鈴

薯的皮。把每顆馬鈴薯切對半，用一把挖球器將每一半挖出一個小凹洞。再將每一半的圓弧表面切下一小薄片，好讓馬鈴薯可以坐穩。處理好的馬鈴薯可以用保鮮膜包好後置於室溫下長達4小時。

食用前，撒下：**粗鹽或海鹽**

準備：

1/2杯酸奶或法式酸奶油（crème fraîche）

1至4大匙魚子醬或其他魚卵

舀進或擠入馬鈴薯的凹洞裡，每半顆馬鈴薯最頂端放1/8至1/2小匙魚子醬。大量撒下：**切碎的蝦夷蔥**

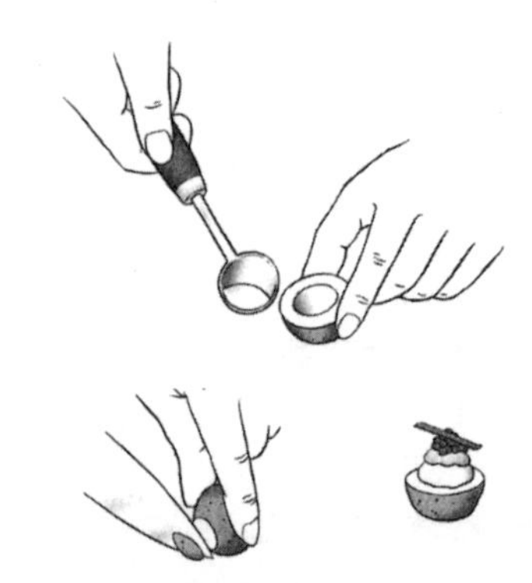

用挖球器把馬鈴薯中心挖一個凹洞；
將每半顆馬鈴薯的圓弧表面切下一小薄片；
新生馬鈴薯填鑲酸奶和魚子醬成品

酥脆馬鈴薯殼（Crispy Potato Skins）（16片）

用做荷蘭風味薯餅，498頁，或馬鈴薯膨酥片，496頁，剩下的馬鈴薯來做。

將：**4顆8盎司烘烤用的馬鈴薯**

烤到軟。徹底放涼。將馬鈴薯縱切4等分。用一把小茶匙把大部分的薯肉舀空，留1/4吋的外殼。將馬鈴薯殼放到烘焙紙上，切面朝上。混合：

6大匙融化的奶油

1大匙辣粉和/或2小匙薑末

刷在薯殼上，再大方撒下：**鹽**

鬆鬆地把馬鈴薯殼包覆後，冷藏至多12小時。食用前，將烤架置於烤箱上層三分之一處，轉230度預熱。將馬鈴薯殼烤到焦黃酥脆，約30分鐘。撒下：

1杯蒙特雷傑克起司絲或切達起司絲（4盎司）

（8片培根，煎到酥脆並壓碎）

再送入烤箱中，烤到起司逐漸呈金黃色，約5分鐘。取出後立即享用，佐上：

（酸奶或任何莎莎醬，323頁）

| 關於前菜（antipasto） |

前菜——或「餐前吃的東西」——可能是搭配飲料的小點，或者是一整頓餐的前菜。這個義大利菜單上始終存在的項目，包含了各式香腸、火腿和臘肉拼盤，不管有沒有搭配甜瓜或無花果；魚類拼盤，譬如鯷魚、沙丁魚和鮪魚；鹽漬洋蔥、甜菜根、希臘金椒；醃漬朝鮮薊、白花椰菜和／或蘑菇；調味鷹嘴豆；和茄子加番茄泥冷盤。也可能包括新鮮番茄、茴香、硬質和軟質起司以及脆皮麵包。其他的建議如下：

薩拉米臘腸

義式醃豬肩頸肉（cappicola）

義式煙燻火腿

油漬白鮪魚厚塊
阿希雅哥起司（Asiago）
帕伏隆起司
義大利芳緹娜起司（fontina）或芳緹內拉起司（fontinella）
帕米吉安諾-雷吉安諾起司
油漬莫扎瑞拉起司，144頁
醃漬蘑菇，146頁
醃漬朝鮮薊
烤紅椒，485頁
西班牙式醃漬橄欖，136頁
橄欖拼盤
水煮蛋切片，325頁

水牛城辣雞翅（Buffalo Chicken Wings）（約24隻）

這款前菜是在1967年紐約州水牛城船錨酒吧首創的。
烤箱轉95度預熱。將：
1又1/2磅（約12隻）雞翅
尖端切除，從關節處將每隻雞翅切成兩塊。在一只盤子裡混勻：
1/3杯中筋麵粉、1小匙鹽、1/2小匙黑胡椒
將雞翅敷上麵粉混物，抖掉過多的麵粉，置一旁備用。在一口油炸鍋或深鍋裡倒入：1吋高的蔬菜油
轉中火加熱到190度，或把雞翅的一角放入熱油中會熱烈滋滋響的地步。把雞翅放入鍋裡油炸，一次以平鋪滿滿一層的量為限，炸到呈焦黃色而且熟透，約10分鐘，其間翻動一次。用紙巾瀝油過後，放在烘焙紙上送入烤箱保溫。重複這個步驟把其餘的雞翅炸完。在一口小型醬汁鍋裡以小火加熱：3大匙奶油
直到冒泡。然後鍋子離火，拌入：
2大匙紅酒醋或蘋果醋
2大匙辣椒醬，或者依個人口味酌量增減
把雞翅放到一口大碗中，把醬汁淋上去，拋翻雞翅使之均勻裹上醬汁。嚐嚐味道，調整一下調味料。趁熱吃，佐上：西芹條
香濃藍紋起司淋醬*，331頁

檸檬迷迭香雞肉串（Lemon Rosemary Chicken on Skewers）（14-16串）

若是用木籤，先把木籤浸泡在水中一小時，不然把露出來的兩端包上鋁箔紙。另一個做法是，雞肉先燒烤或炙烤，然後再用木籤串起來吃。另一種雞肉串料理，是以準備牛肉沙嗲的方式，來處理雞肉。
在一口中型的碗裡攪勻：
3大匙橄欖油、2小匙磨碎的檸檬皮屑
2大匙檸檬汁
1小匙新鮮的迷迭香碎段或1/2小匙乾燥的迷迭香、1小匙薑末
1/2小匙鹽、1/4小匙黑胡椒
修切：2副去骨去皮的雞胸肉
上的筋膜，如果有的話。
把每塊雞胸肉橫切成7至8條，然後把肉條放入醃料中，攪拌一下讓肉條裹上醃

料。包覆起來冷藏1至2小時。燒烤爐開中大火或把炙烤爐預熱。將雞肉條串成16支肉串，筋膜也一併串進去。燒烤或炙烤到熟透，其間翻動一次，每面約烤2分鐘。在室溫下趁熱食用。

雞柳（Chicken Fingers）（約12條）

請參閱「關於深油炸」☆，見「烹飪方式與技巧」。在一口大碗裡打勻：
1/2杯牛奶、1枚大型雞蛋
1大匙蔬菜油、1大匙水
在一只盤子裡攪勻：
1/2杯調味過的乾麵包屑
1/2杯玉米粉、1/2杯中筋麵粉
1小匙鹽、1/2至1小匙紅椒粉或黑胡椒粉
將：1磅雞胸肉柳
先沾裹上牛奶混液，然後一次一條置於粉屑混合物中滾動。
將敷上粉屑的雞柳放在包覆著蠟紙或烘焙紙的烤盤上平鋪 一層（雞肉可以冷藏數小時）。在一口油炸鍋或大型深鍋裡把：2吋高的蔬菜油
加熱到190度。1/3的雞柳下鍋油炸，炸到呈金黃色，每面約炸2分鐘。炸好後放在紙巾上瀝除多餘的油。剩下的雞柳分兩批繼續炸完。食用時佐上以下的醬汁或蘸醬：
香濃藍紋起司淋醬★，331頁；大蒜番茄醬★，310頁；牧場沙拉醬★，331頁，或蜂蜜芥末沾醬★，315頁

雞肝慕斯（Chicken Liver Mousse）（約2又1/4杯）

在一口大型長柄平底鍋以中小火加熱：
1大匙蔬菜油
油熱後下：
1/2杯細切紅蔥頭（約2顆大型紅蔥頭）
煎至變軟，需3至5分鐘。再下：
1又1/2杯金冠蘋果丁（約一顆中型蘋果）
煮到軟，需5至7分鐘，其間不時拌炒。炒好後倒入食物調理機內。接著在同一口平底鍋裡加熱：
1/4杯（1/2條）奶油
直到冒泡的情況消除。
下：1磅雞肝，把腱修切掉，切半，洗淨後用紙巾拍乾、鹽和黑胡椒
以大火煎煮，直到雞肝表層焦黃但中間粉嫩，每面約煎2分鐘。鍋子離火，倒進：
3大匙卡爾瓦多蘋果白蘭地或干邑白蘭地
用一根火柴點燃鍋中物。鍋子放回爐火上，旋盪鍋子直到酒精全數燃盡。將鍋中物倒入食物調理機。加入：
1/4杯濃的鮮奶油
打到質感滑順。讓調理機持續運轉，一次一丁點地把：
1/4杯（1/2條）奶油，切丁，冰冷狀態
放入機器裡攪打。嚐嚐味道，調整調味料。把慕斯刮入小缽或小碗中，用抹刀把表面抹平。用保鮮膜封住表面，冷藏至慕斯變得堅實，至少2小時。冰冰的吃，或等回溫再食用。

五香肋排（Five-Spice Ribs）（6至8人份）

這道食譜是針對用烤箱烤的肋排，但肋排也可以拿來燒烤☆，見「烹飪方式與技巧」。把：
2株檸檬香茅☆，見「了解你的食材」，或用1大匙檸檬香茅粉
頂端的綠色部分切除，幼嫩的內球莖切薄

片。放入攪拌機或食物調理機裡，連同：
3大匙糖、2大匙切碎的紅蔥頭或青蔥
2大匙薑末、2大匙魚露、2大匙醬油
2大匙芝麻油、2大匙蔬菜油
2大匙五香粉
1小匙辣蒜泥或1/4小匙辣椒碎片
打成細泥，然後倒入一口大碗中。
放入洗淨而且用紙巾拍乾的：
3磅豬肋排，切成一根根肋排
滾動一下每根肋排，使之充分裹上醃醬。包覆起來冷藏8至24小時。烤箱轉165度預熱。在大型炙烤盤內或鋪有烘焙紙的烤盤內塗上薄薄一層的蔬菜油。將肋排多肉的那一面朝下擺放，烤45分鐘。將肋排翻面，續烤45分鐘至1小時，直到肉質完全軟嫩。上桌時撒下：
（2大匙烤過的芝麻）

牛肉沙嗲佐花生醬（Beef Satay with Peanut Sauce）（6至8人份）

這道食譜裡的牛肉換成雞肉也行得通。雞肉的切法和烹煮，參見檸檬迷迭香雞肉串。竹籤在放到火上烤之前要泡水一小時。
在攪拌機或食物調理機裡把：
1/2杯罐裝無甜味的椰奶
1/3杯紅蔥頭末、2大匙黑糖
2大匙醬油、1大匙薑末
1小匙孜然粉、1小匙芫荽粉
打到滑順。
在一只淺盤裡放入：
1磅去骨牛莎朗，逆紋切成約3×1又1/2吋細條
將醃料倒上去，翻拋一下讓牛肉條充分裹上醃料。包覆起來，靜置室溫下1小時，或冷藏至多24小時。在一口中型醬汁鍋裡混合：
1杯罐裝無甜味椰奶、1/2杯滑順花生醬
4小匙紅糖、1大匙魚露
1大匙醬油
1大匙泰式黃咖哩醬（massaman curry paste）
1/2小匙咖哩粉
攪入：1/2杯熱水
徹底攪勻。
以小火煨煮，其間偶爾攪拌一下，直到味道充分融合，需15至20分鐘。燒烤架轉中大火，或者將炙烤爐預熱。在花生醬中拌入：2小匙萊姆汁
烤肉期間花生醬要保溫。每一條牛肉以6吋長竹籤串好，在肉的兩面塗上薄薄的：
蔬菜油
燒烤或炙烤到金黃，約2至3分鐘，其間翻面一次。趁熱立即享用，附上溫熱的花生醬蘸著吃。

配雞尾酒的肉丸子（Cocktail Meatballs）（約70顆）

烤箱轉180度預熱。混合：
2磅牛腿肉絞肉、1杯壓碎的玉米片
1/3杯番茄醬、2大匙醬油
3大匙洋蔥末或2大匙乾洋蔥
1/4杯切細碎的荷蘭芹
3顆蒜瓣，切末
1/4小匙黑胡椒、2顆雞蛋
捏成直徑1吋的肉丸，鋪排在長寬高各為13×9×2的烤盤。在一口中型醬汁鍋裡混合：
1大匙黑糖、16盎司膠狀蔓越莓醬
1大匙檸檬汁、1瓶12盎司的辣醬
以中火煮到蔓越莓醬融化。把肉丸倒入鍋中，不加蓋地烘烤30分鐘即成。

葡萄葉捲（地中海式粽子）（Stuffed Grape Leaves〔Dolmas〕）（約30捲）

若要做成蔬食，省略羊肉，米的分量加一倍，並且加半杯黑醋栗乾和兩大匙松子到餡料中；煮之前額外加一杯水到鍋中。請參閱「關於葉粽」☆，見「烹飪方式與技巧」。

瀝乾：2罐8盎司泡鹹水的葡萄葉

將葉子一一分開，放在一口大缸子裡，倒下滾水淹過葉面，浸泡約1小時，然後換水兩次（用冷水），以去掉過多的鹽分。將水瀝掉，輕輕用紙巾拍乾。混勻：

1杯羔羊絞肉、2杯細切的洋蔥

1/4杯細切的荷蘭芹、1/4杯細切的蒔蘿

1/4杯白米

在一口荷蘭鍋中鋪幾張葡萄葉，利用小張的或有裂縫的葉子。用剩餘的大而完整的葉子來包餡，預留幾片葉子，最後用來蓋在上面。一次做一捲，把葉子放在盤上，葉脈那一面朝上。將滿滿一大匙的餡料放在靠近葉柄根處的地方，拉起葉柄部分裹住餡料，再把葉子兩側往內摺，然後把葉子包捲成小雪茄的樣子，末端塞入摺縫中，打理整潔。先用一張葉子包餡，再用另一張葉子包第二層。包好後放入事先準備好的荷蘭鍋中，接合面朝下。在葉捲上淋上：

3大匙橄欖油

倒入：2杯雞高湯或牛肉高湯或水

把預留的幾張葉子蓋在上面，再用一只耐熱的盤子罩住。蓋上鍋蓋以小火悶煮到米熟透，30至40分鐘。當作熱食冷食皆宜。

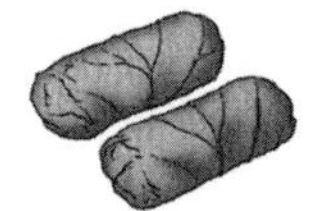

包葡萄葉捲

韃靼牛肉（Steak Tartare）（6人份）

這道經典菜色最重要的材料是高品質的新鮮瘦牛肉，里肌肉為佳，但也可以用內側後腿肉或莎朗肉來替代。吃生肉或生蛋會有吃下有害細菌的些微風險；使用最新鮮的肉，而且要充分冰鎮，這樣不僅可以保有風味和口感，也可降低污染的機會。要吃之前再動手料理。將：

1又1/2磅牛里肌肉，徹底修切掉筋膜，切成1/2吋方塊

放入食物調理機中絞碎，絞成1/8吋大小時停止，約7至10秒；別絞得太碎。用叉子和湯匙把絞肉舀入一只冰鎮的大淺盤或個別的盤子，輕輕地塑成六個小圓堆。喜歡的話，在每一小圓堆頂端壓出一個勺狀的凹陷，敲開：

6顆蛋

將蛋黃和蛋白分開，把蛋黃放到每個凹陷中（保留蛋白另做他用）。用：

1/2杯洋蔥末、1/2杯紅蔥頭末

1/2杯荷蘭芹末、1/4杯瀝乾的酸豆末

（8至12片鯷魚柳，切末）

在每一小圓堆周圍裝飾。立即享用，讓：

檸檬汁、烏斯特黑醋醬

第戎芥末醬、辣椒醬、鹽和黑胡椒

分別在席間傳遞。

配上：

粗黑麥麵包（pumpernickle）薄片或烤法國麵包

雞肝培根捲（Rumaki）（36捲）

在你要端出這道小點的當天稍早便預先包好，等需要時再送入烤箱烤。你也可以用整顆荸薺來取代雞肝。

把：8盎司雞肝

洗淨，修切掉筋膜，然後切4等分。在一口中型碗裡打勻：

2大匙醬油、2大匙清酒或不甜的雪莉酒

1大匙去皮的生薑末、2小匙紅糖

把雞肝放入混液中，翻拋一下讓雞肝裹上混液。包覆起來放冰箱醃1至2小時。烤箱轉200度預熱。備妥：

18片培根，切對半

36片切得非常薄、洗淨的罐頭荸薺（從1罐8盎司的荸薺罐頭）

在每片培根上放一塊雞肝和一片荸薺，包捲起來，以牙籤從培根兩端交疊處戳穿固定。置於烤盤中，以全火烤10分鐘。將烤箱轉至上火，炙烤到培根酥脆而雞肝熟透，約2分鐘。烤好後移到紙巾上短暫瀝油，然後裝盤並趁熱食用。

薩拉米臘腸捲（Salami Rolls）（約24捲）

你也可以把青蔥和番茄切末，然後用手混勻。

在食物調理機裡攪打：

4盎司放軟的奶油起司

2至3個半顆的日曬番茄乾，

2大匙切碎的蔥綠部分

黑胡椒，適量

直到質地滑順。

在廚檯上把：

12片薩拉米臘腸薄片（約3盎司）

平鋪開來。把奶油起司混料薄薄地抹在薩拉米臘腸上。將每片臘腸卷成圓筒狀並切對半。讓每一捲直立在一口淺盤上，單獨端上這一道，或者連同其他肉捲一起。

煙燻火雞肉芝麻菜捲（Smoked Turkey and Arugula Rolls）（32捲）

拌勻：

1/3杯美乃滋、4小匙青醬*，320頁

備妥：32片芝麻菜葉或小株水田芥

在廚檯上把：10盎司煙燻火雞胸肉薄片

平鋪開來，在每片肉上仔細地抹上薄薄一層美乃滋。順著對角線把肉片斜切成兩半，接著再沿著另一條對角線切對半，切成四個三角形。在每片三角肉片上擺一片芝麻菜葉（或一小株水田芥），然後捲成圓錐狀，讓青蔬探出頭來。擺盤時，接合處朝下，可單獨端上這一道，或連同其他肉捲一起。

牛肉青蔥捲（Beef and Scallion Rolls〔Negi Maki〕）（約30捲）

為了容易切片，可將：

1又1/4磅無骨牛莎朗肉，切掉肥肉

冷凍30分鐘至1小時。

趁肉在冷凍期間，把：

8至10根青蔥，包含蔥綠部分

修切成2吋小段，然後分成15束（約2、3段為一束）。

把牛肉切成15片薄片。每片牛肉上下覆著一層保鮮膜，用一口小型長柄平底鍋輕輕地把牛肉片敲得薄度均勻（假使牛肉片破裂，用另一小塊肉貼補）。每片肉片緊貼著每束蔥段圈捲，要裹上兩、三圈，然後以木牙籤插入固定。

在一口大型平底鍋裡轉大火加熱：

1又1/2大匙蔬菜油

肉捲下鍋烙煎，接合處朝下。一旦接合

處封住後，翻轉肉捲把每一面煎至金黃。2分鐘後，當牛肉變色時，下：

2大匙清酒、2大匙醬油、1大匙糖

稍微把火轉小，續煎1分鐘，晃蕩鍋子免得肉捲黏鍋。把肉捲盛盤，稍微放涼後，將牙籤抽出（先扭轉一下，再輕輕抽出）。假使鍋裡有大量醬汁，轉大火把汁液熬煮到剩2大匙的量。臨要上菜前，把肉捲放回鍋中，轉大火並晃蕩鍋子，讓肉捲裹上醬汁而表面變得光滑。把每個肉捲橫切兩半，趁熱享用。

| 關於海鮮類小點 |

魚類和帶殼海產的小點很容易準備，因為大多數的準備工作都可以提早完成。絕不失手的白灼蝦★，30頁，比方說，就可以在前一天做好，在宴客當天擺成蝦子雞尾酒（shrimp cocktail）★，6頁。椰子蝦，可以用撒滿椰子粉的托盤端上。你也可以把燒烤或炙烤的蝦子或干貝，或其他的變化款，轉變成海鮮串燒。牡蠣和蛤蜊應當在逼近上菜時才開殼。確認你買到最新鮮的海產，烹煮之前小心貯存。參見「帶殼海產」★，4頁。

燒烤蝦或炙烤蝦「樂土」（Grilled or Broiled Shrimp Cockaigne）（5打）

將：

2磅大蝦去殼留尾，挑出沙腸★，29頁。

在一口大碗中混合：

1顆蒜瓣，切末、1杯橄欖油

1/2甜白酒，譬如麗絲玲或梭甸

1大匙檸檬汁

3大匙羅勒和荷蘭芹混合碎末

1小匙鹽、1/4小匙黑胡椒

放入蝦子，翻拋一下使之裹上混液。包覆起來送入冷藏醃個幾小時。燒烤架轉中大火，或將炙烤爐預熱。燒烤或炙烤蝦，烤到徹底不透明，約10分鐘，其間翻轉一次。立即享用，配上：

檸檬奶油★，303頁

加：1大顆蒜瓣，切末

調味。

蜜汁烤蝦（Baked Honey Shrimp）（約50隻）

在一口小碗裡混勻：

1大匙切碎的荷蘭芹

1小匙磨碎的檸檬皮屑

包覆起來，冷藏備用。在一口中型碗裡攪勻：

2大匙檸檬汁、1/2橄欖油

2大匙醬油、2大匙蜂蜜

2大匙肯瓊香料粉（Cajun seasoning）

1大匙荷蘭芹末、1/4小匙辣椒粉

放入：

2磅大蝦，去殼並挑出沙腸

翻拋一下使之與醃醬混勻。包覆起來，送入冰箱冰，醃1小時，其間偶爾拌攪一下。將烤架置於烤箱中央，烤箱轉230度預熱。將醃好的蝦放入大得足以讓蝦子平鋪一層的烤盤或烘焙紙，烤到蝦肉堅實，5至10分鐘。撒上備用的檸檬皮屑和荷蘭芹末。

肯瓊爆米蝦（Cajun Popcorn Shrimp）（12至15人份）

這道食譜也可以用牡蠣、蛤蜊來做，或者一如路易斯安那州傳統上的做法，用淡水螯蝦來做。人們會舀起這小點，像抓一把爆米花那樣輕鬆地吃，所以確認你準備的量夠多。

在一口中型碗裡攪勻：

1杯中筋麵粉、1小匙糖

1小匙鹽、1/2小匙洋蔥粉

1/2小匙蒜粉、1/2小匙白胡椒

1/2小匙黑胡椒、1/2小匙辣椒粉

1/2小匙乾燥的百里香

在這混合物中央挖出一個洞，漸次地倒入：

1又1/2杯牛奶

2顆大型的蛋，輕輕地打散過

不停地攪勻。然後靜置30分鐘。在這期間，在一口深油炸鍋或深鍋中把：

4吋高的蔬菜油

加熱到185度。

在麵糊裡拌入：

2磅小蝦，去殼；或大蝦，去殼挑出沙腸，切成1/2吋大小

用漏勺來舀麵糊蝦，輕輕地拌上：

2至3杯麵包粉或玉米粉

分批把蝦子下熱鍋油炸，炸到酥脆而且成金黃色，2至3分鐘。炸好後用漏勺撈起，放在紙巾上瀝油。食用時佐上：

蒜味美乃滋*，339頁

啤酒炸蝦（Beer-Batter Shrimp）（約60隻）

把：2磅中型蝦去殼留尾，開背挑出沙腸，切雙飛並壓平。準備：

蔬菜、肉品和魚類的炸物麵糊*，464頁

放入蝦子，靜置30分鐘。在一口深油炸鍋或深鍋裡把：2吋高的蔬菜油

加熱到185度。把蝦子一隻一隻地從麵糊裡取出放入油鍋裡炸，分小批來炸，蝦子翻轉兩次，好讓每一面都炸得金黃酥脆，約3至4分鐘。炸好後放到紙巾上瀝油。直接吃，或者配上：

雷莫拉醬*，339頁；貝克版海鮮醬*，318頁；塔塔醬*，338頁；或水果莎莎醬*，325頁

椰子蝦（Coconut Shrimp）

按上述做法準備啤酒炸蝦，把啤酒換成1/2杯柳橙汁。蝦子裹麵糊後，敷上3杯無甜味的乾椰絲加1杯乾麵包粉的混料。酥炸後直接吃，或配上水果莎莎醬。

馬背上的天使（Angels on Horseback）（24個）

烤箱轉200度預熱。把：

24個2吋厚的圓麵包片（從8片扎實的白麵包切的）

塗上奶油，送進烤箱稍微烤一下。

烤箱的火繼續開著，將：24個中型牡蠣去殼*，8頁，已經去殼的則瀝乾。

把：12片培根切對半，在每一片培根的一面微微抹上：（鯷魚醬）

用每一片培根（有抹鯷魚醬的那一面在內）包裹每一顆生蠔，以牙籤固定。置於烤盤上烤，烤到培根熟了，約10分鐘。烤好後放在紙巾上瀝油，並抽出牙籤。將培根卷放在烤麵包片上，撒上：

3大匙荷蘭芹末

洛克斐勒式焗烤生蠔（Oysters Rockefeller）（24個）

烤箱轉230度預熱。撬開★，8頁：

24個牡蠣

把生蠔留其中一只殼上。用食物調理機裡把：

1又1/2杯擠乾的熟菠菜

1/3杯新鮮麵包粉☆，見「了解你的食材」

1/4杯蔥花、2大匙荷蘭芹末

1/2小匙鹽、4滴辣醬

絞成碎末，加入：

1/4杯（1/2條）放軟的奶油

1大匙保樂茴香酒（pernod）或一般茴香酒（anisette），或自行酌量增減

再絞打個10秒。在烤盤上鋪一層：

粗鹽或海鹽

把帶殼生蠔放在鹽上固定好。舀滿一小匙的菠菜泥放在生蠔上，用全火烤到鼓膨，約10分鐘。然後轉上火烤，炙烤到表面焦黃，約2分鐘。

賭場蛤蜊（Clams Casino）（24個）

這個做法若用生蠔也同樣美味。

烤箱轉上火預熱。在一口碗裡混勻：

1/4杯（1/2條）放軟的奶油

1條青蔥，切蔥花

1又1/2大匙的荷蘭芹末

1大匙檸檬汁

1/4小匙鹽

撬開：

24個美國車厘蜆（Cherrystone clam）

把生蜆留在其中一只殼上。

舀一小匙奶油混料放在每個生蜆上，然後把：6片煎脆的培根，壓碎

平均放到生蜆上，用上火烤到奶油混料起泡，約3分鐘。

鮭魚肉醬（Salmon Pâté）（4至6人份）

在一口小醬汁鍋內混合：

4盎司去皮鮭魚片，切成一口大小

1/2杯不甜的白酒

1大匙橄欖油

2大匙干邑或其他白蘭地

鹽和黑胡椒

以中火煮滾，煮到鮭魚呈不透明，約5分鐘。將魚肉瀝出，酒水倒掉。在另一口小醬汁鍋裡以中火融化：3大匙無鹽奶油

加入：4盎司醃燻鮭魚片

拌煮到不透明，3至5分鐘。

煮好後放涼。然後在食物調理機裡把熟的煙燻鮭魚連同：3大匙無鹽放軟的奶油

打成泥。用一根叉子，把煮過的鮮鮭魚和煙燻鮭魚泥拌勻，盛入碗裡。嚐嚐味道，調整調味料。包覆起來冷藏至少12小時。上菜前的30分鐘，把肉醬從冰箱取出回溫，配上：吐司薄片

鮭魚慕斯（Salmon Mousse）（3杯）

這道慕斯也可以裝入擠花袋擠到麵包片、小黃瓜盅，290頁，或小黃瓜片上。

在一口小醬汁鍋裡倒入：

1/4杯檸檬汁

1袋（2又1/4小匙）無味明膠

靜置5分鐘，讓明膠軟化。把鍋子放到小火上，攪拌至明膠溶解，1至2分鐘。讓膠質溫度降到溫溫的，然後拌入：

1/4杯美乃滋、1/4杯酸奶

在食物調理機裡絞打：

15盎司罐裝紅鮭，瀝乾，去皮去骨
1/4杯切碎的蒔蘿
1大匙瀝乾的酸豆或切碎的酸黃瓜
1小匙甜味匈牙利紅椒粉
辣椒粉或白胡椒粉，適量
短暫地打到混勻即停止，別打過頭。將明膠混物倒入再絞打，其間停頓一兩次，打勻即可。
把：3/4杯濃的鮮奶油
打到硬性發泡的狀態，溫和地和鮭魚混物拌合。把一個魚形狀的模具或一個不鏽鋼碗抹上油，鮭魚混料倒入抹油的容器中，把表面抹平。包覆起來，冷藏到質地變堅實，2至3小時。要把模具拆下來時，先把三分之二的模具浸到很燙的水中10秒。模具頂端蓋上一個盤子，隨即把慕斯倒扣到盤子上。點綴上：
水田芥株、小黃瓜薄片或檸檬角

煙燻鮭魚捲（Smoked Salmon Rolls）（18個）

在一口碗裡混合：
3盎司放軟的奶油起司
2大匙蒔蘿末、1大匙蔥花
1小匙檸檬汁
薄薄地抹在：
6盎司燻鮭魚薄片
把鮭魚片捲起來，切成1/2吋厚片。包覆起來，冷藏至多1天。

小黃瓜圓片盛煙燻鱒魚（Smoked Trout on Cucumber Rounds）（約75個）

若想更有裝飾效果，用叉子在小黃瓜表面刻劃，或縱向削皮，打造條紋的外觀，291頁。
把：2條小黃瓜每條切成30至40片，平鋪在烤盤上。
拌勻：1/2杯酸奶
4小匙瀝乾辣根泥，或適量
用一把量勺，把1/4小匙的小坨辣根放到每片小黃瓜片的中央。把：
8盎司煙燻鱒魚片，去皮並切成杏仁大小的小片
均分到小黃瓜薄片上。輕輕地蓋上沾濕的紙巾後，這些小點放冰箱可貯存3小時。
享用前點綴上：蒔蘿株
盛盤後點綴以：檸檬角

| 魚子醬 |

有位女士曾經有感而發直白地問，魚子醬為什麼如此昂貴，對此，一位服務生領班答得好：「夫人，畢竟它可是花了鱘魚一整年的功夫啊。」最好的魚子醬是鱘魚的魚卵，而最讓人趨之若鶩的鱘魚子醬，來自裏海的歐洲鰉（Beluga）和奧西特拉鱘（Osetra）。第三種鱘魚，閃光鱘（Sevruga），源自裏海鱘魚裡體型較小的品種。目前，保育野生鱘魚的法規已經發揮了效果，也有好幾個國際組織明令禁止鱘魚卵的交易。今天加州和西北太平洋地區產的魚子醬，都來自人工養殖的鱘魚。雖然美國魚子醬沒有裏海魚子醬的名聲地位，而且有些人認為味道有差——但價格上合理得多。

匙吻鱘卵來自密西西比河和田納西河裡土生土長的魚。匙吻鱘卵的顆粒小，呈銀色光澤，濃郁鮮美。其他魚類的卵和匙吻鱘卵很不同，看起來一點也不像魚子醬，不過就其本身來說仍別有風味，其中有顆粒大，滋味濃烈的橘色鮭魚卵，也有小巧、扎實、滋味溫和的金黃色白魚卵。

只買聲譽好的廠商製造的魚子醬，而且仔細閱讀標籤。魚子應該有光澤、透明、烏黑，而且顆粒圓潤飽滿。如果可能的話，購買前嚐一嚐味道。魚子醬嚐起來不該過鹹，也不該有魚腥味。➡新鮮魚子醬在四・四度或更高溫的環境下沒幾小時就會腐敗，所以一定要放在冰上保冷。未開封的魚子醬在一・七度下可以保存一個月。一旦開封，就要在一兩天內食用完畢。

要端上一人份的魚子醬，可把一根金屬匙的匙背加熱，接著按壓在一塊冰塊上，溶出一個凹陷，然後用塑膠匙或魚子醬專用匙舀取魚子放在凹陷中。➡千萬別讓魚子接觸到金屬，也別用金屬製品來盛魚子。如果你要把魚子醬抹在卡納佩或小薄餅（blini），小心別壓破魚卵。經典的配料是檸檬角、荷蘭芹，以及黑麵包、裸麥粗麵包或吐司。煮熟的蛋白、蛋黃和洋蔥——全切成細末，分別擺放——也經常被用來當裝飾，不過行家認為，這些都不如簡單一點的檸檬和荷蘭芹對味。其他享用魚子醬的方式有搭配馬鈴薯，或者單純配上半對半鮮奶油和酸奶的混合。搭配魚子醬的酒若不是冰鎮過的不甜白酒，最好是配香檳、伏特加，又或黑胡椒伏特加，115頁。參見魚子奶油醬★，305頁。

|關於卡納佩|

卡納佩是附帶麵包、薄餅乾或派餅皮的時髦小點。他們很像開口的下午茶迷你三明治，而且一兩口就可以吃掉。以吐司片為底座的卡納佩包含四個成分：麵包底、抹醬、主食材和綴飾。麵包底可以切成任何形狀——正方形、三角形或圓形或更具裝飾性的形狀——用很容易買到的卡納佩裁刀就行。抹醬通常是薄薄的一層原味奶油或調味奶油、美乃滋，或奶油起司混合物，主要作用是不讓麵包底變乾，同時把主食材固定在麵包底上。主食材或組合食材以單層的方式放在抹醬上。肉類薄片、貝類、燻魚、蔬菜或起司都很常見。最後，點綴物有畫龍點睛之效，但千萬不要喧賓奪主。它可以是一片或一小株新鮮的辛香草，或任何一小條色澤鮮麗、對味的食材。小脆餅、迷你塔皮；烤好的迷你千層酥皮（phyllo shells）、或迷你泡芙★，487頁；或派皮（puff paste shells），都可以用來做卡納佩。想有更多靈感，參見「關於派對糕餅小點」，161頁，以及「關於茶點三明治」，311頁。

開口下午茶三明治（Open-Faced Tea Sandwiches〔Canapés〕）（約32個小三明治）

使用以下建議的麵包來做，備妥：

32片1/4吋厚的法國棍子麵包片、2×2×1/2吋去硬殼的哈拉猶太麵包*，369頁，或雞蛋麵包、2×2×1/4吋任何扎實深色麵包片（黑麵包、裸麥粗麵包等等）

約5大匙放軟的奶油，或2/3杯美乃滋或其他抹醬

在麵包片的一面抹上約1/2小匙奶油，或1小匙美乃滋或其他抹醬，上面再擺下列的任何一樣：

草莓薄片和酸奶或法式酸奶（雞蛋麵包或辮子麵包）

布里起司、芒果碎粒印度酸甜醬、烤杏仁片和奶油（深色麵包）

藍紋起司，梨子薄片和奶油（棍子麵包）

燻鮭魚薄片、小蒔蘿枝和俄式辣根奶醬*，339頁（棍子麵包或深色麵包）

水煮蝦片、荷蘭芹或龍蒿葉及綠色辛香草美乃滋*，337頁（棍子麵包）

蟹肉片、酪梨薄片和美乃滋（棍子麵包）

魚子醬、洋蔥末和奶油（裸麥粗麵包）

雞肉片或火雞胸肉片、青蘋果薄片和咖哩美乃滋*，336頁（棍子麵包、雞蛋麵包或辮子麵包）

烤牛肉片、芫荽葉和墨西哥煙燻辣椒美乃滋（棍子麵包）

起司泡芙卡納佩（Cheese Puff Canapés）（16個）

炙烤箱預熱。在一口中型碗裡把：

3顆蛋白打得非常堅挺，拌入：

1又1/2杯葛呂耶起司（Gruyère）絲或瑞士起司絲（6盎司）

1又1/2小匙烏斯特黑醋醬

1又1/2小匙第戎芥末醬

3/4小匙匈牙利紅椒粉

送入烤箱烤。在一張烘焙紙上平鋪：

4個4吋正方的白麵包片，切掉麵包皮，然後每個再切4個小正方

抹上起司混料，再放到炙烤箱裡烤，烤到起司鼓膨而且焦黃。

醃漬鯡魚吐司片（Marinated Herring on Toast）

瀝乾：醃漬鯡魚

把魚柳片放在：方形或圓形吐司片

覆上：紫洋蔥薄片

撒上：荷蘭芹碎粒或水田芥碎粒

立即享用。

煙燻鮭魚卡納佩（Smoked Salmon Canapés）

用於卡納佩的鮭魚要逆紋切，切得越薄越好。配上小黃瓜或蛋滋味很棒。鮭魚薄片也是雞尾酒果餡餅（cocktail tarts）很理想的內襯。

I. 在薄餅乾或吐司方塊上擺：

煙燻鮭魚片

撒上：黑胡椒

淋上：檸檬汁

II. 或者在鮭魚片上擺一片：

鑲餡橄欖

在卡納佩上刷一層：芥末醬

III. 或在鮭魚上加：酪梨醬

IV. 或最後點綴上混合的：

熟蛋黃碎末、蒔蘿、紫洋蔥和酸豆

鯷魚烤麵包片（Anchovy Toasts）（16片）

用冷水泡過：
4盎司瀝油的鯷魚柳
浸泡10分鐘。取出用紙巾拍乾並切末。連同：
3大匙橄欖油、1大匙紅酒醋
3大匙切碎的荷蘭芹
2顆蒜瓣，切末、黑胡椒少許
拌勻。把炙烤箱預熱。把：
16片從棍子麵包切下來的法國麵包
放在烘焙紙上，烤到金黃。將鯷魚混料抹在麵包片上，繼續烤到抹醬溫熱，約1分鐘。立即享用。

牛里肌肉或豬里肌肉卡納佩（Beef or Pork Tenderloin Canapés）（約90片）

用棍子麵包薄片來盛，些許牛里肌肉或豬里肌肉就可以立大功。形形色色的調味抹醬都可以派上用場；其中一些建議如下：
烤牛或豬的菲力或里肌肉*，170頁
與此同時，把：3條棍子麵包
切薄片，在麵包片上均勻地抹上：
1又1/4杯蝸牛奶油*，305；檸檬荷蘭芹奶油*，305頁；調味奶油*，304頁；蜂蜜芥末醬、粗粒芥茉醬、或調味美乃滋*，334頁
把肉綜切四等分，每一等分再切薄片。在每一片麵包片上放一片肉片。喜歡的話也可以再疊上下列之一：
小枝的荷蘭芹、蒔蘿或水田芥；酸豆；切片或切丁的，生的或烤的黃甜椒或紅甜椒；洋蔥末；或焦糖化的洋蔥，477頁

火腿比司吉（Ham Biscuits）（20至24個比司吉）

烤箱轉220度預熱。備妥做：
比司吉麵團*，430頁
喜歡的話，添加：
（1/4杯切碎的新鮮蝦夷蔥）
把麵團揉成大約1/2吋厚的圓形或長方形，用比司吉壓模或餅乾壓模裁出2吋的圓形、心型或菱形麵皮。裁好後放在沒有抹油的烘焙紙上，每片相隔1吋，然後在麵皮表面刷上：融化的奶油
烤到表面呈金黃，約15分鐘。準備：
蜂蜜芥末沾醬*，315頁
或備妥：1/4杯（1/2條）奶油
當抹醬。等到比司吉不會太燙，把它從中剖開，抹上蜂蜜芥末醬或奶油，或者夾上：
12盎司火腿薄片或燻火腿薄片
做成三明治，趁溫熱享用，室溫下放涼了也很好吃。

火雞肉比司吉佐甜酸奶油（Turkey Biscuits With Chutney Butter）（20至24個）

酸甜奶油可以換成綠奶油*，306頁、堅果醬，301頁，或其他調味奶油。製作比司吉，趁比司吉在烤箱烤時，攪勻：
1/4杯（1/2條）放軟的奶油
3大匙芒果酸甜醬、1小撮咖哩粉、1小撮鹽
烤好的比司吉放涼，從中剖開，抹上酸甜奶油，夾上：12盎司火雞胸肉片
做成三明治。
溫溫的吃，也可在室溫下放涼了吃，或者吃燙的，放烤盤上送入180度的烤箱烤10分鐘再吃。

番茄羅勒普切塔（Bruschetta with Tomatoes and Basil）（32片）

義大利文普切塔一字意思是「炭烤」，而這也是普切塔最簡單的形式，沒什麼比用生的蒜瓣搓磨烤香的麵包表面，再刷上橄欖油更棒的了。不管如何，普切塔也可以當作各式各樣配料的底座。單片普切塔是很好的前菜，兩三片普切塔再附上簡單的沙拉就是很不錯的午餐。把番茄料放到烤過的麵包之前，你可以先讓一片莫扎瑞拉起司融化在麵包上，而且把羅勒換成切碎的奧瑞岡。若是當作迎賓小點，把每片普切塔切四等分。

燒烤架開中大火，或把炙烤爐預熱。

把：**8片厚片的脆殼麵包**

每一面烤到金黃。麵包從高溫取出後便用：**2顆蒜瓣，切半**

搓磨麵包表面，兩面都要，然後刷上：

3至4大匙橄欖油

混勻：

4顆中型番茄，切丁

1/2杯切片羅勒葉

鹽和胡椒

均分到每片普切塔上。

｜關於派對糕餅小點｜

就至少可以預先做好半成品的迎賓小點而言，糕餅是最佳選擇。糕餅麵團可以揉好、切好、塑形和冷凍，然後在適當的時間移出冷凍庫，填上餡料和烘烤。千層酥可以事先整個包好，從冷凍庫取出即可馬上進烤箱。法式泡芙★，488頁，可以在生的狀態下冷凍，然後移到冷藏退冰一夜，宴客日早上再塑形和烘焙。處理法式泡芙、千層酥皮和派皮的特定細節，參見「派與糕餅」那一章★，469頁。

蘑菇三角包（Mushroom Triangles）（32個）

在一口小碗裡混合：

1/2杯乾燥牛肝蕈或乾香菇、1杯熱水

靜置30分鐘。將蕈菇從浸泡水裡撈出，浸泡水用鋪了一張濕紙巾的細孔篩濾過，留著備用。把蕈菇切碎。在一口中型平底鍋裡以中火加熱：**2大匙奶油**

油熱後下：**2大匙紅蔥頭末、1小匙薑末**

不時拌炒，約1分鐘。接著下切碎的蕈菇，連同：

6盎司小褐菇（cremini）、香菇或蘑菇，粗略地切塊

不時拌炒，煮到菇料開始萎軟，約3分鐘。加入：

3大匙泡蕈菇的水、2大匙荷蘭芹末

1/2小匙鹽

1/4小匙黑胡椒，或依個人口味酌量增減

繼續煮，不時拌炒一下，直到混料幾乎收乾，約5分鐘。盛到一口碗裡，徹底放涼。喜歡的話，拌入：

（2盎司軟質山羊起司）

烤箱轉190度預熱。在一口小醬汁鍋裡融化：**1/4杯（1/2條）奶油**

在廚檯上平鋪 ：

8張千層酥皮，冷凍的要解凍

並蓋上一張沾濕的紙巾。取一張酥皮，刷上融化的奶油。再取另一張，覆蓋在第一張上面，接著橫向切成幾個長條狀。一次處理一條，舀一小匙餡料放在長條麵皮的左下角。拉起底端麵皮覆蓋餡料並且讓底端和麵皮右緣對齊，摺出一個三角形，如此像摺國旗那樣一路摺到頂端。摺好後放到稍微抹上油的烤盤上。繼續把剩下的長條麵皮摺完。在三角包表面刷上融化的奶油。重複這些步驟，包完剩下的千層酥皮和餡料。烤到呈金黃色，約15分鐘。趁熱食用。

菠菜菲塔羊奶起司三角包（Spinach and Feta Triangles）（32至36個）

在一口小型平底鍋以中火融化：

2大匙奶油

放入：1/4杯洋蔥末

拌炒一下，煎煮5分鐘。再放入：

1包10盎司冷凍菠菜碎粒，解凍並充分擠乾（約1杯）

煮到水分全蒸發，約5分鐘。盛到一口中型碗裡並放涼。把：

1杯掰碎的菲塔羊奶起司（4盎司）

1小匙檸檬汁、1/2小匙黑胡椒

拌入菠菜中。

在廚檯上平鋪：

8張千層酥皮，冷凍的要解凍

並蓋上一張沾濕的紙巾。

像上述包蘑菇三角包那樣處理，只是蘑菇餡換成菠菜餡而已。

俄羅斯酥餅（Party Piroshki）（18個）

在兩個烤盤內抹油或鋪上烘焙紙，並撒上玉米粉。在一口大型平底鍋裡以中火加熱：

1大匙蔬菜油

放入：1杯切碎的洋蔥

煎到軟，5至6分鐘。加入：

1磅牛絞肉、1/2小匙鹽

煮到肉變褐色，約5分鐘。再加入：

1杯牛高湯

1/2小匙黑胡椒粉

1小匙糖

1/2杯米

煮到微滾，蓋上蓋子，轉小火，續煮約25分鐘，直到米變軟。將混料放涼，然後送入冰箱直到冰冷。烤箱轉220度預熱。

備妥：

2份食物調理機做的蓬鬆糕餅★，484頁；或1包17吋半至18吋半的冷凍派皮

把麵皮擀成兩個18吋長8吋寬的長方形。每個長方形使用1又1/3杯餡料，沿著長邊把餡料鋪在麵皮上，餡料和麵皮邊緣之間留1吋寬。包捲麵皮，用些許水將麵皮黏合。切掉多餘的麵皮。在長麵皮卷表面刷上：法式蛋液☆，171頁

小心地把每條麵皮捲移到備妥的烤盤，然後送入冷凍庫冰到堅實。烤箱轉180度預熱。烤到呈金黃色，約20分鐘。放涼，然後切成3/4吋的小卷。包餡的麵團也許會冰到冷凍，這樣的話，冷凍麵團可直接送入180度烤箱，烤約30分鐘。

馬鈴薯青豆薩摩薩三角包（Samosas with Potatoes and Peas）（約60個）

傳統上薩摩薩三角包都用低筋度的麵皮（soft pastry）來做。在這裡用千層酥皮來做很方便。只要用保鮮膜緊緊包裹好，它們會冷凍得徹底，而且從冷凍庫取出後可以直接進烤箱烤——把烘烤時間多加5分鐘就行了。

在煮滾的鹽水裡丟入：

1又1/2磅水煮用的馬鈴薯（6至8顆馬鈴薯）

水要淹過馬鈴薯。加蓋煮到軟，25至30分鐘。煮軟後瀝乾、剝皮，放入一口中型碗裡搗成泥。
在一口中型平底鍋裡以大火加熱：
1大匙蔬菜油
放入：1小匙黑芥末籽或黃芥末籽
煎到芥末籽彈跳，然後再加：
3顆蒜瓣，切薄片
續煎20秒。
把蒜料拌入薯泥中，連同：
1杯冷凍青豆，退冰的
1顆小洋蔥，切細碎（約1/2杯）
1/4杯切碎的芫荽
1根塞拉諾辣椒（serrano）或墨西哥青辣椒，去籽切末
2大匙檸檬汁、1又1/4小匙鹽
烤箱轉190度預熱。將兩個烤盤抹油。在乾燥的廚檯上攤開：
1磅千層酥皮，冷凍的要解凍
蓋上一張沾濕的紙巾。融化：
1/2杯（1條）奶油
取一張千層酥皮，平鋪在廚檯上，長邊面向你。稍微刷上融化的奶油，取另一張麵皮疊上第二層，同樣刷上融化的奶油。把雙層麵皮縱切成2又1/2吋寬的長條（最後一條將只有2吋寬）。取一張蠟紙或保鮮膜蓋住長條麵皮，然後再蓋上一張沾濕的紙巾。一次處理一條。舀滿一小匙薯泥，放在麵皮的右下角，輕輕拍壓，讓餡料填滿整個角落，而不是只在角落中央。拉起這角落翻摺到另一邊以形成一個三角形，如此繼續一路摺到底，就像摺國旗一樣。摺好後放在烤盤上，表面刷上融化的奶油。重複這些步驟把其餘的千層酥皮和餡料都包完。烤成淡褐色，約15分鐘。立即享用。

牛肉薩摩薩三角餃（Samosas wtih Ground Beef）（約60個）

在一口大型平底鍋裡加熱：
2大匙芥花油或其他蔬菜油
放入：1顆中型洋蔥，切碎（約1杯）
以中火煎炒到鬆軟，約3分鐘，再加：
1小匙蒜末、1小匙去皮生薑末
3/4小匙芫荽粉、1/2小匙薑黃、3/4小匙鹽
拌炒2分鐘，接著下：1磅瘦牛絞肉
不時翻炒，直到肉熟了，約5分鐘。加入：
1/2杯水
慢煨直到水分蒸發，3至4分鐘。然後拌入：
1/4杯切碎的芫荽葉
2條聖納羅辣椒或墨西哥青辣椒，去籽切末
如同上述的馬鈴薯青豆薩摩薩三角包那樣包和烤。

迷你塔皮或半圓餡餅（Miniature Tartlet Shells or Turnovers）（24個）

準備：
奶油起司酥皮麵團，477頁
製作小塔皮。用一根大湯匙從麵團挖出24球。把每一球壓入24個沒抹油的杯子蛋糕模之一的底部，並往內壁向上壓推，讓麵皮高出杯緣1/8吋。冷藏至少20分鐘，或至多8小時。烤箱轉220度預熱。
用叉子把塔皮底部和邊邊戳洞，烤到上緣焦黃，而底部感覺起來堅實乾燥，邊邊則稍稍縮降，約18至20分鐘。放涼後，從杯模內取出，根據以下的食譜填入餡料並烘烤。
製作半圓餡餅，把麵團分兩半，將每一半擀成圓盤狀，包上保鮮膜後，冷藏至少1小時，或至多24小時。
在灑了麵粉的平台上，把一半的麵團擀成1/8吋厚、12吋寬的圓形麵皮。用3吋的圓餅乾壓模或比司吉壓模裁切麵皮。裁

好後置於鋪了烘焙紙的烤盤內並冷藏。把麵皮碎片放一邊。以同樣的方法擀壓和裁切另一半麵皮。把前後兩次的麵皮碎片聚集在一起，重新擀壓，裁成額外的圓麵皮，湊出24個。

依照以下食譜的說明把餡料放在圓麵皮中央。用冷水豪邁地把每張圓麵皮的邊緣沾濕，並拉起麵皮對折。用手指把邊緣壓緊，再用叉子的齒尖按壓邊緣。最後叉子往表面戳一下。鋪排在鋪了烘焙紙的烤盤內，冷藏至少1小時，或至多8小時。烤箱轉220度預熱。在一口小碗內混合：

1顆大雞蛋蛋白、1小撮鹽

在每個對摺式餡餅的表面稍微刷一下蛋液。烘烤到呈漂亮的金黃色，12至15分鐘。

雞尾酒塔（Cocktail Tartlets）（24個）

烤箱轉220度預熱。根據上述方法準備塔皮，把烤好的塔皮排在鋪了烘焙紙的烤盤上。備妥1/4杯的下列任何餡料：

燻牛肉薄片和肉汁，197頁
妞妞蝦，198頁
普羅旺斯燉菜，455頁
奶油蘑菇，471頁、奶油菠菜，507頁
奶油雞肉或奶油火雞肉*，125頁
熟香腸碎粒和起司絲
火腿碎丁和起司丁

每個塔皮填入1小匙的餡料。烤到熱透，8至10分鐘。

迷你鹹派（Miniature Quiches）（24個）

烤箱轉220度預熱。備妥：

1/4杯切細碎的火腿、熟青花菜或烤甜椒

在一口中型碗裡充分攪勻：

2顆大型雞蛋、1/2杯濃的鮮奶油
1/3杯磨碎的帕瑪森起司（1又1/2盎司）
2小匙磨碎的洋蔥或紅蔥頭
1/4小匙鹽、1/8小匙黑胡椒或白胡椒

備妥上述的塔皮或對摺式餡餅皮。把烤好的塔皮排在鋪了烘焙紙的烤盤上，把1/2小匙的餡料碎粒放在塔皮底部，然後補滿蛋液。烤到餡料凝固並鼓膨，12至15分鐘。

日曬番茄乾青醬半圓餡餅（Miniature Turnovers with Sun-Dried Tomatoes and Pesto）（24個）

依照上述說明準備並烘焙餅皮。

把：1/2杯青醬*，320頁

倒入放在一口碗上方的濾網裡，瀝30分鐘。把青醬盛在一口中型碗裡，連同：

3/4杯掰碎的山羊起司（3盎司）
4個油漬日曬番茄乾，瀝油後切碎
（3大匙松子或核桃，切細碎）
鹽和黑胡椒，適量混勻。

把1小匙的餡料夾在每份餅皮中間。

焦糖洋蔥藍紋起司半圓餡餅（Miniature Turnovers with Caramelized Onions and Blue Cheese）（24個）

按前述方式準備餅皮。

在一口中型平底鍋以中火拌勻：

1又1/2杯切細碎的洋蔥
2大匙橄欖油
1/8小匙鹽

不時拌炒，煎煮到洋蔥呈深褐色但沒有焦

掉，20至30分鐘。盛到碗裡，放涼至室溫。
在洋蔥裡放入：
1杯掰碎的藍紋起司（4盎司）
3大匙核桃碎粒
3/4小匙新鮮迷迭香碎末或1/4小匙壓碎的乾燥迷迭香
充分拌勻。
把1小匙的餡料夾在每份餅皮中間。

包餡泡芙（Stuffed Choux Puffs）（24個）

準備：1/2份法式泡芙*，488頁
捏出24個1吋大小的泡芙，置於烤盤上，按說明烘烤並放涼。備妥：
1至1又1/2杯蛋沙拉，277頁；蝦肉或龍蝦沙拉，278頁；咖哩雞肉或火雞肉沙拉，276頁；雞肝肉凍*，117頁；或鮭魚慕斯，156頁
填沙拉餡料的話，把泡芙攔腰對切，把1至2大匙餡料放在每個底座上，把上蓋蓋回去。填香濃餡料的話，你可以用同樣方式來做，或者，把完好的泡芙的底部戳一個洞，用套上大型素式擠花嘴的擠花袋把餡料填進去。

起司鹹泡芙（Cheese Puffs〔Gougères〕）（約48個）

盛在托盤上在席間傳遞，並配上香檳。
烤箱轉190度預熱。把：
1杯磨碎的葛呂耶起司（4盎司）
拌入：
1份法式泡芙*，488頁
按製作泡芙體（profiterole）*，487頁的方式來做。撒上：
約1/2杯磨碎的葛呂耶起司（2盎司）
烤15分鐘。然後把烤箱溫度降到180度，續烤10至15分鐘，烤到金黃緊實。

小豬蓋被（Pigs in a Blanket）（16個）

小孩子很喜歡幫忙包這道經典的人氣小點。
烤箱轉190度預熱。小心地攤開：
1罐8盎司冷凍的可頌捲麵團
切成4個一樣的長方形，別理會對角線的孔狀接縫。把每個長方形切成4個3吋長的長條。在每個長條上稍微刷上：
第戎芥末醬
在每個長條麵皮上放：
1條小德國香腸（cocktail frank）（共16條德國香腸）
拉起麵皮把香腸包捲起來，接合處稍微按壓使之黏合。放入沒有抹油的烤盤，接合處朝下，每捲相隔約2吋。烤到麵團蓬鬆而且呈金黃色，約15分鐘。配上：
蜂蜜芥末沾醬*，315頁，或芥末醬

酥皮起司棒（Puff Pastry Cheese Straws）（約100條）

請參閱「關於蓬鬆糕餅」*，483頁。
沒烤過的起司棒若是層層由蠟紙隔開，放在加蓋的容器內冷凍，最多可放上一個月。視需要烘烤（不需解凍）。
備妥：
1包17又1/2盎司冷凍酥皮，退冰的；或1磅食物調理機蓬鬆糕餅*，484頁
若是使用冷凍酥皮，攤開兩張酥皮，疊在一起。若是用食物調理機做的酥皮，把麵團放在稍微撒上麵粉的平台上，擀成16×10吋的長方形。把麵皮轉個方向，好讓短邊面向你。在長方形麵皮下三分

之二的部分稍微刷上清水，然後均勻地撒上：

3/4杯磨碎的帕瑪森起司屑（3盎斯）

1/8至1/4小匙辣椒粉，或依個人口味酌量增減

在起司表面覆上一層保鮮膜，用擀麵棍輕輕地擀壓，讓起司黏附在麵皮上。掀開保鮮膜置一旁。把上三分之一的麵皮往下摺，覆蓋中間三分之一，再把下三分之一的麵皮往上摺，覆蓋上三分之一的部分。再把麵皮擀成16×10吋長方形。再次把下三分之一的部分刷上清水，均勻撒上：

3/4杯磨碎的帕瑪森起司屑（3盎斯）

1/8至1/4小匙辣椒粉，或依個人口味酌量增減

如上述做法擀壓起司和摺麵皮。用保鮮膜把麵皮包好，冷藏至少1小時，或長達24小時。把烤架放在烤箱上三分之一和下三分之一處，烤箱轉190度預熱。在兩只大烤盤上鋪烘焙紙。讓麵皮開口朝向你右邊，再次擀成一張16×10吋長方形。將麵皮縱切對半，再把每一半橫切成比1/4吋稍寬的長條。扭絞每根長條，約扭絞三圈，然後放到烤盤裡，每條相隔1/2吋即可。烤約15分鐘，接著把烤盤的前後方向對調，繼續烤到金黃酥脆，再多10至15分鐘。從烤箱取出後留在烤盤內置於鐵架上放涼。

速成起司棒或威化餅（Quick Cheese Straws or Wafers）（24份）

請參閱「關於蓬鬆糕餅」*，483頁。

這麵團放在冷藏或冷凍庫可保存一週，有意外訪客時，切片或捏成小球來烤很方便。

烤箱轉180度預熱。在食物調理機裡放入：

1/2杯（1條）無鹽放軟的奶油

8盎司濃味切達起司或藍紋起司，切大塊

再加入：

1又1/2杯中筋麵粉、1/4小匙鹽

1/4至1/2小匙辣椒粉

1小匙烏斯特黑醋醬

攪打到混料融合。用保鮮膜把麵團包裹起來，冷藏30分鐘。把麵團分成四等分。把每一份上下各用一張蠟紙墊著，擀成1/8吋厚。切成6×1/2吋長條。喜歡的話，扭絞長條麵皮，鋪排在一或兩個沒抹油的餅乾烤盤上。或者，喜歡的話，用滿布碎格紋的餅乾壓模或星形壓模把麵皮裁成個別的威化餅皮，排在未抹油的餅乾烤盤上。烤到稍微有點焦黃，約15分鐘。若想顏色深些，烤久一些。烤好後留在烤盤內置於鐵架上放涼。

酥皮布里起司（Brie Baked in Pastry）（28份）

請參閱「關於蓬鬆糕餅」*，483頁。

解凍：1包17又1/2盎司冷凍酥皮

攤開兩張正方形酥皮。在稍微撒上麵粉的平台上，把每一張擀成12吋的正方形。把一張放在一只9吋的派皿中央，放入：

1輪2.2磅重的布里起司（直徑8吋）

喜歡的話，在起司上面抹：

（3至4大匙水果甜酸醬，碎果粒的，或蜜餞〔sweet preserves〕）

把酥皮往內翻，覆蓋布里起司，將過多的酥皮打褶，切掉高出起司上緣1吋以上的酥皮。用起司盒的上蓋當模，把第二張酥皮裁成與布里起司等大的圓形。將圓酥皮覆在布里起司上面，輕輕擀壓上下兩層酥皮的邊緣，使之黏合，並捏出皺褶滾邊。冷藏至少30分鐘，或長達24小時。烤箱轉

200度預熱。在一口小碗裡打勻：
1顆大型雞蛋蛋黃、1大匙牛奶
輕輕地把蛋液刷在麵皮表面。烤10分鐘，然後烤箱轉至180度，降低溫度烤到金黃蓬鬆，30至40分鐘。靜置1小時再盛盤。切一楔形小塊，稍微往外移，擺上一把起司刀，在外圍擺上：
新鮮水果片或水果乾、法國麵包片

春捲（Egg Rolls）（約20個）

請參閱「關於深油炸」☆，見「烹飪方式與技巧」。這道熱食的沾醬有好幾種選擇：醬油、中式芥末醬、糖醋芥末醬★，314頁。
在一口大型平底鍋或中式炒鍋裡以大火加熱：3大匙蔬菜油
放入：
1又1/2杯胡蘿蔔絲、1又1/2杯西芹碎粒
5杯高麗菜絲、3/4杯蔥花
拌炒到稍微萎軟，約2至3分鐘，再放入：
2罐8盎斯荸薺，洗淨、瀝乾、切碎
12盎斯豆芽，洗淨、瀝乾
3顆蒜瓣，切末
1截3吋的生薑，去皮、磨碎
3/4小匙糖
繼續拌炒2分鐘。
鍋子離火，置一旁放涼，然後拌入：
1又1/2杯切小丁的熟蝦仁（約6盎斯）
1又1/2杯切小丁的熟豬肉（約6盎斯）
備妥：約20張6吋的方正餛飩皮
將一張餛飩皮放在廚檯上，讓其中一個角對著你。舀大約3大匙的餡料，放在距離餛飩皮上角尖三分之一處，與左右側各留1吋寬。拉起下角尖往上對折，覆蓋餡料，然後把左右側的皮往內褶而且稍微重疊，再往上包捲餡料，用些許的水沾濕最後的角尖以便封黏。包好後放到托盤上，重複這些動作把剩下的餛飩皮和餡料包完。春捲可以用保鮮膜包好冷藏過夜，或冷凍可放上一個月，要炸之前再移到冷藏庫解凍一夜。
在一口油炸鍋或大型深鍋裡加熱：
4吋高蔬菜油或花生油
春捲分批下油鍋炸，炸的過程翻轉一次，炸到金黃，2至3分鐘。炸好後放紙巾上瀝油。

夏捲（Summer Rolls）（8捲或16塊）

在一口中型醬汁鍋裡把：
4杯水
1把粉絲、米粉或河粉（約2又1/2磅），折兩半
煮大滾，滾到麵咬起來Q彈。把麵放入瀝水籃中，沖冷水。在仍在滾的煮麵水裡放入：16隻中型帶殼的蝦
煮到變粉紅色，約2分鐘。用濾器把蝦子濾出，沖冷水。去殼，縱切對半，用冷水沖掉沙腸，然後放紙巾上瀝乾。
備妥：
4片紅葉萵苣或波士頓萵苣的大葉子，縱向撕成兩半，去掉中間的柄
1根大胡蘿蔔，切絲、1杯豆芽，洗淨
1/2杯薄荷葉、1/2杯芫荽葉
16根蝦夷蔥，切碎、8張12吋圓糯米紙
在你前面鋪一條濕的廚巾，同時擺一大碗熱水（46至50度）。取一張糯米紙，沾一下熱水，確認糯米紙整個潤濕變軟。快速移到濕廚巾上。順著糯米紙下緣弧度放一片萵苣葉，葉緣與紙緣之間留2吋寬。在萵苣葉上放1/8每樣熟餡料，然

後再放4片半蝦。把糯米紙的邊緣往內翻，覆蓋餡料，接著捲成緊實整潔的長筒狀。假使糯米皮開始破裂，那麼就用兩張糯米紙來包。按照包裝上的說明來潤濕糯米紙。若用兩張糯米紙來包，兩張的中心部分重疊但錯開個4吋左右。包好後置於一只大淺盤，接合處朝下，並蓋上一條沾濕毛巾。重複這些步驟把剩下的糯米紙和餡料包完。上菜時，把每一卷斜切成兩段，即刻享用，否則糯米紙會變乾硬。在席間傳遞蘸醬：
花生沾醬★，322頁

鍋貼（Pot Stickers）（約50顆）

混勻：
2磅豬絞肉、4顆蒜瓣，切末
1段1吋生薑，去皮切末
1/4杯切細碎的葡萄乾或杏桃乾
1杯芫荽末、2根青蔥，切蔥花
1/2小匙鹽、1/2小匙黑胡椒
2大匙蠔油、1又1/2小匙辣醬
1又1/2小匙芝麻油
剝開：約50張圓餛飩皮
把餛飩皮的邊緣刷上：1顆蛋，打散
分批來包，免得蛋液乾掉。把滿滿一小匙餡料放在餛飩皮中央，拉起餛飩皮對折，把邊緣捏合。用一大鍋滾水分小批來煮，煮7至8分鐘，把煮熟的水餃置一旁瀝乾。在一口寬口平底鍋裡加熱：
1大匙花生油
烙煎餃子直到底部焦脆，需要的話再多加點油。吃的時候沾上：
蘸醬★，313頁、糖醋芥末醬★，314頁

炸餛飩（Fried Wontons）（30顆）

請參閱「關於深油炸」☆，見「烹飪方式與技巧」。準備餛飩，565頁，或蔬菜餛飩，566頁。在一口中式炒鍋、油炸鍋、或大型深鍋裡加熱4吋高的蔬菜油或花生油。餛飩分批下油鍋炸，小心別讓餛飩黏在鍋底，炸到餛飩皮金黃酥脆，2至3分鐘。用長柄漏勺撈起後放紙巾上瀝油。重複這步驟把餛飩炸完，炸好的可以放95度的烤箱保溫。吃的時候沾糖醋芥末醬。

| 關於薄餅乾和麵包 |

這是把市售的貝果和扁麵包改頭換面，變成帶點橄欖油香的好吃脆片的方法。加辛香草或籽實，撒一點起司，放烤箱烤一烤。自製脆片或脆餅聽起來也許很花時間，但除了花時間之外，保證你賓主盡歡。也請參見「口袋餅（皮塔薄餅）★」，381頁。

貝果脆片（Bagel Chips）

烤箱轉230度預熱。把：
貝果
切薄片，平鋪在烤盤上，一面刷上：
橄欖油
撒上：粗鹽或海鹽
（大蒜粉或鹽）、黑胡椒碎粒

（乾燥的辛香草，譬如百里香、奧瑞岡、迷迭香或羅勒）
烤5至7分鐘，直到金黃。移到鐵架上放涼。掰成較小片，喜歡的話。徹底冷卻後放到密封罐裡保存。

口袋餅脆片（Pita Chips）

按照上述的貝果脆片來做，只是把貝果片換成口袋餅，把口袋餅分兩半，再把每一半切成四份。

蘇打餅（Soda Crackers）（約100片）

在一口中型碗裡混勻：
1又1/2杯中筋麵粉
1包（2又1/4小匙）活性乾酵母
1/4小匙鹽
1/4小匙塔塔奶醬
在一口小碗裡混勻：
2/3杯熱水
1/2小匙蜂蜜
2大匙素食酥油
把液體加入乾性材料中，用木匙打到滑順。假使麵團太黏，打多一點麵粉進去。把麵團倒到撒了麵粉的平台上，揉到滑順有延展性，約5分鐘（或者用裝上勾狀攪拌頭的立式攪拌機來攪揉）。把麵團放入抹了油的盆裡，翻面一次好讓它整個裹上油。包覆起來冷藏至少1小時，或者放上一夜。烤箱轉220度預熱。把兩個大烤盤抹上油。在灑了麵粉的平台上把麵團擀成18×6吋長方形。折成三分之一，就像你折商業信件一般，然後再把它擀成跟原來一樣大的長方形。切成方形或隨意造型。拿一把叉子在麵皮上到處戳洞，然後把麵皮放進烤盤內，撒上：
鹽
（罌粟籽、芝麻籽、葛縷子籽）
烤到焦黃酥脆，10至20分鐘，端看麵皮厚度而定。放鐵架上冷卻。

馬鈴薯片或薩拉托加薯片（Potato or Saratog a Chips）（4人份）

請參閱「關於深油炸」☆，見「烹飪方式與技巧」。炸得好的薯片清爽而不油膩。使用附有籃子的深油炸鍋很有幫助，而且別讓薯片焦黃得太快很重要，否則薯片一離開油鍋就會變軟：應該花大約3分鐘的時間讓它們從粉白變金黃。很多因素會影響食物煮熟或變焦黃的速度，從緯度到食材的狀態都是，因此視需要調整油溫，炸頭幾片的時間拿捏對了，再繼續炸其餘的。
馬鈴薯削片器可以削出又薄又平均的一般薯片。若想做薯格格（waffled potato chips），可用馬鈴薯削片器附的格狀削刀（waffle-cut）來削。
把：
1磅烘焙用的馬鈴薯
浸泡在冷水中兩小時，其間換水兩次。之後瀝乾並用擦碗巾盡量吸乾水分。用一口油炸鍋或大型深鍋把：
3吋高的蔬菜油或橄欖油
加熱到195度。
慢慢地一次下一把薯片到油鍋裡，用勺子攪拌幾下免得彼此黏貼。炸到金黃，2至3分鐘。炸好後移到紙巾上瀝油。撒上：
鹽

根莖類脆片（Root Vegetable Chips）（6人份）

其他根莖類也可以做成脆片，組合成滋味和色澤多樣化的一大盤。

用削刀、馬鈴薯削片器、果菜削皮刀、或食物調理機把以下的任何組合去皮，並削得愈薄愈好，共約1/2磅：

芹菜根、胡蘿蔔、歐洲防風草、黃色大頭菜、番薯、紅色或金色甜菜根、蓮藕

將切片後的根莖沖冷水，免得變色。用一口油炸鍋或大型深鍋把：

3吋高的蔬菜油或橄欖油

加熱到190度。將根莖片瀝出並用紙巾拍乾。分批分別油炸每一種根莖類。一次下一把，免得過於擁擠，攪拌幾下免得彼此黏貼。炸到金黃，2至3分鐘；油炸時間會因為蔬菜不同略有差異。炸好後放紙巾上瀝油。撒上：

鹽

墨西哥玉米脆片（Tortilla Chip）（48片）

把：

12片玉米薄餅★，自製的，383頁，或市售的

切4等分。

在一口中型平底鍋裡把：

1/2吋高的蔬菜油

加熱到190度。

烙餅片下鍋，以單層煎炸為限盡量下，炸到金黃酥脆。炸好後放到紙巾上瀝油。重複這步驟把剩餘的炸完。立刻撒上：

鹽

早午餐、午餐和晚餐菜餚

Brunch, Lunch, and Supper Dishes

我們很喜歡像摸彩袋似的包羅萬象的這一章，這裡大部分的菜餚，不管精緻或平常，準備起來既輕鬆又快速；它提供了善用預先煮好的東西的祕訣，巧妙揉合了熟悉和新奇，也激發出把剩菜變身成好料的點子。這一章也提供你如何在最後關頭把櫥櫃裡的食材——乾貨、醃漬品、罐頭或冷凍品，很多都加了洋蔥、起司、辛香草或水果——組合起來，端出應急好料理招待意外的訪客。內容涵蓋砂鍋料理、法式鹹派和土司蛋奶烤、慢燉料理和火鍋、墨西哥手捲（burritos）和鹹味派餅，以及如何用一鍋菜搞定一頓飯，包括了我們的最愛，貝克版豬肉雜碎，190頁。

在「雞蛋料理」，324頁，「穀物」，567頁，以及「鬆餅、格子鬆餅、炸物和甜甜圈」★，439頁的篇章裡也是五花八門應有盡有。這些食譜當中，很多都是不到半小時就可以做好的美味料理。記住一點，很多新鮮魚貝類的食譜，幾乎和用加工食品來做的菜餚一樣輕鬆快速。其他的快速料理也散見於每一章，請特別參考「三明治、捲餅和披薩」，297頁，以及「關於絞肉和漢堡肉」★，226頁。若想找更多的點子和建議，務必參閱「剩菜」☆章節，見「了解你的食材」。

在烹煮時花點心思，在調味及擺盤上花點技巧，甚至可以讓一罐鮪魚罐頭令人難忘。大的焗烤盤、有附蓋子的個別烤盤，或任何盛食物的盒子，外加盤飾都能讓快速料理變成雅致出色的菜餚。

關於砂鍋料理

砂鍋料理已經是美式餐桌少不了的人氣菜色。它是由數種預先煮好的或快煮的食物所構成，其中之一通常是米飯或義大利麵，並靠醬汁把各個食材融合在一起。醬汁有時候是用濃縮的罐頭湯來做，而濃縮的罐頭湯打從它在一九三〇年代問世後，便一直被《廚藝之樂》捧為省時好幫手。自從美式砂鍋開始成形，有著由麵包屑或餅乾屑、起司屑以及奶油所形成的美味焗烤表層，以這特色為主的無數變化款被創造出來，證明了它美味的彈性。由於砂鍋料理從烹煮、烘烤和上菜都是同一口砂鍋，所以明智的做法是在烹煮之前把砂鍋邊緣和表面擦抹乾淨，才不會端上桌時布有內容物溢出的焦痕。

避免在從入烤箱的二十四小時之前便組合好砂鍋料理。烤到熱透和冒泡，出爐後立刻上桌。煮好的砂鍋料理很多可以加蓋冷藏長達三天或冷凍長達三個月，然後再加熱食用。➠若是賓客人數眾多——砂鍋料理不失為自助式餐食絕佳的自助式菜餚——務必用➠寬淺盤來烤，這樣可以快速而均勻地加熱，而且每一份均提供大量的配料。➠在烤盤內面豪邁地抹油。

強尼馬塞提義大利麵派（Johnny Marzetti Spaghetti Pie）（6至8人份）

這道在俄亥俄州哥倫布市馬塞提餐廳端出而爆紅的義大利麵砂鍋，包含了牛絞肉、番茄和義大利麵，不過我們喜歡再加入蘑菇、橄欖和/或莫扎瑞拉起司。可以用任何形狀的義大利麵來做。

在一口大型醬汁鍋或鍋子裡混合：

1又1/2磅牛絞肉、1顆大型洋蔥，切碎

（1顆綠色甜椒，切碎）、2小匙蒜末

放到中大火上煮，用湯匙攪散牛絞肉，炒到牛肉焦黃而且蔬菜變軟，約10分鐘。加入：

1罐28盎司番茄丁，連同1/2杯汁液

1罐15盎司番茄醬、1小匙乾燥的奧瑞岡

1片月桂葉、鹽和黑胡椒，少許

煮到滾，然後轉中小火不加蓋的熬煮，不時攪拌，約煮20分鐘。烤箱轉180度預熱。在牛絞肉混料拌入：

1磅圓直麵、斜管麵或其他義大利麵，煮熟並瀝乾

1杯濃味切達起司絲（4盎司）

倒入一只13×9吋烤盤，攪拌均勻，在上面撒下：

1杯新鮮麵包屑或乾麵包屑

1杯濃味切達起司絲（4盎司）

烤到表面略微焦黃而且砂鍋在冒泡，約30分鐘。端上桌前靜置5分鐘。

金牧場砂鍋雞（King Ranch Chicken Casserole）（6至8人份）

烤箱轉190度預熱。將一口13×9吋烤盤稍微抹上油。備妥：

12張玉米薄餅，切4等分

3至4杯熟雞肉丁、1顆大洋蔥，切碎

2杯美國起司絲（8盎司）

在一口大碗裡混合：

1罐10又3/4盎司濃縮奶油雞湯

1罐10又3/4盎司濃縮奶油蘑菇湯

1又3/4至2杯雞高湯（視雞肉的量而定）

1罐10盎司番茄和青辣椒，瀝乾，或1杯罐頭番茄丁加上1罐4盎司青辣椒碎粒，瀝乾

把一半的玉米薄餅皮、雞肉丁、洋蔥碎粒和起司絲依序一層層鋪在預備好的烤盤內，再倒進一半的濃湯混料，重複這步驟把另一半的材料鋪好。烤到表面焦黃冒泡，約45至50分鐘。

砂鍋雞肉飯（Chicken Rice Casserole）（8人份）

這也是處理熟火雞肉的一個討喜方法。任一種糙米飯、白米飯或菰米飯都可以用。若想增添香氣，加進烤堅果☆，見「了解你的食材」。

烤箱轉200度預熱。將一只13×9吋烤盤抹油。在一口大型醬汁鍋裡以中火融化：6大匙（3/4條）奶油

下：8盎司蘑菇，切片（3杯）

拌炒到軟化，約5分鐘。再拌入：

1/2杯中筋麵粉

直到混合均勻，接著一面攪拌一面徐徐倒入：2杯雞高湯

1又1/2杯牛奶或半對半鮮奶油
煮滾，然後火轉小，續煮到醬汁變稠而滑順，約5分鐘。拌入：
4杯切碎的熟雞肉、3杯飯
1/2杯核桃、杏仁或胡桃碎粒
倒進準備好的烤盤內，攪勻，然後在表面撒上：1/2杯乾麵包屑
2大匙帕瑪森起司屑、1大匙融化的奶油
烤到醬料冒泡而且表層呈金黃色，約25至30分鐘。

速成砂鍋雞肉飯（Quick Chicken Rice Casserole）

按上述的砂鍋雞肉飯來做，不過醬料的部分改成2罐10又3/4盎司濃縮奶油雞湯或蘑菇濃湯混上1杯牛奶或半對半鮮奶油。依照說明加進雞肉、米飯和堅果然後烘烤。

火雞煲（Turkey Tetrazzini）（8人份）

假使你用吃剩的義大利麵來做，需要4杯的量。也可以用熟雞肉取代火雞肉。
烤箱轉200度預熱。把一口13×9吋烤盤抹油。在一大鍋沸滾的鹽水裡把：
8盎司圓直麵、通心粉或雞蛋麵
煮軟，煮麵的同時，另取一口醬汁鍋以中火融化：6大匙（3/4條）奶油
下：8盎司蘑菇，切片（2又1/2杯）
拌炒到軟，約5分鐘。然後拌入：
1/2杯中筋麵粉
直到混合均勻。接著一面攪拌一面徐徐倒入：2杯雞高湯
1又1/2杯牛奶或半對半鮮奶油
煮滾，然後轉小火，續煮到醬料變稠而滑順，約5分鐘。拌入：
4杯切碎的熟火雞肉
1/2杯杏仁片或杏仁碎粒☆，烤過，見「了解你的食材」
再輕輕地拌入煮熟的麵。倒進準備好的烤盤，撒上：1/2杯帕瑪森起司屑
烤到醬料冒泡、起司變成金黃色，25至30分鐘。

速成火雞煲（Quick Turkey Tetrazzine）

按上述的火雞煲方法來做，不過把醬料換成2罐10又3/4盎司濃縮奶油雞湯或蘑菇濃湯混上1/2杯牛奶或半對半鮮奶油。加入火雞肉、杏仁和麵。按上述方法烤。

速成鮪魚煲（Quick Tuna Casserole）（4至5人份）

家母總說這道是「絕佳的應急菜」。
烤箱轉190度預熱。把一口1又1/2至2夸特容量的淺烤盤抹油。在攪拌盆裡放入：
12盎司罐頭鮪魚或鮪魚真空包，瀝乾
用叉子把魚肉剷碎，然後拌入：
2杯煮熟的雞蛋麵或彎曲通心粉（elbow macaroni）（約4盎司生麵）
1罐10又3/4盎司濃縮奶油蘑菇湯
1杯冷凍青豆，退冰的，或1罐8盎司青豆，瀝乾、3/4杯牛奶
（1/4杯切碎的柿子椒或紅甜椒末）
（2大匙蔥花或洋蔥末）
（1小匙烏斯特黑醋醬或紅椒醬）
把這混合物倒入準備好的烤盤，攪勻，在上面撒下：
1/2杯乾麵包屑
餅乾屑或壓碎的玉米片
（1/3杯帕瑪森起司屑）
2至3大匙融化的奶油
烤到表面冒泡且焦黃，25至30分鐘。

鮪魚蔬菜煲（Tuna-Vegetable Casserole）（4至6人份）

烤箱轉190度預熱。把一只1又1/2至2夸特容量的淺烤盤抹油。在一口中型醬汁鍋裡以中火融化：

1/4杯（1/2條）奶油

放入：3/4杯切片的蘑菇

（1/4杯切小丁的紅甜椒或青甜椒）

1/4杯洋蔥碎粒

煎煮到蔬菜變軟，約5分鐘，其間不時拌炒。然後拌入：1/4杯中筋麵粉

拌炒1分鐘。漸次地攪入：

2又1/2杯牛奶

把醬料煮到滾，攪拌攪拌，然後轉小火，煨煮10分鐘。鍋子離火，加入：

3/4至1杯切達起司絲（3至4盎司）

12盎司罐頭鮪魚或鮪魚真空包，瀝乾，壓散成大塊

攪到溫度變熱，再放入：

2杯煮熟的雞蛋麵（4盎司生麵）

1/4杯荷蘭芹末、鹽和黑胡椒，少許

攪拌均勻。然後把混合物倒入準備好的烤盤。混勻後撒上：

1/2杯乾麵包屑、餅乾細屑或壓碎的玉米片

2大匙融化的奶油

烤到表面焦黃，25至35分鐘。

鮭魚、馬鈴薯和菠菜焗烤（Salmon, Potato, and Spinach Casserole）（6人份）

做這道焗烤料理時把鮭魚換成鱈魚也相當可口。

備妥：

2杯白醬I*，291頁

4包10盎司冷凍菠菜丁，退冰

把菠菜丁徹底擠乾，然後放入一口碗裡，拌入1/2杯白醬。把：

1又1/2磅紅皮馬鈴薯，去皮

煮滾，接著火轉小，保持微滾，直到馬鈴薯變軟，用刀尖戳得進去，約需20至30分鐘，端看馬鈴薯大小。瀝乾後再放回鍋中，蓋上蓋子，熄火悶5分鐘。掀蓋備用。

烤箱轉220度預熱。把一只2夸特容量烤盤抹油。等馬鈴薯溫度降到不致燙手，將它切成1/4吋厚的圓片，鋪在準備好的烤盤底部，撒：

鹽和黑胡椒，適量

調味。在馬鈴薯片上均勻地鋪一層菠菜，繼而在菠菜上鋪一層：

1磅去皮的鮭魚片，切成1/2吋厚

鹽和黑胡椒，少許

再把剩餘的1又1/2杯白醬抹在鮭魚片上。

最後把：2大匙奶油，切成小塊

散布在表層。

烤到表層表層微微焦黃，焗烤料冒泡，25至30分鐘。享用前靜置5分鐘。

豆類、番茄和香腸焗烤（Bean, Tomato, and Sausage Gratin）（8人份）

這道豐盛的焗烤款待一大群人很棒。放冰箱冷藏個三、四天沒問題，放冷凍也是。豆類和番茄的混料可以預先做好，上桌前再把食材組合起來送入烤箱烤。把：

2杯花豆或紅點豆（borlotti beans），洗淨並挑揀過

浸泡在冷水裡，水面淹過豆子2吋高，泡上6小時或一夜。豆子瀝出，放到一口大鍋子裡，加入：

8杯水

1顆洋蔥，切對半，每半塞一粒丁香

2顆蒜瓣，切末

1束綜合香草束☆，見「了解你的食材」

（一片帕馬森起司的外皮）

煮滾後轉小火，加蓋慢煨1小時。加：

鹽，適量

再繼續煨個30至60分鐘，煨到豆子變軟。

趁豆子在爐火上煨時，準備：

番茄肉醬★**，312頁**

用香腸來煮，而且煮到焦黃的義式煙燻培根和香腸回鍋的那一刻。把香草束從豆子鍋裡撈除，用擺在一口碗上方的濾器濾出豆子。量出2杯煮豆汁，連同豆子倒入另一口碗裡混勻。再把豆子和汁液倒入肉醬中，煮到微滾，然後加蓋以小火煨30分鐘，其間要不時攪拌，直到濃稠而多滋多味。烤箱轉200度預熱。把一口3至4夸特容量的烤盤抹油。把：

2至3大匙羅勒葉碎片或切碎的荷蘭芹

拌入豆子裡。將豆子和番茄料舀入烤盤中，混勻，再把：

1/2杯新鮮麵包屑或乾麵包屑

1大匙橄欖油

1/2杯瑞士起司屑或葛呂耶起司屑（2盎司）

撒在表面。烤到表面稍微焦黃，焗烤料冒泡，30分鐘。

公雞先生焗烤（Croque Monsieur Casserole）（4人份）

這道焗烤和同名的著名法國三明治，304頁，有著同樣的所有元素——烤麵包夾火腿起司，上面再淋上濃郁起司醬，烤到表面金黃酥脆。

烤箱轉190度預熱。將2夸特容量的烤盤抹油。

準備：

2杯莫內醬，293頁

把稍微烤過的：**8片白麵包**

刷上薄薄的：**2大匙融化的奶油**

將半數烤麵包片鋪在烤盤底層，需要的話可以裁切麵包，好讓它放得進去。在麵包上鋪：

8盎司瑞士起司或葛呂耶起司片

8盎司火腿片

再蓋上剩下的麵包片。倒入莫內醬並抹勻，烤到冒泡而且焦黃，20至30分鐘。上桌前靜置10分鐘。

|關於蛋奶烤|

這類的料理也稱為早餐焗烤，是層層堆疊的菜式。這些層次包括麵包以及，一般來說，起司和肉類或蔬菜，全都浸潤在牛奶和蛋的混合液裡。蛋奶烤可以預先鋪排好並冷藏過夜，隔日再烤，屆時你除了煮咖啡之外什麼都不必做。

香腸蘑菇蛋奶烤（Sausage and Mushroom Strata）（6至8人份）

在一口大型平底鍋裡放入：

1又1/2磅批發大香腸（bulk sausage）

開中大火煎，攪動攪動，煎到肉不再是粉紅色，約10分鐘。將煎鍋傾斜，舀出大部分的油脂，只留2大匙左右，然後下：

8盎司蘑菇，切片（約2又1/2杯）

（4至6個香菇，切片）

1/2杯切碎的洋蔥

煎炒到洋蔥變透明，香菇釋出的汁液大多收乾，約10分鐘。置一旁備用。備妥：

1條8盎司法國麵包或義大利麵包，切成1吋方塊或片狀（約6杯）

2至3杯（8至12盎司）瑞士起司絲或切達起司絲

豪邁地將一口13×9吋烤盤抹油。將半數麵包丁或麵包片鋪撒在烤盤底部，接著覆上香腸混料，起司絲留1/2杯的量，其餘也一併覆在上面。最後再鋪上剩下的麵包丁並撒下預留的起司絲。在一口中型碗裡攪勻：
2又1/2杯牛奶、5顆蛋
1/4小匙鹽、1/4小匙黑胡椒
把蛋奶液徐徐倒到麵包丁上，使之充分浸潤。取一把抹刀把麵包丁壓一壓，讓蛋奶液湧上表面，而且最上層的麵包看起來充分浸濕。包覆起來冷藏2至24小時。烤箱轉180度預熱。烤到蓬鬆，而且拿刀子插入中心抽出後刀面是乾淨的，約45分鐘。

火腿蔬菜蛋奶烤（Ham and Vegetable Strata）（6至8人份）

按上述的香腸蘑菇蛋奶烤來做，但把香腸蘑菇混料換成此處的混料。
在一口大型平底鍋以中火融化：
2大匙奶油
放入：1顆大型洋蔥，切碎
不時拌炒，直到洋蔥變透明但不致焦黃，約7分鐘。拌入：
2杯火腿丁
2杯煮熟的青花菜碎粒，或蘆筍丁，或者1包10盎司冷凍青花菜碎粒或蘆筍丁，退冰並瀝乾
拌炒2分鐘，鍋子離火。按上述做法操作。

蟹肉蛋奶烤（Crab Strata）（6人份）

修除：4片白三明治麵包
的麵包皮。把一口8×8吋的烤盤豪邁地抹油。把麵包鋪在烤盤底部，需要的話裁切一下，好讓麵包放得進去。把修切下來的麵包皮切小丁撒在麵包上，連同：
6至8盎司罐頭或煮熟的蟹肉(1又1/2至2杯)
3/4杯瑞士起司絲(3盎司)
在一口碗裡充分攪勻：
2杯半對半鮮奶油
4顆蛋、1/2杯牛奶、1/2小型洋蔥，刨碎
1小匙黃芥末醬、1小匙紅椒粉
淋到麵包上，均勻地浸潤麵包。靜置15分鐘，或者包覆起來冷藏至多3小時。烤箱轉160度預熱。在麵包混料上面撒：
3/4杯瑞士起司絲（3盎司）
以水浴烤焙法☆，79頁，來烤，烤到刀子插入中心抽出後刀面是乾淨的，約1小時。靜置15分鐘，然後切成方塊。

| 關於慢燉料理 |

慢燉料理的美妙之處，在於可以把食物留在爐火上暫時不管也不用擔心安全問題。傳統上要慢慢煮的菜餚——也就是說，用爐火或烤箱要煮上一個半小時以上的菜餚——用慢燉鍋來做效果很好：➡湯品、燉肉、滷肉、紅燒、燉菜、義大利麵醬和豆類菜餚。質地硬實的肉，包括肩胛肉、腿肉、肩肉、頸肉和禽類帶骨的深色肉，都非常適合慢燉。

慢燉鍋的設計不同，但結構上都是由一個外部的加熱器、一個陶瓷內鍋和一個蓋子組成。形狀基本上分兩種，圓筒或橢圓，容量則從一・五至七夸特都

有。➜一口四至五夸特的型號可以烹煮四到八人份的菜量；煮更大量的菜餚時，用六・五至七夸特的型號才理想。大分量的食譜可以減半，或者減至適合小鍋具的分量，反之亦然。容量較大的橢圓型號可以容納整條肉塊或整隻禽類。新型號往往附有計時器，也包含保溫功能，一旦烹煮完成可以讓菜餚維持在安全的享用溫度。如果沒附計時器，可以另外用電子計時器，但是➜千萬別把食物留在鍋內超過兩小時，不管是開火前或熄火後。

很多的慢燉食譜只需把所有的生食材統統丟入鍋裡就行了。➜假使你覺得最終的滋味太平淡，花點時間烙煎肉塊，煸炒蔬菜，譬如洋蔥、胡蘿蔔和芹菜。這花不到十五分鐘，而且這快速的付出很值得，因為最終的滋味會好上數倍。

最有效煮法是，內鍋至少要裝滿一半，但也不要超過三分之二。➜大部分的低火力是指，以稍低於沸點的溫度烹煮，而強火力，是以稍高於沸點的溫度烹煮。依照食譜指示的時間和火力烹煮。燉煮的時候避免掀鍋蓋，除非食譜如此指示。鍋蓋每掀開一次，➜熱力就會流失，燉煮的時間就要拉長二十分鐘左右。

經典食譜要改用慢燉鍋來做，原食譜裡每三十分鐘的烹煮時間要轉換成兩小時低火力或一小時強火力烹煮。就像燉肉或紅燒，烙煎肉類或煸炒蔬菜會讓滋味更濃厚。蔬菜，➜尤其是根莖類，比肉類更需要時間才會軟爛，應該放在慢燉鍋底部，好讓它們浸在鍋液中直接受熱。用比爐火煮或烤箱烤的做法少二分之一杯的水，因為可以由水蒸氣所聚集的水補上。➜只在燉煮的最後三十分鐘加進以乳製品為底的食材，諸如牛奶、鮮奶油或起司，因為乳製品煮太久會結塊。➜可能的話白色禽肉和深色禽肉一同下鍋，因為深色禽肉的滋味更豐富，也不會像白色禽肉乾柴得很厲害。➜如果煮魚類或貝類，最後一分鐘再下鍋。

豬肩肉佐芥末迷迭香醬（Pork Shoulder with Mustard and Rosemary Sauce）（8至10人份）

修除：
1條帶骨的豬肩肉塊（約7又1/2磅）
多餘脂肪，撒上：
1小匙鹽、1/2小匙黑胡椒
調味。在一口大得足以容納豬肩肉塊的大鍋子裡以中火加熱：1大匙蔬菜油
豬肉下鍋，把每一面煎焦黃，約10分鐘。把肉塊移到7夸特容量的橢圓慢燉鍋。把大鍋子裡的大部分油脂倒掉，只留1大匙左右。大鍋放回爐台並轉中火，加進：1顆中型洋蔥，切碎
1根中型胡蘿蔔，切碎、2顆蒜瓣，切碎
偶爾拌炒一下，煮到蔬菜變軟，約5分鐘，接著加入：
1又1/2杯雞高湯、1杯不甜的白酒
1又1/2小匙乾燥的迷迭香
煮滾，攪拌一下把鍋底的焦脆精華溶解出來。倒入裝豬肉的燉鍋裡，蓋上鍋蓋，把慢燉鍋設定在低火力烹煮。煮到肉變得非常軟爛，約5至6小時，這期間不要掀鍋蓋。肉燉好後盛到深槽的大盤子裡，用鋁箔紙覆蓋在上面保溫。將燉汁倒到耐熱的大碗裡，靜置5分鐘，然後撇去表面的浮油。在一口中型醬汁鍋裡以

中低火融化：
1/4杯（1/2條）奶油
攪入：1/4杯中筋麵粉
任它冒泡但不要炒焦，約2分鐘。再攪進燉汁，開大火煮滾。滾了之後轉中火，煮到汁液稍微變稠，約10分鐘。接著攪入：
2至3大匙第戎芥末醬調味
再加：鹽和黑胡椒
調整味道。將豬肉切片，它應該已經骨肉分離，把豬皮丟棄。將一半的醬汁倒到肉片上，剩下的醬汁盛在大碗裡或船型醬碟，配拌奶油的麵條吃。

地中海牛小排佐橄欖（Mediterranean Short Ribs with Olives）（6人份）

這道浸在香濃醬汁裡、以辛香草和橄欖提味，腴潤多汁的燉牛小排，是展現慢燉鍋好處的最佳範例。
拍乾：5磅牛小排（最好是英式牛小排）
撒上：1小匙鹽、1/2小匙黑胡椒
調味。在一口大型平底鍋中以中大火加熱：1大匙橄欖油
將牛小排分批下鍋烙煎，每一面都煎黃，小心別讓鍋內變得擁擠，約8分鐘。用夾子把牛肉夾到一口5至7夸特的慢燉鍋裡。把平底鍋裡大部分的油脂倒掉，只留2大匙左右。加入：
1顆大的洋蔥，切碎
1根中的胡蘿蔔，切碎
1枝中的西芹，切碎
1顆蒜瓣，切碎
偶爾拌炒一下，煮到蔬菜變軟，約5分鐘。拌入：2杯不甜的紅酒或水
煮滾，攪拌攪拌把鍋底的焦脆精華溶解出來。然後倒進慢燉鍋中，拌入：
2杯牛高湯、1小匙乾燥的迷迭香
1小匙乾燥的羅勒
蓋上鍋蓋，把慢燉鍋設定在低火力烹煮，煮到肉非常軟爛，約6小時，其間不要掀蓋。燉好後用夾子把牛小排夾到深盤中，用鋁箔紙覆蓋其上保溫。燉汁倒到大的玻璃碗中，靜置5分鐘，然後撇除表面的浮油。在一口中型醬汁鍋裡以中小火融化：7大匙奶油
攪入：1/3杯外加2大匙中筋麵粉
讓它冒泡但不要炒焦，約2分鐘。然後攪入燉汁，開大火煮滾，滾了之後轉中火繼續在小滾的狀態下煨煮，直到汁液稍微變稠，約10分鐘。起鍋前最後5分鐘，加入：1/2杯鹽漬黑橄欖，去核切大塊
再加：鹽和黑胡椒
調味。把醬汁倒到牛肉上，撒上：
切碎的荷蘭芹

番薯燒雞（Chicken and Sweet Potato Fricassee）（4人份）

若想準備一道溫馨的午餐主菜或晚餐主菜，這道微鹹而香醇的組合很令人滿意。
洗淨並拍乾：2又1/2磅雞肉塊
撒上：1/2小匙鹽、1/4小匙黑胡椒
調味。
取一口大的平底鍋以中火熱鍋。倒入：
1大匙蔬菜油
油熱後，雞肉塊下鍋，皮那一面朝下，煎到雞皮呈金黃色，約3分鐘。煎好後把雞肉塊放到盤子裡。把鍋裡大部分的油倒掉，只留1大匙。放入：
6盎司煙燻火腿，切成1/2吋方塊
不時拌炒一下，煎到微微焦黃。接著放入：
1顆中的洋蔥，切細碎
1根中的胡蘿蔔，切細碎
1枝中的西芹，切細碎
煮到蔬菜變軟，約5分鐘，其間偶爾拌炒

一下。加入：2杯雞高湯
煮滾，攪動一下好讓鍋底的脆渣精華溶解出來。倒進一口4至5夸特的慢燉鍋中，再加入：
3杯水、2顆中的番薯，削皮切小丁
把雞肉塊放到番薯上；湯汁不需要淹過雞肉。把慢燉鍋設定在低火力烹煮，煮到雞肉軟爛，約4小時，其間不要掀蓋。起鍋前最後15分鐘，加入：
1/3杯濃鮮奶油、（1/4杯切碎的荷蘭芹）
再加：鹽和黑胡椒
調味。

香辣海鮮鍋（Spicy Seafood Stew）（6人份）

海鮮若長時間燉煮不但滋味流失，口感也不好，所以並不適合慢燉。怎麼辦呢？用慢燉鍋燉好鹹香的湯底，起鍋前再下海鮮。
在一口中型平底鍋以中火加熱：
1大匙橄欖油
油熱後下：
1顆中的洋蔥，切碎
1枝中的西芹，切碎
1根墨西哥青辣椒，去籽切細碎
2顆蒜瓣，切細碎
煎炒到洋蔥變透明，約3分鐘。倒入一口4至5夸特慢燉鍋中，拌入：
1罐28盎司番茄，壓碎，連汁液一併倒入
2杯瓶裝蛤蜊汁
1/2杯不甜的紅酒或白酒或傳統的蛤蜊汁
1小匙乾燥的奧瑞岡
1/4小匙辣椒碎片
蓋上鍋蓋，慢燉鍋設定在低火力烹煮。煮到湯底的滋味飽滿，約4小時，其間不要掀蓋。接著轉強火力，加入：
1磅去皮鱈魚片，切成1吋方塊
8盎司中型（31至35隻）蝦，去殼挑除沙腸
蓋上鍋蓋，煮到魚肉呈乳白色，12至15分鐘。加：
鹽和黑胡椒
（1/4杯切碎的羅勒或荷蘭芹）
調味。

香辣海鮮鍋佐米粒麵（Spicy Seafood Stew with Orzo）

按上述方法做香辣海鮮鍋。燉了3個半小時後，拌入1/3杯米粒麵，並轉成強火力。蓋上鍋蓋再煮15分鐘。之後加進鱈魚和蝦子，按說明繼續完成。

辣味燉菜（Slow-Cooker Vegetarian Chili）（8人份）

挑揀、清洗：1磅乾花豆
泡水泡過夜，422頁，或用速成浸泡法，422頁。
瀝乾後放入一口4至5夸特的慢燉鍋中。在一口大的平底鍋裡以中火加熱：
2大匙橄欖油
油熱後，加入：
1顆大的洋蔥，切碎
1顆青椒，去籽切碎
1顆紅椒，去籽切碎
2根中的胡蘿蔔，切碎
2枝中的西芹，切碎
2根墨西哥青辣椒，去籽切碎
2顆蒜瓣，切碎
不時拌炒一下，直到蔬菜變軟，約10分鐘。再下：1大匙辣粉
攪拌至粉末裹在蔬菜碎粒外部，然後倒入：
2杯水、1罐6盎司番茄糊
拌勻。倒入慢燉鍋中，再加進：

4杯水、2小匙鹽

蓋上鍋蓋，慢燉鍋設定在低火力。煮到豆子軟爛，約6小時，其間不要掀蓋。起鍋前最後30分鐘，拌入：

10盎司新鮮或退冰的冷凍玉米仁（約2杯）

從慢燉鍋取出內鍋，或者把內容物盛到一口大碗裡。靜置10分鐘再上菜。

營養肉醬（Hearty Meat Ragù）（2又1/2夸特醬料）

這份食譜可以做出一大鍋的茄汁肉醬，料多肉大塊。配著義大利麵吃，譬如蠟燭麵或斜管麵。吃不完的肉醬可以冷凍起來改天再吃。

拍乾：

2磅無骨燜燉用的牛肉，譬如肩胛肉、短肋條或外側後腿肉

切成1吋小塊。在一口大型平底鍋裡以中大火加熱：2大匙橄欖油，或視需要添加

油熱後，牛肉分批下鍋，把每一面煎黃，小心別讓鍋內變得擁擠。用一把漏勺，把煎好的肉移到一口4至5夸特的慢燉鍋。把煎鍋裡大部分的油倒掉，只留大約2大匙（或者視需要再添加）。加入：

1顆大洋蔥，切細碎

1根大胡蘿蔔，切細碎

1枝帶葉的西芹，切細碎

4顆蒜瓣，切碎

煮到蔬菜變軟，約5分鐘，其間不時拌炒。然後加：1杯不甜的紅酒

煮滾，攪拌一下讓鍋底的脆渣精華溶解出來。倒進慢燉鍋中，拌入：

1罐28盎司番茄，壓碎，連同汁液一併倒入

1罐28盎司番茄泥

1又1/2小匙乾燥的羅勒

1又1/2小匙乾燥的奧瑞岡

1/2小匙辣椒碎片

蓋上鍋蓋，把慢燉鍋設定在低火力。煮到肉非常軟爛，約6至7小時，其間不要掀蓋。燉好後，加：

鹽和黑胡椒

調味。

| 關於鹹味派餅 |

當我們想到帶給人慰藉的食物，腦中浮現的總是派餅這一大類——肉類餡餅、魚肉餡餅、蔬菜餡餅，不僅包括鍋派（pot-pie）和牧羊人派，還有薩摩薩三角包、餡餅（tamales）和俄羅斯酥餅。老式的也是我們最喜愛的方式，是用自製的比司吉麵團★，430頁，或者派皮（pie crust）★，476頁，把派覆蓋起來。無論如何，市面上有很多預先做好的派餅皮供你挑選，譬如冷凍派皮、冷凍比司吉麵團、起酥皮（puff pastry）和千層酥皮麵團。

漢堡派（Hamburger Pie）（4至5人份）

這道人氣古早味收錄在《廚藝之樂》系列中的《現代化料理》，厄爾瑪在1939年著的料理書，其特色是以最新的便利食物來料理。覆蓋在這道派上面的「酥殼」（crust）現今已不多見。它其實很容易做，而且很美味。

烤箱轉180度預熱。在一口大平底鍋裡以中火混合：

1磅牛肩胛絞肉、1顆中的洋蔥，切碎

用湯匙把牛絞肉攪散，炒到肉焦黃，洋蔥變軟，約10分鐘。然後拌入：

2大匙中筋麵粉、2小匙辣粉

拌炒1分鐘，接著再下：

3/4小匙鹽

（1至2小匙蒜末）

（1小匙黑糖）

把絞肉混合物倒到一口9吋的玻璃餡餅盤，或8×8吋烤盤。置一旁備用。修切掉：

6片白三明治麵包

的麵包皮，將：**2大匙放軟的奶油**

平均抹在每片麵包片的一面。把麵包片切4等分，抹奶油那一面朝上，把每個小片鋪在絞肉料上，彼此重疊約1/2吋，並徹底覆蓋絞肉料。輕輕按壓麵包片，讓它們固定在絞肉料上。烤到派皮焦黃，約30分鐘。

雞肉餡餅（Chicken Tamale Pie）（8至10人份）

這份食譜是就1943年版《廚藝之樂》裡的做法加以更新，在那個做法裡，餡料完全被封在玉米粉做的餡餅皮內。我們覺得它相當美味。這個餡餅可以在三天前做好，放涼後包覆起來放冰箱冷藏，然後在150度的烤箱烤25分鐘。

在一口大平底鍋內以中大火煎：

1又1/2磅雞絞肉或火雞絞肉

需要的話，讓煎鍋傾斜，把油脂舀出來。接著拌入：

3杯莎莎醬、1/2杯柿子椒夾心綠橄欖

1大匙辣粉、1大匙孜然粉

1/2小匙肉桂粉

煮到微滾，然後把火轉小慢慢煨，偶爾攪拌一下，煨10分鐘。鍋子離火。烤箱轉200度預熱。在一口小醬汁鍋裡把：

1又1/3杯水、1杯蔬菜高湯或雞高湯

煮到滾，蓋上鍋蓋，鍋子離火置一旁備用。在一口大碗裡攪勻：

2小匙發粉、1又1/2小匙鹽、1/3杯蔬菜油

接著拌入：**3杯玉米粉**

攪拌到所有玉米粉都沾裹著油。加入預留的高湯混液，拌勻。靜置5分鐘，然後再混入：**2顆蛋**

預留1又1/2杯玉米粉糊，把剩餘的平均抹在一個13×9英吋、抹了油的烤盤底部和側邊。把雞肉餡料舀入烤盤內，覆蓋上：

3杯磨碎的切達起司屑（12盎司）

在預留的玉米粉糊裡拌入：**1/4杯熱水**

然後在派上面均勻地抹上薄薄一層（玉米粉糊會混入起司屑）。烤到焦黃，40分鐘。烤好後靜置15分鐘再切。

玉米麵包派（Corn Bread Tamale Pie）（6人份）

在一口大平底鍋裡以中大火煎炒：

1磅牛絞肉、1顆中洋蔥，切碎

炒到肉焦黃，洋蔥變透明，約10分鐘，再下：

1杯罐頭黑豆，沖洗並瀝乾

1杯瀝乾的罐頭玉米或冷凍玉米

1杯番茄醬、1杯水或牛肉高湯或雞高湯

（1/2杯青甜椒丁）

1大匙辣粉、1/2小匙孜然粉

1小匙鹽、1/4小匙黑胡椒

煨15分鐘。置一旁備用。烤箱轉220度預熱。在一口中型碗裡攪勻：

3/4杯玉米粉、1大匙中筋麵粉

1大匙糖、1又1/2小匙發粉、1/2小匙鹽

在一口小碗裡攪勻：

1顆蛋、1/3杯牛奶、1大匙蔬菜油

把濕混料倒入乾混料中，攪打到充分混合。將肉混料鋪在一口3夸特容量、抹了油的砂鍋內，然後覆蓋上玉米粉麵糊。玉米粉麵糊會滲入絞肉混料裡，但是在烘烤過程中會鼓膨起來，形成一層玉米麵包。烤到玉米麵包呈金黃，20至25分鐘。

牧羊人派（Shepherd's Pie）（4人份）

羊肉末覆上馬鈴薯泥在英格蘭和愛爾蘭是很受歡迎的酒吧食物。把羊絞肉換成牛絞肉來做就成了農舍派（cottage pie）。
在一口裝了冷水、以中火加熱的大鍋子裡放入：
1又1/2磅萬用馬鈴薯，削皮切4等分
煮滾後續煮到馬鈴薯變軟，約15分鐘。瀝出馬鈴薯，留1/2杯煮馬鈴薯的水。把馬鈴薯移到一口碗裡，用叉子或馬鈴薯壓泥器或搗碎器把馬鈴薯壓成泥，倒入預留的煮馬鈴薯水，連同：
1大匙奶油、鹽和白胡椒，少許
用一把木匙打到蓬鬆，置一旁備用。烤箱轉200度預熱。在一口大平底鍋裡混勻：
3大匙蔬菜油、1顆中洋蔥，切碎
1根胡蘿蔔，切碎、1枝西芹，切碎
以中小火煎，偶爾翻炒一下，直到蔬菜變軟但不致焦黃，10至15分鐘。接著把火轉成中火，下：
2杯熟的羊碎肉或1磅生的羊絞肉
假如用的是熟羊肉，煎炒到肉變焦黃，約5分鐘。如果用生羊肉，用湯匙把肉攪散，煎炒到羊肉不再呈粉紅，5至10分鐘。舀出過多的油脂。拌入：
1大匙中筋麵粉
拌炒2分鐘，再加：
3/4杯牛高湯或雞高湯
1/2小匙乾燥的百里香或1又1/2切碎的新鮮百里香
1/2小匙乾燥的迷迭香或1又1/2切碎的新鮮迷迭香
1小撮磨碎的肉豆蔻或肉豆蔻粉
鹽和黑胡椒，適量
轉小火來煮，偶爾翻炒一下，直到鍋中物變稠，約5分鐘。接著倒進一口抹油的9吋派盤裡，或8×8吋烤盤裡。再把馬鈴薯泥抹在肉料上面，用叉子勾劃出峰狀紋路。在上面散布：
2大匙奶油，切成小塊
烤倒薯泥呈金黃，餡料也熱透，30至35分鐘。稍微放涼後，直接把烤盤端上桌。

雞肉鍋派或火雞肉鍋派（Chicken or Turkey Potpie）（6至8人份）

吃剩的或市售煮好的雞胸肉或火雞胸肉很適合用在這道料理。
準備：
奶油雞或奶油火雞★，125頁，用1/2杯麵粉做；或速成奶油雞或奶油火雞★，126頁
準備以下麵團其中之一：
比司吉 ★，432頁；酪奶比司吉★，433頁；速成落放的比司吉★，433頁；1/2份基本派皮或酥皮麵團★，477頁；或1/2份豪華奶油派或酥皮麵團★，477頁
置一旁備用。把烤架放在烤箱上端三分之一處，烤箱轉200度預熱。把一只13×9吋烤盤抹油。在一口大平底鍋裡以中大火加熱：
2大匙奶油
油熱後加入：
1顆中洋蔥，切碎、3根胡蘿蔔，切片
2枝小西芹，切片
不時翻炒，約5分鐘。然後把蔬菜拌入奶油雞裡，連同：

3/4杯冷凍青豆，退冰
3大匙荷蘭芹末
把混合物倒入準備好的烤盤。如果用的是擀壓的比司吉麵團，把麵團切成比司吉，鋪在雞肉料上面，需要的話比司吉可以重疊。如果用的是落放的比司吉麵團，就把核桃大小的比司吉麵團撒在上面。如果用的是派皮麵團，把它擀成烤盤的形狀，覆蓋在雞肉料上面，把邊緣塞進烤盤內緣。在表面刷上：
2大匙蛋液（1/2顆蛋）
烤到餡料冒泡，表層焦黃，約30至40分鐘。

牛肉鍋派（Beef Potpie）（6至8人份）

準備：
燉牛肉*，180頁
1/2份基本派皮或酥皮麵團*，477頁；1/2份豪華奶油派或酥皮麵團*，477頁，擀壓的比司吉*，432頁；酪奶比司吉*，433頁；速成落放的比司吉麵團*，433頁
把烤架放在烤箱內上端三分之一處，烤箱轉200度預熱。把一只13×9吋烤盤抹油，並且把燉肉倒進去。如果用的是擀壓的比司吉麵團，把麵團切成比司吉大小，鋪在燉肉上面，需要的話比司吉可以重疊。如果用的是落放的比司吉麵團，就把核桃大小的比司吉麵團丸撒在上面。如果用的是派皮麵團，把它擀成烤盤的形狀，覆蓋在燉肉上面，把邊緣塞進烤盤內緣。在表面刷上：
2大匙蛋液（1/2顆蛋）
烤到派冒泡，派餅皮呈漂亮的焦黃，約30至40分鐘。

｜運用熟紅肉、禽肉、魚肉或豆類的菜餚｜

在以前，下面介紹的速成料理都是用剩菜做的，在今天則不見得如此。我們的超市裡售有大量的各種煮熟紅肉、禽肉和海鮮——有些甚至已經切好了。但是不管你用的是剩菜還是市售的，這些都是既好吃又簡單的料理。

墨西哥手捲（Bean Burritos）（8捲）

烤箱轉180度預熱。
用鋁箔紙包起：
8張10吋墨西哥麵粉薄烙餅
送入烤箱加熱10分鐘。準備：
2罐16盎司鹹豆泥或4杯鹹豆泥
2至4杯切達起司絲或蒙特雷傑克起司絲（8至16盎司）
1/2至1又1/2杯切細碎的洋蔥
（1/4至1/2杯去籽新鮮墨西哥青辣椒碎粒，或瀝乾的罐頭墨西哥青辣椒片）
將墨西哥薄烙餅從烤箱取出，從鋁箔紙內抽一張餅皮出來，其他的繼續留在鋁箔內保溫。把烙餅皮平攤在廚檯上，將1/2杯鹹豆泥抹在餅皮上，與餅皮的外緣留1吋的距離。接著撒上1/4至1/2杯起司絲、1至3大匙洋蔥碎粒，以及1至2大匙青辣椒碎粒，如果要加的話。拉起下端的餅皮往上折，折1吋寬左右，然後再把兩側往內折，接著整個包捲起來。包好後，接合處朝下，放在鋪有鋁箔紙的烤

盤上。用同樣的方法再包7個捲餅，送入烤箱加熱。佐上：
1顆小的結球蘿蔓或冰山萵苣，切成細絲
1又1/2杯酸奶、1杯莎莎醬

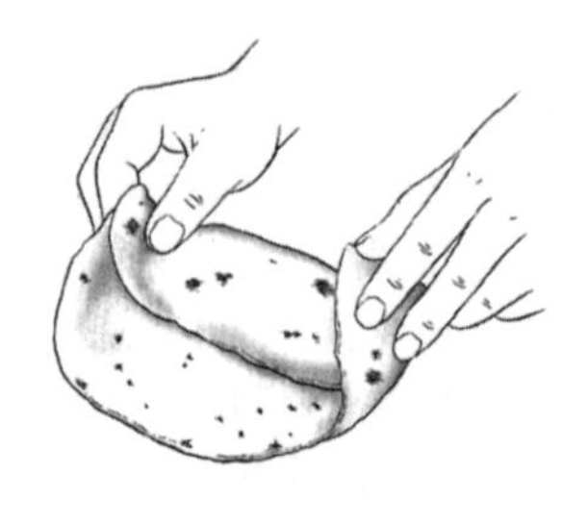

包捲餅

雞肉捲（Chicken Burritos）

按上述的豆餡捲來做，但只用2至3杯鹹豆泥。包捲起來之前，在每張餅皮上，把2至4大匙的熟雞丁或雞絲鋪成橫越餅皮中央的直線。

墨式辣肉醬捲餅（Burritos Con Carne）

這是消耗吃剩的豬肉、紅燒肉或其他牛肉的好方法。
準備墨西哥手捲，183頁，但只用2至3杯鹹豆泥。包捲起來之前，把2至4大匙以下的餡料之一，鋪成橫越餅皮中央的直線，與餅皮的外緣留1吋的距離：
手撕豬肉*，211頁
麥克雷的岩城辣肉醬*，233頁
西班牙肉醬*，234頁
紅燒肉絲
懶人喬*，229頁
吃剩的燉豬肉或燉牛肉，切絲

焗紅醬雞肉捲（Chicken Enchiladas）（4至6人份）

如果時間很趕，用4到5杯市售的墨西哥紅醬（enchilada sauce）來取代現做的醬。喜歡的話，佐上酸奶和蔥花。
在一口大平底鍋裡混合：
2顆大洋蔥，切碎
4根中型墨西哥青辣椒，去籽切碎
2大匙大蒜末、2大匙蔬菜油
開中大火，不時拌炒一下，直到洋蔥變透明而且邊緣開始焦黃，約7分鐘，接著拌入：
1/4杯辣粉、2小匙孜然粉、1/2小匙紅椒粉
煮1分鐘，不時拌炒。再下：
2罐28盎司番茄丁，瀝乾
續煮3分鐘，不時攪拌。放涼，然後放入攪拌機或食物調理機裡徹底攪打成泥。
在一口中型碗裡，取1/2杯的醬泥混上：
2又1/2杯熟的雞肉絲
置一旁備用。烤箱轉200度預熱。攤開：
12張玉米薄烙餅
在兩面刷上薄薄一層：蔬菜油
把薄烙餅平放在鋪了一層鋁箔紙的大烤盤，彼此稍微重疊。在烤盤上緊密地覆蓋上第二層鋁箔紙，烤到玉米薄烙餅變得柔軟好折，約5分鐘。把1/2杯的醬泥倒進一口13×9吋烤盤的底部。做每一個捲餅時，舀2又1/2大匙左右的雞肉料，置於薄烙餅中央，然後把薄烙餅捲成圓筒狀。捲好後鋪排在烤盤裡，接合處朝下。整個排好後，淋上剩餘的醬料，撒上：
1杯切達起司絲或蒙特雷傑克起司絲（4盎司）
烤到醬汁開始冒泡，約10分鐘。

起司捲（Cheese Enchiladas）

按上述方式準備焗紅醬雞肉捲，把雞肉換成2又1/2杯額外的切達起司絲或蒙特雷傑克起司絲，或兩者的混合。

牛肉捲或豬肉捲（Beef or Pork Enchiladas）

按上述方式準備焗紅醬雞肉捲，把雞肉換成2又1/2杯吃剩的紅燒肉絲或燉豬肉絲。

青醬捲餅（Enchiladas Verdes）（4至6人份）

準備：

1/2份（2又1/2杯）烤墨西哥綠番茄菠菜醬*，319頁

在一口碗裡混合：

2又1/2杯熟的雞肉絲

1/2杯酸奶、2大匙蔥花

2大匙芫荽末、1/4小匙鹽

烤箱轉200度預熱。取出：

12張玉米薄烙餅

兩面均刷上薄薄一層：

蔬菜油

把薄烙餅平放在鋪了錫箔紙的大烤盤上，彼此稍微重疊。在烤盤上緊密地覆蓋第二層錫箔紙。烤到薄烙餅柔軟可彎曲，約5分鐘。包捲時，舀約莫3大匙雞肉餡料放在薄烙餅中央，然後把餅皮捲成圓筒狀。捲好後，接合處朝下，置於一只稍微抹上油的13×9吋烤盤，或大得足以讓所有捲餅平鋪一層的淺烤盤。最後淋上預先備好的醬，烤到醬汁開始冒泡，約10分鐘。佐上：

酸奶

雜碎或炒麵（Chop Suey or Chow Mein）（4人份）

這些美式的中國菜是《廚藝之樂》的經典，也可以用熟的豬肉、雞肉、牛肉或海鮮來做。雜碎和炒麵的差別在於，雜碎是什錦燴飯，而炒麵是什錦燴麵。請參閱「關於鍋炒」☆，見「烹飪方式與技巧」。

在一口深槽厚底平底鍋裡加熱：

2大匙蔬菜油

油熱後下：

1/2杯帶葉的西芹片

1/2杯蔥花

以中大火炒3分鐘，再下：

2杯熟豬肉，切成1/4吋寬2吋長

1顆青甜椒，切碎

1杯粗切的蘑菇

1杯豆芽，洗淨

炒2至3分鐘，再加入：

膠狀燉汁（有多少就用多少），來自燉肉，或者少許肉凍（最多1杯）

1杯清湯，215頁，或罐頭牛肉清湯

（1/2杯切長條的去籽番茄，或1/2杯紅甜椒丁）

續加：

鹽和胡椒，適量

1大匙醬油

3大匙不甜的雪莉酒

調味。也可以加：

（1大匙太白粉，和3大匙溫水攪勻）

勾芡。拌一拌，滾1分鐘。煮好後立刻把這什錦料澆到：

米飯或炒麵上。

糖醋豬肉、雞肉或火雞肉（Sweet-and-Sour Pork, Chicken, or Turkey）（4至6人份）

雖然用豬肉來做格外對味，但用禽肉來做也不錯。若要做成蔬食，用1又1/2磅切丁的豆干和蔬菜高湯來做。

在一口小碗或玻璃量杯裡混勻：

1/2杯雞高湯、2大匙醬油、2大匙太白粉

在一口大平底鍋或鍋子裡以中小火融化：**2大匙奶油**

接著拌入：

1顆大洋蔥，切丁

1顆大紅甜椒或青甜椒，切丁、1/2小匙薑粉

1/2小匙鹽、1/4至1/2小匙紅椒粉

蓋上鍋蓋，煮到蔬菜脆嫩，7至10分鐘，其間偶爾拌炒一下。然後加入：

1罐20盎司鳳梨塊，連汁液一起

3/4杯雞高湯、1/3杯蒸餾白醋或蘋果醋

1/3杯糖

拌入預先備妥的太白粉水，轉大火，煮到將滾未滾，拌一拌。接著加入：

3至4杯熟豬肉丁，雞肉丁或火雞肉丁

再煮到將滾未滾，然後盡可能把火轉到最小繼續煮10分鐘，讓味道融合，不用加蓋。澆到米飯或炒麵上。

速成咖哩肉（Quick Meat Curry）（4人份）

這道菜撒上以下一種或所有配料格外美味：花生或腰果碎粒、烤椰子☆，見「了解你的食材」，或新鮮的芫荽末。

在一口大平底鍋裡以中火加熱：

2大匙奶油、2大匙蔬菜油

油熱後下：

2至3杯熟的牛肉丁、豬肉丁、羊肉丁或仔牛肉丁

2顆大蘋果，削皮、去核、切丁

1顆大洋蔥，切丁

不時拌炒，煮到肉丁焦黃，蘋果丁開始軟爛，約15分鐘。

接著加入：

1大匙咖哩粉、1大匙中筋麵粉

攪拌攪拌，煮1分鐘，再下：

1又1/4杯牛高湯

（1/2杯深色葡萄乾或金黃葡萄乾）

煮到將滾未滾，攪拌一下，直到稍微變稠，約5分鐘。配上

米飯

速成咖哩雞或咖哩火雞（Quick Chicken or Turkey Curry）（4人份）

在一口中型醬汁鍋裡以中火融化：

2大匙奶油

接著下：**1顆大洋蔥，切碎**

偶爾翻炒一下，煎到洋蔥變透明，約7分鐘。加入：

2大匙中筋麵粉、1大匙咖哩粉

1/2小匙薑粉、1/4小匙肉桂粉

拌一拌，煮1分鐘。接著鍋子離火，攪進：

1罐13又1/2盎司沒有甜味的椰奶

1又1/4杯雞高湯

1罐8盎司鳳梨碎粒，連同汁液一起

鍋子放回爐台並轉中大火，煮到滾，其間不時攪拌。煮到醬汁濃縮成大約1又1/2杯的量而且稍微變稠，約10分鐘，然後拌入：

2至3杯熟的雞肉丁或火雞肉丁

把火盡可能轉小，不時攪拌一下，煮個5分鐘好讓雞肉入味。加：

鹽和白胡椒或紅椒粉

調味。配著：米飯吃。喜歡的話，撒上：

（切碎的芫荽和/或去籽新鮮辣椒末或罐頭辣椒末）

熱雞肉沙拉（Hot Chicken Salad）（4人份）

若要招待一大群客人，按這份食譜的用量加倍來做不成問題。

烤箱轉180度預熱。混合：

2杯熟雞肉丁、1杯西芹丁

1/2杯美乃滋

1/2杯白醬I★，291頁，或1/3杯罐頭濃縮奶油雞肉湯加3大匙牛奶

1/2杯杏仁片，烘烤過☆，見「了解你的食材」

2大匙檸檬汁、1大匙蝦夷蔥花

1/4小匙乾燥的龍蒿、1/2小匙鹽

倒到四個抹油的個別焗烤皿，或抹油的9吋淺烤盤中。烤到熱透，約15分鐘。點綴上：**荷蘭芹碎粒或小枝的百里香**

火腿糕（Ham Loaf）（4人份）

把這道菜想像成火腿三明治，不過是以好吃的鹹肉糕形式呈現。

在食物調理機裡放：**2杯火腿丁**

絞成粗粒，接著放入：

1/2杯調味過的乾麵包屑

2顆蛋

2至3小匙美式芥末醬，或依個人口味酌量增減

繼續絞打到混勻。靜置10至30分鐘，讓滋味融合。烤箱轉190度預熱。將一只8吋半×4吋半的磅蛋糕烤模抹油，把火腿混料倒入這烤模裡，烤到堅實，約30分鐘。

火腿糕佐鳳梨番薯（Ham Cakes with Pineapple and Sweet Potatoes）（6人份）

準備上述火腿糕所需的混合物，塑成六個3吋的蛋糕狀。烤箱轉190度預熱。瀝乾：

1罐20盎司泡汁的鳳梨片

汁液保留備用。把一口大平底鍋，最好是不沾鍋，置於中火上，放入：

1大匙蔬菜油

油熱後，6片環形鳳梨片下鍋，煎到稍微焦黃，翻面一次，每面約煎3分鐘。煎好後把鳳梨片移到大得足以讓所有鳳梨片平鋪一層的淺烤盤。置一旁備用。在平底鍋裡加：**3大匙蔬菜油**

油熱後，小心地把火腿糕放到平底鍋內煎，煎到底部焦黃，3至5分鐘。翻面再續煎3至5分鐘。把每個火腿糕放在每個鳳梨環片上。平底鍋再放回中火上，放入：

1大匙蔬菜油

油熱後加：

2罐16盎司番薯，瀝乾切片

1/4杯黑糖、1/8至1/4小匙丁香粉

用抹刀輕柔地翻轉番薯，煮到番薯裹上糖漿，約3分鐘。在每個火腿糕上面擺一塊番薯片，其餘的番薯則散布在烤盤底部，把預留的鳳梨汁倒到烤盤裡。烤到汁液變稠而且冒泡，約30分鐘。上菜前，舀盤底的糖漿澆淋在火腿糕上，反覆幾次。

魚糕（Fish Loaf）（4至6人份）

烤箱轉190度預熱。把一只8吋半×4吋半的磅蛋糕烤模抹油。在食物調理機裡放：

3片三明治白麵包，撕成小塊

絞成碎屑，倒到一口碗內。再把：

1顆中洋蔥，切4瓣

2枝西芹，切成1吋小段
放入食物調理機內，絞成碎粒，再放入：
1顆蛋、3大匙融化的奶油
攪打到混勻。加入麵包屑，連同：
18盎司瀝乾的罐頭鮪魚或真空包鮪魚
2大匙檸檬汁
1小匙乾燥的羅勒或奧瑞岡
1/2小匙紅椒醬、1/2小匙鹽
1/4小匙黑胡椒或白胡椒
絞打到混勻即可，讓鮪魚留有稍粗的口感。處理到這個程度的混料可以包覆起來冷藏至多24小時。把混料倒入備妥的模子裡，烤到熱透，30至40分鐘。烤好後靜置20分鐘。切厚片享用，佐上：
塔塔醬★，338頁，辣根奶醬★，315頁，或起司醬★，293頁

豆米糕（Bean and Rice Cakes）（4人份）

這些不常見的豆糕因為香濃的芝麻酥殼而別具特色。
在一口平底鍋裡以中小火加熱：
3大匙奶油或蔬菜油、1/4杯洋蔥碎粒
1/4杯青甜椒碎粒、1/4杯西芹碎粒
煮到蔬菜丁變軟，約5分鐘。煮好後盛入一口碗裡。接著在鍋裡混勻：
1罐15又1/2盎司鷹嘴豆，洗淨、瀝乾並壓成粗泥狀
1杯米飯、1或2顆蛋，打散
2大匙荷蘭芹碎末
（2大匙切碎的擠乾柿子椒）
1/4小匙鹽、1/4小匙黑胡椒
（如果混合物很乾，或者蛋黃很小，用2顆蛋）
把混合物塑成八個小餅狀，置一旁備用。在三個淺碗或淺盤裡分別備妥：
1/4杯中筋麵粉
1顆蛋，打散，加1小撮鹽、1杯芝麻籽
一次一個，把每塊小餅敷上麵粉，然後沾裹一層蛋液，再放到芝麻籽中滾一滾。處理完擱在一只盤子裡。在一口10至12吋平底鍋裡以中加熱：
2至3大匙蔬菜油
油熱後，小餅下鍋煎，煎到芝麻籽金黃酥脆，翻面再煎，每面約煎2至4分鐘。

素食豆餅（Veggie Bean Burgers）（6人份）

在一口大平底鍋裡以中火加熱：
2小匙橄欖油
油熱後下：
1杯洋蔥丁、4顆蒜瓣，切末
煎炒到軟，再下：
1/2杯胡蘿蔔碎粒、1小匙辣粉
1/2小匙孜然粉
轉小火炒5分鐘。鍋子離火並放涼。在一口大碗裡把：
2罐15又1/2盎司黑豆、花豆、腰豆或鷹嘴豆，洗淨、瀝乾
2大匙第戎芥末醬
2大匙醬油
2大匙番茄醬
2大匙荷蘭芹末
壓成泥。拌入蔬菜料，加：
1又1/2杯糙米飯
（1杯切碎的蘑菇）
再加：
鹽和黑胡椒
（1小撮紅椒粉）
調味。把混合物捏成六個3至4吋的餅狀。在一口平底不沾鍋裡加熱：
1小匙蔬菜油
油熱後轉中小火，米豆餅下鍋煎，每面煎5至8分鐘，煎到焦黃酥脆。

關於肉末雜湊（hash）

有位以肉末雜湊聞名的愛爾蘭廚子曾說：「牛肉沒什麼，洋蔥沒什麼，調味也沒什麼，可當我把它們湊合在一起，那可不得了！」肉末薯餅有兩種做法，一種加肉汁，一種是乾煎，後者在今天也許更常見。

帶汁的肉末雜湊，是把熟肉末和蔬菜加進熱肉汁裡，不管這肉汁是特地做或吃剩的。添加的其他食材的量，大約是肉汁的一半。把肉汁或醬汁煮到滾，再加進其他材料，但是➡肉一旦下鍋後，千萬別讓肉汁一直滾，馬上把火轉小，讓肉熱透就好。配著吐司或麵，又或飯或蛋來吃。製作這種古老的雜湊，參見老式帶汁牛肉薯餅或羊肉雜湊，和貝克版豬肉雜湊，190頁。

「鍋煎」或「烙煎」的肉末雜湊相對上口感較乾，那是把洋蔥、馬鈴薯和熟紅肉或禽肉混合起來在平底鍋裡煎到焦黃酥脆。假如用的是生馬鈴薯，煎出來雜湊綿鬆粉軟；若是用熟馬鈴薯，雜湊或多或少會紮實些，可以輕易滑入上菜盤裡，切成楔形角。下列頭兩份食譜用的是同樣的➡基本配方：一顆大洋蔥、一磅馬鈴薯，或馬鈴薯加其他蔬菜，以及二至三杯（一至一磅半）的熟紅肉末或禽肉末。以這配方為本來發揮，你可創造出獨門的美味雜湊。

鹽醃牛肉或烤牛肉薯餅（Corned Beef or Roast Beef Hash）（4至5人份）

如果你是用新英格蘭水煮晚餐*，188頁的剩菜來做，你可以把半數馬鈴薯換成其他根莖類。

在一口12吋大平底鍋裡以中大火加熱：

3大匙蔬菜油

油熱後拌入：1顆大洋蔥，切碎

用鍋鏟拌一拌，煮到洋蔥開始上色，3至5分鐘。再拌入：

1磅削皮的熟馬鈴薯或生馬鈴薯，切成1/2吋小丁（約3杯）

如果用熟馬鈴薯，只要上下搖晃鍋子讓馬鈴薯沾裹著油。如果是生的，要不時拌炒，直到半軟，約5至7分鐘。放入：

2至3杯熟的鹽醃牛肉或烤牛肉，切成1/2吋小丁

拌一拌，直到馬鈴薯丁和肉丁邊緣都焦黃，約5分鐘，然後拌入：

3大匙油高湯或雞高湯或水，或2大匙番茄醬、茄汁、辣醬，或加了2大匙高湯或水的肉汁

（1/2小匙乾燥的百里香或搓碎的鼠尾草）

鹽和黑胡椒，視個人口味斟酌

火力轉成中火，不時攪拌，煮到所有材料成好看的焦黃色，5至10分鐘。若要做成餅，用鏟背使勁把混合物壓成餅狀，煎10至15分鐘，直到底部充分焦黃，不時壓一壓。用鍋鏟讓薯餅底部從鍋面鬆脫，讓它滑入上菜盤，切成楔形角。撒上：

（2大匙荷蘭芹末）

配上：（炒蛋，330頁，或水煮蛋，325頁）

雞肉或火雞肉辣洋芋番薯餅（Chicken or Turkey Chili Hash with Sweet Potatoes）（4至5人份）

也可以全部用白馬鈴薯來做。

在一口12吋大平底鍋裡熱：3大匙蔬菜油

油熱後，放入：1顆大洋蔥，切碎
1杯切碎的青甜椒、墨西哥青辣椒、波布拉諾辣椒（poblano pepper）或以上的綜合
用鍋鏟拌一拌，直到開始焦黃，約3分鐘，放入：
1又1/2杯削皮切丁的熟馬鈴薯或生馬鈴薯（約8盎司）
1又1/2杯削皮切丁的熟番薯或生番薯（約8盎司）
如果用熟的薯丁，只要上下搖晃鍋子讓薯丁沾裹著油。如果是生的，要不時拌炒，直到半軟，5至7分鐘。放入：
2至3杯切絲或切丁的熟雞肉或火雞肉
拌一拌，煮到薯丁和肉丁的邊緣都焦黃，約5分鐘。拌入：
3大匙雞高湯、火雞高湯或水
1至3小匙辣粉（依個人口味酌量增減）
鹽和黑胡椒（依個人口味酌量增減）
把火轉小至中火，拌一拌，將所有材料煮到呈好看的焦黃色，5至10分鐘。若要做成餅，用鏟背使勁把混合物壓成餅狀，煎10至15分鐘，直到底部充分焦黃，不時要壓一壓。用鍋鏟讓薯餅底部從鍋面鬆脫，讓它滑入上菜盤，切成楔形角。撒上：
（2大匙荷蘭芹末）

老式帶汁牛肉雜湊或羊肉雜湊（Old-fashioned Beef or Lamb Hash in Gravy）（4至6人份）

在一口大醬汁鍋裡以中火融化：
2大匙奶油
放入：1顆大洋蔥，切碎
不時拌一拌，煎到變軟呈金黃色，約10分鐘，再拌入：
8盎司蘑菇，切片
2杯吃剩或市售的牛肉汁
1/2杯火腿丁、1小匙蒜末
1/4小匙乾燥百里香或搓碎的鼠尾草
煮到微滾，把火轉小慢慢熬到肉汁濃稠得足以厚厚地裹著湯匙，10至15分鐘。加入：
2杯熟馬鈴薯丁
再煮到微滾，然後加：
3杯熟牛肉丁或羊肉丁
繼續煮，但別把肉汁煮滾，煮到肉丁熱透即可。配上：
熱吐司、圓麵包碗，195頁，或吐司籃，195頁

貝克版豬肉雜湊（Becker Pork Hash）（3至4人份）

一般家庭很喜歡用這種方式消耗消夜時段冰箱被洗劫之後剩下的紅燒豬肉。用吃剩的紅燒牛肉、紅燒雞肉或紅燒火雞肉來做也很棒。
在一口大平底鍋內以中大火融化：
2大匙奶油
放入：
3根中胡蘿蔔，切丁、1顆大洋蔥，切碎
拌一拌，煎煮到胡蘿蔔丁脆嫩而洋蔥丁變透明，5至7分鐘。再加：
1又1/2杯吃剩豬肉的鍋汁或雞高湯
1/4杯波特酒或馬薩拉酒（marsala）
1大匙醬油
攪進：
2罐10又3/4盎司濃縮奶油雞湯或奶油蘑菇湯
拌勻。火轉小慢煨，偶爾攪拌一下，煮到變濃稠，5至10分鐘。再下：
2至3杯熟豬肉丁
（1包10盎司冷凍小豌豆）
加：黑胡椒
調味，配上：
拌奶油的雞蛋麵或吐司

| 關於鹹派 |

最有名的鹹味蛋奶塔就是鹹派，一種用塔皮或派皮盛著蔬菜丁、魚肉丁、紅肉丁和/或起司丁烘烤而成的蛋奶塔。其基本的比例是，➡每二杯牛奶兌三至四顆全蛋。若用鮮奶油取代牛奶，或把其中一顆雞蛋換成兩粒蛋黃，會更香濃滑嫩。鹹派傳統上是用預先烤好並刷上蛋黃液的餅皮來做，以免鹹派變得濕軟。若要看起來更精緻，也可以用個別的塔皮來做。

若要在製作上更快速，前一天先把蛋奶料和其他材料混合好，放在加蓋的容器裡冷藏。等時間到，只要把餡料填進餅皮內，送進烤箱烤即可。

烤好的鹹派可以冷藏長達三天，妥善密封的話，冷凍可保存至三個月，但是重新加熱前一定要放在冷藏室解凍一夜。

洛林鹹派（Quiche Lorraine）（6人份）

經典的洛林鹹派不含起司，如果你想堅守傳統的話就省略起司。

烤箱轉190度預熱。在一口9吋的鹹派模、塔模或一般派模裡烘烤*，475頁：

1/2份基本派皮或酥皮麵團*，476頁，或免揉（直接在烤盤上輕拍）的奶油麵團*，479頁

趁餅皮尚溫熱，刷上：

蛋黃液

把：4盎司培根

切成1吋長條，放入一口重型平底鍋裡以中火煎，不停翻面，直到大部分的油脂都釋出但培根尚未酥脆。取出，置於廚房紙巾上瀝油。攪勻：

2杯牛奶或鮮奶油、3顆蛋

1/4小匙鹽、1/8小匙黑胡椒

1小撮磨碎的肉豆蔻或肉豆蔻粉

1小匙蝦夷蔥碎末

把培根鋪在派皮底部，接著撒上：

（1/2杯瑞士起司丁）

然後把蛋奶料倒進去。烤35至40分鐘，或烤到表面呈金黃色。

起司鹹派（Cheese Quiche）（6人份）

烤箱轉190度預熱。在一口9吋的鹹派模、塔模或一般派模裡烤*，475頁：

1/2份基本派皮或酥皮麵團*，477頁，或盤內輕拍奶油麵團*，479頁

趁派皮尚溫熱，刷上：

蛋黃液

把派盤置於烤皿上，在派皮表面撒上：

1又1/2杯切達起司絲或瑞士起司絲（6盎司）

在一口中型碗裡充分攪勻：

1 杯濃鮮奶油

3顆蛋

1/2小顆洋蔥，刨碎

1/8小匙磨碎肉豆蔻或肉豆蔻粉

1/2小匙鹽

1/4小匙白胡椒或黑胡椒

直到不見任何一絲蛋白殘留。把這蛋奶混液均勻地倒在酥殼內的起司上。烤到餡料沿著派盤邊緣鼓膨，刀子戳入抽出後刀面是乾淨的，30至40分鐘。靜置10分鐘後再切片。

額外加進鹹派裡的料（Additions to Quiche）

為了避免蛋奶餡變得水水的，蔬菜、肉和海鮮在加進鹹派之前要煮熟並充分瀝乾。使用總共1又1/2杯的：

洋蔥，切薄片、青花菜，切碎
蘑菇，切碎、番茄，切碎並瀝乾
菠菜，切碎、火腿，切碎
雞肉，煮熟切丁
蝦子，剝殼、挑除泥腸並煮熟
切碎的龍蒿、蝦夷蔥或羅勒

番茄山羊起司鹹派（Tomato and Goat Cheese Quiche）（6人份）

準備：
1/2份基本派皮或酥皮麵團，或盤內輕拍奶油麵團
鋪在一口9吋的鹹派模、塔模或派模內，刷上：**蛋黃液**
放入冰箱冷藏。把烤架置於烤箱內最低的位置。烤箱轉200度預熱。把：
1磅番茄
去籽、去核，切4瓣。在一口大碗裡，用一把木匙的背面把：
4至6盎司新鮮的軟山羊起司
3/4杯半對半鮮奶油或濃的鮮奶油
1/2杯牛奶
壓碎、攪拌到滑順，再加：
3顆蛋
1大匙荷蘭芹碎粒
1又1/2小匙百里香碎末或3大匙羅勒碎末
1/4小匙鹽
黑胡椒，適量
再攪打到滑順。把大部分的番茄瓣像輪輻似的鋪在備妥的餅皮上，把剩餘的番茄瓣填入中央。再將起司糊倒到番切瓣上。烤到表面呈金黃色，40至45分鐘。烤好後靜置10分鐘再切。

韭蔥塔（Leek Tart）（6人份）

準備：
1/2份基本派皮或酥皮麵團，或豪華奶油派或奶油酥皮麵團
鋪進一口9吋的鹹派模、塔模或派模內，刷上：**蛋黃液**
放入冰箱冷藏。在一口中型平底鍋裡以中火融化：**2大匙奶油**
然後下：
2磅韭蔥，只取白色和嫩綠色部分，切成1/4吋小段、1/2小匙鹽、黑胡椒，適量
蓋上鍋蓋煮，把火轉小，偶爾拌一拌，煮到韭蔥非常軟爛，約30分鐘。趁韭蔥在鍋內煮時，烤箱轉200度預熱，並將：**2顆蛋**
1/2杯濃的鮮奶油或半對半鮮奶油
1/4小匙磨碎的肉豆蔻或肉豆蔻粉
鹽和黑胡椒，適量
打到充分混合。等韭蔥煮好，把它加到蛋奶料中。接著再倒進備妥的餅皮裡。烤到表面呈金黃而蛋奶料熟了，20至30分鐘。靜置10分鐘。

起司奶凍派或餡餅（Cheese Custard Pie or Flan）（8人份）

在瑞士，我們家有個壞脾氣的廚子名叫瑪格麗特。她有個發想，但大體上沒人贊同，那就是她攢夠了錢就要在某個高峰上買座小農舍為登山客供應食物。假使她的夢想成真，登山客攀登高峰峻嶺來到她廚房享用一餐會覺得很值得。她的起司派口味獨特，絕無僅有，總隨著瑪格麗特的心情和她使用的起司變化，同樣的派不會出現第二次，因為她從沒把食譜寫下來，此處這份食譜代表著我們對她的所有美味記憶。

烤箱轉190度預熱。在一口9吋鹹派模、塔模或派模裡烤★，475頁：

盤內輕拍的奶油麵團★，479頁

趁烤好的派皮尚溫熱，刷上：**蛋黃液**

把：**1又3/4杯濃鮮奶油**

煮到將滾未滾，火轉小，放入：

2杯瑞士起司屑或切達起司屑（8盎司）

攪拌到起司融化，再下：**1/2小匙鹽**

1/4小匙匈牙利紅椒粉

1/2小匙洋蔥末、1小撮紅椒粉

鍋子離火，一次一顆，共打入：**3顆蛋**

然後把餡料填到派皮內，烤到蛋奶餡堅實，約35至40分鐘。

| 關於火鍋 |

從意指「融化」的法文字*fondre*變化而來的瑞士火鍋（fondue）一詞有好幾個意思。它源起於瑞士，是把硬化的起司消耗掉的一種方法。在今天，瑞士火鍋指的是在餐桌中央的鍋子裡烹煮的食物。**起司火鍋**是由加了白酒、櫻桃甜酒的融化起司所構成的經典菜餚，以一口大小的麵包塊蘸潤著熱起司料吃。勃根地火鍋或**牛肉火鍋**是一種變化款，生牛肉浸在鍋中熱油裡煮，然後蘸各種鹹香的醬來吃。因為要用到一鍋熱油，所以使用穩定的深鍋格外重要，而且吃這種火鍋也要分外小心。還有另一個版本是**甜點火鍋**，一鍋濃郁的巧克力醬☆，257頁，用各種水果、蛋糕片甚或是棉花糖蘸來吃。

因為火鍋是「大夥合吃」的餐食，這裡列了一些原則提供參考。➡吃火鍋時，用火鍋叉戳著少量麵包、肉塊、水果或蛋糕，然後浸到鍋料中。在起司、熱油、高湯或醬料裡輕輕攪動食物。取出後不要立刻往嘴裡送，而是拿著叉子在鍋子上方停留一會兒。這樣不僅可以讓滴淌的汁液回到鍋中，也是花點時間把食物稍微放涼。➡把食物送入口時，嘴唇或舌頭別碰觸到叉子，因為叉子會再放回鍋裡，何況叉子可能很燙。或者你可以用一般的叉子把火鍋叉上的少量食物推下來，然後用第二根叉子吃，不過這也許是不必要的麻煩。千萬別把火鍋預先做好。

其他的類似食譜還有蒙古火鍋，235頁，熱的西班牙臘腸起司蘸醬，139頁。

起司火鍋（Cheese Fondue）（4至5人份）

所用的單一起司或多種起司必須是天然的，不能是加工的。傳統上會加櫻桃甜酒，但也可以換成甜的烈酒，譬如干邑或蘋果白蘭地。會下鍋的所有食材要先量好備妥，因為打從酒煮熱到起司下鍋起，一定要經常攪拌，直到火鍋可以吃為止，大約要煮10分鐘。千萬別預先做好火鍋。準備好一籃或一碗裝了切成1×1×3/4吋小塊的脆皮法國麵包或義大利麵包，確保每一小塊都有一邊是脆殼。每個賓客都配有一根手把耐熱的叉子——最好是雙尖齒或三尖齒叉——從柔軟一面戳入，然後把刺穿的小麵包塊浸入充分加熱的起司裡。火鍋底料一開始會略顯稀稀的，但是會越煮越稠。過了另一個10分鐘後，底料大抵沒剩下多少。佐上新鮮的水果和茶。

把：**1條脆皮法國白麵包或義大利麵包**

撕成一口大小的小塊。

取：**1顆蒜瓣，去皮切半**

搓磨一口中型不鏽鋼鍋或火鍋內緣，磨完後大蒜丟棄。把：

1又1/4杯瑞士無甜味白酒（fendant）或其他不甜的白酒

倒入鍋內，開中火煮到將滾未滾，然後逐次地加入：

1磅葛呂耶起司或艾蒙達起司（Emmanthaler），切丁

1小撮磨碎的肉豆蔻或肉豆蔻粉

同時用木匙不停攪拌，攪到起司融化（這時起司和酒還沒有結合）。在一口小碗裡充分混勻：

1大匙太白粉

2大匙櫻桃甜酒、干邑或蘋果白蘭地

攪入起司液中。持續攪拌並煨煮到混液變得滑順，約5分鐘。加：

鹽和黑胡椒

調味。假使火鍋太濃稠，最多放入：

1/4杯瑞士無甜味白酒或其他不甜的白酒

快速倒進置於火源上的火鍋或保溫鍋裡。當賓客開始享用時，持續以小火來煮。

牛肉火鍋（Beef Fondue）（6人份）

這道菜傳統上是用特殊火鍋在餐桌上煮的，這種火鍋鍋口收窄，可以避免奶油或油噴濺出來；也可以用電煮鍋（electric skillet），因為所用的奶油已澄化過，不會有油爆問題。我們非常喜歡這款料理，它讓當主人的很輕鬆，不管是從烹煮或娛樂方面來說都是，因為賓客們很快就會展露個性。有囤積食物癖的、合群的、喜歡亂出點子的、愛指使人的，全都到齊了。別讓一個火源圍聚超過五或六人。為每個人準備1/3磅至1/2磅牛肉。處理滾熱的奶油或油時一定要當心，提醒賓客剛從熱鍋裡取出的火鍋叉千萬別直接往嘴裡送。

把：**約3磅牛里肌肉**

切1吋方塊，擺在淺碟內，點綴上：

荷蘭芹枝

備妥下列幾樣佐料，呈室溫或稍微溫熱：

芥末醬加酸豆、辣根奶醬*，315頁

安德魯西亞醬*，337頁

咖哩美乃滋*，336頁

水田芥淋醬*，327頁

苦橙醬（Bitter orange marlalade）☆，見「果凍和果醬」

蕈菇紅酒醬*，299頁

在一口電煮鍋或火鍋裡融化：

1杯無鹽澄化奶油*，302頁，或花生油

待奶油呈黃褐色，宣布遊戲規則：請每位賓客每次放入鍋中的肉不超過兩塊，免得鍋內太擁擠而使得油溫下降。如果用電煮鍋，每個人用自己的火鍋叉叉起肉，丟到油鍋裡煮，留意肉在熱油裡的狀況，直到肉煮到自己想要的熟度；如果想吃生一點的，在油鍋裡的時間要短。假如用的是火鍋，肉在油鍋裡的期間一定要留在叉子上，否則會沉到鍋裡找不回來——不過，根據瑞士古習俗，丟失肉的人可以得到一份安慰獎：有權利親一下左手邊的男士或女士。每位賓客可以把各式沾醬舀到自己的盤子內——就像畫家在調色盤上擠各色顏料——拿炸得金黃熱騰騰的肉去沾。配上有脆皮的法國麵包或餐包，以及拌有青葡萄和酪梨片的沙拉。

高湯火鍋（Broth Fondue）（4至6人份）

將牛肉薄片、雞肉薄片和蔬菜放入一鍋微滾的高湯裡涮來吃也是另一種絕妙的火鍋料理。

把：

4杯牛高湯或雞高湯

2球大蒜，切末

2/3杯葡萄酒醋或米酒醋

2小匙砂糖

（1/4杯青蔥花或蝦夷蔥花）

煮到微滾，把：

2磅無骨去皮雞胸肉

2顆削皮的馬鈴薯

切薄片，鋪在淺盤上端上桌，再加上：

1顆青花菜，切小朵

1磅蘑菇或香菇，修切過

備妥呈室溫或微熱的幾種以下蘸醬：

酸奶加新鮮辛香菜

任何口味的芥茉醬☆，見「了解你的食材」

辣根奶醬★，315頁

辛香草美乃滋、芥末美乃滋、墨西哥煙燻辣椒美乃滋或咖哩美乃滋★，336頁

泰式辣醬★，321頁，或**辣油**★，352頁

請每位賓客每次下鍋的肉或蔬菜最多兩塊，免得鍋內太擁擠而使得烹煮溫度下降。每個人用自己的火鍋叉戳穿食物，放到湯鍋裡煮到自己想要的熟度，約3至5分鐘。叉子會非常燙，所以肉不會沾黏在叉尖齒上，用一般叉子把煮好的肉推下來，或者以火鍋叉就口，但別讓你的唇舌碰觸到發燙的叉尖齒。只咬食物，不咬火鍋叉，這是吃火鍋的基本禮儀。

| 關於奶醬料理 |

我們早已遺忘麵包盤（trencher）的年代：食物盛在厚麵包片上，麵包片吸滿食物汁液。但是沒有人會忘記用吐司或麵包碗或酥皮碗來盛的奶醬食物的香濃滋味。麵包或酥皮也可以換成拌奶油的麵條、馬鈴薯泥、米飯或庫司庫司。

盛奶醬料理的麵包碗或酥皮碗

I. 圓麵包碗

烤箱轉150度預熱。從頂端把：

小型或大型圓麵包

的內部挖空，周圍留1/2吋厚的麵包壁。

在凹洞內豪邁地刷上：

融化的奶油

擺在烤盤上烤到完全酥脆，20至30分鐘。

II. 吐司籃

每個人分得兩個這美味又十足迷人的容器。

烤箱轉135度預熱。把：

三明治白麵包片

邊皮切掉，在兩面抹上薄薄一層：
軟化的奶油
把每片吐司片壓入一只標準的杯子蛋糕烤模的每個杯洞內（每個杯洞約1/3杯的容量），讓吐司邊角突出杯外呈冠狀。烤到完全酥脆，20至30分鐘。

III. 用以下任一樣來取代麵包碗：
鹹味可麗餅*，449頁
格子鬆餅*，444頁
玫瑰炸餅*，462頁
鮮奶油比司吉或花式蛋糕*，433頁
泡泡蛋糕*，429頁

威爾斯起司麵包（Welsh Rarebit）（6人份）

它的英文名稱該用「rarebit」還是「rabbit」一字，我們認為毋需多言。我們堅持用「rarebit」，因為「rabbit」（兔子）已經有別的意思。我們只用一個故事來回答這個爭議。話說有個陌生人試著安撫一個哭得淚汪汪的小男孩說：「換作是我的話，我可不會哭成這樣。」小男孩答道：「你愛怎麼哭就怎麼哭，我愛怎麼哭就怎麼哭。」
取一具隔水蒸煮鍋（double boiler），當下鍋裡的水已經煮開時，在上鍋裡融化：
1大匙奶油
接著拌入：
1杯啤酒、麥酒、牛奶或鮮奶油
加熱到變溫熱，然後漸次地拌入：
4杯濃味切達起司絲或寇比起司絲（1磅）
用叉子攪拌，煮到起司融化，接著拌入：
1顆蛋，打散
1小匙烏斯特黑醋醬
1小匙鹽
1/2小匙甜味匈牙利紅椒粉
1/4小匙芥末粉
（1/4小匙咖哩粉）
1小撮紅椒粉
攪拌一下，煮到稍微變稠，約1分鐘。馬上淋在：
12片烤過的白麵包、裸麥麵包或你選的任何麵包片上，或18片薄餅乾表面。

麥基（The Mackie）

按上述的威爾斯起司麵包來做，淋上起司混料前，先在白麵包上鋪著切片番茄和酥脆培根。

臉紅兔子（Blushing Bunny）

按上述的威爾斯起司麵包來做，但是把啤酒或牛奶換成番茄汁或濃縮奶油番茄湯罐頭。

奶油蘑菇吐司（Creamed Mushrooms on Toast）（4人份）

準備：
奶油蘑菇，471頁
放在：
塗奶油的熱吐司、小餡餅*，485頁，或吐司籃
或盛在其中。

燻牛肉薄片和肉汁（Chipped Beef and Gravy）（4人份）

大部分超市的罐頭肉品區都有販售燻牛肉薄片。做這道菜時別再加鹽。

把：8盎司燻牛肉薄片

撕成一口大小。在一口中型醬汁鍋裡以中火融化：3大匙奶油

下：3大匙洋蔥末

（3大匙青甜椒末）

煮到洋蔥呈金黃色，然後撒上：

3大匙中筋麵粉

鍋子離火，徐徐注入：2杯牛奶

同時不停地攪打到混勻。接著下燻牛肉薄片，鍋子回到爐火上，熬煮到醬汁濃稠得足以厚厚地裹著湯匙，約10分鐘。配上：

塗奶油的熱吐司

第凡雞肉或第凡火雞肉（Chickenor Turkey Divan）（4人份）

烤箱轉200度預熱。在一只8吋或9吋的方形烤盤裡抹奶油。在烤盤裡鋪上：

4片塗奶油的熱吐司

在吐司上鋪：

2付無骨去皮的雞胸肉，煮熟並切薄片，或12盎司煮熟的火雞胸肉薄片

把：

1包10盎司冷凍青花菜碎粒或蘆筍碎粒，退冰並瀝乾，或2杯煮熟切碎的青花菜或蘆筍

舀到雞肉或火雞肉上，撒上：

1/4小匙的鹽

再覆蓋上：2杯莫內醬*，293頁

再撒上：1/3杯磨碎的帕瑪森起司

烤到醬料變焦黃而且冒泡，25至30分鐘。立即享用。

第凡海鮮（Seafood Divan）

按上述的第凡雞肉或第凡火雞肉來做，只不過把禽肉換成12盎司鮪魚罐頭或真空包鮪魚，瀝乾並掰成大塊，或者12盎司熟蝦仁或新鮮蟹肉或罐頭蟹肉，仿蟹肉也可以。喜歡的話，可以把3至4大匙擠乾切碎的柿子椒拌入莫內醬中。

皇家奶油雞（Chicken à la King）（8人份）

蛋黃和鮮奶油這增添香濃滋味的經典材料可以省略。雞肉也可以換成熟火雞肉或蝦仁。在一口大型醬汁鍋裡以中火融化：

6大匙（3/4條）奶油

拌入：8盎司洋菇，切片

煮到軟，約5分鐘。放入：1/3杯中筋麵粉

攪拌到混勻，接著徐徐倒入：2杯雞高湯

1又1/2杯牛奶或半對半鮮奶油

同時不停地攪拌，煮到滾，然後轉小火續煮，攪拌一下，煮到汁液變稠而滑順，約5分鐘。拌入：4杯熟雞肉丁

1/4杯瀝乾切碎的柿子椒

若希望醬汁更綿滑，在一口中碗裡攪勻：

2顆雞蛋

1/3杯濃鮮奶油

漸次地把兩杯熱湯汁拌入蛋黃液中，調和蛋黃。之後再把蛋黃液慢慢倒回鍋中的雞肉混料中並充分拌勻。轉回小火，溫和地煨煮，要不時攪拌；千萬別煮到滾。醬汁會稍稍變稠。佐搭以下任一樣：

小餡餅*，485頁、米飯、吐司

或澆淋在其上。最後撒上：

（1/4杯烤杏仁片或碎粒）

（2大匙荷蘭芹末）

速成皇家奶油雞（Quick Chicken à la King）

醬汁部分換成2罐10又3/4盎司濃縮奶油雞肉湯或奶油蘑菇湯，加1/2杯雞高湯和1/2杯牛奶或半對半鮮奶油。然後再加熟雞肉和柿子椒並煮到熱透。

妞妞蝦（Shrimp Wiggle）（4人份）

收錄在1931年首版《廚藝之樂》的美國經典食物的更新版本。

在一口中型醬汁鍋裡以中火融化：

3大匙奶油

接著下：

1/4杯洋蔥末

煎炒到軟而透明，但沒有上色，約7分鐘。繼而拌入：

3大匙中筋麵粉

攪拌攪拌，1分鐘後鍋子離火。接著倒入：

1又1/2杯牛奶

1/2杯瓶裝蛤蜊汁

2小匙番茄醬或海鮮醬

攪拌到混勻。鍋子放回爐火上，煨煮到汁液減少四分之一，而且濃稠到足以厚厚地裹住湯匙，約10分鐘。加入：

1又1/2杯熟蝦，剝殼挑除沙腸（約6盎司）

1杯冷凍青豆，退冰

加熱到將滾未滾首度冒泡，接著鍋子離火，蓋上鍋蓋，靜置5分鐘。加：

（1小匙雪莉酒）

（1/2小匙檸檬汁）

鹽，適量

1/4小匙白胡椒粉、黑胡椒粉或紅椒粉

調味。盛在：

塗奶油的熱吐司、圓麵包碗，或吐司籃內。

高湯和湯品

Stocks and Soups

一鍋在爐火上熬煮的湯永遠是家常料理的縮影。在從前「煮湯用的一捆」蔬菜和辛香草只要幾文錢，而且肉販還會免費送你大骨的年代，家庭廚子慣常會從頭自行熬高湯、煮湯品。

因為不是每個人都願意不嫌麻煩地花功夫熬湯頭，也因為湯品可以為一頓餐飯增添迷人滋味，所以手邊一定要隨時備有罐頭的、乾性的，或冷凍的湯底。它們把可以速成和還原的湯變成最方便的料理。沒有廚子受得了家裡沒有幾樣這些品質始終良好，而且往往很出色的產品。

| 關於高湯 |

骨董商看見閣樓裡蒙塵的小東西也許會喜出望外，真正的廚子看見更古怪的零碎小東西可會樂不可支：蘑菇柄、番茄皮、禽類骨架、西芹葉、魚頭和膝節骨。這些不過是高湯鍋中的寶——讓菜餚鮮活起來的神奇源頭——當中的少數幾樣。你會在製作湯品、醬汁、肉汁或肉凍的大多數食譜發現，高湯不可或缺。在法國，高湯又稱為**湯底**（*fonds*），可見它為菜餚很多打底的重要性。這些湯底不見得都要熬到非常濃稠，➡不過你可以實驗一下，嚐嚐把水換成高湯後菜餚如何顯現美妙的差別。➡需要長時間烹理的食譜若指明要加高湯，通常是指肉類高湯，因為蔬菜高湯和魚高湯煮超過三十分鐘，味道會變得不好。凡是好的高湯都有三個特色，那就是，滋味、湯頭厚度和清澈。這三樣當中，滋味最重要。

| 肉類和禽類高湯 |

高湯的製作幾乎和其他每一種烹理方式相反。它需要的不是幼嫩的東西，記住一點，成年動物的肉最有味道，再記住一點，它也不是要盡量把汁液留在烹煮的材料裡面，而是要從中萃取、提煉出每一滴滋味——以液態的形式。➡從冷水開始煮是第一步，這樣才能榨取精華。➡骨頭需要支解或剁切，而且要修除多餘的脂肪。

製作深色高湯時，將多肉的骨頭先烙煎或燒烤過可以增添滋味，但是進一步處理之前，一定要把釋出的油汁倒掉。➡要熬出醇厚的肉類高湯，每一杯瘦肉和骨頭僅用兩杯水，而且骨頭和肉的重量可能相當，用上這麼多肉時，只需加少許蔬菜便能為湯頭增添味道。

膠質可讓高湯醇厚順口。➡牛骨或仔牛骨，諸如膝節骨、肩骨和牛尾含有大量的天然膠質，這膠質在肉類高湯裡扮演著非常重要的角色。製作➡禽肉高湯時，脊骨、頸骨和翼骨都是很棒的膠質來源。話說回來，假使骨頭用量太多，高湯會變得黏稠。➡若想高湯清澈，不要把生的骨頭和熟的骨頭混在一起熬煮，➡若想高湯清澈，也不該把含澱粉或帶油脂的食物放入高湯鍋中。含澱粉的食物也很容易讓高湯迅速變質。

最多滋多味的高湯是用生食材和剛好淹過骨頭的足夠冷水熬煮出來的。高湯尚未熬好而湯面已降到食材表面以下，這時候才需要額外加水。依據食譜載明的液體和固體的理想比例，其實原則很簡單：➡熬煮過程中，固體一定要被液體淹蓋。加了調味料和香料後，➡鍋蓋不要完全蓋上，傾斜地掩著鍋面留個小縫隙，熬煮到你確定材料裡的精華已經被提煉出來，起碼要兩小時，如果用生骨頭去熬的話，最多熬個十二小時。如果你時間不多，可以用慢燉鍋熬高湯，或貝克版速成高湯，209頁。要讓提煉出來的湯汁保有極致的滋味，關鍵在➡文火慢熬。準備熬高湯的食材時，根據熬煮時間剁切骨頭和蔬菜——長時間熬煮切大塊，短時間則切小塊——好讓滋味被充分萃取。

熬高湯最重要的工具顯而易見——高湯鍋。最好的鍋型是窄口、深槽、厚底的鍋子，用這樣的鍋子來熬，水分不會蒸發太多，要撈除浮沫也較便利。一口八至十夸特容量的高湯鍋熬二至四夸特的高湯很理想，要是高湯的量更少也可以用更小型的鍋子來熬。只要確認鍋子大得足以容納所有固體以及高過食材表面兩吋的水。➡避免使用鋁鍋，鋁鍋可能會和食材起反應，影響到高湯的清澈度和滋味。

高湯的清澈度可不只是美感上的考量而已。➡熬出清澈高湯的祕訣，是一開始要用冷水，而且慢慢煮沸，一達到沸點就要馬上轉小火，讓湯汁將滾未滾。在熬煮過程中，湯面會浮上一層厚厚的渣滓。➡如果你要的是一鍋清澈高湯，一定要撈除浮到表面上的雜質、泡沫和油脂，尤其是熬湯的頭三十分鐘要格外留意。若不把這些從肉和骨頭來的雜質撇除，湯汁就會變得混濁。千萬不可以沸煮高湯，不然在液面形成的浮沫會融入湯汁裡。

熬煮的時間如果超過了建議的時間，湯頭會帶有不討喜的苦味。待所有的滋味和精華都已經從肉、骨頭和蔬菜徹底萃取出來後，高湯應該要過濾。假如不確定是否充分萃取完，從正在熬煮的湯裡撈出一根帶肉的骨頭，如果肉還有滋味的話，就再熬久一點。如果肉已經毫無滋味，骨關節已經分離，就可以濾出高湯了。➡假使濾出來的高湯滋味很淡，把油脂撇除，讓高湯輕快地微滾，使之稍微變稠，滋味濃縮。這個技巧，所謂的熬煮（reduction），可以製作出滋味更深沉的高湯。

| 高湯的調味 |

調味料➡應該加得保守，大約在湯汁達到將滾未滾而且浮沫被撇除之後的半小時左右。➡在熬煮的初期，鹽千萬別下太多。不管是在最初的烹煮或後續的烹煮——如果高湯被用來當食材——可觀的收汁過程會使得你幾乎無法判斷你需要的鹽量，而且就算鹽只是多加了一點點也很容易讓一鍋湯底整個報銷。假使高湯要貯存備用，鹽和調味料的作用會增強，如果用高湯做的菜餚有摻酒，鹹味也會增加。不過蔬菜高湯，倒是例外。

用辛香草料要謹慎——辛香草束☆，見「了解你的食材」，則是綁成一整束或用一方紗布包起來的荷蘭芹、百里香和用桂葉——而一整粒的香料，譬如胡椒粒、丁香、多香果（allspice）、肉桂和芫荽籽，也是，別加太多。加荳蔻、匈牙利紅椒和卡宴辣椒也要能少則少。做速成高湯時，則不需要把調味料綁成一束——連同蔬菜一併丟入鍋就行了。加兩或三粒丁香的洋蔥高湯很經典。胡蘿蔔、西芹、蘑菇和韭蔥也很常用。丟二或三片帕瑪森起司皮可以增添高湯的滋味和厚度。

純粹主義者也許會堅持，做魚湯只用魚高湯，燉牛肉只用牛肉高湯，其實雞高湯和蔬菜高湯也可以用來做魚湯和燉牛肉。當然啦，滋味濃郁的牛肉高湯和鹹香的白色仔牛高湯很值得你去做，假使你有時間的話。

| 過濾和貯存高湯 |

高湯熬好後，用細孔篩、鋪了兩層濕紗布或濕廚用紙巾或咖啡濾紙的濾器，過濾到另一口鍋子或耐熱的容器裡，並丟棄固體。要讓高湯清澈，把高湯舀出來，讓固體留在鍋底，或者用附有過濾套桶（spigot）的鍋子。過濾時若使勁擠壓固體可能會讓高湯變得混濁。別把高湯留在室溫下太久，因為高湯很容易讓細菌滋生。要冷卻高湯，可把沒加蓋的湯鍋半泡在冰水中。攪拌個幾次，一旦高湯涼了，➡緊密地蓋上鍋蓋送入冰箱冷藏。油脂會浮上表層凝成

過濾、冷卻和貯存高湯

固狀物，這也是個保護層，在你把高湯重新放到爐火上加熱之前，別把它撈除。參見「關於油汁」☆，見「了解你的食材」。

若要馬上除去高湯上的浮油，可把一張廚用紙巾平放在高湯表面，待它吸飽了油脂後撈起丟棄。需要的話重複幾遍。或者，也可以把一張廚用紙巾捲起來，拿其中一端撇過高湯表面吸收油脂，一旦末端吸飽了油，便用剪刀剪掉，重複這步驟幾次。另一個辦法是，是用吸管來吸附油脂。又或者，要去除少量高湯的油，可以用油脂分離器。

高湯冷藏可以放三至四天。如果要冷藏更久，冰三天之後撇除表層硬化的油脂，接著把高湯煮滾十分鐘，放涼後可以再冰上三天。

高湯冷凍可以放上六個月，把高湯裝進以品脫或夸特計量的塑膠容器內，或裝在冷凍專用夾鏈袋內冷凍。➠少量高湯也可以倒進製冰盒裡使之結凍，然後裝在夾鏈袋內冷凍。其他可能的貯存方法，參見以下「高湯的濃縮和膠汁」。

裝在「高湯專用」的塑膠夾鏈袋也要放冷凍庫。用一個袋子裝烤過的禽骨或燒肉，另一個袋子裝生的骨頭。也可以把晚餐剩菜丟進去，譬如剩下的一隻禽腿肉。➠要注意的是，生的骨頭和熟的骨頭不要混在一起，也不要加進油膩的食物。熬魚高湯用的任何魚骨、白肉魚、貝類的殼和剩菜也要保存在它們各自的袋裡。切剩的蔬菜和煮蔬菜的湯水也可以冷藏或冷凍。一些味道濃烈的煮菜水，譬如煮過甘藍菜、胡蘿蔔、蕪菁、和鮮豆或者含澱粉的蔬菜，也要另外貯藏，而且要用得保守。在加進其他材料前，先把湯汁煮滾。

澄化高湯（Clarifying Stock）

製作格外晶瑩剔透的清湯、肉凍，292頁，和膠凍湯，220頁，你會想把高湯澄化。這個技術可以去除混濁；方法II甚至可以讓滋味更濃郁，其成品就是更廣為人知的清湯。➠記得，將高湯澄化就是徹底去除油脂，而且千萬不能沸煮。

I. 每一夸特的高湯加：

1顆蛋白，稍微打散

1顆蛋殼，壓碎

假使高湯還沒完全冷卻，仍然是溫溫的，每一夸特也要加入少許冰塊。把蛋白和蛋殼以及冰塊，如果有加的話，攪進高湯裡攪勻。轉非常小的火，把高湯煮到將滾未滾，其間不要攪拌。隨著高湯的溫度上升，蛋白會在湯面上形成厚度超過1吋、像硬殼似的厚重泡沫。毋需撈除，只要輕輕地把它從鍋子的一邊撇開。從這小小的隙縫，你可以看見正在煨煮的高湯的動靜，以確保湯汁沒有沸煮。持續熬個10至15分鐘，小心地讓鍋子離火，靜置10分鐘至1小時。

在篩網上鋪上稍微潤濕的紗布，然後置於一口碗的上方。將浮渣硬殼推到一邊，小心地把高湯舀進篩網裡，從紗布濾過。不加蓋地放涼之後，密封起來冷藏。

II. 約6杯

蔬菜料可使這湯頭的滋味比方法I更濃。它可以用在需要把高湯澄化的食譜裡，也可以自成一道清湯。
在食物調理機裡混勻：
1小顆沒剝皮的洋蔥，切4瓣
1根小的胡蘿蔔，切成2吋長小段
1枝小的西芹梗，切成2吋小段
2大匙荷蘭芹葉
1/2小匙百里香葉
絞成粗粒。接著放入：
1磅無骨去皮雞胸肉，修切脂肪並將之切成2吋小塊，或1又1/2磅牛後腿肉或臀肉排，修切肥脂並切成1吋小塊
再絞到成碎粒。放到一口大碗中。加入：3顆大的雞蛋蛋白
攪勻。徹底去油。在一口湯鍋裡以小火加熱：
8杯禽肉高湯，家常牛高湯，或褐色牛高湯
拌入蔬菜混料，慢慢地以小火煮到將滾未滾，千萬不要沸煮，其間偶爾攪拌一下，刮一刮鍋底以避免燒焦，煨煮到蛋白泡沫浮上表面，約30分鐘（在高湯達到將滾未滾後，小心不要再攪動它）。待蛋白浮沫開始變硬，用木匙在中央挖開一個小洞。繼續以小火慢煨，煨到蛋白浮沫變得硬實，約再30分鐘。然後鍋子離火。在篩網裡鋪稍微潤濕的紗布，放在一口大的碗或容器上方。輕輕地把浮沫推到一邊，把高湯舀進篩網裡，濾入容器內。按上述冷卻並貯存。

高湯的濃縮或膠汁（Reducing Stocks Glazes）

膠汁，也就是一般所謂的濃縮高湯，是把肉類高湯不加蓋地文火慢熬，熬到稠度像糖漿似的足以附著匙背。➡這般的濃縮，通常是把高湯熬煮到變成原來的量的百分之10至15。密封起來放冷藏室或冷凍庫可保存好幾個月。一旦有時間熬高湯，當我們要對醬汁、湯品或其他菜餚加以調味和修潤時，這種膠汁非常好用。參見「關於釉汁」*，340頁，以及「關於褐醬」*，297頁。

肉膠汁（Meat Glaze）

準備：
褐色牛高湯，如下，淡色仔牛高湯，如下，或褐色禽肉高湯
將高湯徹底去除油脂，倒入一口中型醬汁鍋，以中大火加熱。把高湯煮到滾，撇去浮沫。待高湯開始變稠，把火轉小以免燒焦。一旦膠汁可以附著匙背便是熬好了，需2至4小時。鍋子離火，膠汁用碗或其他容器盛起來放涼。膠汁會凝固，感覺起來具有橡膠的質地。包覆起來並冷藏，或者切成相當於1大匙或更多的量的塊狀，裝入夾鏈塑膠保鮮袋冷凍起來。

褐色牛高湯（Brown Beef Stock）（4至8杯）

請參閱「肉類和禽肉高湯」，199頁。
烤箱轉220度預熱。在一只稍微抹油的烤盤內將：
5磅帶肉的牛骨
烤15分鐘，加入：
2顆未剝皮的洋蔥，切4瓣
2根胡蘿蔔，切成2吋小段
2枝西芹梗，切2吋小段
繼續烤，偶爾拌一拌，以免蔬菜烤焦，烤到骨頭充分焦黃，約再40分鐘。然後移

到高湯鍋中。仔細地把烤盤內的油脂倒掉，留下焦糖化的烤汁。在烤盤內倒進：
2杯冷水
刮起烤盤上的焦脆精華，然後把湯汁液倒進高湯鍋裡，連同：
冷水，要淹過骨頭和蔬菜
轉中火慢慢煮到滾，然後馬上轉小火慢熬，加蓋但不要密合，留個縫隙，不時撇除浮沫，約30分鐘。接著放入：
1根韭蔥，對半縱切後切成2吋小段
1束綜合辛香草☆，見「了解你的食材」，包括1粒丁香
不加蓋地熬煮6至8小時，經常撇除浮沫，需要的話加水淹蓋食材。熬好後濾出高湯，不加蓋地放涼，然後蓋上鍋蓋冷藏。要用之前再去除表面的油脂。

家常牛高湯（Household Beef Stock）（約4杯）

在一口大的醬汁鍋裡放入：
2杯吃剩的瘦肉和骨頭
冷水，淹過肉和骨頭表面
煮到剛好達到沸點，便馬上轉小火，不蓋鍋蓋熬30分鐘，其間要經常撇除浮沫。放入：
1杯切好的蔬菜和辛香草：胡蘿蔔、蕪菁、西芹、荷蘭芹等等
1顆小的未剝皮洋蔥，切碎
1杯切碎的番茄、4顆黑胡椒粒
1/2小匙糖、1/2小匙鹽、1/8小匙西芹籽
繼續熬煮，加蓋但不要密合，留個小縫，熬個兩小時，需要的話加水進去，淹過食材，並且撇除浮沫。濾出高湯，不蓋鍋蓋地放涼，然後加蓋冷藏。要用之前再除去表面油脂。

淡色仔牛高湯（Light Veal Stock）（約8杯）

請參閱「肉類禽類高湯」，199頁。製作褐色仔牛高湯，從製作褐色禽肉高湯，的燒烤步驟開始，把雞肉換成仔牛肉即可。
利用方法II☆，見「烹飪方式與技巧」，汆燙：
4磅仔牛膝節骨
5分鐘，瀝出後，加：
冷水，淹過骨頭
慢慢煮到滾，然後馬上轉小火熬煮，不用加蓋，熬煮大約30分鐘，不時撇除表面浮渣。接著放入：
1顆中的未剝皮洋蔥，切碎
3枝西芹梗，切碎
1根中的胡蘿蔔，切碎
1束綜合辛香草
8顆白胡椒粒
6顆丁香
繼續熬，蓋上鍋蓋但不密合，留個縫隙，不時撇除浮渣，熬煮大約2又1/2至3小時，或熬到湯汁的量減少一半。濾出高湯，不加蓋地放涼，然後加蓋冷藏。使用之前或冷凍之前再除去油脂。

禽肉高湯（Poultry Stock）（約10杯）

請參閱「肉類和禽肉高湯」，199頁。在一口高湯鍋內以中火混合：
4至5又1/2磅禽肉塊，或1隻4至5又1/2磅的整隻禽鳥
冷水，淹過禽肉
慢慢煮到滾，然後馬上把火轉小，不加蓋地熬煮大約3小時，其間經常撇除浮渣。接著放入：
1顆未剝皮洋蔥，粗切
1根胡蘿蔔，粗切

1枝西芹梗，粗切
8顆黑胡椒粒或白胡椒粒
1束綜合辛香草☆，見「了解你的食材」
（2顆丁香）

熬3至4小時，蓋上鍋蓋但不密合，需要的話加水進去，經常撇除浮渣。熬好後濾出高湯，不蓋鍋蓋放涼，然後加蓋冷藏。要用之前再除去表面浮油。

褐色禽肉高湯（Brown Poultry Stock）（約6杯）

請參閱「肉類和禽肉高湯」，199頁。
烤箱轉220度預熱。把烤盤抹上薄薄一層油，在準備好的烤盤內放：
熬禽肉高湯所需的禽肉和蔬菜，如上述
烤到充分焦黃，約1小時，其間偶爾攪拌一下。接著把雞肉和蔬菜移到高湯鍋內。在烤盤內倒入：1杯水
刮起盤底脆渣精華，然後把汁液倒入高湯鍋中，連同：
水和1束綜合辛香草
按上述方法繼續。

慢燉鍋高湯（Slow-Cooker Stock）

在6夸特容量的慢燉鍋裡放入要熬煮的
禽肉高湯；褐色牛高湯；或蔬菜高湯
所有食材，熬雞肉的話，低火力慢煨8至10小時，牛肉的話，至少6小時，熬蔬菜高湯的話，不要超過4小時。熬好後，濾出高湯，不加蓋地放涼，然後蓋鍋蓋冷藏。使用之前再除去浮油。

家常禽高湯（Household Poultry Stock）（3至20杯）

當你有吃剩的雞肉、鴨肉或火雞肉，可以試著做這道高湯。使用的禽肉量最少3磅，最多25磅。盡量用大量的大骨架來熬。
在鍋中放入剁成小塊的：
1副煮熟的雞骨架、鴨骨架或火雞骨架
冷水，淹過骨頭
慢慢煮到滾，然後馬上把火轉小。不蓋鍋蓋，熬煮約30分鐘至1小時，不時撇除浮渣。接著加入：
1至2枝西芹梗，切碎
1至2顆大的未剝皮洋蔥，切4份
1至2根胡蘿蔔，切碎
4至8顆黑胡椒粒
1束綜合辛香草
繼續不蓋鍋蓋熬煮，1至1又1/2小時。熬好後，濾出高湯，不加蓋放涼，然後加蓋冷藏。使用之前再去除浮油。

羔羊高湯（Lamb Stock）（7杯）

別在需要用禽肉或其他肉類的食譜裡用上羔羊肉，因為羔羊肉的鮮明滋味會壓過其他的味道。準備褐色牛高湯，略過牛肉的部分，改用2磅羔羊肩排，充分修切過。洋蔥、胡蘿蔔、西芹和水的用量都減半；省略韭蔥。按說明操作，熬3小時。

野味高湯（Game Stock）（約8杯）

依照褐色牛高湯的做法來做，把牛骨換成5磅鹿肉或其他野味的骨頭。把2杯水換成1杯不甜的紅酒，並放入8顆杜松子。並在綜合辛香草束裡添加幾枝新鮮百里香和迷迭香。按說明操作。

| 魚高湯和魚原汁 |

魚高湯的做法如同其他的基本高湯。冷水淹過食材並以文火慢熬**魚原汁**，滋味更濃厚的魚高湯，首先要進行「出水」，或者說用少量的油來煎魚骨和蔬菜丁，以提煉出滋味來。加進白酒和水之後，食材在熬煮過程會產生醇厚的濃縮汁液。➠如果高湯講求清澈度，那麼要選用魚高湯，魚高湯味道較淡而清澈，而不是選用魚原汁。

熬魚高湯和魚原汁所需的時間比較少——約三十至四十五分鐘——但所需的火力相對上也比熬肉類或禽肉高湯來得大一些。用魚頭和魚骨來熬滋味最好，這些東西可以在魚舖子要得到。要是你在魚舖上沒看到這些，不妨直接開口問，或者事先預訂。魚頭和魚骨聞起來一定要新鮮，熬煮之前一定要清洗乾淨，清除所有的血絲和內臟。魚頭尤其滋味豐富，若想要味道溫和的萬用高湯，➠避免用味道強烈的油腴魚類的頭或切修肉塊，譬如鯡魚、鯖魚、鰩魚、鯔魚★，73-83頁。➠只在製作佐鮭魚的醬汁時用鮭魚做的高湯。

如果無法弄到魚骨，用廉價的整條魚來熬，譬如鯛魚類。蝦、蟹和龍蝦的殼可以加到魚高湯裡，增加湯頭的鮮美，平常不妨把這些收集起來放在冷凍庫裡，等到量夠多時取出來熬湯。參見蝦高湯。速成魚高湯。

魚高湯（Fish Stock）（約10杯）

在一口高湯鍋裡開中火混合：

2磅魚頭和魚骨，或整尾魚，去肚、去鱗、沖洗乾淨並瀝乾

1顆小的未剝皮洋蔥，切片

1枝大的韭蔥，徹底洗淨並切片

（1/2顆球莖茴香，切片）

（1至2顆蒜瓣）

（1杯不甜的白酒）

（1小匙新鮮檸檬汁）

冷水，淹過食材

1束綜合辛香草☆，見「了解你的食材」

煮到滾，然後馬上把火轉小，不蓋鍋蓋，熬20至30分鐘，其間經常撇除浮渣。濾出高湯，不加蓋放涼，然後加蓋冷藏。

魚原汁（Fumet）

在一口高湯鍋裡以中小火融化2大匙奶油。蔬菜下鍋煮5分鐘，再下魚頭和魚骨，拌炒個一兩次，煮到骨頭開始變得不透明，約再5分鐘。千萬別把蔬菜或魚骨炒焦。倒進白酒、檸檬汁、冷水和綜合辛香草束，繼續按熬煮魚高湯的方法進行。

蝦高湯（Shrimp Stock）（約5杯）

請參閱「關於魚高湯和魚原汁」。若希望湯底清澈，略過番茄糊。

在一口高湯鍋裡以中大火加熱：

2大匙蔬菜油

放入：
4杯生蝦殼（來自2磅的蝦子），洗淨並瀝乾
1顆小的未剝皮洋蔥，切薄片
1根小的胡蘿蔔，切薄片
1枝西芹梗，切薄片
偶爾拌炒一下，煮到蝦殼呈明亮的粉紅，而且香味四溢，約5分鐘，接著拌入：
（2大匙番茄糊）
再加：
冷水淹過食材
1片月桂葉
1又1/2小匙稍微壓碎的黑胡椒粒
（少量的保樂茴香酒或1/4小匙茴香籽）
煮到幾乎滾沸，轉小火，蓋上鍋蓋但不密合，留個小縫，熬20分鐘，偶爾撇除浮渣。熬好後，濾出高湯，按壓蝦殼以擠出所有汁液。不加蓋放涼，然後加蓋冷藏。

鰹魚高湯（Dashi）（約4杯）

傳統日式料理的湯底之一，也是味噌湯的重要成分。這種高湯是由兩種食材快速製成——昆布，或海帶，以及鰹節，或柴魚片，也叫做燻魚片——這兩樣都可以在亞洲超商或健康食品店找到。湯料不可滾太久或煮太久，而且冷凍也不能保存太久。如果要重新加熱，不要煮滾。
在一口醬汁鍋裡以大火混合：
1片5×4吋海帶（昆布）
4又1/2杯冷水
煮到幾乎沸滾，鍋子馬上離火，並拌入：
1/3杯柴魚片（鰹節）
靜置一下，直到柴魚片開始下沉，約2至3分鐘。撈除昆布，馬上濾出高湯。不加蓋放涼，然後蓋上鍋蓋冷藏。4至5天內用畢。

關於蔬菜高湯

製作蔬菜高湯時，你的目標是要把蔬菜的滋味完全提煉出來。用蔬菜的量的一倍半至二倍的水來熬。如同你要把那些蔬菜吃下肚一樣地準備蔬菜——洗、搓或削，視需要而定，並且挑除撞傷或壞掉的部分。洋蔥則例外：洋蔥皮可以保留，可為高湯增添色澤。除了以下的標準食譜之外，蔬菜高湯可以任你隨興變化，好的添加物包括馬鈴薯、玉米穗軸、新鮮辛香草、薑、大蒜、韭蔥和幾大匙生扁豆。煮蔬菜的水也很好用。➔若想更快速而且讓滋味加倍，不妨把蔬菜放入攪拌機或食物調理機絞碎。

蔬菜的種類和多寡要和其他味道取得平衡，可能的話，➔根據會使用到該高湯的菜餚來挑選高湯。舉例來說，用薑和大蒜來提味的高湯適合很多亞洲食譜。用甘藍菜、白花椰菜和青花菜熬的高湯是做羅宋湯的寶，用在雞湯裡則是一場災難。我們發現四季豆或豌豆除非用在青豆湯裡，否則會壞了一鍋湯。太多的胡蘿蔔或歐洲防風草會讓湯頭太甜；我們喜歡加一小顆蕪菁來抵銷胡蘿蔔的甜味。➔該避免的蔬菜包括茄子和大多數味道強烈的青菜。

熬高湯時要帶出蔬菜滋味的方法有幾個。其一是用奶油溫和地煎炒蔬菜；另一個方法是把蔬菜放到肉類高湯裡煮。你也可以加一點焦糖化的糖☆，見「了解你的食材」，到高湯裡增添色澤，只要湯頭喝不出來有加糖。

一般來說，五杯蔬菜兌六杯的水可以熬出大約三至四杯高湯。熬蔬菜高湯所需的時間不到一個半小時。事實上，煮過頭會破壞了它細緻的味道。我們不建議將蔬菜高湯加以濃縮。

蔬菜高湯（Vegetable Stock）（約4 杯）

在一口高湯鍋裡以中大火加熱：
1大匙蔬菜油或奶油
油熱後放入：
1/2杯切細碎的洋蔥和洋蔥皮
2杯切丁的西芹，連葉子一起
（1杯萵苣絲）
1/4杯切碎的胡蘿蔔、1/4杯切碎的蕪菁
1/4杯切碎的歐洲防風草
（蘑菇的修切殘片或番茄皮）
1/2小匙鹽、1束綜合辛香草☆，見「了解你的食材」
少許白酒、少許紅椒粉
拌炒拌炒，直到軟化，再放入：
冷水淹過食材
煮到滾，蓋上鍋蓋但不要密合，留個小縫，熬煮1又1/2小時，或熬到蔬菜非常軟爛。濾出高湯，按壓蔬菜擠出汁液，不加蓋放涼，然後加蓋冷藏。使用之前再去除表面油脂。

香濃蔬菜高湯（Rich Vegetable Stock）（約4杯）

在一口大的平底鍋以中大火加熱：
2大匙蔬菜油
放入：
8盎司蘑菇或蘑菇柄（約3杯）
1顆未削皮洋蔥，切4瓣
2根胡蘿蔔，切2吋小段
4顆蒜瓣，去皮壓碎
1顆小的蕪菁，去皮切2吋小段
偶爾拌炒一下，煮到充分焦黃。把蔬菜倒入高湯鍋，在熱平底鍋裡倒入：
1杯冷水
刮起鍋底脆渣精華，溶解後倒進高湯鍋，連同：
冷水，淹過食材
1束綜合辛香草，包括1小撮紅椒碎片
不蓋鍋蓋慢慢熬到蔬菜非常軟爛，45至60分鐘。需要的話，撇除浮渣。濾出高湯，按壓蔬菜擠出汁液。不蓋鍋蓋放涼，然後加蓋冷藏。

| 關於市售高湯 |

當你沒有足夠的時間從頭熬高湯，最好的辦法就是買市售的高湯、肉湯、清湯或蛤蜊汁。這些食櫃裡的常備品，一開罐就可以直接使用，或者稍微加工一下來提味。煸炒一下胡蘿蔔、洋蔥或西芹，然後放入高湯裡煨個幾分鐘再濾出高湯。最好是用減鈉或低鈉的產品，因為鈉和味精的含量越少，廚子越可以

放手調味。不論如何，大多數市售高湯用來做醬汁都不是那麼理想，因為醬汁靠的是滋味繁複濃厚的湯底。試試各種市售的高湯，直到你找到合意的，而且要記得，價格的高低不見得反映出滋味的好壞。濃縮的高湯底一般而言含有的鈉和防腐劑較少，可以做出不錯的湯品。我們不建議用高湯塊。也請見「關於速成湯『樂土』」，252頁，參考以罐頭湯品為基底的湯類食譜。

貝克版速成高湯（Backer Express Stock）（約4杯）

若用牛高湯或牛清湯，省略內臟的部分。
在一口大型醬汁鍋裡混合：
3罐14又1/2盎司減鈉雞高湯或牛高湯或清湯
（手邊有的任何雞內臟、修切的部分或骨頭）
綜合辛香草的材料（不需綁成一束）
在食物調理機裡放入切成1吋的：
1小顆未剝皮洋蔥
1小根胡蘿蔔
1小枝帶葉的西芹梗
（1根韭蔥，只取白色部分，徹底洗淨；或3根青蔥，修切過）
（1顆蒜瓣）、（1/2杯不甜的白酒）
（1大匙醬油）
絞打成碎粒後倒入鍋中。以中大火煮到幾乎滾沸，轉小火溫和地熬煮約莫30分鐘，撇除浮渣。熬好後濾出高湯，不蓋鍋蓋放涼，然後加蓋冷藏。使用之前再除去表面浮油。

速成魚高湯（Express Fish Stock）（約3杯）

使用蛤蜊汁、絕不會失手的魚高湯。
在一口中型平底鍋裡以中小火加熱：
1又1/2小匙橄欖油
放入：
1杯切細碎未剝皮的洋蔥或韭蔥，徹底洗淨
1/2杯切細碎的胡蘿蔔
煎炒到變軟，再加：
1/2杯苦香艾酒或不甜的白酒
拌炒約1分鐘，繼而再拌入：
4瓶8盎司的蛤蜊汁
（修除的魚肉碎片）
（1/4顆檸檬）
1束綜合辛香草
熬煮20分鐘，偶爾攪拌一下，撇除浮渣。濾出高湯，不蓋鍋蓋放涼，然後加蓋冷藏。

快煮湯底（Court Bouillon）（約8杯）

快煮湯底是短時間（*court*是法文，意思是「短」）便能煮好的調味湯汁；其食材組成很多樣。快煮湯底本身不是真正的清湯或高湯，而是可以進一步做成高湯的原型。有時候它們只當作汆燙或烹煮的介質，隨即便被丟棄，譬如用來煮蔬菜，其目的是為了保存蔬菜的色澤或溶濾掉蔬菜裡不討喜的味道。有時候它們是液體的儲存介質，儲存用它們煮的食物，譬如希臘風味綜合蔬菜，411頁。也可用來當汆燙食物的汁液或者煮魚肉的熱醃煮汁液。用來煮味道細緻的魚類時，魚肉撈起後，即成了魚原汁或魚高湯。你可以把這湯底冰上幾天，改天再用來烹煮另一尾魚，或者過濾後用來取代魚高湯。
將：3磅的魚，去鱗清理過
用：新鮮檸檬汁

搓揉搓揉。與此同時，在一口大的醬汁鍋裡把：8杯水
煮開，放入：
1/2片月桂葉、1/4杯切碎的洋蔥
1/4切碎的西芹、1小顆洋蔥，塞入2顆丁香
1/2杯雪莉醋或1杯不甜的白酒
1小匙鹽
（幾枝荷蘭芹或1束綜合辛香草）
當混合液煮滾，投入魚肉，馬上把火轉小。不蓋鍋蓋煨煮魚，煮30分鐘，或煮到軟。撈除月桂葉，瀝出魚肉食用。

| 關於肉湯（broth） |

說了這麼多，你一定很想問，什麼是家常肉湯？肉湯是煮過肉、禽肉、魚類、貝類或蔬菜的湯。不像高湯，肉湯「本身」就像湯品一樣是可以喝的湯，雖然它也可以是食譜的一個成分。由於肉湯沒有高湯所含的膠質，它不適合熬煮稠化，也不適合用來做繁複的醬汁或肉類膠汁。肉湯應該有漂亮的金黃色澤或琥珀色澤，以及均衡的滋味和細緻的香氣。選用多肉的骨頭來做肉湯；若是做禽肉或雞肉湯，用老母雞或熟成野禽熬出來的雞湯滋味最醇厚。熬煮蔬菜湯在蔬菜的挑選上沒有一定的規則，不過良好的組合包括胡蘿蔔、蕪菁、歐洲防風草、韭蔥、西芹、蘑菇和番茄。肉湯搭配很多添加物都很對味，譬如薑、檸檬香茅、大蒜、紅蔥頭或野蕈。至於清湯的盤飾，見254頁。

雞肉湯（Chicken Broth）（約12杯）

在一口高湯鍋裡以中火混合：
1隻3又1/2至4磅的雞，切塊
冷水淹過雞肉
煮到幾乎滾沸，把火轉小，文火煨30分鐘，不時撇去浮渣。在一台食物調理機裡把：
1顆中的未剝皮洋蔥，切8份
1根胡蘿蔔，切2吋小段
1枝西芹梗，切2吋小段
絞成碎末，把蔬菜碎末放入鍋中。不蓋鍋蓋，熬煮到雞肉變熟，約再40分鐘。把雞肉塊撈起並保存。濾出雞湯，不蓋鍋蓋放涼，然後蓋上蓋子冷藏。使用之前再去除表面浮油。

牛肉湯（Beef Broth）（約4杯）

在一口高湯鍋裡以中火加熱：
1又1/2磅無骨牛肩胛肉，切成1吋方塊，並且放入食物調理機內絞成粗粒
5杯冷水
煮到幾乎滾沸，接著把火轉小，熬煮30分鐘，其間不時撇除浮渣。然後再加：
1顆中的未剝皮的洋蔥，切1吋方塊
1枝大的韭蔥，徹底清理並切碎
1根胡蘿蔔，切2吋小段
1大匙番茄糊
5枝荷蘭芹梗、1/2小匙乾燥的百里香
3顆黑胡椒粒，稍微壓碎、1顆丁香
不蓋鍋蓋，繼續再熬1小時。熬好後濾出湯汁，不蓋鍋蓋放涼，然後加蓋冷藏。使用之前再除去浮油。肉湯會油水分離，所以喝之前要攪動一下。

蛤蜊湯（Clam Broth）（約2杯）

請參閱「關於蛤蜊」*，12頁。這湯趁熱喝很美味。它也可以冷凍成雪泥，盛在小巧玻璃杯佐上檸檬角。蛤蜊本身可以用在各式海鮮料理*，4頁。

在鍋裡放入：

24顆小頸蛤（littleneck clams），刷洗乾淨

3又1/2杯水、雞高湯或雞湯，或番茄汁

1/2杯切碎的未剝皮洋蔥

1枝帶葉的西芹梗，切碎

1小撮紅椒粉

蓋緊鍋蓋蒸蛤蜊，蒸到全部開殼。撈起蛤蜊，湯汁用潤濕的雙層紗布濾過，以去除泥沙。喜歡的話，把湯汁加熱，摻溫熱的鮮奶油或香濃牛奶稀釋。加：

鹽和黑胡椒

調味，在湯面上放一匙：

（沒有甜味的發泡鮮奶油或酸奶）

並且／或者撒上：（蝦夷蔥末）

蔬菜湯（Vegetable Broth）（約3又1/2杯）

可濾出湯汁來喝，或連蔬菜一併食用，冷熱皆宜。

在一口大醬汁鍋裡以中火融化：

3大匙奶油

放入：3杯或更多的熬湯用的切碎蔬菜

文火煮5分鐘，別讓蔬菜燒焦。接著倒入：

4杯滾水，或滾水和番茄或番茄汁的混合

蓋上鍋蓋但不密合，留個小縫，熬煮1小時。加：

鹽和黑胡椒

（1大匙醬油）

調味。

蘑菇湯（Mushroom Broth）（約6杯）

在食物調理機裡放入：12盎司蘑菇

攪打成細末。在一口大醬汁鍋裡混合：

6杯禽肉高湯，雞湯，如上，或牛清湯

熬15分鐘，蓋上鍋蓋但留個小縫。濾出高湯，喜歡的話，可以勾芡，214頁。趁熱喝。在每一杯裡摻：

1小匙不甜的雪莉酒（總共2大匙）

| 關於湯品 |

自製高湯和肉湯無疑是最棒的湯底。不過若是沒時間或沒興趣自己熬高湯，我們會說，「不管你用的是哪種高湯，儘管『洗手作羹湯』，不要遲疑。」喝湯令人飽足、舒坦而且操作上相對簡單。若是時間真的很緊迫，試試我們的速成湯品，252-254頁，那些都是用罐頭湯和冷凍食材做的，但成品很不賴。

有些湯要喝熱的，有些喝冷的，有些冷熱皆可。供應熱騰騰的湯，可以用加熱過的湯碗、湯杯、湯盅或附蓋的碗來盛。冷湯應該要充分冰涼，而且用冰過的碗或盤來盛——尤其是凝膠狀的湯，因為含有的膠質相對較少，所以很快就會溶化。冷湯而非凝膠狀的湯，可以用攪拌機快速做好，送入冷凍庫短暫冷卻。然而不管是哪種方法做出來的，湯如果當作開胃菜，它應該和下一道菜

互補或對比。在不正式的場合，湯可以裝在高筒壺裡冷藏，上菜時直接從壺裡倒到冰鎮過的碗或盤中。➠當前菜可考慮一杯的量，當主菜則考慮一杯半至兩杯的量。有些經典的菜餚——新英格蘭晚餐★，188頁，和匈牙利牛肉湯（Hungarian Goulash）——介於湯品和燉菜之間。

在這一章裡，有些湯被打成泥好讓口感滑順；有些則是部分打成泥，以增添綿密的質地。要把濃厚的湯打成泥，**食物調理機**格外好用。使用時小心別裝得過多，否則液體會從底部滲出來或滿出來。這要看你的食物調理機的大小，最好是分批把湯打成泥。或者，你也可以用剛剛好夠多的水，把固體食材打成泥而不會沾黏在刀葉上，然後再把泥倒回鍋內攪勻。要把較稀薄的湯打成泥，**攪拌器**（blender）的效果最好。➠攪拌熱湯時，攪拌器不要裝超過三分之一滿，把一條廚巾壓在上蓋上，從低轉速開始打，然後漸次增加轉速**手持沉浸式攪拌器**（hand-held immersion blender）分外便利。攪拌頭浸到湯裡，打開開關，在湯裡邊攪打邊移動，打到湯汁達到你要的質地。固體食材一定要非常軟爛，沉浸式攪拌器才打得動，而且它無法攪打出十足絲滑的質地，但是對於只需把部分食材打成泥的湯，譬如某些豆類湯品，它是絕佳的工具。**食物研磨器**（food mill）則是用在湯裡的食材已經煮到相當軟爛的情況下。食物研磨器把食材打成泥的同時也可以過濾殘渣，其交替削磨的刀葉有助於廚子控制湯最後的質地。

手持沉浸式攪拌器，食物研磨器

湯品只要妥善密封，冷藏沒問題，而且大多數靜置後滋味更好。水果湯以及用紅肉、禽肉、牛奶、鮮奶油、蛋、蔬菜或豆莢類做成的湯至多可以放上三天。用魚肉和海鮮做的湯則是例外；其細緻的味道在剛煮好時品質最佳。湯徹底放涼再冷藏，而且要密封。➠只要不含蛋、海鮮或起司，所有的湯品都可以冷凍。冷凍時裝在標上標籤的密封保鮮盒裡，➠湯面距上蓋留一吋半的膨脹空間。如果湯裡包含大塊蔬菜料——譬如根莖類蔬菜——沒有冷凍徹底，可以在解凍後打成泥，然後加足夠的高湯或牛奶使之鬆散些。假使家務繁忙，做為主菜的湯品以單人份包裝冷凍很方便。

▲在海平面上二千五百呎，湯需要的烹煮時間比這裡的食譜所指示的更長，因為液體的沸點比較低。

| 湯的調色 |

湯如果加進了番茄皮、烤洋蔥皮或焦糖化的洋蔥一起煮，而且肉的用量很多的話，湯應該會呈現好看而濃郁的顏色。少許的醬油或日本醬油（tamari sauce），一丁點味噌或市售的半釉汁（demiglace）也都能增添色澤。需要的話也可以加焦糖☆，見「了解你的食材」。我們不推薦市售的湯品調色劑，因為它不自然的明顯香味會蓋過湯的細緻滋味。也請參閱「關於蔬菜高湯」，207頁。

| 湯的調味 |

湯和用來做湯底的高湯或肉湯一樣滋味豐富。➡請參閱「關於高湯」，199頁，以及「高湯的調味」，201頁。在湯裡加一點葡萄酒通常可以提味，不過➡加了葡萄酒的湯，小心別加太多鹽，因為酒會強化鹹度。➡完成煮湯的初始階段後，也就是進入小火慢熬的階段時，再把酒加進湯汁裡，這樣酒精才能揮發掉，滋味才能融合。用牛肉或牛尾來煮味道濃烈的湯，可以摻不甜的紅酒來提味，而不甜的白酒可以增添魚、蟹或龍蝦濃湯或巧達湯的風味。➡一夸特的湯加四分之一杯至半杯酒。加烈酒，譬如半甘型的雪莉酒或馬德拉酒，摻入小牛湯或雞湯裡非常對味，而且應該在要喝之前才加，而寶石紅波特酒或陳年波特可以加進味道濃烈的野味湯或野味高湯裡。若要在含有鮮奶油或雞蛋的湯裡加葡萄酒，請見個別食譜。➡加了酒之後千萬不要把湯沸煮。

啤酒可以讓豆類、甘藍菜或蔬菜湯更醇厚。➡每三杯湯用一杯啤酒。起鍋之前，把呈室溫的啤酒加進湯裡。然後把湯熱透，➡千萬別沸煮。

要提升湯裡蔬菜的滋味，先用奶油把蔬菜稍微煸炒一下——見蔬菜丁清湯，215頁——或放入肉類高湯裡煮。你把蔬菜加進湯裡當配菜，不是要讓蔬菜軟化釋出汁液，而是要讓它們充滿滋味。假使你用來當配菜的蔬菜味道強烈，像是甜椒或洋蔥，先把它們汆燙一下。不論做什麼湯，在湯裡加少量的鹹豬肉、後膝火腿（ham hock）或幾片培根可以讓湯更鮮美醇厚。

| 撇除湯面的浮油 |

至於撇除高湯的浮油，有三種簡單的方法。把湯送入冷藏，油脂會凝結在表面，很容易用湯匙撇除。或者將一張廚用紙巾攤平浮在熱湯表面，待它吸飽了油脂後便撈起丟棄。或者把一張廚用紙巾捲起來，用一端撇過湯的表面吸收油脂，如圖示。一當末端吸飽了油脂，便把那末端剪掉，並重複這道手續。

用捲起來的紙巾撇除湯面的浮油

湯的芡料（Thickeners for Soups）

蛋黃是最棒最濃郁的芡料，但是一定要在起鍋前才加。加的時候要注意，湯的溫度不要太燙。請參閱「關於蛋類的食用安全須知」☆，見「了解你的食材」。

I．讓每一杯湯含有：
1粒蛋黃，加1大匙鮮奶油或雪莉酒打散
為了避免蛋液凝結，加少量的熱湯到蛋液裡攪勻，再把混液倒進熱湯裡。當你使用以蛋為底或鮮奶油為底的芡料，芡料下鍋後湯的熱度一定要保持在沸點以下。

II．讓每一杯湯含有：
2粒呈米糊狀的全熟蛋黃，324頁
起鍋前最後一刻才加，千萬別把湯煮滾。

III. 對於膳食不摻麵粉的人，這是一個好芡料。讓每一杯湯裡含有：
3大匙磨碎的生馬鈴薯
起鍋前約15分鐘，直接把馬鈴薯磨進湯裡，煨煮到馬鈴薯變軟爛，變成芡料起作用。

IV. 這方法適用於加了澱粉類蔬食的湯，譬如乾豆、豌豆或扁豆。這份混合物可以讓大約3杯濾過的滾湯變稠。混勻：
1大匙融化的奶油
1大匙中筋麵粉
摻入少量的：
冷水、高湯或肉湯、或牛奶
起鍋前拌入滾燙的湯裡，煨煮至少5分鐘。

V. 用麵粉來增稠，要先加冷水做成麵糊。讓每一杯湯含有：
1又1/2小匙中筋麵粉
用大約是麵粉兩倍的：
冷高湯或肉湯、牛奶或水
拌成麵糊，然後徐徐倒入滾沸的湯裡。不時攪拌。煮5至10分鐘，其間要攪拌一下。

VI. 製作油糊★，280頁。讓每一杯湯含有：
1又1/2小匙奶油
1又1/2小匙中筋麵粉
把湯倒進奶油和麵粉的混合物，不時攪拌直到滑順而且滾沸。

VII.你也可以把吃剩的熟蔬菜打成泥當湯的芡料。額外的一些讓湯增稠的方法包括加進乾麵包屑、濃的鮮奶油或酸奶，以及白醬★，291頁。麵條、水餃和煮熟的穀物譬如米飯，可以讓清澈的湯變得有稠度。在烹煮的最後一小時把生穀物加進湯裡。湯若要稍微帶點稠度就好，讓每一杯含有大約：
1小匙大麥
1小匙米
1小匙燕麥
1/2小匙木薯粉（tapioca）

| 煮湯的肉 |

浸在➡冷水裡並長時間煨煮的任何禽肉或紅肉，肉汁精華肯定會流進湯汁裡，但還是有些許營養價值留在肉裡，肉從湯汁裡撈出後，可以佐上以下這些醬料之一提味：

辣根醬★，294頁
芥末醬★，293頁

速成番茄醬★，311頁
義式青醬★，317頁

關於清澈的湯（clear soup）

製作這一類的湯時，強烈建議使用滋味醇厚的自製高湯或肉湯當湯底。你可以把高湯稍微濃縮一下來增強風味，203頁。或者加進煸炒過的蔬菜丁——胡蘿蔔丁、西芹丁和洋蔥丁——和新鮮辛香草熬煮，然後濾除蔬菜丁。

清湯（Consommé）

清澈的湯裡最經典純淨的一款，一道香醇可口的清湯是正式晚宴的雅緻開場。要做出澄淨的清湯，高湯裡必須完全沒有油脂。
備妥：
禽肉高湯，204頁，或褐色牛高湯，203頁
用202頁方法I將之澄化，如此得出的清湯晶瑩剔透但是湯底嫌薄，若想有多一點滋味，用方法II來澄化。上桌前，摻：
（3大匙馬撒拉酒）

蔬菜丁清湯（Consommé Brunoise）（6杯）

在一口醬汁鍋裡以中小火加熱：
2大匙奶油
隨後下：
2枝西芹梗，切小丁
2根小的胡蘿蔔，切小丁
1顆小的蕪菁，削皮切小丁
1顆小的洋蔥，切小丁
輕輕拌炒，給予充分的時間讓蔬菜丁吸飽奶油，但別讓蔬菜丁上色。繼而倒入：
2杯清湯
蓋上鍋蓋煮到蔬菜丁幾乎軟爛。再放入：
2大匙新鮮或冷凍豌豆
2大匙切小丁的四季豆
再下：
4杯熱清湯
撇除浮油，然後加：
鹽和黑胡椒
調味，起鍋前加：
（2大匙切碎粒的山蘿蔔）

番茄清湯（Consommé Madrilene）（約4杯）

將：
2杯番茄汁
2杯禽肉高湯，204頁
1/4小匙磨碎的洋蔥
1條檸檬皮絲
煮到沸滾，濾入湯盅內。以：
1大匙新鮮檸檬汁、2小匙不甜的雪莉酒，或2小匙烏斯特烏醋醬
調味，點綴上：
酸奶
紅魚子醬

蛋花湯（Egg Drop Soup）（2杯）

《廚藝之樂》的一道萬無一失的經典食譜，由厄爾瑪的摯友，已故的賽西莉·布朗史東提供。賽西莉當時是美聯社美食作家，在1930年代初的一份全國性刊物上為《廚藝之樂》寫下第一篇評論。

在一口小醬汁鍋裡把：

2杯禽肉高湯，或褐色牛高湯，或兩者

煮到大滾，然後把火轉小讓肉汁微滾。在一口杯子裡打下：

1枚雞蛋，呈室溫

用叉子來打蛋，把蛋白和蛋白充分打勻，打到你把叉子舉高，蛋液會像一道水注從尖齒上流淌的程度。眼下，湯正微微滾著，你一手拿著盛蛋液的杯子，把杯子移到醬汁鍋口上方5吋之處。一次倒一點地，徐徐把呈一道細水注的蛋液倒入肉汁裡；與此同時，你另一手拿著叉子，在湯的表面畫大圈圈，捕撈落到湯面的蛋液，將之拖曳成長而薄的細絲，如此三至四次，別去擾亂微滾的湯。或者找個幫手把蛋液倒入篩網中，讓過篩的蛋液落入湯裡。微滾約1分鐘。

加：**少許鹽和黑胡椒**

調味，立刻盛到溫熱的杯子內享用，佐上：

（豪邁地擠出的檸檬汁）

希臘檸檬蛋花湯（Greek Lemon Soup Avgolemono）（約4杯）

在一口中型醬汁鍋裡把：

3杯禽肉高湯，或雞肉湯，210頁

1/2杯長米

煮到滾沸，然後把火轉小，加蓋熬煮到米粒變軟，約20分鐘。在一口中型碗裡攪拌：

2枚雞蛋

1/4杯新鮮檸檬汁或任何不甜的白酒

打到充分混勻而且色澤一致。拌入2大匙熱高湯，再把蛋液漸次地倒入熱騰騰但是沒有滾沸的湯裡，不時地攪動。加：

（1至2大匙新鮮檸檬汁）、鹽和黑胡椒

調味。盛到熱過的杯子裡，點綴上：

切碎的荷蘭芹或蒔蘿碎末

義大利帕瑪森起司蛋花湯（Italian Parmesan and Egg Soup Stracciatella）（約3杯）

在一口中型醬汁鍋裡把：

3杯禽肉高湯，雞肉湯，或其他清淡的高湯或肉湯

煮到微滾。趁加熱高湯之際，打勻：

1枚雞蛋、1又1/2大匙磨碎的帕瑪森起司

1大匙乾麵包屑、1大匙切碎的荷蘭芹

1顆小的蒜瓣，切細末

把這混液快速地攪入微滾的高湯裡，攪拌到蛋花成型，30至60秒。點綴上：

現磨的肉豆蔻或肉豆蔻粉或磨碎的檸檬皮屑

香蒜蛋包湯（Garlic Soup with Eggs〔Sopa De Ajo〕）（約4杯）

在一口湯鍋裡以中小火加熱：

3大匙橄欖油

油熱後下：

1整球大蒜，將蒜瓣掰開來並剝皮（約16顆蒜仁）

煎炒10至15分鐘。取一把漏勺，將蒜粒撈至一口小碗內。轉中大火，用鍋裡的油煎：**4片法國麵包或鄉村麵包**

煎到金黃色，翻面一次，每面煎1至2分鐘。煎好後取出，用：
1粒（生的）蒜仁，切半
在麵包的兩面搓磨。在鍋裡拌入：
1大匙匈牙利甜紅椒粉或匈牙利辣紅椒粉
1/2小匙孜然籽
再拌入煎過的蒜仁，連同：
4杯禽肉高湯，雞肉湯，或水
1/2小匙鹽、1/4小匙黑胡椒
煮到滾，然後轉小火，煨煮到大蒜變軟，約20分鐘。烤箱轉200度預熱。用一把漏勺，撈出蒜仁，用叉子壓成蒜泥。再將蒜泥放回鍋中，把湯煮到將滾未滾。將四個耐熱的碗或陶罐放在烤盤上，每個都盛滿湯。一次一枚地，分別把：
4枚雞蛋
打進4碗湯內，烤到蛋白凝固（蛋黃仍是水嫩），約3分鐘。在每一份上面擺上一片蒜香油煎麵包片，讓湯浸潤著麵包片。

香烤大蒜湯（Roasted Garlic Soup）（6杯）

我們家很愛喝這道香蒜湯，它是我兒子在西班牙旅行時發現的。這道湯若用個別的碗盛著，在上面放起司並送入炙烤爐裡烤到焦黃，滋味更是濃郁。
用459頁的方法烤：
6球大蒜，未剝皮
烤好後，大蒜置一旁備用，保留烤盤內的烤汁。在一口大型醬汁鍋裡倒入：
3罐14至16盎司雞肉湯
擠出烤過的蒜仁，放入雞湯內，攪拌均勻。把湯煮到微滾，接著拌入：
3片白麵包，切掉麵包硬邊，撕成小塊
1/4小匙鹽、1/4小匙辣的匈牙利紅椒粉
少許黑胡椒、預留的大蒜烤汁
（1/2顆檸檬的汁液）
煨煮5分鐘。上桌前在上面撒：
磨碎的帕瑪森起司或蒙契格起司絲

味噌湯（Miso Soup）（約4又1/2杯）

請參閱「關於味噌」☆，見「了解你的食材」。
把：（1又1/2小匙的乾海帶芽）
泡冷水泡10分鐘。瀝出，擠掉多餘的水，將海帶芽均分到四口湯碗裡。在一口中型醬汁鍋裡以大火加熱：
1小匙蔬菜油
油熱後下：
2至3顆香菇頭，切薄片
1支青蒜，只取白色部分，斜切成薄片
1小撮鹽、（1/2小匙清酒）
拌炒到稍微上色，約1分鐘。再倒入：
4杯鰹魚高湯，207頁、1小匙醬油
以中小火煮到熱透。
在一口小碗裡放入：
3至3又1/2大匙紅味噌
加進大約1/4杯溫鰹魚高湯，把味噌攪到化開，接著把味噌水倒回湯裡攪拌攪拌。把：
（2盎司板豆腐，切成小丁〔約1/3杯〕）
均分到湯碗中，將湯和蔬菜舀到湯碗裡。

貝克版速成味噌湯（Becker Quick Miso Soup）（2又1/2杯）

在我們家，這道湯傳統上是生病時的一大享受。
以中大火煮滾：
2杯雞肉湯，210頁

拌入：
2大匙即溶味噌，或1大匙新鮮味噌
（1或2顆蘑菇，切薄片）
（1或2根青蔥，切蔥花）
煮1分鐘即成。每一碗點綴上：
1薄片檸檬、黑胡椒
（1小匙波特酒）
（若干辣椒醬）

雞湯麵（Chicken Noodle Soup）（約4杯）

如果你用的是自製的雞高湯或雞肉湯，加一些熟雞肉進去。
在一口中型醬汁鍋裡把：
4杯禽肉高湯，雞肉湯，或其他淡色的高湯或肉湯
煮滾，然後拌入：
1杯細緻的雞蛋麵，或2盎司小巧的義大利麵，譬如米粒麵或小頂針麵（ditalini）
把麵煮到軟中帶韌，接著拌入：
2大匙切碎的荷蘭芹或蒔蘿
少許鹽和黑胡椒

雞湯飯或雞湯薏仁（Chicken Rice or Barley Soup）（約4杯）

在一口中型醬汁鍋裡把：
4杯禽肉高湯，雞肉湯，或其他淡色的高湯或肉湯
1/2小匙鹽
煮到將滾未滾，然後拌入：
3大匙長米或2大匙薏仁
煮到軟，米約需15分鐘，薏仁需30至45分鐘。

方餃雞湯或義式餛飩雞湯（Chicken Soup with Ravioli or Tortellini）

將上述食譜裡的米或薏仁換成8盎司的方餃（ravioli）或義式餛飩（tortellini）。把義大利麵餃煮到軟中帶韌，5至10分鐘。

猶太麵丸湯（Matzo Ball Soup）（7又1/2杯）

在一口中型碗裡用中速的電動攪拌器把：
4枚雞蛋、（2至3大匙雞油）
1小匙鹽
打1分鐘。然後拌入：
2大匙蒔蘿碎末
（1/2杯茴香，切小丁）
（4小匙新鮮的蝦夷蔥細末或乾燥的蝦夷蔥末或2大匙切碎的荷蘭芹）
1/3杯外加1大匙蘇打水
再把蛋液和：
1杯磨碎的猶太逾越節薄餅（matzo meal）
1/4小匙黑胡椒
（1小匙咖哩粉）
（1至2小匙去皮的生薑末或1小匙薑粉）
拌合，揉到混勻。包覆起來，冷藏1至4小時。用沾濕的手，把未發酵麵團捏成2吋的麵丸。做好的麵丸一個一個輕輕丟入裝有煮開鹽水的深鍋內，蓋上鍋蓋，火轉小，煨煮25分鐘。等麵丸幾乎快熟了，在一口湯鍋裡加熱：
6杯禽肉高湯，雞肉湯，或其他淡色高湯或肉湯
加：
1又1/4小匙鹽
（1又1/4小匙黑胡椒）
調味。將麵丸加到高湯裡。將高湯舀到熱過的碗裡，每個碗放兩顆麵丸。

猶太餃子湯（Kreplach Soup）（7又1/2杯）

準備下列的餡料之一：

I. 在一口小的平底鍋內加熱：

1大匙蔬菜油

油熱後下：

1/2杯洋蔥末

8盎司牛絞肉

拌炒到洋蔥變軟，肉末不再粉紅。

加：

3/4小匙鹽和黑胡椒

調味。

II. 或者混勻：

1又1/2杯洋蔥末，以1大匙蔬菜油煎炒過

1杯熟雞肉末

1粒生蛋黃

3/4小匙鹽

1大匙荷蘭芹碎末

備妥：

1/2份新鮮義大利麵團，539頁

這些材料大約可以做成20個猶太餃子。麵團在揉切成3吋正方的麵皮之前別讓它變乾。把大約1又1/2小匙的餡料放在每張麵皮中央，如圖所示。拉起麵皮覆蓋餡料，對折成三角形。用一根叉子小心地按壓折口邊緣，使之黏合。然後把三角餃置於撒了麵粉的廚房紙巾上晾乾，30分鐘後翻面，再晾30分鐘。之後，把餃子投入：

大約4夸特大滾的高湯或鹽水

溫和地煨煮7至10分鐘；充分瀝乾。

與此同時，加熱：

6杯調味好的濃味肉湯

把餃子舀進湯裡。

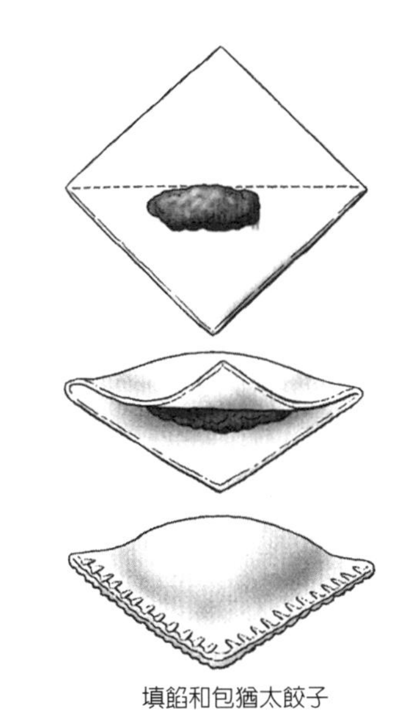

填餡和包猶太餃子

餛飩湯（Wonton Soup）（7杯）

包好：

餛飩或蔬菜餛飩，565頁

置一旁備用。

在一口湯鍋內把：

5杯禽肉高湯，雞肉湯，或（如果用蔬菜餛飩的話）預留泡香菇的水，如果有的話，再加4至5杯蔬菜高湯

煮到微滾，加：

1又1/4小匙鹽或醬油

調味。蓋上鍋蓋保溫。另取一口大鍋，把水煮滾，餛飩分二或三批投入滾水裡，溫和地煨煮至熟，約三分鐘。瀝出，分裝到六至八口碗裡。舀出熱高湯，澆淋到餛飩上。點綴上：

磨碎的胡蘿蔔屑

蔥花

關於膠凍湯

這些美味的冷湯，以前比現在常見，在大熱天喝上一碗仍是一大享受，而且早該再重振威風。任何澄澈的肉湯，尤其是清湯，都可以用這種方式來喝。用仔牛膝節骨和牛大骨熬的高湯，203頁，不需添加明膠都會自然凝結。做這類的湯要留意鹽的含量，如果你預先做好，它們的鹹度會增加。

膠凍湯（Jellied Soup）

每：

2杯澄化的高湯，202頁，或清湯，215頁

用：1包（2又1/4小匙）無味明膠

（2小匙新鮮檸檬汁）

把高湯加熱到將滾未滾。拌入明膠至化開，然後鍋子離火，放涼至室溫。拌入檸檬汁，並倒進：

（幾滴烏斯特黑醋醬）

假使想加的話。待湯變涼而且部分凝結，放入：

（新鮮荷蘭芹葉）

（胡蘿蔔薄片，汆燙過）

若想快速冷卻，湯用盆皿裝著，放在加水的碎冰上，或者放入冰箱冰個幾分鐘，但不要冰久。冷凍會破壞湯的質地。冰到湯凝結但仍會搖晃的地步即可。食用前輕輕地把凝結的湯鏟開，再舀到小杯子裡。

番茄膠凍湯（Jellied Tomato Soup）（約4杯）

混勻：

1包（2又1/4小匙）無味明膠

1/2杯冷水

放5分鐘讓明膠軟化。煮滾：

2杯番茄汁

2杯禽肉高湯，204頁，雞肉湯，210頁，或其他淡色的高湯或肉湯、1片檸檬皮

濾出湯汁，把明膠放進熱高湯裡使之化開。放涼，然後用下列之一調味：

1/2至1小匙新鮮檸檬汁，或

1/2至1小匙烏斯特黑醋醬，或

1/2至1大匙不甜的雪莉酒

把湯倒進置於碎冰和水之中的缸子裡。讓湯冷卻到凝結但仍會搖晃的地步。食用前輕輕地把凝結的湯鏟開。點綴上：

檸檬片、酸奶、蝦夷蔥末、薄荷、小金蓮花葉、橄欖碎粒、米糊狀的熟蛋、辣根、荷蘭芹枝、水田芥或蒔蘿

甜菜根膠凍湯（Jellied Beet Soup）（5杯）

在一口醬汁鍋裡混勻：

1磅甜菜根，削皮，大顆的則切半

4杯水

1顆洋蔥，不剝皮，切厚片

1束綜合辛香草☆，見「了解你的食材」

煮到微滾，蓋上鍋蓋，煨到甜菜根變軟，約20分鐘。

煨甜菜根的同時，混合：

1包（2又1/4小匙）無味明膠

1/2杯冷水

放5分鐘讓明膠軟化。用鋪了一層紗布的細孔篩將熱甜菜根混汁濾入一口大玻璃杯；量一下汁液的量，甜菜根保留備用。你應該要有2杯的量；不足的話可

以加點水。把明膠拌進熱湯汁裡直到化開，然後倒入碗中。把甜菜根切小丁，拌入碗裡，連同：
1/2至1小匙紅酒醋或新鮮檸檬汁
冰到湯凝結但仍會晃動的地步。上桌前輕輕地把凝結的湯鏟開。每一份點綴上：
（1小匙魚子醬）
1小匙酸奶、蒔蘿末

| 關於濃湯 |

漿湯（puree）、奶濃的湯（cream）、海鮮熬的湯（bisque）、絲絨糊湯（veloute）、羹湯（potage）——在美食行家看來，這每一種都是少不了的濃湯的獨特化身。要知道怎麼稱呼你自己的創意，就得分清楚這幾種濃湯的不同，漿湯的稠度來自用食物研磨機或攪拌機磨打過的蔬菜或其他食物，而且在磨打的最後一刻加進了奶油一併磨打。若省略奶油，或減少奶油用量，改加鮮奶油，而且偶爾會摻蛋黃，那麼就是**奶油濃湯**。假使湯底是用帶殼海產熬的，而且唯有如此，你才能稱呼為**海鮮濃湯**。如果你同時把蛋、鮮奶油和絲絨醬★，295頁，加進漿湯底裡，你做的就是**絲絨糊湯**。羹湯，最多變的湯，很可能就是**本日例湯**供應的湯，意味著它不僅是當天特製的，而且從廚師的觀點，是當令且又方便的湯品。當蔬菜先用奶油煨過，然後再放進食物研磨機裡磨打，這樣做出來的羹湯最醇厚美味。為湯品增稠的方法，見214頁。

這裡列了幾個實用的建議，對於製作大多數的濃湯都很有幫助。一定要把過濾器底部的泥糊也刮乾淨。➡如果你用食物調理機或攪拌機，任何含纖維或帶皮的蔬菜，譬如西芹或豌豆，都要先汆燙☆，見「烹飪方式與技巧」，或蒸過。加了奶油、鮮奶油或雞蛋後，➡千萬別把湯煮沸；假使你沒有要立刻享用，再次加熱時要用小火，或者隔水加熱。

製作湯品時，食材切得大小一致才能確保均勻受熱，而且要記得一點，有些蔬菜需要煮久一點，譬如馬鈴薯或胡蘿蔔，這些應該最先下鍋煮，接著是西芹、洋蔥和四季豆這類蔬菜。很快就熟的青菜，譬如菠菜和唐萵苣，最後再下。

一頓豐盛的餐，濃湯不該當作第一道菜。濃湯的美妙之處就是它本身幾乎就可以是一頓餐。均衡地搭配生菜沙拉或水果，濃湯就成了完整的午餐或輕食晚餐。

蔬菜濃湯（鄉村濃湯）（Vegetable Soup〔Soupe Paysanne〕）（約7杯）

在一口大的醬汁鍋裡加熱：
2大匙橄欖油或奶油
接著轉中火把：
1杯洋蔥丁、1杯西芹丁、1/2杯胡蘿蔔丁
拌炒到稍微變軟。放入：
4杯熱高湯或水或肉湯

2杯切碎的番茄
（1杯削皮的馬鈴薯丁）
（1杯削皮的蕪菁丁）
2大匙切碎的荷蘭芹
1小匙鹽、1/4小匙黑胡椒
蓋上鍋蓋，煮35分鐘，接著放：
（1杯切碎的甘藍或菠菜）
續煮約5分鐘，再下：
2大匙切碎的荷蘭芹
少許鹽和黑胡椒

義式什錦蔬菜湯（Minestrone）（約12杯）

在一口湯鍋內開中火加熱：
2大匙橄欖油
2片培根或1盎司義式煙燻培根（pancetta），切碎
直到培根釋出油脂，2至3分鐘，接著放入：
1又1/2杯切碎的洋蔥
3/4杯切碎的胡蘿蔔
3/4杯西芹末，連葉子一起
1/2顆小的綠甘藍菜，切碎
3片唐萵苣葉，切碎
2顆蒜瓣，切末
1枝4吋長的新鮮迷迭香或1小匙乾的迷迭香
1/4杯羅勒葉，切碎
1/4杯荷蘭芹葉，切碎
拌炒，直到青菜開始萎軟，5至10分鐘。拌入：
1罐14盎司整顆番茄，瀝出並壓碎
轉中大火煮約3至5分鐘，再拌入：
1罐15又1/2至19盎司白腰豆、大北豆或其他白豆，沖洗並瀝乾，或1至2杯煮熟的豆子，把一半的量壓成泥
10杯禽肉高湯，或雞肉湯，或水
2小匙鹽
（2×3吋的帕瑪森起司皮）
煮到滾，然後火轉小，加蓋留個小縫，煨煮30分鐘。之後把迷迭香撈掉，拌入：
4盎司米粒麵或彎曲通心粉（1杯）
煨煮15分鐘。加：
少許鹽和黑胡椒
調味。起鍋後在每一份淋上、撒上：
特級初榨橄欖油
（帕瑪森起司屑、羅馬諾起司屑、阿希雅哥起司屑）

普羅旺斯蔬菜濃湯（青醬湯）（Provençal Vegetable Soup〔Soupe Au Pistou〕）（約3夸特）

在一口大的湯鍋裡開中火加熱：
2大匙橄欖油
油熱後下：
1顆中的洋蔥，切碎
1根小青蒜，徹底清洗乾淨並切碎
1根中的胡蘿蔔，切碎
1根大的西芹梗，切碎
拌炒到軟但沒有上色，5至10分鐘。接著拌入：
2顆中型熟番茄，去皮去籽切塊
1顆小的馬鈴薯，削皮切塊
8杯水、2小匙鹽、（1小撮番紅花絲）
煮滾，然後火轉小，煨煮到馬鈴薯變軟，約30分鐘。接著拌入：
1罐15又1/2至19盎司白腰豆、大北豆或其他白豆，沖洗並瀝乾，或1至2杯煮熟的豆子
2小把掰碎的細的圓直麵或通心粉
1顆小的櫛瓜，縱切4份再切片
1/2杯切1吋小段的四季豆
煨煮到義大利麵變軟。煮麵的同時，準備：

青醬*，320頁
不需調味。把青醬拌入湯裡，連同：
1小匙黑胡椒
趁熱吃，溫溫的吃或放涼吃也都很棒。

甜菜根濃湯（羅宋湯）（Beet Soup〔Borscht〕）（約5杯）

若要添加肉，參見231頁，我們的速成版本，見252頁。
在一口湯鍋內以中小火加熱：
1大匙奶油
油熱後下：
2杯甜菜根碎粒
1/2杯胡蘿蔔碎粒
1杯洋蔥碎粒
拌炒到變軟，約8分鐘，接著放入：
2杯褐色牛高湯，禽肉高湯，或蔬菜高湯，或肉湯
1杯高麗菜絲
1大匙紅酒醋或雪莉酒醋
煮到微滾，然後煨30分鐘。起鍋前加：
少許鹽和黑胡椒
調味。
冷熱皆宜。上桌前在每一份上加一坨：
酸奶

奶油瓜湯（Butternut Squash Soup）（約8杯）

幾乎可以改用任何的冬南瓜來做。若想省時，就用3包10至12盎司的冷凍熟南瓜泥。
準備烤冬南瓜，512頁，用：
1顆中至大型奶油瓜（約3又1/2磅）
在一口湯鍋內以中小火加熱：
3大匙奶油或蔬菜油
油熱後下：
2根大的青蒜，只取蒜白部分，切碎
4小匙去皮的生薑末
拌炒拌炒，直到蒜白變軟但沒有上色，5至10分鐘。
刨取冷卻的南瓜肉，拌入湯鍋內，連同：
4杯雞高湯或蔬菜高湯或肉湯
煮到微滾，接著再煮20分鐘，並把南瓜肉攪散。用食物調理機或攪拌機把湯打成泥。再把泥糊倒回湯鍋，再拌入：
2杯雞高湯或蔬菜高湯或肉湯
1又1/2小匙鹽
使之熱透。起鍋後點綴上：
荷蘭芹末或芫荽末
配湯的香酥麵包丁，256頁
（南瓜子，烤過的☆，見「了解你的食材」）

南瓜湯（Pumpkin Soup）（約5杯）

在一口湯鍋內以中火加熱：
1大匙奶油或橄欖油
油熱後下：
1杯洋蔥末
1/2杯西芹末
煎炒到透明，約8分鐘，然後拌入：
3杯罐頭南瓜或2磅新鮮南瓜，煮熟的
3杯煮燙的牛奶☆，見「了解你的食材」，或雞高湯或肉湯
（3/4杯濃的鮮奶油，或半對半鮮奶油，如果你用雞高湯的話）
（1/2杯火腿絲）
1大匙糖或2大匙紅糖
（1/2小匙薑粉）
（1/2小匙肉桂粉）
少許鹽和黑胡椒
煮到熱透，但不要煮沸。整個打成泥然後再加熱。

冬瓜湯（Winter Melon Soup）（約8杯）

在中國，冬瓜的外皮會刻花，用來當湯盅。
把：4朵乾香菇
泡在溫水裡20分鐘，瀝乾後切塊。投入一口大的醬汁鍋裡，連同：
4杯雞高湯或肉湯
1/3杯熟的雞肉丁
1杯剝殼的小蝦
1磅去皮去籽的冬瓜，切成1吋方塊（約3又1/2杯）
1根小的青蒜，切段
1罐5盎司竹筍片，沖洗瀝乾並切丁
1小匙磨碎的生薑
一起加熱，煮滾後蓋上鍋蓋，火轉小，煨煮15分鐘。起鍋前加：
1/3杯火腿丁

法式洋蔥湯（French Onion Soup）（約8杯）

在一口湯鍋裡以中小火加熱：
2大匙奶油
2大匙橄欖油
直到奶油融化，然後拌入：
5顆大洋蔥，切薄片
1小撮乾的百里香
拌炒到全數裹著油，轉中火，不時拌炒，小心別把洋蔥炒焦。一旦洋蔥開始上色，約炒了15分鐘，轉中小火，蓋上鍋蓋繼續煎煮，要不時拌炒，煮到洋蔥呈深濃的褐色，約40分鐘。拌入：
2大匙不甜的雪莉酒或干邑白蘭地
把火轉大，煮到雪莉酒揮發，其間要不時拌炒。接著拌入：
3又1/2杯家常牛高湯，204頁，牛肉湯，210頁，濃厚的蔬菜高湯，208頁，蔬菜湯，211頁，或褐色禽肉高湯，204頁
煮到滾，然後轉小火煨煮，蓋上鍋蓋留個小縫，煨20分鐘。加：
1小匙鹽，或依個人口味酌量增減
1/4小匙黑胡椒，或依個人口味酌量增減
調味。把8個耐熱的湯碗或陶碗放在烤盤上，將熱湯舀到碗裡，在每個碗上面放：
1至3片法國麵包，烤過的（總共8至24片）
在每個碗撒下：
3大匙葛呂耶起司屑或瑞士起司屑（總共1又1/2杯）
以炙烤爐到起司融化並焦黃即成。

青蒜馬鈴薯湯（Potato Leek Soup）（約8杯）

在一口湯鍋裡以小火融化：
3大匙無鹽奶油
油熱後下：
6根中型青蒜，切碎
拌炒一下，煮到變軟但沒有上色，約20分鐘。再拌入：
1又1/4磅萬用馬鈴薯，削皮切薄片
6杯禽肉高湯，204頁，或雞肉湯，210頁，蔬菜高湯，208頁，蔬菜湯，211頁，或水
煮滾，然後把火轉小，煨煮到馬鈴薯變軟，約30分鐘。把湯和料打成滑順的泥糊狀，若想要質地更細緻，再倒入篩網擠壓過篩一遍。加：
少許鹽和白胡椒或黑胡椒
調味。需要的話，加：
額外的高湯或水
稀釋。

維琪冷湯（Vichyssoise）（7又1/2杯）

這道有名的青蒜湯可以喝熱的，也可以冰冰的喝。沒錯，原文的最後一個S要發音。一定要把這湯攪打得細滑如絲。

準備青蒜馬鈴薯湯，如上述，加1/2至1杯濃的鮮奶油或牛奶和鮮奶油的混合。以小火慢慢再加熱，或者冷藏喝冰的。點綴上（蝦夷蔥末）。

烤馬鈴薯湯（Baked Potato Soup）（8杯）

在一口湯鍋裡以中大火加熱：

3大匙奶油或橄欖油

油熱後下：**1顆中的洋蔥，切碎**

拌炒到軟，然後放入：

5杯削皮切方塊的烤馬鈴薯

6杯禽肉高湯，或雞肉湯，蔬菜高湯，蔬菜湯

煮到微滾，再拌入：

1又1/2杯濃的鮮奶油

1/2杯酸奶

加熱到熱透即可；別煮沸。加：

少許鹽和黑胡椒

調味。上桌前點綴上以下之一

（壓碎的脆培根）

（蝦夷蔥末）

（磨碎的切達起司或帕瑪森起司）

青豆湯（Green Pea Soup）（約5杯）

備妥：

1袋1磅退冰的小豌豆或16盎司新鮮的豌豆

在一口湯鍋裡以中小火融化：

2大匙奶油

接著放入：

1球波士頓萵苣，切絲

1顆中的洋蔥，切丁

1/2杯切碎的西芹，連葉子一起

2枝荷蘭芹，切碎

溫和地煎到洋蔥變軟，然後加進2杯豌豆，連同：

2又1/2杯禽肉高湯，雞肉湯，或其他淡色高湯或肉湯

10至12粒雪豆（snow peas）或甜豆（sugar snap peas）

（1片月桂葉）

蓋上鍋蓋，煨煮到豌豆非常軟嫩。撈除月桂葉。用食物調理機或攪拌機把湯和料打到滑順。把剩餘的豌豆和：

1又1/2杯禽肉高湯，或雞肉湯

混合並煨煮，然後倒入攪打過的湯裡。若想增加湯的稠度，參見湯品的芡料，214頁。加：

少許鹽和黑胡椒

調味。配上：

奶油麵團子，554頁，或配湯的香酥麵包丁256頁

或在湯面放：

酸奶、2小匙薄荷末

甘藍菜湯（Cabbage Soup）（約8杯）

在一口湯鍋裡以中小火加熱：

2大匙橄欖油或其他蔬菜油

油熱後下：

2根青蒜，只取蒜白部分，切碎

2顆中的洋蔥，切丁

2大匙蒜末

煎煮到變軟但沒有上色，5至10分鐘。再拌入：

4杯禽肉高湯，雞肉湯，或其他淡色高湯或肉湯
2杯水
2根大的胡蘿蔔，切片
（1/4小匙葛縷子，或者，如果撒上洛克福起司的話，1小匙）
（2顆小的馬鈴薯，削皮切丁）
火轉小，煨到馬鈴薯差不多熟了，約15分鐘，拌入：
4杯綠甘藍菜絲
再煨煮到菜絲萎軟，約15分鐘，需要的話，加少許水淹過菜。再加：
1小匙鹽
1/4小匙黑胡椒，或依個人口味酌量增減
1/4杯荷蘭芹末
盛起後在每一份撒下：
（洛克福起司碎粒或其他藍紋起司碎粒）

捲心菜濃湯（Bean Soup with Vegetables〔garbure〕）（9至10杯）

浸泡：
1杯乾的笛豆（flageolet）、海軍豆、蠶豆，清洗並挑揀過
你可以汆燙☆，見「烹飪方式與技巧」：
2磅綠捲心菜或白捲心菜
不汆燙也可以，端看菜的熟度。
把菜葉切成細絲。瀝出豆子，放入湯鍋中，連同：
1又1/2杯削皮切片的馬鈴薯
1杯切片的胡蘿蔔
1杯削皮切片的蕪菁
1/4杯切片的青蒜，只取蒜白
1/2顆洋蔥，切片
（1截後膝火腿）
1枝百里香
倒入：
8至10杯水
淹過食材，煮沸，然後轉小火，煨煮1至1個半鐘頭，需要的話，加水進去。再放入：
1磅煙燻牛肉香腸或波蘭煙燻香腸（kielbasa），切成1/2吋厚的圓片
1小匙鹽
1/2小匙黑胡椒
再煨煮30分鐘，或煮到香腸熟了即成。

燉蔬菜（Vegetable Stew）（約6杯）

在一口湯鍋內以中大火加熱：
4大匙（1/2條）奶油或1/4杯橄欖油
油熱後下：
4杯切片的秋葵
2杯西芹丁
1顆小的洋蔥，切丁
（1個青甜椒，切丁）
拌炒到變軟，約5分鐘。再下：
2顆大的番茄或1杯罐頭番茄，切碎
1小匙紅糖
1/4小匙匈牙利紅椒粉，或依個人口味酌量增減
4杯滾水
煮沸，把火轉小，慢煨到蔬菜軟爛，約30分鐘。加：
鹽和匈牙利紅椒粉
調味，試試味道，然後再拌入以下之一或更多：
（1又1/2杯熟雞肉丁、火腿丁或魚肉丁）
（6片酥煎培根，壓碎）
（少許辣椒醬）
配上：
米飯

蘑菇大麥仁湯（Mushroon Barley Soup）（約6杯）

在一口湯鍋內以大火混勻：
3又1/2大匙橄欖油
1大匙無鹽奶油（或額外的橄欖油）
放入：
1又1/2磅蘑菇，去蒂頭並切片
1/2杯切碎的紅蔥頭
不時翻炒，直到蘑菇萎軟，約5分鐘。放入：
3大匙不甜的雪莉酒或馬德拉酒
1大匙切碎的新鮮百里香或1小匙乾燥百里香
把火轉小，煮5分鐘，攪動攪動並把鍋底脆渣刮起來。拌入：
4又1/2杯家常牛高湯，或牛肉湯
3/4杯薏仁、1/2至1小匙鹽
1/2小匙黑胡椒
煮沸，然後把火轉小，加蓋燜煮至大麥仁軟爛，約1小時。起鍋後點綴上：
荷蘭芹末或整片百里香葉

酸辣湯（Hot-and-Sour Soup）（約5杯）

在一口中型碗裡放入：
（10朵乾木耳或雲耳）
4朵乾香菇（如果不用木耳的話就用8朵）
（10根金針）
1又1/2杯熱水
靜置一旁，泡到菇類變軟，約20分鐘。泡香菇的同時，在一口小碗裡攪勻：
5大匙米酒醋、3大匙醬油、1大匙玉米粉
放入：
4盎司豬肉排，切成1/4吋寬的長條
抓醃一下使之均勻裹上醬醋。
瀝出菇類和金針，浸泡的汁用鋪了一層沾濕的廚用紙巾的細網篩過濾；保留備用。菇類切條狀，金針切半，蒂頭部分也切掉。將保留的泡菇水倒進湯鍋裡，再倒進：
4杯禽肉高湯，褐色禽肉高湯，雞肉湯，蔬菜高湯，或蔬菜湯
煮沸，下香菇和金針，火轉小，煮3分鐘。與此同時，在一口小碗裡攪勻：
3大匙玉米粉、3大匙水
倒入湯裡煮，不時攪拌，直到湯汁稍稍變稠。把肉加進去，連同：
4盎司板豆腐，充分瀝乾並切丁
3/4小匙至1小匙黑胡椒
再煮到微滾，然後拌入：1顆蛋，打散
鍋子離火，放入：1大匙麻油
撒上：蔥花
上桌後在席間傳遞米酒醋和辣油。

番茄湯（Tomato Soup）（約6杯）

新鮮的番茄可以燒烤，或爐烤，519頁，增添煙燻味。
在一口湯鍋裡以中小火加熱：
2大匙橄欖油
油熱後放入：
1顆中的洋蔥，粗略地切碎
拌炒到軟但不致焦黃，5至10分鐘，藉著拌入：
3磅番茄，去皮，517頁，去籽切碎，連同汁液，或2罐28盎司番茄，切碎，連同汁液
煨煮到番茄被自身的汁液淹蓋，約25分鐘。把湯料打成泥，再倒回鍋內，拌入：
3/4小匙鹽、1/4小匙黑胡椒
加熱到熱透即可。

烤甜椒濃湯（Roasted Red Pepper Soup）（約8杯）

爐烤：
6顆大的紅甜椒
去皮去籽，把果肉切成長條。或者把：
（2瓶7盎司烤紅甜椒）
瀝乾切長條。
在一口湯鍋裡以中小火加熱：
3大匙橄欖油
油熱後下：
2杯切碎的洋蔥、1杯胡蘿蔔丁
1杯切碎的茴香或西芹
拌炒到軟但不致焦黃，約10至15分鐘。接著拌入烤甜椒，連同：
6杯禽肉高湯，或雞肉湯，或其他淡色高湯或肉湯
3大匙白米
2大匙切碎的新鮮羅勒或2小匙乾羅勒
1大匙切碎的新鮮迷迭香或1小匙乾迷迭香
1至1又1/4小匙茴香籽
1/8小匙乾紅椒碎片
煮沸，然後把火轉小，蓋上鍋蓋留個小縫，煨煮到甜椒和米非常軟爛，30分鐘。
把湯料打成泥，再把湯倒回鍋內，拌入：
1/2杯濃鮮奶油、2至3滴巴薩米克醋
少許鹽和黑胡椒
調味。趁熱喝，也可以放涼再喝，佐上香酥麵包丁☆，見「了解你的食材」

托斯卡尼番茄麵包湯（Tuscan Bread and Tomato Soup〔Pappa al Pomadoro〕）（約4杯）

準備：2至3片隔夜的脆殼白麵包
（或者，如果麵包是新鮮的，烤箱轉90度預熱，把麵包送入烤箱裡烤15至20分鐘）。用：
1顆蒜瓣，切半
搓磨麵包的兩面。
在一口湯鍋裡以中火加熱：
3大匙橄欖油
油熱後下：
1顆中的紅洋蔥，粗略地切碎
拌炒10分鐘。與此同時，把：
4顆大的蒜瓣，剝皮、1/3杯羅勒葉
粗略地切碎，把火轉中小，拌入蒜和羅勒葉，煮到大蒜幾乎要上色，約2至3分鐘。再放入：
1又1/2磅番茄，去皮，517頁，去籽，並粗略地切碎，或1罐28盎司番茄，瀝出切碎
1小撮乾紅椒碎片
轉中大火煮到濃稠而馨香，約5分鐘，倒入：
2杯禽肉高湯，雞肉湯，或其他淡色高湯或肉湯
煮沸，並沸煮2分鐘，然後加：
鹽和黑胡椒
調味。把麵包掰碎，放在湯碗底部。把熱湯舀到碗裡，在湯面上加：
4片羅勒葉，撕碎的
少許特級初榨橄欖油
帕瑪森起司刨片
趁熱享用，也可以放涼至室溫再喝。

墨西哥玉米烙餅湯（Tortilla Soup）（約4杯）

切片的唐萵苣或熟雞肉絲也可以加進來，增加飽足感。
開中火加熱一口中型鑄鐵鍋或其他厚底平底鍋或淺煎鍋。鍋熱後，放入：
1至2根墨西哥青辣椒
2顆大的蒜瓣，未剝皮

烙烤至辣椒每一面都起泡並變黑，而且大蒜摸起來是軟的，10至15分鐘。等冷卻到可以處理的時候，剝除蒜皮，蒜仁連同墨西哥青辣椒放入食物調理機或攪拌機裡，粗略地打碎。再加：

1罐28盎司番茄，瀝出

再打成粗泥狀。在一口湯鍋裡轉中火加熱：1又1/2小匙蔬菜油

油熱後下：1/2顆小的洋蔥，切薄片

煎煮到焦黃，8至10分鐘。接著轉中大火，倒入番茄泥泥，拌煮到泥泥顏色變深而且稍微變稠，約5分鐘。轉中小火，拌入：

3杯禽肉高湯，雞肉湯，或其他淡色高湯或肉湯

煨煮15分鐘，其間偶爾攪拌一下。加：

1/2至1小匙鹽

調味。起鍋前，轉中大火把湯煮沸，放入：

8盎司玉米烙餅脆片

攪拌一下，讓玉米脆片裹著湯汁，然後煮到大滾，不時輕輕地攪動，直到玉米脆片變軟但仍有嚼感，而且湯很濃稠，薄的玉米脆片煮2至3分鐘，厚一點的煮4至5分鐘。點綴上：

1/4杯掰得細碎的墨西哥起司（queso fresco）或蒙特雷傑克起司碎屑

（2大匙切碎的芫荽）

（2大匙酸奶）

| 關於豐盛的豆子湯和豆莢湯 |

豆類和莢豆湯可以輕鬆地大批烹煮，煮的時候不太需要留意，而且可以妥善冷藏。這類食材可以放食櫃裡，保存容易，有些包裝的乾莢豆也不需泡水。依照包裝指示處理。請參閱「關於乾豆莢」，422頁。

用攪拌機、食物調理機，沉浸式攪拌器或食物研磨機將莢豆打成泥；食物研磨機也可以去除豆子皮殼。假使莢豆湯太稠，可以用番茄汁、水、牛奶或高湯來稀釋。

其他摻有豆子的湯，可參見義式什錦蔬菜湯，222頁，和普羅旺斯蔬菜濃湯，222頁。我們不建議用壓力鍋來煮豆莢湯。

美國議員豆子湯（U.S. Senate Bean Soup）（約6杯）

這道湯自1901年起便一直列在美國參議院餐廳菜單上不是沒有原因。

浸泡，422頁：

1又1/4杯乾白豆，譬如海軍豆或大北豆，清洗並挑揀過

瀝出並放入一口湯鍋內，連同：

1小塊後膝火腿、7杯冷水

煮沸，把火轉小，煨煮到豆子變軟，約1又1/4小時。取出後膝火腿（讓湯持續微滾）。把火腿肉去皮去骨去肥脂；切小丁。把肉丁放回鍋中，並加入：

1顆大的洋蔥，切丁

3枝帶葉的西芹梗，切碎

1顆大的馬鈴薯，削皮切小丁

2顆蒜瓣，切末

1又1/2小匙鹽、1/2小匙黑胡椒

煨煮到馬鈴薯丁軟爛，20至30分鐘。鍋子離火，用馬鈴薯搗泥器把湯料搗至略微綿密。最後拌入：

2大匙切碎的荷蘭芹

地中海豆子湯（Mediterranean with Bean Soup）（約6杯）

浸泡，422頁：

1杯乾白豆，譬如大北豆或白腰豆，清洗並挑揀過

瀝出後放入一口湯鍋內，連同：

3/4小匙乾的迷迭香

8顆蒜瓣，切碎或切片

7杯水

煮滾，把火轉小，煨到豆子變軟，約1至1又1/2小時。拌入：

1/2杯切碎的番茄

1/4杯切碎的荷蘭芹

1/4杯橄欖油

4小匙紅酒醋

2小匙鹽

1/2小匙黑胡椒

加熱到熱透即成。

黑豆湯（Black Bean Soup）（約7杯）

浸泡，422頁：1磅乾黑豆，清洗並挑揀過

瀝出，保留泡豆水，摻足夠的水進去，湊到8又1/2杯的水量備用。在一口湯鍋內以中火融化：3大匙奶油

然後下：

1杯切碎的西芹，連同葉子

1/2杯切碎的洋蔥

1/2杯切碎的胡蘿蔔

煮到洋蔥變透明，接著爆香：

（1顆蒜瓣，切末）

（1小匙糖）

（1/2小匙孜然粉）

（1/4小匙乾百里香）

（1小撮紅椒粉）

約1分鐘。拌入預留的泡豆水和黑豆，放入：

1塊火腿骨，或2吋方塊的鹹豬肉

（1片月桂葉）

煮沸，轉小火，加蓋燜煮2又1/2至3小時，直到豆子變軟。撈除火腿骨或鹹豬肉以及月桂葉，如果有加的話。把一半的湯倒進食物調理機或攪拌機打成泥，然後再拌回鍋內。拌入：

（1杯煙燻火腿丁）

2小匙鹽，或依個人口味酌量增減

1小匙黑胡椒

配上：（米飯）

點綴上：（1/2杯蔥花）

扁豆湯（Lentil Soup）（約15杯）

在一口大湯鍋裡以中小火加熱：

1大匙橄欖油

油熱後下：

3根中的胡蘿蔔，削皮切丁

3枝中的西芹梗，切丁

1顆大的洋蔥，切丁

3顆蒜瓣，切末

（4片培根或2盎司義式煙燻培根，切丁）

拌炒到蔬菜丁變軟但不致焦黃，5至10分鐘。接著拌入：

2杯乾的扁豆，清洗並挑揀過

1罐14又1/2盎司切丁的番茄，瀝出

1小匙乾的百里香

8杯水

煮沸，火轉小，煨煮到扁豆變軟，30至45分鐘。起鍋前拌入：

1又1/2小匙巴薩米克醋

2小匙鹽（如果有加培根的話1小匙即可）

1小匙黑胡椒

香腸馬鈴薯扁豆湯（Lentil Soup with Sausage and Potato）

扁豆煮了30分鐘後，加進1顆大的馬鈴薯，削皮切丁，續煮10分鐘，然後再加6盎司煙燻西班牙臘腸或波蘭煙燻香腸，切片，以及1/2杯水。煨煮到馬鈴薯變軟，香腸剛好熱透，約5分鐘。

青菜扁豆湯（Lentil Soup with Greens）

取1把羽衣甘藍或菠菜（10盎司），去老梗、洗淨並瀝乾。把葉片堆疊好，緊緊地捲起來，橫切成條，加進快起鍋的湯裡，煮到軟而依然青綠。

豌豆湯（Split Pea Soup）（約6杯）

在一口湯鍋裡混合：
1塊小的後膝火腿或火腿骨
2杯去皮掰開的乾豌豆（split peas），洗淨並挑揀過、8杯水
煮沸，火轉小，煨煮1小時。接著拌入：
1根大的胡蘿蔔，切丁
1枝大的西芹梗，切丁
1顆中的洋蔥，切丁
2顆蒜瓣，切末、1束綜合辛香草☆，見「了解你的食材」
煨煮到後膝火腿和豌豆都軟了，約再1個多鐘頭。加：少許鹽和黑胡椒
調味。鍋子離火，取出後膝火腿或火腿骨，去皮去骨去肥脂，肉切丁，然後放回湯裡。若想要湯濃稠些，繼續煨煮到想要的稠度。起鍋前把湯料攪勻，點綴上：
配湯的香酥麵包丁，256頁

喬治亞花生湯（Georgia Peanut Soup）（約6杯）

在一口湯鍋裡以中小火融化：2大匙奶油
接著下：
2枝西芹梗，切末、1顆中的洋蔥，切末
1顆蒜瓣，切末
拌炒到菜末變軟但不致焦黃，約5分鐘。
接著拌入：2大匙中筋麵粉
把火轉小，拌炒5分鐘。然後攪入：
4杯熱的禽肉高湯，或雞肉湯
煨煮到湯開始變稠，約5分鐘，其間要不時攪拌。接著再拌入：
1又1/2杯天然花生醬
1杯濃的鮮奶油或半對半鮮奶油
1又1/2小匙鹽、1/2小匙紅椒粉
1/2小匙辣椒醬
煮到熱透，但不要煮滾。拌入：
2小匙萊姆汁
起鍋前點綴上：
3大匙烤花生碎粒、1/4杯蔥花

| 關於加禽肉和紅肉的湯品 |

這些用料豐富的湯很多都可以當作一頓餐。這一節裡的禽肉湯用的都是雞肉。雞肉，尤其是雞胸肉，煮太久都會變得乾柴，所以再次熱湯時，一定要轉小火慢慢來，而且煮到湯熱了即可。此處的紅肉湯都需要長時間燜燉，這樣子燜燉，所用的便宜部位的肉才會軟爛，並讓肉的部分滋味跑到湯裡。

貝克版雞湯（Becker Chicken Soup）（約7杯）

先用蔬菜油把雞肉塊和蔬菜煸煎過可以讓這湯的滋味更濃郁。咖哩粉是內人蘇珊的祕密武器。

在一口熱鍋裡以中火放入：

2至2又1/2磅雞肉塊
3根胡蘿蔔，切丁
3枝西芹梗，切丁
（2顆蕪菁，削皮切丁）
3至4顆蒜瓣，粗略地切碎
1顆大的黃洋蔥，切丁
1束綜合辛香草
8杯禽肉高湯，或雞肉湯，或水

煮沸，轉小火慢煨1小時又15分鐘，期間偶爾撇除浮沫。熄火，撈起雞肉塊，盛在盤子裡放涼。撈除綜合辛香草束，並且撇去湯面浮油。去除雞皮和雞骨，雞肉切丁或切絲，把雞肉放回湯裡，再次加熱，並拌入：

（1/4杯切碎的荷蘭芹）
（1又1/2小匙咖哩粉，或依個人口味酌量增減）

加：少許鹽和黑胡椒

調味。

雞肉米飯湯（Chicken Rice Soup〔Asopao de Pollo〕）（約9杯）

在一口小碗裡混勻：

1又1/2小匙大蒜粉、1又1/2小匙洋蔥粉
1又1/2小匙乾的奧瑞岡香草
3/4小匙鹽、3/4小匙黑胡椒

把香料粉塗抹在：3磅雞肉塊

的雞皮上。在一口湯鍋裡以中小火加熱：

3大匙蔬菜油

油熱後下：

1顆中的洋蔥，切丁
1顆中的青甜椒，去籽刨空並切丁
1/2杯火腿丁
1根小燈籠辣椒（scotch bonnet pepper）或2根墨西哥青辣椒，去籽切丁
2瓣蒜仁，切末

拌炒到變軟但不致焦黃，5至10分鐘，接著拌入雞肉塊，連同：

6杯水、1罐14又1/2盎司番茄丁，濾乾
（2大匙胭脂樹籽〔annatto seeds〕粉☆，見「了解你的食材」）

煮沸，把火轉小，蓋上鍋蓋留個小縫，煨煮25分鐘。隨後拌入：

1/2杯長米

再繼續煨到雞肉和米粒都熟了，約20分鐘。熄火，取出雞肉塊，稍微放涼。去掉雞皮雞骨，把雞肉切丁或剝絲，再放回湯內，並且拌入：

1杯新鮮的或冷凍青豆
1/2杯切碎的芫荽
1/2杯切條的柿子椒，或切片的柿子椒夾心綠橄欖（pimiento-stuffed green olives）
少許鹽

再小火煨個2至3分鐘即成。

泰式椰奶雞肉湯（Thai Chicken and Coconut Soup）（約6杯）

在一口湯鍋內煮沸：

3杯禽肉高湯，雞肉湯，或其他淡色的高湯或肉湯
2又2/3杯無甜味的椰奶

滾了之後把火轉小，拌入：

2小根泰國辣椒或3根墨西哥青辣椒，去籽切片
3大匙魚露☆，見「了解你的食材」，或醬油
1小匙去皮的生薑末

1/8小匙鹽
煨煮10分鐘，然後拌入：
1磅無骨去皮的雞胸肉，切薄片
2大匙新鮮的萊姆汁
煨煮到雞肉熟透，約5分鐘，其間偶爾攪拌一下。起鍋前撒上：
芫荽末

青蒜雞湯（Cock-a-Leekie）（約7杯）

在一口湯鍋內混合：
2磅雞大腿、6杯冷水
煮沸，撇除表面的浮渣，放入：
1/4杯大麥仁、1小匙鹽
不加蓋地煨煮到雞肉熟了而且大麥仁變軟，30至40分鐘。熄火，取出雞肉，放到盤子上稍微冷卻一下。剝除雞皮和雞骨，雞肉切絲。如果你希望湯裡不含油脂，撇除湯面的浮油。在一口大的平底鍋裡以中大火融化：
2大匙奶油或1大匙奶油加1大匙蔬菜油
接著下：
5根中的青蒜，切丁（約5杯）
拌炒到變軟，約10分鐘，把炒軟的青蒜倒進湯鍋裡，加：
少許鹽和黑胡椒
調味。起鍋後在每一碗裡點綴上：
1顆去核的蜜棗，切碎

酪梨番茄雞肉湯（Chicken, Avocado, and Tomato Soup）（5杯）

這道湯是從我們的朋友赫克特．高梅茲，田納西州瑪莉維爾鎮Los Amigos餐廳的老闆，得到靈感。
在一口大的醬汁鍋裡把：
4杯禽肉高湯，雞肉湯，或其他淡色高湯或肉湯
煮沸，起鍋前拌入：
1杯熟雞肉，切絲或切丁
佐配上：
1顆酪梨，去核去皮切丁
1/4杯黃洋蔥丁或甜洋蔥丁
1/4杯番茄丁
（1/2根櫻桃蘿蔔〔red radishes〕，切薄片）
加：少許鹽和黑胡椒調味。

秋葵雞湯（Chicken Gumbo）（約10杯）

在一個大塑膠袋或紙袋裡混勻：
1又1/2小匙鹽、2小匙紅椒粉
1小匙黑胡椒、1小匙蒜粉
放入：3磅雞肉塊
抖晃袋子，直到雞肉塊完全沾附著粉末。再加進：1/2杯中筋麵粉
抖晃到分布均勻。在一口荷蘭鍋或深口大鍋裡以中火加熱：2至4大匙蔬菜油
油熱後，雞肉塊下鍋烙煎，每一面都要煎黃，5至10分鐘，煎好後取出放到盤子上。倒掉鍋裡的油，鍋子置一旁備用。另取一口厚底醬汁鍋，加熱：
1/2杯蔬菜油
油熱後拌入：1/2杯中筋麵粉
用一把木勺來攪和，以中火煮到油糊呈赤褐色，約30分鐘。做油糊的同時，在一口小碗混勻：
1杯秋葵片、1/2杯切碎的西芹
1/2杯切碎的洋蔥、1/2杯切碎的青甜椒
油糊離火，攪拌到不再冒泡，1至2分鐘。小心地把油糊和蔬菜混物倒進荷蘭鍋裡，攪入：
8杯禽肉高湯，雞肉湯，或其他淡色高湯或肉湯

煮滾，不停攪動。滾了之後把雞肉塊加進去。煨煮到雞肉熟透，約30至45分鐘。雞胸肉塊比較快熟，雞肉熟了便取出，然後加進：

12盎司內臟香腸（andouille）、西班牙臘腸，或其他煙燻香腸，切薄片或小塊

1大匙大蒜碎末

煨煮到香腸熟透，約10分鐘。剝掉雞皮雞骨，雞肉切絲，再把雞肉攪回鍋中，連同：

1/2杯蔥花、1大匙黃樟葉粉（filé powder）

少許鹽、辣椒醬

配上：米飯

來吃，點綴上：蔥花

咖哩蘋果雞湯（Mulligatawny Soup）（約7杯）

在一口湯鍋內以中火加熱：

1/4杯（1/2條）奶油或蔬菜油

油熱後下：

1/2杯洋蔥丁、1根胡蘿蔔，切丁

2枝西芹梗，切丁

拌炒到變軟，然後再下：

1又1/2大匙中筋麵粉、2小匙咖哩粉

4杯禽肉高湯，雞肉湯，或其他淡色高湯或肉湯、1片月桂葉

攪拌攪拌，煮約3分鐘。煮沸後把火轉小，煨個15分鐘，然後加進：

1/4杯切丁的酸蘋果

1/2杯米飯、1/2杯熟雞肉丁或羔羊肉丁

1小匙鹽、1/4小匙黑胡椒

1/8小匙乾的百里香

1/2小匙刨成屑的檸檬皮

繼續煨煮15分鐘，隨而撈除月桂葉。起鍋前拌入：

1/2杯濃的鮮奶油或無甜味的椰奶

加熱到熱透，但不要煮沸。

牛肉大麥仁湯（Beef Barley Soup）（8杯）

將：

1磅燉煮用的牛肉，切成1又1/2吋方塊

加：1小匙鹽、1/2小匙黑胡椒

調味。

在一口湯鍋或荷蘭鍋內以中大火加熱：

1大匙蔬菜油

油熱後，牛肉下鍋烙煎，需要的話分批下鍋，免得鍋內太擠，把肉的每一面都煎黃。煎好後取出，置一旁備用。用同一口鍋子來做：

蘑菇大麥仁湯，227頁

把肉放回湯鍋裡煨煮，並加以調味。

法式蔬菜燉牛肉鍋（Pot-au-Feu〔French Simmered Beef and Vegetables〕）（10至15人份）

光用雞肉來煮，這道菜即是蔬菜燉雞（poule-au-pot）。

在一口大湯鍋裡混合：

4夸特褐色牛高湯，牛肉湯，禽肉高湯，雞肉湯，或水，或者以上的任何組合

1塊4磅的去骨牛後臀肉、外側後腿肉（bottom round）、或牛肩肉（chuck roast），或4磅牛腩（brisket），需要的話捲起來捆緊

（4個牛髓骨，用紗布包起來）

2顆洋蔥，每1個嵌入2顆丁香

2根胡蘿蔔，切碎

2枝西芹梗，切碎

煮沸，然後把火轉小，蓋上鍋蓋但留個小縫，慢煨1又1/2小時，其間偶爾撇除浮渣。接著再下：

1隻3至4磅全雞，紮綁起來*，89頁
同樣蓋上鍋蓋但留個小縫，慢煨30分鐘，其間偶爾撇除浮渣。用紗布把：
4顆中的洋蔥，切1吋小塊
4根中的青蒜，切1吋小段
2顆中的蕪菁，削皮切1吋小塊
（1顆捲心菜，切薄薄的楔形）
鬆鬆地裝成幾包，放入湯鍋內，再加進：
1磅煙燻香腸
1束綜合辛香草☆，見「了解你的食材」
加蓋燜煮30至45分鐘。取出肉塊和一包包蔬菜料，留著備用。把湯汁過濾後再倒回鍋內，並轉極小的火保溫。把牛肉和香腸切片，全雞剁成8份。把肉塊和蔬菜料放到耐熱的盤子裡，覆蓋上錫箔紙送入90度的烤箱保溫。撇除湯面的浮油，加：
少許鹽和黑胡椒
調味。把湯加熱，然後舀到熱過的碗裡，湯上桌後隨即遞上盛肉的盤子，並附上：
第戎芥末醬或粗粒芥末醬
粗鹽、香酥麵包片
（酥烤的法國麵包片）

越南牛肉河粉（Vietnamese Beef Noodle Soup〔Pho Bo〕）（4人份）

肉放到冷凍庫冰個20分鐘，比較容易切薄片。肉片好後，放在室溫下回溫，趁肉回溫之際來做湯。
在一口大的湯鍋裡以中大火加熱：
1大匙蔬菜油
接著爆香：
1/4杯切薄片去皮的生薑
1顆中的洋蔥，切丁
然後放入：
3又1/2磅牛尾，切2吋小段
拌炒到不再呈粉紅色，約5分鐘，然後倒進：
3又1/2夸特冷水
煮沸，撈除雜質，接著拌入：
1根肉桂棒、6顆八角
1大匙鹽、1小匙醬油
（1塊1吋左右的中式冰糖）
把火轉小，慢煨2又1/2至3小時，需要的話撈除浮渣。差30分鐘湯便能煮好時，把：
12盎司乾河粉
泡在冷水裡。
在一口大鍋裡把水煮滾。河粉瀝出後放入滾水中煮1分半至2分鐘。瀝出。湯汁濾入另一口鍋中，撇除湯面的浮油。食用之前，轉大火把湯煮沸，煮沸的同時，把河粉分裝到熱過的湯碗裡。把：
12盎司生後腿牛排，切得薄可透光
2顆塞拉諾辣椒，切薄片
24片羅勒葉，切半
1/4杯2吋蔥段，縱切對半
分裝到四口碗裡。舀起滾燙的湯，澆到裝肉片的碗裡。如果這過程是在餐桌邊進行，賓客可以享受看見牛肉被燙熟的趣味。在席間傳遞一大盤的：
2杯豆芽、3大匙粗切的羅勒葉、萊姆角、3根粗切的塞拉諾辣椒

蒙古火鍋（Mongolian Hot Pot）（6至8人份）

肉先放到冷凍庫冰20分鐘會比較容易切薄片。這是一道很棒的派對菜色；見「關於火鍋」，193頁。
沾醬的部分，把：
1/2杯米酒醋
1/3杯糖或1/4杯蜂蜜

1/2杯醬油
1/3杯紅味噌或濕豆豉
1/4杯麻油
1大匙去皮的生薑末
2小匙辣油，或更多，依個人口味斟酌
3瓣蒜仁，切碎
放入攪拌機裡打成泥。然後把沾醬倒進個別的醬碟裡，撒上：
3根青蔥，切碎
切碎的芫荽、切碎的蝦夷蔥
在一只大盤子上把：
2磅沙朗牛排或羔羊里肌肉，修掉肥脂，切薄片
3杯切片的大白菜（Napa cabbage）
8盎司板豆腐，切成16塊
8盎司菠菜，修切、清洗並晾乾
鋪排得賞心悅目。把醬料和一大盤火鍋料擺上桌。把：
8至10杯褐色牛高湯，或牛肉湯
煮滾，將熱湯倒進放在餐桌上的中式火鍋或起司鍋或電煮鍋，維持在微滾狀態。用餐者用筷子或叉子取肉或蔬菜，放到湯鍋裡涮至熟了，隨而沾醬料吃。當盤子裡的火鍋料快吃完時，混合：
4盎司乾米粉，掰成小段
6杯熱水
靜置10分鐘。然後把米粉瀝出，放進湯鍋裡。剩下的沾醬倒進碗裡，把熱湯和米粉舀到碗裡食用。

牛尾湯（Oxtail Soup）（約4杯）

在一口湯鍋內加熱：
2大匙橄欖油或奶油
油熱後放入：
2磅牛尾，切成2吋小段
1/2杯切片洋蔥
烙煎，煎黃了之後加：
8杯水、1又1/2小匙鹽、4顆黑胡椒粒
煮沸，把火轉小，蓋上鍋蓋但留個小縫，慢煨4又1/2小時。需要的話加水進去，好讓肉被湯汁淹蓋。煨好後，過濾湯汁，放涼後冷藏，以便撇除浮油。喜歡的話，可以把骨頭剃除，肉切丁，然後冷藏。食用之前，把湯汁加熱，並放入：
1杯西芹丁、1/2杯胡蘿蔔丁
1/2杯去皮去籽切碎的番茄
1/4杯不甜的雪莉酒或馬德拉酒，或1/2杯不甜的紅酒、1/4杯大麥
1/4杯切碎的荷蘭芹
1小匙乾的百里香、馬鬱蘭或羅勒
1片月桂葉
煨煮到蔬菜軟爛，約30分鐘。撈除月桂葉。在一口平底鍋裡炒黃：
1大匙中筋麵粉
然後拌入：
2大匙奶油
攪拌到混勻成油糊，接著把高湯徐徐倒入，繼而放入肉和蔬菜，再加：
少許鹽和黑胡椒
調味，食用時佐上：檸檬片

牛肉羅宋湯（Borscht with Meat）（約5杯）

烤箱轉200度預熱。刷洗：
3至4顆中的甜菜根
用錫箔紙將之包覆起來，放在烤盤上送入烤箱烤到軟，約1小時。趁甜菜根在烤之際，把：
1磅的去骨牛肩肉，切方塊
均勻地敷上薄薄一層：
中筋麵粉

在一口湯鍋裡以中大火加熱：
2大匙蔬菜油
油熱後，牛肉塊下鍋烙煎，把每一面都煎黃。然後放入：
4又1/2杯褐色牛高湯，203頁，牛肉湯，或水
1罐12盎司整顆番茄，瀝出並切碎
煮沸，接著把火轉小，蓋上鍋蓋但留個小縫，煨煮到肉差不多都軟了，約30分鐘。拌入：
2杯綠甘藍或紫甘藍菜絲
1顆中的洋蔥，切碎
2根中的胡蘿蔔，切片
2枝中的西芹梗，切片
1又1/2小匙番茄糊
同樣蓋上鍋蓋但留個小縫，煨煮到蔬菜和肉都軟爛，約再30分鐘。甜菜根去皮，切成細長條，然後拌入湯裡，連同：
2大匙紅酒醋
2小匙新鮮檸檬汁
2瓣蒜仁，切末
鹽和黑胡椒
（1又1/2小匙糖）
蓋上鍋蓋但留個小縫，繼續煨煮15分鐘。需要的話，可以加水稀釋湯汁。起鍋後佐上：
酸奶
（蒔蘿末）

假海龜湯（Mock Turtle Soup）（約12杯）

在一口高湯鍋裡放入：5磅仔牛骨
加：14杯水
煮滾，水滾後再加：
4杯切碎的西芹，連同葉子
2杯罐頭的整顆番茄，壓碎，連同汁液
2杯切碎的胡蘿蔔
1杯切碎的洋蔥
1罐6盎司的番茄糊
1大匙鹽
1/2小匙乾的百里香
6顆黑胡椒粒，壓碎
6粒丁香、2片月桂葉
煮沸，把火轉小，蓋上鍋蓋但留個小縫，慢煨3至3又1/2小時，其間偶爾撈除浮渣。煨好後把湯汁濾入一口湯鍋內，撇除湯面浮油。另外在一口12吋的平底鍋裡轉中大火加熱：1大匙蔬菜油
油熱後下：
2磅牛絞肉、2瓣蒜仁，切末、2小匙鹽
拌炒到肉末不再呈粉紅，接著把肉末倒進高湯裡，連同：
4小匙糖、1小匙烏斯特黑醋醬
整鍋煮沸，沸了之後把火轉小，煨煮15分鐘，偶爾撈除浮渣。煨煮的同時，舀出1杯高湯放涼，涼了之後與：
6大匙炒黃的麵粉*，281頁
混勻，接著把這麵糊倒進煨煮的湯汁裡，再煨個5分鐘。加：
少許鹽和黑胡椒
調味，再加：2顆檸檬，切薄片
加熱到熱透即可；不要煮沸。起鍋後佐上：
3顆水煮蛋，325頁，切片

蘇格蘭羊肉湯（Scotch Broth）（約6杯）

在一口湯鍋內混合：
6杯水
1又1/2磅去骨羔羊肩肉，修切脂肪，切成1/2吋小塊
煮沸，然後轉小火，煨個10分鐘，撇除浮渣。接著拌入：

1/2杯大麥仁
3根中的青蒜，只取蒜白，切碎
1根大的胡蘿蔔，切丁
1根大的西芹梗，切丁
1/2小匙鹽

再煮沸，然後轉小火，蓋上鍋蓋但留個小縫，煨煮到肉軟爛，約1又1/2小時。需要的話加水進去。撈除湯面的浮油，調味以：
少許鹽和黑胡椒、2大匙切碎的荷蘭芹

葡萄牙青菜湯（翡翠湯）（Portuguese Greens soup〔Caldo Verde〕）（約10杯）

我們家人很愛喝的一道湯，我們在很多湯裡加新鮮、冷凍或罐頭蔬菜的靈感也是來自於它。
在一口大湯鍋裡以中小火加熱：
1又1/2大匙橄欖油或其他蔬菜油
油熱後下：
1顆中的洋蔥，切碎、2瓣蒜仁，切末
拌炒到變軟但沒不致焦黃，約5至10分鐘。接著拌入：
8杯禽肉高湯，雞肉湯，或其他淡色高湯或肉湯
4顆馬鈴薯，削皮切薄片
1又1/2小匙鹽、1/2小匙黑胡椒
煮沸，然後轉小火，煨煮到馬鈴薯變軟，約20分鐘。鍋子離火，用馬鈴薯搗泥器輕輕地搗壓馬鈴薯。在一口中型平底鍋裡以中大火加熱：
（1/2小匙蔬菜油）
放入：
6盎司葡萄牙香腸、西班牙臘腸，或其他煙燻香腸，切薄片
煎炒到酥黃，然後加進湯鍋裡。倒1杯的湯汁到平底鍋裡，刮起鍋底的脆渣，再把湯汁和脆渣一同倒回湯鍋裡。煨煮5分鐘，拌入：
4杯羽衣甘藍菜絲、唐蒿苣絲或芥蘭菜葉（collard leaves）絲（來自1把6至8盎司的芥蘭菜），洗淨並晾乾
煨煮5分鐘，再拌入：2大匙新鮮檸檬汁即成。

胡椒羹（Pepper Pot）（約9杯）

在一口大的醬汁鍋裡把：
4片培根，切成小塊
煎到透明，接著下：
1/3杯洋蔥末、1/2杯西芹末
2根大的青甜椒，切末
（1小匙乾的馬鬱蘭或風輪菜〔summer savory〕）
拌炒5分鐘，再放入：
8杯褐色牛高湯，禽肉高湯，或牛肉湯
1片月桂葉、1/2小匙胡椒粉
煮沸，然後再加：
12盎司處理好的蜂巢牛肚，洗淨並切細絲
煮到剛剛好滾沸便轉小火，加蓋燜煮到牛肚變軟，1又1/2至2小時。之後放入：
1杯削皮切丁的馬鈴薯
掀蓋煨煮到馬鈴薯丁變軟。撈除月桂葉。另取一口小的平底鍋，融化：
2大匙奶油
放入：
2大匙中筋麵粉
攪勻，加點湯汁進去然後煮滾，隨後倒回湯鍋裡。加：
少許鹽和黑胡椒
調味，再拌入：
1/2杯溫熱的鮮奶油
加熱到熱透即成，不要煮沸。

| 關於魚湯和海鮮湯 |

魚肉和海鮮會讓湯變得甘鮮，而且很快就可以煮好，因為它們在短時間內便滋味盡釋。➡魚貝類一不小心就會煮過頭，所以一旦熟了就要離火。上桌時，魚肉和貝類通常會另外盛一盤。

在準備滋味細緻的帶殼類海鮮濃湯時，蝦子或龍蝦通常要另外汆燙，然後放到缽盆裡搗碎或敲裂，再融入高湯、奶油及蛋製的底料。汆燙後的湯水可以當作快煮湯底，209頁，用來煮其他的魚肉。海鮮濃湯，還有加牡蠣、蛤蜊和貽貝的湯和燉品也一樣，需要以文火來煮，所以先把高湯底煮熱，湯裡的帶殼海鮮隨而便可熱透，最好是用➡隔水加熱的方式來煮，不要直接在滾水裡煮。魚湯起鍋後要馬上喝才好喝，如果你一定要擱上一會兒或重新加熱，務必要用➡隔水加熱的方式。

必要的話可以用冷凍魚品或罐頭魚品，但要記得，➡漁夫湯美妙獨特的滋味唯有用現撈的海鮮才能呈現。馬賽魚湯，242頁，即使用的都是現撈的新鮮漁獲，在國內做的和正宗的相比總是有差別，因為它獨特的味道有賴於唯獨地中海才有的當地魚類：譬如當地的礁石魚（rockfish），富含膠質，帶給湯稍微混濁但依然稀薄的質地，以及無數賣相不佳的美味小魚。我們提供的是從美式口味演繹的馬賽魚湯，深知我們充其量只能把簡練的詩句轉譯成華美的散文。

某種程度的隨心所欲也是原則之一，當你要把鹹水魚和淡水魚調合成巧達湯時。這類的湯都是以牛奶為基底，而且通常摻了馬鈴薯。不管你用的是哪種魚，➡盡可能要用新鮮魚貨，而且用最容易買到的魚來嘗試各種組合。

魚高湯，206頁，製作上很快速，不過假使你一時弄不到魚骨或魚頭，有許多替代方式可參考，209頁。在某些情況下，也可以用雞高湯來取代魚高湯。除了大多數的巧達湯之外，而巧達湯放隔夜不會有問題，一般來說魚湯最好還是一煮好就馬上享用。

查爾斯頓蟹湯或雪莉酒蟹湯（Charleston Crab or She-Crab Soup）（約4杯）

在一口大的醬汁鍋裡以小火融化：
2大匙奶油
然後拌入：2大匙中筋麵粉
攪拌至麵粉聞起來像烤過但不致焦黃，約3分鐘。鍋子離火，徐徐拌入：
3杯牛奶
然後鍋子放回爐火上，煮到將滾未滾，然後轉中小火，不時攪打，攪至變稠而滑順。再把火轉小，拌入：
1磅整塊蟹肉，挑除蟹殼和軟骨，最好有蟹卵
1大匙不甜的雪莉酒
1小匙鹽、1小匙烏斯特黑醋醬
（1/2小匙辣椒醬，或依個人口味酌量增減）
1/8小匙荳蔻粉
調整調味料。以文火煮到蟹肉剛剛好熱透。點綴上：綠蔥花

龍蝦湯（Lobster Bisque）（約7杯）

把：2隻中的龍蝦，煮熟的蝦肉和蝦卵剝出來。身體部分的肉切丁，尾巴和螯的部分切末。蝦殼壓碎，連同螯的硬尖端放入一口大鍋裡，並加進：

2又1/2杯禽肉高湯，雞肉湯，魚高湯，或蛤蜊湯
4枝帶葉的西芹梗，切薄片
1顆未剝皮的洋蔥，切片
6顆黑胡椒粒
2粒丁香
1片月桂葉

煮沸，然後把火轉小，煨煮30分鐘。濾出湯汁。把預留的蝦卵，如果有的話，壓入細網篩過篩，然後放入一口湯鍋裡，和1/4杯（1/2條）放軟的奶油

混合，再拌入：

1/4杯中筋麵粉

漸次地攪進：

3杯熱牛奶、1/4小匙肉豆蔻粉

轉中火煮到剛好滾了，其間不時攪拌，之後倒進預留的高湯，加蓋燜煮5分鐘。湯鍋離火，拌入：

預留的龍蝦肉
1杯煮燙而不是煮開的鮮奶油

加：鹽和黑胡椒

調味。起鍋並立即享用，點綴上：

荷蘭芹末、西班牙紅椒粉

貽貝奶油濃湯（Cream of Mussel Soup〔Billi-Bi〕）（約4杯）

在一口大湯鍋裡放入：

3磅小的貽貝，刷洗過並揪掉小鬍子
1又1/2杯不甜的白酒
1/3杯切碎的紅蔥頭
5枝荷蘭芹
2枝百里香

加蓋以中火蒸煮到貽貝開殼；撈除沒開殼的。取出貽貝，置一旁備用。蒸煮貽貝的湯水用鋪了好幾層沾濕的紗布或廚用紙巾的網篩，濾入一口中型醬汁鍋內。煮到微滾。把貽貝肉從殼裡挑出。

在一口小碗裡攪勻：

1杯濃的鮮奶油或半對半鮮奶油
1顆蛋黃

接著把1杯煮貽貝的湯水漸次地攪進蛋液裡，然後再整個攪回醬汁鍋中。加熱到熱透，但不要煮沸。加：

少許鹽及白胡椒或紅椒
（1又1/2小匙咖哩粉）

調味，佐配上預留的貽貝肉並撒上：

蝦夷蔥末

牡蠣濃湯（Oyster Stew）（約4杯）

直接在置於中小火上的雙層蒸鍋上層內放：

2至4大匙奶油
1大匙洋蔥末或青蒜末，或1瓣小蒜仁，切末，或1/2杯西芹末

攪拌到奶油融化而且洋蔥變軟，約5分鐘。鍋子離火並拌入：

1至1又1/2品脫去殼的生牡蠣，粗略地切碎，連汁液一起
1又1/2杯牛奶
1/2杯濃的鮮奶油、1/2小匙鹽
1/8小匙白胡椒或匈牙利紅椒粉

把上層鍋置於滾水上，而不是浸在滾水中。一等牛奶變燙，牡蠣浮出液面，加進：

2大匙切碎的荷蘭芹

即成。

牡蠣海鮮湯（Oyster Bisque）

上述的湯在加進荷蘭芹之前，湯鍋離火，把少量湯汁倒進打散2顆蛋黃的蛋液裡，攪拌均勻，再慢慢把混液倒回熱湯中。以小火加熱1分鐘，千萬別煮滾。立即享用。

海鮮秋葵濃湯（Seafood Gumbo）（約9杯）

在一口湯鍋裡以中火融化：
2大匙奶油
接著下：1杯切碎的洋蔥
拌炒至成金黃色，約10分鐘。然後拌入：
3大匙中筋麵粉
攪拌混勻，再攪進：1又1/2杯番茄泥
4杯魚高湯，禽肉高湯，或雞肉湯
攪拌至滑順。再加：
8盎司去殼蝦肉，切塊
8盎大塊蟹肉，挑掉蟹殼和軟骨
10盎司切片的秋葵或冷凍秋葵片
把火轉小，煨煮到秋葵變軟，15至20分鐘。再加：
16顆去殼的生蠔、少許鹽和黑胡椒
加熱到蠔變得鼓脹，撒上：
切碎的荷蘭芹
（紅椒粉）
黃樟葉粉
配上：米飯

加勒比海水芋湯（Caribbean Callaloo）（約12杯）

在一口湯鍋裡以中火煎：
3片培根，切成1吋小段
煎到幾乎酥脆，把培根及約莫1小匙的油留在鍋裡，倒掉多餘的油，接著下：
1顆中的洋蔥，切碎
1瓣蒜仁，切末
3根青蔥，切蔥花
8盎司火腿，切方塊
拌炒到洋蔥變軟但不致焦黃，5至10分鐘，再拌入：
1磅水芋（callaloo）、菠菜或唐萵苣，修切過並粗略地切碎
5杯禽肉高湯，雞肉湯，或其他淡色高湯或肉湯
1/4小匙乾的百里香
加蓋煮沸，然後轉小火燜煮5分鐘。接著掀蓋放入：
8盎司大塊蟹肉，挑除蟹殼和軟骨，或去殼的生蝦肉切片
8盎司白魚柳（馬頭魚、鱈魚、石斑魚、橘刺鯛、或海鱸魚）
1/2小匙鹽
8盎司切片的秋葵或冷凍秋葵片
1杯無甜味的椰奶、黑胡椒
繼續煨煮到秋葵和魚肉變軟，約10分鐘。煮的過程中魚柳會碎裂。

路易斯安那魚湯（Louisiana Court Bouillon）（約7杯）

在一口大的平底鍋裡以中火加熱：
3大匙蔬菜油
油熱後下：
3大匙中筋麵粉
炒到呈淺褐色，約5分鐘，再放入：
1/2杯青甜椒丁
1/2杯西芹丁
1/2杯洋蔥丁
2瓣蒜仁，切末
1/2小匙乾的百里香

拌炒到蔬菜丁變軟，約3分鐘，再拌入：
1罐28盎司李子番茄，瀝出，粗略地切碎
2杯魚高湯，或蛤蜊湯
煮沸，然後轉中小火，煨煮10分鐘，繼而拌入：
1磅白魚柳，切成2吋小段
4盎司小蝦（約12隻），剝殼
加蓋煮到魚肉徹底呈乳白色，約3分鐘。調味以：
2小匙烏斯特烏醋醬
1小匙鹽
3/4至1又1/4小匙辣椒醬
拌入：
1/2至3/4杯長米飯

馬賽魚湯（Bouillabaisse）（約10杯〔4至6人份〕）

在一口大的醬汁鍋裡以中火加熱：
1大匙橄欖油、1大匙奶油
直到奶油融化，然後下：
1根中的青蒜，縱切對半，切成1/2吋小段
1顆小的茴香球莖，切4瓣，去心切薄片
1根西芹梗，斜切成薄片
1片月桂葉
（1粒八角或1/4小匙大茴香或茴香籽）
（1/2顆柳橙的皮）
1/4小匙番紅花絲、1/2小匙鹽
偶爾拌炒，煮到蔬菜變軟但不致焦黃，5至10分鐘，再下：3瓣蒜仁，切末
拌炒2分鐘，假使鍋底開始燒焦，就把火轉小。放入：1大匙番茄糊
拌一拌，煮1分鐘。再加入：
1/2杯不甜的白酒
煮到微滾，接著續煮3分鐘，然後拌入：
4杯魚高湯，或蛤蜊湯
1又1/2杯罐頭番茄，連汁一起，番茄壓碎
1/2小匙紅椒粉、3/4小匙鹽
煮沸，然後轉小火，加蓋燜煮20分鐘。鍋子離火。高湯可以在前一天預先熬好並冷藏。進一步處理之前，先撈除八角、柳橙皮和月桂葉。另取一口大湯鍋，轉大火把：
2大匙橄欖油
加熱到冒煙，放入：
12顆小圓蛤，刷洗乾淨
拌一拌，煮2至3分鐘。需要的話把火轉小，免得油一直冒煙。然後把預留的高湯倒進去，煮滾後火轉小，加蓋燜煮3分鐘。接著拌入：
12盎司鮟鱇魚、海鱸魚、紅鯛或比目魚柳條，或以上的組合，切成1又1/2吋小段
加蓋煮1分鐘，拌入：
12顆干貝（約8盎司）
煮到海鮮都熟了，約再2至3分鐘。撈除任何沒開殼的蛤蜊。拌入：
（1至2大匙茴香酒或保樂牌茴香酒）
佐配：法國麵包片
麵包片上塗：棕紅醬*，340頁
將剩餘的棕紅醬分裝幾碗在席間傳遞。

新英格蘭蛤蜊巧達湯（New England Clam Chowder）（4又1/2杯）

這道傳統的巧達湯可搭配奶油比司吉*，434頁，或自製蘇打餅，169頁。

I. 準備蒸煮用的：
 5磅簾蛤（quahogs）或其他硬殼的蛤蜊
 放入一口大湯鍋裡，倒進：
 1杯水
 （洋蔥和西芹碎粒，外加百里香和月桂葉）
 加蓋以大火蒸煮，煮到蛤蜊開殼，約10至20分鐘。把蛤蜊盛到一口碗裡，把沒開殼的丟掉。煮蛤蜊的水用鋪了

紗布的細網篩濾過，置一旁備用。就著裝蛤蜊的碗把蛤肉從殼內挑出，留住蛤殼裡的汁液。把蛤肉粗切成3/8吋小塊，蛤汁濾入預留的其餘煮蛤水裡。在一口湯鍋裡融化：

2大匙奶油或培根脂肪

然後放入：

1顆中的洋蔥，切成1/2吋小丁

1大匙奶油、1/2小匙切碎的百里香

1片月桂葉

拌炒到洋蔥變透明，接著放入：

1大匙中筋麵粉

攪勻並炒至呈淡褐色，接著把預留的煮蛤水倒進去，連同：

2杯新生馬鈴薯丁（1/2吋）

煮到幾乎滾了，轉小火，煨到馬鈴薯變軟，約12分鐘。撈除月桂葉。拌入切碎的蛤肉，連同：

1杯濃的鮮奶油

再煨煮5分鐘，不要煮沸。調味以：

少許黑胡椒、1大匙切碎的荷蘭芹

II. 若想節省時間，就用罐頭蛤蜊。按上述方法做，省略處理簾蛤的步驟，從炒洋蔥開始。當洋蔥變透明，連同馬鈴薯一起加進：

3杯魚高湯，蛤蜊湯，禽肉高湯，或雞肉湯

拌入鮮奶油之際一併放入：

1杯切碎瀝乾的罐頭蛤蜊

曼哈頓蛤蜊巧達湯（Manhattan Clam Chowder）（約10杯）

準備蒸煮用的：

10至12磅簾蛤或其他硬殼的蛤蜊

放入一口大鍋裡，並倒進：2杯水

加蓋以大火蒸煮，煮到蛤蜊開殼，約10至20分鐘。把蛤蜊盛到一口碗裡，把沒開殼的丟掉。煮蛤蜊的水用鋪了紗布的細網篩濾過，置一旁備用。把蛤肉從殼內挑出並切細碎。在一口大的平底鍋裡以中火加熱：

2大匙蔬菜油、奶油或培根肥脂

油熱後下：

2顆中的洋蔥，切碎、1/2顆青甜椒，切丁

1根大的西芹梗，切丁

拌炒到蔬菜變軟但不致焦黃，5至10分鐘，接著倒入預留的煮蛤水，連同：

1罐28盎司番茄，切碎

3杯魚高湯，或蛤蜊湯

煮沸後再拌入：

1磅馬鈴薯，切成1吋方丁

火轉小，煨煮到馬鈴薯變軟，約20分鐘。隨後拌入切碎的蛤肉，調味以：

1/2小匙黑胡椒、2大匙切碎的荷蘭芹

羅德島蛤蜊巧達湯（Rhode Island Clam Chowder）

按上述方法做，用3大匙橄欖油取代蔬菜油或其他油脂。待薯丁變軟，加6盎司葡萄牙香腸或煙燻西班牙臘腸，切薄片，以及1/4至1/2小匙辣椒碎片。以小火煨煮10分鐘，然後依指示加進切碎的蛤肉和調味料。

鮭魚巧達湯（Salmon Chowder）（約5杯）

在一口小的醬汁鍋裡煨煮：

1杯濃的鮮奶油

但別煮沸，煮到濃縮成2/3杯的量，其間偶爾攪動一下。與此同時，在一口湯鍋裡以中火融化：

1大匙奶油

然後放入：
2根中的青蒜，只取蒜白，切碎
1/4杯苦香艾酒、1瓣蒜仁，切末
拌炒到蒜白變軟但不致焦黃，5至10分鐘，接著拌入：
3杯魚高湯，或蛤蜊湯
2顆新生紅馬鈴薯或白馬鈴薯，切丁
1/2小匙鹽
煮沸，然後火轉小，煨到馬鈴薯變軟，10至15分鐘。轉成小火，加入鮮奶油，連同：
12盎司鮭魚片
1/4小匙黑胡椒或白胡椒
煮到鮭魚變熟，8至10分鐘。用勺子把鮭魚肉鏟開。點綴上：
小的蒔蘿枝

魚肉巧達湯（Fish Chowder）（12至14杯）

用肉質結實的魚來做，譬如鮭魚、魚、鱈魚或狼魚。
在一口大湯鍋裡以小火煎炒：
4盎司鹹豬肉或4片培根，切丁
煎到開始變酥脆，10至15分鐘，接著放入：
1/4杯（1/2條）奶油
2顆大的洋蔥，切碎
3片月桂葉
1大匙切碎的百里香
拌炒到洋蔥變軟但不致焦黃，10至15分鐘，再拌入：
3顆耐燉煮的馬鈴薯，削皮、縱切對半，再切成1/4吋厚片
3杯魚高湯，或蛤蜊湯
煮沸，然後把火轉小，煨煮到馬鈴薯變軟，約20分鐘。撈除月桂葉，然後拌入：
3又1/2磅去骨去皮的魚片
2杯濃的鮮奶油
再煮（別煮沸）到魚肉熟透而且開始要碎裂，8至10分鐘。魚肉會裂成大塊。調味以：
少許鹽和黑胡椒
2大匙切碎的荷蘭芹和/或山蘿蔔葉

玉米巧達湯（Corn Chowder）（約6杯）

在一口湯鍋裡以中小火煎：
4片培根
煎到開始酥脆，10至15分鐘，把培根和大約2大匙油脂留在鍋裡，多餘的油舀掉。放入：
1顆小的洋蔥，切碎
2根中的西芹梗，切丁
炒到變軟而稍微焦黃，10至15分鐘。與此同時，切下：
6小穗玉米
的玉米粒，置一旁備用，玉米穗軸放進湯鍋裡，連同：
4又1/2杯牛奶
2顆中的馬鈴薯，切丁
讓玉米穗軸浸在牛奶裡。把牛奶煮到幾近滾沸便把火轉小，加蓋煨煮到馬鈴薯變軟，10至15分鐘。撈除玉米穗軸，拌入預留的玉米粒，以及：
1又/2小匙鹽
1/2小匙白胡椒或黑胡椒
小火煮到玉米粒變軟，約5分鐘。接著鍋子離火，用一把漏勺，把1又1/2杯的固體從湯裡撈出，打成滑順的泥，再倒回湯鍋裡，並放入：
1大匙奶油
靜置一會兒，待奶油融化，攪拌一下即可起鍋。

| 關於奶油濃湯 |

這類香濃滑順的湯可以當作午餐或晚餐的第一道菜。跟開胃菜一樣，它們可以鎮住剛喝下的雞尾酒，或緩和即將入口的葡萄酒。做平日喝的奶油濃湯，蔬菜可以直接下到高湯裡煮，然後用沉浸式攪拌器或倒進食物調理機或攪拌機裡打成泥，繼而再拌入牛奶或鮮奶油。通常不需濾過即可享用。不過，➡如果海鮮或禽肉被打成泥，很容易有口感不佳的筋絲，因此這類的湯還是要濾過。➡所有的奶油濃湯，不管有沒有加蛋增稠，一經煮沸就毀了，所以務必加熱到瀕臨沸點就好，或者用雙層蒸鍋以➡隔水加熱的方式來煮。重新加熱也一樣。很多奶油濃湯冷熱皆宜；若是喝冷的，上桌前要再調味過。

白花椰菜奶油濃湯（Cream of Cauliflower Soup）（約8杯）

在一口湯鍋裡以中火融化：
4大匙（1/2條）奶油
隨後放入：
1又1/2杯西芹末、1杯粗切的洋蔥
拌炒到變軟但不致焦黃，再放入：
1又1/2磅白花椰菜，修切並粗略地切碎
加蓋燜煮5分鐘，偶爾拌一拌，接著放入：
1/4杯中筋麵粉
把火轉大，徐徐拌入：
4杯禽肉高湯，雞肉湯，或其他淡色高湯或肉湯
並且煮沸，隨而轉中小火，蓋上鍋蓋但留個小縫，煨煮白花椰菜至變軟，約25分鐘，其間偶爾攪拌一下。用食物調理機或沉浸式攪拌器打到湯汁滑順。湯倒回鍋裡，拌入：
1/2至1杯濃的鮮奶油、半對半鮮奶油或牛奶
加熱到熱透即可，不要煮沸。起鍋前加：
1小撮現磨的肉豆蔻或肉豆蔻粉
鹽和白胡椒或黑胡椒
吃的時候撒上：
（起司屑，譬如切達起司屑或瑞士起司屑）

蘆筍奶油濃湯（Cream of Asparagus Soup）（約5杯）

按上述做法準備白花椰菜奶油濃湯，把白花椰菜換成1又1/2磅蘆筍，修切過並切成1吋小段，煨煮到變軟，約10分鐘。繼續按其餘的步驟進行，但略過肉豆蔻。

青花菜奶油濃湯（Cream of Broccoli Soup）（約7杯）

按上述做法準備白花椰菜奶油濃湯，把白花椰菜換成1又1/2磅青花菜，修切過並切碎。繼續按其餘的步驟進行，但略過肉豆蔻。

芹菜根濃湯（Celery Root Soup）（約8杯）

按上述做法準備白花椰菜奶油濃湯，把白花椰菜換成2磅芹菜根，削皮並切成1/2吋方丁。繼續按其餘的步驟進行，但略過肉豆蔻。

栗子湯（Chestnut Soup）（約6杯）

按上述做法準備白花椰菜奶油濃湯。把西芹的量減至1/2杯，花椰菜換成1磅煮過的栗子，或真空包的栗子或罐頭栗子，粗略地切碎。繼續按其餘的步驟進行，但略過肉豆蔻。

番茄奶油濃湯（Cream of Tomato Soup）（約6杯）

準備番茄湯，227頁。拌入1/4杯濃的鮮奶油和（1大匙青醬*，320頁）。以小火加熱至熱透即成。

胡蘿蔔奶油濃湯（Cream of Carrot Soup）（約6杯）

在一口湯鍋裡以中小火把：
1/4杯水或高湯
（1大匙奶油）
煮到燙，放入：
1顆中的洋蔥，粗略地切碎
1大匙去皮的生薑末
（1/2小匙咖哩粉）
蓋上鍋蓋但留個小縫，煮到洋蔥變軟但不致焦黃，5至10分鐘，其間偶爾攪拌一下。接著拌入：
4杯禽肉高湯，雞肉湯，或其他淡色高湯或肉湯
1杯柳橙汁、
1又1/2磅胡蘿蔔，切片
煮沸，然後火轉小，煨煮到胡蘿蔔變軟，15至20分鐘。用食物調理機或攪拌機把湯水和湯料打到你想要的滑順口感，再整個倒回湯鍋裡，並且拌入：
1/4至1/2杯濃的鮮奶油或半對半鮮奶油
1/2小匙至1小匙鹽
1/8小匙黑胡椒
加熱至熱透即可，不要煮沸。撒上：
荷蘭芹末或蒔蘿末或蝦夷蔥末
佐上：
配湯的香酥麵包丁，256頁，或薄餅乾（cracker）

蘑菇奶油濃湯（Cream of Mushroom Soup）（4又1/2杯）

蘑菇若煎到快要上色，滋味會更鮮明。
在一口湯鍋裡融化：
2大匙奶油
隨後放入：
8盎司帶蒂頭的蘑菇
煎到蘑菇釋出汁液，再放入：
2杯禽肉高湯，雞肉湯，或其他淡色高湯，或水
1/2杯切碎的幼嫩西芹
1/4杯切片的洋蔥
2大匙切碎的荷蘭芹
煮沸，然後火轉小，加蓋燜煮20分鐘。用攪拌機或食物調理機，把湯打到滑順。
準備：
白醬IV*，291頁
把打成泥的湯徐徐倒入奶油白醬裡，一面加熱一面攪動，煮到湯變燙，但不要煮沸。起鍋前加：
1/2小匙鹽
1/8小匙匈牙利紅椒粉
（1/8小匙現磨的肉豆蔻或肉豆蔻粉）
（3大匙不甜的白酒）
盛到碗裡後在湯面放一坨：
（酸奶或無甜味的發泡鮮奶油）
點綴上：
荷蘭芹枝或切碎的蝦夷蔥或芝麻菜

青蔥蘑菇湯（Scallion and Mushroom Soup）（約7杯）

用一把木勺把：

1/4杯（1/2條）無鹽放軟的奶油

攪打到輕盈蓬鬆，放入：

5把青蔥，剁得細碎

並拌勻。倒進一口湯鍋裡，調味以：

1小匙鹽、1/2小匙黑胡椒

加蓋以文火煮10分鐘。別把青蔥煮得焦黃。然後鍋子離火，拌入：

2大匙中筋麵粉

煮1分鐘，再拌入：

4杯禽肉高湯，雞肉湯，或其他淡色高湯或肉湯

轉中火煮沸，攪拌攪拌。接著把火轉小，煨10分鐘。把：

12盎司蘑菇

擦拭乾淨，切掉粗硬的柄蒂，然後切薄片。鍋子離火，拌入2/3的蘑菇，馬上把湯料壓入篩網過篩，或倒進食物研磨機。接著拌入：

1/4至1/2杯半對半鮮奶油、鮮奶油或酪奶

以小火加熱直到湯變燙，然後再拌入剩下的蘑菇。起鍋後舀到熱過的碗裡，在湯面放：

少許紅椒粉

1坨酸奶

洋蔥奶油濃湯（Cream of Onion Soup）（約4杯）

在一口湯鍋裡以中火融化：

3大匙奶油

隨後放入：

2杯切碎的洋蔥

煎炒到呈金黃色，約20分鐘，接著拌入：

1大匙中筋麵粉、1/2小匙鹽

拌炒1至2分鐘，倒入：

3杯禽肉高湯，雞肉湯，或其他淡色高湯或肉湯

1杯濃的鮮奶油或半對半鮮奶油或牛奶

加蓋燜煮，煮到洋蔥變軟爛，15至20分鐘，別煮沸。把少量的熱湯加進：

4顆蛋黃，打散

然後再把混液倒回湯裡。加熱到熱透即可，別煮沸。起鍋前加：

鹽和匈牙利紅椒粉

肉豆蔻粉或烏斯特烏醋醬

調味，嚐嚐味道。把：

4小匙切碎的荷蘭芹

均分到四個杯子裡，再把熱湯舀到杯內。

菠菜奶油濃湯（Cream of Spinach Soup）（約7杯）

做這道湯最好用新鮮菠菜，但你也可以用３包10盎司的冷凍碎菠菜來做，使用前要退冰並瀝乾。

在一口湯鍋裡以中小火加熱：

2大匙奶油或1大匙奶油外加1大匙蔬菜油

油熱後下：

1/4杯洋蔥丁

煎炒到變軟但不致焦黃，拌入：

2大匙中筋麵粉

轉中火煮2分鐘，要不時拌炒。別把麵粉炒到焦黃。然後漸次地攪入：

2杯牛奶

2杯禽肉高湯頁雞肉湯，或蛤蜊汁

轉小火煨煮，煮到稍微變稠，約10分鐘，其間偶爾攪拌一下。將：

2磅菠菜

摘除硬梗，清洗乾淨。然後放入一口大鍋中，加蓋以中火煮到萎軟，約5分鐘。

接著馬上用濾鍋濾出，並用冷水沖，隨後擠出多餘的水分。把處理好的菠菜放到湯裡，湯隨即離火，倒進攪拌機裡攪打到滑順，需要的話分批攪打。最後整個倒回湯鍋裡，拌入：
（3/4至1杯濃的鮮奶油或半對半鮮奶油）
加熱至燙即可，別煮沸。起鍋前加：
1小匙鹽，或依個人口味酌量增減
（1/4小匙現磨的肉豆蔻或肉豆蔻粉）
1/4小匙黑胡椒
調味。

水田芥或馬齒莧奶油濃湯（Cream of Watercress or Purslane Soup）（約6杯）

在一口湯鍋混勻：
5杯禽肉高湯，雞肉湯，或其他淡色高湯或肉湯
3大匙糙米或白米
（2小匙去皮的生薑末）
並煮沸，然後煮到米變軟，約35分鐘。隨後拌入：
1把中型水田芥或馬齒莧（約7盎司），切碎或打成泥
1/2杯熱的濃鮮奶油、半對半鮮奶油或牛奶
1大匙切碎的荷蘭芹
煨煮5分鐘，別煮沸。把少量的熱湯加進：
2顆蛋，打散
再把混液緩緩地攪回其餘的湯中。把湯加熱5分鐘，別煮沸。立刻享用。

切達起司湯（Cheddar Cheese Soup）（約6杯）

在一口湯鍋裡以中火融化：
6大匙（3/4條）奶油
然後放入：
1杯洋蔥丁、1杯西芹丁、3/4杯胡蘿蔔丁
煎炒到變軟但不致焦黃，5至10分鐘。撒上：
1/4杯中筋麵粉
拌一拌，再煮個3至4分鐘。接著徐徐攪入：
4杯禽肉高湯，雞肉湯，或其他淡色高湯或肉湯
煮沸，不時攪拌。煮沸後把火轉小慢煨，煮到湯汁變稠，約45分鐘。把湯汁攪打到滑順，再煮至微滾，拌入：
1杯濃的鮮奶油或半對半鮮奶油
2杯切達起司，磨成屑（8盎司）
1小匙芥末粉
把火轉小，攪拌至起司融化，別讓湯沸煮，假使湯太燙，起司會和湯汁分離或凝結。加：
（辣椒醬）
（烏斯特黑醋醬）
鹽和黑胡椒
調味。如果你喜歡湯汁稀一點，多加些：
（高湯或鮮奶油）
稀釋。點綴上：
配湯的香酥麵包丁，256頁
煙燻火腿碎粒、熟青花菜碎粒

吐司浸牛奶（Milk Toast）（1人份）

雖然不盡然是一道湯，但它同樣能帶給老和幼舒適慰藉。
把：3/4吋厚的麵包片
兩面稍微烤一下，稍微抹上：奶油
再撒上：（鹽）
放到碗裡，倒入：1杯熱牛奶或鮮奶油

新年湯（New Year's Soup）

這道在派對結束前端上的湯，也是人稱的解酒湯，或*Lumpensuppe*，在翌晨喝有時也很有幫助。

I. 法式洋蔥湯，224頁，額外加1杯不甜的紅酒。

II. 扁豆湯，230頁，再加酸奶和香腸。

| 關於冷湯 |

冷的蔬菜湯是很清爽的第一道菜，或清淡的主菜。這裡介紹的湯在自助式餐檯上總是很受歡迎。天氣特別炎熱的情況下，湯碗可以擺在裝有冰塊的大盆子裡，以便保持湯的冷度。其他的冷湯還可參考維琪冷湯，225頁，攪拌機做的羅宋湯，253頁，和櫻桃湯，251頁。

酪梨冷湯（Cold Avocado Soup）（約4杯）

這是我們端出來過最快速輕鬆又最令人驚豔的湯之一。盡情享受！

在食物調理機裡把：

2顆熟成的漢斯酪梨（約1磅）

1瓣蒜仁，切末

打到滑順，再加：

2杯酪奶

4小匙新鮮萊姆汁

1/4小匙鹽

1小撮胡椒粉

再打至混勻。然後倒進一口碗裡，冷藏至冰涼。需要的話，加：

（1/4至1/2杯酪奶、鮮奶油或鮮奶）

稀釋。嚐嚐味道，加調味料調整。把湯舀到冰鎮過的碗裡，點綴下列之一：

鮮莎莎醬*，323頁

2大匙酸奶或原味優格

8盎司大塊蟹肉，挑掉蟹殼和軟骨

美乃滋

萊姆薄片

西班牙番茄冷湯（Gazpacho）（約6杯）

在食物調理機或攪拌機裡把：

1根中的小黃瓜，削皮去籽，粗略地切塊

1顆中的青甜椒，去核去籽，粗略地切塊

攪打至細碎，但不要打成泥。打好後倒到一口大碗裡。再用調理機把：

1顆小的洋蔥，粗略地切塊

1/3杯荷蘭芹葉

攪打至細碎，再倒到那口大碗裡。繼續用調理機把：

2又1/2磅熟番茄，去皮，517頁，去籽，粗略地切塊

攪打至細碎，倒進同一口大碗裡。在那大碗裡放入：

1杯番茄汁

3大匙紅酒醋

3大匙橄欖油

2瓣蒜仁，切末

（1根墨西哥青辣椒，去籽切末，或少許辣椒醬）

2小匙鹽

整個拌勻。冷藏至少2小時，盛到冰鎮過的碗裡。

貝克版番茄冷湯（Becker Blender Gazpacho）（約12杯）

我們的食譜當中詢問度最高的之一。
在一口大的不鏽鋼碗裡混勻：
1罐46盎司番茄汁或番茄蔬菜汁
1罐10又1/2盎司濃縮的牛肉清湯，未稀釋的
1顆檸檬或萊姆的汁液，或1大匙紅酒醋
2大匙切碎的羅勒
（2大匙切碎的百里香）
1至2瓣蒜仁，切末、1/4至1/2小匙辣椒醬
接著分批把：
1根小黃瓜，削皮去籽並粗略地切碎
3根大的胡蘿蔔，切大塊
1/2小球紫甘藍，去心切大塊
2根西芹梗，切大塊，或1把水田芥，修切掉硬梗
1/2至1杯切碎的荷蘭芹（若用水田芥則略過）
1把青蔥，修切過，或1顆中的洋蔥，切大塊
（1/2顆紅色或綠色甜椒）
放入攪拌機裡攪打至細碎（不必打成泥），然後倒入大鋼碗裡，加：
少許鹽和黑胡椒
調味。包覆起來冷藏至非常冰涼，1至2小時。冰涼後盛在冰鎮過的碗裡，佐上：
香酥麵包片☆，見「了解你的食材」

白色番茄冷湯（White Gazpacho）（約9杯）

我們跟表親寇納・隆鮑爾和他已故的妻子瓊安，在納帕河谷的美國烹飪學院附設的灰石餐廳裡用餐時，喝到這道清新的夏日湯品。它把傳統的西班牙番茄冷湯的精髓和某個新穎討喜的不同滋味結合起來。感謝那裡的大廚給了我們靈感！
用食物調理機把：
2磅無籽綠葡萄
1根歐洲（無籽）溫室黃瓜，削皮切大塊
4根青蔥，切蔥花
2又1/2杯半對半鮮奶油
1又1/4杯原味優格
2盎司奶油起司
2大匙白酒醋
2大匙橄欖油
打成泥，需要的話分批打。打好後倒入一口碗裡，加：
1/4杯蒔蘿末
鹽和白胡椒或紅椒粉
調味。包覆起來並冷藏。喝的時候撒上：
烤杏仁碎粒
蝦夷蔥末

小黃瓜冷湯（Cold Cucumber Soup）（約3杯）

在一口中型碗裡混勻：
2大匙橄欖油、1小匙鹽
1/4小匙白胡椒、1/4至1杯核桃碎粒
1瓣蒜仁，切末
2大匙切碎的蒔蘿
接著放入：
1又1/2杯削皮去籽的小黃瓜薄片
拿著碗輕輕翻拋幾下，讓小黃瓜片裹上油料。包覆起來，冷藏2至6小時。食用前拌入：
1至1/2杯原味優格或酸奶
這道湯應該呈現濃的鮮奶油的稠度。若是太乾稠，可以加少量：
（淡色高湯或肉湯，牛奶、鮮奶油或水）
稀釋。

| 關於水果湯 |

水果湯可以當作甜點，或夏日主菜的冰鎮序曲。你可以混調新鮮水果和水果乾，只用一種品種或多種組合，煮到可以輕易打成泥的程度。➡假使水果湯是在用餐開頭端上，別加太多糖。用冷凍水果做的湯品也很提神。

冬日水果湯（Winter Fruit Soup）（約6杯）

在一口大的醬汁鍋裡混合：
3/4杯杏桃乾或桃子乾，切4瓣
3/4杯蜜棗，去核切4瓣
3大匙葡萄乾、2大匙紅醋栗乾
2根肉桂棒、1顆柳橙的皮絲
3大匙木薯粉
4杯蘋果汁、蔓越莓汁或水
靜置45分鐘。然後拌入：**至多1/4杯糖**
煮沸，接著把火轉小，煮到水果軟化而且湯變稠，約30分鐘，其間偶爾攪動一下。再放入：
2顆蘋果，削皮去核，切成1吋小塊
繼續煮到蘋果變軟，約8分鐘。稍微放涼，撈除肉桂棒。冷熱皆宜。喝時佐上：
酸奶或濃的鮮奶油
（烤杏仁片）

櫻桃湯（Cherry Soup）（約6杯）

備妥：
2磅櫻桃，去梗去核，或4杯退冰的冷凍櫻桃或罐頭櫻桃，瀝乾
預留一半的櫻桃，把另一半放進一口湯鍋裡，連同：
2杯格烏茲塔明娜白酒或半甘型白酒
2杯水
煮沸，然後把火轉小，煨煮到櫻桃變軟，約15分鐘。放入食物調理機或攪拌機裡打到滑順。在一只小碗裡拌勻：
1/4杯糖、4小匙玉米粉
把3大匙櫻桃糊舀到糖和玉米粉裡並攪勻。把這混液連同櫻桃糊倒回湯鍋裡，開大火煮到變濃稠，要不停攪拌，約5分鐘。接著把火轉小，拌入預留的櫻桃，外加：
1小匙柳橙皮絲屑
1大匙新鮮柳橙汁
1大匙新鮮檸檬汁
煮到整鍋變溫熱即成。嚐嚐味道，如果不夠甜的話，再多加一些：（**糖**）
假使太甜，則多加一些：（**新鮮檸檬汁**）
冷熱皆宜。喝的時候佐配：
酸奶或原味優格、薄荷枝

薑味香瓜湯（Ginger Melon Soup）（約8杯）

用食物調理機把：
2顆中的熟甜哈密瓜（cantaloupes），或香瓜（muskmelons），去籽切大塊
打至滑順，倒進一口大碗裡，拌入：
1杯新鮮柳橙汁、1/4杯新鮮萊姆汁
2大匙新鮮檸檬汁
冷藏至冰涼，約2小時。飲用前，準備：
1/2杯去皮生薑末或薑屑
用紗布把薑末包起來或直接用手，把薑汁擠到一口小碗裡。將1大匙薑汁拌入湯裡。用冰鎮過的碗來盛湯，點綴上：
奇異果薄片或草莓薄片、薄荷枝

玫瑰果湯（Rose Hip Soup）（約4杯）

確認你摘玫瑰果的樹叢沒有灑農藥。
洗淨、拍乾：
2杯新鮮玫瑰果或玫瑰果乾
放入一口不起化學反應的鍋子裡壓碎，加：**4杯水**
煮沸，把火轉小，加蓋爛煮約45分鐘。用鋪了幾層紗布有些許厚度的網篩把湯汁濾入一口醬汁鍋裡，再倒進足夠的：
覆盆子汁、桃蜜（peach nectar）或新鮮柳橙汁
湊成總共約4杯的量。把：
1大匙葛粉（arrowroot）
和少量的汁液外加：**1/3杯蜂蜜**
混勻，然後倒回鍋內，煮到微滾，攪拌至湯汁開始變稠。充分放涼，喝時配上：
酸奶或打發的鮮奶油

關於速成湯「樂土」

我們在此建議的，是達到特殊成果的處理方法，而不是食譜。也就是把罐頭湯品或冷凍湯品和燙蔬菜的水這寶貴的副產品調和在一起，快速做出一道湯。或者，用你手邊一些剩下的骨頭、瘦禽肉或修切下來的肉丁，來熬出湯底。參見貝克版速成高湯，209頁。記住，大多數的魚湯，239頁，都是可以快速做好的湯，即使你用生食材從頭做起。又或者，你冰箱裡可能貯存了一些很容易做成速成奶油濃湯的碎料，那麼請參見「關於奶油濃湯」，245頁。熬煮之前，加進少許蘑菇或些許菠菜葉、萵苣或者水芹加熱；熬煮之後，加少量的牛奶或鮮奶油會更香醇。如果你自己栽種辛香草，現在就是採一些來入菜的時候。荷蘭芹可以大方地用，用乾香料則要謹慎。

幾句叮嚀：➡我們要稀釋現成的湯時，不管用的是自己熬的高湯、牛奶或——沒那麼討喜的——平淡無味的白開水，通常會比製造商建議的量少很多。我們也發現，越是濃縮的湯，越是過鹹。調配出來的湯，一定要試試味道，調整鹹淡。➡如果你把沒煮過的蔬菜打成泥，一定要確認菜泥夠細緻，不含韌纖或皮渣破壞湯的口感。做清澈的湯，用罐頭清湯或雞肉湯。按上述建議稀釋，或打蛋花下去快速調製，216頁。如果你喜歡更有飽足感的湯，參見攪拌機做的羅宋湯，或小黃瓜冷湯。那麼上你家過夜的天真訪客說不定會問，就像餐館客人會問的，「我很喜歡你們家的每日例湯，可是它為什麼每天不一樣？」

速成牛肉煲（Quick Beef Stew）（約6杯）

在一口大的平底鍋裡以大火加熱：
1大匙蔬菜油
油熱後下：
1磅去骨莎朗牛肉，切成1吋骰子狀
烙煎至焦黃。把牛肉倒入一口湯鍋裡。把：
1/2杯不甜的紅酒
倒進平底鍋中，開大火煮，攪一攪並刮

起鍋底的脆渣，煮至收汁成一半的量，澆到牛肉塊上，隨而在牛肉鍋裡放入：
1罐8盎司番茄醬
1罐10又1/2盎司濃縮法式洋蔥湯
1杯水、1大匙烏斯特黑醋醬
1袋24盎司冷凍蔬菜
1小匙鹽
煮沸，然後把火轉小，加蓋爛煮10分鐘，或煮到蔬菜軟爛。起鍋前拌入：
1/4杯荷蘭芹末

用攪拌機做羅宋湯（Blender Borscht）（4至5杯）

三代以來，隆鮑爾氏－貝克氏家族的冰箱裡時時備有做這道冷湯的食材。一旦有意外的訪客登門，只消把材料扔進攪拌機裡，馬上就可以端出一道冰涼好喝的湯。

I. 在攪拌機裡放入：
 1罐10又1/2盎司濃縮清湯
 1罐10又3/4盎司濃縮雞肉奶油濃湯
 1罐15盎司甜菜根，連汁一起
 （1瓣蒜仁，切末）
 如果想要湯稠一點，甜菜根罐頭裡的汁用一半即可。打至滑順後放冷藏。喝的時候佐上：
 酸奶加辛香草末☆，見「了解你的食材」

II. 在攪拌機或食物調理機裡把：
 2杯番茄汁
 1罐15盎司甜菜根，連汁一起
 3根小的蒔蘿醃黃瓜（dill pickles）
 3大匙洋蔥末、少許辣椒醬
 （1瓣蒜仁，切末）
 打到滑順後放冷藏。喝得時候配上：
 4顆水煮蛋，325頁，切薄片
 酸奶、蒔蘿末或茴香末

隆鮑爾版羅宋湯（Rombauer Borscht）（約4杯）

在一口醬汁鍋裡混合：
1罐15盎司切丁的甜菜根，連汁一起
1罐10又1/2盎司濃縮清湯
1大匙切碎的洋蔥、1杯水
煮5分鐘，接著放入：
1大匙新鮮檸檬汁
1/2小匙鹽
每一份點綴上一坨：酸奶

速成白花椰菜奶油濃湯（Quick Cream of Cauliflower Soup）（約3又1/2杯）

在一口大的醬汁鍋裡以中大火加熱：
2大匙奶油
油熱後下：
1/4杯切碎的洋蔥
2根小的帶葉的芹菜梗，切末
拌炒約4分鐘，接著放入：
1罐14又1/2盎司雞肉湯
1杯煮熟的白花椰菜泥或糊
煮沸，再放入：
1杯半對半鮮奶油
加熱到熱透即可，不要煮沸，加：
少許鹽和黑胡椒
調味，點綴上：荷蘭芹末
（少許肉豆蔻粉或1小撮芫荽粉）

速成起司湯（Quick Cheese Soup）（約4杯）

在一口大的醬汁鍋裡混合：
1罐10又3/4盎司濃縮的西芹奶油濃湯
1罐10又3/4盎司濃縮的切達起司湯
1又1/4杯水或牛奶
1/2杯切達起司絲（2盎司）
以小火煮，不停地攪拌至起司融化，千

萬別沸煮。然後再放入：
（1大匙切碎的洋蔥）
（1/4小匙烏斯特黑醋醬）
點綴上：荷蘭芹末

速成番茄玉米巧達湯（Quick Tomato Corn Chowder）（3杯）

在一口中型醬汁鍋裡混合：
1罐10又3/4盎司濃縮番茄湯
1又1/4杯牛奶、1/2杯罐頭玉米醬
1/2小匙糖
（1小匙咖哩粉）
以中火加熱到熱透即可，別煮沸。起鍋前調味以：
鹽和黑胡椒

速成蘑菇奶油濃湯（Quick Cream of Mushroom Soup）（約4杯）

在一口大的醬汁鍋裡倒入：
2罐10又1/2盎司濃縮清湯
再倒入：
1罐10又3/4盎司濃縮蘑菇奶油濃湯
1杯牛奶
再加：1盎司蘑菇乾
提味增鮮，不時拌一拌，加熱到變燙即可起鍋。

速成新鮮番茄奶油濃湯（Quick Fresh Tomato Cream Soup）（約3杯）

消耗掉菜圃裡長得過盛的番茄的方法。把：
1磅熟透的番茄（約2又1/2杯）
去皮，去籽，粗略地切塊，扔進攪拌機裡，再放入：
1杯濃的鮮奶油
1大匙切碎的荷蘭芹
1大匙切碎的羅勒
短暫地攪打一下。加：
少許鹽和黑胡椒
調味後放冷藏。喝的時候佐上：
檸檬片

| 關於湯的裝飾配料 |

在同一碗清澈的湯裡，加肉丸而不是加辛香菜末或水田芥，滋味會完全不同。請瀏覽下列的裝飾配料和麵包，為你當天的菜色定調。如果你要張羅一頓隨興的自助式餐會，不妨把一群裝飾配料鋪排在湯盅四周，讓賓客自行搭配出濃醇或清爽的口味。端出料好大顆的餃子，564頁，餵飽飢腸轆轆的孩子。用加蛋花的湯品，216頁，來誘引挑剔的味蕾。➡除非湯是喝冷的，否則裝飾配菜不該是冰涼的。

如果要端上單人份的湯，用配菜來妝點。最受歡迎的裝飾是檸檬片，不管端出來的是清湯或濃湯。沒灑農藥的花，譬如金盞花、紫羅蘭和金蓮花可以為白色的奶油濃湯增添色澤。蔬菜丁或豆腐丁可以讓清澈的湯增加視覺上的趣味。鮮蝦濃湯若要讓色澤更鮮明，可以擺上一整尾蝦，並用酪梨片和荷蘭芹來妝點。菠菜湯的湯面上浮著填滿酸奶的生蘑菇頭也別有情趣。

清湯的裝飾配料

在湯裡丟入：
檸檬薄片或柳丁片
浸漬檸檬汁的酪梨薄片
荷蘭芹末、蝦夷蔥末、水田芥末、洋蔥末、薄荷末、羅勒末、山蘿蔔菜末、龍蒿末或蒔蘿末，漂浮在湯面，或者撒在一小坨打發的鮮奶油上
青豆或雪豆、退冰的冷凍嫩豌豆或甜豆
煮熟的芹菜根薄片
蔬菜丁
麵條
馬鈴薯麵疙瘩，555頁
餛飩，565頁
猶太餃子，219頁
麵團子，553頁
方餃，561頁
麵丸子「樂土」，553頁
德式麵疙瘩，555頁
配湯的肉丸，256頁，或配湯的香腸丸，256頁
青醬*，320頁
豆腐方塊
豆芽
蔬菜絲
米飯或熟麥
波特酒或馬德拉酒
蔥花
葉菜片，譬如菠菜、闊葉苦苣、羽衣甘藍

奶油濃湯的裝飾配料

無甜味的打發鮮奶，或撒上綜合香草末的酸奶
配湯的辛香草或青菜，如下
烤杏仁碎片或烤腰果碎片

濃湯的裝飾配料

柳橙薄片、萊姆薄片、檸檬薄片
硬質小香腸切片
水煮蛋切片，325頁
配湯的香酥麵包丁，256頁
酸奶
配湯的肉丸，256頁
馬鈴薯麵疙瘩
煮熟的火腿絲或雞肉絲或大塊的熟海鮮
起司屑
青醬

配湯的麵包（Breads to Serve with Soups）

從烤過的白麵包、裸麥麵包或全麥麵包，切成的迷人形狀
吐司脆片（Melba toast）
酥烤的裸麥麵包條
原味或烤過的大蒜麵包*，437頁，或其他加了辛香草的麵包
薄餅乾，熱的而且是原味的，或抹上辛香草奶油或起司抹醬
速成起司條或威化餅，166頁
黃金玉米球*，423頁
玉米煎餅「樂土」*，423頁，或玉米和風泡芙「樂土」*，423頁
配湯的香酥麵包丁，256頁
小泡芙*，487頁
半圓捲餅*，530頁
蘇打餅，169頁

配湯的辛香草和青菜（Herbs and Greens for Soups）

永遠要用最鮮嫩的青菜——萵苣、酸模或荷蘭芹一定要去除梗蒂和粗葉脈，搭配一種或多種新鮮辛香草，就看你手邊有什麼對味的材料。讓：

1至2大匙切碎的新鮮辛香草

1/2杯菠菜絲、水田芥或芝麻草

佐配：

2杯湯

把辛香草和少量的湯一同放入食物調理機或攪拌機裡打成細末，然後倒回其餘的湯裡。如果你沒有攪拌器，把綜合辛香草剁得很細很細。

裝飾用的油炸麵團（Fritter Garnish）

1/2杯麵糊，足夠佐配大約3杯的湯

請參閱「關於深油炸」☆，見「烹飪方式與技巧」

在一口小碗裡把：1顆蛋

打到顏色變淡，加進：

1/4小匙鹽、1/8小匙匈牙利紅椒粉

1/2杯中筋麵粉、2大匙牛奶

攪打至滑順。用網篩把麵糊篩入加熱至185度的深油裡，炸成金黃色。炸好後放在廚用紙巾上瀝油。湯要上桌前再把炸物放進去。

配湯的肉丸（Meatballs for Soup）

約12個1吋的肉丸

把肉丸加進蔬菜湯裡可做為超棒的一道主菜。準備半份的德國肉丸★，231頁。喜歡的話，麵包可以多加一些。用叉子輕輕地把材料混勻。不出力地把混料捏成1吋小丸，丟入煮開的湯或高湯裡，煨煮到熟，約10分鐘。

配湯的香腸丸（Sausage Balls for Soup）

約16個1吋的肉丸

和豌豆湯、豆類湯或扁豆湯很對味。

混勻：

8盎批發香腸

1顆蛋的蛋白

2小匙荷蘭芹末

1/2小匙羅勒末

1/4小匙迷迭香末

3大匙烤黃的麵包屑☆，見「了解你的食材」

搓成1吋大小的肉丸。丟入煮開的高湯裡。馬上把火轉小，煨煮到熟，約30分鐘。湯要喝之前要撇除浮油。

配湯的香酥麵包丁（Soup Croutons）

至於其他的香酥麵包丁☆，見「了解你的食材」。

這些始終高人氣的吐司丁，若要保持酥脆，不妨另外用盤子來盛，讓賓客自行加到湯裡。或者細切成小丁，使之更像加了奶油的烤麵包屑，佐配菠菜、麵條或野味。也可以把這吐司丁放到：

奶油或橄欖油

裡油煎，以增添香味，或趁熱撒上：

起司屑

沙拉

Salads

幾乎是對所有人來說，沙拉如今具有重要地位，而且它通常出現在菜單的最前頭。儘管如此，有些人還是喜歡把青蔬沙拉放在它傳統的位置上，也就是介於主菜和甜點之間，主要是因為它俐落地隔開鹹食和甜點。不過，清爽的沙拉當前菜不但可以在上主菜前刺激胃口，萬一主菜一時之間尚未備妥上不了桌，還可以幫忙主人解解危。

當你準備沙拉和淋醬時，要考慮到菜單上其餘的內容。滋味濃郁厚重的主菜需要酸嗆的青蔬沙拉。其他的沙拉，尤其是由一種或數種蔬菜、豆子、莢豆做的，可以取代配菜。味道強烈的涼拌捲心菜以及香濃的馬鈴薯沙拉，很適合搭配簡便餐食、野炊和臨時準備的晚餐，讓你端出豐盛而不繁複的食物。

青蔬沙拉和燒烤或爐烤的紅肉、魚肉、帶殼海產或蔬菜的創意組合，就是十足符合我們所提倡的健康清淡飲食的一道主菜。參見「關於組合沙拉」，273頁。

關於沙拉的青菜

購買菜葉青脆、沒有褐班的最新鮮青菜。青菜買來後要盡早使用，假使你必須貯存，先挑掉已經枯萎或顯現腐壞徵兆的菜葉，而且把捆綁青菜的橡皮筋或金屬圈拿掉。用塑膠袋裝起來，開口打開，放在冰箱裡的蔬菜櫃裡。如果青菜稍微萎軟，用冰水泡個三至五分鐘通常可以恢復翠綠，隨而將之充分瀝乾。

好好享受下列的一整個萵苣品種和栽培青菜。若要烹煮青菜，參見「蔬菜」那一章，400頁。

冰山萵苣（iceberg）或脆頭萵苣（crisphead）

體型碩大，堅實而清脆，而且結成緊密圓球狀。外層的葉片呈中青色，內層的葉片呈淡綠色而且厚實。葉片跟捲心菜一樣可以撕開、切絲或切片。咬起來更具「爽脆」口感，而且不容易枯萎。

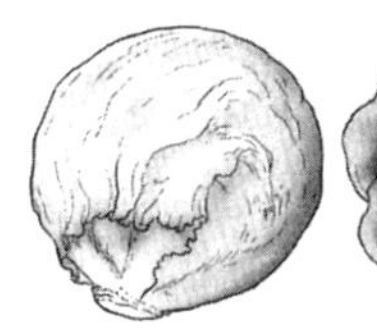

冰山萵苣、波士頓萵苣、綠葉萵苣

奶油萵苣（Butterhead lettuce）

體型較小，較不緊實，也比冰山萵苣柔嫩。葉質細緻，外層的葉片呈暗綠，內層的呈淺綠至黃綠，而且嚐起來綿密如奶油。同家族的變異種包括**波士頓萵苣**、**奶油脆萵苣**（buttercrunch）、**石灰石萵苣**（limestone）和**紅葉尖萵苣**（red tip），但這一脈的佼佼者無疑是**畢布萵苣**（Bibb）。這些萵苣有著微妙的香甜奶油滋味，搭配味道強烈的青菜或單吃都很棒。

散葉萵苣（Loose-leaf lettuce）

溫和而圓潤，這一類的萵苣葉形開展，葉質脆嫩，帶有香甜細膩的滋味；它的葉緣可能呈波紋且/或葉尖呈紅色。散葉萵苣有很多變異，包括綠葉萵苣、紅葉萵苣和橡木葉萵苣。單吃很棒，搭配味道強烈的青菜也很美味，通常用來當水果或膠凍沙拉（molded salads）的底襯，或者派對盤的盤飾。

野苣（Mâche）

又稱為rapunzel、萵苣纈草（feldsalat）、羊萵苣（lamb's lettuce）和玉米沙拉（corn salad），因為它常常長在玉米田裡。滋味細緻、香甜而且有堅果味，因為容易腐壞而價格昂貴。葉簇小，由平滑的綠葉構成，看起來很像菠菜。

蘿蔓萵苣或卡斯萵苣（cos）

體型較長，葉片也長而硬挺，外層通常呈深綠至暗綠色，靠近菜心的部分則呈綠白色；也有紅蘿蔓萵苣。這類萵苣略帶一點清爽的苦味，可讓生菜沙拉的滋味更生動。剝下葉片後要去掉底部硬梗，內層顏色較淡的軟嫩葉片才是滋味最棒的。

芝麻菜（arugula）或火箭菜（rocket）

芝麻菜又叫義大利水芹，具有柔嫩的暗綠色葉片，也帶有辛衝的胡椒味。有些變異種的葉緣平滑，有些呈鋸齒狀。越成熟的芝麻葉味道越辛香。單吃很美味，配著綜合生菜吃也能增添特色。

比利時苦苣或法國苦苣或白葉菊苣（witloof chicory）

生菜沙拉裡另一個苦味成分，看起來很像未去殼的玉米幼穗。其外層鬆散的綠白葉片，很像西芹梗，可以當作托盤用來盛開胃小點。比利時苦苣和酸嗆的青菜，像是義大利紫菊苣（radicchio）和芝麻菜，是很好的搭檔，搭配柔嫩

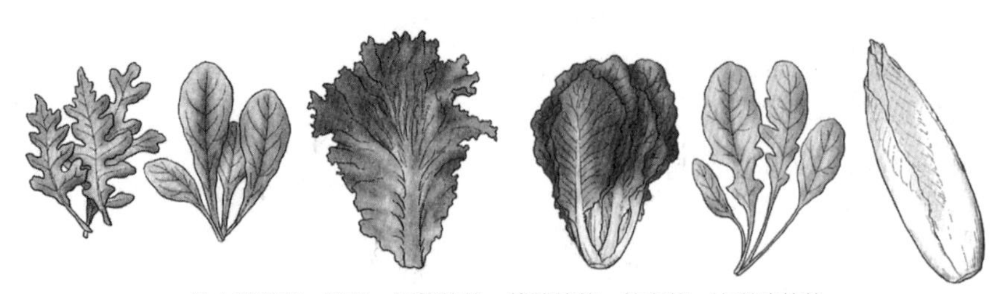

橡木葉萵苣、野苣、紅葉萵苣、蘿蔓萵苣、芝麻菜、比利時苦苣

綠甘藍、紅甘藍、大白菜、納帕大白菜、皺葉甘藍、小白菜、芹菜、芹萵

細緻的萵苣，像是波士頓萵苣和畢布萵苣，在滋味上也呈現美妙的對比。

甘藍

所有品種的甘藍菜都可以用來做生菜沙拉，只不過**大白菜**（Chinese cabbage）、**天津白菜**（celery cabbage）、**納帕白菜**和**皺葉甘藍**（Savoy cabbage）以及**小白菜**（bok choy或pak choi），比常見的紅甘藍、白甘藍或綠甘藍要更清甜細緻。記住一點很重要，涼拌捲心菜，272頁，可以用紅甘藍或各種大白菜來做，也可以用傳統的綠甘藍來做。最常買到的大白菜，菜球呈橢圓形，葉片色白而有波紋，葉梗口感爽脆。**小白菜**有著不結球而鬆散的深綠色柔嫩葉片，連著寬而白的多肉葉梗。青江菜（Baby bok choy）是迷你版的小白菜，菜葉滋味細緻，葉梗小，約只有四吋長。小白菜的黃花薹也很美味。

芹菜葉

切碎的西芹梗出現在各種沙拉裡，不過芹菜葉也很可口，會有微微胡椒香在舌尖打轉。在芹蕊部位淡綠中透著白的葉片最棒。

芹萵（celtuce）

又稱嫩莖萵苣（stem lettuce）或萵筍（asparagus lettuce），一種亞洲萵苣，特色是具有厚實多汁的梗，嚐起來有點像荸薺，幼嫩的葉子可以像萵苣一樣用在沙拉裡。

水芹（common cress）

水芹屬於十字花科的一種，可以為任何沙拉添上辛辣的胡椒香。最常見的類型是**水田芥**，小枝狀的莖上長著圓形深綠色亮面葉。別把**獨行菜**（garden cress）和水田芥搞混了。獨行菜的葉片非常小，通常和幼嫩的芥菜一起放在三明治或開胃小點裡。**皺葉水芹**（curly cress）的葉緣有如蕾絲花邊，像平葉荷蘭芹的葉緣一樣，但滋味非常辛嗆。**山芹**（Upland cress）和水田芥很像，若是長在熱帶，它的滋味會濃烈得難以入口。把水芹一類的生菜加進沙拉前，最好還是先嚐嚐味道如何。

水田芥、皺葉苦苣、蒲公英菜葉

皺葉苦苣（curly endive）和綠捲鬚菊苣（frisée）

這兩種菊苣有時候會被搞混。**皺葉苦苣**具有披針形的粗糙綠葉，底部色深而頂端淺白，可為沙拉添加苦味和刺刺的質地。**綠捲鬚菊苣**的葉片小巧柔嫩，有著蕾絲般葉緣，蕊心部分非常白，比起其他菊苣，苦衝味溫和些，但滋味更細緻。

蒲公英菜葉（Dandelion greens）

目前都是栽培的，味道刺激，綠葉葉緣呈鋸齒狀，看起來像箭頭。不到六吋長的幼嫩葉子沒那麼苦嗆，用到沙拉裡很理想。不管是生吃還是烹煮過，蒲公英菜葉有著濃郁而提神的滋味。參閱「關於搜獵野菜」，263頁。

闊葉苦苣

既可以生吃也可以熟吃，這種萵苣的葉面比皺葉苦苣的更寬大，顏色更淺，也沒那麼皺。滋味也沒那麼苦，雖然它結實的葉片具有明顯的辛衝味，而且口感韌而有嚼勁。

亨利藜

亨利藜吃起來像菠菜，而且可以當菠菜用，不管是放到沙拉裡生吃或煮來吃。其鏟形葉片往往是春天裡最先長出來的綠葉，它的花芽也可以吃。亨利藜混合柔嫩的紅葉萵苣很美味。

礦工生菜

這小而多肉的三角形菜葉軟嫩而溫和，帶有奶油的滋味。花也可食用。

水菜（Mizuna）

原產於日本，芥科植物裡質地最細緻的之一，葉片深綠，呈羽毛狀，拌上加了麻油的清爽淋醬非常可口。與之同種的菜是mibuna，味道相似但稍微濃烈些，外觀也很特殊，莖長而細，莖底密集，向上爆開成一大叢的菜葉。Mibuna往往是綜合生菜葉的材料之一。

濱藜（orache）

菜葉呈箭頭形的青菜，具有淡淡的菠菜滋味，因此濱藜有時又叫**山菠菜**。

馬齒莧（purslane）

雖然在美國大部分地區都被看成是野草，馬齒莧已經被食用了好幾百年。

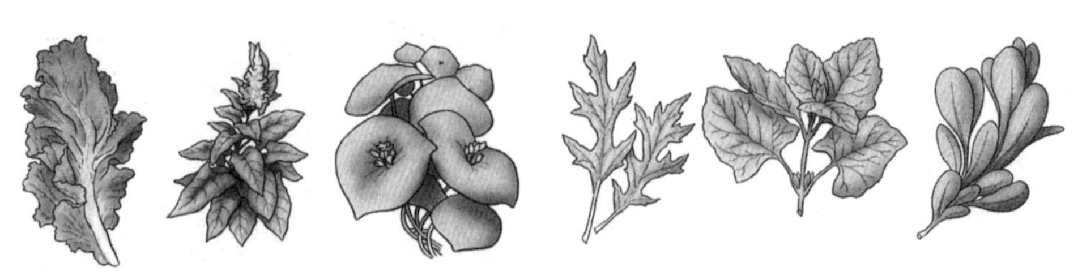

闊葉苦苣、亨利藜、礦工生菜、水菜、濱藜、馬齒莧

看起來像一小株匍匐蔓延的碧玉植物，馬齒莧的莖多汁，馬齒狀的葉片具有檸檬的酸嗆味。栽種的goldgelber品種，葉片大呈金綠色。把莖折成小枝狀，用在沙拉裡。

義大利紫菊苣（Radicchio）

這種紫葉菊苣有兩個很容易找到的品種，一是**洛索**（rosso）品種，結球的外型像顆小甘藍，另一是**特雷維索**（Treviso）品種，葉片較長。漂亮的紫紅色中帶有象牙白的條紋，紫菊苣有著宜人的苦味和些許胡椒香。它和大多數的沙拉生菜都合得來，而且添上了搶眼的色調。

酸模（sorrel）

春天長得最好吃，葉子幼嫩而且滋味溫和，用在沙拉裡最為美妙。用的時候要謹慎，因為它的酸味可能會壓過其他滋味，而且它具有高濃縮的草酸。也請參見「酸模」，506頁。

圓的義大利紫菊苣、橢圓的義大利紫菊苣、酸模

菠菜

不管是捲葉的、皺曲的或平葉的（後者的滋味更細緻），菠菜葉是很寶貴的多功能沙拉菜葉。連莖一起把菜葉切斷——假使還附著粉紅色的根，也一併把根切一切加進來，因為根的口感也很爽脆。菠菜葉通常會夾帶沙子，所以要徹底洗乾淨，需要的話多洗一遍。

白菜心（tatsoi）

十字花科裡貼地家族的一員，又叫**湯匙芥末**，因為白菜心的菜葉和莖都圓而厚，可增添沙拉的滋味和爽脆口感。

多葉青菜的嫩葉

成熟的多葉青菜，譬如**球花甘藍**（broccoli rabe）、**芥菜和萘菜／唐萵苣**（chard），以及**甜菜和蕪菁葉**，吃之前通常要煮過，但是它們的幼葉質地和味道都較細緻，可以加進沙拉裡生吃。**莧菜**（amaranth），又稱**中國菠菜**，其幼綠葉軟嫩，嚐起來有濃濃的類似菠菜的味道。紅色品種的莧菜滋味相同，但可以讓沙拉看起來更亮眼。日本的**小菘菜**（komatsuna），也就是所謂的**芥菠菜**（mustard spinach），菜葉

皺葉菠菜、平葉菠菜、白菜心、莧菜

厚，呈深綠色，滋味融合了甘藍和芥菜的辛味。其嫩莖很美味。

綜合生菜葉（Mesclun）

由許多幼嫩沙拉葉混合而成，又叫做**春季綜合沙拉**（spring mix）或**嫩葉沙拉**（baby greens）。mesclun一詞在法文裡意指混合，其概念就是採摘各種幼嫩野菜混合成一盤沙拉菜。好的綜合生菜葉涵蓋了各種滋味、口感和色澤，在味道濃烈的菜葉，諸如芝麻菜和水菜，以及味道細緻的菜葉，諸如萵苣嫩葉，之間達到平衡。若要自行調配綜合生菜葉，從以下的「沙拉嫩葉指南」裡挑選，從溫和的嫩葉、微嗆的嫩葉和辛嗆的嫩葉各挑個一兩樣。

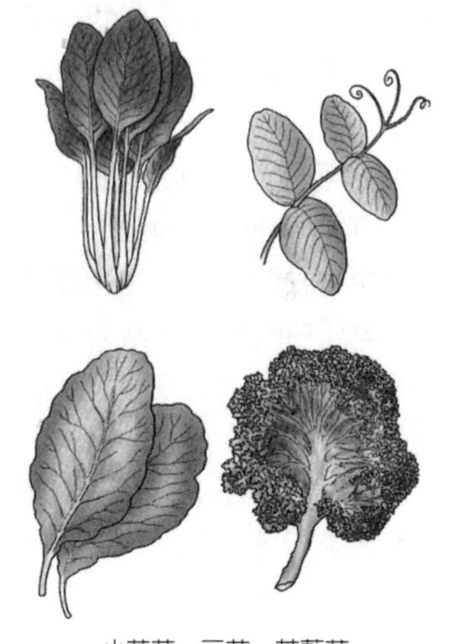

小菘菜、豆苗、芥藍菜、羽衣甘藍

辛香草和可食用的花

在沙拉裡加進辛香草葉或花朵可以增添滋味和色澤，草葉和花朵可以整個放入，或撕成一口大小，或切成碎條。下列的辛香草滋味溫和，你可以隨意地加進任何沙拉裡，愛加多少就加多少：**當歸**（angelica）、**羅勒**、**山蘿蔔葉**、**芫荽**、**茴香葉**、**檸檬香蜂草**、**歐當歸**（lovage）、**馬鬱蘭**、**薄荷**、**荷蘭芹**、**鼠尾草**、**沙拉地榆**（salad burnet）、**甜沒藥和龍蒿**。接下來這些辛香草滋味則較嗆，應當用作裝飾：**豬草**（ambrosia）、**大茴香**（anise）、**茴藿香**（anise hyssop）、**葛縷子**、**蝦夷蔥**、**土荊芥**（epazote）、**韭菜**、**牛膝草**（hyssop）、**鴨芹**（mitsuba）、**奧勒岡**、**紫蘇**、**迷迭香**、**風輪菜**和**百里香**。試試下列任一種鮮豔的花朵：**康乃馨**、**接骨木花**、**薰衣草花（保守地用）**、**檸檬花**、**芥末花**、**金蓮花**、**玫瑰**、**迷迭香**、**天竺葵**、**春菊**（shungiku）、**香車葉草**（sweet woodruff）和**紫羅蘭**。只用沒灑農藥的花朵。你可能會想要輕柔地清洗花朵並拍乾。如果花朵小巧，整朵放進去；大的花則剝成一瓣瓣花瓣。也請參見「種植烹飪用辛香草」☆，見「了解你的食材」，以及「使用辛香草」☆，見「了解你的食材」。

豆苗（pea shoots）

豆苗是豌豆苗最頂端三至五吋的嫩梢，包括卷鬚、葉片、豆莢在內，有時還帶有花。豆苗在亞洲料理裡很熱門，現在在我們的超市裡也看得到。剛摘的豆苗很清脆，有著淡淡的豌豆味。拌在沙拉裡豆苗顯得嬌纖，不過嬌纖歸嬌纖，它的味道相對強烈得多，不容忽視。

菜芽

從紫花苜蓿、白蘿蔔、綠豆和其他發芽的種子長出來的半透明長芽，乃初期的根和莖。最嬌小的芽尤其適合做沙拉，可增添脆嫩口感和滋味。自行用豆類、種子或穀物發芽☆，見「了解你的食材」。

沙拉嫩葉

溫和的嫩葉	微嗆嫩葉	嗆味嫩葉	甘藍	亞洲青菜	菠菜屬
奶油萵苣	比利時苦苣	芝麻菜	白菜	白菜	莧菜
西芹葉	羽衣甘藍	球花甘藍	芥藍菜嫩葉	小菘菜	甜菜根嫩葉
芹萵	皺葉苦苣	縐葉水芹	小菘菜	水菜	菾菜嫩葉
脆頭萵苣	蒲公英葉	捲葉苦苣	大白菜	芥菜	蒲公英嫩葉
散葉萵苣	闊葉苦苣	闊葉苦苣		豆苗	亨利藜
野苣	綠捲鬚菊苣	芥菜		日本茼蒿	小菘菜
蘿蔓萵苣	獨行菜	義大利紫菊苣		白菜心	礦工生菜
	芥藍菜	白蘿蔔葉			芥菜嫩葉
	水菜	白菜心			濱藜
	馬齒莧	蕪菁葉			
	春菊／日本茼蒿	山芹			
	水田芥				

| 關於搜獵野菜 |

可食用的野菜，譬如幼嫩的馬齒莧、礦工生菜、野芥菜、胡椒草、蒲公英、酸模、蘩縷（chickweed）、錦葵（cheese mallows）、薺菜（shepherd's purse）、北美野韭（ramps）、野水芥、冬水芹（winter cress）、紫鴨拓草（spiderwort）以及某些花苞，像是金針花★，466頁，可以被博學有經驗的搜獵者找到，放在沙拉裡生吃。使用野菜時，明智的做法是，使用幼嫩的菜葉，拿相對上的少量加進傳統的生菜葉裡，因為很多野菜都含有草酸和其他物質，大量食用可能有礙消化。你要使用的野菜一定要百分百確認過，而且要很仔細地清洗。

蒲公英很容易辨認，如果是從根冠切斷因此葉簇聚集的話，也很容易處理。它略酸的滋味可以和甜菜根的甜互補。蒲公英開花後，成熟的葉片韌硬而且相當苦。可食用的酸模品種很多，最美味的是小酸模（*rumex acetosella*），或叫羊酸模（sheep sorrel），以及*R. acetosa*。它的葉片有著宜人的酸味，煮過後也是海鮮的重要配菜。冬水芹，學名*barbera vulgaris*，如同名稱所暗示的，抗寒力高，而且散布廣泛，它的滋味和芥菜很像。可在早春或晚秋採摘新長出來的深綠色葉叢。

野薄荷和**菊芋**（jerusalem artichoke）並不屬於青菜，但佐拌由野菜組成的沙拉格外對味。

| 關於包裝的生菜葉 |

包裝切好的萵苣和綜合沙拉生菜葉，比整球或整把賣的萵苣和青菜要昂貴得多。買的時候，仔細檢查有沒有枯萎或發黃的菜葉。要讓包裝的生菜葉恢復活力或爽脆，浸泡在冰水裡三至五分鐘，徹底瀝乾並冷藏三十分鐘，然後淋上醬汁享用。

| 關於沙拉生菜的準備 |

過早準備好的沙拉生菜恐有營養價值流失之虞，而且端上桌時可能軟塌塌的了無生氣。清洗時要小心，別把它們壓傷或折傷；確保它們充分冰涼、清脆，而且——尤其是——晾乾。處理大部分的蔬菜時，通常要用手撕，而不是用刀切，刀切的方式會把比較柔嫩的菜葉挫傷；冰山萵苣、甘藍和其他格外清脆的青菜可以用不鏽鋼刀切片或切絲。

清洗菜葉時，把菜葉一片片剝開，摘除變色、萎軟或粗硬的葉菜，放在一口大碗裡，或完全浸在冰水裡。在水裡嗖搜撥攪個三十秒左右，然後把菜葉撈出，留泥沙在水中。髒水倒掉，以清水重複這手續，直到洗過菜的水很乾淨。菠菜含沙量大，很可能要洗個兩三次。

清洗冰山萵苣時，先把菜心去掉，可以用一把小尖刀在菜心周圍切劃，或者手拿著整顆萵苣，將菜心部位往砧板上槌，接著再把菜心扭鬆，這樣比較容易剝除。然後上下顛倒地用水沖，再倒轉回來瀝乾。

把菜葉放在濾水籃裡瀝除水分，然後輕輕地包在會吸水的柔軟紙巾裡直到變乾，接著送進冰箱裡冷藏至爽脆。沙拉脫水器方便又好用，不過一次裝太多沙拉生菜的話，菜葉會瘀傷，脫水器的瀝水效力也會下降，所以裝大約一半至三分之二滿就好。另一個方式是，把菜葉放到擦乾碗碟的布巾上，然後晃盪布巾甩掉水分——務必要在室外進行。

要把整株鬆散的萵苣瀝乾，譬如畢布萵苣，以整株的狀態清洗，然後上下顛倒地瀝掉水分，接著用擦碗碟的布巾盛著，放到冰箱裡，上面再覆蓋一層布巾，如此冷藏數小時。地心引力和毛細管作用會讓它變得乾脆。

一旦清洗和瀝乾後，➡以整球或整株的方式貯存，唯有在你要著手製作沙拉時再撕開或切開。把青菜放在冰箱內的蔬菜專用抽屜裡，用乾紙巾包著，裝在塑膠袋裡，開口打開。

| 關於沙拉生菜的淋醬 |

把菜葉放到空間充裕的大碗裡，讓菜葉初步先裹著薄薄的油。➡中型的一球萵苣，或者兩杯沙拉菜葉，大約一大匙的油便足夠。用你的手指或大的沙拉叉和匙輕輕地翻攪菜葉，直到每一片菜葉都徹底裹上油。這道手續可以讓菜葉抵擋醋所造成的萎軟作用。接著拌上更多的油，然後是醋——總共大約是一夸特的油量——加鹽嚐嚐味道，再進一步翻拋菜葉。如果根據這原則來做，沙拉菜已經混勻，菜葉會保持清脆，雖然它通常很快就會被吃下肚而難以證明這一點。

盡量等到要上菜了再拌入淋醬，因為醋和鹽會讓萵苣出水潤濕，然後變軟塌。➡若是野餐或搭乘交通工具，把菜葉洗淨瀝乾（冰山萵苣保持清脆的時間最久），然後裝進大塑膠袋內。把淋醬裝進另外的容器裡帶著走。食用之前，把淋醬倒進裝菜葉的袋子裡，輕輕地拋甩幾下，讓菜葉沾附著淋醬。直接從袋子裡取用，或者倒進一口大碗內。

油的選擇很重要。首先，優先的選擇非橄欖油莫屬，最好是特級初榨橄欖油。如果你覺得特級初榨橄欖油味道太濃烈，不妨試試把它和純橄欖油或淡味橄欖油或其他味道較平淡的蔬菜油調和在一起。堅果油，譬如從核桃和榛果榨的油，配沙拉菜葉尤其對味，特別是摻了烤過的該種堅果碎粒提味。烤堅果油味道可能相當濃烈，要加到沙拉生菜的話，應該跟味道淡的蔬菜油調和過才好。墊底的一組選擇包括葡萄籽油、紅花油和芥花籽油，這些油相對上沒什麼味道，而且不管是單獨使用或用來調和味道更強烈的油都很好用。不論你使用哪款油，它要能襯托生菜葉的滋味，而不是壓過它們的滋味。

選擇哪一款酸性材料則得仰賴你的味蕾，好的紅酒醋或白酒醋或新鮮的檸檬汁通常是和油拌在一起的佐料。少量的巴薩米克醋可以當作調味料加進去，但是如果它是唯一的酸性材料的話，會壓過生菜的滋味。各種的辛香草醋也時常被選用，不過你可能會偏好把新鮮辛香草混入生菜葉，或者把乾燥辛香草個別加進淋醬裡。有關醋的討論☆，參見「了解你的食材」。➡經典的油醋比例是三份油兌一份醋。記住一句老話：「做沙拉的人用油時得像個凱子，用醋時得像小氣鬼，用鹽時得像政客，攪拌時得像個瘋子。」我們會補上一句：「而且要嫉『濕』如仇。」

大體而言，香醇濃厚的淋醬搭配豐盛而味道強烈的菜葉效果最好，簡單的淋醬往往和食材繁複的沙拉最合得來。你的淋醬應該要帶出沙拉的特殊滋味和質地，同時增添一點酸嗆味。➡每一人份約抓一杯半至兩杯瀝乾的散菜葉和二至三大匙淋醬（油醋醬則少一點，香濃的淋醬則多一點）。➡四人份約需半杯油醋醬或四分之三杯香濃淋醬。我們會在這一章的食譜裡建議或納入適合搭配個別沙拉的淋醬。

| 關於沙拉碗 |

玻璃碗、上釉的陶碗或耐油的硬塑膠碗是我們準備沙拉和盛沙拉的首選。

充分風乾的木質碗對某些美食家來說有著難以企及的神聖，在我們看來並不適當。如果木質沙拉碗的表面塗有亮光漆加以保護，那麼油、醋和辛香草就不會滲進去，而且你可以按照平常的方式清洗它。表面沒有處理過的木質碗肯定會吸入之前盛過的淋醬，總有擦拭不掉的殘留物腐壞變餿，這餿腐味會明顯的影響沙拉的味道。若要去除油垢，用菜瓜布沾鹽和檸檬汁搓磨碗，然後沖洗乾淨，需要的話再重複一次，直到清理乾淨，最後在碗的表面均勻敷上薄薄的一層礦物油。萵苣和甘藍菜葉也可以當盤皿來盛食物，290頁。

｜關於沙拉生菜的添加物｜

為生菜沙拉增色最簡單的方式，是把淋醬和沙拉拌在一起的同時或之後，加進一些佐料。加進去之後一定要再把生菜多拋翻幾下，把佐料混勻。➡生菜已經微微的裹覆著油之後，諸如香酥麵包丁、堅果、起司和橄欖等可以畫龍點睛的小東西，較會黏附在生菜上，比較不會落到碗底。比較大塊的添加物，像是燒烤雞肉、牛肉片或希臘沙拉那種材料多元的，一次把所有材料合在一起一併拋翻攪拌。等到淋醬和所有添加物都融合在一起，你會發現你的沙拉不需要再加鹽。以下是幾款熱門的添加物。

番茄是好看又好吃的沙拉材料，➡只不過把切開的番茄加到沙拉裡並不明智，因為它的汁液會稀釋掉淋醬的滋味。因此，你要另外處理番茄，用它來點綴沙拉碗；或者縱切成楔形。櫻桃、葡萄或梨子番茄（pear tomato）可以整顆放進去，不過即便把它們切半，釋出的汁液也比較少。

香酥麵包丁☆，見「了解你的食材」，被看重的原因一來是酥脆口感，二來是它的鹹香滋味。沙拉要上桌前的最後一刻再把香酥麵包丁加進去，免得它們變得濕軟。假使沙拉是隨著一道澱粉類的食物附上的，譬如義大利麵或米飯，就要省略掉麵包丁。

堅果和籽實除了增加酥脆口感外，也能夠烘托生菜和淋醬的滋味。事先烤過☆，見「了解你的食材」，可以大幅提升它們的香氣。

生蔬菜，譬如胡蘿蔔、蕪菁、甘藍、西芹、小黃瓜、洋蔥、甜椒、茴香和蘑菇，要切薄片、切條、磨碎或切絲才能跟生菜沙拉混在一起而不會落到碗底部。

大蒜說不定是最具影響力的調味料。讓沙拉帶有這細緻嗆味的方法有二：把一顆蒜瓣切對半，用切面摩擦沙拉碗的內面；用過的蒜瓣丟棄。或者，用切半的蒜仁摩擦非常乾硬的麵包片，兩面都要抹（這又叫做**沙蓬**〔chapon〕），然後把麵包片放在碗裡墊在生菜沙拉下面。加進淋醬，輕輕地拋翻生菜好讓蒜味滲透；取出沙蓬，隨即享用沙拉。沙蓬可以提供給喜歡大蒜的人吃。若是希望蒜味稍微濃些，可把一瓣蒜仁連同其他調味料在沙拉碗底磨成蒜泥，然後把淋醬倒進碗裡，最後再放入生菜。

其他添加物還包括：

酪梨片
熟培根碎粒
切片或掰碎的起司
燒烤的雞肉片或牛肉片
鷹嘴豆、腰豆或其他熟莢豆
新鮮辛香草
切碎的水煮蛋，325頁
切薄片的火腿或其他醃肉
煙燻魚或醃漬魚薄片（鮭魚、鱒魚、鯖魚）
整顆或切片的醃漬朝鮮薊心
去核橄欖
柳橙片或葡萄柚片（外皮和襯皮均剝除）
水果乾（葡萄乾、紅醋栗乾、蔓越莓乾、櫻桃乾）
蘋果片
芒果片
梨子片
蔥花或紅洋蔥碎粒
豆芽
切片的新鮮或罐頭棕櫚心，479頁
起司脆片，如下

起司脆片（Cheese Crisp）

I. 製作1大杯脆片

在一口小碗裡混勻：

1/2杯葛呂耶起司屑

1大匙帕瑪森起司屑

在一口大的不沾平底鍋內均勻地撒上一層起司屑，形成8吋的圓平面。轉中火加熱，舀掉油脂，直到稍微焦黃，約4分鐘。用一把抹刀，小心把煎餅移到鋪了一張紙巾的烤盤上，讓紙巾吸附油脂。

II. 製作8杯脆片

烤箱轉150度預熱。備妥：

1/2杯帕瑪森起司屑

每1大匙起司可做成一小片，在一只鋪了烘焙紙而且稍微抹上橄欖油的不沾大烤盤上將起司撒成一個個3又1/2吋的圓面，烤到圓片呈金黃色而且不再冒泡，10至15分鐘。烤好後放到鋪了紙巾的大淺盤上。

綠沙拉（Green Salad）（4至6人份）

在一口沙拉碗裡混合：
2大球波士頓萵苣或畢布萵苣，撕成一口大小
1大匙切碎的荷蘭芹
1大匙切碎的蝦夷蔥
充分拋翻以便均勻裹上：
1/2至3/4杯油醋醬*，325頁

酸嗆綠沙拉（Tart Green Salad）（4至6人份）

在一口沙拉碗裡混合：
2把芝麻菜，切除硬梗，撕成一口大小
3顆比利時苦苣，去心，橫切成1又1/2吋小片
1小球義大利紫菊苣，撕成一口大小
充分拋翻以便均勻裹上：
1/2至3/4杯新鮮辛香草油醋醬*，326頁

酸嗆綠沙拉佐蘋果和胡桃（Tart Green with Apples and Pecans）（4至6人份）

準備：酪奶蜂蜜淋醬*，334頁
在一口沙拉碗裡混合：
4杯處理成一口大小的芝麻菜
1小球義大利紫菊苣，撕成一口大小
2顆比利時苦苣，去心，葉片縱切成長條
另取一口碗，放入：
澳洲青蘋果（Granny Smith）或其他青蘋果，去核切薄片
拌入淋醬，加到足使生菜和蘋果片均濕潤即可，接著拋翻混勻。把生菜均分到沙拉盤裡，把蘋果片放在上面，接著再一共撒上：
1/2杯胡桃，烤過的☆，見「了解你的食材」

原野沙拉加新鮮辛香草（Field Salad with Fresh Herbs）（4至6人份）

在一口沙拉碗裡混合：
1杯辛香草葉片（山蘿蔔菜、鼠尾草、龍蒿、蒔蘿、羅勒、馬鬱蘭、荷蘭芹和/或薄荷，自行組搭）
4杯一口大小稍微酸嗆的綠沙拉，任何組合都行
充分拋翻以便均勻沾裹著：
1/3至1/2杯油醋醬*

亞洲生菜加整片辛香菜（Asian Greens and Whole Herbs）（4至6人份）

這道沙拉和滋味濃郁的肉（像是羔羊肉和牛肉）以及魚類（鮪魚或鯖魚）是絕配。做成沙拉主菜時，把燒烤魚肉*，56頁，或紅肉*，161頁，放在生菜上。
準備：
薑味香茅淋醬*，329頁
在一口沙拉碗裡混合：
10至12杯亞洲生菜（假使相當幼嫩，用整個葉片）
2顆紅甜椒，切細絲
1/2杯芫荽葉
1/4杯薄荷葉
1/4杯羅勒葉
把冰鎮的淋醬充分攪一攪。倒進足使沙拉變得濕潤的量，然後輕輕地拋翻，使之均勻裹著生菜。

綜合生菜佐起司脆片（Mixed Greens with Cheese Crisp）（4人份）

準備：起司脆片I或II，267頁

在一口沙拉碗裡放入：

6杯處理成一口大小碎片的溫和或微嗆的生菜

充分拋翻，使之均勻裹上：

1/4杯至1/3杯油醋醬★，325頁

分裝成4盤，把起司脆片掰成碎塊，均分撒在每份沙拉上。

凱薩沙拉（Caesar Salad）（6人份）

可以在沙拉上擺燒烤雞肉條、蝦子或牛肉片，加上這些配料即是一道主菜。淋醬摻上蛋或美乃滋可以保持乳化，如果省略蛋，充分混勻後再淋到沙拉上。請參閱「關於蛋類食用安全須知」☆，見「了解你的食材」。

在一口小碗裡把：

2顆蒜瓣，剝皮、1小匙鹽

搗成泥，接著拌入：

2大匙新鮮檸檬汁

（1枚大的雞蛋或1大匙美乃滋）

1小匙烏斯特黑醋醬

（3至4條鯷魚柳，搗成泥）

少許鹽和黑胡椒

然後徐徐倒入呈一道穩定細水柱的：

1/2杯特級初榨橄欖油

一面倒一面不停地攪拌。

在一口沙拉碗裡放：

2球蘿蔓萵苣，撕成一口大小碎片

拌上淋醬和：香酥麵包丁☆，見「了解你的食材」

撒上：1/4杯帕瑪森起司屑

希臘沙拉（Greek Salad）（4至6人份）

在一口沙拉碗裡混合：

2至3小球波士頓萵苣、蘿蔓萵苣或冰山萵苣，撕成一口大小碎片

8顆櫻桃番茄，切對半，或8個番茄瓣

1/2杯掰碎的菲塔起司

6片紅洋蔥切片

1/2條黃瓜，削皮切片

8顆卡拉瑪塔黑橄欖，去核

3/4杯切片的芹菜心

4根青蔥，切1吋小段

8顆小蘿蔔，切片

1罐2盎司鯷魚柳，瀝出洗淨，縱切對半

攪勻：

6至7大匙特級初榨橄欖油

2大匙新鮮檸檬汁或紅酒醋

1小匙薑末

1小匙乾奧瑞岡

少許鹽和黑胡椒

把淋醬淋到沙拉上拌勻。

口袋餅沙拉（黎巴嫩沙拉）（Pita Salad〔fattoush〕）（6至8人份）

在一只濾水藍裡混勻：

1根小黃瓜，去皮去籽切1/2吋小丁

1小匙鹽

靜置30分鐘瀝乾。烤箱轉180度預熱。撕開：

2個7吋口袋餅

放在烤盤上，烤到酥脆而且稍微焦黃，約10分鐘。剝成一口大小的碎塊。把小黃瓜多餘的水分擠掉，洗淨後拍乾，放入一口中型碗裡，連同：

1/2球蘿蔓萵苣，撕成一口大小的碎片

3顆中的番茄，切碎、2/3杯切碎的荷蘭芹

1/4杯切碎的芫荽、2大匙切細碎的薄荷
在一口小碗裡攪勻：
1/3杯特級初榨橄欖油
1/4杯新鮮檸檬汁
1粒蒜瓣，壓碎
1/2小匙鹽、1/4小匙黑胡椒
把淋醬淋到沙拉裡並拌勻，然後把口袋餅烤片加進去，再次拌勻。

菠菜沙拉（Spinach Salad）（4人份）

在一口平底鍋裡以中大火加熱：
4片培根
直到酥脆。取出置於紙巾上瀝油、放涼然後壓碎。混勻：
1/4杯蘋果醋、2大匙橄欖油或蔬菜油
（2小匙黃芥末醬）
（2小匙荷蘭芹末）
1小匙洋蔥末、1小匙糖
洗淨：1大把幼嫩菠菜
放到沙拉碗裡，把淋醬淋到菠菜上拌勻。撒上培根碎粒，點綴上：
2或3顆水煮蛋，325頁，切成圓片

菠菜沙拉加葡萄柚、柳橙和酪梨（Spinach Salad with Grapefruit, Orange, and Avocado）（2至4人份）

在一口沙拉碗裡拌勻：
6杯菠菜嫩葉、2至3撮鹽
3至4大匙橘子紅蔥頭淋醬★，329頁
把菠菜葉分裝到沙拉盤裡，在上面擺著：
1粒葡萄柚，去皮剝成一瓣一瓣，372頁
1粒臍橙，去皮剝成一瓣一瓣，372頁
1顆酪梨，去皮去核，切片
撒上：
（芝麻籽，烤過☆，見「了解你的食材」）
調味以：黑胡椒，適量

苦苣核桃沙拉（Endive and Walnut Salad）（4人份）

在一口沙拉碗裡拌勻：
1大匙紅酒醋、1大匙紅蔥頭末
1/2小匙第戎芥末醬、鹽和黑胡椒，適量
徐徐拌入形成一道細水柱的：
2大匙核桃油、2大匙蔬菜油
放入：
4顆比利時苦苣，去心並橫切成1/2吋切片
1/2杯核桃瓣，烤過☆，見「了解你的食材」
（1/4杯掰碎的戈拱佐拉起司或其他藍紋起司）
拌勻即可。

| 關於溫沙拉或萎軟沙拉 |

所有規則都有例外，我們要在這一節裡用半煮過的溫沙拉證明這個通則是對的——而且我們先前堅持生菜葉必須清脆的想法也不適用於此處。

這些沙拉會是令人驚豔的第一道菜或主菜。溫沙拉一做好就要立即享用，否則會變得濕軟。其他的溫沙拉，請參見菠菜佐香煎蝦和培根，275頁，泰式牛肉沙拉，275頁，以及熱捲心菜絲，273頁。

溫生菜沙拉（Wilted Greens）（4人份）

在一口大的平底鍋裡把：
4至5片培根
煎到酥脆，取出置於廚用紙巾上瀝油、放涼並壓碎。倒掉鍋裡大部分的培根油，只留2大匙左右。另一種做法是，在同一口鍋裡加熱：
2大匙奶油或蔬菜油
倒進：
1/4杯蘋果醋
（2至3小匙糖）
把培根加進去，喜歡的話再加：
（2小匙黃芥末醬）、（1小匙洋蔥末）
與此同時，在一口沙拉碗裡放入：
2大把平葉菠菜、芥菜苗、蒲公英葉或奶油萵苣
把熱淋醬淋到菠菜上，拌勻，立即上菜，點綴上：
2顆水煮蛋，325頁，切片或切碎

小酒館沙拉（Bistro Salad）（6人份）

在一口大型平底鍋裡把：
8盎司厚切培根，橫切成1/2吋寬條狀
煸至酥脆，煸好後撈到紙巾上瀝油。把鍋裡的培根油倒到玻璃量杯裡，補足：
夠多的特級初榨橄欖油，補至總共1/2杯的油量
置旁備用。用鍋中餘油煎炒：
2顆紅蔥頭，切薄片
煎至軟身，約2分鐘，再放：
2瓣大蒜，切末
爆香，並煎至蒜末軟身，約1分鐘。倒入：
3大匙紅酒醋
煮約30秒，刮起鍋底脆渣。接著把預留的培根油混液也攪入鍋內，再拌入：
1大匙荷蘭芹末、1小匙百里香葉
鹽和黑胡椒，自行酌量
與此同時，在一口沙拉盆裡放：
2大球綠捲鬚菊苣，撕成一口大小
把培根脆條也加進來，連同：
香酥麵包丁☆，見「了解你的食材」
一起混勻，接著把夠多的熱淋醬淋到沙拉盆裡，再充分拌勻。均分至六個沙拉碟裡，在最上面放：
6顆水波蛋，328頁，充分瀝乾並修整過
（荷蘭芹末）

綜合生菜沙拉拌烤山羊起司（Baked Goat Cheese and Mesclun）（4人份）

一道美味的開胃沙拉。若要當作午餐或晚餐主菜，把麵包屑的量加一倍，把同樣的整塊山羊起司切成8片，每份沙拉有2個圓片的山羊起司。
烤箱轉200度預熱。把一只小烤盤抹油。
在沙拉碗裡放入：
5杯綜合生菜或綜合嫩青菜
1杯包裝的綜合辛香草碎段，譬如荷蘭芹、鼠尾草、蒔蘿和龍蒿
並冷藏。在一口淺碗裡攪勻：
1杯乾的麵包屑、1小匙乾百里香
在另一口小碗裡倒進：
1/4杯特級初榨橄欖油
從：1條3至4盎司的山羊起司
切下4片1/2吋的圓片。每一圓片先沾裹著橄欖油後再敷上麵包屑，隨而置於烤盤內，烤到呈金黃色且微微冒泡，約6分鐘。烤起司的同時，準備：
油醋醬★，325頁
把生菜和足夠的油醋醬拌勻，分裝到四只沙拉盤裡，在每份沙拉的中央擺上一片烤過的圓起司片。

| 關於涼拌捲心菜絲 |

捲心菜絲傳統上是用紅色甘藍或綠色甘藍或兩者的組合做的，也可以用大白菜或小白菜來取代。如果時間很趕，也可以用包裝的甘藍菜絲或青花菜碎粒來做。十六盎司一包約等於八杯。

香濃涼拌捲心菜絲（Creamy Coleslaw）（6至8人份）

這道香濃的捲心菜絲是美國人的最愛。不過，假使你選用1/2至1杯油醋醬*，325頁，來調製捲心菜絲，剔除：
1小球綠色甘藍或紅色甘藍（約2磅）
外層葉片並去心，用刀切細絲或用食物調理機攪碎（你應該有8至10杯的量）。切好後放到一口深盆裡。把足夠的：
涼拌捲心菜絲的香濃淋醬*，334頁
淋到菜絲上使之濕潤，充分拋翻讓菜絲均勻裹著淋醬。調味以：
鹽和黑胡椒，適量
喜歡的話，拌入以下之一：
（1至2小匙蒔蘿、葛縷子或芹菜籽，或者三者的組合）
（2大匙切碎的荷蘭芹、蝦夷蔥或其他辛香菜）
（3至4條酥脆的培根，壓碎）
（1杯鳳梨塊）
（1/2杯胡蘿蔔碎屑）
（1/2杯粗切的洋蔥、甜椒或醃瓜）

貝克版涼拌捲心菜絲（Becker Coleslaw）（4至6人份）

「廚藝之樂」廚房教室裡詢問度最高的食譜之一，也是貝克家的原創料理。
在一口大盆裡混合：
2杯切丁的綠甘藍、1杯切丁的紅甘藍
1/2杯切丁的胡蘿蔔
（1/2杯切丁的紅色小蘿蔔）
1/4杯切丁的西芹、1/2杯切碎的荷蘭芹
2至3注辣椒醬、1顆檸檬的皮絲屑
把下列之一：
1/2杯油醋醬*，325頁，加1/2杯美乃滋，或3/4杯油醋醬*
和沙拉生菜混勻，加蓋冷藏直到冰涼。

嗆味涼拌捲心菜絲（Tangy Coleslaw）（6人份）

混勻：
3/4至1杯美乃滋、4根青蔥，切蔥花
2小匙米酒醋或蘋果醋
1/8小匙烏斯特黑醋醬
1/4小匙鹽、1/8小匙黑胡椒
1/4小匙糖
在一口大盆裡放入：
3杯甘藍菜絲
3杯水田芥絲或芝麻菜絲
1根胡蘿蔔，磨碎
（1/4至1/2青甜椒，切長條）
淋上淋醬，輕輕地拋翻拌勻。

香辣中式涼拌菜絲（Spicy Chinese Slaw）（6至8人份）

這是我的好友布魯諾教我的。他和夫人海倫來訪時多半會為大家下廚。這道涼拌捲心菜絲如果一頓飯下來沒吃完的，冰冰箱可以保鮮2至3天。

將下列之一切成火柴棒的細條：
2至3大頭菜，削皮，或
5跟小黃瓜，削皮去籽，或
6吋的一截白蘿蔔（約3杯），或3杯甘藍菜絲
放到玻璃碗裡，並拌入：4大匙鹽
靜置30至45分鐘，讓菜絲瀝出水來。然後把菜絲放到冷水下沖洗，洗掉鹽分，充分瀝乾。之後放到一口盆裡，並拌入：
2大匙薑末
1又1/2小匙紅辣椒末，或2大匙紅辣椒碎粒
1大匙糖、1大匙米酒醋
1又1/2大匙特級初榨橄欖油
1又1/2至2大匙烤過的芝麻籽
少許鹽
醃個至少1小時。可以吃冷的，也可以回溫至室溫再享用。

熱捲心菜絲（Hot Slaw）（4至6人份）

在一口大平底鍋裡以小火煎：
6片厚切培根或8盎司切小丁的鹹豬肉
煎到酥脆。取出置於廚用紙巾上瀝油，然後把培根壓碎。在煸出豬油的平底鍋裡放入：
3大匙蘋果醋
2大匙水
1大匙紅糖
（1小匙葛縷子芹菜籽）
鹽，適量
煮沸，然後火轉小至微滾，拌入：
3杯紅甘藍菜絲或綠甘藍菜絲
（1顆料理用鳳梨，去皮去心，磨碎）
煨煮2分鐘即可起鍋，撒上培根碎粒趁熱吃。

| 關於組合沙拉 |

也就是大家熟知的主菜沙拉，一般做為主菜，通常包含大量的紅肉、魚肉、海鮮、雞肉或起司，也許是直接擺在生菜上，或者拌上美乃滋或油醋醬。各種的配料多半都可以事先做好，冷藏備用，用餐前再把沙拉組合好。

主廚沙拉（Chef's Salad）（4至6人份）

在一個大淺盤裡放入：
大約10杯撕成一口大小碎片的萵苣
準備：
3/4杯油醋醬*，325頁，香濃藍紋起司淋醬*，331頁，或千島醬*，331頁
或者你選用的沙拉醬。把夠多的醬汁淋到萵苣上，讓葉片稍微裹上醬汁。然後在萵苣上放：
1杯熟雞肉薄片或火雞胸肉薄片
4盎司火腿，切成細條，或者義大利煙燻火腿，片得極薄，捲成雪茄狀
5盎司瑞士起司、切達起司、葛呂耶起司或其他硬質起司，切細條
點綴上：
2顆番茄，切成數瓣
2或3顆水煮蛋，325頁，切4瓣
12顆黑橄欖，去核
1/2杯荷蘭芹末
鹽和黑胡椒，適量

柯布沙拉（Cobb Salad）（4至6人份）

準備：
香濃藍紋起司醬*，331頁，洛克福起司或藍紋起司油醋醬*，326頁
在一只淺盤上鋪：
1球畢布萵苣，剝成1葉1葉
在萵苣上把：
1大把水田芥，粗切
1顆酪梨，去皮去核切丁
4杯熟雞肉丁或火雞胸肉丁
4至6片培根，煎脆並壓碎
3顆水煮蛋，325頁，切丁
3顆中的番茄，粗切、（1/4杯蝦夷蔥末）
1/4杯掰碎的洛克福起司或其他藍紋起司
分別排成一列列。把油醋醬輕輕地淋到沙拉上即可上菜，讓剩下的油醋醬在席間傳遞。

尼斯沙拉（Salade Niçoise）（4至6人份）

在裝有滾沸鹽水的一口大鍋內把：
6顆小的新生馬鈴薯
煮到軟，約20分鐘。用漏勺撈出馬鈴薯並放涼。馬鈴薯放涼的同時，在同一口大鍋裡放入：
1磅四季豆，剝除筋絲
沸煮到翠綠但仍然爽脆，約2至3分鐘。然後放到裝有冰塊和水的盆裡冷卻，撈出充分瀝乾後放到一口中型碗裡。把放涼的馬鈴薯切成1/2吋片狀，加到四季豆裡。在一口小碗裡攪勻：
3大匙紅酒醋、2小匙第戎芥末醬
鹽和黑胡椒，適量
接著徐徐注入形成一道細水柱的：
6大匙特級初榨橄欖油
同時不停地攪拌。把1/4的醬汁倒到馬鈴薯和四季豆裡，輕輕地拋翻使之裹上淋醬。在一口大盤子上鋪：
1球波士頓萵苣，剝成1葉1葉
2顆大的番茄，每顆切成8瓣
再把另1/4的淋醬淋到萵苣和番茄上。接著把馬鈴薯和四季豆也鋪到盤子上，連同：
5顆水煮蛋，325頁，切半
6盎司罐頭的或真空包裝的鮪魚，瀝出並掰成碎片
把剩下的淋醬倒上去，在最上面散布著：
1/2杯尼斯橄欖、1/4杯荷蘭芹末
2大匙瀝乾的酸豆
（2至4條鯷魚柳，洗淨並拍乾）
撒上：鹽和黑胡椒，適量

油醋龍蝦沙拉（Lobster Salad Vinaigrette）（4至6人份）

準備：羅勒油醋醬*，326頁
在一口沙拉碗裡混合：
2杯水田芥，去老梗
2杯綜合生菜葉、綜合嫩葉、嫩蘿蔓萵苣或嫩菠菜葉
1又1/2杯切薄片的比利時苦苣
倒入夠多的油醋醬，充分拌勻，然後把生菜均分到每個沙拉盤裡。用同一口小碗，放入：
10至12盎司煮熟的龍蝦肉*，24頁，切成1/2吋大塊，或者蟹肉或蝦肉
1顆酪梨，去皮去核切丁
（1/2顆紅甜椒，切丁）
（1/2顆黃甜椒，切丁）
再倒入足夠的油醋醬，充分拌勻。把龍蝦肉混料舀到生菜上，點綴上：
2顆梅子番茄，去皮去籽切丁
2杯香酥麵包丁☆，見「了解你的食材」

蟹肉沙拉（Crab Louis）（4人份）

在一只盤子或沙拉碗裡鋪上：
波士頓萵苣葉或畢布萵苣葉
再放上：
約1杯切細絲的波士頓萵苣葉、畢布萵苣葉或紅葉萵苣葉
接著再疊上：
2杯大塊蟹肉，除去蟹殼及軟骨
在蟹肉上淋下：
1杯路易斯醬*，339頁
點綴上：
（2顆水煮蛋，325頁，切片）
蝦夷蔥末

菠菜佐香煎蝦和培根（Spinach with Seared Shrimp and Bacon）（4人份）

把：2顆甜椒，最好紅黃各一，烤過；或
1/2杯罐裝的烤甜椒，沖洗瀝乾
去皮去籽切細條。在一口中的平底鍋以中火加熱：
2大匙橄欖油
油熱後放入：
1磅中型蝦，去殼留蝦尾，想的話可以挑除沙腸
鹽和黑胡椒，適量
煎到蝦肉堅實而呈粉紅色，每一面3至4分鐘。煎好後取出放涼並冷藏。接著把平底鍋放回爐火上，烙煎：
8片培根
煎到酥脆。煎好後取出置於廚用紙巾瀝油、放涼然後壓碎。準備：
雪莉酒油醋醬*，327頁，或油醋醬*，325頁
在一只沙拉碗裡放入：
4杯撕成一口大小的菠菜碎片
再放上烤甜椒、蝦子和培根。把淋醬充分攪勻，取適量淋到沙拉上，讓生菜混料濕潤即可。

奧勒岡蝦肉沙拉（Oregon Shrimp Salad）（4人份）

這道沙拉的靈感來自我們在奧瑞岡州波特蘭市馬洛利飯店吃的美味沙拉，它讓我們在異鄉裡有回到家的感覺。
在四個盤子裡鋪上：
撕碎的冰山萵苣
接著在每一盤裡再擺上凹口朝上的：
1/2顆酪梨，去皮去核（共2顆）
在凹口裡放入：
1/4杯煮熟的小蝦
圍著酪梨擺放，在每個盤裡均分：
1顆水煮蛋，切4份
1/2根大的胡蘿蔔，切片
6顆去核黑橄欖
6片小黃瓜
淋入幾大匙的：
油醋醬，或路易斯醬
或者另外附上：
貝克版海鮮醬*，318頁
點綴以：
檸檬片、紅甘藍菜絲

泰式牛肉沙拉（Thai Beef Salad）（6人份）

準備開中火的燒烤架，或把炙烤爐預熱。燒烤*，161頁，或炙烤*，158頁
1又1/2磅無骨牛排
與此同時，在一只沙拉碗裡混合：
3把水田芥，去粗梗
1又1/4杯薄荷葉
1又1/4杯芫荽葉
2把小蘿蔔，切薄片

1顆中的紅洋蔥，切薄片
2大匙檸檬皮絲屑
加蓋冷藏，上菜前再取出。準備：
泰式油醋醬*，329頁
把牛肉片成1/2吋厚片，將牛肉片和淋醬加進水田芥混料裡。拌勻，使之滋味融合。

塔可沙拉（Taco Salad）（8至10人份）

在一口5至6夸特的玻璃碗裡或餐盤裡依序鋪上：
1袋13又1/2盎司墨西哥玉米烙餅脆片，掰成一口大小的碎片
牛肉末塔可的肉料，316頁
12盎司切達起司，磨成屑（約3杯）
1小球冰山萵苣或蘿蔓萵苣，切薄片
3枝青蔥，切蔥花，或1顆小的洋蔥，切丁
1顆大的番茄，粗切
1杯番茄莎莎醬或鮮莎莎醬*，323頁
佐上：（酸奶）、（酪梨醬，137頁）

雞肉或火雞肉沙拉（Chicken or Turkey Salad）（4人份）

傳統的派對菜餚，若要大量做成50人份的主菜，需要25杯熟雞肉丁，來自4至5隻5磅的烤雞，或者12至13磅無骨去皮雞胸肉。如果你換火雞肉，你會需要5副3磅的無骨胸肉。雞肉沙拉應該嚐得到雞肉的滋味，其他的材料只是為了提味，並增加多樣的口感，所以比例上起碼維持在➡雞肉比其他材料的總量多一倍。一定要把腿肉和胸肉一併納進來滋味才會好。要做出終極美味的雞肉沙拉或火雞肉沙拉，禽肉要以烘烤、煙燻或燒烤的方式料理。因為肉通常會拌上美乃滋，這道沙拉一定要冷藏，尤其是你預先準備的話。

在一口中型碗裡混合：
2杯熟雞肉丁或火雞肉丁
1杯西芹丁
（1杯切半去籽的葡萄）
（1/4杯粗切的烤杏仁、核桃或胡桃☆，見「了解你的食材」）
拌入：
1/2至3/4杯美乃滋
鹽和黑胡椒，適量
盛盤時舀到一層：
萵苣葉上
撒上：
（1大匙切碎的荷蘭芹或龍蒿）

｜雞肉沙拉的變化款｜

按雞肉沙拉的食譜來做，雞肉可以換成熟鴨肉、火雞肉或仔牛肉。記得，比例要維持在肉量是其他材料總量的兩倍。

雞肉、西芹和水煮蛋，325頁
雞肉、豆芽和荸薺
雞肉、小黃瓜和核桃
雞肉、熟栗子，西芹，以及，想加的話，烤甜椒或柿子椒
雞肉和半熟的蠔
雞肉和水果，譬如無籽葡萄、新鮮鳳梨切塊，以及石榴籽和杏仁片

咖哩雞沙拉或咖哩火雞肉沙拉（Curried Chicken or Turkey Salad）（4人份）

在一口中型碗裡混合：
2杯熟雞肉丁或火雞肉丁
1/4杯烤過的胡桃、杏仁或腰果碎粒☆，見「了解你的食材」
1/4杯深色葡萄乾或金黃葡萄乾
3枝青蔥，切蔥花
1顆蘋果，削皮去核粗切
2根西芹梗，切薄片
拌入：
1/2杯至3/4杯咖哩美乃滋★，336頁
鹽和黑胡椒，適量
盛在一層：
萵苣葉上。

中式雞肉沙拉（Chinese Chicken Salad）（4至6人份）

在一口大碗裡混合：
4杯熟雞肉條
1罐11盎司橘子，瀝乾，保留汁液
2/3杯蔥花
1/2杯烤過的花生碎粒
在一只小碗裡攪勻：
約2/3杯預留的橘子汁
1/2杯花生油、2大匙新鮮檸檬汁
（1又1/2小匙辣油，或依個人口味酌量增減）
1小匙醬油、1小匙去皮生薑末
1/2小匙鹽，或適量
1/4小匙花椒粉或黑胡椒粉
把2/3杯的淋醬倒進雞肉混料裡，拋翻拌勻。嚐一嚐並調整味道。把沙拉盛在：
4杯大白菜絲上
然後在上面放：
1/2杯無鹽烤花生碎粒、1杯炒麵

火腿沙拉（Ham Salad）（4人份）

如果要用在三明治裡，火腿和水煮蛋要切細碎。在一口碗裡混合：
2杯切方塊的熟火腿
1/4杯蒔蘿末或甜酸黃瓜（sweet pickles）或泡菜（pickle relish）
1/4杯美乃滋
（3顆水煮蛋，325頁，切細碎）
2大匙洋蔥末
（1大匙新鮮檸檬汁）
1/2小匙第戎芥末醬
1/8小匙黑胡椒
加蓋冷藏至冰涼。

蛋沙拉（Egg Salad）（3至4人份）

在一口中碗裡混合：
6顆水煮蛋，325頁，切細碎
1/4至1/3杯美乃滋
（2大匙洋蔥末）、（2大匙西芹末）
（1/4小匙咖哩粉）、鹽和黑胡椒，適量
加蓋冷藏至冰涼。

鮪魚沙拉（Tuna Salad）（4人份）

用叉子撥散：1杯罐頭或真空包鮪魚
加進：1/2至1杯西芹丁或小黃瓜丁
在一口小碗裡攪勻：
2大匙橄欖油、2大匙檸檬汁
或者用：1/4杯美乃滋
加入：（1大匙蝦夷蔥末）
（1大匙荷蘭芹末）
用叉子把魚肉料和油脂或美乃滋拌勻。

貝克版鮪魚沙拉（Becker Tuna Salad）（4人份）

我們有時候會把美乃滋換成額外的1/4杯油醋醬。在一口大碗裡混勻：
6盎司罐頭或真空包鮪魚，瀝乾
1/2杯切碎的紅甘藍菜或綠甘藍菜
1/2杯胡蘿蔔丁、1/2杯西芹丁
1/4杯切碎的荷蘭芹
（1/4杯切碎的小蘿蔔）
2至3注的辣椒醬
1/2顆檸檬的皮絲屑
1/4杯油醋醬*，325頁
1/4杯美乃滋
加蓋冷藏至冰涼。

龍蝦沙拉或蝦肉沙拉（Lobster or Shrimp Salad）（2人份）

在一口中碗裡混合：
2杯切碎或切絲的熟龍蝦肉，或者熟中型蝦，縱切對半
1/4至1/2杯酸奶或美乃滋
（2/3杯削皮去籽的小黃瓜薄片）
（1顆水煮蛋，325頁，切碎）
拌入：（1大匙蝦夷蔥末）
（1大匙荷蘭芹末）、（1小匙龍蒿末）
1/4小匙檸檬皮絲屑
1小匙新鮮檸檬汁
鹽和黑胡椒，適量
馬上盛在冰鎮過的盤子，鋪上：
波士頓萵苣葉或綜合青蔬
點綴：蝦夷蔥末或荷蘭芹末

海鮮沙拉（Seafood Salad）

I. 2至3人份
混勻：
1杯大塊蟹肉或龍蝦肉，去除殼和軟骨
1/2杯去籽切丁的小黃瓜
1/4杯特級初榨橄欖油
1大匙新鮮檸檬汁、1大匙蝦夷蔥末
鹽和黑胡椒，適量

II. 4至6人份
混勻：
1磅大塊蟹肉、熟蝦肉、龍蝦肉或鮭魚
1/2杯美乃滋
（1/2杯西芹丁）
2大匙新鮮檸檬汁
2大匙瀝乾的酸豆

鯡魚沙拉（Herring Salad）（20至24人份）

把：
3罐12盎司醃漬鯡魚（不是浸在奶醬裡的），瀝乾
切成1/4吋方塊。再把：
3杯削皮的蘋果丁
1又1/2杯切丁的熟甜菜根
1杯汆燙過的杏仁碎片
1/2杯洋蔥丁
1/2杯切丁的蒔蘿醃酸黃瓜
1/2杯放涼的水煮馬鈴薯丁
2顆水煮蛋，325頁，切丁
2根西芹梗，切丁
也全都切成1/4吋方塊，並且放到一口大碗裡混勻。接著攪勻：
1杯紅酒醋或不甜的紅酒、1杯糖
2大匙辣根醬、2大匙切碎的荷蘭芹
然後淋到沙拉上拌勻。把沙拉舀到盤子上塑成一座小山狀，或者盛到碗裡。點綴上：
（搗成米糊狀的水煮蛋）
（醃黃瓜和橄欖）
（鯷魚）、（荷蘭芹枝）

| 關於蔬菜沙拉 |

蔬菜的多樣口感和滋味，使得這類沙拉是爽脆的嫩葉沙拉或涼拌捲心菜絲之外很受歡迎的選擇。幾乎任何蔬菜一當蒸過或汆燙過拌上淋醬都是不錯的沙拉。四季豆、雪豆、朝鮮薊、蘆筍或青蒜不妨嘗試著配上香辣核桃油醋醬★，328頁，橘子紅蔥頭淋醬★，329頁，或325-334頁的任何油醋醬★。

朝鮮薊心沙拉（Artichoke Heart Salad）

把新鮮的或是罐頭的朝鮮薊心修切後加到綠沙拉或是肉凍裡都非常美味，也可以刨切成一半或四分之一做為沙拉的基本盤飾，也很吸引人。我們喜歡淋上：

油醋醬★，325頁，或是新鮮辛香草油醋醬★，326頁

蘆筍芝麻沙拉（Artichoke Sesame Salad）（4至6人份）

煮熟：

1又1/2磅蘆筍，切成2吋小段

與此同時，在一口小碗裡攪勻：

3大匙麻油

2又1/2大匙糖

4小匙白酒醋或米酒醋

4小匙醬油

4小匙芝麻，烤過

蘆筍趁熱跟淋醬拌勻。可以吃溫熱的，也可以冰涼再吃。

| 關於酪梨沙拉 |

請參閱「關於酪梨」，326頁。製作酪梨盅時，取一把大型的刀，以縱剖方式下刀，刀刃抵著果核，繞著果核切劃一圈，切成兩半。輕輕握著兩半酪梨扭轉一下即可旋開。要取出果核，舉刀輕敲一下果核，讓刀刃嵌進其中，稍微扭動一下就可以取出，如圖示。用一把大湯匙把酪梨盅從果皮刨出來。或者把去核對半的酪梨握在手裡，另一手持刀隨意地將之切丁或切片，然後再把果肉丁或果肉片舀出來。

要防止切開後果肉變褐，可以淋一些檸檬汁或萊姆汁上去。➡若要貯存切開的酪梨，讓果核留在果肉中，切面抹上檸檬汁或美乃滋，用保鮮膜包覆妥當，放冰箱冷藏。

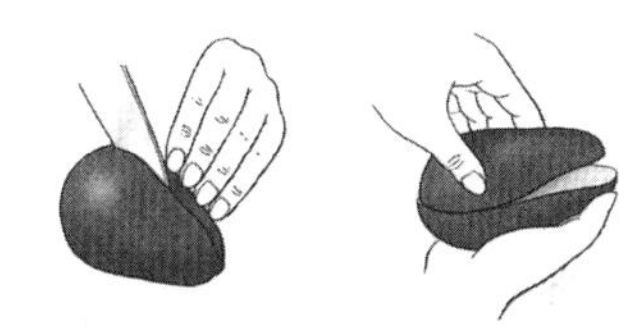
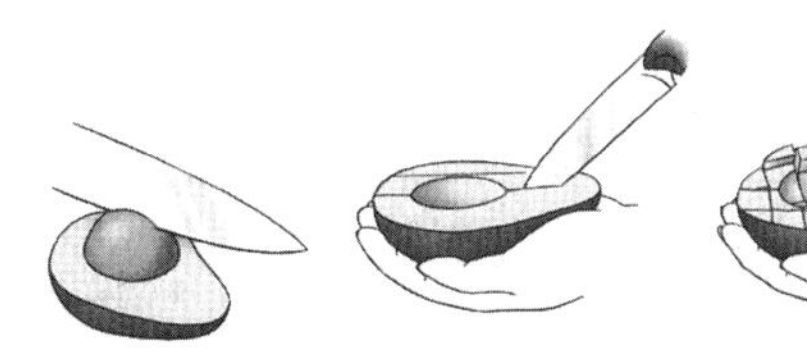

製作酪梨盅或把酪梨切丁

酪梨和柑橘類沙拉（Avocado and Citrus Salad）（4人份）

把：

1顆大的葡萄柚、2顆大的柳橙

剝成一瓣瓣，327頁。

以某個斜角把：

2顆酪梨，去核去皮

橫切成1/4吋薄片。用：

1/2杯西芹籽淋醬*，328頁，或罌粟籽蜂蜜淋醬*，328頁

醃酪梨片，醃5分鐘。

另一個做法是把酪梨和柑橘類水果放在一層：

1小球切絲蘿蔓萵苣上。

酪梨芒果沙拉（Avocado and Mango Salad）（4人份）

對半切開：1顆檸檬

再對半切開：2顆酪梨

去核去皮，並縱切成薄片。用對半的檸檬輕輕地搓磨酪梨片。把：

1顆熟芒果或木瓜，去皮去籽

縱切成數段。

在一口小碗裡混勻：

1/2杯特級初榨橄欖油

2大匙新鮮檸檬汁

鹽和黑胡椒，適量

取一半的醬汁和：

2杯芝麻菜葉、1/2杯切薄片的紅洋蔥

拌勻，均分到冰鎮過的沙拉盤裡。另一種擺盤方式是把酪梨片和芒果圍在芝麻菜周圍。喜歡的話，盡量把其餘的醬汁淋到酪梨片和芒果上。

香濃甜菜根沙拉（Creamy Beet Salad）（4至6人份）

把：

4顆中的甜菜根（約1又1/2磅），煮熟的，430頁，削皮

切成3/4吋方塊，放到一口中型碗裡，趁甜菜根尚熱倒進：

1/2分的香濃辣根淋醬*，334頁

點綴上：（蒔蘿末）

醃甜菜根沙拉（Pickled Beet Salad）（4至6人份）

瀝出：

2又1/2杯煮熟的甜菜根或罐頭甜菜根（2罐15盎司切片甜菜根）

保留煮汁或罐頭汁備用。甜菜根放到一口耐熱的瓶子或餐碗中。在醬汁鍋裡混合：

1杯蘋果醋

1杯預留的甜菜根汁液

1/4杯糖、10顆黑胡椒粒

6顆丁香粒、2片月桂葉、1小匙鹽

（1顆青甜椒，去核去籽並切片）

（1顆小的洋蔥，切片）

（1小匙辣根醬）

並煮沸，滾了之後離火，加蓋靜置30分鐘。再把醃汁煮滾，然後倒到甜菜根上。加蓋冷藏至少12小時，享用時配上：

水田芥，去粗梗

胡蘿蔔和葡萄乾沙拉（Carrot and Raisin Salad）（6至8人份）

在一口中碗裡混合：

4根大的胡蘿蔔，粗磨過（3杯）

1/2杯葡萄乾

1/2杯粗切的胡桃或無鹽花生

2小匙檸檬皮絲屑

1大匙新鮮檸檬汁

3/4小匙鹽、少許黑胡椒
淋上：
1杯酸奶或1/2杯酸奶加1/2杯美乃滋
加蓋後拋翻混勻即可。

胡蘿蔔、蘋果和辣根沙拉（Carrot, Apple, and Horseradish Salad）（4至6人份）

充分攪勻：
3根大胡蘿蔔，粗磨過，（2杯）
1顆大的酸蘋果，削皮去核，粗磨過
1/2杯酸奶或原味優格
2至3大匙去皮的新鮮辣根泥或瀝乾的辣根醬
2大匙蝦夷蔥末、1小匙新鮮檸檬汁
1小匙糖
加蓋冷藏至冰涼，約1小時。調味以：
少許鹽和黑胡椒

毛豆胡蘿蔔沙拉佐米酒醋醬（Edamame and Carrot Salad with Rice Vinegar Dressing）（8人份）

在一口中碗裡混合：
1袋10盎司去莢毛豆，煮熟的（2杯）
3根大的胡蘿蔔，粗磨（2杯）
1/2杯蔥花、（2大匙切碎的芫荽）
在一口碗裡或瓶子裡混勻或甩勻：
2大匙米酒醋、2大匙新鮮檸檬汁
1大匙花生油或蔬菜油
1顆蒜瓣，切末
淋到沙拉上，拋翻拌勻。調味以：
少許鹽和黑胡椒

芹菜根雷莫拉醬（Celery Root Rémoulade）（4至6人份）

把：2顆中的芹菜根
削皮切成1/4吋圓片，放入煮開的鹽水裡煮3至4分鐘。瀝出放涼，再切成細條，放在一口淺碗裡，淋上：
雷莫拉醬*，339頁
每2杯芹菜根約需1/2杯醬汁。加蓋並且充分冰涼。上菜時放在一層：
水田芥上，去粗梗。

｜關於小黃瓜沙拉｜

請參閱「關於小黃瓜」，452頁。做沙拉一定要挑選堅實的小黃瓜。歐洲無籽小黃瓜，體型長而且通常會用保鮮膜包著，是很好的選擇。假使表皮沒上蠟，可以生吃。如果你希望小黃瓜有點花樣，不要削皮，用叉子刻劃出紋路，如291頁圖示；切片之前，縱剖開來，用一根湯匙縱向地刨出籽來。

涼拌小黃瓜（Marinated Cucumbers）（4人份）

I. 在一口中碗裡混合：
1/4杯米酒醋或白酒醋
（4小匙芝麻，烤過☆，見「了解你的食材」）
2小匙糖
拌上：1根大的小黃瓜，削皮，橫切成兩半，再切成細條或薄片
拌勻。加蓋冷藏至冰涼，約1小時。

II. 在一口碗裡鋪上：
1又1/2杯削皮切片的小黃瓜
撒上鹽。蓋上一個加了重物的盤子，冷藏2小時。之後以冷水清洗，瀝出拍乾，放到一口碗裡，拌上：
1/4杯蘋果醋
1大匙糖，溶解在1大匙水裡
鹽和黑胡椒，適量
冷藏1至2小時。點綴上：
蒔蘿末、百慕達洋蔥薄片

香濃小黃瓜沙拉（Cremy Cucumber Salad）（4人份）

在一口瀝水籃裡一同拋翻：
2根中的小黃瓜，削皮切薄片、2小匙鹽
接著靜置瀝水，45分鐘。擠出小黃瓜多餘的水，然後放入一口碗裡。再加進：
2/3杯酸奶或原味優格
1小匙新鮮檸檬汁
充分拌勻，點綴上：
1小匙切碎的蒔蘿、羅勒或龍蒿

棕櫚心沙拉（Hearts of Palm Salad）

I. 把：冰涼的罐頭棕櫚心
縱切成條狀，盛在：蘿蔓萵苣葉
撒上：
切碎的荷蘭芹、匈牙利紅椒粉
鑲餡橄欖切片
切成一圈圈的青甜椒或紅甜椒
配：
油醋醬*，325頁，香濃藍紋起司醬*，331頁，或美乃滋*，335頁
II. 把：新鮮的棕櫚心，479頁
切丁，淋上：新鮮檸檬汁
配：
萊姆油醋醬*，326頁，或路易斯醬，339頁

豆薯沙拉（Jicama Salad）（6至8人份）

把：1顆中型豆薯（1磅）
縱切對半，再切成火柴棒大小。把：
2根小黃瓜，削皮，縱切對半，去籽
切成1/4吋圓片。把：3顆中型臍橙
削掉兩端。讓臍橙立在砧板上，切掉外皮和所有白襯皮。再縱切對半，接著橫切成1/4吋薄片。在一口大碗裡拌勻豆薯、小黃瓜和臍橙，連同：
6顆小蘿蔔，切薄片
1顆小的紅洋蔥，切薄片
1/3杯新鮮萊姆汁
靜置20分鐘，然後加：少許鹽
調味。把沙拉連同汁液舀到盤子裡，最後撒上：2小匙辣椒粉、1/3杯芫荽末

柳橙洋蔥沙拉（西西里沙拉）（Orange and Onion Salad〔Sicilian Salad〕）（4至6人份）

按上述豆薯沙拉準備，只不過：
4顆中的臍橙
不需切成兩半，並且再一併拌入：
3顆小的茴香球莖，修切過，切對半，再橫切成薄片
1顆小的紅洋蔥，切薄片
1/2杯去核黑橄欖，切半
3大匙薄荷葉絲
2大匙特級橄欖油，或依個人口味酌量增減
4小匙新鮮檸檬汁、粗鹽和黑胡椒，適量
擺放在盤子中央，點綴上：
1大匙薄荷葉絲

三色豆沙拉（Three-Pea Salad）（6人份）

若要做成主菜沙拉，再加上香煎蝦即可。
準備搭配：蘆筍芝麻沙拉淋醬，279頁
在一口裝著滾沸鹽水的大鍋裡煮：
1杯甜豆
煮2分鐘，接著再放入：1/2杯雪豆
1/2杯新鮮或冷凍嫩豆，退冰
續煮1分鐘。瀝出後沖冷水，拍乾。放入裝有淋醬和：
6杯（8盎司）豆苗或豆芽
碗裡，拋翻拌勻。

| 關於馬鈴薯沙拉 |

馬鈴薯沙拉最好是用刷洗過的帶皮馬鈴薯來煮，煮到叉子可以戳進去的軟度即可。趁熱去皮並拌上淋醬。若是拌美乃滋或鮮奶油為底的淋醬，馬鈴薯則要稍微放涼。小巧紅皮的蠟質馬鈴薯在切片或切丁時可以保持形狀不會崩解，但是體型中等的熟愛達荷馬鈴薯才是做馬鈴薯沙拉最理想的品種。➡若是大熱天的野餐，建議用油醋醬，用其他的淋醬，醬汁變臭酸的風險較高。

馬鈴薯沙拉（Potato Salad）（4人份）

I. 在鹽水裡把：1磅蠟質馬鈴薯
煮軟瀝出，冷卻到可以處理時再切片。用：
1/3杯油醋醬*，325頁，加熱
醃漬一下，趁熱吃或放冷再吃。享用之前，輕輕地拌入：
1大匙切碎的荷蘭芹
1大匙切碎的蝦夷蔥或洋蔥屑

II. 按上述方法煮馬鈴薯並切片。用：
3大匙油醋醬，或雞肉湯
醃漬一下，拌入剁碎或切片的下列之一：
水煮蛋，325頁，洋蔥、橄欖、酸黃瓜、帶葉西芹、小黃瓜和／或酸豆
連同：
1至2小匙鹽、匈牙利紅椒粉
1小撮辣椒粉、（2小匙辣根醬）
冷藏至少1小時。再加：
1/4杯美乃滋、煮過的沙拉醬*，332頁，或酸奶
繼續再冷藏1小時。享用前拌入：
（粗切水田芥）

美式馬鈴薯沙拉（American Potato Salad）（6至8人份）

馬鈴薯沙拉可依來客喜好添加甜泡菜、黑橄欖、培根碎粒、薄荷、柿子椒、粗粒芥末或切半的葡萄或櫻桃番茄。
在鹽水裡把：2磅蠟質馬鈴薯
煮軟瀝出。喜歡的話可以去皮，切成一口大小。在一口中型碗裡把溫熱的馬鈴薯和：
1根西芹梗，切丁
2大匙洋蔥末或2根青蔥，切蔥花
（1/4杯荷蘭芹末）
（3顆水煮蛋，325頁，切丁）
3/4杯美乃滋、2大匙紅酒醋
（1大匙粗粒芥末醬或黃芥末醬）
（1大匙甜泡菜）
鹽和黑胡椒，適量
拌勻，加蓋冷藏至冰涼。

德式馬鈴薯沙拉（German Potato Salad）（6人份）

在鹽水裡把：
2磅蠟質馬鈴薯
煮軟，瀝出後去皮切片。在一口平底鍋裡烙煎：
4片培根，切末，或2大匙培根油脂
取出培根，置一旁備用。用鍋裡的培根油把：
1/4至1/2杯切碎的洋蔥
1/4杯切碎的西芹
煎到呈金黃色，再下：
1/4杯切碎的蒔蘿醃酸黃瓜
另取一口小醬汁鍋，把：
1/4杯水或雞肉湯
1/2杯蘋果醋
1/2小匙糖
1/2小匙鹽
1/8小匙匈牙利紅椒粉
（1/4至1/2小匙芥末粉）
煮沸。把所有材料都倒進平底鍋裡混勻，也把馬鈴薯拌進去。起鍋後趁熱吃，點綴上：
荷蘭芹末或蝦夷蔥末

|關於番茄沙拉|

請參閱「關於番茄」，516頁。準備做沙拉的番茄時，一定要把心切掉。好的口感和滋味同等重要。自家種的或在藤蔓上熟成的，是尚青澀便被摘下來然後在送往超市的途中熟成的那些比不上的。用後者來做鑲餡番茄冷盤，291頁，因為它們多少可以靠辛香的餡料來補救。梅子番茄或羅馬番茄，也就是義大利品種的李子番茄，有一種特殊的香醇滋味，是很棒的替代品。在非番茄產季買番茄的另一個法門是，買葡萄番茄。不管是切半或整顆入菜，這些小巧的品種也可以當做裝飾來用。室溫下的番茄最多滋多味。

番茄沙拉（Tomato Salad）（6至8人份）

在一只冰鎮過的盤子上把：
6顆大的番茄，切成1/2吋厚片或楔瓣
環繞盤面或橫跨盤面擺放，相互交疊著，喜歡的話，番茄片可以換成：
（1顆紅百慕達洋蔥，或維達利亞〔Vidalia〕洋蔥，切薄片）
在番茄上淋：
1/2杯特級初榨橄欖油和少許巴薩米克醋或油醋醬*，325頁
撒上：
1/4杯荷蘭芹末或羅勒末
鹽和黑胡椒，適量

番茄佐莫扎瑞拉起司沙拉（卡布里沙拉）（Tomato and Mozzarella Salad〔Insalata Caprese〕）（4至6人份）

在一只大淺盤上交錯疊放著：
4顆熟成大番茄，切成1/2吋厚片
12盎司莫扎瑞拉起司，切成1/2吋厚片
在上面撒：1又1/2杯羅勒葉，切碎
再淋上：1/2杯特初榨橄欖油
撒上：少許鹽

麵包丁和番茄沙拉（托斯卡尼麵包丁沙拉）（Bread and Tomato Salad〔Panzanella〕）（6至8人份）

烤箱轉180度預熱。在一只烤盤上撒：
5杯1吋麵包丁（取自1磅新鮮或隔夜的義大利麵包或法國麵包）
烤到焦黃，10至15分鐘，其間晃動烤盤一兩次。烤麵包丁的同時，再一只小碗裡攪勻：
1/3杯特級初榨橄欖油、1/3紅酒醋
3大匙新鮮檸檬汁、3大匙荷蘭芹末
1小匙蒜末、鹽和黑胡椒，適量
接著在一只沙拉碗裡把香酥麵包丁和：
2根小黃瓜，去籽切成1/2吋方塊
2顆大的番茄，切成1/2吋方塊
1顆中的紅洋蔥，切成1/2吋方塊
1/3杯去核對半切的黑橄欖
1/3杯撕碎的羅勒葉
混合。把淋醬倒進來，充分拋翻混勻，然後盛在一口大淺盤或碗裡，撒上：
（1/2杯帕瑪森起司刨片）
立即享用。

| 關於水果沙拉 |

水果沙拉若是摻有蛋白質可以當第一道菜、附菜或主菜，也可以當最後一道菜取代甜點。➠為了避免氧化褐掉，水果可以拌上微酸的汁液，參見「酸化的水」（acidulated water）☆，見「了解你的食材」，或者淋一些檸檬汁。盡量在上菜前才製作水果沙拉。若是沙拉需要事先混合好，那麼就選用質地堅實爽脆的水果。最棒的水果沙拉肯定是使用新鮮的當季水果，347頁，或高品質的水果乾做的。一般而言，➠佐搭餐食的水果沙拉，要配上相當酸嗆的淋醬。

也可以加進堅果、清脆蔬菜、雞肉、牛肉、豬肉或海鮮。若想變化一下，不用平常裝沙拉生菜的器皿來盛，適合的話，也可以盛在383頁所描述的籃子、杯子或盒子裡。更多的水果沙拉，請參見「水果」那一章，346頁。

華爾道夫沙拉（Waldorf Salad）（4人份）

額外加1/2杯迷你棉花糖會很受小孩子喜愛。在一口中型碗裡混勻：
1杯西芹、1杯削皮去核的蘋果丁
1/2杯粗切的胡桃
（1/2杯無籽紅葡萄，切半）
拌入：
1/2至3/4杯美乃滋
在室溫下享用，或冰涼了再吃。

香辣西瓜沙拉（Spicy Watermelon Salad）（4至6人份）

在一口小碗裡攪勻：
1/2小匙辣粉
1/2小匙鹽，或依個人口味酌量增減
1/8小匙紅椒粉，或依個人口味酌量增減
在一只上菜碗裡混合：
6杯切成1/2吋小塊的西瓜
1/2顆小的紅洋蔥，切丁
1跟小的墨西哥青辣椒，去籽切丁
3大匙新鮮萊姆汁，或依個人口味酌量增減
2大匙切碎的芫荽或荷蘭芹
撒上香辣粉，拋翻混勻。在室溫下享用。

梨子、核桃和苦苣沙拉（Pear, Walnut, and Endive Salad）（6人份）

準備：
油醋醬*，325頁，使用胡桃油
把足夠的油醋醬加進：
4顆比利時苦苣，或1小球綠捲鬚菊苣，修切過
2大把水田芥，去粗梗
使之濕潤，接著均分到6個盤子裡，連同：
1顆大的考蜜斯（Comice）梨或澳洲青蘋果，去核切丁
（6粒無花果，切半）
撒上：
1/2杯胡桃，烤過
12盎司戈拱佐拉起司、洛克福起司或菲塔起司，掰碎
（額外的油醋醬）

香瓜杯（Melon Cups）

把一小顆哈密瓜或其他香瓜對開切兩半，383頁。籽刨掉，如果想要多點裝飾效果，可把邊緣雕成扇形或鋸齒形。冷藏到冰涼。食用前再加入：
雞肉或火雞肉沙拉，276頁，咖哩雞肉或火雞肉沙拉，277頁，或任一水果沙拉

關於豆子沙拉

熟莢豆的溫和滋味和有嚼勁的口感，可以完美地襯托各式各樣可以飽食一頓的沙拉。煮熟乾豆的方法，見423頁。➨一般而言，一杯乾豆煮出來是三杯熟豆子的量。也可以輕鬆地用罐頭豆子來取代乾豆；使用前要沖洗一下並瀝乾。➨一罐十六盎司的罐頭豆子，瀝出後等於一杯半至兩杯的豆子。

豆子沙拉（Bean Salad）（4至6人份）

腰豆、海軍豆、皇帝豆是這道沙拉的基底，不過用扁豆和毛豆來做也很棒。
在一只碗裡放入：
2又1/2至3杯熟豆子，罐頭豆子的話要沖洗並瀝乾
（1/2杯紅洋蔥丁）
（2大匙切碎的荷蘭芹）
拌入：
1/4杯油醋醬*，325頁，或是2/3杯千島醬*，331頁
加：鹽和黑胡椒，適量
調味，點綴上：蝦夷蔥末或荷蘭芹末

三色豆沙拉（Three-Bean Salad）（4至6人份）

在一只大碗裡混合：
2杯熟腰豆
1杯切成1/2吋小段的四季豆
1杯切成1/2吋小段的黃蠟豆
1/2杯切碎的青甜椒
1/2杯切碎的洋蔥
準備：酸甜油醋醬*，327頁
把淋醬倒進豆子混物裡，充分拋翻拌勻。加蓋冷藏至少6小時或放隔夜。冰冷著吃。

黑豆沙拉（Black Bean Salad）（6至8人份）

準備：
羅勒油醋醬*，326頁，或油醋醬*，325頁
加到碗裡混合：
3杯熟黑豆
1又1/2杯玉米粒，如果是罐頭的，沖洗並瀝乾
8盎司櫻桃番茄，切半
1杯切碎的紅洋蔥
充分拌勻。點綴上：
新鮮芫荽或羅勒

鷹嘴豆沙拉（Chickpea Salad）（4人份）

甜椒可以自己烤，也可以用罐頭的，但要瀝乾。
在一只中型碗裡混合：
2杯熟鷹嘴豆
2顆紅甜椒，烤過的，485頁，去皮切丁，或1/2杯切丁的瓶裝烤紅甜椒
1/2顆小的紅洋蔥，切末
1/4杯荷蘭芹末、2又1/2大匙新鮮檸檬汁
2大匙特級初榨橄欖油
2小匙第戎芥末醬、1至2瓣蒜仁，切末
鹽和黑胡椒，適量
在一只盤子上鋪：
4杯菊苣絲、茅菜／闊葉苦苣絲或蘿蔓萵苣絲
然後把鷹嘴豆舀到菜絲上。

溫扁豆馬鈴薯沙拉（Warm Lentil and Potato Salad）（8人份）

在一口大碗裡混合：
4又1/2杯煮熟溫熱的綠扁豆或褐扁豆，428頁
1磅煮熟的溫熱蠟質馬鈴薯，489頁，切成小丁
1/2杯蔥花、1/2杯切碎的荷蘭芹
在一口小醬汁鍋裡拌勻：
1/4杯特級初榨橄欖油
3大匙雪莉酒醋、1瓣蒜仁，切末
1/2小匙鹽、1/8小匙黑胡椒
加熱，攪拌攪拌，直到溫熱。倒到沙拉上即可上菜。

| 關於穀物和米沙拉 |

穀物沙拉最好是用剛煮好的飯或剩飯或其他穀類來做，而且盡量在穀飯尚溫熱的時候拌入淋醬，這樣穀飯才能吸飽大量的滋味。請參閱「穀物」，567頁。➡一般而言，用三杯熟穀物配約略等量的其他所有材料，再淋上大約半杯淋醬。

米飯拌雞肉和黑橄欖沙拉（Rice Salad with Chicken and Black Olives）（6至8人份）

這道食譜可以做為其他各種米飯沙拉的藍本。在一口中型碗裡拌勻：
1又1/2杯熟雞丁
1/2杯桃子丁（約1顆中型桃子）
1/2杯粗切的去核黑橄欖
1/2杯紅甜椒丁或黃甜椒丁

1/2杯新鮮辛香草油醋醬★，326頁
3杯煮熟的白長米

拋翻拌勻。趁熱享用，也可以放涼至室溫，或冰涼著吃。

菰米飯拌香腸沙拉（Wild Rice Salad with Sausage）（4至6人份）

在一口小碗裡攪勻：
2大匙白酒醋或香檳醋
1大匙第戎芥末醬
1/3杯橄欖油、鹽和黑胡椒
在一口平底鍋裡以中火煎煮：
1磅甜味義大利香腸，去腸衣
用勺子把肉團攪散，煮熟後取出置於廚用紙巾上瀝油，放涼，然後移到一口大碗裡，接著也把：
2又1/4杯熟菰米飯
2又1/4杯熟白長米
3支帶葉的西芹，切薄片
（2杯無籽綠葡萄或紅葡萄，切半）
加進碗裡並混勻，再把淋醬倒進去，讓飯料充分裹著醬汁。嚐一嚐並調整味道。在室溫下享用。

糙米拌椰棗和柳橙沙拉（Brown Rice Salad with Dates and Oranges）（4至6人份）

在一口大碗裡拌勻：
3杯熟糙米
1顆椰棗，去核切丁
2顆大的臍橙，剝成一瓣瓣，372頁，每瓣再切3份
2根青蔥，切蔥花
1/4杯深色葡萄乾或金黃葡萄乾
1/4杯荷蘭芹末
1/4杯特級初榨橄欖油
2大匙新鮮檸檬汁
1/4小匙肉桂粉
1/4小匙孜然粉
1小撮乾紅椒碎片
鹽，適量
在室溫下吃。

| 關於義大利麵沙拉 |

煮沙拉用的義大利麵時，要煮到彈牙——軟中帶韌的口感。煮好後要沖冷水，一方面除去多餘的澱粉，同時也讓麵食停止熟化，然後再拌入淋醬。如果要加蔬菜或新鮮的辛香草碎片，上菜前再加，以維持蔬菜的口感和色澤。

一般而言，➠八盎司乾義大利麵煮出來會有三至四杯的麵量，足夠六至八人份。義大利麵沙拉可以預先做好並冷藏，不過最好是在室溫下享用。上菜前要再嚐一嚐，調整味道，需要的話再多加點淋醬。

試著用不同的新鮮辛香草，拌入黃色和紅色番茄，或者加入切丁或刨絲的起司，或者熟肉丁，譬如火腿、雞肉或羔羊肉。使用通心粉、斜管麵、螺旋麵、車輪麵、蝴蝶麵或其他的短身麵款。➠如果你喜歡拌奶醬的麵食沙拉，把油醋醬換成半杯美乃滋。包菜餡或起司餡的小巧義大利麵，譬如義大利小餛飩或方餃，也是麵食沙拉的美味基底。

義大利麵沙拉（Pasta Salad）（4至6人份）

在一口大碗裡放入尚溫熱的：
8盎司彎曲通心粉、斜管麵或其他麵款，煮到彈牙，沖洗並瀝乾
再和：
3大匙特級初榨橄欖油
3大匙白酒醋
（2大匙雞高湯或雞肉湯）
鹽和黑胡椒
混勻，或者混以：
1/2杯新鮮辛香草油醋醬*，326頁
放涼至室溫。接著再拌入：
24顆櫻桃番茄或葡萄番茄，切半
（1/2杯紅洋蔥細末）
12顆黑橄欖，去核切碎
1/4杯羅勒末
（1/4杯荷蘭芹末）
2大匙薄荷末、1小匙檸檬皮絲屑
調整一下味道。在室溫下享用。

青醬義大利麵沙拉（Pasta Salad with Pesto）（8至12人份）

在一大鍋滾沸的鹽水裡煮：
1大束青花菜，切成小朵
2根中的胡蘿蔔，切丁
3/4杯新鮮或冷凍青豆
煮2分鐘，用一把大的過濾器把蔬菜撈出，沖冷水。再把煮菜水煮沸，放入：
1磅斜管麵
煮到彈牙，瀝出並沖冷水。在一口大的上菜碗裡混合斜管麵和熟蔬菜，連同：
1顆紅甜椒或黃甜椒，切細丁
1顆中的紅洋蔥，切細丁
拌上：
青醬*，320頁

義大利麵拌燒烤雞肉沙拉（Pasta Salad with Grilled Chicken）（8至10人份）

上菜前再把酪梨加進去。
在一口大的上菜碗裡混勻：
3副無骨去皮雞胸肉（約1磅），燒烤過，切成細柳
1磅螺旋麵，煮到彈牙，沖水並瀝乾
1顆大的酪梨，去核去皮切小丁
3顆大的番茄，去籽切碎
4根青蔥，切蔥花
2瓣蒜仁，切細末
1/4杯瀝乾的酸豆
1/4杯切碎的羅勒
芫荽或荷蘭芹
1/4杯特級初榨橄欖油
2大匙新鮮檸檬汁
鹽和黑胡椒適量

義大利麵拌蝦肉沙拉（Pasta Salad with Shrimp）（8人份）

在一口大碗裡混勻：
1磅斜管麵，煮到彈牙，沖水後瀝乾
1/3杯特級初榨橄欖油
1瓣蒜仁，切末
再放入：
1磅中型蝦，煮熟，去殼去沙腸
4顆紅甜椒，烤過，去皮切長條，或1杯罐頭烤紅甜椒，切長條
1/2杯去籽黑橄欖
1/2杯切碎的荷蘭芹
1/4杯松子，烤過☆，見「了解你的食材」
1小撮紅椒粉
鹽和黑胡椒適量
充分拌勻。

通心粉沙拉（Calico Macaroni Salad）（5人份）

在一口中型碗裡攪勻：
1又1/2大匙新鮮檸檬汁或2大匙紅酒醋
1大匙蔬菜油
放入：
4盎司（1杯）彎曲通心粉，煮到彈牙，沖水並瀝乾
加蓋冷藏2至3小時。取出後加：
1小匙洋蔥末或2大匙蝦夷蔥花
1杯西芹丁
1杯荷蘭芹末
1/2杯切碎的柿子椒夾心綠橄欖
3/4小匙鹽
黑胡椒適量
3大匙酸奶
充分拌勻，或者改換：
5大匙青醬★，320頁

為一大群人做的香濃通心粉沙拉（Creamy Macaroni Salad for a Crowd）（16至20人份）

在一口碗裡混合：
1磅（4杯）彎曲通心粉，煮到彈牙，沖水並瀝乾
1顆紅甜椒，去核去籽切丁
1顆青甜椒，去核去籽切丁
2根胡蘿蔔，切丁、1顆小的紅洋蔥，切丁
1/2杯切碎的荷蘭芹
再放入：拌涼拌捲心菜絲的香濃淋醬★，334頁
拌勻即可。

| 關於用菜葉和水果當杯皿 |

用色彩鮮麗的新鮮蔬菜或水果當杯皿來盛沙拉，不僅讓人眼睛一亮，而且胃口大開。可用去核的酪梨、番茄、朝鮮薊、香瓜或萵苣葉或甘藍菜葉。

鑲餡朝鮮薊（Stuffed Artichokes）

處理並煮熟，412頁：
朝鮮薊
冰涼，然後刨除不可食的內核（choke）和包圍它的苞片，413頁。填入
鮪魚沙拉，277頁，海鮮沙拉，278頁，或普羅旺斯燉菜，455頁

酪梨盅（Avocado Cups）

把：酪梨
切對半並去核，279頁，撒上：
新鮮檸檬汁
在凹口裡填入：
海鮮沙拉I或II，278頁，用大塊蟹肉或龍蝦肉，或蝦肉沙拉，275頁

小黃瓜盅（Cucumber Cups）

將：
小黃瓜，冰涼的
削皮，或者，假使小黃瓜沒打蠟，想要多點裝飾效果的話，用一根叉子刻劃外皮，如下圖所示。
把小黃瓜縱切對半，將籽刨出來，便可

填入餡料。另一個做法是，將整條小黃瓜橫切成2至3吋小段，從一端把中心挖空，另一端要留足夠的厚度，免得餡料掉出來。
填入：
雞肉沙拉，276-277頁，任何海鮮沙拉，277-278頁，米飯沙拉，287-288頁，或其他小穀物沙拉
把小黃瓜盅擺在：
萵苣絲或水田芥
上。

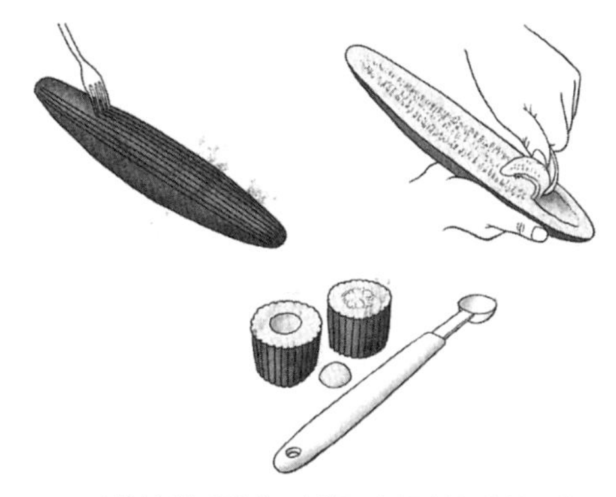

刻劃小黃瓜外皮，刨籽，以及製作小黃瓜盅

| 鑲餡番茄冷盤 |

幾乎任何切成碎粒的沙拉都可以填入番茄裡。番茄鑲餡之前要不要去皮，在今天來說見仁見智，不過，曾經有那麼一度，番茄上有一丁點皮就跟餐桌上擺了一把獵刀一樣不得體。剝皮的番茄比較精緻，而且最好用來盛質地比較鬆散的蔬菜沙拉，譬如上述的小黃瓜蘆筍沙拉。

番茄盅的做法，假使你想剝皮，見517頁。削掉每一顆番茄的圓頂，把中心刨空，當心要留夠厚的一層外壁以撐住內餡。刨好後倒扣瀝乾，約二十分鐘。冰涼後再把下列建議的餡料之一填到凹洞裡。你也可以用鋸齒狀的切法把番茄攔腰對半切開，然後以三明治的方式填鑲餡料，或者把上下兩半都刨空，再填入餡料。

鑲餡番茄的餡料：
米沙拉，287頁
北非小米佐松子和葡萄乾，596頁
涼拌捲心菜絲，272頁
塔布勒沙拉，595頁
海鮮沙拉，278頁
龍蝦或蝦肉沙拉，275頁
蛋沙拉，277頁
雞肉沙拉，276-277頁
鮪魚沙拉，277頁
加新鮮辛香草調味的鄉村起司（cottage cheese）或軟質奶油起司沙拉，319頁
小黃瓜沙拉，281頁
蘆筍芝麻沙拉，279頁

關於膠凍沙拉

膠凍沙拉可以在宴客前一天準備好並放冰箱冷藏。這些沙拉必須靠明膠來固定形狀，所以，➡請參閱「關於明膠」，見「了解你的食材」。模具可以在乾燥狀態下填餡，不過如果先用水潤濕再填餡的話，凝膠後的混合物會更容易取出。假使這凝膠混合物不是透明清澈的，也許要把模具稍微抹上一點油。沙拉倒進模具前一定要取樣嚐一嚐，調整一下味道。➡如果要撐上二十四小時，味道要調得淡一些，因為太多鹽會讓膠凍鬆垮。➡千萬別把膠凍沙拉送入冷凍庫。

材料在加進明膠之前，一定要充分瀝乾和冰涼。➡一包（二又四分之一小匙）明膠可以讓兩杯液體凝固，不管有沒有加一杯半的固體。要讓膠凍水果沙拉的滋味變濃，可以把食譜裡所需的液體量當中的一至二大匙換成甜葡萄酒或烈酒；在明膠溶解後而且液體變涼時加進去。

某些食材會自然而然停留在膠凍沙拉的頂端或底端，你可以加入堅果、水果和蔬菜等不同重量和孔隙率的食材，來製造有趣的分層效果。把它們放在非常稀的膠質混物裡——很像蛋白的稠度——然後看看它們落在哪個層次。蘋果塊、香蕉片、葡萄柚瓣，梨子片、草莓瓣、堅果和棉花糖全都會浮在明膠裡，而新鮮柳橙片、新鮮葡萄、和罐頭杏桃、櫻桃、桃子、梨子、罐頭鳳梨、李子和覆盆子會沉到模具下層。➡新鮮或冷凍鳳梨、奇異果、木瓜、蜜瓜、無花果或薑——以及它們的汁液——不能加進膠凍沙拉裡，因為這些東西含有抑制凝膠作用的酵素。罐頭鳳梨是煮過的所以可以使用；或者把新鮮鳳梨和汁液煮沸再使用。

下列食譜當中很多可以用大的模具或個別模具來做。如果你想在中央填餡的話，可以用環形模具來做。➡要將膠凍或肉凍脫模，準備好冰鎮過的盤子。將盤面潤濕，這樣可以防止膠凍沙拉黏在盤子上，你也比較容易把模具放在正中央。用一把薄刀從模具內緣的好幾個點插入，以解除模具內的真空狀態。把模具浸到溫水裡浸個五至十秒。把表層擦乾，然後蓋上上菜盤，然後倒扣。搖一搖或輕拍模具，膠凍沙拉就會鬆脫。如果膠凍沒落下來，輕輕地晃蕩模具，晃蕩過程中一定要緊靠著盤子。

關於肉凍（Aspics）

請參閱「關於明膠」，見「了解你的食材」。

最美味的肉凍來自濃縮雞高湯和濃縮仔牛高湯，203頁。其次是加了明膠的澄化濃味紅肉、魚肉和禽鳥高湯——但是一般的家庭廚子很少將自己熬的高湯澄化。他們反而是靠罐頭清湯來做肉凍。➡不甜的葡萄酒和烈酒是做肉凍很好的添加物：每一杯湯汁加一或兩大匙酒便足以提味。把食譜裡所需的液體量當中的部分改成酒，➨在明膠已經溶解而且液體開始變涼之際把酒加進去。不甜的白酒或不甜的雪莉酒和鹹味肉凍，譬如雞和仔牛，很對味。

我們略過把高湯澄化的手續，202頁，因為我們認為烹煮得輕鬆勝過絕對清澈的肉凍。

基本鹹味肉凍（Basic Savory Aspic）（6至8人份）

請參閱「關於明膠」☆，見「了解你的食材」。除了紅肉、禽肉或海鮮之外，諸如切碎的生西芹、去核橄欖或烤過的堅果等材料也是這道肉凍很棒的添加物。

在一口中型碗裡混勻：

1包（2又1/4小匙）無味明膠

1/4杯冷水

並靜置5分鐘。然後加：

1/4杯滾燙的海鮮、禽肉或紅肉的高湯或肉湯

攪拌至明膠溶解。再拌入：

1又1/2杯冷的海鮮、禽肉或紅肉的高湯或肉湯

2大匙白酒醋或1又1/2大匙新鮮檸檬汁，或者依個人口味酌量增減

接著送入冷藏，冰到呈現蛋白的稠度時，拌入：

1又1/2杯你選用的鹹料丁——譬如熟蝦、龍蝦或其他海鮮，如果使用海鮮高湯的話；熟雞肉或火雞肉，如果用禽肉高湯的話；熟牛肉或羔羊肉，如果用紅肉高湯的話

把4杯容量的模具或大碗抹濕，把膠狀混料倒進去，加蓋冷藏到定型，約3小時。將肉凍脫模，292頁，倒扣到盤子上，周圍鋪上：萵苣葉

冰涼著吃，要不要佐上：

美乃滋、俄式辣根奶醬★，339頁，或原味優格

都可以。

番茄肉凍（Tomato Aspic）（8至10人份）

I. 請參閱「關於明膠」。在一口中的醬汁鍋裡煨煮：

4杯番茄汁、1/2杯番茄糊

1/2杯洋蔥碎粒、2根西芹梗，切碎

2大匙新鮮檸檬汁

（1大匙巴薩米克醋）

2小匙糖

2小匙乾羅勒或龍蒿或2大匙新鮮辛香草末

1小匙鹽、1小匙整顆的黑胡椒粒

1整粒丁香、1片月桂葉

30分鐘。在一口大碗裡混合：

2包（4又1/2小匙）無味明膠

1/2杯冷水

靜置5分鐘讓明膠軟化。把熱的番茄汁混物過濾過，取足夠的量倒進明膠中，湊成4杯的量。不夠的話，加水補足4杯。送入冰箱冷藏，冰到呈現生蛋白的稠度，把1至1又1/2杯下列食物的任何組合加進去：

1顆酪梨，去核去皮切成1/2吋方丁

1杯黃甜椒丁

1根墨西哥青辣椒，去籽切末

1杯大塊蟹肉，剝成絲，挑除蟹殼和軟骨

1大匙切碎的芫荽或羅勒

把6-8杯容量的模具或大碗沾濕，倒入膠狀混料，加蓋冷藏至定型，6至8小

時。肉凍脫模，292頁，倒扣到盤子上，點綴上：
切片蔬菜，譬如甜椒片或蔥花

II. 速成番茄肉凍（8人份）
請參閱「關於明膠」。
在一口大碗裡混合：
1包（4又1/2小匙）無味明膠
2大匙冷水
並靜置5分鐘，然後加：2大匙滾水
進去，攪拌至明膠溶解，接著加：
1罐10又3/4盎司濃縮番茄湯
另外加熱：2杯番茄汁
熱了之後放入：
1包3盎司檸檬或萊姆口味的明膠
使之溶解，然後倒進之前的番茄膠液中，連同：1/8小匙鹽
把一口6至8杯容量的模具或大碗沾濕，把膠液倒進去，加蓋冷藏至定型，約3小時。肉凍脫模，倒扣到盤子上。

果凍沙拉（Gelatin Fruit Salad）（6人份）

請參閱「關於明膠」。別用新鮮或冷凍鳳梨，否則明膠無法定型。
在一口大碗混合：
1包（2又1/4小匙）無味明膠
1/2杯冷水
靜置5分鐘讓明膠軟化。然後加：
1杯滾水或果汁
進去，攪拌至明膠溶解，再放：
4至6大匙糖，如果用加了甜味的果汁就放少一點
1/8小匙鹽
1/4杯新鮮檸檬汁
放涼至室溫，然後送入冰箱。等混合物呈現生蛋白的稠度，拌入：
1又1/2杯瀝乾的水果丁
把一口4杯容量的模具或大碗沾濕，倒進凝膠狀混合物，加蓋冷藏至定型，約3小時。脫模，倒扣至盤子上。食用時佐上：
鮮奶油霜美乃滋（香緹風味）*，336頁

金輝沙拉（Golden Glow Salad）（8至10人份）

請參閱「關於明膠」。瀝出：
1杯罐頭鳳梨碎粒
保留湯汁，把：
保留的鳳梨汁加水補足1又3/4杯的量
1/2小匙鹽
煮沸，然後在熱汁裡溶解：
1包3盎司檸檬口味的明膠
放涼然後冷藏。等凝膠混合物呈現生蛋白的稠度，放入：
2杯磨碎的胡蘿蔔屑或胡蘿蔔粉末
（1/2杯胡桃顆粒）
把一口3至4杯容量的模具或大碗沾濕，將凝膠混合物倒入，加蓋冷藏至定型，約4小時。脫模，倒扣到鋪著：
萵苣葉
的盤子上，佐以：
美乃滋、酸奶或原味優格

蔓越莓果凍沙拉（Molded Cranberry Salad）（6至8人份）

請參閱「關於明膠」。在一口大碗裡混合：
1包（2又1/4小匙）無味明膠
3大匙冷水

靜置5分鐘。
與此同時，煮沸：
1杯滾沸的水、柳橙汁或蔓越莓汁
以及：
2杯蔓越莓
煮到果皮膨脹。接著加：
1/2杯糖
1/4小匙鹽
拌一拌，煮到糖溶解，約5分鐘。然後把明膠液倒進去，放涼後冷藏。喜歡的話，可以等凝膠差不多要定型時，拌入：
（2/3杯瀝乾的罐頭鳳梨碎粒）
（1/2杯西芹丁）
（1/3杯胡桃碎粒）
把一口6杯容量的模具或大碗沾濕，倒入凝膠混液，加蓋冷藏至定型，約4小時。脫模，倒扣至盤子上，佐上：
美乃滋

鳳梨柳橙果凍沙拉（Pineapple Orange Gelatin Salad）（6至8人份）

請參閱「關於明膠」。雞肉高湯和芥末粉使得這道膠凍沙拉成為美妙的陪襯，尤其是陪襯火腿或火雞肉。別用新鮮鳳梨，否則膠凍無法定型。
煮沸：
1/2杯水
1/2杯雞肉高湯或雞肉湯
在一口中碗裡攪勻：
1包3盎司鳳梨口味的明膠
3/4小匙芥末粉
1/8小匙薑粉
把滾沸的高湯倒進來，輕輕攪拌至明膠溶解。然後拌入：
1杯冷水、3/4小匙第戎芥末醬
放涼，冷藏至凝膠稠得像生蛋白的質感，1至1個半小時。拌入：
3/4杯瀝乾的罐頭鳳梨塊
3/4杯瀝乾的橘子瓣
4小匙切碎的薄荷
把一口3至4杯大碗和模具沾濕，倒進凝膠混合物，冷藏至定型，約3小時。脫模，或者直接端上桌。

| 關於鹹味慕斯 |

請參閱「關於膠凍沙拉」，292頁，以及請參閱「關於明膠」☆，見「了解你的食材」。慕斯和之前的膠凍沙拉不一樣的地方在於慕斯不透明——因為摻了一兩樣添加物：鮮奶油和雞蛋。慕斯蓮（mousseline）可以是一種糕點，或者如這一節所介紹的，是一種加了打發鮮奶油的慕斯。鮭魚慕斯，見156頁。

小黃瓜慕斯（Cucumber Mousse）（4人份）

請參閱「關於明膠」。在一口小的醬汁鍋裡混合：
1又1/4小匙無味明膠
3大匙冷水
靜置5分鐘讓明膠軟化。然後轉小火加熱，攪拌攪拌讓明膠溶解。溶解後放入：
2小匙蘋果醋或新鮮萊姆汁或檸檬汁
1小匙洋蔥末
3/4小匙鹽
1/4小匙匈牙利紅椒粉
冷藏至凝膠有著生蛋白的稠度。
充分瀝乾：
1杯削皮去籽磨碎的小黃瓜

在一口中碗裡把：1/2杯濃的鮮奶油
打發到堅挺，然後把凝膠混合物拌入打發鮮奶油。繼而再拌入小黃瓜。將4個4盎司的小陶盅或模具用冷水沖濕，把慕斯倒進去。冷藏至慕斯變堅實，約3小時。脫模，倒扣至盤子上。

龍蝦慕斯（Lobster Mousse）（8至10人份）

請參閱「關於明膠」。在雙層蒸煮鍋的上層或耐熱的碗裡混合：
1包（2又1/4小匙）無味明膠
1/4杯冷水
靜置5分鐘讓明膠軟化。把上層鍋放到它的底座上，或把耐熱碗置於滾水上方，而不是浸在滾水裡，攪拌攪拌讓明膠溶解。然後鍋碗離火。
在一口中型碗裡混合：
3/4杯西芹末
1又1/2杯熟龍蝦肉
（2/3杯蘋果丁）
調味以：鹽和匈牙利紅椒粉
另取一口中碗，在裡頭混勻：
3/4杯美乃滋
3大匙新鮮檸檬汁
（幾滴辣椒醬）
然後把膠液拌進來。把：
1/3杯濃的鮮奶油
打發到堅挺，然後和凝膠混物拌合。接著再把龍蝦混料拌入鮮奶油凝膠混物中。混物倒進一只抹了油的環形模具裡，冷藏至定型，約3小時。脫模，倒扣倒盤子上。點綴上：
水田芥
檸檬薄片

三明治、捲餅和披薩

Sandwiches, Wraps, and Pizza

托四處趴趴走的人之福，三明治伯爵的傳說一直流傳著。這位伯爵嗜賭如命，因為不想讓用餐中斷賭局，結果把這個以他姓氏命名的方便食物帶給全世界。雖說厄爾（Earl）*大抵才是讓三明治聲名大噪的人，但三明治肯定不是他發明的，因為幾乎每個文化裡都有類似的這種食物組合。

三明治不管是尺寸大小和複雜性都變化多端。別忽略「關於茶點三明治」，311-313頁，那章節提供了很多迷你三明治。

｜關於製作三明治的麵包｜

一條麵包可以做幾份三明治很難說得準，因為三明治的大小和形狀就跟麵包一樣多變。無論如何，➠一條重量介於一至一磅半的三明治麵包，你可以切出十八至二十片來。除了三明治麵包外，還有其他很多種麵包可以用來做三明治：墨西哥玉米烙餅、拉瓦什（lavash，亞美尼亞圓餅）或其他扁平麵包做捲餅效果最好。口袋餅、義大利拖鞋麵包（ciabatta）、佛卡夏（focaccia）、布里歐修（brioche）和棍子麵包也是做夾心三明治的好選擇。修除邊皮而且裁切過的三明治或雞尾酒派對麵包，或甜的速發麵包（quick bread），都是時髦下午茶三明治的完美基底。大膽地用各種麵包和餡料去試驗吧，但是揮灑創意時要考慮到兩者的滋味搭不搭。卡納佩，158頁，用硬麵包薄片來做最棒。➠所有抹醬都要呈室溫狀態，以免抹得時候會拉扯或劃破麵包。

要避免做出破爛的三明治，使用質地細緻的麵包。不然，也可以把一般麵包先行冷凍再切片。這道手續也可以讓整個製作過程更順手，尤其是在做包捲式的三明治時，做這種三明治的麵包應該又薄又新鮮。其他的三明治若是用隔夜麵包來做會容易得多。記得，冷凍過的麵包退冰後很快會乾掉，所以要盡量讓三明治保濕。

---

* 譯註：厄爾三明治（Earl of Sandwich）是美國知名的連鎖三明治店。

｜關於準備和保存三明治｜

把握幾個預備的步驟，三明治被吃下肚時就會處在最佳狀態。備妥錫箔紙、沾濕並擰乾的紙巾、保鮮膜、塑膠袋或蠟紙，三明治一做好便馬上包裹起來。如果要預先準備三明治，尤其是包著諸如萵苣等含水內容物的三明治，那麼濕潤或多汁的餡料一定要用每個邊邊角角都確確實實抹了一層奶油或美乃滋的麵包夾起來，這樣麵包才不會濕軟掉。大部分的三明治最好在做好後的四小時以內食用，如果包著嫩葉、番茄或其他蔬菜的話更是如此。➡如果三明治要稍後才食用（譬如當作中午便當），不妨把番茄、萵苣和酸瓜片等個別用另外的塑膠袋裝起來，即可避免三明治濕軟掉。食用之前再把這些另外包裝的夾到三明治裡。如果三明治要當作午餐或外帶的餐食，塗抹比較不容易腐壞的抹醬和餡料，譬如起司、冷食肉片、堅果醬、膠凍、蜂蜜奶油，或奶油起司抹醬。若要大量製作三明治，➡設一條生產線可以節省時間。把麵包片排兩排，把小坨的美乃滋或奶油放在其中一排上，在另一排上填餡料。最後再把抹醬抹開，餡料和奶油要遍及麵包上所有的邊邊角角。假使你要事先做好大量三明治，把它們排放在托盤上，每一層用蠟紙隔開，最上面也要覆上一層蠟紙。把稍微沾濕的紙巾覆蓋在頂層，以便給一些濕度。用保鮮膜鬆鬆地把整個托盤包裹起來，送入冰箱冷藏。

｜三明治和捲餅的餡料和醬汁｜

烤牛肉

基本款： 萵苣／番茄片／芥末醬或美乃滋
水田芥／紅洋蔥／美乃滋／黑胡椒
萵苣／瑞士起司／綠色女神沙拉醬★，331頁
紅洋蔥橘醬☆，見「醃菜和碎漬物」／千島醬★，331頁
日曬番茄乾／烤紅椒淋醬★，329頁
萵苣／瑞士起司／芥末醬
烤紅椒
萵苣／菲塔起司／蒜味美乃滋★，339頁

燒烤豬肉

基本款： 萵苣／瑞士酸瓜／芥末醬或美乃滋
涼拌捲心菜絲，272頁／烤肉醬★，346頁
芝麻菜或水田芥／番茄／蒜味美乃滋
紅洋蔥薄片／蘋果甜酸醬或綠番茄甜酸醬☆，見「醃菜和碎漬物」，或水果莎莎醬★，325頁／奶油

火腿

基本款： 萵苣／番茄片／瑞士起司／芥末醬

切達起司／甜酸黃瓜／芥末醬或奶油

瑞士起司／醃菜（Chow-Chow）☆，見「醃菜和碎漬物」／芥末醬

蔓越莓醬／奶油

哈瓦蒂起司（Havarti）或奶油起司／蘋果甜酸醬或綠番茄甜酸醬☆，見「醃菜和碎漬物」

葛呂耶起司／蒜香奶油★，305頁

萵苣／布里起司／芥末醬

雞肉片或火雞肉片

基本款： 萵苣／番茄片／美乃滋

填充佐料／整顆蔓越莓醬，或蔓越莓醬

萵苣／培根／切達起司／美乃滋或千島醬★，331頁

萵苣絲／番茄碎粒／鷹嘴豆泥，140頁

義大利紫菊苣和義式煙燻火腿／蒜味美乃滋★，339頁

小黃瓜薄片／洋蔥薄片／奶油或香蒜核桃醬★，319頁

芽苗／酪梨片／蜂蜜芥末油醋醬★，327頁

烤洋蔥／烤肉醬★，346頁

日曬番茄乾／黑橄欖片／青醬★，320頁

雞肉或火雞肉沙拉

基本款： 萵苣／番茄片

小蘿蔔薄片和蔥花／奶油

畢布萵苣或波士頓萵苣／酪梨片

蔥花／腰果碎粒／芒果甜酸醬

青葡萄片／奶油或香橙奶油★，305頁

蛋沙拉或鮪魚沙拉

基本款： 萵苣／番茄片

日曬番茄乾／普羅旺斯酸豆橄欖醬，141頁

萵苣／綠橄欖薄片和黑橄欖薄片

烤紅椒

畢布萵苣或波士頓萵苣／培根

酪梨薄片／番茄片

水田芥／紅洋蔥薄片

花生醬（或其他堅果醬）

基本款： 膠凍

培根／辣椒凍
香蕉片／棉花糖奶醬
蜂蜜／奶油或奶油起司
培根和／或切達起司／蘋果醬
切達起司或瑞士起司／奶油

蔬菜

基本款： 莫扎瑞拉起司／新鮮辛香草油醋醬★，326頁
義式煙燻火腿／蒜味美乃滋★，339頁
芽苗／芒果甜酸醬
水田芥或芝麻菜／奶油起司或安達魯西亞醬★，337頁
蒙特雷傑克起司／粗莎莎青醬★，324頁
萵苣／紅洋蔥果醬☆，見「醃菜和碎漬物」

烤魚或炸魚

基本款： 萵苣／番茄片和洋蔥片／美乃滋或塔塔醬★，338頁
綠捲鬚菊苣和／或芝麻菜／普羅旺斯酸豆橄欖醬，141頁
萵苣絲／小蘿蔔片／粗莎莎青醬★，324頁（包在麵粉薄烙餅〔flour tortillas〕裡）
水田芥／醃漬玉米和醃漬番茄☆，見「醃菜和碎漬物」
烤洋蔥／芥末醬或美乃滋
波士頓萵苣或畢布萵苣／小黃瓜片／千島醬★，331頁

起司

基本款： 萵苣／番茄片／美乃滋或芥末醬
萵苣／紅洋蔥果醬☆，見「醃菜和碎漬物」
水田芥／番茄片／酪梨片／雷莫拉醬★，339頁
芝麻菜／番茄片／紅洋蔥片／美乃滋
苜蓿芽／鷹嘴豆泥，140頁
綠卷鬚菊苣／印度辣醃菜（piccalli）☆，見「醃菜和碎漬物」
烤紅椒／美乃滋
甜酸黃瓜／洋蔥片／奶油

| 關於堅果醬 |

用食物調理機做的堅果醬有著迷人的粗礪質感和新鮮濃郁的滋味。核桃和胡桃做成的醬質地輕盈，而且稠度相對上較稀。花生、腰果和杏仁做成的醬較稠密厚重。如果你用含鹽的堅果來做，不要再加鹽。堅果放入調理機裡攪打到

呈細顆粒，混合物看起來均勻滑順即可，需要的話也可以把附在攪打盆內緣的醬刮下來。

堅果醬（Nut Butter）（1又1/2至1又3/4杯）

將下列之一放到食物調理機裡：
3杯烤花生、3杯烤腰果
3杯核桃或胡桃碎粒，烤過
3杯焯燙去皮的整顆杏仁，烤過
3杯榛果，烤過並去皮
打至堅果凝結成一球，2至3分鐘。用勺子把那整球攪散，然後放入：
（1/4小匙鹽）
如果用含鹽的堅果則略過。繼續攪打到堅果出油並且形成醬的質感。這通常要花1至3分鐘，也可能長達5分鐘，假使你做的是杏仁醬就要這麼久。加蓋封好後，堅果醬放室溫下可以保存2天，冷藏可以保存2星期。

加味堅果醬（Flavored Nut Butter）（約1又1/2杯）

做這些醬時，從冰涼的無鹽奶油著手，而且小心別攪打過頭，否則奶油會融化。

I. 鹹味核桃醬
在食物調理機裡放入：
1又1/2杯（約6盎司）胡桃碎粒，烤過
1/2杯（1條）冰涼的無鹽奶油，切小塊
2大匙烏斯特黑醋醬
並打到滑順，調味以：
大約1/4小匙鹽、黑胡椒少許

II. 迷迭香胡桃醬
在食物調理機裡放入：
1又1/4杯（約5盎司）胡桃碎粒，烤過
1/2杯（1條）冰涼的無鹽奶油，切小塊
1大匙切細碎的迷迭香
1大匙黃糖或黑糖
並打到滑順，調味以：
14小匙至1/2小匙鹽、少許黑胡椒

III. 咖哩夏威夷果醬
在食物調理機裡放入：
1又1/3杯（約6盎司）含鹽乾烤的夏威夷果
1/2杯（1條）冰涼的無鹽奶油，切小塊
1大匙蜂蜜、1/2小匙咖哩粉
打到滑順，調味以：少許鹽、蜂蜜奶油
混勻等量的：蜂蜜、放軟的奶油
調味以：少許鹽
需要的話，冰涼至硬到可以塗抹的程度。

蜂蜜奶油（Honey Butter）

混勻等量的：蜂蜜、放軟的奶油
調味：少許鹽
需要的話，冰涼至硬到可以塗抹的程度。

奶油起司抹醬（Cream Cheese Spreads）（1又1/4至1又1/2杯）

奶油起司是很棒的應急黏結劑，可把下列很多增香提味的材料結合起來。這些醬一做好就可以馬上使用，加蓋冷藏可以保存一星期。用：1瓣蒜仁，切半
在一口碗的內緣搓磨，然後放入：
8盎司放軟的奶油起司
2大匙濃的鮮奶油或酸奶
搗至軟滑，再把下列一種或多種材料加進去：2大匙洋蔥末
1/4杯切碎的荷蘭芹、蒔蘿、芫荽或蝦夷蔥

1/3杯西芹末或青甜椒末
3/4杯綠橄欖碎粒或黑橄欖碎粒
2大匙瀝乾的辣根醬
3大匙蔥花、6片酥脆培根，壓碎
2大匙鯷魚糊或魚漿
3/4杯切碎的含鹽杏仁或其他堅果
3/4杯切碎烤過的杏仁或胡桃
1至2大匙韭菜花或金盞花
1/4杯切碎的熟橄欖或柿子椒夾心綠橄欖
1大匙魚子醬、3/4杯火腿丁
調味以：
（鹽、匈牙利紅椒粉和／或紅椒粉）

小黃瓜奶油起司抹醬（班乃迪克醬）（Cucumber Cream Cheese Spread〔Benedictine〕）（約1又1/2杯）

這款抹醬在肯塔基州路易斯維爾的班乃迪克餐廳打響名聲，成為每年五月肯塔基州大賽馬的傳統。這道食譜可以輕易地加倍地來做。
用刨絲器的最大洞來刨：
1根中的小黃瓜，削皮去籽
1/2顆中的洋蔥
刨好後用紗布或廚巾包起來，擰出多餘的水分。擰乾的小黃瓜和洋蔥各別量出1/4杯來，放到一口中型碗裡混勻，連同：
8盎司放軟的奶油起司
1小撮紅椒粉、少許鹽
（一點點綠色食用色素）
用一把木勺或調理機打到蓬鬆。

柿子椒起司（Pimiento Cheese）（約4杯）

自1931年起至1960年代，這道濃郁辛香的抹醬因著某種潮流出現在《廚藝之樂》。1936版聲稱它是「冷熱三明治皆宜的偉大起司抹醬」。
在一口中的碗裡混合：
1罐4盎司柿子椒碎粒，瀝乾、1杯美乃滋
1顆蒜瓣，切末、1大匙檸檬汁
1小匙芥末粉、1/2小匙烏斯特黑醋醬
1/4小匙紅椒粉
用木勺攪勻，或者電動攪拌器轉中速攪勻。放入：
2杯切達起司屑（8盎司）
2杯切寇比起司屑（8盎司）
繼續打到呈現鄉村起司的稠度。

甜茶抹醬（Sweet Tea Spreads）

做好後立即享用，或者加蓋冷藏，可保存3天。使用前要放室溫下回溫。

I. 杏仁薑味奶油起司抹醬（1又1/3杯）
在一口碗裡混合：
8盎司奶油起司，放軟
3/4杯烤杏仁碎末、1/4杯糖漬薑末
打到滑順。

II. 柳橙胡桃奶油起司抹醬（1又1/2杯）
在一口碗裡混合：
8盎司奶油起司，放軟
3/4杯烤胡桃碎末
1/4杯柳橙果醬、1/4小匙鹽
打到滑順。

III. 甜酸堅果醬起司抹醬（1又1/2杯）
在一口碗裡混合：
8盎司奶油起司，放軟
1/2杯烤杏仁碎末或烤腰果碎末
1/3杯芒果甜酸醬，剁碎，或依個人口味多加一些
打到滑順。嚐嚐味道，喜歡的話可以再加：
2至3大匙芒果甜酸醬，剁碎
（紅椒粉）

惡魔火腿抹醬或惡魔雞肉抹醬（Deviled Ham or Chicken Spread）（約1又1/2杯）

可以用作三明治抹醬，也可以盛在小罐裡配餅乾吃。
在食物調理機裡把：
1又1/2杯熟雞肉丁或火腿丁
5大匙奶油或美乃滋
3大匙雞肉湯、2大匙切碎的荷蘭芹
（3/4小匙第戎芥末醬）
1/4小匙匈牙利紅椒粉
鹽和黑胡椒或白胡椒，適量
打成泥即成。

雞肉或火腿沙拉抹醬（Chicken or Ham Salad Spread）（約1又1/4杯）

可以用作三明治抹醬，也可以盛在小罐裡配餅乾吃。
剁細：1杯熟雞肉丁或火腿丁
放到一口碗裡，再拌入：
1/2杯美乃滋、1/4杯胡桃碎粒
1/4杯切碎的家常酸黃瓜，或切碎的綠橄欖
2大匙切細碎的西芹
1小撮紅椒粉、少許鹽

烤起司三明治（Grilled Cheese Sandwich）（1份三明治）

配上番茄片、芽菜、培根或火腿特別對味。我們喜歡加美乃滋。若要妝點這三明治，可以趁熱時把它切開，讓融化的起司流淌。用：
2片白三明治麵包
2片美國起司，或其他起司
做成三明治，麵包的兩面都抹上：
1又1/2小匙軟化的奶油
把三明治放到平底鍋或淺煎鍋裡慢煎，一面煎黃後再煎一面。即刻享用。

格子三明治（Waffle Sandwich）（1份三明治）

在廚台上平鋪：
白三明治麵包或全麥三明治麵包，最好是切薄，抹上薄薄一層：
軟化的奶油
把麵包邊皮切掉，用：
起司抹醬，301頁，或其他的三明治餡料，300-303頁
做成三明治。修切三明治，好讓它可以放進烤格子鬆餅的鑄鐵模。加熱鑄鐵模，把三明治放進去，烤到酥脆。

培根萵苣番茄三明治（BLT）（4份三明治）

這是外婆最愛的三明治。
在廚台上平鋪：
8片三明治白麵包，烤過
抹上薄薄一層：美乃滋（共約3大匙）
在4片麵包上均分：
2顆中的番茄，切片、8片萵苣葉
12片培根，煎到酥脆
鹽和黑胡椒，適量
再把其餘4片麵包蓋上去，輕輕地壓緊，喜歡的話可以切對半。

總匯三明治（Club Sandwich）（4份三明治）

十足的美國風味餐，打從1931年起就是《廚藝之樂》的人氣菜餚。
在廚台上平鋪：
12片白麵包，稍微烤過

抹上薄薄一層：美乃滋
在其中4片麵包上均分：
萵苣葉、8盎司火雞胸肉薄片或雞肉薄片
蓋上另外4片麵包，抹美乃滋那面朝下。
再在麵包表面抹上：**美乃滋**
在每份三明治上均分：
萵苣葉、1顆番茄，切薄片
12片酥脆的培根
（1/2條小黃瓜，削皮去籽，切非常薄的薄片）
把剩下的4片麵包蓋上去，抹美乃滋那面朝下。每份三明治用4根牙籤，分別從中心點距每個角的中間點插入。把三明治切成三角形。

三明治夾三明治（Twin Sandwich）（1份三明治）

在一只大盤子上放：**1片火腿薄片**
在火腿的一半上覆蓋著：
1片美國起司或切達起司薄片
翻折火腿蓋住起司。開中火加熱一口不沾平底鍋或淺煎鍋，把夾著起司的火腿放到鍋裡煎，每面煎1分鐘，或煎到火腿滋滋響而起司融化。備妥：
2片三明治麵包，烤過的
把熱騰騰的火腿夾起司放到其中一片麵包上，再擺上：
1或2片番茄片
蓋上另一片麵包。趁熱享用。

魯賓三明治（Reuben Sandwich）（4份三明治）

若要做瑞秋三明治（Rachel），把鹽醃牛肉換成火雞肉即成。
烤箱轉200度預熱。在廚台上平鋪：
8片裸麥麵包，烤過
抹上薄薄一層：
軟化的奶油、俄羅斯沙拉醬*，330頁
在四片麵包上均分：
大約1又1/4磅切得很薄的鹽醃瘦牛肉
大約12盎司充分瀝乾的德國酸菜
4片瑞士起司
把剩下的麵包蓋上去，在每份三明治表面抹上：**軟化的奶油**
把三明治放到烤盤上，抹了奶油那面朝下，再把朝上的那一面抹上奶油。烤到呈金黃色。趁熱食用，吃的時候配上：
蒔蘿醃酸黃瓜或甜酸黃瓜

公雞先生（Croque Monsieur）（6份三明治）

炙烤爐預熱。在廚台上平鋪：
12片家常白麵包或法國麵包
在其中6片的一面抹上：
軟化的奶油（共3大匙）、（第戎芥末醬）
再擺上：**6片火腿薄片（4盎司）**
蓋上其餘的麵包片。把三明治放到炙烤爐裡，烤到呈金黃色。把三明治翻面，覆蓋上：**1杯葛呂耶起司屑（共約4盎司）**
繼續烤到起司冒泡而且呈金黃色。取出切對半或切4份，趁熱享用。

公雞太太三明治（Croque Madame Sandwich）

按上述方式準備公雞先生三明治。等三明治幾乎烤成金黃色時，從炙烤爐取出，用一把削刀把覆蓋著起司的每片麵包，從中央切出一個圓片，讓火腿露出來，切下來的圓麵包片要留著。在每個洞裡打下**1顆蛋**，然後送回炙烤爐裡烤到蛋凝固，約2至3分鐘。烤好後再把覆著起司的圓麵包片蓋在蛋上面。

基度山三明治（Monte Cristo）

按上述方式準備公雞先生三明治。把火腿換成切得很薄的雞肉片，把葛呂耶起司換成瑞士起司。

古巴三明治（Cuban Sandwich）（4份三明治）

傳統上會用三明治鑄鐵烤模來壓，你也可以用兩把厚底平底鍋達到同樣的效果。外酥內軟的麵包最適合這種三明治。這裡的古巴麵包也可以換成法國麵包或義大利麵包。

烤箱轉200度預熱。把：

1條24吋長的古巴麵包

縱切對半。底部的一半麵包抹上薄薄一層：**軟化的奶油**

豪邁地在另一半抹上：**粗粒芥末醬**

在底部的一半鋪上：

8盎司火腿薄片

8盎司瑞士起司薄片或莫恩斯特起司薄片

8盎司豬梅花肉或豬里肌肉

蒔蘿醃酸黃瓜片

把另一半蓋上，橫切成4份三明治。每一份用錫箔紙緊緊包起來。三明治放到燒烤盤或大型鑄鐵平底鍋上，把另一把耐烤的厚底平底鍋疊在上面壓著三明治。把三明治燒烤到非常燙而且起司融化的地步，20至25分鐘。小心地打開錫箔紙，趁熱享用。

義式煙燻火腿、莫扎瑞拉起司和羅勒帕尼尼（Prosciutto, Mozzarella, and Basil Panini）（4份三明治）

帕尼尼在義大利文裡字面上的意義是「小三明治」，不過在國內，這個詞意指把麵包烙烤到酥脆的三明治。一具桌上型的鐵板電烤爐或帕尼尼鑄鐵壓烤模（panini press）可做出很棒的帕尼尼。另一個做法是，把平底鍋置於爐火上，然後用帕尼尼鑄鐵壓烤模或另一把平底鍋壓在三明治上。

鐵板電烤爐或厚底平底鍋轉中火預熱。

把：**4個拖鞋麵包，每個大約5×4吋**

剖兩半，每一半的內面淋上少許：

橄欖油、巴薩米克醋

在底部的那一半上均分：

16片義式煙燻火腿薄片（約8盎司）

8盎司莫扎瑞拉起司，切薄片

16片羅勒葉

撒上：

鹽和黑胡椒，適量

蓋上另一半麵包。三明治燒烤4分鐘，或烤到起司融化而且麵包酥脆，接著壓下鐵板電烤爐的頂蓋或第二把平底鍋，烙烤2分鐘，隨後翻面再烤2分鐘。趁熱享用。

慕伏塔三明治（Muffuletta）（6人份）

在一口小碗裡混勻：

1杯切細碎的綠橄欖、1杯切細碎的黑橄欖

1/2杯橄欖油、1/3杯荷蘭芹碎末

2小匙新鮮的奧瑞岡末或大約2/4小匙乾的奧瑞岡

1瓣蒜仁，切末

3/4杯切碎的烤紅甜椒

1/2顆檸檬的汁液，或依照個人口味酌量增減

蓋上蓋子，冷藏至少8小時。橫向剖開：

1個大圓形（8至9吋）的義大利麵包或法國麵包

挖掉每一半麵包內的些許軟麵包，做出一個凹陷。將橄欖混料瀝乾，醃汁保留。在兩半麵包的內面大方塗上醃汁，然後把一半的橄欖混料抹在底部的一半麵包，再層層鋪上：
大約4盎司薩拉米臘腸薄片
大約4盎司義式醃豬肩頸肉薄片或火腿薄片
大約4盎司帕伏隆起司薄片
（1杯粗切的番茄碎粒）
大約2杯的萵苣絲
接著再覆上另一半的橄欖混料，最後蓋上另一半麵包，用保鮮膜緊緊包裹起來。包好後放在一只大盤子上，然後蓋上另一個大盤子，盤子上壓著好幾磅的罐頭食物。送入冰箱，冷藏至少30分鐘，或至多6小時。享用時，十字切成一瓣瓣。

起司烤（Cheese Toast）（4份三明治）

炙烤爐預熱。在烤盤上平鋪：
4片白麵包，烤過
在上面抹：2大匙放軟的奶油
再撒上：
1杯濃味切達起司屑（4盎司）
（4片酥脆培根，壓碎）
（1顆李子番茄，切丁）
烤2至3分鐘，烤到起司焦黃即成。

鮪魚起司三明治（Tuna Melt）（4份三明治）

炙烤爐預熱。在廚台上鋪排：
4片裸麥麵包，烤過
在麵包片上均分：
鮪魚沙拉，277頁
接著再放上：
1杯蒙特雷傑克起司屑、切達起司屑、芳緹娜起司屑或美國起司屑（4盎司）
烤到起司融化而且呈金黃色，1至2分鐘。

英式瑪芬披薩（English Muffin Pizza）（1至2人份）

對半切開：
1個英式瑪芬
把扁平的那一半放到炙烤爐裡烤。把沒烤的那一半抹上：
1大匙速成番茄醬汁，辣醬或番茄醬
撒上：1/4小匙乾的奧瑞岡
在兩半上面都撒下：
1/4杯切達起司屑、莫扎瑞拉起司屑，或瑞士起司屑
組成三明治後，整個淋上：
1小匙橄欖油
烤到起司融化而且開始變焦黃。

火燙布朗（Hot Brown）（4人份）

1923年肯塔基州路易斯維爾的布朗飯店自創的招牌餐食，這道美味至今仍列在他們的菜單上。
炙烤爐預熱。在四個小焗烤盤裡均分：
4片白吐司，切成方塊
再放上均分的：
8盎司火雞肉薄片
接著澆上：
1至1又1/3杯莫內醬*，293頁
最後再疊上均分的：
8片番茄片、8片熟培根
烤到冒泡，即刻享用。

熱的烤牛肉三明治（Hot Roast Beef Sandwich）（4份三明治）

吃剩的火雞肉和肉糕代替烤牛肉也很棒。配上馬鈴薯泥和青豆來吃，這道可是美式經典。

片切：冷的烤牛肉

準備：

1又1/2至2杯速成褐醬*，301頁，或溫熱的罐頭牛肉汁

拌入：

1大匙蒔蘿醃酸黃瓜細末或1/2杯綠橄欖碎粒

在廚台上鋪排：

6片白麵包或深色麵包

接著把：

2大匙奶油

1/2小匙芥末醬，或1小匙辣根醬，瀝乾的攪打到軟滑。把這混合物抹到麵包上。牛肉片在溫熱的肉汁裡蘸潤一下，然後擺到麵包片上。上菜時把三明治放到熱盤子上，把剩下的肉汁澆上去。

燻牛肉（Pastrami）和鹽醃牛肉三層三明治（Pastrami and Corned Beef Triple-Decker Sandwich）（4份三層三明治）

在廚台上鋪排：12片裸麥麵包

在其中的8片上大方地抹上：

俄羅斯沙拉醬*，330頁

在抹了醬的其中4片上均分：

8至12盎司燻牛肉切片

3/4至1杯涼拌捲心菜絲

然後把抹了醬的另外4片蓋上去，朝上的那一面也抹上醬汁。接著再疊上：

8至12盎司鹽醃牛肉切片

最後蓋上剩下的4片麵包。

德國豬肝香腸（Braunschweiger Sandwich）三明治（4份三明治）

在廚台上排開：

8片裸麥粗麵包或裸麥麵包

在其中4片上大方地抹上：

辣根醬，瀝乾

在另外4片抹上：

辣芥末醬、（美乃滋）

在抹上辣根醬的麵包上放：

8盎司德國豬肝香腸或其他肝腸，切薄片

紅洋蔥薄片

（小黃瓜薄片）

（8片酥脆培根）

蓋上其餘的麵包片即成。

肉糕三明治（Meat Loaf Sandwich）（4份三明治）

在廚台上平鋪：

8片三明治麵包

在其中4片大方地抹上：

綠色女神沙拉醬*，331頁，或千島醬*，331頁

接著再放上：

4片肉糕*，230頁、洋蔥片、萵苣葉

最後蓋上另外4片麵包片即成。

綜合蔬菜三明治（Mixed Veggie Sandwich）（4份三明治）

在廚台上鋪排：8片三明治麵包

在其中4片大方地抹上：

菲塔起司淋醬*，331頁，或美乃滋

接著再擺上：1顆酪梨，去皮去核切片

1/2根中的小黃瓜，去皮切片

4片維達利亞洋蔥或其他甜洋蔥

4片番茄片、1/2杯包裝的苜蓿芽

最後蓋上另外4片麵包即成。

龍蝦卷（Lobster Roll）（4份三明治）

這是經典的新英格蘭海岸三明治。

混勻：

1又1/3杯熟龍蝦肉、1/2杯西芹丁

（1大匙荷蘭芹末）

1大匙檸檬汁、1/4小匙鹽

黑胡椒和紅椒粉，適量

拌入：

大約1/3杯美乃滋或依個人口味酌量增減

把混合物均分到：

4個熱狗麵包或布里歐修麵包或猶太哈拉麵包，烤過並抹上奶油

趁麵包尚溫熱時享用。

蛤蜊包（Clam Roll）（6份三明治）

準備：

裹麵包屑或餅乾屑的炸蛤蜊★，17頁

均分在：

6個熱狗麵包，烤過

配上：

塔塔醬★，338頁

炸軟殼蟹三明治（Fried Soft-Shell Crab Sandwich）（4份三明治）

在廚台上平鋪切面朝上的：

4個漢堡包，切開並烤過

混勻：1/3杯美乃滋、1大匙檸檬汁

把這混合物抹在每個切面上。在底部那一半上均分：

1顆中的番茄，切薄片

用一根大頭針在：

4個新鮮或冷凍軟殼蟹

每一面的6或8個地方戳一下，然後撒上：鹽和黑胡椒

調味，接著放入：1/2杯中筋麵粉

（1小匙煮蟹調味粉）

滾一滾，讓軟殼蟹充分裹粉。

在一口大的平底鍋以中大火加熱：

1/2杯蔬菜油

油熱後，小心地把軟殼蟹下鍋煎炸，用夾子翻面一次，炸到呈金黃色，每面3至4分鐘。炸好後把螃蟹擺在底部那一半的漢堡包上。然後再鋪上：

波士頓萵苣、畢布萵苣或任何萵苣葉

最後蓋上漢堡包的上半，輕輕壓合即成。

酥炸蛋三明治（Fried Egg Sandwich）（1人份）

炙烤爐預熱。準備：

1或2顆炸到半熟或全熟的雞蛋

調味以：

鹽和黑胡椒，適量

（紅椒碎片，適量）

把：2片麵包，或1個英式瑪芬，切半

烤一烤，在其中一片麵包，或英式瑪芬的下半放：

1至2大匙切達起司屑或瑞士起司屑

烤至起司融化。喜歡的話可以加上：

（番茄醬）、（萵苣）

（培根或火腿薄片）

把蛋擺上去，蓋上另一片麵包或英式瑪芬上半即成。

西部蛋三明治（Western Egg Sandwich）（1份三明治）

攪勻：

1顆大的雞蛋，打散

2大匙牛奶

2大匙切碎的熟火腿末或熟培根末

1大匙洋蔥末
1大匙切細碎的青甜椒或紅甜椒
鹽和胡椒，適量
在一口中型平底鍋，最好是不沾鍋，以中火加熱：1小匙奶油
把蛋液倒入熱鍋裡，煎到蛋液幾乎凝結。將蛋翻面，續煎1分鐘。把煎好的蛋皮放在：
1個大的凱薩圓麵包（kaiser roll）或硬質圓麵包（hard roll），切開並溫熱過

煙燻鮭魚貝果（Bagels and Lox）（2份三明治）

貝果、奶油起司和醃燻鮭魚的組合是猶太經典食物。
把：2個貝果
橫切兩半，喜歡的話烤一烤。在下半抹上：
1/4杯奶油起司
在奶油起司上放：
2片百慕達洋蔥薄片或紅洋蔥薄片
2片熟成番茄薄片
4片薄如紙的（約2盎司）煙燻鮭魚
可以蓋上上半貝果做成三明治吃，也可以掀開上蓋來吃。

潛水艇三明治或巨無霸三明治（Submarine or Hero Sandwich）（4份三明治）

巨無霸三明治——又叫潛艇堡、轟炸機堡、魚雷堡、齊柏林飛艇堡、豪基堡——基本上是長方形的麵包夾上熟食肉品和起司。用錫箔紙緊緊包起來有助於滋味融合。
縱向切開：
1條24吋長的義大利麵包或法國麵包
在麵包內面豪邁地抹上：
橄欖油、紅酒醋或白酒醋
使之濕潤。在其中一半擺著以下三種或更多的肉品：
大約1磅的薩拉米臘腸切片、義式煙燻火腿切片、摩塔德拉香腸和／或義式醃豬頸肉或火腿
在肉品上疊放：
4至8片帕伏隆起司片
（7盎司醃漬辣椒片）
（1顆洋蔥，切薄片）
（1顆番茄，切薄片）
2杯萵苣細絲
蓋上另一半麵包。立即享用，或用錫箔紙緊緊包起來，靜置30分鐘，喜歡的話，可以在上面壓著很重的罐頭或磚頭。切4份。

香腸甜椒潛艇堡（Sausage and Pepper Sub）（4份三明治）

在一口大的平底鍋裡以中火慢煎：
4條甜味或辣味義大利香腸，用叉子或削刀在腸身戳幾下
煎到表面焦黃而且熟透。取出香腸，放在盤子裡。倒掉鍋裡大部分的油，只留2大匙左右，在鍋裡放入：
2大匙橄欖油、1顆大的洋蔥，切薄片
3顆蒜瓣，切末、1顆大的紅甜椒，切細條
1顆大的青甜椒，切細條
（1小匙乾的奧瑞岡）
鹽和黑胡椒，適量
轉小火煎煮，不時攪拌，煎到甜椒變得軟嫩，約25分鐘。喜歡的話，拌入：
（1大匙巴薩米克醋）
香腸回鍋，加熱到熱透，約3分鐘。把香腸甜椒混料夾入：
4個6吋長的長麵包，切半並熱過
輕輕壓合三明治，隨即享用。

肉丸三明治（Meatball Sandwich）（8份三明治）

準備：
番茄醬汁★，310頁，或速成番茄醬汁★，311頁，義大利肉丸★，232頁
炙烤爐預熱。把肉丸和番茄醬汁均分到：
8條6吋長的長麵包，切半
在上面放：
12盎司帕伏隆起司，切薄片
把三明治放到烤盤裡，送入炙烤爐烤到起司融化，1至2分鐘。

費城起司牛肉堡（Philly Cheese Steak）（4份三明治）

烤箱轉180度預熱。用錫箔紙把：
4條6吋的長麵包，切半
包起來，放進烤箱加熱。
在一口大型不沾平底鍋裡以中火加熱：
3大匙蔬菜油
但不致冒煙。油熱後放入：
2顆中的洋蔥，切薄片
（1顆小的青甜椒，切細條）
拌炒拌炒，煮到蔬菜變軟爛，10至15分鐘。然後再下：
1磅牛莎朗，片成1/8至1/4吋薄片
拌炒拌炒，煮到肉不再呈粉紅色，約5分鐘。加：
鹽、黑胡椒
調味。
把牛肉料均分至底部的一半麵包（把當上蓋的一半麵包放一旁），同樣地再放上：
1杯帕伏隆起司絲或莫札瑞拉起司絲
放到烤箱裡烤到起司融化。把上蓋的一半麵包蓋上，輕輕壓合，趁熱食用。

牡蠣窮小子（Oyster Po'Boy）（4份三明治）

源起於紐奧良，窮小子意指用法國麵包做的大三明治。熱門餡料包括炸蝦、熱義大利香腸、火腿或者，一如此處，炸牡蠣。這三明治可以做成原味不加料的，也可以加上美乃滋、萵苣和番茄。
請參閱「關於深油炸」☆，見「烹飪方式與技巧」。在一口深油炸鍋裡或深口厚底鍋裡把：
1又1/2吋高的蔬菜油
加熱到190度。油加熱的同時，混勻：
1/2杯黃玉米粉、1小匙鹽、1小匙黑胡椒
然後把：24顆牡蠣，去殼
放到玉米粉裡裹粉，輕輕甩掉多餘的粉末，接著分批下油鍋炸，每批6個，炸時要不時翻動，炸成金黃色並熟透，1至2分鐘。炸好後用漏勺撈出，放到紙巾上瀝油。把：
2條15吋外酥內軟的義大利麵包或法國麵包
橫切對半再縱切對半，在切面上豪邁地抹上：
美乃滋、塔塔醬★，338頁，雷莫拉醬★，339頁，或貝克版海鮮醬★，318頁
在底部的那一半麵包上均分：
1顆大的洋蔥，切薄片、大約1杯萵苣絲
接著放上炸牡蠣，蓋上另一半麵包，輕輕壓合，趁熱享用。

熱狗（Hot Dogs）（4份熱狗）

美國海灘和後院烤肉的經典食物，可以加上形形色色的配料。由於這些配料大部分是事先準備好的，你要做的就是加熱而已。
把：
4條維也納香腸或法蘭克香腸

放在一口裝水的醬汁鍋裡，水面蓋過香腸，煨煮5分鐘；或者燒烤或炙烤至充分烙燒，每面約3分鐘；或者縱向剖開，但沒有徹底切兩半，翻開壓平，在平底鍋裡用一兩小匙奶油煎黃，每面大約煎4分鐘。與此同時，烤：

4條熱狗麵包，中間劃開

每條麵包均抹上：

2小匙奶油（共8小匙）

把熱狗夾到準備好的麵包裡，佐上你選的配料：番茄醬、芥末醬、醃綠番茄☆、印度辣醃菜☆、酸嗆醃玉米粒☆，見「醃菜和碎漬物」，紅洋蔥或白洋蔥碎粒、墨西哥辣肉醬★，232頁，甜泡菜。

熱狗變化款（Hot Dog Variations）

德國熱狗：在每份熱狗上加大約3大匙德國酸菜。

起司熱狗：在每份熱狗上加1或2片美國起司或2大匙起司抹醬。

墨西哥熱狗：在每份熱狗上加2大匙莎莎鮮醬★，323頁，1/2條墨西哥青辣椒，粗切，以及1大匙蒙特雷傑克起司屑。

起司康尼（Cheese Coney）：加上辛辛那提辣肉醬「樂土」★，233頁，切達起司絲、洋蔥丁和黃芥末醬。

裹麵皮炸熱狗（Corn Dogs）（16支）

請參閱「關於深油炸」☆，見「烹飪方式與技巧」。攪勻：

1杯加2大匙黃玉米粉

1/2杯中筋麵粉、2大匙糖、1小匙鹽

3/4杯酪奶、2大匙牛奶、1顆蛋

1/2小匙小蘇打粉

麵糊靜置10分鐘以便稠化。烤箱轉100度預熱。在一口厚底深鍋裡把：

3吋高的蔬菜油

加熱到190度，與此同時把木籤戳入：

16根維也納香腸或法蘭克香腸

麵糊倒進高杯裡，把戳上木籤的熱狗浸到麵糊中，轉一轉好讓麵衣裹得均勻。裹好麵衣便下鍋炸，再轉一轉木籤讓熱狗受熱均勻，炸到金黃，3至4分鐘。炸好後放烤箱保溫，直到全部炸好。佐上：

番茄醬和芥末醬

漢堡（Hamburgers）

參見「關於絞肉和漢堡肉」★，226頁。

| 關於茶點三明治 |

茶點三明治是小巧精緻的三明治，餡料五花八門。這些三明治若是加以造型、塑成手拿食物，或彩帶三明治、捲式三明治更花俏迷人。當你要端出一大盤茶點三明治，只需準備少數幾個格外吸睛的三明治即可。茶點三明治再加上卡納佩，組合起來更富變化。➡記住，把形狀類似但餡料截然不同的三明治交錯排放在小型或中型的盤子上，比擺在大盤子上稀稀疏疏地更吸引人。買製作茶點三明治的麵包時，記得，➡大多數一磅的一條麵包可以切成十八至二十片。做茶點三明治需要費點功夫和時間，但是做好後放個二十四小時不成問題。三明治置於托盤上，罩上一層蠟紙，然後再用一張稍微沾濕的紙巾覆蓋最上面，接著用保鮮膜把整個托盤包覆起來，送入冰箱冷藏。請參閱「關於製作三明治的麵包」，297頁。若想有更多靈感，參見「關於卡納佩」，158頁。

豐盛的茶點三明治（Hearty Tea Sandwiches）（約36份三明治）

備妥：

5大匙奶油，放軟，或1/3杯美乃滋

在廚台上平鋪：

18片白三明治麵包或全麥三明治麵包

在每一片的一面抹上約1小匙奶油或美乃滋，邊邊角角都要抹到，再把下列的餡料之一塗在半數麵包上；肉片和蔬菜切約1/8吋。

去皮的歐洲黃瓜和奶油（和白麵包最搭）

紅洋蔥、荷蘭芹末，以及奶油或美乃滋

切達起司、芫荽末、芒果甜酸醬碎末和奶油

水田芥、蔥花和奶油

番茄、羅勒和美乃滋或蒜味美乃滋，339頁

火腿、柳橙果醬和奶油（和全麥麵包最配）

烤牛肉、辣根和奶油或美乃滋

雞胸肉或火雞胸肉、芒果甜酸醬碎末和奶油

剁碎的蛋沙拉，277頁，小酸豆和美乃滋或奶油

麵包的邊邊角角都抹到餡料。把剩餘的麵包片蓋上去，有抹醬的那一面朝下，做成8至9個大三明治。用手輕輕地把三明治壓合。用一把鋸齒刃的刀，切掉麵包邊皮和任何突出的餡料。把每個三明治切成4個三角形或4條指形。

夾醬的茶點三明治（Tea Sandwiches with Spreads）（約36個小三明治）

在廚台上鋪：

18片白三明治麵包或全麥三明治麵包

在半數麵包片塗上：

1杯堅果醬，301頁，加味堅果醬，301頁，奶油起司抹醬，301頁，小黃瓜奶油起司抹醬，302頁，柿子椒起司醬，302頁，惡魔火腿抹醬或惡魔雞肉抹醬，303頁，或雞肉沙拉抹醬或火腿沙拉抹醬，303頁

蓋上其餘的麵包片，做成19個大三明治。輕輕把三明治壓合，用一把鋸齒刃刀子修掉硬皮，切成三角形或長方形或4條指形。在三明治的切面上抹上薄薄一層：

（美乃滋或放軟的奶油）

接著輕壓滾上：

（堅果細末或荷蘭芹末）

造型茶點三明治（Shaped Tea Sandwiches）（18至36個三明治）

準備上述的9個夾醬大三明治，但不需切掉邊皮。用餅乾模壓裁出各種形狀，壓裁時盡量讓每一個彼此靠近，靠近邊皮的地方也要盡可能利用，減少浪費。裁出來的三明治數量端看模具的大小形狀而定。

甜醬夾心三明治（Tea Sandwiches on Sweet Bread）（50至60個三明治）

備妥：

2條7吋又1/2×3又5/8吋棕麵包*，416頁，每條切成大約25片1/4吋厚的麵包片（總共50片），或者1條南瓜麵包*，414

頁，或蜜棗堅果麵包*，412頁，切成大約30片1/4吋厚的麵包片
1又1/4至1又1/2杯堅果醬，蜂蜜奶油，301頁，薑味杏仁奶油起司抹醬，301頁，或柳橙胡桃奶油起司抹醬，301頁
將半數的麵包片抹上餡料，蓋上其餘的麵包片，輕輕壓合。用一把銳利的刀，把三明治修成正方形。褐麵包的話切成三角形或長方形兩半；南瓜麵包或椰棗堅果麵包切成長方形或4個三角形或4條指形三明治。

彩帶三明治（Ribbon Sandwiches）（48份三明治）

備妥：
8片深色麵包（dark bread）、16片白麵包
在深色麵包和8片白麵包上抹：
1又1/4至1又1/2杯堅果醬，加味堅果醬，奶油起司抹醬，小黃瓜奶油起司抹醬，柿子椒起司醬，惡魔火腿抹醬或惡魔雞肉抹醬，或雞肉沙拉抹醬或火腿沙拉抹醬
把深色麵包疊在抹了醬料的白麵包上，抹了醬的那一面朝上，接著再把剩下的白麵包蓋上去。輕輕地把三明治壓合。用一把鋸齒刃的刀子修切三明治的邊皮，然後再切成四條指形三明治。

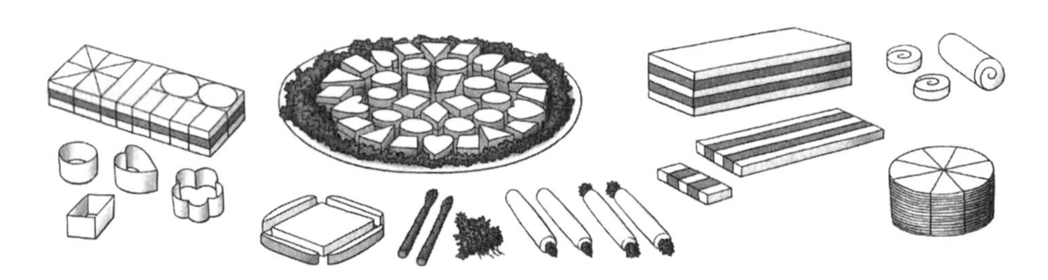

製作彩帶三明治和風車三明治

三明治捲（Rolled Sandwiches）（大約18個大三明治或36個小三明治）

餡料一定要抹得很大方，這樣包捲的時候麵包片才不會裂開或被扯開。如果用小黃瓜奶油起司抹醬，包捲之前，每份三明治塞個幾株水田芥進去，讓每個邊緣都有多葉的頂端突出。夾上突出的水田芥或荷蘭芹株——擺得像輪輻一樣——的三明治捲，沿著盤子邊緣擺放相當好看。用一把鋸齒刃的刀修切掉：
18片白麵包或全麥麵包
的邊皮。用擀麵棍把每一片扎實地擀平，每一片抹上：
1又1/4至1又1/2杯堅果醬，加味堅果醬，奶油起司抹醬，小黃瓜起司抹醬，柿子椒起司醬，惡魔火腿抹醬或惡魔雞肉抹醬，或雞肉沙拉抹醬或火腿沙拉抹醬
邊邊角角都要抹到，這樣三明治捲才會充分封黏。把每一片牢牢地包捲起來，個別用包鮮膜包裹，冷藏數小時使之定型。整捲食用，或者切對半。

| 關於捲物和口袋三明治 |

差不多所有的餡料都可以用來當捲物或口袋三明治的夾餡；參閱「三明治和捲物的餡料及醬汁」，298頁。大多數的超市都有販售捲物專用的薄餅皮。或者也可以用八吋的熱過的麵粉薄烙餅來代替。有條理地把材料一層層鋪在餅皮上，層層之間盡量不要有空隙，餅皮邊緣起碼要留有一吋的空間；餡料不要厚過二分之一吋。包捲的時候，從最靠近你的餅緣開始捲起，先把左右兩側往內折，再往前包捲起來。擺放時，接合處朝下，喜歡的話，以斜角切對半。

每個口袋餅切掉五分之一左右，做成開口以便塞餡料。你可以先把餡料跟醬料拌勻再塞入餅袋內，也可以先在餅袋內裡抹上醬料。口袋餅若是用乾的平底鍋或燒烤爐先稍微熱過，塞餡料時比較不會撕破。

火雞肉酪梨捲（Turkey and Avocado Wraps）（4份三明治）

在廚台上平鋪：
4張8吋的捲餅皮或麵粉薄烙餅
在餅皮上均分：
12盎司烤火雞胸肉片
1顆酪梨，去核去皮，切薄片
2根中的胡蘿蔔，刨成屑
1顆中的番茄，切碎
2根青蔥，切蔥花
（1杯芽苗，譬如苜蓿芽）
鹽和胡椒，適量
餅緣周圍留1吋寬。在餡料上淋：
中東芝麻醬*，330頁，香濃藍紋起司淋醬*，331頁，或橘子紅蔥頭淋醬*，329頁
按上述的「關於捲物和口袋三明治」包捲。

牛排捲（Steak Wraps）（4份三明治）

在廚台上平鋪：
4張8吋的捲餅皮或麵粉薄烙餅
撒上等量的：1球烤大蒜，459頁
均分：
1顆小的波士頓萵苣葉，洗淨並瀝乾
1顆小的紅洋蔥，切很薄的薄片
1顆中的番茄，粗切
1磅莎朗牛肉、內側後腿肉（top round）、牛腹肉（flank steak），或紐約客牛排（strip steak），燒烤或炙烤，片成1/4吋厚
鹽和胡椒，適量
餅皮周圍留1吋寬。淋上：
辣根醬*，294頁
按上述的「關於捲物和口袋三明治」方法包捲。

烤蔬菜捲（Grilled Vegetable Wraps）（12份三明治）

請參閱「燒烤蔬菜」，406頁。把：
2顆紅甜椒，切半去籽
2顆青甜椒，切半去籽
1根小的茄子，縱切成1/2吋厚片
2顆中的紅洋蔥，切成厚片
1顆中的櫛瓜或黃色夏南瓜，縱切成1/2吋厚片
8顆蘑菇，擦拭乾淨

烤軟，放涼。再把蔬菜切成1/4吋大小。
在一口碗裡連同：
2大匙切碎的羅勒、荷蘭芹或芫荽
鹽和黑胡椒，適量
大約1/4杯魔力醬*，316頁，安達魯西亞醬*，337頁，或油醋醬*，325頁
一起混勻，均分到：
4張8吋的捲餅皮或麵粉薄烙餅
餅緣周圍留1吋寬的空間。按上述的「關於捲物和口袋三明治」方式包捲。

貝克版希臘捲餅（Becker Gyro Sandwich）（4份三明治）

把：4個口袋餅
加熱到溫熱，打開餅袋，放入均分的：
12個貝克版羔羊肉餅*，229頁
配上：
切碎的甜洋蔥、切碎的番茄
蘿蔓萵苣絲或冰山萵苣絲
再舀進：
希臘小黃瓜優格醬*，318頁

豆丸子口袋餅（Falafel Sandwich）（4份口袋餅／12個豆丸子）

將：
1又1/4杯乾的鷹嘴豆，挑揀過並洗淨
泡水至少12小時，或浸泡隔夜，422頁。
拌勻：
1/3杯中東芝麻醬、1/3杯冷水
4小匙新鮮檸檬汁、1小撮鹽
並靜置一旁。充分瀝乾鷹嘴豆，放入食物調理機裡打碎，並放入：
1/2杯切碎的洋蔥、1/4杯荷蘭芹葉
2瓣蒜仁，切碎、2小匙孜然粉
1又1/2小匙鹽、1/2小匙芫荽粉
1/2小匙小蘇打粉、1/4小匙紅椒粉
1/2小匙薑黃粉
打到混合物呈粗泥狀，盛到一口碗裡，拌入：2大匙中筋麵粉
用沾濕的手把鷹嘴豆泥捏成12個丸子，靜置15分鐘。
在一口深槽平底鍋裡把：
1/2吋高的蔬菜油
加熱，油熱後鷹嘴豆丸子分批下鍋炸，偶爾翻面一下，炸成金黃色，約6至8分鐘。炸好後撈出置於紙巾上瀝油。均分塞入：
4個口袋餅
淋上一半的芝麻醬汁，然後在豆丸子上面放：
1又1/2杯萵苣絲、3/4杯番茄丁
3/4杯削皮的小黃瓜丁
（1/4杯紅洋蔥丁或蔥花）
最後再淋上其餘的芝麻醬汁即成。

關於脆塔可餅、托斯塔達（tostadas）和法士達（fajitas）

塔可、托斯塔達和法士達都是用玉米烙餅和麵粉烙餅做成的。麵粉烙餅最常用來做**墨西哥手捲**，183頁，**軟塔可餅**和**法士達**。烘烤或油炸成平盤狀的脆餅，上面鋪著配料的麵粉烙餅或玉米烙餅，就是**托斯塔達**。玉米烙餅通常會凹折油炸，用來做脆塔可餅。市面上也有販售炸好的塔可餅殼。

加熱烙餅皮，➡在爐火上放一口沒抹油的淺煎鍋或平底鍋，加熱至餅皮

稍微起泡。➠若用微波爐加熱，用保鮮膜包起來，一至兩張餅皮加熱二十秒，十至十二張餅皮加熱一至二分鐘。➠用烤箱加熱，則用鋁箔紙包牢，放到以一百八十度預熱的烤箱烤十分鐘。

油炸烙餅皮，➠在平底鍋裡加熱二分之一吋高的蔬菜油。一次炸一片，翻面一次，炸到酥脆；置於紙巾上瀝油。炸好的烙餅皮最好馬上用，但也可以放在烤箱裡暫時保存。用紙巾或廚巾包起來，放在九十度的烤箱裡保溫。

酪梨片或酪梨醬，137頁，是塔可餅的最佳佐料。

牛肉末塔可餅（Ground Beef Tacos）（12個塔可餅）

在一口中型的平底鍋裡以中火加熱：

2大匙蔬菜油

油熱後下：**3/4杯切碎的洋蔥**

煎炒到變軟，4至5分鐘，其間要不停拌炒。接著把火轉成中大火，下：

1磅牛絞肉

用木鏟把肉團攪散，煮到肉不再是粉紅色，約3分鐘，然後拌入：

1至3瓣蒜仁，切末、1大匙辣粉

2小匙孜然粉、（2小匙芫荽粉）

鹽適量

拌炒30秒。再下：**1杯番茄醬**

新鮮的墨西哥青辣椒末、切碎瀝乾的罐頭墨西哥青辣椒，或辣醬或辣椒醬，適量

轉小火煮10分鐘，其間偶爾攪拌一下。與此同時，用個別的上菜碗盛：

2杯萵苣絲

1杯蒙特雷傑克起司絲、切達起司絲或墨西哥起司絲（4盎司）

鮮莎莎醬*，323頁

酸奶

備妥：

12張6吋的玉米烙餅和麵粉烙餅，或12個塔可餅殼

把肉末混料倒進一口碗裡。塔可餅殼置於籃子內。讓賓客自行包塔可餅，或者把一些牛肉末混料、萵苣和起司鋪在每個餅皮上，再大方澆上莎莎醬和酸奶。

雞肉絲塔可餅（Shredded Chicken Tacos）（12份塔可餅）

烤箱轉180度預熱。將：

1又1/2磅雞腿肉和/或雞大腿肉

去皮，用：

1/2杯辣椒大蒜香料濕醃料*，350頁

搓磨雞肉。放到烤盤裡烤到肉可輕易與骨頭剝離，約1小時。靜置放涼到可以處理的程度。把肉從骨頭上剝下來（保留烤盤內的油汁備用）而且剝成絲。肉絲放在一口中型碗裡，混入夠多的油汁好讓肉絲保持濕潤。

把雞絲舀入：

12張6吋的玉米烙餅和麵粉烙餅，或12個塔可餅殼

上，再澆上大量的：

鮮莎莎醬*，323頁

酸奶

豬肉絲塔可餅（Shredded Pork Tacos）

把按照**手撕豬肉***，211頁的方法做成的豬肉絲填入塔可餅殼內。再放上萵苣、番茄、酪梨、酪梨醬和／或酸奶。

黑豆塔可餅（Black Bean Tacos）

把鹹豆泥填入塔可餅殼內，在每個塔可餅內的餡料上撒大約2大匙蒙特雷傑克起司屑或切達起司屑和洋蔥碎粒，喜歡的話再加芫荽末。

烤魚塔可餅（Grilled Fish Tacos）（12份塔可餅）

請參閱「關於串燒料理」☆，見「烹飪方式與技巧」。在一口大得足以讓魚肉平鋪一層的淺烤盤內放：

2磅劍魚、比目魚、鮟鱇魚或其他肉質結實的魚排或魚柳，切成1吋方塊

混勻：1/3杯新鮮萊姆汁

3大匙切碎的芫荽或奧瑞岡

1至2大匙墨西哥青辣椒末或其他辣椒末

1小匙鹽、1小匙黑胡椒

把這醃料倒到魚肉上，加蓋冷藏至少1小時，或者至多3小時。燒烤爐轉中大火。備妥：

12張6吋的玉米烙餅或麵粉烙餅，或12個塔可餅殼

取出醃魚肉串到籤子上。燒烤或炙烤到魚肉中央變乳白色，翻面一次，每面烤約4至5分鐘。把魚肉從籤子上滑至盤子上，連同：

2杯萵苣絲、1杯小蘿蔔薄片

玉米、番茄和酪梨莎莎醬★，324頁

一起擺上桌，塔可餅殼用籃子盛著。讓賓客自行包塔可餅，或在每個塔可餅上擺魚肉、萵苣和小蘿蔔，再澆上大量的莎莎醬。

烤蝦塔可餅（Grilled Shrimp Tacos）

按上述方式準備烤魚塔可餅，但把魚肉換成1又1/2磅中型蝦，剝殼去沙腸，醃1小時。把蝦子燒烤或炙烤到中央變乳白色，每面約烤3至4分鐘。

蝦子酪梨托斯塔達（Shrimp and Avocado Tostadas）（4份托斯塔達）

在一口大碗裡攪勻：

1/4杯蔬菜油、2大匙萊姆汁

2大匙芫荽末、1小匙孜然粉

1小匙芫荽籽粉、鹽，適量

辣椒醬，適量

放入：

1磅中型蝦，煮熟，去殼去沙腸

1杯煮熟的或罐頭玉米粒

1杯蒙特雷傑克起司屑或墨西哥起司屑（4盎司）

1顆熟的酪梨，去核去皮，粗切

2顆番茄，切碎、1/2杯紅洋蔥末

鹽，適量、辣椒醬，適量

這混料冷藏可以放上24小時。準備上菜前，把蝦子混料舀到：

4張玉米薄餅★，383頁，炸過的

再擺上：2杯萵苣絲

點綴上：芫荽枝

雞肉、火雞肉或牛肉托斯塔達加黑豆（Chicken, Turkey, or Beef Tostadas with Black Beans）（4份托斯塔達）

在一口大碗裡混勻：

3杯萵苣絲

1又1/2杯熟雞肉丁、火雞肉丁或牛肉丁

1杯蒙特雷捷克起司屑，或墨西哥起司屑

1杯熟黑豆，或罐頭黑豆，罐頭的要沖洗再瀝乾

1顆小的紅甜椒或黃甜椒，切碎
加入：
大約1/2杯萊姆油醋醬★，326頁，或3/4杯酪梨醬，137頁
拋翻拌勻。把餡料舀到：
4張玉米薄餅，炸過的
立即享用，配上：
酸奶、鮮莎莎醬

牛排法士達（Steak Fajitas）（12份法士達）

把：
1又1/4磅側腹橫肌牛排（skirt steak）或側腹牛排
放在一個大的足夠容納的烤盤。攪勻：
1/4杯新鮮萊姆汁
2根青蔥，切蔥花
3瓣蒜仁，切末
（3大匙芫荽末）
1大匙蔬菜油
1小匙鹽
1/2至1小匙乾紅椒碎末
1/2小匙孜然粉
把這醃料倒到牛肉上，翻滾一下牛肉好讓肉排裹上醃料，加蓋冷藏12至24小時，其間翻面數次。烹煮牛肉前，燒烤爐轉中火或將炙烤爐預熱。與此同時，在一口大的平底鍋以中大火加熱：
2大匙蔬菜油
油熱後下：
2顆中的洋蔥，切片
2顆紅甜椒或青甜椒，切細條
1/2小匙鹽
1/2小匙黑胡椒
拌炒到蔬菜條變軟，鍋子離火，加蓋保溫。把牛肉從醃料裡取出（醃料丟棄），每一面燒烤或炙烤3至4分鐘，烤到三分熟，然後放到盤子裡靜置5分鐘。備妥：
12張6吋麵粉烙餅皮，加熱
牛肉逆紋斜切成細條。配上：
鮮莎莎醬，烤番茄煙燻辣椒莎莎醬★，324頁，或其他款莎莎醬
（酪梨醬，137頁）
酸奶
包的時候，把少許牛肉、香煎甜椒和洋蔥放在每一張烙餅上，再加上喜歡的醬料，然後包捲起來。

雞肉法士達（Chicken Fajitas）

按上述準備牛肉法士達的方法來做，只不過把牛肉換成1又1/4磅去皮無骨的雞胸肉或雞腿肉。若是要燒烤或炙烤雞肉，把雞肉切大塊或切成條，醃1至6小時。然後炙烤或烙煎切好的雞肉，96頁，直到肉摸起來堅實而且熟透，10至12分鐘。或者燒烤整副雞胸肉或雞腿肉，再切成條。

鮮蝦法士達（Shrimp Fajitas）

請參閱「關於串燒料理」☆，見「烹飪方式與技巧」。按上述準備牛肉法士達的方法來做，只不過把牛肉換成1又1/4磅剝殼去沙腸的蝦子，醃30分鐘至1小時。炙燒★，31頁，或香煎蝦子，直到蝦子呈粉紅色，稍微彎曲而且整個變得不透明，4至5分鐘。或者用泡水泡了1小時的竹籤插著蝦子燒烤。

| 關於披薩、披薩餃（calzone）和披薩包餅（stromboli）|

披薩的最簡單形式，是一張擀成任何厚度的圓形發酵麵皮，放上各式各樣的配料然後烘烤而成。最簡單的披薩是用番茄醬和起司做的；最單純的變化是白披薩，不加番茄醬。披薩餃很像半圓形餡餅，其做法是把餡料擺在擀成圓形的披薩麵皮的一半，再拉起另一半麵皮蓋住餡料做成半圓餃包，圓弧邊緣封黏後烘烤即成。披薩餃通常是單人份的。披薩包餅則是用擀成長方形的麵皮來做，包上形形色色的餡料後烘烤。切片享用。

| 披薩或披薩餃的配料或餡料 |

披薩要加什麼配料端看各地口味。在俄國，披薩可能會放上紅鯡魚或*mackba*（沙丁魚、鮭魚、鯖魚、鮪魚和洋蔥的混料）。印度人會在披薩上放醃生薑、羊肉末和印度奶酪（paneer）。在日本，放章魚和*mayo jaga*（美乃滋、馬鈴薯和培根）很受歡迎。荷蘭的熱門配料是「莫名其妙」（double dutch）：雙倍起司、雙倍洋蔥和雙倍牛肉。記得一個重點，那就是某些配料一定要事先煮過，以釋出多餘的油脂或水分，免得披薩變得濕軟。下列是美國熱門的配料。

肉類和海鮮

熟的義式辣味香腸、罐頭鯷魚、火腿、加拿大培根、義式煙燻火腿、義大利香腸、牛絞肉、早餐香腸、培根、雞肉、鹿肉、鴨肉、小龍蝦、魚肉、蝦肉和蛤蜊。

蔬菜和水果

熟蘑菇、洋蔥、朝鮮薊心、茄子、菠菜、馬鈴薯、青花菜；烤蔬菜、烤紅椒，485頁，焦糖化洋蔥，477頁，烤大蒜，459頁；生的日曬番茄乾、鳳梨、青椒、墨西哥青辣椒和其他辣椒、去核黑橄欖或綠橄欖、新鮮番茄片。

起司

莫扎瑞拉起司、山羊起司、菲塔起司、帕伏隆起司、鄉村起司、帕瑪森起司、戈拱佐拉起司、藍紋起司、佩科里諾羅馬諾起司。

辛香草，新鮮或乾燥的

鼠尾草、迷迭香、奧瑞岡、羅勒、百里香、青醬★，320頁。

番茄醬和莫扎瑞拉起司披薩（Pizza with Tomato Sauce and Mozzarella）（2份12吋披薩）

這是經典的美式披薩，中等厚度的餅皮加上番茄醬和起司。趁：

基本披薩麵團*，380頁，或2包1磅的披薩麵團

第一次醒發時，將烤箱轉250度預熱。將2個烤盤抹上油，撒一些玉米粉上去，或者把烘焙石板放入烤箱，預熱45分鐘。出力往麵團打幾拳，如果用自製的麵團則分兩半。把每一片揉成球狀，靜置10至15分鐘，鬆鬆地蓋上保鮮膜。在稍微撒上麵粉的廚台上把每一球麵團擀成12吋圓形麵皮，視需要壓擀延展，一次擀一球。擀好後把圓麵皮放在備妥的烤盤上，或者如果用烘烤石板的話，把圓麵皮置於撒上玉米粉的烘烤用木鏟（baker's peel），如下圖所示，一次一張麵皮。拉起麵皮邊緣捏出一圈小溝槽。在麵皮表層塗上：橄欖油

用指尖在餅皮上壓出凹陷，靜置約10分鐘。在兩張餅皮上均勻地鋪一層：

1/2杯義式番茄醬*，310頁

麵皮邊緣留1/2吋寬的距離。再撒上：

1又1/2杯莫扎瑞拉起司絲（6盎司）

（1/2杯粗切的羅勒）

鹽和黑胡椒，適量

若是用烤盤烤，把其中一個烤盤放在烤箱的底架上。如果是用烘焙石板，一次放一張麵皮，烤到餅皮焦黃而且起司融化，約12分鐘。

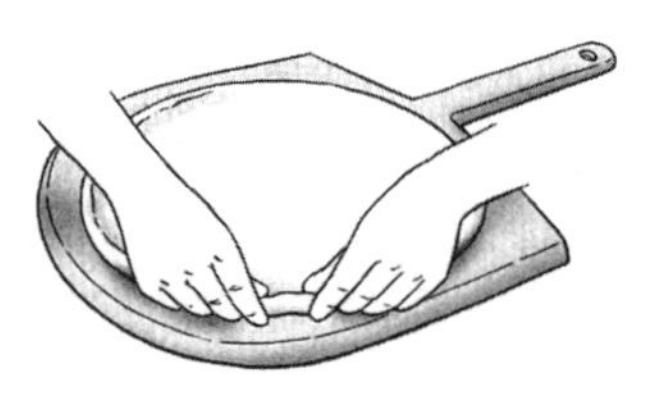

拉起披薩麵皮邊緣捏出一圈小溝槽

瑪格莉特披薩（Pizza Margherita）

按上述方式準備披薩，省略番茄醬，在起司上疊上熟成的番茄切片。

義式辣味香腸（Pepperoni Pizza）披薩

按指示準備披薩，省略羅勒，改放義式辣味香腸薄片。

蘑菇、甜椒和洋蔥披薩（Pizza with Mushrooms, Peppers and Onion）

按指示準備披薩，在抹了番茄醬之後尚未加起司絲之前，撒上1又1/4杯蘑菇薄片、2顆青甜椒，切薄片，以及1顆洋蔥，切薄片。

義式香腸和洋蔥披薩（Pizza with Italian Sausage and Onion）

去掉12盎司辣或不辣的義式香腸的腸衣，放到平底鍋裡以中火煎炒，要把肉團攪散，約煎5分鐘。煎好後，香腸肉瀝油。按指示準備披薩，放上香腸肉和1顆洋蔥，切薄片。

蘑菇、香腸和義式辣味香腸披薩（Pizza with Mushroom, Sausage, and Pepperoni）

去掉8盎司加茴香的義式香腸的腸衣，放到平底鍋裡以中火煎炒，要把肉團攪

散，約煎5分鐘。煎好後香腸肉瀝油。按指示準備披薩，放上香腸肉，連同1又1/4杯蘑菇薄片和大約24片義式辣香腸。

西雅圖披薩（Seattle Pizza）

按指示準備披薩，省略羅勒，改放義式醃燻火腿薄片或加拿大培根薄片，切半，以及罐頭鳳梨塊，瀝乾。

義式醃燻火腿、朝鮮薊和橄欖披薩（Pizza with Prosciutto, Artichokes, and Olives）

按指示準備披薩，放上義式醃燻火腿薄片、瀝乾的醃漬朝鮮薊心，切4份，以及卡拉瑪塔黑橄欖或其他鹽漬黑橄欖，去核切片。

烤茄子、蘑菇和日曬番茄乾披薩（Pizza with Grilled Eggplant, Mushrooms, and Sun-Dried Tomatoes）

去掉12盎司辣或不辣的義式香腸的腸衣，放到平底鍋裡以中火煎炒，要把肉團攪散，約煎5分鐘。按指示準備披薩，放上香腸肉，連同1根小的茄子，烤過的，並且切薄片；3/4杯蘑菇薄片；1顆紅洋蔥，切薄片，以及8顆油漬日曬番茄乾，瀝乾切薄片。

新鮮番茄、羅勒和菲塔起司白披薩（White Pizza with Fresh Tomatoes, Basil, and Feta Cheese）

按指示準備披薩，省略番茄醬和莫扎瑞拉起司，羅勒可加可不加，並且改放番茄薄片和3盎司菲塔起司，掰碎。

焦糖化洋蔥、黑橄欖和迷迭香白披薩（White Pizza with Caramelized Onions, Black Olives, and Rosemary）

按指示準備披薩，省略番茄醬和莫扎瑞拉起司，改放1又1/2杯焦糖化洋蔥，477頁，以及去核卡拉瑪塔黑橄欖或其他鹽漬黑橄欖切片；把羅勒換成4小匙切細碎的新鮮迷迭香或2小匙乾的迷迭香。

新鮮蛤蜊和大蒜白披薩（White Pizza with Fresh Clams and Garlic）

按指示準備披薩，省略番茄醬、莫扎瑞拉起司和羅勒，改放24個去殼的小圓蛤和3瓣蒜仁，切末；加大約2小匙鹽調味。每片披薩出爐後，撒上約1大匙切碎的荷蘭芹。

香辣蝦和烤紅椒白披薩（White Pizza with Spicy Shrimp and Roasted Red Peppers）

按指示準備披薩，省略番茄醬、莫扎瑞拉起司和羅勒，改放24隻煮熟去殼的中型蝦，粗切過；2顆烤紅椒，切細條；1/2小匙乾紅椒碎片，以及1/2小匙乾的百里香。

波特菇和山羊起司白披薩（White Pizza with Portobello Mushrooms and Goat Cheese）

按指示準備披薩，省略番茄醬、莫扎瑞拉起司和羅勒，改放2朵香煎過的波特菇或10至15朵鈕釦蘑菇，切薄片煎過；1顆紅洋蔥，切薄片連同切末的3瓣蒜仁一同炒過，以及1/2小匙的乾百里香。最後放上4盎司新鮮山羊起司，掰碎。

雞肉和青花菜白披薩（White Pizza with Chicken and Broccoli）

按指示準備披薩，省略番茄醬、莫扎瑞拉起司和羅勒，改放2副無骨雞胸肉，燒烤或烙煎過，切成一口大小；2杯汆燙過瀝乾切小朵的青花菜；1顆洋蔥，切薄片，以及1杯莫扎瑞拉起司絲（約4盎司）。

馬鈴薯和鼠尾草白披薩（White Pizza with Potatoes and Sage）

按指示準備披薩，省略番茄醬、莫扎瑞拉起司和羅勒，改放8盎司炙烤或爐烤的馬鈴薯薄片，2大匙粗切的新鮮鼠尾草或2小匙乾的鼠尾草，以及2大匙特級初榨橄欖油。

| 關於燒烤（grilled）的披薩 |

燒烤的披薩做起來很簡單，而且餅皮酥脆又有嚼勁。不管是炭火烤的或是瓦斯爐烤的效果都很好。大的燒烤爐比小的要方便得多，不過假使你的燒烤爐放不下十二吋圓餅皮，乾脆把麵團分數份，做小披薩。➡硬木製的大木炭烤出來的會更有柴燒披薩的味道。

準備製作番茄醬和莫扎瑞拉起司披薩的麵團。用兩把抹刀，或一把烘焙用的木鏟，將每一片圓麵皮放到燒烤爐上。麵皮底面在烙燒時留意表面是否變得堅實。等它夠堅實，約五分鐘，翻面，留餅皮在烤爐上，把你想加的配料放上去；或者把餅皮放在撒了麵粉的廚台上（免得沾黏），烙燒那一面朝上，把配料放上去，接著再送回燒烤爐上。➡燒烤披薩使用的配料要比窯烤披薩少，這樣配料才會熟透。➡要把配料煮熟和熱透而且讓起司融化，將燒烤爐的蓋子蓋上。

燒烤披薩皮可以用在節慶派對上，這時不妨做一人份披薩的小型餅皮。麵皮兩面燒烤，等賓客上門，盛在籃子裡，和形形色色的配料擺在一起。客人自行隨意組搭配料，你把鋪上配料的餅皮送入燒烤爐烤即可。

另一種可讓披薩皮無比酥脆的燒烤方式是用烘焙石板。把石板放在到燒烤爐裡，蓋上爐蓋預熱四十五分鐘至一小時。瓦斯燒烤爐可以轉高火力，木炭燒烤爐則需要明火。將每片生麵皮放在石板上，像你用窯烤那樣計時，每五至十分鐘查看一次。按：

基本披薩麵團★，380頁，或兩包一磅的冷凍披薩麵團的說明準備。

木炭生火，燒烤架置於木炭上方三至四吋高之處，或者瓦斯烤爐以中大火預熱。預熱的同時，出力往麵團打幾拳，若是用自製麵團則把它分兩半。將每一半塑成球狀，靜置一旁，鬆鬆地蓋上保鮮膜，放十至十五分鐘。接著掀開其中一球的保鮮膜，在稍微撒上麵粉的平台上把麵團擀成十二吋的圓麵皮，視需要擀壓延展麵皮。拉起麵皮邊緣捏出一圈小溝槽。用指尖在麵皮表面按壓使之凹陷，避免產生氣泡，然後靜置十分鐘。

麵皮置於燒烤爐燒烤約五分鐘，烤到餅皮底面稍微焦黃，而且麵皮變得堅實。翻面，然後如同做番茄醬和莫扎瑞拉起司披薩那樣放配料，或用320-322頁任何的配料組合，記住，做燒烤披薩時配料少放比多放要好。燒烤的時候最好是蓋上爐蓋，烤約五分鐘，直到底面焦黃，餡料熱燙，而且起司融化。重複這手續製作剩下的麵團。

披薩餃（Calzones）（8個8吋的披薩餃）

披薩餃餡料的可能性很多，任何披薩的配料都可用來做餡料。你需要總共4杯的餡料，或每個披薩餃1/2杯餡料。煮熟的乾餡料可以避免披薩餃的底部變軟糊。趁：

基本披薩麵團★，380頁，或2包1磅的冷凍披薩麵團

第一次醒發，烤箱轉230度預熱。把2個烤盤稍微抹油。麵團分8球，放到稍微撒上麵粉的平台上，每球麵團也稍微撒上麵粉，蓋上廚巾或保鮮膜，靜置20分鐘。與此同時，把：

2至2又1/2杯餡料

粗切，混以：

1又1/2至2杯莫扎瑞拉起司絲（6至8盎司）

把每一球麵團擀成厚圓盤狀，靜置5分鐘後，再擀成8吋的圓麵皮。將餡料均分到這些圓麵皮上，分布在麵皮的一半面積上，然後麵皮對折把餡料包起來，形成一個半圓形，圓弧邊緣沾濕，用手指緊緊壓黏封合。把披薩餃放到烤盤內並送入烤箱。烤箱溫度轉小至200度，烤到披薩餃呈漂亮的金黃色，約25分鐘。趁熱吃，或放涼至室溫再吃，佐上：

大蒜番茄醬★，310頁

披薩捲餅（Stromboli）（2個12吋披薩捲餅）

趁：**基本披薩麵團**，或2包1磅的冷凍披薩麵團

第一次醒發，烤箱轉200度預熱。把兩個烤盤稍微抹油。若用自製麵團則把麵團分兩半，每一半塑成球狀，放到稍微撒上麵粉的平台上，每球麵團也稍微撒上麵粉，蓋上廚巾或保鮮膜，靜置20分鐘。把每一球麵團擀成厚圓盤狀，靜置5分鐘後，再擀成8×12吋的長方形。抹上：

1/4杯義式番茄醬，或**大蒜番茄醬**★，562頁

再放上：

10盎斯帕伏隆起司片

6盎司薩拉米臘腸片

4盎司義式辣味香腸片

麵皮邊緣留1/2吋距離。

從長邊捲起，把每個長方形麵皮緊緊地捲成12吋長的圓木狀。把接縫捏合，接合處朝下地放到烤盤上。

把披薩捲烤到堅實而且呈淡淡焦黃色，約20分鐘。切成1吋寬的小段，趁熱享用，或放涼至室溫再吃。

雞蛋料理

Egg Dishes

雞蛋，如此優雅的一個包裹，結果是裝有均衡營養——蛋白質、脂肪和礦物質——的一只小寶箱，並不令人意外。雞蛋和蛋料理可以當作三餐來享用，不論是荷包蛋、炒蛋、白煮蛋、水波蛋、烘蛋，或做成歐姆蛋或舒芙蕾。幾乎是肉類、蔬菜或魚肉的無限多種變化都可以和蛋搭配，或是拌入蛋裡。➡關於雞蛋的更多說明，請參見《廚藝之樂 [蛋糕・餅乾・點心・糖霜、甜醬汁・果凍、果醬・醃菜、漬物・罐藏、燻製]》一書「了解你的食材」章節。

除非蛋非常新鮮，而且處理得當，否則要做出真正美味的蛋料理並不容易。《廚藝之樂》對烹調雞蛋的基本叮嚀始終是，「蛋只需非常低的火力就會熟，所以要輕柔對待它。它喜歡被細心呵護，只要溫柔以對，它就有回應。」➡唯一一種需要大火快煮的料理方式，是歐姆蛋。➡除此之外，以蛋為主的料理，若能文火烹煮，小心計時，成果總是最好。要把雞蛋融進卡士達、蛋奶酥和醬料中，把蛋液倒入留有餘溫的鍋裡多少烹煮一下後，再小心地讓它直接受熱才能保有最佳口感。

｜關於溏心蛋（soft-boiled）、實心白煮蛋（hard-boiled）和嫩蛋（coddled eggs）｜

為避免蛋殼碎裂，你可以用圖釘或大頭釘在蛋殼的一端戳一個洞。你千萬不要真的把蛋丟到大滾的水裡沸煮，而是用下列的方法之一來處理。

溏心蛋需要非常精準的計時，因此我們建議你，從➡滾水煮起——水煮開後把火轉小讓水處在微滾狀態，這時把蛋丟進滾水裡，並開始計時。若要做溏心蛋，把：

水煮開，然後降至微滾，讓水淹過：**沒剝殼的蛋**

用一根大湯匙，輕輕把蛋放入水裡，並從這一刻起開始計時，接下來的烹煮過程水要一直保持微滾：大顆蛋煮四分鐘，小顆或中顆蛋煮三分鐘半，特大或巨無霸的蛋煮四分鐘半。➡蛋從冰箱取出後直接放入水裡煮的話，需要多煮兩分鐘。

用蛋杯來盛溏心蛋，把雞蛋寬的一端放入蛋杯。用餐刀或茶匙把上端三分之一的蛋殼敲開剝掉，然後撒鹽和黑胡椒調味。另一個做法是，用湯匙把蛋從蛋殼舀出來，盛在小碗裡，避免燙手可用紙巾。溏心蛋和嫩蛋也可以是不帶殼的，請按「水波蛋」那一節，328頁所建議的方式。

實心白煮蛋也可以用從滾水煮起的方法，不過為了讓過程簡化，我們從冷水煮起。

在一口鍋裡平鋪一層：

帶殼的生雞蛋加入一吋高的：**冷水**

蓋過雞蛋，然後把鍋子放到大火上煮滾。水一滾鍋子就馬上離火，蓋上鍋蓋，靜置一會兒：大顆蛋泡十五分鐘，小顆和中顆蛋泡十二分鐘，特大或巨無霸蛋泡十八分鐘。同樣的，➡蛋如果不是呈室溫的話要多煮兩分鐘。一旦結束烹煮，蛋要沖冷水，好止住餘溫所進行的烹煮。

要將實心白煮蛋剝殼時，將蛋殼敲裂，蛋放在雙掌中搓揉，讓薄而韌的膜從蛋體上鬆脫，這樣比較容易剝。如果蛋很新鮮，就比較難剝殼。要順利把蛋切片，刀片不妨先浸一下水。➡實心白煮蛋最好是連殼放冰箱冷藏。剝殼之後要在幾天內用完。

做嫩蛋時，用一把大湯匙把蛋小心地浸入滾水中，蓋上鍋蓋，鍋子離火。若想蛋的口感細緻滑嫩，約要浸泡六至八分鐘。如果你希望蛋剝開後勻稱好看，浸泡的頭幾分鐘，將蛋翻轉幾次，這樣蛋白會均勻地在氣室裡凝結，而蛋黃落在中央。又或使用烹蛋杯（egg coddler）—頂端有螺栓的特製杯子。把烹蛋杯放到裝了水的醬汁鍋中，水面要達到烹蛋杯的口緣，開大火把水煮開。烹蛋杯的內裡抹上奶油，打：**一顆蛋**

進去，在上面放：

（半小匙奶油）、（兩小匙稀的或濃的鮮奶油）、鹽和黑胡椒

緊緊地旋上蓋子。烹蛋杯放進鍋裡，製於架上或墊著折幾摺的紙巾，蓋上鍋蓋，立刻把火轉小至水呈微滾。微滾六至八分鐘可做出半生熟的蛋。

焗烤奶蛋（Creamed Eggs au Gratin）（2至4人份）

烤箱轉180度預熱。在一口小的平底鍋裡以小火加熱：

1大匙奶油、1大匙橄欖油

直到混勻，接著下：

1/4杯紅蔥頭末或洋蔥末

拌一拌，煮到變軟但不致上色，約5分鐘。然後倒入一口碗裡，加入：

4顆白煮蛋，切碎或切片

1杯白醬I★，291頁

2大匙你選用的辛香草末

1小匙第戎芥末醬

1/2小匙蒜末

鹽和黑胡椒，適量

輕輕地混勻，接著把混合液倒進烤盤裡，撒上：

3/4杯新鮮的麵包屑

1大匙奶油，切小塊

烤到熱透而且變得酥黃，15至20分鐘。喜歡的話，放到炙烤爐裡，短暫烤一下，把麵包屑烤成焦黃酥脆。

咖哩蛋（Curried Eggs）

準備上述的焗烤奶蛋，在煎炒洋蔥時放1小匙咖哩粉。點綴上杏仁碎片和荷蘭芹末。

奶蛋拌蘆筍尖「樂土」（Creamed Eggs with Asparagus Tips Cockaigne）

準備上述的焗烤奶蛋。把3/4杯蘆筍尖，煮熟且瀝乾（參見「關於蘆筍」，415頁），加進醬料裡。

惡魔蛋或鑲餡蛋（Deviled or Stuffed Eggs）

白煮蛋的平淡無味是喜歡顯身手的廚子的一項挑戰。這裡提供了些許建議，讓你利用廚架上的庫存品，把這基本材料變得生動有味。

準備：白煮蛋

剝殼，把蛋縱切對半，或者橫切對半。若想做成桶狀的容器，把兩端削平。小心地取出蛋黃，別弄破蛋白。把蛋黃弄碎但別把它壓擠成塊，加：

油醋醬*，325頁，或美乃滋；濃的鮮奶油或酸奶；加了適量醋和糖的軟化奶油；新鮮檸檬汁或甜酸瓜汁

讓蛋黃保持濕潤。加以下一種或多種調味料：

鹽和匈牙利紅椒粉
（少許芥末粉或芥末醬）
（番茄醬或辣醬）
（些許紅椒粉、咖哩粉、或辣椒醬）
（烏斯特黑醋醬）

可以額外加到蛋黃裡的異國情調添加物有：

鯷魚泥或沙丁魚泥
切碎的德國燻豬肝腸或熟肥鵝肝*，131頁
香煎雞肝*，116頁
酸甜醬、魚子醬，319頁
切碎或切細丁的煙燻鮭魚
咖哩粉、酪梨醬，137頁
莎莎醬*，323-325頁
蔥花或紅蔥頭末
惡魔火腿抹醬或惡魔雞肉抹醬，303頁
墨西哥青辣椒或其他辣椒
藍紋起司碎粒
切碎的蝦夷蔥、龍蒿、山蘿蔔、荷蘭芹、羅勒或蒔蘿

用一把小湯匙，或者，若想要有更精緻的效果，就用一只擠花袋，把餡料填到蛋白裡。上桌前先冷藏30分鐘。

點綴上：橄欖片、黑松露片或酸豆

老爹的惡魔蛋（Pop's Deviled Eggs）（8人份）

老爹很愛做惡魔蛋。他最愛的食譜仍是家人最愛吃的美味。

準備：白煮蛋

剝殼，然後依照準備：惡魔蛋，如上的方式來做。在蛋黃裡混入：

2大匙美乃滋、1小匙辣醬
（1/2小匙咖哩粉）
1/8小匙黑胡椒、1/8小匙芹菜鹽
1/8小匙芥末粉

按上述方法填到蛋白裡。

蘇格蘭蛋（Scotch Eggs）（6人份）

請參閱「關於深油炸」☆，見「烹飪方式與技巧」。準備：

12盎司香腸絞肉或辛香草豬肉香腸*，237頁
6顆白煮蛋，剝殼

在盤子裡放：1/4杯中筋麵粉
在一口淺碗裡把：1顆蛋
打散。在另一只盤子裡撒：
1又1/2杯新鮮或乾的麵包屑
用冷水把手沾濕，免得肉沾黏在手上。把香腸肉塑成6片肉排，再用每片肉把每顆白煮蛋包裹起來。裹好後放到麵粉裡滾一滾，甩掉多餘的麵粉，再沾裹蛋液，接著再放到麵包屑裡滾一滾，好讓它敷上麵包屑。
在一口厚底深鍋裡把：
3吋高的蔬菜油
加熱到180度。蛋分兩批下鍋炸，炸到香腸肉呈漂亮的金黃色，約6分鐘。靜置5至10分鐘，可以趁熱吃、放涼至室溫吃，或者冰涼著吃。佐上：美乃滋、芥末

荷包蛋（Fried Eggs）（2至4人份）

用足夠的奶油或其他油脂豪邁地沾裹鍋面。用不沾鍋的話，將蛋翻面或讓它滑入盤中會輕鬆很多。如果你喜歡蛋白嫩嫩的，開中火煎。若希望蛋白邊緣焦黃，則開中大火至大火。用抹了大量油的煎鍋煎荷包蛋，可以讓蛋黃幾乎不會變硬而且水水嫩嫩的。若想要太陽蛋（Sunny-side up）的表面稍微熟一點，用比食譜所要求的更大量的奶油，煎蛋時可舀鍋裡的熱油澆在蛋上，或者純粹在煎的時候蓋上鍋蓋即可。喜歡蛋白熟透蛋黃水嫩——不管是蛋黃不熟（over easy）或蛋黃有點熟（over medium）的兩面煎黃荷包蛋——當蛋白煎熟時，將一把開槽鍋鏟（slotted spatula）插到蛋底下，以支撐蛋黃，再小心地把蛋翻面。第二面只要煎一下就好。若想要兩面煎黃蛋黃全熟而且壓破的荷包蛋（over hard）或蛋黃全熟沒破的荷包蛋（over well），第二面稍微煎久一點，直到蛋黃幾乎凝固。
在一把大的不沾平底鍋裡以中小火融化：
1至3大匙奶油或其他油脂
等奶油滋滋響但不致焦黃時，打下：
4顆蛋
加：鹽和黑胡椒，適量
調味。
若想要蛋白口感結實，煎到蛋白幾乎全熟，蛋黃邊緣差不多要開始變硬，喜歡的話可以加蓋來煎，加蓋約煎3分鐘，不加蓋煎4至5分鐘。

荷包蛋的額外配料（Additions to Fried Eggs）

讓荷包蛋多滋多味的往往是額外的配料，尤其是早午餐和午餐。
把荷包蛋放在小堆的：
米飯、麵食、馬鈴薯或吐司片，或放在
嫩葉沙拉，262-263頁
上，再淋上以下任一種醬料：
速成番茄醬*，311頁
白醬I*，291頁，加芥末粉或咖哩粉、辛香草、洋蔥、西芹、青椒、酸豆、鯷魚和/或起司調味
黑奶油*，302頁，或榛果奶油*，302頁
蘑菇醬或洋蔥醬

籃中蛋（Eggs in a Basket）（2人份）

小孩子會愛死了這道菜，尤其是他們可以親手做籃子的話。
用2又1/2吋的餅乾切模或小玻璃杯，把：
2片三明治麵包
中央切出一個洞。
在一口大的平底鍋裡以中火融化：

2大匙奶油，需要的話就多加一些
把麵包放進去，煎30秒。把：
2顆雞蛋
分別打到麵包中央的洞裡，要是有些蛋白留在麵包表面或從底下滲出來，不用擔心。等到蛋開始凝固，2至3分鐘，用一把鍋鏟將麵包和蛋翻面。需要的話再多加一點奶油下去。另一面煎到蛋呈現你要的熟度。切下來的圓麵包片也一併下鍋煎來吃。

墨西哥牧場煎蛋（Huevos Rancheros）（4人份）

這道經典墨西哥菜可以配各種莎莎醬、肉類——尤其是西班牙臘腸——而且總會配上鹹豆泥。
把：2杯莎莎醬★，323-325頁
加熱並保溫。
在一口大的不沾平底鍋裡以中大火加熱：1至2大匙蔬菜油
油熱後，快煎：4張玉米薄餅
一次煎一張，每面煎個2至3秒。
移至紙巾上瀝油，然後包在錫箔紙裡放到90度的烤箱裡保溫。接著平底鍋轉小火，需要的話再加多一點油進去，把：
4至8顆蛋
打到鍋裡，煎到蛋液凝固，可煎成太陽蛋，或隨你喜歡。蓋上鍋蓋，蓋個1分鐘左右煎出來的熟度最平均。加：
鹽和黑胡椒，適量
調味。把玉米薄烙餅分別放在四個溫熱的盤子上，再放上1或2顆煎蛋。豪邁地舀1/2杯溫熱莎莎醬澆到每一盤的周圍。趁熱吃，撒上：
墨西哥起司碎粒、農家起司（farmer's cheese）碎粒或菲塔起司碎粒
（芫荽末）

水波蛋（Poached Eggs）（2至4人份）

水波蛋是把蛋打到微滾的液體裡，煮到蛋黃變稠但中心仍水嫩。可把蛋打到水、高湯、醬汁、牛奶、濃的鮮奶油或湯裡，就如香蒜蛋包湯，216頁。在某些經典的菜色裡，譬如紅酒煮蛋，香噴噴的煮蛋湯底會變稠，可用來當作佐蛋的醬汁。
雖然有各式各樣的中空圈模和水波蛋器具可以用，煮水波蛋真正需要的不過是一個醬汁鍋和一把漏勺。煮水波蛋難的地方在於，蛋打入煮汁裡如何避免蛋液擴散。煮出來的蛋要好看，就要用非常新鮮的蛋，這樣最能維持它的形狀。把醋和鹽加到煮汁裡有助於蛋白快速凝結。可用剪刀或小刀把蛋白細絲修剪掉。
在一口大的不沾平底鍋裡把：
2至4吋高的水
煮到大滾，水滾後火轉小，等水呈微滾時，加：1大匙醋、1/2小匙鹽
備妥：4顆蛋
一次一顆，把蛋打進一只小碗或杯子裡，把碗的口緣貼到水面，讓蛋輕輕地滑入水中。煨煮到蛋白凝固，約3分鐘。多練習幾次，你就能判斷出剛剛好的熟度。用一把大漏勺把蛋撈出，上桌前要充分瀝乾。
如果是煮給好幾個人或一大群人吃，可以預先煮好蛋。把煮好的蛋盛在裝了65度溫水的寬口淺碗裡，最多可保溫30分鐘。也可以提早煮好放冰箱冷藏，至多可以放上24小時。蛋一煮好就放到冰水裡冰鎮並冷藏。要加熱時，用漏勺把蛋撈到裝了65度溫水的大鍋裡，加蓋靜置起碼5分鐘，或長達20分鐘。如果水溫降到63度以下，把鍋子放在文火上加熱。

莫內水波蛋（Poached Eggs Mornay）

準備水波蛋。把蛋鋪排在抹了奶油的淺烤盤上，覆蓋上莫內醬★，293頁，撒上焗烤料I或II☆，見「了解你的食材」，然後送入火燙的炙烤箱裡迅速烤到焦黃。

佛羅倫斯蛋（Eggs Florentine）

準備水波蛋。在抹了奶油的淺烤盤的盤面覆蓋一層奶油菠菜，507頁。把水波蛋鋪排在菠菜上，然後繼續按上述的莫內水波蛋作法進行。

班乃迪克蛋（Eggs Benedict）（2至4人份）

也可以做更多變化，把水波蛋放在奶油菠菜，507頁，或油炸綠番茄，518頁。
準備：
4顆水波蛋
瀝乾並保溫。把：
2個滿福堡包（英式瑪芬），切半，烤過，並抹了奶油
擺在溫熱的盤子或上菜盤，疊上：
4片厚片火腿或加拿大培根，溫熱的
接著再疊上瀝乾的水波蛋，在蛋上面澆：
1/2杯荷蘭醬★，307頁，或者喜歡的話加多一些
立即上桌，在席間傳遞額外的荷蘭醬。

黑石水波蛋（Poached Eggs Blackstone）（2至4人份）

準備：**4顆水波蛋**
並保溫。在一口大的平底鍋裡煎：
4片培根
煎到酥脆，煎好後放到紙巾上瀝油，然後壓碎。保留鍋裡的油汁備用。
把：**4片1/2吋厚片番茄**
敷上：
撲撒用的麵粉、鹽和黑胡椒，適量
放到培根油裡煎到稍微焦黃。煎好後放到溫熱的盤子上，撒上培根碎粒。然後在每個番茄片上疊上一個水波蛋。在蛋上豪邁地淋上：
荷蘭醬★，307頁，或貝亞恩醬★，308頁

紅酒煮蛋（Eggs Poached in Red Wine〔Eggs en Meurette〕）（4人份）

在一把寬口的醬汁鍋裡以中火加熱：
1/4杯（1/2條）奶油
油熱後轉中小火，下：
1杯切碎的胡蘿蔔
1杯切碎的西芹
1杯切碎的洋蔥
4顆蒜瓣，去皮壓碎
1/2杯切碎的火腿或義式煙燻培根
煎煮到蔬菜徹底變軟，約15分鐘，其間偶爾拌一拌。再下：
2又1/2杯不甜的紅酒和1又1/2杯禽肉高湯，204頁，或雞肉湯或4杯不甜的紅酒
1束綜合辛香草束☆，見「了解你的食材」
煮到微滾，然後煨30分鐘。濾出汁液，丟棄固體物，把汁液倒回鍋裡，熬到收乾成1杯的量，10至20分鐘，然後鍋子離火。熬醬汁的同時，另取一口小的平底鍋以中火加熱：
2大匙奶油
油熱後下：
1杯蘑菇片、2大匙切碎的紅蔥頭
煎到稍微焦黃，置一旁備用。準備：

8顆水波蛋
馬尼奶油★，283頁
並保溫。
把熬汁煮到微滾，一點一點攪入馬尼奶油，好讓熬汁變稠。然後拌入炒蕈菇。
加：1/4小匙鹽、1/8小匙黑胡椒
（些許紅酒醋）、（些許白蘭地）
調味。以小火煮到醬汁熱透；千萬別煮沸。在上菜盤上鋪：
8片3吋的圓麵包片，烤過並抹上奶油
疊上瀝乾的水波蛋。在蛋周圍澆上醬汁，然後點綴上：荷蘭芹末

蛋佐煙燻鮭魚（Eggs with Smoked Salmon）

適合溫煦冬日的早餐或午餐。
把：淡裸麥麵包或粗黑麥麵包切片
烤一烤並抹上奶油。在烤麵包片上放：
煙燻鮭魚薄片
再疊上：水波蛋或荷包蛋
淋上：（荷蘭醬★，307頁，或斯堪地那維亞芥末蒔蘿醬★，316頁）
最後撒上：蒔蘿末

｜炒蛋｜

要做出軟嫩滑口的炒蛋，把蛋打到蛋白和蛋黃徹底混勻，而且要用文火來煮。摻少量的牛奶或半對半鮮奶油可以讓蛋更滑嫩。用厚底的平底鍋來煎最能讓蛋受熱均勻，不過鍋子表面若是不會沾黏的，煎炒和清理都會輕鬆很多。不太常攪拌的話，蛋會呈一大片凝乳狀，不時攪拌的話，凝乳狀的蛋會小塊些而且更滑嫩。若想要蛋更蓬鬆，可以把打散的蛋白☆，見「了解你的食材」的「烹煮蛋類」，加到全蛋裡，比例是額外的一份蛋白配三顆全蛋。在蛋快要達到你要的稠度時便起鍋，因為殘餘的熱力會短暫地持續進行烹煮。

炒蛋（Scrambled Eggs）（1至2人份）

I. 這個方法做出來的是呈大片凝乳狀的滑蛋。用叉子或攪拌器把：
3顆蛋、1/4小匙鹽
（2大匙牛奶或鮮奶油）
（1/8小匙匈牙利紅椒粉）
充分混勻。在一口10吋的平底鍋裡，最好是不沾鍋，以中小火融化：
1又1/2大匙無鹽奶油
把蛋液倒進去，不時用一根木匙或耐熱的橡膠鏟慢慢攪拌，將蛋液往鍋子中央推，刮刮鍋子底部和邊緣。蛋液開始變稠，約2分鐘後，持續攪拌到離你要的稠度還差一些。這時拌入：
（1大匙放軟的無鹽奶油或濃的鮮奶油）
撒上：（1小撮黑胡椒）

II. 要花多一點時間，但操作上簡單明瞭。在一具雙層蒸鍋裡以隔水加熱的方式融化：
1/2大匙無鹽奶油
備妥：
方法I裡調味好的蛋液，如上
等油熱，倒進蛋液。用木匙攪到蛋液稠化，變成滑嫩的凝乳狀。盛入：
預先烤好的蛋白霜派皮★，478頁，或小餡餅★，485頁

｜炒蛋的額外配料｜

每顆蛋打成蛋液尚未下鍋前，至多可拌入一大匙以下的材料。額外的配料必須呈室溫。

切碎的辛香草
肉豆蔻屑或肉豆蔻粉或荳蔻粉
硬質起司屑或碎粒
鄉村起司、農家起司、或奶油起司丁
烤紅椒、青椒或黃椒，485頁，或炒紅椒、青椒或黃椒
蔥花
香煎洋蔥或焦糖化洋蔥，477頁
去皮去籽番茄丁炒羅勒
熟蘆筍尖（參見「關於蘆筍」，415頁）
炒蕈菇片
香煎櫛瓜片和紅蔥頭
煮熟瀝乾的碎菠菜
熟培根碎粒、香腸或火腿丁
煙燻鮭魚條或蟹肉條，加些許咖哩粉調味

蘇格蘭炒蛋（Scotch Woodcock）（4人份）

烤箱轉90度預熱。把：
4片1/2吋厚的麵包片
烤一烤，抹上：
4小匙鯷魚奶油*，304頁，或鯷魚糊
抹好後放烤箱保溫。在一口小的厚底醬汁鍋裡充分混勻：
4顆蛋黃
2/3杯半對半鮮奶油或濃的鮮奶油
1/4小匙鹽，或依個人口味酌量增減
黑胡椒或白胡椒，適量
以小火烹煮，不時用一根木匙或耐熱的橡膠鏟拌一拌，直到你看見鍋底開始出現蛋液變稠的徵兆，約10分鐘。這時候，改用相當輕快的速度攪拌，再煮個3至5分鐘，煮到蛋液變得稠而滑順，像起司醬的稠度。別把蛋液煮到接近要滾不滾，否則會變成炒蛋。立即起鍋，拌入：
2大匙冰奶油，切小塊
2大匙荷蘭芹末
紅椒粉適量
把蛋舀到溫熱的鯷魚吐司片上享用。

無酵餅裹蛋（Matzo Brei）（1人份）

若是要做給一大群人吃，用兩把鍋子來做，把煮好的無酵餅炒蛋放在烤箱裡保溫。

每一人份用：
2片無酵餅、1顆大的雞蛋，打散
把無酵餅短暫沖一下熱水，把兩面都潤

濕，但別讓它變軟糊。瀝乾，撕成2吋半至3吋的小塊，放到碗裡。把蛋液倒進去，輕輕拌一拌讓蛋液裹著餅片。調味以：

鹽，適量

在一口大的平底鍋裡加熱：

1/8吋蔬菜油或雞油

用一把大勺或鍋鏟把無酵餅混液舀在鍋底，鋪薄薄一層，煎到變咖啡色而且酥脆，當餅片變酥黃會散成一塊塊。趁熱吃，在席間傳遞鹽罐和肉桂糖。

| 蒸烤蛋 |

用個別的小陶瓷盅、小砂鍋或小鑄鐵鍋的烤蛋料理總是令人賞心悅目。如果你想減少奶油或鮮奶油的用量，把每個容器底部鋪上錫箔紙即可。焙烤蛋（Shirred eggs）又叫砂鍋蛋（*oeufs sur le plat*）或鏡面蛋（*oeufs au miroir*），盛在小焗烤盤裡放到烤箱架上直接烘烤，有時候用上火的炙烤箱烤，而不是水浴法。

四盎司容量的小陶瓷盅可以裝一顆蛋，常常被用來做烤蛋，但你可以用更大一點的陶瓷皿——六盎司的卡士達杯（custard cups）、耐烤的咖啡杯、小碗或瑪芬烤模。要做出軟嫩、受熱均勻的蛋，我們建議用水浴法☆，174頁，來蒸烤。蛋應該烤到蛋白剛好凝固而蛋黃仍水嫩。➠小心別把蛋烤老了。從烤箱取出後，陶瓷盅的餘熱會持續對蛋進行烹煮。

蒸烤蛋（Baked Eggs）（1人份）

烤箱轉180度預熱。將陶瓷盅或其他耐烤盤子抹上油。就每一人份，在陶瓷盅裡打入：

1顆蛋

稍微加點：鹽

調味。淋上：

1小匙濃的鮮奶油或融化的奶油

用水浴法☆，174頁，蒸烤15分鐘。配上：

（香煎雞肝碎粒，充分調味過，或火腿和辛香草，或番茄醬★，310頁）

烤蛋的額外配料（Additions to Baked Eggs）

I. 炒蕈菇，470頁，或蘆筍尖
切碎的番茄
奶油菠菜，507頁，奶油蘑菇，471頁，或奶油洋蔥，476頁
雞肉或火雞肉辣洋芋薯餅，189頁
熟培根碎粒、香腸或鯷魚碎粒

II. 烤盤底先放：
覆蓋著葛呂耶起司的1片圓吐司片
再倒入蛋液。

III. 烘烤前，覆蓋上：
起司醬★，293頁，或番茄醬★，310頁

瑪芬烤模烤蛋（Eggs Baked in a Muffin Tin）（12人份）

這些是供應一大群人烤蛋的好方法。

I. 烤箱轉180度預熱。把一個瑪芬烤模，最好是不沾烤模，稍微抹上：
放軟的奶油
備妥：12顆蛋
在每個模杯裡撒：

1大匙帕馬森起司屑（總共3/4杯）
2大匙火腿丁（總共1又1/2杯）
在每個模杯裡打1顆蛋，用水浴法☆，174頁，來蒸烤，烤到蛋白剛好凝固而蛋黃仍水嫩，
13至14分鐘。用小抹刀取出烘蛋，盛到盤子裡。

II. 烤箱轉180度預熱。把一個瑪芬烤模，最好是不沾烤模，稍微抹上：
放軟的奶油
備妥：12顆蛋
在一口平底鍋裡或炙烤爐裡把：
18片培根
煎或烤到稍微酥黃但仍是軟的。把1條半的培根圈在每個模杯的內壁。在每個模杯裡放：
（1大匙辣醬；共3/4杯）
每個模杯裡打1顆蛋進去，在蛋上澆：
1小匙融化的奶油（共4大匙）
再撒上：
鹽和匈牙利紅椒粉，適量
以水浴法，蒸烤，如上述。把蒸烤蛋放在：
12片圓吐司或瀝乾溫熱的罐頭鳳梨片上，點綴上：
荷蘭芹末

巢中蛋（Eggs in a Nest）（4人份）

樸素美味，也可以佐上番茄醬★，310頁。
烤箱轉180度預熱。備妥：4顆蛋
混勻：
2杯馬鈴薯泥，491頁
5大匙牛奶
1/2杯切碎的火腿或熟培根碎粒
3大匙荷蘭芹末
1/4小匙匈牙利紅椒粉
鹽，適量
把混料鋪在一只塗了油的烤盤底。用湯匙在盤中央挖出4個大洞，一個洞裡打1顆蛋進去，蛋上面撒：
焗烤料I☆，見「了解你的食材」
烤到蛋熟而不硬，約22分鐘。

| 關於歐姆蛋 |

安德魯・卡內基（Andrew Carnegie）曾說過：「把你所有的雞蛋放在一個籃子裡，然後顧好那個籃子。」當那個籃子是一口平底鍋，而目標是歐姆蛋，他的建言格外適切。「歐姆蛋」一詞用得很鬆散，泛指很多種蛋料理，不過經典的做法有四種：法式的、結實的、扁平的和膨酥的。一概都用打散的蛋液來做，做成外表結實滑口而內裡仍保有水水嫩嫩的口感。

經典的歐姆蛋，**法式歐姆蛋**，蛋體可捲起來或折起來，通常包著某種鹹餡料。**結實的歐姆蛋**比較好做——很適合新手——因為對折之前要把蛋體煎得很結實。**扁平的歐姆蛋**，在義大利叫**烘蛋**（frittata），則很像大煎餅。而**膨酥的歐姆蛋**，是藉著把蛋白打到發泡，而做出蓬鬆輕盈的口感。

由於在做歐姆蛋的時候手腳要快，所以動手前先備妥你要加在蛋裡或配著蛋吃的所有材料，同時確認你的客人熱切等待著。

歐姆蛋要做得好，有賴於➡鍋子和油都要夠燙，這樣蛋液一碰到鍋底就

會立刻凝結，因而能撐住上方質地柔軟得多的蛋，但是油鍋也不能太燙，免得上面的蛋還沒熟而底部的蛋已經變老。

因此，蛋以及要加入蛋裡的任何食材下鍋前一定要呈室溫狀態。➡要讓蛋回溫到室溫，可以放在裝了熱自來水的碗裡，泡五分鐘。歐姆蛋做壞了的情況，以蛋直接從冰箱取出便下鍋居多。放鹽也是個問題。因為鹽會讓蛋體變硬，所以一般而言，應該在餡料或配料裡放鹽。

把歐姆蛋裹上一層光澤，雖然可使它誘人可口，卻也會使它變老。➡要為歐姆蛋裹上一層光澤，刷上奶油即可。或者，如果你想要它看起來精緻費工，可以稍微澆上大約四分之一杯稀的莫內醬★，293頁，然後放在炙烤爐裡烤個一分半至二分鐘。又或，若是甜味歐姆蛋，撒上糖，然後放到炙烤爐裡烤一下下。

歐姆蛋純粹主義者主張，做歐姆蛋必須用專門只用來做歐姆蛋的鍋子。但我們認為，一口十至十二吋的萬用不沾平底鍋就很好用了。只要鍋子大小剛好，做歐姆蛋便輕鬆自如。做兩顆蛋的歐姆蛋，一口八至十吋的鍋子最好。一份三至五顆蛋的歐姆蛋需要一口十二吋的鍋子。

歐姆蛋不見得要加餡料，但是加了料效果很棒。➡一份三顆蛋的歐姆蛋需要二分之一杯至四分之三杯的熟餡料。辛香草或起司屑也可加到尚未下鍋的蛋液裡。至於其他的餡料，➡參見「炒蛋的額外配料」，331頁，以及「歐姆蛋的餡料」，325頁。

法式歐姆蛋（捲起來或折起來的）（French Omelet〔Rolled or Folded〕）（1人份）

做法式歐姆蛋，不管是捲起來的或折起來的，蛋只要打到蛋白和蛋黃充分混勻即可，不要把空氣打到蛋液裡，更別說打到起泡。用叉子來打比用攪拌器好，這樣比較能確保你不會打過頭。

如果要做的歐姆蛋不只一份，把所需的蛋量都打散，然後用勺子或量杯來取用，每一份2顆蛋的歐姆蛋取3又1/2盎司，或大約1/2杯。奶油和內餡的材料就擺在爐火邊，一旦開始一個歐姆蛋接著一個做時，動作要快。歐姆蛋起鍋後要即刻享用，或者放在90度的烤箱裡保溫，直到你全數做完再一併上桌。如果你要做的歐姆蛋超過四份，用兩口鍋子來做，甚或用上三口也行。同時要留意，同時使用一口以上的鍋子需要技巧，要練過才行，所以上場前最好多練個幾回。分段進行烹煮，這樣每個鍋子裡的歐姆蛋才不會同時在同一階段。

用一把叉子把：

2顆大的蛋、1/8小匙鹽、1小撮黑胡椒

打到蛋白和蛋黃混勻。在一口8至10吋的平底鍋裡，最好是不沾鍋，以中大火融化：

1大匙無鹽奶油

傾斜鍋子，好讓奶油充分地沾裹著鍋子內緣和底面。你也可以用噴霧油（nonstick cooking spray）或奶油加其他油的混液。當奶油火燙而且開始飄出香味但尚未焦黃時，把蛋液倒進去。與此同時，用左手將鍋子前後晃蕩，讓所有蛋液在鍋子底面上滑移。右手拿一根叉子，以畫圈圈的方式快速旋攪蛋液，如圖示。叉子的尖齒要和鍋底平行，這樣才不會刮到鍋底。

這時鍋裡的熱力很可能足以烹煮蛋液，因此你可以把鍋子稍微從火源拉開，同時從邊緣往中心輕輕旋攪蛋液。別理會叉子造成的凹凸不平。一面晃動鍋子一面旋攪的律動，很像小孩子玩的一面拍頭一面搓揉肚子的把戲。備妥一只溫熱的上菜盤，熱盤子有助於歐姆蛋膨發；如果你想把歐姆蛋裹上光澤，就選用耐熱的盤子，參見「關於歐姆蛋」，333頁。不管歐姆蛋加不加餡料，以左手心朝上的方式握著鍋把，如圖示。將鍋把往上抬，讓鍋子另一端下斜，用叉子把大約三分之一的蛋皮朝鍋把反方向翻折，如中間的圖示。假使歐姆蛋有黏鍋的傾向，放下叉子，用拳頭出力地往鍋把捶個一兩下，如圖示。這麼一來，毋需用叉子歐姆蛋便可翻起，並開始滑動。將鍋子傾斜90度或更大的角度，直到歐姆蛋滑出鍋子時再翻折一次，而且接合處朝下——這樣即可上桌了。喜歡的話可以裹上光澤並加以點綴，趁熱享用。

製作法式歐姆蛋

歐姆蛋的餡料

蛋液下鍋前可以加入辛香草或起司屑，體積較大的餡料，可以在歐姆蛋要捲起之前，置於蛋皮中央。每一份兩顆蛋的歐姆蛋，用三分之一至二分之一杯呈室溫的餡料。

普羅旺斯燉菜，455頁

奶油菇類，471頁

酪梨醬，137頁，和鮮莎莎醬★，323頁

瑞科塔起司或山羊起司混番茄和辛香草

橄欖碎粒與酸奶

奶油雞★，125頁

切碎的火腿與起司屑

1份紅魚子醬或黑魚子醬對2份酸奶

法式蘑菇泥，472頁

焦糖化洋蔥，477頁

香煎櫛瓜或蘆筍尖

吃剩的熟肉丁或海鮮

結實的歐姆蛋（Firm Omelet）（4人份）

這類歐姆蛋的質地，新手比較做得來。
用叉子把：
4顆蛋
打勻，再打入：
1/4杯牛奶、鮮奶油或高湯
1/2小匙鹽
（1/8小匙匈牙利紅椒粉）
在一口平底鍋裡融化：
1又1/2大匙奶油
待奶油非常熱，倒入蛋液，然後以文火煎煮。用鍋鏟掀起蛋皮邊緣，傾斜煎鍋好讓沒熟的蛋液流到底部，或者用叉子在柔軟的部分戳一戳，讓熱氣穿透到底層。當蛋皮的稠度均勻時，將蛋皮翻折起來並起鍋。若是歡慶的場合，起鍋前可把上述任一款歐姆蛋餡料加進歐姆蛋裡。

西班牙歐姆蛋（Spanish Omelet）（4人份）

在一口8至10吋的平底鍋裡以中大火加熱：1/2杯橄欖油
油熱後放入：
1杯削皮切薄片的馬鈴薯
不時將薯片翻面，直到薯片均沾裹上油。把火轉小，偶爾翻面一下，約煎20分鐘。煎薯片的同時，取另一口大的厚底平底鍋，加熱：
2大匙橄欖油
油熱後下：
1/2杯洋蔥薄片、1/2青甜椒細絲
煎煮5分鐘，再下：
1顆蒜瓣，切末
1/3杯去皮去籽瀝乾的番茄碎粒
鹽和黑胡椒適量
續煮約15分鐘。將馬鈴薯片加到洋蔥混料，並保持火燙。準備：
4份法式歐姆蛋
在每份歐姆蛋裡填入2大匙餡料，然後在每份歐姆蛋上面再澆上2大匙餡料。

蛋白歐姆蛋（Egg White Omelet）（1人份）

選用濕潤而滋味濃郁的餡料來配這道歐姆蛋，譬如煙燻鮭魚和新堡（Neufchâtel）起司、香煎甜椒或烤甜椒，485頁，或炒蕈菇，或日曬番茄乾和焦糖化洋蔥，477頁。請參閱「關於歐姆蛋」。用叉子把：
3顆蛋白
2小匙切碎的辛香草，諸如荷蘭芹、蝦夷蔥、龍蒿和/或蒔蘿
1/8小匙鹽
1小撮黑胡椒
打勻。在一口6至8吋的平底鍋裡以中大火加熱：
1大匙蔬菜油
待油很熱但不致冒煙，倒入蛋白，傾斜鍋子，好讓蛋液覆蓋鍋底。等鍋底的蛋液逐漸凝固，用鍋鏟掀起蛋皮邊緣，讓尚未熟的蛋液流到鍋底。一旦歐姆蛋的稠度均勻，便可將任一餡料放在一半的歐姆蛋上，把另一半歐姆蛋對折包住餡料，做成半月形歐姆蛋。用鍋鏟把歐姆蛋移出鍋子，立即享用。

義式烘蛋（Frittata）（3人份）

扁平的歐姆蛋以及義大利的類似料理，義式烘蛋，是將蔬菜、肉類或其他鹹食材拌入蛋裡做成的。你也可以用任一款的歐姆蛋餡料，但加了鮮奶油和香煎過

的除外，➡一杯餡料配3顆蛋。義式烘蛋可以吃熱的，也可以放涼至室溫再吃，像吃披薩那樣切片食用。➡為了避免黏鍋，使用一口10至12吋老鑄鐵鍋或有耐熱手把的不沾鍋，倒入蛋液之前確認鍋底和邊緣都充分抹上了油。
備妥：
1杯半至2杯額外的料，譬如切丁的熟蔬菜、起司、海鮮或火腿——或任何組合
用一根叉子把：**6顆蛋**
打勻，拌入餡料以及：
鹽和黑胡椒
鹽和黑胡椒的多寡端看餡料的鹹淡。取一把10吋平底鍋以中火加熱，鍋子熱後加：
1又1/2大匙橄欖油
倒入蛋液，按照基本法式歐姆蛋的步驟做，直到烘蛋的底部定型而表面依然滑嫩。把烘蛋送入180度的烤箱或炙烤爐裡烤個幾秒鐘，直到表面結實。傳統的義式烘蛋是不會烤到焦黃的。盛在熱盤子裡立即享用，或放涼至室溫再吃。

大分量的朝鮮薊義式烘蛋（Artichoke Frittata for a Crowd）（8人份）

可當作前菜，好讓一小群人快樂地等待晚餐。
把：
2罐13又3/4盎司（3又1/4杯）朝鮮薊心
瀝乾且縱切對半。再把：
4盎司（約2/3杯）烤紅椒
瀝乾，切成1/4吋細條，置旁備用。打勻：
12顆大的雞蛋、1又1/4杯半對半鮮奶油
1杯帕瑪森起司屑、1/2杯切碎的羅勒
1小匙鹽、黑胡椒適量
在一口12吋抹了油的耐熱平鍋或老鑄鐵平底鍋以中火融化：
3大匙無鹽奶油
放入：
2根中的青蒜，切碎、1瓣蒜仁，切末
拌一拌，煎到變軟而且稍微焦黃，約10分鐘，再下朝鮮薊和烤紅椒，連同：
2大匙無鹽奶油
旋動奶油使之融化並沾裹鍋底。倒入蛋液，以中小火煎煮到中央幾乎凝結，約18分鐘。將炙烤爐預熱，把義式烘蛋放在離上火7吋的地方，烤到酥黃，約5分鐘。放到變溫時，直接從平底鍋切片取用。

牡蠣歐姆蛋（Hangtown Fry）（4人份）

將：**12顆牡蠣，去殼**[*]**，8頁**
放到：
1/2杯中筋麵粉
鹽和黑胡椒適量
裡敷上麵粉。在一口8至10吋平底鍋，最好是不沾鍋，以中火將：
4片培根
煎到酥脆。把培根放到紙巾上瀝油。倒掉鍋裡多餘的油，轉大火，放：
2大匙奶油
再放入敷了麵粉的牡蠣，煎到金黃酥脆，約每面2分鐘。把培根壓碎後放入平底鍋內，再下：
5顆蛋，稍微打散
1/4小匙鹽
1/8小匙黑胡椒
把火轉成中火，煎煮5秒，別去翻動，接著用一把木鏟慢慢把蛋液往中央推，傾斜鍋子讓未熟的蛋液流到鍋底。一等蛋定型便停止晃動鍋子。將歐姆蛋翻面，第二面煎個幾秒，或者放到炙烤爐裡烤到酥黃。歐姆蛋的中央必須仍有點軟嫩。

西式或丹佛歐姆蛋（Western or Denver Omelet）（2人份）

在一口8至10吋平底鍋裡，最好是不沾鍋，以中火融化：

1大匙奶油

接著放入：1/3杯洋蔥末、1/3杯青甜椒末

拌炒一下，煮到變軟，約10分鐘，再下：

1/3杯火腿丁

拌炒拌炒，續煮5分鐘。與此同時，打勻：

4顆蛋、1大匙牛奶

1/8小匙鹽、1/8小匙黑胡椒

把蛋液倒進熱鍋裡的熟菜末和火腿丁上。別攪動蛋液，煮5分鐘，然後用一把木鏟，慢慢把蛋液往中央推，傾斜鍋子讓沒熟的蛋液流到鍋底。一等蛋液凝結就停止推移。將蛋餅翻面，另一面續煎個幾秒鐘，或者放到炙烤爐裡烤到酥黃。將歐姆蛋切半，盛到熱盤子上享用。

馬鈴薯歐姆蛋（西班牙蛋餅）（Potato Omelet〔Tortilla Expañola〕）（6人份）

在一口10至12吋平底鍋裡，最好是不沾鍋，以中火加熱：

2大匙橄欖油

油熱後下：

1顆大的洋蔥，切成1/8吋薄片

鹽和黑胡椒，適量

煎煮到洋蔥變軟而呈金黃色，約10分鐘，倒到一口大碗裡。在同一把平底鍋裡以中大火加熱：

1/4杯橄欖油

油熱後下：

1磅紅皮馬鈴薯，削皮切成1/8吋薄片

煎煮到呈漂亮的金黃色，10至12分鐘。把馬鈴薯移到紙巾上瀝油。把平底鍋連同鍋內的油置一旁備用。把：

6顆大的蛋、1/2小匙鹽

加到洋蔥裡並且混勻。在馬鈴薯片上撒：

鹽和黑胡椒，適量

然後把薯片加到蛋液混料裡，拋翻幾下讓薯片沾裹蛋液。將平底鍋放回爐頭上，轉大火加熱鍋裡剩餘的油。等油熱便倒入蛋液混料，並立刻把火轉小。讓蛋料在鍋裡煎煮3至4分鐘，別去攪動它，煎煮到底部呈金黃色，而蛋液有三分之二或四分之三已經定型。偶爾晃動一下鍋子，免得歐姆蛋黏鍋。假使黏鍋，用一把鍋鏟鏟入蛋餅底部使之鬆脫。放到炙烤爐裡烤到表面變得結實。晃動鍋子讓蛋餅從鍋底鬆脫，並讓它滑入盤子裡。切片趁熱享用，或放涼至室溫再食用。

膨酥的歐姆蛋（Souffléd Omelet）（4人份）

做得到位的膨酥歐姆蛋呈漂亮的金黃色，外表乾酥而內裡軟綿蓬鬆。4顆蛋量的歐姆蛋，你需要10至12吋的耐熱鍋子才能讓歐姆蛋充分鼓膨。我們格外喜歡加甜餡料，譬如水果或蜜餞，不過加起司或辛香草餡料也很美味。。

烤箱轉190度預熱。把：

4顆大的蛋黃、3大匙糖

打到稠而輕盈。在一口大碗裡把：

4顆大的蛋的蛋白、1小撮鹽

打發到剛好呈硬性發泡。然後把蛋黃液輕輕拌入蛋白裡。在一口10吋耐熱平底鍋裡以中火加熱：

1至2大匙奶油

當起泡狀態消失，把蛋液倒入鍋中並抹勻。讓表面平順。幾秒鐘後晃蕩鍋子，

免得巴鍋，然後蓋上內面抹了奶油的鍋蓋，以免沾黏。把火轉小，煎約5分鐘。掀開蓋子，把平底鍋放入烤箱裡。烤到蛋餅表面凝固，3至5分鐘。喜歡的話，把歐姆蛋對折，使之滑入熱盤子裡，並撒上：（糖霜）

夾果醬的膨酥歐姆蛋（Jam-Filled Souffléd Omelet）

按上述的做法準備膨酥歐姆蛋。在把蛋餅對折前，填入2大匙拌入1小匙蘭姆酒或白蘭地的溫熱杏桃醬，或拌入1小匙新鮮檸檬汁的覆盆子果醬。

甘曼怡橙酒膨酥歐姆蛋（Grand Marnier Souffléd Omelet）

按上述的做法準備膨酥歐姆蛋。在蛋黃裡加3大匙甘曼怡橙酒。喜歡的話，在歐姆蛋撒上糖霜後，加熱3大匙白蘭地或甘曼怡橙酒；別煮沸。把熱白蘭地澆到歐姆蛋上並且焰燒☆，見「烹飪方式與技巧」。

蘋果餡膨酥歐姆蛋（Apple-Filled Souffléd Omelet）（4人份）

在一口小的平底鍋裡以中火融化1大匙奶油。放入1/3杯金冠蘋果片，煎到焦黃，約2分鐘。放1大匙白蘭地（最好是蘋果白蘭地）。讓它短暫地沸煮一下，置一旁備用。準備上述的膨酥歐姆蛋，把歐姆蛋送入烤箱烤之前，把蘋果片鋪排在蛋餅表面。

辛香草起司餡的鹹味膨酥歐姆蛋（Savory Cheese-and-Herb-Filled Souffléd Omelet）

準備上述的膨酥歐姆蛋，蛋黃裡不放糖，改放適量的鹽和黑胡椒調味。把歐姆蛋送入烤箱烤之前，撒上2大匙辛香草末（蝦夷蔥、荷蘭芹或山蘿蔔菜，或任何組合）以及1/4杯任選的起司屑。享用的時候佐上番茄醬汁★，310頁，或鮮莎莎醬★，323頁。

| 關於舒芙蕾 |

舒芙蕾堪稱是烹飪界的紅牌女伶。鼓形蛋奶酥（timbale）是它比較心平氣和一點的親戚。只要多費點心思，兩者都很容易搞定，而且都是可以用剩菜做出來的人氣料理。➠做舒芙蕾或鼓形蛋奶酥最好用熟的食物，因為煮熟的食物不像生的食材會釋出水分。

舒芙蕾維持蓬鬆的時間有如「瞬息」般短暫，而這正是法文soufflés一字的意思。雖然有些舒芙蕾可以鼓膨得久一些，但是它們的鼓膨都有著先天的限制。只要特別留意幾個要點，這些訣竅很容易把握到，它們通常是用混了白醬的蛋黃和打發的蛋白來做。白醬應該要相當稠的那一種，➠加熱到剛滾沸便離火，放個三十秒，再拌入呈室溫的蛋液或其他食材——同樣也呈室溫。除了白醬外，有些舒芙蕾用的是其他濃稠的醬或糊。不管用的哪種底料，它可以預先在兩天前做好並冷藏保存。大約在你打算要端上舒芙蕾的前一小時，➡把底料加熱到溫熱，然後照食譜的步驟進行。

被困在充分打發的蛋白泡沫裡的空氣，是舒芙蕾蓬鬆的原因。這些空氣在烤箱裡會膨脹，使得蛋液混料鼓膨。打發到恰到好處的蛋白，是舒芙蕾成功的關鍵。蛋白應該要➡堅挺但不乾燥。一旦蛋白達到硬性發泡，馬上要和底料拌合，先拌入四分之一的蛋白霜好讓底料變得輕盈，然後再盡可能放輕動作把其餘的蛋白霜拌合，免得壓擠混料裡的空氣使之逸散。參見「拌合蛋白霜」☆，見「了解你的食材」裡的「烹煮蛋類」。每兩顆全蛋加額外一份蛋白總能讓舒芙蕾更蓬鬆。

使用舒芙蕾模具很好，不過任何直筒深槽的烤皿都適用。八盎司的陶盅很理想，不管是做個人份的舒芙蕾當前菜，或是當作午餐、早午餐或輕晚餐的主菜。若想做令人驚豔的大型舒芙蕾，用六杯容量的烤皿來做四至五份蛋白用量的舒芙蕾，足供四人份，或者用八杯容量的烤皿來做六至七份蛋白用量的舒芙蕾，足供六人份。

準備舒芙蕾烤皿時，➡先把烤皿底面和內壁都充分抹上奶油，然後在奶油上撒上麵粉、乾起司屑、麵包屑、玉米粉或砂糖，端看你要做的舒芙蕾的口味。把烤模往各個方向傾斜，直到底面和內壁都充分沾裹著粉末，然後把烤模上下顛倒，拍出多餘的粉。烤模可以預先在數小時前備妥。

確認烤箱加熱到指定的溫度。➡舒芙蕾需要強力的下火，因此烤架要置於烤箱下層三分之一處。

烤模不要裝超過三分之二滿。烤之前，將你的大拇指伸入烤皿內壁抹一圈，在舒芙蕾混料的外緣做出一吋深的溝槽（個人份的烤皿則做出二分之一吋深的溝槽）。這樣做會讓舒芙蕾隆起時鼓膨得更平整，讓烤好的舒芙蕾有著大禮帽的外觀。若要舒芙蕾鼓發蓬鬆至極致，混料一做好便馬上烘烤，不過如果不立刻烘烤，混料放室溫下並罩上一口倒扣的碗，放一小時沒問題。

舒芙蕾在剛開始鼓發時最脆弱，所以烘烤的前半段時間烤箱門務必要關上。➡等到舒芙蕾已經高出烤模緣口三至四吋而且頂部呈金黃色時，再測試它的熟度。若是扦叉戳入抽出後乾淨沒有沾黏，舒芙蕾便是烤好了。又或，用你的手輕輕摸一下頂部，如果摸起來堅實而且中央稍微會晃動，就是烤好了。舒芙蕾可以內部稍微濕潤軟綿，也可以裡外都乾而結實。假使你喜歡乾一點的舒芙蕾，就烤稍微久一點——但也別烤太久，否則它會開始塌陷。

舒芙蕾也可以用水浴法來烤☆，174頁，若是如此，要多烤個五至十分鐘。這樣做出來的舒芙蕾不會鼓得很高，質地也更稠密，像布丁的口感，但是烤好後的鼓膨狀態可以撐稍微久一點，給廚子多一點喘息空間。

舒芙蕾一旦烤好就要立刻享用。舒芙蕾出爐後在一兩分鐘之內就免不了會開始塌陷。舒芙蕾有時候會佐上醬汁，醬汁可以另外附上，或者舀入中心挖空的凹口裡。

起司舒芙蕾「樂土」（Cheese Soufflé Cockaigne）（4至6人份）

烤箱轉180度預熱。將6杯容量的烤皿或4個8盎司陶盅豪邁地抹上奶油，在內裡上撒：

1/4至1/2杯乾麵包屑或帕瑪森起司屑

抖掉多餘的粉末。在一口大的醬汁鍋裡把：

1杯白醬II★，291頁

煮沸，離火放個30秒，再加入：

5大匙帕瑪森起司屑

2大匙葛呂耶起司絲

拌勻，接著拌入：

3顆蛋黃，打散

一次拌一顆的量，拌勻後再倒下一次的量。把：**4顆蛋白**

打發到堅挺而不乾燥☆，見「了解你的食材」裡的「烹煮蛋類」。然後把蛋白霜拌入起司糊裡。拌好後倒進備妥的舒芙蕾烤皿或陶盅裡，喜歡的話，在上面放：

（紙片薄的陳年瑞士起司刨片）

烤25至30分鐘，或直到鼓膨定型。

火腿起司舒芙蕾（Ham and Cheese Soufflé）

按上述起司舒芙蕾「樂土」的做法。在蛋黃液裡拌入3/4杯煙燻火腿末和一大匙洋蔥末，之後再拌入蛋白霜。

藍紋起司－帕馬森起司舒芙蕾（Blue Cheese-Parmesan Soufflé）

按上述的起司舒芙蕾「樂土」的做法來做。把葛呂耶起司換成2大匙掰碎的藍紋起司。

菠菜舒芙蕾（Spinach Soufflé）（6人份）

烤箱轉180度預熱。將8杯容量的舒芙蕾烤皿或6個8盎司陶盅豪邁地抹上奶油，在內緣上撒：

1/4至1/2杯乾麵包屑或帕瑪森起司屑

甩掉多餘的粉屑。在一口大碗裡混勻：

1又1/2杯白醬II★，291頁，呈室溫或稍微溫熱

3/4小匙鹽

1/8小匙肉豆蔻粉或紅椒粉

1小撮白胡椒

在一口中型碗裡打勻：

6顆蛋黃

3/4杯帕馬森起司屑和/或瑞士起司屑

接著打入1/2杯白醬，拌勻後再把剩下的白醬拌入，使勁地打勻。然後放入：

1又1/2杯熟菠菜，擰乾並剁碎

將：

6顆蛋白、1小撮鹽

打發到堅挺但不乾燥。將四分之一的蛋白霜拌入舒芙蕾底料裡，讓底料稍微變輕盈，再把其餘的蛋白霜拌合。拌好後倒入備妥的舒芙蕾烤皿或陶盅裡，烤到鼓膨而且頂部呈漂亮的金黃色，大型舒芙蕾須40至45分鐘，單人份舒芙蕾須20至25分鐘。烤好後立即享用。

蘑菇舒芙蕾（Mushroom Sufflé）

按上述的菠菜舒芙蕾做法來做。把帕瑪森起司換成1/2至1杯葛呂耶起司屑，菠菜換成1又1/2杯香煎的蘑菇碎粒。把1又1/2小匙馬鬱蘭或迷迭香加進白醬裡。

青花菜或白花椰菜舒芙蕾（Broccoli or Cauliflower Soufflé）

按上述的菠菜舒芙蕾做法來做。把帕瑪森起司換成3/4杯切達起司屑，菠菜換成1又1/2杯熟青花菜碎粒或白花椰菜碎粒。用紅椒粉而不用肉豆蔻粉，同時加1小匙的芥末粉。

胡蘿蔔舒芙蕾（Carrot Soufflé）

按上述的菠菜舒芙蕾做法來做。菠菜換成1又1/2杯熟胡蘿蔔泥。把1大匙百里香末或蒔蘿末加進白醬裡。

玉米舒芙蕾（Corn Soufflé）

按上述的菠菜舒芙蕾做法來做。菠菜換成1又1/2杯新鮮玉米粒。在白醬裡加紅椒粉而不是肉豆蔻粉。佐上一湯匙青醬★，320頁。

山羊起司核桃舒芙蕾（Goat Cheese and Walnut Soufflé）（8人份）

可以輕鬆地事先做好，冷藏可放上3天，重新加熱即可上菜。

烤箱轉180度預熱。將8個6盎司陶盅或卡士達杯豪邁地抹上奶油。混勻：

3/4杯核桃，烤過，切細碎

1/4杯玉米粉

在陶盅的內緣撒上玉米粉混料，將陶盅往各個方向傾斜，直到內緣徹底沾裹著粉末。把沒有附著在陶盅底面上的核桃碎粒撒到底面上。在一口醬汁鍋裡以中火加熱：

3大匙無鹽奶油

拌入：1/4杯中筋麵粉

攪拌到滑順。拌煮1分鐘。鍋子離火，拌入：

2/3杯牛奶

鍋子放回爐火上，輕快地攪拌，煮沸，直到混液非常濃稠。刮入一口碗裡，放入：

10盎司新鮮山羊起司

搗壓到起司融化。攪入：

4顆大的蛋黃、2顆蒜瓣，切末

1/4小匙乾百里香、1/4小匙鹽

1/4小匙白胡椒

把：

5顆大的蛋白

1/4小匙塔塔粉

打發到堅挺但不乾燥☆，見「了解你的食材」裡的「烹煮蛋類」。把四分之一的蛋白霜拌入舒芙蕾底料裡，使底料變輕盈，然後再把其餘的蛋白霜拌合。拌好後倒進備妥的陶盅，把頂部抹平。把陶盅放到水浴器具裡☆，174頁。烤到籤叉戳入中央抽出後乾淨沒沾黏，約30分鐘。靜置於水浴器具裡15分鐘，然後把舒芙蕾倒扣在抹了油的烤盤上。舒芙蕾可以馬上享用，也可以放涼，用保鮮膜密封後冷藏，可放上3天。上桌前將舒芙蕾放入220度的烤箱加熱5至7分鐘。

番薯舒芙蕾（Sweet Potato Soufflé）（6人份）

這道舒芙蕾配冷火腿或熱火腿超級對味。
烤箱轉180度預熱。將1個8容量的舒芙蕾烤皿或6個8盎司陶盅豪邁地抹上奶油，在內緣上撒：
1/4杯麵粉
甩掉多餘的粉末。備妥：
3杯烤番薯泥或水煮番薯泥，500頁
趁番薯仍溫熱，加入：
3大匙奶油、1/2小匙鹽
1/2小匙檸檬皮絲屑
2顆蛋黃，打散
（1小撮肉豆蔻粉）
用叉子打到膨發。再拌入：
1/2杯至3/4杯瀝乾的鳳梨碎粒或蘋果醬
稍微放涼。把：
2顆蛋白
打發到堅挺但不乾燥☆，見「了解你的食材」裡的「烹煮蛋類」。然後把蛋白霜拌入舒芙蕾底料。倒進備妥的舒芙蕾烤皿，把頂部抹平。烤約35分鐘。

蟹肉或鮪魚舒芙蕾（Crab or Tuna Soufflé）（4人份）

烤箱轉165度預熱。將1個8容量的舒芙蕾烤皿或6個8盎司陶盅豪邁地抹上奶油，在內緣上撒：
1/4至1/2杯乾麵包屑或帕瑪森起司屑
甩掉多餘的粉屑。準備：
1杯白醬II★，291頁
當白醬變得滑順，拌入：
3/4至1杯蟹肉薄片或鮪魚薄片
1/4杯切細碎的胡蘿蔔
1/4杯切細碎的西芹
（2大匙切碎的荷蘭芹）
並加熱到熱透。鍋子離火，把1/2杯醬料拌入：**3顆蛋黃，打散**
再把這混合物倒回剩餘的醬料中並且拌勻。加：
1/2小匙鹽、1/2小匙匈牙利紅椒粉
1/2小匙肉豆蔻屑或粉、1/2小匙芥末粉
新鮮的檸檬汁、烏斯特黑醋醬、番茄醬或辣椒醬，適量
調味。稍微放涼。把：**3顆蛋白**
打發到堅挺而不乾燥。把四分之一的蛋白霜拌入舒芙蕾底料裡，好讓底料稍微輕盈些，然後再把其餘的蛋白霜拌合。拌好後倒入備妥的舒芙蕾烤皿，把表面抹平。烤到堅實，約35分鐘，配上：
番茄醬汁★，310頁，鮮蝦醬★，294頁，或鯷魚醬★，294頁

關於鼓形蛋奶酥（Timbales）

鼓形蛋奶酥曾經是純正的美國習俗——淑女午餐會，聚餐時幾乎是必不可少的台柱，是性情更穩定、更耐放的舒芙蕾。鼓形蛋奶酥通常被叫做**鹹慕斯**（savory mousse），一種鹹味的蛋奶酥，用個別的烤模來烤，以脫模的狀態上桌。它也可以澆上或配上醬汁食用。

把個別烤模或大型烤模稍微抹上奶油，蛋料糊裝三分之二滿。➔以水浴法來蒸烤☆，174頁。水的高度應該跟烤模裡的蛋料糊等高。➔要經常檢查水溫，確認烤模外的水沒有煮沸——呈要滾不滾的狀態。用烘焙紙保護鼓形蛋奶酥的表面是明智的做法。

若用烤箱烤，則設定在中等溫度，大約一百六十五度，烤二十至五十分鐘，端看模具的大小而定。當刀子戳入烤模中央抽出時刀面是乾淨的就是烤好了。倒扣在上菜盤或個別盤子上即可上桌。

基本的鼓形蛋奶酥（Basic Timbale Custard）（4人份）

烤箱轉165度預熱。在一口碗裡用攪拌器打勻：

1又1/2杯溫熱的濃鮮奶油或1/2杯鮮奶油，外加1杯雞肉湯，210頁，或雞高湯

4顆蛋，呈室溫

3/4小匙鹽

1/2小匙匈牙利紅椒粉

（1/8小匙肉豆蔻屑或粉，或者西芹鹽）

（1大匙切碎的荷蘭芹）

（數滴洋蔥汁或檸檬汁）

蒸烤和脫模，請參見上述的「關於鼓形蛋奶酥」。配上：

奶油蔬菜

點綴上：

酥脆的培根碎粒

荷蘭芹

菠菜、青花菜或白花椰菜鼓形蛋奶酥（Spinach, Broccoli, or Cauliflower Timbales）（5至6人份）

烤箱轉165度預熱。準備上述的基本的鼓形蛋奶酥。在蛋奶料裡加1杯至1杯半充分瀝乾的菠菜、青花菜或白花椰菜，切碎或用食物研磨機研磨，以及（1/2杯起司屑）。需要的話調整鹹淡。按食譜步驟進行。

蘑菇鼓形蛋奶酥（Mushroom Timbales）（5至6人份）

烤箱轉165度預熱。準備上述的基本的鼓形蛋奶酥。在蛋奶料裡加2杯瀝乾剁碎的炒蕈菇。按食譜步驟進行。

蘆筍鼓形蛋奶酥（Asparagus Timbales）（4人份）

加進麵包屑會讓鼓形蛋奶酥的口感比較不像蛋奶凍，這種做法尤其適合加了剩菜做的菜泥或少量湯品的即興發揮。

烤箱轉165度預熱。將4個4盎司陶盅稍微抹上奶油，並在底部鋪上蠟紙或烘焙紙。在一口大碗裡攪勻：

1又1/2杯調味過的熟蘆筍丁

2顆大的蛋

1/3杯稍微擠壓過的新鮮麵包屑

1/4杯瑞士起司屑、切達起司屑或帕瑪森起司屑

3又1/2大匙濃的鮮奶油

1大匙洋蔥屑、1大匙荷蘭芹末

1/2小匙鹽

1/8小匙黑胡椒

（少許辣椒醬）

把蛋奶料填入陶盅裡，填四分之三滿即可，然後放入水浴器具中。蒸烤到定型並呈漂亮的金黃色，而且刀子戳入後抽出時刀面是乾淨的，35至40分鐘。放涼10分鐘。將刀子插入每個陶盅內壁劃一圈，然後把蛋奶酥倒扣在上菜盤內。

烤蒜餡餅（Roasted Garlic Flan）（6人份）

這些個人份的餡餅可以用作盛沙拉嫩葉的底座，當成第一道菜，或者當作燒烤紅肉、魚肉或禽肉的配菜。
烤箱轉180度預熱。將6個4盎司陶盅抹上奶油。烤：
2球大蒜
擠出蒜仁搗成泥。把3至4大匙蒜泥（保留剩下的另作他用）舀入食物調理機裡，連同：
3顆大的蛋、1小匙鹽、1/2小匙黑胡椒
攪打到滑順，再倒入：
1又1/2杯濃的鮮奶油
繼續攪打到混勻。把混液倒進備妥的陶盅裡，在把陶盅放進水浴器具裡☆，174頁。蒸烤到定型並呈漂亮的金黃色，而且刀子戳入後抽出時刀面是乾淨的，35至45分鐘。放涼5分鐘。將刀子插入每個陶盅內壁劃一圈，然後把餡餅倒扣到上菜盤內。

關於將復活蛋著色

小孩子難忘的第一次下廚經驗通常是為復活蛋著色。市售的染料充滿形形色色的發泡錠、貼紙和轉印貼，很吸引人，不過利用你自家廚房裡有的食用色素和材料，著色效果會更鮮麗。看著紅甘藍菜把雞蛋染成藍色，紅洋蔥皮把白雞蛋染成橘色，你和孩子們將驚喜連連。蛋放在染料裡越久，染出來的顏色越深。若要加點圖樣，貼上貼紙或者細條的紙膠帶，或者染色前小心地把橡皮筋圈在蛋殼上，又或把蛋丟進染料之前先用白蠟筆在蛋殼上塗畫。

天然染劑（Natural Dye）（4杯）

若需要的染料不多，將用量減半。
請參閱「關於水煮蛋」，325頁。在一口鍋裡裡放入：
4杯水
2大匙白醋
加入下列染料之一：
4杯切碎的甜菜根，染粉紅色用
4杯煮熟的紅甘藍菜，染藍色用
3大匙薑黃粉，染黃色用
12顆紅洋蔥的皮，染焰橘色或橘色用
12顆大的黃洋蔥的皮，染褐色用
煮沸，火轉小，煨煮30分鐘。用鋪了一層咖啡濾紙的網篩把染劑過濾到一口碗或杯子裡，把水煮蛋放入染劑中，浸泡到蛋殼呈現出你想要的顏色。把上色的雞蛋放在鋪了紙巾的架子或烤盤上風乾。

食用色素染劑（Food Coloring Dye）

每個杯子或碗裡混一種染劑。放涼，用一根湯匙把水煮蛋輕輕放到染劑中。等到蛋殼達到你要的顏色，撈出蛋，放到鋪了紙巾的架子或烤盤上風乾。黃色混藍色可調出綠色，紅色混黃色調出橘色，藍色混紅色即紫色。
每一種顏色，混合：
40（1/2小匙）至45滴食用色素
2小匙白醋
再倒入：
1杯熱水

水果

Fruits

「夏娃吃的並不是西瓜。」馬克・吐溫說：「這我們知道，因為她事後很懊悔。」不管是加在沙拉或醬料，餡料或莎莎醬裡，新鮮水果是燒烤雞肉、豬肉或魚肉的好搭檔。煮過、煎過、烘烤或燒烤過的水果，是絕佳的配菜或盤飾。關於水果拼盤的點子，請參見「開胃菜和迎賓小點」，131頁。別忘了清爽的水果甜點——也許單吃水果，也許配上起司——對愛吃水果的人來說，那是一頓餐飯美妙的句點。

｜關於新鮮水果｜

果樹學家長久以來致力於將大多數熱門水果混種雜交，希望遲早能提升產量，培養出更可以抵抗病蟲害和不利氣候的品種；或者讓水果更禁得起運送的折騰並保有特色。可惜的是，這些努力很少是為了讓水果更多汁多味。今天有一些小規模的種植者正在重新栽種形形色色更有風味的老品種水果，這些水果可以在特產市場和農人市集買到。

你若要自己種水果，挑選標籤上特別註明「適合自家菜園栽種」的種籽或植栽。這類水果之所以被栽種，是著眼於馬上食用，而不是擱在貨架上出售，因此它們比商業栽種的品種繁多，滋味更豐富，質地也更細緻。

購買水果時，與其按照採購清單來買，不如選購市場裡看起來最新鮮的水果。想買到品質最好的，不妨上農人市集和路邊攤，購買在地種植、最當季的水果。只要你開口要求，農人和農產商基本上都很樂意讓人試吃，所以可能的話，購買之前先試吃看看。香氣是水果醇熟的另一個指標。挑選色澤明亮、形狀飽滿而且沒有撞傷、斑疤或皺痕的水果。「特價水果」很可能是過期太久的水果，品質或大小大抵都不合格，並不划算。

假使你要買的水果是從遠地運送來的，很可能尚未熟成便被採摘。這已經成了常態，為的是確保水果在運送過程裡處於堅實狀態，並在旅途中逐漸熟成，但這種做法卻使得很多品種的滋味流失。水蜜桃、杏桃和油桃會變得更軟，但是口感不會更好。採摘之後真正會熟成的是酪梨、香蕉、芒果、香瓜、木瓜、寶爪果、梨子、柿子、鳳梨和一些熱帶水果。如果購買尚青的這類水果，務必要放在室溫下的陰涼處。➠要讓水果熟化，用紙袋把每樣水果分別裝起來，袋口部分收攏，袋內每一粒水果也要用紙巾個別包裹起來（香蕉和香瓜除外）。➡加一顆蘋果或一根香蕉到袋內可以加速熟成，因為這兩種水果會釋放出一種可促進熟成的無害氣體。要經常查看水果，挑除出現腐壞跡象的水果，這些跡象包括：發霉、變軟或裂開。腐壞是會傳染的，周遭的水果很快會受波及。

有些熟成的新鮮水果可以裝在塑膠袋裡，貯存於溫度介於一・六度至四・四度的冰箱裡，譬如：蘋果、櫻桃和葡萄。藍莓、草莓和覆盆子則要裝在購買時所附的盒子裡放冰箱冷藏。然而大部分的水果都要放在室溫下直到熟成。熟成後再放冰箱保鮮。整顆水果比剖開的可以放得稍微久一點。柑類水果——葡萄柚、檸檬、萊姆、柳橙、橘子——放在開口打開的塑膠袋裡冷藏可以放上一個月。杏桃、奇異果、木瓜、水蜜桃和油桃冷藏可以放上一星期，而香瓜（甜瓜和哈密瓜）、芭樂、芒果和梨子可以放二至三天。熟香蕉放冰箱會喪失滋味。貯存前不要清洗水果；水果的濕潤組織很容易發霉，所以貯存時一定要盡量保持乾爽。

每月盛產的水果

一月

血橙、葡萄柚、芭樂、橘子、奇異果、金桔、柳橙、梨子、榲桲、羅望子、柑橘

二月

酪梨、血橙、葡萄柚、柳橙、梨子、羅望子、柑橘

三月

酪梨、血橙、葡萄柚、芭樂、柳橙、羅望子

四月

酪梨、葡萄柚、柳橙、木瓜、大黃、羅望子

五月

杏桃、酪梨、藍莓、櫻桃、羅望子、芒果、柳橙、木瓜、水蜜桃、覆盆子、大黃

六月

杏桃、黑莓、藍莓、波伊森莓（boysenberry）、櫻桃、荔枝、香瓜、油桃、百香果、水蜜桃、芒果、木瓜、覆盆子、草莓

七月

杏桃、黑莓、藍莓、櫻桃、紅醋栗、荔枝、芒果、香瓜、油桃、水蜜桃、覆盆子、草莓

八月

黑莓、藍莓、櫻桃、紅醋栗、無花果、鵝莓、越橘莓、荔枝、芒果、香瓜、油桃、桃子、李子、覆盆子、草莓

九月

蘋果、棗子、無花果、鵝莓、葡萄、越橘莓、芒果、香瓜、油桃、水蜜桃、梨子、李子、覆盆子、草莓

十月

蘋果、蔓越莓、棗子、無花果、鵝莓、葡萄、金桔、梨子、柿子、李子、石榴、榲桲、覆盆子、楊桃

十一月

蘋果、克萊門氏小柑橘、蔓越莓、棗子、葡萄柚、葡萄、奇異果、金桔、橘子、柳橙、梨子、柿子、石榴、榲桲、楊桃、羅望子、柑橘

十二月

血橙、克萊門氏小柑橘、棗子、葡萄柚、芭樂、奇異果、金桔、柳橙、梨子、柿子、石榴、刺梨、楊桃、羅望子、柑橘

➠食用或入菜之前再用冷水快速沖洗水果。使用蔬果洗潔劑清洗只能洗掉上蠟的水果，譬如蘋果的表面污染物。要去除留在果皮上的殺菌劑或農藥殘留，削掉果皮，然後沖洗一下。有機栽種的水果也可能打上了食用等級的蠟，譬如巴西棕櫚蠟或蜜蠟，因此也需要徹底洗乾淨或削皮。

杏桃、水蜜桃、油桃以及大多數品種的李子可以用浸泡滾水裡的方式去皮，或者稱為焯燙去皮。把水果——一次不超過三或四個——丟進一大鍋煮開的水裡，留在鍋裡十五至三十秒，接著撈出放入一盆冰水裡。這麼一來，果皮便很容易剝掉。假使還是很難剝，重複焯燙的步驟，或者用刀子或蔬果削皮器來削皮。

| 當令水果 |

運往超市的農產來自世界各地，因此很多水果一整年都買得到，不管它們在國內是否正值產季。在貨品豐富的市場裡，通常一年四季都可看到蘋果、酪梨、香蕉、椰子、葡萄柚、葡萄、奇異果、檸檬、萊姆、柳橙、梨子、鳳梨和芭蕉。有些水果只會在盛產季出現。方框內是特定一些水果在美國境內的盛產季的大致說明（請注意，產季會因地區而有長有短）。

假使水果沒什麼滋味，可以配著糖漬柑類皮、生薑或糖薑吃，或者撒點香料，若是煮過的水果或水果餡料，不妨加一點檸檬汁或萊姆汁來提味。特定的水果也可以浸在其他的水果汁或利口酒裡，或混合其他水果打成果泥，來增添多樣的滋味。你也可以把煮過的水果裹上滋味對比的一層果凍，尤其是蘋果和榲桲一類富含果膠的水果做的果凍。或者把罐頭的、冷凍的、新鮮的水果——不管是冷的或溫的，而且摻了少量白蘭地或利口酒的——組合在一起，做成法國人所謂的**糖漬水果拼盤**（compôte composée）。

| 可互換使用的水果 |

要是買不到某食譜裡所要求的水果，就用別樣水果代替。以下是水果在植物學上的分類，在食譜裡基本上是可以彼此替換的：

仁果類：蘋果、梨子或榲桲可以相互替代。

核果類：杏桃、櫻桃、油桃、水蜜桃、或李子可以相互替代。

莓類：黑莓、覆盆子或其他藤生莓（caneberry）可以互換。藍莓、越橘莓、蔓越莓、紅醋栗、鵝莓、燈籠果、接骨木莓或葡萄可以互換。

柑橘類：柳橙、橘子、葡萄柚、柚子、檸檬、萊姆或這一類的其他水果可以互換。

香瓜類：所有的香瓜類都可以互換。

| 防止新鮮水果褐變的方法 |

蘋果、杏桃、酪梨、香蕉、油桃、水蜜桃、梨子、李子、榅桲以及一些異國水果一經切開暴露在空氣中，就會有不同程度的褐變。用在防止罐頭水果和冷凍水果褐變的方法，用在食用前才削皮的新鮮水果也完全行得通。以柑類汁液或醋的形式呈現的酸兌上水，就是一種防止褐變的溶液。要**預防褐變**，把切片的水果和足夠的檸檬汁或萊姆汁混合，讓水果沾附著薄薄的酸汁。或者在四杯水兌一大匙檸檬汁或醋的液體裡短暫泡一下。

水果沙拉或水果杯（Fruit Salad or Fruit Cup）（8至10人份）

加了甜味的新鮮水果可以盛在小盆裡、玻璃杯或香瓜籃，383頁。容器若要加鹽圈或糖圈，參見109頁。
混合：
2顆柳橙，去皮去籽，切成一口大小塊狀
1大匙新鮮檸檬汁、1/3杯蜂蜜或糖
2顆大的蘋果，切成一口大小
1顆大的梨子，切成一口大小
1根大的香蕉，切片
或者混合下列水果當中的四樣，每樣1杯的量：
杏桃，切成一口大小
奇異果，去皮切片
草莓，去蒂頭，切對半或切4瓣
覆盆子、藍莓或黑莓
甜櫻桃，去核
香瓜球或西瓜球，383頁
水蜜桃或油桃，切一口大小
李子，去籽切一口大小
無籽青葡萄或紅葡萄

仙饌（Ambrosia）（6人份）

罐頭的橘子瓣和鳳梨塊可以取代新鮮的柳橙和鳳梨。
把：6顆柳橙
去皮切成一瓣瓣，放入盆裡。
再加入：
3根香蕉，切片
1/2顆鳳梨，削皮去核切丁（2又1/2至3杯）
1/2至1杯加甜味的乾椰絲
（1/2至1杯迷你棉花糖）
（1/4杯柳橙利口酒、雪莉酒或波特酒）
輕輕地混勻。假使你沒加棉花糖，拌入：
（1/4至1/2杯糖）
加蓋冷藏至少3小時或至多12小時，好讓滋味融合。

鮮果總匯（Macédoine of Fresh Fruits）（8人份）

下列以葡萄酒或利口酒浸漬的水果，一定要用熟成、完美、削皮、去籽且切片的當令水果來做。做這道甜點的人氣水果有草莓、覆盆子、去皮去籽青葡萄、水蜜桃、杏桃、奇異果、柳橙、葡萄柚、香瓜、櫻桃和油桃。一定要在果片上戳洞，好讓浸汁更能滲透。如果你用生鮮蘋果或梨子，就要加葡萄酒或烈酒浸漬數小時，否則果片的質地會太硬。一些不錯的酒漬組合是：
白蘭地漬柳橙或櫻桃，以及嵌有丁香的水蜜桃

波特酒漬香瓜
櫻桃白蘭地漬草莓
甘曼怡香橙干邑漬葡萄
在一口玻璃盆裡鋪排：
4杯切片的當令水果
撒上：糖霜
輕輕地攪拌直到糖霜幾乎融化。再加：
2至4大匙白蘭地、櫻桃白蘭地、甘曼怡香橙干邑或南方安逸
冰涼後配上香草冰淇淋或磅蛋糕。

水果阿呆（Fruit Fool）（4人份）

古早以前，「阿呆」是表達疼愛的字眼。我們很喜歡水果加鮮奶油這種老式美味。

I. 生鮮水果阿呆

在食物調理機或攪拌機裡把：
2杯黑莓、藍莓、覆盆子或草莓
1/4至1/3杯糖霜、1大匙新鮮檸檬汁
打成泥，盛在一口中型盆裡置旁備用。
混勻：
1又1/4杯濃的鮮奶油
1大匙糖、1/2小匙香草
攪打到混合物被勾起後呈硬性發泡（firm peaks）☆，見「了解你的食材」
輕輕地把莓果泥和打發鮮奶油拌合，倒進一口玻璃盆裡然後充分冰涼。

II. 煮過的水果阿呆

在一口中碗裡把：
1/2杯濃的鮮奶油，適量地加甜味
打到成硬性發泡的狀態。拌入：
1杯蘋果醬或大黃、莓果、杏桃、紅醋栗或其他果泥
1又1/2小匙檸檬皮屑或1/4小匙杏仁精
盛到一口上菜碗裡，充分冰涼。上桌前撒上：馬卡龍☆，126頁，捏碎
或配上：手指糕餅☆，74頁

關於罐頭水果和冷凍水果

幾乎所有超市都可以找到形形色色美味的罐頭水果——杏桃、藍莓、甜櫻桃、葡萄柚、橘子、水蜜桃、梨子、李子和鳳梨，不過其他的水果罐頭，譬如鵝莓、酸櫻桃、金桔、芭樂、荔枝和芒果，則要在特產店或網購才有。大多數的罐頭水果都裝在或稀或濃的糖漿裡，但也有一些是浸在水果本身的汁液裡；請查看標籤說明。用來做罐頭的水果，不管是商業生產或在自家裡做的，都是採摘比較熟的水果，這也就是為什麼罐頭杏桃（更別提罐頭番茄）往往比當季買的新鮮水果要好吃的原因。

可以冷凍的水果有限，在大部分的超市裡，這些水果只限於藍莓、覆盆子、草莓、水蜜桃以及偶爾可見的芒果。它們可能加了甜味或沒加甜味，也許以防潮包裝或個別急速冷凍。加了甜味的冷凍水果用來做速成的甜點醬料格外方便。退冰後，喜歡的話，用攪拌機或食物調理機打成泥，如果籽太多，則用細眼篩過濾。防潮包裝的冷凍水果加糖之後也可以做成很棒的甜點醬料。➡防潮包裝的冷凍水果也可以取代新鮮水果，假使食譜所要求的新鮮水果需要煮過或烤過的話。➡退冰前便量好所需要的量，以冷凍的狀態加進去。

|關於葡萄乾和其他水果乾|

一旦你知道➡五磅半的新鮮杏桃只能做出一磅的杏桃乾，馬上會明白水果乾的高卡洛里和營養價值。水果不經烹煮而風乾，後續跟空氣的接觸——以及在水果之內所進行的酶催作用——會讓果肉的顏色變深。二氧化硫溶液往往被用來減少果乾變黑的情況。有些人會避免使用二氧化硫；如果你對製作水果乾☆很感興趣，見363頁。

蘋果、杏桃、櫻桃、蔓越莓、紅醋栗、棗子、無花果和葡萄是最常被拿來製作果乾的水果。這些水果務必要➡密封貯存在陰涼處。放在大多數的家庭櫥櫃裡，可以保存好幾個月。因為如此，在自家製作並密封裝罐的水果乾越來越多見。不管做的是哪種果乾，都要小心避免蟲害。製作李子乾或蜜棗乾，見391頁。

葡萄乾，當然純粹就是把葡萄風乾，可分成**無籽**葡萄乾和**去籽**葡萄乾，也就是天生無籽的葡萄做的，或是加工把籽去掉。這兩者的滋味大不同，所以要依照食譜所要求的特定品種才明智。蜜絲嘉非常香甜，通常在年終節慶時上市，多半用來烘焙，做成濃郁的蛋糕或甜點。超市裡賣的那種常見的深色葡萄乾或金黃葡萄乾，都是風乾的湯普森無籽葡萄，兩者在食譜裡可互換。蘇丹娜（Sultana）葡萄較大顆，顏色較淡，但也更酸，最常在特產店裡出現，莫努卡葡萄（Monukkas）也是，莫努卡葡萄體積大，顏色深，而且滋味甜。這兩者新鮮吃很好吃。**黑醋栗乾**是小葡萄乾——傳統上是用桑特（Zante）醋栗或黑科林斯（Black Corinth）葡萄做的。

除非很新鮮，否則葡萄乾或黑醋栗乾**浸濕膨脹**（pulmping）後滋味都會變好，尤其是用在短暫烹煮的食譜裡。如果葡萄乾和黑醋栗乾要加到麵糊裡烘焙的話，你可以先把它們泡在製作麵糊所需的液體裡——譬如做蛋糕需要用到的液體——十至十五分鐘。也可以把葡萄乾和黑醋栗乾短暫沖一下水，瀝出後散布在烤盤上，緊密地包封後以一百八十度的烤箱加熱，烤到鼓膨而不再皺皺的。

煮水果乾時，除非製造商在包裝上另有說明，或者食譜要求，否則別把水果乾浸濕。用的水越少，水果內的天然果糖保留越多。假使你非得先把水果乾浸濕不可，譬如把蘋果乾浸濕，用開水淹過果乾，浸軟即可。可能的話，使用食譜裡要求的浸泡水。➡一磅的蘋果乾可抵三磅半至四磅的新鮮蘋果，並按照食譜指示來進行。

切剁水果乾往往會弄得很凌亂，要想切剁得更輕鬆俐落，可先把水果乾冷凍個四十分鐘左右。或者用噴霧油（cooking spray）噴灑刀子或剪刀，或噴灑食物調理機的刀葉。把刀子或剪刀放到熱水裡浸一下也很有幫助。食物調理機可以用來切大量的水果乾：快速按壓啟動鈕，以打打停停的方式來切。假使水果乾開始黏在一起，最多加兩大匙的糖來打散。如果烘焙要用到水果乾，先在水果乾上撒一些食譜所要用到的麵粉再進行剁切。

裹糖衣的水果或蜜餞（candied or glacéed fruit），是用糖漿煮過，瀝出後經過不同程度的風乾的水果。最常在商店裡看見的糖衣水果有檸檬、柳橙和香橼皮、櫻桃、薑和鳳梨。➡糖衣水果或果醬有時候可以取代食譜所要求的水果乾。如果用上大量的糖衣水果，要考慮到它們會額外帶來糖分。若用果醬，則要補上一些糖分和汁液。

水果乾也是起司拼盤上的優雅點綴。假使水果乾變乾，➡稍微撒上一些葡萄酒或水，然後放到雙層蒸鍋的上鍋用滾水蒸一蒸。或者，假使要做夾心棗乾的話，把棗乾盛在瀝水籃裡置於滾水上方蒸個十至十五分鐘，蒸到軟到可以去核。再把一顆臻果或杏仁塞到每粒去核的棗子裡，或者填上「糖果和甜點」☆，268頁建議的餡料。

糖煮水果乾（Dried Fruit Compote）（3杯；6至8人份）

可以在早餐吃，或者配餅乾、蛋糕或布丁當甜點吃，也可以撒在冰淇淋上。

在一口中型的厚底醬汁鍋混合：

1磅水果乾，單一或綜合的、3杯水

（1顆檸檬或柳橙的皮，用瓜果削皮器削成一條條）

（1根肉桂棒）

煮到微滾，加蓋續煮到水果膨脹，25至30分鐘，需要的話加水進去，好讓水面淹過水果。再放入：

1/2至1杯糖

掀蓋煮到微滾，約再5分鐘左右，攪拌攪拌讓糖溶解。可以趁溫熱吃，也可以冰涼著吃。

綜合水果堅果乾糧（Fruit-Nut Pemmican）（2杯）

這可口、但黏答答的東西，是乾板油丁和玉米水果混合物這種在古早年代裡幫助印地安人和拓荒者維生的老式戶外補給品的現代版。材料可以依個人喜好來組合。若要口感好，堅果類也可只用胡桃。若要到深山野地去，不妨裝在塑膠袋裡。

在食物調理機裡混合：

1/3杯葡萄乾、1/3杯杏桃乾

1/3杯蘋果乾、1/3杯胡桃或杏仁

1/3杯烤過的黃豆或去殼的葵花籽

1/3杯花生

並打成粗粒，再和：2大匙蜂蜜

混勻即成。

| 關於烹煮水果 |

吃生鮮水果的一個好理由，乃攝取水果裡最大量的營養價值，不過你也可以用最少量的水和最短的時間烹煮，讓流失的維他命和天然果糖降至最少。水果可以烘焙，炙烤或燒烤，香煎，清蒸☆，見「烹飪方式與技巧」，或者是微波☆，見「烹飪方式與技巧」，也可以在液體裡水波煮，如下。以下是很適合水波煮各種水果的三種基本糖漿。

因為果酸的緣故，水果若用鋁鍋或鐵鍋來煮會變色。所以要用不鏽鋼鍋，或搪瓷鑄鐵鍋，或不沾鍋來煮。➡要將水果削皮、剖開或切片時，使用不鏽鋼刀可避免變色。

煮水果的汁液（Poaching Liquids for Fruits）

製作糖漬水果的糖漿時，記住一點，葡萄酒可以取代水，或者用一半水一半酒。另一個美味的作法，是用果汁來取代糖漿裡的液體——即便是做菜用剩的水果汁液也可以。需要的話，糖漿也可以再熬煮增稠。

I. 稀的糖漿

適合蘋果、葡萄、大黃。在一口醬汁鍋裡混合並加熱：

1杯糖、3杯水、少許鹽

攪拌攪拌讓糖融化。

II. 中等糖漿

適合杏桃、櫻桃；葡萄柚、梨子和蜜棗。用：

1杯糖、2杯水、少許鹽

III. 濃的糖漿

適合莓類、無花果、水蜜桃和李子。用：1杯糖、1杯水、少許鹽

適合新鮮水果的香料糖漿（Spiced Syrup for Fresh Fruits）（足夠1至1品脫半的水果）

在一個紗布袋裝：

1又1/2小匙整粒丁香

1又1/2小匙的整顆多香果

1根肉桂棒

袋口綁緊。放入一口醬汁鍋裡，連同：

1又1/2杯糖或紅糖塊或2杯蜂蜜

1杯蘋果醋、1杯水

煮沸，滾了之後續煮5分鐘。撈出香料袋丟棄。把預先準備好的水果丟入滾燙的糖漿裡。放涼即可享用。

適合罐頭水果的香料糖漿（Spiced Syrup for Canned Fruits）

瀝出：

罐頭水蜜桃、杏桃、梨子或鳳梨

的果肉，保留糖漿。量取糖漿，摻入：

1/4至1/2的葡萄酒醋

熬煮至稍微變稠。每2杯的果汁摻醋加：

1根肉桂棒、1/2小匙去花苞的丁香

（2或3小片的老薑）

微滾約10分鐘之後，放入果肉。接著鍋子離火，讓水果在汁液放涼。濾出香料丟棄，配肉類吃，冷熱皆宜。

| 關於水波煮水果 |

水果總是水波煮一下就好，不要燉煮。➡把水果丟入微滾的液體裡，最好是糖漿，煮到水果差不多軟了即可。煮軟後馬上撈出，免得水果變糊爛，或者把一整鍋浸到蓄著冷水的水槽裡。保留煮水果的汁液，置旁放涼。上菜前再把煮好的水果擺上去，或把汁液貯存備用。柔軟多汁的水果，譬如水蜜桃，煮的時候在平底鍋內平鋪一層，而且要用上述的濃的糖漿來煮。如果在烹煮的後

段才放糖，放的量要比一開始就放糖要少。這個做法可使果皮變軟。

蘋果以及其他的硬質水果，➡應該在微滾的水裡或上述的稀糖漿裡水波煮。如果用水，應該在水波煮之後才加糖。要密切注意，免得煮過頭。水波煮的水果是肉類主菜的清爽配菜。水波煮的水果冷藏可以放上兩天。用過的糖漿可以再次水波煮味道相容的水果——冷藏可以放上一星期。

水波煮水果（Poached Fruit）（6人份）

在一口大醬汁鍋裡混合：
4杯水、1又1/2杯糖
然後放入下列其中一樣或更多：
2根肉桂棒
1截2吋長的生薑，切薄片
1/2條香草籽，縱切對半，或1大匙香草
1顆檸檬、萊姆或柳橙的皮，用瓜果削皮刀刮成條狀
把鍋子置於小火上，煮到微滾，然後加蓋續煮5分鐘。放入下列任何一樣：
12顆大的或18顆小的杏桃，切半去核
6根大的或9根小的香蕉，橫切對半
4至5杯甜櫻桃，去核
6顆大的水蜜桃或油桃，去皮切半去核
6顆梨子，削皮切半去核
1顆大的鳳梨，削皮去核切成環狀，見390頁
18顆小的李子或12顆大的李子，切半去核
轉大火，煮到微滾。接著掀蓋煮到刀子戳得進去的軟度，5至10分鐘，其間不時攪拌。
倒到上菜盤裡或貯存的容器裡，或者把水果撈到盤子或容器裡，糖漿繼續熬煮至收汁成一半的量，然後澆到水果上。趁溫熱吃，或放涼至室溫，也可以冰涼再吃。

水波煮薄皮水果（Poached Thin-Skinned Fruit）（6至8人份）

在一口大醬汁鍋裡把：2杯水
煮開，放入：
1夸特（4杯）沒削皮的水蜜桃、梨子、杏桃或油桃，整顆或切片
立刻把火轉小，把水果煮到差不多軟了。接著放入：1/2至3/4杯糖
差幾分鐘即可起鍋之際放入：
（1根香草籽，縱切對半，或1小匙香草精）
把水果盛到容器裡，煮水果的汁液濾過後淋在水果上。

水波煮厚皮水果（Poached Thick-Skinned Fruit）（6至8人份）

需要的話，將：
4杯對半切去核的李子、藍莓、或去核的櫻桃，或其他厚皮水果
去籽。可以先在水果上戳洞，再丟入裝有：
1至1又1/2杯滾水
的大醬汁鍋內，馬上把火轉小，煮到差不多軟了。再放入：1/2至1杯糖
續煮幾分鐘。如果是煮藍莓的話，最好加點檸檬汁。水果盛到容器裡，把煮水果的汁液濾到水果上，輕輕地攪拌以免結塊。

香濃的水波煮水果（Tangy Poached Fruit）（4至6人份）

配火腿或豬肉吃很棒。
在一口大的醬汁鍋裡混合：
2又1/4杯糖或紅糖或3杯蜂蜜
1又1/2杯水、3/4杯蘋果醋、2根肉桂棒
1又1/2小匙整顆丁香
1又1/2小匙整顆多香果

以中火煮到微滾，然後加蓋續煮5分鐘。
隨後放入以下的其中之一：
4顆小型至中型蘋果，削皮切4瓣並去核
4顆水蜜桃，削皮切半並去核
4顆油桃，削皮切半或切4瓣並去核
4顆梨子，削皮切半並去核
12顆小的或8顆大的李子，切半並去核
1顆小的鳳梨，削皮去核切成環狀
文火煮水果，不停地翻動，直到果肉透明而軟嫩，10至20分鐘，端看水果而定。把水果盛到貯存容器裡，把糖漿濾到水果上。加蓋冷藏至冰涼。

烤糖漬鮮果（Baked Fresh Fruit Compote）（4人份）

也可以當成蛋奶凍或香草布丁的盤飾。
烤箱轉180度預熱。把：
8顆小的水蜜桃、油桃、李子、蘋果或梨子
削皮，或者用：
3杯鳳梨塊或8個鳳梨圈
把整顆或切厚片的水果放在烤盤上。在一口中型醬汁鍋裡，混合：
2/3杯紅酒或水、2/3杯糖
1/2條肉桂棒、4整顆丁香
1/8小匙鹽、1/2顆檸檬或萊姆，去籽切薄片
加熱但別煮沸，攪拌後淋到水果上。加不加蓋烤都可以，烤到叉子戳得進去的軟度。如果不加蓋烤，每10分鐘要澆淋糖漿一次。喜歡的話，澆了頭兩次之後可以把水果翻面，這樣烤起來比較快速也比較均勻。

烤水果的額外配料（Additions to Baked Fruits）

I. 可當作肉類的配菜。烤過後，將切對半的水果填鑲上：
薄荷凍、黑醋栗果凍或蔓越莓果凍
煮過的珍珠洋蔥、去皮的生薑末和法式酸奶
捏碎的玉米麵包和水果乾

II. 當作甜點。將切對半的水果填鑲上：
洛克福起司或藍紋起司；奶油起司和杏仁碎粒、胡桃碎粒、榛果碎粒或核桃碎粒；或甜味的瑞科塔起司、檸檬皮屑和肉桂粉的混合物

| 關於燒烤或炙烤水果 |

燒烤水果因為水果裡的糖分被焦糖化而成了甘美多汁的戶外滋味。把切塊的水果擺在在火上烤的任何肉類、禽肉或魚類周圍。果肉塊較小的，就用竹籤串起來，軟質和硬質的水果要分開串，因為燒烤的時間不一。若是炙烤，水果和火源要距離三至六吋，端看水果的厚度和所含的糖分而定。假使太靠近火源，甜分高的水果會很快燒焦。燒烤水果是燒烤肉類美味又快速的好搭檔，也是絕佳的甜點。軟質的水果燒烤到表面微焦即可。

燒烤或炙烤水果（Grilled or Broiled Fruit）（4至6人份）

I. 將下列之一稍微刷上蔬菜油：
6顆大的或8顆小的杏桃，切半去核
4根大的或6根小的香蕉，剝皮
6顆大的新鮮無花果，去蒂，縱切對半
4顆水蜜桃，切半去核
4顆油桃，切半去核

4顆梨子，削皮切半去核
6顆大的多汁李子，切半去核
6個鳳梨圈（約1/2吋厚）
平鋪一層，切半的水果切面朝下，置於火燙的燒烤架上。烤到稍微有點焦，2至3分鐘。翻面續烤2至3分鐘。烤好後立即享用。

II. 按上述的方法準備和鋪排水果，挖空那一面朝上，放在一只淺烤盤裡。稍微撒上：
鹽、肉桂粉
送入烤箱以上火烤到呈淡金黃色。

燒烤或炙烤水果串（Grilled or Broiled Fruit Kebabs）（8至12人份）

在一口大盆子裡混合：
1杯葡萄柚汁、1顆檸檬的皮絲和汁液
1/2杯蜂蜜、3大匙香橙利口酒或柳橙汁
（1大匙薄荷末）
放入：
3顆梨子，削皮去核，切成1吋塊狀
2杯鳳梨丁
2顆蘋果，削皮去核，切成1吋塊狀
2根香蕉，切成1吋小段
2顆葡萄柚，去皮剝成一瓣瓣
翻拋一下，好讓汁液裹在果肉上，醃30分鐘。
燒烤架準備中大火，或讓燒烤爐或炙烤爐預熱。如果用木籤的話，使用之前先泡水30分鐘。燒烤或炙烤到稍微焦黃，共約5分鐘，其間翻面一次，而且要塗抹醃汁。

烤水果布蕾（Fruit Brûlé）（4至6人份）

通常只用無籽青葡萄來做，但用綜合水果或莓類來做也很美味。
在一口9吋的圓烤皿或玻璃派盤上散布：
3又1/2杯覆盆子、黑莓、藍莓、去蒂草莓、去核櫻桃、無籽青葡萄或紅葡萄，或芒果丁、水蜜桃丁、油桃丁或鳳梨丁
混勻，然後在水果上均勻鋪上：
1至1又1/2杯酸奶、1小匙香草精
蓋上蓋子冷藏，直到徹底冰涼，或至多冰上8小時。炙烤箱預熱。在酸奶上均勻撒上：
1杯紅糖
讓表面完全看不到酸奶。將烤皿置於火源下方6吋之處，炙烤到紅糖焦糖化，約1至2分鐘。密切注意，免得糖烤焦。烤好後立即享用。

香煎水果（Sautéed Fruit）（4至6人份）

在一口寬大平底鍋裡，最好是不沾鍋，以中大火融化：3大匙奶油
接著在鍋裡均勻撒上一層：
1/3杯白糖或紅糖
煮到混合物成金黃色，然後放入下列之一，切半的水果切面朝下：
6顆大的杏桃，切半去核
6顆大的或8至12顆小的無花果，去蒂縱切對半
4顆水蜜桃，去皮切半去核
4顆油桃，去皮切半或切4瓣，去核
4顆中的梨子，削皮切半去核
6顆大的李子，切半去核
4個鳳梨圈（約1/2吋厚），切半
煮2分鐘，不時晃蕩平底鍋，免得水果巴鍋。將水果翻面，再次晃蕩平底鍋，煎到水果剛好熱透而且開始釋出汁液。起鍋後立即享用，澆上鍋汁。喜歡的話，撒上：
（肉桂粉）

配肉的香煎水果（Sautéed Fruit to Serve with Meat）（4人份）

在一口寬口平底鍋，最好是不沾鍋，以中小火融化：

3大匙奶油或培根油

然後下：

1杯洋蔥絲

拌炒5分鐘，或炒到變軟。接著按照：

香煎水果

做法進行，連同糖一併放入：

1小撮鹽

1小撮匈牙利紅椒粉

| 關於水果泥 |

未加甜味的水果泥佐肉類和魚肉很美味。搭配鹹香的菜餚也很對味，尤其是配爐烤肉類，也可以當甜品單吃。果泥可以增添醬汁或淋醬的質地和風味，本身也可以當醬料或做成醬料，參見新鮮水果醬☆，267頁。將新鮮或煮過的水果泥混上稍有甜味的打發鮮奶油就是甘美的水果阿呆。

大部分的水果一經削皮去籽去核之後都軟得可以打成新鮮果泥。打之前不妨切成小塊，這樣打出來的質地比較均勻。硬質的水果，譬如蘋果、大黃、榲桲和某些梨子，還有水果乾，一定要先煮過才有辦法打成泥。削皮並切片的水果加少量水，放入鍋子裡加蓋以文火烹煮，煮到刀子戳得進去的軟度。然後再用攪拌機、食物調理機或食物研磨器來打磨。**若要把非常軟的水果打成泥**，譬如香蕉或過熟的梨子，只要將果肉強壓過細眼篩過篩即可。可用網篩篩除水果裡細小的籽或筋絲。糖可以加強果泥的滋味。新鮮檸檬汁可以防止果泥變色並提味。視需要加水或果汁來稀釋果泥，調成你要的稠度。

冷或熱的果泥可以配上下列之一：

果泥的配料

檸檬皮屑或肉桂粉

濃的鮮奶油加肉豆蔻

核桃碎粒或杏仁碎粒，烤過的，和橘醬

捏碎的乾馬卡龍加打發鮮奶油

酸奶或優格混以糖、蘭姆酒和堅果

用奶油煎黃的麵包屑或蛋糕屑

杏仁碎片

薄荷末

| 焰燒水果 |

為達最佳效果，至少要用二盎司利口酒，而且➡水果要呈室溫狀態，不然很可能毫無效果。使用加蓋的保溫鍋或電煮鍋溫和地加熱水果。➡利口酒也要溫熱，但千萬別煮沸。稍微在水果上灑一點糖。把溫的利口酒澆到溫的水果上之後，重新蓋上鍋蓋一會兒，然後再點火。人要往後站！

這份食譜當作醬料是六人份，當作主甜點則只有三人份。以小火將：

3大匙糖

稍微焦糖化☆，見「了解你的食材」。接著放：

3大匙奶油

或者先把奶油融化，然後改放紅糖，攪拌至溶解。以非常小的火煮4至5分鐘，然後加下列其中兩樣：

3個半片香蕉、芒果、水蜜桃或梨子，或3片鳳梨

煮到變軟，偶爾要澆一下糖漿。由於香蕉比其他水果更快煮好，所以稍後再放。用：

2盎司白蘭地、深色蘭姆酒或利口酒

焰燒水果。

| 關於蘋果 |

雖然蘋果一年四季都可以在市場買到，不過秋天才是蘋果的盛產季。因此，當樹葉翻紅或轉成金黃，空氣變得冷冽，不妨到果園、市場和路邊攤去找每年最好吃的蘋果吧。挑選表皮平滑的蘋果，仔細檢查有沒有塌陷和軟掉的地方等撞傷的跡象。要讓蘋果快速熟成，可存放在室溫下。用塑膠袋包起來冷藏，可存放得最久，但放在陰涼乾爽處（零度至四・四度之間）也可以妥善保存。貯存時蘋果要避免相互碰撞。假使你收到朋友果園裡被風吹落的蘋果，而且想保存其中一些，把蘋果放在陰涼處二十四小時，然後檢查看看有沒有傷疤。用紙把蘋果個別包起來，裝在開縫式箱子裡，放在陰涼通風處。蘋果放久了會沒有滋味，肉質也會變粉。

在所有硬質、可久放的蘋果當中，唯有**五爪蘋果**（Red Delicious）不適合烹煮。**麥金塔**（Mclntosh）和相似的**帝國蘋果**（Empire）及**麥肯蘋果**（Macoun），全都顆粒細密柔軟，一經烹煮就潰散，但做成沙拉或蘋果醬很不錯。**科特蘭蘋果**（Cortland）雖然生吃和這三種蘋果口感很像，但是煮過後更堅實更有滋味，可以整顆烘烤或用在派或塔裡。科特蘭蘋果還有個額外特色是，切開後不會很快褐變，因此很適合做成水果沙拉或切片擺在起司拼盤旁邊。**富士蘋果、加拉蘋果**（Gala）和**布雷本蘋果**（Braeburn）以其香甜聞名，鮮吃或做成沙拉為佳。**澳洲青蘋果**（Granny Smiths），所有甜點蘋果裡最細緻最酸嗆的一種，烹煮的時候會釋出大量汁液，但做成蘋果醬、香煎蘋果圈和翻轉蘋果塔（tarte Tatin）很棒。

最多用途的萬用蘋果是**金冠蘋果**（Golden Delicious），雖然英文名稱有Delicious一字，但和五爪蘋果是完全不同的品種。鮮吃很香甜，煮過後更是如此，而且形狀維持得很漂亮，釋出的汁液也很少。**羅馬佳麗**（Rome Beauty），另一種常見的萬用蘋果，煮過後質地濃郁，若要整顆烘烤，它尤其是首選。其他值得去搜尋的萬用蘋果有：**翠玉蘋果**（Newtown/Pippin）、**陸奧蘋果**（Mutsu/Crispin）、**北密探蘋果**（Northern Spy）、**探金蘋果**（Spygold）、**史匹茲伯格蘋果**（Spitzenburg）、**鮑德溫蘋果**（Baldwin）、**喬納森蘋果**（Jonathan）、**史戴曼酒液蘋果**（Stayman Winesap）、**格拉文斯頓蘋果**（Gravenstein）、**玉霰蘋果**（Grimes Golden）、**粉紅佳人蘋果**（Pink Lady）、**艾達紅蘋果**（Ida Red）、**金龍蘋果**（Jonagold）以及**羅德島青蘋果**（Rhode Island Greening）——美國早期品種，滋味濃郁酸嗆，說不定是烹煮用的蘋果裡最棒的一款。

用小削刀、瓜果削皮器或蘋果削皮器來削蘋果，就看你的偏好。用蘋果去心器，將蘋果去心——如果蘋果要整顆端上或切成蘋果圈，就一定會用到——或者把蘋果切成四瓣，再用削刀把心切掉。蘋果可以搭配香腸、豬肉或火腿。搭配肉桂、丁香、肉豆蔻、荳蔻、迷迭香、鼠尾草、芫荽、檸檬和柳橙皮、香草、深色蘭姆酒、白蘭地、波本威士忌、杏仁和榲桲尤其對味。味道不佳的蘋果，烹煮時加一點檸檬汁多少可以改善，不過缺乏天然的酸勁是怎麼樣也彌補不了的。要是蘋果削皮後看起來有點乾，➡將蘋果心和蘋果皮加水煮沸，濾出汁液，熬煮收汁，用來烹煮蘋果增加濕潤度。

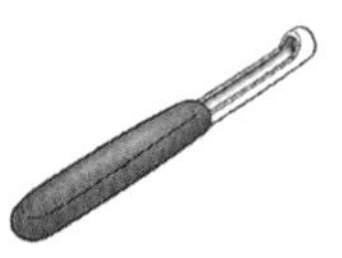
蘋果去心器

蘋果圈（Apple Rings）（4人份）

將：
2顆大的萬用蘋果，譬如金冠蘋果或羅馬佳麗
去心並且橫切成3/8吋片狀。
在一口大的平底鍋裡以中火融化：
2大匙奶油或培根油脂
（或視需要再加）
放入蘋果圈，平鋪一層。煎到底部呈金黃色，約3分鐘，然後翻面再煎，煎到用叉子戳得進去的軟度。盛到盤子裡置旁備用。分批把剩下的蘋果圈煎完，需要的話再多加點奶油進去。全部煎好後，撒上：
1至3大匙的糖、肉桂粉

蜜蘋果（Honey Apples）（4人份）

挽救乏味蘋果的絕佳辦法。在一口小的深槽醬汁鍋裡加熱：
1杯蜂蜜、1/2杯蘋果醋
將：
2顆蘋果
削皮去心切薄片。分批下鍋熬煮，一旦變透明，約煮2分鐘，就用漏勺撈出。可以趁熱吃，也可冰涼著吃。

香煎蘋果培根（Sautéed Apple and Bacon）（4人份）

一道美味的早餐或早午餐。如果你不加培根，改用3大匙奶油香煎蘋果。

將：

4顆大的萬用蘋果，譬如金冠蘋果或羅馬佳麗

削皮去心並切成1/2吋角瓣狀或塊狀。

在一口大的厚底平底鍋裡以中火把：

8片培根

煎到酥脆。將培根移到鋪有紙巾的盤子裡瀝油並保溫。倒掉平底鍋裡大部分的培根油，只留2至3大匙左右。蘋果塊下鍋，轉大火煎，不時拌炒，煎到軟而透明，開始呈焦黃色，7至10分鐘。撒上：

2至4大匙糖或紅糖

把培根排在蘋果塊周圍。點綴上：

荷蘭芹枝

蘋果醬（Applesauce）（4至6人份）

罐頭蘋果也可以用以下的任一方法加味和／或調味，而且冷熱皆宜。請參閱「關於水果泥」。

I. 將：

3磅蘋果，譬如麥金塔蘋果和帝國蘋果

削皮去心並切碎。你應該有大約6杯的量。蘋果粒放入厚底的醬汁鍋或一般鍋子裡，連同：

1/2杯水

（2大匙檸檬汁）

（一條3吋長的肉桂棒）

加蓋熬煮到蘋果軟爛，20至30分鐘，其間偶爾攪拌一下。然後拌入：

1/2至3/4杯糖或紅糖

把火轉至中火，掀蓋煮到蘋果醬變稠，要不時攪拌。如果你希望質地滑順，用食物調理機或攪拌機打成泥。

II. 依照上述方式準備蘋果醬，但只用：

白糖

把醬打成泥時加進：

2大匙無鹽奶油、1小匙香草精

佐上：

卡士達醬☆，254頁，或新鮮草莓，或覆盆子醬☆，267頁

調味蘋果醬（Seasoned Applesauces）

I. 在新鮮或罐頭蘋果醬裡加：

檸檬皮屑或新鮮檸檬汁

肉桂粉

1或2小匙融化的奶油

1/2小匙香草精或幾滴杏仁精

趁溫熱享用。

II. 配豬肉吃的話，不妨加1或2大匙辣根醬。

III. 節慶版本，搭配烤火腿或烤火雞特別對味。在上述的2杯蘋果醬裡加：

1杯杏桃泥或覆盆子泥

1杯罐頭鳳梨碎粒外加1小匙醃薑碎粒

2杯蔓越莓醬，368頁，用柳橙皮屑加味

烤蘋果（Baked Apples）（6人份）

金冠蘋果、翠玉蘋果、澳洲青蘋果和其他硬質蘋果，烘烤時才能保持形狀。

I. 烤箱轉180度預熱。將：

6顆大的萬用蘋果

洗淨、去心，鋪排在一口深槽烤盤或厚底鍋內。在挖空的中心均分：

1/2至3/4杯糖或紅糖、2大匙奶油

撒上：**（1/2至1小匙肉桂粉）**

在烤盤裡倒入：
2/3杯水、蘋果汁或蘋果酒
用錫箔紙密封，或蓋上蓋子，烤到蘋果差不多軟了，用刀子戳得進去但又不致糊糊的，20分鐘。掀蓋續烤，不時舀取煮汁澆淋蘋果，烤到軟嫩但又依然保有形狀，約再20分鐘。如果煮汁很稀，把蘋果移到上菜盤，讓盤裡的汁液繼續收汁變稠，然後再澆到蘋果上。冷熱皆宜。

II. 滋味比上述的更濃郁。可以在8小時前準備妥當並冷藏。要吃之前再掀蓋烘烤。
烤箱轉150度預熱。將：
6顆大的萬用蘋果
洗淨、削皮去心。
在一口小碗裡倒：1又1/4杯糖
在另一個碗裡放：
1杯濃的鮮奶油或6大匙融化的奶油
把每一顆蘋果放到鮮奶油裡滾一滾，再放到糖裡滾一滾，好讓表面裹上糖。保留多餘的鮮奶油。處理好的蘋果放在9×13×2吋的烤盤內。在一口碗裡混勻：
1/2杯葡萄乾、無花果碎粒或棗子碎粒
1/2杯核桃或胡桃碎粒
（1顆檸檬的皮絲屑或1/2顆柳橙的皮絲屑）
填入蘋果挖空的中心。
將剩餘的鮮奶油和糖混勻，再拌入：
1小匙肉桂粉
（1/2小匙肉豆蔻屑或肉豆蔻粉）
（1/4小匙丁香粉）
盡量把這個混液舀到蘋果的空心，直到空心處裝不下，剩下的混液則倒進烤盤底部，連同：
1杯水、蘋果汁、蘋果酒、深色蘭姆酒或白蘭地
不加蓋地烤到刀子戳得進去的軟度但又能夠保有形狀，約1小時，不需舀烤汁澆淋蘋果。趁熱澆上烤盤裡的糖漿吃。配上：
濃的鮮奶油、酸奶、法式酸奶，或香草冰淇淋

烤蘋果鑲香腸（Baked Apples Stuffed with Sausage）（6人份）

三星級的冬季菜餚。在壁火旁吃很棒。
烤箱轉180度預熱。洗淨：
6顆大的烘烤用蘋果，譬如愛達紅蘋果或金冠蘋果
削去蘋果頂部一小片，用湯匙刨出果心和果肉，留3/4吋厚的外殼。從果心切下果肉來並切碎，和：
1杯調味好的香腸肉或切片的小串香腸
混勻。把香腸餡填到蘋果殼裡，盡量塞滿。不加蓋地烤到蘋果變軟，刀子戳得進去的地步，但仍然保有形狀，而且香腸肉熟透，約30至40分鐘。

| 關於杏桃 |

新鮮的杏桃呈漂亮的粉紅色，而且質地結實。避開萎軟或皺縮的，帶有綠色或缺乏香氣的也要避開。杏桃的皮很軟，不管是鮮吃或烹煮，皮通常會留著。做成水果沙拉，很美味，也可以香煎，烘烤，或燒烤。柳橙可以烘托杏桃，而杏桃可以烘托燒烤禽肉、豬肉或海鮮。

香料杏桃醬（Spicy Apricot Sauce）（2杯）

在一口中型平底鍋裡混合：
1至2大匙蔬菜油、1顆中的甜洋蔥，切碎
（1顆紅甜椒，去心去籽切碎）
1至2根墨西哥青辣椒，去籽切碎
2瓣蒜仁，切末
拌炒到蔬菜料變軟，約5分鐘。再下：
1又1/2杯切半去核的新鮮杏桃，1/2杯罐頭杏桃，或1/2杯切丁的杏桃乾
1杯水、2大匙紅糖、2大匙蘋果醋
2小匙第戎芥末醬、1小匙醬油
熬煮到杏桃變軟而醬料變稠，約15分鐘。放涼，然後用攪拌機或食物調理機打成滑順的泥狀，喜歡的話，加：
1/4小匙鹽、1/8小匙紅椒粉

糖漬杏桃乾（Cooked Dried Apricots）（10人份）

這多少處在濃縮或糖漬狀態的杏桃，將夾心蛋糕、露餡塔、果仁蛋糕（torten）、和冷凍甜點提升到全新境界。
在一口厚底鍋裡放：
1磅杏桃乾、3杯水
熬煮30分鐘。再放：1/2至1杯糖
加熱到糖融化，約再5分鐘。你可以把杏桃打成泥。

| 關於酪梨 |

酪梨是美國土產，一年四季都買得到，基本上分兩種：**漢斯酪梨**，生產於加州，以及更大更綠，表皮光滑的品種，來自佛羅里達的**富爾特酪梨**。就大部分的用途來說，包括做酪梨醬，不妨選用漢斯酪梨，比起富爾特酪梨，漢斯酪梨具有更深沉濃郁的滋味，肉質也更滑順，這多少是因為它含有的脂肪多一倍。但話說回來，富爾特酪梨做成沙拉或三明治餡料非常美味，因為它滋味較清爽，肉質也較濕潤。也可以找迷你無核可愛的**雞尾酒酪梨**（cocktail avocado），也就是一般熟知*avocaditos*，在特產店或某些超市有販售。你下回辦雞尾酒派對，就可以端出加了調味美乃滋的雞尾酒酪梨★，334頁。

要判知酪梨是否熟成，你可把酪梨握在手裡，均勻施力輕輕按壓。假使它稍微被捏凹，就是可以吃了。千萬別買摸起來很軟或者表皮鬆弛、浮抛或凹陷的酪梨；這樣的酪梨黏滑苦澀。跟香蕉一樣，酪梨不會在樹上熟成。買稍微沒熟的，放家裡熟成。即便是硬梆梆的酪梨，放在室溫下二至四天內就會熟了，如果包在紙袋裡，大概一天之內就會熟。一旦酪梨熟了，要放冰箱冷藏，兩天內食用完畢。

剖開酪梨的方法，參見279頁。酪梨果肉一接觸空氣就會變褐。用檸檬或其他柑類汁液塗抹切面或拌勻，可以延緩褐變，但是沒辦法全面防止，所以最好是食用前再切開。酪梨遇到高溫會變苦，若要加到熱湯或其他熱食裡，上菜前的最後一刻再加。以沙拉組合或其他方式端上酪梨，參見280頁。酪梨醬，

參見137頁。

| 關於香蕉 |

香蕉又叫「最平民的水果」，但也是最受歡迎的水果之一，美味、營養、好消化、廉價而且很容易買到。就它的營養價值來說，其他水果真是沒得比的。香蕉尚青便被採摘，離開樹之後熟成的最美味。一年四季在市場都可看到熟成期不一的香蕉。若要水波煮、香煎、烘烤和燒烤，堅熟期的香蕉最好，因為可以保有形狀。若要做香蕉麵包和蛋糕，就要用非常熟的香蕉。**紅香蕉**（red banana）也可以用來烘烤。可取代米飯或馬鈴薯泥搭配魚肉、禽肉或豬肉，或者撒上糖霜當甜點。**矮腳蕉**（Dwarf或finger香蕉）很適合當午餐便當。也請參見「關於大蕉」，488頁。

把香蕉放室溫下熟成，若想加速熟成過程，可用紙袋包起來。過熟的香蕉可以放冷藏，只不過冷藏的香蕉外皮會變黑，不過內部還是很可口，冷藏放上三天沒問題。

剝皮的香蕉放冷凍也不成問題，只不過放冷藏部分退冰後就要馬上食用。香蕉一旦切開就會很快變黑，除非淋上柑橘類的汁液。準備**冷凍香蕉**的方法有好幾種，甚至不用退冰就可以享用。最受各年齡層的小孩喜愛的是**香蕉雪花**（banana snow）：將冷凍的香蕉塊連同少許牛奶和糖放到攪拌機裡打到滑順。也可以把香蕉切薄片，平鋪在一張錫箔紙上，穩當地包起來冷凍。冰凍後當零嘴來嚼食。你也可以把熟香蕉果肉連同檸檬汁加蜂蜜及肉桂粉的混液一起打成泥，再送入冷凍庫。另一個冷凍的人氣甜食——小孩子真的會愛死了——是巧克力脆皮香蕉，如下。

巧克力脆皮香蕉（Chocolate-Dipped Bananas）（12人份）

把：6根熟香蕉

剝皮，橫切兩半。從每半根香蕉的切面穩穩地戳入一枝木頭冰棒棍，放在鋁箔紙上冷凍至少1小時。備妥：

兩份速成巧克力火鍋醬II☆，258頁

把香蕉從冷凍庫取出，一一地浸到巧克力醬裡，旋轉一下好讓外表整個裹上巧克力醬。立即享用，或者放到蠟紙上定型，然後裝在塑膠袋裡放回冷凍庫，稍後再吃。

烤香蕉（Baked Bananas）（4人份）

I. 烤箱轉190度預熱，或者燒烤爐準備大火。把：

4根連皮的香蕉

放在淺烤盤上或燒烤架上。烘烤或燒烤，偶爾翻面，直到香蕉皮變黑而且開始裂開，約20分鐘。趁熱連皮端上。剝皮後灑上：
（新鮮檸檬汁或萊姆汁）
（鹽或糖霜）

II. 糖煮的香蕉。烤箱轉190度預熱。在一口小的醬汁鍋裡混勻融化：
1/2杯黑糖、1/4杯水
並煮沸5分鐘。把：
1又1/2至2根稍微不夠熟的香蕉
剝皮，縱切對半後再橫切對半，然後放到抹了奶油的淺盤裡。撒上：鹽
在放涼的糖漿裡加：
1/2顆檸檬或1顆萊姆的汁液
將糖漿倒到香蕉上，烤30分鐘，頭15分鐘過後翻面一次。盛在溫熱的甜點盤上，澆上：
萊姆酒、糖薑碎粒

蜜烤香蕉（Honey-Grilled Bananas）（4人份）

備妥中大火的燒烤爐。把：
4根堅熟的香蕉，剝皮的
縱切對半，再把每一半以斜角橫切3段。將：
1/4杯蜂蜜
加熱到變稀。在一口淺盆裡把香蕉和蜂蜜混合，直到每段香蕉均勻裹著蜂蜜。這可以預先1至2小時做好。把香蕉橫放在燒烤架上，烤到稍微焦黃，接著翻面，烤到第二面也上色。烤好後盛在盤子裡，撒上：
肉桂粉、（薑粉或糖薑碎粒）

咖哩熱帶甜酸醬（Curried Tropical Chutney）（6至8人份）

配魚肉、禽肉或豬肉很對味；配牙買加豆子拌飯，587頁，很棒；也可以包墨西哥薄烙餅。
在一口大鍋裡加熱：3大匙蔬菜油
油熱後下：
3杯洋蔥末、3瓣蒜仁，切末
1顆紅甜椒，切碎
1顆墨西哥青辣椒，去籽切碎
拌炒到變軟，3至5分鐘，再下：
2大匙咖哩粉、1小匙鹽
1/4小匙紅椒碎片
拌炒1分鐘，然後再拌入：1杯黑糖
再加：
5杯切片的香蕉
1杯罐頭鳳梨碎粒，連汁一起
1/2杯切碎的水果乾，譬如杏桃乾、棗乾或芒果乾
1大匙去皮生薑末
1/2杯白酒醋或蘋果醋
把火轉成中小火，熬煮到醬料變稠，約25分鐘。稍微放涼，最後放入：
1顆萊姆的汁液、（1杯切碎的芫荽）

| 關於莓類 |

色澤漂亮、果肉結實飽滿，代表莓果正值巔峰狀態。一定要檢查箱子底部被莓果染色的痕跡，仔細看看有沒有發霉的跡象。貯存之前一定要挑除被壓壞或受損的果實。記得，經過存放，熟莓果會含有更多的果膠。若要貯存熟莓果，不需清洗而且要包覆起來，放冰箱冷藏。別擠壓莓果。

食用前再清洗。為避免壓傷莓果，小心把莓果放到瀝水籃，浸在放滿冷水的

水槽，輕輕地把莓果從一邊撥到另一邊，挑掉不理想的然後瀝出。把莓果放到紙巾上晾乾。很多莓果放冷凍可以保存得很好，可保存至非產季時再用。

莓果筒

小孩子很喜歡這種特殊又有趣的吃莓果方式。家父和家母頭一回見識到莓果筒是在波多黎各。當時他們在一座瀑布旁，當地小孩子把野莓裝在捲成筒狀的樹葉裡，以此招呼他們。我們會建議用**烘焙紙筒**☆，150頁，或冰淇淋筒☆，141頁，來盛。托盤是挖了洞的紙箱蓋。你可以用色紙或錫箔紙來包裝你的托盤。

莓果筒

新鮮莓果泥佐莓果（Fresh Self-Garnished Berries）（4人份）

清洗：1夸特的莓果

視需要去柄或去蒂。假使莓果體積大，草莓可以縱切對半。把1又1/2杯莓果連同：

1/2至3/4杯糖霜、2大匙新鮮檸檬汁

（2大匙香橙利口酒或覆盆子利口酒或黑醋栗利口酒）

放到食物調理機或攪拌機裡打成泥。濾除籽渣，冷藏至多12小時。食用時以果泥佐整顆的冰鎮莓果。

莓果「樂土」（Berries Cockaigne）

我們家人很喜愛的一道甜點，美味優雅，做起來又簡單。我們偏愛用草莓。

把：沒去蒂的莓果

排在盛在盤子裡堆成小堆的：紅糖

周圍。在席間傳遞裝有：

酸奶、優格、打發鮮奶油或法式酸奶

的盤子。

關於草莓

草莓生長在溫帶氣候，大部分的品種都呈寶石紅。超大型的栽培草莓，通常都不如在晚春至初夏收成的中至小型在地草莓多汁多味。➡香氣是熟成和滋味的絕佳指標。採過、吃過被山區的陽光曬暖而十足熟成的大把野草莓，才能說真的到過人間天堂。這些野莓，法文為*fraises des bois*，可以在初夏至仲夏之間在某些農人市集和特產店找到。

要把草莓去蒂，用小削刀的刀尖把它多葉的柄蒂連同淡色圓錐狀的心挖除，或者用草莓去蒂夾剜除。務必要在清洗後去蒂，而不是在清洗之前。

草莓去蒂夾

新鮮草莓的幾種吃法（Fresh Strawberry Variations）

用下列的方式吃整顆或切片的草莓：

I. 用等量的：
柳橙汁、草莓汁
1/4杯糖或依個人口味酌量增減
煮10分鐘，放涼，糖漿也要冷藏，調味以：
（香橙利口酒或黑樱桃利口酒）

II. 或把冰鎮的草莓用：
冰涼的鳳梨汁、糖霜適量
淹過。

III. 或稍微撒上：
新鮮檸檬汁、糖霜
點綴上：薄荷葉

IV. 或把切片的草莓拌上：
巴薩米克醋
在上面放幾坨：
加甜味的法式酸奶或酸奶

V. 徹底清洗並晾乾：
2品脫草莓，整顆的
把：
1磅苦甜參半或半甜的巧克力
加熱融化。捏住草莓柄蒂，浸到巧克力裡蘸裹。接著放在蠟紙上，冷藏20分鐘。

草莓羅曼諾（Strawberries Romanoff）（6至8人份）

把：1又1/2夸特的草莓
去蒂，縱切成片，盛到一口淺碗裡，撒上：
1/2杯新鮮柳橙汁、2大匙糖
輕輕地拌勻。包覆起來冷藏2至3小時。
把：
1品脫香草冰淇淋
置於室溫下放軟10分鐘。
瀝出草莓，盛到一口玻璃上菜盆裡，放入：
4至6大匙甘曼怡香橙干邑白蘭地或濾過的新鮮柳橙汁
1/4杯糖霜，篩過
拌勻。將：
1/2杯冰的濃鮮奶油
打發到呈濕性發泡狀態。用一根湯匙輕柔地把冰淇淋和打發鮮奶油混合。立即享用。

草莓隆鮑爾（Strawberries Rombauer）（6至8人份）

十足的經典。
將：2夸特的草莓
去蒂，切對半和：適量的糖
混勻。稍微打發：
1品脫冰淇淋
1杯打發的鮮奶油
加：1大匙君度橙酒
輕輕地把草莓和冰淇淋混在一起。

關於藍莓

如果籽很小，那就是藍莓。如果籽又多又大，那就是越橘莓。這之間的差別就是大家都偏愛藍莓的原因，不管是直接送入口或是用來烹煮。挑選果實飽滿，顏色深，表面布有白霜或「粉衣」的莓果。在夏末和初秋時而可見、滋味濃郁的野藍莓，也可以買到冷凍的。

新鮮藍莓糖漿（Fresh Blueberry Syrup）（約1杯）

配著煎餅、鬆餅和磅蛋糕吃很美味，佐以鹿肉和鴨肉也很棒，若是如此，糖的用量要減少。
在一口小醬汁鍋裡把：
1/4杯水、1/4杯糖
煮滾，然後加：
1杯藍莓、1截1吋長的肉桂棒
1/2小匙檸檬皮絲屑
（1大匙深色蘭姆酒或波特酒）
轉中小火，熬煮10分鐘，或直到收汁變稠。

關於黑莓和覆盆子

這個標題所涵蓋的莓果屬於同一種類——懸鉤子屬，生長在藤上，具有相似的特性。其中覆盆子只有少數幾種品種，分成四種顏色：紅、黃褐、紫和黑。覆盆子最多產，最廉價，在夏初和夏末品質也最可靠。不過也是最脆弱的一種莓果，一定要小心清洗和處理。黑莓則有數百種品種，而且相當酸嗆——不管是野生或栽植的——通常都需要加糖才會好吃。覆盆子和黑莓的混生雜交，有時候被統稱為蔓越莓，則包括波伊森莓、馬里昂莓（marionberry）、大楊梅（loganberry）、楊氏草莓（youngberry）和泰莓（tayberry）。大多數蔓越莓常用來做果醬、蜜餞、果餡餅（cobblers）和派。

黑莓粥（Blackberry Flummery）（4至6人份）

可以當早餐吃，配燕麥和牛奶，也可以當甜點，加上有甜味的鮮奶油即成。
在一口大醬汁鍋裡混合：
1夸特黑莓、1/2杯熱水、2大匙至1/2杯糖
3大匙冷水、1/4小匙肉桂粉、少許鹽
以中大火煮沸，然後轉小火煨煮，輕輕地攪拌，約5分鐘。把：
3大匙水、2大匙玉米粉
攪拌成漿。拌入黑莓混合物裡煮，攪拌至變稠，約3分鐘。放涼，然後冷藏至冰涼。

覆盆子泥（Raspberry Puree）（1杯）

可當甜點，也可佐禽肉或野禽。
最好是用食物研磨器或食物調理機把：
1包（12盎司）浸在清淡糖漿的冷凍覆盆子，部分退冰
1又1/2小匙新鮮檸檬汁
打成泥。濾除籽渣，再加：
適量的鹽

覆盆子糖漿（Raspberry Syrup）（1杯）

把：2杯糖、1/2杯水
混勻，以小火煮滾，然後加：
2杯新鮮或沒退冰的冷凍覆盆子
攪拌至糖融化，約5分鐘。再加：
（2小匙香橙利口酒、覆盆子利口酒或黑櫻桃利口酒）
（1/2小匙柳橙皮絲屑、香草精或杏仁精）
用擱在一口碗上方，鋪有紗布的濾網過濾1至2小時。把糖漿倒進一口醬汁鍋裡，熬煮收汁至糖漿剩一半的量即成。

| 關於蔓越莓 |

蔓越莓最常被做成佐料，但也可以變成湯汁或膠凍狀的醬。蔓越莓的酸勁很適合搭配鹹中帶甜的滋味，除了配火雞肉之外，配豬肉、野禽和鹿肉也很美味。你可以在幾週前便把蔓越莓買好，裝在原本的塑膠袋裡冷藏。原封不動地直接送入冷凍庫也可以，可冰上一年沒問題。退冰後洗淨晾乾。從十月至隔年一月初可以在市場買到新鮮蔓越莓。若要用來烹煮，挑除皺縮的莓果和細枝，然後清洗乾淨。

蔓越莓醬和蔓越莓膠醬（Cranberry Sauce and Jellied Sauce）（6至8人份）

挑揀並洗淨：4杯蔓越莓（1磅）
放到一口醬汁鍋裡，加：
2杯滾水
淹過表面後開中火煮。一等水又再度滾沸，加蓋沸煮3至4分鐘，煮到果皮爆破。把莓果放入壓粒器（ricer）壓成碎粒，490頁，或放到攪拌器或食物調理機裡打成泥。把泥倒進醬汁鍋裡，拌入：
2杯糖
煮到大滾。若要做蔓越莓醬，則鍋子馬上離火。若想做成蔓越莓膠凍醬，沸煮5分鐘，撇除浮沫，倒到一口沾濕的模子裡。這裡指示的烹煮時間適用於堅實的果實；很熟的莓果則要少煮幾分鐘。

整顆果粒的蔓越莓（Whole Berry Cranberry Sauce）（6至8人份）

混合：2杯糖、2杯水
煮沸，攪拌到糖溶解。糖水煮個5分鐘後，放入：
4杯蔓越莓（1磅）
讓莓果在糖漿裡溫和地煨煮，不加蓋，也不要攪拌，煮到莓果變透明，約5分鐘。撇除浮沫，喜歡的話加：
（2小匙柳橙皮絲屑）
把莓果倒進一只或數個別的盤子裡，冰到質地變結實。

煮過的蔓越莓佐料（Cooked Cranberry Relish）（約2又1/2杯）

在一口大平底鍋裡混合：
一包12盎司蔓越莓（3杯）
1杯糖、1/3杯水
（2小匙柳橙皮絲屑）
1/3杯柳橙汁
煮到微滾，不加蓋，以中火慢煮到莓果腫脹，而且醬料有點變稠，約7至10分鐘。喜歡的話加：
（1/2杯杏仁碎片）
放涼即可享用，或者冷藏至多2天。

煮過的蔓越莓醬的額外配料（Additions to Cranberry Sauce）

準備上述煮過的蔓越莓佐料，喜歡的話可以加：
黑胡椒粗粒、肉桂粉、丁香粉
去皮生薑末或薑粉、五香粉
新鮮或乾燥的百里香或迷迭香
3大匙波特酒、波本威士忌、不甜的紅酒、櫻桃汁或石榴汁，或覆盆子醋或巴薩米克醋

櫻桃乾、黑醋栗或葡萄乾、蘋果丁
紅蔥頭末、胡桃或核桃
用：楓糖漿或糖蜜
加甜味。若想帶有西南部風味，加：
1/2杯墨西哥青辣椒末
1/3杯芫荽末

生鮮的蔓越莓佐料（Uncooked Cranberry Relish）（約2又1/2杯）

挑揀：一包12盎司蔓越莓（3杯）
把：1顆臍橙，未去皮的
切成8瓣，去籽。
把一半的蔓越莓和一半的臍橙放到食物調理機裡，打到混合物均勻地被切碎但尚未成泥狀，倒到一口中型盆裡。重複這步驟，處理另一半的蔓越莓和臍橙。
拌入：
1杯糖，或適量
加蓋冷藏至少2天，或至多2週。

| 關於鵝莓 |

美國國內栽培的鵝莓數量有限，大多數的商用作物都做成罐頭。鵝莓的盛產季在初夏，常見的品種大小和形狀像彈珠，未熟時清澈而綠，熟了呈琥珀色、粉紅或泛紫色。鵝莓通常在尚青而酸澀時便被採收，用在需要加糖烹煮的菜譜裡。充分熟成的鵝莓甜得可以直接入口。將鵝莓「掐頭去尾」，意指掐掉頂端的柄蒂和尾端的花蕚。鵝莓阿呆是經典的英國料理。別把鵝莓和燈籠果（Cape gooseberry），396頁，搞混了，後者是毫無關聯的另一個品種，在烹煮時起的作用大不同。請參見鵝莓果凍☆，見「果凍和果醬」。烹煮鵝莓，參見水波煮厚皮水果，354頁。

鵝莓甜酸醬（Gooseberry Chutney）（約1又1/2杯）

做好的醬放越久滋味越濃郁。和起司拼盤很搭，也可以配著火腿、豬肉或鴨肉吃。
在一口大醬汁鍋裡混合：
3至4杯新鮮鵝莓，掐頭去尾，或者冷凍鵝莓，要退冰
1顆小的洋蔥，切碎、1杯糖、1/2杯水
煮到微滾，再煨煮到莓果變軟，約8分鐘。接著放入：
1杯蘋果醋
1大匙薑粉或1大匙去皮生薑末
1/2小匙芥末粉、1/4小匙鹽
1/4小匙紅椒粉
慢煮到變稠，約40分鐘，其間要不時攪拌。放涼後裝罐冷藏；放冷凍可以保存很久。

| 關於醋栗 |

醋栗的盛產季是六月中至八月。這類珠圓小巧又有光澤的莓果主要分兩種：**紅醋栗**和**黑醋栗**。**白醋栗**屬於紅醋栗當中比較不酸的一個品種。黑醋栗不如紅醋栗常見。醋栗非常酸，籽又多，一般都會烹煮過。紅醋栗做的果凍是世

上的人氣品之一，而黑醋栗滋味多少更香甜濃郁，可做出美味的果醬和黑醋栗利口酒。醋栗通常連枝帶柄一簇簇販售。可用叉子或手輕輕地摘下來。

紅醋栗醬（Red Currant Sauce）（約1杯）

一道溫熱的甜點醬料，或者當作爐烤肉類或火雞的澆汁。
將：1杯紅醋栗
去蒂並洗淨。
在一口小醬汁鍋以中火攪勻：
1/2杯糖、1大匙玉米粉、1/2杯水
煮沸，不時攪拌。接著放入紅醋栗和：
1/4杯紅醋栗果凍
攪拌至果凍融化。趁熱享用。

| 關於桑葚和接骨木果 |

這兩種莓果沒有關聯，但都生長在樹上，主要靠搜獵採集，儘管夏季有時候會在農產攤上出現。桑葚外觀和黑莓很像，滋味酸酸甜甜，做成糖漿、水果冰沙和蜜餞很美味。接骨木果形狀小巧、呈泛紫色、香氣撲鼻，而且長成一束束的。把一束束的果子放在烤盤上冷凍，然後就著一口深碗晃蕩烤盤，果子就會脫落。接骨木果主要用來做成酒、果凍和果醬，因為它酸得沒辦法生吃。

接骨木果醋（Elderberry Vinegar）（2/3杯）

色深而且略帶麝香味，做成油醋醬或搭配野味的醬料很棒。這份食譜也可以改用1/4杯接骨木果乾和1杯醋來做。
烤箱轉180度預熱。在一只烤盤上放：
2杯接骨木果，去蒂
淹蓋著：白酒醋或蘋果醋
烤到莓果膨脹，約1又1/2小時。把混合物靜置於室溫下，或冷藏，放個12至24小時。濾出汁液，加：
（薄荷枝或龍蒿枝）
裝瓶冷藏，至多放上6個月。

| 關於櫻桃 |

櫻桃分截然不同的兩種：甜的和酸的。**甜櫻桃**的盛產季從五月末到八月之間。市場上可找到兩種主要品種：常見的紅色**賓品種**（bing），和金黃色的**雷尼爾**（Rainiers）或**安妮皇后**（Queen Anne）品種。不管買哪一種，挑選飽滿、有光澤、結實的。最深紅色的賓品種最醇熟；雷尼爾品種和安妮皇后則要呈玫瑰紅色澤。甜櫻桃冷藏可以放三至四天。做成水果沙拉，很美味，水波煮食用也很棒，如下。櫻桃也常做成烈酒，譬如櫻桃白蘭地（kirsch）和黑櫻桃利口酒（maraschino），兩者都是從水果釀的，而且摻了深色蘭姆酒，白蘭地和杏仁利口酒（amaretto）。配上杏仁、羅勒、龍蒿、肉桂、香草和巧克力也很對味。

酸櫻桃，或者「做派用的櫻桃」，滋味極酸，在六月至八月之間某些市場會賣。烹煮和加糖會讓它的滋味變得醇厚可口。**厄利瑞奇蒙櫻桃**（Early Richmond cherry）是產季裡最先上市的派用櫻桃。最廣泛栽培的品種源自**莫雷洛黑櫻桃**（Morello）。最容易買到的是淡色的**蒙莫朗西酸櫻桃**（Montmorency）。挑選和貯存酸櫻桃的方法和甜櫻桃一樣。市售的櫻桃罐頭在非產季時可以用來做派。說到櫻桃，順理成章會想到**索利納櫻桃**（Sorinaw cherry），其實它不屬於櫻桃一類，而是外觀和櫻桃很像的熱帶水果，現今在佛羅里達被廣為種植，做出來的果醬辛香美味。櫻桃用櫻桃去核器，如上圖所示，來去核最輕鬆整潔。經典的櫻桃甜點，請參見火焰櫻桃☆，218頁。

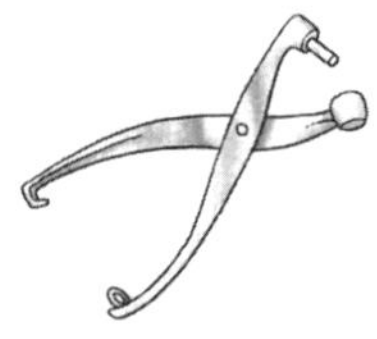

櫻桃去核器

水波煮櫻桃（Poached Cherries）

I. 用酸櫻桃做蜜餞，參見「水波煮厚皮水果」，354頁。

II. 將：去核甜櫻桃

煮到軟但仍保有形狀。每一磅櫻桃備妥：1/2杯醋栗果凍

放到：1/4杯櫻桃白蘭地或其他利口酒裡融化。瀝出櫻桃，保留煮汁，改天可用來做布丁醬汁或肉類澆汁或烘烤料理。把瀝出的櫻桃放到果凍混合物裡，晃蕩一下讓櫻桃與之充分混勻。冰涼後即可食用。

浸軟的櫻桃加辛香草（Macerated Cheeries with Herbs）（4人份）

可以當作燒烤或爐烤禽肉或豬肉的配菜，也可以配上冰淇淋和磅蛋糕當甜點。

在一口中型碗裡混勻：

1磅甜櫻桃，去柄蒂去核切半

3至4大匙新鮮檸檬汁、1/4杯糖

2大匙切碎的羅勒、薄荷或龍蒿

1/4小匙黑胡椒

放室溫下醃漬至少15分鐘，其間攪動個一兩回，或者放冷藏，至多放2天。回溫至室溫再享用。

| 關於柑類水果 |

挑選握在手裡感覺起來堅實又沉甸甸的柑類水果。大部分柑類水果放冰箱冷藏都可以放上二至三星期。柑類水果出現在市場時，通常會裹著薄薄一層蠟。這層蠟無害，只不過當你要刨磨果皮絲屑時，會覺得它有點討厭。用菜瓜布一面輕輕搓磨果皮一面沖冷水就可以把蠟搓掉。

將果皮磨屑或刨絲時，➡只要刨磨顏色最鮮豔的外層就好。將果皮刨絲的最佳工具是刨絲器或瓜果削皮器。粗銼刀可以刮下細碎的屑末，或者你也可以用四面刨籤器。

要輕鬆地萃取柑橘類水果的汁液，先用掌心把水果穩當地按在硬實桌面上，出點力來回滾壓。接著橫切對半，若是只榨取一顆水果的汁液，用壓榨棒榨汁。如果要壓榨好幾顆，就用手壓式搾汁器（citrus hand press）或電動榨汁機。

粗銼刀、榨汁機、壓榨棒

要把小型或中等大小的柑類水果切成一瓣瓣，就著一口碗來切，以便盛住所有汁液，用一把銳利的刀削掉外皮，包括白襯皮。像削蘋果皮那樣一圈圈削下來，讓內部組織露出來。劃破膜，剖開果肉，切出一瓣瓣（有時又叫做**精萃**〔supreme〕），把籽去掉。

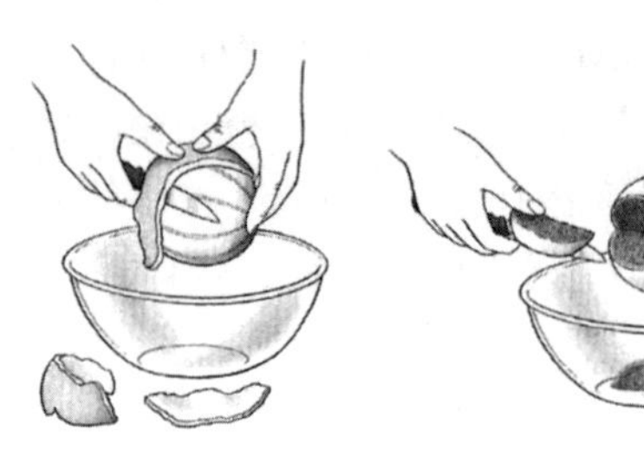

將小型或中等大小的柑橘類水果切成一瓣瓣

要把較大型的水果剝成一瓣瓣，譬如葡萄柚，先切掉水果的頂端和底端，切到露出果肉的深度。然後把水果放在砧板上，用一把鋸齒刀均勻地一片片切掉外皮，也把殘留的薄膜修切掉。劃破薄膜剖開果肉，下切兩刀便可切出一瓣，把籽去掉。讓擠壓薄膜時流出的汁液滴淌到碗內。

冬日水果沙拉（Winter Fruit Salad）（3至4人份）

把：1顆葡萄柚、1顆臍橙
切成一瓣瓣，或者去皮切成一口大小。用一口碗把果肉和汁液盛起來。臨要上桌前，再放入：
1顆蘋果，切4瓣後去心切薄片
1根香蕉，切片
讓蘋果和香蕉裹上柑類汁液避免變色，349頁。

柑類水果沙拉（Citrus Salad）（6人份）

從：
4顆臍橙
刨下3大匙果皮絲屑，盛在一口中型碗裡。將臍橙切成一瓣瓣，或者去皮切成一口大小。臍橙肉和汁液也盛入裝有果皮絲屑的碗裡。將：
2顆葡萄柚
2顆桔柚或3顆橘子
切一瓣瓣，或去皮後切塊，和臍橙混合。再輕輕拌入：
糖，適量
（2大匙香橙利口酒）
加蓋冷藏至冰涼即可上菜。喜歡的話，撒上：
（薄荷末）

| 關於檸檬和萊姆 |

這兩種水果不可或缺，我們會在「了解你的食材」☆，更充分地來討論。最多汁的檸檬，皮薄而光滑，呈黃色。**梅爾檸檬**（Meyer lemons）是檸檬和紅柑（tangerine）的混種，比較不酸嗆，可以加進沙拉和水果杯裡。也可以當成一般檸檬來用或做成蜜餞，如下。➡擠上些許檸檬汁可突顯任何食材的天然滋味，就像加一撮鹽一樣。

最常見的萊姆是**波斯萊姆**（Persian limes）。量少的話，萊姆汁可以取代檸檬汁當調味料。小巧的**墨西哥萊姆**（Key limes）具有酸嗆而繁複的滋味，有些人認為做萊姆戚風派★，518頁，非得用它不可。小巧的**泰國萊姆**（Makrut），長久以來被叫做卡菲爾萊姆（*kaffir*），具有強烈香氣和酸汁，它的果皮和葉子被用來調製咖哩，或者風乾成香料；汁水非常酸。新鮮的泰國萊姆葉比乾燥的味道更強烈更香。萊姆在飲品裡的一般用途，見84頁。若要用來防止新鮮蔬果變色，見349頁。

新鮮**香櫞**（citron）因為很像表皮凹凹凸凸的檸檬，所以我們把它歸在這裡而不是柑類水果，在種植柑橘類水果的地區裡，到了秋天也可以在農人市集看見香櫞。香櫞體型大，基本上呈梨形，除了被種植用來當桌上飾品——它非常的香，可以讓一整個房間瀰漫香氣——它厚實的皮醃漬後可用在蛋糕和甜點裡。超市賣的醃漬香櫞往往乾癟而無味，讓這水果很委屈地名聲不佳。好品質的醃漬香櫞可以在中東超市和印度超市買到，也可以網購，通常半顆半顆地出售。這些地方買來的香櫞軟而辛香，非常美味。

鹽漬檸檬（Salt-Preserved Lemons）（1夸特）

準備這些醃漬物，為海鮮湯或海鮮鍋、蔬菜沙拉、羔羊砂鍋、水煮雞肉或餡料增添風味。鹽漬檸檬可以放上一年，只要它徹底被鹽水淹蓋而且沒被細菌污染。因此，從罐內取用檸檬時，務必用乾淨乾燥的夾子。

將：2磅檸檬

洗淨、晾乾、去蒂，放在90度的溫熱烤箱徹底烘乾。

量出：1/3杯粗鹽

舀2大匙鹽放進1夸特容量的寬口罐裡。把檸檬放在廚台上滾壓，好讓它釋出汁液。將檸檬縱切三刀，底端留1/2吋不切斷，因此切開的4瓣可以壓成扇形而底端依然連著。輕輕地壓開檸檬，把1/2小匙鹽撒在8個切面上。小心地把汁液擠到一口碗裡。將檸檬收攏，放到罐子裡，把汁液倒進去。持續把其餘的檸檬處理完，每鋪好一層便撒上1/2小匙鹽。假使所有檸檬都放入罐裡，檸檬汁卻不足以淹蓋所有檸檬，再加：

新鮮檸檬汁淹過檸檬

罐子的頂端要留1/2吋空隙。將一支狹長的抹刀滑入檸檬和罐子內壁之間，把氣泡擠壓出來——拿著抹刀上下按壓時緩緩轉動罐子，把氣泡逼出來。然後確認檸檬仍舊全都泡在汁液裡，頂端空隙只有1/2吋。把罐口擦拭乾淨。將一張方正的保鮮膜折成四層，疊在罐口，再把罐蓋旋緊。把罐子置於一只淺碟上，放在溫暖處，醃漬1個月。每天把罐子上下顛倒轉一轉，讓鹹汁循環流通一下。醃漬過程結束後，冷藏或置於陰涼處。使用前，檸檬要沖一下冷水。

| 關於柳橙 |

通常而言，**瓦倫西亞品種**被歸為「多汁」品種，而各種類型的臍橙則被認為「爽口」品種，其實有些瓦倫西亞品種才是不折不扣的無籽、微甜，而且非常可口。在我們家，只要是味美多汁又可口的水果，我們通常就是對半剖開來，再把每一半切成三瓣或四瓣，用盤子盛著直接鮮吃。這過程雖然不那麼整潔，但是我們可以吃到多纖的果肉，更別說新鮮果汁。基於同樣的理由，當我們要把柳橙壓榨出汁時，我們也偏好不用細孔篩過濾。**若要給小孩子整棵柳橙**，可以先滾壓一下讓柳橙釋出汁液，然後從頂部切出圓錐形的一塊，留下一塊錢硬幣大小的洞。從整棵柳橙吸食果汁輕鬆又有趣，就算弄得有點髒亂也很好玩。

用來入菜最受歡迎的是**血橙**，有著深紅色的果肉，生產於十二月至三月。具有特殊用途，最珍貴也最不容易買到的是**塞維爾**品種（Seville），或叫**苦橙**。用苦橙做的果醬是最上乘的，可以為肉類和魚料理以及各式飲品增添辛嗆滋味。若想增添溫和一點但依然迷人的滋味，不妨加幾大匙剁碎的柳橙皮絲到燉牛肉或燉羔羊肉裡。

橘子有著鬆垮好剝的皮，果肉又多汁。罐頭橘子也很棒。**紅柑**是老式的人氣品，時下愈來越熱門的是**克萊門氏小柑橘**（clementine）。**薩摩蜜橘**（Satsumas）是另一個香甜無籽的品種。**桔橙**（Tangors），橘子和柳橙的混種，外形呈扁圓，表皮鬆垮，如橘子一般多汁，但滋味像柳橙。**天普桔**（Tmple）是很常見的品種，產季介於一月至三月。

桔柚是橘子和葡萄柚的雜交種。美人柑（Minneolas）很好認，有紅焰橘的外皮和突出如頸狀的果梗。美人柑相當多汁，但汁水也很酸，有些則籽多。盛產季是十二月至四月。牙買加醜桔（Ugli fruit）是體型大、表皮凹凸不平、偏黃色的桔柚，有著明顯的葡萄柚滋味。不管怎麼說，它都比橘子和葡萄柚更香甜多汁。

橘子家族的所有成員做成水果沙拉，都很美味，但要剝成一瓣瓣都得費點功夫。不如用鋸齒刀剖開切瓣再去籽。大體上來說橘子並不適合拿來入菜，假使要把橘子加進熱騰騰菜餚裡，最後一刻才加。

金桔（kumquat）的大小像知更鳥蛋。嚴格地來說，金桔不算是柑橘類水果，但因為它的滋味像柑橘所以一般被歸為同一類。金桔的果皮和果肉皆可食，可以連皮整顆吃下肚。主要分兩種：橢圓形品種，果皮甜而果肉酸，以及稍大的圓形品種，其果皮與果肉皆甜。在市場上橢圓形品種比較常見。兩種都可以鮮吃，不管是直接送入口，或者切片加到水果沙拉裡，不過橢圓形品種裹糖衣（candied）☆，312頁，做成果醬（preserves）☆，見「果凍和果醬」，或糖漬（compote），如下，又或以其他方式加糖烹煮，都非常美味。

糖漬柳橙（Oranges in Syrup）（約9杯）

將：1顆大的臍橙
洗淨、晾乾，並刨下果皮絲後，置旁備用。
在一口小醬汁鍋裡把果皮絲連同：
1杯糖、1/2杯醋栗果凍、1/4杯水
以中大火煮沸，其間不時攪拌，然後把火盡量轉小，熬煮10分鐘。糖漿離火，放涼至溫溫的，喜歡的話，拌入：
（2大匙干邑白蘭地或其他白蘭地）
置旁備用。按372頁的方式（但不必切一瓣瓣）將刨掉皮的臍橙和另外：
5顆大的臍橙
去皮，橫切成1/4吋厚的片狀。在一只大淺盤上把柳橙片排成幾列，彼此稍微重疊，然後澆上糖漿。加蓋冷藏12至24小時。配上：
落球奶油威化餅☆，118頁，或瓦片餅☆，142頁

糖漬金桔（Kumquat Compote）（6人份）

把這亮麗又好用的蜜餞舀到豬肉、肉質堅實的白魚、肥鵝肝、優格、冰淇淋或義式奶酪（panna cotta）上。
用冷水將：2杯金桔
淹蓋並煮沸。瀝出後將金桔切成圓片，有籽的話要去掉。在一口中型醬汁鍋裡混合：2杯水、1杯糖
以中大火煮滾。再把金桔加進去，煮到金桔變軟而且糖全數溶解，約5分鐘。將金桔片撈到碗裡，糖漿繼續熬煮收汁，收到剩一半的量。把糖漿濾到金桔片上，加蓋冷藏直到冰涼。

關於葡萄柚

白色、粉紅色和寶石紅的葡萄柚，盛產季從一月至六月。加到沙拉裡很美妙，因為它的滋味酸而討喜，配上滋味濃郁的食物也相當對味，譬如酪梨、爐烤肉、油腴的魚類和貝類。剝皮切瓣的方法，見372頁。若要做為盤飾，葡萄要稍微加熱並且/或者拌一些糖或蜂蜜，稍微加點甜味。

柚子（Pomelo或shaddock）是今天的葡萄柚的老祖宗，這大型的柑橘類水果起碼有葡萄柚的大小，甚或更大。有圓形的也有梨形的，結實的果肉有白有粉紅。**錢德勒柚**（Chandler）最為常見，粉紅色的果肉香甜美味，通常籽

不多。傳統上柚子都切成一瓣瓣來吃。柚子和葡萄柚的混生雜交則是**白金柚**（Oroblanco）和**紅金柚**（Melogold），滋味超甜毫無苦味，而且無籽。可以在冬季至春季之間尋找這些如羅馬甜瓜大小的水果。

炙烤葡萄柚（Broiled Grapefruit）（4人份）

這道老式的葡萄柚菜餚可當作前菜、甜點或早餐。最好用粉紅果肉的葡萄柚，不只顏色討喜，滋味也比較甜。

調整炙烤架的位置，把葡萄柚擺在火源下方4吋之處。炙烤爐預熱。將：

2顆葡萄柚，最好是粉紅果肉或紅果肉

橫切對半，去掉大顆籽。喜歡的話，切掉粗蕊心。用葡萄柚刀或小鋸齒刀沿著薄膜和果皮裁切，讓每一果瓣鬆脫。將這兩半葡萄柚放在有邊框的小烤盤，在每一半撒上：

1大匙糖（總共1/4杯）

（幾撮薑粉或八角粉）

將葡萄柚炙烤到頂端開始變焦黃，約5分鐘。若要加點裝飾，在葡萄柚的中央放：

（4顆小的覆盆子或草莓）

立即享用。

加甜味的葡萄柚（Sweetened Grapefruit）（4人份）

按372頁方式將：**2顆大的葡萄柚**

去皮切一瓣瓣。將果肉和果汁，如果有汁液流出來的話，盛在碗裡冷藏至冰涼。上菜前的15分鐘，將果瓣分裝到4口玻璃碗裡，稍微撒上：

糖霜或蜂蜜

臨要上桌之前，才在每一碗裡加：

1大匙君度橙酒或香橙利口酒（共1/4杯）

或在每一碗裡加四分之一滿的：

冰涼柳橙汁

冰涼的葡萄柚杯（Chilled Grapefruit Cups）

把：**葡萄柚**

冰涼，切兩半。用尖齒刀、葡萄柚刀或牛排刀把果肉從果皮上鬆脫，或者用葡萄柚去心器把籽挑除，並且把粗纖的蕊心去除。上菜前5分鐘，撒上：

糖霜

臨要上桌前在每一半上加：

（1大匙橙皮酒〔curaçao〕或一片薄荷葉）

關於椰子

椰子是棕櫚科椰屬樹木的巨大堅果或果核。在植物學上不算是水果，但在此值得一提，是因為它可以用在精緻的水果菜色裡，闢如仙饌，349頁。➡要用沒加甜味的包裝椰子粉取代新鮮椰果肉，一又三分之一杯裝得密實的椰子粉可抵一杯新鮮椰果肉屑。要把新鮮椰果肉刨成屑，用四面刨籤器上洞最大的那一面來刨。有甜味的椰子粉會使得成品甜得多。也請參見「了解你的食材」☆。

椰子萊姆沙拉（Coconut Lime Salad）（5人份）

用這道沙拉來佐配燒烤魚。芒果和木瓜是很棒的額外配料。

在一口大碗裡混勻：

2杯新鮮椰果肉屑、

1杯去籽的小黃瓜碎末

1/2杯芫荽末

1顆萊姆的皮絲屑和汁液

1根墨西哥青辣椒，去籽切末

3/4小匙鹽

1/4小匙黑胡椒

2大匙橄欖油

靜置15分鐘即可上桌。

| 關於椰棗 |

在北非和中東的沙漠地區，椰棗樹傳統上被善盡利用——當作食物和纖維。早在蔗糖出現之前，它可是珍貴的甜味劑。它之於阿拉伯文化的重要性，就像美洲野牛之於美國大平原印地安人——形塑、調節、侷限出一種生活方式。

加州椰棗的產業始於一九〇〇年代初。今天在美國種植的椰棗品種——Medjool、Deglet Noor和Khadrawy——全是阿拉伯原生品種。椰棗的產季在秋天。新鮮椰棗的滋味比棗乾要溫和，肉質也較細緻，搭配口感綿密的起司很美味。

椰棗的成分有一半是糖，這就是不管是新鮮椰棗或椰棗乾上會有灰色結晶的緣故。這也是吃少少幾顆就會感到甜膩的原因，同時也說明了它何以被當作水果甜點盤的盤飾。椰棗往往會夾上奶油起司和堅果，然後再裹著用杏仁膏和香料做的馨嗆翻糖，或裹著濃香的柑橘醬。

椰棗有整顆賣的，也許去核也許沒去核，也有切碎賣的。➡先把椰棗冷凍一小時，切片或剁碎會輕鬆很多。由於含糖量高，椰棗可以保存很久，室溫下可以放上一個月，冷藏可以放上好幾個月，放冷凍可以長達一年沒問題。

夾心椰棗（Stuffed Dates）（30顆）

在雙層蒸鍋的上鍋混合：

30顆去核椰棗、1/4杯白蘭地

2大匙柳橙汁

加蓋以微滾的水蒸煮15至20分鐘。趁熱去皮，放涼。夾上：

30顆焯燙去皮的整顆杏仁

在一口小碗裡混勻：

1/4杯糖、1小匙肉桂粉

1顆柳橙的皮絲屑

把夾心椰棗滾上加香料的糖，晾乾2小時。再把椰棗裝在密封的錫罐裡，層層之間用蠟紙或錫箔紙隔開。放乾幾天再食用。密封貯存可以放上3個月，冷藏則更久。

| 關於無花果 |

無花果樹在古羅馬代表著守護之神。無花果的品種有數百種，形狀、大小和顏色變化多端。在美國，無花果全都產自加州，大部分都是風乾的，不過新鮮的無花果也越來越常見。加州無花果主要分兩種品種，綠色的**加利莫納**（Calimyrnas）和紫黑色的**傳教士**（Missions），兩種的滋味差不多，但肉質很不同。加利莫納結實而稍帶有嚼勁，傳教士則軟嫩。挑選果形飽滿，表皮緊繃的無花果。熟無花果放在套在塑膠袋的盤子內可以放上三或四天。新鮮的無花果通常都會拿來鮮吃，但香煎，或烘烤，如下，也很美味。如果用的是堅硬的無花果乾，把水加到三杯半，烹煮之前無花果至少要泡水三小時，或者泡上一夜。燒烤無花果是燒烤雞肉、羔羊肉或豬肉很棒的配菜，本身也可以當甜點吃，配上法式酸奶、馬斯卡彭起司或香草冰淇淋。裹麵衣油炸無花果也很棒，淋上溫蜂蜜吃。按照水果炸物麵糊★，465頁方式來做，用十二顆大的整顆無花果。

烤無花果佐瑞科塔起司（Baked Figs with Ricotta）（4人份）

烤箱轉180度預熱。在一口小醬汁鍋裡混合：1/3杯糖、3大匙水
煮滾，不停攪拌讓糖溶解。糖水離火，加進：1/2杯甜或不甜的馬沙拉酒
將：8顆大的新鮮無花果
從頂部往下切，但底部不切斷，切成4瓣。切好後，從底部往上壓，讓無花果瓣散開，然後放在淺烤盤上。舀馬撒拉酒糖漿澆到無花果上，烤到無花果變軟，約20分鐘。烤的同時，把：
1/3杯瑞科塔起司、1/3杯濃的鮮奶油
1小匙糖搗勻。
無花果烤好後，盛盤，在每一個無花果上放一小坨起司混料，再把糖漿澆在無花果四周。趁熱吃，或放涼至室溫再吃，喜歡的話，撒上：
（苦甜或半甜的巧克力刨片或碎屑，或杏仁碎粒）

燒烤或炙烤無花果佐義式火腿（Grilled or Broiled Figs with Prosciutto）（32份）

燒烤架轉中大火，或將炙烤爐預熱。
將：8顆大的無花果
切4瓣，包上：
4盎司切薄片的義式火腿或山火腿（serrano ham），切成細條
刷上：橄欖油
燒烤或炙烤到剛好變軟，每面1分鐘。立即享用，淋上：（巴薩米克醋）

檸檬薑味糖漬無花果（Fig Compote with Lemon and Ginger）（6至8人份）

配上優格很棒，可當起司拼盤的配料，或爐烤鴨的配菜。
在一口中型醬汁鍋裡混合：
1磅無花果乾，去柄蒂
3杯水、1顆檸檬的皮絲
1截2吋長的生薑，削皮切薄片

煮到微滾，加蓋，繼續煮到無花果膨脹，25至35分鐘。需要的話多加點水進去。然後加：
3/4杯糖、2大匙新鮮檸檬汁
掀蓋，再繼續煮個5分鐘。鍋子離火，拌入：
（1至2大匙干邑白蘭地、白蘭地或寶石紅波特酒）
趁溫熱吃，或冰涼著吃。加蓋放冰箱冷藏可以放上1個月。

| 關於葡萄 |

葡萄品種數以千計，但這當中只有很小的百分比香甜爽脆，可以直接入口或用來入菜。釀酒葡萄當中，也就是所謂的歐洲種（*vinifera*），少數品種也很好吃，尤其是淡綠色的**湯姆森無籽葡萄**（Thompson seedless）和**綠珍珠**（Perlette）。好幾種釀酒無籽紅葡萄也被研發成可以鮮吃，而且越來越熱門，最有名的是**紅焰**（Red Flame）和**紅寶石**（Ruby Seedless）。這些無籽葡萄最適合用來入菜或做成沙拉。

美洲種（*Labrusca*）是美洲土生的葡萄。這種葡萄皮厚得多，而且很好剝，所以常常被叫做滑皮葡萄（slip-skins）。狐葡萄（fox grapes）是主要的美洲品種，甜而帶有麝香味，這種香氣被形容為「狐騷味」。**康科特葡萄**（Concord）就是狐葡萄的一種，可以在七月至十月之間在市面上找得到，還有其他很多混生種，顏色從極淡的綠色或黃色，至紅色或深紫色都有。

另一種美洲土生的品種，是圓葉葡萄屬（*rotundifolia*）的**圓葉葡萄**（muscadine）。大多數都很甜，有些甚至比狐葡萄更有麝香味，香氣更濃郁。**斯卡佩農**（Scuppernong）是最知名的圓葉葡萄，這種葡萄滋味香甜，香甜到做成的果凍嘗起來像蜂蜜的地步。盛產季在九月和十月，這種葡萄通常很嬌弱，不耐貯運，所以往往只能在產地市場看到。

購買葡萄前，不妨先吃一粒看看。葡萄若裝在有通風孔的塑膠袋裡，可冷藏貯存達一星期。請參見加葡萄的沙拉食譜，加葡萄的點心☆，174頁，以及加葡萄的派與糕點★，469頁。

葡萄佐香腸（Grapes and Sausages）（4人份）

烤箱轉260度預熱。用叉子把：
1又1/2磅甜味義大利香腸
表面到處戳洞，免得爆開。用一口大的厚底平底鍋以中火加熱：
2大匙橄欖油或奶油
油熱後香腸下鍋，煎到焦黃，約20分鐘，其間偶爾把香腸翻面。在一只烤盤上混合：
12盎司無籽葡萄，大顆的話切半
2小匙迷迭香末
把煎好的香腸放在葡萄上，烤約20分鐘。調味以：
鹽和黑胡椒，適量、
（1注巴薩米克醋）

醃漬葡萄（Pickled Grapes）（約2杯）

配爐烤肉類很對味，放到沙拉或起司拼盤裡也很棒，尤其是佐上山羊起司。或者把伏特加馬丁尼裡的醃橄欖換成這醃葡萄試試看。

在一口大罐子或缸子裡放：

2杯無籽葡萄、6顆蒜瓣，去皮

在一口醬汁鍋裡混合：

1又1/2杯白酒醋或蘋果醋

1杯糖或紅糖、2大匙去皮生薑屑

1小匙鹽、1小匙芫荽籽粉

10顆整顆丁香

（1根墨西哥青辣椒，去籽切細碎，或1小匙乾紅椒碎片

以中火煮到微滾，攪拌至糖溶解。倒到葡萄上，靜置至少1小時或隔夜，或者一旦放涼，密封好冷藏可放上3個月。

| 關於芭樂 |

芭樂的顏色從白到深綠都有，大小則有核桃般小的，也有蘋果般大的。打成泥、烘烤過、或鮮吃，單吃或混以其他水果，譬如香蕉或鳳梨，都很好吃。最簡單的吃法是切對半，用湯匙舀果肉吃。若要加到水果沙拉裡，用瓜果削皮器削皮，橫切一片片，再刮出果肉和籽。芭樂也可以水波煮。也請參見蘋果蛋糕「樂土」★，522頁，以及芭樂果凍☆，見「果凍和果醬」。

清爽的蘭姆酒糖漿漬芭樂（Guavas in Light Rum Syrup）（4人份）

將：4顆堅實的熟芭樂

削皮切半。用湯匙舀出籽和軟糊的果肉來，保留。

在一口中型醬汁鍋裡混合：

2杯糖、2杯水、1/2杯新鮮檸檬汁

（1大匙深色蘭姆酒，或適量）

1小匙生薑末、2整顆丁香

把芭樂籽和軟果肉放進去，以中火煮滾。然後把火轉小，煮3分鐘。把汁液濾入另一口醬汁鍋，過濾時按壓果肉，盡量榨乾汁液。接著把切對半的芭樂放入第二口鍋裡，煮沸，接著把火轉小，煮3至5分鐘，煮到用叉子戳得進去的軟度但又不致糊糊的。把芭樂移到盤子裡稍微放涼；預留1/2杯煮汁。煮好的芭樂可以趁熱吃，也可放涼至室溫或冰冷著吃。吃的時候淋上預留的煮汁，再在上面加：

打發鮮奶油、（檸檬皮絲屑）

| 關於奇異果 |

奇異果又叫做中國鵝莓，產自加州和紐西蘭，一整年都買得到。挑選的時候要選結實沒有皺褶的。沒有光澤的褐色外皮毛茸茸的其貌不揚，怎料切開後果肉竟然鮮綠透明，籽實分布的圖樣迷人複雜。奇異果很具有裝飾效果，可以加到水果沙拉裡，或加點萊姆汁鮮吃。它的果肉不會氧化變黑，就算已經切開好幾個小時也不會。烹煮後會變成橄欖色。

奇異果鮮蝦沙拉（Kiwi Shrimp Salad）（4人份）

準備：
油醋醬*，325頁，使用檸檬和新鮮薄荷
在一口大醬汁鍋裡以中大火焙炒：
1杯整粒蕎麥或藜麥
直到麥粒焙呈金黃色，約3分鐘。接著拌入：
2杯滾燙的雞高湯、肉湯或水
1/2小匙鹽
加蓋以小火煮到汁液被吸收，約15分鐘。靜置5分鐘，不要掀蓋。
在一口大碗裡混合：
4顆奇異果，去皮切片
1把小蘿蔔，切片
1把青蔥，切蔥花
8盎司大蝦，煮熟，去殼挑除沙腸
加1/2杯油醋醬翻拋混勻。把蕎麥、奇異果混物以及：
1球奶油萵苣，撕成一口大小
鋪排在一只大盤子上，淋上剩餘的油醋醬。

| 關於荔枝 |

這深紅色外殼、胡桃大小的水果，果肉極其清香，簡直像香水果凍一般。新鮮荔枝可在亞洲市場和某些超市買到。挑選鮮紅或紅棕色的荔枝，外殼顏色淡的尚青，黑褐色的則過熟。荔枝可用塑膠袋裝起來，袋口鬆鬆地收攏，存放在室溫下。用手指剝開荔枝殼。荔枝通常是未去核地整顆端上，因為去核之後果肉會潰不成形。荔枝可加到水果杯裡。市面上也有荔枝罐頭，只不過沒那麼香馥繚繞。

香煎荔枝（Sautéed Lychees）（3至4人份）

在一口大平底鍋裡以中火加熱：
3大匙奶油
3大匙紅糖或天然粗糖
1小匙去皮生薑末
直到奶油融化，薑末飄出香味，接著下：
2杯去殼去核的新鮮荔枝或罐頭荔枝果肉
煮約5分鐘，偶爾攪拌一下。喜歡的話，加：
（2大匙淡色或深色蘭姆酒）
（1/2小匙肉桂粉）
澆到磅蛋糕或幾球冰淇淋上。

| 關於芒果 |

芒果冰涼後鮮吃，可媲美你做出來的任何水蜜桃—鳳梨—杏桃慕斯——濃郁香甜而不膩。醇熟得恰到好處的芒果一被按壓會稍微內凹，就如熟成的酪梨一樣。它的核幾乎和果肉一樣長，因此切芒果需要有點技巧。芒果去皮去核的方式，見下圖。

切片的芒果佐上義式火腿和萊姆角可當作前菜。香煎，加到水果沙拉裡，

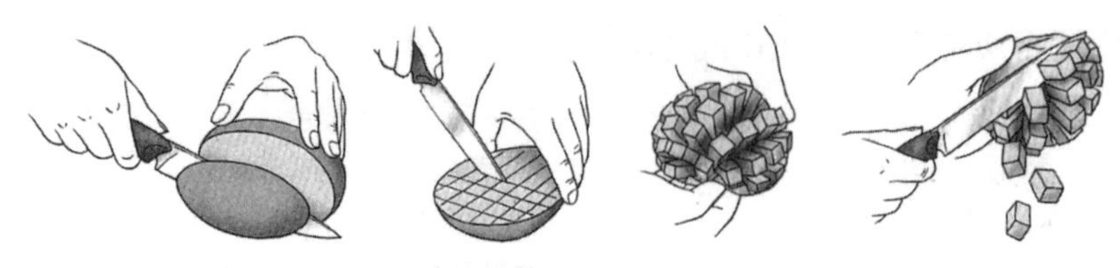
將芒果去皮切丁

或切片配香草冰淇淋也很美味。做成水果莎莎醬★，325頁，配上墨西哥玉米片或當作魚肉、禽肉或紅肉的配料也很對味。也可做成印度甜酸醬，水波煮或烘烤皆宜。如果你想把芒果冷凍，參見冷凍水果泥☆，見「果凍和果醬」。

芒果加小黃瓜（Mangoes and Cucumbers）（約2杯）

在一口碗裡混勻：
1顆芒果，去皮去核切丁
1根小黃瓜，削皮去籽切丁
3大匙切碎的紅洋蔥
1大匙新鮮萊姆汁

芫荽芒果（Mango with Cilantro）（約1杯）

在一口中型碗裡混合：
1顆芒果，去皮去核切碎
1/2小匙檸檬皮絲屑
2大匙新鮮檸檬汁
1大匙芫荽末
靜置室溫下15分鐘。佐配燒烤魚類和海鮮。

| 關於歐楂（medlars）|

在南歐和美國南方，這些神似山楂子〈crab apple〉、兩吋大小的水果，都是現摘現吃。在英國，在它們產區的極北方，因為老是受霜害，外觀很不起眼，不過它的滋味很討喜，尤其是做成果醬。

| 關於香瓜 |

香瓜的品種多不勝數。通常區分為**冬香瓜**，表皮光滑，和**夏香瓜**，表皮有網紋，網紋凸起，色澤較淡。夏香瓜，顧名思義，在夏季盛產；而冬香瓜其實是在秋天熟成。挑選就其大小來說重量最重的、沒有凹軟處、發霉或裂痕的。冬香瓜的柄蒂處應該有香味。香瓜要香甜，一定要在藤上熟成。倘若如此，你會看到柄蒂處凹陷結硬皮。香瓜越香就會越甜。

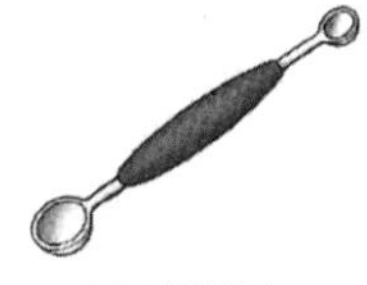
香瓜挖球器

美國的**甜瓜**（cantaloupe）、**香瓜**（muskmelon）、**肉豆蔻香瓜**（nutmeg）和**波斯香瓜**都屬於夏香瓜或網紋香瓜。**哈密瓜**（honeydew）和**聖誕老人瓜**（Santa Claus）或**聖誕瓜**（Christmas）都屬冬香瓜。**加納利香瓜**（Canary）和**克朗蕭香瓜**（Crenshaw）也屬於冬香瓜，但表皮有點皺，而**卡薩巴斯香瓜**（casabas）則有明顯皺紋。所有的冬香瓜採摘後都稍微會再熟成。

西瓜則完全是另一類。果肉可能是紅的、粉紅的、橘的或金黃的，也許有籽，也許無籽。有些像小型甜瓜一般小。若要挑整顆西瓜，挑形狀對稱，表皮光澤黯淡的，而且確認底部偏黃——在土裡熟成的指標。真正熟成的西瓜，如果你用指甲摳表皮，會摳出薄薄的綠色屑片。西瓜若是剖開的，隔著包覆的保鮮膜應該要能聞出香味，果肉應該看起來很緊實。

香瓜通常都是鮮吃，可以單吃也可以多種混合著吃。一頓飯從頭到尾都可以出現香瓜，不管是加在沙拉裡或甜點。

香瓜存放在十度至二十一度之間，遠離日照，可以放上好幾天。食用前稍微冰一下。放冰箱要用保鮮膜或錫箔紙包起來。香瓜可以被裁雕成有裝飾效果，如下圖，撒些許檸檬汁或萊姆汁，或者生薑末或薑粉，又或是白胡椒粉，很能提味。

香瓜籃或水果杯（Melon Baskets or Fruit Cups）（8至10大份）

將：4顆甜瓜或1顆大西瓜

底部切下薄薄一片，好讓香瓜可以穩坐在桌上不會搖晃，然後切對半或做成籃子或杯子形狀，如圖示。去籽。用香瓜挖球器挖出1至2杯要盛在香瓜籃或香瓜杯裡的果肉球，盛起備用，剩下的冷藏留待他用。接著把香瓜邊緣雕切成波浪狀。水果和以下的材料混勻後送入冰箱：

2杯去皮切片去籽或無籽柳橙

2杯去皮切片的新鮮水蜜桃或草莓

2杯切丁鳳梨，新鮮或罐頭的

1杯藍莓或切片奇異果

1至2杯香瓜球

（糖，適量）

充分冰涼。把水果盛到香瓜籃或杯裡，淋上：

（1大匙香橙利口酒或蘭姆酒）

在上面放：

（檸檬雪酪☆，239頁，或柳橙雪酪☆，239頁）

香瓜籃

香瓜佐義式火腿（Melon and Prosciutto）（4至6人份）

I. 夏日最清爽的前菜之一。將：

1顆甜瓜、哈密瓜或克朗蕭香瓜

切對半，舀出籽。將每一半切成6瓣，把果皮削掉。每個盤子盛2或3瓣香瓜。將：

8盎司切薄片的義式火腿或山火腿

切成寬條，垂放在香瓜瓣上，撒上：

（帕瑪森起司刨片）、（新鮮檸檬汁）

立即享用，在席間傳遞胡椒研磨罐。

II. 因為要燒烤，按上述方式準備，但把香瓜瓣切成2吋塊狀。用火腿把每一塊香瓜包裹起來，並用牙籤固定。放在距火源4吋之處，每面燒烤2至3分鐘。這道是我們最愛的料理之一。

西瓜佐山羊起司（Watermelon and Goat Cheese）（4人份）

準備：
1塊2磅的西瓜，去皮去籽，切成一口大小方塊
放在大淺盤上，在西瓜上放：
山羊起司片（從4盎司的一截刨的）
黑胡椒
淋上：
特級初榨橄欖油

| 關於木瓜 |

木瓜可以長成二十吋長。一旦充分熟成，果肉呈橘紅色，綠色的皮變軟變黃。冰涼後，打成乳狀果汁是非常可口的飲料。木瓜的黑籽含有胃蛋白酶，可用來當盤飾、也可以生吃，或者風乾像芥末籽一樣用來當調味料。木瓜蛋白酵素，即嫩精，就是從木瓜葉的酵素製成的。➡就因為含有這種酵素，所以不要把木瓜加到任何明膠混合物裡頭。

用尚青的木瓜來烹煮，用處理夏南瓜的方式來處理，509頁。如果木瓜要鮮吃，冰涼後淋上萊姆汁或檸檬汁。吃法像吃香瓜那樣，對半切開，刨出籽後，再切成長條。加到水果沙拉裡也很棒。

香煎木瓜（Sautéed Papaya）（4至6人份）

可當作燒烤魚肉或雞肉的配菜。
將：1條熟成木瓜
去皮切對半去籽，切成1/2吋小丁。
在一口大的平底鍋裡，最好是不沾鍋，以大火加熱：
1大匙奶油或蔬菜油
油熱後下木瓜塊，把木瓜塊撥散，鋪成一層。一旦木瓜開始焦黃，約1分鐘，拿起鍋子翻拋木瓜或拌炒一下，隨後加：
鹽和黑胡椒，適量
調味，再續煎1分鐘左右，煎到稍微焦黃。倒入：
1/2顆萊姆汁液
立即起鍋。

青木瓜沙拉（Green Papaya Salad）（4人份）

在一口大碗裡混合：
2又1/2杯去皮的青木瓜絲
1杯四季豆，縱切成4條
2顆李子番茄，去籽切長條
另外混勻：
2大匙魚露、2大匙新鮮萊姆汁
1大匙芫荽末、1大匙羅勒末
1大匙薄荷末、1/2小匙大蒜末
1小匙乾紅椒碎片
和青木瓜絲拌在一起，喜歡的話，撒上：
（花生碎粒）
佐上：
萊姆角

| 關於百香果 |

十六世紀的耶穌會發現，百香果花的花形恰似耶穌受難時頭部被刺出血的形象，因此把這水果取名為受難果。百香果一年四季都可在很多市場買到。有時又叫雞蛋果（*purple granadilla*），這形狀像蛋的水果在有點過熟而且看起來皺巴巴的情況下最好吃。百香果整顆放冰箱可存放好幾天。其香甜的果肉和籽是分不開的。要食用時，切掉百香果的頂端，然後舀出果肉即可。籽是可食的，若要去籽，將果肉搓磨細孔篩過篩。若要做成甜點醬，打成泥，加水稍微稀釋果肉，再加甜味即成。

| 關於寶爪果（pawpaw） |

又叫窮人的香蕉或印第安納香蕉（Hoosier Banana），寶爪果是美洲土產的可食水果裡最大的一種。寶爪果往往結成一簇簇，一簇可能高達九顆。熟的果實軟而皮薄。這些帶有煙燻滋味的土產水果必須要在下第一次厚霜之後，或者從樹上掉落後，就要採食。這種水果的在地化栽培，在美國已經行之有年，有些人認為有朝一日它會跟今天的奇異果和芒果一樣很容易買到。寶爪果果醬、甜酸醬、醬料和冷凍果肉可以透過網購取得。寶爪果可以放室溫下熟成，充分熟了之後存放冰箱甚至可以放上三星期。它可以整顆冷凍，就跟果泥一樣。要做寶爪果果泥，去皮後挖除兩排不可食的籽，然後放食物調理機打成泥。

寶爪果布丁（Pawpaw Pudding）（6至8人份）

可把它當鹹玉米布丁或甜布丁來用，不管是做為禽肉的配菜，或佐上一坨打發鮮奶油。

烤箱轉180度預熱。將一只9×13吋烤盤抹油。在一口大碗裡混合：

2杯紅糖、1又1/2杯自發麵粉

1小匙發粉、1/2小匙肉豆蔻粉或碎屑

在這乾粉的中央挖個洞，打入：

3顆蛋

將蛋和乾粉拌勻。然後再加：

2杯寶爪果果肉、1又1/2杯牛奶

1/2杯（1條）融化的奶油

混合均勻。倒入抹油的烤盤內，烤到中央凝固，約50分鐘。

| 關於水蜜桃和油桃 |

水蜜桃分兩種——離核型和黏核型——以果肉與核分離的難易度來分。大多數黃肉的**離核型水蜜桃**，鮮吃很受歡迎，也可以做成罐頭或水蜜桃乾。**黏核**

型的，不管是白肉或黃肉，滋味多少辛烈一些，很適合用來烹煮，尤其是水波煮，或加點奶油和糖簡單地香煎。挑選果肉堅實但不是硬梆梆的，表皮色澤勻稱漂亮，底下沒有腐壞果肉的扁塌褐色瘀痕的。➡水蜜桃核要丟棄，因為那杏仁狀的核仁含有大量致命的氫氰酸。

儘管表皮光滑，滋味強烈暗示著它是水蜜桃和李子的混生種，**油桃**事實上是水蜜桃的變異種之一，源起於植物學家所謂的「芽變」，而且也分成離核型和黏核型。

水蜜桃和油桃一旦被採摘就不會再熟成。如果你把稍微有點硬的水蜜桃放室溫下，最好裝在紙袋裡，一兩天後水蜜桃會變軟，但不會更甜。大量的水蜜桃可以用焯燙方式（blanching）去皮☆，見「烹飪方式與技巧」。烈酒漬水蜜桃，見鮮果總匯，349頁。

填餡水蜜桃（Filled Peaches）（8人份）

將：**4顆冰涼的離核型水蜜桃**
去皮切半去核。放到一口碗裡。在另一口碗裡拌勻：
2至3杯冰涼的莓果
1/3杯糖
1又1/2至2大匙檸檬汁
把莓果倒到水蜜桃上，配上：
打發鮮奶油

烤填餡水蜜桃（Baked Stuffed Peaches）（4或8人份）

簡單又美味的甜點，可以提前3小時填好餡料放冰箱，需要時再拿出來烤。
烤箱轉180度預熱。將：
4顆大的離核型水蜜桃，或8個切半的罐頭水蜜桃
去皮切半去核。把水蜜桃放在大得足以平鋪一層的烤盤裡。將：
1/2杯柳橙汁、1/4杯糖霜
攪勻溶解，淋在水蜜桃上。用你的手輕輕抓拌，直到水蜜桃看起來均勻裹著汁液。把切半的水蜜桃果肉的凹口翻向上。在食物調理機裡把：
1/3杯杏仁碎片，烤過的
1/4杯黑糖、1/4小匙柳橙皮絲屑
打到杏仁變得細碎，再加：
1大匙冰冷的奶油，切成小塊
再打到混合物變得粉碎。把杏仁混料均分到水蜜桃的凹口內。若是用罐頭水蜜桃，則撒一點檸檬汁。烤到盤裡的汁液冒泡，15至20分鐘。趁熱吃。

蜜汁油桃（Glazed Nectarines）（4或8人份）

把整顆油桃浸在香味撲鼻的覆盆子糖醋汁裡爐烤，桃子皮會變成迷人紅褐色。搭配禽肉、豬肉、鹿肉或野味。
烤箱轉220度預熱。用刀尖在：
4顆油桃
四面各劃一刀，以免果皮爆開。或者乾脆把每一顆切半，做8人份。處理好後放到一只9吋的派盤裡，再放到一只烤盤上。混勻：
1杯覆盆子醋、1杯黃糖、2大匙奶油
以小火加熱，不時攪拌，直到糖溶解奶油融化。淋到油桃上，烤20分鐘，其間要舀糖醋汁澆淋桃子一次。將油桃翻面，續烤5分鐘。油桃盛盤，蓋上一張錫箔紙保溫。把烤盤裡的烤汁倒到一口醬汁鍋裡，轉大火煮到烤汁濃縮變稠。拌入：

1/4小匙黑胡椒，或適量

再澆到油桃上即可上菜。

| 關於梨子 |

梨子在每年涼爽至寒冷的月分裡上市。在夏末，我們可找到紅皮的**巴梨**（Bartletts），香甜多汁但容易腐壞。接下來是小巧但甜滋滋的**西施梨**（Seckel），醃漬或做成罐頭很理想。到了十一月，形形色色更硬質的秋天品種上市，直到入冬很久都還可以買到。這些包括淚珠形矮胖的綠色或紅色**安琪兒**（Anjou），肉質結實而滋味溫和；紅棕色的**鴨梨**（Bosc），當它仍布滿綠斑時清脆像蘋果，充分熟成時軟而香甜；以及紅潤的**考蜜斯梨**（Comice），其多汁果肉使得它是甜點梨之后。在某些市場裡，你也許可以找到**冬香梨**（Winter Nellis），通常都用來入菜。

大多數的梨子都可以用按壓的方式測試出熟度。熟的梨子應該會稍微凹陷。跟香蕉和酪梨一樣，梨子仍稍微有點青就被採摘。➡假使你打算烹煮梨子，趁梨子仍堅實時這麼做。處理的方式是，喜歡的話可以削皮，縱切對半。用茶匙或香瓜挖球器挖出核仁，喜歡的話，把核仁連到柄蒂的纖維條也一併切除。那兩半可以縱切成四瓣、切片或切丁。**若要一整顆水波煮**，削皮但柄蒂留著，把底部切掉薄薄一片，好讓梨子上桌時可以直立。

所有的梨子都是起司的好搭檔。如果要切塊，拌上檸檬汁免得變色。若要烹煮，選用安琪兒梨、鴨梨或冬香梨。水波煮的梨子很美味，不管用稍微加味的糖漿，或者如果要搭配紅肉的話，用香料糖漿。如果肉質很堅實，也許要煮上二十分鐘。梨子也可以香煎，用來做烤糖漬水果，或做成綜合水果串。罐頭梨子用來炙烤，或浸漬香料糖漿，也別有風味。梨子乾滋味有點太平淡，沒法單獨做成糖煮水果乾，但混以其他水果乾很棒。

亞洲梨，有時叫做**蘋果梨**（apple pears），圓球形，果皮呈無光澤的金黃色，簡直會被錯認為蘋果。挑選堅實沒有起皺或皺縮的梨子。亞洲梨的肉質非常清脆，不削皮鮮吃最棒。切薄瓣加到嫩葉沙拉，或水果沙拉，很美味。整顆橫切成薄片擺在起司拼盤上格外搶眼——籽實分布成星形。

紅酒煮梨（Poached Pears in Red Wind）（6人份）

在大得足以讓梨子相挨著擺一層的醬汁鍋裡或鍋子裡混合：

1又1/2杯不甜的紅酒

1杯糖

1段2吋長的檸檬皮（用瓜果削皮器削的）

2大匙新鮮的檸檬汁
1根肉桂棒
6整顆丁香或4顆小荳蔻莢，稍微壓碎
並煮沸，然後轉小火，加蓋煨煮5分鐘。
將：6整顆梨子
削皮，從底部切掉1/2吋薄片。把梨子放進鍋子裡，鍋液保持在小滾狀態，不加蓋地煮到軟，10至20分鐘，其間要經常翻面。煮好後梨子浸在煮汁裡，加蓋靜置室溫下，可以放上12小時，或者放冰箱可以放上3天。放得越久，上色越深；偶爾把梨子翻面，好讓它們上色均勻。上菜時把梨子直立在盤子上。不管溫熱著吃，在室溫下吃，或冰涼著吃都很美味，吃的時候澆幾匙煮汁和：
（卡士達醬☆，254頁）
若想看起來更精緻，把梨子從糖漿舀出來，以大火熬煮糖漿，熬成2/3杯的稠釉汁。濾除香料。梨子盛盤，淋上釉汁即成。

鑲餡梨子（Stuffed Pears）（4或8人份）

烤箱轉180度預熱。把：
4顆梨子
削皮、切半並去核。放在一口大得足以讓梨子平鋪一層的烤盤。淋上：
1/2杯蜂蜜、2大匙檸檬汁
用手抓拌一下，讓梨子裹著汁液，然後把有凹口的那一面翻向上。在一口小碗裡混勻：
1/4杯金黃葡萄乾
2大匙胡桃或核桃碎粒
2大匙糖、1大匙檸檬汁
把混料填到梨子的凹口裡，豪邁地撒上：
糖
肉桂粉
用錫箔紙罩住，烤到梨子差不多軟了，20至30分鐘。然後掀開錫箔紙，繼續烤到梨子開始焦黃，汁液變稠，約再10至15分鐘，舀烤汁澆淋梨子一兩回。趁溫熱吃，或放涼至室溫再吃，或冰涼著吃。梨子加蓋冷藏可以放1天。喜歡的話，放180度烤箱重新加熱10至15分鐘。

|關於柿子|

亮橘色的柿子，在秋天上市，一整個冬天大概都買得到。市場上常見的是亞洲品種，叫做**東方柿**（Kaki），又可細分為兩個品種，體型大、形狀如橡實的澀柿，**蜂屋柿**（Hachiya），和體型較小、形狀如針墊的甜柿，**富有柿**（Fuyu）。蜂屋柿只有在非常熟成，而且簡直軟得像果凍的情況下才能入口，不然滋味可是澀到不行。富有柿熟軟時可以鮮吃，但是就算是尚青，硬而清脆，也很可口。不管蜂屋柿或富有柿，在市場上都不會十足熟成，買回家後連同一顆熟蘋果裝在塑膠袋裡並封口就會變熟。還有一種土生的**美洲柿**，通常在中西部和南部的野地裡採集到的。和蜂屋柿一樣，美洲柿也是難以入口的澀柿，除非非常熟軟，通常要在第一次降霜之後。

處理柿子的方式是，去心之後，縱切對半，再切片或切成一瓣瓣。熟柿子➠鮮吃很美味，不管是做成沙拉或打成泥，也可以放到水果杯、沙拉、布丁、冰淇淋、雪酪和餅乾裡。做柿子泥，先把所有籽去掉，用湯匙刮出果肉，把果肉壓入網篩過篩，或用食物研磨器或食物調理機打成泥。果肉可以冷凍備用。➠四顆柿子約等於一磅水果。

油醋柿子（Persimmons in Vinaigrette）（4至6人份）

佐搭爐烤紅肉，是令人驚喜、香甜酸嗆的配菜。

將：6顆富有柿

去心削皮切薄片。拌上：

1/4杯油醋醬★，325頁，新鮮辛香草油醋醬★，326頁，或萊姆油醋醬★，326頁

香煎柿子（Sautéed Persimmons）（4人份）

在一口大平底鍋裡以中大火加熱：

1大匙橄欖油

油熱後下：3杯切丁的富有柿

拌炒到變焦黃。然後再下：

1/4杯切碎的蝦夷蔥

鹽和黑胡椒，適量

（切碎的新鮮鼠尾草或1/4小匙乾的鼠尾草）

（1/8小匙肉桂粉和/或肉豆蔻粉）

即成。

關於鳳梨

哥倫布的重要發現之一就是鳳梨——在歐洲馬上種植成功——移植遠至印度和中國。在某英國貴族的「溫室」裡種植出來的第一顆鳳梨，被友善地租給他的朋友當桌上飾品。結果鳳梨廣受喜愛，以致於很多南方家庭在大門上方雕出鳳梨圖案，以表示好客。

鳳梨葉冠小而密的，通常代表著果肉細緻。果皮或顏色都不是判知鳳梨熟成的指標，用手指頭彈一彈鳳梨，若發出沉沉的、篤實的聲音，加上鳳梨「眼」突出，而且聞起來甜香，這些才是最可靠的線索。放室溫貯存，遠離日照。鳳梨和各種食物都很搭，不過要注意一點，➠新鮮鳳梨如果要和明膠混合物摻在一起，一定要先煮過。

鳳梨含有一種酶，鳳梨酵素，會將明膠分解。由於高溫烹煮會破壞這個酵素，所以罐頭或煮過的鳳梨才可以用在含有膠質的菜餚裡。鳳梨酵素的存在也使得新鮮鳳梨汁是醃肉的有利材料。➠不到最後一刻別把沒煮過的鳳梨加到鄉村起司或優格或紅肉禽肉沙拉裡，因為它會很快地把奶製品變得水水的，把紅肉和禽肉變得軟糊。

削鳳梨的方式是，先把葉冠尖端切掉，然後一手緊抓著葉冠，一手拿刀由上往下大片大片地削砍外皮，連鳳梨眼也一併削掉。然後再把葉冠整個削掉。接著便可以橫切成一片片，或縱切成一瓣瓣，或由上往下切扁扁的一片片。最

後把鳳梨心切掉。

生鮮鳳梨無以倫比，不管是單吃或加到新鮮水果沙拉。煮過的鳳梨也同樣美味。在香料糖漿裡水波煮，香煎，用來做烤糖漬水果，燒烤，或和做成綜合水果串，都極為好吃。罐頭鳳梨圈，炙烤，或浸漬在香料糖漿，是搭配肉類的簡易配菜。鳳梨乾通常是加了大量的糖加工的。要做成糖煮水果乾，用沒加甜味的鳳梨乾。別忘了我們小時候的最愛，鳳梨倒轉蛋糕，523頁。

鳳梨晶鑽（Pineapple Tidbits）（8人份）

I. 這道菜要用非常熟的鳳梨來做。從多葉的頂端算來的三分之二處剖開：

1顆冰過的熟鳳梨

把鳳梨縱切成8瓣，再切掉鳳梨心，把每一瓣擺得像一葉舟似的，如圖示。把皮和果肉片開，皮保持一整片不要切破，而且留在原處，再把果肉由上往下切5至6塊，維持著一葉舟的形狀，如圖示。把每一葉舟盛在個別盤子上，盤上堆著一小堆：

糖霜

加上：

每一份5或6顆未去蒂的草莓

II. 一位名叫貝絲的德州女孩教我們這樣準備鳳梨。用一把銳利的刀，以斜切的角度，把一顆冰過的鳳梨切成菱形的一塊塊，刀刀要深入鳳梨心。在每個菱形塊尚插一根牙籤，讓客人自行取用。如圖示。

削鳳梨和鳳梨擺盤

III. 鳳梨也可以做成放在餐桌中央的可食擺飾。把一顆熟鳳梨的頂部和底部削掉，保留削掉的部分。拿一把銳利的長刀，從鳳梨外緣往內算起的1/2吋處下刀，剖出一個圓筒狀外殼，但還是讓鳳梨保持原狀，留鳳梨肉在殼裡，然後切出大約12個派餅形的長瓣。接著把整個鳳梨放回之前削下來的底部上，把頂部當蓋子。讓賓客用二叉齒的叉子取用長鳳梨瓣。

鳳梨籃（Filled Pineapple）（8至10人份）

把：1顆鳳梨

切半並挖空。鳳梨殼放冰箱冷藏。挖出來的果肉切方塊。

再把：

1顆甜瓜或小顆哈密瓜

切半去籽，削皮後果肉切方塊。在一口盆裡混合鳳梨塊和香瓜塊，連同：

1杯覆盆子或去蒂切片的草莓

（3大匙薄荷末）

（3大匙香橙利口酒、香瓜利口酒或黑櫻桃利口酒）

把混料堆在鳳梨籃上即可上桌。

新鮮鳳梨杯（Fresh Pineapple Cup）（6人份）

把：1顆鳳梨

削皮、去心、切丁。鳳梨丁放冰箱冷藏。與此同時，在一口小的醬汁鍋裡混合：

1杯糖、1/3杯水

煮沸，攪拌至糖溶解，續滾1分鐘。將糖漿放涼後冰涼。再放入：

1/2杯柳橙汁

3大匙新鮮萊姆汁

把鳳梨丁盛到玻璃杯或玻璃碗裡，澆上糖漿即成。

| 關於李子 |

多肉的日本李，盛產於八月，占據了一般市售李子的大宗，包括深紫色**黑寶石**（Friar）、綠色的**凱西**（Kelsey），和紅肉的**聖塔羅莎李**（Santa Rosa）和**大象心**（Elephant Heart）。歐洲李的採收季在秋天，一般而言體型較小，呈橢圓形而非圓形，更多肉甚於多汁。歐洲李抱括各種的**蜜棗李**（prune plum），這其實說來就是李子乾，加進蛋糕或餡塔裡滋味很棒。甘美多汁的**青梅李**（greengages）、**大馬士革李**（Damsons）和**黃香李**（Mirabelles）一般都用來醃漬，就如**土生美洲李**一樣。挑選氣味香、肉質軟的李子。表皮有白霜或粉衣很正常。李子存放在室溫下，可以放三至五天，端看原本的熟度。李子一經烹煮果皮會脫落，也許是整個脫落也許部分脫落。切小塊的生鮮李子肉可以讓鹹香的燜燉料理更開胃可口；起鍋前再加，煮到變軟即可。

蜜棗李是紫黑色離核型的小巧李子，很適合鮮吃或烹煮，通常會風乾製成蜜棗乾（prune），因為它高含糖量以及堅實果肉抵擋得了變乾和內部腐壞的雙重危險。蜜棗乾有時會被標示為李子乾販售。

燉蜜棗（Stewed Prunes）

I. 8人份

如果標籤指示要浸泡，請參閱「關於葡萄乾和其他水果乾」，351頁。否則放醬汁鍋裡用冷水淹蓋：

1磅去核蜜棗

煮沸，然後把火轉小慢煮20分鐘。喜歡的話，加：

（1/4杯或更多糖）

然後再煮個10分鐘。喜歡的話，可以在第二階段的煨煮加：

（1/2顆檸檬，切片）

（1根肉桂棒）

起鍋後可以趁溫熱吃，也可以冰涼著吃。

II. 6人份

茶可以為燉蜜棗提味。煮過的蜜棗放冰箱至少可以放上2星期，而且滋味會更濃郁。

在一口中型厚底醬汁鍋裡放剛剛好淹過：

1磅去核蜜棗

的水，煮到微滾，然後把火轉小，加蓋煮20分鐘。輕輕地拌入：

1/2杯糖、1/2杯柳橙汁

再加：2包伯爵茶包
加蓋煮到蜜棗變軟，約再多個10分鐘。鍋子離火，再拌入：
1/2杯柳橙汁
讓滋味更清爽。撈除茶包，將果肉和糖漿倒到保鮮盒裡，加蓋冷藏至少3小時再享用。吃的時候配上：
濃的鮮奶油、法式酸奶、酸奶或優格

紅酒李子醬（Wine Plum Sauce）（約1杯）

搭配烤雞或烤鴨，滋味深沉的醬料。
在一口醬汁鍋混合：
8盎司紅李或紫李（5至8顆），去核切片
1杯不甜的紅酒
以中大火煮沸，煮到汁液濃縮成糖漿，約15分鐘。放涼，然後放到攪拌機或食物調理機裡打成泥，或壓入食物研磨器研磨。把果泥倒回鍋子裡，拌入：
1/4杯蜂蜜、1/4杯雞高湯或蔬菜高湯
1大匙醬油
煨煮到變稠，約10分鐘。調味以：
鹽和黑胡椒，適量

| 關於石榴 |

因為吃下了狡猾的冥王普魯托給的一粒冥界石榴籽，波希芬必須定期回到冥府中，使得大地有六個月籠罩在萬物不生的冬天裡。自從我們頭一次看到那包著籽實的緋紅組織和甘美多汁的果漿，總是很納悶，波希芬怎麼有辦法只吃一粒？

避開偏粉紅色、看起來沒有光澤的石榴。石榴放室溫下很快就會乾掉——譬如說，把它當做餐桌裝飾——不過放冰箱至少可以放上兩星期或更久。

取石榴籽最簡單的方式是，縱切成四瓣，將籽從如紙狀的薄膜剝出來。籽若密封起來放冰箱冷藏可以存放一至二天。寶石般的籽實可當作漂亮的裝飾，加到沙拉，包括水果沙拉，燉肉菜餚、中東抓飯和甜點裡。如果要把石榴籽加到果凍裡，別把果仁弄破，否則會有不好的味道跑出來。如果你住的地方很容易買到大量的熟石榴，你也許會覺得，直接享受石榴籽的原汁原味，或者冰涼後加到優格裡大快朵頤，美妙得說不定會遭天忌。

市售冷藏的石榴汁也很棒。不過假使你要自己榨石榴汁，最簡單的方式把石榴攔腰切對半，用手擠出來或用電動壓榨機。

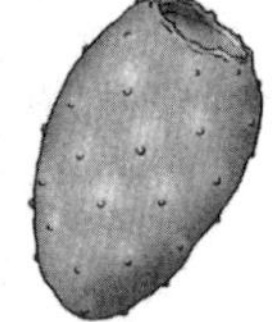

柿子、石榴、仙人掌果

石榴糖蜜（Pomegranate Molasses）（1杯）

這味道香濃的深色糖漿，可以當作冰涼的氣泡飲的基底。燒烤前或香煎後刷在清淡的紅肉和禽肉表面。拌一點到沙拉淋醬裡。用來為熱帶水果加甜味，或澆淋在蛋糕或甜點上。榨石榴汁有點麻煩，但你還是會做得心甘情願——這糖漿的美妙濃郁值得一切，而且可以放上數月之久。
在廚台上把：
5磅石榴，或2杯石榴汁
8盎司檸檬（2或3顆）
來回壓滾一下，好讓果肉釋出汁液。把石榴切半。剝掉果皮，把果肉剝成適當大小。見上述說明榨汁。檸檬也榨汁。把檸檬汁濾入一口深槽厚底醬汁鍋裡。把清澈的石榴汁舀到同一口鍋裡，並加：
1/2杯糖
以小火加熱並攪拌，攪到糖溶解，然後不加蓋地熬煮到汁液濃縮成1杯，約2小時。放涼，倒到消毒過的罐子裡。

| 關於仙人掌果 |

會結出仙人掌果的美洲仙人掌，又叫**仙人掌梨**，遠早以前被移植到地中海沿岸，如今那裡產的和美洲西南地區原產的一樣知名。大多數品種都是蛋形的，有著紫紅或綠色厚皮和猩紅色果肉。在盛產季，仙人掌果多汁，滋味有點像香瓜。大大的硬籽也可食。挑選握在手裡按壓會稍微凹陷的，但是要小心果皮上毛髮般的刺。你也許會想戴上皮手套來處理它。跟新鮮鳳梨一樣，仙人掌果也含有會分解膠質菜餚的酵素。

要剖開把仙人掌果，先切掉頂端和底端，然後在果皮上縱向地劃一刀，便可把皮剝下來。仙人掌果肉通常加進沙拉裡鮮吃，但也可以把汁液煮成糊或糖漿。新鮮果汁可以用來為綜合飲料、油醋醬、莎莎醬或水果沙拉調味，或者打成泥做成甜點醬料。

香瓜佐仙人掌果醬（Melon with Prickly Pear Sauce）（6人份）

這個醬配上甜瓜或克朗蕭香瓜非常美味。
戴上塑膠手套，把
3顆熟仙人掌果（約1磅）
剝皮，切成1吋塊狀，然後用食物調理機打成滑順的泥狀。倒到一口盆裡連同：
3大匙新鮮柳橙汁
2大匙新鮮檸檬汁
2大匙糖
混勻，包覆起來冷藏至少1小時。將：
3磅熟香瓜
去籽去皮。在每個盤子上放一片香瓜瓣，把醬汁淋在香瓜瓣內緣上。

| 關於榲桲 |

榲桲一定要煮過才能吃；生榲桲的果肉硬而澀。一旦煮過，榲桲吃起來像蘋果和梨子。大多數品種的榲桲果肉一經烹煮，顏色從粉紅色到紅色都有。熟榲桲滋味更醇厚，不過稍微沒那麼熟的榲桲富含果膠，有些人偏愛用來做果凍、果醬和醃漬物。熟榲桲放冰箱可以貯存三星期。

處理榲桲的方式是，先去皮，再縱切成四瓣或八瓣。果肉和果心都非常硬。用小削刀把每一瓣的果心削掉，一定要切得夠深才能把所有沙沙的白色物質切掉。剖開後果肉會變黑，可用檸檬汁來預防。

榲桲用中等至濃稠的糖漿水波煮，很美味。

烤榲桲（Baked Quinces）（4人份）

烤箱轉180度預熱。將：**4顆榲桲**
洗淨、切半並去心。塗抹上：**奶油**
放到烤盤裡，包覆起來烤約一小時。用刀子戳戳看。要是果肉還很硬，繼續再烤，至多再烤一個多小時，其間要不時用刀子測試，烤到變軟但不會糊糊的。移出烤箱，把大部分的果肉刨挖出來，外殼留下來擺盤。把果肉和：
1/3杯很細的乾麵包屑、1/4杯堅果碎粒
1杯紅糖、1顆檸檬的皮絲屑
1小撮鹽
混勻。把這混料填到果殼裡。再烤大約15分鐘，或烤到軟。趁熱吃，或冰涼著吃。

榲桲糕（Quince Paste〔Membrillo〕）（約2磅）

在西班牙傳統上會配上起司拼盤，佐以堅果和梨子，以及葡萄酒。
在一口大的厚底醬汁鍋裡混合：
2至4顆榲桲（2磅），削皮去心切片
1杯水
以中火煮到微滾，蓋上鍋蓋，稍微把火轉小，慢煮到榲桲變軟，約40分鐘。用食物調理機或食物研磨器把榲桲打成泥，然後倒回鍋內，拌入：
3杯糖
再以中小火熬煮，不時要攪拌，熬到混液非常稠，可以從鍋緣刮開的地步，約2又1/2小時。然後倒到抹了油的烤盤裡，抹平成1/2吋厚的一層，放室溫晾乾一夜。把凝固的糊膏切成方塊，或者用比司吉模或餅乾模來切出你要的形狀。繼續再晾乾，不時翻面，直到表面徹底變乾。

關於大黃

唯有把植物學的定義無限擴大，大黃，一種植物的莖，才能夠被納入這一章，但由於它的酸嗆滋味和慣常用途，把它當成水果也很合理。溫室大黃軟而甜，從不需要削皮。野地長的大黃只有在春天是產季。不管是哪一種，挑選莖清脆堅實的，最好不要超過一吋寬。若是連著葉子，貯存前切掉葉子並丟棄。➔千萬別把葉子吃下肚；它的葉片含有有毒的草酸。

處理大黃的方式是，充分沖洗乾淨，切掉莖的底端約一吋長的部分，然後把剩下的部分切成二分之一吋至二吋小段。要是莖很粗硬，烹煮之前，像處理芹菜那樣削掉筋絲。大黃做成甜或鹹的蜜餞很甘

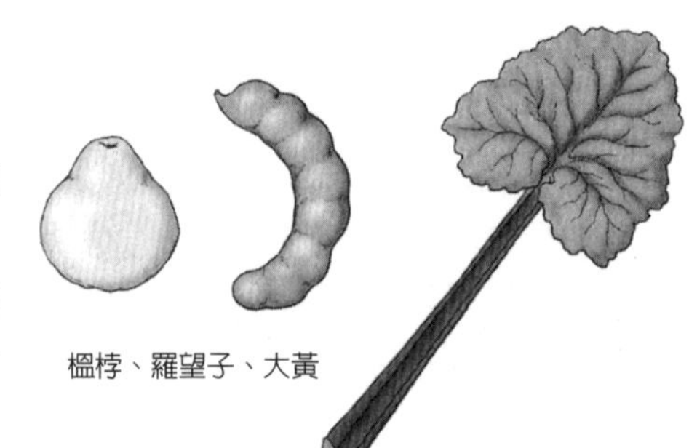
榲桲、羅望子、大黃

美，也可以香煎做成配菜，或用在烘烤料理。烤大黃配水蜜桃、檸檬、蘋果、梨子和莓類很對味。

糖煮大黃（Poached Rhubarb）（3人份）

多用途的水波煮大黃配豬肉或鴨肉很美味，也可搭配香草冰淇淋吃。你也可以把它當甜點，那麼糖就要加多一點，同時佐上一坨法式酸奶。也可以加巴薩米克醋、肉桂、丁香，或者生薑或薑粉吃看看；也可以加爆香的紅蔥頭或洋蔥提味。

在一口中型厚底醬汁鍋裡混合：

4杯切丁的大黃（約6根）

1/4至1/2杯糖

靜置室溫下，直到大黃滲出一些汁，至少15分鐘。以中大火把混合物煮滾，要不時攪拌。滾了之後把火轉小，加蓋煮到大黃變軟而且汁液變稠，10至12分鐘，其間偶爾要攪拌一下。鍋子離火，放涼，別去攪動大黃。冷藏至少2小時，或冷藏2天。冰涼後糖煮大黃會更稠。

醬大黃（Rhubarb Relish）（6至8人份）

可搭配禽肉。

在一口中型醬汁鍋混合：

2杯切丁的大黃（3根）

1/2杯糖

1顆柳橙的皮絲屑

1/3杯新鮮柳橙汁

1/4杯紅蔥頭末或紅洋蔥末

1/2小匙去皮生薑末

1根墨西哥青辣椒，去籽切碎

以大火煮沸，然後火轉小煨煮到大黃變軟，約12分鐘。

｜關於羅望子｜

這二至六吋長棕黃色豆莢，是優美的羅望子樹的果實，可以在亞洲和拉丁市集以及某些超市找到。從豆莢刮出來的棕色多纖辛香果肉帶有椰棗－杏桃的味道。有些人會拿來鮮吃，不過更常見的是做成咖哩、醬料、醃料、酸甜醬、醬菜（relishes）、飲料糖漿和茶。市售的羅望子精是一種濃稠香膏，用來為酸甜的醃漬物、醬料、湯品和飲料加酸度調味。在亞洲市場裡可買到以塑膠膜包裝的果肉磚。包在塑膠膜裡，這果肉磚放櫥櫃裡可以貯存好幾個月沒問題，若放冷藏或冷凍簡直不會腐壞。要用它的時候，一大匙果肉加三分之一杯熱水，用手指搓揉，直到水變成黏黏的黃褐色液體，然後濾除籽和果纖。濾過的羅望子濃縮液也有一罐罐販售的。如果你需要替代品，混勻：

1大匙萊姆汁

1大匙糖蜜

1小匙烏斯特烏醋醬

即成。

羅望子蘸醬（Tamarind Dipping Sauce）

這香味撲鼻的沾醬可讓海鮮或豬肉燒賣，566頁，蔬菜餛飩，566頁，或炸蔬菜*，464頁更爽口。

把：

2/3杯熱水、2大匙羅望子果肉

浸泡15分鐘。把浸泡汁濾入攪拌機裡，加進：

1/4杯葡萄乾

1/4杯去核的椰棗乾或新鮮椰棗

1/2杯紅糖、2大匙芫荽末

2小匙鹽、2小匙辣蒜醬

1小匙孜然粉

1小匙薑粉或1/2小匙去皮生薑末

打到滑順，再過濾一次即成。

| 關於熱帶異國水果 |

這些水果越來越買得到，尤其是到特產市場裡或透過網購。

阿西羅拉櫻桃（Acerola）

這水果普遍也被稱作巴貝多櫻桃（Barbados cherry）和西印度櫻桃。亮紅色果皮上的淺溝顯示了三枚核的位置。這柑橘類水果鮮吃有著覆盆子的滋味，烹煮過後吃起來像酸蘋果。

麵包果（Breadfruit）和波羅蜜（jackfruit）

這兩樣水果都是桑葚和無花果的親戚，結構上很類似。麵包果可能重達九磅，波羅蜜甚而重達九十磅。麵包果，如圖示，原產於太平洋島嶼，含有高量的澱粉，因而得名，以及些許糖分和水——只佔百分之十。波羅蜜原產於印度，熟成後散發的滋味讓人聯想到鳳梨、莓類和焦糖。

燈籠果（Cape gooseberry）或祕魯苦藏（ground cherry）

這些小巧的黃綠色或橘色莓果，就像他的親戚墨西哥綠番茄一樣，長在紙一般的殼裡。果肉甜，帶有鵝莓或香瓜的滋味。吃之前要撥開外殼，清洗乾淨——果皮黏黏的。燈籠果可以加到水果沙拉裡，沾巧克力吃，或者用檸檬口味的糖漿水波煮到軟，約三分鐘。

西印度櫻桃、麵包果、燈籠果、楊桃、蓬萊蕉

楊桃

秋天和冬天時佛羅里達州有產楊桃，這半熱帶水果有著金黃透明的果皮和五個突起的稜，非常好認，橫切片後，截面如五角星星。果肉清脆酸甜。熟楊桃冷藏可放上一星期。食用前，清洗乾淨，用紙巾擦乾，橫切成一片片。楊桃可以燒烤、加到水果沙拉裡，或加到鹹味沙拉，加鳳梨很對味的食物和楊桃也都合得來，譬如雞肉、蝦、酪梨、和芫荽。

龜背芋（Ceriman）或蓬萊蕉（monstera）

就是一般所知的蓬萊蕉或羽裂蔓綠絨，一種室內盆栽植物，葉片長而有孔洞。除非在亞熱帶，否則很少看見它八至十吋、如松果般呈圓柱形，帶有鳳梨─香蕉滋味的水果。單單一顆蓬萊蕉要三至四天才會變熟，➡比較下面的部分，也就是和柄蒂基底分開之處，只有十足熟成才能吃。熟蓬萊蕉果皮會變黃。要讓頂端部分在熟成之前不會撞傷，立起柄根插在瓶內，把熟的部分一段段摘下來。或者包在塑膠袋裡靜置室溫下，直到果皮整個鬆脫；去皮，用叉子把乳黃綿密的果肉從核上拉扯下來。可以吃它的原汁原味，或者配上香草冰淇淋。

釋迦

十九世紀在拉丁美洲四處考察的德國博物學家洪保德（Alexander von Humboldt），宣稱釋迦──肉質像奶凍的熱帶水果──值得人橫渡大西洋。釋迦的大小和形狀跟朝鮮薊很像，淡綠色的果皮的型式也讓人想到朝鮮薊的葉片。釋迦必須在樹上熟成，而且仍堅實時就得採摘。它很容易撞傷。一旦熟了，握在手裡輕輕一壓就會凹陷，像熟的水蜜桃。熟釋迦放冷藏頂多也只能放上一兩天。

釋迦的吃法一般是切成幾瓣，然後用湯匙舀果肉來吃（吐掉大黑籽），或者拌入飲品、雪酪（sherbet）和冰糕（sorbet）。擠一點檸檬汁或萊姆汁很能提味。釋迦去皮切丁也可以加到水果沙拉裡。假使水果沙拉裡不含柑橘類水果，釋迦就要拌點檸檬汁免得變色。其他番荔枝屬（*Annona*）的水果有**紅毛荔枝**（sweetsop或sugar apple）以及**紅毛榴槤**（soursop）。

榴槤

榴槤樹的果實，原產於東南亞，重量可達二十磅，被形容為「具有地獄的氣味，和天堂的滋味」。某些野生動物嗜食榴槤，很多傳說提到馬來人採榴槤，結果卻被大象追著跑。榴槤可以鮮吃，或混到飲料或冰淇淋。碩大的籽可以烤來當堅果吃。

釋迦、榴槤、斐濟果、蜜果、紅棗

斐濟果（feijoa）

通常叫做鳳梨芭樂，這綽號貼切地反映了斐濟果繁複的美味。斐濟果呈深綠色，約二吋長，內部呈白色。果肉有著熟梨子那種略帶沙沙的口感，膠狀的中心充滿小而可食的籽。斐濟果主要用來做果凍和醃漬物，對半剖開，放上幾坨奶油起司，用湯匙舀來吃也很美味。也可以加到水果沙拉裡。用瓜果削皮器把苦澀的皮削掉，果肉切塊或切四瓣，拌上新鮮檸檬汁免得變色。

蜜果（Genip或mamoncillo）

這些葡萄大小、萊姆綠色的加勒比海水果，結成一簇簇的，在夏天上市。它的籽很大，粉橘色果肉甜而讓人想到葡萄。用手指剝掉硬皮，直接入口，吐掉巨籽。

紅棗

紅棗在中國長久以來備受重視，大小和滋味跟椰棗很像，中央也是單核。在秋天的中國市場裡買得到新鮮的紅棗。挑選表皮橘紅色剛開始有褐斑出現的。儘管最常被拿來鮮吃，但也可以水波煮，混合其他水波煮的水果做成迷人的糖煮水果。煮之前用木籤往硬皮上戳幾個洞，好讓糖漿滲入。紅棗乾在中國市場一整年都買得到。

刺角瓜（kiwano）或非洲角黃瓜（african horned cucumbers）或角香瓜（horned melon）

這些小而布滿硬角的橘色水果，不難想見它是飄洋過海的異國水果。它其實是香瓜和小黃瓜的親戚，橘綠色的果肉不管是滋味和質地都像小黃瓜。削掉果皮，果肉切塊，可加到嫩葉沙拉或水果沙拉裡。

枇杷

這些橄欖大小，鬆散叢聚的黃色水果，在春季熟成。在產區以外的市場很難買到，因為它很容易撞傷。端看品種而定，橘黃的果肉有點酸但很可口，滋

刺角瓜、枇杷、山竹果、人心果、樹番茄

味像櫻桃。枇杷冷藏可放上三天。直接拿來吃的話，只要剖開或摘除柄蒂，如果柄蒂還連著的話，再拿掉有毒的深褐色籽和果臍粗硬的部分，即可享用。若要加到水果沙拉裡，縱切對半，並去籽。可以水波煮，或做成果醬或果凍。

山竹果（mangosteen）

這直徑二至三吋的水果，有著最細緻的乳白汁液和類似荔枝的花香。它的果瓣——五至六瓣——用湯匙很容易舀來吃，也可以做成醃漬物。

人心果（sapodilla ）

一種長青喬木的果實，樹汁會產生糖膠樹膠（chicle gum），這糖膠樹膠是製造口香糖的原料。果肉口感沙沙的，有點像吃潮掉的紅糖。籽一定要去掉，果肉可以鮮吃，或用來做布丁或其他甜點。撒一點檸檬汁很能提味。它的近親**馬梅**（sapote），具有相似特性，做成雪酪很棒。

樹番茄（tamarillo）

這卵圓形水果有著光滑的紅黃色果皮、可食的黑籽和紅黃色果肉，吃起來甜中帶酸。它和墨西哥綠番是親屬。熟的樹番茄緊密包起來冷藏可以放上十天。食用方法是，切掉果皮和外層果肉，取用連著籽的多汁果肉。對半切開，舀出果肉吃原味，或者加到鹹味醬料裡★，277頁，或者搗進酪梨醬，137頁。

蔬菜

Vegetables

| 蔬菜 |

說到煮蔬菜，很多廚子似乎都苦於功夫不精。可口的肉卻配著某個難以形容的東西，細看之下才發現是被折騰的慘不忍睹的蔬菜。它被榨乾了無生氣，懨懨地屈服於不可避免的蹂躪。

然而蔬菜最重要的就是要有生氣，在粗心大意的烹煮過程裡，維他命和礦物質流失的蔬菜，滋味也蕩然無存，而且毫無營養。這就是我們鼓勵你盡量買——或自己種——最佳品種的原因，而且做最少的處理就好。這麼一來，你會得到維他命、植化素、礦物質、纖維，往往還有蛋白質做為回報。

假使你夠幸運，有空間自行種蔬菜，挑選在自家園圃栽種專用的種子，收成的質地和滋味通常都一級棒。種在以有機的方式變得肥沃的土壤裡，而且在乾季期間蔬菜需要我們幫一把時，藉由覆蓋有機質和灌溉來調控所需的水分。蔬菜成熟的時間越長，它的細胞結構就越粗。長得慢吞吞和長得過熟的蔬菜需要更長的時間烹煮，結果不僅營養價值流失，色澤、口感和滋味也不理想。

走筆至此，沒什麼比進一步對讀者說明如何成功地自行栽種至少幾樣基本的園圃蔬果，更讓我們開心的了，可是這題目太廣泛，此處無法全面涵蓋。從另一方面來說，由於料理用的辛香草一年到頭都可以在戶外的一小塊地甚或在窗前的盆栽種出來，也因為新鮮辛香草大大提升了蔬菜和其他食物的滋味，所以我們在「了解你的食材」☆，詳盡說明了相關的栽種方法。

最古老的覓食方式，採獵，也就是在野地採集野菜，462頁，以及搜獵水果、根莖類和花朵，現在也開始流行起來。對於沒有經驗的人來說，這樣做不是沒有危險。我們納入了經過仔細檢驗之後發現是最可口又沒有疑慮的野菜，縱使這些當中有一些在生鮮狀態下含有毒性物質，一定要透過加熱或溶濾的手續把毒物分解掉；參見「關於蕈菇」，467頁，和關於「野菜、野菜苗和野生根莖類」，462頁。由於沿用地區性的命名會造成混淆，這很危險，所以我們使用學名和明確的描述來指明可食的野菜品種。我們建議你帶著圖鑑去採集可食野菜，而且要確認從路邊採來的野菜沒被灑上有毒農藥。

如果你採取較傳統的方式，也就是上市場去採買，不妨利用我們在個別蔬菜項目裡描述的方式來測試熟成度。假使店內存貨品質參差不齊，還是選擇盛產季的一般蔬菜為上，避開看似新鮮度走下坡的奇異蔬菜。烹煮時多用心、調味時多斟酌、多花點巧思搭配常見的其他蔬菜，稀鬆平常的蔬菜也可以令人驚豔。再說蔬菜的品項經常在增加，昔日很罕見的蔬菜，如今在農人市集、超市和網路零售店裡都可以買到，而且數量多得驚人。

最好還是選擇在地種植正值盛產季的蔬菜。更好的是，購買國內你居住地區生產的蔬菜——這些蔬菜不會因為長途運送而受擠壓，也比較多滋多味，營養也會完好無損。嫩葉蔬菜很熱門，在農人市集、市場和網路零售店裡越來越容易買到。嫩葉類若不是特定品種，就是蔬菜尚青嫩就被採摘。所有幼嫩菜葉都很軟嫩，滋味細緻，營養價值與熟成的菜葉相同。食譜裡所要求的熟成菜葉可以換成幼嫩菜葉，只不過烹煮的時間要縮短。

若是沒有足夠時間準備新鮮蔬菜，次好的選擇是——按優先順序來說——冷凍蔬菜、罐頭蔬菜和蔬菜乾。如何留住蔬菜裡的營養成分，見403頁。

如果使用水分來烹調蔬菜，可保留煮菜水用來做醬汁或高湯。煮菜水的營養價值非常之高。

至於與蔬菜搭檔的內容，往往會增添蛋白質，請參閱「早午餐、午餐和晚餐菜餚」，171頁，從那一章裡你會找到很多以煮過的蔬菜做為主要食材的食譜。

| 蔬菜的貯存 |

某些蔬菜和水果不應當放在一起貯存。蘋果會釋放出乙烯，使得胡蘿蔔變苦，而洋蔥會加速馬鈴薯的腐壞。除非要馬上調理，否則不要清洗蔬菜，因為多餘的水分，以及沖洗過程裡表皮和/或菜葉免不了會產生的裂口，會加速蔬菜的腐壞。所有的根莖類都要立即把菜葉切掉，因為樹汁會持續流向葉片。我們發現，大多數蔬菜——萵苣、甘藍、芹菜和豆類——裝在塑膠袋裡放在冰箱的蔬果保鮮儲藏格裡最妥善，這樣的濕度最剛好。無論如何，也有例外的情況。貯存水田芥和蕈菇的方法，參見259頁和467頁。➡馬鈴薯、洋蔥和大蒜最好貯存在乾燥陰涼通風的地方，可能的話放在地下室或涼爽的食物儲存櫃。乾青豆和豆類應該儲存在乾爽陰涼的食物櫃裡，裝在夾鏈袋或密封罐密封起來。熟成的番茄和番薯，要放在室溫下乾爽通風處。

| 烹煮用蔬菜的切法 |

盡量臨要下鍋前再洗切蔬菜。大部分薄菜葉的蔬菜，只要沖洗一下即可下鍋煮不需削皮。如果蔬菜下鍋前需要削皮，削得越薄越好，除非食譜另有指示。而且除非需要另外處理，否則削完皮或切完之後千萬不要沖水。削完皮後會褐變的蔬果可以灑一點檸檬汁，349頁。➡不管蔬果是整顆煮、削皮煮或切開來煮，確認它們大小一致，這樣才能受熱均勻，在相同的時間長度裡煮好。

要切形狀圓滾的蔬果譬如馬鈴薯時，先把兩端切掉薄薄一片，使切面平坦。不管要切哪種蔬果，如圖所示握著蔬果加以固定。很多剁切或削刨的工具都可用上，包括刨片器（mandoline），然而什麼都取代不了放鬆而熟練的手腕和一把銳利的刀。把握這必不可少的要領，你會永遠受用。拿蘑菇來多多練習刀工，蘑菇很好切又不會打滑，繼而再用洋蔥來練，洋蔥就比較不容易掌控了，需要一點技巧才行，475頁。

切菜的時候刀尖➡絕不可抬離砧板，而是以刀尖為樞紐來移動。下刀處也不能高過扣抓著蔬果的指關節。刀柄要抬得夠高，這樣才可以輕鬆自如地上下活動，寬扁的刀葉則一路跟著扣抓蔬果的手指節移動。在切的過程裡，握著蔬果的手一吋吋慢慢往後移，但始終扣抓著蔬果沒有鬆開過。

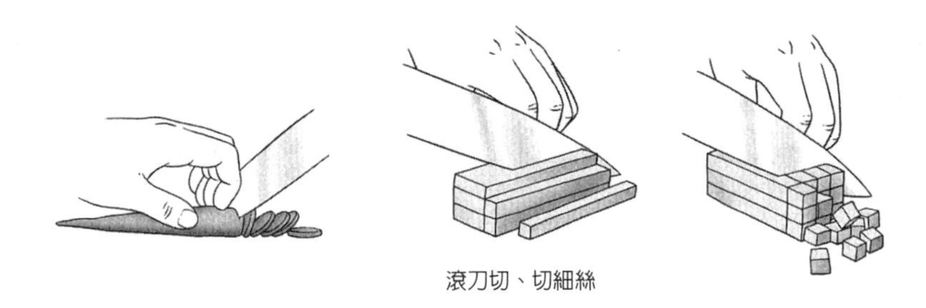

滾刀切、切細絲

如果西芹或櫛瓜一類的蔬菜要滾刀切塊，帶頭的兩根手指擺出一個斜角，如圖示。握著刀柄的手依舊輕鬆自如地精確下刀，而另一隻手則往後移動但沒有一直扣著蔬果。

雕切成特殊形狀的蔬果很吸睛，想想漂浮在日本漆碗中如花朵一般的蔬果就知道了。精於擺盤的法國人，用許多令人驚豔的修飾手法把胡蘿蔔、豆類和馬鈴薯等常見的東西改頭換面。例如**切幼絲**（chiffonade），亦即把菜葉捲起來切細絲，還有**切細丁**（brunoise）、**小丁**、**中丁**和**大丁**，分別是切成八分之一、四分之一、二分之一至四分之三吋見方的方塊，稍後我們將一概稱為**切丁**。他們**切絲**（julienne）或叫**切火柴條**（allumette）的刀法，切出來的更長更細，約有二至三吋長，八分之一吋細。**切薯條狀**（battonet）是切成很長的長方體，往往就是切薯條。形狀圓而小巧的，他們稱為**珠狀**（pearls）；如果是

切圓片、切薯條狀、切中丁

橢圓形的，所謂**小橄欖狀**（olivette）是直徑八分之三吋，**小核仁狀**（noisette）是二分之一吋，若最寬的直徑大約一吋便是**巴黎淑女**（parisienne）。若要**切絲（火柴條）或切丁**，首先盡量把蔬果修切成正方體，繼而把正方體切片。再把幾片疊起來切成條狀，若要切丁，則再把條狀切成方丁。用切剩的零零角角來熬高湯，除非這些零角含有澱粉；含有澱粉的可以用來煮湯。

在烹煮蔬菜的過程中如何保留營養、滋味和色澤

把蔬菜搗碎或打成泥，流失最多的是維他命，尤其是維他命C（從四分之一至一半）。有些蔬菜只要簡單地擦洗一下，便可以連皮蒸煮或烘烤，讓維他命的流失降至最低——假使烹煮的時間沒有過長的話。

有些狂熱者甚至堅信，完全沒有煮過的蔬菜才是最好的。沒有哪一種煮青菜的方式堪稱是最上乘的。用壓力鍋煮就跟熱炒和炊蒸一樣，快速有效率，其原理如同清蒸，只不過僅用蔬菜被清洗過後所夾帶的水，外加上少量的奶油或油。其他的烹煮法在接下來幾頁裡有詳細的說明。

不上蓋地燙青菜最能確保青菜的色澤鮮亮。清蒸和煎炒也可以增色，如果蔬菜煮到了脆嫩可口的地步之後不上蓋的話。絕對不要靠加小蘇打粉來維持蔬菜的色澤，這樣做不僅破壞了營養價值，還會把青菜弄得糊爛。用酸性硬水來煮☆，見「了解你的食材」，也會讓青菜失去色澤。也千萬別用鑄鐵鍋或鍍錫的鍋子來煮青菜。

比較熟成的青菜容易流失天然糖分，烹煮的時候加一小撮糖很有幫助，也可以在食用時淋上調味奶油、辛香草、香料和/或醬汁。乾莢豆和罐頭蔬菜尤其能從沖洗和大膽調味中大大受益。話說回來，處於最佳狀態的蔬菜簡單地拌上奶油或橄欖油最棒，每一杯蔬菜的用油量不要超過一至二小匙，這樣青菜才能十足展現本身的滋味。

蒸蔬菜

蒸蔬菜是指在密封的鍋子裡以小滾的水來煮蔬菜。使用可拆卸的金屬蒸籃格外方便，因為它貼合鍋子的內緣輪廓。若只蒸兩人份的蔬菜，把蒸籃放到小一點的鍋子裡蒸煮，蒸籃部分貼合鍋子內緣即可；若要蒸煮大量蔬菜，蒸籃就要完全貼合大鍋內緣。市面上也買得到可以擱在滾水之上的竹蒸籠或附有金屬蒸籠（perforated insert）的大高湯鍋。當你要蒸大量蔬菜或大型蔬菜，像是朝鮮薊，這些都很好用。➡使用這些器具時，確認水的高度不會接觸到蔬菜。蒸煮過程中，火力要大得不只是產生蒸氣，還有壓力；蒸氣會從鍋蓋底下噴

出。如果蔬菜所需的蒸煮時間比較久，譬如蒸朝鮮薊或整顆小馬鈴薯，要不時查看蒸鍋，確認水沒有煮乾。假使水煮乾了，補滾水進去。

| 燙青菜 |

只要燙到剛剛好的熟度，燙青菜是烹理青菜最輕鬆的方法：把水煮到大滾，每夸特加滿滿一小匙鹽進去，再把青菜丟進鍋裡煮，不加蓋，煮熟即成。青菜一入水就要開始計時。要保有最佳的色澤和口感，青菜應該要在大量的滾水裡煮，頭一磅青菜大略需要四夸特水，每增加一磅青菜則要多一至二夸特水。不是所有青菜都可以煮上五至七分鐘，那是青菜開始變色的時間點。有些非常嬌嫩的青菜，譬如法國四季豆（haricots verts），煮到水又開始滾沸便是熟了，立刻用瀝水籃瀝出。➡根莖類，譬如胡蘿蔔、馬鈴薯和蕪菁，需要不同的處理方式。把這些根莖類放到一口大得足以舒適地容納它們的鍋子裡，然後加足夠的冷水進去，水要淹過根莖類表面並高出一吋。轉大火把水煮開，然後調整火力讓水保持微滾。加不加蓋都可以，煮到根莖類變軟，或食譜所要求的狀態。瀝出時，把整鍋內容物倒到一只瀝水籃裡，假使根莖類變得很軟，就用漏勺把一塊塊根莖類撈到瀝水籃。

| 炒蔬菜 |

亞洲廚子對這種烹煮蔬菜的方式情有獨鍾，這方法留住了蔬菜鮮味和清脆口感。

炒蔬菜最費工的部分在於備菜。要炒得好吃，蔬菜要精細地裁切得大小一致或厚度一致。容易有筋絲的，譬如西芹，要斜切片。粗葉蔬菜，譬如白菜，要切除柄蒂和中脈，而且要一一斜切片。下鍋的青菜要分類，需要煮久一點的要先下鍋。

四人份的炒青菜，約略是一磅的芥藍菜、甘藍菜、秋葵、西芹或大白菜；大約二分之一磅的菠菜或菾菜；以及大約四分之三磅青豆。每磅蔬菜用大約一至二大匙的食用油——花生油或白麻油最受歡迎。先熱鍋，再倒入食用油，加熱到幾乎冒煙。你也可以加一兩片老薑或嫩薑爆香；短暫煎一煎，撈除薑片後蔬菜再下鍋。用大而扁平的鍋鏟快炒青菜，讓青菜沾附著油，炒到出現稍微萎軟的跡象。有些廚子喜歡在這個時間點上淋一點醬油和高湯下去，隨後蓋上鍋蓋，讓青菜鮮美多汁。把火轉小。一等青菜剛剛好變軟，需要的話你可以額外拌入少量高湯，或搭配蔬菜的中式醬汁★，301頁。短暫地蓋上鍋蓋，等醬汁達到沸點，立即起鍋。

炒青菜若要加肉類，肉要先下鍋。肉炒得差不多熟時先盛起，青菜再下鍋，起鍋前再把肉加進鍋裡和青菜拌炒回溫一下。要想吃到清脆爽口的青菜，起鍋後要立即享用。

| 燴燒蔬菜 |

在濃郁汁液譬如高湯或肉汁裡頭慢煮，是烹煮胡蘿蔔、蕪菁、青豆、蘆筍、大頭菜和球芽甘藍等蔬菜的理想方式。蔬菜要先在熱奶油或其他油脂裡短暫煎炒一下，然後再部分浸在煮汁裡煮到變軟，而煮汁會濃縮成醬汁般的稠度。洋蔥、蕈菇、大蒜和通常會加的培根和火腿，可為蔬菜多添一層風味。

燴燒蔬菜可用火爐來做，也可以用烤箱做，不管怎樣都需要一口厚底鍋。厚底鍋可以保住熱力，讓甜味蔬菜譬如胡蘿蔔的汁液焦糖化，使得菜的滋味深沉醇厚。起鍋前可以加一點檸檬汁、芥末、奶油或濃的鮮奶油，增添尾韻。

| 油炸蔬菜 |

法國人把炸馬鈴薯變成全球知名的**炸薯條**，497頁，；英國人則做出**洋芋片**。義大利人拿食物沾裹蛋液或麵糊，做出知名的**炸物拼盤**★，465頁。而日本人呢，他們從葡萄牙水手學得裹麵衣油炸的做法，做出當今的美味炸物**天婦羅**★，464頁。

炸物好不好吃，大半取決於➡油的品質以及避免吸過多的油，➡因此請參見「關於深油炸」☆，見「烹飪方式與技巧」。如果蔬菜很濕，➡一定要用紙巾拍乾再裹麵衣。而且最好是讓麵衣晾乾個十分鐘，再下到油鍋裡炸，油溫應該介於一百八十度至一百九十度之間。把蔬菜炸呈金黃色。

適合油炸的蔬菜有四季豆、切片的茄子、整朵蕈菇、縱切成寬條的青椒或紅椒、小黃瓜圓切片、南瓜、櫛瓜或番薯；切片的蓮藕或竹筍、洋蔥圈或非常幼嫩的洋蔥、蘆筍尖；切小朵的白花椰菜或青花菜；以及朝鮮薊心或削皮的梗。一般而言，蔬菜切得越薄，油炸後越酥脆。

| 微波蔬菜 |

以烹煮的快捷和保留住最大量的營養分來說，微波爐無可匹敵。微波烹煮的蔬菜不僅色澤鮮亮，滋味鮮活，只要密切注意，口感也很棒。用電力介於七百五十至一千零五十瓦特之間的旋轉式微波爐來烹煮，計時很重要。在許可的時間範圍內，烹煮的時間越短，需要越高的瓦特數。因為要均勻受熱，所以旋轉式微波爐是關鍵。假如你的微波爐不是旋轉式的，每隔一段時間就要把盤子轉個方向，並且把蔬菜攪動一下。大體而言，這裡需要的是一只二夸特容量的烤盤。一口8×8×2吋的方形玻璃皿很理想，用玻璃蓋或可微波的保鮮膜大致封住盤皿周圍，只在其中一角留縫隙，你可把那個角落的保鮮膜往後折或稍微打開，當作通風口。加到青菜裡的汁液可以用蔬菜高湯、雞肉高湯或牛肉高湯或微鹹的水。

不管食譜說要微波多久，只要你一聞到蔬菜的味道，就停止加熱並嚐一小口看看，因為飄出味道就是差不多煮好了。蔬菜靜置一下，好讓烹煮過程完成，這一點再怎麼強調都不為過。大約一磅左右的蔬菜量，微波出來的效果最好，否則還是會受熱不均勻。無論如何，分兩批接續地微波然後再混勻，往往比微波一整批要快速。不管使用哪個方法，你可以用微波爐融化奶油，或者直接就在上菜盤裡製作簡單的醬汁；參見微波爐做的香濃起司醬★，293頁。

| 壓力鍋煮蔬菜 |

壓力鍋提供了另一個快速蒸煮蔬菜的方法。要烹煮質地密實的蔬菜，譬如根莖類和冬南瓜，壓力鍋很好用，若是煮青菜類，則幾乎總會煮過頭。以傳統方式來煮所需時間不超過五分鐘的蔬菜，我們不建議用壓力鍋來煮。鍋裡放的食物總量不影響計時，因此，假如說你有大量的馬鈴薯要煮時，你會特別感覺到壓力鍋的好處。關於計時，請參考壓力鍋附的使用手冊。也請注意這一章特別指出來的不能用壓力鍋煮的蔬菜。烹煮好了之後，壓力鍋要立即冷卻，也許是直接沖冷水，或者依據使用手冊的說明來操作。

| 燒烤蔬菜 |

用燒烤架或明火來烹理蔬菜有三種簡單的方式。首先是，使用冷凍或清洗過的切片蔬菜。把蔬菜擺在一方強效型鋁箔紙上，撒上鹽、胡椒和辛香草或香料調味，也可以再加上橄欖油和奶油。整個包起來☆，見「烹飪方式與技巧」，然後把包在鋁箔紙裡的蔬菜置於烤架上，在火燙的木炭之上或之下，烤十至十五分鐘。如果放在燒烤爐的爐格上，烤的時間要久一些。這是蒸煮蔬菜的一種方法，只要蒸來吃很可口的蔬菜——比方說馬鈴薯、胡蘿蔔或四季豆，用這種煮法效果很好。胡蘿蔔或其他硬質蔬菜，用燒烤的方式烹煮所需的時間，可能會比放爐頭上煮多上一倍。

第二種方式是，把蔬菜切成厚厚的大塊，或乾脆一整個都不切，切面刷上油或油醋醬以免變乾或者增進焦黃的程度，然後蔬菜直接放在火燒得很旺、塗了油的燒烤架上。番茄、茄子、夏南瓜、蕈菇、甜椒和球莖茴香用這種方式燒烤滋味都很棒。烤到蔬菜軟身而稍微有點焦。燒烤的時間端看哪種蔬菜以及如何切塊而定。

第三種方式是串燒，或串烤（en brochette）。蔬菜切小一點的塊狀，體型較小的蔬菜就一整個上陣（葡萄或櫻桃番茄和小的蕈菇，比方說）。蔬菜刷上油，然後串到木籤上，放到架在木炭之上、抹了油的燒烤架上，烤到軟身。使用爐灶餘燼來烹煮蔬菜，參見「烹飪方式與技巧」。

| 烤蔬菜 |

烤箱提供強火力來烹煮切塊或切片的蔬菜，這種烹煮法善用了蔬菜裡的天然糖分，把這些糖分焦糖化而讓蔬菜產生滋味。切塊或切片的蔬菜拌上油或融化的奶油，在烤盤上鋪成一層，調味後以至少二百二十度把蔬菜烤到稍微焦黃，其間攪拌個一兩回。趁熱或放涼至室溫下享用，或者依照食譜指示來做。

| 搭配烤肉的蔬菜 |

搭配烤肉的蔬菜，最好還是和烤肉分開來烤。假使把蔬菜跟肉一起放在烤盤裡，蔬菜釋出的水分會讓烤箱內有更多水汽，這對烤肉來說不盡理想。根莖類，譬如馬鈴薯、胡蘿蔔、洋蔥和蕪菁，分開來烤比較好。可以先把這些根莖類蒸到半軟，再拌以奶油，➡放到烤盤裡加蓋密封，以弱火力烤到軟。接著掀蓋，把火力轉強，烤到變金黃。蔬菜烤好後擺在盛著肉的盤子上，或者另外盛盤，澆上烤汁或肉汁添加光澤。

| 拌奶油或佐醬料的蔬菜 |

差不多所有的蔬菜都可以拌上奶油或醬料，一般而言會佐醬的都是蒸煮或水煮的青菜。➡蔬菜要充分瀝乾。蔬菜的量多半視醬料有多濃厚而定。每一杯熟蔬菜只需一至二小匙奶油或油醋醬，若是拌以牛奶為底的奶醬最多可加到四分之一杯。假使蔬菜要拌入醬料加熱，每一杯蔬菜需二至三大匙的醬料，如果是用鮮奶油或酸奶做的濃厚醬料則稍微少放一點——如果是以奶油濃湯為底做的，也許可以多放一點。同時也要考慮到，如果蔬菜要一份份盛在深碟裡，拌醬的蔬菜可能太過濕膩，如果要從上菜盆裡把菜夾到個別的餐盤裡，那麼蔬菜就要夠乾，醬汁才不會在盤裡漫流。

如果你要把蔬菜放到醬汁裡煮，醬汁的量剛剛好淹過蔬菜表面即可。這樣的陶盅料理往往會以焗烤做最後潤飾☆，見「了解你的食材」。

就算食譜沒這麼說，你也可以在拌蔬菜的奶油和醬料裡加柑類果汁和幾撮皮絲☆，見「了解你的食材」；新鮮或乾燥的辛香草；咖哩粉；芥末粉或芥末醬；辣粉；辣根醬或起司屑——而且別忘了洋蔥。榛果奶油★，302頁，和麵包屑榛果奶油醬★，557頁，既簡單又經典。

酸甜醬、醬菜、莎莎醬和沾醬（見「鹹醬、沙拉醬、醃汁、乾醃料」★，277頁）搭配蔬菜也很美味，尤其是烤蔬菜或炸蔬菜。這類佐料一般而言會另外盛在個別的小碗或小碟子，而不是直接淋在蔬菜上。

| 關於鑲餡蔬菜 |

番茄、甜椒、南瓜、小黃瓜、洋蔥、甘藍菜葉和蕈菇都可以填餡，既有裝飾效果又很美味。填上另外準備的、滋味和色澤呈對比的蔬菜餡，如果蔬菜的滋味較平淡，可填上高度調味過的肉類、海鮮或起司餡，或者拌鮮奶油的混合物。需要長時間烹煮的生食不要加到蔬菜餡裡。

有些蔬菜要先焯燙過才能填餡；參見個別蔬菜的食譜，看看是否有焯燙的必要。焯燙完瀝乾後，把填好餡的蔬菜盒放到裝了四分之一吋水、擺上架子的烤盤，或者按照食譜指示處理。

放到兩百度的烤箱烤，除非食譜另有指示。如果你想以焗烤料I或II☆，見「了解你的食材」，做成焗烤，你會發現，如果先放到炙烤爐烤一烤再用上述的方式烤，顏色會更漂亮。至於焗烤料III，光是烘烤，起司大抵足使表層變得焦黃，不需用到炙烤爐。

| 關於搗碎和搗成泥的蔬菜 |

馬鈴薯，最常被搗碎或搗成泥的蔬菜，要按照489-490頁描述的特殊方式處理。➧其他蔬菜可以用食物研磨器或壓粒器，490頁，粗略地壓碎或打成細泥，隨你喜歡。若想粗粒一點的質地，用馬鈴薯搗泥器或叉子、大湯匙或漏勺來做。若要打成細泥，把蔬菜放進食物調理機裡打，或者分小批放入攪拌機裡打。假使蔬菜泥太稠，加牛奶、鮮奶油或融化的奶油稀釋，而這一些一般都會加進打成泥的東西裡。

| 關於烹煮冷凍蔬菜 |

請參閱「關於退冰和烹煮冷凍蔬菜」☆，見「冷凍」章節。冷凍蔬菜是忙碌的家庭主婦的一大幫手；簡直不需要花時間準備。只要煮的方法對，冷凍蔬菜其實絲毫不輸新鮮蔬菜，尤其是在非產季期間。烹煮冷凍蔬菜的訣竅，在於煮到剛好變軟就好，以便盡可能留住維他命、鮮亮色澤和新鮮滋味。除了菠菜和整穗玉米之外，煮冷凍蔬菜不需要退冰。菠菜之類的多葉蔬菜，退冰退到可以撥散葉子的程度，煮的時候才會受熱均勻。整穗玉米在烹煮之前也要部分退冰，這樣玉米粒熟了，玉米穗軸也熱透了。

冷凍蔬菜通常會用爐台、微波爐、壓力鍋或電子鐵板鍋來煮。若用爐台，取一口大得足以鋪平蔬菜的鍋子來煮。大體上，最好盡量少用水，不過煮整穗玉米和利馬豆除外，每兩杯蔬菜用半杯水。每兩杯利馬豆用一杯水。煮整穗玉米時，水要整個淹過玉米穗。

若用微波爐來煮，按照包裝上的說明操作，就跟煮新鮮蔬菜一樣，每一次煮一磅或更少。若用電動鐵板鍋，把硬梆梆的冷凍蔬菜——菠菜和整穗玉米除外，這兩者應該部分退冰，如上述——放到鐵板鍋裡蓋上蓋子。轉一百八十度煮到蒸氣逸散，然後把溫度降到一百五十度，煮到蔬菜變軟。

用壓力鍋煮冷凍蔬菜時，只要用壓力鍋煮新鮮蔬菜所需的一半時間即可，但使用的水量一樣。

| 關於把蔬菜重新熱過和罐頭蔬菜 |

剩菜和罐頭蔬菜也可以是一頓餐食裡美味可口又用途多多的配角。把蔬菜放在蒸籠裡，或放入加了幾小匙水或高湯的鍋子裡，重新加熱。用少許奶油或橄欖油煎炒一下也是很棒的做法。也可以試著把剩菜加到沙拉裡，並且拌上油醋醬。把吃剩蔬菜做成舒芙蕾，341-343頁，歐姆蛋，336-339頁，或義式烘蛋，336頁，都可以讓剩菜煥然一新。

| ▲在高緯度烹煮蔬菜 |

在高緯度烘烤或爐烤蔬菜時，所需的溫度及時間和在海平面差不多。在高緯度以水煮方式煮蔬菜，則需要更多的液體和時間，這是因為液體的沸點變低了。通常來說，把蔬菜切薄片或小塊，烹煮的時間可以縮短。為避免菜葉煮過頭而莖梗仍然粗硬，可以切除菜葉中脈，用來熬高湯。

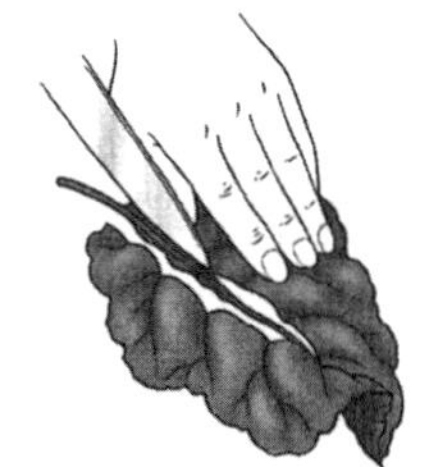
切除青菜的中脈

使用以下調整過的做法當作大致的計時指南：每升高一千呎，煮整顆甜菜根、胡蘿蔔及洋蔥要多加食譜指示的烹煮時間的百分之十，煮青豆、南瓜、綠甘藍菜、蕪菁和歐洲防風草根，要多加百分之七。在高緯度煮冷凍蔬菜、整根胡蘿蔔和豆類可能需要額外多煮五至十二分鐘，而其他冷凍蔬菜只需多煮個一至兩分鐘。

在高緯度用壓力鍋煮蔬菜，每兩杯蔬菜，鍋裡要多加四分之一杯至二分之一杯液體，端看個別蔬菜所需的烹煮時間。跟在高緯度煮其他蔬菜一樣，切片或切絲的蔬菜以及豆類、玉米和菠菜，在十五磅的壓力下，和在海平面烹煮一樣快。不過你會發現，煮某些多葉青菜時，十磅的壓力和稍久一點的烹煮時間，煮出來的成果更好。這做法也適用於煮蘆筍、西芹、蕪菁和白花椰菜。如果煮整顆馬鈴薯、甜菜根、番薯和豆類需要比在海平面煮多上很多時間，這也沒什麼好訝異的。

一如往常，我們建議你參閱壓力鍋製造商的說明。製造商在你所在城鎮的分部會測試你的壓力鍋的規格，並給你一張所在地區的壓力表。

裹糖衣的根莖類（Glazed Root Vegetables）

一個簡單的技巧，但成果很吸睛。以這種方式處理的蔬菜很適合當作盤飾，而且不需要進一步加醬料。

在一口厚底醬汁鍋裡混合：

2杯蔬菜：去皮的洋蔥、胡蘿蔔、蕪菁、歐洲防風草根、大頭菜、婆羅門參、馬鈴薯或番薯，切成1/2吋塊狀

1杯淡色仔牛高湯或禽肉高湯，204頁，或雞肉湯

2大匙奶油、2小匙糖、1/2小匙鹽

煮到微滾，蓋上鍋蓋，火轉小，煨煮到蔬菜差不多熟了，汁液也幾乎被吸光。掀蓋轉中大火繼續煮，不時晃蕩一下鍋子，直到蔬菜裹著金黃色的糖衣。

根莖類菜泥（Root Vegetable Puree）（4至6人份）

馬鈴薯可以讓這道菜泥質地輕盈滋味細緻。

在一口大的醬汁鍋裡放：

8盎司萬用或烘烤用馬鈴薯，削皮切厚片

加大量的水淹過馬鈴薯，煮沸，沸了之後再煮5分鐘。再下：

1磅胡蘿蔔或蕪菁，削皮切厚片，或1又1/2磅西芹根、婆羅門參、蕪菁或大頭菜，削皮切丁

續煮至馬鈴薯和其他蔬菜都徹底軟身，約25分鐘。蔬菜瀝乾後再放回鍋內。轉小火，用馬鈴薯搗泥器或用手動攪拌器打成滑順的泥。又或，若要有最滑順的口感，用攪拌機或食物調理機打成泥。拌入：

1/2杯牛奶或濃的鮮奶油

1又1/2大匙放軟的奶油

1/2小匙鹽、1/4小匙白胡椒

嚐嚐味道，調整鹹淡，然後再加熱至熱透。喜歡的話，在上面加：

堅果醬，301頁，或榛果奶油☆，302頁

燴燒根莖類（Root Vegetable Braise）（4人份）

用湯盤來盛這道醇厚鹹香的燴菜，佐上大蒜麵包☆，437頁，或圍上一圈馬鈴薯泥。除了這裡所列的蔬菜，你也可以用球莖茴香、婆羅門參、朝鮮薊心和菊芋。

在一口大的平底鍋或荷蘭鍋裡以中火加熱：

1又1/2大匙橄欖油、1大匙奶油

1片月桂葉、1大枝百里香

油熱後放：2顆洋蔥，切丁
煎到洋蔥開始焦黃，約12分鐘，其間偶爾要拌炒一下。再下：
4顆大的蘑菇，切厚片、2瓣蒜仁，切末
拌炒3分鐘，倒進：
1/2杯不甜的白酒
火轉大並煮沸，刮起鍋底的脆渣，熬煮到汁液濃縮成糖漿的稠度，約5分鐘。再加：
8盎司蕪菁，削皮切1吋方丁
8盎司大頭菜，削皮切1吋方丁
1磅西芹根，削皮切1吋方丁
1/2小匙鹽
攪拌攪拌，然後倒進：
2又1/2杯雞高湯或雞肉湯
煮滾，然後火轉小，加蓋煨煮到蔬菜軟身，20至25分鐘。撈除月桂葉。把：
3大匙濃的鮮奶油、1大匙第戎芥末醬
混勻，倒入燴燒菜裡，拌勻，以：
黑胡椒，適量、百里香葉片或荷蘭芹末
調味即成。

希臘風味綜合蔬菜（Vegetables à la Grecque）

這些綜合蔬菜，如果小顆的就保留整顆，或者切成迷人形狀，因為用高度調味的油和水的快煮湯底（court bouillon）來燉煮，所以馨香撲鼻。食用時通常呈室溫狀態，這樣油脂才不會凝固。這也是一道很方便的開胃小點，除了當沙拉或前菜拼盤之外，也可以當配菜。密封冷藏可以妥善保存。

準備：1至2磅綜合蔬菜

適合的選項包括朝鮮薊心、胡蘿蔔絲、切一朵朵的白花椰菜、切塊的西芹或球莖茴香、剝除筋絲的四季豆、縱切對半的蔥韭、整顆蘑菇、珍珠洋蔥、切成條的甜椒和整顆橄欖。加切片或切條的小黃瓜和茄子很美味，只不過要除去多餘的水分，見454頁。

在切開的蔬菜上擠：2顆檸檬的汁液

以免褐變。保留2瓣檸檬皮。準備下列醃料之一：

I. 在一口中型的不鏽鋼或搪瓷的醬汁鍋裡放：
 4杯水、1/3至1/2杯橄欖油
 （3顆紅蔥頭，去殼）
 2瓣大蒜，去殼、1小匙鹽
 再放入下列的辛香草和香料，用紗布包成一袋：
 6枝荷蘭芹
 2小匙新鮮百里香葉片或1/2小匙乾燥的百里香
 12顆整顆的黑胡椒
 （3顆芫荽籽，或1/4小匙乾燥的奧勒岡）
 （1/8小匙茴香籽或西芹籽）
 也把預留的2瓣檸檬皮丟進去加味。煮沸，然後離火加蓋，靜置浸漬15分鐘。撈除香料袋和大蒜。再次把這快煮湯底慢慢地煮至微滾。把蔬菜放進去，煮到軟身。瀝出並保留煮汁來醃漬，蔬菜盛到一口盆裡。把煮汁放涼，然後倒到蔬菜裡淹過表面，放冰箱冷藏。食用前先放室溫下回溫。蔬菜吃完之後，醃漬汁可以用來做醬汁。

II. 在一口中型不鏽鋼或搪瓷醬汁鍋裡混合：
 2杯橄欖油、1杯不甜的白酒
 1/2至1/3杯水、1/2杯蘋果醋
 2顆檸檬，切片、2瓣大蒜，去殼
 3枝荷蘭芹、6顆整顆的黑胡椒
 1/4小匙鹽
 熬煮快煮湯底，再把蔬菜放進去煮，如方法I。

摩洛哥風味燉蔬菜（Moroccan-Style Vegetable Stew）（6人份）

這道沒有肉的主菜（如果用蔬菜高湯來做就是素食的），特別之處在於同時加了夏南瓜和冬南瓜——櫛瓜和奶油瓜。舀到一層北非小米上來吃。

在一口大的荷蘭鍋裡以中火加熱：

2大匙奶油或橄欖油

油熱後下：

2顆中的洋蔥，切碎

拌炒到軟身，約3分鐘。拌入：

1又1/2杯雞高湯或蔬菜高湯

轉中小火煨煮到洋蔥變得非常軟，約20分鐘，其間要經常攪拌。與此同時，在一口大盆裡混合：

1小匙孜然粉、3/4小匙辣粉

1/2小匙荳蔻粉、1/2小匙肉桂粉

1/2小匙肉豆蔻屑或粉、1小撮丁香粉

拌入：

1顆小的奶油瓜（1又1/2磅），去皮切半去籽，切成1/2吋方丁

1顆大的烘焙用馬鈴薯，削皮切半再切成3/4吋厚片

把這南瓜混合物加到洋蔥裡，連同：

3根中的胡蘿蔔，切1/4吋片狀

1/4杯葡萄乾、5顆蒜仁，切末

煮沸，然後轉成中小火。先用一張鋁箔紙直接罩住蔬菜表面，再蓋上鍋蓋。慢煨至蔬菜徹底變軟，約25分鐘。再拌入：

2顆中的櫛瓜，縱切對半再切成1/3吋片狀

1罐15盎司的罐頭鷹嘴豆，沖洗並瀝乾

1/3杯對半切去籽油漬黑橄欖

1小匙鹽

1/4小匙黑胡椒

加蓋煨煮到櫛瓜軟身，約10分鐘，再拌入：

1/4杯切碎的荷蘭芹或芫荽

3大匙新鮮檸檬汁、幾滴辣椒醬

| 關於朝鮮薊 |

朝鮮薊，春天最早出現的蔬菜之一，是一種薊屬植物尚未成熟的花苞；有時又叫做球薊。可以吃的部分是葉片的基底以及梗上方碟形的那一塊——通常就叫做「心」。你可以在家自行把薊心修切出來，市面上也買得到冷凍或罐頭薊心。挑選葉片密合，拿在手裡感覺沉沉的朝鮮薊。裝在塑膠袋裡放冰箱的蔬菜保鮮儲藏格裡冷藏。烹煮之前要清洗每一顆朝鮮薊，清洗的方式是握住梗的尾端，快速插入一碗水裡，反覆幾次。

愛吃朝鮮薊的人，夢寐以求的是吃幼嫩的朝鮮薊。把外圍的葉片剝除，並把梗切掉後，薊心可以蒸煮、香煎或裹麵包粉油炸，整個吃下肚。幼嫩的朝鮮薊很難買到，可以從網路零售店訂購。

成熟的朝鮮薊煮熟後最常見的吃法是，每個用餐者分得一整顆，用手指剝來吃。將葉片一片一片拔取下來，蘸融化的奶油或醬料，以唇齒輕咬吸吮葉片底部可食的軟嫩部分，然後丟棄葉片。持續這個步驟，直到呈圓錐狀排列的淡色嫩葉出現。一把拉起這圓錐狀嫩葉。然後用一根湯匙、刀子或葡萄柚匙，把有絨毛的中心整個挖除乾淨。用叉子來吃剩下的薊心，同樣蘸奶油或醬料吃。

底部完全修切乾淨的朝鮮薊心可以用來做沙拉，也可以當餡料的底料。

朝鮮薊含有洋薊酸，會使得佐配它的葡萄酒及食物嘗起來是甜的。當你要供應特殊的酒款時，最好還是不要把朝鮮薊列入菜單，雖然我們很喜歡喝黑皮諾配朝鮮薊和燒烤肉。朝鮮薊很適合搭配味道強烈的檸檬、柳橙、醋、黑橄欖、酸豆、火腿加菜豆、大蒜、紅蔥頭、荷蘭芹、鼠尾草、龍蒿、茴香、羅勒和奧瑞岡。

若要微波，把兩顆中型朝鮮薊放在兩夸特烤盤裡。加進兩大匙水，密封起來，以強火力微波，直到軟得用叉子戳可以一路戳到底，約五至八分鐘。先不掀蓋，靜置五分鐘。

大的朝鮮薊可以用壓力鍋煮，用一杯水以十五磅壓力煮十分鐘。小顆的煮八分鐘。

沒去心的朝鮮薊（Uncored Artichokes）

清洗：朝鮮薊

用刀子切除梗。願意的話，將每顆朝鮮薊的前四分之一切掉。剪掉其餘葉片上刺刺的尖端，然後將底排的粗硬葉片向後彎拉剝除。為避免變色，在切面塗上：

新鮮檸檬汁

上下顛倒地放在蒸籠上，蒸籠高出滾水水面1至2吋。喜歡的話，先在水裡加：

（1顆洋蔥，切片，或1瓣大蒜，壓碎）

（2株帶葉的西芹梗）

（1又1/2大匙新鮮檸檬汁，不甜的白酒或蒸餾的白酒醋）

（2大匙蔬菜油）、（1片月桂葉）

加蓋蒸煮，蒸到底部用削刀戳感覺上是軟的，約45分鐘。瀝出，趁熱食用，或冰冷著吃，佐上：

融化的奶油、美乃滋★，335頁，荷蘭醬★，307頁，白醬I★，291頁，或油醋醬★，325頁

朝鮮薊心（Artichoke Hearts）

I. 清洗：5顆中型朝鮮薊

莖梗留著。剝掉外圍所有葉片，直到露出內層呈圓錐體排列的淡色葉片，也將之一併切除。將朝鮮薊平放，連梗一起縱切4瓣。用一把銳湯匙，刮掉有絨毛的內核（choke）。把莖梗部分的深綠色外皮削掉。清蒸，或加蓋水煮至變軟，約20分鐘。趁熱吃，佐上：

榛果奶油★，301頁，或荷蘭醬★，307頁

II. 冷凍或罐頭的熟朝鮮薊心，充分瀝乾後，可以用：奶油或橄欖油

香煎到變熱，你可以加：

（蒜末、紅蔥頭末或洋蔥末）

一起爆香，再加：

鹽和匈牙利紅椒粉、新鮮檸檬汁

調味。冷熱皆宜。

鑲餡朝鮮薊（Stuffed Artichokes）

如上述清洗修切：

朝鮮薊

撥開內層的葉片，剝掉中央有刺的泛粉紅色葉片。用一把湯匙或葡萄柚匙的尖端，刮除毛茸茸的內核；小心別刮到底部。按蒸煮未去心的朝鮮薊的方法蒸煮，只不過以直立方式放在蒸籠裡。充分瀝乾。趁溫熱食用（如果填餡時朝鮮薊太燙，荷蘭醬會漫流），在中央填入：

荷蘭醬*，307頁

或填上：

1/2杯熟雞尾酒蝦或切小塊的龍蝦肉

放在加熱過的：新堡醬*，309頁

上。這些朝鮮薊也可以吃冷的，填上雞肉沙拉，276頁，或龍蝦沙拉，278頁，當餡料。順帶一提，太軟的葉片，在備菜過程中通常會被丟棄，不過若是修切煮熟，加到歐姆蛋或砂鍋料理會是很美味的配料。

油炸朝鮮薊（Fried Artichokes）（4人份）

按上述處理朝鮮薊心的方式處理：

4顆中型的朝鮮薊

處理好每一顆，便丟入一盆加了：

新鮮檸檬汁

的水裡。

在一口大的平底鍋裡以中大火加熱：

1杯橄欖油

熱油的同時，瀝出朝鮮薊心，用紙巾拭乾。在一口淺盆裡混勻：

1/2杯中筋麵粉

鹽和黑胡椒，適量

在第二口淺盆裡輕輕地把：

2顆大的雞蛋

打勻。先把朝鮮薊心裹上調味麵粉，再浸到蛋液裡，翻轉一下讓它均勻沾附蛋液。等油溫夠燙，一次炸幾個，要經常翻面，炸到金黃而軟，5至6分鐘。放到紙巾上短暫瀝油，然後盛盤並加：

鹽

調味，佐上：檸檬角

燴燒幼嫩朝鮮薊和青豆（Braised Baby Artichokes and Peas）（4至6人份）

清洗並充分晾乾：

24顆核桃大小的幼嫩朝鮮薊

剝除外圍所有粗硬葉片，切掉與底部連接的莖梗。在一口中型深槽平底鍋裡以中大火加熱：

2大匙橄欖油

油熱後下：

1顆小的洋蔥，切碎

偶爾拌一拌，煎到邊緣開始焦黃，7至10分鐘。把洋蔥盛出置一旁。朝鮮薊下鍋，晃動鍋子拋翻朝鮮薊，烙煎到它們整個焦黃，約10分鐘。拌入：

2顆大的蒜瓣，切末

2大匙奶油

2大匙雞高湯或雞肉湯或水

煮到微滾，加蓋後火轉小，煨煮到朝鮮薊差不多軟了，15至20分鐘，偶爾攪拌一下。需要的話可以多加水進去。拌入洋蔥，並放入：

2杯新鮮青豆或冷凍青豆，退冰的

煮到青豆變軟，約10分鐘。加：

鹽和黑胡椒，適量

調味。再拌入：

2大匙切絲的羅勒

2小匙新鮮檸檬汁

即成。

菊芋（耶路撒冷朝鮮薊）（太陽薊）

蔬菜的命名充滿了雙重或含糊的用語——譬如說，菊苣、苦苣、胡椒、番薯和「野米」——而「菊芋」在誤稱排行榜裡肯定名列前茅。菊芋甚至不是薊屬植物，不像真正的朝鮮薊那樣，而是一種向日葵的塊莖；而「耶路撒冷」是義大利文*girasole*一字的發音訛變，意思是「朝向太陽」，就像向日葵一類的天芥菜屬植物的習性。

挑選最光滑堅實的塊莖（有些品種幾乎沒有節瘤），表皮緊貼，顏色一致，沒有變色或發霉的跡象。裝在開口打開的塑膠袋放冰箱的蔬果保鮮儲藏格冷藏。菊芋可以生吃，也可按照做薩拉托加薯片，169頁的方式烹理，或者按照以下的做法來做。

一經切開，菊芋的肉質很快會變色。如果你打算把菊芋加到沙拉裡，馬上把切開的菊芋拌上酸性淋醬，或者泡在酸性的水裡（四杯冷水加一大匙醋），至多泡三十分鐘。小心別煮過頭；假使煮得軟過頭，它會再度變得韌。

菊芋和馬鈴薯一樣滋味中性，所以和大多數食物都合得來。配上檸檬、奶油、鮮奶油、大蒜和龍蒿尤其對味，也可以像胡蘿蔔一樣裹糖衣，443頁。或者切半放到壓力鍋裡，以十五磅壓力煮十分鐘。

菊芋（Jerusalem Artichokes）（6人份）

將：1又1/2磅菊芋

洗淨削皮。蒸煮，或丟進裝有滾水的醬汁鍋裡煮。為避免變色，加：

1小匙溫和的醋或不甜的白酒

到水裡，加蓋煮到軟。煮了15分鐘後用叉子測試軟度。瀝出。

與此同時，融化：

2至3大匙奶油

並加進：

2大匙荷蘭芹末、2滴辣椒醬

澆淋到菊芋上即可上菜。或者做成奶香口味。

關於蘆筍

當從前的羅馬人想把某件事趕快做好，他們就會說：「做得比煮蘆筍還快。」蘆筍的盛產季在春天和初夏，不過現在一年到頭都可以在市場看到蘆筍。挑選緊繃、堅實沒有起皺跡象的蘆筍。要維持鮮度，將一整束蘆筍豎立，讓切面浸在淺水中，或者用打濕的紙巾包起來裝在塑膠袋裡，放冰箱冷藏。如鉛筆般細的蘆筍純粹只是一般綠蘆筍的細莖——莖細不代表蘆筍軟嫩。白蘆筍是粗莖蘆筍的變體，靠施大量肥料和敷蓋厚土（deep mulching）的種植法栽培出來的。

煮蘆筍之前，徹底沖洗乾淨，摘除粗硬的莖段。你可以彎折蘆筍，讓粗和嫩的部位交接處自然斷裂。白蘆筍煮之前一定要削皮。有些人也喜歡把綠蘆筍削皮，這其實沒必要。若要削皮，用瓜果削皮刀從尖端底下削起。

蘆筍特別適合搭配荷蘭芹、龍蒿、醬油、帕瑪森起司以及，那還用說，奶油。

若要微波，把一磅修切過的蘆筍放到兩夸特的烤盤。加進兩大匙高湯或加少許鹽的水，加蓋以強火力煮到脆嫩，四至九分鐘，每三分鐘重排一次。微波完先不掀蓋，靜置兩分鐘。

我們不建議用壓力鍋煮蘆筍。

蘆筍（Asparagus）（4至6人份）

I. 清洗：**2磅蘆筍**
摘除莖的下端輕易可折斷的部分。用廚用棉線把每人份的蘆筍綁成一把。
把1杯水倒入蘆筍專用蒸鍋（asparagus steamer）裡或雙層蒸鍋的下鍋並煮滾。讓蘆筍豎立在水裡蒸煮到軟，鍋蓋要蓋緊，約5分鐘。雙層蒸鍋的上鍋也可以倒轉過來權充鍋蓋用。蘆筍充分瀝乾，放到盤子上，加蓋保溫，煮蘆筍水可以留起來做白醬，如果要加白醬的話。在蘆筍上撒：
1/2小匙鹽
在一口中型平底鍋裡融化：
1/3杯（5又1/3大匙）奶油或榛果奶油★，302頁
放入：**1杯乾的麵包屑**
拌炒拌炒，直到均勻裹著油，約1分鐘。倒到蘆筍上。或者配上：
1杯白醬I★，291頁，用一半鮮奶油一半煮蘆筍的水，或荷蘭醬★，307頁

II. 若想三兩下就可以火速上桌，將：
蘆筍
斜切成1/4吋小段。下鍋快炒，配上：
奶油麵包屑☆，見「了解你的食材」

III. 如果菜色裡一定要有蘆筍，用這份食譜來做，色澤和口感都會提升——雖然我們不保證營養價值不流失。
在一口大的平底鍋裡鋪排：**2磅蘆筍**
但不超過三層或四層。加：**1/2小匙鹽**
調味。用冷水淹過蘆筍，接著再覆蓋烘焙紙。煮滾，滾了之後馬上把火轉小，煨煮到軟，5至10分鐘。熄火，蘆筍留在鍋裡保持溫熱直到上菜，最多放上15分鐘，然後充分瀝乾。

烤蘆筍（Roasted Asparagus）（3至4人份）

烤箱轉260度預熱。
將：**1磅蘆筍，清洗過的**
莖的尾端摘除。在淺烤盤裡鋪成一層。
淋上極少量的：
特級初榨橄欖油
輕輕地把蘆筍和油拌勻。烤到剛好變軟，約6至8分鐘。撒上：
特級初榨橄欖油
（2大匙荷蘭芹末、龍蒿末和／或蝦夷蔥末）
鹽和黑胡椒，適量
趁熱吃，或放涼至室溫再吃，點綴上：
檸檬角

炒蘆筍（Stir-Fried Asparagus）（4至6人份）

請參閱「關於炒蔬菜」，404頁。

摘除：2磅清洗過的蘆筍

的莖的末端，切2吋小段。

以大火將一口中式炒鍋或平底鍋熱鍋，鍋熱後倒：2大匙花生油或蔬菜油

下去，攪動鍋裡的油，然後下蘆筍，連同：

1大匙去皮的生薑絲

煎炒2至3分鐘，再下：

2瓣蒜仁，切片、1/8小匙鹽

煎炒1分鐘，再下：

1/4杯雞高湯或雞肉湯

蓋上鍋蓋，稍微把火轉小，煮到蘆筍變軟，約5分鐘。喜歡的話，起鍋後撒：

（1又1/2大匙白芝麻或黑烤過的芝麻）

（1/4小匙麻油）

蘆筍佐柳橙和榛果（Asparagus with Orange and Hazelnuts）（3至4人份）

蒸，或水煮：

1磅蘆筍，清洗過，末端已摘除

在一口大的平底鍋裡混合：

2大匙奶油

1/4杯榛果，烤過，並剁碎

1又1/2大匙柳橙皮絲屑

1/2棵柳橙的汁液

轉中火煮到奶油融化且稍微焦黃，煮熟的蘆筍下鍋，拋翻幾下讓蘆筍熱透。加：

鹽和黑胡椒，適量

調味即可起鍋。趁熱食用。

| 關於竹筍 |

在亞洲菜裡，這些稍帶酸性的幼竹嫩莖會搭配蕈菇和肉。罐頭竹筍最常用，現今在超市的亞洲食品區很容易買到。煮之前只要清洗切片即可。如果你運氣好買到新鮮竹筍，新鮮竹筍肯定幼嫩。鮮竹筍通常只有冬天才有，而且即便是冬天也很難買到。沒去殼的鮮筍放冰箱可以保存一星期。處理竹筍的方式是，撥除外殼，底部也切除，將可食的內核，整個或切片放到滾水裡煮十至十五分鐘。如果竹筍嚐起來有苦味，放到清水裡再沸煮五分鐘。

| 關於新鮮豆類 |

豆類是蔬果裡品種多樣的大家族，就像它們適應各種土壤，在廚房裡和各種食材的搭配性也很好，數千年來也是人類飲食裡很重要的一部分。新鮮豆類分兩大類：有可食豆莢的，以及鮮嫩豆（fresh shell beans），也就是只有莢內的豆可食的。前者就是一般的**四季豆**（green beans）或**帶莢嫩豆**（snap beans）。這些一度又叫做筋絲豆，因為筋絲必須剝除才能吃，不過現今這些豆被雜交混種，因此大多數品種都沒有筋絲，只需把蒂頭摘除。**法國四季豆**是四季豆裡較

纖細、較軟嫩的品種。莢可食的其他豆類有稍酸的**黃蠟豆**（wax beans）、滋味濃郁的寬**羅馬諾豆**（romano beans）以及可口的亞洲**豇豆**（yard-long beans）。新鮮嫩豆包括**蔓越莓豆**（cranberry beans）**、英國花豆**（English runner beans）、**利馬豆、笛豆**（flageolet）和**蠶豆**（fava）或**歐洲蠶豆**（Euroean broad beans）。在生鮮狀態將豆莢去莢，如果莢內的豆比豌豆還小，把整個莢切二或三段，按照烹煮帶莢嫩豆的方式處理。**毛豆**要連莢一起煮，見420頁說明。為避免新鮮豆子變韌，煮到半熟時才把鹽加到煮豆水裡。

莢可食的豆類整年都買得到。挑選豆莢飽滿堅實，顏色鮮亮的莢豆，裝在塑膠袋裡，袋口半開，放冰箱的蔬果儲藏格冷藏保存。莢可食的豆子搭配奶油、培根和堅果碎粒，尤其是杏仁和榛果，很對味。和豆類格外合得來的辛香菜有蒔蘿、薄荷、蝦夷蔥、荷蘭芹和羅勒。

要微波莢可食的豆子，把一磅的豆子切成二分之一吋小段，放到一口二夸特的烤盤裡。倒四分之一杯略有鹹味的水進去，加蓋以強火力煮到軟嫩但仍清脆，兩分鐘。要微波鮮嫩豆，參見「關於鮮嫩豆」，420頁。

用壓力鍋煮四季豆的話，以十五磅壓力煮三分鐘。

四季豆（Green Beans）（4至5人份）

四季豆料理有無數種變化。我們最最喜歡的烹理方式是把它加到沙拉裡，見274頁。

清洗：1磅四季豆

摘除柄蒂。你可以切片、斜切段或保留一整莢。

蒸，或丟到裝有滾水的醬汁鍋裡煮。不加蓋煮到差不多軟了就好，別煮久——6至10分鐘。瀝出盛盤，加：

鹽和黑胡椒，適量

調味。淋上：（1大匙融化的奶油）

或使用以下建議的配料或醬汁。

四季豆的額外配料（Additions to Green Beans）

不管是當配料或醬料，1磅的豆子要用：

1大匙奶油或榛果奶油*，302頁；1/4杯奶油麵包屑，或2大匙壓碎的香煎培根和肥脂

加：

1/2小匙西芹籽或蒔蘿籽、1小匙風輪菜末或羅勒末，或2小匙蝦夷蔥末

或配上：

鯷魚奶油*，304頁，或杏仁片

或加：1/2杯炒蕈菇，470頁

1/3至1/2杯酸奶、2大匙荷蘭芹末

或加：

2大匙葡萄酒醋、1/4小匙第戎芥末醬

1大匙烏斯特黑醋醬、1滴辣椒醬

或加：2大匙奶油

1/4杯杏仁片，烤過的

（1/4杯罐頭的切片菱角）

假使四季豆沒有要馬上享用，加到：

白醬*，291頁，加辛香草調味的罐頭奶油雞湯或罐頭奶油蘑菇湯，或速成番茄醬*，311頁

重新加熱。

焗烤四季豆（Green Bean Casserole）（6人份）

I. 烤箱轉180度預熱。清洗：
1磅四季豆
並摘除柄蒂。放到一口抹了油8×8×2吋的烤盤裡。在一口中型盆裡混合：
1罐10又3/4盎司濃縮的奶油番茄湯
3大匙辣根醬、1小匙烏斯特黑醋醬
1/4小匙鹽、1/4小匙匈牙利紅椒粉
倒進豆子裡加蓋烤1小時。以：
焗烤III☆，見「了解你的食材」
方式焗烤，在炙烤爐裡烤到起司融化。

II. 烤箱轉180度預熱。
清洗：1磅四季豆
並摘除柄蒂。放進抹了奶油的烤盤裡。在一口盆裡混勻：
3/4杯牛奶
1罐10又3/4盎司濃縮的奶油蘑菇湯
2/3杯罐頭的法式炸洋蔥圈
鹽和黑胡椒，適量
倒到四季豆上，不加蓋烤約30分鐘。撒上：
1/2杯罐頭的法式炸洋蔥圈
烤到焦黃，5至10分鐘。

四季豆、馬鈴薯和煙燻肉（Green Beans, Potatoes, and Smoked Meat）（8人份）

在一口中型鍋裡放：
一塊4至8盎司煙燻肉—火腿、加拿大培根或煙燻香腸—或帶骨火腿（ham bone）
加水淹過表面，煮至微滾，然後熬煮30分鐘。
接著煮沸，再下：
1磅四季豆，處理過
4顆中型的熬煮用馬鈴薯，削皮切半
（1顆洋蔥，切碎）
加蓋熬煮到豆子非常軟嫩，10至15分鐘。
全數瀝出，加：
鹽和黑胡椒，適量調味。
喜歡的話，把豬肉切塊，和豆子拌在一起，佐上：檸檬角即成。

四季豆佐洋蔥、番茄和蒔蘿（Green Beans with Onions, Tomatoes, and Dill）（4人份）

在一口大的平底鍋或荷蘭鍋裡以中火加熱：
2大匙橄欖油
油熱後放：
1顆中型洋蔥，切細碎，或1把青蔥，只取蔥白，切細碎
1瓣大的蒜仁，切薄片、1/4小匙蒔蘿籽
煎到洋蔥萎軟，約4分鐘。再下：
1磅四季豆，處理過
2顆大的番茄，去皮切細碎，或1罐14盎司番茄丁，連汁一起
1/4杯水、蔬菜高湯或番茄汁
1大匙切碎的蒔蘿、1大匙切碎的荷蘭芹
加蓋熬煮到豆子非常軟，約25分鐘。加：
1/4小匙鹽，或依個人口味酌量增減
趁熱吃，或放涼至室溫再享用。

炒豇豆（Stir-Fried Yard-Long Beans）（4人份）

豇豆可以在亞洲市場和一些特產市場買到。豇豆和黑眼豆是親戚，同樣有著一股土味。煎炒可保持它緊實酥脆的口感。挑選細長、深綠色的豇豆，比起較淡色的豇豆，深色的滋味更好。這份食譜也可以用四季豆來做，不過烹煮的時間要縮短。請

參閱「關於炒蔬菜」，404頁。
以大火將一口中式炒鍋或大的平底鍋加熱30秒，鍋熱後下：
2大匙蔬菜油
旋盪鍋子讓油沾附鍋面，等油飄出香味，下：
1磅豇豆或四季豆，處理過，切成1吋小段
1大匙去皮生薑末
2小匙蒜末、1/4小匙鹽
煎炒到豇豆成鮮綠色，5至6分鐘。別把大蒜炒焦。再下：
1/4杯雞高湯或雞肉湯或水
轉成中火，加蓋煨煮到豆子變嫩，豇豆需8至10分鐘，四季豆需2至5分鐘。

| 關於毛豆 |

毛豆有生鮮也有冷凍的。毛茸茸的豆莢必須仍是青綠色。放到加了鹽的滾水裡煮到軟，大約三至五分鐘。撈起灑點粗鹽即可。可以像日本人那樣當平時的冷食零嘴：用牙齒把豆子從豆莢裡刮吸出來，或者把去莢的豆子用在以下的利馬豆食譜裡。也可把去莢毛豆鋪在抹了油的烤盤裡，撒一些切小丁的奶油塊，以一百八十度烤到焦黃，約四十分鐘。

| 關於鮮嫩豆 |

要把嫩豆去莢，先剝斷將嫩豆繫留在豆莢內緣的細絲，豆子就會順勢蹦出來。一磅帶莢的豆子可剝出兩人份的嫩豆。注意➡利馬豆和蠶豆生食有毒，而且有些人會對蠶豆過敏。嫩豆若加了洋蔥家族的成員調味，滋味會更濃郁，配上番茄、胡蘿蔔、胡椒、火腿、香腸、溫和的起司、辣椒、大蒜和辛香草，包括風輪草、馬鬱蘭、鼠尾草、荷蘭芹、西芹、百里香和月桂葉，也都很美味。至於玉米煮豆這道有名的菜色，見451頁。

不管是罐頭的、冷凍的或新鮮的，在大部分食譜裡下列的豆子都可以互換：福特鉤利馬豆（fordhooks）或幼嫩利馬豆（baby limas）、棉豆（Sieva types）和蠶豆。

要微波嫩豆，把一磅嫩豆放到二夸特烤盤裡，加三分之二杯水進去，加蓋，以強火力微波五至七分鐘，其間偶爾攪拌一下。若用壓力鍋煮，水必須是豆子的三倍，小顆豆子，以十五磅壓力煮三十分鐘，大顆一點的豆子，以十五磅壓力煮四十分鐘。

利馬豆（Lima Beans）（6人份）

I. 蒸
4杯新鮮利馬豆（帶莢約4磅）
或放在一口寬口平底鍋，加水淹過豆子且高出1吋，煮到滾。然後加：
1大匙奶油
繼續煨煮15分鐘，再加：

1小匙鹽
加蓋燜煮到變軟，要煮上20多分鐘，端看豆子是嫩是老。瀝出豆子，加：
1又1/2大匙新鮮檸檬汁
1大匙奶油或橄欖油
1大匙荷蘭芹末、蝦夷蔥末或蒔蘿末
或者淋上：
酸奶，呈室溫狀態，並加上白胡椒
或拌入：
油煎洋蔥，477頁；炒蕈菇，470頁；或灑上酥脆培根
II. 在一口厚底醬汁鍋裡放：
4杯新鮮利馬豆（帶莢約4磅）
2大匙去皮，去籽切小丁的番茄
1顆小的蒜瓣，切薄片
加水進去，差不多淹蓋豆子即可。加蓋燜煮15分鐘。加：
2大匙奶油、1大匙荷蘭芹末
1/2小匙鹽
繼續加蓋煮到豆子變軟。

利馬豆佐蕈菇（Lima Beans and Mushrooms）（6人份）

備妥：
2杯煮熟或罐頭的利馬豆，瀝乾，罐頭的要沖洗一下、1/2份炒蕈菇
在一口大的平底鍋裡以中火加熱：
1大匙奶油
再把：1大匙中筋麵粉
攪打進去，直到充分混勻。接著慢慢拌入：
1/2杯雞高湯或雞肉湯
1/2杯半對半鮮奶油或濃的鮮奶油
煮到微滾，要不時攪拌，約煮1分鐘。把利馬豆和蕈菇加進去，加熱到熱透。然後再拌入：
（1大匙雪莉酒）
1大匙切碎的新鮮羅勒或1/2小匙乾燥的羅勒
鹽和黑胡椒，適量
盛到一口淺盤裡，覆蓋上：
（1/2杯焗烤料I或II☆，見「了解你的食材」）
放進預熱過的炙烤爐裡烤到麵包屑變焦黃。

羅馬風味蠶豆（Fava Beans Roman-Style）（4至6人份）

包覆每一顆蠶豆的外皮可能又苦又韌，很多人都會想剝掉，只是這手續實在很麻煩。若要去皮，將去莢的蠶豆泡滾水泡個30至60秒，撈出丟入冷水裡降溫，然後瀝出。接著用大拇指指甲摳摳豆子表面，讓表皮鬆脫，然後用手指掐捏一下，豆子就會蹦出表皮。
將：3磅蠶豆（1又1/2杯）
去莢，除非很小顆，否則按上述方式焯燙去皮。或者乾脆用：
1又1/2杯冷凍蠶豆，退冰的
在一口大的平底鍋或荷蘭鍋以中火加熱：
1/4杯特級初榨橄欖油
油熱後下：
1/2杯剁碎的洋蔥、（2片培根，切丁）
1大匙荷蘭芹末
拌一拌，煎到洋蔥軟身，約4分鐘。放進蠶豆，連同：
3/4杯雞高湯或雞肉湯或水
1小匙鹽、黑胡椒，適量
不加蓋地煨煮到豆子變軟，10至20分鐘，其間要不時攪拌。等到豆子煮好了，鍋裡的汁液應該所剩不多，像醬料似的剛好足以裹覆著豆子。需要的話，再轉大火把醬汁收汁。起鍋前加鹽和黑胡椒，調一下鹹淡，最後拌入：
2大匙新鮮檸檬汁

| 關於豆芽 |

絲線一般的**綠豆芽**在亞洲菜色裡很常見，它為煎炒菜餚增添細緻的爽脆口感。亞洲市場和一些蔬果店也賣**黃豆芽**，黃豆芽較粗也較長，頂端有黃色的子葉。不像綠豆芽可以生吃，黃豆芽一定要短暫煮一下——不管是快炒、蒸或者燙個一分鐘直至半熟——好除掉抑制消化作用的酶。即便煮過，黃豆芽還是保有爽脆口感。市面上也可以買到各種**芽豆**（sprouted legumes）——多半是以豆子的型態而不是豆芽——加到沙拉裡很棒。豆芽可以為米飯增添口感和色澤；飯快煮好的最後幾分鐘再把豆芽加進去，不需攪拌。購買時確認豆芽是新鮮的，沒有萎軟或變褐。裝在塑膠袋裡放冰箱的蔬菜儲藏格冷藏。使用前，清洗並放到蔬菜脫水器（salad spinner）把水甩乾。如何將豆類、種子和穀物催芽☆，見「了解你的食材」。

炒豆芽（Stir-Fried Bean Sprouts）（4人份）

請參見「炒蔬菜」。將：
1磅豆芽
放冷水下沖洗，摘除變褐的末端。備妥：
3根青蔥，切1吋小段
2小匙蒸餾的白酒醋或米酒醋
1又1/4小匙鹽、1小匙醬油

轉大火把一口中式炒鍋或中型的平底鍋熱鍋。鍋熱後倒入：
1/4杯花生油
旋晃鍋子讓油變得很燙但不致冒煙。豆芽下鍋，拌炒30秒。再下青蔥段，拌炒30秒。然後加鹽和醬油，續炒30秒。加醋進去，最後再炒一分鐘。起鍋上菜。

| 關於乾豆筴（dried legumes） |

乾豌豆和乾豆類，屬於不活潑的那一群，不過只要找對了同伴——就像很多個性不活躍的人——可是一拍即合。和番茄、洋蔥、辣椒、紅肉和起司搭在一起，它們就會很帶勁。乾豆令人難以捉摸。烹煮的時間要看它們的產地以及老嫩程度——這兩者廚子通常也摸不清楚——而定，煮豆子的水也要考量進去；參見「水」☆，見「了解你的食材」。清洗後再挑揀，把木屑和小石子挑掉。

除了扁豆和碗豆瓣（split peas），一般來說，乾豆在煮之前要先浸泡。在比豆子的量多三至四倍的水裡浸泡隔夜。➡撈除浮到水面上的豆子。➡如果沒時間泡水，就用速成浸泡法：把乾豆放進一口大的醬汁鍋裡，加冷水淹蓋過表面，煮滾，然後煨煮兩分鐘。接著離火靜置，鍋蓋要蓋緊，放上一小時。烹煮之前，瀝出豆子，倒棄浸泡的水。

煮乾豆的方式是，用大量淹蓋過豆子表面的水把豆子煮沸，然後轉小火，加蓋➡煨煮到軟。鷹嘴豆通常是這類豆子裡最硬的，可能要煨上三小時才行。乾利馬豆在泡過水之後，以及不需泡水的扁豆，可能也要至少煮上三十分鐘。記得，一杯的乾豆、乾豌豆或扁豆在烹煮過後會膨脹至兩杯至兩杯半的量。豆子變軟而且快煮好了，才把番茄、柑橘類、醋、糖蜜或其他任何酸性食材加進去，酸和鹽一樣，會阻止豆子軟化。這個道理反過來可以便利地應用在烹煮波士頓烤豆子上：預先煮好的豆子在烤箱烤上幾個鐘頭也不會變得軟軟糊糊的，就是因為糖蜜和番茄能讓豆子皮保持堅韌。

罐頭豆子可以取代食譜所要求的熟豆子，雖然罐頭豆子軟得多，也比較沒有滋味。品牌不同品質也有差，仔細比較挑選很值得。罐頭豆子用水沖洗一下不僅可以去除多餘的鹽分，也會提升滋味。把豆子倒到瀝水籃裡，放冷水下沖洗，然後充分瀝乾。➡要有兩杯煮熟的豆子，你需要一罐十九至二十盎司的罐頭豆子。十五或十六盎司罐頭豆子裝有一杯半至一又四分之三杯豆子。

市面上的乾豆和豌豆品種有數十種，包括**蓮花豆**（broad beans）、黑豆、蔓越莓豆、白雲豆（scarlet runner beans）、大紅豆、腰豆、黑眼豆（也叫牛豆〔cowpeas〕或野豌豆〔field peas〕）、黃豆、墨西哥花豆（pinto beans）、鷹嘴豆，又叫天山雪蓮子、笛豆、博羅特豆（borlotti）、扁豆、大北豆、海軍豆、義大利白腰豆（cannellini）和**紅豆**（adzuki），日式紅豆泥就是用這種紅豆做的。這每一個品種，對行家來說，都別有滋味和魅力。

用壓力鍋來煮，時間則因豆子大小而異。請參考使用手冊的說明。▲在高緯度下，乾豆需要更多時間才能浸濕和煮熟。海拔三千五百呎以上差別會很明顯，烹煮的時間說不定會多一倍。

水煮豆（Boiled Bean）（5人份）

浸泡：

1磅乾腰豆、海軍豆、或大紅豆、黑豆或白豆，清洗並挑揀過

瀝出，放到一口厚底醬汁鍋裡。加水淹蓋豆子，接著再放入：

6大匙（3/4條）奶油

1/3杯切碎的洋蔥、3顆丁香

2小匙鹽、1/4小匙黑胡椒

1/4小匙乾燥的百里香

煮到微滾，把火稍微轉小，加蓋煨煮到差不多軟了，1至1又1/2小時。要不時攪拌一下。然後倒進：

1杯不甜的紅酒或雞高湯

不蓋鍋蓋，再煮個20分鐘左右。等豆子軟了，趁熱享用，加不加煮豆汁都可以，點綴上：蝦夷蔥末或荷蘭芹末

墨西哥鹹豆泥（Refried Beans〔Frijoles Refritos〕）（6人份）

佐墨西哥捲餅（enchiladas或 burritos）或油炸鑲餡辣椒的經典配菜。趁豆子溫熱來搗壓比較容易搗成泥。在一口大的平底鍋裡以中大火加熱：

2大匙蔬菜油、培根油脂或豬油

油熱後下：1顆中型洋蔥，切碎

拌炒到呈深金黃色，約10分鐘。再下：

4瓣蒜仁，切末

拌炒1分鐘。把：
4杯熟黑豆或墨西哥花豆（約1又1/3杯乾豆），罐頭的不需瀝乾
一次一杯地倒到鍋裡，用馬鈴薯搗泥器或一根大湯匙的匙背來搗壓，搗成粗泥狀即可再搗下一杯。搗好後，拌入：
1杯預留的煮豆水或水
以中小火煮到豆子比你要的稠度稍微水一些——起鍋後會變稠。整個搗泥和烹煮過程應該要花上10至15分鐘。加：
鹽，適量
調味。配上：
捏碎的墨西哥新鮮起司或菲塔起司或帕瑪森起司屑
墨西哥玉米薄片

蔬食辣豆（Vegetarian Chili）（8人份）

在一口大的醬汁鍋裡以中火加熱：
2大匙橄欖油
油熱後下：
1杯切碎的胡蘿蔔、1杯切碎的紅甜椒
1杯切碎的青甜椒、1杯切碎的洋蔥
2瓣蒜仁，切末
煎炒到洋蔥變金黃色，12至15分鐘。再放入：
1至2根青辣椒，譬如墨西哥青辣椒，去籽切細碎，或1根阿多包醬漬煙燻辣椒（chipotle pepper in adobo sauce），切末
1大匙辣粉或安可辣椒粉、1大匙孜然粉
拌炒2分鐘，再拌入：
1罐28盎司番茄，粗略切碎，連汁一起
1罐16盎司腰豆，沖洗並瀝乾，或1又1/2杯熟豆子（約1/2杯乾豆）
1罐16盎司義大利白腰豆或大北豆，沖洗並瀝乾，或1又1/2杯熟豆子（約1/2杯乾豆）
1罐16盎司黑豆，清洗並瀝乾，或1又1/2杯熟豆子（約1/2杯乾豆，）
1杯番茄汁，或視需要增減
鹽，適量
煮沸。轉中小火，不加蓋地煨煮到滋味融合，其間偶爾攪拌攪拌，視需要多加一點番茄汁或水進去，約煮45分鐘。嚐嚐味道，調整鹹淡。舀到碗裡，佐上：
酸奶、鮮莎莎醬*，323頁、芫荽末

加勒比海紅豆燉豬肉（Caribbean Red Bean Stew with Pork）（4至6人份）

這是讓量少的肉看似很多的一個美味方法。
浸泡：
1又1/2杯乾的紅腰豆、墨西哥花豆或小紅豆，清洗並挑揀過
瀝乾。在一口大的醬汁鍋裡混合：
8杯水、1顆小的洋蔥
1枝多葉的西芹頂端
1片月桂葉、1顆蒜瓣，去皮、1根肉桂棒
煮沸，然後火轉小，加蓋煨煮到豆子軟嫩，1至1又1/2小時。瀝出豆子，保留4杯煮豆汁。撈除蔬菜料、月桂葉和調味料。
另取一口大的醬汁鍋，以中火加熱：
1大匙橄欖油
油熱後放：
1磅去骨的豬里肌肉或豬排，切1吋方塊
將肉塊的每一面都烙煎到焦黃，需要的話分批烙煎。然後下：
2杯削皮的番薯丁
1顆大的洋蔥，切丁
1顆大的青甜椒，去核去籽切丁
1大匙粗切的大蒜、1小匙鹽
拌炒到洋蔥呈金黃色，12至15分鐘。拌入：

2小匙辣的匈牙利紅椒粉或1小匙紅椒粉
把煮熟的豆子和預留的煮豆汁倒進鍋裡並煮沸。沸了之後火轉小，不加蓋地煨煮到豬肉軟嫩而且燉汁濃稠，約1小時。

烤豆子（Baked Beans）（6人份）

烤豆子是瑞典的傳統菜色，在波士頓也是。請參閱「關於豆莢」。
浸泡：
1又1/2杯乾白豆或海軍豆，清洗並挑揀過
瀝出，放進一口大的醬汁鍋裡加水淹過表面。煮滾，然後加蓋慢煨至豆子變軟，45分鐘至1小時。
烤箱轉120度預熱。
瀝出豆子，保留煮豆汁。豆子放到抹了油的砂鍋裡，連同：
1/2杯滾水或啤酒、1/4杯切碎的洋蔥
3大匙糖蜜、3大匙番茄醬、1大匙芥末粉
（1大匙烏斯特烏醋醬）
（1小匙咖哩粉）
1小匙鹽
（1/2小匙醋）
在最上面放：
4盎司切片的鹹豬肉
加蓋烤4至4個半小時，最後一小時掀蓋來烤。假使豆子變乾，加一點：
雞高湯或雞肉湯或預留的煮豆汁

烤豆子佐培根（Baked Beans with Bacon）（6至8人份）

烤箱轉180度預熱。
在一口抹了油的9×9吋烤盤裡放：
3杯罐頭豆子（1罐28盎司罐頭）
再放大約：
1/4杯番茄醬或辣醬、1/4杯洋蔥末
2大匙糖蜜、2大匙紅糖
（1大匙蘋果醋）
（3滴辣椒醬或1大匙芥末醬）
（2大匙培根油脂）
輕輕地攪勻。在最上面覆蓋：
6片培根
加蓋烤約30分鐘。掀蓋再續烤約30分鐘。

托斯卡尼豆子（Tuscan Beans）（6至8人份）

托斯卡尼人喜食豆類成痴，以致於義大利其他地區的人管他們叫「食豆者」。
浸泡：
1磅（約2杯）乾的義大利白腰豆、墨西哥花豆或蔓越莓豆，清洗並挑揀過
瀝乾，放進一口大鍋裡，連同：
12片新鮮的鼠尾草葉片，或1小匙乾燥的鼠尾草
3顆蒜瓣，切半
1大匙特級初榨橄欖油
加水淹蓋豆子而且水面高出3吋。煮滾，然後火轉小，蓋上鍋蓋但留個小縫，慢煨至豆子變軟，約45分鐘。瀝出豆子，加：
鹽和黑胡椒，適量
調味。可以趁熱吃，或放溫熱或放涼至室溫再吃。每一份淋上：
約1小匙特級初榨橄欖油（總共2至3大匙）

蠶豆泥（Mashed Fava Beans）（4人份）

這蠶豆泥可以抹在小圓片麵包（crostini）上，或當做口袋餅脆片或生菜的沾醬，145頁。也可以改用利馬豆或白豆來做；若是如此，烹煮的時間要稍微久一點。

浸泡：
1又1/4杯乾的蠶豆，清洗並挑揀過
瀝出豆子。用指尖或小削刀剝掉堅韌的外皮。豆子放進一口大的醬汁鍋裡，加水淹蓋豆子表面並高出2吋。拌入：
1顆蒜瓣，切半、1片月桂葉
1/2小匙新鮮的奧瑞岡葉片或1/4小匙乾燥的奧瑞岡
1/2小匙新鮮的百里香葉片或1/4小匙乾燥的百里香
1/4小匙紅椒碎片
煮沸，然後火轉小煨煮，蓋上鍋蓋但留個小縫，煮到豆子變得非常軟，30至45分鐘。瀝出豆子並稍微放涼。挑除月桂葉。把豆子倒進一口盆裡，連同：
1杯切碎的西芹、1/4杯粗切的荷蘭芹
3大匙特級初榨橄欖油
1大匙新鮮的檸檬汁
1瓣蒜仁，切末、1/2小匙鹽
1/8小匙黑胡椒
用叉子搗壓攪拌，直到菜料混勻而豆子呈粗泥狀。

紅豆飯（Red Beans and Rice）（6至8人份）

南方的經典菜色，儘管很樸素，但備受喜愛，甚至有歌曲讚頌它。
浸泡：
1磅（2杯）乾的紅腰豆、墨西哥花豆或小紅豆，清洗並挑揀過
在一口大鍋裡混合：
8杯水、2塊煙燻後膝火腿（1至2磅）
1杯細切的西芹、1杯細切的洋蔥
1杯細切的青甜椒、2小匙細切的大蒜
2片月桂葉、1小匙乾燥的百里香
1小匙乾燥的奧瑞岡
1小匙白胡椒或黑胡椒、1/2小匙紅椒粉
煮沸，然後把火轉小，加蓋煨煮到後膝火腿變軟，1至1個半小時，其間偶爾要攪拌一下。取出後膝火腿並放涼。
瀝出豆子，放進鍋子裡，再把整鍋煮滾。隨後火轉小，加蓋煨煮到豆子變軟，約30分鐘至1小時。需要的話加水進去，水隨時要淹過豆子表面。
把後膝火腿上的肉切下來，放進鍋子裡，連同：
1磅煙燻內臟香腸或煙燻波蘭香腸，斜切成1/2吋片狀
加熱到熱透。撈除月桂葉。澆到：
米飯
上食用。

巴西風格黑豆（Brazilian Black Beans）（6人份）

這香辣菜餚的口感介於羹湯和燉物之間。如果你喜歡濃稠一點就煮到收汁。
浸泡：
1磅（約2杯）乾黑豆，清洗並挑揀過
瀝出，放到一口湯鍋裡，倒進：4杯水
煮沸，然後火轉小，蓋上鍋蓋但留個小縫，煨煮1個半小時，其間偶爾攪拌一下。
煨豆子期間，喜歡的話，用叉子在：
（8盎司新鮮辣味香腸）
戳幾個洞。用一口中型的平底鍋以中火煎香腸，煎到肉堅實而且不再呈粉紅色。取出放涼，然後切成1/2吋圓片。在一口中型平底鍋裡（如果你有煎香腸就用同一口鍋子）以中火加熱：
1/4杯橄欖油
油熱後下：
1顆洋蔥，切碎、1顆青椒，去核去籽切碎
4瓣蒜仁，切末
拌炒到菜料變軟但不致焦黃，7至10分鐘。再下：
1小匙孜然粉、3/4小匙紅椒碎片
3/4小匙小荳蔻粉

拌炒1分鐘，鍋子離火。豆子煮了1個半小時後，把菜料加進去，不加蓋地繼續煮到豆子變非常軟，約再30分鐘。再加：
3/4杯柳橙汁
1/4杯不甜的雪莉酒
1至2小匙鹽，或依個人口味酌量增減
把香腸放回鍋內，如果有加香腸的話，再煮個15分鐘左右（或者更久一點，如果希望豆子更濃稠的話）。食用時配上：
酸奶

黑眼豆佐青蔬（Black-Eyed Peas and Greens）（4人份）

這道菜的靈感來自兩款南方特色料理——羽衣甘藍佐鹹豬肉和黑眼豆佐後膝火腿。
浸泡：
1又1/2杯乾黑眼豆，清洗並挑揀過
瀝出豆子，放進一口大鍋裡，連同：
6杯水、1塊煙燻後膝火腿（12盎司）
1顆小的洋蔥、1根小的胡蘿蔔，削皮
1根帶葉的西芹梗、1片月桂葉
1顆蒜瓣，去皮
煮滾，然後火轉小，加蓋煨煮到豆子變軟，約45分鐘。
瀝出豆子，保留約1杯的煮豆汁。撈除月桂葉、洋蔥、大蒜和西芹梗。把豆子倒回鍋裡，連同預留的一杯煮豆汁。把後膝火腿上的肉扒撕下來，一併放到鍋裡。胡蘿蔔切小塊，也丟進去。拌入：
1球苦苣或1把芥藍或蒜菜，粗切碎
煮沸，然後火轉小，加蓋煨煮到青菜變軟，10至15分鐘。再拌入：
1大匙紅酒醋
1/2小匙鹽，或依個人口味酌量增減
1/4小匙黑胡椒
趁溫熱食用，或放涼至室溫再吃。

咖哩鷹嘴豆佐青蔬（Curried Chickpeas with Vegetables）（4人份）

這道速成的平底鍋料理是很棒的一道無肉主菜。
在一口大的平底鍋裡以小火把：
1/4杯蔬菜油、2小匙孜然籽
加熱到滋滋響，然後下：
1大匙去皮生薑末、1大匙蒜末
拌炒1分鐘，別炒到焦黃。拌入：
2小匙咖哩粉
煮1分鐘。拌入：
1又3/4杯煮熟的鷹嘴豆（約2/3杯乾的鷹嘴豆），或罐頭鷹嘴豆，清洗並瀝乾
2杯削皮切丁的番薯
2杯切小朵的白花椰菜
1杯四季豆，切成1吋小段
1杯雞高湯或蔬菜高湯
1/2至1小匙鹽、黑胡椒，適量
加蓋以中火煮到菜料變軟，約10分鐘。
在一口小碗裡拌勻：
1杯原味優格、2大匙中筋麵粉
倒進菜料裡，連同：
1大匙去籽切細碎的墨西哥青辣椒
拌一拌，轉小火煮到鍋物變濃稠而且熱透；別煮沸。起鍋，配上：
1/4杯剁碎的無鹽烤腰果或烤花生
2大匙無甜味的椰絲，烤過☆，見「了解你的食材」

烤鷹嘴豆（Oven-Roasted Chickpeas）（4人份）

裹上橄欖油和大蒜烤到金黃色的這些鷹嘴豆是很棒的零嘴，也可以拌進沙拉裡，或撒在中東抓飯上。
烤箱轉180度預熱。
拋翻混勻：
2杯煮熟的鷹嘴豆（約2/3杯乾的鷹嘴

豆），或罐頭鷹嘴豆，清洗並瀝乾
1/4杯橄欖油，最好是特級初榨橄欖油
2顆蒜瓣，切細末
鋪到一口13×9吋的烤盤上。烤到鷹嘴豆變金黃色，30至40分鐘，其間要經常拌一拌。
撒上：1/2小匙鹽
趁溫熱吃。

| 關於扁豆 |

扁豆的滋味比其他豆莢稍微強烈些。到處都有賣、呈橄欖綠的扁豆有時被稱為綠扁豆，有時被稱為褐扁豆，其實就分成綠色和褐色兩種；煮過後口感有點軟，滋味也溫和些。法國綠扁豆（勒普維〔le puy）小綠扁豆是其中最細緻的）約莫只有一般扁豆的一半大小，顏色更深綠，滋味也更深沉。扁豆和形形色色各種調味料都很搭。烹煮時不妨加一小撮乾百里香和/或奧瑞岡、剁碎的胡蘿蔔、多葉的綠西芹頂端，甚至一片嫩薑。原味熟扁豆就是很完美的一道配菜，你也可以把它加進沙拉或配菜裡，喜歡的話，混上煮熟的蔬菜和/或米飯。一磅（兩杯半）乾扁豆煮熟後會有大約七杯半的量。這些食譜可以減半來做。褐扁豆煮過後會變得非常軟。更小巧飽滿的綠扁豆則可以保持形狀。用壓力鍋煮的話，一杯扁豆要用兩杯半的水，以十磅壓力煮二十分鐘。

扁豆（Lentils）

I. 8人份

如果你省略肉料的部分，這道扁豆可以佐烤豬肉*，208頁，以及蘋果醬，360頁。
在一口大的醬汁鍋裡混合：
2杯褐扁豆或綠扁豆，清洗並挑揀過
3枝荷蘭芹或帶葉的西芹梗
1/4杯切片的洋蔥
1/2片月桂葉
（一截鹽醃牛肉、煙燻香腸、鹹豬肉或後膝火腿）
（1顆整顆丁香）
（1顆蒜瓣，去皮）
加：4杯水
淹過表面。煮沸，然後火轉小，加蓋煨煮到扁豆變軟，20至40分鐘。偶爾要攪拌一下，需要的話加滾水進去。
瀝出扁豆，配上：
速成番茄醬*，311頁
或打成泥來食用。

II. 4人份

若要做成沙拉，拌上油醋醬*，325頁，並點綴上水煮蛋切片。可以吃熱的，也可以放涼至室溫再吃。
清洗並挑揀：
1杯褐扁豆或綠扁豆
在一口醬汁鍋或平底鍋裡以中火加熱：
1/4杯橄欖油
油熱後下：
1顆洋蔥，切末
拌炒到呈金黃色，接著扁豆下鍋，拌炒至沾裹著油。倒進：
3又1/2杯滾水
蓋上鍋蓋，煨煮到扁豆變軟，20至40分鐘。加：

鹽和黑胡椒

調味。趁熱吃，或放涼至室溫再食用。

III. 6至8人份

在一口大的醬汁鍋混合：

1磅（約2又1/2杯）褐扁豆或綠扁豆，清洗並挑揀過

8杯水、1/2顆小的洋蔥

1顆蒜瓣，去皮、1片月桂葉

煮沸，然後轉小火，不加蓋地煨煮到扁豆變軟，20至30分鐘。瀝出扁豆並放涼。挑除洋蔥、大蒜、和月桂葉。加：

鹽和黑胡椒

調味。當作配菜或用到其他食譜裡。

印度扁豆泥（Indian Lentil Puree〔Dal〕）（4至6人份）

*Dal*一字在印度文裡意指印度菜裡使用的各種豆莢，亦指料理豆莢的方式。如果豆莢打成泥，它便是「濕的」而且會配飯吃；如果沒有打成泥，它就是「乾的」而且配麵包吃。豆泥可以濃稠也可以稀薄，端看廚子決定。

清洗並挑揀：

1杯黃豌豆瓣或紅扁豆

然後放進一口大的醬汁鍋裡，再加：

2杯水、1顆小的洋蔥，切片

3/4小匙大蒜末、1小匙去皮的生薑末

1/2小匙薑黃粉

煮沸，然後火轉小，加蓋煨煮到豆子變軟，20至25分鐘。拌入：

1杯水、3/4小匙鹽

鍋蓋不蓋緊，留個小縫，煮到豆泥濃縮到豌豆瓣羹（split pea soup）的稠度，約20分鐘。拌入：

2顆塞拉諾辣椒或墨西哥青辣椒，去籽切細碎

1顆李子番茄，切丁、2大匙芫荽末

配上：米飯

燴燒扁豆佐香腸（Braised Lentils with Sausage）（6人份）

這是北義大利的年夜菜。用的是豬皮香腸（*cotechino*），一種多汁而略帶辛香的新鮮豬肉香腸，還有以番茄醬燴燒的扁豆。這菜餚可以在前一天做好。

在一口大得足以容納香腸的鍋裡把3夸特的水煮到微滾。用叉子把：

1又1/2至2磅的豬皮香腸或新鮮內臟香腸

戳幾個洞，放入微滾的水裡，調整一下火力，讓水維持在要滾不滾的沸點以下，蓋上鍋蓋，煮到即時溫度計插入香腸中央顯示70度，約45分鐘。熄火，留香腸在水裡保溫。與此同時，在一口大的醬汁鍋裡把10杯水煮開，水開後放進：

1磅（約2又1/2杯）褐扁豆或綠扁豆，洗淨並挑揀過

火轉小，蓋上鍋蓋但留個小縫，煨煮到豆子差不多軟了，約20分鐘。趁扁豆在爐上煨，在一口大的平底鍋裡以中火加熱：

3大匙特級初榨橄欖油

油熱後下：

1顆中型紅洋蔥，切末

1根中型胡蘿蔔，切末

1根小的帶葉西芹梗，切末

1片大的月桂葉

拌炒到呈金黃色，約10分鐘。再拌入：

1顆大的蒜仁，切末

2小匙切碎的新鮮馬鬱蘭，或1/2小匙乾燥的奧瑞岡

煮個30秒，拌入：

1罐14至16盎司整顆罐頭番茄，瀝出並壓碎

1杯雞高湯或雞肉湯

轉中大火煮到非常濃稠，10至15分鐘。瀝出扁豆，拌入番茄混料中，再煮個10分鐘。撈除月桂葉。加：
鹽和黑胡椒
調味。將扁豆舀到上菜盤裡。熱燙的香腸切成1/4吋片狀，在扁豆上排一列即成。

| 甜菜根 |

套用葛楚・史坦的一句名言*，「甜菜根之所以是甜菜根，正因為它是甜菜根。」這會把手指染紅、把圍裙弄髒的東西，甜而帶土味。當今市面上也販售金黃色、橘色、白色或有糖果條紋（齊奧加〔chioggia〕）的甜菜根品種。它可能呈正圓，或者長而纖細，也許不比你的拇指尖大，也許大如拳頭。挑選葉片小，而且沒有發黃或破損的。綠葉是甜菜根新鮮的指標；如果葉片看起來濕潤且鮮嫩，甜菜根也會如此。如果待售的甜菜根已被摘除葉片，那就避開看起來乾乾的，有裂痕或皺縮的甜菜根。買來後，切下葉片，留一至兩吋的葉柄在甜菜根上，葉子和甜菜根分別用塑膠袋裝起來，袋口不收攏，放進冰箱的蔬菜儲藏格冷藏。綠葉只能放上一兩天，甜菜根可以放上至少一星期。

甜菜根當冷盤或熱食的都美味，切片吃或者小顆的便整顆食用，可做成配菜或加到沙拉裡。要烹理之前再刷洗甜菜根，但別把皮削掉；枝根也不必去除。甜菜根搭配檸檬和柳橙、醋、鮮奶油、洋蔥、核桃、荷蘭芹、葛縷子、蒔蘿、龍蒿和芥末很對味。

若要微波，把五顆中型未削皮甜菜根放在二夸特的烤盤裡。加四分之一杯微鹹的水進去，蓋上蓋子，以強火力微波到用細籤戳得進去的軟度，十二至十八分鐘，每五分鐘翻面一次。微波好後先不掀蓋，靜置三分鐘。

若要用壓力鍋煮，一整顆未削皮直徑二吋半的甜菜根，用一杯半的水，以十五磅壓力煮十五分鐘；小顆甜菜根用一杯水，煮十二分鐘。煮好後要馬上讓鍋子冷卻。

蒸煮或水煮甜菜根（Steamed or Boiled Beets）（4人份）

修切：1磅甜菜根
留2吋莖梗。假使頂端軟嫩，也保留下來；見甜菜根菜葉，430頁。將甜菜根洗淨，蒸，或放到一口醬汁鍋裡，加滾水淹過菜根表面，加蓋以小火煮到軟，幼嫩的甜菜根需30至40分鐘，熟的甜菜根需1小時或更久。需要的話加滾水進去。
甜菜根蒸煮好之後，稍微放涼再去皮。小顆的，保持一整顆，大顆的，切片。加：
鹽和黑胡椒
調味。可以淋上：融化的奶油
再撒上：切碎的荷蘭芹

*譯註：美國知名女作家葛楚・史坦有句名言：「玫瑰之所以是玫瑰，正因為她是玫瑰。」

又或，佐上：
白醬II*，291頁，用一半柳橙汁和一半水來取代牛奶
再加：
3大匙紅糖
2小匙柳橙皮絲屑

酸甜（哈佛式）甜菜根（Sweet-and-Sour〔Harvard〕Beets）（6人份）

若要做成冷盤，見醃甜菜根沙拉，280頁。將：
1磅甜菜根，12盎司上述的熟甜菜根，或罐頭甜菜根（約3杯）
切片或切丁。在雙層蒸鍋的上鍋內拌匀：
1/2杯糖
1/2杯蘋果醋或不甜的白酒
1大匙玉米粉
1/2小匙鹽
2顆整顆丁香
以微滾的水來煮，不停攪拌，直到混液變得清澈。放入甜菜根，使之泡在熱燙的汁液裡，熄火，泡30分鐘。食用之前，將甜菜根重新加熱至熱透，再加：
2大匙融化的奶油
（1大匙柳橙果醬）
或：（1/2小匙蘋果醋）

酸奶甜菜根（Beets in Sour Cream）（6人份）

在雙層蒸鍋的上鍋混合：
3杯上述煮熟的切片甜菜根，或罐頭甜菜根
1/2杯酸奶
1大匙辣根醬，或依個人口味酌量增減
1大匙新鮮檸檬汁或白酒醋
1大匙切碎的蝦夷蔥
鹽，適量
（1小匙磨碎的洋蔥屑）
以熱水加熱這些食材，小心別加熱過頭，致使酸奶凝結。立即享用。

烤甜菜根（Baked or Roasted Beets）（4人份）

當爐頭上很擁擠時，做這道菜很便利。
可以趁熱吃，也可以放涼至室溫。
烤箱轉180度預熱。
在一口8吋正方的烤盤裡放：
1磅甜菜根，莖梗留1吋長
加1/2杯水進去。用鋁箔紙將烤盤密封，烤到用細籤或刀尖可以輕易刺穿甜菜根的地步，小顆的約45分鐘，中等的約1小時，大顆的1又1/4小時。
剝除外皮，可以留一整顆，或者切圓片或角瓣。加：
鹽和黑胡椒或匈牙利紅椒粉
調味，拌上：
2大匙融化的奶油或橄欖油或胡桃油
1大匙荷蘭芹末、蝦夷蔥末或蒔蘿末
新鮮檸檬汁或萊姆汁

麵包果

假使你像魯賓遜一樣漂流到一座荒島，切記，有籽的麵包果可以生吃。➜凡是無籽的品種都一定要煮熟。麵包果直徑約六至八吋，熟成時呈綠褐色或黃色。稍有纖維的果肉呈淡黃色，而且滋味香甜。烹煮之前或之後，你可以把果核連同籽一併挖除，如果有的話。像料理番薯那樣調味和食用。

麵包果（Breadfruit）（6人份）

I. 若要水煮，挑選成熟堅實但表皮仍呈青綠色的果實。
把：4杯去皮去核切丁的麵包果
丟進裝有滾水的醬汁鍋裡，火轉小，加蓋煨煮到軟，約1小時。瀝出，加鹽和黑胡椒調味，即可上菜。

II. 若要烘烤，烤箱轉190度預熱。
在一口烤盤裡放：
1顆未去皮的麵包果
加夠多的水到烤盤裡，免得烤焦。烤到軟，約1小時。摘除柄蒂並去核，切兩半，調味以：
鹽和黑胡椒或糖和奶油

III. 若要蒸煮，將：
1顆麵包果
去皮去核，切對半或四瓣，蒸2小時。瀝出。加：
奶油、鹽和黑胡椒
調味。
你也可以把麵包果片切成3/4吋厚並蒸熟，裹上麵粉，丟入深油裡炸，炸到金黃。

| 青花菜 |

挑選花球呈深綠色，而且綠中泛紫或泛藍的。花球泛黃表示過熟，要避開。裝在塑膠袋內，開口打開放冰箱的蔬果儲藏格可以貯存三天。在市面上販售的各色青花菜還有紫青花菜、紫花椰菜，以及形狀和滋味都神似青花菜的鑽石花椰菜（broccoflower）。

處理時，從中心的粗梗折下或切下一朵朵，如果有一些比較大朵，可以切得跟其餘的大小一致。用一把削刀削掉粗梗上多纖的硬皮，直到露出底下的軟嫩肉質，再把莖梗切成四分之一至半吋厚的片狀。喜歡的話，也可以切大束一點，連著一至二吋有削皮或沒削皮的莖梗。

煮熟的青花菜不管是熱騰騰的或放涼至室溫都美味，很適合搭配檸檬、柳橙、奶油、橄欖油、堅果油、大蒜、酸豆、橄欖、甜椒、起司、水煮蛋、蒔蘿和馬鬱蘭。

若要微波，依上述方式切一磅青花菜，放到烤盤裡。稍微灑點鹽，再加兩大匙水進去。加蓋以強火力微波五分鐘，三分鐘後要攪拌一下。掀蓋靜置兩分鐘再食用。

若用壓力鍋煮，以十五磅壓力煮約二分鐘。

蒸青花菜（Steamed Broccoli）（4至6人份）

按上述方式準備：2磅青花菜
蒸，直到差不多軟了，5至10分鐘。調味以：1/2小匙鹽
撒上：
奶油麵包屑☆，見「了解你的食材」，融化的奶油，或新鮮檸檬汁
（1/4杯加鹽的杏仁碎粒或胡桃碎粒）
或者，覆蓋上：焗烤料II☆，見「了解你

的食材」
又或，佐上以下之一的醬料：
油醋醬★，325頁、荷蘭醬★，307頁
起司醬★，293頁、洋蔥醬★，293頁
中西部奶醬★，333頁
用蛋黃增稠的絲絨醬★，296頁

油炸青花菜（Deep-Fried Broccoli）（4至6人份）

每磅青花菜用一批麵糊。請參閱「關於深油炸」☆，見「烹飪方式與技巧」。
準備：蒸青花菜，如上述
但是蒸得稍微沒那麼熟。放涼並拭乾。莖梗留待他用。將每一小朵沾裹上：
炸蔬菜、肉品和魚類用的炸物麵糊★，464頁
放入加熱到190度的蔬菜油或融化的酥油，炸到呈金黃色。佐上：
咖哩美乃滋★，336頁，或芥末美乃滋★，337頁

炒青花菜（Broccoli Stir-Fry）（4人份）

請參閱「關於炒青菜」，404頁。
準備：蒸青花菜，依上述做法
蒸到脆嫩。瀝乾，置一旁備用。在一口小碗裡攪勻：
2大匙水、2小匙玉米粉
在另一口小碗裡混勻：
1/3杯紹興酒或不甜的雪莉酒
3大匙醬油、2大匙黃糖、
1小匙麻油
以大火將一口中式炒鍋或大的平底鍋熱鍋，鍋熱後倒進：
3大匙蔬菜油
旋晃鍋裡的油，等油熱燙但不致冒煙，下：
4片去皮生薑、4瓣大蒜，壓碎
用鍋鏟背面攪壓薑蒜爆香，等大蒜稍微呈金黃，把薑蒜都撈除。接著青花菜下鍋，拌炒到菜稍微沾裹著油，沿著鍋緣淋下酒混合液，翻拋青花菜使之與混液拌勻。轉中火，蓋上鍋蓋煮30秒。攪拌玉米粉混液，倒進鍋裡，拌炒到菜和汁液充分混合。掀蓋煮到鍋汁變稠，1至2分鐘。

青花菜起司煲（Broccoli Cheese Casserole）（4至6人份）

把烤架置於烤箱內上三分之一處。烤箱轉220度預熱。將一口2夸特的淺烤盤抹上奶油。在盤內撒下：
2大匙乾麵包屑
在一口盆裡輕輕地把：
蒸青花菜
莫內醬★，293頁，用切達起司做的
拌合。均勻地舖抹在烤盤內，覆蓋上：
焗烤料I或II☆，見「了解你的食材」
烤到邊緣冒泡而且焦黃，約20分鐘。

｜球花甘藍｜

球花甘藍是青花菜的遠親——又叫做**油菜花**（rapini）——帶有芥菜類的苦味，有時滋味多少更苦些，儘管焯燙過苦味會減少。喜歡的話，用小削刀把莖梗上稍微有筋絲的外皮剝撕掉。挑選外觀新鮮翠綠的，裝在塑膠袋裡放冰箱的蔬果儲藏格可放上五天。

蒜炒球花甘藍（Garlic-Braised Broccoli Rabe）（4人份）

用一口湯鍋把4夸特水煮到大滾，放：
1又1/2大匙鹽
進去，趁把水煮開時，把：
1束球花甘藍（1磅），喜歡的話將莖梗削皮
切成1吋小段，丟入滾水裡，煮2分鐘，瀝出並稍微放涼。把菜葉裡的水分擠乾。
在一口大的平底鍋裡以中火加熱：
2大匙特級初榨橄欖油
油熱後爆香：
1瓣蒜仁，切薄片
（1跟小的乾紅辣椒）
接著球花甘藍下鍋，不時拌炒，直到菜葉軟嫩，約4分鐘。撈除辣椒丟棄。調味以：
鹽和黑胡椒

｜球芽甘藍｜

這些青綠的小珠寶是冬季裡最普遍的一種甘藍菜，因堅果般的爽脆口感以及與各種調味料都合得來而討喜。如果你發現球芽甘藍連著莖梗，挑選莖梗小的：這樣莖梗才幼嫩，而且球芽甘甜。如果球芽是一顆顆賣的，挑選以其大小來說算重的，而且葉片包得密合，沒有發黃或乾枯的跡象。買回來的球芽甘藍按原本的包裝，或者裝在塑膠袋裡袋口封緊，放進冰箱的蔬果儲藏格冷藏。

烹煮之前，摘掉外圍鬆脫的葉片並把莖梗切掉。沖洗並瀝乾。要煮得快速又受熱均勻，將芽球從中切兩半。若要整球下鍋煮，在每一球底部切畫一個X。球芽甘藍可以清蒸、水煮、烘烤或油煎。配上杏仁、培根、奶油、帕瑪森起司、栗子、鮮奶油、大蒜和醋很對味。

若要微波，把四杯球芽甘藍放到一口兩夸特的烤盤裡。倒四分之一杯高湯或微鹹的水，蓋上蓋子，以強火力微波到用細籤戳得進去的軟度，六至八分鐘，每微波兩分鐘要攪動一次。微波好後先不掀蓋，靜置三分鐘。

若用壓力鍋煮球芽甘藍，以十五磅壓力煮三分鐘。

球芽甘藍（Brussels Sprouts）（4至6人份）

剝除：
1磅球芽甘藍
外圍萎軟的葉片，如果有的話。切除莖梗。在每一球底部切劃一個X。蒸8至10分鐘。或把它們丟進一鍋大滾的水裡，火轉小，不加蓋地煮到差不多軟了，約10分鐘。小心別煮過頭。瀝出，淋上：
1至2大匙融化的奶油
2至3大匙帕瑪森起司屑和切碎的荷蘭芹，1大匙新鮮檸檬汁，或些許肉豆蔻粉
或者，加上用奶油香煎的：
1大匙洋蔥末或2大匙乾麵包屑加1/4小匙芥末粉
又或，而且是滋味最棒的，佐上大量的：
荷蘭醬*，307頁

球芽甘藍佐栗子（Brussels Sprouts with Chestnuts）（6人份）

如果買不到新鮮栗子，用真空包裝的栗子。罐頭栗子嫌軟，加到這道菜裡效果有限。
在一口大的平底鍋裡以中火融化：
2大匙奶油或培根油脂
油熱後下：
4顆紅蔥頭，切半，或12顆小的水煮用的洋蔥，去皮
1磅新鮮栗子，去皮，448頁
讓栗子在鍋裡滾動，然後偶爾輕輕地晃蕩鍋子，煎煮到紅蔥頭和栗子都稍微焦黃，約10分鐘。加進：
1磅球芽甘藍，修切並切半
1杯雞高湯或蔬菜高湯或水
1片月桂葉
1枝新鮮百里香或1/4小匙乾燥的百里香
3枝荷蘭芹
（3大匙不甜的波特酒或不甜的雪莉酒）
1/4小匙鹽
1/8小匙黑胡椒
轉成中火，加蓋煨煮到球芽甘藍變軟，約15分鐘。起鍋前撈除月桂葉、百里香枝，如果有加的話，以及荷蘭芹枝。

貝克版球芽甘藍（Becker Brussels Sprouts）（2至4人份）

我們家愛吃的這道菜，會讓自認不愛吃球芽甘藍的人驚喜。我們有很多開心的皈依者，甚至包括小孩子在內。
將：12顆球芽甘藍
修切後縱切對半。在一口中型的平底鍋裡以中小火加熱：
3大匙奶油或1又1/2大匙奶油加1又1/2大匙橄欖油
油熱後下：
1至2瓣大蒜，壓碎的
爆香，煎炒到開始變焦黃。撈除大蒜。切面朝下地把球芽甘藍放進蒜香奶油裡，加蓋以小火煮到軟，15至20分鐘。起鍋後把球芽甘藍鋪排在溫熱過的盤子裡，淋上剩餘的奶油。喜歡的話，撒上：
（帕瑪森起司屑）

| 牛蒡 |

來自日本的牛蒡，是植物細長的根，有著微甜的白色肉質。加進沙拉裡很美味，在盛產季，常常會出現在什錦蔬菜天婦羅裡。牛蒡要到亞洲蔬果店裡去找。挑選堅實清脆的根，很可能還會有土黏在上面。買回家後先不清洗，用沾濕的紙巾包起來再裝進塑膠袋裡，放冰箱的蔬果儲藏格裡貯存。

要烹煮之前再把土沖洗掉。用菜瓜布輕輕刷洗。剪掉毛毛的根鬚。烹煮胡蘿蔔的方法都可以用在牛蒡上，441頁，因此照著切片或切塊。 一經切開，牛蒡肉很快就會變色，所以切片後不妨丟進加了幾滴蘋果醋或檸檬汁的冷水裡泡（有時候牛蒡出土一陣子後會變苦——用酸性的水泡個一小時左右應該可以去除苦味）。由於味道中性，牛蒡很適合燉煮。每人份二至四盎司，視菜餚而定。

牛蒡（Burdock）（4人份）

按照維琪胡蘿蔔的食譜，442頁，準備：
2杯切薄片的牛蒡

煮到軟，約45分鐘。調味以：
鹽和黑胡椒，適量

| 關於甘藍菜 |

甘藍菜說不定已經演化成蔬菜界裡最多元龐大的家族，而且在那漫長曲折的路途裡，它們挑戰著廚師每一步都要跟上。甘藍菜不管是燉、蒸、炒、煎都很美味。包餡或加到沙拉或涼拌生吃，滋味絕佳。若醃漬，那便是德國酸菜，439頁。以下的食譜——你會發現，其料理的方式之多，真不愧是容易買到、用途廣又便宜的蔬菜——呈現了全世界各種風貌的甘藍菜料理。

一路相隨的老伙伴是**結球甘藍**，包括綠色或紅色的很多品種，以及葉片軟而起皺的**皺葉甘藍**。結球甘藍一年到頭都買得到。挑選重量在兩磅以下，葉片結實無瑕的。放冰箱冷藏，結球甘藍可以放上好幾星期。用結球甘藍來做的食譜都可以換成皺葉甘藍，儘管滋味和口感都溫和些。挑選堅實清脆的。皺葉甘藍一定要放冰箱貯存。

小白菜是滋味溫和的亞洲甘藍菜，挑選葉色鮮明，整株緊實的小白菜。非常小株的小白菜叫「青江菜」。要放冰箱貯存。

中國甘藍菜呈橢圓形，葉片薄而多汁，滋味濃郁。美國超市裡常見的中國甘藍菜是淡綠色的**大白菜**，又被稱為「包心」大白菜或「圓筒形」大白菜，以便跟較不常見的「直筒形」大白菜（Michihli cabbage）區隔，也就是翠玉白菜（celery cabbage）。挑選和貯存方法如同小白菜。

一磅生菜葉煮出來約兩杯的量。避免長時間沸煮使得外圍葉片鬆垮浸滿了水，我們建議把一整球切四瓣，放到滾水裡不加蓋溫和地煮十五至二十分鐘。若能先切成絲，只煮七至十分鐘，那就更好了。你也可以快炒，甘藍菜絲，這樣能保有清脆口感。要把甘藍菜切絲，切穿甘藍菜心剖成八瓣，再用四面刨籤器刨起司絲那一面來刨，丟棄菜心部分；或者用裝上刨絲刀盤的食物調理機來刨絲，但要先切掉菜心。別忘了甘藍菜也適合包餡，見包餡甘藍菜捲，438頁，包蕎麥片和小麥片的甘藍菜捲，573頁，以及此處的食譜。煮熟的甘藍菜別冷凍，一旦退冰，它通常會水水的很不討喜。

甘藍菜佐配濃郁的肉或鹽醃肉及煙燻肉、野味和所有的根莖類格外對味。它和紅酒、鼠尾草、百里香、葛縷子、蒔蘿、茴香、辣根、蘋果、洋蔥、栗子、杜松子和酸奶也很搭。

若要微波，把一磅切絲的甘藍菜鋪在一口二夸特的烤盤裡。加兩大匙高湯或微鹹的水進去，加蓋以強火力微波到脆嫩，八至十二分鐘。微波四分鐘後要拌一拌。微波好之後先不掀蓋，靜置兩分鐘。一磅甘藍菜，切成二吋厚的一瓣瓣，也可以用同樣的方式微波；微波到軟要十二至十四分鐘，微波五分鐘後要拌一拌。微波好之後先不掀蓋，靜置三分鐘。

用壓力鍋煮的話，切成二至三吋厚的角瓣，以十五磅壓力煮三至五分鐘。

甘藍菜（Cabbage）（4人份）

將：1顆2磅甘藍菜
剝除外圍的葉片，去心，切8瓣。
丟入一鍋煮滾的水裡，火轉小，不蓋鍋蓋，煮到嫩脆，約30分鐘。瀝出，撒上：
1小匙鹽
盛盤，再淋上：
1/4杯（1/2條）融化的奶油
接著灑上：
（麵包屑、葛縷子籽、罌粟籽、蝦夷蔥末，或者幾滴新鮮檸檬汁加1大匙荷蘭芹末）
又或，把煮好的甘藍菜放到烤盤裡，覆蓋上：
焗烤料III☆，見「了解你的食材」
送進180度的烤箱烤。

奶油甘藍菜（Creamed Cabbage）（6人份）

這個做法會讓幼嫩的甘藍菜非常細緻，也可以把熟老的甘藍菜改造得很可口。
在一口中型醬汁裡把：
3/4杯牛奶
煮沸。漸次地加進：
3杯切得很細的甘藍菜絲
煮沸2分鐘。瀝出菜絲，牛奶倒棄。
把甘藍菜絲放進裝有熱：
白醬I★，291頁
醬汁鍋裡，加：
1又1/2小匙辣根醬、1小匙鹽
1/4小匙白胡椒或黑胡椒
1/4小匙現磨的肉豆蔻或肉豆蔻粉
煮3分鐘。撒上：
1小匙葛縷子籽，烤過的☆，見「了解你的食材」
起鍋，喜歡的話配上：
（炙烤、燒烤或鍋煎香腸）

甘藍菜佐馬鈴薯與火腿（Cabbage, Potatoes, and Ham）（4人份）

在一口大鍋裡裝大量水淹過：
1磅煙燻後膝火腿或頸骨火腿
煮到微滾，然後煨煮1小時左右，直到肉差不多軟了。
再把水煮沸，下：
1顆2磅甘藍菜，修切去心再切4瓣
4顆中型的水煮用馬鈴薯，削皮切半
火轉小，加蓋煨煮到蔬菜變軟，20至25分鐘。
瀝出，加：鹽和黑胡椒，適量
調味。盛到大盤子上，點綴上：
檸檬角、荷蘭芹末

油煎甘藍菜（Sautéed Cabbage）（4人份）

烤箱轉190度預熱。將：
1顆2磅甘藍菜，剝除外圍葉片並去心
切絲。
在一口大的平底鍋裡以中火加熱：
4片培根
直到酥脆。培根移至紙巾上瀝油。甘藍

菜絲放進留有培根油的鍋子裡，連同：
3/4杯切碎的洋蔥
1小匙鹽
1/4小匙匈牙利紅椒粉
轉中大火，拌炒到甘藍菜絲脆嫩。隨而倒進一口8×8×2吋抹了油烤盤裡，淋上：
1杯酸奶
烤到酸奶凝固定型，約20分鐘。撒上：
1/2小匙葛縷子籽，烤過的
以及壓碎的培根。

包餡甘藍菜捲（Stuffed Cabbage Rolls）（12捲）

甘藍菜捲是寒冬派對裡很令人滿足的菜餚——配上馬鈴薯煎餅或馬鈴薯泥很棒。這菜捲如果可以預先在二至三天前備妥，滋味會更好，而且菜捲冷凍可以放上一個月沒問題。
在一口大碗裡混勻：
1磅牛絞肉、雞絞肉或火雞絞肉
1顆大的蛋、1/2杯調味的乾麵包屑
1/2杯長梗白米、1/2杯水
1根大的胡蘿蔔，磨碎
1顆洋蔥，切細碎、1瓣蒜仁，切末
1小匙鹽、1/4小匙黑胡椒
在一口湯鍋裡把4夸特水煮開。加：
1又1/2大匙鹽
用一把小削刀將：
1顆皺葉甘藍或綠色甘藍菜（約2磅）
去心，放進滾水裡，去心那一面朝下，沸煮個5至10分鐘。然後把甘藍菜撈出來，小心地剝除外圍軟掉的葉片。再把甘藍菜放回滾水裡，繼續煮到葉片可以包餡的軟度（另一個做法是，把整顆甘藍菜冷凍24小時，退冰後把葉片一一剝下來）。修切每一片菜葉中央的梗，好讓菜葉柔軟得可以包捲。把絞肉餡放在菜葉上，如圖示，先把兩側往內翻，再把葉片鬆鬆地包捲起來，因為米熟了會膨脹。重複這個手續，把所有餡料包完。你可以用棉線將菜捲綁起來，或者烹煮時讓接合處朝下。
從剩下的甘藍菜葉裡切出1杯碎菜葉。在一口大的厚底鍋或荷蘭鍋以中大火加熱：
3大匙蔬菜油
油熱後，碎菜葉下鍋，連同：
1/2杯不甜的白酒
煮沸，然後轉小火煨煮5分鐘，再下：
1罐28盎司碎番茄泥、1杯水
（1/2杯葡萄乾）
1/4至1/2杯紅糖
8片薑餅（2吋寬），掰碎
1顆大的檸檬的汁液
2塊酸鹽（sour salt）或1/2小匙酸鹽粉
煮沸。把菜捲放進醬汁裡，接合處朝下；如果醬汁沒有淹蓋菜捲，補一點水進去。火轉小，加蓋煨煮1又1/2小時，每隔30分鐘便晃蕩一下鍋子，免得巴鍋。
趁熱享用，佐上：
酸奶

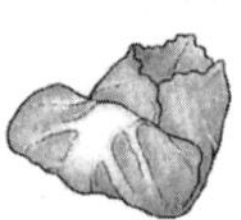

包甘藍菜捲

燉紅甘藍菜（Braised Red Cabbage）（4人份）

佐火雞肉、豬肉或野味的古早味人氣菜色。
將：1顆中型的紅甘藍菜（約2磅）
切4瓣，去心，再切細絲。放入一口大碗裡，加冷水淹蓋過表面。在一口大的厚底平底鍋或荷蘭鍋裡放：

2片培根，切丁，或2大匙奶油或蔬菜油

假使放培根，煎到它釋出大部分的油脂。如果放奶油或蔬菜油，加熱到飄出香氣。然後下：

1/4杯切細碎的洋蔥

拌炒到呈金黃色。從水裡撈出甘藍菜絲，放進鍋裡，連同：

1顆大的青蘋果，削皮去核切薄片

1/4杯紅酒醋或蘋果酒醋

2大匙蜂蜜或糖、3/4小匙鹽

（1/8至1/4小匙葛縷子籽）

加蓋以小火煮到菜絲非常軟嫩，1至1又1/2小時，偶爾攪拌一下，如果混合物變乾的話加滾水進去。又或，當菜絲煮好時鍋裡還有汁液，就掀開鍋蓋，以小火來熬煮收汁。

炒小白菜和香菇（Stir-Fried Bok Choy with Mushrooms）（4至6人份）

請參閱「炒青菜」。在一口小碗裡放：

6朵乾香菇

把：1/2杯滾水

倒到香菇上，泡20分鐘，偶爾拌一拌。撈出香菇，保留泡香菇的水，香菇切成1/4吋片狀。過濾泡香菇的水，預留2大匙。把濾過的泡菇水倒進一口小盆裡，拌入：

1大匙紹興酒或不甜的雪莉酒

2小匙玉米粉、3/4小匙白胡椒

在另一口小盆裡混勻：

1/4杯雞肉湯或雞高湯

1/2小匙鹽、1/2小匙糖

在一口中式炒鍋或大平底鍋裡以大火熱：

3大匙花生油或蔬菜油

油熱後，香菇下鍋爆香，然後下：

1又1/2至2磅小白菜，橫切成2吋小段

拌炒到小白菜萎軟，3至4分鐘。倒進雞高湯混液，加蓋蒸煮到菜葉脆嫩，1至2分鐘。再拌入玉米粉的芡汁並煮沸，要不時拌炒。加：

2小匙麻油

拌勻即可起鍋。

炒大白菜和胡蘿蔔（Stir-Fried Napa Cabbage and Carrots）（4人份）

在一口小碗裡充分混勻：

2又1/2大匙醬油、1小匙麻油

（1小匙辣蒜泥或1/4小匙乾辣椒碎片）

鹽和黑胡椒，適量

置旁備用。以大火將一口中式炒鍋或大的平底鍋熱鍋，鍋熱後下：

1大匙花生油或蔬菜油

2瓣蒜仁，切末

1大匙去皮生薑末

拌炒幾秒鐘，別把蒜末炒焦，再下：

2杯胡蘿蔔絲

炒3分鐘，下：

1顆中型大白菜（約2磅），切薄片（9杯）

再炒約3分鐘，炒到軟。加醬油混料進去，充分地拌炒，讓菜料裹上醬油料並熱透。起鍋，撒上：

芫荽末或荷蘭芹末

德國酸菜（Sauerkraut）（6人份）

酸菜的養生保健功能早在西元200年前已經被認定，根據史料記載，參與史上工程最浩大，歷時最久的公共建設——中國長城——的勞工，便被配給酸菜。要保留它十足濃嗆的滋味，酸菜應該要生吃，或者僅僅只是熱透即可。不過，若想滋味溫和些，可以久煮，如同此處的食譜。德國酸菜傳統上會配法蘭克香腸、香腸、紅燒肉和肋排。若要做成素食主菜，可佐上烤根莖類，410頁，和蘋果醬，360頁。
在一口耐烤的大型平底鍋以中火加熱：
2大匙奶油、培根油脂或蔬菜油
油熱後下：
1/2杯切片的洋蔥或紅蔥頭
不時拌炒，直到透明，7至10分鐘。再下：
4杯（2磅）新鮮，或市售酸菜，瀝乾
拌炒5分鐘。將：
1顆中型馬鈴薯或酸蘋果
削皮、磨屑，連同：
1至2小匙葛縷子籽
放進鍋裡，倒入：
滾沸的蔬菜高湯或水
1/4杯不甜的白酒
淹蓋過酸菜表面。不加蓋地慢煮30分鐘。與此同時，烤箱轉165度預熱。
平底鍋蓋上鍋蓋，烤約30分鐘。加：
（1至2大匙紅糖）調味。

| 仙人掌 |

刺梨仙人掌又叫胭脂仙人掌（nopales），其橢圓形青綠色的葉狀莖，通常趁生鮮加進莎莎醬或沙拉裡，也有做成醃菜或罐頭販售。新鮮的葉狀莖燴燒、油炸或烘烤皆宜。在拉丁市場和蔬果特產店裡一年到頭都買得到。挑選約寬四吋左右、厚度不超過四分之一吋的葉狀莖，而且沒有葉針的（如果你只買得到仍有葉針的，可以用鉗子拔除）。裝在塑膠袋裡袋口不收攏，放冰箱的蔬果儲藏格冷藏。

用瓜果削皮器削掉葉狀莖的邊緣和長出葉針的孔眼。粗厚的底部也一併修切掉。充分清洗乾淨。仙人掌也可以整片裹油慢火燒烤（滋味豐富而且稍有嚼感）。話說回來，它們一般被切成四分之一至二分之一吋方塊然後煮到軟：用一口醬汁鍋煮開加了鹽的一鍋水，水開後丟進仙人掌塊，喜歡的話，再放一把粗切的蔥綠進去，以減少它的黏性。不加蓋地沸煮十至十五分鐘，端看厚度而定。煮好後用冷水沖洗幾遍，直到不再黏黏的，即可瀝乾。

有些市場有販售成包的切丁仙人掌。如果很新鮮而且沒有變色，品質無虞。仙人掌和蝦夷蔥、大蒜及鹹味起司很適配。

烤仙人掌沙拉（Roasted Cactus Pad Salad）（4杯；8人份）

烤箱轉190度預熱。修切：
7片新鮮的中型仙人掌
切成3/4吋方塊，放到一口烤盤裡，拌上：
1大匙橄欖油
在烤盤上鋪勻，再撒上：
鹽，適量
烤到仙人掌變軟，而且滲出的汁液都蒸發光了，約20分鐘，其間偶爾要拌一拌。烤好後放涼。
在一口碗裡將仙人掌塊和：
1又1/2杯鮮莎莎醬★，323頁
1大匙橄欖油
混勻，並調味以：

1/2小匙鹽，或依個人喜好酌量增減
在上菜碗內鋪上：
幾片羅曼萵苣葉

放入仙人掌沙拉，最後撒上：
2大匙掰碎的墨西哥陳年起司或乾的菲塔起司或帕瑪森起司屑

| 刺棘薊 |

刺棘薊和朝鮮薊同屬薊屬植物。其肥厚的莖看起來很像呈銅灰色的粗大西芹。可食的部分是嫩莖，而不是果實。挑選清脆、沒有挫傷的莖柄——越小越好。莖柄底部包上沾濕的紙巾，裝在塑膠袋內放冰箱蔬果儲藏格貯存。

烹煮之前，剝除外圍粗硬的莖柄，清洗乾淨，葉片也一併切除。用瓜果削皮器刮除粗纖。切二至三吋小段，切到莖變粗硬之處為止。因為刺棘薊很容易變黑，所以丟進加了檸檬汁的水裡煮基本上是最好的；➡不推薦蒸煮的方式。如果刺棘薊本身很軟嫩，不妨沾沾醬鮮吃。煮熟的刺棘薊若用奶油或其他油脂香煎一下再撒上帕瑪森起司屑很美味，若裹上炸蔬菜的麵糊★，464頁，油炸，405頁，也很可口。

刺棘薊搭配奶油、鮮奶油、檸檬和荷蘭醬很對味。

刺棘薊（Cardoons）（4人份）

在一口大的醬汁鍋裡把：
8杯水、1/2顆檸檬的汁液、1大匙鹽
煮沸。按上述方式準備：
1磅刺棘薊

不蓋鍋蓋，文火慢煮，如果刺棘薊塊露出水面，則多加一點水進去。想要口感脆嫩，煮30至45分鐘；若要口感徹底軟嫩，煮上1小時。充分瀝乾。

| 關於胡蘿蔔 |

栽培的胡蘿蔔據說是源生自雪珠花（Queen Anne's Lace），這種野草的韌性暗示著這蔬菜的保水性，不管是在冰箱裡還是在鍋子裡。胡蘿蔔裡含有大量的β胡蘿蔔素，在貯存的過程中有時候β胡蘿蔔素確實會增加，一經燉煮至軟，胡蘿蔔會更甘甜，因此胡蘿蔔是燉湯或紅燒料理少不了的調味蔬菜，也是不想太去留意烹煮時間的廚子的好幫手。

胡蘿蔔時時都買得到。➡避免略帶綠色、有裂縫、有凹軟處、柄蒂發霉，或發軟有彈性或皺縮的胡蘿蔔。貯存前，切掉綠色的頂端。由於胡蘿蔔屬於荷蘭芹家族，它的莖柄可以當做辛香草用，加到湯裡調味。胡蘿蔔要裝在塑膠袋裡，袋口收攏，放冰箱的蔬果儲藏格冷藏。可以放上二至三星期。

用蔬果削皮刀來削胡蘿蔔的皮。如果很小顆，可以整顆入菜。如果是大顆的，切圓片、切丁或切絲會更美觀。胡蘿蔔搭配洋蔥、西芹、橄欖、蘑菇、紅糖、葡萄乾和醋栗、檸檬和柳橙、百里香、蒔蘿、薄荷、荷蘭芹、山蘿蔔菜、薑和肉豆蔻很對味。

若要微波，將兩杯切片的胡蘿蔔鋪在一口一夸特的烤盤，加兩大匙加了少許鹽的水進去，加蓋以強火力微波五至八分鐘。靜置三分鐘後再掀蓋。

一整根（直徑一又四分之一吋）胡蘿蔔可以用壓力鍋煮，加一杯水以十五磅壓力煮個四到八分鐘。切片的胡蘿蔔以十五磅壓力煮約需兩分半鐘。煮好後立刻冷卻。

胡蘿蔔（Carrots）（4人份）

將：1磅胡蘿蔔

削皮切片。蒸或放到一口大得足以裝著淹過胡蘿蔔表面並高出1吋的滾水或高湯的醬汁鍋裡，加蓋煮到軟，約12至20分鐘。切片的胡蘿蔔只要煮5至10分鐘。需要的話，加少量的滾水進去。煮好後瀝乾水分。配上：

奶油和切碎的荷蘭芹，柳橙果醬或白醬I*，291頁

或者將：

2大匙奶油

2大匙糖、紅糖、蜂蜜或柳橙果醬

（3/4小匙孜然粉、芫荽粉或荳蔻粉，各1/4小匙肉桂粉和肉豆蔻粉或現磨肉豆蔻屑，或2小匙葛縷子籽）

加到3杯煮熟的胡蘿蔔裡。讓胡蘿蔔在這混液裡煮到表面裹上光澤。或者用：

蜜番薯，501頁的釉汁來煮。

胡蘿蔔泥（Carrot Puree）

按照根莖類菜泥，410頁的做法來做，用1磅胡蘿蔔，削皮切厚片。

維琪胡蘿蔔（Carrots Vichy）（4人份）

在一口中型醬汁鍋裡放：

2又1/2杯切薄片的胡蘿蔔（1磅）

1/2杯冷水、2大匙奶油

1大匙糖、1/4小匙鹽

（1小匙新鮮檸檬汁）

以大火煮沸，然後轉小火，加蓋煮到軟，約12分鐘。掀蓋，再把火轉大，煮到汁液收乾，約5分鐘。撒上：

切碎的荷蘭芹、龍蒿

蒔蘿或山蘿蔔菜

燴燒胡蘿蔔（Braised Carrots）（4人份）

在一口寬得足以將胡蘿蔔平鋪一層的平底鍋或煎鍋裡放：

1磅胡蘿蔔，縱切4等分

1/2杯水或雞高湯或牛高湯

1又1/2大匙奶油

1小匙糖或紅糖

1/2小匙鹽

煮至微滾，然後火轉小，加蓋煨煮到胡蘿蔔變軟，而且大部分的水分都被吸收，15至20分鐘。掀蓋再多煮個幾分鐘，接著加：

1大匙切碎的荷蘭芹、山蘿蔔菜或龍蒿

黑胡椒，適量

調味。或在上面撒：

葛呂耶起司屑或帕瑪森起司屑或香橙奶油*，305頁

蜜汁胡蘿蔔（Glazed Carrots）

可當作配菜或紅燒肉的盤飾。
準備：
燴燒胡蘿蔔，如上
把糖增加到1又1/2大匙，奶油增加至2至3大匙。加：
1大匙白蘭地
加蓋煮胡蘿蔔，煮到鍋底形成糖漿般的釉汁。掀蓋，攪動鍋裡的胡蘿蔔塊，直到表面均勻裹覆著釉汁。起鍋，點綴上：
薄荷末或荷蘭芹末

烤胡蘿蔔（Roasted Carrots）（4人份）

喜歡的話，胡蘿蔔可以保留一整根。
烤箱轉200度預熱。拌勻：
1又1/2磅胡蘿蔔，削皮切大塊
橄欖油或蔬菜油，稍微裹覆胡蘿蔔塊即可
1/8小匙乾燥的百里香或幾枝新鮮的百里香
鹽和黑胡椒，適量
在有邊框的烤盤上將胡蘿蔔塊平鋪一層。烤到呈金黃色而軟嫩，約1小時。

| 關於白花椰菜 |

白花椰菜具有討喜的堅果味和淡淡的甘藍菜滋味，搭配其他調味料很對味，尤其是馨香的香料和醬料。挑選花球堅硬，花蕾呈乳白色而且結球密實，沒有褐斑的。褐色小傷疤可能是表面受損，削掉即可。裝在原來的包裝或塑膠袋裡，放冰箱的蔬果儲藏格冷藏。

要切成小朵，將一朵朵花球從中心菜梗上切下來，將大朵的切對半或四瓣。若要一整球下鍋煮，切除菜梗粗硬的末端，同時把葉片也切除，直立泡在加鹽的冷水裡十分鐘。

白花椰菜的味道雖然比青花菜要溫和，但適合佐搭的配料差不多；見432頁。配起司醬、香煎杏仁、焦奶油、火腿、西芹、咖哩和肉豆蔻格外對味。沾沾醬或加進沙拉裡鮮吃也很棒。

若要微波，把兩杯切小朵的白花椰菜鋪在一夸特的烤盤裡，加一大匙微鹹的水進去，以強火力煮三至五分鐘，微波二分鐘後攪動一下，靜置一會兒，加蓋再微波二分鐘。或者一整球放進裝了兩大匙水的二夸特焗盅裡，加蓋以同樣的方式微波。

若用壓力鍋煮，一整球白花椰菜以十五磅壓力約煮七分鐘。

蒸花椰菜（Steamed Cauliflower）（4人份）

切除：**1球白花椰菜**
莖梗粗硬的末端。可以一整球下鍋，也可以切小朵。蒸到差不多軟了，一整球的話，莖梗朝下，最多蒸15分鐘，切小朵的話約6至10分鐘。蒸好後盛盤。若要做波蘭風味白花椰菜，拌上：

麵包屑榛果奶油醬*，303頁
（用奶油香煎過的堅果碎粒）
或者澆上以下之一：
荷蘭醬*，307頁
白醬I*，291頁，加培根碎片或火腿末
檸檬奶油*，303頁
莫內醬*，293頁

白花椰菜泥（Mashed Cauliflower）（4人份）

切除：1球白花椰菜
莖梗粗硬的末端。切小朵，放在一口大鍋裡，加進：
2顆大的蒜瓣，去皮切碎
1杯雞高湯或蔬菜高湯或肉湯或水
1/2小匙鹽
煮到微滾，再煨煮到花椰菜變軟，約10分鐘。加：
1/2杯濃的鮮奶油，半對半鮮奶油或全脂牛奶
1大匙奶油
搗成泥，或用食物調理機打成泥。加：
黑胡椒，適量
（蝦夷蔥末）
（1大匙荷蘭芹末或龍蒿末）
調味。

焗烤白花椰菜（Scalloped Cauliflower）（4人份）

烤箱轉180度預熱。將一口2夸特的淺烤盤抹上奶油。準備：
蒸白花椰菜，如上
蒸之前先切小朵。鋪在預備的烤盤裡，澆上：
2杯白醬I*，291頁，混上1/4小匙現磨的肉豆蔻屑或肉豆蔻粉或1大匙第戎芥末醬
在最上面撒：
1/2杯原味或加奶油的新鮮麵包屑
1/3杯現磨的帕瑪森起司屑、葛呂耶起司屑或陳年切達起司屑
烤到表面冒泡而且焦黃，約25分鐘。撒上：
匈牙利紅椒粉或紅椒粉
享用。

咖哩白花椰菜和馬鈴薯（Cauliflower and Potato Curry）（4人份）

這是很受歡迎的一道蔬菜咖哩。喜歡的話，你也可以把菠菜換成豌豆。將：
1球白花椰菜（2至3磅），切小朵
放進裝有滾水的醬汁鍋裡煮5分鐘。用漏勺撈出，放進一口盆裡。再把：
2顆中型的水煮用馬鈴薯，削皮切成1/2吋方塊
丟入滾水裡煮5分鐘。瀝出，沖冷水，然後再充分瀝乾；同樣放進裝白花椰菜的那口盆裡。在食物調理機裡把：
1顆大的酸蘋果，削皮去核切片
3瓣大的蒜仁
1截2吋的生薑，去皮切片
（2根辣椒，譬如墨西哥青辣椒或塞拉諾辣椒，去籽切片）
打成碎末而非泥狀。
在一口荷蘭鍋裡以中火加熱：
1/4杯蔬菜油、澄化奶油*，302頁，或印度酥油*，302頁
油熱後下：
2顆中型洋蔥，粗切
連同蘋果混料一起，拌炒到洋蔥變軟開始上色，約5至7分鐘。再加：
2大匙咖哩粉
1大匙中筋麵粉
再拌炒3至5分鐘，把咖哩粉和麵粉炒到稍

微焦黃。倒進：
1罐14盎司無甜味的椰奶
1/2杯水或蔬菜高湯或雞高湯或肉湯
1小匙鹽
轉大火煮沸，攪拌攪拌，然後把預留的白花椰菜和馬鈴薯加進去，連同：
1罐16盎司鷹嘴豆，沖洗並瀝乾
轉中火，加蓋煮15分鐘。接著拌入：
10至12盎司菠菜，去柄、洗淨並撕成小片，或1包10盎司冷凍豌豆
加蓋煮到菠菜萎軟，約3分鐘。加：
鹽和黑胡椒，適量
調味。搭配：
米飯
喜歡的話，點綴上：
（黃金葡萄乾）、（腰果碎粒）

| 西芹 |

西芹一整年都買得到。挑選莖梗密實，有重量感，而且葉片新鮮的。裝在塑膠袋裡放冰箱的蔬果儲藏格冷藏。處理的方法是，把莖梗一一切下，沖洗乾淨，基部要輕輕刷洗一下，因為沙子會卡在那裡。切掉莖梗末端，外圍粗硬的莖梗也要丟棄，這些粗梗若不是有苦味就是纖維太粗。西芹若剁碎或切薄片，吃不出筋絲，但如果要整枝莖梗或切長段下鍋煮，還是要剝除筋絲。要是貯存過後西芹變軟——或者你希望它超級清脆，以便生吃——不妨泡在冰水裡，直到莖梗又再變得堅實。

西芹生吃很美味，尤其是中央淡色的嫩莖，叫做芹菜心。綠色的菜葉通常會被丟棄，其實很值得保留：切碎後加到湯裡、燉物或高湯裡，可以大大地增香提味。

西芹可加到煎炒料理當調味料，佐搭各種起司、鮮奶油、檸檬、蒔蘿、蝦夷蔥和荷蘭芹很對味——有誰抗拒得了抹上花生醬或原味奶油起司或加味奶油起司的西芹梗？

若要微波，將一磅西芹梗切成二至三吋小段，放在一口二夸特的烤盤裡，加二大匙高湯或微鹹的水進去，加蓋以強火力微波到嫩脆，八至十二分鐘。微波四分鐘後要攪動一下。微波好後先不掀蓋，靜置兩分鐘。

若用壓力鍋煮，以十五磅壓力煮約一分半鐘。

西芹（Celery）（4人份）

將：1/2束西芹（2至3杯）
清洗，修切，再切成1/2吋小段
蒸或漸次丟進：1杯滾水
加蓋煮到軟，約6分鐘，讓它吸飽水分。要是還有剩餘的水，將西芹瀝乾，水保留下來做醬汁。將西芹用：
調味的奶油
炒至焦黃，或把西芹丟進：
1杯白醬I*，291頁，用鮮奶油和煮西芹的水做的
在白醬裡加：
咖哩粉或西芹籽或蒔蘿籽或現磨的肉豆蔻粉或辛香草
調味。

| 關於芹菜根（塊根芹） |

這類的芹菜之所以被種植，是為了取其可食的塊根，煮過後多汁，帶有微妙的甘甜滋味。如果塊根太老，也可能粗硬多纖；盛產於秋冬。可能不太容易削皮，因此先切四瓣再用削皮器或削刀削。挑選小至中型，握在手裡最有重量感的塊根，如果根上有莖梗也應該清脆新鮮。莖梗先留著不要切掉，裝在塑膠袋裡放冰箱蔬果儲藏格冷藏。

芹菜根切薄片拌上淋醬生吃很美味。淋上醬汁後要靜置數小時好讓它軟化和「醇熟」。也可以按照做馬鈴薯沙拉時準備馬鈴薯的方式來處理它，或者和馬鈴薯拌在一起做成沙拉。搭配西芹很對味的材料都可以搭配芹菜根，佐上芥末醬、西芹籽和蘋果也相得益彰。備菜時，用菜瓜布一面搓洗一面沖水。把根鬚切掉。削皮時，備妥一碗酸性水☆，見「了解你的食材」，切片之後馬上丟進去，因為它的肉質一接觸到空氣就會變色。用壓力鍋煮的話，以十五磅壓力煮約五分鐘。

蒸芹菜根（Steamed Celery Root）（4至6人份）

將：

3根小的或2根中型的芹菜根（1又1/2磅）

刷洗乾淨，削皮，切成1/2吋方塊。蒸或放入裝有滾水的醬汁鍋裡，火轉小，不加蓋的煮到軟，約6至10分鐘；瀝乾，拌上：

2大匙奶油、1小匙新鮮檸檬汁

（1小匙切碎的荷蘭芹、蝦夷蔥、百里香、龍蒿、蒔蘿或鼠尾草）

芹菜根泥（Mashed Celery Root）（4人份）

佐配燒烤肉的美味配菜。

將：

2杯根莖蔬菜泥，使用2顆中型芹菜根（總共約1又1/2磅），削皮，切4瓣，再切片

1杯馬鈴薯泥

搗勻，再拌入：

2大匙奶油、鹽和黑胡椒，適量

烤芹菜根（Baked Celery Root）（4人份）

這道菜可以當烤馬鈴薯那樣來吃。令人驚奇的是，芹菜根的皮有時候會軟得可以吃。

將烤架置於烤箱的中央。烤箱轉180度預熱。將：

2顆中型芹菜根

修切、刷洗和用紙巾拭乾，刷上：

2大匙橄欖油

放在一口8×8吋方形烤盤裡，不加蓋地烤到用一支細籤可以戳透的軟度，約1小時。30分鐘後用夾子翻面。食用前，先把芹菜根切對半，再把每一半切三份。將每一份中央搗壓搗壓，使之軟得足以吸收奶油或醬汁，然後淋上：

4至6大匙（1/2至3/4條）融化的奶油；檸檬奶油★，303頁；或榛果奶油★，302頁

撒上：

鹽，適量、荷蘭芹末

| 關於佛手瓜 |

佛手瓜看起來和熱帶夏南瓜有幾分像，呈梨形、淡綠色，質地堅實清脆，帶有一絲甜味。它又叫做**合掌瓜**（mirliton）和**蔬菜梨**（christophene），果面有縱長稜溝，中心有種子一枚，長而扁平。瓜越硬，滋味越好。可以裝在塑膠袋裡放冰箱蔬果儲藏格冷藏；放冷凍也可以妥善貯存。配上起司滋味特別棒，切對半蒸熟後填鑲炒蕈菇，470頁，和起司屑非常美味。

除非佛手瓜非常小，又或你打算填鑲餡料，否則要用蔬果削皮器削皮，邊削邊沖冷水，以免皮下的粘性物質會刺激皮膚，煮過後黏性物質會消失。處理時要把莖切掉，縱剖開來，挖去種子。切對半或四瓣，或把每一半橫切成四分之三吋厚片，再下鍋烹煮。

若要微波，把一顆佛手瓜削皮切成四分之一吋厚片，放進二夸特的烤盤裡，加三大匙高湯或微鹹的水進去，加蓋，以強火力微波至軟或脆嫩，五至六分鐘，微波二分鐘後要攪動一下。靜置兩分鐘再掀蓋。

若用壓力鍋煮，整顆以十五磅壓力煮六至八分鐘；切丁的煮兩分鐘。

水煮佛手瓜（Boiled Chayote）（4人份）

將：

1磅佛手瓜（2顆中型的）

削皮切半去籽，橫切成3/4吋厚片，丟進沸水裡，沸水要淹蓋過瓜片表面，火轉小，煮到軟，10至20分鐘。瀝出，拌上：

適量的奶油、鹽和黑胡椒；黑奶油★，302頁；或莫內醬★，293頁；或帕瑪森起司屑或陳年的蒙特雷傑克起司屑

路易斯安納風味佛手瓜（ Louisiana-Style Chayote）（6人份）

將：

3顆佛手瓜，切對半並去核

放進淹蓋過瓜片表面的鹽水裡沸煮到軟而堅脆，約6至10分鐘。瀝出後上下顛倒地晾在架子上冷卻。刨出內部果肉，留1/3吋厚的外殼。用紙巾把瓜殼拍乾，放進一口13×9吋的烤盤裡。將刨出的果肉剁碎。

烤箱轉190度預熱。

在一口大的平底不沾鍋裡以大火加熱：

1大匙橄欖油或蔬菜油

油熱後下：

6尾大蝦（約3盎司），喜歡的話去殼去沙腸

煎到呈鮮粉紅色，翻面一兩次，約1至2分鐘。用漏勺取出蝦子並放涼。接著瓜果肉下鍋，連同：

1/3杯切細丁的紅甜椒

1/3杯切碎的荷蘭芹

1/4杯切細丁的火腿

1根大型蔥，切蔥花

1瓣蒜仁，切末

1小匙切碎的新鮮百里香或1/4小匙乾燥的百里香

鹽和黑胡椒，適量

1小撮紅椒粉

以中大火煮到汁液收乾，約4分鐘。趁這空檔，把蝦子切碎。鍋子離火，拌入蝦

肉。將餡料均分到6個瓜殼上，並撒上：
3至6大匙乾麵包屑

烤到熱透，而且表面呈焦黃，約35分鐘。

| 關於栗子 |

栗子不管是做為蔬菜、紅燒肉的配菜，或做成糖漬栗子或甜點，都同樣美味。新鮮栗子在十月至一月之間可買到。挑選新鮮栗子時，用大拇指和食指穩穩地捏一捏核果。外殼感覺起來應當堅硬，而且捏下去不會凹陷。裝在塑膠袋裡冷藏。食用前通常要煮過。一整年也都買得到乾栗子、罐頭栗子和真空包栗子。

將一把煮熟的整顆栗子加進燴燒甘藍菜的菜餚裡（配球芽甘藍尤其對味），栗子也是鑲餡料的經典食材。➡一磅新鮮栗子可得出比八盎司多一點或兩杯的去殼栗子。如果買得到的話，八盎司真空包去殼熟栗子可取代任何食譜裡要求的栗子。

去殼的方法是，每一顆栗子的平坦那一面切劃一個X字，丟進一鍋滾水裡，把水再度煮沸，然後滾個五分鐘。熄火，一次撈出幾顆，剝掉外殼以及內膜。如果有些還是不太好剝，再放回熱鍋裡泡久一點，需要的話再煮沸一次。如此處理完的栗子就可以拿來煮了。

水煮栗子（Boiled Chestnuts）（6人份）

I. 當蔬菜用，將：
1又1/2磅新鮮栗子（3杯去殼的）
按上述方式去殼去膜，或者用：
12盎司去殼乾栗子，浸泡在水裡一夜
用這浸泡水來煮栗子。在一口大的醬汁鍋裡把8杯水煮開，把栗子丟進去，連同：
3根西芹梗，粗切
1顆小的洋蔥，粗切、1大匙鹽
（1大匙醋）、（1/8小匙大茴香籽）
不蓋鍋蓋，文火慢煮，煮到栗子可以用削刀刀尖輕易地戳入的地步，30至40分鐘。充分瀝乾，挑除西芹梗和洋蔥。
拌上：2至3大匙奶油
鹽和黑胡椒或白胡椒，適量

II. 做成糖漬栗子，將：
1磅新鮮栗子（2杯去殼的）
按上述方式去殼去膜，放進裝有滾水的一口醬汁鍋裡，火轉小，不蓋鍋蓋，煮到如上述的熟軟。瀝出，保留1/2杯煮栗子水。取另一口醬汁鍋，倒進煮栗子水，連同：
1/2杯糖、（1/2杯葡萄乾）
（1/2杯堅果碎粒）
1小匙檸檬皮絲屑
1小匙柳橙皮絲屑
3大匙新鮮檸檬汁
3大匙新鮮柳橙汁
2顆整顆丁香、1根肉桂棒
1/4小匙薑粉
煮到微滾，然後不加蓋地慢煨，直到糖水稍微收汁，約10分鐘。把栗子放進鍋裡，轉最小的火熬煮到糖水濃縮成糖漿，約25分鐘。煮好後靜置30分鐘，然後當做紅燒禽肉、豬肉或火腿的配菜。

| 關於玉蜀黍 |

新鮮玉蜀黍可以讓一頓餐飯變得亮眼，它也是最有人氣的蔬菜之一。盛產季在夏天，採摘下來後盡快食用最理想。如果沒辦法，記得，很多混生品種，不管玉米粒是黃色、白色或「奶油混砂糖」（butter and sugar）（白色和黃色玉米粒摻雜在一起），在運送和貯存過程中仍然保有甜味。這些混生種幾乎一年到頭都買得到，不但美味而且媲美剛摘的夏天玉蜀黍。如果玉蜀黍帶殼，那麼玉蜀黍殼應該呈翠綠色，玉蜀黍鬚則是淡色的，外觀看起來要新鮮。玉米粒應當飽滿水潤。在某些超市和亞洲市場可買到手指般長的玉米筍，它們本來就是要整根吃的，適合煎炒或燉煮。玉蜀黍要帶殼貯存，或以原包裝放進蔬果儲藏格冷藏。

玉蜀黍的處理方式是，先把殼和鬚剝除。要把玉米粒從玉米穗取下，用一把尖銳的刀和大砧板，把柄蒂那一端切掉，切出一個平面底座以便抵著砧板，然後握著玉米串尖端，順著玉米穗往下切，一次切兩三排。接著用刀子鈍的那一端擠壓玉米穗軸，擠出滋味濃郁的汁和玉米芯。或者，如果只取香濃玉米漿，用刀劃過每一排玉米粒中央來剖開玉米粒，然後用刀背順著玉米穗刮，壓榨出所有玉米漿。➡一穗玉蜀黍大約可得出二分之一杯玉米粒和三至四大匙香濃玉米漿。

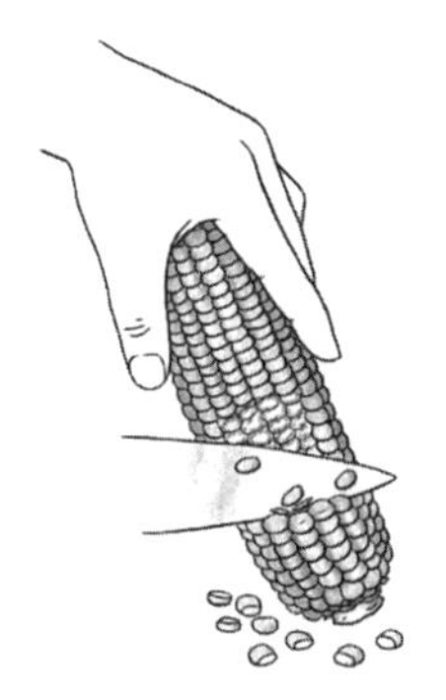

從一穗玉米切下玉米粒

生鮮的甜玉米加進沙拉和莎莎醬裡很美味。玉米配奶油、培根、鮮奶油、起司、辣椒、辣粉、羅勒、荷蘭芹、芫荽和萊姆很對味。在以下的食譜裡，玉米可以是新鮮的、罐頭的或冷凍的，除非另有說明。

水煮玉米串（Corn on The Cob）

每人1至3穗玉米，端看個人胃口。

I. 剝除：

幾穗新鮮玉米穗的殼和鬚

一次一根地丟進一大鍋煮沸的滾水中。蓋鍋蓋，煮到玉米變燙變軟，2至8分鐘，視玉米本身的熟成度而定。用夾子夾出玉米穗。佐上：

鹽和黑胡椒、奶油（蒜香奶油★，305頁）

II. 剝除：

剛摘下非常鮮嫩的玉米穗的殼和鬚

在一口可以蓋緊的大鍋壺裡，把：

足以大量淹蓋玉米穗

的水煮開，然後一根一根地把玉米穗放進去，蓋上鍋蓋，隨即離火。讓玉米穗在鍋壺裡浸泡個5分鐘左右或泡到軟。瀝出，立即享用。

烤玉米串（Grilled or Roasted Corn）

I. 請參閱「燒烤蔬菜」，406頁。將帶殼的玉米穗浸泡在冷水裡2至3小時，再置於燒烤架上或炭火上。別擔心玉米鬚沒剝除，稍後玉米鬚會連殼一起脫落。把玉米穗連殼一起直接放在火燙的燒烤架上。用一副夾子將玉米穗翻面，好讓每一面都烤得均勻，約需25分鐘，視火力強弱而定。或者把玉米穗連同泡過水的殼放進230度的烤箱裡烤8至15分鐘。佐上：

鹽、黑胡椒和奶油

II. 要讓甜玉米裡的糖分焦糖化，使燒烤玉米的滋味更濃，剝除玉米殼和鬚，將玉米串置於炙熱炭火上方的燒烤架，燒烤5至7分鐘，玉米串要翻面，好讓它們焦黃得均勻。

II. 這方法是把玉米穗包在鋁箔紙內蒸煮。剝除玉米穗上的殼和鬚，輕輕地塗抹上：

基本調味奶油*，304頁，或蔬菜油

撒上：

鹽和黑胡椒，適量

每一根玉米串用一張鋁箔紙包起來，置於燒烤架上，或直接放在火燙的餘燼裡，煮8至10分鐘，其間翻面幾次。或放進230度烤箱烤8至10分鐘。

香炒玉米粒（Sautéed Corn〔Fried Corn〕）（4人份）

從：**6根玉米串（約3杯）**

把玉米粒切下來。在一口中型平底鍋裡以中火融化：

2大匙奶油

接著玉米粒下鍋，不時拌炒，直到玉米粒熱透，約3至4分鐘。加：

鹽和黑胡椒，適量

調味。再拌入下列之一：

荷蘭芹末、1顆番茄，去籽切碎

切碎的龍蒿、羅勒、芫荽、百里香或馬鬱蘭

1小撮辣粉

去籽切丁的墨西哥青辣椒或塞拉諾辣椒；切碎的燒烤波布拉諾辣椒，484頁；或切碎的安納海姆辣椒

1或2片培根，煎過並壓碎

奶油玉米（Creamed Corn）（4人份）

把玉米粒從：

5根玉米串（約2又1/2杯）

切刮下來。在一口中型平底不沾鍋裡以小火融化：

1大匙奶油

放入：

（1/4杯蔥花或紅蔥頭碎末）

拌炒到軟，3至4分鐘。然後下玉米粒，連同：

1杯濃的鮮奶油

以小火煮到變稠，約2分鐘，其間攪拌個一兩次。加：

鹽和黑胡椒或紅椒粉

調味。

玉米布丁（Corn Pudding）（6人份）

可於前一天混合好，需要時再烤。

加香草精是編輯梅姬・格林給我們的靈感。

把烤架置於烤箱中央。烤箱轉180度預熱。將一口1又1/2夸特的烤盤抹上奶油。在一口大碗裡混勻：

2杯新鮮、冷凍或罐頭玉米粒，瀝乾
3/4杯牛奶或半對半鮮奶油
2顆大型的蛋，打散
2大匙奶油，融化並放涼
1大匙中筋麵粉、1小匙鹽
（1小匙香草精）
倒進備妥的烤盤裡，再把烤盤置於裝了水的更大盤皿中☆，175頁，烤30至45分鐘，烤到中央凝固。

玉米布丁的額外配料（Additions to Corn Pudding）

3根波布拉諾辣椒或新墨西哥辣椒（New Mexicao chile pepper），烤過的，483頁，去皮去籽切碎
1杯蒙特雷傑克起司絲、莫恩斯特起司絲或濃味切達起司絲（4盎司）
2小匙蒜末
1顆小的洋蔥，切丁並煎過

膨酥的玉米布丁（Souffléed Corn Pudding）

準備：玉米布丁，如上
但是只把蛋黃加進玉米混料裡。
將：2顆蛋的蛋白
打發到堅挺但不乾燥，然後把蛋白霜和玉米混料拌合。烤到布丁定型，立即享用。

起司辣椒玉米糕（Cheese-Chile Corn Squares）（約9人份）

烤箱轉180度預熱。將一口9吋正方烤盤豪邁地抹上奶油。
混合：
1又1/2杯新鮮、冷凍或罐頭玉米粒，瀝乾
4杯蒙特雷傑克起司絲（約1磅）
3顆大型雞蛋，打散
3根墨西哥青辣椒，去籽切細碎
2大匙辣粉、鹽和黑胡椒，適量
把混料刮進備妥的烤盤裡，烤到表面呈漂亮的金黃色，約30分鐘。
放涼至堅實得可以切分的地步，切成3吋正方。

玉米煮豆（Succotash）（4人份）

英文Succotash一字源自印第安部落納拉甘西特族語（*msickquatash*），意思是「煮玉米粒」。用罐頭或冷凍蔬菜來做也沒問題。你甚至可以打破傳統，加一杯熟腰豆進去。
在一口中型醬汁鍋裡以中火混合：
1杯熟玉米粒
1杯熟利馬豆或剁碎的四季豆
2大匙奶油、1/2小匙鹽
1/8小匙匈牙利紅椒粉
切碎的荷蘭芹或百里香，適量
偶爾拌一拌，煮到熱透即可。

油煎玉米餅（Fresh Corn Fritter）（4人份）

下列敘述的作者親切地准許我們在此轉載，當我們告訴他這段文字有多麼令我們開心。「我家有八個小孩，小時候我爸經常承諾要帶一樣神奇的點心給我們。我爸對種樹很在行，他會跟我們說，他打算把本來要種在蓄滿糖蜜、楓糖或蜂蜜的小池塘岸邊的一顆炸酥餅樹種到我家後院。只要我們幾個小孩當中

有人想吃這世上最好吃的東西，只要搖一搖樹——炸酥餅就會掉到湖裡，我們可以撈起沾滿蜜糖的炸酥餅，盡情地吃。我媽的手藝很好，她真的照我爸的描述做出了這美妙的炸酥餅。」但願以下的食譜忠實呈現了她的做法。

從玉米串上把：

2又1/2杯玉米粒（約5根玉米）

刮到碗裡，拌入：

1顆大的蛋的蛋黃，打散

2小匙中筋麵粉

1/4小匙鹽

在一口中型碗裡把：

1顆大型蛋的蛋白

打發到堅挺但不會乾燥。把這蛋白霜和玉米混料拌合。

在一口大的平底不沾鍋裡以大火加熱：

2大匙奶油或蔬菜油

一次舀滿滿一大匙麵糊，放入油鍋裡，別讓鍋裡變得擁擠。轉中火油煎，翻面一次，煎到兩面焦黃，每一面約2至3分鐘。小心別煎過頭。起鍋後立即享用。

迪的玉米番茄沙拉（Dee's Corn and Tomato Salad）（4人份）

很少有東西可以像玉米和番茄一樣象徵著夏天，而這兩者在我們的朋友迪．史密德研發的這道菜裡成了可口繽紛的組合。

從玉米串上切下：

3杯玉米粒（約6根玉米串）

在一口碗裡混合：

1顆大型的番茄，切丁

1/2顆紅洋蔥，切丁

1至2大匙切碎的羅勒

加：

油醋醬★，325頁

稍稍潤濕一下。在2至3小時內食用完，可冰涼著吃，也可呈室溫狀態吃，點綴上：

羅勒葉

| 關於小黃瓜 |

在最佳狀態下，小黃瓜清脆多汁又解渴，值得變成一句俚語「酷得像一根⋯⋯」（你我都知道那後頭接的是什麼字眼）*永垂不朽。切片用的小黃瓜品種有薄皮的美洲品種和修長的無籽歐洲溫室小黃瓜，以及**日本**品種。醃漬用小黃瓜反而短，而且被改良成保有脆度之餘又格外會吸收水分。**西印度黃瓜**（Gherkins）、**法國小黃瓜**和**科比黃瓜**（Kirbys）都是醃漬用的小黃瓜。醃漬小黃瓜☆，參見「醃菜和碎漬物」。

合用的小黃瓜必須堅實，沒有軟塌塌、撞傷、割傷或乾枯的地方。外皮應該有光澤——別被厚厚的一層修飾蠟給誤導，很多市場裡的小黃瓜都有塗蠟。如果外皮沒塗蠟，小黃瓜可以鮮吃。放冰箱的蔬果儲藏格冷藏。

用蔬果削皮器或小削刀來削皮。縱切對半，喜歡的話，用湯匙尖端把籽刮挖出來，291頁。如果你不削皮，可以把黃瓜豎直，用叉子由上往下刮劃瓜

---

* 譯註：英文裡有cool as a cucumber的說法，直譯是「像小黃瓜一樣冷」，意指臨危不亂的冷靜。

皮，重複幾次，直到整條黃瓜布滿劃痕，之後再切片，同樣可做出漂亮的修飾。如果試吃一小口發現小黃瓜有苦澀味，切掉兩端並削皮後，放到一口碗裡，淋一點蘋果酒醋進去，再各加一小撮鹽和糖，拌一拌。靜置三十分鐘，然後清洗乾淨。

小黃瓜加點鹽生吃很美味，搭配酸奶、優格、生洋蔥、大蒜、薄荷、蝦夷蔥、檸檬、蒔蘿、芝麻、醋和新鮮番茄很對味。有些會對小黃瓜過敏的人，發現只要把小黃瓜去籽並煮熟就可以好好享用它。煮過的小黃瓜質地軟嫩滋味溫和。用煮櫛瓜的方式來煮小黃瓜，記得，新鮮的小黃瓜更爽脆多汁。

水煮小黃瓜（Cooked Cucumbers）（2人份）

準備：2杯削皮的小黃瓜條
丟進一口裝有滾水的小醬汁鍋裡，火轉小，煮到差不多軟了，3至5分鐘。瀝乾，再放回鍋內。加：
鹽和白胡椒，適量
現磨的肉豆蔻屑或肉豆蔻粉，或1小匙切碎的蒔蘿、蝦夷蔥、荷蘭芹，又或蒔蘿籽或西芹籽
調味。拌入：
1大匙奶油或2大匙濃的鮮奶油
短暫地再加熱一下，立刻享用。
或者佐上：
檸檬奶油★，303頁，加酸豆；或新鮮番茄醬★，310頁，加羅勒；或洋蔥醬★，293頁

| 關於茄子 |

在美國，最常買到的是墨紫色呈淚珠形或球形的茄子。不論如何，還有**白茄子**（white eggplant），而茄子的英文名稱[1]就是來自這種品種（在歐洲茄子普遍叫做*aubergine*，是茄子的阿拉伯名稱的訛用；在義大利，茄子叫做*melanzana*，從茄子的拉丁名稱而來，意思是「瘋癲的蘋果」）[2]。**亞洲茄子**呈淡紫色，或稍帶條紋，體型小而修長。雖然亞洲茄子可以用在一般茄子的食譜裡，但是它用來烘焙、燒烤或香煎滋味最好。

挑選沉甸甸的、果皮緊繃有光澤，包莢和蒂頭鮮綠，表面沒有發軟、挫傷或撞傷的茄子。一般而言，小至中型茄子重約一磅或更少是上選，因為這樣的茄子最幼嫩而且籽最少。貯存在陰涼乾燥的地方，盡快食用完畢。不建議放冰箱冷藏。

茄子很會吸油。泡鹽水並瀝乾可使果肉變緊密，下鍋後吸的油少一些，而且煮好後口感結實綿密。蒂頭和包莢要切掉。除非你的食譜另有指示，否則用

1 譯註：最初歐洲人所知道的茄子，呈鵝蛋形，大小差不多，是白中透黃的品種，不是現在普遍可見的紫色品種，因此衍生出egg加上plant複合字來指稱這種果實像蛋的植物。

2 譯註：當時人相信，吃了茄子會使人失去理智。

一把薄削刀削皮，再切片、切方丁或切半。➡茄子一經切開很快會變色，所以要淋一些或抹一些檸檬汁。在切片上大量撒鹽。若切方丁就放在瀝水籃裡，切片或切半則放在烤盤裡，靜置三十至六十分鐘，然後快速沖洗，分小批壓擠茄子瀝水。➡一磅的茄子等同三至四杯切丁的茄子。

茄子搭配羔羊肉、番茄、蘑菇、洋蔥、甜椒、起司、奶醬、奧瑞岡、馬鬱蘭、醬油和大蒜很對味。不建議用微波爐或壓力鍋來煮。

烤茄片（Baked Eggplant Slices）（4至6人份）

烤箱轉200度預熱。

將：2根中型茄子（每根約1磅）

削皮。切成1/2吋厚片，在每一片兩面刷上：

放軟的奶油、橄欖油或蔬菜油

加：

鹽和黑胡椒

調味。放到烤盤裡烤到軟，約15分鐘，其間翻面一次。點綴上：

切碎的荷蘭芹或羅勒

炸茄子（Fried Eggplant）（4人份）

這些麵衣可使茄子外表酥脆內裡軟綿。

I. 請參閱「油炸蔬菜」，405頁。

將：1根中型茄子

削皮，切1/2吋片狀或條狀，沾裹：

炸蔬菜用的油炸麵糊*，464頁

放進加熱至185度、可整個淹蓋茄片或茄條的蔬菜油裡炸。撈出後放紙巾上瀝油，撒上：

鹽，適量

趁熱食用。

II 將：1根中型茄子

削皮，切1/2吋片狀或條狀。

在一口淺碗裡攪勻：

3顆大型雞蛋、1大匙橄欖油

將茄子放進：

1/3杯中筋麵粉

敷上麵粉，甩掉多餘的麵粉，再沾裹蛋液，讓多餘的蛋液滴下，接著再放進：

1又1/4杯新鮮麵包屑

敷上麵包屑。處理好後把茄片放在架子上晾乾30分鐘。在一口大的平底鍋裡以中大火加熱：

1/4杯橄欖油

油熱後，茄片下鍋，鍋內能放幾片就放幾片，但不要讓鍋內擁擠，每一面煎炸4至5分鐘。炸好後撈到盤子裡。你也許要多加一點油進去，把其餘的幾批茄子炸完。撒：

鹽和黑胡椒，適量

調味。

焗烤茄子（Eggplant Parmigiana）（4至6人份）

準備：

新鮮番茄醬*，310頁

炸茄子II，如上

把烤架擺在烤箱內上三分之一處，烤箱轉220度預熱。在一口17×12吋有邊框的烤盤裡倒入一半的番茄醬料，再把炸茄片放進烤盤裡平鋪一層，或者需要的話稍微重疊。然後再倒入剩下的一半番茄醬料，以及：

2小匙乾燥的奧瑞岡

1/4小匙黑胡椒
混勻：
1又1/2杯莫扎瑞拉起司斯（6盎司）
2/3杯帕瑪森起司屑
撒到茄子上，最後再撒上：
2小匙切碎的荷蘭芹
烤到起司融化並冒泡，約15分鐘，立即享用。

烤整根茄子（Roasted Whole Eggplant）

烤茄子的果肉軟嫩，可做成各種沾醬。你可以把整根茄子放在火燙的燒烤架上，烤到焦焦的會帶有特殊的煙燻味，或放在爐灶裡的餘燼上烤。1磅的茄子可得出1又1/2杯茄肉。烤箱轉200度預熱，用刀子在：
1根茄子
茄身上劃幾道口子，在每道口子裡塞：
大蒜碎片
接著茄子放烤盤裡。烤到茄子塌軟，30分鐘至1小時，視茄子大小而定。
烤好後放到瀝水籃裡瀝除汁液。然後茄子切對半，舀出果肉，讓果肉呈粗粒狀或搗成泥，用來做茄子沾醬，譬如烤茄子沾醬，140頁，或者加以下之一調味：
特級初榨橄欖油、融化的奶油或麻油
切碎的辛香草，譬如馬鬱蘭或羅勒
新鮮檸檬汁或任何油醋醬*，325頁
原味優格
鹽和黑胡椒

普羅旺斯燉菜（Ratatouille Provençale）（8人份）

盛在色彩成對比的盤子上，這道菜彷若繽紛的立體畫派靜物畫。
在一口大的平底鍋或荷蘭鍋裡以中火加熱：
1/4杯橄欖油
油熱後下：
1根中型茄子（約1磅），削皮切成1吋大小塊狀
1磅櫛瓜，切成一吋大小塊狀
拌炒拌炒，煮到呈金黃色而且剛好變軟，10至12分鐘。盛到盤子裡。再在鍋裡放：
2大匙橄欖油、1又1/2杯切片的洋蔥
拌炒到洋蔥稍微變軟，再下：
2顆大的紅甜椒，切成1吋方形
3瓣蒜仁，剁碎
偶爾拌炒一下，煮到甜椒剛好變軟而不致焦黃，8至12分鐘。加：
鹽和黑胡椒，適量
調味，再放入：
1又1/2杯去皮，517頁，去籽切碎的新鮮番茄，或1罐14盎司番茄丁，瀝乾
2至3枝新鮮百里香或1/2小匙乾燥的百里香
1片月桂葉
火轉小，蓋上鍋蓋，煮5分鐘。然後再把茄子和櫛瓜加進鍋內，煮到所有食材都軟嫩，約再20分鐘左右。嚐一嚐，調整一下鹹淡。拌入：
1/4杯切碎的羅勒
（去核黑橄欖，剁碎）

慕沙卡（Moussaka）（6至8人份）

這裡的慕沙卡是用優格和蛋的混料焗烤，比希臘貝夏美醬或白醬的傳統慕沙卡要清爽些。希臘起司和優格可以在希臘市場或專賣地中海和中東食品的熟食店裡買到。由於凱芬拉泰瑞起司（kefalotyri）相當鹹，我們喜歡混上帕瑪

森起司。將：
2至2又1/2磅茄子（2根大型的或3根中型的）
縱切成1/3吋厚的長條。加上大量的鹽，放在烤盤裡，靜置30分鐘至1小時。
與此同時，在一口大的平底鍋裡以中大火熱鍋，鍋熱後下：
1磅羔羊絞肉或瘦牛絞肉
炒一炒，烙到肉變焦黃而且釋出油，約5至10分鐘，加：
鹽和黑胡椒
調味。用一把漏勺把肉末舀到一口盆裡。倒掉鍋裡的油，加2大匙水進去，用一把木鏟把鍋底的脆渣精華刮出來，再把肉末倒回鍋裡，轉中火，加：
2大匙橄欖油
加熱一下，接著下：
1顆洋蔥，切碎
拌炒到洋蔥變軟，約5分鐘，再下：
2瓣大的蒜仁，切末
爆香，約30秒至1分鐘，然後拌入：
1罐14盎司番茄丁，連汁一起
滿滿1大匙番茄糊
1/2小匙甜味匈牙利紅椒粉
1/4小匙肉桂粉、1/8小匙多香果粉
1/2小匙糖、1片月桂葉
1/2杯熱水，或差不多剛好淹蓋肉末的水量
鹽和黑胡椒，適量
煮到微滾，然後火轉小，加蓋再煮到微滾，再把火轉小，加蓋慢煮45分鐘至1小時，其間偶爾要拌一拌。混料應當又稠又香。掀蓋再煮個5至10分鐘，煮到鍋裡的汁液幾乎收乾。鍋子離火，撈除月桂葉。嚐嚐味道，調整鹹淡。稍微放涼後，拌入：
1/2杯切碎的荷蘭芹
1顆大的雞蛋，打散
置一旁備用，並著手煮茄子。炙烤箱預熱。將兩只烤盤刷上橄欖油。茄片沖洗後用紙巾拭乾，然後放到烤盤內，並刷上：
橄欖油
一次烤一盤，放到炙烤箱裡，離上火約2吋，烤3至5分鐘，或烤到茄子稍微焦黃而且變軟。離火讓茄子冷卻一下（你也可以把茄子放進230度的烤箱烤10至15分鐘，烤到稍微焦黃而且變軟）。
烤箱轉180度預熱。將一口3夸特的烤盤或焗烤盤抹油。把一半的茄子均勻地鋪在烤盤底，將所有的肉醬料倒進去，表面抹平，然後再把剩下的一半茄子鋪在上面。烤30分鐘。
與此同時，將：
4顆大的雞蛋
1又1/4杯原味優格，最好是希臘優格，瀝乾
1小撮匈牙利紅椒粉
鹽（約1/2小匙）和適量黑胡椒
打勻，倒到出爐的茄子上，再在上面均勻撒上：
1/2杯希臘凱芬拉泰瑞起司屑混帕瑪森起司屑，或只用帕馬森起司屑
再送回烤箱烤25至30分鐘，直到金黃。趁溫熱享用。

燉茄子（Eggplant Relish〔Caponata〕）（約4杯）

一道豐盛的義大利風味配菜，可佐配魚肉、禽肉或紅肉，也可以當抹醬，配著口袋餅、薄脆餅乾或小圓片麵包吃。
將：1根中型茄子（約1磅）
削皮切1/2吋方塊。撒上大量的：鹽
放在瀝水籃裡，靜置30至60分鐘。沖洗並拭乾。在一口大的厚底平底鍋裡以中火加熱：
2大匙橄欖油
油熱後下：

1杯切細碎的西芹
拌炒到變軟，約4分鐘，然後再下：
1顆中型洋蔥，切細碎
1瓣蒜仁，切末
拌炒到洋蔥變軟而且稍微上色，約5分鐘。
用一把漏勺把蔬菜料舀到一口盆裡。再在平底鍋裡放：
2大匙橄欖油
茄子下鍋，不時拌炒一下，煮到稍微變焦黃，約5至7分鐘。把芹菜料倒回鍋裡，連同：
1又1/2杯罐頭的李子番茄，瀝乾粗切
12顆綠橄欖，去核粗切
1又1/2大匙瀝乾的酸豆
2大匙紅酒醋、1大匙番茄糊
2小匙糖
1小匙新鮮的奧瑞岡末或1/4小匙乾燥的奧瑞岡
1小匙鹽、黑胡椒，適量
煮沸，然後轉小火煨煮，不蓋鍋蓋，熬到濃稠，約15分鐘。
嚐嚐味道，需要的話額外加點鹽、黑胡椒和/或醋調整鹹淡。起鍋盛在碗裡，放涼，點綴上：
2大匙荷蘭芹末
放涼至室溫享用。

| 關於苦苣、闊葉苦苣和義大利紫菊苣 |

有些葉片平滑，有些有鬈曲，有些呈白色，很多呈淡綠色，不論如何，菊苣家族的所有成員都有個共通點，那就是葉片堅實，帶有清新的苦味。這些菜可以生吃，也請參見「沙拉嫩葉」，263頁。下鍋煮可使苦味稍微變淡，葉片也軟些，得出可以完美襯托濃郁肉類的配菜。所有菊苣類都可以撕碎或切絲，當蒜菜那樣煎炒。由於比利時苦苣和義大利紫菊苣結球密實，也可以烘烤或燒烤。義大利紫菊苣可在盤內增添漂亮的紅色。

這些青菜搭配濃嗆起司，譬如洛克福藍紋起司或芳提納起司，以及鹹味肉，譬如火腿和培根，還有酸豆、橄欖、紅甜椒和水煮蛋很對味。貯存方法如同貯存沙拉嫩葉，頁。262

焗烤比利時苦苣（Belgian Endive au Gratin）（4人份）

比利時苦苣可以當蔬菜煮，讓很多人跌破眼鏡。佐配燒烤魚肉或紅肉的絕佳配菜。
烤架置於烤箱的中央，烤箱轉165度預熱。將一口8吋正方的烤盤稍微抹上奶油。備妥：
8顆中型比利時苦苣，摘除外圍挫傷的葉子，縱切對半、3大匙無鹽奶油，切小塊
2大匙新鮮檸檬汁
將一半的苦苣放在備妥的烤盤上，加上一半的奶油和檸檬汁。重複這手續做第二層。最後在上面淋：
1/4杯滾燙的雞高湯或肉湯或水
加蓋烤45分鐘。
掀開蓋子，撒上：
1/2杯新鮮的麵包屑
2大匙帕馬森起司屑
將烤箱火力轉至190度，烤到苦苣變焦黃，約再20多分鐘。

燴燒義大利紫菊苣（Braised Radicchio）（4至6人份）

燴燒義大利紫菊苣可以剁碎拌入新鮮的義大利麵中。

在一口大的平底鍋裡以中火將：

1大匙特級初榨橄欖油

2盎司瘦的義式培根或一般培根，切碎

煎到捲曲，約3分鐘。把火轉大，放入：

1顆中型洋蔥，切細碎

1/2根小的胡蘿蔔，切細碎

拌炒1分鐘，再下：

1磅義大利紫菊苣，修除凋萎的葉片，每球切成4至6瓣

不時翻面，煎煮到義大利紫菊苣每一面萎軟而且呈漂亮的金黃色，加：

1/2杯不甜的白酒

以中火煮酒液蒸發，其間將義大利紫菊苣翻面一兩次。再倒進：

1/2杯至2/3杯雞高湯或雞肉湯

2大匙濃的鮮奶油

煨煮大約3分鐘，刮一刮鍋底的焦脆精華，加：

鹽和黑胡椒，適量

調味。

| 球莖茴香 |

這種帶有八角香的球莖茴香在大多數的市場裡都有，可以沾醬或加進沙拉裡鮮吃，或者取代西芹加進菜裡，又或燒烤、燴燒或香煎，它的複葉可直接當作調味料。球莖茴香配魚肉格外美味。番茄、柳橙、蘋果、核桃、起司、檸檬和蒔蘿尤其能烘托它的滋味。

球莖茴香不容易保存，很難放上二或三天。處理的方式是，修切柄蒂，將球莖外圍粗硬的外層剝掉。把心切掉，除非要切片，那麼就要縱切，從球莖心下刀一路切到複葉。連心一起切，切片才不會散掉。

烤球莖茴香（Roasted Fennel）（4至6人份）

烤箱轉190度預熱。修切：

2球中型的球莖茴香

的柄蒂並切片。

將一口烤盤刷上：

1大匙橄欖油

將切片的球莖茴香放在烤盤內平鋪一層。在上面刷上：

2大匙橄欖油

烤約15分鐘，接著翻面再烤到用刀子可以戳得進去的軟度，而且稍微焦黃，約再15至20分鐘。加：

鹽和黑胡椒，適量

趁熱享用，或放涼至室溫再吃，撒上：

新鮮檸檬汁或帕瑪森起司絲

| 關於嫩蕨菜（fiddlehead ferns） |

莢果蕨的新芽，又叫做「提琴頭」，有著讓人聯想到蘆筍和朝鮮薊的滋味——有些人則說是帶有四季豆的味道。春天時可以在特產店或農人市集買到。挑選呈翠綠色，而且嫩尖緊密拳卷或卷旋的蕨菜。市面上也有罐頭蕨菜。處理

蕨菜的方式是，把老梗修切掉，讓「尾段」和拳卷未展的嫩尖一樣厚。把蕨葉浸在冷水裡，撥攪撥攪，搓掉褐色絨毛，清洗乾淨。清蒸，直到變軟，約十至十五分鐘。佐上（喜歡的話，放在吐司上）融化的奶油加檸檬汁或佐荷蘭醬★，307頁。嫩芽也可以油炸來吃。

當心：有些人會對蕨菜過敏。➡別在野地裡採摘蕨菜，因為很多蕨類都有挺立鬈捲的嫩尖，但只有莢果蕨可以安心食用。

| 關於大蒜 |

大蒜一整年都買得到，盛產季在春天。挑選結球飽滿堅實，白色、紫色或者泛紅的蒜皮薄如紙而緊繃的大蒜。放室溫下貯存，遠離光線。避免有褐斑或長綠芽的蒜頭——它們已經過了最佳狀態。大蒜以蒜泥狀態冷凍才能保鮮。你在農人市集看到的一把把**青蒜**（green garlic），是蒜頭還沒長出來便被採收的——就像很多品種的青蔥是洋蔥還沒形成便被採收的。青蒜的貯存方式跟青蔥一樣，但用法則跟大蒜一樣。**大象蒜頭**（Elephant garlic）不是真的蒜頭，而是韭蔥的一種。其蒜粒像巴西栗（brazil nut）那麼大，滋味非常溫和。更多有關大蒜的資訊☆，請見「了解你的食材」。

要將蒜瓣剝皮，將蒜瓣置於平台上，用一把菜刀的刀面輕而平穩地往下壓，蒜皮裂開後就很容易剝除。也可以使用橡膠做的管狀蒜頭剝皮器（tubular rubber garlic peeler），在廚房用品店買得到。要切蒜末，將一瓣去皮蒜仁縱切但不切斷，然後水平地切個一兩刀，再橫向剁成碎末。要搗成蒜泥，讓刀葉幾乎平貼著蒜末，往下輾壓的同時，來回割劃蒜末，直到蒜末變成蒜泥。加一小撮鹽的蒜泥，是油醋醬的美味關鍵。若你要把生蒜做成細泥，而剁末輾壓達不到你要的質地，不妨用蒜茸鉗（garlic press）。若要用油爆香大蒜，小心別把大蒜煎焦了，焦了的大蒜會變得苦嗆。

烤大蒜（Roasted Garlic）（4至6人份）

若要當作前菜，把蒜仁從蒜瓣擠出來，抹在加了奶油烤的法式麵包片上。喜歡的話，佐上綜合橄欖和新鮮羊奶起司。或者用在帕瑪森起司烤蒜抹醬，143頁。

I. 烤箱轉165度預熱。修切：

4大球蒜球

上三分之一，好露出蒜仁。在切面上淋：

2大匙橄欖油

用鋁箔紙把每一球緊緊包裹起來，放到烤盤裡，烤到大蒜軟嫩，45分鐘至1小時。趁熱食用，或者放涼至室溫。

II. 烤箱轉165度預熱。修切：

4大球蒜球

上三分之一，好露出蒜仁。放到一口8×8吋的烤盤裡，倒進：

雞高湯或水，水面高度達蒜球側壁的三分之一處在蒜球上面淋：

2大匙橄欖油或雞高湯

每一球上再放：

（1枝新鮮的百里香）

用鋁箔紙罩住烤盤，烤到大蒜軟嫩，約1小時。趁熱食用，或者放涼至室溫。

| 關於栽培的菜葉類 |

菜葉種類繁多，滋味從溫和到嗆烈都有。菜葉富含營養素，其中以深綠色青菜最被稱道——維他命A和C，礦物質諸如鐵，以及無數的植化素。**莙菜**或**瑞士莙菜**盛產於夏季，其葉脈莖梗的顏色五彩繽紛：有深紅、橘色和黃色。莙菜的用途很廣，滋味溫和略帶苦味（和甜菜根很像）。莙菜的莖梗可以用煮蘆筍的方式來煮，415頁，佐上奶醬或焗烤滋味絕佳。**甜菜**葉滋味溫和得多，基本上會連在甜菜根上一起賣。**蕪菁**葉幼嫩時略帶甜味而軟嫩，熟成後粗硬且味道濃嗆。盛產季在秋冬。**羽衣甘藍**是芥藍的近親，在較寒冷的氣溫下才長得好，而且耐得住霜凍——這讓它長出來的菜葉更甘甜。一整年都買得到，但冬季產量最多，滋味也最棒。挑選顏色深、葉片小的羽衣甘藍。下鍋煮之前要先去除粗硬的莖梗。**芥藍**葉盛產於冬季，最棒的芥蘭葉是莖梗清脆而且根部完好無損的。跟羽衣甘藍一樣，降初霜之後的芥蘭葉是最甘甜的。**芥菜葉**也在冬天盛產，通常有辛嗆的「芥末」味，一般會連同其他青菜一起煮。

菜葉買回家後先不清洗，裝在塑膠袋裡放冰箱蔬果儲藏格冷藏。幾天之內食用完畢，因為菜葉很容易枯萎。烹煮之前，所有的菜葉都要徹底清洗，浸泡後多換幾次冷水，這樣才能清除泥沙。在水槽蓄水，菜葉放瀝水籃或篩網裡，浸泡到水裡。撥攪菜葉三十秒左右，然後輕輕地把瀝水籃挪出水中。將水槽的水排乾，重新蓄一槽水，重複清洗的手續，直到把所有泥沙沖淨。

老式的做法是把綠菜葉加上培根、鹹豬肉或後膝火腿一起燴燒一小時或更久，佐上醋食用。我們喜歡用以下的方法來保住菜葉的色澤和營養素。菜葉可以整葉煮，或者——當菜葉過大或過老——為了減少烹煮的時間，切除葉脈或把葉片從莖梗上摘取下來煮。多葉的部分可以撕成二至三吋小段，或者疊捲起來橫向切成一吋條狀。

綠菜葉不適合蒸。菜葉裡的酸會被熱力活化。可用大量的水漂燙而不宜蒸煮，因為漂燙可以洗掉菜葉裡的酸，否則那酸性會破壞葉綠素，使得菜葉由深綠轉成暗灰。

綠菜葉很適合搭配大蒜、培根、紅椒碎片或紅椒醬、醋、鹹豬肉、醬油和芥末。

若要微波，將一又四分之一磅菜葉的莖梗去掉，如果菜葉中脈很粗大，也一併去掉。把菜葉放在三夸特的烤盤裡，連同洗菜時附在葉片上的水，蓋上蓋子以強火力微波到軟，七至十分鐘，三分鐘後攪拌一下。微波好後，靜置兩分鐘再掀蓋。用壓力鍋煮甜菜葉，以十五磅壓力煮三分鐘。

大部分的菜葉幼嫩時都可以鮮吃，參見沙拉，262頁。

南方風味菜葉（Southern-Style Greens）（8人份）

喜歡的話，兩種或兩種以上的菜葉可以一起煮。在南方，這些菜葉會瀝乾，配上醋和辣椒醬和煮菜汁，亦即鍋液，而且會讓南方玉米麵包*，421頁，吸飽這鍋液。

在一口大鍋裡把：

10杯水

5盎司鹹豬肉或培根，切丁，或1磅後膝火腿或煙燻豬頸骨

煮沸，然後把火稍微轉小，保持小滾，蓋上鍋蓋留個小縫，煨煮1小時。充分洗淨：

3磅的任何菜葉

需要的話去除葉脈，撕成或切成小片。放進鍋裡，喜歡的話，連同：

（1根小的紅辣椒乾，去籽，或1/2小匙紅辣椒碎片）

火轉小，蓋上鍋蓋但留個小縫，煨到菜葉軟嫩，15至45分鐘，端看煮什麼菜葉，其間偶爾要攪拌一下。佐上：

醋或辣椒醬

蒜炒青菜（Sautéed Greens with Garlic）（4至6人份）

將：

2把中的紅莙菜或綠莙菜、羽衣甘藍或甜菜葉（約1又1/2磅）

去莖梗或葉片中脈，把莖梗和中脈切成1/2吋小段。菜葉粗切。清洗乾淨，不需晾乾。

在一口大的平底鍋裡以中小火加熱：

2大匙特級初榨橄欖油

2瓣蒜仁，切薄片

（1根紅辣椒乾，壓碎，或1/4至1/2小匙紅辣椒碎片）

等到油飄出香味，蒜片開始上色，莖梗和中脈下鍋，加：

鹽

調味，偶爾拌炒一下，煮到差不多軟了，約2分鐘。接著菜葉下鍋，蓋上鍋蓋但留個小縫，煮到菜葉和莖梗都軟了，再3至5分鐘。加：

1/2顆檸檬的汁液或1/2大匙紅酒醋

調味。再嚐一嚐鹹度，起鍋盛盤，點綴上：

檸檬角

或者，不加鹽和檸檬，澆上些許：

醬油或日式醬油

羽衣甘藍和馬鈴薯煲（Kale and Potato Gratin）（6人份）

烤箱轉180度預熱。將一口2夸特的淺烤盤抹上奶油。

將：

1大把羽衣甘藍（約1磅），充分洗淨，去梗切片

蒸到差不多軟了，8至10分鐘。與此同時，將：

4顆中型育空黃金馬鈴薯（Yukon gold）或萬用馬鈴薯（約1又1/4磅）

2顆小的洋蔥

去皮並切成1/8吋圓片。

瀝出羽衣甘藍，放涼到不燙手的地步。擠出多餘的水分然後粗切。

在烤盤裡交替地鋪上一層馬鈴薯、一層

洋蔥和一層羽衣甘藍（每樣兩層），底層和最上層都是馬鈴薯，而且在每一層洋蔥上撒：
2大匙奶油，切小塊
（1小匙龍蒿末）
1/2小匙鹽
1/4小匙黑胡椒
再倒上：
1又1/2杯牛奶或半對半鮮奶油
加蓋烤到馬鈴薯變軟而且差不多所有的汁液都被吸收，30至45分鐘。喜歡的話，放入炙烤爐裡把表面烤到焦黃。

甜菜葉（Beet Greens）

I. 可以用處理菠菜的方式處理甜菜葉。如果你打算讓菜葉連同甜菜根一起上桌，可把甜菜根排成一圈，把菜葉放中間，淋上融化的奶油，再配上辣根醬*，294頁。

II. 4人份
在一口大的平底鍋裡以中火加熱：
2大匙奶油或蔬菜油
油熱後放：
4杯切碎的甜菜葉，連嫩莖一起
1大匙現磨的新鮮辣根泥
1小匙洋蔥碎末
1/2小匙第戎芥末醬
1/8小匙鹽
拌炒到菜葉萎軟，約5分鐘，倒進：
1/4杯水
加蓋煮到菜葉變軟，約10至15分鐘。掀蓋續煮，攪拌一下，煮到汁液收乾。喜歡的話，鍋子離火，拌入：
（1/2杯酸奶）

關於野菜、野菜苗和野生根莖類

如果你熱衷於採集可食野菜，不妨找當地專家幫忙。如果找不到這樣的人，那麼最好是參考可靠的圖鑑，譬如彼得森（Lee Allen Peterson）著的《可食野菜圖鑑》或亨德森（Robert Henderson）著的《在鄰近地區蒐獵：野菜饗宴指南》。

野菜可能含有高濃度的草酸鹽、硝酸鹽和其他有毒成分。野菜經過烹煮後這些刺激物含量會降低，真正下鍋煮之前若預先焯燙一下，也可能全數去除。➡謹慎地試吃一下所有野菜，同時記得，所有的植物都有可口多汁的季節，也有不可食的期間，也都需要小心清洗，去除泥沙。

烹煮野菜

這裡列的野菜都是最熱門的。按照處理菠菜的方式處理：嫩繁縷、藜、馬齒莧、芥菜、老的礦工生菜（菜葉較粗硬）、小的車前草、白玉草、牛筋草和蕁麻。這些野菜一下鍋後，菜量起碼剩一半。蕁麻在下鍋煮之前要用夾子或戴手套處理，若把它的根挖起來，埋在裝土的盒子裡置於陰涼的地窖栽種，整個冬天都可以漂燙蕁麻苗來吃。也可以用烹煮菠菜的方法來煮。採獵之前，務必要請教當地野菜專家，或參考可靠的野菜圖鑑。

下列野菜的烹煮方式是，先漂燙約五分鐘，瀝出後再放進煮開的清水裡煮十分鐘左右：開花之前便摘下的蒲公英葉、幼嫩的羊蹄葉或皺葉羊蹄、幼嫩的菊苣葉、月見草和紫草。這些野菜經過漂燙和烹煮後，大部分仍舊略帶苦味，你不妨混合其他較不苦的熟菜葉，譬如馬齒莧。

烹煮野菜苗

某些野菜苗掀起了熱烈討論——野蘆筍，這還用說，及其表親，百合的莖。後者通常稀有到沒人考慮栽種，乾脆留它在野地裡。不過廣為流行的菜苗，譬如香蒲、火紅柳葉菜、牛蒡和日本款冬或蕗菜，情況就不是如此了，這些野菜在移植地裡茂盛生長，很容易找到。牛蒡和款冬的根（見435頁）和莖也可以食用，莖在烹煮前要仔細削皮。以上所有的野菜苗都可以用煮蘆筍的方式煮。

還有嫩芽類（poke shoots），非常幼嫩就被剪下，其菜葉和根若未經烹煮是有毒的。嫩芽應該要漂燙（parblanch）☆，見「烹飪方式與技巧」，換兩次水漂燙，然後第三次再用清水煮到軟。

烹煮野根類

採收某些水生根類，是熱衷採獵的人的一大樂事，對於那些喜歡光腳丫踩泥巴的快感的人也是。蘆葦和香蒲一整年都挖得到，根莖可食用。刮除毛鬚，漂燙至少十分鐘，再用清水沸煮或用烤箱烤一小時以上。若用炭火烤需要二至三小時。要在秋天挖的慈菇塊莖，要用烹煮馬鈴薯的方式處理。黃睡蓮長而多孔的根要煮三十分鐘。芬芳的白睡蓮未開的花苞也可食用，用奶油短暫地煎一下即可，而黃睡蓮和白睡蓮的籽也可以炸，炸出來像爆米花。在水生植物中，梭魚草的嫩葉是最容易料理的，大約只需煮八分鐘。或者把生菜葉切一切，加進沙拉裡。

在陸生的根莖類裡，菊芋最受歡迎，也有栽培的菊芋。可以用相同的方法烹煮的還有花生根、款冬根和牛蒡根以及——去除走莖（runners）的——金針的根。金針花苞的料理☆，見「了解你的食材」。月見草第一年的根也可以用烹煮菊芋的方法料理，但是要先漂燙十分鐘才行。春美草的球莖，有時可以在老草坪的草皮上看見，也可以用烹煮馬鈴薯的方式料理——但是要有耐心，而且必須要有小人國的胃口。

炒乳草莢果（Sautéed Milkweed Pods）（4人份）

在一口裝了滾水的鍋子（所有的莢果都要徹底泡約5分鐘，或泡到軟）煮：
30根小的乳草莢果，每根少於4吋，最好是1又1/2吋長
瀝出。在一口大的平底鍋裡加熱：
2大匙橄欖油
油熱後爆香：3瓣大的蒜仁，切末
拌炒一下，再放進乳草莢果，加：
鹽和黑胡椒
調味，偶爾拌一拌，再多煮幾分鐘，直至莢果變軟，拌入：
1/4杯帕瑪森起司屑

| 豆薯 |

豆薯的外觀很不起眼——很像褐皮粗糙的蕪菁——怎料它內裡的白肉甘甜清脆又多汁。它是生鮮蔬果盤或沙拉的人氣品，也可取代菱角用在熱炒料理中，或者和馬鈴薯一起下鍋煎。挑選小至中型的塊莖，硬度一致而且拿起來沉甸甸的，沒有起皺或乾燥的跡象。在沒削皮而且沒包裝的狀態下放冰箱冷藏。使用前刷洗乾淨，用銳利的削刀削皮。把表皮下薄而多纖的那一層也削掉。切成片狀、角瓣、方丁或火柴棒。淋上萊姆汁、檸檬汁或柳橙汁試試看。

| 大頭菜 |

*Kohlrabi*一字是德文，意思是甘藍蕪菁。大頭菜最常被吃的部分，是肥大硬化的莖。這球狀物有著溫和清甜的甘藍菜滋味，而且非常清脆。除非是幼嫩的，否則大頭菜往往太多纖維，不值得用來料理。切下莖梗，連同球莖一起放進塑膠袋裡，袋口稍微收攏，放冰箱的蔬果儲藏格冷藏。

大頭菜搭配白醬、番茄、鮮奶油、起司、蝦夷蔥和荷蘭芹特別對味。

除非很小顆，否則一定要削皮。切絲後，大頭菜加進沙拉或生鮮蔬果盤裡滋味很棒，或者做成香辣中式涼拌菜絲，272頁。莖梗很辛嗆，滋味像小蘿蔔，可以切碎加進沙拉裡。

若要微波，將一磅切片的大頭菜放進一口二夸特烤盤裡，加四分之一杯高湯或微鹹的水進去，加蓋以強火力微波至脆嫩或完全變軟，六至八分鐘，三分鐘後要拌一拌。微波好後靜置兩分鐘再掀蓋。

大頭菜（Kohlrabi）（4至8人份）

I. 清洗：
16顆小的大頭菜
連著莖梗的話要切下來，再切成1吋小段。將大頭菜削皮，再切1/4吋厚片。
把切片的大頭菜和切段的莖梗丟進一鍋大滾的水裡煮，不加蓋，煮到差不多軟了，約10分鐘。瀝出，拌上：
奶油或橄欖油

幾滴新鮮檸檬汁或醋
鹽和黑胡椒，適量
II. 莖梗和球莖用兩口鍋子分開煮，如上。充分瀝乾後，把莖梗剁成細末或放進食物調理機打成泥，然後再和大頭菜混合。

準備：
白醬I*，291頁
喜歡的話，加：
少許現磨的肉豆蔻
當醬料滑順而燙時，加大頭菜進去。

| 關於韭蔥 |

韭蔥外觀很像有著扁平葉片的大型青蔥，屬於洋蔥家族，但滋味比其他成員要溫和清甜。不過它也和其他洋蔥類型一樣，是很棒的調味品。打成泥加進湯裡或燉品，可增添醇厚度和滋味。韭蔥也可以做成配菜。韭蔥生長在土裡，所以➡一定要撥開交疊的葉片仔細沖洗去除泥沙。只取用蔥白和淺綠色的部分。裝在塑膠袋裡，袋口打開，放冰箱的蔬果儲藏格冷藏。

清洗時，先切掉深綠色的部分，把根也修切掉，白色部分則留著。從葉端下刀，往根的方向縱切至三分之二處；又或，如果要切半來煮的話，就一路縱切到底。把韭蔥放在冷水下沖洗，同時用手指撥開層層葉片，將泥沙完全沖洗掉。

韭蔥和很多食物都很搭，但搭配檸檬、奶油、起司、鮮奶油、球莖茴香、馬鈴薯、大蒜、火腿、蒔蘿、肉豆蔻、荷蘭芹和蝦夷蔥滋味特別好。

若要微波，將六至八根韭蔥縱切對半，放到烤盤裡。稍微撒上鹽，再倒四分之一杯水或高湯進去。加蓋以強火力微波八至十分鐘，四分鐘後要拌一拌。微波好後靜置二分鐘再掀蓋，即可上菜。

用壓力鍋煮，整根韭蔥下鍋以十五磅壓力煮二至四分鐘，端看韭蔥體型大小而定。

燴燒韭蔥（Braised Leeks）（4人份）

這些韭蔥最後可以加橄欖油或奶油和辛香草末簡單地修潤，也可以做成甘美多汁的焗烤或燒烤，或當冷盤佐上芥末油醋醬或紅蔥頭油醋醬。燴燒剩下的湯汁用來做燉飯或湯品非常棒。
在一口大的平底鍋裡把：
3杯雞高湯或雞肉湯或3杯水加1小匙鹽
煮滾。將：
4根大的或6根中的韭蔥
修切、縱切對半並清洗乾淨，如上述。將洗淨的韭蔥放進煮開的水裡，加蓋慢煮至用刀可戳穿切面的軟度，約15分鐘，其間要把韭蔥翻幾次面，免得它變乾。
煮好後，小心撈出每一條韭蔥，瀝除多餘的水，切面朝上地置於盤子上。在上面淋或撒：
油醋醬*，325頁；奶油；特級初榨橄欖油或辛香草調味的橄欖油
切碎的山蘿蔔菜、蝦夷蔥、龍蒿和／或荷蘭芹
鹽和黑胡椒，適量

奶油韭蔥（Creamy Leeks）（4人份）

在一口大的平底鍋裡以中小火融化：
2又1/2大匙奶油
放入：
4杯切絲的韭蔥（約3根大的韭蔥）
煮約2至3分鐘，再倒入：
1杯雞高湯或雞肉湯或1杯水外加1/2小匙鹽
1枝新鮮百里香或1/4小匙乾燥的百里香
加蓋燜煮到韭蔥變軟，約5分鐘。打開蓋子，把火轉中大，加：
1/4杯不甜的白酒
煮到液體收乾至一半，10至15分鐘，拌入：
2大匙濃的鮮奶油
（1/2小匙咖哩粉或一小撮現磨的肉豆蔻或肉豆蔻粉）
續煮到鮮奶油完全被吸收。加：
鹽和黑胡椒
調味。假使有摻咖哩粉，韭蔥起鍋後點綴上：蝦夷蔥末
若有加肉豆蔻，則點綴上：
切碎的荷蘭芹或山蘿蔔菜

油醋韭蔥（Leeks Vinaigrette）（4人份）

用細的韭蔥來做這道經典法式前菜。煮韭蔥的汁則用來做芥末油醋醬。備妥：
16根纖細的韭蔥（約3/4吋厚）
在一口大的平底鍋以中大火加熱：
1/4杯橄欖油
一當油很燙但不致冒煙時，韭蔥下鍋，要不停翻動它，煎成漂亮的金黃色，約10分鐘。拌入：
1杯雞高湯或雞肉湯、1/4杯不甜的紅酒
加蓋煮到用刀可戳穿韭蔥的軟度，約8分鐘，其間要不時翻動一下。盛盤。在平底鍋裡倒入：
1/4杯雞高湯或雞肉湯
2小匙紅酒醋，或依個人口味斟酌用量
拌煮約3分鐘，鍋子離火，拌入：
2小匙荷蘭芹末、1小匙第戎芥末醬
鹽和黑胡椒，適量
然後把油醋醬倒到韭蔥上，放涼。
等放涼至室溫，點綴上：
蝦夷蔥末

| 關於煮萵苣 |

賣力在自家園圃栽種的人，常會發現萵苣突然長得過剩，很希望自己養的是一窩兔子而不是孩子——他們不了解，萵苣的口感不是非得清脆爽口才行。只要確認手邊的萵苣葉沒有苦味，不妨試試這些不同的料理方式：以奶油濃湯方式來煮，245頁；像烹煮菠菜那樣加奶油，507頁；加豌豆一起煮，427頁；像做甘藍菜捲那樣做成菜捲，436頁；或者用來包整條魚或魚排去蒸。關於萵苣的更多資訊，請參見「沙拉」，257頁。

燒萵苣（Braised Lettuce）（6人份）

其香濃的滋味佐配紅燒肉很令人驚豔。
在一口大的平底鍋裡混合：
1片厚的或2片薄的培根（約2盎司），切小丁，或者2大匙橄欖油
3/4杯洋蔥丁、3/4杯胡蘿蔔丁
不加蓋地以小火煮10分鐘，在這期間，

將：
3大球奶油萵苣，洗淨並剝除外圍的葉片
丟進一大鍋滾水裡煮2分鐘。瀝出，縱切對半。
切面朝下，把萵苣覆蓋平底鍋裡的蔬菜丁上，加足夠的水進去，讓水面稍微低於萵苣側邊的一半。加：
鹽和黑胡椒
調味。煮沸，隨即把火轉小，加蓋煨煮15分鐘。
用一把漏勺把萵苣舀到熱過的盤子裡，保溫。以大火熬煮鍋裡的汁液，不加蓋，煮到成糖漿狀的醬汁，澆淋到萵苣上。

| 關於蓮藕 |

蓮花是熱帶的睡蓮，它的花苞、花、葉片和籽均可食。先將二分之一吋橢圓形蓮子焯燙，用一根小木撬挑出苦味重的蓮芯，將這富含維他命的籽實加到湯品或燉品，或者加到甜點裡。蓮葉，不管是新鮮或乾燥的，可以用來包蔬菜、肉類或包粽子。然而清脆的蓮藕才是重點，飽滿、呈長橢圓形、有節，而且布有孔洞——橫切片看起來很像瑞士起司，可以煎炒或鑲餡清蒸。蓮藕在亞洲市場裡一整年都買得到。挑選堅實、呈暗黃色，沒有軟塌處、斑疤或挫傷的。體型大小和口感與滋味沒有關係。貯存於陰涼處，就跟貯存馬鈴薯一樣。一接觸到空氣，肉質會很快變黑，所以要先備妥一碗酸性水☆，見「了解你的食材」。削皮切片後，馬上投入酸性水中。盡快煮完。

炒蓮藕（Stir-Fried Lotus Root）（4人份）

在一口裝有滾水的醬汁鍋裡煮：
2杯切片的蓮藕（8盎司）
12分鐘，或者煮到變軟。瀝出。在一口大的平底鍋裡以中大火加熱：
2大匙蔬菜油
油熱後下：
1大匙去皮生薑末、2根青蔥，切蔥花
拌炒，30秒，再下蓮藕片，連同：
2大匙不甜的雪莉酒、1大匙醬油
1小匙麻油、1小匙糖
1/4小匙壓碎的紅椒碎片
拌炒到醬汁變稠，約5分鐘，點綴上：
芝麻籽，烤過的、蔥花

| 關於蕈菇 |

這些看起來並不複雜的真菌類一點都不簡單。譬如說，雖然它們大體上是水，但是比大部分的植物含有更多蛋白質和維他命B。此外，它為菜餚添加的不僅是一份優雅，還有一股土味。它幾乎不含熱量，這一點也很令我們開心，但它們也會耍花招，在烹煮過程中，它們習慣會狡猾地吸收大量奶油、油脂或鮮奶油。

除了常見的鈕釦蘑菇之外，好幾種野菇現在也有栽培的，在特殊蔬果店和超市買得到。需要昂貴的菇類來增添菜餚的滋味時，買個一兩朵即可，就看它滋味有多濃烈，然後替補上滋味中性的鈕釦蘑菇。**白蘑菇**（White button），或市售的蘑菇，呈圓形，飽滿、綿滑而且相當溫和。要是很小顆，就整顆下鍋。

野菇的滋味比栽培的蕈菇更豐富。**雞油菌**（Chanterelles）或**黃菇**（girolles），狀似一把彎曲的喇叭。在蔬果店買得到，也可以到野地蒐獵。蒐獵資訊見下方說明。其金黃色或橘褐色的菌傘和纖細的柄略帶杏桃滋味或細緻的土味，搭配鮮奶油很對味，不管是配吐司、義大利麵、雞肉或玉米粥都很棒。形狀類似的黑色蕈菇名稱不一，**黑喇叭菇**（black trumpet）、**豐饒角**（horns of plenty）或**死亡喇叭**（trumpets of death），它們是雞油菌的近親，滋味也很相似，但肉質較薄。黑喇叭菇在蔬果店也買得到，也可以到野地蒐獵。兩者產季都是在夏天至冬天之間。另有一種外觀相似但稍微有毒（會造成暈吐）的菇，名叫**鬼火蘑菇**（Jack O'Lantern），➡小心別去採摘這種橙黃色、喇叭狀、長在硬木樁上的菇。

香啡菇（Cremini）或義大利褐菇，除了它生長在野外而且體型大些，和鈕釦蘑菇是一樣的。香啡菇的菌傘呈淡褐色，滋味更細膩幽香。

金針菇纖細得如豆芽，菌傘像個小圓點。金針菇是很漂亮的沙拉材料，可增添微微的甜味。簡單地放到肉湯裡加熱也很美味。使用前要先切除底部海綿狀，並撥成一絲絲。

羊肚菌（Morel）的菌傘小，呈深褐色圓錐形，海綿狀的外表像羊肚，在特殊的農產店裡買得到，也可以在春天搜獵到。羊肚菌分黑色和黃色兩種，均可食用而且都很珍貴。也有類羊肚菌，毒性強，外觀上和可食的表親不怎麼相像。蜂巢似的表面可讓羊肚菌吸飽醬汁，但也會窩藏泥沙和小生物。使用之前一定要泡在一碗清水裡清洗，並且充分拭乾。羊肚菌和幼嫩的蔬菜特別登對。

秀珍菇（Oyster mushroom）可能是栽培的也可能是野生的。長得一簇簇的，有著扇形的小巧菌傘，柄很短，色澤從乳白至灰褐色都有。肉質滑細，滋味帶有一絲海味。

牛肝菌（Porcini），法文稱為cepes或拉丁名是boletes，很像巨型的鈕釦蘑菇，有著肥大的菌柄和紅褐色的菌傘。牛肝菌是所有蕈菇類當中最鮮美之一，可加進燉飯裡享受它純粹的滋味，或者和綜合蕈菇一起香煎拌炒。大型的牛肝菌可以刷上橄欖油和檸檬汁，像肉類那樣炙烤或燒烤來吃。

龍葵菇（Portobollos）是栽種的蕈菇，乃長大的香啡菇。形體著實碩大（大至六吋寬），肉質肥厚，滋味濃郁。其張開的菌褶和碩大而平坦的蕈傘，天生就適合拿來炙烤或燒烤。也可用來煎炒食用。

香菇（Shiitakes）呈褐色或黑褐色，狀如傘。都是在原木上栽培的，具有一股特殊的土味。硬的菌柄可以留下來熬湯，199頁。

木耳或**雲耳**色澤深，肉質薄而直脆，為很多中式菜餚添加了細緻的森林滋味。不像其他蕈菇類，木耳看起來應當是潮濕的。在亞洲市場和某些超市買得到。

挑選拿起來沉甸甸的，菌傘和菌柄乾燥堅實——不能有潮濕或皺縮的跡象，也不能有發黑發軟之處——而且大小差不多的蕈菇。假使蕈褶張開，那麼蕈菇就較成熟，滋味也濃郁得多，如果是野菇的話，則又更勝一籌。蕈褶張開的菇要盡快食用。保存的方法是，用紙袋裝未清洗的蕈菇，袋口鬆鬆地收攏，或者用紙巾鬆鬆地包起來。包裝的蕈菇則不要開封。放在冰箱架上冷藏，不要放蔬果儲藏格裡（過多的水分會加速腐壞），可放上一至二天。

用濕布來擦拭清理蕈菇。如果蕈菇真的很髒污，用水快速沖洗一下，然後用紙巾拍乾。新鮮香菇千萬不能浸泡——否則它精細的組織會吸飽了水。喜歡的話，切除蕈柄末端的八分之一吋。如果只取蕈傘入菜，從蕈柄基處切下蕈傘，但別把多滋多味的蕈柄丟棄。要不把蕈柄切成細末，用奶油煸到稍微焦黃再加進菜餚裡，要不在一天之內用來熬湯，或用在法式蘑菇泥，472頁，（香菇柄除外）。

蕈菇和鮮奶油、檸檬、大蒜、黑胡椒、紅蔥頭、洋蔥、起司、豌豆、蒔蘿、山蘿蔔蔡、荷蘭芹、龍蒿、羅勒、奧瑞岡和酸豆都很搭。要用小削刀在堅實又富有彈性的蕈菇上刻紋路需要有點技巧才行，用彎形的葡萄柚刀刀尖來刻會輕鬆快速得多。

乾香菇可為醬料、湯品、燉菜或肉汁添加濃烈滋味。使用前，把乾香菇泡在熱水裡淹過表面，泡到軟，至少十五分鐘。撈出泡軟的香菇，切除蕈柄。泡香菇的水用鋪了一層打濕的咖啡濾紙、紙巾或紗布濾過，去除泥沙。泡香菇的水也可以用。➡三盎司乾香菇泡軟後等於一磅新鮮香菇。

| 搜獵野菇 |

如果你打算搜獵野菇，➡當心很多有毒的蕈菇類，毒菇生長的每個階段，都和某種可食的菇類很相似。模樣相當無辜而且分布廣泛的**毒蕈**（amanita），包括了致命的品種，往往被認定是早期文藝復興王侯府裡謀害人命的毒劑來源。儘管很多菇類有毒，很少是致命的；而且有更多的菇類純粹就是不好吃。然而說實在的，➡要辨別無害的蕈菇和其他相關的真菌並沒有簡單的方法。即便是專家通常也要檢驗某單一品種的十種樣本才敢斷言。

新手要切記，獵菇人分大膽的和老道的兩種，但沒有既大膽又老道的，而且他們的採集最初都是從安全和明顯的——當然也就不會太令人興奮——的種類著手，像是**馬勃**（puffballs），一種既沒有蕈柄也沒有蕈褶的菇類。只要長到地面上它就是可食的，裡面的肉質整個是白色。巨無霸馬勃（*Lycoperdon giganteum*）小至彈珠大到西瓜，頭蓋形馬勃（*Lycoperdon craniforme*）即便是在可食用的巔峰期形狀也像稍微皺縮的骷髏頭。如果你是搜獵新手，第一次最好是跟著經驗老道的專家走，並且帶一本好的圖鑑隨行。然後只採集你百分百認得的菇類。野菇不應當生吃。

貝克版龍葵菇披薩（Becker Portobello Pizzas）

如果蕈傘很小，這就是很棒的開胃菜，如果很大，就是一道主菜。
烤箱轉180度預熱。把一只烤盤稍微抹上油。將：**龍葵菇**
蕈柄去除。將蕈傘鋪排在烤盤上，蒂頭那一面朝上。在蕈傘上鋪一層：
大蒜末、切薄片的李子番茄
切丁的煙燻火腿或硬薩拉米臘腸
覆蓋上：
現刨的帕瑪森起司屑、羅馬諾起司屑或帕伏隆起司屑
黑胡椒
撒少許的**百里香、奧瑞岡或羅勒，最好是新鮮的辛香草末**
烤到龍葵菇變軟，約30分鐘。然後再放進炙烤爐烤到起司融化並稍微焦黃。

燒烤蕈菇（Grilled Mushrooms）（6人份）

燒烤用最棒的菇類是龍葵菇和香菇。
燒烤架升中火。將：
6朵大的龍葵菇或12朵大的香菇
去柄蒂。將蕈傘兩面刷上：**橄欖油**
加：**鹽和黑胡椒**
調味。有蒂頭那一面朝上，置於燒烤架上烤到軟，翻面一次，每面烤5至8分鐘。烤好後盛在一只大盤裡，點綴上：
2大匙荷蘭芹末
燒烤或烘烤：**6或12片厚片義大利麵包**
用：**2瓣剝皮的蒜仁**
塗抹烤麵包，再稍微刷上：**橄欖油**
將烤麵包圍著烤菇擺放，或把一朵烤菇放在一片烤麵包上。

炒蕈菇（Sautéed Mushrooms）（4人份）

將：**1磅的任何新鮮菇類**
切薄片，厚薄要一致。
在一口非常大的平底菇裡以大火加熱：
2大匙奶油、1大匙蔬菜油
或：**3大匙澄化奶油★，302頁**
菇類下鍋，晃蕩鍋子好讓菇類裹上油，但不要炒焦。丟進：
（1顆蒜瓣，剝皮的）
轉中大火煮，不蓋鍋蓋，經常翻鍋。一開始菇類會看起來乾乾的，而且會吸油。繼續翻鍋翻個3至4分鐘，端看菇片大小而定，直到菇類開始上色而且釋出汁液。如果有加蒜瓣的話，撈除蒜瓣（如果這炒菇是要加到其他菜餚裡，千萬別蓋鍋蓋，這樣會把菇汁逼出來）。加：
鹽和黑胡椒
調味。如果當盤飾或當青菜，配上：
烤圓麵包片、燒烤番茄或茄子
或者舀到一層：
豌豆泥上。

奶油菇類（Creamed Mushrooms）（4人份）

非常濃郁的配菜或醬料，若是舀到吐司上就是豐盛的前菜。
在一口大的平底鍋裡以中火加熱：
2大匙奶油、2大匙橄欖油
油熱後下：
1/2杯切細丁的洋蔥
拌炒到變透明，約5分鐘，再下：
1磅任何的鮮菇，切薄片
轉中大火，不時拌炒，直到菇釋出汁液後又完全吸乾，約5分鐘。加：
1杯濃的鮮奶油或法式酸奶
2顆蒜瓣，切末
1又1/2小匙新鮮百里香葉，或1/4至1/2小匙乾的百里香
鹽和黑胡椒，適量
再把火轉小成中火，熬煮到醬汁稍微變稠。嚐嚐味道，調整鹹淡。然後下：
1大匙切碎的荷蘭芹

燜鮮菇（Mushroom Ragout）（4人份）

可佐配義大利麵、義式玉米糕、米飯、搓過大蒜的香酥麵包片或者填進泡泡蛋糕裡。若想滋味更濃厚，將1/2盎司乾菇類泡水，切碎後加進鮮菇裡。用濾過後的泡菇水來煮。
在一口大的醬汁鍋裡以中大火加熱：
1大匙橄欖油
油熱後下：1顆洋蔥，切細碎
拌炒到變金黃色，約6分鐘。把洋蔥倒到一口盆裡。在同一口鍋裡以中火加熱：
大匙橄欖油
油熱後：1磅任何鮮菇，切薄片
下鍋，煮到菇片開始出水，再把洋蔥丁倒回鍋裡，連同：
2瓣蒜仁，剁碎
1小匙切碎的新鮮迷迭香或1/4小匙乾燥的迷迭香
鹽和壓碎的黑胡椒粒，適量
煮到菇類開始變焦黃，再3至4分鐘。拌入：1大匙番茄糊
火轉大，再拌炒1至2分鐘。倒進：
1又1/2杯蔬菜高湯或雞高湯或雞肉湯或水
轉中小火，煨煮10分鐘左右。漸次地拌入：1又1/2小匙巴薩米克醋
撒上：（現磨的帕瑪森起司屑）
荷蘭芹末

炸鮮菇（Deep-Fried Mushrooms）（4人份）

選擇蕈傘1至1又1/2寬的菇類。
請參閱「油炸蔬菜」。
將：1磅白色鈕釦蘑菇
柄蒂切到剩1/4至1/2吋。撒上：
新鮮的檸檬汁，適量、鹽，適量
沾裹：
油炸蔬菜、肉品和魚類的炸物麵糊*，464頁
放進加熱至185度的油裡炸到成漂亮的金黃色。炸好的蘑菇可放在烤盤裡，罩上紙巾，送進90度的烤箱暫時保溫。上桌前，撒上：
荷蘭芹末或百里香末
佐上：
塔塔醬*，338頁

炙烤鑲餡蕈菇（Broiled Stuffed Mushroom Caps）（4小份）

將炙烤架置於上火下方約2至4吋的地方，炙烤爐預熱。將：
12顆中型的鈕釦蘑菇或香啡菇
柄切除，刷上：

融化的奶油或橄欖油
加：鹽
調味。有柄蒂那一面朝下，炙烤2又1/2分鐘。從炙烤爐取出，翻面，在每個蕈傘裡填上以下任一款餡料：
奶油起司，或新鮮山羊起司混大蒜末和辛香草末
蝸牛奶油，305頁、領班特調奶油，305頁
鮮蝦或龍蝦奶油，306頁
奶油菠菜，507頁
再炙烤到餡料燙而冒泡，再2分鐘。直接食用，或放在：
（吐司薄片）
上享用。

法式蘑菇泥（Duxelles）（約1/2杯）

這道蘑菇佐料配上炒蛋或歐姆蛋，或塞抹到雞皮底下，或和馬鈴薯泥拌合，或甚至是舀到吐司上，都相當美味。剁碎的蘑菇一定要把水分擠乾，這非常重要，否則就沒辦法焦黃得恰到好處。
將：8盎司蘑菇
剁得非常細碎，或者用食物調理機打成像燕麥粉的細度。一次把1/2杯的蘑菇整個包進潤濕的紗布或薄棉布裡，使勁絞扭，把水分擰擠出來。如果你擠擰得夠用力，蘑菇會變成硬硬的一團。
在一口中型的平底鍋裡以中大火加熱：
1又1/2大匙奶油、1小匙蔬菜油
直到邊緣開始起泡，這時放：
2大匙切細末的紅蔥頭或蔥花（只取蔥白）
短暫地煎煮到軟化，接著蘑菇下鍋，不時拌炒，炒到開始變焦黃，而且沒剩多少汁液，5至6分鐘。拌入：
1大匙不甜的雪莉酒或馬德拉酒
煮到酒完全蒸發。加：
（1/4杯濃的鮮奶油）
鹽和黑胡椒，適量
1小撮乾的百里香或現磨的肉豆蔻或肉豆蔻粉
放涼。裝在加蓋的容器裡冷藏，至多可放10天，冷凍的話可放上3個月。

貝克版蘑菇泥（Becker Duxelles）（約1杯）

格外豪華的版本。
準備上述的法式蘑菇泥，用2大匙奶油和3大匙橄欖油。將紅蔥頭換成1/2杯剁碎的洋蔥，炒到變透明。放2瓣蒜仁，切末。省略不甜的雪莉酒，改加2大匙波特酒或不甜的紅酒、1/2小匙黑胡椒、（1/4小匙檸檬皮絲屑）和（鹽）。

| 松露 |

這些長相怪異、多瘤的菌菇如此之珍稀，在它們的產地南歐，它們通常會被鎖在保險櫃裡，直至出售。松露無法被栽培出來，它是一種地下菌菇，通常生長在橡樹或榛樹附近的地底下，被訓練有素的豬或狗獵到。人類尚未發明出偵測松露的蓋革探測器（Geiger counter）實在太可惜了，不過我們大致上知道往何處去開挖——松露多與橡木共生。另一個線索是：其產季在十月至三月之間。據說松露的種類少說有七十種，但在烹飪界，真正有身價的只有兩種，**黑松露**（學名*Tuber melanosporum*），主要產於法國，少量產於義大利和西班牙，

以及**白松露**（學名*Tuber magnatum pico*），大部分產於義大利皮蒙地區。這兩種松露的特色差異很大：黑松露有著堅果般的質地，和幽微細緻的獨特香氣。食用前通常會被烹煮過，或至少浸漬過或浸潤（基本上是浸在干邑白蘭地裡）。黑松露通常會被摻進肉糕和瓷罐肉凍（terrine）料理（尤其是用肥鵝肝做的），而且往往會混合雞蛋和馬鈴薯。白松露則有鮮明的辛香，在義大利，把白松露帶上公共運輸工具是犯法的。白松露幾乎都不會被烹煮，而是生鮮地刨薄片加到義大利麵、燉飯、起司火鍋（皮蒙風味的火鍋）、蛋料理和沙拉上。白松露往往會被（短暫地）放在裝有義式燉米的密封容器裡，好讓鮮明的松露香沁入米粒裡；之後這松露可以用在別的地方，因為它依然保有香氣。松露碎片往往會加到橄欖油裡增味；少少幾滴即盈香裊裊。松露菜餚往往會冠上**佩里戈爾風味**（Périgourdine）、**皮蒙風味**（piémontaise）和**盧古勒斯**（Lucullus）字眼。

不如經典的黑松露和白松露昂貴的，有所謂的夏季松露（*Tuber aestivum*），其包含馨香但滋味溫和的黑色品種，以及散發麝香味的白色品種（*Tuber gibbosum*），有時又叫奧勒岡松露（Oregon truffle），產於北加州和南奧勒岡。

罐裝販售的松露品質差別很大，但也可能相當好。如果你好運到買得到新鮮松露，挑選摸起來堅硬而且香氣明顯的。有彈性、香味平淡的是過時老松露。清理新鮮松露的方式是，用廚用軟刷子輕輕刷，或用軟布輕輕擦拭。

將刨片的松露放在要一同烹煮的食材上，裝在加蓋的容器裡冷藏隔夜。起鍋前或起鍋後再把松露加進菜餚裡。

| 關於秋葵 |

秋葵是與蜀葵和木槿有親戚關係的植物的幼嫩莢果。可以整條或切片烹煮，結果大不相同。去柄蒂後整條可以清蒸或油煎三至五分鐘，莢果會顯得軟但依舊清脆。另外的做法是加進湯或燉菜裡，通常會切片，好讓它釋出有甜味的黏液，當作天然的芡料。

秋葵一年到頭都可以在市場買到。可能的話，挑選長度不超過兩吋的。莢果掂起來要沉沉的，外型飽滿，沒有斑疤，而且依然連著柄蒂。裝在束緊的塑膠袋裡放冰箱的蔬果儲藏格可以貯存至三天。下鍋前要清洗並晾乾。若要整根食用，修切柄蒂，小心別把莢果切出一個洞，免得露出籽來。若要切片食用，頂端整個切掉再切片。千萬別用無襯裡的鋁鍋、鐵鍋或銅鍋來煮。

秋葵搭配番茄、胡椒、洋蔥、大蒜、火腿、辣醬、咖哩粉以及檸檬、萊姆和醋很對味。將秋葵醃漬可減少它的黏液。

若用壓力鍋煮，將秋葵切成一吋小段，以十五磅壓力煮四分鐘。

水煮秋葵（Stewed Okra）（2至3人份）

清洗並切掉：2杯秋葵（7盎司）
的柄蒂。在一口大的平底鍋裡加進1/8吋高的水並煮滾。秋葵下鍋，加蓋燜煮到軟，約5分鐘。需要的話瀝乾，加：
鹽和黑胡椒
調味。趁熱佐上：
2大奶油、（少許辣椒醬）
或：荷蘭醬★，307頁
或放涼再拌上：
油醋醬★，325頁

炸秋葵（Fried Okra）（10至12人份）

在一口中碗裡混勻：
1/2杯玉米粉、1/2小匙鹽
1/2小匙大蒜粉或洋蔥粉
1/4小匙卡宴辣椒粉
1/8小匙黑胡椒粉
將：1/2磅整根秋葵
敷上：1/4杯中筋麵粉
再沾裹著：
1顆雞蛋，加1小匙水打散
然後再敷上玉米粉混料。在一口大的平底鍋裡將：
2吋高的蔬菜油
加熱到185度。秋葵分批下油鍋炸，炸到金黃色，約2分鐘。用漏勺撈出，放紙巾上瀝油。佐上：
綠番茄甜酸醬（green tomato chutney）☆，951頁；牧場沙拉醬★，331頁；或香濃辣根淋醬★，334頁

關於洋蔥

我們有一位年長的表親主張，洋蔥是保健的祕訣；對此，我們的祖父總愛回他一句：「這祕訣你怎麼可能藏得住？」有關掩飾它的直率和利用它的潛能的各種建議，請參見「關於洋蔥當作調味料」☆，見「了解你的食材」，在那一節有一整個篇幅來討論這神奇家族的每個成員的貢獻。

詩人桑德堡（Carl Sandburg）說，人生就像洋蔥：層層疊疊令人迷惘；你一次剝一層，有時候會落淚。洋蔥的形狀和大小變化多端，但一般而言顏色只有三種——白、紅或黃。洋蔥分兩類，端看採收的時間：新鮮的洋蔥，還是庫存的乾洋蔥。

鮮蔥（spring onion）一度只在春天採收，不過現在一整年都有賣，名稱包括**大蔥**（green onion）、**青蔥**、**北蔥／日本芽蔥**（bunching onion）。它們不是在很幼嫩時便被採收，就是長大後不會結成球莖的各種洋蔥品種。肉質軟，球莖小，綠梗長，通常有著溫和或清甜的滋味。綠梗和蔥白均可食。這類品種可以生食，也可燒烤或油煎。蔥白是紅蔥頭的絕佳替代品。

庫存洋蔥或乾洋蔥，比起新鮮的春洋蔥水分含量低，硫化物的含量高，採收後放在陰涼乾燥的地方可妥善貯藏好幾個月。一整年都買得到。庫存洋蔥肉質堅實，外皮乾燥易裂。滋味可能辛嗆，大體上烹煮過最美味。**黃洋蔥**的滋味

最濃郁，也是一般做菜時最常用到的。黃洋蔥煮過後會轉呈濃郁的焦黃色，滋味也會更甘甜溫潤，因而使得諸如法式洋蔥湯之類的菜餚具有深沉的顏色和香甜滋味。很多人覺得黃洋蔥辛嗆得無法生吃。**白洋蔥**也是受歡迎的做菜用洋蔥，往往用在以黃洋蔥入菜滋味會太濃烈的菜餚裡。它們稍微比黃洋蔥容易發霉，所以要貯存在乾燥通風的地方。**紅洋蔥**甜得可以生吃，往往被用來為沙拉和其他菜餚增添色澤。燒烤或稍微油煎也很美味。特定的洋蔥品種包括較溫潤的**百慕達洋蔥**，有白的也有黃的；**西班牙洋蔥**，也是有白有黃；以及味道強烈的球洋蔥（globe onion），有紅有白有黃。**珍珠洋蔥**（pearl onions）或**義大利小洋蔥**（cipolline）是一種迷你的庫存洋蔥，不管整顆煮、醃漬、加到燉菜裡、做成鮮奶油口味或裹上釉汁都美味。要將珍珠洋蔥剝皮，用滾水澆淋珍珠洋蔥然後放涼。切除根部後，剝掉外殼，然後在根端劃一個淺淺的X字。

甜洋蔥多汁而且滋味溫和，最好是生吃或稍微煮過即可。這些是漢堡和三明治以及沙拉會用的切片洋蔥。它們的含水量高，所以貯存不易。甜洋蔥有幾種不同的品種，通常以生長的地區命名：維達利亞（Vidalia）、格拉諾斯（Granos）、瓦拉瓦拉（Walla Walla）、甜帝國（Sweet Imperial）、德州之春（Texas Spring Sweet）、歐索（Oso Sweet）以及茂宜（Maui）。

剝洋蔥若想不掉淚，可以把洋蔥投入滾水裡快速漂燙約十秒，擦乾後冰涼，如此之後外殼就可以輕易剝掉。或者一面沖冷水一面剝皮。要讓刺激物降低並避免掉淚，你也可以放進食物調理機裡切碎，但是洋蔥事先當然得清理乾淨。避免流淚的最好方式是熟練的刀法和一把鋒利的刀子。

切洋蔥時，根叢先留著，根部可以防止洋蔥散落。從莖梗下刀一路切至尾端，先切對半。再將其中一半切面朝下，垂直地朝根部一刀刀切片，每一切面約間隔八分之一吋，根端不切斷，留大約二分之一吋寬度。然後將刀面轉向，使之與廚檯平行，再次水平地朝根部一刀刀切，每一切面相隔八分之一吋，根端同樣留二分之一吋寬度，最後由上與垂直切面呈直角地再一刀刀切片，從莖梗端切起，每一刀相隔八分之一吋。此時洋蔥便會呈小丁落下。要去除洋蔥味，你可以用一片檸檬或少許芥末粉塗抹手指——以及砧板——然後用水沖淨。

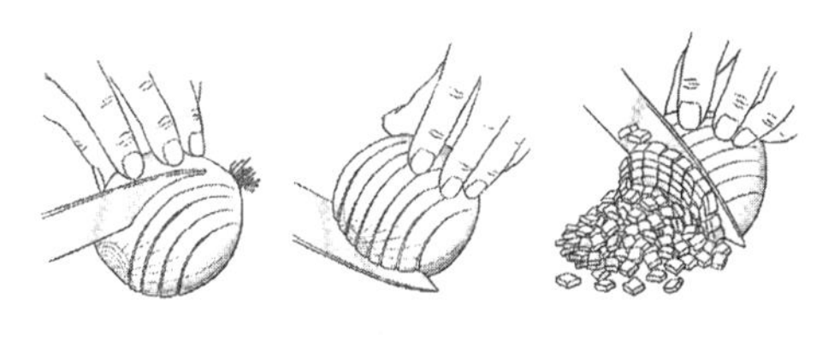

將洋蔥切小丁

若用來為菜餚調味，一般會用少量的脂肪或油以中火煸炒洋蔥，炒至變軟而透明但不致焦黃，這過程約需五至七分鐘，端看洋蔥丁大小而定。如果你以小火煸洋蔥，讓它萎軟但不致焦黃，這手續稱為**出水**。處於這個階段的洋蔥，口感是軟的，但沒有甜味。**炒黃的**洋蔥是以中火煸炒到呈金黃色，十至十五分鐘，端看量而定。洋蔥丁一定要切得大小一致，因此所需的烹煮時間相同，不會有的小丁軟了有的卻仍舊生硬的情況。所謂的焦糖化洋蔥是以文火烹煮長達一小時，煮到洋蔥軟身而且非常焦黃，而且量減至原來的一半。不管是炒黃或焦糖化，小心別讓洋蔥焦掉，否則硫化物分解後會產生苦嗆味。

洋蔥和糖、鮮奶油、培根、蘑菇、馬鈴薯、起司、番茄、柳橙、核桃、蒔蘿、續隨子、百里香、鼠尾草、薄荷、荷蘭芹和山蘿蔔菜很搭。

蒸洋蔥（Creamed Pearl Onions）（5人份）

將：

10顆小的未剝皮的黃洋蔥或白洋蔥（總共約1又1/2磅）

蒸到軟，30分鐘或更久。需要的話補水進去。

剝皮，然後拌上：

1杯新鮮的奶油麵包屑

或者拌：

1/4杯（1/2條）融化的奶油

1小匙糖

1/2小匙肉桂粉或丁香粉

1/2小匙鹽

奶油珍珠洋蔥（Creamed Pearl Onions）（4人份）

這道菜可以前一天先組合好，加蓋冷藏，上菜前再送進烤箱烤。

烤箱轉180度預熱。將：

1磅珍珠洋蔥

丟進一大鍋裝半鍋冷水的醬汁鍋裡，煮沸再續滾約1分鐘。用漏勺撈出洋蔥，剝皮後再放回滾水裡，煨煮到軟，約10分鐘。瀝出。保留1/3杯煮洋蔥水。洋蔥放到抹了油的2夸特淺烤盤裡。

在一口小醬汁鍋裡以中火融化：

1又1/2大匙奶油

拌入：

1又1/2大匙中筋麵粉

不時拌炒，炒到飄出香味但不致上色，約3分鐘。加預留的煮洋蔥水進去，連同：

1/2杯牛奶

1/2杯半對半鮮奶油或額外的牛奶

1/2小匙鹽

1/4小匙黑胡椒或白胡椒

（1/8小匙現磨的肉豆蔻或肉豆蔻粉）

煮至微滾，不停攪拌，然後續煮3分鐘。

將混液倒到洋蔥上，再撒上：

（1杯瑞士起司絲；約4盎司）

烤到冒泡，約15分鐘。

爐烤或火烤整顆洋蔥

I. 烤箱轉190度預熱。將：

大顆黃洋蔥（每顆6盎司）

剝皮，放在烤盤內的烤架上，烤盤內裝有1/4吋高的水，烤到非常軟，約1又1/2小時。從每一顆洋蔥的根端切下一小片，然後剝除外殼丟棄。在洋蔥上淋：

融化的奶油，適量

加：鹽和匈牙利紅椒粉

調味，再覆蓋上：

（帕瑪森起司屑或荷蘭芹末）

II. 請參閱「關於使用壁爐火或爐灶來烹煮」☆，見「烹飪方式與技巧」。

把：整顆洋蔥
放進一層餘燼裡烹煮，約45分鐘。洋蔥外皮會形成一層保護。當洋蔥變軟，戳一戳外皮，讓蒸氣逸散。將洋蔥內部舀出來，加：
鹽和黑胡椒
調味。佐上：
（酸奶）

燒烤甜洋蔥（4人份）

若是買不到甜洋蔥，可以用大顆紅洋蔥來做。配上漢堡非常美味。
燒烤架升中火。
將：3顆大的甜洋蔥
剝皮切成1吋厚的圓片。用木籤戳穿每一片圓片，免得洋蔥一圈圈剝落。搓抹上：
1/4杯橄欖油、鹽和黑胡椒，適量
燒烤到呈好看的焦黃，翻面一次，每面約烤6分鐘。抽出木籤。可吃原味，或配上：
新鮮辛香草油醋醬*，325頁；大蒜蛋黃醬*，339頁；或檸檬荷蘭芹奶油*，305頁

油煎洋蔥（2至4人份）

以大火很快地煸煎一下，洋蔥會稍微焦黃——外層清脆內裡水嫩——和馬鈴薯泥、火腿、漢堡或牛排是絕配。
在一口大的平底鍋裡以大火加熱：
2大匙橄欖油、奶油或兩者混合
油熱後下：
4顆中型黃洋蔥（總共約1磅），切對半再切片，或切成1/2吋或更大的方塊
不時拌炒，煎炒到邊緣稍微焦黃，約10分鐘。加：
鹽和黑胡椒
（少許巴薩米克醋）

焦糖化洋蔥（Caramelized Onions）（約4杯）

焦糖化洋蔥是很多燉菜或醬汁的底料，加上帕瑪森起司後也是很棒的配菜。這些洋蔥會濃縮成原來的量的一半，冷藏或冷凍可以放上好幾天。
在一口非常大的平底鍋裡以中大火加熱：
2大匙奶油、2大匙橄欖油
直到奶油融化。接著放：
3磅黃洋蔥或白洋蔥，切薄片
不時拌炒，煮15分鐘。火轉小續煮，偶爾攪拌一下，直到洋蔥變軟而焦黃，約40分鐘。如果釋出的汁液在鍋裡燒乾成脆渣，加：
1/2杯不甜的白酒
然後刮一刮鍋底，攪拌攪拌讓脆渣溶解。它們會立時融入洋蔥裡，加深洋蔥的顏色。鍋子離火，加：
鹽和黑胡椒
（帕瑪森起司屑）
調味即成。

焗洋蔥起司（Scalloped Onion with Cheese）（6人份）

將：
6顆大的西班牙白洋蔥或甜洋蔥（約4磅）
剝皮，橫切成1/4吋圈狀。
將：8杯牛奶
倒進一口大的平底鍋裡，放入洋蔥圈煮至微滾，接著火轉小，慢煨至軟，約30分鐘。瀝出。在這期間，將烤箱轉180度預熱。

將：4片抹了奶油的吐司
放到抹了奶油的烤盤裡。再把洋蔥放到吐司上，灑上：
1/2杯美國起司絲或切達起司絲
在一口小盆裡把：
1顆大的雞蛋、1杯牛奶
1/2小匙鹽、1/8小匙匈牙利紅椒粉
打勻，淋到洋蔥上，把：
1大匙奶油
散布在上面，烤約20分鐘，烤到冒泡。再撒上：
壓碎的熟培根脆片、荷蘭芹末

法式炸洋蔥圈（French-Fried Onion Rings）（4人份）

試試把紅椒粉和鹽撒在熱騰騰的洋蔥圈上。請參閱「關於深油炸」☆，見「烹飪方式與技巧」。
將：
4顆大的西班牙白洋蔥或甜洋蔥（約3磅）
剝皮，橫切成1/4吋片狀，再剝成一圈圈。混合：
1又1/2杯牛奶、1又1/2杯水
把洋蔥圈浸泡在這混液裡1小時。撈出洋蔥圈，置於紙巾上瀝水。然後裹上：
炸蔬菜、肉品和魚類的炸物麵糊，464頁
用一根叉子串起裹了麵糊的一些洋蔥圈，任多餘的麵糊滴下；接著一一下到加熱至185度的油鍋裡炸到成淡褐色。炸好後放紙巾上瀝油。撒上：
鹽

香腸餡烤洋蔥（Baked Onion Stuffed with Sausage）（4人份）

將：
4顆大的黃洋蔥或西班牙洋蔥（約2又1/2磅）
剝皮，但不需切除莖梗和根端。放到一口裝有4夸特水的大鍋裡，加：
1又1/2大匙鹽
煮到微滾，然後轉小火慢煨，蓋上鍋蓋但留個小縫。煨煮到洋蔥用木籤戳得進去但稍微有點阻力的軟度，15至20分鐘。用漏勺撈出洋蔥靜置一旁，放涼到不燙手的地步。
接著把洋蔥中心挖空。先從莖梗端將每顆洋蔥切掉四分之一，切掉的部分要留著。用一把小刀或葡萄柚匙往每顆洋蔥中心圈劃幾刀，切出洋蔥中心，深度約下切至三分之二處，外緣距最外瓣尚有三至四層。框劃好之後，中央的幾層會顯得鬆脫，於是用一根小茶匙把中央挖出來置一旁，留三層厚（約1/4吋）的外壁。將挖出來的中央幾層粗切，之前留的頂部也一併切一切。如果洋蔥外壁上有洞的話，從中央刮下來的當中取一小片補上。
把烤架置於烤箱中央。烤箱轉190度預熱。將一口大得足以容納洋蔥的烤盤抹上奶油。將挖空的洋蔥放進去。
將：
1/2杯（約4盎司）新鮮豬肉香腸
剝碎放進一口中型平底鍋以中火煎到充分焦黃。不需把油瀝除，直接把洋蔥碎粒放進鍋裡煎炒到呈金黃色而且非常軟，約10分鐘。在這期間，將：
1包10盎司冷凍菠菜，退冰，或8盎司新鮮菠菜葉，去莖梗
擠乾，剁碎，放進香腸混料裡，火轉小，煮5分鐘。倒：
2/3杯濃的鮮奶油
再煮1分鐘多；混合物這時應該很稠。鍋子離火，拌入：
3至4大匙新鮮麵包屑，或者夠多的量，用

湯匙舀餡料時餡料可凝結的地步
拌入：
1/8小匙現磨的肉豆蔻或肉豆蔻粉
（1/8小匙鼠尾草粉）
鹽和黑胡椒，適量

將香腸餡料填入洋蔥裡。撒上：
2大匙新鮮麵包屑
1大匙奶油，切小塊
烤到稍微焦黃，20至25分鐘。靜置幾分鐘再上菜。

| 棕櫚心 |

不是所有的棕櫚「心」都是可食的。美國人吃的棕櫚心大部分取自棕櫚（palmetto），幾乎所有的罐頭棕櫚心也來自同一品種。棕櫚心是棕櫚的嫩筍。一整顆修切好的棕櫚心很像一根黃白色的大型胡蘿蔔。它有著一層層環形的瓣，結構很像洋蔥。罐頭棕櫚心，也是最常被使用的棕櫚心，滋味很像罐頭朝鮮薊心；新鮮的棕櫚心滋味則像蘆筍。

大部分的新鮮棕櫚心送到市場上時已經修切掉外圍的粗纖。挑選頭尾端均濕潤，沒有裂開、脫水或層層分開的新鮮棕櫚心。修切過的棕櫚心重量一般介於二至三磅之間。新鮮的非常容易腐壞，所以要裝在密封的塑膠袋裡放冰箱的蔬果儲藏格冷藏。

新鮮棕櫚心要清洗，需要的話，要剝除多纖外殼，直到露出白嫩的心。若要做成沙拉鮮吃，橫切成四分之一至二分之一吋厚的圓片，泡冰水一小時。瀝出後用紙巾拭乾。脆嫩的切塊可以淋上油醋醬放在一層菜葉上或加到綜合沙拉裡。更多料理的點子，請見「沙拉」。若要烹煮，可清蒸整顆棕櫚心，蒸到刀子戳得進去的軟度，七至九分鐘。切片後，擠些許檸檬汁，淋點融化的奶油，加一點荷蘭芹末或蒜末，立即享用。或者丟入一盆冰水裡，終止烹煮過程，稍後再切片並以處理蘆筍或朝鮮薊的方式來處理。

若要燒烤，用厚鋁箔紙把棕櫚心包起來，送進兩百度烤箱烤到軟，約二十分鐘。剝除外層，切片後佐上檸檬汁和鹽。

| 荷蘭芹 |

在某些美國家庭裡，荷蘭芹一度被看成是擺盤裝飾用的植物——像文竹（asparagus fern）一樣——很少被當成辛香草用，除了偶爾稍微撒在水煮馬鈴薯上之外。現在我們知道，而且也懂得，利用父母輩很可能錯失的清新滋味。**皺葉荷蘭芹**長成密實的一束，呈翠綠色，**平葉荷蘭芹**則呈深綠色，葉片扁平，滋味更鮮明濃厚。

所謂的**漢堡荷蘭芹**，或**塊根荷蘭芹**（turnip-rooted parsley），有時可在市場找到。若想在更常見的根莖類之外換一些有趣的變化，這是不錯的選擇，烹煮的方式相同。

炸荷蘭芹（Deep-Fried Parsley）

請參閱關於「深油炸」。當荷蘭芹呈現以下的風貌，魅力無法擋。不過一定要留意➡假使油溫不夠燙，炸出來會軟趴趴的，假使油溫太燙，則會變成暗綠色。成果應該是剛炸出來很酥脆，而且呈鮮亮的深綠色。要達到這兩個目標，油量至少要有2至3吋高，一次也不能炸超過1杯。荷蘭芹要先仔細地去梗、清洗，然後放在兩條布巾之間徹底晾乾。

將：

小枝的皺葉荷蘭芹

放在炸籃裡，炸籃整個浸到加熱至200度至220度之間的油裡，停留1至2分鐘，或者直到嘶嘶響的聲音消失。抽出炸籃，荷蘭芹置於紙巾上瀝油。

| 關於歐洲防風草根 |

歐洲防風草根是冬天產的根莖類蔬菜。跟胡蘿蔔一樣，這些乳白色的根的最大特點是清甜，而它們的外型也很相似。煮過後，有著綿密的口感，也可以打成絲滑的泥（不妨混上馬鈴薯泥，配紅燒牛肉或豬肉吃）。挑選小型至中型（大型的歐洲防風草根可能有木質化的心），沒有斑疤的根。裝在密封的塑膠袋裡放冰箱的蔬果儲藏格冷藏。

歐洲防風草根和鮮奶油、奶油、龍蒿、蝦夷蔥、榛果和肉豆蔻很對味。

用蔬果削皮刀削皮，柄蒂也要修切掉。煮過後密實的心會變軟，除非它本身很多纖，若是如此，切對半或四瓣，切除多纖的心。切丁、切片或切成火柴棒大小。

若要微波，按照微波胡蘿蔔的方式，處理。

若要用壓力鍋煮，以十五磅壓力煮十分鐘。

燴燒歐洲防風草根（Oven-Braised Parsnips）（4人份）

歐洲防風草根比大多數的根類蔬菜要乾燥些，若乾烤會變得又韌又硬，燴燒才會保有水分。等它們煮熟後，讓它們稍微上色再出爐。

烤箱轉190度預熱。

將：

1又1/2磅歐洲防風草根

削皮，縱切4瓣。放進一口淺烤盤裡，連同：

3/4杯水或雞高湯或兩者混合

2大匙奶油，切小塊

1/2小匙鹽

加蓋烤到軟，約20至25分鐘，其間晃動烤盤一兩回。掀開蓋子，將烤箱轉至200度，烤到防風草根開始上色，約10多分鐘。撒上：

黑胡椒，適量

切碎的荷蘭芹、龍蒿或蝦夷蔥

法式燴燒防風草根（French Parsnips）

按照烹煮維琪胡蘿蔔的方式料理，442頁。

蜜汁防風草根（Glazed Parsnips）（4至6人份）

若要做楓糖漬的防風草根，起鍋前加3大匙楓糖漿，煮個1分鐘多。

將：1又1/2磅防風草根

削皮橫切對半，放進一口大的平底鍋裡，連同：

1杯水、3大匙奶油、2小匙糖

1小匙鹽、1/4小匙白胡椒

煮到微滾，然後轉小火，加蓋煨煮到軟，10至15分鐘。

掀開鍋蓋，把火轉大，把鍋裡的汁液熬煮到蜜糖似的釉汁，而且沾裹著防風草根，不時攪拌。小心別把防風草根燒焦。喜歡的話，拌上：

（荷蘭芹末）

防風草根泥（Parsnip Puree）

按照根莖類蔬菜泥的方式準備，把胡蘿蔔換成1磅的防風草根。加1小截去皮的生薑。打成泥之前要先把薑段撈出。最後加上堅果醬*，304頁，用腰果做的。

|關於四季豆|

對很多人來說，紫丁香和知更鳥是大地回春令人歡欣雀躍的徵兆。春天來了當然很棒，但是最棒的莫過於四季豆的出現，翠綠、微甜、可口無比。新鮮的四季豆一整年都可以在市場看到，不過春天至初夏才是盛產季。新鮮的豆子以兩種型態出現：帶有可食的莢——譬如雪豆和甜豆——和不帶莢的，只食用莢中的豆或籽實。購買**四季豆**時，挑選翠綠堅實、體型中等，從一端至另一端均滿布著渾圓豆子的豆莢。避免有斑疤和虛膨的豆莢。裝在密封的塑膠袋裡放冰箱的蔬果儲藏格冷藏。

四季豆剝莢的方式是，先洗淨。捻斷蒂頭，順勢一拉，連帶撕除筋絡。接著往豆莢的接縫一壓，即可剝開豆莢，蹦出豆子來。豆子不需清洗。➡一磅飽滿的豆莢可得出大約一又四分之一至一杯半去莢豆子。冷凍豆子往往和超市的新鮮豆子沒兩樣，可以一概取代食譜裡所要求的新鮮豆子。四季豆和鮮奶油、薄荷、荷蘭芹、山蘿蔔菜、鼠尾草、百里香、胡蘿蔔、洋蔥、花生、蘑菇和火腿很對味。

若要微波，把兩杯新鮮豆子放在一夸特的烤盤裡。加四分之一杯高湯或微鹹的水進去，加蓋以強火煮到軟，四至六分鐘，三分鐘後拌一拌。微波好後靜置三分鐘再掀蓋。用壓力鍋煮，以十五磅壓力煮兩分鐘。

雪豆薄而扁，很快就煮熟，常用來熱炒。漂燙後切小片加到沙拉裡很美味。**甜豆**體型飽滿，因為它的豆子大而渾圓，不過豆莢和雪豆筴一樣清甜而脆嫩。大部分的雪豆和甜豆都要撕除筋絡。雪豆也許只需撕除接縫那一側的筋絡即可，但甜豆大概需要把兩側的筋絡都撕掉。若要微波，方法和處理新鮮豆子相同。

在亞洲市場和一些蔬果店裡，不妨找找看盒裝或箱裝的帶有深綠色小葉子的纖細莖梗，有些還有細小的卷鬚和白花。這些是**豆苗**，各品種的雪豆剛長出來的嫩苗。挑選最小最鮮亮而且莖梗最細的。豆苗通常當作盤飾生吃，或者加到沙拉裡，也可以快炒來吃，就跟所有嫩菜葉一樣。豆苗很容易壞，最好是買來就馬上食用。貯存的方法是，把尾端插入裝水的罐子裡放冰箱冷藏。

四季豆（Green Peas）（2人份）

幼嫩的豆子有充分的理由招來讚美——但是比較老一點的，通常會有令人沮喪的硬皮的豆子，要怎麼處理才好？試著用以下的方法打成泥。將：

1又1/2磅四季豆（2至2又1/4杯去莢的豆子）

清洗後去莢。清蒸，或者放到裝有1/8吋滾水的平底鍋裡煮。傳統上有個做法，你也許會想跟進，那就是一定要加：

（1小撮糖）

也許會放進兩或三個豆莢和豆子一起煮，以增添滋味。煮3至10分鐘，看豆子有多熟成而定。假使鍋子乾了就多補一些水進去。等豆子軟了，需要的話可以瀝乾。挑除豆莢。加：

1至2大匙奶油或鮮奶油

（1小匙切碎的荷蘭芹或薄荷）

鹽和黑胡椒，適量調味。

豆泥（Puree of Peas）（2人份）

煮：1包10盎司冷凍豌豆（2杯）

瀝乾，用食物調理機或攪拌機打成泥，打的時候加：

3至5大匙濃的鮮奶油

若想口感更滑順，用湯匙背或一把塑膠抹刀強壓豆泥過篩。加：

鹽、（幾小撮糖）、（薄荷末）

調味。

豌豆和胡蘿蔔（Peas and Carrots）

被我們一位表親，一個虔誠的反素食主義者，輕蔑地取了「鑰匙和鸚鵡」的綽號，但依舊是一道經典。將：

熱的熟胡蘿蔔，充分瀝乾

熱的熟豌豆，充分瀝乾

以任何比例混合。淋上：

融化的奶油

加：鹽和黑胡椒，適量

調味，撒上：

切碎的荷蘭芹

豌豆和蕈菇（Peas and Mushrooms）

按照豌豆和胡蘿蔔，如上述的方法來做，把胡蘿蔔換成炒蕈菇，470頁，但省略額外的奶油。

炒雪豆（Stir-Fried Snow Peas）（4至6人份）

這道菜也可以用甜豆來做；那麼就要稍微煮久一點。請參閱「關於炒蔬菜」，404頁。

將：1磅雪豆

捻除柄蒂剝掉筋絲。

以大火將中式炒鍋或大的平底鍋熱鍋，鍋熱後倒入：

1大匙花生油或蔬菜油

加熱到幾乎要冒煙，放：

1大匙去皮生薑末

爆炒30秒，然後雪豆下鍋，使勁炒到雪豆油亮，撒下：

1大匙切碎的檸檬羅勒或一般羅勒

1/2小匙鹽

再炒到豆子變燙，再一兩分鐘。

豌豆加義式火腿和洋蔥（Peas with Prosciutto and Onions）（4至6人份）

在一口大的平底鍋以中火加熱：

3大匙橄欖油

油熱後下：

24顆珍珠洋蔥，剝皮的

煎到稍微焦黃，加：3大匙水

進去。加蓋轉小火煮至洋蔥變軟，約5分鐘。拌入：

2杯新鮮青豆或1包10盎司冷凍嫩豆，退冰

4盎司義式火腿或一般火腿，切小丁

1至2小匙水，若用新鮮的豆子

鹽和黑胡椒

加蓋煮到豆子變軟，用新鮮豆子的話，5至8分鐘，用冷凍豆子的話，3至5分鐘。

| 關於椒類 |

「椒」是烹理蔬菜時常令人混淆的名稱。它是「胡椒」還是「辣椒」？除了我們當作蔬菜用的甜椒，「胡椒」和「辣椒」是相通的。富含維他命C的椒類為菜餚增添口感和活潑的色澤，往往還有辛辣滋味。體型較大、滋味較溫和的椒很適合鑲餡。把未清洗過的新鮮椒類包在紙巾裡放冰箱冷藏，可放上兩星期。➡千萬別把椒類煮過頭，否則會變苦。記住，➡辣椒越熟成越辣。

最常見的**甜椒**可能呈暗綠、紅色、亮橘、亮黃或淡黃色，或深紫色。燒烤會改變甜椒的顏色，軟化肉質。最適合鑲餡的甜椒也可以用在湯、燉菜、沙拉、醬菜、醬料和陶盅料理。多肉而味甜偏辣的**柿子椒**（pimiento peppers），在市面上通常只買得到處於紅熟期的，而且做成罐頭居多。

安納海姆辣椒（Anaheim peppers）呈淡萊姆綠至紅色，滋味像甜椒和蘋果，而且很可能就是標籤上寫著「綠辣椒」的罐頭裡會有的。安納海姆的滋味從溫和到辛辣都有，端看品種而定。可以燒烤，去皮後用在燉菜和醬料裡、鑲餡或加到沙拉裡生吃。風乾後的安納海姆辣椒就是**新墨西哥辣椒**。淡黃至橘紅色爽脆的**黃辣椒**（banana peppers），滋味從甜到非常嗆辣都有，很容易栽種，很不適合燒烤，鮮吃或醃漬。

卡宴辣椒（Cayenne），世上最常見的栽培辣椒，可整條風乾，磨成粉用來做菜或調製成香料，或用在罐裝辣醬裡。以其又大又圓的莢命名的**櫻桃辣椒**（cherry peppers），通常在青果期和紅果期整顆被採摘，滋味從溫和到辣都有，籽很多，略帶甜味，果皮很硬。

享有世上最辣的辣椒的美名，燈籠狀的**哈巴內羅辣椒**（habanero peppers）包藏著驚人的辣勁。通常呈綠色、黃橘色或亮橘色，用在沙拉、醬料或佐料裡。新鮮的**墨西哥青辣椒**（jalapeños）簡直處處買得到，滋味從溫和到嗆辣都有（熟成的墨西哥青辣椒煙燻並風乾後，就是**煙燻辣椒**〔chipotles〕）。這亮綠色的辣椒用在很多菜餚裡，從生鮮的莎莎醬到湯品和燉菜，甚或鑲餡及油炸料理都可見蹤影。

義大利辣椒（peperoncini）最為知名的就是義大利菜裡的醃漬辣椒，略微辛辣，呈淡綠色至紅色，在市面上很少看到新鮮的，不過在很多家庭菜圃裡倒是很受歡迎。

波布拉諾辣椒（poblano peppers）呈深綠色，滋味濃郁，辣度則不一。燒烤剝皮後用在湯裡、醬料和燉菜，也可以一整顆鑲豬肉餡或起司餡，做成**油炸鑲餡辣椒**（chiles rellenos）。風乾的波布拉諾辣椒通常叫做**安可辣椒**（ancho chilies）。極辣無比的小**圓帽辣椒**（scotch bonnet peppers）呈鮮黃、橘色、綠色或紅色，和波布拉諾辣椒——這兩者經常被搞混——的不同之處在於，體型較矮胖，滋味也更甘甜。這些滋味豐富的辣椒被廣泛用到辣醬和佐料裡。呈圓錐子彈型的**塞拉諾辣椒**以其始終不變的辣勁和純正新鮮的辣椒滋味為人稱道。大多數在出售時呈綠色，偶爾也可找到黃綠色至紅色的，可鮮吃、醃漬或燒烤。它是墨西哥料理裡常見的辣椒，往往被簡稱為**青辣椒**（chiles verdes或green chiles）。

顏色從淡綠到橘黃到紅色都有的**塔巴斯科辣椒**（Tabasco pepper），是市面上最常見的罐裝醋漬辣椒，可當佐料或做成辣醬。辣度極高。在亞洲市場裡有很多不同的辣椒都一概被標示為「**泰國辣椒**」，最常見的細小尖身，極辣，有綠色和紅色的，通常連著長柄出售。

辣椒切段的方式是，➡用一把銳利的小刀，在柄蒂處切劃一圈，拔除連著核與籽的頂端。把底端也削掉一點，然後從一側縱向切開。翻開辣椒使之呈扁平的一片，讓外皮抵著砧板，用刀刮除剩下的籽，連內膜也一併切除，再把辣椒切片。要把辣椒切一圈圈，如上述把柄蒂切除，再橫切呈小圈。最後再刮除每一圈裡的籽和膜。

注意：➡辣椒含有一種名為辣椒素的物質，它會嚴重刺激你的皮膚和眼睛。➡切辣椒時要戴手套，之後要馬上用肥皂水洗手。

| 關於風乾的辣椒 |

風乾會讓原本就辛嗆的辣椒辣度更提高，滋味更濃縮。安可辣椒是風乾的波布拉諾辣椒。**阿寶辣椒**（Chiles de Arbol）火辣、尖身，呈鮮紅色，用在醬料裡，也常磨成粉來用。蔓越莓般圓滾的紅色**泡椒**（cascabel peppers）濃郁辛辣，很適合做成莎莎醬、醬料、湯品和燉菜。**煙燻辣椒**是煙燻風乾的墨西哥青辣椒。表皮光滑、色深，呈晶瑩櫻桃紅的**瓜希柳辣椒**（guajillo pepper），中等辣度至極辣，在墨西哥廚房裡扮演吃重的角色，常用在醬料、湯、燉菜和巧克力辣醬（moles）裡。**穆拉托辣椒**（Mulato chiles）呈非常深的黑紅色，往往讓人和安可辣椒搞混。不過一旦嚐過，差別很清楚：這些乾辣椒滋味更濃烈，比較不甜。**新墨西哥辣椒**（新鮮的叫做安納海姆辣椒）是最常被串成辣椒圈或辣椒串的那種辣椒，滋味溫和偏辣。這些鮮紅的辣椒串不只是裝飾用而已，它們加到湯、燉菜和醬料裡很美味，而且可以做成很棒的純辣椒粉。幾近黑色的**幹辣椒**（pasilla）增添獨特滋味（以及中量的辣度）到湯、燉菜、醬料和巧克力辣醬裡。**皮京辣椒**（Pequin chiles）是小巧橢圓的紅辣椒，重辣，做成莎莎醬和醬料最出色，或者整顆油炸當盤飾。

要讓乾辣椒恢復濕潤，先烤或爐烤，如下，喜歡的話。➡讓乾辣椒浸在一口裝了熱水而不是滾水的碗裡，蓋上一只碟子，浸泡到軟，約十五至二十分鐘。➡浸泡更久會把滋味溶掉。適合的話，你也可以用泡辣椒水來做菜，但是要先嚐嚐看，確定沒有苦味。若要研磨乾辣椒☆，見「了解你的食材」。

| 關於烤椒類 |

新鮮辣椒烤過後不僅容易去皮，肉質軟化，而且增添可口的煙燻滋味。➡一旦辣椒烤到起泡，便把鮮辣椒移到一口盆裡，罩上保鮮膜或盤子，燜十分鐘。剩餘的熱力會製造水蒸氣，使得椒皮鬆弛。➡辣椒烤好後千萬不能沖洗，因為煙燻味存於表面。➡用刀子刮除外皮。辣椒通常整根烤，因此從一側把辣椒劃開，用一把小刀的尖端把柄蒂切割一圈。把頂端摘除——內核和籽會順勢被拉出來——接著把剩下的籽和內膜刮除乾淨。➡燒烤和去皮的手續可以預先在一兩天前完成。把處理好的辣椒置於密封的容器裡冷藏。烤辣椒放冷凍可保存一個月，若要放冷凍，那麼就先不去皮，等退冰後再去皮。辣椒冷凍退冰後肉質會變得鬆弛，不過很適合做醬料。

用烤箱烤新鮮辣椒，將有邊框的烤盤或炙烤盤鋪上鋁箔紙，將整根辣椒置於鋁箔紙上，刷上橄欖油。炙烤到起泡或整根多少變黑，需要的話用夾子翻面（用叉子把表皮戳破，讓它釋出汁液）。若要用爐火烤，直接把整根辣椒置於瓦斯爐的火焰裡，瓦斯爐轉最大火。➡經常翻轉辣椒，讓它遍體起泡或部分燒焦成黑色。若要燒烤新鮮辣椒，將整根辣椒置於覆蓋著灰燼、火即將熄滅的木炭上方的烤架上——瓦斯燒烤爐則是開中大火至大火。先將一面烤到起泡或焦黑，再翻面繼續烤到整根烤好。也可以用灶火來烤☆，見「烹飪方式與技巧」。

至於小根的新鮮辣椒，用一把乾的鑄鐵平底鍋或淺煎鍋以大火烤。不時翻鍋或者翻動鍋裡的辣椒，直到表皮焦而起泡。這些辣椒烤好後通常不去皮。

很多廚子在把辣椒乾恢復濕潤之前會快速烤一下或鍋烙一下。就像烤麵包一樣，用強火力稍微烤一下可加深滋味。把乾辣椒放在乾的鑄鐵平底鍋或淺煎鍋，以中火加熱整根辣椒。為了讓更多果肉直接受熱，用一把鍋鏟壓一壓辣椒，➡接著翻面再壓一壓，直到你聞到辣椒味——前後可能只有幾秒鐘而已。一等果莢稍微焦黃定型便離火。放涼後，捻斷蒂頭，把籽抖掉。若是大的辣椒乾，先掐斷蒂頭，用刀把一側劃開，撥開果莢。甩掉籽，然後把辣椒掰成可以躺平的一片，然後按照烤整根辣椒乾的方式處理。

青椒炒洋蔥（Green Peppers and Onions）（4人份）

搭配冷盤肉的最佳搭檔。
在一口大的平底鍋以中火加熱：
3大匙奶油、火腿或培根油脂，或橄欖油
油熱後下：
6顆洋蔥（共約1又1/2磅），切片
拌炒到軟，約10分鐘。再下：
3顆大的青甜椒，去心去籽並切成3/4吋寬條狀
拌炒5分鐘。加：
2大匙雞高湯或雞肉湯或水
鹽和黑胡椒，適量
進去，加蓋煨煮到洋蔥變軟，約10分鐘。喜歡的話，佐上：
（速成番茄醬★，311頁）

關於鑲餡椒

準備一整顆新鮮的椒來鑲餡，切除頂端二分之一吋，用湯匙刮除籽和內膜。➡如果椒無法直立，把底部稍微削平——小心別削出一個洞來，否則汁液和餡料會滲出去。體型大的椒要連柄梗縱切對半。➡別把切半的柄梗切掉（柄梗有助於固定餡料），但要刮除籽和膜。

椒置於滾水上方的架子上蒸，蒸到差不多軟了，約十分鐘。接著按照食譜來操作，或者在椒盒裡填入你要的食材（參見餡料★，263頁）。送入一百八十度的烤箱烤到餡料變燙，二十至三十分鐘。喜歡的話，可以在餡料上加焗烤料I或II☆，見「了解你的食材」，送進炙烤爐裡短暫地烤至表面呈金黃色。

鑲餡甜椒（Stuffed Bell Peppers）（4人份）

一道美式經典。可以把牛肉換成1/2磅豆腐，瀝乾後捏碎，做成素食。

烤箱轉190度預熱。把足以讓甜椒舒適地彼此挨著的一口烤盤抹上油。準備鑲餡用的：

4顆甜椒

蒸10分鐘。置旁備用。在一口大的平底鍋裡以中火加熱：

2大匙橄欖油或蔬菜油

油熱後下：

8盎司牛絞肉

1/2杯切細碎的洋蔥

1/2小匙乾燥的百里香

用一根湯匙不時地拌炒攪散牛絞肉，炒到稍微上色，約10分鐘。再下：

1杯米飯

1顆中型番茄，去皮，去籽，切細碎，或1/2杯罐頭番茄丁，瀝乾

2顆大的雞蛋，打散

1顆蒜瓣，切末

1小匙乾燥的羅勒或奧瑞岡，壓碎

（烏斯特黑醋醬或壓碎的紅椒片，適量）

鹽和黑胡椒，適量

把肉末混料填入甜椒裡，填好後放到烤盤中。在上面撒：

焗烤料II☆，見「了解你的食材」

烤到甜椒變軟，餡料燙而結實，約25分鐘。需要的話，送入炙烤箱烤至表面焦黃。

甜椒包飯（Bell Peppers Stuffed with Rice）（4人份）

烤箱轉180度預熱。將足以讓甜椒舒適地彼此挨著的一口烤盤抹上油。

準備鑲餡用的：4顆中型甜椒

蒸到差不多軟了，約10分鐘，置旁備用。

在一口碗裡混勻：

1又1/2杯米飯

1/2杯帕瑪森、切達或蒙特雷傑克起司屑或起司絲，喜歡的話或者放更多

1/2杯高湯或肉湯、濃的鮮奶油或番茄醬

1/2小匙咖哩粉、乾羅勒或乾奧瑞岡

鹽和黑胡椒，適量

（1小撮紅椒粉）

將椒盒填入餡料，烤到餡料熱得冒煙，約25分鐘。

喜歡的話，在上面覆蓋：

（焗烤料I或II☆，見「了解你的食材」）

送進炙烤爐短暫地烤到焦黃。

烤辣椒鑲起司（Baked Chiles Rellenos with Cheese）（6人份）

用一大張溫熱的麵粉薄烙餅包起整個辣椒鑲起司便是德墨三明治（TexMex sandwich）。

烤箱轉180度預熱。

烤：

6根中型的波布拉諾辣椒

去除焦黑的皮，在每根辣椒的一側劃出一道長口子，小心地把籽和筋絡去除。拭乾放入烤盤。

混勻：

2杯切粗絲的墨西哥新鮮起司、蒙特雷傑克或溫和的切達起司（約8盎司）

2根大的青蔥，切蔥花

將起司餡陷捏成6個橢圓形，每一個塞進一根辣椒裡，再輕輕塑形。烤約15分鐘至徹底熱透。

佐上：

溫熱的莎莎醬

芫荽末

| 關於大蕉 |

這種九至十二吋長的香蕉品種，和它們的表親香蕉不一樣，➜得烹煮過才能食用。不管是尚青、半熟或相當熟成的狀態都能入菜，雖然很熟的大蕉皮往往會變黑而且有斑點。煮熟切片的大蕉加在湯裡、燉菜和歐姆蛋裡很受歡迎。

臨煮之前再把大蕉的皮和筋絲剝掉，否則果肉會變黑。青大蕉很硬。戴手套剝大蕉皮，或邊沖水邊剝，免得手染上污漬。黃色大蕉或半熟的大蕉口感綿密，有著細緻的滋味。最好是煮熟並且當馬鈴薯那樣食用。褐色至黑色的軟大蕉吃起來像香蕉，最好是整根烤或切厚片油炸。大蕉可以放室溫下熟成。一整年都有，很適合搭配奶油、萊姆汁、米飯和熱帶水果。

大蕉（Plantains）

I. 將：**綠色或黃色半熟的大蕉（未剝皮）**

切成2吋厚的小段。沿著每條稜脊線劃開果皮，從每片的一角剝起，剝除蕉皮。立即放入大滾的水裡，煨煮30分鐘。加鹽和胡椒調味，佐上奶油食用。

II. 將：**褐黑色成熟大蕉**

切掉頭尾，縱向劃開並剝除果皮。放在一口抹了油的烤盤裡平鋪一層，送進200度烤箱烤到果肉用叉子戳得進去的軟度，約40分鐘。佐上奶油，就像你吃烤馬鈴薯一樣，喜歡的話，淋上新鮮萊姆汁和辣椒醬。

香煎金黃大蕉片（Golden Sautéed Plantain Slices）（4人份）

最好是吃熱的，需要的話可以用平底鍋或烤箱重新加熱。配炸雞、烤火腿或魔力醬*，316頁，格外對味。

將：**4根小的熟大蕉**

頭尾端切除，縱向劃開香蕉皮並剝除，切成1/4吋片狀。

在一口大的平底不沾鍋裡以中小火加熱：

2大匙奶油、1大匙蔬菜油

大蕉片下鍋，以鋪滿一層為原則盡量放，翻面一次，把兩面煎到金黃色，6至8分鐘。煎好後移到盤子裡並保溫，接著下一批再下鍋煎。

撒上：

粗鹽，適量

（黑胡椒，適量）、（新鮮芫荽）

炸大蕉（Deep-Fried Plantains〔Tostones〕）（6人份）

配著米飯，豆類，和各種烤雞或豬肉吃。別忘了沾辣醬。請參閱「關於深油炸」。

將：**4根小的褐黑色熟大蕉**

頭尾端切除，縱向劃開香蕉皮，剝除，切成1/4吋片狀。

在一口深槽油炸鍋或深槽厚底鍋裡把：

2吋高的蔬菜油

加熱至165度。

一次炸幾片，把大蕉片炸到呈金黃色，每面約3分鐘。炸好後置於紙巾上充分瀝油。將炸過的蕉片放到烤盤裡平鋪一層，然後用肉槌把蕉片捶成均勻的1/8吋厚。重新把油溫加熱至165度，重新把大蕉片下鍋油炸，一次炸個幾片，炸到金黃酥脆，約2至3分鐘。置於紙巾上充分瀝油，立即享用，吃的時候撒上：

粗鹽，適量

關於馬鈴薯

和食物有關的古怪事實——而且這類事實不勝枚舉——之一是：馬鈴薯由南美傳入歐洲後，經過了一世紀的時間才被歐洲人接受，它終於被愛爾蘭移民帶到北美時，歷時則更久。在今天，馬鈴薯躍居為主要的新鮮糧食作物！

馬鈴薯分三類。**水煮用馬鈴薯**含水量相對高，澱粉含量低。這些蠟質馬鈴薯切丁或切片後能夠保持形狀，所以會用來做馬鈴薯沙拉、焗烤料理和燉菜。也可以做成薯泥或油炸。**烘烤用馬鈴薯**含水量低，澱粉含量高，煮過之後，肉質乾而鬆軟，正好適合烘烤、油炸和搗成泥。烘烤用馬鈴薯也可以增添湯的醇厚度，譬如維琪冷湯，225頁，因為在烹煮過程中它會崩解。烘烤用馬鈴薯裡最理想的是**赤褐馬鈴薯**（russet potatoes），有時又叫做**愛達荷馬鈴薯**，這種馬鈴薯皮粗（而且可口），呈長圓形，很容易辨認。它是做薯泥的最佳選擇，做成炸薯條或馬鈴薯舒芙蕾也絕佳。**萬用馬鈴薯**基本上呈圓球形，外皮通常是黯淡的褐色，含水量和澱粉含量適中，因此適用各種烹煮方式。**育空黃金馬鈴薯**皮薄而光滑，呈金黃色，肉質則是黃色。其他的萬用馬鈴薯還有**克尼伯馬鈴薯**（Kennebec）和**卡塔丁馬鈴薯**（Katahdin）。

新生馬鈴薯（New potatoes）是「剛挖出土」的任何品種的馬鈴薯，體型通常小巧，一般會連皮整顆水煮、蒸煮或燒烤。很多**老品種馬鈴薯**如今被重新栽培。熱門的老品種水煮用馬鈴薯有**芬蘭黃馬鈴薯**（Yellow Finn）、**賓吉馬鈴薯**（Bintje）、**骨溜馬鈴薯**（Butterfinger）和**俄羅斯香蕉薯**（Russian Banana）；熱門的烘烤用老品種馬鈴薯有**柏本克赤褐馬鈴薯**（Russet Burbank）和**萊姆哈伊赤褐馬鈴薯**（Lemhi Russet）；萬用老品種有**迷你馬鈴薯**（fingerling）、**赤金馬鈴薯**（Red Gold）和**祕魯黑金馬鈴薯**（Peruvian Blue）。

挑選堅實、掂起來沉沉的馬鈴薯，表皮要緊繃，沒有割傷、暗斑、裂痕、發霉或腐壞的任何跡象。如果馬鈴薯表面泛綠光或者出現綠色塊，則要避開——綠色部分應是曾曝曬在陽光下所致，而且會變苦（甚至略帶毒性）。也要避開發芽的馬鈴薯；發芽的馬鈴薯可能塌軟，而且可能會走味。別用受霜害的馬鈴薯，凍傷的馬鈴薯會變得軟爛，切開後薯皮底下會有黑黑的一圈。貯存馬鈴薯的方式是，買回家先不清洗，鬆散地置於乾燥陰涼的地方。不建議放冰箱冷藏。貯存過後，要是發現馬鈴薯有變綠色或開始發芽，切掉綠色或發芽的部分，切除的厚度要深及變綠或發芽部分下方四分之一吋（或者乾脆把這些變質的馬鈴薯丟掉）。

馬鈴薯配奶油、濃的鮮奶油或酸奶、起司、蝦夷蔥、洋蔥、大蒜、荷蘭芹、山蘿蔔菜、迷迭香、鼠尾草、奧瑞岡、培根和蘑菇非常對味。馬鈴薯往往會搗成泥和其他熟蔬菜以各種比例混合，譬如兩份芹菜根配一份馬鈴薯，一份蕪菁配一份馬鈴薯，或一份酪梨配三份馬鈴薯。薯皮提供滋味和營養，不過假使要削皮，最有效的方式是用一把削皮刀。果肉接觸到空氣會褐變，所以削皮後不妨把馬鈴薯丟進一盆冷水裡。

馬鈴薯壓粒器是做出清爽、質地均勻的薯泥的最佳利器，其構造是附有一個有孔眼的容器，可把熟馬鈴薯裝在其中，該容器連著兩支長把手，當你把兩支長把手壓合，便會把馬鈴薯從容器底面的孔眼擠壓出來。挑選堅固的金屬製壓粒器，其容器至少要有兩杯的容量；一支好的壓粒器應該附有兩個可以嵌進壓粒器裡，孔眼大小不同的圓盤。其中一個孔眼較小，可以用來壓出細緻薯泥。孔眼較大的可以用來壓製德式麵疙瘩，或擠出熟青菜或其他蔬菜多餘的水分。電動攪拌器無疑是製作薯泥最有用的器具，而且效果絕佳。用搗泥器、叉子或食物研磨機來做則費勁得多，但是做出來的薯泥也不賴。食物調理機打出來的薯泥帶有一種不討喜的膠黏口感。刨片器，如下圖所示，可以快速俐落地把生馬鈴薯切得大小一致，不管是刨得如紙一般薄的薯片，像是安娜薯派要用到的，或是油炸用的鞋帶般細的薯條。

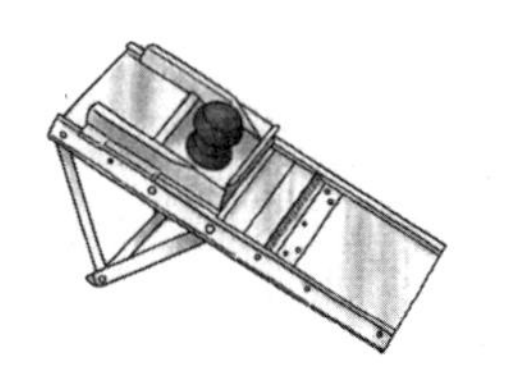

刨片器和壓粒器

若要微波馬鈴薯，將四顆中型烘烤用馬鈴薯，削皮切四瓣，鋪在一口二夸特的烤盤裡。加蓋以中火力微波至軟，九至十二分鐘，頭五分鐘過後要拌一拌。微波好後先靜置三分鐘後再掀蓋。如果你希望微波的馬鈴薯口感鬆軟，立即搗成泥。

用壓力鍋煮，則將一整顆大型的（直徑兩吋半）馬鈴薯加一杯半液體以十五磅壓力煮十五分鐘；直徑一吋半的馬鈴薯只需一杯液體煮十分鐘；小巧的新生馬鈴薯需要一杯液體煮兩分半鐘；四分之三吋厚的薯片需要一杯液體煮五分鐘。

在以下的食譜裡，我們試著對這美味的蔬菜付出它應得的照料與呵護。

➠假使食譜要求特定的馬鈴薯，務必使用該種馬鈴薯。

水煮馬鈴薯（英式馬鈴薯）（Boiled Potatoes〔Pommes Anglaise〕）（6人份）

將：2磅馬鈴薯（哪一種都可以）

削皮。如果趕時間的話，切4瓣。丟入淹過表面的鹽水（每4杯水加1/2小匙鹽）裡煮，把水煮開，煮到馬鈴薯變軟，20至40分鐘。

充分瀝乾（喜歡的話，煮馬鈴薯水可以保留下來當作濃湯的湯底，或者用來和麵粉做麵包）。

如果你想要馬鈴薯呈粉質口感，把折疊的毛巾罩在鍋口上5分鐘；或者輕輕地翻鍋幾下。移走毛巾，毛巾已吸收了多餘的蒸氣。把馬鈴薯放進：

（2至3大匙融化的奶油）

（3至4大匙切碎的荷蘭芹或蝦夷蔥）

滾一滾。

水煮新生馬鈴薯（Boiled New Potatoes）（4人份）

很少有蔬菜像小巧的新生馬鈴薯那麼討人歡心，尤其是帶嫩皮把所有細緻美味包在裡頭，直到它們被吃進嘴裡的那一刻。

將：

12顆小巧的新生馬鈴薯，洗淨

放進水裡煮，水要淹過表面並且煮沸，煮到馬鈴薯變軟，約10至20分鐘。喜歡的話，可以把皮剝掉。

佐上：

切碎的荷蘭芹、薄荷或蝦夷蔥

或者，在一口平底鍋裡融化：

3至6大匙奶油

馬鈴薯下鍋，就著小火輕輕地翻鍋，直到馬鈴薯表面均勻裹著油，起鍋後撒上：

鹽和黑胡椒，適量

切碎的荷蘭芹或蒔蘿或茴香枝

又或在放了奶油的鍋裡加：

3至4大匙現磨的新鮮辣根泥

翻鍋幾下，好讓馬鈴薯裹上奶油。這最後一種做法的馬鈴薯特別適合配上冷盤切肉。

馬鈴薯糜（Riced Potatoes〔Potato Snow〕）（6人份）

很適合襯托帶有濃郁肉汁或醬汁的肉類。

烹煮：**水煮馬鈴薯，如上**

一等馬鈴薯變軟並瀝乾，放進食物研磨器或壓粒器裡，讓搗壓出來的薯糜直接落到上菜盤裡，別用湯匙碰觸那一小堆糜狀物，不然那薯糜會被壓得密實。在薯糜上淋：

（2大匙融化的奶油）

撒上：**鹽，適量**

馬鈴薯泥（Mashed Potatoes）（6人份）

烘烤用或赤褐馬鈴薯做出來的薯泥口感最佳。使用食物研磨器或壓粒器即可做出綿密的薯泥。薯泥做好後立即享用最美味，放久了或重新加熱都會降低它的蓬鬆口感。薯泥用一口（耐熱的）上菜盆盛著，盆口以鋁箔紙封住，置於一口稍大的鍋裡，再整個擱在小火上，這樣可以保溫30分鐘。或者，把薯泥盛到抹了奶油的盤裡，澆上薄薄一層鮮奶油，放到溫熱的烤箱裡保溫。將：

2磅馬鈴薯（約6顆中型的），削皮切大塊

水煮，如上，或微波，如上，直到變軟。烹煮時鍋裡或微波盤裡同時納入：

（2顆蒜瓣，切薄片）

（1片洋蔥或2根青蔥，只取蔥白，切碎）

（1小枝帶葉的西芹梗）

（1小片月桂葉或1枝百里香或荷蘭芹）

充分瀝乾，挑除大塊的蔬菜或辛香草。再把馬鈴薯倒回鍋裡，就著中火翻鍋，直到馬鈴薯變得乾鬆，加蓋保溫。

在一口小鍋裡以小火加熱：

1/3杯濃的鮮奶油、半對半鮮奶油、牛奶或酪奶

3大匙奶油

小心別讓混液滾沸。加熱的同時，快速把熱燙的馬鈴薯搗成泥，每一結塊都要壓散。倒入熱鮮奶油的同時用一根叉子攪打，把混合物攪打到蓬鬆，約30多秒。拌入：

鹽和黑胡椒或白胡椒，適量

即刻享用，在上面加：

1至2大匙放軟的奶油

薯泥的額外配料（Additions to Mashed Potatoes）

1球烤大蒜

2撮番紅花絲，壓碎後浸泡在2大匙溫水或高湯或肉湯10分鐘

1/2杯法式蘑菇泥，472頁

1/2杯焦糖化洋蔥，477頁

1/3杯切碎的羅勒、荷蘭芹、山蘿蔔菜或百里香

1/2杯瑞士起司屑、葛呂耶起司屑、或切達起司屑，或1/2杯軟質山羊起司

甘藍菜青蔥薯泥（愛爾蘭菜糊）（Mashed Potatoes with Cabbage and Scallions〔Colcannon〕）（6至8人份）

這是愛爾蘭的人氣菜色。英國人常常會將之油煎，而且以油煎時的吱吱響和煎好後的模樣取名為「嘎吱冒泡」。

在一口大的醬汁鍋或荷蘭鍋裡放：

2磅育空黃金薯或其他萬用馬鈴薯，削皮切成1又1/2吋大塊

加冷水進去，直到剛好淹過馬鈴薯表面。在馬鈴薯上面堆：

2把青蔥，只取蔥白，切段

1顆小的綠甘藍菜（約1磅），去心切成1吋小段

煮沸，加蓋，轉小火保持微滾，煮到馬鈴薯用叉子戳得進去的軟度，約20分鐘。瀝乾水分，馬鈴薯、甘藍菜和蔥段再放回鍋內，轉小火將鍋裡的混合物壓成泥，加：

1/2杯牛奶或半對半鮮奶油，溫熱的

1/4至1/2杯（1/2至1條）放軟的奶油

3/4小匙鹽

1/4小匙黑胡椒

混合物壓成粗泥狀時，調整鹹淡。

香緹風味薯泥（Chantilly Potatoes）（6至8人份）

使用打發鮮奶油入菜是香緹風味菜的特色。

烤箱轉190度預熱。準備：

3杯薯泥，如上

將：1/2杯濃的鮮奶油

打至起尖（stiff），加：

鹽和黑胡椒、少許紅椒粉

調味，和：

1/2杯帕瑪森起司屑（1又1/2盎司）

拌合。將薯泥倒到一只耐熱的盤子裡塑成一個小丘，將發泡鮮奶油混合物覆在薯泥上，烤到起司融化而且頂端略微焦黃。

奶油馬鈴薯（Creamed Potatoes）（6人份）

假使這道菜不會立即上桌，那就把馬鈴薯放進抹了油的陶鍋裡置旁備用。覆蓋上焗烤料III☆，見「了解你的食材」，送進預熱過的200度烤箱裡烤到熱透。

準備：2磅水煮新生馬鈴薯

瀝乾，以微火烘乾，剝皮並切成1/2吋小丁。立即佐上：白醬II★，291頁享用，喜歡的話，加（蒔蘿籽）增添風味。

烘烤馬鈴薯（Scalloped Potatoes）（6人份）

I. 烤箱轉180度預熱。將：
3杯去皮切薄片的水煮用馬鈴薯
丟進滾水裡，加：1小匙鹽
焯燙約8分鐘，充分瀝乾。將一口10吋圓烤盤抹油。把薯片鋪到烤盤裡，鋪成三層，每一層上面要撒上麵粉，散布著切小塊的奶油，總共用上：
2大匙中筋麵粉、3至6大匙奶油
有很多小東西可以夾放在每層之間，喜歡的話不妨試著放：
（1/4杯切細碎的蝦夷蔥或洋蔥）
（12條充分瀝乾的鯷魚，切碎；或3片培根，煎到酥脆再壓碎，下述的鹽用量要減少）
（1/4杯切細碎的甜椒）
在一口小的醬汁鍋裡加熱：
1又1/4杯奶油或鮮奶油
加：
1又1/4小匙鹽
1/4小匙匈牙利紅椒粉
（1/4小匙芥末粉）
調味。將混液倒到薯片上，烤約35分鐘，用叉子戳一戳測試軟度，軟了即成。

II. 烤箱轉180度預熱。
在一口抹了油的10吋烤盤鋪上：
3杯切薄片的去皮水煮用馬鈴薯
在一口中型醬汁鍋裡加熱：
1罐10又3/4盎司濃縮的奶油蘑菇湯或奶油西芹湯
1又1/2杯牛奶或鮮奶油
拌入：
1/4杯瑞士起司絲或切達起司絲
（1/2杯炒蕈菇）
將混液倒到薯片上，烤約1小時，用叉子戳戳看好了沒。

焗烤馬鈴薯（Au Gratin Potatoes）（6至8人份）

端看你希望成品有多濃郁來決定牛奶和半對半鮮奶油的適當比例。
烤箱轉180度預熱。用：
1瓣蒜仁，切半
搓磨一口12吋焗烤皿或3夸特的淺烤盤的內緣。晾乾，再抹上：
1大匙放軟的奶油
在一口大的醬汁鍋或荷蘭鍋裡混合：
2又1/2磅烘烤用馬鈴薯，削皮切薄片
3杯鮮奶或半對半鮮奶油或兩者混合
1小匙鹽、1/4小匙黑胡椒
1小撮肉豆蔻屑或粉
以中火煮到微滾，然後輕輕地攪拌，煮到鍋液稍稍變稠，約5分鐘。
將混合物倒到備妥的烤盤，按壓上層的薯片好讓薯片全數浸在液體裡。撒上：
焗烤料I、II或III☆，見「了解你的食材」
使用瑞士起司或葛呂耶起司。
烤到表面呈金黃色而且薯片軟了，45分鐘至1小時。

烤馬鈴薯（Baked Potatoes）

我們老愛用一句貼切的話「披著夾克烤」（baked in their jackets）*來形容這個做法。不過我們聽說，至少有一位菜鳥廚子跑去問菜販，哪裡可買到馬鈴薯夾克！

＊譯註：jacket指馬鈴薯皮，所以是「帶皮烤」的意思，但jacket又有夾克、外套的意思。

最棒的烤馬鈴薯端上桌時口感是酥鬆的，因此要從成熟的烘烤用馬鈴薯下手，像是赤褐馬鈴薯。雖然也可以用水煮用和萬用馬鈴薯來做——而且烘烤的時間只需一半——但很難做出理想的口感。用鋁箔紙包馬鈴薯烤也會阻礙酥鬆的口感，因為太多水分被保留下來。事實上，為了引出烘烤用馬鈴薯所含的水分，有時候會把馬鈴薯放在一層岩鹽上煮。

烤箱轉200度預熱。刷洗：

烘烤用馬鈴薯

用一根叉子在馬鈴薯表面六處或八處戳洞，然後直接放在烤箱裡的架子上，烤到叉子戳得進去的軟度，約40至60分鐘，端看大小而定。烤好後，立刻食用，佐上：

奶油或酸奶或起司醬*，293頁

蝦夷蔥末或荷蘭芹末

雙烤馬鈴薯（Twice-Baked Potatoes）（6人份）

烤箱轉200度預熱。準備：

6顆烘烤用馬鈴薯，如上

縱切對半，或者一整顆也行，只削掉扁平端的橢圓形一小片。挖出果肉，放到碗裡，留1/2吋厚的外殼。將：

3至4大匙奶油

3大匙熱牛奶或1/2杯酸奶

（2大匙蔥花）

1小匙鹽

加到果肉裡，如果你打算搭配魚肉來吃，也可以加：

1大匙辣根泥

增添辛嗆滋味。

將：**（2顆雞蛋的蛋白）**

攪打到滑順，再打到起尖但不致乾乾的，將蛋白霜和馬鈴薯肉拌合，填入薯殼裡，在露出來的馬鈴薯肉上撒：

1/2杯帕瑪森起司屑

匈牙利紅椒粉

（酥脆的培根碎粒）

（蔥花）

炙烤到起司變焦黃。

鍋煎馬鈴薯或里昂風味馬鈴薯（Panfried or Lyonnaise Potatoes）（4人份）

水煮：**8顆小巧的新生馬鈴薯**

趁熱剝皮並切薄片。在一口大的厚底平底鍋裡以中大火加熱：

2大匙奶油、2大匙蔬菜油

馬鈴薯下鍋，偶爾拌炒一下，煎煮到呈金黃色。與此同時，在一口小的平底鍋裡加熱：

2大匙奶油或從牛肉逼出的油

再放入：

1/2杯切薄片的洋蔥

煎炒到變軟，輕輕地把馬鈴薯和洋蔥混合在一起，加：

鹽和黑胡椒，適量

調味，撒上：

荷蘭芹末

即成。

焦黃馬鈴薯或佛蘭克尼風味馬鈴薯（Browned or Franconia Potatoes）（4人份）

我們很愛吃焦黃馬鈴薯，但不喜歡經常吃到的那種殼很硬又油膩的版本。先把馬鈴薯水波煮，外殼就會鬆軟。

把：

6顆刷洗過的萬用馬鈴薯，直徑約2吋

放到鹽水裡煮，水要淹過表面，煮到尚未很熟、用叉子戳仍有阻力的程度，瀝出。與此同時，烤箱轉180度預熱。

在一口小型的耐熱的厚底平底鍋裡加熱：

3大匙奶油、3大匙蔬菜油

油熱後馬鈴薯下鍋，加蓋烤約20分鐘，偶爾翻面，好讓馬鈴薯焦黃得很均勻。撒上：

2大匙細切的荷蘭芹

再掀蓋烤個10分鐘左右。

安娜薯派（Potatoes Anna〔Pommes Anna〕）（6至8人份）

這道賞心悅目的菜要做得漂亮好看，祕訣就在附鍋蓋的安娜馬鈴薯派專用銅鍋。這鍋直徑約8吋，高3又1/2吋，鍋蓋兩側附有手柄，烤的時候鍋蓋會罩住鍋身1又1/2吋深，烤好後上下顛倒過來，直接用上蓋盛著薯派上桌。你也可以用有蓋子的耐烤厚底平底鍋來替代。刨片器，490頁，或便宜的塑膠刨片器，通常叫做V型刨片器（v-slicer），可以讓刨薯片這差事變得很輕鬆。把烤架置於烤箱中央，烤箱轉220度預熱。

備妥：

1杯（2條奶油），澄化的☆，見「了解你的食材」，或3/4杯（1又1/2條）融化的奶油

將奶油倒進一口10吋的鑄鐵平底鍋或安娜薯派鍋，油深約1/4吋。鍋子置於小火上，將：

2又1/2至3磅的烘烤用馬鈴薯，削皮切1/8吋薄片

鋪排在鍋裡，把形狀漂亮的薯片仔細地鋪在最底層，薯片彼此重疊，每鋪好一層，便撒上：

鹽和黑胡椒，適量、（融化的奶油）

當薯片全都鋪排好了，底層也形成略微酥脆的一層，將一把稍微小一點的平底鍋鍋底抹上些許的奶油或油，然後穩當地壓在薯片上，把薯片壓得密實。接著用鋁箔紙把鍋口密封起來，或者蓋上安娜薯派鍋的鍋蓋。鍋子送入烤箱，鍋子下方擺一只烤盤以承接滴下來的汁液。烤20分鐘後，掀開鍋蓋，再次穩當地按壓薯片。然後不蓋鍋蓋，續烤至側邊明顯變得焦黃酥脆，約再20至25分鐘。用平底鍋或鍋蓋穩穩地抵著薯派，傾斜鍋子，倒掉沒被吸收的融化奶油。起鍋時，先用刀子將邊緣劃開，然後把薯派倒扣到盤子裡，切成楔形一瓣瓣。

安娜薯派專用鍋

薯餅（Hash Brown Potatoes）（4人份）

用一根叉子混勻：

3杯切小丁的萬用馬鈴薯

1大匙剁碎的荷蘭芹

1/2顆小型洋蔥，刨成屑

1/2小匙鹽

1/4小匙黑胡椒

在一口平底不沾鍋裡以中火加熱：

3大匙培根油脂、油或其他脂肪

將馬鈴薯混料倒進鍋裡，再用一把闊刀或鍋鏟抹壓成糕餅狀。以小火慢煎，不時晃動鍋子，以免巴鍋，小心別讓馬鈴薯混料濺出來。等到底部焦黃，將薯餅對半切，然後用兩把小鍋鏟將每一半翻面。均勻地在薯餅上淋：

1/4杯濃的鮮奶油

再把第二面煎焦黃，起鍋後趁熱享用。

香煎薯絲鬆餅（Potato Pancakes）（約12個3吋煎餅）

用烘烤用或萬用馬鈴薯來做——其澱粉含量有助於薯絲結合定型。

用一條乾淨的擦碗巾包起：

2杯削皮刨粗籤的馬鈴薯

盡量擰絞出水來。

放進一口碗裡，連同：

3顆大型的雞蛋，打散

1又1/2大匙中筋麵粉

1大匙洋蔥末

1又1/4小匙鹽

混勻。

在一口大型的厚底平底鍋以中大火加熱：

1/4吋高或更多的蔬菜油或奶油

分批將馬鈴薯混料舀進鍋裡，塑成一個個3吋寬、1/4吋厚的餅狀。將底面煎焦黃，視需要轉成中火，免得底面燒焦。翻面再將第二面煎黃而酥脆，每面約需3至5分鐘。置於紙巾上短暫地瀝油。佐上：

蘋果醬

酸奶或優格起司

蝦夷蔥段

如果你想把所有的煎餅都煎好再端上桌，將煎好的薯餅放到90度烤箱裡保溫，在紙巾上瀝除多餘的油後立即享用。

鍋烙薯末餅（Pan-Broiled Grated Potatoes）（4人份）

美味又速成——僅次於薯絲鬆餅。

將：

3顆中型的烘烤用馬鈴薯（總共1又1/2磅）

洋蔥，2大匙的量

洗淨，用四面刨籤器大孔眼的一面來刨，連皮一起刨成碎末。

在一口很大的平底鍋以中小火融化：

2大匙奶油

2大匙蔬菜油

把薯末倒進鍋裡，抹平成大約1/4吋厚。加蓋煎到底部焦黃，用鍋鏟翻面，再把第二面煎黃即成。加：

鹽和黑胡椒，適量

調味。

馬鈴薯舒芙蕾或馬鈴薯膨酥片（Souffléed or Puffed Potatoes）（6人份）

據傳，我們也樂於相信，在法國攻打荷蘭期間，有一天，路易十四就像坐在華麗馬車裡旅行的大君王都會做的那樣，差了一名信使先行通知御廚，國王晚餐想吃什麼。道路幾乎不通，天色越來越晚，那廚子設法讓大部分的佳餚美饌勉強保持在最佳狀態，等到國王一行人嘩然進入中庭，廚子才驚駭地發現，炸薯條已經完全塌軟了。情急之下，他把薯條丟進熱油裡再炸第二次，慌亂地攪動油鍋，接著，瞧！—出現在眼前的東西讓他聲名大噪，荷包滿滿。

還有更多的巧合是那廚子沒注意到的：他的馬鈴薯肯定已經熟老，所以澱粉含量正好可以讓薯條鼓膨。而且他想必有個極其條理分明的學徒，將所有馬鈴薯「順紋」切，而且切得厚度一致，如圖示。在他總算把菜搞定，鬆了一口氣之際，他顯然不介意有一成的失敗品，因為縱使是每天做這道菜的老手，也得靠很大比例的老廢的馬鈴薯幫忙才成。順道一提，老廢的馬鈴薯做成薯條還可以，但不像做成膨酥片那麼搶眼。

以這道菜出名的餐廳，會把馬鈴薯陳放到你用指甲摳沒法把薯皮摳下來，一定要用刀子戳才行的熟老程度。請參閱

「關於深油炸」。

刷洗：

8顆大型的熟成烘烤用馬鈴薯

將馬鈴薯縱向切成1/8吋厚，而且厚度一致的薯片（在餐廳裡，這樣的精準度是由刨片器，或其他刨具完成的）。刨切出這厚薄均勻的長薄片後，你可以再進一步切成經典的多邊形，如圖示，甚而切成三角形、圓形或有弧邊的迷人鵝卵形。將薯片浸在冰水裡至少25分鐘。瀝出後充分拭乾。與此同時，在一口深槽油炸鍋或厚底深鍋裡將：

3吋高的熟牛板油或蔬菜油

加熱至135度。分批把薯片一一丟進熱油裡。別讓鍋內擁擠。薯片會沉到油裡。接下來的叮嚀是，生手可要當心了！幾秒之後，當薯片浮上來，要持續地晃蕩油鍋，使得油面起波瀾，好讓漂浮的薯片依然浸淫在熱油裡。繼續炸薯片，起碼要翻面一次，炸到開始變透明，透明的部分會往中央延伸，而且切邊的質地出現明顯的差別，深及1/16吋。撈出放在紙巾上瀝油。如果沒有要立刻食用，進行第二次油炸前可以冷藏達4小時，但再次下油鍋炸之前要先回溫。如果要馬上進行二次油炸，先瀝油放涼5分鐘。

二次油炸前，把油加熱至195度。同樣地薯片一一下鍋，同樣如上述晃蕩油鍋。炸過的薯片會馬上膨脹，雖然最初的切邊總會留有接縫。炸成漂亮的金黃色。撈到紙巾上瀝油。加鹽並立即享用。最好是裝在籃子裡，如圖示，這樣可以保持酥脆。假使不夠酥脆，再下油鍋炸個幾秒，再度瀝油。

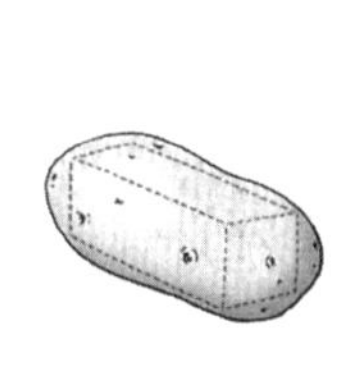
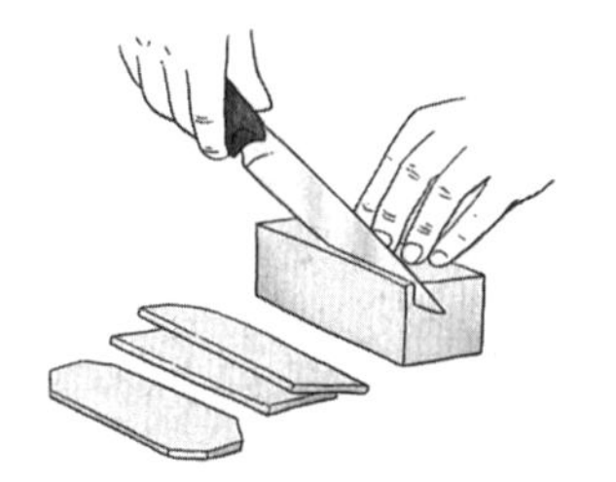

準備馬鈴薯舒芙蕾或馬鈴薯膨酥球

絕不失手的炸薯條（Never-Fail French Fries）（4至6人份）

要炸出金黃酥脆的薯條，一定要用澱粉含量高的烘烤用馬鈴薯，而且要進行兩階段的油炸。第一次油炸後，你可以把薯條放在室溫下長達2小時。食用之前再二次油炸。將：

4顆大型的烘烤用馬鈴薯，削皮切成2又1/4×3/8×3/8吋長條

浸泡在一碗冷水裡，水要淹過薯條表面，泡個30分鐘。瀝出，用紙巾擦拭過多的澱粉和表面的水分。與此同時，在一口深槽油炸鍋或厚底深鍋裡把：

3吋高的花生油或其他蔬菜油

加熱到180度。用油炸籃，如果你有的話，分批裝薯條下油鍋，一次約一杯的量，炸到劈啪噴濺的情況結束，約2分鐘。用漏勺撈起這非常鬆軟的薯條，置於紙巾上瀝油。起碼放涼5分鐘再進行二次油炸；炸過的馬鈴薯可以放上2小時。

二次油炸前，將油加熱至185度。炸到薯條金黃酥脆，2至3分鐘，再放到紙巾上瀝油。千萬別用蓋子罩住薯條，否則薯條會塌軟。撒上鹽立即享用。

炸薯絲（Shoestring Potatoes）

刨片器，或其他刨具可以刨出完美的薯絲，不過你也可以用刀或食物調理機裁切。二次油炸時薯絲要在2至3分鐘之間炸黃；別讓薯絲太快炸黃，否則最後會塌軟掉。

將馬鈴薯切成不超過3/16吋厚的長條，按上述油炸。

烤「薯條」（Oven "French-Fried" Potatoes）（4人份）

大頭菜和蕪菁也可以用這個方法料理。

烤箱轉230度。將：

4顆中型的烘烤用馬鈴薯（約1磅）

削皮縱切成1/2吋厚的條狀，浸泡冷水10分鐘，瀝出後夾在紙巾中拍乾。將薯條拌上：

2大匙蔬菜油或橄欖油，培根油或融化的奶油

鋪在一只烤盤裡烤，每幾分鐘就翻動一下，烤到金黃，30至40分鐘。將薯條倒到紙巾上短暫地瀝油，然後撒上：

1/2小匙鹽

（匈牙利紅椒粉或黑胡椒，適量）

荷蘭風味薯餅（Duchess Potatoes）（8人份）

準備：

4杯薯糜（用8顆中型馬鈴薯）

趁熱加進：

1/4杯（1/2條）奶油

2顆大顆雞蛋的蛋黃，打散

（一撮芥末粉）

鹽和黑胡椒，適量

稍微放涼。

烤箱轉200度預熱。將一只烤盤抹油。

在灑了麵粉的平台上將馬鈴薯糊塑成8個2吋的扁餅狀，放到抹了油的烤盤裡。表面刷上：

1顆大雞蛋打散的蛋液

烤到金黃，約20分鐘。立即享用。

注意：如果你想把馬鈴薯糊做成盤飾，別把它放涼，裝進套上波紋擠花嘴的擠花袋裡，馬上沿著木板或耐熱的上菜盤擠出波浪狀扇形，然後送進烤箱烤黃。

可樂餅（Potato Croquettes）（4人份）

在一口碗裡放：

2杯薯泥

打入：

1枚大的雞蛋

喜歡的話再加進以下之一：

（1/2杯香煎洋蔥末或蘑菇片）

（5根青蔥，切蔥花）

（2大匙切碎的百里香、荷蘭芹或蝦夷蔥，或者2小匙乾燥的百里香末或馬鬱蘭末）

均分成8等分然後捏成小巧糕餅狀。稍微撒上：

麵粉

沾裹用：

1枚大的雞蛋，打散

的蛋液，然後再敷上：

1杯新鮮的麵包屑或1/2杯芝麻籽

在一口大的平底不沾鍋以中大火加熱：

2大匙奶油、橄欖油或蔬菜油

油熱後可樂餅下鍋，煎到成漂亮的金黃色，每面約煎5分鐘。放在紙巾上瀝油。趁熱享用。

關於吃剩的馬鈴薯

把反應遲鈍的人叫做「冷馬鈴薯」並不恰當。馬鈴薯煮好後若擱上一段時間，不僅口感會變差，其微妙的質樸滋味也會喪失。不過以下幾項建議是搶救馬鈴薯的妙方。

搶救吃剩的德國風味馬鈴薯（Leftover German-Fried Potatoes）（4人份）

在一口平底鍋裡以小火加熱：
2大匙或更多的蔬菜油
油熱後下：
2杯水煮過的馬鈴薯切片
1小匙或更多的洋蔥末
鹽和匈牙利紅椒粉，適量
不斷翻炒，煎炒到薯片稍微焦黃。

搶救吃剩的馬鈴薯塊（Leftover Potatoees O'Brien）（6人份）

烤箱轉180度預熱。
將：
6顆中型水煮過的馬鈴薯
切丁，拌上：
1顆青甜椒，去心去籽剁碎
1顆洋蔥，切末
（3/4杯起司屑或起司絲）
1大匙中筋麵粉
鹽和黑胡椒，適量
數哩紅椒粉
倒進一只抹了油的淺烤盤裡，再澆上：
1杯熱牛奶
覆蓋上：
焗烤料II或III☆，見「了解你的食材」
烤至焦黃，約30分鐘。

搶救吃剩的薯泥（Leftover Potato Cakes）

薯泥
加下列之一調味，每一杯用上：
（1顆大的雞蛋，打散）
（荷蘭芹末）
（西芹末或西芹籽）
（洋蔥末或1/4杯香煎洋蔥碎粒）
（少許肉豆蔻）
捏成小餅狀，敷上：
中筋麵粉、麵包屑或壓碎的玉米片
在一口平底鍋裡融化：
奶油或其他油
將薯餅兩面煎黃，翻面一次。

搶救吃剩馬鈴薯之焗馬鈴薯（Leftover Au Gratin Potatoes）

烤箱轉200度預熱。
將：
水煮過的馬鈴薯
切丁。
準備：
白醬I★，291頁，或起司醬★，293頁
白醬的量約是馬鈴薯量的一半。
把白醬和馬鈴薯拌勻，喜歡的話加：
（荷蘭芹末、洋蔥末或蝦夷蔥末）
將混料倒進抹了油的烤盤裡，覆蓋上：
焗烤料II或III☆，見「了解你的食材」
烤黃即成。

| 關於番薯和山藥（yam） |

市面上買得到很多不同種類的番薯，從褐皮帶有乾乾的粉紅肉的，到紅銅皮或紫皮帶有濕潤的深橘肉更甘甜的品種都有。這種橘肉番薯在美國很多地區被撒嬌似的誤稱為山藥，它同時也是做成罐頭「山藥」出售的那種番薯。

挑選堅實而且掂起來沉沉的番薯，沒有塌軟處、暗斑或發霉。包起來置於陰涼乾爽、通風良好的地方貯存。大多數煮馬鈴薯的方法都可以用來煮番薯，而且水果和水果調味料很能為番薯提味，其中一些格外對味的搭檔有柳橙、鳳梨、蘋果、胡桃、甜味香料、奶油、鮮奶油、紅糖以及楓糖和楓糖漿。或者也可以用辣椒、甜椒、芫荽、青蔥、番茄、大蒜、檸檬和萊姆來突顯、烘托番薯的甘甜。番薯重新加熱後比吃剩的馬鈴薯重新加熱要可口得多。

真正的山藥是和番薯沒有親屬關係的熱帶塊莖，有著清脆溫和的肉質，呈白色或黃色。在拉丁果菜店買得到，可以水煮、烘烤、油炸或以煮馬鈴薯的方式處理——不過打成泥除外，因為山藥若打成泥會更突顯它的黏性。

刷洗乾淨。如果要剝皮，最簡單的方式就是煮熟再剝。橘肉番薯剝皮時，除了皮之外，皮底下的白纖維層也要剝掉。

若要微波，一次可微波多達四整顆中型番薯，在每一顆表面多處戳洞，放在鋪著紙巾的轉盤上排成輪輻狀，以強火力微波至變軟，兩顆番薯需五至九分鐘，四顆需十至十三分鐘，頭五分鐘之後翻面並重排一次。微波好之後覆蓋著毛巾靜置五分鐘。

用壓力鍋煮，整顆大型番薯用一杯水以十五磅壓力煮十分鐘。煮好後立即讓鍋子降溫。

水煮番薯（Boiled Sweet Potatoes）

刷洗番薯，丟進滾水裡，水要淹過番薯表面，加蓋煮到軟，約25至35分鐘。食用前剝皮並加鹽。

番薯泥（Mashed Sweet Potatoes）（4至6人份）

以上述方式水煮：

2磅番薯，刷洗過

煮至徹底變軟。瀝出靜置一會兒，放涼到不燙手的程度。皮剝掉，用食物調理機搗壓，盛到碗裡。加：

1/4杯（1/2條）放軟的奶油，或適量

鹽，適量

再加：

溫熱的濃的鮮奶油或新鮮柳橙汁、橘子汁或新鮮檸檬汁

稀釋，喜歡的話，額外加下列之一調味：

1/4杯鳳梨碎粒，或適量

1/2杯胡桃或1/4杯黑核桃，烤過的

3大匙糖薑丁或1/2小匙薑粉

2大匙黃糖或黑糖

1大匙波本威士忌或不甜的雪莉酒

1小匙柳橙皮絲屑或檸檬皮絲屑
1小撮丁香粉或1/2小匙肉桂粉
用叉子攪打或者用電動攪拌機打到變稀。立即享用，或者要食用時再盛在抹了奶油的烤盤裡以190度重新烤熱。點綴上：
柳橙皮細絲

烤番薯（Baked Sweet Potatoes）

烤箱轉200度預熱。刷洗並拭乾：
番薯
在表皮多處戳洞。若要皮軟嫩，在外皮塗抹奶油或油。在鋪了鋁箔紙的烤盤上平排一層，烤到用小刀戳得進去的軟度，約45至60分鐘，端看大小而定。佐上：
蜂蜜奶油☆，262頁，或放軟的奶油、紅糖和肉桂

雙烤番薯（Twice-Baked Sweet Potatoes）（6人份）

南方人會用大量奶油、些許紅糖、肉豆蔻和黑胡桃，並把雪莉酒換成2大匙波本威士忌。麵包屑加奶油的焗烤料也可以換成棉花糖。這關乎品味的不同。

I. 按上述的方式烤：
3顆大型的番薯，刷洗過
烤箱溫度降至190度。番薯縱切對半，刨出大部分果肉，盛到碗裡，留1/4吋厚的外殼。在果肉裡加：
2大匙放軟的奶油
1/4杯熱的鮮奶油或3/4杯鳳梨碎粒
1/2小匙鹽、（1大匙不甜的雪莉酒）
用叉子打到蓬鬆，填入外殼中，置於烤盤上。在上面覆蓋：
焗烤料I、II或III☆，見「了解你的食材」
烤到番薯焦黃，約20分鐘。

II. 按上述方式烤：
3顆大型番薯，刷洗過
縱切對半，刨出果肉，留1/4吋厚的外殼。將果肉搗壓成泥，按照做番薯泥的方式調味並打成稀糊。填入外殼中，立即享用，或者將小奶油塊散布其上，炙烤到表面形成薄殼，約5分鐘。

蜜番薯（Candied Sweet Potatoes）（4人份）

將：5顆中型番薯
放到滾水裡煮，水要淹過番薯表面，煮到差不多變軟，與此同時，烤箱轉190度預熱。
瀝出番薯，剝皮後縱切成1/2吋薯片。放到抹了油的淺烤盤裡，加：
鹽和匈牙利紅椒粉，適量
撒上：
3/4杯紅糖、1又1/2大匙新鮮檸檬汁
1/2小匙薑粉、（1/2小匙檸檬皮絲屑）
再在表面散布著：
2大匙奶油
不加蓋地烤到表面形成一層光澤，約20分鐘。

炸番薯條（Deep-Fried Sweet Potatoes）（4人份）

將：4顆大的番薯，刷洗過
放進滾水裡煮10分鐘。剝皮後切成3/8吋厚的長條。在一口深槽油炸鍋或厚底深鍋裡將：
3吋高的蔬菜油
加熱至185度。番薯條分批下油鍋，一次

約1杯的量，炸到呈金黃色。撈出放在紙巾上瀝油。撒：
（紅糖）、鹽、肉豆蔻屑或粉
調味。喜歡的話，可以配上沾醬：
（墨西哥煙燻辣椒美乃滋★，337頁，花生沾醬★，322頁，或泰式辣醬★，321頁）

番薯加蘋果（Sweet Potatoes and Apples）（6人份）

這道菜配上紅燒豬肉、烤火腿或野味格外對味。若要有不同的變化，省略糖，蘋果改成1/2杯煮過的杏桃乾，或壓碎的鳳梨。
將：6顆中型番薯
放進滾水裡，水要淹過番薯表面，煮到差不多熟了，與此同時，將：
1又1/2至2杯切薄片的萬用蘋果
加進非常少的滾水，水要蓋過蘋果片表面，加蓋燜煮至差不多變軟。如果蘋果不酸，撒點：
新鮮的檸檬汁
烤箱轉180度預熱。瀝出番薯，剝皮後切成1/2吋厚的片狀。瀝出蘋果，喜歡的話，保留1/2杯煮蘋果水。
將一口9×9吋的烤盤抹油，一層蘋果一層番薯地交替鋪排到烤盤裡，每排好一層便撒上部分的：
1/2杯紅糖，或者更多
（2大匙葡萄乾）
（2大匙剁碎的胡桃）
少許肉桂粉或檸檬皮絲屑
最後在表面星佈著切小塊的：
1/4杯（1/2條）奶油
將預留的煮蘋果水或1/2杯水淋上去。加蓋烤到軟，約45分鐘。

番薯花生燉肉（Sweet Potato and Peanut Stew）（6人份）

省略牛絞肉或火雞絞肉便是一道素食。
在一口大型厚底醬汁鍋裡以中火加熱：
1/4杯花生油
油熱後下：
1顆洋蔥，切碎
1顆甜椒，去心去籽切碎
1根墨西哥青辣椒或塞拉諾辣椒，去籽切末
拌炒到蔬菜變軟但不致焦黃，7至10分鐘，再下：
4瓣蒜仁，切末、1大匙密實的去皮生薑末
再炒個2至3分鐘，接著拌入：
1大匙辣粉、1小匙孜然粉
1/2小匙壓碎的紅椒碎片
煮約1分鐘，再加：
2顆番薯，剝皮切成1又1/2吋小塊
1/3杯番茄糊
加足夠的水進去，幾近蓋過蔬菜的地步，並且拌勻。煮滾，隨而把火轉小，加蓋慢煮45分鐘，期間偶爾攪拌一下。趁燉煮期間，在一口中型平底鍋裡以大火加熱：
1/2小匙花生油
油熱後下：12盎司牛絞肉或火雞絞肉
用鍋鏟將絞肉攪散，炒到焦黃。接著用漏勺把肉末舀到盤子裡，置旁備用。等番薯燉了45分鐘後，把肉末加進去，連同：
2根小的櫛瓜（直徑1吋），切片
續煮15分鐘。在一口小盆放：
1/2杯花生醬（有顆粒或無顆粒的）
加1杯的燉汁進去，攪拌至滑順，然後將這混液倒入燉菜裡，拌勻再繼續煮個15分鐘。
加：
鹽和黑胡椒，適量
調味，直接享用或者佐上：
米飯或北非小米，595頁

| 關於小蘿蔔 |

用以增添沙拉色澤、爽脆口感和胡椒氣息，小蘿蔔曾經因其開胃的功效備受重視，人們習慣會在早晨吃上一把，開啟一天的生活。除了**佐餐小蘿蔔**（table radishes）和**小紅蘿蔔**（small red radish）之外，包含**櫻桃美人**（cherry belle）在內，不妨試試胡蘿蔔形狀的**冰柱蘿蔔**（icicles），或**法國早餐蘿蔔**（French Breakfast），這些品種的滋味都較為溫和。之所以被叫做法國早餐，是因為法國人習慣吃小蘿蔔沾點甜奶油來展開每一天。小蘿蔔洗淨，充分冰鎮後加一點粗鹽吃。如果小蘿蔔不夠清脆，泡冰水可以恢復生氣。

亞洲小蘿蔔體型較大；呈圓形或橢圓形，青色或白色，可能重達一磅。果肉也許是白色、青色、玫瑰色或三種都有。生吃為主。體型碩大，呈胡蘿蔔形狀的多汁白蘿蔔，在日本稱為**大根**（daikon），在印度稱為**木里**（mooli），滋味溫和，而且是當地日常飲食的重要成分——往往做成醃漬物、煮湯，或研磨之後混合其他蔬菜和香料一起煮。**黑蘿蔔**（black radishes）外表墨黑內裡雪白，呈蕪菁形狀，果肉辛嗆而且相對較乾。切片或加進綜合蔬菜沙拉裡並淋上酸奶很受歡迎。任何小蘿蔔都可以用烹煮蕪菁的方式來料理，521頁，或按照做芹菜根雷莫拉醬的方式處理，281頁。香辣中式涼拌菜絲，272頁，也可以加大根。

挑選根部堅實、沒有裂隙，菜葉翠綠又清脆的小蘿蔔。將菜葉修切下來，另外裝進有通氣孔的塑膠蔬果袋裡放冰箱的蔬果儲藏格貯存。其菜葉不如根部耐久放，但是和蕪菁菜葉一樣可口又營養。以同樣的方式烹煮，或加到涼拌沙拉裡。小蘿蔔很適合搭配青蔥、蝦夷蔥、鹽、荷蘭芹、雪莉酒、米酒和檸檬。

水煮或清蒸小蘿蔔，方法與烹煮蕪菁相同。

蔥煨小紅蘿蔔（Red Radishes with Scallions）（4人份）

修切：2把充分刷洗過的小紅蘿蔔的菜葉和過長的根

體型格外碩大的切對半或切4瓣。在一口大型平底鍋裡以中火融化：

1大匙奶油

放入：

2把青蔥，蔥白加1吋長的蔥綠，切成1/2吋小段

拌炒到變軟，2至3分鐘。接著小蘿蔔下鍋，連同：

1/2杯雞高湯或雞肉湯

加蓋煨煮到小蘿蔔變軟，3至4分鐘。掀蓋，把火轉成中大火，大滾收汁的同時前後晃蕩鍋子幾次。加：

鹽，適量

調味。

| 關於大頭菜 |

這類的塊根，大小如葡萄柚，分褐皮和紫皮兩種。不加包裝地放在陰涼乾爽處或冰箱裡，可以放上數星期。大頭菜可以用烹煮其近親蕪菁的相同方式來料理，只是大頭菜大體上需要煮久一點才會軟。其金黃色的果肉有著類似蕪菁的嗆味，搭配奶油、鮮奶油、薑、檸檬、鼠尾草、百里香和荷蘭芹很對味。出乎意料的是，它的粗皮和蠟可以用蔬果削皮器削除，雖然有些部位必須多削幾下才有辦法削到菜心。另一種處理方式是，切對半，切面朝下地放在廚台上，用刀子削皮。➡菜葉丟棄不用。

水煮大頭菜（Boiled Rutabaga）（4人份）

將：1顆中型的大頭菜（約2杯）

修切菜葉，削皮並切丁。丟進裝有滾水的醬汁鍋裡，不加蓋地煮到軟，15至25分鐘。

充分瀝乾，加：

1/2小匙鹽

調味。佐上：

融化的奶油

你也可以在奶油裡豪邁地加：

新鮮檸檬汁

荷蘭芹末

或者，把大頭菜搗成泥，以任何比例和薯泥混在一起，拌上：

荷蘭芹末、酸奶和肉豆蔻

大頭菜泥（Rutabaga Puree）（4人份）

準備：

水煮大頭菜，如上

瀝乾後，連同：

1/4杯濃的鮮奶油、2大匙紅糖

1小匙薑粉

一起放進食物調理機裡打成泥，或者豪邁地加：

黑胡椒

調味，在最上面加：

（香橙奶油*，305頁）

| 關於婆羅門參 |

有兩種蔬菜叫婆羅門參，**正婆羅門參**（true salsify）或叫**蚌蘭**（oysterplant），外觀很像布滿小鬚根的米黃色胡蘿蔔，另外一種是**黑婆羅門參**（black salsify）或叫**鴨蔥**（scorzonera），一種纖長黑皮的根類，看起來像柴枝。這兩種根在口感和滋味上都很像，肉質從白色至奶油色都有，帶有海味。挑選堅實沒有斑疤的，裝在蔬菜專用塑膠袋裡，開口打開，放冰箱蔬果儲藏格冷藏。

婆羅門參搭配檸檬、荷蘭芹、蝦夷蔥、荷蘭醬、奶油、核桃和醋很對味。

為避免變色，將切片泡酸性水，然後清蒸，沒削皮的約蒸十分鐘。或者，有削皮的話，用酸性水來煮，如以下辛香草婆羅門參的做法。削皮煮熟的婆羅門參壓成泥後拌上奶油、鹽、胡椒和一小撮荳蔻或肉豆蔻（參見根莖類蔬菜泥，410頁）很美味。也可以按照烹煮歐洲防風草根，480頁，或蕪菁，521頁的方法來做。

辛香草婆羅門參（Salsify with Herbs）（4人份）

在一口盆裡混勻：
2顆檸檬的汁液
2杯水，或者淹過表面所需的量
將：
2磅婆羅門參
削皮，切3吋長段，切完馬上泡檸檬水。
取一口中型醬汁鍋將：
8杯水、2大匙新鮮檸檬汁
1大匙中筋麵粉、1小匙鹽
煮滾。瀝出婆羅門參，加進鍋裡。不蓋鍋蓋，煮到用刀子戳得進去的軟度，10至20分鐘。瀝出，隨後拌上：
2大匙奶油或橄欖油
1又1/2大匙荷蘭芹末
1又1/2大匙龍蒿末
新鮮的檸檬汁或白酒醋，適量

關於紅蔥頭

這些洋蔥家族的成員，體型是小型水煮用洋蔥的大小，皮呈紅銅、金黃或灰褐色。肉質可能呈白、黃或粉紅色。外觀通常看似呈圓球狀的，其實包含兩瓣或更多；只要把它剝開即可。紅蔥頭的滋味比洋蔥更溫和。挑選球莖堅實飽滿，而且沒有發芽的。切掉梗並修除根，但留著根墊。若要剁碎或切片，先縱切，剝除外皮，然後按照切洋蔥的方法切。紅蔥頭搭配奶油、紅酒及白酒和醋很對味。

烤紅蔥頭（Roasted Shallots）（4人份）

搭配簡單料理的魚肉、禽肉和紅肉以及蔬菜主食非常可口。
烤箱轉230度預熱。
將：1磅的紅蔥頭
剝皮，在可以讓紅蔥頭平鋪一層的烤盤底部刷上：
橄欖油或胡桃油
將紅蔥頭也刷上油，然後鋪排在烤盤上。烤15分鐘，其間晃動烤盤一兩回，讓紅蔥頭滾動滾動。
用夾子將紅蔥頭翻面，烤到可以輕易戳穿的地步，約再4至5分鐘。撒上：
鹽和白胡椒，適量
即成。

紅蔥頭酥（Chispy Shallots）（約1/2杯）

這些甘甜酥脆的紅蔥頭酥可以撒在亞洲麵食、熱炒類、米飯和炒青菜上，增香提味。裝在密封的罐子裡放室溫下可放上一個月。
在一口小型厚底鍋裡將：
1/2杯花生油、1/8小匙薑黃粉

加熱到火燙但不致冒煙。丟進：
4顆大型紅蔥頭，切成薄圓片
用熱油燜煮至變成淡金色，接著拌入：
1/2小匙糖
繼續油燜至紅蔥頭開始變焦黃，約再3至4分鐘。用漏勺撈出，放在紙巾上充分瀝油。瀝乾後，裝進密封罐裡。

| 酸模 |

酸模有著長而薄的亮綠葉子，滋味酸冽。它比較常被用來做調味料，而不作蔬菜用，儘管切絲的酸模加進沙拉裡很美味。酸模盛產於春、夏、秋季，春季產的葉子最嫩。挑選最小最脆嫩的葉片，避免有枯萎、發軟或扯破的葉子。裝在塑膠袋裡，開口打開，置於冰箱的蔬果儲藏格冷藏。

沖洗葉片並掐斷葉片底端的梗（梗可能纖維很多）。可剝除成熟葉片的中脈，但幼嫩的葉片保留整葉。酸模通常會被橫切成絲入菜，烹煮時務必使用不起化學反應的鍋子和刀具。由於酸模含有大量草酸，通常會漂燙☆，見「烹飪方式與技巧」，三分鐘，瀝乾後再以烹煮菠菜，如下，或萘菜，460頁的方式處理，而且往往會和這兩者拌混在一起，而不是單吃。參見「沙拉」，261頁。

| 關於菠菜 |

菠菜是最可口的青菜之一，其滋味特殊，喜歡它的人很喜歡，討厭它的人很嫌惡。就屬於喜歡陣營的我們來說，菠菜加上其他食物做成配菜是一大享受，而且這類菜色會冠上**佛羅倫斯風味**一詞。假使你那一把菠菜有澀味，可用一小撮糖來抵銷那淡淡的苦味。用在沙拉裡，見261頁。菠菜很適合搭配奶油、鮮奶油、起司、蛋、檸檬、醋、大蒜、蒔蘿、羅勒、肉豆蔻、洋蔥、蘑菇、培根和鯷魚。

將菠菜放進滿滿一盆冷水裡嗖嗖撥動，徹底洗淨後撈出。如果水盆底部有泥沙，換水再清洗一遍。擰斷粉紅色的根端，如果還連著的話。如果菠菜成熟，葉片大而起皺，撕掉葉片底端的硬梗；假使葉片軟嫩，或者是幼嫩的菠菜葉，軟梗留著無妨。要處理整片菜葉，可把幾張葉片疊起來，橫切成絲，或者撕成小片。

若要微波，將一磅洗淨的菠菜葉放進一只三夸特的烤盤裡。加蓋以強火力微波至軟身，五至七分鐘，頭三分鐘後拌一拌。微波好後先靜置五分鐘後再掀蓋。

用壓力鍋煮，以十五磅壓力煮一分鐘。

水煮菠菜（Boiled Spinach）（3至4人份）

這個烹調方法適合處理成熟菠菜。

假使菠菜幼嫩，按照炒菠菜的方式烹理，如後述。清洗並修切：

1磅成熟菠菜

在一口大的醬汁鍋裡把2杯水煮滾。菠菜下鍋，火轉小，加蓋煮到軟身，約5至7分鐘。菠菜充分瀝乾。喜歡的話，可以把菠菜放進食物調理機裡短暫地打一下，或者剁至你要的細度。趁煮菠菜期間，喜歡的話，在一口小的平底鍋裡以中火融化：

2大匙奶油或培根油脂

接著下：

2大匙紅甜椒丁

2大匙洋蔥末

1瓣蒜仁，切末

拌炒到軟身，加進：

新鮮的檸檬汁，自行酌量

鹽和黑胡椒，自行酌量

將佐料放在菠菜上即成。可搭配菠菜的其他配料有：

切片水煮蛋，325頁

煎酥的培根碎片

細緻的奶油香酥麵包丁☆，見「了解你的食材」

荷蘭醬★，307頁

焗烤料II或III☆，見「了解你的食材」

奶油菠菜（Creamed Spinach）（4人份）

I. 準備：

水煮菠菜，如上

用食物調理機打成細泥，或用刀剁成細泥。

用：（1瓣蒜仁，去皮）

搓磨一口中型平底鍋。轉中火，放：

2大匙奶油

進去，融化後下：

2大匙切細碎的洋蔥

拌炒到成金黃色，再拌入：

1大匙中筋麵粉或2大匙炒黃的麵粉

將麵粉和洋蔥拌勻，再徐徐拌入：

1/2杯熱鮮奶油或雞高湯或雞肉湯

1/2小匙糖

等到醬汁滑順熱燙，把菠菜放進去，拌煮3分鐘。加：

鹽和黑胡椒，適量

（肉豆蔻屑或粉，或1/2顆檸檬皮絲屑）

調味。食用時佐配：

切丁的水煮蛋，325頁

壓碎的酥煎培根

II 在一口食物調理機裡放入：

3/4杯牛奶

（1片洋蔥薄片）

3大匙放軟的奶油

2大匙中筋麵粉

1/2小匙鹽

1/8小匙匈牙利紅椒粉

些許肉豆蔻屑或檸檬皮絲

（1/2顆蒜仁）

打到滑順。加：

10至12盎司菠菜，洗淨並修切過

打到菠菜變得細碎。

將這混合物倒進一口厚底平底鍋裡，轉小火煮到冒泡而且麵粉熟了，約3分鐘。配上：

奶油麵包屑☆，見「了解你的食材」

4片培根，煎到酥脆並壓碎

2顆水煮蛋，325頁，切片

炒菠菜（Wilted Spinach）（2至3人份）

這道菜可以用菾菜來做，或混合菠菜與菾菜。若再混上瑞科塔起司，就是包義大利方餃的絕佳餡料。

將：**12杯密實的修切過的菠菜葉**

充分洗淨但不需拍乾，粗切之後放進一口大的平底鍋裡。加：

鹽，自行酌量

以中火不停拌炒到完全軟身但色澤仍亮綠，約5分鐘。起鍋盛盤，拌上：

特級初榨橄欖油

少許白酒醋或紅酒醋或新鮮檸檬汁

黑胡椒，自行酌量

或者吃原味，佐上：

蒜味核桃醬★，319頁

鍋燒菠菜或西西里菠菜（Panned or Sicilian Spinach）（2至3人份）

在一口大型厚底平底鍋裡以中火加熱：

1又1/2大匙橄欖油

油熱後下：

2至3顆蒜仁，切末

轉中小火爆香，直到蒜末開始上色，30至60秒。接著下：

1磅新鮮菠菜，清洗並修切過，或兩包10盎司冷凍菠菜

若是用新鮮菠菜，加蓋以大火煮到冒出蒸氣，再轉小火燜煮到軟身，2至3分鐘。若是用冷凍菠菜，依照包裝說明操作。加：

鹽和黑胡椒，適量

調味。

若要做成西西里菠菜，加：

（2尾或更多的鯷魚，切碎）

或者菠菜盛進碗裡，佐上：

泰式辣醬★，321頁，或薑味醬油★，323頁

印度風味菠菜起司（Saag Paneer）（4人份）

*Saag paneer*直譯就是菠菜起司，是蔬菜摻混新鮮起司的一種典型的印度菜。我們這裡介紹的鍋炒料理，是依照傳統的菜泥食譜加以變化而來。一定要用不沾鍋來煎起司。

在一口中型厚底平底鍋裡將：

4杯全脂牛奶

煮沸，鍋子隨即離火，加：

3大匙新鮮檸檬汁

攪拌至牛奶凝結，而且散開成小塊小塊的凝乳漂浮在乳清裡。靜置5分鐘，然後倒入鋪了兩層紗布、擱在一口盆上方的細眼篩。靜置放涼到不燙手時，將紗布邊緣整個拉起來包住凝乳，盡可能擰出液體來。將仍用紗布包起來的凝乳壓平至1/2至1吋厚，接著移到盤子裡，上面擺另一只盤子。把一罐罐頭壓在最上面，靜置20分鐘，然後把起司切成1/2吋方塊。

粗切：

1又1/4磅菠菜，清洗並修切過

在一口大型平底不沾鍋裡以中大火加熱：

1/4杯蔬菜油

油熱後下：

1小匙孜然籽

拌炒到略微焦黃，約15秒，接著起司塊下鍋，不時翻鍋讓起司塊翻面，煎至呈漂亮的金黃色，3至4分鐘。取出起司置旁備用。

在油鍋裡放：

1顆中型洋蔥，切薄片

拌炒到軟身而透明，3至4分鐘，再加進：

4顆蒜仁，切薄片
2根小的紅辣椒乾
拌炒1分鐘。盡量把切碎的菠菜放入鍋裡，但也別讓菜葉擁擠，加蓋煮至萎軟，而且有空間可以再放進菠菜。再多加幾把菠菜進去，加蓋煮到萎軟。持續這過程，直至所有菠菜都軟身。
撒上：1/2小匙鹽
打開鍋蓋，煮到水分全數蒸發。拌入煎過的起司，挑除辣椒，趁熱享用。

｜關於南瓜（squash）｜

南瓜家族的成員各具特色，差異之大，勝過多數蔬菜。容易異花授粉說明了它們品種繁多的原因。南瓜可分夏南瓜和冬南瓜兩大類。以下的食譜，我們往往會要求特殊品種的南瓜，不過只要是同屬一類的，也可以改用其他品種。

夏南瓜

不管綠的、黃的、白的，或長的、圓的或扇形的，這類南瓜（就是大家所知的**西葫蘆**〔marrows〕），皮一概很薄，很容易用指甲摳下來——買家可以偷偷摸摸地加以確認的這一大特點，也是令店家老闆頭痛無奈的地方。夏南瓜應該堅實，掂起來要沉甸甸的，避免皮粗硬、起皺或有黑梗的南瓜。除非南瓜要鑲餡，否則始終挑選體型小一點的。假使南瓜尚幼嫩，就毋需削皮去籽。如果只能買得到皮較硬、肉較老的南瓜，就要削皮去籽。

夏南瓜不容易貯存。較熱門的品種當中，一年到頭可以在市場上找到的，數量有限。美國人最愛的夏南瓜是櫛瓜。不妨也試試它的近親**可可綠皮南瓜**（cocozelle），一種體型纖長的義大利櫛瓜；以及庫沙瓜（cousa），一種中東櫛瓜；以及碩大窄長的**英國櫛瓜**，有著純白的果肉和細緻的肉質。按照料理小黃瓜或茄子的方式料理這類南瓜。**餡餅瓜**（Pattypan squash）是二至三吋，狀似飛碟，有波浪滾邊的南瓜。**黃曲頸瓜**（Yellow crooknecks）是老品種美洲南瓜，有著鮮黃外皮和彎曲窄頸。**黃直頸瓜**（straightneck yellow squash）有著相同滋味，但看起來像黃櫛瓜。

夏南瓜和夏天蔬菜是絕配，尤其是番茄、洋蔥、椒類（甜椒和辣椒都是）、大蒜、奧瑞岡、馬鬱蘭、羅勒、荷蘭芹、蒔蘿、迷迭香、鼠尾草和龍蒿，搭配檸檬、起司、奶油、橄欖油和酸豆也很棒。

處理夏南瓜的方式是，清洗乾淨後切小塊。假使南瓜非常軟或迷你，也可以保留整顆。

若要微波，將兩杯切片南瓜放進一夸特的烤盤，加蓋以強火力微波至軟身，約二至四分鐘，頭兩分鐘後要拌一拌。微波好之後靜置一分鐘再掀蓋。夏南瓜肉質太細緻，不適合用壓力鍋煮。

冬南瓜

冬南瓜有很多顏色和形狀。除了奶油瓜（butternut）之外，都有硬殼似的外皮。挑選硬皮的南瓜；外皮有濕軟處的表示已經腐爛。整顆南瓜不加包覆置於陰涼乾爽處貯存。剖開的切片則裝在塑膠袋放冰箱冷藏，可放上三天。

冬南瓜從秋天至早春都可以在市場裡買到。最常見的品種，是深綠色或橘色的**橡實南瓜、奶油瓜**和**魚翅瓜**（spaghetti squash），魚翅瓜具有黃色纖維，看起來就像魚翅。買得到的大多數其他冬南瓜——**香蕉瓜**（banana squash）、**哈伯德瓜**（Hubbard）、**奶油杯南瓜**（buttercup）或**扁南瓜**（turban）、**長頸南瓜**（Cushaw）和**甜薯瓜**（delicata）——有著軟而甜的濃郁果肉，和奶油瓜有幾分像。除非你要烤整顆南瓜，否則都要去除籽和筋絡。削皮切小塊。

金瓜（pumpkin）泛指金橘色冬南瓜，形狀圓滾，有橘色果肉。美國人想到金瓜最先想到南瓜派★，513頁，其次是南瓜湯，223頁，但是當作蔬菜來料理也美味得驚人。需要用冬南瓜的食譜都可以改用金瓜來做。

由於南瓜滋味溫和，所以常被用來揮灑創意。可以縱切成「一葉葉扁舟」，刨出果肉，煮熟後再把美味多汁的貨物囤載於小舟中央。餡料的點子，請參見「餡料」★，263頁。如果是軟嫩的夏南瓜，刨出來的果肉可以摻入這些包含了蔬菜、麵包屑、堅果、蕈菇或熟肉的餡料裡。冬南瓜烘烤、搗成泥、入湯、燉燒、焗烤和做成鹹塔或和其他蔬菜打成泥很美味。打成泥冷凍起來可以久放。不管哪種南瓜，搭配奶油、鮮奶油、大蒜、辛香起司、百里香、鼠尾草、蕈菇、豬肉和烤堅果很可口。

處理冬南瓜的方式是，先刷洗南瓜，若要整顆或切塊烤，皮可以留著。採用別於烘烤之外的其他烹煮方式，則剖半削皮，如果體型碩大的話切大塊。要把刀子插進冬南瓜厚硬的皮並不容易。用一把強韌鋒利的刀；有些人喜歡用鋸齒刀。請幫手幫你把南瓜固定住，或者把南瓜放在厚毛巾上。謹慎地慢慢切，先把刀尖戳進去，然後再將刀身往下壓。與其一刀切到底，不如抽出刀子再從另一側重新來一遍。去除籽和筋絡，再用蔬果削皮器或小削刀削皮。將南瓜切大塊、方丁或切片。一般來說，一磅重沒修切過的南瓜可得出滿滿十三盎司可食果肉或一又四分之三杯熟南瓜泥。

若要微波一整顆橡實南瓜，用一把利刀在表面四或五處戳洞。南瓜置於紙巾上，以強火力微波到軟身，七至十分鐘。頭四分鐘之後翻面一次。微波好之後，用一條布蓋著靜置五分鐘再剖開。要微波魚翅瓜，見512頁。微波削皮切丁的南瓜，放在二夸特的烤盤裡，以強火力微波至軟身，約六分鐘，頭三分鐘後拌一拌。微波好之後加蓋靜置二分鐘。要微波切片的南瓜，放在二夸特的烤盤裡，加蓋以強火力微波至軟身，約七分鐘，三分鐘後拌一拌。微波好後，先靜置二分鐘再掀蓋。

冬南瓜切成一吋厚的方塊或片狀可以用壓力鍋煮。加一杯半水以十五磅壓力煮十二分鐘，煮好後鍋子要立即冷卻。

蒸夏南瓜（Steamed Summer Squash）（4人份）

將：

任何夏南瓜：櫛瓜、黃曲頸瓜或餡餅瓜：2杯切丁的量

清洗並切成小塊。

或者，如果南瓜很軟也可以保留整顆。蒸至軟身，充分瀝乾，豪邁地撒上：

帕瑪森起司屑和融化的奶油

焗烤夏南瓜（Summer Squash Casserole）（6人份）

可以用任何夏南瓜來做。

烤箱轉180度預熱。將一口10吋的焗烤盤稍微抹上奶油。將：

1又1/4磅黃南瓜，切1/2吋方塊，或餡餅瓜，切4瓣

蒸到軟身，約10分鐘。盛到盆裡。

在一口小平底鍋裡加熱：

1大匙奶油或橄欖油

油熱後下：

1/2顆小的洋蔥，切小丁

拌炒至軟身，加進南瓜塊裡，連同：

2/3杯蒙特雷傑克起淤丁、瑞士起司丁或布里起司丁

1/3杯酸奶或法式酸奶

2大匙帕瑪森起司屑

1大匙白苦艾酒或不甜的白酒

1小匙芫荽粉

鹽和白胡椒，適量

倒到預備的烤盤裡抹平，撒上：

焗烤料II或III☆，見「了解你的食材」

烤到冒泡而且金黃，約35分鐘。

香煎夏南瓜（Sautéed Summer Squash）（4人份）

準備：

3杯切丁的任何夏南瓜

在一口大型平底鍋加熱：

3大匙奶油或橄欖油

油熱後下：

1杯洋蔥末

拌炒到呈金黃色，再下南瓜丁，並加：

1/2小匙鹽、1/4小匙白胡椒

調味，加蓋煮到南瓜軟身，約6分鐘，偶爾翻鍋一下免得巴鍋。

掀蓋，然後再多煮個3分鐘，好讓鍋裡的汁液蒸發。起鍋前撒下列之一：

切碎的荷蘭芹或羅勒

帕瑪森起司屑

2瓣大的蒜仁，剁碎

1大匙檸檬皮絲屑

或者淋上：

速成番茄醬★，311頁

鑲餡烤夏南瓜（Stuffed Baked Summer Squash）（4人份）

烤箱轉180度預熱。清洗：

4顆小的夏南瓜

切半，挖出果肉，留1/2吋外殼。

在一口小的平底鍋裡融化：

2大匙奶油
接著下：
2大匙切碎的洋蔥
拌炒到軟身，再下南瓜肉，連同：
1/2小匙鹽
1/4小匙匈牙利紅椒粉
少許肉豆蔻或丁香
拌炒到菜料變燙。鍋子離火，加：
1顆大的雞蛋，打散
1/2杯乾的麵包屑
1/2杯起司屑
進去。
將南瓜殼搓抹上：
（奶油或煎鍋裡的油汁）
填入餡料。填好後置於烤盤內架在1/8吋高的水或高湯之上的烤架。在表面撒：
焗烤料II或III☆，見「了解你的食材」
將南瓜烤到軟身即成，約20至25分鐘，端看大小而定。

炸櫛瓜（Deep-Fried Zucchini）

請參閱「關於深油炸」。
將：
櫛瓜
清洗、擦乾並切成1/4至1/2吋片狀。再充分擦乾，裹上：
炸蔬菜用的麵糊★，464頁
放入加熱至185度的油鍋裡炸，需要的話分批進行，炸到金黃。立即享用。

魚翅瓜（Spaghetti Squash）

這種冬南瓜煲煮後果肉呈一絲絲的，看起來確實酷似魚翅，也像米粉，所以這種南瓜造福了想在飲食裡多加點蔬菜，或者採行無麩質飲食的人，因為它拌上義大利麵醬後，就是幾可亂真的義大利「麵」。用刀子在表面戳幾下，像烤馬鈴薯那樣去烤，或放進淹過表面的水去煮（不需削皮），20至30分鐘。
若要微波，用刀尖在表面多處戳洞，置於旋轉盤上，以強火力微波至你用手指按壓感覺到軟身的地步，約15分鐘。如果你的微波爐沒有旋轉盤，每5分鐘轉動一下。微波好後放涼10分鐘再剖開。
將熟魚翅瓜對半切開，先去籽，再把一絲絲果肉刮到碗裡，用叉子把絲絲果肉撥散，讓它看起來像「魚翅」或「米粉」。魚翅瓜很適合搭配奶油、鮮奶油或橄欖油、帕瑪森起司屑、紅椒碎片，以及通常會用來拌義大利麵的醬料，532頁。

烤冬南瓜（Baked Winter Squash）

I. 烤箱轉190度預熱。
刷洗：橡實南瓜或其他小型冬南瓜
用刀子在每顆南瓜表面四至五處深深戳洞，置於烤盤上或立出邊框的烘烤紙上。烤到果肉用刀子戳得進去的軟度，45分鐘至1又1/2小時，視南瓜大小和品種而定。
劃過柄蒂切對半，挖出籽和筋絡，配著奶油、鹽和胡椒、切細碎的辛香草諸如蝦夷蔥、奧瑞岡，和百里香食用。

II. 烤箱轉190度預熱。
將：大型冬南瓜
切對半、四瓣或厚片，去除籽和筋絡，鋪在立出邊框的烘焙紙上，切面朝上。盤裡加1/4吋高的水，用鋁箔紙包覆起來。烤到用細竹籤戳得進去的軟度，30至45分鐘。烤到一半時，喜歡的話，掀開鋁箔紙，將南瓜刷上奶油或蔬菜油，再撒上紅糖和肉豆蔻或其他香料。可以連殼一起端上桌，或想要怎麼擺盤都可以。

冬南瓜泥（Mashed Winter Squash）

I. 準備：

烤冬南瓜I或II，如上

將果肉刨刮下來，用湯匙、叉子或馬鈴薯壓粒器壓成泥。每1杯南瓜泥加：

1大匙奶油、1小匙紅糖或楓糖漿

1/4小匙鹽

1/8小匙薑粉或者更多，依個人口味酌量

（1/8小匙肉桂粉）

連同夠多的：

溫熱的濃鮮奶油或柳橙汁

充分打勻，打出柔滑綿密的泥。食用時撒上：

（葡萄乾或堅果碎粒）

（1/4杯充分瀝乾的鳳梨碎粒）

II. 或者，做成鹹的南瓜泥，每1杯南瓜泥加：

1大匙奶油或橄欖油

（1小瓣蒜仁，切末）

1大匙荷蘭芹末或1/2小匙鼠尾草末

鹽和黑胡椒，自行酌量

用湯匙來打，加足量的：

溫熱牛奶或鮮奶油

打成柔滑綿密的泥。可吃原味，或者在上面加：

（香煎洋蔥，477頁，檸檬皮細絲、馬斯卡彭起司或酸奶，或帕瑪森起司屑或瑞士起司屑）

烤橡實南瓜佐梨子和蘋果（Baked Acorn Squash with Pear and Apple）（4人份）

烤箱轉165度預熱。將一口大得足以容納南瓜的烤盤抹油。

將：2顆中型橡實南瓜，切半去籽除筋絡

放到烤盤裡，切面朝下。

加1/4吋高的熱水到盤裡，烤45分鐘。趁烤南瓜期間，在一口中型盆裡混合：

2顆大的蘋果，削皮去核切丁

1顆熟梨子，削皮去核切丁

1/4杯紅醋栗乾或葡萄乾

2大匙黑糖、1小顆柳橙的皮絲屑

1/4小匙肉桂粉、1/8小匙肉豆蔻屑或粉

在一口大的平底鍋裡以中火加熱：

2大匙奶油

油熱後蘋果混料下鍋，拌炒到水果丁呈焦黃色，約5分鐘。拌入：

1/4杯蘋果酒或柳橙汁

（1大匙波本威士忌或深色蘭姆酒）

煮到水果丁軟身，約8分鐘，其間要不時攪拌。鍋子離火。從烤箱取出南瓜。烤盤裡的水倒掉，將南瓜翻面，使得切面朝上。將水果餡填入南瓜裡，再把南瓜烤到軟，約再15分鐘。

烤奶油瓜鑲香腸蘋果餡（Backed Butternut Squash Stuffed with Sausage and Apple）（4人份）

烤箱轉190度預熱。將一口大得足以寬裕地容納南瓜的烤盤抹油。將：

2顆奶油瓜（每顆約1磅）

縱切對半，去籽除筋絡。

擺到烤盤上，切面朝上，稍微刷上：
1大匙蔬菜油
蓋上蓋子或鋁箔紙，烤到差不多軟身，30至40分鐘。取出南瓜，稍微放涼。烤箱的火仍開著。
準備：
加香腸和蘋果的麵包丁餡料★，265頁
等南瓜冷卻下來，挖出大部分果肉，留3/8吋厚的外殼。輕輕地把南瓜肉拌入餡料裡，盡量不要把南瓜肉打散。
將餡料舀到南瓜殼裡，在每個半顆上面散布：
1大匙奶油，切小塊
1大匙黑糖
不加蓋地烤到滾燙焦黃而且表面酥脆，20至25分鐘。放涼幾分鐘再食用。

| 關於南瓜花 |

如果你有種南瓜，你也許會納悶，為什麼很多南瓜花還沒結果就謝了。這些是雄花，因為不結籽所以沒用處了。雄花長而纖細，雌花的底部呈圓球形。可以在花閉合凋落後採收，不過趁新鮮便摘下會更好。上上之選是沒灑農藥的櫛瓜花。最好是要烹煮之前才把花摘下來。無論如何，必要的話，花放在密封的貯存盒裡置於冰箱冷藏可以保存一天。南瓜花（採自夏南瓜和冬南瓜都是）在特產市場也可以買到。除非花沾了塵，否則不需清洗。去除花柄和花萼——花柄頂端花瓣外圍的綠色輪生裂片——如果它們看起來很硬的話。若要包餡，把雌蕊也去除。檢查看看有沒有昆蟲藏匿。

南瓜花包著軟質起司混做火雞肉末糕或雞肉末糕的肉料★，125頁，既有裝飾效果又可口美味。將花朵撐開，僅放入少量的餡料，讓花瓣再自行縮合。將包好餡的花朵放在抹了油的烤盤裡彼此相挨，送入一百八十度烤箱裡烤到充分熱透，約二十分鐘。可以單吃，也可當作盤飾。南瓜花也可以裹麵衣酥炸成甜食或鹹食★，465頁。

半開的南瓜花可以用奶油或橄欖油煸炒，當作配菜。小心別煸焦了。

南瓜花包起司香草餡（Squash Blossoms Stuffed with Cheese and Herbs）（4人份）

這些包餡的花可以擺在一層清爽的番茄醬★之上，310頁。
摘除：12朵大南瓜花的雌蕊
花柄留著。
將：
1顆蒜瓣，去皮、1/4小匙鹽
混在一起剁碎，盛到一口小盆裡，和：
3/4杯新鮮山羊起司、瑞科塔起司，或莫扎瑞拉起司絲或蒙特雷傑克起司絲
1/2杯帕瑪森起司屑、1大匙荷蘭芹末
1大匙羅勒末或2小匙百里香末
黑胡椒，適量混勻。
小心地撐開每朵花的花瓣，把大約1大匙的餡料填入底部，再將花瓣的頂端扭合。包好的花一一沾裹上：
1顆大雞蛋的蛋液

再敷上：
麵粉
抖掉多餘的麵粉。在一口中型平底鍋裡以中火加熱：
1/2吋高的橄欖油
油熱後，花朵下油鍋炸，一次炸3或4朵，不時翻面，炸到金黃色，2至4分鐘。撈起放紙巾上短暫瀝油，即刻享用。

| 關於芋艿（taro） |

這種多用途的植物，葉片神似我們花園裡種的不可食的血桐，根部則狀似馬鈴薯，煮熟後呈灰紫色。「芋艿」是對富含澱粉的許多熱帶塊根的統稱；**芋頭**（dasheen）就是其中一種。其塊根可以當蔬菜用，也可以做成布丁和甜點。常見的芋頭是褐皮白肉或淡紫色的肉。葉子可以用烹煮菠菜的方式來煮，507頁，幼嫩的葉子需煮三至五分鐘，成熟的葉子十至十五分鐘。挑選堅實沒有軟塌處、沒有斑疤的芋頭。若要烘烤，撕掉表皮的纖維，漂燙十五分鐘，然後像烤馬鈴薯那樣計時，493頁，只不過烤箱轉一百九十度或更低。➡生芋頭會咬手，所以要用每一夸特加一大匙蘇打粉的水裡浸泡過後再加以處理。要水煮芋頭，做法如水煮馬鈴薯，490頁。芋頭也可以切片油炸，像做薩拉托加薯片，169頁，那樣。芋頭切片千萬別泡水——放紙巾上三十分鐘就會風乾。

夏威夷芋泥（Poi）（約5杯）

這道夏威夷名菜屬於要多吃幾遍才能領略其中的美味，有點兒像德國酸菜，只不過口感綿滑。
將：
2又1/2磅芋頭，削皮，按上述方式煮熟
切1吋方塊。盛到木盆裡用木質馬鈴薯搗泥器搗成黏糊狀。用手工的方式漸次把：
2又1/2杯水
加芋糊裡。把結塊壓散，挑除纖維。再把芋泥強壓過鋪了紗布、有些許厚度的細眼篩過篩。立即享用，或放陰涼處靜置2至3天，直到芋泥發酵帶有酸味。

芋頭餅（Taro Cakes）（10塊）

取大型醬汁鍋，將一鍋鹽水煮開。
將：**1磅芋頭**
清洗削皮，切成1吋方丁。下鍋煮至軟身，約25分鐘。放涼，然後搗至質地滑順。
在一口小的平底鍋裡以中火加熱：
2大匙橄欖油
油熱後下：
1杯切細碎的甜洋蔥
（1根墨西哥青辣椒，切細碎）
拌一拌，煮至軟身，然後拌進芋泥裡，連同：
1小匙鹽、2大匙芫荽末、2大匙荷蘭芹末
將混料塑成2吋的糕餅狀，將每一塊放進：
1/4杯乾麵包屑（總共2又1/2杯）
滾一滾。
在一口大型平底鍋裡將：
1吋高的蔬菜油
加熱至185度，分批油炸芋頭餅，炸到兩面金黃，約2分鐘。起鍋後立即享用。

| 墨西哥綠番茄（Tamatillos） |

墨西哥綠番茄外觀像小巧亮面的綠、黃綠或淡紫色番茄包在羊皮紙般薄的外殼裡。尚青便被採摘，帶有檸檬的酸勁。這股酸勁為墨西哥料理的醬料添加一份清爽。墨西哥綠番茄在美國超市裡並不常見，但在拉丁市場裡經常找得到。挑選扎實而皮殼飽滿的，避免皮殼裂開的。買回家先不清洗也不剝除皮殼，鬆鬆地放在冰箱的蔬果儲藏格冷藏貯存——可以放上好幾個星期。

墨西哥綠番茄搭配番茄、酪梨、辣椒、芫荽、萊姆、魚肉和海鮮很對味。不妨試試烤墨西哥綠番茄菠菜醬★，319頁，青辣椒燉雞★，110頁，或墨西哥綠番茄莎莎醬★，324頁。處理的方式是，剝除皮殼，沖洗掉表面黏液，把心修切掉。不必去皮。可以切四瓣加到沙拉裡鮮吃，不過即便是被叫做生醬（*cruda*）的墨西哥莎莎醬，裡頭的墨西哥綠番茄也是煮過的，這是因為烹煮會加強它的滋味。

若要水煮，把裝在大型醬汁鍋裡加了二小匙鹽的八杯水煮至大滾，一磅處理好的墨西哥綠番茄下鍋，煮至剛好軟身，三至五分鐘，端看體型大小而定。要清蒸的話，蒸至軟身，五至十分鐘，一樣視大小而定。

墨西哥綠番茄若用烤辣椒的方式，放在火燙的淺煎鍋中乾烙，烙至果皮稍微焦黑而果肉軟身，滋味將大大提升。若要炙烤，放在立出框邊的烘焙紙上，置於極為熾熱的火源下方四吋之處，烤到起泡發黑，而且一面變軟，約四分鐘；翻面，第二面烤五至六分鐘即成。

| 關於番茄 |

已故的南方幽默大師路易斯‧格利薩（Lewis Grizzard）曾說：「吃自家種的番茄，你只覺得快意無比，難有他念。」我們再同意不過了。遺憾的是，吃自家產番茄的時機一年只有一次，從仲夏至降初霜——美洲大部分地區的番茄盛產季。遇上盛產季，就要採摘或購買在藤蔓上熟成的番茄。尚青或部分青澀的番茄可以放熟了再吃，也可以做成油炸綠番茄，518頁。

沙拉用的番茄屬於體型小至中等、水分適中的番茄。體型大的牛番茄（beefsteak tomatoes，最大型的品種之一）通常會切片吃。盛產期間，牛番茄肉質肥厚，滋味濃郁又多汁，深濃的大紅色更不在話下。在美國的大部分地區，田間栽培的大型番茄在較寒冷的月分裡是買不到的，而是以水栽的或溫室種植的番茄來取代。我們發現，這類的番茄口感總沙沙糊糊得令人不敢領教。不妨改試多肉的梨形李子番茄，也就是羅馬番茄（Romas），這些番茄比過季的大圓番茄滋味好得多。它們在料理上也格外有價值，因為肉多肥厚，而且水分不多。有時候它們被叫做糊番茄或羅馬番茄（最有名的一種），因為經典的番茄糊就是用這類番茄做出來的。它們為食物添加了一股濃香甘甜滋味，不管是義大利麵醬，或是湯品、焗烤、燉菜或其他加番茄的任何料理。你也可以把生鮮李子番茄用到不需烹煮的醬料、沙拉，以及需要用到多汁番茄的任何食物裡——只要省略掉食譜裡所要求的榨汁步驟。或者用櫻桃番茄、聖女小番茄（grape tomatoes），或迷你又超甜的醋栗番茄（currant tomatoes），這些番茄一年到頭滋味都不賴。在盛產季的高峰（從仲夏到晚霜），不妨到農人市集去找所謂的老品種番茄，這些老品種顏色五彩繽紛，形狀五花八門，滋味各有千秋。

別被市場裡標示著「在藤上熟成」而且也的確連著一截藤蔓的番茄給耍了。在尚未成熟時連同一截藤蔓一起被採摘下來番茄，其實不值市場上被哄抬出來的價格。

採買番茄時，挑選結實、色澤明亮的品種，掂在手裡要有沉甸甸的感覺。柄蒂周圍有疤痕其實無傷大雅，不過連著的柄蒂和葉片看起來要新鮮。如果有鮮明的番茄味，買了準沒錯。自家種的番茄只要芳香撲鼻就該摘了，而且盡量在摘下的當天吃掉。熟番茄放室溫最多可放上五或六天，而且要放在陽光照不到的地方，柄蒂朝下排成一層。如果你沒辦法盡速吃完，而番茄又持續在熟成，那麼冰到冰箱裡，盡快吃完。

水果如果已經是成熟體型的大小，顏色卻依然是綠的，它很可能是在窗台上熟成的，這樣的水果會沒什麼滋味，也會缺少在藤上熟成的水果具有的某些營養價值。尚未成熟、體型迷你的番茄在採收之後不會熟成得令人滿意。這種番茄不如用來醃漬☆，見「醃菜和碎漬物」。

加進沙拉裡的鑲餡番茄，見291頁，盛蔬菜的番茄盅，見520頁。

番茄很適合搭配奶油、橄欖油和堅果油、任何形式的起司、洋蔥、大蒜、羅勒、奧瑞岡、鼠尾草、百里香、蒔蘿、荷蘭芹、迷迭香、芫荽、胡椒、核桃、橄欖和酸豆。

要將番茄去皮，用一把刀的鈍刀背敲敲刮刮，直到皮起皺；或者在每顆番茄底部的皮劃個X。一一丟入一鍋滾水裡，煮十五秒。用篩網撈起，丟進一盆冰水裡，以中斷烹煮過程。用刀尖扯掉果皮，如果果皮還黏在果肉上，把番茄放回滾水裡再煮個十秒，並重複這手續。➠要將大量的番茄去皮，參見焯燙I（blanching I）☆，見「烹飪方式與技巧」。假使菜餚帶點煙燻味無妨，而且你也有瓦斯爐的話，將番茄去皮的一個簡易方式是，用長柄的叉子固定番茄，就著瓦斯爐火灼燒，不停翻面，直到皮裂開。➠別丟進冰水

將番茄剝皮

裡，放涼後按上述方式剝皮。

你用新鮮番茄來做菜時，很少會用到番茄汁液。➡為避免弄得水涔涔的，將番茄攔腰切開；然後握著其中一半就著一口碗上方，將多餘的籽和汁擠到碗裡。當食譜要求罐頭番茄要過濾，把果肉強壓過濾網或篩網，可讓它大顯增稠及調味的威力；要留意品牌——盡量挑選滋味最豐富、未被稀釋、品質最好的罐頭。

若要微波，將切半的番茄放在一口圓盤上，加蓋以強火力微波：兩顆中型番茄微波兩至四分鐘，四顆中型番茄微波十至十三分鐘，中途要重新排列一次。微波好靜置二分鐘再掀蓋。

製作罐頭番茄☆，參見324頁。

燉番茄（Stewed Tomatoes）（4人份）

將：

6顆大型番茄，去皮，517頁，或2又1/2杯罐頭番茄

切4瓣，放進置於小火上的一口厚底醬汁鍋裡。你可以加：

（1/2杯切碎的西芹）、（1小匙洋蔥末）

（2或3顆整顆丁香）

新鮮番茄煮約20分鐘，罐頭的煮10分鐘。偶爾攪拌一下免得燒焦。加：

3/4小匙鹽、1/4小匙匈牙利紅椒粉

2小匙白糖或紅糖

1/8小匙咖哩粉或1小匙荷蘭芹末或羅勒末

1大匙奶油

調味。

可以加：（1/2杯乾麵包屑）

增稠。

油炸綠番茄（Fried Green Tomatoes）（6人份）

這是為了和我們家一樣超愛自家種的番茄又等不及它們熟成的人設計的菜餚。初夏時節的絕妙好滋味。將：

6顆大的綠番茄

去心，橫切成1/2吋片狀，放進一口淺盆裡，連同：

2杯細的玉米粉、1杯中筋麵粉

1小匙匈牙利紅椒粉、鹽和黑胡椒，適量

（1大匙荷蘭芹末）、（1大匙百里香末）

混勻。

一次一片，將番茄片放進：1杯牛奶

裡浸潤一下，然後裹上玉米粉混料，抖掉多餘的粉末，放到盤子上。在一口大的平底鍋裡把：1吋高的蔬菜油或培根油

加熱到足使一滴水滋滋響的地步，接著番茄片下鍋，以剛剛好平鋪一層為原則，炸到金黃酥脆，翻面一次。撈起放紙巾上瀝油。照這程序把其餘的番茄炸完，需要的話多加點油進去。立即享用，可以吃原味，也可以佐上：

（牧場沙拉醬★，331頁，蒜味美乃滋★，339頁，或雷莫拉醬★，339頁）

普羅旺斯風味番茄（Tomatoes Provençale）（4人份）

需要的話，將每顆番茄底部削掉一小薄片，好讓番茄可以直立。

烤箱轉180度預熱。將一口13×9吋的烤盤稍微抹上油。在一口小盆裡混勻：

1/2杯新鮮麵包屑、2大匙帕瑪森起司屑
2大匙平葉荷蘭芹末、2顆蒜瓣，切細碎
2小匙特級初榨橄欖油
將：4顆中型結實的熟番茄
攔腰切對半，輕輕把籽擠出來，放到烤盤上，切面朝上，加：
鹽和黑胡椒，自行酌量
調味。將麵包屑混料舀到番茄切面上，一一輕輕拍，壓成圓蓋狀，在圓蓋上淋：
橄欖油
烤到麵包屑呈金黃色而且番茄軟身即成，約50分鐘。

炙烤番茄（Broiled Tomatoes）（4人份）

可以當作配菜，也可以放在用蒜仁搓抹過的薄吐司片上做成溫熱的開口三明治。
炙烤箱預熱。將立出邊框的烘焙紙稍微抹上油。將：
4顆大型番茄，熟成但不致太軟身
去心，切成1/2至1吋厚片，加：
1小匙鹽、1/4小匙黑胡椒
調味。放到烘焙紙上，喜歡的話撒上：
（1/2杯帕瑪森起司屑）
再淋上：2大匙橄欖油
置於火源下方大約5吋之處，烤到表面金黃而且熱透，約5分鐘。假使沒撒上起司屑，可以佐上：
雷莫拉醬*，339頁

慢烤番茄（Slow-Roasted Tomatoes）（2至4人份）

長時間以文火烘烤番茄可把它的滋味精煉濃縮成濃郁的番茄醬料。可用來拌義大利麵或抹在披薩皮上。
烤箱轉120度預熱。將：
4至5顆大型熟番茄，切成3/4吋片狀
排在內鋪防沾紙（parchment paper）並且立出邊框的烘焙紙上。
混勻：
1小匙糖、1小匙鹽、1小匙黑胡椒
撒在番茄片上，再淋上：
橄欖油
撒上：
切碎的羅勒、百里香或你選用的辛香草
烤2小時，放涼至室溫。

克里奧風味番茄（Tomatoes Creole）（4人份）

在一口大型平底鍋裡融化：
2大匙奶油
接著下：
1顆大型洋蔥，切末
拌炒到軟身，再下：
6顆新鮮番茄，去皮，517頁，去籽切片，或者2杯過濾並去籽的罐頭番茄
2大匙西芹末
1顆大型甜椒，去心去籽切成細條
拌炒到軟身，約12分鐘。再放入：
3/4小匙鹽、1/4小匙匈牙利紅椒粉
2又1/2小匙紅糖、（3/4小匙咖哩粉）
濾出拌炒蔬菜的汁液，將蔬菜置旁備用，加蓋保溫。加夠多的：
濃的鮮奶油
到炒菜汁裡，補成1又1/2杯的液量。拌入：
馬尼奶油*，283頁
倒回平底鍋裡煮，將混料攪拌至稠而滑順。再把蔬菜料倒進去混勻，拌煮到熱透。趁熱放到：
吐司
上，再加上：煎熟的培根
或者當作餡料填入甜椒殼，408頁，或南瓜殼，513頁裡。

焗烤番茄丁（Scalloped Tomatoes）（8至10人份）

消耗夏季大量新鮮番茄的一個傳統老方法。若想更有飽足感，加1杯切小丁的火腿或熟雞肉進去。

烤箱轉180度預熱。將一口淺圓烤盤或鹹派盤或派盤抹油。將：

3磅番茄（約4杯）

去皮，517頁，切半去籽再切成1/4吋小丁。

在一口大的平底鍋裡以中火融化：

2大匙奶油

拌入：

1又1/2杯細的乾麵包屑

不時翻炒，炒到飄出香味而且黃得很漂亮，3至6分鐘。把麵包屑刮進一口攪拌盆裡，置旁備用。平底鍋再放回中火上，加：

3大匙奶油

加熱至冒泡的情形消失，放入：

1杯切細碎的洋蔥

1顆大的紅甜椒或青甜椒，去心去籽切細碎

偶爾拌炒一下，煮至軟身並開始上色，約10分鐘。將蔬菜料加到麵包屑裡，連同：

1大匙糖、3/4小匙鹽、1/2小匙黑胡椒

混勻。將一半的麵包屑混料鋪在烤盤底面上，接著均勻覆蓋上番茄丁，再稍微撒上：

鹽和黑胡椒

其餘的麵包屑混料再均勻地鋪撒在表面。烤到番茄中央冒泡而表面呈濃郁的焦黃色。約40分鐘。撒上：

荷蘭芹末

即成。

熱騰騰的鑲餡番茄盅（Hot Stuffed Tomatoes）

做盛熱餡料用的番茄盅，從結實（未去皮）的熟番茄的柄蒂處刨挖一個大洞。撒鹽進去，倒扣在架子上瀝水15分鐘。若要做盛冷餡料的番茄盅，見291頁。將番茄盅填上下列之一的熟餡料，並覆蓋上：

焗烤料I、II或III☆，見「了解你的食材」

將番茄盅置於裝有1/2吋高的水的烤盤內的架子上，在預熱過的180度烤箱裡烤10至15分鐘。如果番茄非常熟成，你可以把番茄盅放進充分抹油的瑪芬模裡使之成型。

試試以下的餡料：

山羊起司、莫扎瑞拉起司或瑞科塔起司加辛香草末

熟羊肉末加松子和米飯

熟香腸和蘑菇

鮭魚或鮪魚加酸豆

煮熟的白梗長米、菰米或小麥，加鹽和紅糖調味

奶油四季豆或奶油蕈菇加荷蘭芹

奶油菠菜，507頁

奶油玉米，450頁，加壓碎的酥煎培根

| 關於蕪菁 |

內行的人會選蕪菁當野味的配料。若要變化菜色，煎黃的蕪菁是取代圍繞著紅燒肉的馬鈴薯的絕選，407頁。熱門的德國鄉村菜餚「**天地**」（Himmel und Erde），就是以任何比列混合的蕪菁泥、馬鈴薯泥和調味蘋果泥。滋味溫

和的小顆蕪菁有時可以生吃。

所有的蕪菁都由一個低矮的莖和主根構成。具有白色肉質，剛採收的品質最佳，而且天氣寒涼時才買，不要在天熱時買。挑選扎實沒有斑疤，掂在手裡沉甸甸的蕪菁——體型越小越溫潤清甜。裝在塑膠袋裡，開口打開，放冰箱蔬果儲藏格可以保存一星期。如果連著菜葉，則摘下菜葉分開貯存。如果菜葉軟嫩，可以按照煮青菜的方法料理，460頁。

料理馬鈴薯的所有方式也都可以用在蕪菁上；煮到軟身。話說回來，也別煮太久，否則會有明顯的甘藍菜煮過頭的味道和口感。蕪菁很適合搭配鮮奶油、奶油、檸檬、肉豆蔻、大蒜、濃嗆起司、煎脆的培根、百里香、荷蘭芹和山蘿蔔菜。

處理的方式是，先清洗乾淨，接著削皮。為了去除苦味，削掉的皮的厚度要超過分隔外皮和白心的那條黑線。切成片狀、角瓣狀、方塊或火柴棒大小。一磅的蕪菁可得出約兩杯熟蕪菁。煮熟的大頭菜和老一點的蕪菁帶有土味，因此在烹理上它們可以相互取代。

若要微波，將一磅蕪菁，削皮切成半吋方塊，放進二夸特的烤盤裡。加三大匙高湯或微鹹的水進去，加蓋以強火力微波至軟身，七至九分鐘，頭三分鐘之後拌一拌。微波好後先靜置三分鐘再掀蓋。

用壓力鍋煮的話，整顆蕪菁以十五磅壓力煮八至十二分鐘。

水煮蕪菁（Cooked Turnips）（4人份）

體型大的熟蕪菁比較適合用第二種方法烹煮。

I. 將：1磅蕪菁

削皮並切片或切丁。

蒸到軟身，7至12分鐘。加：

鹽和黑胡椒

調味，再佐上：

奶油

新鮮檸檬汁或醋或速成番茄醬*，311頁

或者像料理馬鈴薯那樣壓成泥或加鮮奶油。

II. 將：1磅蕪菁

削皮切片，或者小顆的就留整顆。

丟進煮大滾的水裡，水要淹過表面。

加：1/2小匙鹽、1/2小匙糖

煮到軟身，不蓋鍋蓋，切片的話約10分鐘，整顆約15至25分鐘。按方法I食用。

燜燉蕪菁（Braised Turnips）（4人份）

將：

1又1/2磅蕪菁，削皮，小顆的留整顆，大顆的切4瓣

放進滾水裡，不蓋鍋蓋，以大火煮約6分鐘。瀝出。

在一口大型的厚底平底鍋裡以大火融化：

3大匙奶油

蕪菁下鍋，翻炒到裹上奶油，約5分鐘。

加：

1杯雞高湯或雞肉湯或自行酌量
1/2小匙鹽或更多，自行酌量
黑胡椒，適量
湯面應該比蕪菁表面高出3/4吋；需要的話多加點高湯或水進去。火轉小，加蓋煨煮到蕪菁軟身，但用一把銳刀的刀尖戳入仍有阻力的地步，10至20分鐘。
將蕪菁撈到上菜盤裡。轉大火把煮汁熬煮到呈稀糖漿稠度的釉汁，澆淋在蕪菁上，立即享用。

蕪菁泥（Turnip Puree）（4至6人份）

馬鈴薯泥可以沖淡蕪菁會有的辛冽。你可以簡單地把蕪菁煮熟壓成泥，不過先燉煮過滋味會更好。蕪菁泥要保持熱騰騰的而且手腳要快，因為重複加熱會減少它的清爽口感。
準備：
燜燉蕪菁，如上
喜歡的話，加：
1根韭蔥，只取蔥白，徹底洗淨並剁碎
打到滑順。再把蕪菁泥打進：
1至2杯溫熱的馬鈴薯泥，491頁
續加：
放軟的奶油，自行酌量，或1/4杯濃的鮮奶油
1大匙荷蘭芹末
1小匙百里香末
鹽和黑胡椒，適量
用叉子打到蓬鬆，約打30秒。舀到熱過的上菜盤，在上面加：
1至2大匙放軟的奶油

關於荸薺

荸薺不是栗子類的果實，而是一種水生植物的球莖。新鮮的荸薺有一種誘人的嬌嫩細緻，是罐頭的荸薺大剌剌的爽脆裡找不到的。挑選結實沒有塌軟處或發黃跡象的荸薺；裝在紙袋裡冷藏可以放上二星期。打開的荸薺罐頭要裝在塑膠保鮮盒裡放冰箱冷藏。如果罐頭荸薺帶有金屬味，煮一分鐘後瀝出。

荸薺生長在泥濘的水裡；新鮮荸薺務必要洗淨再削皮。其清脆的白肉會變色，所以如果沒有要立刻烹煮的話，削皮後要泡在一盆水裡。荸薺可以生吃，不過煮過的荸薺依舊爽脆而且更有滋味。切片後加進熱炒裡，或剁碎後混進肉末或穀米裡再烹煮。若要加進沙拉裡，煮個五分鐘，瀝乾、冰涼。

炒荸薺（Stir-Fried Water Chestnuts）（4人份）

請參閱「關於炒蔬菜」，404頁。蝦子或雞胸肉丁連同紅椒一起加，這道五彩繽紛的菜餚就成一道主菜。
將：
8盎司新鮮荸薺，削皮並切片，或2罐8盎司切片荸薺，沖水並瀝乾
丟進一鍋滾水裡，新鮮的煮5分鐘，罐頭的煮1分鐘。
充分瀝水後拭乾。在一口小盆裡混勻：
3大匙醬油
2小匙蒜末或壓碎的蒜粒
2小匙去皮生薑末
2小匙麻油
1小匙糖

1小匙辣椒蒜蓉醬或1/4小匙壓碎的紅椒碎片
取一口中式炒菜鍋或大型平底鍋，以中大火將：
1大匙蔬菜油
加熱到火燙，下：
2大匙紅甜椒，切成火柴棒大小
翻炒2分鐘，再下：
1磅雪豆，修切過
翻炒到嫩脆，約2分鐘。接著荸薺下鍋，翻炒到所有蔬菜均軟身，約再1至3分鐘。拌進醬油混料，把火轉大，翻炒一下，讓蔬菜充分裹上醬料，而且醬料稍微變稠，約2分鐘多。喜歡的話，再拌入：
（1杯豆芽菜）
起鍋，撒上：
2大匙芫荽末
1根青蔥，切蔥花

水田芥（Watercress）

通常只被看成是沙拉和三明治的材料，但是加到湯裡或蔬菜裡不僅增添特殊風味，也為其他熟菜葉帶點辛嗆味。➡千萬別煮過頭，否則會變得纖韌。打成泥可做為燒烤紅肉或魚肉的配菜。參見水田芥奶油濃湯，248頁。

關於絲蘭（Yuca）

又稱為**木薯**（cassava）或**樹薯**（manioc），絲蘭（yuca）是它的西班牙文名稱，帶有濃郁的奶油香。木薯粉就是從它的塊根加工製成的。口感像煮得酥鬆的馬鈴薯，做成燉菜，佐上蒜香橄欖油或新鮮莎莎醬，非常可口。樹皮似的亮面褐皮包著的純白色硬實肉質，煮過後會泛黃而且近乎透明。木薯保存不易，所以購買時要確認它聞起來新鮮，沒有發霉或裂縫。置於室溫下的陰涼處存放，盡早烹理。或者將生木薯削皮切塊，裝塑膠袋裡密封放冷凍庫，這樣可放上一個月。

木薯所含的卡洛里比馬鈴薯還高，食用少量便很有飽足感；它也提供大量的鉀和些許的鐵。將這圓錐形的塊根刷洗乾淨切大塊，用一把削刀把皮劃開，然後用刀把皮連同皮底下那一層整個片下來。去皮後縱切對半，繼而扯除貫穿根中央、充滿細纖的心。充分洗淨並用冷水浸泡。

木薯加柑類和大蒜（Yuca with Citrus and Garlic）（6人份）

用一把削刀去除：
3磅木薯，刷洗乾淨並切成3吋小段
外皮和皮下多纖那一層。充分洗淨，泡進一鍋冷水裡，水要淹蓋表面。加：
1/2小匙鹽
煮滾，然後火轉小，加蓋煨煮至用叉子可輕易戳穿的地步，約30分鐘。與此同時，在一口大的平底鍋裡加熱：
2大匙蔬菜油
油熱後放：
1顆小的洋蔥，切末
拌炒到透明，約4分鐘，拌入：
6瓣蒜仁，切末
1/3杯新鮮葡萄柚汁或檸檬汁

1/3杯新鮮柳橙汁

1/4小匙鹽

文火煮至蒜末變軟，10至15分鐘，拌入：

2大匙切碎的荷蘭芹或芫荽

1小匙壓碎的乾奧瑞岡

瀝出木薯，加醬拌勻，立即享用。

| 關於豆腐、天貝和其他植物性蛋白質 |

豆腐

豆腐是平凡無奇的黃豆躍入烹飪藝術殿堂的表現，尤其是在中式和日式料理。一般豆腐的製作很像起司的製作，將豆漿凝結成豆花狀，攪散成豆腐花再重壓即成。不過，和起司不一樣的地方是，豆腐很少會單吃。相反的，豆腐要吸附佐配的湯汁、醬料、醃料或淋醬才會有味道。

豆腐和乳製品一樣容易腐壞，也很容易滋生細菌，所以一定要冷藏，➡而且料理完畢之後要清洗手和廚台。

購買豆腐時一定要查看有效期限。你可以把豆腐留在原包裝盒裡不開封，不過最好還是打開來，倒掉盒內液體，再裝清水進去；每天換水。這樣可以放上一星期，端看購買時的新鮮度而定。由於容易滋生細菌，➡最好不要買放在開放式木盒裡的豆腐，縱使它是在冷藏狀態。

一般豆腐分為嫩豆腐、板豆腐和豆乾。板豆腐和豆干切片或切方塊下鍋煮之後比較能保持形狀，而且釋出的水分比較少，較不會稀釋醬料或湯。如果你重壓嫩豆腐，如下，也可以用來取代板豆腐。

另一種豆腐叫做「絹」豆腐。這是一種無菌包裝的豆腐產品，分成滑嫩、中等、扎實口感和豆腐乾。全都比一般豆腐更嬌嫩。其製作的方式更像優格的製作，也是由豆漿凝結而成但不施重壓。絹豆腐細緻，不能重壓，也不能和一般豆腐交換使用。絹豆腐可以被小心地切成方塊，做成討喜的飾菜放到清澈的湯裡。絹豆腐用食物調理機或攪拌器可以打成很細緻的泥。絹豆腐泥有著優格的稠度，可以用在沙拉醬、醬料、沾醬、奶油湯和布丁裡。打好的豆腐泥可以放冰箱冷藏，使用前再充分攪勻。要注意的是，豆腐泥放了一會兒之後顏色會略微變深，呈米黃色或泛灰，所以要用可以掩飾該顏色的材料來修飾。若要當作甜點的澆汁，可以摻紅糖或楓糖漿而不是白糖。你也可以加一至二小匙新鮮檸檬汁或萊姆汁到含有豆腐泥的菜餚裡加以提味。

用重物鎮壓豆腐可使之變得扎實；豆花狀的凝結物會越發密實，越有嚼感，切片或切丁也比較能維持形狀。

要壓製一磅的一磚豆腐，攔腰切成兩片平板狀，每一片約一吋厚。將一張鋁箔紙放在大得足以讓兩片平板狀豆腐並排的砧板上。把砧板的一端放在水槽邊緣或置於烤盤上，另一端用四分之一杯的量杯墊高，好讓水排掉。把豆腐擺在砧板上，然後覆蓋上另一張鋁箔紙。將另一面砧板或形狀相似的重物壓在豆腐上，靜置十分鐘。豆腐的側面會稍微鼓凸，小心別讓嫩豆腐在變得密實之前受壓過重，否則會破裂。十分鐘之後，下壓的重量再加碼，要平均分布；裝著二或三罐大罐頭的鑄鐵鍋或荷蘭鍋，或套疊在一起的幾口厚底平底鍋，都很好用。三十分鐘後檢查一下受重壓的豆腐的扎實度；喜歡的話，可將平板豆腐翻面，再把重物壓上去，多壓個十五至三十分鐘。壓過的豆腐要泡在一碗水裡冷藏；豆腐不會再把水吸收進去，如果每天換水，可以放上二或三天沒問題。如果食譜要求受壓過的豆腐，這額外的步驟並非必要，它只是讓質地更細緻而已。

將受壓過的豆腐冷凍，可以除去更多水分。退冰的凍豆腐可以切成方丁，用法和其他豆腐一樣，但是它的乾度使得它更有嚼感，也更能吸附醃料和醬汁。也可以把凍豆腐壓碎撒在沙拉或湯品上，這凍豆腐碎粒神似仿蛋沙拉（mock egg salad）裡水煮蛋白的口感。用壓過的板豆腐或豆干效果最好，不過嫩豆腐也可以冷凍。

不管有沒有受壓過，豆腐可以切方塊或切片，用油煎到焦黃酥脆再下鍋炒或燉。豆腐的彈性——它呈現多種口感和滋味的能耐——就該以簡單的方式輕鬆烹理為上。最棒的是切方塊拌入炒蔬菜，或加進味噌湯，217頁。畢竟豆腐是方便食物——提供黃豆所有營養，而且不需要怎麼準備。

煙燻豆腐格外方便，因為開封即食就很美味，就像半硬的煙燻起司。可切片夾到三明治，或切方丁拌入切碎的蔬菜沙拉。

請注意，➠一盒豆腐的大小差別很大。在以下的食譜裡，你可以用任何包裝的豆腐，只要重量接近食譜所要求的即可。

自製手工豆腐（Tofu or Soybean Curd）（約1又1/2杯）

豆腐完全由蛋白質組成，口感像起司般細緻綿密，一定要用剛做好的熱豆漿來做，不能用市售的豆奶做。

準備：4杯豆漿☆，見「了解你的食材」

備妥2只1夸特容量、可以套疊的塑膠冷凍盒。將其中一只的底部和側邊的下半部打孔，孔眼直徑約1/4吋，分布成一方方的1吋寬網格。

凝固劑的製作，混勻：

1杯水

1又1/2小匙鎂鹽或硫酸鈣；或用2又2/3大匙檸檬汁，或2又1/4大匙蘋果醋

豆漿加：6杯水

加熱至達到沸點，接著鍋子離火。

將1/3杯凝固劑溶液倒進豆漿裡。輕輕地充分攪拌，然後再輕輕拌入另外1/3杯凝固劑，蓋上鍋蓋等上3分鐘。等豆漿凝結成豆花狀，再把剩下的凝固劑倒在豆漿上，輕輕地攪拌表面。蓋上鍋蓋再等上3分鐘，如果用鎂鹽或硫酸鈣就再等上6分鐘。假使經過這些手續豆漿還是沒凝結成豆花狀，加：

（多一點的凝固劑）

將打孔的冷凍盒鋪上一方很大張的潤濕細棉布，將冷凍盒置於水槽內，輕輕地把豆腐花舀到盒裡，拉起細棉布的邊緣

整個包住豆腐花。另一口塑膠冷凍盒裝半滿的水，當作大約1磅的重物，壓在豆腐花上10至15分鐘，或者壓到不再有乳清釋出。乳清可以留下來當高湯用。將打洞的盒子連同包棉布的豆腐泡到冷水裡，在水裡小心的拉開細棉布，讓豆腐靜泡在水裡3至5分鐘，好讓它變得扎實。豆腐很容易腐壞；泡水冷藏也只能放上幾天。一方方瀝水的豆腐可以加到湯裡當飾菜，加到沙拉裡，或做成淋醬。其他的料理點子，請參見《豆腐之書》，威廉·夏利夫（William Shurtleff）和青柳昭子（Akiko Aoyagi）著。

豆腐堡（Tofu Burgers）（6人份）

這美味的混合物也可以放進抹了油的吐司烤模裡以180度烤40至45分鐘，做成吐司狀的一長條。

如果用乾蕈菇，泡在溫水裡直到變軟，水要淹過表面，約泡20分鐘。將：

1盎司乾蕈菇

瀝出，倒掉泡菇水，擠出多餘的水分，或者沖洗：

4盎司新鮮香菇

接著剁碎，挑除硬蒂頭和柄梗。在一口大的平底鍋以中火加熱：

2至3小匙麻油

香菇下鍋，連同：

1杯切細碎的小朵青花菜和菜心
1/3杯切細碎的紅甜椒
1/4杯蔥花
2小匙去皮生薑末
1又1/2小匙蒜末

翻炒到軟身，4至5分鐘，拌入：

8盎司一般豆腐或煙燻豆腐，剁碎
1杯糙米飯
2/3杯乾麵包屑
2顆大型雞蛋，輕輕打散
1大匙醬油

倒進食物調理機，打打停停地攪打幾下，直到取一大匙的混合物可以捏成一丸的地步。將混合物拍壓成6個肉餅狀，每一個大約取用1/2杯的量。

放進稍微抹油的平底鍋裡以中火煎黃，每一面3至5分鐘。當漢堡肉來用*，226頁。

豆腐沙拉（Tofu Salad）（2人份）

這沙拉可以夾到三明治裡，連同新鮮番茄，或者堆放在嫩葉沙拉上。將：

8盎司豆干，喜歡的話再壓水一次

切方丁，混合：

1/4至1/3杯美乃滋
1至2小匙第戎芥末醬
1/4杯紅洋蔥末
1/4杯西芹末或茴香球莖末
1/4杯胡蘿蔔末
2大匙切碎的荷蘭芹、芫荽、羅勒或薄荷
（2小匙切碎的酸黃瓜或酸豆）
（1/8小匙咖哩粉、辣粉或薑黃粉）
（1小撮紅椒粉）
（1/2小匙新鮮檸檬汁或白酒醋）
鹽和黑胡椒，自行酌量

冷藏至冰涼，約1小時。

天貝（Tempeh）

天貝是用半熟的黃豆經過發酵後製成的高蛋白糕狀物。黃豆在發酵過程中，會黏合成一片平板狀。天貝都是以包裝冷藏販售，帶有苦嗆味，口感脆。小米、小麥或裸麥之類的穀物會被加進天貝裡，沖淡它的苦嗆味。天貝很容易腐壞，所以要查看它的保鮮期限並冷藏保存。未利用的天貝裝在密封保鮮盒裡冷藏，可放上一星期。天貝表面有些微白色菌絲網是正常的，不過➡摸起來黏黏的，或者出現黃色、綠色或紅色菌絲的跡象，可就不討好，若有刺鼻的阿摩尼亞味也很不妙。天貝一定要煮過才能食用，通常煮之前會切片、切條、切丁或掰碎。天貝很適合取代醃漬料、醬料、熱炒或香煎料理中的肉，而且搭配蕈菇很對味。

木須天貝（Moo Shu Tempeh）（6人份）

中式餅皮細緻可口，可以在中國市場和某些超市買到，不過用溫熱的麵粉薄烙餅皮代替也很棒。將：

1盎司香菇乾、1/4盎司乾木耳或雲耳
1又1/2杯熱水

混合，靜置至香菇和木耳均軟身，15至20分鐘。

瀝出香菇和木耳，保留浸泡水待用，並擠出香菇和木耳多餘水分。將兩者切片，挑除硬蒂頭和蕈柄。

在一口碗裡混合：

8盎司天貝，切細絲、1大匙醬油

與此同時，在150度的烤箱裡把：

12張中式餅皮

溫熱，加熱時鬆鬆地蓋上蓋子，約10或15分鐘。在另一口小碗裡混勻：

3大匙醬油、3大匙不甜的雪莉酒
1大匙玉米粉、1小匙糖

置旁備用。

在一口中式炒鍋或大型平底鍋裡以中火加熱：

1小匙麻油

倒入：

3顆大型雞蛋，稍微打散

不要拌炒，煎煮到蛋液凝結但依然濕潤。取出蛋皮，切成小塊；置旁備用。

再在中式炒鍋或平底鍋裡加熱：

1大匙麻油

天貝下鍋，翻炒至稍微焦黃，再下香菇和木耳，連同：

1罐8盎司竹筍罐頭，清洗瀝乾並切片
1/4杯蔥花、2小匙去皮生薑末

翻炒2至3分鐘。泡香菇和木耳的水用鋪了沾濕紙巾的細眼篩濾過，需要的話補上水，補足3/4杯的量。加進醬油—玉米粉混料，倒入炒鍋裡煮滾，拌炒拌炒，直到變稠，約1分鐘。輕輕地拌入蛋皮。

從烤箱取出餅皮，在每一張餅皮上抹：

2至3大匙梅子醬（總共1又1/2至2又1/4杯）

鋪上大約1/3杯天貝混料，最後擺上：

1根蔥，切段（總共12根）

把餅皮捲起來，吃的時候將尾端往上折。

四川「擔擔」天貝（Szechuan-Style "Hacked" Tempeh）（4人份）

天貝取代了這道傳統菜餚裡的雞肉。這道菜吃辣的，而且拌了花生醬。

在一口盆裡混勻：

1包8盎司天貝，切方丁、2大匙醬油
2至3大匙去皮生薑末、1小匙蒜末
1/2小匙花椒，壓裂

靜置30分鐘。

在一口中式炒鍋或大型平底鍋裡以中火加熱：

1大匙蔬菜油

油熱後天貝混料下鍋，翻炒至焦黃。放涼，然後冷藏至冰冷。
在一只上菜盤裡分別鋪排：
2杯削皮去籽的小黃瓜絲
1/2杯切碎的紅甜椒、1/2杯蔥絲
將天貝料舀到蔬菜絲上。混合
1/4杯無顆粒花生醬、2大匙醬油
2大匙米酒醋、1大匙不甜的雪莉酒
3至4小匙麻油、1小匙辣醬、2大匙水
攪拌至滑順，淋到天貝料上。點綴上：
1/2杯切碎的紅甜椒、1/4杯蔥絲
1/4杯剁碎的鹹花生
食用前再整個拌一拌。喜歡的話，配上：
冰涼的熟米粉

| 組織化植物蛋白（TVP, textured vegetable protein）|

黃豆的高蛋白含量激發美國製造商將黃豆蛋白變得隨處可得，用來取代肉類，也就是一般說的**組織化植物蛋白**，儘管它實在讓人看不出所以然，不像豆腐或天貝那麼有特色。組織化植物蛋白是用脫脂黃豆粉經過擠壓技術製成。一經烹煮，其細粒會膨脹至原來體積的兩倍，帶有絞肉的口感。要準備相當於一磅絞肉的量，浸泡一杯組織化植物蛋白；可以單獨使用它，也可以混上絞肉，用在製作肉糕、義大利麵醬、辣醬、塔可餅、懶人喬或任何需要用到絞肉的菜餚。用組織化植物蛋白做出來的肉糕會比用肉做出來的軟一些，不過如果冷藏一夜，口感會變得跟肉質一樣扎實。這類的糕狀物，像是肉糕，冷凍都可以保存很久。

組織化大豆濃縮蛋白（Textured soy concentrate or protein）是脫脂大豆粉被加工濃縮，以便去除會產生氣體的天然豆類糖分。成品會被擠壓成大塊並風乾，放進熱高湯或水裡就能重新水合，然後再加進燉菜、咖哩或其他多醬汁的菜餚，在煨煮過程裡吸附調味料入味。

德州墨西哥風格的晚餐糕（Tex-Mex Style Dinner Loaf）（6人份）

這道糕物隔天吃滋味更棒。剩菜可以做出絕佳的三明治。
將：1根安可辣椒
泡在1/2杯滾水裡泡到軟身，15至20分鐘。
烤箱轉180度預熱。將一口9×5吋吐司烤模抹油。瀝出辣椒，擠掉多餘的水，去籽去膜並剁碎。混勻：
1杯組織化植物蛋白
1罐15盎司義式或墨式番茄醬
1罐15盎司黑豆，沖水並瀝乾
3/4杯水、1顆大型雞蛋，打散
1/4杯葡萄乾
1顆小的洋蔥，剁碎
1顆小的新鮮墨西哥青辣椒，去籽切末，或2罐辣椒，瀝乾剁碎
3/4杯乾的麵包屑
1/3杯中筋麵粉
1/4杯切細碎的芫荽
2小匙鹽
1小匙孜然粉
將混合物填入吐司烤模，用鋁箔紙鬆鬆的蓋住，烤45分鐘。
掀開紙蓋續烤至定型，30分鐘。連烤模放架子上靜置5分鐘，然後倒扣至上菜盤裡。

| 素肉 |

又叫**麵筋**（wheat gluten或wheat meat），另一種富含蛋白質的肉類替代品，只不過是用小麥而不是黃豆做的。麵筋是好幾世紀前的佛教僧侶所發明，他們把小麥的質地和蛋白質帶到的素食飲食裡。其做法是邊揉捏由高蛋白的麵粉做成的麵團邊用水沖洗，麵團發展出筋度的同時，也讓水沖走澱粉和皮糠。在烹煮過程中，麵筋會膨脹，吸附滋味，而且變得扎實。你可以買盒裝的筋粉在家簡易地自製麵筋，或買裝在罐子裡或冷藏盒裝的現成麵筋。麵筋通常會浸在煮汁裡販售，市售的也有調味好的。

麵筋料理都會設法掩飾它的灰色調，但➡長時間烹煮會帶出苦味。切小塊或肉排狀的可以鍋煎或裹上薄麵衣深油炸，酥脆誘人。切薄片的可以放到醬汁裡燉煮，煮出來確實有燉肉的口感。也可以用食物調理機或絞肉機來絞打，取代義大利麵醬或懶人喬的牛絞肉。➡對麩質過敏的人應該避免吃麵筋，尤其是患有乳糜瀉的人。

素肉（Seitan）

使用麵粉製作麵筋，將：
4杯全麥粉或未漂白麵粉
1又1/2至3杯溫水
揉成乾硬的麵團。塑成球狀泡水2小時。接著在水裡揉麵團，讓澱粉溶入水裡。不時倒掉澱粉水，換上清水繼續揉，重複這過程直到水幾乎清澈，這時筋度已經發展的差不多，可以加以烹煮。把這團無澱粉麵團捏成吐司般長條狀，切1/2吋厚片。在附有密封鍋蓋的一口3夸特鍋裡放：
1/4杯蔬菜油
你可以把：
1顆切薄片的中型洋蔥
下鍋煎炒到透明而金黃，為麵筋加點味道。接著把麵筋放進鍋裡，加：
滾水
蓋過表面，緊密地蓋上鍋蓋，燜煮1小時。瀝出麵筋，裝在密封罐裡冷藏保存。麵筋可以進一步烹理，譬如沾上：
蛋液☆，171頁
再裹上：
馬鈴薯粉或糯米粉
下油鍋慢煎至酥黃。或者，覆蓋上：
未稀釋的濃縮番茄湯、奶油蘑菇湯或西芹湯
放進預熱過的180度烤箱烤20分鐘或直到熱透。

塊根燉麵筋（Root Vegetable and Seitan Stew）（8人份）

可以依時令或個人喜好放不同的塊根來燉。改換蕪菁、蕪菁甘藍、大頭菜和球莖茴香都很不錯。
在一口大的荷蘭鍋或厚底鍋以小火加熱：
2大匙蔬菜油
接著下：
1杯切片的洋蔥
1杯切片的韭蔥
不蓋鍋蓋，偶爾翻炒一下，煎煮至焦糖

化，20至30分鐘。拌入：
4杯切碎的綜合菇類，諸如龍葵菇、香菇和/或秀珍菇
5瓣蒜仁，切末
1小匙鹽
煮3至4分鐘，拌入：
3大匙中筋麵粉
煮1分鐘，放入切1吋方丁的：
1顆中型烘焙用馬鈴薯
1顆中型歐洲防風草根，削皮
1顆小的奶油瓜，削皮去籽
1又1/2杯切開未去皮的菊芋（太陽薊）
加：
1杯切片胡蘿蔔
拌入：
3又1/2杯蔬菜高湯
1/2杯白酒或額外的蔬菜高湯
1/2小匙乾的迷迭香
1/2小匙乾的百里香
2或3撮肉豆蔻粉或肉豆蔻屑
煮滾，然後轉小火加蓋燉煮，約20分鐘。再拌入：
1又1/2杯切對半的小顆球芽甘藍
1又1/2杯切碎的李子番茄
1磅麵筋，切1吋方塊
加蓋燉煮20分鐘。加：
鹽和黑胡椒，自行酌量
調味。配上：
（熱騰騰小麥片，595頁，或糙米飯，583頁）

義大利麵、麵條和餃子

Pasta, Noodles, and Dumplings

從義大利細扁麵（linguine）到拉麵，德式麵疙瘩到蕎麥麵，麵條和餃類構成了烹飪歷史裡最豐碩的一個類別。義大利無疑貢獻最大。義大利深深影響著我們對麵食的熱愛，從義大利麵（pasta）一字成了日常用語可見一斑。在這一章裡，我們用義大利麵（pasta）一詞泛指所有源自義大利的麵食，用麵條（noodles）一詞意指歐洲麵食和亞洲麵食。

在意卡洛里攝取量的人應該在合理範圍內限制食用內容，比方說拌茄汁醬或其他蔬菜醬料而不是奶醬，而且只加小量的肉或起司。

| 關於義大利麵和麵條 |

儘管新鮮的或晾乾的有差別，不過不見得哪一種一定比較好。**晾乾的義大利麵**通常是用杜蘭小麥和水製成，其形狀五花八門，有長而細的圓直麵（spaghetti），也有短而中空的新郎麵（ziti），變化多端。乾的義大利麵方便、便宜、品質可靠而且很容易買到。

新鮮的義大利麵，不管是形狀像扁繩的緞帶麵（fettuccine），或是包餡的方餃（ravioli），一般都是用雞蛋和中筋麵粉做的。**自家做的義大利麵**無可比擬，雖然會耗一點時間，但是材料和形狀都由你決定，而且可以按照自己的喜好包餡。如果你有門路買得到新鮮的義大利麵，不妨買整張麵皮回家，自行裁切包方餃或小餛飩（tortellini）。➜煮新鮮的義大利麵比煮乾的要快。

雞蛋麵（egg noodles）是另一種形式的義大利麵，通常是用雞蛋和中筋麵粉做的，切成短麵條居多，從寬到細都有，市面販售的基本上是乾的，然而自製的新鮮雞蛋麵其實非常棒。亞洲麵條種類繁多，最常見的是用小麥、蕎麥或米做的，有新鮮的也有乾的，一般會切成長條狀（參見「關於亞洲麵食」，548頁）。

| 關於煮義大利麵 |

做成前菜，每人份約估二盎司的量，主菜的量則至少要四盎司。➜一磅義大利麵可供六至八人份的前菜，或者供四人份主菜。➜以麵條當主菜也是同樣的量，若是做成配菜則每人份一至二盎司。

要避免義大利麵或麵條相互沾黏，不管是哪種形狀的義大利麵，都要用加了鹽的大量滾水來煮。➡每一磅義大利麵用四至六夸特的水。➡每二至三夸特的水加大約一大匙鹽。一次煮超過兩磅的義大利麵會讓麵受熱不均，而且需要用很大的鍋子來煮，因此把麵瀝出時恐有燙傷之虞。

由於義大利麵很快可以煮好，而且煮好馬上吃最棒，那麼麵下鍋煮之前就要把一切備妥——醬汁、架在水槽上的大型瀝水籃，以及可能的話，在烤箱裡溫熱的上菜碗或上菜盤。一等加了鹽的水大滾，義大利麵即刻下鍋；長麵條若一時之間無法全部沒入滾水中，等幾秒鐘之後浸在滾水裡的部分變軟，再把凸出水面的部分輕輕壓入水中。把義大利麵攪拌攪拌，蓋上鍋蓋但留個縫，再把水煮滾。➡鍋蓋不要蓋密，否則水滾沸之後會外溢。一等水又煮開，掀開鍋蓋，不時把麵條攪動一下，以免黏一起。

不管煮哪一種義大利麵，➡千萬別煮過頭。判斷是不是煮熟了的唯一方法，是從鍋裡撈起一小截或一小片吃吃看——不只試吃一次，而是要試吃好幾次。最理想的狀態是煮到彈牙——也就是吃起來稍嫌韌口——➡入口不再有生麵粉味，但要咬斷仍有些微阻力。新鮮的義大利麵和非常細薄的義大利麵下鍋大約三十秒後就可以開始試吃，圓直麵和細扁麵在下鍋四分鐘後試吃，通心粉（macaroni）和其他呈短管狀的麵款則是從下鍋八分鐘後。一旦麵煮好了，➡馬上瀝出，保留少量的煮麵水，萬一醬料需要稀釋時可用上。把一整鍋倒進瀝水籃，快速的甩動瀝水籃➡瀝除麵身大部分的水。麵不該乾透，否則麵身表面的澱粉會讓麵黏在一起。➡唯有在你想把麵一一分開（比方說，把千層麵〔lasagne〕一張張分開），或者加到沙拉裡做成冷盤，才用水來沖麵。附著在沒沖水的麵表面的澱粉有助於醬料和熱騰騰的麵的結合。

瀝乾的麵要立刻和醬料混合，在火上混合滋味最為美妙，或者也可以在溫熱過的上菜碗裡簡單地把熱麵和醬料拌勻。➡需要的話加些許預留的煮麵水來把醬料化開。熱的煮麵水裡的澱粉可以讓醬料展延，增加醬料的醇厚度，而且煮麵水裡的鹽也可以為醬料調味。要讓以大蒜和橄欖油為底的醬料稍微化開，或讓油煎蔬菜稍微分開，煮麵水格外好用；加更多的油會使得醬料太厚重。

| 關於義大利麵的醬料 |

拌義大利麵的醬料，可以很簡單，一如融化的奶油，也可以很繁複，像是由各種肉品、番茄、蔬菜和調味料慢燉而成的肉醬。

油拌大蒜，或圓直麵拌香蒜橄欖油，543頁，即是經典。在這個以橄欖油為底的醬裡加櫛瓜、白花椰菜、球花甘藍、甜椒、豆類或其他蔬菜就是簡單的蔬菜醬。其他常見的額外配料包括鯷魚、紅椒碎片和新鮮辛香草。松子青醬★，320頁，經典的熱那亞醬，以及普羅旺斯青醬★，320頁，都是將新鮮羅勒、起司以及松子與橄欖油拌大蒜混合在一起。

大蒜番茄醬★，310頁，純粹是橄欖油拌大蒜加剁碎的番茄；它的很多變化款包括風月醬★，312頁，摻了橄欖和酸豆，以及蛤蜊紅醬，544頁。北義料理時興拌奶油，你很可能會發現僅僅拌上奶油、鮮奶油和少許帕瑪森起司屑的雞蛋麵；阿佛列多緞帶麵，543頁，的拌醬就只用這三種材料。很多以肉為底的醬，番茄的含量都很少。波隆那肉醬★，313頁，通常有仔牛肉、牛肉、奶油和少許牛奶或鮮奶油。托斯卡尼牛肉醬是以橄欖油調味，往往加了紅酒。羅馬以羔羊肉醬出名。經典的拿波里肉醬則是以豬肉和番茄為底。

大多數的茄汁醬都很適合加以即興發揮，但不管最終和這醬汁搭配的是哪些材料，➡最棒的無不是以上好的番茄——熟成而滋味深沉，酸甜均衡的番茄——做成的底料。要是買不到新鮮番茄，挑選好品質的整顆的罐頭番茄。罐裝的番茄碎塊或番茄泥都含有番茄糊，會影響滋味。別以為進口的番茄罐頭最好；一些本土的番茄罐頭品牌一點也不輸進口的，有時品質甚至更好。

義大利麵和醬料的搭配

義大利麵的造型變化多端，有數百種之多。面對這百變花樣，在麵款和醬料的搭配上，記住一個基本原則很有用，➡醬料越大塊、滋味越渾厚樸實，麵款就可以越粗厚。體型大的麵款諸如筆尖麵（penne）和又寬又厚的大水管麵（rigatoni），可搭配滋味濃郁、摻有一口大小的蔬菜和肉塊的醬料。纖巧的天使髮絲麵（angel hair）佐搭清淡的醬料最適配。豐盛的豆子蔬菜湯最適合搭配一口大小的麵款，諸如頂針麵（tubetti）、小頂針麵、拐子麵（elbows）或

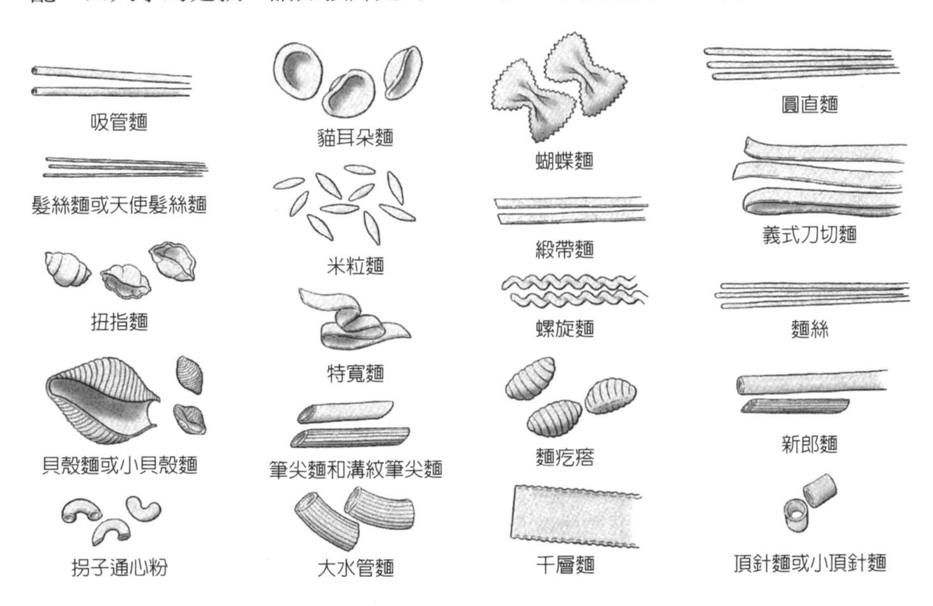

小貝殼麵（small shell）。鮮奶油或奶油醬料配新鮮蛋麵最對味。➡切記，義大利麵要被醬料潤澤，而不是泅泳在醬汁裡：你想吃下的是沾附著醬料的義大利麵。

建議的義大利麵醬

搭配義大利麵的醬汁不僅只下列這些，請參閱本書醬料那一章，搜尋可以呼應你的巧思的其他醬料：烤紅椒醬★，289頁，牡蠣醬★，294頁，番茄醬★，310頁，怪味醬★，300頁；日曬番茄乾醬★，310頁；肉丸子番茄醬★，313頁；速成番茄醬★，311頁；新鮮番茄醬★，311頁；燒烤番茄醬★，313頁；辣味培根番茄醬★，311頁；風月醬★，312頁；番茄肉醬★，312頁；波隆納肉醬★，313頁；松子青醬★，320頁；日曬番茄乾青醬★，320頁。你也可以在其他章節裡找到點子，譬如綜合帶殼水產番茄醬★，5頁；和泰式蛤蜊鍋★，16頁；義大利紅燒肉★，178頁；匈牙利燉牛肉★，182頁；和奶油雞★，125頁；和山鷸佐迷迭香奶油醬★，151頁，加禽類和野禽。

市售的現成義大利麵醬

現成的醬很方便，可以快速做出一道義大利麵。挑選成分最簡單，防腐劑放得最少的，而且要避免加了大量勾芡料和糖分的。不妨多試試幾種，找出最合意的。

可以讓市售醬汁升級的簡單配料有：

少許優質橄欖油和一撮黑胡椒
一把蕈菇，切片香煎過
少許去核橄欖和瀝乾的酸豆
一罐或一包鮪魚，瀝乾
剁碎的鯷魚
綜合新香草末，譬如荷蘭芹、羅勒、百里香和／或迷迭香
蒜末和/或橄欖油香煎洋蔥
煎黃的義大利香腸碎粒或牛肉末

｜義大利麵的額外配料｜

義大利麵是快速輕鬆的一餐的美妙起點。要準備簡易晚餐，可拌入下列當中的幾樣：

特級初榨橄欖油
山羊起司、瑞科塔起司或其他軟質起司
剁碎的辛香草，譬如奧瑞岡、百里香、馬鬱蘭、荷蘭芹或薄荷
檸檬皮絲屑或新鮮檸檬汁

剁碎的日曬番茄、橄欖或酸豆
剁碎的煙燻鮭魚
剁碎的大蒜或滋味溫和的洋蔥
硬質起司屑，譬如羅馬諾起司或帕瑪森起司
剁碎的火腿、義式煙燻火腿、或薩拉米香腸
剁碎的鯷魚或罐頭鮪魚
義大利肉丸子★，232頁
融化的奶油、濃的鮮奶油、原味優格、或法式酸奶
戈拱佐拉起司加剁碎的核桃
蔬菜，諸如炒櫛瓜、烤大塊茄子、烤紅甜椒片、煮熟或退冰的冷凍青豆和香煎蕈菇

| 關於配義大利麵的起司 |

義大利麵和起司的組合，縱使是最簡單的，譬如緞帶麵拌奶油和起司，543頁，也可以美味絕倫，難怪我們總把這兩樣食材聯想在一起。要有絕佳滋味，購買大塊起司，食用前再在麵上方刨成絲屑。

使用市售的那些便宜的起司刨絲器來把起司刨絲很簡單。要刨出最粗礪的質地，➡用四面刨絲器最大孔的那一面來刨，很適合醇厚的菜色；最細的絲屑要用手持式小型刨絲器來刨，最適合搭配嬌纖的義大利麵佐精緻醬料。

話說回來，也不是每一道義大利麵都要撒上起司屑不可。有一些義大利麵不加起司反而更可口，譬如大多數的海鮮義大利麵，起司其實會壓過很多魚貝類的細緻滋味。高度調味過的醬汁，諸如摻了橄欖、酸豆或紅椒碎粒的醬料，也不需加起司屑。

帕瑪森起司是硬質、乾性的牛乳起司，帶有鹹味和堅果味。真正的**帕米吉安諾-雷吉安諾**起司是義大利北部艾米利亞—羅馬涅的特定一小區所生產的起司。帕米吉安諾—雷吉安諾起司通常陳放兩年會達到最佳熟成。其他的帕瑪森起司則是產自美國、阿根廷和澳洲，其中一些的品質相當好。帕瑪森起司可刨成屑加到鹹味菜餚裡或餡料裡，也可以撒到義大利麵和湯品上。起司外皮可以冷凍起來，日後用來熬湯底增添滋味。帕瑪森起司直接食用也很不錯。不妨切大塊或淋上巴薩米克醋當開胃小點，又或配堅果和新鮮水果或水果乾當甜點吃。**格拉那・帕達諾**（Grana Padano）起司、**陳年蒙特雷傑克**起司和**阿希雅哥**起司都是不錯的替代品。

佩科里諾（Pecorino）起司是羊奶起司，義大利的每個地區幾乎都有生產。可能是硬質、鹹嗆的起司——主要是直接用來在起鍋後的義大利麵上刨成絲

（**佩科里諾－羅馬諾**〔Pecorino Romano〕，羅馬和薩丁尼亞來的羊奶起司最有名）；或是半硬質帶有堅果味的起司，直接食用尤佳。如果買不到佩科里諾—羅馬諾，試試其他的嗆味起司，譬如帕米吉安諾—雷吉安諾或阿希雅哥起司。美洲的**羅馬諾**起司是牛乳做的，適合刨絲。羊奶和牛奶也都可以做成**瑞科塔**起司，一種軟質新鮮起司，做包餡的義大利餃和甜點絕佳。

| 關於吃剩的義大利麵 |

吃剩的義大利麵，不管有沒有拌醬，可以在平底鍋或陶盅裡重新加熱，或者加到義式烘蛋裡，336頁。若用平底鍋煎，用少許的橄欖油或奶油以中火來煎，煎成酥脆焦黃又有嚼勁的麵餅。加少許水進去免得燒焦或巴鍋。配上煮熟的蒜味四季豆、煎蛋、某醬汁或只撒上起司屑，就是速成的一頓餐食。

大多數吃剩的茄汁義大利麵都可以加到義大利麵煲，做為美味的隔天晚餐。可隨意加些許煎黃的肉末或香腸、起司屑或熟蔬菜等等自由發揮。

鍋煎吃剩的義大利麵（Panfried Leftover Pasta）（1至2人份）

在一口中型的平底鍋將1大匙**橄欖油**加熱至火燙。放入1杯**熟圓直麵**或1又1/2杯**熟筆尖麵或其他拌有醬汁的短麵**。偶爾拌炒一下，煎煮到麵稍微金黃，約6分鐘。加**鹽和黑胡椒**調味。

吃剩的義大利麵煲（Leftover Pasta Casserole）（4人份）

烤箱轉190度預熱。將一口8至9吋方形烤盤抹上奶油。加熱：

3杯義大利麵醬，譬如大蒜番茄醬★，310頁，番茄肉醬★，312頁，或風月醬★，312頁

將4杯**吃剩的義大利麵**，譬如圓直麵、筆尖麵或新郎麵，拌上醬料。拌勻後倒進烤盤裡，撒上：

1/4杯細的乾麵包屑

1/4杯帕瑪森起司屑或其他起司屑

加：**鹽和黑胡椒**

調味，在表面散布著：**1至2大匙奶油**

烤到表面呈焦黃，約30分鐘。

| 關於製作新鮮義大利麵 |

新鮮的蛋麵有著輕盈細緻的口感和濃郁滋味，它比晾乾的麵更能吸收水分，煮起來也更快。新鮮的義大利麵一般是用未漂白的中筋麵粉做的。全蛋、蛋白和/或水被用來潤濕麵粉，有時候會加鹽和橄欖油之類的調味料。新鮮的麵團很容易用手揉製出來，你也可以用食物調理機或攪拌機混合。不管是用手或用機器，都要揉上十分鐘。擀麵團時，你需要一根長的木質擀麵棍，或一台壓麵機，在很多廚房用品店都買得到壓麵機。避免自動製麵機，它會把製好

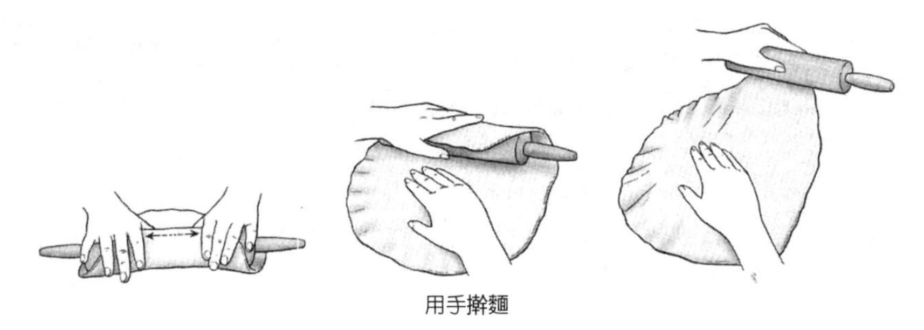

用手擀麵

的麵條混合擠壓在一起——手擀的或是手搖式製麵機做出來的麵，口感上還是比較討喜。你可以用打成泥的菠菜、新鮮辛香草、香料、柑類皮絲、番茄糊或墨魚墨汁——很多魚市都買得到——來為自製麵條調味染色。

擀壓和裁切新鮮義大利麵

要擀出輕盈有彈力的義大利麵，關鍵在於你把麵皮愈擀愈薄的同時，要輕輕地拉展延伸它。不管是用擀麵棍或是手搖式製麵機，➡一次只處理四分之一的麵團，其餘的麵團靜置一旁鬆鬆地覆蓋著布巾。

用手擀麵

在寬大的案板上撒薄薄一層麵粉，用擀麵棍來擀，一次擀一張麵皮，當圓形麵皮越擀越大，每次轉個九十度角反覆擀壓。偶爾將麵皮反面，持續擀到你想要的厚度。➡帶狀的義大利麵，譬如緞帶麵，麵皮應該大約八分之一吋薄，薄得透過麵皮可以看見你手的輪廓的地步。➡若要包餡，麵皮應該薄如紙➡透過麵皮可以清楚看見手的程度。

用製麵機擀

把機器的滾軸轉到最寬那一檔。一次擀壓一張麵皮。麵皮稍微撒上麵粉，放進滾軸凹口滾壓三次，每次都把麵皮對折後再送進凹口。麵皮一有沾黏的跡象便撒上些許麵粉。➡用手掌接引被滾壓出來的麵皮，手掌平張，免得手指戳到麵皮。若要讓麵皮更薄，把凹口的寬度轉小一格，再重複滾壓二、三次。當麵皮不再沾黏就停止撒麵粉上去。➡麵皮應該從凹凸不平、甚至有孔洞的狀態變成像緞子般光滑。一旦出現這樣的質地，便可以輕輕拉展被滾壓出來的麵皮。持續把凹口轉小，反覆滾壓麵皮，直到它呈現你要的薄度。更多的操作細節，請參考製造商的使用手冊。

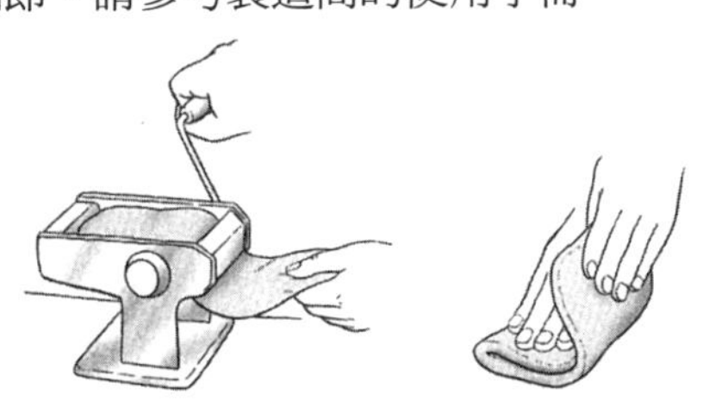

用製麵機製作義大利麵

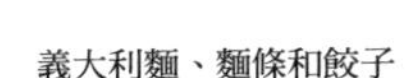

裁切和捏製義大利麵款

要做包餡的義大利麵，譬如方餃或麵捲（cannelloni），將麵皮切成大約四吋寬的長條，或者在機器壓出長麵皮時取同樣的寬度。**做麵捲的話**，將長麵條橫切成四吋正方。趁麵皮仍新鮮而且濕潤得足以包折和捏合時包好餡料。**做條狀帶狀和不包餡的麵款**，將麵皮放在稍微撒上麵粉的案板上晾乾，晾到麵皮摸起來像皮革但一點也不僵硬，約二十分鐘。➠用一把銳利的刀、披薩刀或滾輪刀，切成帶狀、條狀或正方，或切出千層麵的波浪邊。切好的麵條要撥散，放在大張烘焙紙上，撒上麵粉，覆蓋著鋁箔紙，置於通風處進一步風乾，或者垂掛在晾麵架上，晾至不再濕潤但仍有彈性的程度。➠一旦裁切，新鮮的義大利麵起碼要放上一小時再下鍋煮。

蝴蝶麵：麵皮切成1又1/2吋長1吋寬的長方形——如果有滾輪刀的話，就用滾輪刀來切——然後將麵片攔腰一捏就成了。

緞帶麵：切成比1/8吋稍寬一些些的長條狀。

千層麵：切成大約8×4吋的長方形。

特寬麵：切成大約3/4吋寬的帶狀。

義式刀切麵：切成略少於3/8吋寬的帶狀。

| 貯存新鮮的義大利麵 |

要貯存新鮮的帶狀義大利麵和形狀相似的麵款，先撒上麵粉以防彼此沾黏，接著一次取少量的幾縷，圈捲成鬆鬆的一匝。把捲好的一匝匝麵放在鋼絲架上進一步晾乾。或者存放在冰箱裡，那就把一匝匝的麵圈排放在鋪了鋁箔紙的烤盤上，彼此不接觸，再輕輕蓋上無塵布（lint-free cloth），偶爾將一匝匝的麵圈翻面。在二十四小時內食用完畢。

若要存放久一點，捲成一匝匝的麵圈要充分晾乾——手一捻就會折斷的地步——放在塑膠袋裡貯存。➠套進塑膠袋前要徹底確認麵條已經乾了，否則會發霉。風乾後，自製的義大利麵條可以存放幾天沒問題。風乾的麵條很容易脆裂折斷，所以處理上要很小心。

要冷凍新鮮的緞帶麵和其他帶狀義大利麵，將烤盤鋪上鋁箔紙，排放捲成一匝匝的麵圈，冷凍一至二小時，直到硬身。接著小心地把冷凍的一匝匝麵圈裝進大型的冷凍夾鏈袋裡，放冷凍庫保存，可放上一個月。要冷凍蝴蝶麵或方餃之類的麵款，將這類麵款散布在烤盤上，彼此不接觸，冷凍一夜。然後小心地把麵裝進大型冷凍夾鏈袋，袋內留一些空氣，以免麵受到擠壓。➠冷凍的義大利麵可以直接下鍋煮。

新鮮的義大利麵團（Fresh Pasta Dough）（約1磅；8份前菜或4份主菜的量）

在乾淨的案板上將：
2杯未漂白的中筋麵粉
倒成一堆。在中央挖個洞，打入：
3顆大的雞蛋或4至5顆大的雞蛋的蛋白（約2/3杯）
（1/2小匙鹽）
（1小匙特級初榨橄欖油）
用叉子將蛋輕輕打散，一面打一面攪入少許麵粉，直到蛋被打散而且稍稍變稠。用一手的手指尖，漸次地把麵粉拌進蛋液裡，將所有材料混合成滑順而不會太乾硬的麵團。假使麵團摸起來太乾而粉碎，視情況加一點水進去。假使太黏手，則多加一點麵粉。假使麵團黏在案板上，用刮板（dough scraper）刮起麵團並翻面。
另一個做法是，把所有材料放進食物調理機裡打到混勻，15至20秒，當心別把麵團打過頭。
將麵團揉至如緞子般光滑而且非常有彈性，大約要揉10分鐘；或者用食物調理機打個15至20秒後，取出麵團揉10分鐘。把麵團分四份，每一份用保鮮膜鬆鬆地包起來，或者用倒扣的碗罩住。讓麵團在室溫下靜置60分鐘，然後再擀壓麵團。

菠菜義大利麵（Spinach Pasta）（約1磅；8份前菜或4份主菜的量）

煮10盎司新鮮菠菜，修切清洗過，或冷凍菠菜。你應該有大約1/2杯的量。準備新鮮義大利麵團，如上，把菠菜加進摻雞蛋的麵粉裡。

辛香草義大利麵（Herb Pasta）（約1磅；8份前菜或4份主菜的量）

將1/2杯味道濃烈的辛香草末（鼠尾草、迷迭香、百里香、奧瑞岡或馬鬱蘭）或1/2杯味道溫和的辛香草末（羅勒、蝦夷蔥、荷蘭芹或青蔥）放到一張紙巾上，包起來使勁地擰，擠出水分。準備新鮮義大利麵團，如上，把辛香草加進摻雞蛋的麵粉裡。

全麥義大利麵（Whole Wheat Pasta）（約1磅；8份前菜或4份主菜的量）

準備新鮮義大利麵，用1杯全麥麵粉取代同等分量的中筋麵粉。這麵團可能需要多一點液體；假使看起來乾而粉碎，加1至2小匙水，揉至混勻而且光滑。

新鮮雞蛋麵（Fresh Egg Noodles）（約3/4磅；2至3份主菜的量）

最先在美國出現的麵食當中，有一些是隨著荷蘭和德國移民抵達的。這些都是香濃可口的雞蛋麵。
在一口大碗裡混合：
1又1/2杯中筋麵粉、1/8小匙鹽
用切拌器（pastry blender）將：
1大匙加1小匙的無鹽冰奶油
切進麵粉裡並壓碎混合，或者用你的手指將之捏碎混合，形成細粉屑狀。
在粉料的中央挖個洞。輕輕地將：
2顆大型雞蛋、2顆大型雞蛋的蛋黃
打散，倒進那洞裡。用一根叉子漸次地把麵粉拌入蛋液裡，持續地拌混直到麵團成形。把麵團分成四等分。

另一個做法是，把奶油切成小塊，連同麵粉和鹽一起放進食物調理機裡。以分段方式將混料打勻，分個3或4段。把蛋加進去，再分兩段打勻。這時麵團應該剛好形成一個球狀繞著刀葉轉；別打過頭。讓麵團靜置30分鐘。

請參閱「擀壓和裁切新鮮義大利麵」，537頁，將麵團擀壓並切成條狀，約1/8吋寬，或者厚的帶狀，約1/2吋寬，然後再切成2吋長。

賓州荷蘭雞蛋麵（Pennsylvania Dutch Egg Noodles）（約1磅；8人份前菜）

這是一款萬用的德式麵條。

在一口大盆或案板上混勻：

2杯中筋麵粉、（1小匙鹽）

並且堆成一堆。接著在中央挖個洞。將：

1顆大型雞蛋、4顆大型雞蛋的蛋黃

稍微打散，倒進那洞裡。用叉子打散蛋液，一面打一面把些許麵粉攪進來，直到蛋液稍微變稠。用一手的指尖，漸次把麵粉抓揉成光滑而不會太乾的麵團，需要的話加：

1至2大匙水

另外的做法是，把所有材料放進食物調理機裡，打到混合，約15至20秒，小心別把麵團打過頭。一旦麵團成形，取出置於稍微撒了麵粉的案板上，揉成柔軟的麵團，約5分鐘，需要的話加多一點麵粉，免得黏手。

把麵團分4份，分別用保鮮膜鬆鬆地包起來，或者用倒扣的盆罩住。如果時間充裕，讓麵團靜置30分鐘再擀壓。

請參閱「擀壓和裁切新鮮義大利麵」，537頁。將麵團擀開並切成長條，約1/8吋寬，或者切成厚的帶狀，約1/2吋寬，再切成2吋長。

水煮義大利麵或雞蛋麵（Boiled Pasta or Egg Noodles）（8人份前菜或4人份主菜）

取一口大鍋將：

4至6夸特水、2至3大匙鹽

煮至大滾，丟進：

1磅義大利麵或麵條

再次煮滾，不時攪拌，煮到麵軟身但依然韌口。用大型瀝水籃瀝出麵。馬上拌醬，以免麵條黏在一起，或者，要做冷盤的話用冷水沖麵。

緞帶麵佐奶油和起司（Fettuccine with Butter and Cheese）（8人份前菜或4人份主菜）

在裝有滾沸鹽水的一口大鍋裡煮：

1磅緞帶麵或義式刀切麵

I. 把麵瀝出，拌上：

   1/2杯（1條）無鹽放軟的奶油，或1/3杯橄欖油

   黑胡椒，自行酌量

   1又1/2杯帕瑪森起司屑（6盎司）

II. 趁麵在鍋裡煮時，在一口大的平底鍋裡將：

   1又1/2杯雞高湯或肉湯

   煮至濃縮成一半的量，拌入：

   3大匙無鹽奶油

   加：**鹽和黑胡椒**

   調味。將麵瀝出，和平底鍋裡的高湯混液拌勻，連同：

   1又1/2杯帕瑪森起司屑（6盎司）

爐火煮起司通心粉（Stovetop Macaroni and Cheese）（4至6人份主菜或8至10人份配菜）

有著濃濃的奶香和綿稠的起司。要做這道麵食，使用一口大鍋子是關鍵。

請參閱「關於煮義大利麵」，531頁。在裝了滾沸鹽水的一口大鍋裡煮：

2杯（8盎司）拐子通心粉

瀝出後再放回鍋裡，加：

1/4杯（1/2條）無鹽奶油，切成小塊

充分拌勻後，再加：

1罐12盎司三花奶水（evaporated milk）

3杯超濃嗆的切達起司，刨絲（12盎司）

2顆大型雞蛋，輕輕打散

1小匙芥末粉，溶解在1小匙熱水裡

1/2小匙鹽，或自行酌量

1/4小匙紅椒粉，或自行酌量

攪勻。將鍋子置於微火上煮，不時攪拌，煮至醬汁滑順而通心粉熱騰騰的，5至10分鐘。醬汁應該要明顯地變稠。如果煮了5分鐘之後醬汁還是水水的，就把火稍微轉大，但是要特別留意，火力若是過大，醬汁會凝結。

烘烤的起司通心粉（Baked Macaroni and Cheese）（4至6人份主菜或8至10人份配菜）

永恆經典的另一種風貌，格外美妙。醬汁可以事先做好，要烤之前再和剛煮好的通心粉拌勻；或者也可以在前一天就把整個陶盅備妥。

烤箱轉180度預熱。將一口1又1/2夸特的深烤盤抹油。準備：**2杯白醬I***，291頁

拌入：

1/2顆中型洋蔥，切末、1片月桂葉

1/4小匙甜味匈牙利紅椒粉

文火煨煮，不時攪拌，煮15分鐘。備妥：

2又1/4杯濃嗆的切達起司屑或寇比起司屑（9盎司）

白醬離火，撈除月桂葉。接著拌入三分之二的起司屑，其餘的保留備用。加：

鹽和黑胡椒，適量

調味。與此同時，在一口裝有滾沸鹽水的大鍋裡將：

2杯（8盎司）拐子通心粉、小貝殼麵或直管通心粉（tubetti）

煮到剛好變軟。瀝出，盛到一口大盆裡，拌入醬汁。將一半的混合物倒進陶盅裡，撒上剩下的起司屑的其中一半，接著再倒入另一半通心粉混料和另一半剩餘的起司屑。最後撒上：

1/2杯奶油麵包屑

烤到麵包屑成金黃色，約30分鐘。稍微放涼5分鐘再上桌。

為大批賓客做的起司通心粉（Macaroni and Cheese for a Crowd）（16人份）

你也可以把藍紋起司捏碎加到這道麵食裡。在裝有滾沸鹽水的一口大鍋裡煮：

4杯（1磅）拐子通心粉、小貝殼麵或直管通心粉

烤箱轉165度預熱。將兩口9吋正方的烤盤抹油。備妥：

4杯濃嗆的起司，譬如切達起司、葛呂耶起司或阿希雅哥起司，刨成屑（1磅）

1又1/2杯乾的麵包屑

混合一半的起司屑和1杯麵包屑以及：

1/4杯（1/2條）融化的奶油

瀝出通心粉，混上：

7顆大型雞蛋，打散、1又3/4杯牛奶
（1杯剁碎的西芹）
（1/2杯切片去核的黑橄欖）
（1/3杯切碎的烤紅甜椒，或柿子椒）
（1/3杯切碎的青甜椒）
3大匙切細碎的洋蔥、1小匙鹽
1/2小匙白胡椒或黑胡椒，或自行酌量
再拌入剩下的起司屑和麵包屑。將混合物平均分到兩只烤盤內，覆蓋上麵包屑混物。烤約25分鐘，或烤到雞蛋混合物凝固而且表面呈金黃色。

緞帶麵佐新鮮辛香草（Fettuccine with Fresh Herbs）（8份前菜或4份主菜）

在裝有滾沸鹽水的一口大鍋裡煮：
1磅緞帶麵或義式刀切麵
煮麵的同時，用：
1瓣蒜仁，切半
搓磨一口溫熱過的上菜碗內緣，在這口碗裡混合：
3至4大匙特級初榨橄欖油
1杯裝得鬆鬆的羅勒，剁碎
1杯切碎的蝦夷蔥或切碎的蔥綠
1/4杯奧瑞岡或馬鬱蘭葉片，剁碎
1杯帕馬森起司屑（4盎司）
鹽和黑胡椒，適量
瀝出緞帶麵，保留1/2杯煮麵水。將麵和辛香草混料拌合，視需要加預留的煮麵水。

雙色麵（Straw and Hay〔paglia e fieno〕）（8人份前菜或4人份主菜）

這道可以快速煮好的奢華麵食，混合了綠色的菠菜緞帶麵和金黃色的蛋黃緞帶麵。
在裝有滾沸鹽水的一口大鍋裡煮：
8盎司菠菜緞帶麵、8盎司雞蛋緞帶麵
煮麵的同時，在一口大的平底鍋裡以中火融化：
1大匙奶油
放入：4盎司義式火腿，切碎
煎1分鐘，倒入：1杯濃的鮮奶油
煮滾，滾2分鐘。拌入：
1杯新鮮或冷凍的小豌豆
續煮2分鐘，加：
鹽和黑胡椒，適量
調味。熄火，瀝出緞帶麵，加進平底鍋裡，連同：
1杯帕瑪森起司屑（4盎司）
拌勻。

春蔬義大利麵（Pasta Primavera）（8人份前菜或4人份主菜）

任何當令蔬菜都可以加進去——確認全都切得大小一致。試著加甜豆、朝鮮薊、四季豆、青蔥或櫛瓜看看。在一口大鍋裡將：
4至6夸特水、2大匙鹽
煮至大滾，放入：
6根蘆筍，修切過，莖梗切丁，筍尖保持完整
1小束青花菜，切成小朵，莖梗留待他用
煮1分鐘。用篩網撈出青菜，放冷水下沖洗，止住烹煮過程。煮菜水保持溫熱。
在一口大的平底鍋裡以中火加熱：
2大匙橄欖油、3大匙奶油
油熱後下：
1顆大型洋蔥，切細碎
2根中型胡蘿蔔，切細碎
拌炒到軟身，約5分鐘。再下氽燙過的蘆筍和青花菜，連同：
3/4杯新鮮的或退冰的冷凍豌豆
鹽和黑胡椒，適量

拌炒到所有蔬菜都變軟。與此同時，把煮菜水重新煮開，丟入：
1磅鮮製或乾燥的緞帶麵或義式刀切麵
煮到軟身而依然韌口。趁麵在鍋裡煮之際，將：1杯濃的鮮奶油
加進蔬菜料裡，以文火煨煮至稍微收汁。瀝出義大利麵，加到蔬菜醬料裡，連同：
12片羅勒，剁碎
1/2杯帕馬森起司屑（2盎司）
轉小火來翻鍋，好讓醬料裹覆麵條。趁熱享用。

阿佛列多緞帶麵（Fettuccine Alfredo）（8人份前菜或4人份主菜）

在裝有滾沸鹽水的大鍋裡煮：
1磅緞帶麵或義式刀切麵
就在麵快煮好時，在一口大的平底鍋裡以中火融化：
1/2杯（1條）奶油
將麵瀝出，加到平底鍋裡，連同：
1杯濃的鮮奶油、1杯帕瑪森起司屑
鹽和黑胡椒，適量
轉小火翻鍋，直到麵充分裹覆著奶醬。

緞帶麵佐鮭魚和蘆筍（Fettuccine with Salmon and Asparagus）（8人份前菜或4人份主菜）

用綠色的菠菜緞帶麵來做，格外吸睛。
在一口大鍋裡將：
4至6夸特水、2大匙鹽
煮沸，丟入：
1磅蘆筍，粗硬末端修切掉，並切成1吋小段
煮到軟而結實，1至4分鐘，端看厚度而定。用篩網撈出蘆筍，放冷水下沖，止住烹煮過程。將：
1磅菠菜緞帶麵
丟入同一鍋滾水裡，煮到軟身但依然韌口。煮麵的同時，在一口大的平底鍋裡以中火融化：
3大匙奶油
接著蘆筍段下鍋，翻炒到裹上奶油，約1分鐘。拌入：
1杯濃的鮮奶油、1顆檸檬的皮絲屑
加熱至熱透。瀝出緞帶麵，加進平底鍋裡，連同：
4盎司煙燻鮭魚，切薄片，或煮熟的新鮮鮭魚，切成小塊
1/4杯切碎的蝦夷蔥
1/4杯切碎的荷蘭芹
（2至3大匙酸豆，瀝乾）
鹽和黑胡椒，適量
翻鍋拌勻，趁熱享用。

圓直麵拌香蒜橄欖油（Spaghetti with Garlic and Oil〔Aglio e Olio〕）（8人份前菜或4人份主菜）

大蒜拌油這簡單的醬料，是享用優質的圓直麵或其他細麵條最純粹的方式之一。在裝有滾沸鹽水的大鍋裡煮：
1磅圓直麵或細扁麵
煮麵的同時，取一口大的平底鍋，以中火加熱：
3大匙橄欖油
油熱後下：
3瓣蒜仁，切薄片、（1根紅辣椒）
拌炒到蒜片成淡金黃色，約2分鐘。撈除辣椒丟棄，如果有加的話。瀝出圓直麵，預留1/2杯煮麵水備用。將熱騰騰的麵和煮麵水加到香蒜油裡，翻鍋拌勻。加：
鹽和黑胡椒調味。

細扁麵佐蛤蜊白醬（Linguine with White Clam Sauce）（8人份前菜或4人份主菜）

如果你想用罐頭蛤蜊，加4罐6又1/2盎司蛤蜊罐頭，連汁一起加到熟義大利麵裡。在一口大鍋裡以中大火加熱：

1大匙橄欖油

油熱後放入：

1小顆洋蔥，切碎、1瓣蒜仁，切片

1/2小匙乾的奧瑞岡

3大匙切碎的荷蘭芹

（1撮壓碎的紅椒片）

拌炒至洋蔥軟身，約3至5分鐘。轉成大火，再放：

4磅小蛤蜊（例如小頸蛤），刷洗乾淨

1杯不甜的白酒

上鍋蓋煮到蛤蜊開殼。撈出蛤蜊，沒開殼的蛤蜊丟棄不用；把鍋裡湯汁倒到一口碗裡。就著一口碗把蛤肉從殼裡取出，讓蛤汁滴淌到碗裡*，12頁；如果蛤肉帶沙，把蛤肉浸到蛤汁裡漂洗一下。取出的蛤肉放在一口小碗裡，蛤汁加到湯汁裡，一併過濾後保留備用。在一口大型平底鍋裡加熱：

2大匙橄欖油

油熱後放入：

1大瓣蒜仁，切末、1/4杯切碎的荷蘭芹

拌炒幾分鐘。倒入湯汁，熬煮至剩大約1杯的量。與此同時，在一大鍋煮開的鹽水裡投入：

1磅的細扁麵或圓直麵

把蛤肉及其釋出的汁液倒入湯汁裡，再把：2大匙冷奶油

攪打進去，接著拌入煮好瀝出的麵，翻鍋拌勻。加：

鹽和黑胡椒，自行酌量

即可起鍋。

細扁麵佐蛤蜊紅醬（Linguine with Red Clam Sauce）

按照細扁麵佐蛤蜊白醬，如上的做法進行，煮到蒜末和荷蘭芹下油鍋。一等蒜末幾乎要上色，下1杯濾過的整顆番茄，切碎的，熬煮3分鐘，要拌一拌。藉著繼續按照其餘的步驟進行。

筆尖麵佐伏特加醬（Penne with Vodka Sauce）（8人份前菜或4人份主菜）

在一口大型平底鍋裡以中火加熱：

3大匙奶油或橄欖油

油熱後放入：

1顆洋蔥，切細碎

拌炒至軟身，約5分鐘，再下：

2大瓣蒜仁，切細末

拌一拌，煎到開始上色，約1分鐘，拌入：

1罐28盎司整顆的李子番茄，濾乾後切碎

1/4杯伏特加

1/4小匙壓碎的紅椒片

小滾10分鐘。接著拌入：

1/2杯濃的鮮奶油

煮到熱透。與此同時，在一大鍋煮開的鹽水裡投入：

1磅筆尖麵

同時把：

（12片羅勒葉，切碎）

鹽和黑胡椒，自行酌量

拌入醬汁裡。把麵瀝出，加到醬汁裡，連同：

（1/2杯帕瑪森起司屑）

翻鍋拌勻。

義式刀切麵拌青蔬（Tagliatelle with Wilted Greens）（8人份前菜或4人份主菜）

可以按照個人口味，多加一點或少加一點辣椒，來調整辣度。

在一大鍋煮開的鹽水裡投入：

1磅的義式刀切麵或緞帶麵

煮麵的同時，在一口大型平底鍋裡以中火加熱：

3大匙橄欖油

油熱後下：

1/4杯切末的洋蔥、4瓣蒜仁，切碎

1至3根辣椒，去籽切碎

拌炒一下，煎至幾乎呈焦黃色。把火轉大，放入：

3大把芝麻菜或酸嗆的綜合沙拉菜葉

鹽和黑胡椒，自行酌量

拌炒一下，煮至菜葉萎軟。把麵瀝出，和葉菜拌勻，連同：

1/2杯羅馬諾起司屑或捏碎的新鮮山羊起司

香濃義大利麵佐菾菜和番茄（Creamy Pasta with Chard and Tomatoes）（4人份前菜或配菜）

在一口大型醬汁鍋裡以中大火加熱：

1大匙橄欖油

油熱後放：

1/4杯切碎的洋蔥、2瓣蒜仁，切末

1/4至1/2小匙壓碎的紅椒片

偶爾拌一拌，煎至軟身而金黃，2至3分鐘，再放：

2大顆熟成番茄，去皮，517頁，切碎，或1杯切碎瀝乾的罐頭番茄

偶爾拌一拌，煮至大部分的汁液都蒸發了，約5分鐘。再放：

1磅菾菜，修切後橫切成1/2吋條狀

拌煮至菜葉萎軟，約2分鐘。接著加：

3/4杯濃的鮮奶油

鹽和黑胡椒，自行酌量

煮2分鐘，或煮至冒泡。鍋子離火。與此同時，在一大鍋煮開的鹽水裡投入：

8盎司鮮作或乾燥的緞帶麵或雞蛋麵

麵煮好瀝出後，加到醬汁裡，翻鍋拌勻。最後拌入：

3/4杯帕瑪森起司屑（3盎司）

義大利麵豆豆湯（Pasta and Beans〔Pasta e Fagioli〕）（8人份前菜或4人份主菜）

這個做法的義大利麵豆豆湯比較像濃稠的燉菜，而不像湯。如果你喜歡稀一點，加多一點高湯、肉湯甚或水。在一口大的醬汁鍋裡以中火加熱：

2大匙特級初榨橄欖油

油熱後下：

1顆中型洋蔥，切細碎

1根胡蘿蔔，切細碎

1枝帶葉西芹梗，切細碎

2大匙荷蘭芹末

拌炒到洋蔥呈金黃色，約5分鐘。拌入：

2大瓣蒜仁，切末

煮1分鐘，接著再下：

2罐15又1/2盎司義大利白腰豆、大北豆或花豆，沖洗並瀝乾

用鏟背把部分的豆子壓成泥。再加：

2杯雞高湯或肉湯，或自選高湯

煮到微滾，蓋上鍋蓋但留個小縫，把火轉小，煨煮5分鐘。然後拌入：

1杯彎曲通心粉、鹽，適量

煮到通心粉軟身，約15分鐘。需要的話，加額外的高湯或水稀釋醬汁。加：黑胡椒調味。起鍋前，拌入：

1/4杯羅馬諾起司屑（2盎司）

舀到碗裡即可上桌。在席間傳遞：

額外的起司屑

起司培根蛋圓直麵（Spaghetti Carbonara）（8人份前菜或4人份主菜）

在裝有滾沸鹽水的大鍋裡煮：

1磅圓直麵或細扁麵

煮麵的同時，在一口小的平底鍋裡乾煎：

6片培根，切碎

偶爾翻炒一下，煎到培根酥脆。接著非常小心地加：

1/3杯不甜的白酒

煮到白酒全數蒸發。將：

3顆大型雞蛋、鹽和黑胡椒，適量

2/3杯帕瑪森起司屑和羅馬諾起司屑的混合（3盎司）

打散。將麵瀝乾，再放回熱鍋裡，馬上把起司蛋混料和熱培根及油脂加進去，攪拌攪拌，讓麵徹底裹上醬料；麵的熱力會把蛋液煮熟。

貓耳朵麵佐香腸和球花甘藍（Orecchiette with Sausage and Broccoli Rabe）（8人份前菜或4人份主菜）

在一口大的平底鍋裡以中火加熱：

1/4杯橄欖油

將：4根新鮮的義大利香腸（約1磅）

剝除腸衣，放入鍋中，用鏟子把香腸肉攪散，煎到呈漂亮的焦黃色，約5分鐘。拌入：

3瓣大顆的蒜仁，切末

1/4小匙壓碎的紅椒碎片

炒1分鐘。拌入：

1大把球花甘藍，修切並粗略切碎，或1至1又1/2磅青花菜，修切，莖梗去皮，粗略切碎、鹽和黑胡椒，適量

加蓋煮到剛好軟身，約5分鐘。與此同時，在裝有滾沸鹽水的大鍋裡煮：

1磅貓耳朵麵或扭指麵

將麵瀝出，加到平底鍋裡，以小火翻鍋拌勻。起鍋後撒上：

羅馬諾起司屑

特寬麵佐燒烤番茄醬（Pappardelle with Grilled Tomato Sauce）（4至6人份主菜或8至10人份）

準備：

燒烤番茄醬*，311頁

與此同時，在裝有滾沸鹽水的大鍋裡煮：1磅特寬麵

麵煮好後瀝出，拌上醬料，加：

鹽和黑胡椒

調味。撒上：

羅馬諾起司屑或帕瑪森起司屑

奶油雞蛋麵（Buttered Egg Noodles）（6至8人份配菜）

在裝有滾沸鹽水的大鍋裡煮：

1磅雞蛋麵

麵煮好後瀝乾，放回鍋裡，加：

1/2杯（1條）融化的奶油

鹽和黑胡椒，適量

翻鍋拌勻。

罌粟籽麵（Poppy Seed Noodles）

準備奶油雞蛋麵，如上。拌上2大匙罌粟籽，或自行酌量，以及（1小匙糖），連同鹽和胡椒。

雞蛋麵佐榛果奶油和堅果（Egg Noodles with Brown Butter and Nuts）（6至8人份配菜）

在一口小鍋裡以中火加熱：

1/2杯（1條）奶油

直到奶油金黃焦香，接著放入下列之一或全數：

1/3杯剁碎的烤堅果，譬如腰果、花生、胡桃、杏仁、松子或核桃

1小匙大蒜末

3大匙切碎的新鮮辛香草或1小匙乾的辛香草，譬如百里香、羅勒、蝦夷蔥、荷蘭芹、奧瑞岡和或龍蒿

1顆小的檸檬的皮屑

與此同時，在裝有滾沸鹽水的大鍋裡煮：

1磅雞蛋麵

麵煮好後瀝出，拌上醬料，加：

鹽和黑胡椒

調味。

雞蛋麵拌大蒜和麵包屑（Egg Noodles with Garlic and Bread Crumbs）（6至8人份配菜）

在裝有滾沸鹽水的大鍋裡煮：

1磅雞蛋麵

煮麵的同時，取一口中型平底鍋，融化：

1/4至1/2杯（1/2至1條）奶油

煮至冒泡的情況消失。加：

1杯乾的麵包屑、1至2瓣蒜仁，切末

拌炒到麵包屑開始焦黃，接著拌入：

1大匙切碎的荷蘭芹

麵煮好後瀝出，拌上麵包屑混料，加：

鹽和黑胡椒調味即成。

雞蛋麵佐鄉村起司（Egg Noodles with Cottage Cheese）（6至8人份配菜）

在一大鍋燒開的鹽水裡煮：

1磅雞蛋麵

麵煮好後瀝乾再放回鍋裡，加：

1/2杯（1條）融化的奶油

2杯（16盎司）鄉村起司

鹽和黑胡椒，適量

以小火加熱到熱透，起鍋後撒上：

（壓碎的酥脆培根）

荷蘭芹末或蒔蘿末

雞蛋麵佐酸奶和蝦夷蔥（Egg Noodles with Sour Cream and Chives）（6至8人份配菜）

在一口中型醬汁鍋裡以中小火融化：

1/2杯（1條）奶油

接著放入：

8盎司酸奶或原味優格、1/4杯洋蔥末

2大匙切細碎的蝦夷蔥

2大匙切碎的荷蘭芹、1瓣蒜仁，切末

偶爾拌一拌，煮約5分鐘；別煮沸。

與此同時，在一大鍋燒開的鹽水裡煮：

1磅雞蛋麵

麵煮好後瀝出，和醬料拌勻，加：

鹽和黑胡椒調味。

| 關於亞洲麵食 |

在超過兩千年的製麵歷史裡，中國、日本、泰國、越南和其他亞洲國家的廚子想出了千變萬化的美妙麵食。在今天，這些麵食當中的一些——炒麵、麻醬麵、泰式炒河粉和拉麵——成了美國人的最愛。

亞洲麵食的最佳分類法，就是以麵粉或澱粉的類型來分。➡當你要找替代品時，挑選同一澱粉類的準沒錯。最常見的亞洲麵食是用小麥或米製成的；有一些則是用綠豆澱粉或蕎麥做的。

亞洲人偏愛沒有裁切的長麵條，尤其是在慶生的時候吃，因為它象徵長壽。在亞洲，吃麵可能是很吵雜的一件事，吃麵吃得唏哩呼嚕不會被看成不禮貌的行徑。亞洲麵下鍋煮軟時，煮麵水不加鹽。➡在鍋炒、鍋煎或加進湯裡之前，煮好的麵會先沖冷水，再拌點油以免黏成一團。

中式雞蛋麵：中式雞蛋麵是用小麥粉和蛋製成的。上好的雞蛋麵呈淡黃色（呈現不自然的鮮黃色代表加了色素）。中式雞蛋麵普遍被稱為「麵」，一般的麵，約八分之一吋厚，和圓直麵很像，多用來炒麵（一如拉麵）、鍋煎或做成涼麵。雞蛋麵也有細的和特細的，多用來做湯麵。像緞帶麵一般扁平的麵，用來做炒麵或加澆頭的燴麵最棒。

乾米粉：用糯米粉加水製成的，是全亞洲最熱門的麵之一。以兩種基本的型態販售——粿條/河粉和米粉。細而扁的透明粿條/河粉最常用來做泰式炒河粉和其他鍋炒料理和湯麵。纖細的米粉用來做湯麵、沙拉和炒米粉。

日本蕎麥麵：風行於日本北部，這些褐色的乾細麵是用小麥粉和蕎麥粉製成的。蕎麥麵很昂貴，但是它略帶堅果味的迷人滋味（在某些食譜裡可以用烏龍麵或中式全麥麵來替代），說實在的無可取代。蕎麥麵往往自成一道主食，傳統上會裝在方形木質便當盒裡冷食，附有由鰹魚高湯（日式昆布高湯），207頁，加醬油和味霖做成的沾醬。

日本烏龍麵：長而圓滾滾的白麵條，由小麥粉、水、鹽和水製成的。烏龍麵有扁身也有圓身，有風乾和鮮作的。通常作成湯麵，而且會灑上蔥花和七味粉（shichimi）☆，見「了解你的食材」。這些厚實的麵做燉菜或陶盅料理也很棒。

雞肉炒拉麵（Chicken Lo Mein）（4至6人份前菜或3人份主菜）

傳統上用的是新鮮中式雞蛋麵，但任何狀似圓直麵的麵都適合。而且幾乎任何肉類和蔬菜的組合都可以加進來。

在一口中型碗裡攪勻：

1小匙玉米粉、1/2小匙鹽、1小匙麻油

將：

1磅去骨去皮雞胸肉（約6盎司）

逆紋切薄片（如果雞肉仍部分冷凍，切起來會更輕鬆）。片好的雞肉放到玉米粉混料裡拌抓一下，醃個10至20分鐘。在一口小碗裡攪勻：
1/4杯雞高湯或肉湯
2大匙蠔油、1大匙醬油、1又1/2小匙糖
在一鍋煮開的水裡把：
6盎司中式雞蛋麵或圓直麵
煮到剛好軟身。用瀝水籃瀝出麵，沖冷水讓麵冷卻。再次瀝乾，加：
1小匙麻油
充分拌勻。用大火將一口中式炒鍋或大型平底鍋熱鍋，鍋熱後倒進：
1/3杯花生油
旋鍋熱油，直至油很燙但不致冒煙。雞肉片下鍋，在熱油裡翻炒攪散，炒到呈白色。舀出雞肉放篩網或瀝水籃瀝油。
再次熱鍋，倒進：
3大匙花生油
旋鍋熱油，直到油很燙但不致冒煙。下：
4盎司小白菜，切成3吋小段（2又1/2杯）
1/4杯罐頭竹筍，清洗、瀝乾並切片
3根青蔥，切成2吋蔥段
1/4杯切片的蘑菇
1小匙蒜末
翻炒到蔬菜充分裹著油，約45秒。沿著鍋緣倒進高湯混液；拌炒一下，加蓋蒸煮蔬菜1分鐘。掀開鍋蓋，將麵條和雞肉加進去，再翻炒約30秒。下：
（1/4杯豆芽）
拌炒約30秒，起鍋享用。

乾炒牛河（Beef Chow Fun）（4人份主菜）

炒河粉通常是指鍋炒寬河粉，是麵館裡一定會有的菜色。
將：
8盎司1/2吋寬的乾河粉
泡熱水，水要淹過表面，泡到軟身，約10分鐘。
在一口中型碗裡攪勻：
2小匙醬油、1小匙玉米粉
拌入：1小匙麻油
將：8盎司腹脅牛排
逆紋切薄片（若是部分冷凍，切起來會更容易），放到醬油混料裡抓拌一下，醃個20至30分鐘。
在一口小碗裡攪勻：
1/2杯雞高湯或肉湯、1/4杯蠔油
2大匙紹興酒或不甜的白酒
2大匙醬油、2小匙糖
在一只杯裡攪勻：
2小匙玉米粉、2大匙冷水
將河粉充分瀝乾。以大火熱一口中式炒鍋或大型平底鍋，鍋熱後倒進：
1/4杯花生油
旋鍋熱油，直到油很燙但不致冒煙。河粉下鍋，偶爾翻炒一下，等到表面稍微炒黃便盛到盤子裡，倒棄鍋裡的油。再次熱鍋，倒入：
1/4杯花生油
旋鍋熱油，直到油很燙但不致冒煙。牛肉片下鍋過油，翻炒一下並攪散，約20秒。將牛肉倒到瀝水籃裡瀝油。再次熱鍋，鍋熱後倒進：
2大匙花生油
旋鍋直到油熱但未冒煙，放入：
2小匙豆豉，稍微壓成泥
2小匙蒜末、4小匙去皮生薑末
短暫拌炒一下，再下：
8盎司四季豆，修切並切成2吋小段
翻炒1分鐘，下：
3根紅辣椒（或1/2顆紅甜椒，若不想那麼辣），切細絲
1/2杯2吋蔥段
拌炒1分鐘。拌入高湯混液，翻炒至蔬菜裹著湯汁而且熱透。將牛肉和河粉倒回鍋裡，炒到充分混勻。再拌入勾芡料，

慢慢地倒進去，邊倒邊拌炒。持續拌炒到醬汁變稠而且麵條有光澤而發亮。拌入：

1小匙麻油

起鍋，盛到上菜盤裡，撒上：

1/4杯芫荽末

香辣花生麻醬麵（Spicy Peanut Sesame Noodles）（6至8人份前菜或4人份主菜）

呈室溫狀態享用，可當作開胃菜、午餐或輕食晚餐。柔軟麵條拌濃郁滑順又香辣的醬，再加上小黃瓜的爽脆，美味無比。因為可以預先做好，這道麵是絕佳的派對菜餚或百樂餐食物。

在食物調理機裡混合並打勻：

1杯無鹽花生醬

1/4杯米酒醋或白酒醋

2大匙生抽、1小匙老抽

1瓣蒜仁，切碎

1至3根塞拉諾辣椒或其他辣椒，去籽切碎

1又1/2大匙糖或蜂蜜

1小匙鹽、1/4杯麻油、1大匙辣油

1/2杯鮮泡紅茶

醬料密封冷藏可以放1或2天。使用之前要先回溫並攪勻。

在一大鍋燒開的滾水裡煮：

1磅中式雞蛋麵或圓直麵

煮到軟身。煮好後用瀝水籃瀝乾並沖冷水讓麵冷卻。充分地拌上：

2小匙麻油

盛到上菜盤裡。加：

（1副無骨去皮雞胸肉，水煮過，放涼剝絲，或4杯煮熟雞肉絲）

再把醬料舀上去，輕輕拌一拌。或者把麵分裝到上菜盤，每一份淋上3至4大匙麻醬。點綴上：

去籽去皮小黃瓜絲、芫荽葉

無鹽花生粗粒

泰式炒河粉（Pad Thai）（8人份前菜或4人份主菜）

這道泰國特產有很多版本。你可以把蝦子換成等量雞肉薄片、豬肉薄片或龍蝦肉片。將：

6盎司河粉

泡熱水泡到軟，水要淹過表面，20至30分鐘。

瀝出，加蓋並置旁備用。在一口中型碗裡攪勻：

1小匙玉米粉、1小匙麻油

加：

8盎司大蝦，去殼去沙腸，縱切對半

進去，抓拌一下，醃15至20分鐘。在一口小碗裡攪勻：

2大匙泰國魚露（nam pla）、2大匙醬油

1/4杯新鮮萊姆汁或檸檬汁、3大匙糖

以大火將一口中式炒鍋或大型平底鍋熱鍋。倒進：

1大匙花生油

旋鍋熱油，直到油很燙但尚未冒煙，蝦子下鍋，翻炒30至45秒。將蝦子舀到瀝水籃瀝油。重新熱鍋，倒進：

2大匙花生油

短暫地旋盪鍋子，徐徐倒進：

3顆雞蛋，充分打散

使勁翻炒，直到凝結。將炒蛋倒到盤子裡。再度熱鍋，倒進：

2大匙花生油

旋鍋熱油，直到油很燙但不致冒煙，放入：

1/2杯切1又1/2吋蔥段（只取蔥白）

1至2根小的青辣椒，去籽切碎
1瓣小的蒜仁，切末
拌炒到蒜末略微焦黃。接著河粉下鍋炒，炒到充分裹上油料。續加魚露混料再炒勻，接著再下蝦子和炒蛋，再拌勻。然後依序拌入：
1/2杯新鮮豆芽、1/3杯烤花生，粗切
1/4杯羅勒葉，切絲、1/4杯芫荽葉
（2小匙乾蝦米，磨成細粉）
1/2小匙壓碎的紅椒碎片
點綴上：萊姆角

香辣四川麵（Spicy Szechuan Noodles）（8人份前菜或4人份主菜）

四川風味的豬肉拌麵，摻了大量生薑、大蒜和辣椒。
在一口小盆裡充分攪勻：
1/2杯雞高湯或肉湯、1大匙醬油
2大匙中式豆鼓醬、2小匙糖
以大火將中式炒鍋或大型平底鍋熱鍋。鍋熱後，倒進：
2大匙花生油
旋鍋熱油，直到油很燙但不致冒煙。放入：
2大匙去皮生薑末、1大匙蒜末
1至2大匙粗切辣椒
1/4杯粗切的罐頭竹筍
短暫拌炒一下，炒到蒜末略微焦黃。下：
1磅豬絞肉
翻炒將肉攪散，炒到豬肉粒粒分明，不再呈粉紅色但也不致焦黃。炒肉的同時，在一大鍋燒開的滾水裡煮：
1磅中式雞蛋麵或圓直麵
煮到軟身。將高湯混液倒到豬肉末裡，攪勻並煮1至2分鐘。放入：
1/2杯2吋蔥段
短暫拌炒一下。鍋子離火。瀝出麵條，盛到一口大碗裡，將醬料澆到麵條上。加：
1/2小匙麻油
調味，拌勻。點綴上：
1/4杯蔥花

日式湯麵（Japanese Noodels in Broth）（4至6人份）

很簡樸的一道麵食——剛煮好的麵條加到醇厚的湯汁裡，灑一點蔥花和香料就成了。先把麵煮好，然後再放入滾水裡重新加熱，這樣麵放到湯裡之後，保證不會變得軟糊。傳統上日式湯麵會撒上七味粉，日本超市都買得到。
在一口大鍋裡以大火把：
8杯雞高湯或肉湯、1/4杯醬油
2大匙糖、1大匙鹽
煮沸。另取一口大鍋，將清水燒開，丟入：
1磅乾的烏龍麵
煮至軟身。瀝出後分裝至個別的湯碗裡，撒上：
2杯2吋蔥段
舀1又1/2至2杯調味好的湯汁到個別的碗裡，再撒上：
七味粉☆，見「了解你的食材」，或五香粉☆，見「了解你的食材」

日式鰹魚昆布湯麵（Japanese Noodles in Dashi）（4至6人份）

按照日式湯麵，如上的做法來做，把雞高湯換成8杯鰹魚昆布湯，207頁，5大匙醬油、2大匙糖，以及2大匙味霖。

月見麵（Moon-Viewing Noodles）（4至6人份）

傳統上是九月頭一次月圓時吃的麵。按照日式湯麵，如上的做法來做，在每一碗麵加1顆水波蛋，328頁，（總共4至6顆蛋）。

蕎麥涼麵（Cold Soba Noodles）（4人份）

蕎麥麵的經典吃法——冰涼著吃，但佐上香辣的熱佐料，創造出迷人的對比。

在一口中型醬汁鍋裡混合：

2又1/2杯鰹魚昆布高湯，207頁

1/2杯外加2大匙醬油

1/4杯味霖、1小匙糖

開中火煮到微滾，拌入：

3杯柴魚片

鍋子離火。等柴魚片潤濕，約需15秒，瀝出高湯，放涼至室溫（這沾醬若密封冷藏，可以放上24小時）。用剪刀將：

1張海苔

剪成細絲。

在一只盤子上鋪排：

2大匙山葵泥

1/2杯蔥花

1/3杯白蘿蔔泥

將一大鍋清水燒開，把：

8盎司蕎麥麵

煮到差不多軟身。煮好後用瀝水籃把麵瀝出，放冷水下沖涼，用手撥一撥麵條讓它徹底沖水。把麵條分裝四碗。每一碗撒上海苔絲。沾醬也分裝到四口小碗裡，放在每碗麵旁邊。把盛著山葵泥的盤子置於食客方便取用之處。

香辣蕎麥麵（Spicy Soba Noodles）（6至8人份）

將煮熟的蕎麥麵與鮮製的辛香草泥或淋醬拌勻。

在一口大碗裡充分攪勻：

1/2杯醬油

3又1/2大匙味霖或清酒

3大匙中式烏醋或烏斯特黑醋醬

2又1/2大匙糖

1大匙紅花油（safflower oil）或玉米油

加進：

1副無骨去皮雞胸肉，水煮過放涼並剝成絲

6盎司雪豆，修剪並焯燙過

1顆紅甜椒，切成2吋長細條

1顆黃甜椒，切成2吋長細條

充分抓醃。在一具食物調理機或攪拌機裡放：

4至6顆蒜瓣，去皮

2顆墨西哥青辣椒，去籽並粗切

1杯芫荽葉

1/2杯荷蘭芹葉

1大匙麻油

打成細蓉狀。

將一大鍋無鹽清水煮開，放入：

12盎司蕎麥麵

煮到軟身。煮好後麵用瀝水籃瀝出，放冷水下沖涼，然後充分瀝乾，倒進一口大碗裡。將蒜蓉混料加到麵裡，拋翻一下，讓麵充分裹上醬料。將雞絲和蔬菜料拌一拌，美美地鋪在麵條上。

| 關於麵團子 |

麵團子配上燉菜或湯品，是寒冬裡讓人感到溫馨慰藉的料理之一。麵團子輕盈鼓膨，和比司吉或蛋糕很類似。可以放在燉菜、鍋派或砂鍋上面煮，直接從鍋裡或菜餚裡取用。讓麵團子輕盈鼓膨的祕訣，是把它們放在➡將滾未滾的液體上蒸，➡蒸煮麵團子的高湯、肉湯、肉汁或水的溫度務必不能超過沸點，不然麵團子會濕糊，甚而潰不成形。

大部分的麵團子都是用雞蛋來黏合，雞蛋裡的蛋白質絕不能被加熱過度而變硬。用寬大的鍋具裝大量的液體來煮，讓每一個麵團子有伸展的空間。➡千萬不要讓鍋裡擁擠。片刻之後麵團子就會浮在液體中，➡蓋上鍋蓋留住蒸氣，而且➡麵團子煮好之前不要掀蓋。所以如果你用的是附有密合耐熱玻璃蓋的鍋具會輕鬆很多，你可以看到麵團子變得膨脹。當麵團子看起來鼓膨，你可以用測試蛋糕的方式來測試它煮好了沒，把一支木牙籤戳進麵團子，抽出後若木籤乾乾淨淨沒有沾黏，就是煮好了。一煮好就馬上享用，否則麵團子會變得笨重。一些配料搭配麵團子很對味，包括荷蘭芹和其他辛香草，起司或洋蔥屑。

歐洲的麵團子，譬如德式麵疙瘩，或義式麵疙瘩，在滋味和口感上很像鮮作的義大利麵。這類麵團子通常會用高湯或水煨煮，然後再拌上奶油或醬料。麵團子浮上液面約一分鐘，或者變軟而熟透，就是煮好了。你通常可以預先煮好麵團子。為了避免麵團子變得軟黏，➡充分瀝乾，稍微拌上油或融化的奶油，平鋪一層存放，加蓋冷藏可以放上兩天。

麵團子（Dumplings）（2杯）

攪勻：
1杯低筋麵粉、2小匙發粉、1/2小匙鹽
在1杯容量的量杯裡打入：
1顆雞蛋
然後倒入：牛奶
直到半滿，接著充分打散，再把混液徐徐拌入乾粉裡。需要的話可以多加點牛奶，但麵糊要盡量乾硬。你可以加：
（1/4杯剁細的荷蘭芹，或1大匙新鮮的辛香草末，或1/2小匙洋蔥屑）
進去。
在一口大的醬汁鍋裡將：
2或3杯高湯或肉湯
煮滾，要讓麵糊從湯匙上輕易地落入高湯裡，先讓湯匙在高湯裡浸一下；接著舀取滿滿一匙麵糊，把它抖落在高湯裡。持續這過程，等麵團子不會彼此沾黏，加蓋煨煮10分鐘。煮好要立即享用。

麵丸子「樂土」（Farina Balls Cockaigne）（6人份）

家母的最愛，幾經考驗之後，它依然在麵團子界奪下后冠。雖然通常被加到湯裡食用，也可以用高湯、肉湯或滾水煮熟後，再拌上肉汁來吃。又或者瀝乾，放在抹油的烤盤裡，覆蓋上1杯白醬I*，291頁，你也可以再加洋蔥汁和荷蘭芹或蝦夷蔥末，然後再撒上1/4杯帕瑪森起司屑，最上面再散布著奶油塊，送進180度烤箱烤15分鐘。
在一口中型醬汁鍋裡把：
2杯牛奶
煮滾，加進：
1/2杯麵粉（farina）、1大匙奶油
1/2小匙鹽、1/8小匙匈牙利紅椒粉
（1/8小匙肉豆蔻屑或粉）
拌一拌，煮至變稠，約5分鐘。鍋子離火，使勁地把：
2顆雞蛋，呈室溫
打進去，一次打一顆。鍋中物的溫度會讓蛋液變稠。用冷水沾濕雙手，一次將滿滿一小匙的麵糊捏成一小丸，丟入微滾的高湯裡，加蓋煮約2分鐘。

粗玉米粉團子（Cornmeal Dumplings）（4至6人份）

當我們在肯德基州的一個小鎮吃到雞肉佐麵團子——而那麵團子輕盈得像薊花冠毛——我們深信麵團子已經達到了極致。「噯，沒錯，」飯店老闆不耐地說：「我們家廚子喝醉，做出來的麵團子就是那樣。」
在一口寬大的醬汁鍋裡把：
5至6杯牛高湯或雞高湯或肉湯
煮至微滾。高湯加熱的同時，將：
3/4杯中筋麵粉、1/2杯粗玉米粉
2小匙發粉、1/2小匙鹽
一同篩入一口碗裡。用一根叉子或切拌器把：
1大匙冰冷奶油
切入粉料中拌合。打勻：
1顆大型雞蛋、1/3杯牛奶
拌入乾粉裡，直到拌勻。舀滿滿一小匙麵糊，輕輕甩落至微滾的高湯裡，蓋緊鍋蓋，煨煮約20分鐘。煮好後連高湯一起享用。

奶油麵團子（Butter Dumplings〔Butterklösse〕）（4人份）

在一口中型盆裡將：
2大匙軟化的奶油
打到柔滑。接著打入：
2顆大的雞蛋，輕輕打散，呈室溫
再拌入：
6大匙中筋麵粉、1/4小匙鹽
與此同時，在一口寬口醬汁鍋裡將：
5杯高湯、肉湯或湯
鹽和黑胡椒，適量
煮到微滾，用小茶匙舀麵糊，甩入微滾的高湯裡，加蓋煨煮，煮約8分鐘。

馬鈴薯麵團子（Potato dumplings〔Kartoffelklösse〕）（6至8人份）

這些麵團子輕盈軟綿，配紅燒肉和肉汁格外好吃。傳統上會配德式糖醋牛肉*，178頁。很多廚子喜歡在每一球麵團子上擺一小枝荷蘭芹。
用一大鍋滾水煮：
6顆中型烘烤用馬鈴薯，刷洗過
煮到軟身，瀝出、放涼、剝皮。放入馬鈴薯壓粒器壓成泥，或放入篩網中用一根湯匙的匙背擠壓過篩。加：
2顆大的雞蛋、1/2杯中筋麵粉
1又1/2小匙鹽
用一根叉子攪打至所有材料混勻而且蓬鬆。輕輕地將混合物捏成1吋小丸。用一口大鍋將：

4至6夸特水、2大匙鹽
煮到微滾，將小麵丸丟入滾水裡煮約10分鐘。瀝出麵丸子。攪勻：
1/2杯（1條）融化的奶油，或1/2杯熱的培根油
1杯乾的麵包屑
將之撒到麵丸子上即可享用。

馬鈴薯麵疙瘩（Potato Gnocchi）（約200顆麵疙瘩；18人份前菜或10人份主菜）

這裡呈現的是創意巧思的極致——輕盈又渾實可口，和其他味道都合得來，很值得你花功夫去做。傳統上會用煮義大利麵的方式來烹煮和拌醬，當作前菜或主餐。
烤箱轉200度預熱。將：
2磅萬用或水煮用馬鈴薯
刷洗乾淨。用叉子在馬鈴薯表皮十多處戳洞，直接放在烤箱架上烤，烤到用叉子可以輕易戳進去的地步，約1小時。趁馬鈴薯還很燙，縱切剖半，挖出薯肉，放入馬鈴薯壓粒器壓成泥，或放入篩網中用一根湯匙的匙背擠壓過篩。應該約有扎扎實實2又2/3杯的薯泥。將薯泥盛到碗裡，加：
1又1/3杯中筋麵粉
1小匙鹽
1/4小匙肉豆蔻屑或粉
使勁攪打，然後倒到一個案板上，揉至麵團光滑勻稱。將裝在一口大鍋內的3至4吋高的鹽水煮至微滾。備妥：
3大匙融化的奶油，或橄欖油
將大約2大匙的麵團擀成3/4吋厚的圓柱狀，切成3/4吋小丸。讓每一小丸的底面抵著叉子齒尖，手指使點力往下按壓，讓底面被壓出溝槽，同時表面也被指腹壓出小凹陷。丟幾顆到滾水裡，測試看看麵丸耐不耐得了滾水煮，煮到麵丸浮起來，約2分鐘。麵丸子應該要保持穩固的形狀，而且咬起來有嚼勁。假使麵丸子太軟，或者在滾水裡潰散，那麼將：
（至多3大匙中筋麵粉）
（些許打散的雞蛋）
揉進麵團裡。這兩者都有黏合的特性。再測試一次。等麵團揉到位了（水要保持滾燙），擀成三至四條3/4吋厚的繩索狀，每一條再切成3/4吋小塊。按上述方式用叉子將麵丸子塑形，塑形後放到稍微撒了麵粉的烘烤紙上。將水再煮開，三分之一至一半的麵疙瘩下鍋煮，不蓋鍋蓋，煮到麵疙瘩浮起來，然後用漏勺或撇渣具撈到一只寬口碗裡，淋一點融化的奶油到麵疙瘩上，翻拋拌勻。繼續把所有麵疙瘩煮好，趁熱享用，佐上：
額外的融化奶油加帕瑪森起屑，番茄醬或肉醬*，312頁，或松子青醬*，320頁
要預先做好麵疙瘩，將生的麵疙瘩排在稍微撒麵粉的烤盤上，覆蓋上保鮮膜，放冰箱冷藏，可放上12小時。若想放更久，將放烤盤上的麵疙瘩冷凍至變硬，然後裝到冷凍袋或冷凍盒裡，冷凍保存可放上1個月。不需退冰即可下鍋煮，煮的時間要多加1分鐘。

德式麵疙瘩（Spätzle）（4至5人份配菜）

這德式雞蛋麵團子往往配著匈牙利燉牛肉或燉菜吃，是格外受歡迎的人氣料理，僅次於烤仔牛肉。用牛奶而不是用水來做，麵團子的滋味更香醇，但也更濃稠。水煮過的德式麵疙瘩用抹了奶油的平底鍋煎到邊緣酥脆也非常美味。

在一口大碗裡混合：
1又1/2杯中筋麵粉、1/2小匙發粉
3/4小匙鹽
1小撮肉豆蔻屑或肉豆蔻粉
攪勻：
2顆大的雞蛋、1/2杯水或牛奶
倒到麵粉混料裡。用一根木匙充分打勻，打出滑滑黏黏的麵糊。取一口大的醬汁鍋，將：
6杯鹽水、雞高湯或雞肉湯
煮滾，用湯匙少量少量地舀取麵糊，彈入沸滾的湯水裡，或者將麵糊倒入德式麵疙瘩製具（spatzle machine）或瀝水籃，抹壓過篩，讓鼻涕似的小麵條，直接落入滾水中，在水裡膨脹成不規則形狀。一當德式麵疙瘩浮到液面就是煮好了。這麵疙瘩應該細緻輕盈，雖然略有嚼勁。假使最先煮的幾條吃起來渾稠厚實，多加一點水或牛奶到麵糊裡，再繼續製作。用濾網或漏勺把煮好的麵疙瘩撈出鍋。當作配菜吃，淋上：
融化的奶油或1/3杯炒黃的麵包屑
或者放到一口淺烤盤裡。炙烤爐預熱。在德式麵疙瘩上灑：
1/4杯味道溫和的起司屑
炙烤到起司融化，約1分鐘。

關於烘烤的義大利麵和麵食

你可以把煮熟的鮮作或乾燥義大利麵或者麵食拌上醬汁、肉類、蔬菜或起司，輕鬆地烤出一道焗盅料理。不妨嘗試諸如希臘式千層麵或庫格（kugel）一類的經典，或者發揮創意，加進一些你手邊有的剩菜或其他食材。這些菜餚趁熱吃或溫熱著吃很棒。假使預先組合好放冰箱冷藏，➡烘烤的時間至少要多加十五分鐘。如果焗盅表面很快就變焦黃，或者你希望口感濕潤些，➡用鋁箔紙罩住焗盅，全程罩住或部分時間罩住。烤好後靜置個十分鐘再上桌。烘烤加餡料的義大利麵，譬如千層麵或麵捲。

希臘式千層麵（Pastitsio）（8至12人份）

這道希臘風味的焗烤料理準備起來有點花時間，但可以分段來完成。事實上，預先組合好然後冷藏個一天再烤，滋味最棒。準備：
3又3/4杯白醬I*，291頁
在一口中型醬汁鍋裡以中火加熱：
1大匙橄欖油
油熱後放入：
1顆大型洋蔥，切碎
拌炒到開始軟身，約5分鐘，接著下：
1磅羔羊絞肉或牛絞肉
1又1/2小匙蒜末
翻炒翻炒，攪散肉末，炒到肉不再呈粉紅色。拌入：
1罐14又1/2盎司整顆番茄，粗略切碎，連汁一起加
1/2杯不甜的紅酒、1大匙番茄糊
1小匙肉桂粉、1小匙乾的奧瑞岡
1又1/2小匙鹽、1/2小匙黑胡椒
煨煮15至20分鐘，不蓋鍋蓋。稍微放涼，再拌入：
1/4杯荷蘭芹葉，切末

煨肉的同時，在一大鍋燒開的鹽水裡煮：
1磅彎曲通心粉、筆尖麵或其他的短管麵
在麵吃起來略嫌沒熟之際便瀝出，加：
1大匙橄欖油
拌一拌。混合麵和肉末醬料（麵料和白醬在組合之前分別加蓋冷藏可以放上2天）。烤箱轉190度預熱。將一口13×9×2吋的烤盤抹油。將麵料舀到烤盤裡。白醬倒到一口大盆裡，加：
4顆大的雞蛋，打散
1/2杯帕瑪森起司屑（2盎司）
1/2杯捏碎的菲塔起司
混勻，然後倒到麵上抹平。撒上：
1/2杯帕瑪森起司屑（2盎司）
烤到凝結定型而且呈金黃色，35至40分鐘。烤好後放涼10分鐘再切開。

蘑菇核桃庫格（Mushroom-Walnut Noodle Kugel）（10至12人份配菜）

這道庫格，或者說猶太烤麵布丁，佐上紅肉或禽肉可當配菜，也可以當作早午餐或午餐的主菜。如果你不想要表面酥脆，罩上鋁箔紙來烤。烤箱轉180度預熱。將一口13×9×2吋的烤盤抹油。在一口大的平底鍋裡以中大火加熱：
1/2杯蔬菜油
放入：**2顆中型洋蔥，切薄片**
拌炒到呈漂亮的金黃色，約10分鐘。用漏勺把洋蔥絲舀到碗裡。用鍋裡的油繼續煎：
1顆大型龍葵菇菇傘，切成1吋小塊
8盎司鈕釦菇，切片
鹽和黑胡椒，適量
拌炒到菇變焦黃，約10分鐘。整鍋置旁備用。煎炒菇的同時，在一大鍋燒開的鹽水裡煮：
12盎司雞蛋麵
煮好後瀝出，盛到碗裡，加進：
5顆雞蛋，充分打散
徹底攪勻，再拌入洋蔥絲和菇料，連同平底鍋裡的油也一併刮進去，外加：
3/4杯粗切的胡桃
把麵料倒到烤盤裡，烤到麵略微焦黃，約35分鐘。放涼10分鐘再上桌。

甜味庫格（Sweet Noodle Kugel）（12至14人份配菜）

庫格的一些變化菜色，是最傳統的猶太節慶餐食，相關的食譜多得數不清。這一道庫格吃熱的、溫的、冷的都很棒。烤箱轉165度預熱。將一口13×9×2吋的烤盤抹油。在一口大碗裡攪勻：
2杯酸奶、1磅鄉村起司
1磅放軟的奶油起司
3顆大的雞蛋
1/2杯糖、2小匙香草精
1小匙肉桂粉、1/2小匙鹽
在一大鍋燒開的鹽水裡煮：
1磅雞蛋麵
煮到略嫌沒熟，瀝出，加到起司混料裡，充分攪勻。接著倒到烤盤內，烤個1又1/2小時。烤的同時，在一口小碗裡，用叉子或你的手指攪勻：
1/2杯黑糖
1/2杯剁碎的胡桃
2大匙中筋麵粉
2小匙肉桂粉
2大匙放軟的奶油
撒到焗烤麵表面，續烤30分鐘。放涼10分鐘再上桌。

|關於加餡料的義大利麵|

包餡或層層夾上自製餡料的義大利麵或餃子，總是令人眼睛一亮，不管是佐上醬汁，或是加到香醇的湯裡。雖然做鑲餡義大利麵需要花一些功夫，但是比起市售現成的，它的好處在於，你可以用新鮮食材來做，餡料可以依照你的口味調味，而且你愛怎麼組搭就怎麼組搭，譬如鮮作的全麥義大利麵，539頁，包蘑菇餡，或菠菜義大利麵，539頁，包起司餡。

若要節省時間，買現成的鮮作義大利麵皮，回家自行裁切和包餡，這樣也幾近於自製的。大型的乾燥麵款，譬如龐大貝殼麵和袖管麵（manicotti），也可以做成絕佳的鑲餡麵食。

就大部分的情況來說，➡餡料和醬汁都可以在前一天備妥冷藏，直到你要開始包餡再取出。包餡的義大利麵通常和鮮奶油、白醬、奶油、肉類或茄汁醬很搭。根據你個人口味和其餘的菜單來搭配麵款和醬料。至於做成湯品，一口大小的小餛飩最理想。

|關於義大利麵的餡料|

義大利麵的餡料是由起司、蔬菜、紅肉或禽肉做成的。吃剩的紅燒料理或燉菜絞成碎末，加以調味，就是速成的義大利麵餡料。

要做包餡的義大利餃，➡一定要趁麵皮仍濕潤時包餡和塑形，因此最好是在擀麵皮之前就備妥餡料。這些餡料可以預先在至少二十四小時前做好。麵皮要擀得薄得可以透視你的手，擀好後要覆蓋上保鮮膜保濕。若要做方餃或義式小餛飩，假使麵皮有點乾，可能會不容易黏合。這時你可以用指尖沾水，沿著每張麵皮邊緣的半邊塗抹，再將麵皮對折壓合。

包了扎實肉餡或其他餡料的餃子基本上比較乾，可以放冰箱冷藏一夜，冷凍也可以保存一段時間。

水煮義式餃子（Boiled Stuffed Pasta）

用一口大鍋燒開：
4至6夸特水
2大匙鹽
水滾後下：
1磅鮮做或冷凍的義式餃子

小心別讓鍋裡太擁擠；需要的話分批煮。轉小火溫和地煨煮，不用加蓋。大部分的餃子熟了之後都會浮到水面。冷凍餃子需要多煮個一兩分鐘。

起司餡（Cheese Filling）（約2又1/4杯）

鮮作義式餃子的基本餡料，譬如方餃或小餛飩。用來做諸如袖管麵或大貝殼麵等乾的義大利麵的餡料也很棒。喜歡的話，加一些剁細的義式火腿進去。包這款餡的義大利麵搭配茄汁醬*，310-312頁、肉醬*，312-313頁、或簡單的奶油醬*，289頁，很對味。

在一口碗裡把：

15盎司瑞科塔起司

打到蓬鬆。接著打：

2顆大的雞蛋

一次打一顆。再加：

1大匙荷蘭芹末

1/2杯帕瑪森起司屑（2盎司）

鹽和黑胡椒，適量

蕈菇餡（Mushroom Filling）（約2又3/4杯）

加上白醬、茄汁醬、肉醬或奶油醬，可以包方餃、小餛飩或做千層麵。

沖洗：

滿滿1/3杯乾蕈菇，譬如牛肝菌

然後泡熱水，水要蓋過表面。

在一口大的平底鍋裡以中火加熱：

2大匙橄欖油

油熱後放入：

1顆中型洋蔥，切細碎

2片月桂葉

拌炒到洋蔥焦黃。將蕈菇從浸泡的水裡取出，保留泡菇水備用，蕈菇擠乾，剁碎。蕈菇碎粒加到平底鍋裡，連同：

12盎司任何一種新鮮蕈菇，粗切

翻炒一下，煮2分鐘。倒入：

1/3杯不甜的紅酒

2大匙番茄糊

2瓣蒜仁，切末

煮開，續煮到鍋液幾乎收乾。泡菇水用鋪了幾層濕紙巾的濾網濾入平底鍋內，再煮到全數蒸發。接著倒進：

1/2杯雞高湯或肉湯

加：

鹽和黑胡椒，適量

同樣將再鍋液收乾。鍋子離火，放涼；撈除月桂葉。拌入：

1/2至1杯帕瑪森起司屑（2至4盎司）

這餡料加蓋冷藏可以放上3天。

菠菜肉餡（Meat and Spinach Filling）（約2杯）

我們最喜歡用這餡料包方餃，包小餛飩也很棒。餃子可佐上奶油起司醬，波隆納肉醬*，313頁，或番茄醬*，310頁。

在一口盆裡混勻：

1/2杯熟菠菜泥

1杯熟的仔牛肉末或瘦豬肉末

2顆大的雞蛋

1/4杯新鮮麵包屑，稍微烤過

1/2杯羅馬諾起司屑或帕瑪森起司屑（2盎司）

1/2小匙乾的羅勒或馬鬱蘭

（1/2瓣蒜仁，切末）

2小匙切細碎的荷蘭芹

鹽和黑胡椒，適量

拌入：

足夠的高湯或肉湯、鮮奶油或肉汁，形成乾稠的糊狀。

雞肉起司餡（Chicken and Cheese Filling）（約4杯）

我們喜歡用這個餡來做麵捲。白醬I*，291頁，搭配這個餡料最對味。
在一口大的平底鍋裡融化：
2大匙奶油
接著放入：
1/2杯剁細的洋蔥、10盎司蕈菇，剁細
拌炒到稍微焦黃，再下：
10盎司新鮮菠菜，修切並清洗過，或冷凍菠菜，煮熟，瀝乾再擠得非常乾，切末
2杯熟雞肉末
1/4小匙肉豆蔻屑或肉豆蔻粉
鹽和黑胡椒，適量
拌煮約5分鐘。放涼，加：
1盒15盎司瑞科塔起司
2大匙帕瑪森起司屑
充分攪勻，再調整味道。

肉餡（Meat Filling）（約4杯）

用來包方餃、小餛飩或麵捲。你可以省略豬肉，多加6盎司禽肉進去。佐上白醬I*，291頁；辣味培根番茄醬*，311頁；番茄肉醬*，312頁；烤紅椒醬*，289頁。
在一口中型平底鍋裡以中大火加熱：
1至2大匙奶油或橄欖油
放入：
4至5盎司無骨去皮火雞胸肉或雞胸肉，切薄片
1條1吋厚的豬里肌排（8至9盎司），去骨、修切過、切薄片；或6至7盎司豬絞肉
2大匙切細的洋蔥
1/4小匙鹽
1/4小匙黑胡椒，或自行酌量
不時拌炒，炒到肉焦黃且熟透，4至5分鐘。拌入：
1/4杯不甜的白酒
煮滾，刮起鍋底的脆渣。鍋子離火，放涼。備妥：
1又1/2杯帕瑪森起司屑（6盎司）
將肉料刮入食物調理機內，加1杯起司屑連同：
4盎司摩塔德拉香腸或薩拉米香腸，切碎
3盎司義式火腿，切碎
1小撮肉荳蔻末
鹽和黑胡椒，適量
打到餡料細碎混勻，再拌入剩下的起司屑。嚐一嚐，調整味道；應該帶有肉豆蔻的香味。這餡料加蓋冷藏可以放上2天。

冬南瓜餡（Winter Squash Filling）（約1又3/4杯）

可以包方餃或小餛飩。佐上奶油醬*，302頁；或堅果醬，301頁。
烤箱轉190度預熱。在烤盤上鋪一層鋁箔紙。將：
1顆中型奶油瓜（1又1/2磅）
縱切對半。刨出籽和膜。將兩半置於烤盤內，切面朝上。烤1小時，或烤到刀子戳得進去的軟度。稍微放涼，然後刨出果肉。將瓜肉放進搗泥器或食物研磨器裡搗成泥，或用食物調理機打到滑順。你應該大約有1又1/2杯南瓜泥。加：
1/2杯帕瑪森起司屑（2盎司）
1/8小匙肉豆蔻屑或粉
鹽，適量
混勻。

方餃（Ravioli）（40顆）

備妥：

鮮作義大利麵皮，頁342，切成4吋寬長麵片

1又1/4杯餡料，頁337-339

在一張麵片的下半部，工整地放上一坨坨餡料，每一坨餡大約1/2小匙的量，相隔1吋寬。手指沾水，抹在每坨餡的四周。拉起沒放餡料的上半麵片蓋下來，仔細地讓每一坨餡料都被覆蓋著，而且麵皮裡的空氣均被趕壓出去。用你手的側邊穩當地在一坨坨餡之間按壓，讓麵皮黏合。然後用披薩刀或滾輪刀裁出一顆顆方餃，裁成正方或長方均可，檢查是否每一顆都充分黏合。將方餃放到撒了麵粉的烘焙紙上，每一顆不要相互碰觸到。在室溫下靜置45分鐘至1小時。下鍋煮之前偶爾將它們翻面。重複這步驟，把其餘的麵皮包完。若想裁出圓形餃子，可用餅乾模具或比司吉模具扣出形狀。

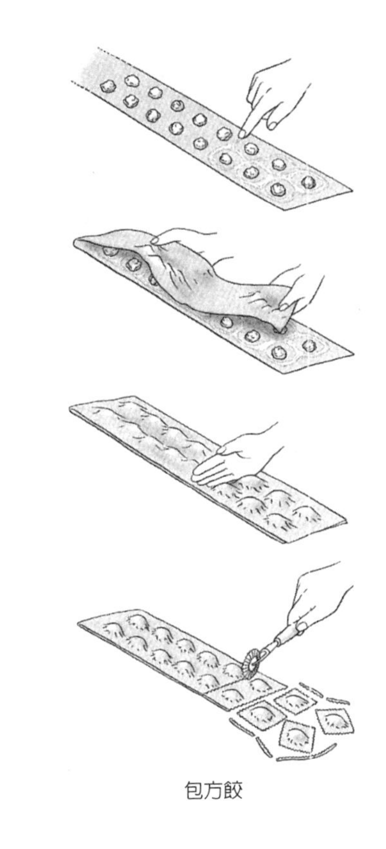

包方餃

小餛飩（Tortellini）（48顆）

小餛飩傳統上會包肉餡，不過包蕈菇餡、冬南瓜餡或起司餡也很好吃。準備：

鮮作的義大利麵麵皮，頁324，切成4吋寬長麵片

1又1/2杯餡料，頁337-339

用餅乾模具或比司吉模具，裁出一個個2吋的圓麵片，將1/4小匙的餡料置於每個圓麵片中央。手指沾水，在餡料周圍抹上半圈，拉起圓麵片往下對折包住餡料，穩當地按壓麵皮邊緣使之黏合。接著將每個半圓形的兩個「尾端」交疊，捏一下使之黏合。包好後放烘焙紙上，靜置45分鐘至1小時再下鍋煮。

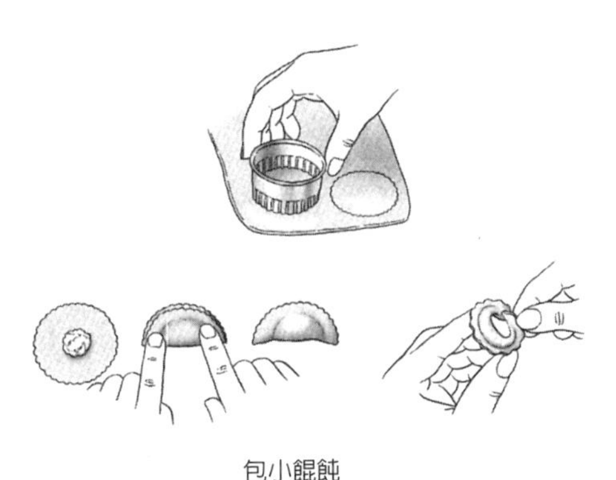

包小餛飩

| 關於烘烤鑲餡的義大利麵 |

從鑲餡的貝殼麵到用鮮作或乾的義大利麵做的千層麵都屬於這一類。由於在這些食譜裡義大利麵會煮上兩次，水煮時只要煮到可以彎折的程度而且差不多軟了即可。

烤袖管麵或大貝殼麵（Baked Manicotti or Jumbo shells）（6至8人份）

備妥：

3杯番茄醬*，310頁

2又1/4杯起司餡，559頁，或菠菜肉餡，559頁

烤箱轉180度預熱。將一口3夸特的淺烤盤稍微抹油。在一大鍋燒開的鹽水裡煮：

8盎司袖管麵或大貝殼麵

煮到差不多軟了，瀝出。用一根小湯匙，將餡料填鑲到麵裡頭，填好後放烤盤裡，一個挨著一個（處理到這個程度，鑲餡的麵可以加蓋冷藏，可放上24小時）。將番茄醬澆淋到麵上，接著撒上：

1杯莫扎瑞拉水牛起司絲（4盎司）

6大匙帕瑪森起司屑或羅馬諾起司屑

覆蓋上鋁箔紙，烤到熱透，約40分鐘。放涼15分鐘再上桌。

麵捲（Cannelloni）（8人份）

備妥：

2杯白醬I*，291頁

雞肉起司餡；或1又1/2分的蕈菇餡，559頁

將1杯白醬混入雞肉起司餡裡，置旁備用。烤箱轉180度預熱。將一口13×9×2吋烤盤或千層麵烤盤抹油。在一大鍋燒開的鹽水裡煮：

鮮作義大利麵麵皮，切成4吋正方

煮到差不多軟了。把麵片瀝出，放入一碗冰水裡冷卻。將一方方麵片分開，用紙巾吸乾。在備妥的烤盤底面抹上薄薄一層白醬。將1/4杯餡料均分地抹在每一方麵片的其中一面，然後把麵片捲裹起來做成管狀，置於烤盤中，有接縫的那一側朝下。全數捲好後，剩下的醬料淋在麵上，再撒上：

1/4杯帕瑪森起司屑（2盎司）

烤25分鐘，或烤到焦黃冒泡。放涼15分鐘再上桌。

千層麵（Lasagne）（8至12人份主菜）

番茄肉醬，也可以用來做這道千層麵。也可以用免煮麵（no-boil noodles）來做。

備妥：

7至8杯番茄醬

15盎司瑞科塔起司

1磅莫扎瑞拉水牛起司，切薄片或刨絲

1/2杯外加2大匙帕瑪森起司屑（4盎司）

烤箱轉190度預熱。將一口13×9×2吋烤盤或千層麵烤盤抹油。在一大鍋燒開的鹽水裡煮：

1磅千層麵

煮到差不多軟了，將麵瀝出，放入一碗冰水裡冷卻。麵取出後用紙巾吸乾。在備妥的烤盤底面抹上薄薄一層醬料，接著在盤底鋪上一層麵片，麵片稍微交疊。然後抹上三分之一的瑞科塔起司，

在瑞科塔起司上撒四分之一的莫扎瑞拉水牛起司，以及2大匙帕瑪森起司屑。如果用肉丸子番茄醬，將肉丸切片和其餘材料一同鋪排。預留2杯的醬料最後澆淋在千層麵表層，並舀1杯的醬料到烤盤裡。然後再鋪上另一層麵片，繼續一層層交錯堆疊，直到你有四層麵三層餡料。將預留的2杯醬料澆淋在千層麵表層，再撒上剩下的莫扎瑞拉水牛起司以及剩餘的帕瑪森起司。烤到表面焦黃冒泡，約45分鐘。放涼15分鐘再上桌。

波隆納千層麵（Lasagne Bolognese）（8至10人份主菜）

在前一天備妥白醬和肉醬，如果你願意的話。備妥：

8杯波隆納肉醬★，313頁

6杯白醬I★，291頁

1杯帕瑪森起司屑、羅馬諾起司屑、阿希雅哥起司屑或陳年蒙特雷傑克起司屑（4盎司）

烤箱轉180度預熱。將一口13×9×2的烤盤或千層麵烤盤抹油。在一大鍋燒開的鹽水裡煮：

1磅菠菜千層麵

煮到差度多軟了。把麵瀝出，放入一碗冰水裡冷卻。將麵片一一分開，用紙巾吸乾。需要的話，把波隆納肉醬熱一熱。在備妥的烤盤底面抹薄薄一層波隆納肉醬，鋪上一層麵片，麵片稍微重疊。在麵片上抹薄薄一層白醬，然後再抹上薄薄一層肉醬，繼而撒上1又1/2大匙的起司。接著再覆蓋上另一層麵片，如此繼續一層層交錯堆疊，然後在最後一層麵片上抹勻1杯白醬和1/4杯起司。鬆鬆地罩上一層鋁箔紙，烤40至50分鐘，烤到表面焦黃冒泡。放涼15分鐘再上桌。

烤蔬菜千層麵（Roasted Vegetable Lasagne）（8-12人份主菜）

這道無肉的蔬食千層麵可以預先在前一天做好，放冰箱冷藏。蔬菜要平鋪一層烤才會焦香，這一點很重要。

備妥：

3杯番茄醬

4杯莫扎瑞拉起司絲（1磅）

1/2杯帕瑪森起司屑（約2盎司）

烤箱轉230度預熱。將一口13×9×3吋深烤盤或千層麵烤盤抹油。將：

2根茄子（約3磅），縱切4等分

6顆中型櫛瓜（約3磅）

切成1/2吋厚片狀。將：

1/2杯橄欖油、1小匙鹽、1/2小匙黑胡椒

倒到蔬菜片上，翻拋拌勻。將蔬菜料分裝到2只烤盤或烘焙紙上，平鋪成一層，烤20分鐘。將蔬菜料再拋翻一下，繼續多烤個20分鐘。烤好後盛到一口大碗裡。烤箱的溫度轉低至190度。在一大鍋燒開的鹽水裡煮：

1磅千層麵

煮到差不多軟了。將麵瀝出，放進一碗冰水裡冷卻一下。將千層麵一一分開，用紙巾吸乾。在一口中型碗裡攪勻：

15盎司瑞科塔起司、2顆大型雞蛋

1/2杯帕瑪森起司屑（2盎司）

1/2小匙鹽，或自行酌量

黑胡椒，自行酌量

（肉豆蔻屑或粉，自行酌量）

在備妥的烤盤底面抹上薄薄一層醬料，接著把千層麵鋪上，每片稍微重疊。再把三分之一的瑞科塔起司混料鋪抹上去，接著撒上四分之一的莫扎瑞拉起司絲和帕瑪森起司屑，繼而把三分之一的烤蔬菜料抹上去，然後是半杯的醬料。接著又鋪上一層千層麵，如此層層交錯堆疊，疊成總共有四層麵和三層餡。最後把剩下的醬料倒到表層，再撒下剩下的莫扎瑞拉起司絲和帕瑪森起司屑。用鋁箔紙把烤盤封住，烤30分鐘。之後掀開鋁箔紙繼續烤到金黃冒泡，約再15分鐘。烤好後放涼15分鐘再上桌。

| 關於包餡的餃子 |

肉、甘藍菜、蕈菇和起司僅僅只是北歐國家用來包餃子的材料當中的少數幾樣。有些是包在起酥麵皮裡烘烤，有些則是酥炸然後佐以融化的奶油或酸奶拌蒔蘿。亞洲餃子通常是薄麵皮包紅肉、魚肉或蔬菜，可做成蒸餃、湯餃或煎餃。

烏克蘭餃子（Vareniki）（36顆）

這種稍甜的俄式起司餃會佐上奶油和酸奶做為前菜或當作一餐。備妥：

鮮作義大利麵皮，切成4吋寬

在一口中型碗裡混勻：

6盎司鄉村起司或農家起司，瀝乾
1顆大的雞蛋，打散
2小匙融化的奶油
2小匙糖、1/2小匙鹽
1/4小匙肉豆蔻屑或粉

用比司吉模具，將麵皮切出一個個3又1/2吋的圓麵皮。將滿滿一小匙餡料置於圓麵皮中央，拉起麵皮包住餡料，包成半圓形，圓弧邊緣捏合；需要的話，用一丁點水將邊緣潤濕，比較容易黏合。包好的餃子放在稍微撒了麵粉的烘焙紙上，平鋪一層。在一口大鍋裡燒開：

4至6夸特鹽水

餃子分批下鍋煮，免得鍋裡擁擠，把火轉小，熌煮到餃子浮起來，2至3分鐘。用濾網或漏勺小心地把餃子撈到一只溫熱過的碗裡。重複這步驟，直到所有餃子煮好。在餃子上淋：

2至4大匙融化的奶油

佐上：**酸奶**

波蘭餃子（Pierogi）（18至20顆）

這種中歐餃子包的餡形形色色，包括藍莓、起司和蕎麥穀粒。餡料可以預先做好冷藏備用。

備妥：

馬鈴薯加起司餡，如下，或德國酸菜蕈菇餡，或烏克蘭餃子的起司餡，如上

準備製作：

新鮮雞蛋麵麵團

把麵團擀成1/16吋薄。用比司吉模具，將麵皮切出一個個3又1/2吋圓麵皮。將1大匙餡料置於圓麵皮中央，拉起麵皮包住餡料形成一個半圓形，將蓋口邊緣捏合；需要的話，用少許水潤濕邊緣，有助於黏合。包好的餃子放到撒了些許麵粉的烘焙紙上，平鋪一層。麵皮碎片可以重新擀開來再用一次。在一口大鍋裡燒開：**4至6夸特鹽水**

波蘭餃子分批下鍋煮，免得鍋中擁擠。

火轉小，煮到餃子變軟，5至7分鐘。用濾網或漏勺小心地把餃子撈到抹了奶油的碗裡。重複這步驟把所有餃子煮好（波蘭餃子放涼後冷凍保存可以放上1個月）。喜歡的話，可把煮熟的波蘭餃子分批下到放了：**奶油**

以中火加熱的一口大的平底鍋裡，煎到酥脆，加：**鹽和黑胡椒**

調味，佐上：

香煎洋蔥絲、酸奶或鄉村起司

新鮮麵包屑，用奶油炒黃

馬鈴薯起司餡（Potato and Cheese Filling）（2又1/2杯）

在燒開的鹽水裡把：

1磅萬用馬鈴薯，削皮

煮到軟身，瀝出後搗壓成泥，拌入：

3大匙奶油

1/2杯切達起司屑或帕瑪森起司屑（2盎司）

（1/2杯洋蔥末，煎香）

鹽和黑胡椒，適量

徹底放涼再使用。

德國酸菜蕈菇餡（Sauerkraut Mushroom Filling）（2杯）

在一口大的平底鍋裡以中火加熱：

2大匙奶油或橄欖油

油熱後放入：**1杯切碎的洋蔥**

拌炒到軟身，再下：

1杯切片的蕈菇，譬如鈕釦菇、龍葵菇、香啡菇或香菇，或者以上的綜合

翻炒到菇變軟嫩，盛到碗裡，拌入：

1杯德國酸菜，瀝乾

鹽和黑胡椒，適量

徹底放涼再使用。

餛飩（Wontons）（30顆）

在家裡自己包餛飩很有趣，製作起來又簡單，用很容易買到的現成餛飩皮來包更是如此。包好後冷凍起來，日後隨時可以取用。煮餛飩時水一定要保持在微滾，以免煮破了。

用食物調理機把：

8盎司無骨去皮雞胸肉、去沙腸剝殼的生蝦或豬絞肉，或者三者混合

打得細碎。盛到碗裡，拌入：

1大匙玉米粉、1大匙醬油

1大匙紹興酒或不甜的雪莉酒

1小匙麻油、1/2至1小匙辣油

1小匙糖、1/2小匙鹽、1/8小匙黑胡椒

攪勻後，再加：

8罐荸薺，切末，（約/4杯）

2大匙蔥花、2小匙去皮生薑末

在一口小碗裡，攪勻：

1顆雞蛋、1大匙水

分10批來包，攤開頭一批的：

30張方形餛飩皮

讓餛飩皮的其中一角對著你。在每張餛飩皮上刷些許蛋液，將1小匙餡料放在每張皮中央，如圖示，拉起下角往上翻，和上角對齊貼合，做成一個三角形。穩

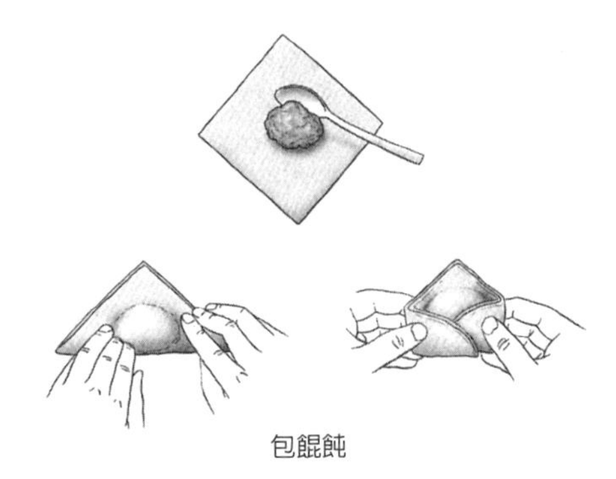

包餛飩

當地把兩側邊壓合，將空氣全數趕出去。再將左右兩個角往中間拉，交疊捏合。需要的話，表面用蛋液潤濕。烹煮的方法見餛飩湯，219頁，或炸餛飩，168頁。

蔬菜餛飩（Vegetable Wontons）（30顆；4至6人份）

新鮮或風乾的蕈菇都可以入餡。將：

6朵中型乾香菇

泡在：2杯熱水

裡30分鐘。取出香菇，泡菇水用鋪了一層濕紙巾的濾網濾過，留待他用。切掉香菇柄蒂，香菇蓋切薄片。或者將：

8朵新鮮香菇，去柄蒂（約1又1/2杯香菇片）

切薄片。

在一口大的平底鍋裡以中火加熱：

1大匙蔬菜油

油熱後放入香菇片，連同：

2大匙切碎的新鮮白蘑菇（約5盎司）

8盎司板豆腐，瀝乾壓碎

2根青蔥，切蔥花

1/2杯切薄片的大白菜

1大匙去皮生薑末

翻炒到蔬菜萎軟，約5分鐘。盛到一口碗裡放涼，然後加：

2大匙醬油、1大匙麻油

1大匙紹興酒或不甜的雪莉酒

（1小匙辣油）

1小匙糖、1/2小匙鹽、1/8小匙黑胡椒

調味。按上述包餛飩的方法包餡並塑形。

海鮮或豬肉燒賣（Seafood or Pork Shumai）（32顆）

在一口大碗裡混勻：

1磅海鱸魚或其他味道溫和的白肉魚排，剁細，或者魚肉、蝦肉和干貝的混合，剁細；或者豬絞肉

1顆大型雞蛋

2大匙去皮生薑末（約2吋薑段）

2大匙芫荽末

2大匙青蔥末

1大匙麻油

1大匙新鮮檸檬汁

2小匙米酒醋

鹽和黑胡椒，適量

備妥：

32張圓形餛飩皮

將一張餛飩皮放在案板上，舀一大匙餡料放在餛飩皮中央。將餛飩皮往上收攏，半包住餡料，再將餛飩皮邊圍打褶收口，做成一個杯狀，如圖示。餡料應該露出來，高度與餛飩皮上緣齊平。拿著包好的燒賣往案板上輕拍，讓燒賣底部平坦。包好後放到盤子上，重複這步驟把燒賣包完。將半數燒賣放進抹了油的蒸籠裡，彼此不要碰觸。在一口大鍋裡將1吋高的水燒開，把蒸籠擺上去，加蓋蒸10分鐘，或蒸到燒賣熟透。蒸好後移到盤子裡保溫。如法炮製，把剩下的燒賣蒸熟。趁熱吃，吃的時候沾上：

醬油、糖醋芥末醬*，314頁，泰式辣醬*，321頁，或越南甜魚露*，322頁

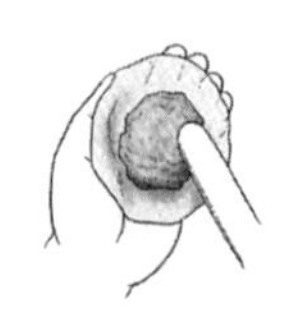
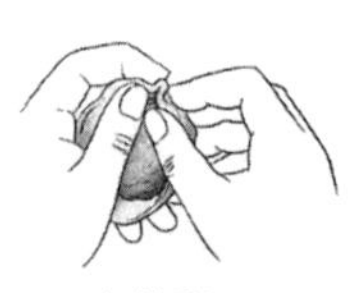

包燒賣

穀物

Grains

我們的祖先之所以從狩獵採集的遊牧生活，轉變至較不需要四處飄蕩的生活，是因為他們知道了怎麼栽種穀物。因為需要種植、照料和護衛農作物，他們定居於一處，人類的文明也因此而發展出來。穀物是營養補給站，提供了複合性碳水化合物、蛋白質、脂肪、纖維、維他命B群、礦物質、植化素和抗氧化物。烹煮穀物樂趣無窮，而且穀物和其他食物都很合得來，不管是當作主菜、配菜或做成湯和沙拉，都為無數餐桌增添光彩。

舉凡真正的穀物都是禾本科植物的果實；全穀粒（whole grain kernels）有時又稱為乾果仁（berries）。大部分的穀物結構上都和小麥粒類似，見下方的剖面圖，由三個基本部分所構成：麥麩、胚芽和胚乳。穀皮層，或稱為麥麩層含有穀物大部分的維他命、礦物質和纖維。胚芽只是穀仁的一小部分，但卻包含了大部分的蛋白質和所有脂肪。胚乳大部分是澱粉，也含有些許蛋白質。大部分的營養素和濃郁堅果味都來自麥麩和胚芽。然而，為了延長保存期，一般的做法是把穀物加工去除麥麩和胚芽，僅留胚乳。比方說，白米就只是胚乳，如同小麥穀粒內被磨成白麵粉的那個部分。穀物也許會被添加維他命B和鐵質，以彌補加工過程所流失的，但是全穀物裡有的維他命E和纖維通常沒被補上。從營養的觀點來看，全穀物才是上上之選。

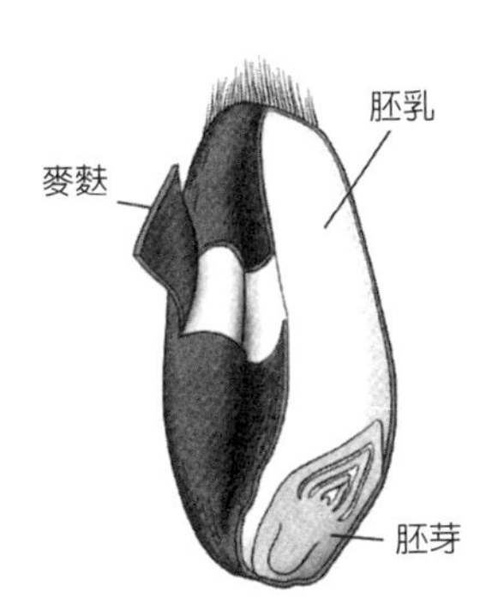

穀粒的基本三部分

大多數穀物的營養價值都差不多，煮法也類似。在這一章裡，我們分別討論了每一種穀物，以及相關食譜和烹理資訊。蕎麥、藜麥、莧籽和北非小米（由硬質的杜蘭小麥製成的義大利麵）也被納了進來。雖然這些不算是真正的穀物，但從植物學來說，在準備和烹煮方法上非常類似。

關於購買和儲存穀物

全穀物諸如糙小麥和糙米等，依然保有完整的高脂胚芽；也因為如此，它們比起精緻化的表親，譬如白米或大麥仁，更容易腐壞。➠少量地購買穀物，貯存在密封罐裡，置於陰涼乾爽的食櫥或冰箱或冷凍庫。除了小麥胚芽

（wheat germ）和蕎麥，➡大部分的穀物放食櫥裡可放上六個月，放冷凍庫可放上一整年。若是生穀聞起來走味或是煮熟後吃起來有苦味，就有腐壞的跡象。要是穀物結成一團，極可能是壞掉了，到了這個地步，最好是丟棄。

假使你的食櫥裡遭到蟲害，只撲滅肉眼看得到的蟲類並不夠。馬上丟掉已經開封的穀物、粗穀粉或麵粉，就算它們密封保存也一樣，而且要徹底吸塵、清潔該區域。➡在受蟲害之後的幾星期至幾個月時間，只存放呈原始包裝狀態未開封的穀物。開封的穀物應該放冷藏庫或冷凍庫貯存。

| 預泡全穀物 |

穀物在下鍋煮之前應該清洗並挑除粗糠和雜屑。將穀物放到一口盆裡，加冷水淹蓋表面，用手指翻撥，讓雜屑浮到水面，撇除雜質之後，充分瀝乾。購買散裝的穀物一定要清洗兩遍。

要縮短烹煮的時間，將硬實的全穀物浸泡在兩吋深、淹蓋過表面的水中八小時，或泡一整夜。或者，若想加速浸泡過程，將穀物放入滾水裡煮兩分鐘，接著鍋子離火，加蓋靜置一小時。另一種做法是，把穀物和水裝在加蓋的砂鍋裡以強火力微波十分鐘，然後再以中火力微波五分鐘。接著別掀蓋，靜置一小時。穀物可以留在浸泡水裡受熱烹煮。

| 關於烹煮穀物 |

大多數的穀物都必須慢慢➡加進足量的滾水裡，而且➡不停攪拌，好讓每顆穀粒都被滾燙的水包圍著而且迅速被滲透。穀物一下鍋，鍋裡的水必須全程保持在滾沸狀態。由於穀物會變得有黏性，這慢慢加到滾水裡的過程，可以讓外圍的澱粉層穩定，同時讓穀粒在膨脹之後保持粒粒分明。有些穀物可以簡單地加上液體、鹽和說不定少許脂肪，加蓋燜煮到熟。對大多數的穀物來說，➡在烹煮過程中，鍋蓋一定要就定位，把熱力和蒸氣封鎖在鍋子裡。

若想要口感蓬鬆些，用附有緊密鍋蓋的寬口醬汁鍋、荷蘭鍋或深槽平底鍋來煮。質地細小的穀物，譬如玉米粉、苔麩、莧籽，煮得時候若沒有經常攪拌就會巴鍋燒焦。雙層蒸鍋或微波爐可以減少這種風險，同時也可以省掉要不時攪拌的麻煩。使用鍋蓋厚重的寬口砂鍋，送進烤箱烹煮諸如米飯和薏仁之類穀物，通常可以煮出口感鬆軟一致的成果來。

其他還有一些家電可以用來煮全穀物。用電鍋煮全穀物就很方便可靠，尤其是糙米、糙小麥或裸麥。大部分的電鍋都是依照內建的計時器來運轉，成果都非常出色。不妨按照「穀物烹煮表」，598-601頁，所列相同分量和比例的穀物和水自由試驗。烹煮大多數的穀物，壓力鍋也很有效，尤其是需要久煮的穀物，譬如糙小麥和帶殼薏仁，用壓力鍋煮時間可以少一半。特定的說明請參考廠商附的使用手冊。

全穀物煮到軟而很有嚼勁，就是煮好了；想要的軟度，要看如何食用而定。大多數穀物在煮好後若能加以挑鬆，口感會更好。用一根叉子深入鍋子底部，輕輕把穀米挑翻到表面；重複幾次這個動作。假使沒有馬上食用，就要蓋上鍋蓋。➡大多數穀物煮好後在鍋裡悶個五至十分鐘，口感也會更好，不管是挑鬆前或挑鬆後。這樣可以讓穀物吸盡鍋裡最後一絲水分。這一章大部分食譜都精確指出所需的液體量，不過煮穀物時也許要多加一點液體——當你把其他食材也放進同一鍋裡一起煮的話，這更是很受用的一招，譬如做大麥仁、蕈菇和蘆筍溫沙拉。➡每一杯生穀米約可煮出四至六人份。

「穀物烹煮表」，說明了烹煮食譜中的穀物的基本方法，以及如何拿穀物入菜的點子。

| 關於穀物的調味 |

穀物在煮之前先烤過可以帶出它的香氣，也可以提升某些穀物的滋味。**若要放在爐火上烤**，將穀物平鋪在厚底醬汁鍋或平底鍋上，開中火，不時要翻炒，炒到香味釋放出來；小心別把形狀迷你的穀粒炒焦了，譬如莧籽、小米和畫眉草籽。➡穀物下鍋烤之前，在鍋裡放少許油或奶油可以增添滋味，同時可以讓穀粒粒粒分明，增添鬆軟口感；做抓飯，585頁，就用到了這一招。**若要用烤箱烤穀物**，把它們平鋪在烘焙紙上，在預熱過的一百八十度烤箱烤約十分鐘，其間要攪拌一次。

增添穀物滋味的另一個方式是，➡用高湯或肉湯來煮，而不是用水煮。把橄欖油或奶油加到煮汁裡也會額外增加滋味和醇厚口感。做早餐穀片時，就可以用上蘋果汁或牛奶。將水全數或部分換成這些液體。大部分用白開水煮的穀物，每一人份約需八分之一小匙鹽。有些穀物需要多達四分之一小匙鹽，譬如粗玉米粉和蕎麥。需要煮久一點的穀物，譬如菰米和大麥，可以和洋蔥碎粒、蕈菇、胡蘿蔔或西芹一起煨煮；這些蔬菜可以跟著穀粒慢悠悠地久煮至軟身。若要烹煮很快就煮好的穀物，諸如蕎麥或米飯，切好的洋蔥或其他蔬菜可以先水煮個十至十五分鐘，再加到穀物裡一同煮。

紅醋栗乾、葡萄乾和其他切成小塊的果乾可以加到任何穀物裡煮，加到早餐穀片裡尤其美味。整顆的香料，譬如一小截肉桂棒、幾顆稍微壓碎的小荳蔻莢或兩片一整葉的月桂葉，可以為穀物增香。也可以在穀物煮好後撒一些新鮮新香草末到穀飯裡，拌一拌再上桌。

| 關於穀物的搭配 |

混上兩三樣穀物的一道菜，不管味道和口感都大大加分。把烹煮所需的時間和液體量差不多的穀物搭配在一起。這樣的例子有，糙米加薏仁、小麥片加蕎麥、粗玉米粉加莧籽、帶殼大麥加糙小麥。當你要放在一起煮的穀物需要的烹煮時間不同時，那就分段前後加到鍋裡煮，它們所需的水量會比個別煮的情況要少一點，這是因為蒸發的情況會少一點。假使穀物下鍋煮要分前後，務必要挑一口大得足以容納穀物和水的鍋子來煮，水一次加四分之一杯，直到煮好。

我們最愛的組合是糙小麥加糙米：把半杯糙小麥拌入加了二分之一小匙鹽的一杯滾水，加蓋燜煮二十分鐘，接著拌入半杯糙米，繼續加蓋燜煮到兩者都軟了，約四十分鐘。加奶油和醬油調味。

| 關於在餐桌上供應穀物 |

任何穀物都可以當配菜，但是穀物不是只能在晚餐盤上當配角，它可以發揮長才的可能性無窮。➡在湯差幾分鐘就要煮好之際，拌半杯熟穀物進去。另一種做法是，抓對時間把四分之一至三分之一杯生穀物拌入湯裡，讓穀物在微滾的高湯裡煨煮；這也是讓湯增稠的一個方法。穀物拌入熟蔬菜裡也很美味，一如莧籽拌番茄或蕈菇，如下。

任何穀物都可變身成一道美妙的沙拉。參見「關於穀物和米沙拉」，287頁，特定的準備方式，參見大麥那一大類的食譜，如下，以及米飯，583頁。在穀物尚溫熱或呈室溫狀態拌上淋醬最能吸附醬汁，也最不黏膩。

| 關於早餐穀片和穀物 |

在美國，即食穀片在每個超市都找得到，電視廣告上也經常出現。它們不是被高壓蒸氣鼓成泡芙狀，就是壓乾製成各種形狀，或是加麥芽糖、糖並碾成碎片。你買穀片的錢，大概半數都是用在這些加工製程以及保有酥脆口感的昂貴包裝上。烹煮全穀物或製作穀片點心的確要花多一點時間，但是它們的營養價值更高而且滋味更棒也是無庸置疑的。

添加籽實、堅果和/或水果乾——葡萄乾、椰棗乾、蜜棗乾和杏桃乾——的穀物，長久以來在注重養生的蔬食圈子裡很受歡迎，野營和登山愛好者也因為它們的高能量而讚賞有加。愛吃零食的人也因為它的好滋味而超愛這些綜合穀物乾果，但是要當心食用的量，因為這些可都是高熱量食物。如果穀物被加進其他食材之前有烘烤過，這混合物往往被稱為穀物棒，581頁；如果加進去的穀物是生的，通常被稱為木斯里，582頁。

任何煮熟的穀物都可以做成營養又熱呼呼的早餐穀片。參見「穀物烹煮表」，裡頭莧籽、燕麥和畫眉草籽的部分，以及列在「關於燕麥」，581頁，和「關於玉米粉、玉米糝和葛子」，574頁，的個別食譜。也可以考慮蕎麥粒、小米和斯佩爾特小麥（spelt）或全麥的非洲小米，這些都可以用表裡描述的基本方式烹煮，需要的話多加一點水，配著溫牛奶或奶油以及蜂蜜或紅糖吃。➠想要有粥的稠度，用三倍量的水或牛奶來煮，煮的時間拉長一倍；瀝出即可享用。

| 關於貯存和重新加熱熟穀物 |

大部分的熟穀物冷藏可以放上三天——如果是用清水煮的，沒有加高湯或其他容易腐壞的材料，可以多放上幾天。➠熟穀物可以很完美地重新加熱。**用微波爐重新加熱**，把每人份穀物盛到個別的盤子上並抹平，包上保鮮膜，每一份以強火力微波一至二分鐘。如果要把穀物盛在碗裡重新加熱，在表面稍微灑一點水，包上保鮮膜或加蓋，每碗以強火力微波約一分半鐘；上桌前翻拌一下。**用爐火重新加熱**，在一口醬汁鍋裡倒八分之一吋高的水，把熟穀物加進去，攪拌攪拌，加蓋以中火煮到熱燙。或者，每三杯冷的熟穀物在平底鍋裡熱一至二大匙蔬菜油；油熱後放入穀物拌炒到熱透。又或，快速地把吃剩的穀物變身成用湯匙挖來吃的麵包（spoon bread），一道可口的配菜，尤其是配著烤禽肉或紅肉吃。

| 關於莧籽 |

記得一點，莧籽嚴格說來不是穀物，但是富含鐵、鎂、磷、鈣、葉酸、鋅和胺基酸。這種小巧而布有黑色斑點的金黃色種子，有著討喜的爽脆嚼感，吃起來有點像芝麻，帶有胡椒辛香。煮熟後會有光澤，有如細粒的褐色魚子醬。➠由於非常小巧，莧籽容易結塊或巴鍋，所以盡可能用不沾鍋來煮。莧籽很適合加到湯裡煮或混合其他食材一起煮：三分之一杯莧籽混三分之二杯烤藜麥，582頁，用兩杯水煮十五至二十分鐘，是非常美妙的組合。

蕈菇拌莧籽（Amaranth with Mushrooms）（4至6人份）

煮：

1杯莧籽，如上

混合：

炒蕈菇，470頁

| 關於大麥 |

大麥在蘑菇大麥仁湯，227頁，或牛肉大麥仁湯，234頁，或蘇格蘭羊肉湯，237頁等等的湯品裡很常看到，然而大麥具有烤堅果香和討喜的嚼感，做成配菜或加到沙拉裡也格外受歡迎。市售的大麥分三種：大麥仁、蘇格蘭大麥和去殼大麥。常見的**大麥仁**是灰白色卵形的麥仁，外殼、麥麩和胚芽都去除，只留富含澱粉的胚乳。這樣做是把大麥大部分的營養剝除了，不過也使得它更快煮熟，而且口感也比蘇格蘭麥或去穀大麥更滑順。**蘇格蘭麥**，又叫**釀造用大麥**（pot barley），留有的麩皮比較多，因此保留的纖維、鉀和維他命B也多。煮之前要先浸泡過，口感比大麥仁更有嚼勁。**去殼大麥、全大麥或青稞**（hull-less barley）是最營養的，僅去除不可食的外殼。➡它也一樣要先浸泡過再煮，需要煮久一點。大麥也可以加工製成兩種快煮形式：**粗碾大麥**（barley grits），598頁，以及**大麥片**（rolled barley或barley flakes），看起來像燕麥片，可以用同樣的方式煮。這一些一般而言都做成早餐穀片。

大麥仁香菇「燉飯」（Barley "Risotto" with Mushrooms）（6至8人份前菜或4人份主菜）

這不是真的燉飯，因為不是米飯，但烹煮的方式一樣。

在一口大型的深槽平底鍋以中火加熱：

1/4杯（1/2條）奶油

直到起泡的情況消失，放入：

1又1/3杯切細的洋蔥

拌炒到軟身但不致焦黃，約7分鐘，接著下：1又1/3杯香菇，去柄蒂，菇傘切片

炒軟，再下：1杯大麥仁

拌炒到裹上奶油而有光澤，加：

2/3杯不甜的白酒

1大匙蒜泥或切細末的大蒜

（1/2小匙鹽）

1/2小匙黑胡椒

煮到液體被吸收，約3分鐘。與此同時，將：8杯雞高湯

煮滾，再轉小火保持微滾，將2杯高湯倒進大麥仁裡，以中火煮至滾，偶爾拌一拌，直到高湯差不多被吸收，8至9分鐘。接著把其餘的高湯加進去，每次加1/2杯，每一次的量被吸收之後，再把下一次的量倒進去，要不時攪拌，每倒入一次需要花4至5分鐘的時間讓高湯被吸收，總共約需45至55分鐘大麥仁才會變軟。假使大麥仁還沒煮軟高湯就用光了，就用熱水來補。如果要當成主菜，拌入：

（1/2至1杯帕瑪森起司屑）

點綴上：

2至3大匙荷蘭芹末或1至2小匙百里香末

這道燉飯可以在4天前做好。徹底放涼，然後加蓋冷藏。重新加熱時，倒進平底鍋裡以小火加熱，加少許水進去，不時攪拌。

大麥仁、蕈菇和蘆筍溫沙拉（Warm Barley, Mushroom, and Asparagus Salad）（4至6人份）

煮：1杯大麥仁

與此同時，在一口小的平底鍋裡以中火

加熱：3大匙橄欖油
油熱後，放入：2顆紅蔥頭，切末
拌炒到軟，約2分鐘。下：1杯蕈菇，切片
炒到蕈菇的汁液蒸發，3至5分鐘。拌入：
1/2小匙檸檬皮屑、1大匙新鮮檸檬汁
1大匙荷蘭芹末、鹽和黑胡椒，適量
鍋子離火。等大麥仁煮軟，加：
6盎司蘆筍，斜切成1吋小段（1/2杯）
充分瀝乾，把蕈菇混料拌進來，調整鹹淡。趁溫熱享用。

| 關於蕎麥 |

從植物學上來說，**蕎麥**是籽實，不是穀物，和小麥不同類。因此，採行無麩質飲食的人食用蕎麥也很安全，而且它富含蛋白質、鈣質、維他命B和植物營養素。使用蕎麥粉做的麵包和鍋餅帶有細緻的堅果味，壓碎的蕎麥製的早餐穀片也有。**蕎麥片**（kasha）是烘烤過或乾焙過的蕎麥，比生蕎麥更有濃濃的堅果香。不管是天然蕎麥或蕎麥片都有整顆或壓碎成各種細度的。整顆煮的話，煮出來的麥仁粒粒分明很有嚼感；壓碎的煮出來質地像粥，從有顆粒到滑順的都有。➡蕎麥片在下鍋煮之前，通常會先拌入一顆蛋然後用鍋子煎焙過，好讓穀粒結實而顆顆分明。如果要微波，則略過這步驟。和其他穀物一樣，用高湯煮蕎麥可增添滋味。

領結麵加蕎麥片（Bow Ties with Kasha〔Kasha Varnishkes）（8人份配菜或4人份主菜）

這是一道傳統的東歐菜餚。加上汆燙過的蘆筍、青花菜或其他新鮮蔬菜，拌上油醋醬，就變成一道沙拉。領結麵也可以換成大水管麵或小貝殼麵。這道菜可以在1至2天前預先做好，食用前再掀蓋放進180度烤箱裡重新加熱。
在一口大的平底不沾鍋裡以中大火加熱：
2至3大匙雞油☆，見「了解你的食材」，或蔬菜油
2顆大的洋蔥，切成1/2吋小塊
（2杯切片的鈕釦菇、香菇或龍葵菇）
1瓣蒜仁，切末、鹽和黑胡椒，適量
不時翻炒，直到洋蔥焦黃，約10分鐘。盛到一口碗裡。把平底鍋擦乾淨，置旁備用。與此同時，在一大鍋燒開的鹽水裡將：1又1/2杯（6盎司）領結麵
煮到彈牙。煮好後瀝出，拌上洋蔥混料。用先前那口平底不沾鍋焙煎用：
1杯整顆製的蕎麥片（烘烤蕎麥）
1顆雞蛋、2杯雞高湯
拌勻的：
蕎麥片加蛋，599頁
焙好後拌進領結麵混料中。嚐嚐味道，調整鹹淡。假使混合物乾乾稠稠的，加：
（1/4杯雞高湯或水）
撒上：2大匙荷蘭芹末

甘藍菜捲包蕎麥片和小麥片（Cabbage Rolls Stuffed with Kasha and Bulgur）（6人份）

用皺葉甘藍菜葉來包，幾乎任何一種穀物都可以入餡。

依照包甘藍菜捲，438頁的做法把：
1球皺葉甘藍或白甘藍菜
漂燙，剝下12片外層菜葉，剩下的甘藍菜留待他用。在一口大的平底鍋裡以中火加熱：
1大匙橄欖油
然後放入：
2杯剁碎的蕈菇
1根大的韭蔥，剁碎（約1又1/2杯）
1/2杯剁碎的紅甜椒、1顆蒜瓣，切細末
拌炒到蕈菇軟身，約10分鐘，再下：
2小匙檸檬皮屑
2小匙新鮮百里香葉或1/2小匙乾燥的百里香
1/2小匙鹽、1/4小匙黑胡椒
盛到一口碗裡；平底鍋置旁備用。在一口中型碗裡把：**1顆蛋**
打散，接著拌入：
1杯整顆蕎麥片（烘烤的蕎麥）
裡混勻。
開中火將方才那口煮過蔬菜料的平底鍋加熱，把蕎麥片混物倒進去，拌一拌，煎焙到散開，2至3分鐘。加一半的蕈菇料進去，連同：
1/2杯小麥片
3杯煮開的雞高湯或蔬菜高湯
煮到滾，加蓋轉中小火煮到液體被吸收，8至10分鐘。盛到一口碗裡並放涼。將平底鍋擦乾淨，放入剩下的蕈菇料，連同：
1罐28盎司的整顆番茄，粗切，連汁一起
煮開，然後以小火熬20分鐘，不蓋鍋蓋。加：
1/2小匙鹽、1/8小匙黑胡椒
將大約1/3杯麥片餡均分到每一片菜葉上包捲起來，438頁。用一支木籤把每一個菜捲固定好，接縫面朝下，放進微滾的醬汁裡。加蓋以小火煮，偶爾舀醬汁澆淋菜捲，煮到餡料熟透而且菜葉軟嫩，約45分鐘。盛到上菜盤裡，需要的話，把醬汁煮得略微稠些，約10分鐘（在這期間，用鋁箔紙把菜捲蓋起來保溫），然後舀到菜捲上。

蕎麥抓飯（Buckwheat Pilaf）（約3又1/2杯；4至6人份）

在一口大的醬汁鍋裡以中小火加熱：
1至2大匙奶油或蔬菜油
喜歡的話，加：
（1瓣蒜仁，切末，或2大匙紅蔥頭末或洋蔥末）
拌炒到軟身，約2分鐘，再放入：
1杯整顆蕎麥
翻炒翻炒，煎焙到成金黃色，約3分鐘，然後拌入：
2杯煮開的雞高湯或水、1/2小匙鹽
加蓋轉小火煮到蕎麥變軟而且汁液被吸收，約15分鐘。加蓋靜置5分鐘。食用之前將蕎麥飯翻鬆。

小麥片（Bulgur）

參見「關於糙小麥、碎小麥、小麥片和北非小米」，595頁。

關於玉米粉（cornmeal）、玉米糝（hominy）和葛子（grits）

馬齒玉米（Dent corn），得名於每顆核仁上有個凹口，主要是用來烘乾並加工成**玉米粉**或**輾碎玉米**。它比甜玉米，449頁，含有更多的澱粉和更少的糖，都是整串咬著吃。玉米粉是乾燥後磨成粉的馬齒玉米。市售大多數的玉米粉在研磨之前都會先去殼去胚芽。不過全穀的玉米粉含有少許或全部的麩皮和胚芽，比起去胚芽的粗玉米粉，具有更多纖維和礦物質，滋味也濃郁得多。通常是石磨的。**粗磨**、**中度研磨**和**細磨**的玉米粉可以互換通用，除非食譜有特別指明，譬如指明**黃**、**白**和**藍**玉米粉。玉米粉的用途非常廣，烘培或烹煮均可；用玉米粉做的熱門菜色包括玉米麵包★，421頁；印度布丁☆，213頁；用湯匙挖來吃的麵包（spoon bread）★，424頁，以及雞肉餡餅，181頁。用水熬煮玉米粉可做成玉米糊，或玉米糕。

做玉米粥或與玉米糕時為避免結塊，➡讓玉米粉呈一道細水柱似地加進一鍋燒開的水或高湯裡，一面加一面攪動，而且在烹煮過程裡要持續經常攪拌。另一個做法是，玉米粉加冷液體混勻後再徐徐倒進煮滾的液體中。研磨成任何程度的玉米粉都可以用來做玉米糕或玉米粥；這種玉米粉有時候會被標示為「玉米糕粉」（polenta）或「玉米糕膳食」（polenta meal）。烹煮的時間則依研磨程度不同而異。可以在鍋裡將玉米糕抹平然後放涼，接著再切片煎黃。包裝成長條狀、切片煎黃即可食用的熟玉米糕，在大部分超市裡都買得到。

玉米糝是用熟石灰或鹼液處理過的玉米，好讓玉米脫殼，使玉米芯半熟，之後再清洗並烘乾。乾燥的玉米糝在市面上分整顆或碾碎的兩種。➡玉米糝需要浸泡和煮熟。熟的整顆玉米糝以冷凍或罐頭的形式販售。玉米糝七彩繽粉：有白的、黃的或金黃、藍的和紅的。整顆的白玉米糝有時候會冠上它的墨西哥名「藍玉米」（*posole*）來販售，這字眼同時也是一道摻有玉米糝的燉菜的名稱。如果你買不到乾的玉米糝，可換成乾的白巨人玉米（giant white corn）。剛被石灰熟化的玉米糝會被細磨或粗磨成**玉米麵粉**（masa），也就是做玉米薄烙餅的麵粉；也可能先行烘乾再磨成粉，也叫做**馬薩麵粉**（masa harina）。

葛子是美國南方很普遍的熱門食物。葛子是由乾的玉米或玉米糝磨製而成，分幾種方式磨製和包裝：**老式葛子**是粗磨的，**快煮葛子**是磨得更細緻的，而**即食葛子**是已經煮熟後乾燥化的。**石磨葛子**含有胚芽，也因此不耐久放，但是更有營養，滋味也比去胚芽的葛子更濃郁。葛子不管是原味煮來吃、澆上奶油或炒蛋，330頁，或加進陶盅料理烤，譬如烤起司葛子，都很美味。

玉米糊（Cornmeal Mush）（3至3又1/2杯；4至6人份）

將：
4杯水或各2杯的水和牛奶
煮開，與此同時。在雙層蒸鍋的上鍋裡攪勻：
1杯白玉米粉或黃玉米粉
1/2杯冷水、小匙鹽，或自行酌量
然後漸次地攪入煮滾的液體，攪拌至滑順。蓋上鍋蓋，隔著滾水加熱，經常攪拌，煮到玉米粉沒有生粉味，30分鐘。舀到碗裡，淋上：

融化的奶油

糖蜜、純楓糖漿、高粱糖漿或蜂蜜

軟玉米糕（Soft Polenta）（約4杯；4至6人份）

在一口大的醬汁鍋裡把：

4杯水、3大匙奶油

煮沸，將：

1杯黃玉米粉

慢慢倒進去，不時攪拌。把火轉小，用一根木匙不時攪拌，煮到玉米糕變稠，與鍋內緣分離，而且玉米粉不再有生粉味，30至40分鐘。拌入：

2大匙至1/2杯帕瑪森起司屑

1小匙鹽，或自行酌量

貝克版5分鐘鄉村玉米糕（Becker Five-Minute Polenta Rustica）（約4杯；4人份）

在一口大的醬汁鍋裡融化：

3大匙奶油

放入：1/2杯切細的洋蔥

煎煮到洋蔥變透明，倒進：

4杯雞高湯

煮沸，再把：1杯黃玉米粉

慢慢倒進去，一面倒一面攪拌，轉小火拌煮5分鐘。再拌入：

1/2至1杯帕瑪森起司屑

1/4小匙鹽，或自行酌量

烤玉米糕（Baked Polenta）（6人份）

在一口大型醬汁鍋裡以中火加熱：

2大匙奶油或橄欖油

放入：1/2杯切細的洋蔥

拌炒到變透明，約5分鐘，接著拌入：

3杯水或各1又1/2杯的雞高湯和水

煮沸。在一口碗裡攪勻：

2杯水或各1杯雞高湯和水

1又1/2杯黃玉米粉

漸次地攪進滾水裡，轉小火煮15分鐘，其間要不時攪拌。鍋子離火。與此同時，烤箱轉180度預熱。將一口2夸特的淺烤盤抹上奶油。備妥：

4盎司瑞士起司或葛呂耶起司，切薄片

4盎司莫扎瑞拉起司，切薄片

1/2杯帕瑪森起司屑

將一半的玉米糕倒進烤盤裡，用抹刀抹平。接著在玉米糕上覆蓋一半的起司。再把剩下的玉米糕倒上去並抹平，然後再覆蓋上剩下的起司。最後在表面淋上：

1/2杯濃的鮮奶油、半對半鮮奶油或牛奶

烤到表面焦黃冒泡，35至45分鐘。烤好後靜置10分鐘再享用。

煎或烤玉米糕（Fried or Toasted Polenta）（4人份）

配烤甜椒，或蕈菇，當作開胃菜，或者是當湯品和燉菜或燉肉的配菜。熟玉米糕在烤之前放冰箱冷藏可放上一天。

準備：

軟玉米糕，如上

把奶油的用量降至2大匙，而且用2大匙帕瑪森起司。將一口13×9吋的烤盤稍微抹油。把玉米糕倒進烤盤內並抹勻，稍微放涼。加蓋冷藏至冰涼且結實，起碼要1又1/2小時。預備要炸或烤之前，把玉米糕切成3吋方塊，再對切成三角形。

I. 煎玉米糕

在一口淺煎鍋或大的厚底平底鍋裡加熱：

1/4杯橄欖油或4大匙奶油

小心地把玉米糕移到鍋裡，不要讓鍋內擁擠（需要的話分批下鍋），將兩面煎黃，放紙巾上瀝油。

II. 烤玉米糕

烤箱轉220度預熱。將一張不沾的烘焙紙稍微刷上：

橄欖油

小心地把玉米糕移到烘焙紙上，烤到底面焦黃，約15分鐘。小心地把玉米糕翻面，把第二面烤到焦黃，約10分鐘。佐上：

新鮮番茄醬★，311頁；怪味醬★，300頁；或番茄肉醬★，312頁

低地國家鮮奶油風味葛子粥（Low Country Cream-Style Grits）（3杯；4至6人份）

在一口厚底醬汁鍋裡把：

3杯水、3大匙無鹽奶油、1/2小匙鹽

煮滾，拌入：

3/4杯老式葛子

再次煮滾，然後轉中小火熬煮，偶爾拌一拌，煮至葛子吸收了大部分的水而變得很稠，約10分鐘。接著每次拌入1/2杯的：

1至2杯牛奶、鮮奶油或半對半鮮奶油，端看你要的稠度

煮至葛子軟身但不會水水的，約1小時。

烤起司葛子（Baked Cheese Grits）（4人份）

在一口大型醬汁鍋裡以中火融化：

1/4杯（1/2條）無鹽奶油

放進：

1/2杯切碎的洋蔥

拌炒到變透明，約5分鐘，接著拌入：

1瓣蒜仁，切細末

煮1分鐘，再倒進：

5杯水

煮開，然後拌入：

1杯老式葛子、1小匙鹽

加蓋轉小火煮，偶爾要攪拌一下，煮到稠度像水水的燕麥粥，20至30分鐘。烤箱轉180度預熱。將一口2夸特的焗盅或舒芙蕾杯抹上奶油。在葛子裡加：

2杯切達起司屑（8盎司）

將：**1/2杯牛奶、2顆蛋、1/4小匙紅椒粉**

攪至混勻，逐步加到葛子裡。把葛子盛到焗盅裡，抹平表面。烤到一根牙籤插進葛子中央後抽出來乾乾淨淨沒有沾黏就是烤好了，50至60分鐘。

起司葛子舒芙蕾（Souffléed Cheese Grits）

準備烤起司葛子，如上，但是把蛋白蛋黃分開，只將蛋黃和牛奶及紅椒粉打勻，再拌入葛子裡。把蛋白打到濕性發泡，接著和葛子拌合後再盛到焗盅裡。如指示操作烘烤。

葛子佐蝦仁（Shrimp and Grits）（4人份）

喜歡的話，將：

1又1/2磅中型蝦

去殼挑除沙腸，保留蝦殼。先把蝦肉置一旁，把蝦殼扔進一口醬汁鍋裡，連同：

2又1/2杯水

煮滾，火轉小，煨煮到鍋液收乾剩一

半。將鍋液濾入一口碗裡，擠壓蝦殼榨取汁液。蝦殼丟棄，高湯暫時置一旁。
在一口大的平底鍋以中火把：
4盎司培根，橫切成1/2吋塊狀
的油脂逼出來，5至7分鐘，拌入：
1顆中型洋蔥，切末
拌炒到稍微焦黃，再加：
1瓣大的蒜仁，切末
進去，炒到飄出香味，再拌入：
2大匙中筋麵粉
拌炒到稍微將黃，約1分鐘。預留的蝦肉下鍋，翻炒至呈粉紅色，約3分鐘。徐徐拌入預留的湯汁，然後再拌入：
（1/2杯去皮，去籽切碎的番茄；或1罐14又1/2盎司整顆番茄，瀝出切碎）
1/4小匙鹽
1/8小匙紅椒粉
煮到蝦子熟透而且湯汁稍微稠稠的，其間偶爾要攪拌攪拌。拌入：
1/4杯濃的鮮奶油或半對半鮮奶油
加熱到火燙即可。喜歡的話，拌入：
（2杯切碎的荷蘭芹）
佐配上：
3杯低地國鮮奶油風味葛子粥，如上；或煮熟的老式葛子

烤玉米糝（Baked Hominy）（4至6人份）

烤箱轉190度預熱。
在一口中型平底鍋裡以中火加熱：
1大匙蔬菜油
油熱後下：
1杯切碎的洋蔥
1/2杯切碎的烤火腿或削皮蘋果
拌炒到洋蔥軟身，再下：
2又1/2杯煮熟的乾玉米糝，瀝乾的罐頭玉米糝，或退冰的冷凍玉米糝
1/2小匙鹽
1/8小匙黑胡椒
鍋子離火。混勻：
1杯細的新鮮麵包屑
1杯切達起司屑（約4盎司）
將一半的玉米糝舀到2夸特的焗盅裡，撒上一半的麵包屑混料，再把剩下的玉米糝倒上去，最後覆蓋上剩下的麵包屑混料。在表面星布著：
1大匙奶油，切成小塊
烤到表面焦黃，約15分鐘。

綠玉米粥（Green Posole）（8至10人份）

乾的玉米糝也可以換成2罐1磅的玉米糝，要瀝乾；雞湯的量則要增加至3夸特。
在一口大鍋裡把：
1磅乾玉米糝、4夸特水
煮沸，加蓋燜煮2小時，或煮到玉米仁變軟而且逐漸呈喇叭形裂開。瀝出盛到碗裡，保留玉米糝和：
4杯煮玉米糝的水
將：
1磅的墨西哥綠番茄，去皮殼並洗淨
放進淹蓋表面的水裡煮10至15分鐘，或煮到軟，中途要翻面。瀝出墨西哥綠番茄，放進攪拌機裡。另一個做法是，直接把：
（2罐13盎司墨西哥綠番茄，瀝出）
倒進攪拌機裡，再加進：
1小把酸模或水田芥，去梗並粗切
6根塞拉諾辣椒或墨西哥青辣椒，或自行酌量，去籽粗切
攪打到滑順。
用香料研磨器把：
1/2杯去殼的南瓜籽，烤過，並放涼
研磨成粉末，篩進一口碗裡，拌入：

3/4杯雞高湯
混勻。在一口大的厚底湯鍋或荷蘭鍋裡以中火加熱：
2大匙蔬菜油
油熱後下：
1顆大的洋蔥，切碎
不時翻炒，約5分鐘，再下
3瓣大的蒜仁，切末
翻炒爆香約30秒。澆一些南瓜籽混液進去，不時攪拌，直到混液變稠，約5分鐘。轉中大火，把墨西哥綠番茄混料倒進去。拌煮到混液變稠且呈鮮綠色，約5分鐘。再把玉米糝和預留的4杯煮米水倒進去，連同：
3瓣蒜仁，切末、8杯雞高湯
煮沸。滾了之後加蓋轉小火，燜煮1至2小時，煮到玉米糝非常軟。加：
1大匙鹽，或自行酌量
（1磅紅皮馬鈴薯，切丁）
（2大枝土荊芥，切碎）
再多燜煮20分鐘，或煮到馬鈴薯軟身，如果有加的話。拌入：
1杯切碎的芫荽
起鍋上菜，在席間分別傳遞：
1顆小的紅洋蔥，切末
2顆酪梨，去皮去核並切丁
6張玉米粉薄烙餅，烤或炸到酥脆，並且壓碎
8片羅曼萵苣葉片，橫切成細絲

雞肉起司墨西哥粽（Chicken and Cheese Tamales）（16顆；4人份）

墨西哥粽很像是包了雞肉、紅肉、豆類或起司的玉米麵包，有時候會包甜餡料。通常用玉米殼或香蕉葉來包，然後烤或蒸來吃（如果你買不到玉米殼或香蕉葉，也可以用6×8吋的防沾烤盤紙來包）。
在一口大的醬汁鍋裡放：
大約4盎司乾的玉米殼
加水淹蓋表面，煮開。鍋子離火，把一只盤子或其他重物壓在玉米殼上，讓玉米殼浸泡在水裡，靜置到它們變軟很容易彎折，1至2小時。在一只盤子上混合：
1小匙孜然粉、1小匙辣粉
1小匙鹽、1/2小匙紅椒粉
將：
1副去骨去皮雞胸肉（約12盎司）
敷上這調味料。
在一口大的平底鍋裡以小火融化：
2大匙奶油
接著放入：
3/4杯切薄片的洋蔥
翻炒到軟身但不致焦黃。把洋蔥盛到一口中型碗裡。轉中火，雞胸肉下鍋，將兩面稍微煎黃。然後蓋上鍋蓋，轉小火把雞肉煎至熟透，約10分鐘。煎好後盛到盤子上並放涼。把雞肉剝成絲，加到洋蔥裡，連同：
2大匙去籽切末的墨西哥青辣椒
置旁備用。在一口大碗裡攪勻：
3杯（1又1/2磅）馬薩麵粉，575頁
2又1/4小匙發粉
在另一口大盆裡用電動攪拌機以高轉速將：
3/4至1杯（6至8盎司）豬油或蔬食酥油
打到蓬鬆，約2分鐘。接著把馬薩麵粉混料漸次加進來，同樣以高轉速來打。再慢慢打入：
2至2又1/4杯雞高湯，加熱到溫熱
持續打到麵團的稠度像蓬鬆的馬鈴薯泥，約2分鐘。舀1/2小匙量的麵團，丟進一杯冷水中，如果麵團浮在表面的話，麵團就是打好了。加：

1又1/2小匙鹽，或自行酌量

調味。

將玉米殼瀝出拭乾。挑出16張最大張的。備妥：

1又1/2杯蒙特雷傑克起司屑（6盎司）

把蒸籠內鍋或可抽取的蒸籠放進一口深槽高湯鍋內，或者用墨西哥粽專用蒸籠。高湯鍋或蒸鍋內裝1至2吋高的水（水面高度不能接觸到蒸籠內鍋的底部或蒸架）。將剩下的2/3玉米殼鋪在高湯鍋或蒸鍋的底部和側邊。

包墨西哥粽的方式是，把一張玉米殼擺在案板上，粗面朝上，讓較為收尖的一端靠你最近。將1/4杯麵團抹在粽葉上，抹成4吋方形，離收尖的一端至少留1又1/2吋寬的邊距，其他三邊則留1吋寬邊距。舀2大匙的雞肉餡置於馬薩麵團中央排成一條線，接著撒上1又1/2大匙的起司。將左右兩側的粽葉往內翻，包覆著餡料（如果粽葉太小包不住餡料，換另一張大的），然後把較為收尖的一端往上包折，再用一條廚用細線綁好固定。將墨西哥粽立在蒸鍋裡，開口朝上。把剩下的粽葉包完，裝進蒸鍋裡，但粽子之間要有空隙可以伸展。

將剩下的粽葉覆罩在粽子上方。蓋上鍋蓋，把水煮開，以中火蒸到很容易把粽葉從內餡撥離的程度，1至1又1/4小時。需要的話多加點滾水到鍋裡。

蒸好後，離火靜置5分鐘後再掀蓋取用。或者徹底放涼，冷藏可放上數天，冷凍可放上1個月。食用前用蒸籠重新加熱。

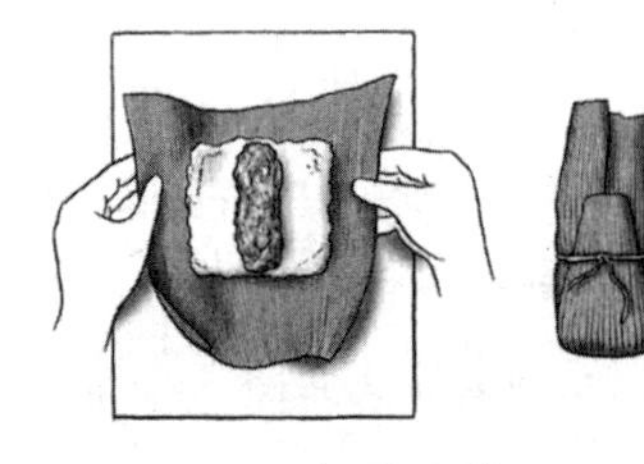

包墨西哥粽

北非小米（Couscous）

參見「關於糙小麥、碎小麥、小麥片和北非小米」，595頁。

二粒小麥（Farro）

參見「關於糙小麥、碎小麥、小麥片和北非小米」，595頁。

| 關於小米 |

和當作鳥餌賣的小米不一樣，銷售給人類食用的小米已經去殼。小米小巧珠圓，呈淡金或淡紅色，煮熟後神似北非小米，是一道鬆軟配菜，有著細緻滋味和爽脆口感。小米也可以煮成粥，拌進湯裡，或做成沙拉或餡料。➡假使先烤過的話，滋味會更顯飽滿濃郁。小米佐配大蒜、辣椒和帕瑪森起司很對味，它也可以和其他穀物或籽實混在一起煮，尤其是藜麥和白米，這兩者所需的烹煮時間比小米短。

小米糕加帕瑪森起司和日曬番茄（Millet Cakes with Parmesan and Sun-Dried Tomatoes）（4至6人份）

鋪墊在烤雞、野味或紅肉底下相當美味。或者佐上煮熟的青菜當蔬食主菜。

準備：

1/4杯切丁的日曬番茄，散裝的，或是成罐的浸漬在橄欖油裡的

若是散裝的，泡水30分鐘，水要淹蓋過表面，然後瀝出使用。若是成罐的浸漬在油裡的，用紙巾吸乾油。在一口大的平底鍋或大的寬口醬汁鍋裡以中火加熱：

2大匙橄欖油

接著放入：**1/4杯切細的洋蔥**

翻炒1分鐘，再下：

1/3杯小米、1/3杯長梗白米

翻炒翻炒，以中火把洋蔥和小米炒黃，約4分鐘。放入：

1瓣蒜仁，切末

煮30秒，接著日曬番茄下鍋，連同：

2杯雞高湯

煮滾，加蓋轉中小火燜煮至小米吸收汁液變軟，25至30分鐘。掀蓋，輕快地翻拌軟化小米。稍微放涼。加：

1/4杯帕瑪森起司屑、2顆蛋，打散

充分拌勻。用冷水將手沾濕，把差不多1/3杯的小米混料捏成直徑約3吋、厚度約1/2吋的小糕餅狀。捏好後放盤子上，送入冰箱徹底冰涼，起碼冰1小時。在一口大的不沾鍋裡加熱：

1大匙橄欖油或蔬菜油

油熱後，小米糕下鍋煎，先把一面煎黃，約4分鐘，翻面再煎黃即成。

| 關於燕麥 |

燕麥受重視是因為它的營養價值，尤其是它所含的纖維，一半是有助消化的不溶性纖維，一半是可降低膽固醇的可溶性纖維。市售的燕麥分兩種：**燕麥片**（rolled oats）和**燕麥粒**（oat groats）。燕麥片是燕麥蒸過然後被碾壓成扁片，「老式燕麥粉」、「快煮燕麥粉」和「即食燕麥粉」都屬這一類，一概可以在五分鐘或更短的時間內煮熟。燕麥粒是脫殼的燕麥粒，分為整粒直接切割的（steel-cut）（也叫做愛爾蘭燕麥粉或蘇格蘭燕麥）或碾碎的。燕麥粒所需的烹煮時間比燕麥片長得多，但煮好的粥可口有嚼感。所有煮熟的燕麥粥加上葡萄乾、櫻桃乾或藍莓乾、新鮮水果和肉桂或肉豆蔻，再撒上紅糖或楓糖漿，拌入牛奶或鮮奶油，都是絕佳的早餐。所有的燕麥都是全穀物，留有麩皮。**燕麥麩**（Oat bran）僅是燕麥的外層；都是碾碎出售，當作穀片來烹煮。

穀物棒（Granola）（約9杯）

烤箱轉180度預熱。在一大張立出邊框的烘焙紙上撒：

3杯老式燕麥片

送入烤箱烤15分鐘，其間要經常攪拌。

在一口大碗裡混合：

1又1/2杯小麥胚芽、（1/2杯奶粉）

1杯粗切的杏仁

1杯甜味的椰子絲或椰子片

1/2杯芝麻、1杯去殼的葵花籽

在一口小的醬汁鍋裡以小火將：

1/2杯蔬菜油
1/2杯蜂蜜或楓糖漿
加熱5分鐘。把蜂蜜混液拌入小麥胚芽混料中，再與烤燕麥混合。倒在烘焙紙上（需要的話，用兩張）抹成薄薄一層，烤45分鐘，或直到所有材料都烤酥，其間要經常拌一拌。放涼，裝入密封盒裡貯存，室溫下可放上5天，冷藏可放上1個月。

蘋果肉桂三穀物棒（Three Grain Apple Cinnamon Granola）（約9又1/2杯）

烤箱轉150度預熱。在一大張立出邊框的烘焙紙上混合：
2杯老式燕麥片、1杯大麥片、1杯裸麥片
烤熟，約15分鐘，其間要經常拌一拌。
加：
2杯剁碎的核桃、1/2杯小麥胚芽
1/2杯去殼葵花籽
拌勻。再烤10分鐘。稍微放涼，然後盛到一口大碗裡（讓烤箱依舊轉開），拌入：
1/2杯黃豆粉或奶粉、1大匙肉桂粉
在一口小的醬汁鍋裡加熱：
2/3杯蜂蜜、1/2杯蔬菜油
1又1/2小匙香草精
並攪勻，接著倒到乾料中，攪拌至乾料均裹上油料。把混合物抹在烘焙紙上，烤20分鐘，其間要經常拌一拌。再拌入：
1杯切碎的蘋果乾、1/2杯葡萄乾
放涼，然後裝到密封盒裡貯存，室溫下可放上5天，冷藏可放上1個月。

木斯里（Muesli）（2杯；2至4人份）

木斯里又稱為瑞士燕麥粥，是十九世紀末的一位瑞士醫師為病患研製的膳食。呈室溫狀態食用，或者溫熱著吃，配上牛奶、優格、鮮奶油或加上水果片。
在一口大碗裡拌勻：
1杯老式燕麥片、1杯滾水
再拌入：1/2杯葡萄乾
1/3杯剁碎的核桃或未焯燙去皮的杏仁
1/4杯甜味乾椰絲或椰片
1/4杯剁碎的杏桃乾
1至2小匙紅糖，或自行酌量
即成。

關於藜麥

藜麥不是真正的穀物，只不過是被煮熟來當穀物吃。印加農人在安地斯山脈種植了數千年的藜麥，很快可以煮熟，富含礦物質，也是植物性蛋白質的最佳來源之一。➡藜麥一定要用冷水洗滌，洗到水變得清澈為止。藜麥在烹煮時會膨脹而且變透明。煮之前若先烤過，加不加奶油都可以，滋味最棒；配上烤胡桃或其他堅果格外對味，做成土耳其抓飯也很美味。藜麥混莧籽同煮非常可口，土耳其抓飯和沙拉裡的小麥片或米飯也可以換成藜麥。

藜麥抓飯（Quinoa Pilaf）（約3杯；4人份）

依照蕎麥抓飯，574頁的做法操作，用1杯藜麥，洗淨並瀝乾，來取代蕎麥。烹煮的時間要多加大約17分鐘。

| 關於米飯 |

「願你煮飯永不燒焦」是中國人過年常說的吉祥話。我們會說的是「但願別把飯煮糊了」。和麵粉一樣，米含有或多或少的水分和澱粉。除了這個差異之外，米還分成很多種。**白米**是被加工處理過的米，去除了米糠和帶油脂的胚芽。白米很快熟，有絕佳的耐貯性，置於一般儲物架的溫度下可以保鮮一年以上。相反的，**糙米**是全穀物，留有麩皮和胚芽，儘管營養價值比高度精製的白米高，但要煮久一點才會軟化。因為含有帶油脂的胚芽，糙米也比較容易腐壞。糙米需要冷藏貯存，數個月內要食用完畢。

預熟米（Parboiled rice），市面上又稱為改造米，是特殊加工過的白米。比起白米，這種米煮起來較不容易變得黏糊軟爛，而且保留了維生素B群。煮的時候也需要多加一點液體，而且要稍微煮久一點，不過它和白米一樣耐久放。**即食米**（instant rice）可能是白米或糙米，在包裝之前已經煮熟並脫水。即食米不如傳統的米那麼有滋味，不過它只需幾分鐘就可以煮好，相當便利。

米粒的大小會影響到飯粒的口感。用短梗米或長梗米——呈橢圓形，煮出來的米飯濕軟，有時候有黏性——來煮西班牙海鮮飯、義式燉飯、壽司飯和米布丁。也可以用它們來增加湯和醬汁的稠度。中梗米有**義大利阿勃瑞歐米**（Arborio）、**日本米**和**中國糯米**。**長梗米**形狀纖長，用在沙拉、湯品、抓飯和飯粒需要粒粒分明且鬆爽的主菜裡最出色。

香米有很多品種，煮的時候會散發明顯的堅果味和花香。**印度香米**（Basmati）是長梗的白米或糙米，有著迷人芳香和滋味。Basmati在梵文裡的意思是「香氣之后」，它賦予印度抓飯特殊的鬆爽口感和香氣。**茉莉香米**，另一種長梗白米，煮熟後口感較軟綿，簡直像中梗米。它有著幽微的茉莉花香。美國本土種的茉莉香米不需要清洗；進口的就要。好幾種美洲混生的香米已經越來越普遍，這些包括了**德州香米**（Texmati），在德州栽種的印度白香米或糙香米；**加州香米**（Wehani），加州來的長梗糙米；以及**路易斯安那胡桃香米**（Louisiana Pecan），得名於胡桃似的香氣。

紅米和**黑米**的米粒也有各種尺寸，有的有香氣，有的則無。往往包有糠皮。**泰國黑米**煮熟後呈黑紫色，有黏性；其滋味深沉，往往加椰奶煮成布丁。

菰米實質上不是米，而是美國一種草本植物的籽實。它需要獨自的一套煮法，見597頁。

某些進口米，以及批發販售的米，烹煮之前都應該先清洗。不過，用來做燉飯而必須煮得綿稠滑順的米，或是使用預熟米這種在加工過程添加了維生素和礦物質的米，則不建議洗米。

使用**火爐**和**微波爐**蒸煮米飯的方法，以及隨列的幾種做抓飯的食譜，請參見圖表，598頁。➡米也可以用煮義大利麵的方式來煮。將一大鍋鹽水燒開，米粒下鍋煮到軟身，瀝出即可享用。**電子炊飯鍋**是個巧妙的發明，使得煮白飯或糙米飯變成一件輕鬆事。大多數的炊飯鍋都有一只大的內鍋（通常有不沾的內鍋），放在電子加熱器具上。依照製造商的說明書操作。

千萬別攪動米粒，除非食譜另有指示。不停的掀鍋蓋或攪動米粒是煮飯的大忌。➡用硬水煮飯要想保持米粒白淨，在水裡加一小匙的檸檬汁或一大匙的醋。

烤白米飯（Baked White Rice）（4人份）

這道簡單明瞭的食譜要加倍分量來做也很輕鬆。

烤箱轉180度預熱。在一口2夸特的耐烤砂鍋裡加熱：

1大匙奶油或橄欖油

油熱後放：

（1/2杯切碎的洋蔥）

進去，拌炒到軟身，3至5分鐘。接著：

1杯長梗白米

下鍋，翻炒到米粒充分裹著油，加：

2杯雞高湯或水、1/4小匙鹽

煮滾。加蓋放進烤箱裡烤到米粒變軟而且高湯盡數被吸收，20至25分鐘。烤好後，先靜置5分鐘後再掀蓋享用。

隆鮑爾版義大利飯（Rombauer Italian Rice）（4至6人份）

這道食譜在1931年版的《廚藝之樂》裡稱為「義大利飯（燉飯）」。這裡的做法較不麻煩，成果很不賴。

在一口中型醬汁鍋裡融化：

1/4杯（1/2條）奶油

倒進：

1杯義大利米或其他短梗米

翻炒1分鐘讓米裡沾裹著油，接著徐徐倒入：

4杯熱雞湯或蔬菜湯

1/2杯帕瑪森起司屑

拌入：

1/4小匙匈牙利紅椒粉

小撮番紅花絲、小撮卡宴辣椒

倒到放在滾水上的雙層蒸鍋的上鍋內，加蓋煮45分鐘，煮到米粒變軟、湯汁盡數被吸收，其間攪拌幾次。調整一下鹹淡即可享用。

烤糙米佐蘑菇（Baked Brown Rick with Mushrooms）（4至6人份）

糙米也可以換成大麥仁；高湯加量至3杯。

烤箱轉180度預熱。在一口2夸特耐烤的砂鍋或煎鍋以中大火加熱：

3大匙奶油或橄欖油

油熱後下：

1又1/2杯粗切的蕈菇

1/2杯切碎的洋蔥

1瓣蒜仁，切細末

拌炒到蕈菇稍微焦黃，約8分鐘，加：

1杯長梗糙米

翻炒到米粒沾裹著油，再加：

2又1/4杯雞湯或蔬菜湯

1/4小匙鹽

1/8小匙黑胡椒

煮滾。加蓋移到烤箱內，烤到米粒把湯汁全數吸收而且變軟，約45分鐘。烤好後靜置10分鐘再掀蓋食用。

用米做的抓飯（Rice Pilaf）（4至6人份）

做抓飯時，米要用奶油或油短暫地翻炒一下再加水或高湯，這是確保飯粒鬆爽又粒粒分明的法門。
在一口大的醬汁鍋裡以中小火融化：
2大匙奶油
接著放入：
1/2杯切碎的洋蔥
拌炒到呈金黃色，約8分鐘，再下：
1杯長梗白米，或印度香米
翻炒到米粒沾裹著油，然後拌入：
2杯水或雞湯
（1/2小匙鹽，如果加的是水）
煮沸。攪拌一下，加蓋轉小火煮到米粒將湯水全數吸收而且變軟，約15分鐘。煮好後先不掀蓋，燜個5分鐘再食用。撒上：
2大匙剁碎的烤核桃，或2大匙荷蘭芹末

孜然籽扁豆抓飯（Lentil and Rice Pilaf with Toasted Cumin Seed）（6人份）

這道抓飯可當配菜，或者佐上各種熟青菜當主菜。
把中型醬汁鍋裡的一鍋水煮開，放入：
1/2杯扁豆，挑揀並洗淨
水又滾了之後，不加鍋蓋續煮10分鐘；瀝出扁豆。在一口大的醬汁鍋裡以小火加熱：
2大匙蔬菜油
油熱後下：
1瓣蒜仁，剁細
1/2小匙孜然籽
翻炒到滋滋響，約1分鐘，接著扁豆下鍋，連同：
1杯長梗白米
拌炒到米粒沾裹著油，約1分鐘。加：
2杯雞湯
1/4小匙鹽，或自行酌量
進去，煮沸。攪拌一下，加蓋轉中小火煮到湯汁盡數被吸收，而且米飯和扁豆變軟，約15分鐘。掀開鍋蓋，靜置5分鐘。食用前在抓飯表面撒：
1/4杯剁碎的烤核桃

香料蔬菜抓飯佐腰果（Spiced Vegetable Pilaf with Cashews）（4至6人份）

在一口大型寬口醬汁鍋或深槽平底鍋以中火加熱：
2大匙蔬菜油
油熱後下：
2杯切薄片的洋蔥
拌炒到呈焦黃色，10至15分鐘，再下：
1杯印度香白米
1/2杯胡蘿蔔丁
1杯切小朵的白花椰菜
2瓣蒜仁，切末
2整顆小荳蔻
1根肉桂棒
1片去皮生薑薄片
翻炒到米粒裹著油，加：
2杯水
3/4小匙鹽
煮沸。攪拌一下，加蓋轉中小火煮到米粒吸光水分而且變軟，約20分鐘。掀開鍋蓋迅速地把：
1杯新鮮或退冰的冷凍豌豆
放到米飯表面，再蓋回鍋蓋燜10分鐘。挑除小荳蔻、肉桂棒和薑片。用叉子把米飯翻鬆而且和豌豆拌勻，盛到上菜盤裡，在飯上面撒：
1/2杯粗剁乾烤的無鹽腰果或花生

貝克版米麵抓飯（Becker Rice and Noodle Pilaf）（10至12人份）

在一口大的寬口醬汁鍋或深槽平底鍋以中火混合：
3大匙奶油
1大匙蔬菜油
2顆紅蔥頭，切末
4盎司（2又1/2杯）細緻雞蛋麵
2杯長梗白米
翻炒到麵條烙黃，加：
4杯雞湯
煮沸，接著火轉小，加蓋煨煮20分鐘。煮好後先不掀蓋，燜個5分鐘再食用。用叉子把飯麵挑鬆。

西班牙飯（Spanish Rice）（4至6人份）

烤箱轉180度預熱。在一口10吋耐烤的平底鍋或耐烤的砂鍋裡以中火拌炒：
1大匙蔬菜油、2片培根，切末
1/2杯切碎的洋蔥、1/2杯切碎的青甜椒
1瓣蒜仁，切末
炒至洋蔥呈金黃，約5分鐘，接著下：
1杯長梗白米
翻炒到米粒充分裹著油，倒進：
1又3/4杯雞湯
1杯瀝乾的罐頭番茄碎粒
1/2小匙甜味或辣味匈牙利紅椒粉
1/4小匙鹽
1/4小匙黑胡椒
煮沸，攪拌一下，加蓋後移入烤箱內，烤到米粒吸光湯汁而且變軟，約25分鐘。掀蓋靜置5分鐘後再食用。

跳跳約翰（Hoppin' John）（6至8人份）

美國南方傳統上會在元旦那天吃跳跳約翰，一種加了黑眼豆和火腿的抓飯。
清洗、挑揀並浸泡：
8盎司乾黑眼豆（約1又1/4杯）
瀝出後再徹底沖洗一遍。處理好之後放進鍋裡，加：
1又1/2杯切碎的洋蔥
（1大匙大蒜末）
4盎司煙燻火腿，切丁
1/2小匙乾的百里香
1/2小匙壓碎的紅椒片
2片大的月桂葉、3杯水
煮到微滾，然後文火慢煨，不蓋鍋蓋，煨煮到豆子軟身，30至50分鐘（端看豆子老或嫩而定）。瀝出豆子混料，保留煮豆水（鍋子置旁備用）。撈除月桂葉。將黑眼豆和火腿盛到一口碗裡，加：
鹽和黑胡椒，自行酌量
調味，加蓋置旁備用。在預留的煮豆水裡加：
1/2至1/4杯雞湯
補至2又1/2杯的量。
烤箱轉165度預熱。將剛才用來煮豆子的鍋子置於中火上，加：
2大匙奶油
2至4片培根，切丁
拌炒至培根釋出大部分的油，開始變得酥脆。拌入：
1又1/4杯長梗白米、1小匙鹽
翻炒到米粒裹著油，約1分鐘。將豆子和煮豆水倒進去，煮到微滾。攪拌一下，加蓋烤至米粒吸光湯汁，20至25分鐘。撒上：
1/4杯荷蘭芹末
用叉子輕輕地把米挑鬆，並與其他材料混勻。掀開鍋蓋靜置10至30分鐘再食用。
跳跳約翰可以在前一天準備好，加蓋冷藏。回溫後，不要翻拌，加蓋送進135度的烤箱裡烤至熱透。

牙買加豆子拌飯（Jamaican Rice and Peas）（6至8人份）

佐配加勒比海菜，諸如牙買加香辣雞*，99頁。

清洗、挑揀、浸泡：

1杯乾的樹豆或黑眼豆

瀝出後放進一口鍋子裡，連同：

2瓣蒜仁，切末、3杯水

煮沸，然後火轉小加蓋慢煨，煨至豆子差不多軟了，約40分鐘。拌入：

1罐13又1/2盎司無甜味椰奶

2枝百里香、2根青蔥，修切過

1顆小燈籠辣椒或哈巴內羅辣椒

2小匙鹽、1/2小匙黑胡椒

煮沸，再拌入：

2杯長梗白米

再煮沸。攪拌一下，轉小火加蓋煮到米粒變軟而且吸光湯汁，約20分鐘。鍋子離火，不掀蓋燜個10分鐘。挑除百里香、青蔥和辣椒，用叉子把飯粒挑鬆後即可食用。

紐澳良雞肉飯（Chicken Jambalaya）（6至8人份）

試著加火腿以及雞肉或蝦子看看。將：

2又1/2磅雞肉塊

加：**鹽和黑胡椒，適量**

調味。

在一口大的平底鍋或荷蘭鍋裡以中火加熱：

2大匙奶油或蔬菜油

接著雞肉下鍋，不時翻面，把每一面都煎黃，約10分鐘。煎好的雞肉移到盤子裡。再將：

12盎司內臟香腸或西班牙臘腸，切片；或煙燻火腿，切丁

下鍋並煎黃，煎好後盛到盤子裡。鍋裡留2大匙左右的油，其餘的倒掉。在鍋裡放入：

1杯切碎的洋蔥

1顆中型青甜椒，去核去籽切丁

1/2杯西芹丁、3瓣蒜仁，切末

翻炒至軟身，約8分鐘。再下：

1杯長梗白米、2大匙番茄糊

1/4至1小匙紅椒粉

翻炒2分鐘拌勻，再加：

2杯滾水

1罐14又1/2盎司整顆番茄，切碎，連汁一起加進去

1/4杯切碎的荷蘭芹、3/4小匙鹽

1/4小匙乾的百里香、1/8小匙黑胡椒

1片月桂葉

將雞肉塊和內臟香腸倒回平底鍋裡。加蓋轉中小火煮至水分被吸收，雞肉熟透，約20分鐘。掀蓋繼續煮到醬汁變稠，5至8分鐘。

炒飯（Fried Rice）（4人份）

這是把剩飯消耗掉的一個好方法。做法變化無窮：加大約1/2杯切開的熟蔬菜（青花菜、胡蘿蔔、四季豆、南瓜或番薯）；退冰的冷凍四季豆；熟雞肉丁或雞肉絲或熟豬肉丁或豬肉絲；或熟蝦肉或魚肉到飯裡。若想添加額外的滋味，撒上烤芝麻、碎花生粒或腰果。

打勻：

4顆蛋、1/2小匙鹽

以中火將一口大的平底不沾鍋或中式炒鍋熱鍋。倒入：

1大匙蔬菜油或花生油

傾斜鍋子讓油覆蓋鍋面，一口氣把蛋液倒進去。當蛋液凝結，便把外緣的蛋皮鏟向中央，傾斜鍋子讓尚未凝結的蛋液再均勻覆蓋鍋面。一等蛋液全都凝結，便把蛋皮攪散成碎塊，盛到碗裡。在鍋裡倒入：
2大匙蔬菜油或花生油
放進：
3至4杯冷飯（1至1又1/3杯米）
1小匙去皮生薑末
翻炒至飯粒裹著油，約3分鐘。接著拌入炒好的蛋，連同：
1/2杯蔥花
淋上麻油或醬油。

波斯飯（Persian Rice）（4至6人份）

傳統上波斯飯是用厚重的鍋子直接擱在火上慢慢燒煮出來的，因此鍋底會形成一層美味的鍋巴。這鍋巴會被鏟起，也許放在鬆軟的飯上搭配著吃，要不就另外盛一盤。在這個簡易的做法裡，米飯在不沾平底鍋裡煎焙後，像一張大鍋餅被倒扣出來，讓酥脆的鍋巴在表層，鬆軟的米飯在下層。
烤箱轉180度預熱。在一口大鍋內燒開：
4夸特水、1大匙鹽
往鍋裡倒進：
2杯印度白香米、1根肉桂棒
3整顆丁香、3顆黑胡椒粒
1/4小匙小荳蔻籽（從3個莢裡挑出）
不蓋鍋蓋，偶爾拌一拌，煮到米飯差不多軟了，約10分鐘。用篩網瀝出飯粒，米粒暫時擱在篩子裡備用（香料也留在米粒中）。在一口大的耐烤平底不沾鍋裡以中火融化：
1/2杯（1條奶油）
舀出3大匙奶油預留備用。在平底鍋裡放入：
1杯切薄片的洋蔥、1/4小匙番紅花絲
將洋蔥炒黃，約8分鐘。將洋蔥均勻地撥散，在鍋面平鋪一層。把：
2大匙切丁的杏桃乾
2大匙甜櫻桃乾或酸櫻桃乾或黃金葡萄乾
鹽，自行酌量
拌入米飯裡。將米飯舀到洋蔥上。用一根大湯匙的匙背把米飯表面抹平，並且使點力往下壓，把飯粒壓得密實。將預留的奶油均勻地淋在表面。蓋上雙層的鋁箔紙，將紙的表面往下壓，邊緣打褶封緊。放進烤箱內烤1小時。烤好後燜個10分鐘再掀蓋。掀起鋁箔紙蓋後，將一只大圓盤倒扣在平底鍋口上。用廚巾保護你的手，將平底鍋和大圓盤整個上下顛倒，讓米飯落到大圓盤上。撒上：
1/4杯剁碎的開心果

椰奶飯（Coconut Rice）（4至6人份）

在一口大的醬汁鍋裡把：
1杯罐頭的無甜味椰奶、1杯水
1杯茉莉香米、1片去皮生薑薄片
3/4小匙鹽
煮沸，攪拌一下，加蓋轉很小的火煮到米粒吸光湯汁而且變軟，約20分鐘。在煮熟的飯上撒：
1/3杯甜味椰絲，烤過
（芫荽葉）

印尼菜全席（Indonesian Rice Table）（6至8人份）

傳統的印尼菜全席，亦即*rijsttafel*一字所指涉的，是一種社交宴席，多道香噴噴的菜與米飯一同端上桌。它基本上是入席的自助餐，菜式的變化多端。這裡的做法是容易上手的入門款。
在一口大的醬汁鍋裡加熱：
4杯罐頭無甜味椰奶
但別煮沸，加：
2杯椰絲，有甜味或無甜味皆可
在另一口大的醬汁鍋裡以中火加熱：
1大匙奶油
在鍋裡放入：**1/2杯切細的洋蔥**
拌炒到呈黃褐色，約8分鐘，再下：
1瓣蒜仁，剁細、1又1/2小匙咖哩粉
（1大匙去皮生薑末）
把椰奶混液倒進來，連同：
1杯牛奶或雞湯
舀3大匙這混液到一口小碗裡，拌入：
1大匙中筋麵粉、1大匙玉米粉
再把這一小碗欠汁倒回醬汁裡，加熱攪拌至變稠。加：**鹽和黑胡椒**
調味。將一半的醬汁盛到另一口醬汁鍋裡並保溫。在剩下的醬汁裡加：
3杯熟雞肉丁、蝦肉、魚肉、仔牛肉、仔牛胸腺或蕈菇，可單獨加也可以混合
加熱至熱透。
備妥：**3至4杯米飯**
享用這印尼全席的儀式也是其魅力所在。先把飯分出去，把飯豪邁地盛在盤子裡，抹平成「桌面」。接著在席間傳遞醬汁裡的肉料。隨後是擺成一大盤的：
洋蔥薄片、水煮蛋，切碎
花生碎粒或烤杏仁
椰絲，有甜味或無甜味均可
印度甜酸醬、葡萄乾和醃薑或蜜金棗
香煎香蕉，切對半
綜合醃菜
最後，遞送額外的熱醬汁。

西班牙香腸海鮮飯（Seafood and Sausage Paella）（10人份）

西班牙大鍋飯（paella）往往不是加海鮮和香腸，就是加雞肉和兔肉。西班牙大鍋飯可以用明火來炊煮。使用醇厚的高湯和新鮮西班牙臘腸。用義大利米或瓦倫西亞米這類中梗米來煮，炊煮時千萬不要攪動米粒。
將：**1磅中型蝦、10隻大蝦**
去殼，挑除沙腸，保留蝦殼備用。
蝦肉先置一旁，蝦殼放進一口3或4夸特的鍋子裡，連同：
1顆洋蔥，切4瓣、2顆蒜瓣，壓碎
1根胡蘿蔔，切片
1束綜合辛香草束
6杯魚湯或雞湯或水
煮沸，然後轉小火熬煮45分鐘，直到飄出香味。用鋪了紗布的濾網濾出湯汁，丟棄固體物。高湯加：
1又1/2小匙鹽，或自行酌量調味。
趁熬高湯時，刷洗：
24顆小頸蛤
放進一口型鍋或大型醬汁鍋裡，加：
1杯不甜的白酒、2粒蒜瓣，壓碎
2大匙切碎的洋蔥
煮沸，接著轉小火，緊密地蓋上鍋蓋，煮5至6分鐘，直到小頸蛤全部開殼。鍋子離火，等到冷卻至不燙手的地步，挑出蛤肉置旁備用。煮蛤汁用鋪了紗布的細眼篩濾入一口碗裡，混合夠多的蝦高湯之後量出7杯的總量。加：**鹽**
到混合高湯裡，試試鹹淡，味道要夠鮮鹹才行。把這高湯倒入一口醬汁鍋裡，拌入：
約3/4小匙番紅花絲，壓碎
置旁備用。在一口中型平底鍋裡以中大火加熱：
1小匙橄欖油
1磅新鮮西班牙臘腸或滋味溫和的義大利香腸

不時翻面，把香腸每一面都煎黃起泡，而且要熟透，約10分鐘。取出香腸，切成1/2吋片狀，置旁備用。將：

1又1/2磅鮟鱇魚片，或鮟鱇魚片加比目魚或鰤魚肉塊的組合，切2吋小段

加鹽調味。

將一口12吋或更大的西班牙大鍋或大燜鍋（braising pan）或一口15吋不沾平底鍋擺在中大火上，或者擺在直徑至少21吋的壺型炭烤爐內的火燙木炭上。倒：

2大匙橄欖油

油熱後，魚肉下鍋，烙煎至表面呈乳白，每面約煎1分鐘，煎好移到盤子上。接著蝦肉全數下鍋，拌炒至表面呈粉紅色，約1分鐘，移到盤子上。再把：

1/3杯橄欖油、1顆中型洋蔥，切碎

放入熱鍋裡，拌炒至洋蔥開始上色。與此同時，把預留的高湯加熱至微滾。在鍋裡的洋蔥拌入：

8瓣蒜仁，切末

1顆紅甜椒，烤過，去皮切細條，或2顆柿子椒，切成細條

翻炒30秒至1分鐘，小心別把蒜末炒焦，再下：

3顆番茄，切半去籽，用四面剉籤器孔最大的一面來剉成碎粒

1大匙甜味匈牙利紅椒粉，最好是西班牙紅椒粉

1/2小匙鹽

拌炒至飄出香味，2至3分鐘。拌入西班牙臘腸，接著再拌入：

3杯中梗瓦倫西亞米或義大利米

1片月桂葉，揉碎

1又1/2杯新鮮或退冰的冷凍豌豆或利馬豆

1又1/2杯2吋長的四季豆，最好是羅馬諾豆，汆燙過

翻炒至米粒裹著油，3至4分鐘。隨後把高湯倒入鍋，再下：

18顆貽貝，刷洗過並揪掉小鬍子

將之壓入高湯裡。接著把蛤、蝦、鮟鱇魚肉鋪在表面，不需壓入高湯裡。不蓋鍋蓋，溫和地沸煮，別去攪動或撥弄，煮20至25分鐘，或煮到高湯完全被吸收。鍋子離火，覆蓋上鋁箔紙或廚巾，靜置10至15分鐘。食用時佐上：

大蒜蛋黃醬

原味日本飯（Plain Japanese Rice〔Gohan〕）（6又1/2杯）

這原味飯是製作所有壽司（醋飯）的基底。使用日本短梗或中梗米來做。加昆布到炊具裡可以增添米飯的滋味。

將：

3杯日本短梗米或中梗米

放入一口盆裡，加冷水淹蓋過表面，使勁地撥攪米粒，然後瀝出米粒。重複這步驟，直到洗米水變得清澈。通常要洗個好幾次。最後一次清洗完，要把米充分瀝乾，倒進直筒的厚底鍋裡，連同：

3杯外加2大匙的冷水

（1片1吋正方的昆布）

讓米泡水10分鐘。蓋緊鍋蓋，開大火煮沸。別掀鍋蓋：等鍋蓋開始顫動，應該會等上5分鐘。看到鍋蓋顫動便轉中火，繼續煮到水分被米粒吸收，約5分鐘。再把火轉大，煮個30秒，讓飯粒變乾。鍋子離火靜置，鍋蓋依舊緊密地蓋著，將米飯燜個至少10分鐘，或燜上30分鐘。若要煮少量的飯，依照以下的比例：

1杯米加1杯又1大匙半的水，得出滿滿2杯的米飯

2杯米加2杯又2大匙的水，得出滿滿4杯的米飯

壽司飯（醋飯）（Sushi Rice〔Shari〕）（6杯）

這是加醋的飯，主要用來做壽司。用剛煮好的溫熱的飯來做，這樣飯粒更能吸收調味過的醋。醋飯冷藏後會變得乾硬。

在一口小的醬汁鍋裡混合：

1杯米酒醋、2大匙糖、1小匙鹽

加熱至糖和鹽融化，要不時攪拌。調味好的醋置旁備用。準備：

原味日本飯，如上

把熱騰騰的飯倒到一只寬口盆子裡，用飯匙或湯匙把飯翻鬆，同時拿一張硬紙版把飯搧涼。等米飯不再冒蒸氣，漸次地加6大匙調味醋進去，一次加一湯匙，輕輕地用飯匙把醋和飯拌合。嚐嚐味道，然後再繼續加醋，同樣一次一大匙，最多再加6大匙調味醋，或酌量增減。使用之前先用濕布蓋起來。

壽司捲（Rolled Sushi〔Maki-Zushi〕）（10捲；5至10人份）

這可以做成5捲蟹肉捲或鮪魚捲以及5捲蔬菜捲。如果海苔沒烤過，將每一張放進炙烤爐裡或放瓦斯爐火上烤一下，兩面各烤個幾秒，烤到它變得青綠而且夠軟得可以包捲。

準備：**壽司飯，如上**

備妥：**10張烤過的海苔皮（燒海苔）**

需要的話把海苔皮裁成7×5吋長方形。備妥：

1大匙山葵泥，或1大匙山葵粉加2小匙冷水拌成糊

2又1/2至5盎司大塊蟹肉，5條7×1/4吋仿蟹肉棒，或5條7吋長、1/4吋厚的壽司等級鮪魚肉（總共2又1/2至5盎司）

1條小黃瓜，削皮去籽切成十條7×1/4吋條狀

1顆酪梨，去皮去核，縱切成20條，沾潤過新鮮檸檬汁

2根青蔥，修切過，切成10段

1又1/2大匙帶殼芝麻，烤過

1/2杯蘿蔔嬰，或者蒔蘿或芫荽枝

將包壽司用的小竹簾置於案板上，橫竹條呈水平。把一張海苔皮鋪在小竹簾上，亮面朝下，讓長邊靠你最近。把1/2杯米飯平均鋪在整張海苔皮上，海苔皮頂端留1吋寬。喜歡的話，在米飯中央抹上一條山葵泥。

做蟹肉捲或鮪魚捲，把1/2至1盎司蟹肉、一條仿蟹肉棒或一條鮪魚肉疊在山葵泥上。再疊上一長條小黃瓜或兩條短的接在一起、兩條酪梨接在一起，以及幾條蔥段。

做蔬菜捲，在山葵泥上撒芝麻，接著疊上一長條小黃瓜或兩條短的接在一起、兩條酪梨接在一起，以及幾條蔥段。最後放上蘿蔔嬰（或辛香草枝）。

從最靠近你的一邊開始捲起，沿著海苔捲長邊拉起小竹簾把海苔皮連餡擠壓得密實。持續連捲帶壓，把海苔皮卷到底。盡量捲得緊實。卷好後放在托盤上，接縫處朝下，覆蓋上保鮮膜，冷藏至食用。

食用前把每一條卷壽司切成8等分。配上：

醃薑、醬油、山葵泥

食客也可以自行把醬油和山葵泥混合成沾醬。

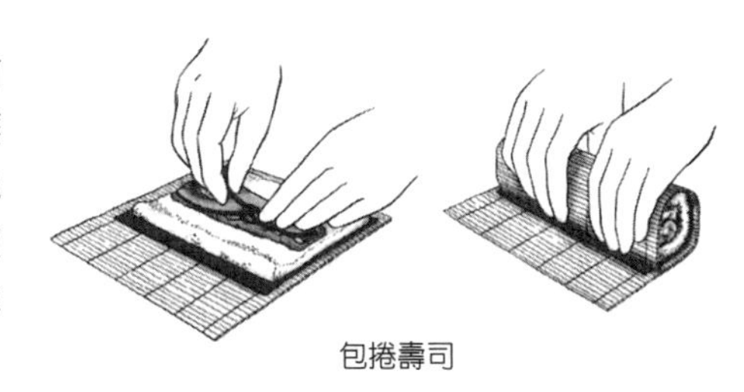

包捲壽司

| 關於燉飯 |

燉飯是北義的經典米飯料理，製作起來簡單地令人吃驚。主要的材料是米、高湯和奶油或油。技巧並不難：➡把滾燙的高湯或肉湯攪入米粒，直到米飯煮出綿滑的稠度。只用中梗米來做，譬如**義大利阿勃瑞歐米**、**維隆納諾米**（vialone Nano）或**卡拉若里米**（Carnaroli rice）或**美國中梗米**——這類米含有做出燉飯口感所需的澱粉。米粒吸收熱高湯會膨脹，不時攪動產生的磨擦軟化了米粒的外層，製造了綿滑的稠度。中梗米煮熟後米芯仍然帶硬，所以會**彈牙**，或者說有嚼勁。燉飯通常會用雞高湯或雞湯來做，但是用滋味豐富的蔬菜高湯也行。

若要絕不失手，➡用寬口厚底淺醬汁鍋，這樣才有充裕的空間可以攪動。➡在微滾狀態下煮燉飯，➡加熱高湯時分量要一致，通常每次加半杯至一杯。➡如果沸煮的高湯不夠，補水進去，再加熱到滾沸。➡不時試吃一下，看看米粒的軟度和綿滑程度，從第一次加高湯算起，大約總共需二十分鐘的烹煮時間。燉飯離火後，放個幾分鐘後再食用。

喜歡的話，在用掉一半的高湯，米粒仍硬之際，燉飯可以離火，放涼然後加蓋冷藏，可放上兩天。取出後重新加熱，並把其餘的步驟做完。這樣做出來的燉飯沒那麼綿滑，但依舊可口。

基礎燉飯（Risotto〔Risotto in Bianco〕）（6人份前菜或4人份主菜）

將：8杯雞高湯
倒進一口醬汁鍋，加熱並維持在將滾未滾的狀態。
在一口大的厚底醬汁鍋裡以中小火加熱：
2大匙奶油或橄欖油
油熱後下：1杯洋蔥末
拌炒到軟身但不致焦黃，再下：
2杯義大利米或其他燉飯米或美國中梗米
持續翻炒至米粒充分裹著油而且幾乎完全不透明，3至5分鐘，加：
1/2杯不甜的白酒
攪拌至被米粒吸收。開始拌入高湯，一次一杯，待每一杯被完全吸收後再倒進下一杯。不停地攪拌燉飯，維持在微滾狀態。當6杯高湯盡數被吸收，接下來每次1/2杯把其餘的高湯加進去，並且開始試吃米飯。當米粒已經軟了，但仍有些許「嚼勁」，燉飯即可離火；燉飯應該綿滑而不乾稠。拌入：
1大匙奶油
再輕輕拌上：2/3至1杯帕瑪森起司屑
加：鹽和黑胡椒
調味。

米蘭燉飯（Risotto Milanese）（6人份前菜或4人份主菜）

搭配燜燒肉的傳統配料，尤其是配燉牛膝★，195頁，或羔羊腿。
混合：
3大撮番紅花絲、1杯熱雞湯

靜置10分鐘。
將：**9杯雞湯**
倒入一口醬汁鍋裡，加熱並維持在微滾狀態。
在一口大的厚底醬汁鍋裡以中小火加熱：
3大匙奶油
接著下：**1杯洋蔥末**
拌炒到軟身而透明，但不致焦黃，再下：
2杯義大利米或其他燉飯米或美國中梗米
持續翻炒至米粒徹底裹著油而且幾乎完全不透明，3至5分鐘。加：
1/2杯不甜的白酒
攪拌至完全被吸收。倒入番紅花絲混液，不停攪拌，煮至完全被吸收。隨後雞高湯下鍋，一次一杯，等每一杯被盡數吸收再倒下一杯。持續攪動，維持在微滾狀態。當米粒軟中帶韌就是煮好了；燉飯應該綿滑而不乾稠。拌入：
1至1又1/2杯帕瑪森起司屑（4至6盎司）
加：**鹽和胡椒粉**
調味，喜歡的話再撒：
（帕瑪森起司屑）

青豆飯（Rice and Peas〔Risi e Bisi〕）（8至10人份前菜或6至8人份主菜）

按照米蘭燉飯的做法來做，如上，2盎司義式培根，切末，隨著洋蔥末一同下鍋。省略番紅花絲，但總共用上10杯高湯。等半數的高湯被吸收，加1又1/2磅新鮮或退冰的冷凍豌豆、1/2杯粗切的荷蘭芹、2大匙剁碎的茴香頭或1小匙茴香籽粉。持續燉煮。最後加起司、2大匙奶油和大量黑胡椒收尾。

蕈菇燉飯（Risotto with Mushrooms）（6至8人份前菜或4至6人份主菜）

最令人滿足的主菜之一，當配料佐野味和禽類腿肉也很棒。
將：**1/2杯牛肝蕈乾**
泡熱水20分鐘，水要淹蓋表面。用鋪了一張濕紙巾的篩網濾出泡蕈水備用，牛肝蕈粗切。
在一口大的平底鍋裡以中大火加熱：
2大匙橄欖油
油熱後牛肝蕈下鍋，連同：
1磅任何的新鮮蕈菇，切片
2顆紅蔥頭，切末
稍微炒黃。把泡蕈水加進去，煮到完全被吸收。再倒：**1/4杯不甜的白酒**
煮到全數被吸收。準備：
米蘭燉飯，如上，省略番紅花絲
在燉飯差10分鐘就要煮好時，把蕈菇料拌進去。拌入起司時再加：
（1大匙奶油）

| 關於裸麥 |

儘管裸麥做的麵包扎實，裸麥釀的威士忌醇厚，但裸麥當全穀物來煮，滋味溫和地令人驚喜。這被標示為**糙裸麥**或**裸麥粒**，呈灰褐色長麥仁，需要久煮才能軟而有嚼感。裸麥是很好的維生素B1、鐵、和磷的來源，在節食者之間也很受歡迎，因為它可以增進飽足感。糙裸麥可以取代糙小麥做沙拉，或者鋪墊在烤禽底下當溫配料。市面上也有**裸麥片**，看起來很像燕麥片，而且可以用同樣的方式煮。裸麥片通常用來做早餐粥或穀物棒。

裸麥抓飯（Rye Pilaf）（約2又1/2杯；4人份）

按照蕎麥抓飯，574頁的做法來做，把蕎麥換成1杯糙裸麥。液體加量至2又1/2杯，烹煮的時間拉長至80至85分鐘。

糙裸麥沙拉拌烤紅椒醬（Rye Berry Salad with Roasted Red Pepper Dressing）（4至6人份）

將：1杯糙裸麥
煮到軟。瀝出盛到碗裡，加夠多的：
烤紅椒醬
潤澤麥仁，拌勻。再拌入：
1根大的胡蘿蔔，切丁
2根小的帶葉西芹梗，切丁
6至8顆小蘿蔔，切丁
1顆中型櫛瓜，切丁
1/2顆茴香球莖，切丁
1顆小的黃甜椒，去核去籽切丁
1/2顆小的紅洋蔥，切細丁
2大匙芫荽末、鹽和黑胡椒，適量
額外加夠多的淋醬來潤澤菜料，拌勻。
嚐嚐味道，調整鹹淡。在室溫下食用。

斯佩爾特小麥（Spelt）

參見「關於糙小麥、碾壓的小麥、小麥片和北非小米」，595頁。

關於苔麩（teff）

大小如西芹籽的苔麩，烹煮時聞起來像糖蜜；具有淡淡的堅果味和爽脆口感。富含蛋白質、鈣和鐵，麩皮相對於胚乳的比例高，因此纖維多。苔麩因為是衣索匹亞的主要食糧而出名，在衣索比亞，苔麩磨成粉做成的富有彈性的扁麵包叫做「因傑拉」（*injera*）。在美國，苔麩被當作麵粉、義大利麵和全穀物販售。穀仁會自然而然結塊。苔麩可以做成配菜或早餐粥，加溫熱牛奶食用，或把煮熟的苔麩拌入其他熟穀物中增添風味。煮成粥狀的苔麩（三份水兌一份苔麩）可以趁溫熱時抹在烤盤上，冷藏後切成方塊或三角狀，然後像玉米糕那樣或烤或煎來吃。

關於小黑麥（triticale）

小黑麥是小麥（拉丁文是*tricicum*）和裸麥（拉丁文是*secale*）的雜交種，在蘇格蘭已經被研發了百年以上。它是纖維、維生素B和鎂的絕佳來源。小黑麥的穀粒比小麥稍大，滋味更溫和，但是可以用同樣的方法浸泡和烹煮，如下，任何用糙小麥入菜的料理也可以換成小黑麥。先用平底鍋或烤箱焙煎一下更能帶出它的細緻滋味。

| 關於糙小麥、碎小麥、小麥片和北非小米 |

全小麥穀粒稱為**糙小麥**（wheat berries）。市面上最常看到的是硬紅冬麥。不過**斯佩爾特小麥**和**卡姆小麥**（kamut）這兩種小麥在市面上也買得到，如同**二粒小麥**（farro）這義大利品種的斯佩爾特小麥（其英文名稱是emmer）。斯佩爾特小麥和二粒小麥都有一股麥香；二粒小麥比斯佩爾特小麥更軟、更快熟，也更黏。卡姆小麥煮熟後呈米黃色，也比其他小麥顆粒要大，做成抓飯或沙拉比其他小麥或穀物更能顯現色澤的對比。所有的糙小麥都可以交換使用。糙小麥的扎實口感，因而加到用較軟的穀物或豆類做的沙拉裡很討喜。

磨碾過的糙小麥稱為**碎小麥**（cracked wheat）。若是粗磨，可以用煮白米的方式烹煮，加到沙拉裡或做成抓飯；如果是細磨，可以加到麵團或麵糊裡增加口感。不論如何，碎小麥烤過後滋味會更好。當糙小麥被蒸熟、烘乾再碾磨，做出來的就是**小麥片**，分成細磨、中等和粗磨。小麥片是做黎巴嫩塔布勒沙拉的主要材料，如下。

北非小米（couscous）基本上是用粗磨的粗粒麥粉（semolina）——硬質小麥製的麥粉，通常用來做乾的義大利麵——做成的迷你義大利麵，不過也可以用其他麥粉來做，譬如全小麥或斯佩爾特小麥。雖然不算是穀物，但北非小米可以和小麥片或小巧穀物交換使用，用在很多湯品和沙拉裡，這裡也納入了這類食譜。北非小米也是摩洛哥燉菜的主要成分，摩洛哥燉菜是北非料理的主流，而且遍及整個地中海地區。美國賣的北非小米通常預先蒸熟並烘乾才包裝販售，因此用滾水煮就可以輕易復原；可能會標示著**快煮**、**預煮**或**即食**。沒有預先蒸煮過的北非小米，顆粒粗細不同，需要煮過才能食用。**以色列的北非小米**，又叫做珠麵，約莫只有大麥大小。它可以大量下到燒開的鹽水裡煮，就像煮別的義大利麵一樣，做成抓飯格外美味。

黎巴嫩塔布勒沙拉（Tabbouleh）（8至10人份）

塔布勒是一道熱門的中東沙拉。試著加切碎的小黃瓜、紅洋蔥、蒔蘿、羅勒和／或掰碎的菲塔起司吃看看。

準備：

1杯中梗小麥片

瀝乾，盛到一口大碗裡，加：

4顆大的番茄，切細碎

2杯荷蘭芹葉，切細碎

1杯薄荷葉，切細碎

（1杯馬齒莧，切細碎）

1把青蔥，切蔥花，或1顆中型洋蔥，切細碎

再拌入：

（1/2小匙多香果粉）、1/4小匙黑胡椒

攪勻：

1/3杯新鮮檸檬汁、1/3杯特級初榨橄欖油

倒到塔布勒沙拉裡翻拋拌勻。嚐嚐鹹淡。舀到一口大盤子上，圍繞著：

1球蘿蔓萵苣，葉片剝開並去梗

糙小麥佐香煎洋蔥和水果乾（Wheat Berries with Sautéed Onions and Dried Fruits）（4至6人份）

在一口大的平底鍋裡以中火加熱：
2大匙奶油或橄欖油
油熱後下：1杯切碎的洋蔥
拌炒至呈金黃色，8至10分鐘，拌入：
1杯綜合水果乾，譬如切丁的杏桃乾或去核蜜棗、深色葡萄乾或黃金葡萄乾、或紅醋栗乾、櫻桃乾或蔓越莓乾
再拌入：
3杯煮熟的糙小麥、斯佩爾特小麥或卡姆小麥，或綜合的熟糙小麥、熟小米加熟糙米和／或菰米、1根肉桂棒
1/2杯雞高湯或水
加蓋以小火煮，攪拌個一兩次，煮約10分鐘。加：
鹽和黑胡椒，自行酌量
調味，喜歡的話，撒上：
（1/4杯剁碎烤過的，焯燙去皮的杏仁、核桃或胡桃）

北非小米佐松子和葡萄乾（Couscous with Pine Nuts and Raisins）（6至8人份）

這食譜也可以用小麥片來做，或者把北非小米和小麥片加在一起做個美味的變化。
在一口大碗裡混勻：
3杯煮熟的北非小米（約1又1/3杯生的）
1/4杯萊姆油醋醬*，326頁
再加：1/4杯松子，烤過的
1顆黃甜椒，切細丁
6顆杏桃乾，剁碎
3大匙黃金葡萄乾
2大匙紅醋栗乾
2大匙切碎的芫荽或蝦夷蔥
拋翻拌勻。最後加：鹽
調味。

北非小米佐雞肉、檸檬和橄欖（Couscous with Chicken, Lemon, and Olives）（6至8人份）

結合了兩種經典的摩洛哥燉雞肉，一種是加橄欖，另一種是加醃檸檬。如果你買不到醃檸檬，就自己動手做吧。
在一口大型塑膠夾鏈袋裡混合：
4磅雞肉塊，去皮，喜歡的話
2大瓣蒜仁，切末、2大匙橄欖油
1小匙壓碎的芫荽籽、1/2小匙薑粉
1/2小匙黑胡椒、1/2小匙孜然粉
1/2小匙匈牙利紅椒粉
1小撮壓碎的番紅花絲或1/8小匙番紅花絲粉末
1小匙鹽
冷藏醃個30分鐘至1小時，不時隔著塑膠袋把雞肉塊翻動一下。取出雞肉塊，在一口荷蘭鍋或其他大型厚底鍋裡加熱：
2大匙蔬菜油
油熱後，雞肉下鍋，別讓鍋內擁擠，把兩面煎黃；需要的話分批來煎。煎好後放紙巾上瀝油。倒掉鍋裡多餘的油。再把雞塊放回鍋內，加：
2杯水
進去，轉中大火煮到微滾，用漏勺撇除浮沫。再下：
1根大的韭蔥，切薄片
各別幾枝荷蘭芹和芫荽
再煨煮10至15分鐘，煮到雞肉從骨頭上剝離的程度。煨煮雞塊的同時，煮：
2又1/2杯北非小米

省略奶油或油，煮好後盛到一口大的上菜碗裡，拌上：

1大匙橄欖油

把雞肉、醃檸檬和橄欖擺放在北非小米上。把鍋內的液體煮沸，熬煮收汁至原來一半的量。然後拌入：

1/4杯新鮮檸檬汁，或多一些，自行酌量

2大匙切碎的荷蘭芹

2大匙切碎的芫荽

嚐嚐味道，調整鹹淡。把醬汁澆到雞肉上，並撒上：

2大匙荷蘭芹末

2大匙芫荽末

以色列風味北非小米抓飯（Israeli Couscous Pliaf）（4人份）

在一口醬汁鍋裡以中火加熱：

2大匙奶油或蔬菜油

油熱後下：

1顆紅蔥頭或蒜瓣，切末

拌炒至軟身但不致焦黃，拌入：

1又3/4杯水或雞高湯或蔬菜高湯

1/2小匙鹽

煮沸，然後加蓋轉小火煨煮至北非小米軟中帶韌，而且湯汁完全蒸發，15至18分鐘。

| 關於菰米 |

菰米是大湖地區土生的草本植物的籽實。市面上買得到的大部分菰米，現今都是栽種的。➜菰米在煮之前先用冷水浸泡一下是個好主意，這樣殼渣會浮上來，方便撇除。菰米的堅果香和嚼感非常適合搭配米或大麥一起煮。烹煮的說明，參見601頁。

菰米佐炒蕈菇（Wild Rice with Sautéed Mushrooms）（4至6人份）

煮：

1杯菰米

趁煮米的空檔，準備：

炒蕈菇，470頁，任何組合都行

把煮好的菰米拌入蕈菇裡，連同：

鹽和黑胡椒，自行酌量

需要的話，加蓋以中火重新加熱，直到熱透。撒上：

1/4杯切碎的荷蘭芹

（1/4杯杏仁片，烤過）

穀物烹煮表

穀物	液體的量（除非另有說明，否則水、高湯或肉湯均可使用）	其他材料（如果液體含鹽，鹽就加少一點）	煮法	得出
莧籽 1杯	有嚼感，用2杯； 粥的稠度，用3杯	一撮鹽	將莧籽、液體和鹽煮沸。火轉小加蓋煨煮20至25分鐘。 **使用微波**：混合莧籽、液體和鹽。加蓋以強火力微波５分鐘，然後轉中低火力再微波15至20分鐘。加蓋燜5分鐘。	2又1/2至3杯； 3至4人份
粗碾大麥 1杯	4杯水	1小匙鹽、奶油、紅糖、楓糖漿；牛奶	把水加鹽煮開。粗碾大麥下鍋。火轉小加蓋煮到水完全被吸收，約45分鐘。佐配奶油或紅糖或楓糖漿加牛奶。	4杯； 4至6人份
大麥仁 1杯	扎實有嚼勁的口感，用3杯液體；較為軟綿的口感，用4杯液體；微波用2又3/4杯	1/2至3/4小匙鹽	將大麥仁、液體和鹽煮沸。火轉小加蓋煮到軟身而且液體被吸收。約30分鐘。如果大麥仁已經軟了，液體卻還沒完全被吸收，倒掉多餘的水。 使用微波：混合大麥仁、液體和鹽。以強火力微波5分鐘，然後轉中小火力再微波40至45分鐘。加蓋燜5分鐘。	4杯； 4至6人份
大麥片 1杯	2杯	1/4至1/2小匙鹽、紅糖、楓糖漿、蜂蜜；牛奶	將加鹽的液體煮沸。拌入大麥片。火轉小，加蓋煨煮5至7分鐘；偶爾攪拌一下。鍋子離火燜個2分鐘。最後加紅糖、糖漿或蜂蜜和牛奶。	2又1/2杯； 2人份
脫殼蘇格蘭大麥1杯	4杯	1/2至3/4小匙鹽	大麥泡水至少8小時，或泡一整夜，然後按照煮大麥仁的方法煮到軟，1至1又1/2小時。需要的話瀝乾。	3杯； 3至4人份
全蕎麥 1杯	2杯	1/4至1/2小匙鹽（1至2大匙奶油或油）	將液體、鹽和奶油煮沸。拌入蕎麥。火轉小，加蓋燜煮到蕎麥變軟，液體差不多被吸收光了，約15分鐘。煮好後燜個5分鐘再掀蓋。用叉子把麥粒挑鬆。 **使用微波**：上蓋後以強火力將液體、鹽和奶油微波5分鐘。拌入蕎麥；加蓋以中火力微波至液體被吸收光了，約15分鐘。微波好之後燜個5分鐘再掀蓋；用叉子挑鬆，再靜置5分鐘以上。	3杯； 3至4人份
小麥片1杯——略微有嚼感，做沙拉用的	2又1/2杯滾沸的液體	1/4至1/2小匙鹽	小麥片盛到一口碗裡。拌入滾沸的液體和鹽。蓋上一只倒扣的盤子，靜置至液體被吸收，約30分鐘。瀝出。壓榨出多餘的水分或放在擦碗巾裡擰擠至乾。	3杯；4人份
小麥片1杯——鬆軟口感	2杯	1/4至1/2小匙鹽	將液體煮沸。拌入小麥片和鹽。火轉小，加蓋燜煮15分鐘。需要的話瀝乾。	3杯；4人份

小麥片1杯——軟而略黏的口感	2杯	1大匙奶油或油；1/2小匙鹽	以中火加熱奶油。放入小麥片；拌一拌，略微焙煎一下並且裹上奶油，1分鐘。倒進液體和鹽。煮沸，接著火轉小；加蓋燜煮到小麥片變軟而且液體被吸收，約20分鐘。	3又1/2杯；4人份
北非小米1又1/4杯，快煮的	1又1/2杯	（1大匙奶油或油）；1/4至1/2小匙鹽	將液體、奶油和鹽煮沸。鍋子離火，拌入北非小米，加蓋燜至液體被吸收光了，10分鐘。用叉子挑鬆。	3杯；3至4人份
北非小米、全小麥或斯佩爾特小麥1又1/4杯；快煮的	1又1/2杯	如同快煮的北非小米	依照快煮的北非小米的方法進行，鍋子離火燜放之前煮北非小米3分鐘。	3又1/2杯；3至4人份
二粒小麥，參見糙小麥				
老式葛子1 杯	5杯水	1小匙鹽、奶油	將水和鹽煮沸。拌入葛子，火轉小，加蓋；燜煮至水被吸收光了，15至20分鐘。佐上奶油。 使用微波：混合葛子、水和鹽。以強火力微波至液體被吸收光了，約11分鐘，微波7分鐘後拌一拌。微波好先燜個5分鐘再掀蓋。	4又1/4杯；4至6人份
玉米糝1杯，乾的、整顆的或碾碎的	淹過並高出表面2吋的水		用水浸泡至少8小時，或泡一夜。瀝出。加水淹蓋過表面並高出2吋；煮沸。火轉小，加蓋燜煮至軟，1又1/2至2小時。瀝出。	3杯；3至4人份
卡姆小麥，參見糙小麥				
蕎麥片加蛋1杯，全蕎麥或粗磨或中度研磨的	2杯滾沸的液體	1顆大的雞蛋或蛋白，打散、1/4至1/2小匙鹽	將蕎麥片和蛋液拌勻。開大火加熱一口平底鍋，鍋熱後倒進燕麥片；拌一拌，焙至麥片酥香又個個分明，2至3分鐘。火轉小；把滾沸液體和鹽加進去，拌一拌，加蓋煮至液體被吸收光了，蕎麥片變軟而不糊，研磨過的蕎麥片約煮8至11分鐘，整顆製的蕎麥片10至15分鐘。	4杯；4至6人份
整顆的蕎麥片1杯	2杯	1/4至1/2小匙鹽（1至2大匙奶油或油）	依照煮蕎麥的方式煮或微波，燜煮或微波10分鐘。	4杯；4至6人份
蕎麥片1杯，粗磨或中磨	2杯	1至2大匙奶油或油，1/4至1/2小匙鹽	加熱奶油，放入蕎麥片，拌一拌，煮到穀片酥黃，3分鐘。拌入液體和鹽，煮沸，然後火轉小，加蓋燜煮至軟，8至11分鐘。	4杯；4至6人份
小米1杯	2又1/2杯	1/2小匙鹽	將加鹽的液體煮沸。拌入小米，火轉小，加蓋燜煮20分鐘。煮好後，燜個5分鐘再掀蓋。	3又1/2杯；4至6人份

穀物	液體的量（除非另有說明，否則水、高湯或肉湯均可使用）	其他材料（如果液體含鹽，鹽就加少一點）	煮法	得出
老式燕麥片 1杯	2杯水	（1/3杯葡萄乾）、1撮鹽；（1小匙香草、1/2小匙肉桂粉和/或1/4小匙肉豆蔻屑或粉）、紅糖、楓糖漿	用一口中型醬汁鍋把水煮沸。拌入燕麥、葡萄乾，如果用的話，以及鹽。火轉小，不加蓋地煮3至5分鐘。喜歡的話拌入其他調味料，最後撒上紅糖或淋上糖漿。	2又1/2杯；2至3人份
快煮燕麥 1杯	2杯水	如同老式燕麥片	按照煮老式燕麥片的方式準備	2杯；2至3人份
整粒直接切割的燕麥（蘇格蘭燕麥；愛爾蘭燕麥片） 1杯	4杯水；用微波的話，1杯水兌1/4杯燕麥	如同老式燕麥片，鹽的量增加至1/2小匙	在一口中型醬汁鍋裡把水煮開；拌入燕麥和鹽。拌煮3分鐘。火轉小，不加蓋煨煮20分鐘；經常攪拌刮挖鍋底，免得巴鍋。拌入其他調味料，譬如葡萄乾，煨煮10分鐘。佐上紅糖或糖漿。使用微波：混合水、燕麥、1小匙奶油和一撮鹽。以中大火微波；每3分鐘拌一拌，微波至水被吸收光了，約12分鐘。加蓋燜個3分鐘。	3杯；3至4人份
整粒直接切割的燕麥（蘇格蘭燕麥；愛爾蘭燕麥片） 1杯，浸泡法	4杯水	如同老式燕麥片，鹽加量至1/2小匙	將水煮開。離火後拌入燕麥和鹽。加蓋靜置過夜。再以小火煮7至10分鐘；不時攪拌，起鍋前5分鐘加入其他食材，譬如葡萄乾。	3又2/3杯；3至4人份
藜麥1杯	2杯	1/4至1/2小匙鹽（1大匙奶油或油）	清洗藜麥。把液體、鹽和奶油煮沸，拌入藜麥。火轉小；加蓋燜煮至藜麥變軟而且液體被吸收光了，15至17分鐘。 使用微波：上蓋後以強火力微波藜麥、液體、鹽和奶油5分鐘，接著再以中低火力微波15分鐘。微波好之後，燜個5分鐘再掀蓋。用叉子挑鬆。	3又1/2杯；4人份
改造白米 1杯	2又1/4杯	如同長梗白米	按照煮長梗白米的方法進行，燜煮約25分鐘	4杯；4至6人份
長梗糙米 1杯	2又1/4杯液體，有嚼勁的口感；2又1/2杯，稍軟稍黏的口感	如同長梗白米	按照煮長梗白米的方法進行，燜煮35分鐘。煮好後燜10分鐘再掀蓋。先蓋後再放個10分鐘。用叉子挑鬆。 使用微波：按照微波長梗白米的方式進行，中低火力微波40至45分鐘。	3至3又1/2杯；4人份

長梗白米1杯	1又3/4杯液體，煮出較乾硬的米飯；2杯液體，煮出較濕軟的米飯	（1大匙奶油或油）、1/4至1/2小匙鹽	將液體、奶油和鹽煮沸。把米粒放進去，用叉子拌一拌。加蓋轉極小的火煮至液體全被吸收光了，15至18分鐘；煮好之前千萬不要掀蓋。煮好後燜個5至10分鐘再掀蓋。 **使用微波**：以強火力微波加蓋的液體、米、奶油和鹽5分鐘，接著轉中火力再微波15分鐘。微波好燜個5分鐘再掀蓋。	3至3又1/2杯；4人份
中梗或短梗糙米1杯	2杯	如同長梗白米	按照煮長梗白米的方法進行，燜煮40至45分鐘。	3杯；4人份
中梗或短梗白米1杯	1又3/4杯	如同長梗白米	按照煮長梗白米的方法進行，轉小火煮，而不是以極小的火煮。	3杯；4人份
糙裸麥1杯	3杯；微波的話，2又3/4杯	1/2小匙鹽	將加鹽的液體煮沸，拌入糙裸麥，火轉小，加蓋燜煮至些許的麥粒爆裂而且全都軟身，45至60分鐘。瀝出。 **使用微波**：以強火力微波上蓋的一碗麥粒、液體和鹽的混合10分鐘，或微波至滾沸，然後在以中低火力微波至些許的麥粒爆裂而且全都變軟，45至60分鐘。瀝出。	2至2又1/2杯；4人份
斯佩爾特小麥，參見糙小麥				
苔麩1杯	2又1/2杯，煮出扎實口感；3杯，煮出粥的稠度	1小匙鹽	將加鹽的液體煮沸。漸次地拌入苔麩。火轉小，加蓋燜煮至軟身，約15分鐘。 **使用微波**：混合苔麩、液體和鹽。上蓋後以強火力微波5分鐘，或微波至滾沸，然後再以中火力微波15分鐘。靜置5分鐘。	2又1/2至3杯；2至4人份
小黑麥1杯	4杯	1/4至1/2小匙鹽	按照煮糙小麥的方法煮。	2至3杯；4人份
糙小麥1杯	3杯	1/4至1/2小匙鹽	糙小麥泡3杯水至少8小時，或者泡上一夜。加鹽進去，將糙小麥連同浸泡的水一同煮沸。火轉小，不加蓋地煮至軟中帶韌，45至60分鐘。若沒有預先泡過，將加鹽的液體煮沸，拌入糙小麥，火轉小，不加蓋地煮至軟中帶韌，1又1/4至1又1/2小時。需要的話，瀝出。	2又1/4杯；4人份
菰米1杯	3杯	1小匙鹽	將菰米清洗並瀝乾。把米、液體和鹽的混合煮沸，攪拌攪拌，火轉小，加蓋燜煮至米粒變軟，而且大部分的核仁呈喇叭形裂開，露出白色內部，35至55分鐘。瀝掉多餘的水分；或者，假使米還沒煮熟液體已經完全蒸發，就再多加一點進去。	3杯；4人份

索引

五劃

六劃

七劃

八劃

九劃

十劃

十一劃

十二劃

十三劃

十四劃

十五劃

十六劃

十七劃

十八劃

十九劃

二十劃

二十一劃

二十二劃

二十三劃

二十四劃

二十五劃

國家圖書館出版品預行編目資料

廚藝之樂(飲料・開胃小點・早、午、晚餐・湯品・麵食・蛋・蔬果料理):從食材到工序,烹調的關鍵技法與實用食譜/伊森・貝克著;廖婉如譯.
-- 初版 . -- 臺北市:健行文化出版:九歌發行,民 104.11
面; 公分 . --(愛生活;15)
譯自:Joy of Cooking
ISBN 978-986-91923-3-0(平裝)
1. 食譜
427.1 104014800

愛生活 015

廚藝之樂

[飲料・開胃小點・早、午、晚餐・湯品・麵食・蛋・蔬果料理]
——從食材到工序,烹調的關鍵技法與實用食譜

Joy of Cooking

作者 伊森・貝克(Ethan Becker)
譯者 廖婉如
責任編輯 曾敏英
發行人 蔡澤蘋
出版 健行文化出版事業有限公司
台北市105八德路3段12巷57弄40號
電話/02-25776564・傳真/02-25789205
郵政劃撥/0112263-4
九歌文學網 www.chiuko.com.tw
印刷 前進彩藝有限公司
法律顧問 龍躍天律師/・蕭雄淋律師・董安丹律師
發行 九歌出版社有限公司
台北市105八德路3段12巷57弄40號
電話/02-25776564・傳真/02-25789205
初版 2015(民國104)年11月
定價 650元

書號 0207015
ISBN 978-986-91923-3-0
(缺頁、破損或裝訂錯誤,請寄回本公司更換)